U0358564

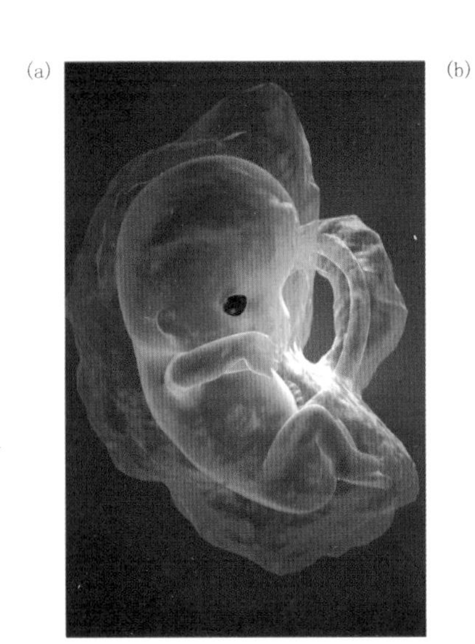

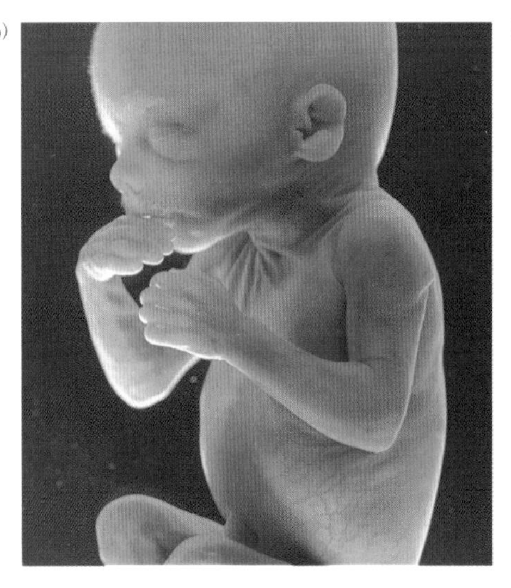

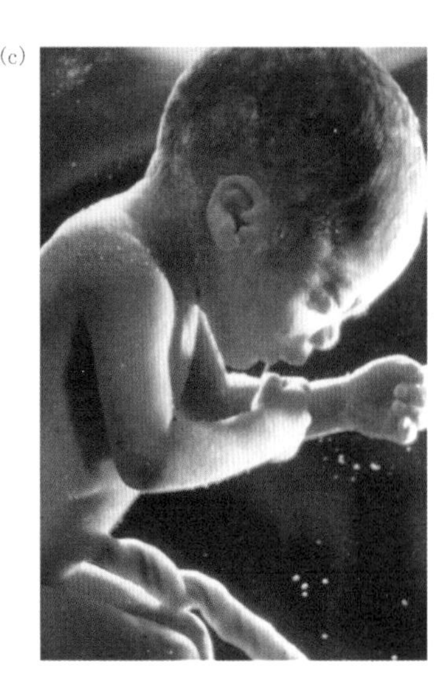

(a)胎儿期从受孕的第八周开始。(b)这张五个月大的胎儿图片看起来已经确定无疑像人的样子。
(c)像成人一样,胎儿的天性也有很大的差别。他们在出生后会表现出不同的特征,有些非常活跃,有些则相对安静。 (p.96)

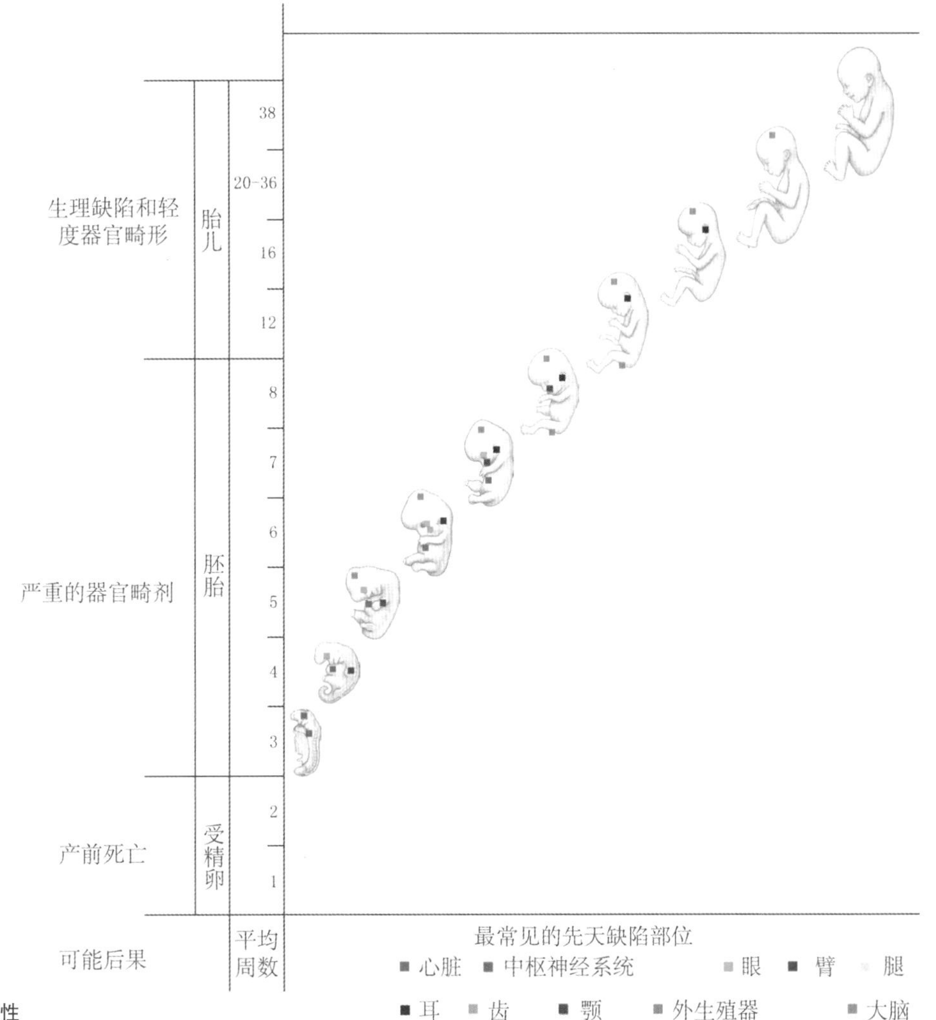

图2-15　致畸剂的敏感性

依据发育的不同阶段,身体的各部分对致畸剂的敏感性有所不同

(资料来源:Moore,1974.) (p.101)

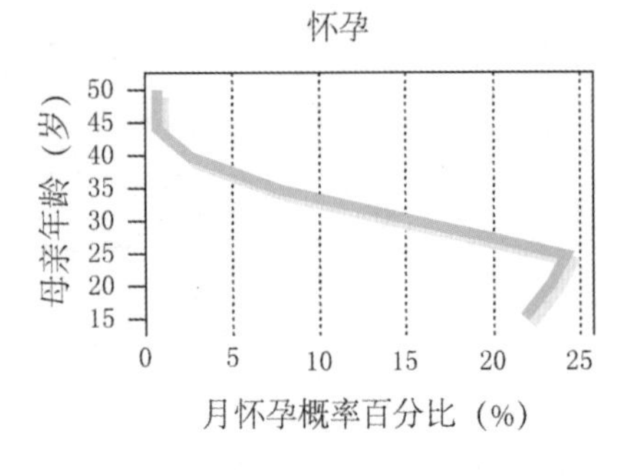

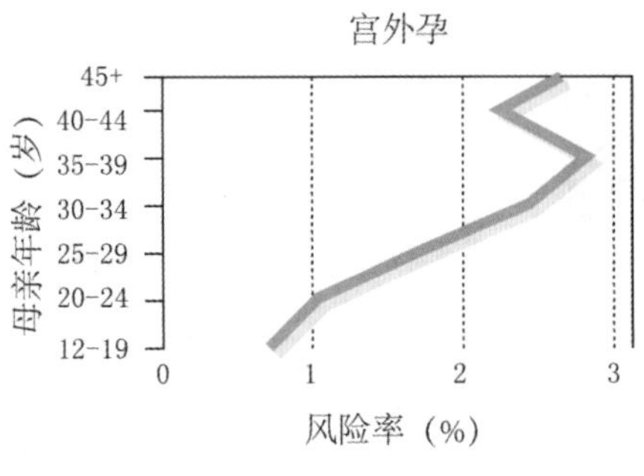

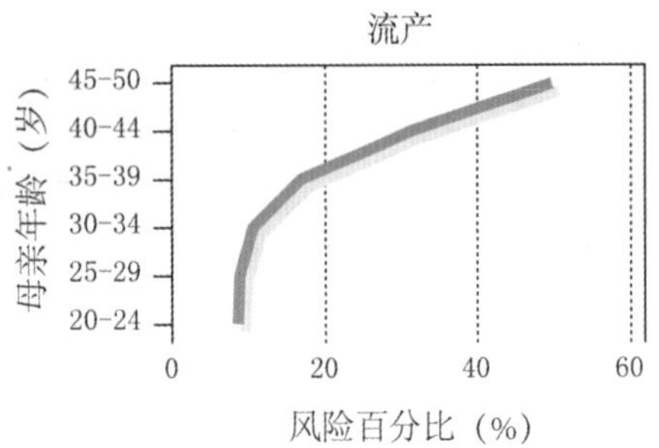

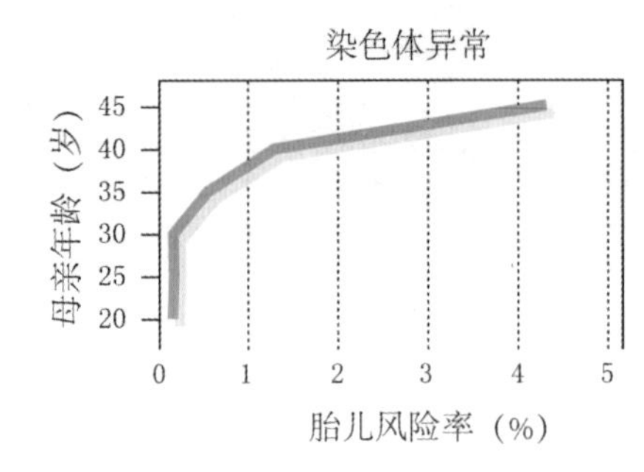

图2-14　女性年龄和怀孕风险

不仅是不孕率，还有染色体异常的风险，都会随着孕妇的年龄增加而提高。

（资料来源：Reproductive Medicine Association of New Jersey, 2002.）　(p.97)

新生儿　(p.111)

阶段1

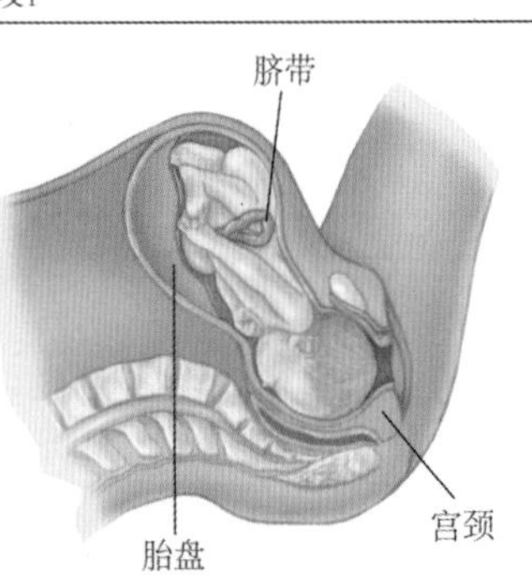

宫缩最初约每8到10分钟出现一次，每次持续约30秒。随着分娩过程的推进，宫缩逐渐频繁，每次宫缩持续的时间也会延长。分娩的最后阶段，宫缩约2分钟一次，每次持续约2分钟。分娩第一阶段的最后时刻，收缩增加到最大强度，即转变期（transition）。母亲的子宫颈完全打开，最后扩张到足够婴儿的头部通过。

阶段2

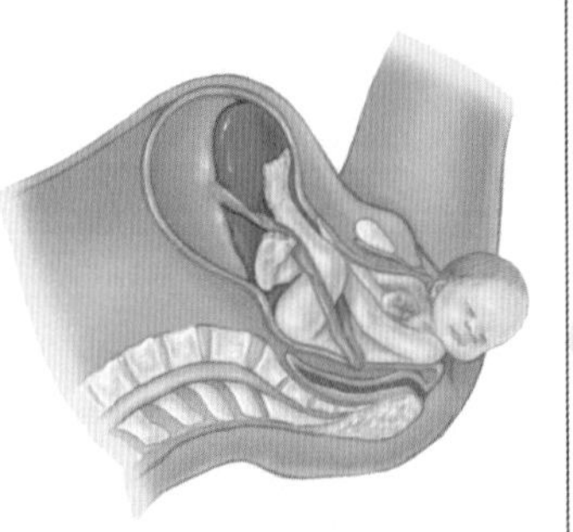

婴儿的头部开始通过宫颈和产道。通常情况下持续90分钟，当婴儿完全离开母体的时候，分娩的第二阶段结束。

阶段3

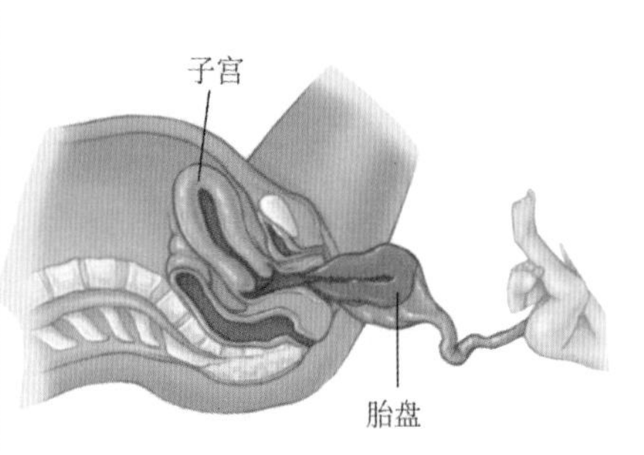

婴儿的脐带（仍然和新生儿的身体相连）和胎盘从母体娩出。该阶段是最迅速也是最容易的一个阶段，只要几分钟的时间。

图3-1　分娩的三个阶段　(p.115)

婴儿正在模仿成人快乐的面部表情。为什么这很重要？　(p.147)

婴儿从出生开始就能够分辨颜色，甚至显示出对于某些颜色的偏好。(p.143)

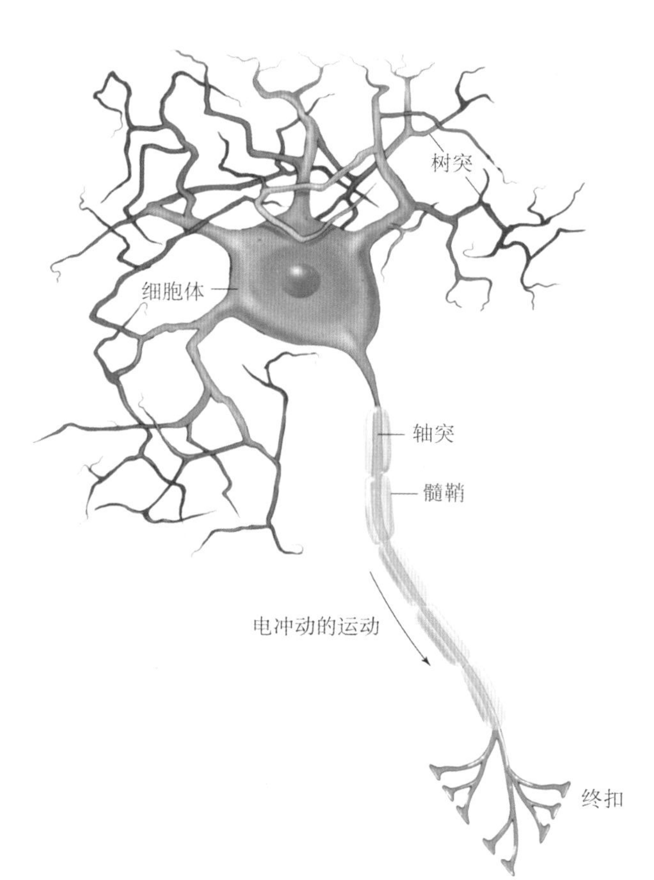

图4-3　神经元

神经系统的基本单位，神经元是由很多成分组成的。

（来源：Van de Graaff, 2000.）　(p.162)

婴儿期会经历多种状态，包括哭泣和警觉状态。这些状态通过身体节律被整合起来。 (p.168)

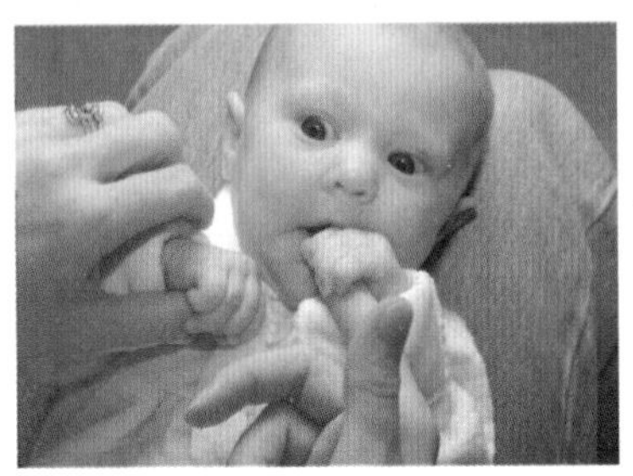

(a)

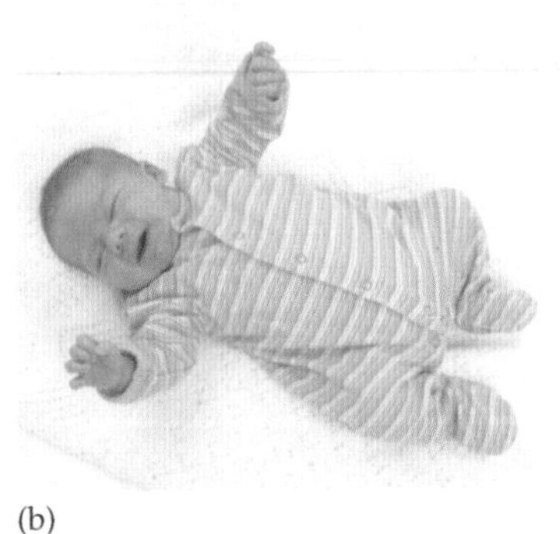

(b)

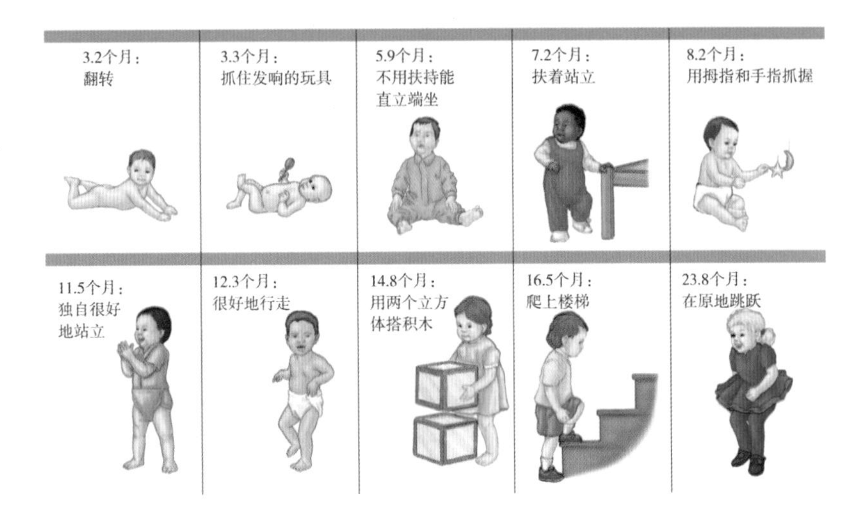

图 4-8　运动发展的里程碑

在图中所标出的月份里，有50%的孩子能够完成每种技能。但是每种技能出现的具体时间很不相同。例如，四分之一的孩子在11.1个月大时就能很好地走路了；到14.9个月大时，90%的孩子走路能走得很好了。这种平均基准的知识对父母亲是有帮助还是有害处的呢？（来源：改编自 Frankenburg et al., 1992.） (p.176)

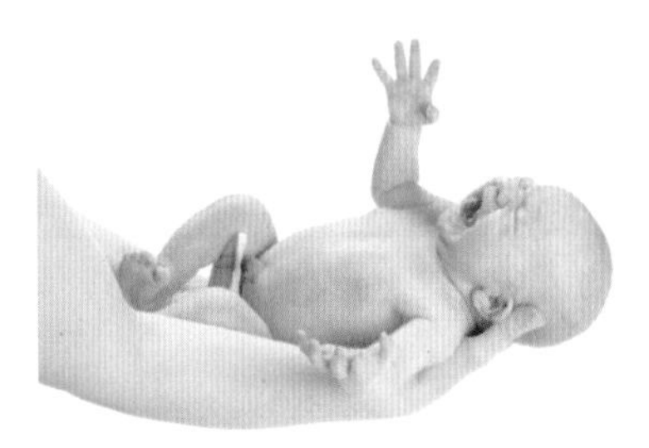

(c)

婴儿表现了(a) 吮吸和抓握反射；(b) 惊跳反射；(c)莫罗反射。

(p.174)

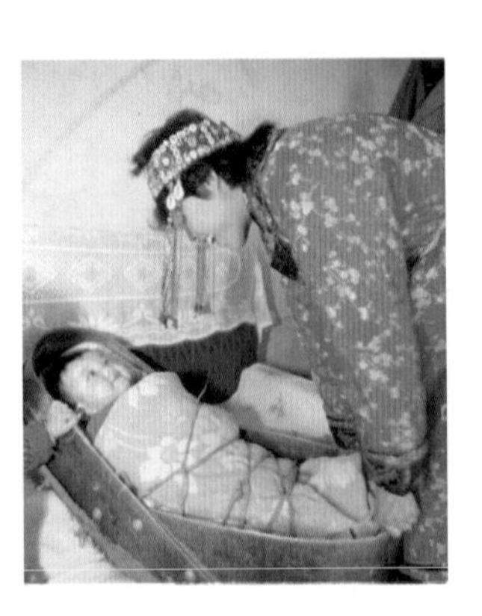

妈妈语，或更准确一些，婴儿指向型语言包括使用短小简单的句子，以及采用比与年龄较大的儿童和成人谈话时所用的更高的音调，并且这是具有跨文化相似性的。 (p.236)

依恋差异的一个原因是父亲和母亲对孩子做什么。母亲往往花更多的时间喂养和直接养育孩子，而父亲则经常花更多的时间和婴儿玩耍。 (p.262)

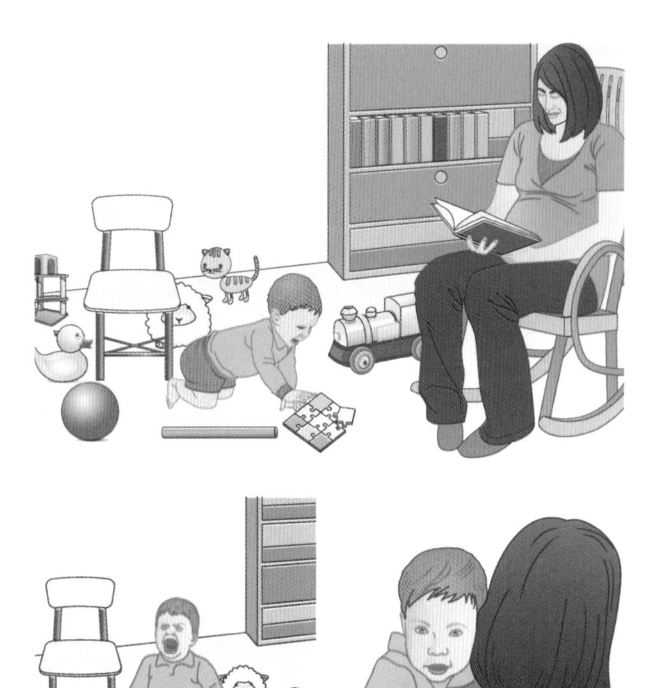

图6-4 爱因斯沃斯陌生情境

在此陌生情境的插图中，只要妈妈在场，婴儿首先自己探索游戏室。但当她离开时，他便开始哭泣。然而妈妈一回来，他便感到安慰并停止哭泣。结论：他是属于安全型依恋。 (p.258)

婴幼儿从出生到6岁间的免疫接种建议

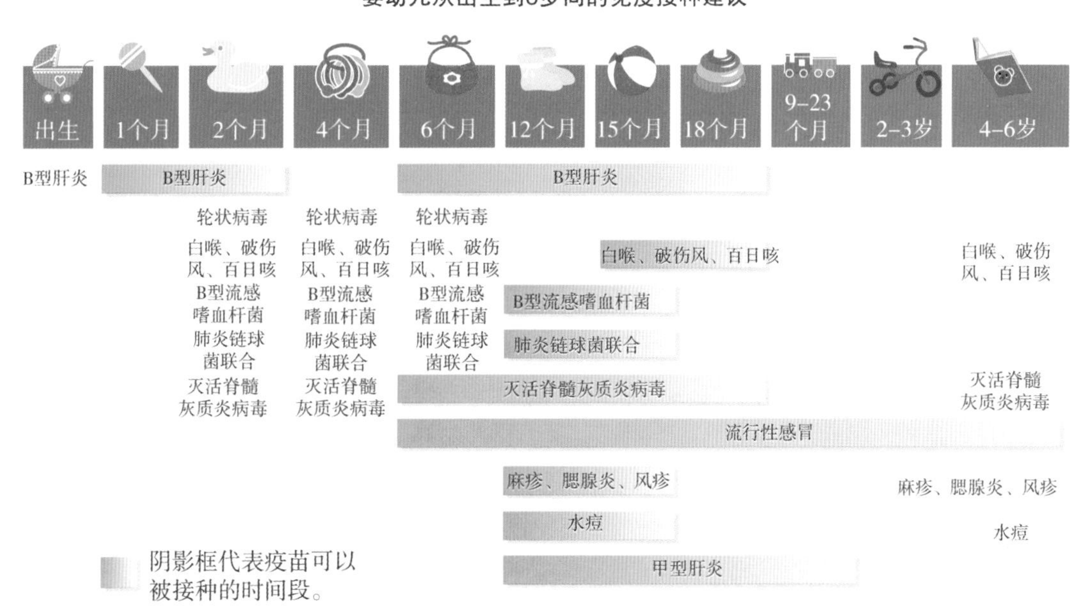

图7-4 免疫接种计划

（资料来源：http://www.cdc.gov/vaccines/parents/downloads/parent-ver-sch-0-6yrs.pdf.） (p.296)

图7-7 童年早期主要的粗大运动技能
(p.300)

在学龄前，儿童理解他人情感的能力开始发展。
(p.338)

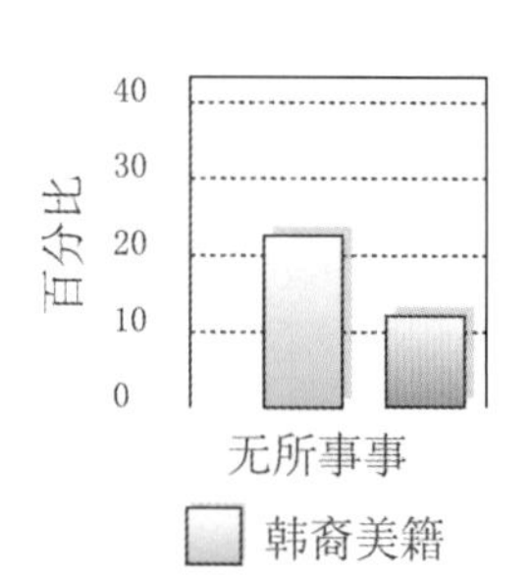

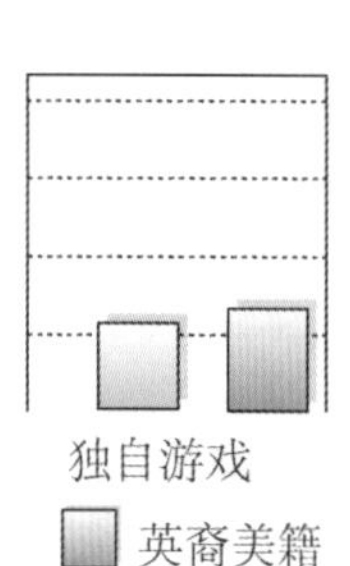

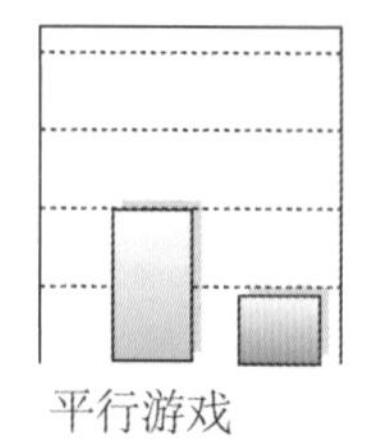

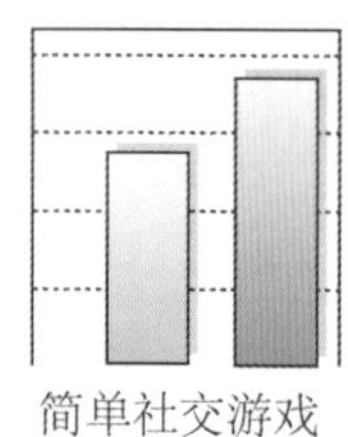

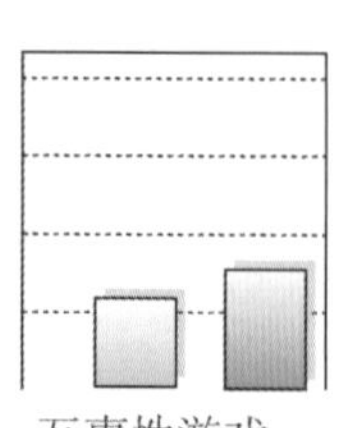

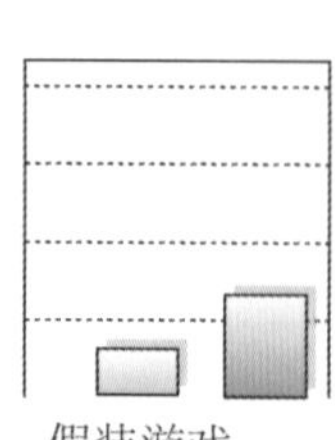

图8-1 游戏复杂性的比较

关于韩裔学龄前儿童与英裔学龄前儿童游戏复杂程度的一项研究发现了两组被试者在游戏模式上有显著差异。你能想到该如何解释这一结果吗？

(来源：Adapted from Farver, Kim, & Lee, 1995) (p.352)

胼胝体
前额
叶皮层
丘脑
下丘脑
杏仁核
海马
颞叶

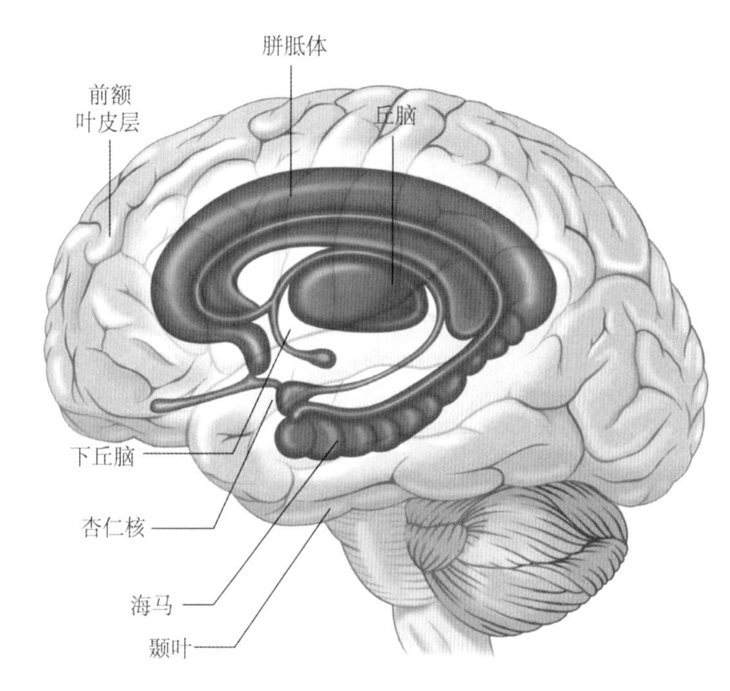

图8-3　虐待改变脑结构

边缘系统，包括海马和杏仁核，作为儿童虐待的结果，可能被永久地改变。

(p.363)

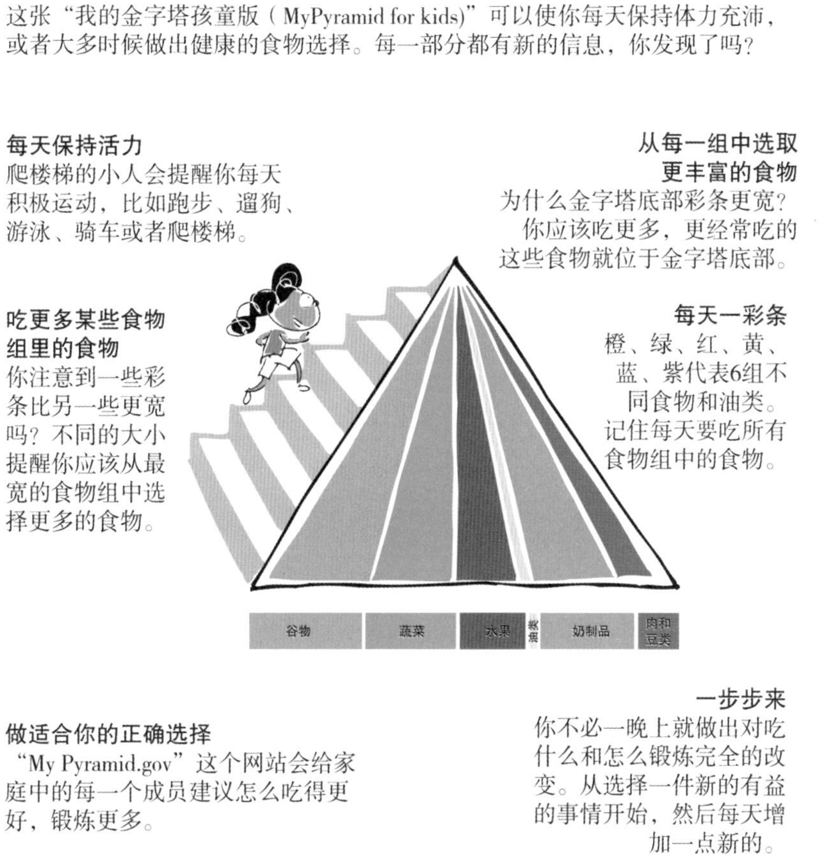

这张“我的金字塔孩童版（MyPyramid for kids)”可以使你每天保持体力充沛，或者大多时候做出健康的食物选择。每一部分都有新的信息，你发现了吗？
每天保持活力
爬楼梯的小人会提醒你每天积极运动，比如跑步、遛狗、游泳、骑车或者爬楼梯。
从每一组中选取更丰富的食物
为什么金字塔底部彩条更宽？你应该吃更多，更经常吃的这些食物就位于金字塔底部。
吃更多某些食物组里的食物
你注意到一些彩条比另一些更宽吗？不同的大小提醒你应该从最宽的食物组中选择更多的食物。
每天一彩条
橙、绿、红、黄、蓝、紫代表6组不同食物和油类。记住每天要吃所有食物组中的食物。
谷物
蔬菜
水果
油类
奶制品
肉和豆类
做适合你的正确选择
“My Pyramid.gov”这个网站会给家庭中的每一个成员建议怎么吃得更好，锻炼更多。
一步步来
你不必一晚上就做出对吃什么和怎么锻炼完全的改变。从选择一件新的有益的事情开始，然后每天增加一点新的。

图9-3　均衡的饮食

最近的研究表明，儿童的饮食结构几乎与美国农业部所建议的相反，这可能会导致肥胖问题的增加。现在的10岁儿童普遍比十年前的同龄儿童重4.5千克（10磅）。

（资料来源：美国农业部〔USDA〕，1999；新产品开发小组〔NPD Group〕，2004.）　(p.390)

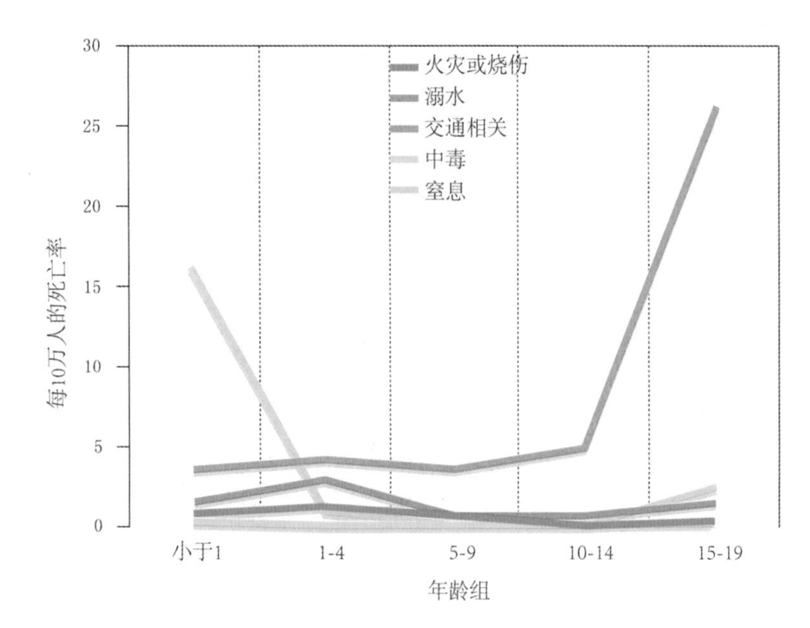

图9-5　不同年龄段的伤害死亡率
在儿童中期，意外死亡最常见的原因是交通。你认为为什么与交通有关的死亡会在儿童中期之后激增？
（资料来源：Borse et al., 2008.）
(p.395)

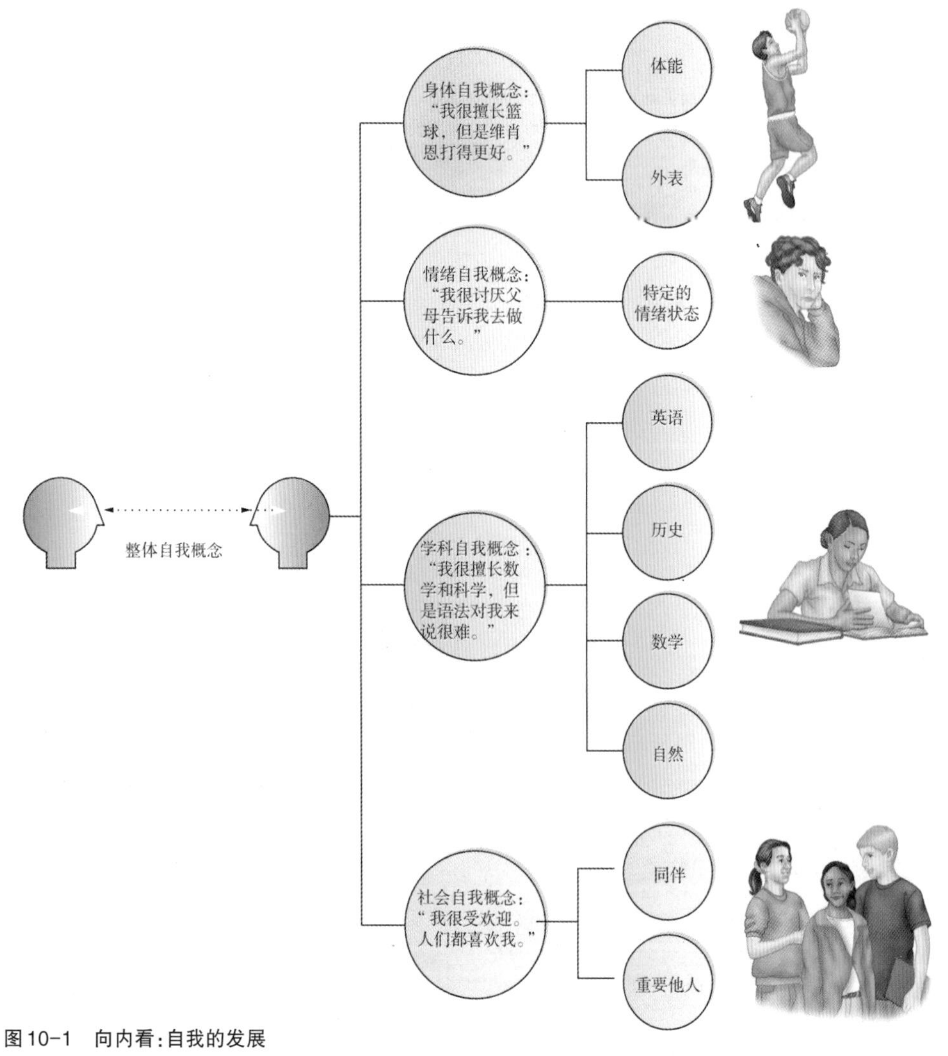

图10-1　向内看：自我的发展
随着儿童年龄的增长，他们的自我观更加分化，包括几类人际领域和学术领域。哪些认知变化促成了这种发展？
（资料来源：改编自 Shavelson, Hubner, & Stanton, 1976.）　(p.445)

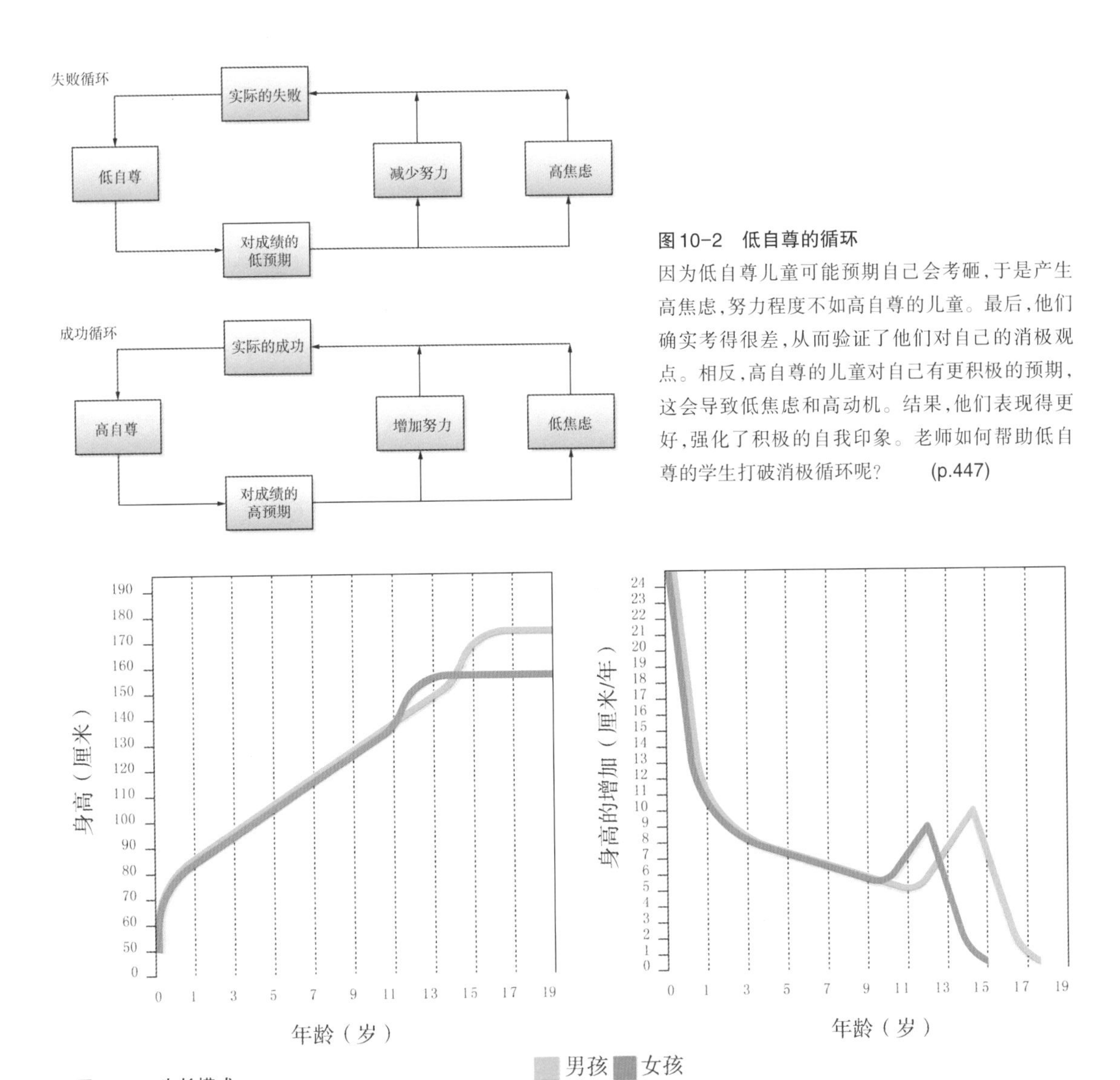

图10-2　低自尊的循环

因为低自尊儿童可能预期自己会考砸，于是产生高焦虑，努力程度不如高自尊的儿童。最后，他们确实考得很差，从而验证了他们对自己的消极观点。相反，高自尊的儿童对自己有更积极的预期，这会导致低焦虑和高动机。结果，他们表现得更好，强化了积极的自我印象。老师如何帮助低自尊的学生打破消极循环呢？　(p.447)

图11-1　生长模式

生长模式通过图中两种方式来展现。第一个图展示了与特定年龄对应的身高，第二个图显示了从出生到青少年期结束时的身高增长。需要注意的是，女孩在10岁左右身高急剧增长，而男孩则是在12岁左右。然而，到13岁时，男孩往往比女孩高。男孩和女孩比平均身高高或矮的社会结果是什么？

（资料来源：改编自Cratty, 1986.）　(p.491)

请注意，在短短几年内，照片中的男孩在青春期前和青春期后所发生的变化。

(p.493)

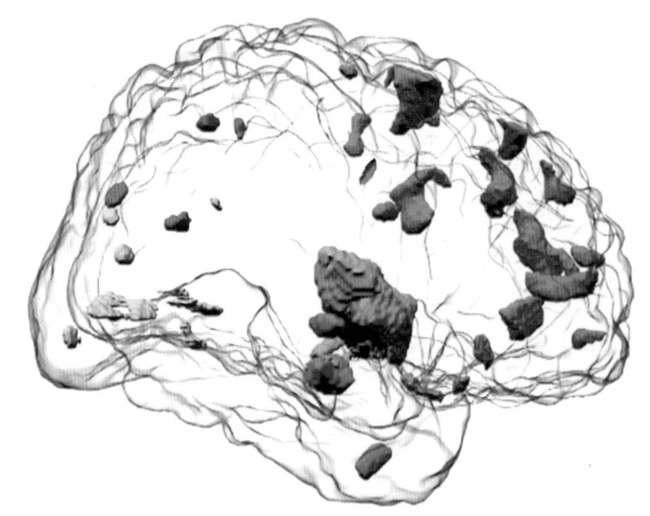

图 11-5　灰质的修剪

这个大脑的三维视图显示了从青少年期到成年期间大脑中被修剪掉的灰质区域。

（资料来源：Sowell et al., 1999.）

(p.500)

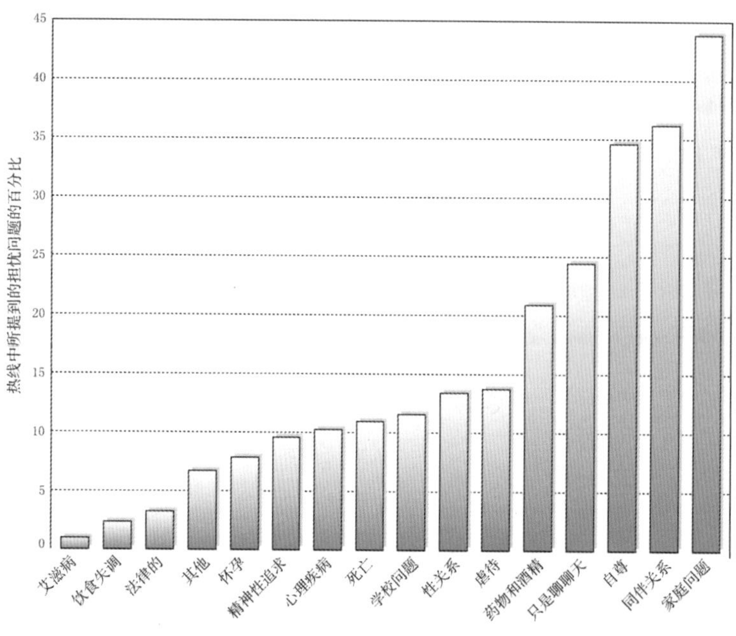

图 12—2　青少年的难题

根据对一热线中来电的统计，家庭、同伴关系和自尊问题是考虑自杀的青少年提得最多的问题。

（资料来源：Boehm & Campbell, 1995.）

(p.546)

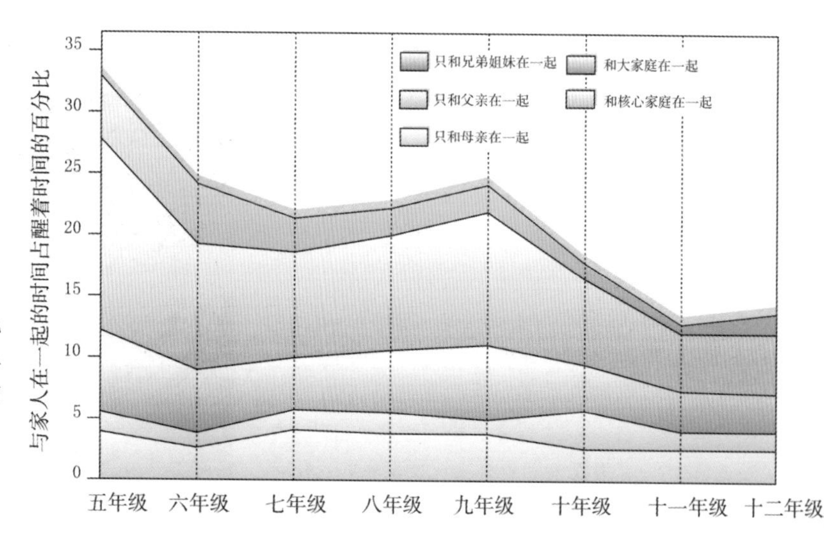

图 12—6　青少年与父母在一起的时间

尽管青少年要求自主和独立，但大多数对他们的父母有着深深的爱和尊敬，并且他们单独与父母一方在一起的时间总量（下面的两个部分）在青少年期保持相当的稳定。

（资料来源：Larson et al, 1996.）

(p.553)

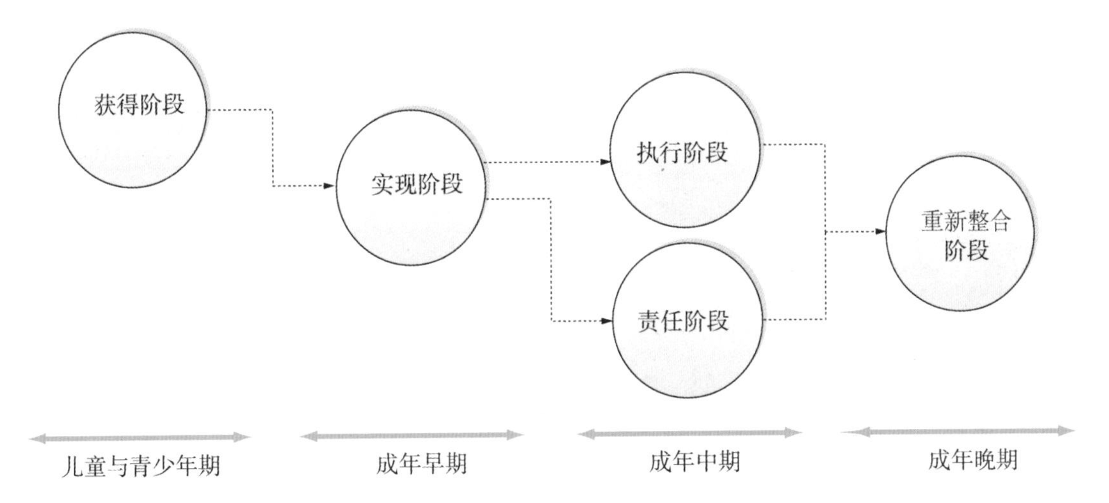

图13-6 沙尔的成年发展阶段

（资料来源：Schaie，1977–1978.） （p.603）

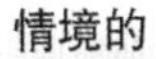

图13-7 斯滕伯格的智力三元论

（资料来源：Sternberg, 1985, 1991.） （p.605）

诸如新生儿降生、挚爱亲人去世等重大生活事件，为人们重新评估自身和所处世界提供了契机，激发认知发展。可能激发认知发展的复杂事件还有哪些？ (p.608)

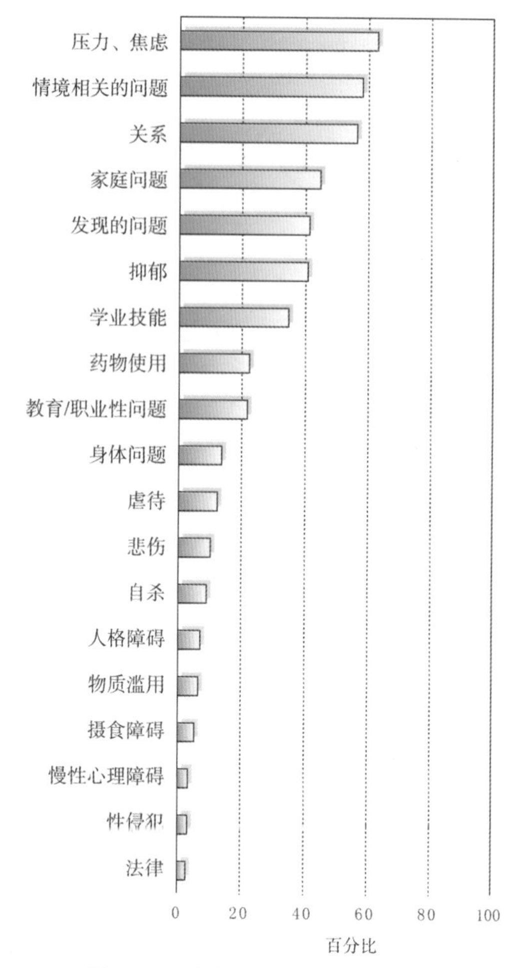

图13-11 大学生活中的问题

大学生去大学咨询中心求助最多的问题。

（资料来源：Benton et al., 2003.） (p.613)

人们最容易被那些自信、忠诚、热情和深情的人所吸引。 (p.629)

一些心理学家认为，婴幼儿早期的依恋模式在成年的亲密关系质量中得以重现。 (p.638)

成功的婚姻往往伴随彼此的陪伴和共享许多活动带来的乐趣。 (p.645)

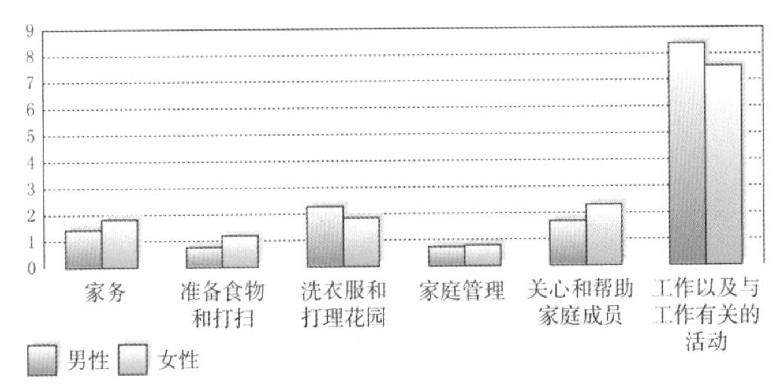

注：数字是指从事该活动的人每天的平均时数。

图14-9 劳动分工

虽然丈夫和妻子每周工作的时间通常是相似的，但妻子往往比丈夫做更长时间的家务以及照顾孩子。你认为为什么会存在这种模式？

（资料来源：Bureau of Labor Statistics，2012.） (p.648)

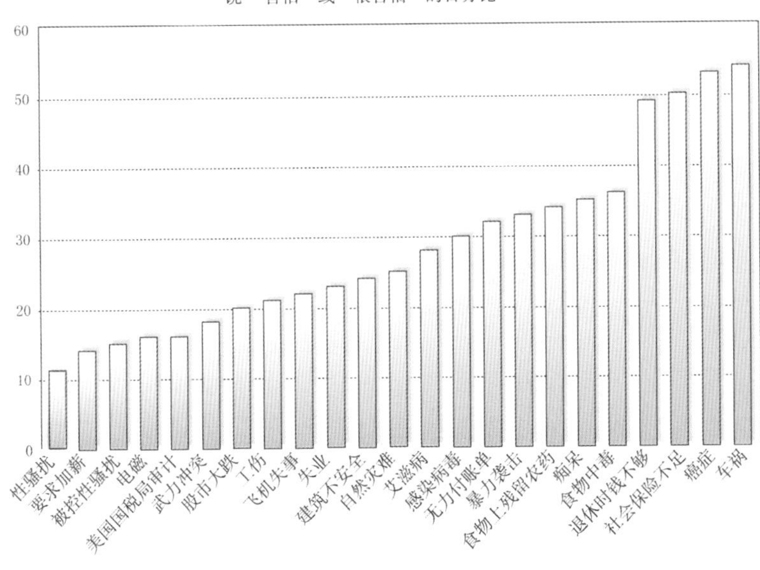

图15-4 中年时期所担心的问题

当人们进入中年期时，健康和安全变得越来越重要，其次是对经济状况的担忧。

（资料来源：USA Weekend，1997.）

(p.681)

安吉丽娜·朱莉做了双乳切除手术以减少患乳腺癌的风险。(p.692)

成年中期，中年人与他人的关系不断变化。(p.707)

老年学家发现成年晚期个体可以像那些年轻人一样充满活力。 (p.749)

即使在成年晚期，锻炼也是可能的——同时也是有益的。 (p.755)

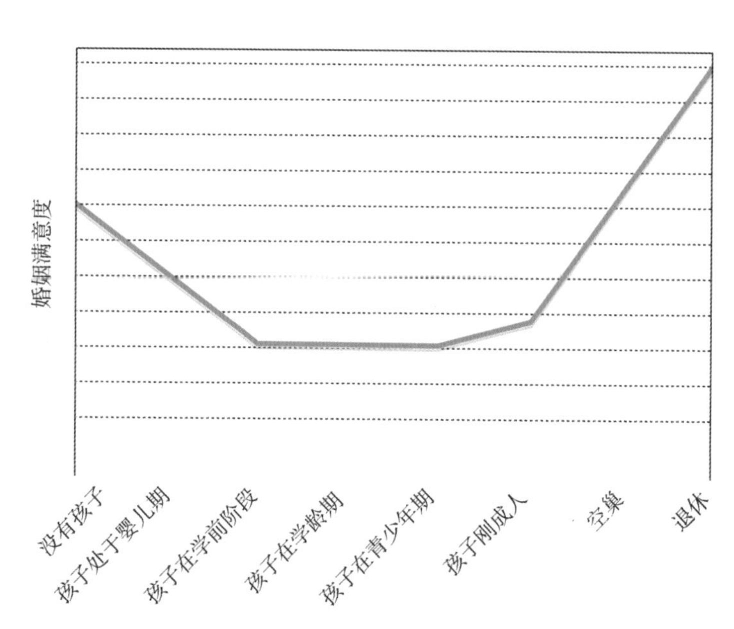

图 16-3　婚姻满意度的阶段

对大多数夫妇来说，婚姻满意度以U型曲线起伏，在第一个孩子出生后开始下降，然后在最小的孩子离开家以后回升，并最终恢复到和刚结婚时差不多的满意度水平。你认为为什么会是这种满意度的模式呢？

（资料来源：Rollins & Cannon, 1974.） (p.717)

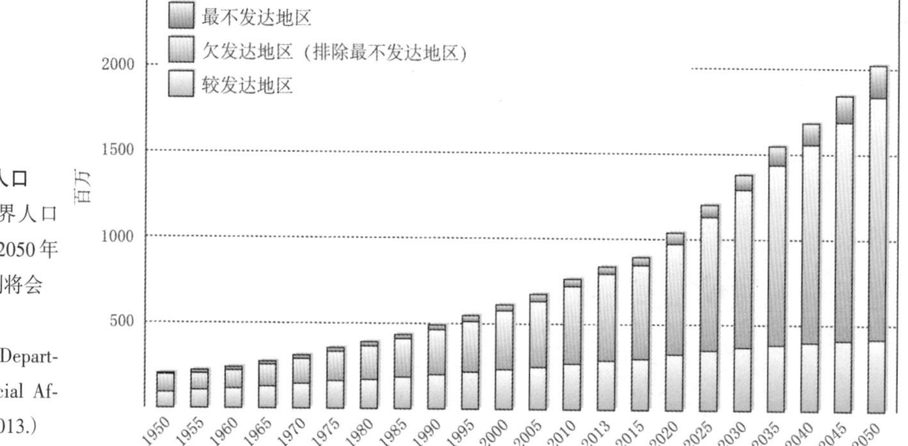

图 17-2　全世界的老年人口

寿命增加正在改变全世界人口的剖面图走向。预计到2050年60岁以上老人所占的比例将会大幅度增加。

（资料来源：United Nations, Department of Economic and Social Affairs, Population Division, 2013.）
(p.751)

脱离理论认为成年晚期个体开始从社会中逐步退隐，活跃理论则主张成功老化需要人们继续参与外界活动和他人的联系。 (p.800)

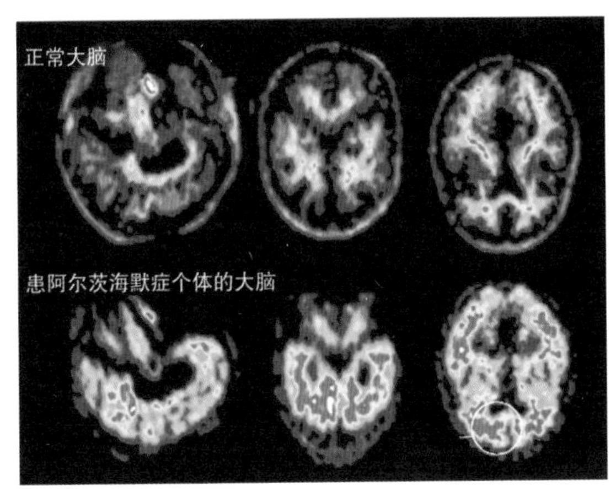

图 17-7　不同的大脑？
脑扫描结果发现，患阿尔茨海默症个体的大脑与那些没有患病个体的大脑不同。
（资料来源：Booheimer et al., 2000.）
(p.765)

许多祖父母将自己的孙子孙女纳为自己社会网络中的一部分。 (p.790)

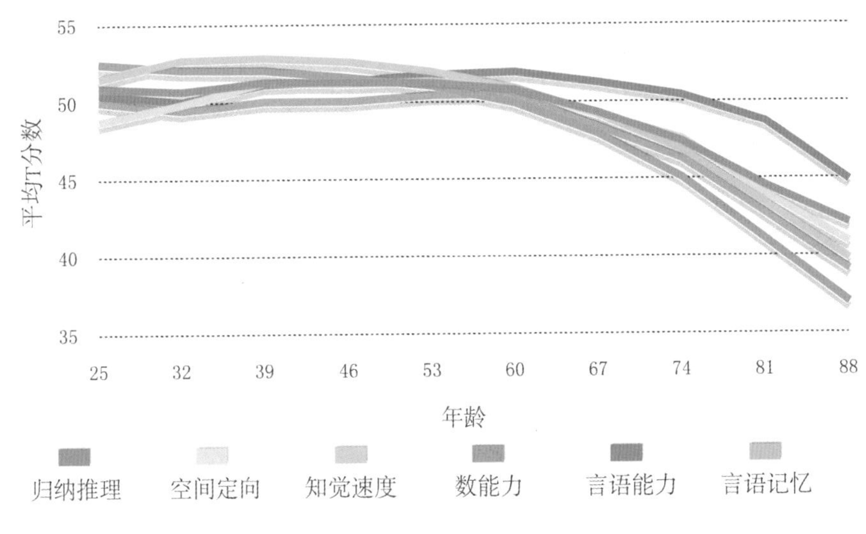

图 17-13　智力功能的变化
虽然一些智力功能在成年期有所下降，但另一些能力仍然保持相对的稳定。
（资料来源：Schaie, 1994, p. 307.） (p.779)

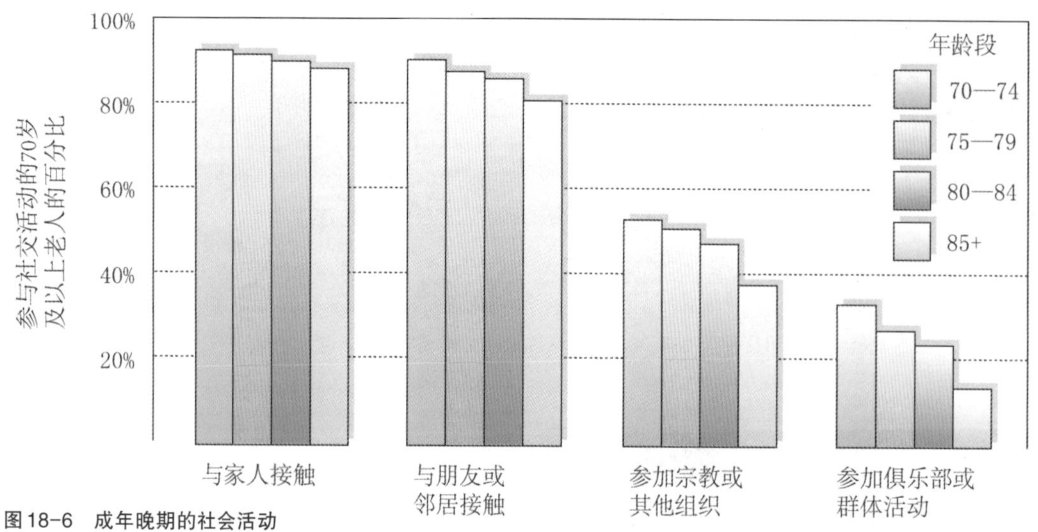

图 18-6　成年晚期的社会活动

朋友和家人在老年人的社会生活中占据重要地位。

（资料来源：Federal Interagency Forum on Age-Related Statistics, 2000.）　(p.819)

成年晚期最艰难的责任之一是照顾患病的配偶。(p.816)

当人们到达生命终期时，生命的质量就成为了一个愈发重要的议题。　(p.832)

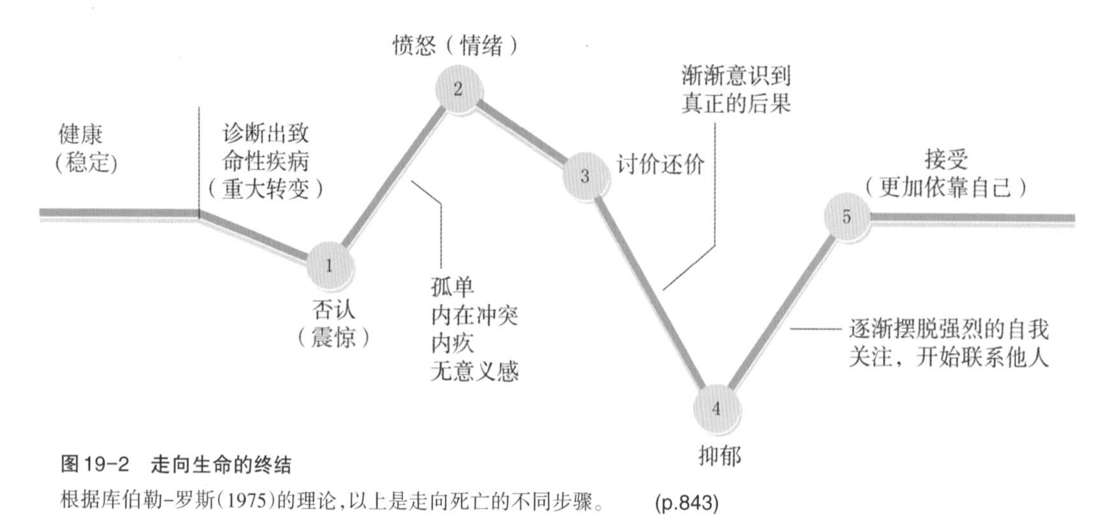

图 19-2　走向生命的终结

根据库伯勒-罗斯（1975）的理论，以上是走向死亡的不同步骤。　(p.843)

Pearson | 心理学经典译丛

发展心理学

——人的毕生发展

[美]罗伯特·费尔德曼 著
Robert Feldman

苏彦捷 等 译

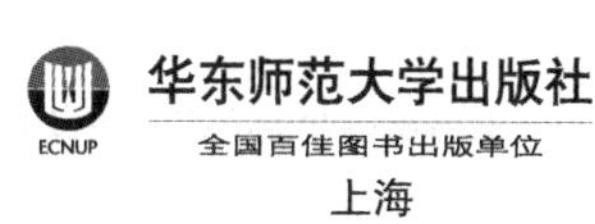

上海

图书在版编目(CIP)数据

发展心理学:人的毕生发展:第8版/(美)罗伯特·费尔德曼著;
苏彦捷等译. —上海:华东师范大学出版社,2021
(心理学经典译丛)
ISBN 978-7-5760-1927-8

Ⅰ.①发… Ⅱ.①罗… ②苏… Ⅲ.①发展心理学
Ⅳ.①B844

中国版本图书馆CIP数据核字(2021)第126400号

心理学经典译丛

发展心理学——人的毕生发展(第8版)

著　　者　[美]罗伯特·费尔德曼
译　　者　苏彦捷　等

策划编辑　王　焰
责任编辑　曾　睿
特约审读　孙弘毅　徐思思
责任校对　时东明
装帧设计　膏泽文化

出版发行　华东师范大学出版社
社　　址　上海市中山北路3663号　邮编　200062
网　　址　www.ecnupress.com.cn
电　　话　021-60821666　行政传真　021-62572105
客服电话　021-62865537
门市(邮购)电话　021-62869887
地　　址　上海市中山北路3663号华东师范大学校内先锋路口
网　　店　http://hdsdcbs.tmall.com

印 刷 者　青岛双星华信印刷有限公司
开　　本　16开
印　　张　62.5
字　　数　1246千字
版　　次　2022年6月第1版
印　　次　2024年4月第2次
书　　号　ISBN 978-7-5760-1927-8
定　　价　238.00元

出 版 人　王　焰

上海市版权局著作权合同登记 图字:09－2018－635 号

译　序

我是1983年进入北京大学心理学系学习心理学的,2021年是中国心理学会成立一百周年,我在这个共同体中工作也已经快40年了。现在心理学渐渐成为很有显示度的学科,也是出现频率很高的话题。大家都说应该学点心理学知识,那么学些什么方面的心理学知识,或者说从何开始和切入比较好呢?我想向大家推荐《发展心理学——人的毕生发展(第8版)》。理由有三:

首先,是从我们个体自身发展出发的考虑。学习发展心理学可以帮助我们"知其然"。

我们每个人都会处在毕生发展的某一个发展阶段,或者说是在某一个发展的节点上,了解毕生发展心理学,就可以帮助我们更好地了解自己。在心理学发展的历史上,有很长一段时间的发展心理学这一专业领域只关注成年前的发展阶段,认为到成年以后发展就完成了。所以直到现在,"毕生发展心理学"很大一部分还是讨论从生命的孕育到成年的发展过程。由于这些阶段的研究成果丰富,有时这一部分也可以单独成书,是为"儿童发展心理学"。了解这些内容,可以帮助我们更好地完成父母、老师等长辈的角色责任。从20世纪50年代开始,发展学科将成年之后的继续发展部分逐渐纳入整体框架。那么对个体毕生发展规律的认识,有助于我们了解自己所处发展节点之后发展阶段的可能变化,不仅可以让我们对自己的发展有所准备,而且可以帮助我们更好地理解长辈,理解父母,理解师长。因此,学习发展心理学,不仅仅是理解我们现在的所思所想所为,还有我们过去的,以及我们将来的所思所想所为。发展心理学为我们一生的生活保驾护航。

其次,是从我们理解自己和他人的角度考虑。学习发展心理学可以帮助我们不仅"知其然",还能"知其所以然"。

发展心理学为我们理解自身和他人的心理提供了一个发展的框架。同一种行为在不同发展阶段上表现的意义和需要的应对可能是不同的。比如心理学有一个研究,不同年龄的三组被试(13—16岁、18—22岁、24岁以上)完成一个赛车游戏,有两种条件,一是当场只有自己完成,另一种是有同伴在场,结果发现只有24岁以上这一组无论自己还是和同伴一起,风险驾车行为都比较少,另两组会在同伴在场时有更多的风险驾车行为,特别是13—16岁这一年龄组。发展心理学告诉我们,青少年发展阶段在完成自我认同的核心发展任务时,同伴群体是他们的重要参照背景。从青少年期开始,同伴在影响个体的态度和行为上才能够与父母的作用竞争,同伴有时会促使个体从事冒险行为。当然,同伴也会帮助青少年个体逐渐学会如何处理社会问题。了解了每一发展阶段的特点,就会对我们看到的现象和行为有所理解,对个体的变化做出解释,有助于我们做出适宜的反应和应对。

最后,为了我们自己的一生的故事书写得精彩,过得明白,需要发展心理学的加持。

由于个体要面对不同阶段的发展任务并面临发展的要求和挑战,帮助孩子和教育者(家长教师)理解自身,帮助孩子和教育者理解对方,了解个体自身可能面临的发展需求和挑战,激发理解和了解的意识及相应的行动,不仅可以减缓由于(对模糊和陌生情境的)不了解而引起的焦虑,还可以引导正确的归因。了解和理解本身都会直接缓和情绪干扰以及应对方法的极端性,随之会进一步避免冲突升级,降低不良后果发生的可能性,可以使我们的生活更加幸福。

我已经主持翻译过若干本费尔德曼教授的发展心理学教材了,其中有只关注人生前半段的儿童发展心理学,也有关注生命全程的毕生发展心理学,后者又有全本和简本。本书即19章的这个版本是全本,内容丰富全面,篇幅近千页之多。这个版本对我有着不太一样的意义。首先它是我在接手本科发展心理学课程时,从密西根大学心理学系合作者那里咨询到的美国同行使用的同步教材。我一直用这本教材的框架进行本科课程的组织,所以它与我在北大的本科生课程章节基本对应。其次,它是我们实验室翻译的第一本发展心理学教材(费尔德曼著,苏彦捷等译,《发展心理学——人的毕生发展(第4版)》,世界图书出版公司2007年版),而当时的责任编辑是我的研究生俞涛,满载着师生传承的记忆。一转眼,十几年过去了,我也从中青年走入了中老年发展阶段,这一版本的教材也伴随了我的发展。

由于发展心理学与我们每个人的生活密切相关,与社会发展联系紧密,随着新的研究成果的不断涌现和发表,我们对个体毕生发展过程的了解也越来越多,这一教材的每一新版都增加很多新的材料和见解。每次更新译本虽然是一个艰苦的过程，但也是一个不断学习和更新我们对个体发展理解的过程。学习和参与翻译的很多学生现在也去从事教学工作了，希望他们和我一样从中获益。这一次参加讨论和修订的实验室成员包括我的研究生、访问学者以及见习学生，他们是吴依泠、刘瑾、方慜、洪烨、王一伊、竺翠、颜志强、王宏伟、王笑楠、刘赞、崔竞蒙、王协顺、谢东杰、苏金龙、王启忱、李书婷、李紫菲、丛孟晗、于丹丹、刘思燚、高世欢、王晓斐、王研维、陶格同、林悦、李慧惠、温凌云、汪枭。

从初稿的校对，到定稿的通读，我一直秉承两点原则：首先尽可能地避免误译，保证知识点和概念的准确，其次是考虑语言表达上的易于接受和理解。尽管力求完美，但由于这一学科和领域的广泛性和多样性，还是会有很多不尽如人意和疏漏之处，恳请读者不吝赐教。愿大家和我们一起开启或继续发展心理学学习和研究的历程，享受毕生发展的转承启合，成就丰富多彩的人生。

还是用我经常说的那句话结束：发展心理学可以帮助我们更好地做父母，更好地做自己，更好地做子女。愿这本教材助力咱们的学习和发展之旅。

苏彦捷

2021 年 12 月 7 日

北京大学哲学楼

序 言

本书讲述了一个故事:它是我们的、我们父母的,也是我们子女的故事。这是一个关于人类以及他们如何形成现在的状态的故事。

与其他研究领域不同,毕生发展主要从个体的角度进行论述。毕生发展的研究范围涵盖了人类从出生到死亡的整个过程的存在状态。这个学科会论及观点、概念和理论,但是核心问题是"人"——我们的父亲、母亲、朋友、熟人和我们自己。

《发展心理学——人的毕生发展》(*Development Across the Life Span*)试图通过激发、培养和塑造读者兴趣的方式来讲述毕生发展的理论。本书希望能够激发学生对毕生发展领域的兴趣,塑造他们以毕生发展的视角看待世界,并培养他们对发展问题的理解。通过向学生展示毕生发展现今的研究内容和前景,本书希望能够在正式课程已经结束的情况下,继续保持学生对该领域的长久兴趣。

第 8 版概要

《发展心理学——人的毕生发展(第 8 版)》,与以前的版本一样,提供了人类发展研究领域非常全面的概况。本书涵盖了人类发展的整个过程,从生命的孕育一直到生命的结束。我们也提供了对毕生发展领域广泛而全面的介绍,包括基本理论和研究发现,并突出了研究成果在实验室之外的当前应用。本书以时间顺序来描述毕生发展,包括出生前、婴儿期、学前期、儿童中期、青少年期、成年早期和中期以及成年晚期。在每一个发展阶段,本书都会集中讨论生理、认知能力、社会性和人格发展。

本书试图达到以下四个主要目的:

首先,也是最重要的,本书将提供一个毕生发展领域全面而均衡的概况。本书介绍了构成该领域的理论、研究和应用,分析了该领域的传统研究范围和最新进展。本书对毕生发展专家提供的应用给予了特别的关注,以阐明发展心理学家如何运用理论、研究和应用来帮助解决重要的社会问题。

本书的第二个目的是明确地将发展与学生的生活联系在一起。毕生发展的研究结果与学生生活存在显著的关联性，而本书阐述了如何有意义地、有效地运用这些研究结果。应用都是以现今生活中的事例进行阐释，包括时事新闻、近期全世界发生的事件和吸引读者的毕生发展的当前运用。许多描述性的情节和插图反映了人们生活的日常情境，并解释人们生活与毕生发展的关联。

本书的第三个目的是突出当今多元文化社会的共同性和多样性。因此，本书整合了与多样性有关的各种形式的材料——种族、族裔、性别、性取向、宗教和文化多样性——并且贯穿在每一章节中。此外，每一章都至少包含一个名为“发展的多样性”的板块。这些特色部分突出地分析了与发展有关的文化因素如何统一和分化了我们现在的全球社会。

最后，第四个目的隐藏于其他三个目的之中：让毕生发展有吸引力，容易理解，并且让学生产生兴趣。学习和讲授毕生发展都让人感到快乐，因为毕生发展的许多内容对我们的生活有直接的、即刻的意义。由于我们所有人都处于我们自己的发展轨迹当中，所以我们以个体的方式与本书涵盖的内容联系在了一起。《发展心理学——人的毕生发展》的目的就是培养这种兴趣，播下种子，并在读者的毕生中发展和繁盛。

为了达到这些目的，本书竭尽全力成为读者容易使用的书籍。书中采用直接的、对话式的口吻尽可能地替代作者和学生的对话形式。本书旨在能够被不同兴趣和动机水平的读者独立地理解和掌握。考虑到这一点，本书涵盖了多种教学形式，以促进读者对内容的掌握并鼓励批判性思维。

简而言之，本书整合了理论、研究和应用，重点关注个体整个毕生发展过程。此外，本书并没有试图提供一个对该领域详尽的历史记录，而是集中于当前。虽然本书在恰当的地方引用了过去的研究结果，但是我们主要描述该领域的现状和未来发展的方向。类似地，虽然本书也提供了对于经典研究的阐述，但我们更多地强调当前的研究发现和发展趋势。

《发展心理学——人的毕生发展》致力于成为读者希望放进个人书架的著作，当他们思考与那个最令人好奇的问题相关的疑问时，将会从书架上取下来的一本著作：人们如何发展成为他们现在的状况的？

本书特色

章首前言

每一章都以一个简短的故事或情境为引,该故事/情境与本章所要探讨的基本发展问题密切相关。

预览部分

预览部分旨在将读者的兴趣引向本章所要讨论的主题,构建了将开篇序言与其余部分相结合的桥梁。

学习目标

每个主要部分均包含明确的学习目标。这些量化的学习目标为教师评估学生对特定内容的掌握程度提供了参照标准。

从研究到实践

每章均包含一个特定部分,旨在描述当前研究在现实问题中的应用,促使学生意识到发展心理学的研究对整个社会的影响。新版本增添了许多最新的研究应用。

发展的多样性

每章至少包含一个"发展多样性"部分。该部分内容突出强调了与当今多元文化社会相关的社会问题。

关键术语

关键术语的定义印在术语第一次出现处附近的页边。

你是发展心理学知识的明智消费者吗?

每一章节都包括关于发展研究者的具体应用实例的信息。

复习与应用

每一章都穿插着三个简短的章节要点综述,以及旨在通过书面回答引出对主题的批判性思考的日志提示。

本章结语

本章结语在每章的最后,包括对章节序言的呼应以及本章主要内容的总结,该总结通常与本章的学习目标相联系。

职业参照

学生在阅读过程中将会看到多种多样的问题,这些问题旨在显示该教材对多种职业的适用性,包含教育、护理、社会工作和健康照护人员。

观点整合

在综合概念图的结尾处有一个小插图，要求学生从自己、家长、教育工作者、健康照护工作者和社会工作者等多个视角思考问题。

第8版有哪些新内容?

修订版包括很多重要的改变和增添。最重要的是，修订版包含一系列具体、可量化的学习目标。该设置旨在帮助教学人员针对特定的学习目标设计测试，并帮助学生最有效地指导自己的学习。

此外，每一章开头都有一个新的开篇故事，引导你进入与该章主旨有关的真实世界。而且，这一版里几乎所有的“从研究到实践”专栏都是全新的，它们描述了当代的发展研究主题及其暗含的应用可能性。

最后，《发展心理学——人的毕生发展(第8版)》包括相当多的全新或更新的信息。例如，新增或进一步补充像行为基因学、大脑发育、演化观点以及发展的跨文化方法等领域的进展。总体而言，增加了数百条新的参考文献，全部引自近几年出版的图书或已发表的文章。

每一章节都增加了新的话题。下列新增加或修改后的主题特色可以很好地说明这次修订的状况:

第1章

第一个试管婴儿的近况

对儿童网络使用的控制

战争的长期影响

第2章

胎儿酒精综合征

饥饿发生率的更新

唐氏综合征出生率的更新

克氏综合征发病率的更新

人工流产的后遗症

流产

孤独症谱系障碍

精神分裂症谱系障碍

主要的抑郁障碍

对出生缺陷发生概率的解释

第3章

婴儿抚触的好处

美国婴儿死亡率(新数据)

子宫内的味觉偏好

父母在与婴儿交流时调整言语

第4章

婴儿摇晃综合征的死亡率

大脑可塑性

婴儿猝死综合征统计(新数据)

美国的营养不良

全球营养不良(新数据)

低收入和贫困家庭比例(新数据)

最近关于母乳的研究

与社会性发展相关的婴儿抚触

第5章

吮吸反射并过渡到下一阶段

大脑发育和婴儿遗忘症

贝利量表的实用性

与外国人讲话调整表达方式

第6章

婴儿的情绪

父亲参与儿童照护

梭状回,注意孩子们的脸

“专家”型婴儿

关于21世纪家庭的最新情况

第7章

儿童肥胖最新情况

儿童抑郁症的最新情况

观看电视和其他媒体使用(新数据)

第8章

游戏与大脑发育

孤独症谱系障碍

单亲家庭

第9章

哮喘的诱因

儿童流畅性障碍

特殊学习障碍

ADHD 发病率上升的新数据

第10章

应对欺凌

单亲家庭的新数据

同性恋父母

第11章

肥胖和快餐

青少年睡眠不足

电子烟使用的新趋势

大麻使用的变化

第12章

青少年共情

易性癖

第13章

国际他杀率

肥胖

锻炼与长寿

第 14 章

工资的性别间差距变化

成人初显期

同性婚姻

第 15 章

冠心病率

乳腺癌发病率

对未来疾病易感性的基因筛查

第 16 章

入境统计数字的变动

感知年龄和实际年龄之间的关系:健康结果

第 17 章

寿命统计

60 岁以上人口比例

跌倒风险

第 18 章

老人与贫穷

中老年离婚率的上升

老化作为一种心理状态

第 19 章

葬礼消费的新数据

火化的流行

辅助材料

《发展心理学——人的毕生发展(第 8 版)》配有系列教学材料。

REVEL™

当代学生阅读、思考和学习的教育技术

当学生们全身心投入时,他们的学习效率更高,在课堂中的表现更好。正是这一简

单的思想逻辑激发了REVEL的创作:一种身临其境的学习体验,专为当今学生阅读、思考和学习方式而设计。REVEL是与全国各地的教育工作者和学生合作打造的,以最新的、完全数字化的方式来传递受人尊敬的培生(Pearson)内容。

REVEL通过媒介互动和评估的方式(作者直接对其整合)活跃了课程内容,为学生提供了针对课程内容进行阅读和实践的机会。这种浸入式体验提升了学生的参与感,从而促使学生更好地理解课程内容,有更出色的学业表现。

了解更多关于REVEL

http://www.pearsonhighered.com/revel/

第8版包含完整的视频和电子版材料,让学生能更深入地探索主题。

REVEL还可以让学生通过多种方式来评估自己对课程内容的掌握程度,包含即时反馈的多选测验以及各种写作任务,如同行评审问题和自动评分的任务。

教师用印刷和视频辅助资料

教师资源手册(ISBN:0134474244)。这一教师资源手册专门为第8版进行了充分的审读和修订。它包括学习目标、关键术语和概念,每一章独立的讲课建议、课堂活动、讲义、补充阅读建议以及带注释的附加多媒体资料列表。

教师资源手册可通过培生教师资源中心(www.pearsonhighered.com)或"我的心理实验室"平台(www.MyPsychLab.com)下载。

教师注释版(ISBN:013446561X)。在新的教师注释版本中,教师会看到很多与线上交互REVEL课程相关的教学建议,包含课堂活动建议、板书建议等等。

视频增强幻灯片(ISBN:0134474651)。这些幻灯片将费尔德曼的设计恰当地引入课堂,将学生的注意力吸引到讲课上,并提供一流的互动活动、视觉材料和视频资料。

PPT教学幻灯片(ISBN:0134422228)。这些幻灯片生动地呈现了每一章的内容,并突出展示了重要的图形和表格。您可以通过培生教师资源中心(www.pearsonhighered.

com)或“我的心理实验室”平台(www. MyPsychLab. com)下载。

测验题目文件(ISBN:0134422244)。针对第8版,每个问题都经过精确核对,以确保标记正确的答案,并且页边文字都是准确的。该试题库包括3000多道多项选择题、是非题和简答题,每道题都与书中相应页面及对应的章节学习目标相关联。该试题库还有一个特色,即根据布鲁姆的分类学观点,将每道题分为事实题、概念题和应用题三种题目类型。此外,教授还可以根据问题难易程度定制他们的试卷,并确保各类型题目达到平衡。最后,每一章的测验题目文件前面都有一个总体评价指南,它是一个易于参照的指标,按照教材的不同部分、问题的类型来组织试题,从而让编制试卷变得更简单。

我的测验(ISBN:0134422236)。这个测验题目文件和“Pearson MyTest”配套,后者是一个强大的评分程序,帮助教师很容易地编制和印制小测验和试卷。这种在线编制问题和测验的功能给予教师最大的灵活性,使得他们可以在任何时间、地点有效地管理评分。欲知详情,请浏览 www. PearsonMyTest. com。

我的心理实验室(IBSN:0134428935)。该内容可在 www. MyPsychLab. com 获取。“我的心理实验室”是一款集在线家庭作业、辅导和评估于一身的项目,可有效吸引学生参与到学习中。它一方面帮助学生更好地准备课程、测验和考试,从而获得优异的学业成绩。另一方面,它又可帮助教育工作者及时关注到个人和班级动态。

个性化定制功能。“我的心理实验室”拥有个性化定制功能。教师可以自由选择学生的课程,作业、应用程序等都可以灵活地打开和关闭。

黑板单点登录。“我的心理实验室”可以单独使用,也可以链接到任何课程管理系统中。黑板单点登录可以与所有“我的心理实验室”新资源进行深度链接。

培生电子书和章节音频(ISBN: 0134423895)。与印刷文本一样,学生可以在培生电子书上画重点并添加注释。使用者可以通过笔记本电脑、iPad和其他平板电脑进行下载。学生也可以通过相关音频文件听课文。

任务单和成绩单。新增的拖拽任务单操作便捷了任务分配和完成过程。自动评分功能不仅向学生提供了试卷的即时反馈,还可自动生成成绩单,且该成绩单不仅在“我的实验室”中可见还可以导出。

定制的学习计划。该内容可有效激发学生的批判性思维。它可以将学生的学习需求分成几个部分,如回忆、理解、应用和分析。

教师用视频资源

培生毕生发展视频教学影片集(ISBN:0205656021)。该影片集不仅可以激发学生的学习兴趣,还将从出生到生命结束过程中的一系列话题栩栩如生地展现出来。实地拍摄的国际视频更是让学生们真切感受到不同文化背景下人类发展的异同。

补充材料

联系您当地的培生代表,购买以下与《发展心理学——人的毕生发展(第8版)》有关的任何补充材料。

《发展心理学的当前趋势》(ISBN:0205597505)。来自心理科学协会的读物。这份全新的、令人兴奋的读物包括20多篇文章,专为本科生读者精心选择,并且直接从《心理科学当前趋势》(*Current Directions in Psychological Science*)杂志中选取。这些新近的前沿文章使教师能为他们的学生提供一个关于心理学界最领先和最受关注的真实观点。当与用作高校教材的本书打包时,可以免费获得。

《影响儿童心理学的20个研究》(ISBN:0130415723)。通过展示塑造现代发展心理学的开创性研究,这本简明教材概括介绍了激起每一个研究的环境、研究设计、研究结果以及它对发展心理学领域当今思潮的影响。

《多元文化情境下的人类发展》(ISBN:0130195235)。由Michele A. Paludi编写,这份读本突出了文化对发展心理学的影响。

《心理学专业:职业和成功之道》(ISBN:0205684688)。由Eric Landrum(爱达荷州立大学)、Stephen Davis(恩波利州立大学)和Terri Landrum(爱达荷州立大学)编写。这份160页的平装书提供了关于心理学专业的职业选择的宝贵信息、提高学业成绩的技巧和研究报告的APA格式介绍。

致谢

感谢以下审稿人提出的评论、建设性意见和鼓励:

Wanda Clark—South Plains College; Ariana Durando—Queens College; Dawn Kriebel—Immaculata University; Yvonne Larrier—Indiana University South Bend; Meghan Novy—Palomar College; Laura Pirazzi—San Jose State University

Kristine Anthis—Southern Connecticut State University; Jo Ann Armstrong—Patrick Henry Community College; Sindy Armstrong—Ozarks Technical College; Stephanie Babb—University of Houston - Downtown; Verneda Hamm Baugh—Kean University; Laura Brandt—Adlai E. Stevenson High School; Jennifer Brennom—Kirkwood Community College; Lisa Brown—Frederick Community College; Cynthia Calhoun—Southwest Tennessee Community College; Cara Cashon—University of Louisville; William Elmhorst—Marshfield High School; Donnell Griffin—Davidson County Community College; Sandra Hellyer—Ball State University; Dr. Nancy Kalish—California State University, Sacramento; Barb Ramos—Simpson College; Linda Tobin—Austin Community College; Scott Young—Iowa State University.

Amy Boland—Columbus State Community College; Ginny Boyum—Rochester Community and Technical Colege; Krista Forrest—University of Nebraska at Kearney; John Gambon—Ozarks Technical College; Tim Killian— University of Arkansas; Peter Matsos—Riverside City College; Troy Schiedenhelm—Rowan - Cabarrus Community College; Charles Shairs—Bunker Hill Community College; Deirdre Slavik—NorthWest Arkansas Community College; Cassandra George Sturges—Washtenaw Community College; Rachelle Tannenbaum—Anne Arundel Community College; Lois Willoughby—Miami Dade College.

Nancy Ashton, R. Stockton College; Dana Davidson, University of Hawaii at Manoa; Margaret Dombrowski, Harrisburg Area Community College; Bailey Drechsler, Cuesta College; Jennifer Farell, University of North Carolina—Greensboro; Carol Flaugher, University at Buffalo; Rebecca Glover, University of North Texas; R. J. Grisham, Indian River Community College; Martha Kuehn, Central Lakes College; Heather Nash, University of Alaska Southeast; Sadie Oates, Pitt Community College; Patricia Sawyer, Middlesex Community College; Barbara Simon, Midlands Technical College; Archana Singh, Utah State University; Joan Thomas—Spiegel, Los Angeles Harbor College; Linda Veltri, University of Portland.

Libby Balter Blume, University of Detroit Mercy; Bobby Carlsen, Averett College; Ingrid Cominsky, Onondaga Community College; Amanda Cunningham, Emporia State University; Felice J. Green, University of North Alabama; Mark Hartlaub, Texas A&M University—Corpus Christi; Kathleen Hulbert, University of Massachusetts— Lowell; Susan Jacob, Central Michigan University; Laura Levine, Central Connecticut State University; Pamelyn M. MacDonald, Washburn University; Jessica Miller, Mesa State College; Shirley Albertson Owens, Vanguard University of Southern California; Stephanie Weyers, Emporia State University; Karen L. Yanowitz, Arkansas State University.

我还要感谢很多其他人。我对大学阶段(首先在维思大学,然后是威斯康星大学)

的老师们充满感恩之情。特别值得一提的是在我本科教育中起到转折性作用的卡尔·谢贝,还有我在研究生求学阶段的导师和引路人弗农·艾伦,以及研究生院发展方面的很多专家,如罗斯·派克,约翰·鲍尔林,乔尔·莱文,赫伯·克劳斯梅尔等人,也对我帮助颇多。在我成为教授以后,我的学习生涯仍然在继续。我特别感谢我在马萨诸塞大学的同事们,他们的努力使得这所大学成为集教学与科研于一体的著名学府。

很多人在本书的出版过程中起到了关键的作用。富有想法和创造力的克里斯·波里耶是我开发 REVEL 教辅工具的合作者,也是整个开发过程的中流砥柱。约翰·比克福德在研究和编辑方面有重要贡献,我非常感谢他们的帮助。最重要的是,约翰·格拉夫对于撰写本书的许多方面都提出了实质性的调整和修改意见,我非常感谢他所做的重大贡献。

我同样十分感谢培生团队在本书的策划出版过程中所给予的重大帮助。执行编辑周安伯为本书带来了热情和创造力,项目管理者塞西莉亚·特纳在本书出版过程中拼尽了全力,我非常感谢他们!最重要的是,我还想感谢总是富有创造力和想法的香农·莱梅·芬恩,是他促使我完成了本书的创作。

在出版过程的最后,生产主管丹尼斯·福洛和项目负责人谢利·库珀曼协助将本书的各个方面整合到一起。除此之外,我还要衷心感谢杰夫·马歇尔,他的很多想法构成了本书的灵魂。最后,我还要(提前)感谢市场主管林赛·普拉德霍姆·吉尔,我非常信任她的能力。

我也要感谢我的家族成员,他们是我生活中不可或缺的部分。我的哥哥迈克尔、嫂子、妹夫、侄子和侄女,都是我生活中的重要部分。并且,我永远对家中老一辈人充满感激,他们为我做出了榜样。他们是埃塞尔·拉德勒、已故的哈利·布罗克斯坦和玛丽·沃尔沃克,尤其是我母亲莉亚·布罗克斯坦和已故的父亲索尔·费尔德曼。

最后,我的家庭值得我给予最多的感谢。我了不起的孩子们:乔纳森和他的妻子利,约书亚和他的妻子朱莉,还有沙拉和她的丈夫杰夫,他们不仅善良、聪明、美丽,还是我的骄傲和欢乐。我的孙子亚历克斯、迈尔斯、娜奥米和莉利亚从他们出生那一刻起就给我带来了无尽的幸福。最后是我的妻子凯瑟琳·沃尔沃克,她的爱和支持让一切事情都有了意义。我用我全部的爱,感谢他们。

罗伯特·S. 费尔德曼(Robert S. Feldman)

马萨诸塞大学,阿默斯特

简明目录

目　录

上

第一部分　生命的开始

第二部分　婴儿期：形成生命的基础

第三部分 学前期

第四部分 儿童中期

下

第五部分　青少年期

第六部分　成年早期

第七部分 成年中期

第八部分 成年晚期

第一部分

生命的开始

第1章　毕生发展绪论

本章学习目标

LO 1.1　定义毕生发展的领域并描述其包含的内容
LO 1.2　描述毕生发展专家所涵盖的领域
LO 1.3　描述人类发展的基本影响因素
LO 1.4　总结毕生发展领域的四个关键议题
LO 1.5　描述心理动力学理论如何解释毕生发展
LO 1.6　描述行为观点如何解释毕生发展
LO 1.7　描述认知观点如何解释毕生发展
LO 1.8　描述人本主义观点如何解释毕生发展

LO 1.9　描述情境观点如何解释毕生发展

LO 1.10　描述演化观点如何解释毕生发展

LO 1.11　讨论将多种观点应用于毕生发展的价值

LO 1.12　描述理论和假设在发展研究中的作用

LO 1.13　比较两类主要的毕生发展研究

LO 1.14　识别不同类型的相关研究以及它们与因果的关系

LO 1.15　解释一项实验的主要特征

LO 1.16　区别理论研究和应用研究

LO 1.17　比较纵向研究、横断研究和序列研究

LO 1.18　描述影响心理学研究的伦理问题

本章概要

毕生发展的取向

定义毕生发展

对毕生发展领域的界定

影响毕生发展的因素

要点和问题:毕生发展的先天—后天

毕生发展的理论观点

心理动力学观点:关注内在的自己

行为观点:关注可观测的行为

认知观点:考察理解的根源

人本主义观点:关注人类的独特本质

情境观点:更全面地看发展

演化观点:我们的祖先对行为的贡献

为什么“何种理论是正确的”是一个错误问题

研究方法

理论和假设:提出问题

选择研究策略:回答问题

相关研究

实验研究:确定原因和结果

理论和应用研究:互补的途径

测量发展变化

伦理和研究

开场白：美丽新世界

如果你的一生中，别人对你的看法都会受到你出生方式的影响，会如何？

在某种程度上，这就是路易斯·布朗（Louise Brown）所经历的，她是世界上第一位“试管婴儿”，由体外受精（IVF）实现，即父亲精子与母亲卵子的受精过程在体外完成。

当路易斯还是学龄前儿童时，她的父母告诉了她，她是如何诞生的。路易斯整个童年时代都被各种问题轰炸。她需要向她的同学们解释，事实上，她并非出生在实验室。

作为一个孩子，路易斯有时感到孤独。“我认为这是我特有的。”她回忆道。但随着年龄的增长，越来越多的孩子以同样的方式出生，她的孤立感下降了。

路易斯·布朗和她的儿子

事实上，今天人们很难说路易斯是孤立的，超过500万婴儿使用相同的程序诞生，这几乎已成为常规。在28岁的时候，路易斯自己也成了一名母亲，生下了名叫卡梅隆（Cameron）的男婴——意外地通过传统受孕方式怀上的孩子（Falco, 2012; ICMRT, 2012）。

预览

也许路易斯通过人工授精方式的诞生十分新异，但她自婴儿期到儿童期、青少年期，一直到结婚生子的成长轨迹遵循着一个平凡的模式。虽然我们的发展过程在细节上变化多端——有些人遭遇了经济上的贫困，或者生活于战乱的国家；其他的则要应对遗传或诸如离异和继父母等家庭问题——然而我们所有人发育过程的大致情况，和多年前在那个试管中所设定的是极为相似的。无论是勒布朗·詹姆斯、比尔·盖茨还是英国女王，我们都跋涉在这片被称为毕生发展的领土上。

路易斯通过人工授精的诞生仅仅是20世纪“美丽新世界”中的一页。从克隆技术到贫困儿童的发展，再到艾滋病的预防，人们对于攸关自身发展问题的关注大大提升。然而在这些焦点背后还存在着更为根本的问题：我们的身体如何发育？在一生的历程中，我们对于世界的认识如何产生和变化？我们的个性和社会关系又怎样发展？

以上提及的问题，以及我们将要在这本书中共同探讨的很多其他问题，都是毕生发展研究领域的核心课题。作为一个研究领域，毕生发展不仅包含从出生到死亡这一广阔的时间跨度，而且包括广泛的研究范围。举例来说，在探讨路易斯的生命历程时，不同的毕生发展研究专家将具有不同的兴趣焦点：

- 探索行为之生物过程的毕生发展研究者可能会测查路易斯出生前的机能是否由于宫外受精而受到影响。
- 研究遗传的毕生发展专家将会考察来源于父母的遗传天赋如何影响路易斯的日后行为。
- 那些关注生命过程中思维发展变化的毕生发展专家,会定期考察随着路易斯年龄的增长,她对于自己受孕本质的理解如何改变。
- 关注生理发育的研究者将考虑她的生长速度是否会与其他自然受孕的儿童有所不同。
- 关注社会交往和社会关系领域的专家则会着眼于路易斯与他人的互动方式及其发展的友谊类型。

尽管兴趣互不相同,研究毕生发展的专家们却关注着同一个重要的事情:理解生命过程中的发展和变化。通过不同角度的研究,发展心理学家们探寻着来自父母的生物遗传和后天生活环境如何共同影响个体的行为。

一些发展心理学家致力于解释这样的问题:遗传背景如何不仅仅决定我们的相貌,还决定我们的行为以及与他人相处的一贯方式,也就是我们的个性。他们探究各种途径,以考察作为人类的我们,有多少潜能是由遗传所提供,或因遗传而受限的。而另一些毕生发展的研究者则着眼于环境,挖掘我们身处的世界如何塑造我们的生活。他们考察个体在何种程度上被早期环境塑造,以及我们现在的境况如何微妙或显著地影响我们的行为。

无论着眼于遗传还是环境,所有的发展心理学专家们都承认,二者无法单独说明人类所有的发展和改变。相反,我们必须着眼于遗传和环境的相互影响及联合作用,尝试领会它们如何共同成为行为的基础,才可以对人类的发展有所了解。

在这一章里,我们将初步了解毕生发展心理学的研究领域。首先,我们会对学科范围加以界定,说明其涵盖的诸多主题和考察的年龄范围,从孕育到死亡。我们还将概览该领域的热点问题和存在的争议,以及发展心理学家持有的广泛观点。最后我们要探讨的是,发展心理学家是如何利用研究来提出问题和解决问题的。

1.1 毕生发展的取向

你是否曾好奇婴儿怎能用他的小手紧紧握住你的手指？或曾诧异于一个学前儿童如何有条不紊地绘制一幅图画？你是否想了解一个青少年如何决定邀请谁参加聚会,或判断下载音乐文件是否有悖于伦理规范？或者,一个中年政客怎样做到凭借记忆完成一场滴水不漏的长篇演讲？你又有没有想过,是什么使一个 80 岁的祖父与他在 40 岁做父亲的时候如此相像？

如果你曾产生过类似的疑惑,那么,你和研究毕生发展的心理学家们提出了同样的问题。在本部分,我们会检验如何界定毕生发展这一领域的范围,以及人类发展的基本影响因素。

定义毕生发展

LO 1.1　定义毕生发展的领域并描述其包含的内容

毕生发展 是考察个体在生命历程中行为的成长、变化和稳定性规律的一门学科。

毕生发展是考察个体在生命历程中行为的成长、变化和稳定性规律的一门学科。这个定义看起来直截了当，但这种直白很可能使人产生误解。为了真正理解什么是发展，我们需要对该定义的各个部分加以界定。

毕生发展是采用一种科学的途径，对成长、变化和稳定性进行研究。如同其他科学领域的成员，毕生发展的研究者利用科学的方法，检验他们对于人类发展本质和进程的假设。就像我们在本章后面部分将会看到的，研究者们建立发展理论，并利用有序的、科学的技术方法系统地验证其假设的准确性。

毕生发展关注人类的发展。虽然一些发展心理学家会研究非人物种的发展过程，但绝大多数研究者所考察的是人类的成长和变化。他们中的一些对发展的普遍原理加以探寻，而另一些则关注文化、种族和族裔的差异如何影响发展的轨迹。还有一些研究者致力于研究个体的独特方面，考察特质或性格的个体间差异。即使研究角度各有不同，所有的发展心理学家都将发展视为一个贯穿一生的连续过程。

发展心理学家们不仅关注人们在生活中变化和成长的方式，他们同样关注行为的稳定性。他们考察个体的行为在什么方面、在哪个阶段变化和发展，又是在何时、以何种方式出现了一致性和连贯性。

人们在生命历程中如何成长和变化，是毕生发展研究的焦点所在。

最后，发展心理学家们假设：从生命的孕育到生命的终止，发展的过程持续并贯穿于人类生活的每一个部分。发展研究者们认为，从某种角度而言，人们不断成长和改变直到生命的尽头，而从其他角度而言，他们的行为又保持着稳定的状态。同时，发展心理学家相信，不存在一个特殊的、单一的生命阶段掌控着个体的全部发展；相反，他们相信生命每一个阶段的发展都包含着成长和衰退，而这种能力的发展和变化将会贯穿个体的一生。

对毕生发展领域的界定

LO 1.2 描述毕生发展专家所涵盖的领域

很明显，毕生发展是一个定义宽泛且研究领域广阔的学科。因此，发展心理学家们的研究领域极为多样，每个研究者都会选择研究特定的领域和其对应的年龄范围。

体能发展 身体构成——大脑、神经系统、肌肉、感觉、对饮食的需求和睡眠的发展。

毕生发展的主题。一些发展心理学家关注**体能发展**，考察身体的构成——大脑、神经系统、肌肉、感觉、对饮食和睡眠的需要——如何决定个体的行为。举例来说，体能发展的研究者可能会考察营养失调对于儿童生长速度的影响，也可能会探索运动员的体能表现在成年期出现衰退的原因（Fell & Williams, 2008; Muios & Ballesteros, 2014）。

认知发展 智能的成长变化如何影响人类行为方式。

另一些发展心理学家关注**认知发展**，旨在考察智能的发展和变化如何影响人类的行为。认知发展学家们研究学习、记忆、问题解决和智力。举例来说，认知发展的研究者渴望了解人类的问题解决能力在生命历程中如何变化，或人们在解释自身的学业成功或失败时是否存在文化差异。他们感兴趣的课题还包括，在生命早期曾亲历过重要事件或创伤性体验的个体，在生命晚期时如何回忆起它们（Alibali, Phillips, & Fischer, 2009; Dumka et al., 2009; Penido et al., 2012）。

人格发展 生命过程中个体独有特性的发展和变化。

社会性发展 个体在生命过程中，与他人的互动及其社会关系的变化、发展和保持方式。

最后，还有一些发展心理学家关注人格和社会性发展。**人格发展**是生命过程中个体独有特性的发展和变化。**社会性发展**考察个体在生命历程中，与他人的互动及其社会关系的发展、变化和保持方式。一个对人格发展感兴趣的发展心理学家会提出这样的问题：在毕生发展过程中，是否存在稳定、持久的个性特质？而一个从事社会性发展的研究者则会考察种族偏见、贫困或离异对于发展产生的影响（Evans, Boxhill, & Pinkava, 2008; Lansford, 2009; Tine, 2014）。在表1-1中，我们对以上四种主要的研究课题——体能、认知、人格和社会性发展——进行了概述。

表 1－1　毕生发展的研究途径

研究方向	定义的特征	研究问题举例*
体能发展	强调大脑、神经系统、肌肉、感觉能力、饮食和睡眠需求对行为的影响	· 什么决定了儿童的性别？(2) · 早产的长期后果是什么？(3) · 母乳喂养的好处在哪里？(4) · 性成熟的早晚会带来何种结果？(11) · 什么导致了成年的肥胖？(13) · 成年人如何应对压力？(15) · 老化的外显和内在征兆是什么？(17) · 我们如何定义死亡？(19)
认知发展	强调智能，包括学习、记忆、问题解决和智力	· 婴儿期可以被回忆起的最早记忆是什么？(5) · 看电视如何影响智力？(7) · 空间推理能力是否与音乐学习有关？(7) · 双语是否有益于发展？(9) · 青少年期个体的自我中心如何影响其对于世界的看法？(11) · 智力是否存在族裔和种族的差异？(9) · 创造力与智力有怎样的关联？(13) · 智力是否会在晚年衰退？(17)
人格和社会性发展	强调个体独有的持久特质，以及生命过程中与他人的互动和社会关系的发展变化	· 新生儿对母亲的反应是否与对他人不同？(3) · 训练儿童的最佳步骤是什么？(8) · 对于性别的认同感如何发展？(8) · 我们如何促进跨种族的友谊？(10) · 青少年自杀的原因是什么？(12) · 我们如何选择伴侣？(14) · 父母离婚的影响是否会持续到晚年？(18) · 人们在晚年是否会拒绝和远离他人？(18) · 面对死亡是何种情绪？(19)

* 括号中的数字表明该问题所在的章节

年龄范围和个体差异。除了对特定的领域选择和深入研究，发展心理学家们还会关注特定的年龄范围。通常，个体的生命历程按照年龄范围分为以下几个阶段：产前阶段(从受精到分娩阶段)；婴幼儿期(出生到 3 岁)；学前期(3 岁到 6 岁)；儿童中期(6 岁到 12 岁)；青少年期(12 岁到 20 岁)；成年早期(20 岁到 40 岁)；成年中期(40 岁到 65 岁)；成年晚期(65 岁到生命终止)。

环境因素如何决定特定事件发生的年龄阶段：这两个印度儿童的婚礼便是一个例子。

虽然这些年龄阶段的划分被发展心理学家们广泛承认，但我们需要谨记，每个年龄阶段都是一种社会建构。所谓社会建构，是一种对于现实的共有观念，一种被广泛承认的但只是在某一时期存在的社会和文化功能。因此，某一发展阶段中年龄范围的划分——甚至这些阶段自身的定义，在许多方面都是武断的，也是源于文化的。例如我们在稍后讨论的，为什么童年期这个特殊阶段的概念直到17世纪才开始出现——在这以前，儿童被简单地视为微缩版的成年人。除此而外，虽然一些阶段具有清晰的年龄分界线（婴儿期始于出生，学前阶段结束于儿童进入小学，青少年期随着性成熟开始），其他阶段则不尽然。

以成年早期阶段为例。至少在西方国家，这一阶段被假定于从20岁开始。这个年龄之所以引人关注，是因为它象征着“十几岁”阶段的终结。而对于很多人来讲，相对于进入大学接受高等教育这些事件，19到20岁的年龄变化并没有太重要的意义，它只是在大学生涯的中间一年到来。在他们看来，离开校园走上工作岗位的经历应被赋予更多的涵义，而这大多在22岁左右开始。此外，在一些非西方的文化下，儿童受教育的机会有限，而要早早开始全日制的工作。在这种情况下，成年期的来临便要提前很多。

事实上，一些发展心理学家提出了全新的发展阶段。例如，心理学家杰弗瑞·阿内特（Jeffrey Arnett）提出青少年期应该拓展到成人初显期，这一时期开始于青少年晚期并持续到25岁左右。在成年初显期，个体不再是青少年，但是他们还不能完全承担起成年期的责任。相反，他们还在尝试不同的身份并致力于自我关注的探索（Arnett, 2010, de Dios, 2012；Sumner, Burrow, & Hill, 2015）。

简而言之，在人们的生活中，各种事件的发生时间存在明显的个体差异。一方面，这是由生物因素所引起的：个体成熟的速度不同，会在不同的时间点上达到发展过程中的里程碑。然而特定的事件在哪个年龄阶段发生，也同样受到环境因素的重要影响。例如，结婚的法定年龄在各种文化下不尽相同，这取决于婚姻在不同文化下行使的不同功能。

因此，我们需要牢记，当发展心理学家们讨论年龄范围时，他们所说的是一种平均——人们到达特定的发展里程碑的平均时间。一些个体到达里程碑的年龄较早，一些则较晚，而大多数则在平均年龄的前后。只有在与平均年龄大大背离时，这些变异才应该引起注意。比如，如果一个儿童开始说话的时间明显晚于平均年龄，那么他/她的家长就应该请语言治疗师对他们的孩子进行评估了。

年龄与研究主题的关联。毕生发展中的每一个研究主题——体能、认知、人格和社会性发展——都是贯穿一生的。因此，一些发展心理学家关注产前阶段胎儿的体能发展，而另一些关注的则是青少年期。一些研究者也许专长于学前阶段儿童的社会发展，而另一些则倾向于考查个体晚年的社会关系。还有一些可能会采取更宽泛的视角，研究生命每个阶段的认知发展变化。

在这本书中，我们将以全面的角度，纵观个体从产前期直到成年晚期和死亡的发展过程。在每一个阶段里，我们都会对不同的研究领域加以讨论，它们是体能、认知、人格和社会。另外，正如后文所讲，我们也会考虑文化对发展的影响。

影响毕生发展的因素

LO 1.3 描述人类发展的基本影响因素

鲍勃（Bob），生于1947年，是“婴儿潮”时期诞生的一员。在第二次世界大战结束后不久，士兵们纷纷从海外返回美国，造成了这一时期出生率的巨大膨胀。鲍勃的青少年期处于民权运动的鼎盛阶段，同时也是越南反战运动的开始。他的母亲利亚（Leah），生于1922年，这一代人的童年在经济大萧条的阴影中度过。鲍勃的儿子荣（Jon），生于1975年，他刚从大学毕业便开始职业生涯并组建家庭。他是人们所说的X一代。荣的妹妹出生于1982年，属于下一代，社会学家称之为千禧一代。

这些人在某种程度上，是他们所生活的社会时代的产物。每一个人都属于一个特定的**同辈**团体——生于相同时代和相同地域的人类群体。诸如战争、经济复苏和萧条、饥荒、流行疾病（如艾滋病）等重要社会事件，会对一个特定的同辈团体产生相似的影响（Mitchell, 2002; Dittmann, 2005; Twenge, Gentile, & Campbell, 2015）。

同辈 生于相同时代和相同地域的人类群体。

同辈效应提供了对于历史方面影响的有效例证。所谓历史方面的影响，即与特定的历史时刻相联结的生物和环境影响。例如，生活在纽约的人们，由于“9·11”世贸中心空袭事件而共同经历了由此带来的生物和环境上的挑战（Bonanno et al., 2006; Laugharne, Janca, & Widiger, 2007; Park, Riley, & Snyder, 2012）。

相反，年龄方面的影响是对特定年龄阶段的个体产生相似作用的生物和环境影响，无论个体是在何时或何地成长的。举例来说，青春期和更年期等生物学事件，对于所有社会中的个体，都是发生于相同年龄阶段的普遍事件。同样，诸如接受正式教育一类的社会文化事件也可被视为年龄相关的影响，因为在大多数文化下，该事件在儿童6岁左右发生。

从教育工作者的视角

一个学生的同辈身份如何影响他/她的入学准备？例如，一个在互联网普及时代的同辈团体，相较于较早的同辈团体，在入学准备上具有什么优势和劣势？

发展也受到社会文化影响（sociocultural-graded influences）。对于特定个体，社会和文化因素在一个特定的时间产生，这取决于个体的族裔、社会等级和所属亚文化群体等变量。例如，对于一个生活富裕的白种儿童来说，他受到的社会文化影响和一个少数民族的贫困儿童是不同的（Rose et al., 2003）。

最后，非常规生活事件是指在某一时间发生于个体生活中的特殊、非典型事件，而类似的事情不会在这个时间发生在大多数人群身上。例如，一个父母在一场车祸中丧生的6岁儿童，就经历了一次重大的非常规生活事件。

◎ 发展的多样性与生活

文化、族裔和种族如何影响发展

南美洲玛雅文化下的母亲们确信，与婴儿间持久的接触是一个好的养育者必须做到的。而当这种接触无法进行的时候，她们会感到身体上的不适。当她们看到北美洲的母亲们把婴儿从怀中放下，她们会感到震惊，并将婴儿的哭闹归咎于北美洲母亲们养育的失职（Morelli et al., 1992）。

对于上文中的两种养育观点，我们应该如何看待？它们是不是一对一错呢？如果我们能够考虑到母亲们所处的两种文化背景，也许我们就不会这样认为了。事实上，不同文化和亚文化下的个体有着各自对于适当养育方式的看法，并且他们对于孩子的发展目标也有着不同的期望（Huijbregts et al., 2009; Chen, Chen, & Zheng, 2012; Eeckhaut et al., 2014）。

很明显，为了了解发展，发展心理学家们必须考虑到广泛的文化因素，如个人主义或集体主义的取向。如果他们想要了解个体在一生中如何变化和成长，他们还需要对族裔、种族、社会经济和性别差异加以重视。如果发展心理学家们能够成功地做到这些，他们不仅可以更好地理解人类发展，还可以找到改善人类社会环境的有效方法。

了解多样性如何影响发展的努力总是受制于难以找到适当的词汇。例如，研究团体中的成员以及普遍社会在某些时候会不恰当地运用诸如种族和族裔群体之类的术语。种族是一个生物学概念，在基于身体和结构特征将个体分类时，应该涉及这个术语；而相反，族裔群体或民族则是更为宽泛的概念，涉及文化背景、国籍、宗教和语言。

种族的概念存在的问题尤其明显。虽然形式上，种族所涉及的是生物因素，但它被赋予了相当多的涵义，其中很多是不恰当的，范围从肤色到宗教，再到文化。此外，种族的概念是极其不严密的：单从种族的定义来看，会有3到300个种族存在，但其中没有一个是可以在遗传上清楚区分的。而99.9%的基因组成在所有人类身上都是同样的这一事实，也使得种族的问题显得不那么重要了（Bamshad & Olson, 2003; Helms, Jernigan, & Mascher, 2005; Smedley & Smedley, 2005）。

另外，在何种名字能够最好地反映不同种族和族裔群体这一问题上，也存在一些争议。“非裔美国人”，这个同时预示了地理和文化的术语，相比于“黑人”这个仅仅反映种族和肤色的词语，是否是一个好的选择？“本土美国人”是否优于“印第安人”？“西班牙裔”是否优于“拉丁裔”？对于多族裔背景的个体，研究者又如何可以准确分类呢？对种族分类的选择对于研究的效度（或有效性）而言具有重要的含义。这种选择甚至还具有政治含义。比如，是否允许人们将自己视为“多种族的”这一议题，在美国政体和美国人口普查中就极具争议（Perlmann & Waters, 2002）。

因此，为了全面地了解发展，我们必须对一些与人类多样性相联系的复杂问题加以重视。事实上，只有通过发现不同文化或族裔群体间的相似性和差异性，发展研究者们才可以将普遍的发展原理和文化决定的发展现象区分开来。在未来的几年中，毕生发展将有可能由一个主要针对北美和欧洲发展的学科扩展到研究全球发展的新领域（Fowers & Davidov, 2006; Matsumoto & Yoo, 2006; Kloep et al., 2009）。

要点和问题：毕生发展的先天—后天

LO 1.4　总结毕生发展领域的四个关键议题

毕生发展是一次长达数十年的旅行。在这条道路上，我们会经历一些人类所共有的里程碑——咿呀学语、上学读书、应聘求职——然而，就像我们刚才所看到的，不同个体的人生道路有着不一样的迂回和曲折，这同样影响着我们的人生之旅。

对于研究该领域的发展心理学家而言，毕生发展的广阔范围和诸多变量向我们提出了很多论点和问题。考察个体由生至死所经历巨大变化的最佳途径是什么？实际年龄的重要性有多大？是否存在明确的发展时间表？如何能找到发展的普遍倾向和模式？

毕生发展作为独立的研究领域，最初建立于19世纪末20世纪初。从那时开始，对上述问题的争论便没有休止——虽然早在古埃及和古希腊时代，人们就对先天遗传和后天发展轨迹的问题大感兴趣。在表1－2中，我们会看到部分问题的汇总。

表1－2　毕生发展的主要问题

连续变化	不连续变化
· 变化是渐进的 · 某一水平的实现建立在前面水平的基础之上 · 潜在的发展过程在一生中是相同的	· 变化发生在截然不同的过程或阶段 · 不同阶段的行为和过程有着质的区别
关键期	**敏感期**
· 特定的环境刺激是正常发展的必需 · 被早期的发展心理学家们所强调	· 人类更易受到特定环境刺激的影响，但环境刺激的缺失是可弥补的 · 被当前毕生发展的学者们所强调
毕生角度	**关注特定阶段**
· 强调毕生的成长和变化及与之相关联的不同时期	· 强调婴儿期和青春期是最为重要的时期
先天（遗传因素）	**后天（环境因素）**
· 重点强调发现遗传的特质和能力	· 重点考查环境对于个人发展的影响

连续变化和不连续变化。挑战发展心理学家的最基本的议题之一是，发展是以连续的还是不连续的方式进行。在**连续变化**中，发展是一个渐进的过程，每个水平的实现都建立在前面水平的基础之上。连续变化本质上是量的变化；在发展过程背后，推动变化的基本要素在人的一生中是保持相同的。连续变化中改变的是程度，而不是性质。例如，成年期以前的身高变化是连续的。同样，就像我们将在后面看到的，一些理论认为人类思维能力的变化也是连续的，个体所显示的是一种渐进的、量上的进步，而不是发展出全新的认知加工能力。

连续变化　是渐进的变化，每个水平的实现都建立在前面水平的基础之上。

相反，我们也可以将发展视为**不连续变化**的组合体，变化发生在截然不同的阶段。每一个阶段和改变带来的行为都与先前阶段的行为有本质上的差异。让我们重新考虑一下认知发展的例子。本章中我们将会看到，一些认知发展心理学家认为伴随着我们的成长，个体的思维在根本上发生着变化。这不是一种量的变化，而是性质的改变。

不连续变化　变化发生在截然不同的阶段，每个阶段和改变带来的行为都与先前阶段的行为有质的差异。

大多数发展心理学家认为，对于连续和不连续的问题采取一种“不是/就是”的立场是不合适的。因为很多类型的发展变化是连续的，而很明显，也有很多其他的变化是不连续的。

关键期和敏感期：测定环境事件的影响。如果一个怀孕20周的妇女罹患风疹（德国麻疹），她所生的孩子很可能有缺陷，如失明、耳聋和心脏病。但是，如果她在怀孕30周的时候患上相同的疾病，对胎儿造成伤害的可能性就会大大降低。

在两个时期罹患相同疾病,而产生的不同结局是对关键期这一概念的论证。**关键期**是在发展过程中的一个特殊时期,在这一时期中,特定的事件会造成重大的影响。当特定种类的环境刺激对发展过程产生至关重要的作用时,就是关键期的开始(Uylings, 2006)。

关键期 在发展过程中的一个特殊时期,特定的事件会造成重大影响,特定环境刺激的出现是正常发展的必需。

虽然毕生发展的早期研究者们大力强调关键期的重要性,近期的思潮却提出,相较先前观点,个体在很多领域,尤其是在人格和社会性发展方面,都有着更大的可塑性。例如,缺乏特定的早期社会经验并不会使个体遭受永久性的损伤。越来越多的证据表明,人们可以利用日后的经验使自己成功,帮助他们弥补早期的不足。

因此,当代发展心理学家更倾向于用"敏感期"来代替"关键期"。在**敏感期**里,有机体对环境中特定种类的刺激有更强的易感性。敏感期是产生特定能力的最佳时期,此时儿童对环境影响特别敏感。

敏感期 该时期中有机体对环境中特定种类的刺激有更强的易感性,但这种环境刺激的缺失并不总会带来不可逆转的结局。

理解关键期和敏感期概念之间的区别是很重要的。在关键期,人们假定某些环境影响的缺乏可能对发展中的个人产生永久的、不可逆转的后果。相反,虽然在敏感期缺乏特定的环境影响可能阻碍发展,但以后的经验有可能克服以前的不足。换句话说,敏感期的概念认识到了人类发展的可塑性(Armstrong, et al., 2006; Hooks & Chen, 2008; Hartley & Lee, 2015)。

关注毕生发展还是关注特定的阶段。发展心理学家应该关注一生中的哪个部分?对于早期发展心理学家而言,答案倾向于婴儿期和青少年期。显然易见,相比于生命中的其他阶段,绝大多数的关注都聚焦在这两个阶段。

然而这种观念在当今发生了变化。发展心理学家相信,鉴于几个原因,完整的一生是至关重要的。其一,研究者们发现,发展的成长和变化是在生命的每一个阶段持续的——就像我们在整本书中讨论的一样。

第二,每个人周围环境的重要组成部分之一是他们身边的人群,即个体的社会环境。为了全面理解社会环境对特定年龄个体产生的影响,我们必须考察向个体提供这种影响的广泛人群。例如,为了理解婴儿的发展,我们需要弄清家长的年龄对婴儿的社会环境产生的影响。一个初为人母的15岁妈妈所提供的家庭影响,与一个37岁富有经验的母亲所提供的影响有着极大的不同。因此,婴儿的发展在一部分上是成人发展所派生的结果。

此外，如同发展心理学家保罗·巴尔特斯（Paul Baltes）所提出的，毕生发展同时包括了获得和丧失。随着年龄的成长，一些能力变得更为娴熟老练，而另一些技能和才能则开始减退。例如，个体的词汇量从儿童期到成年期大部分时候都在保持增长；而体能——如反应时——则在成年早期和中期达到顶峰，然后开始衰退（Baltes, Staudinger, & Lindenberger, 1999; Baltes, 2003）。

在毕生发展的各个时间点中，人们也在转换着利用自身资源（动机、精力和时间）进行投资的方式。在生命早期，人们将个人资源奉献给与成长相关的活动，如求学或学习新技能。当人们逐渐成长，进入成年晚期时，更多的资源则被用来应对面临失去亲人的痛苦（Staudinger & Leipold, 2003）。

先天和后天对发展的相对影响。这是关于发展的永恒话题之一。个体的行为有多少取决于他们的先天遗传，又有多少取决于物质和社会环境这样的后天影响？这个具有哲学深度和历史根基的问题，支配着大量毕生发展的研究工作（Wexler, 2006）。

成熟 预先确定的遗传信息的实现。

在这里，先天是指由父母遗传下来的才干和能力等特质。它包括预先确定的遗传信息的实现过程（即所谓的**成熟**过程）中产生的任何因素。从一个由受精瞬间创造出的单细胞有机体开始，直到成为由数十亿细胞组成的完整个体，这些遗传基因的影响时刻伴随着我们的发展。先天因素决定了我们的眼睛是蓝色还是褐色，决定了我们在一生中是拥有浓密的头发还是会变成秃顶，也决定了我们在运动上会有多么出色。先天因素决定了我们大脑的发育方式，而这种方式决定了我们如何阅读这一页纸上的文字。

相反，后天是指塑造行为的环境影响。这些影响中的一部分可能是生物学的，如怀孕母亲对可卡因的服用，以及胎儿可摄入食物的种类和数量。其他环境影响则更偏向于社会，如家长训练儿童的方式，或同伴压力对一个青少年的作用。最后，还有一些影响源于更广大的社会层面因素作用的结果，如个体所处的社会经济环境。

先天和后天的后期作用。如果我们的特质和行为是由先天或后天单独决定的，那么针对这个问题的争论可能会大大减少。然而，对于大多数关键行为而言却并非如此。以一个最具争议的领域——智力为例：

正如我们在第9章将要深入探讨的,对于智力是由先天的遗传因素决定,还是由后天的环境因素塑造的这一问题,所引发的激烈争论不仅遍布科学舞台,还延伸到政治和社会政策领域。

让我们考虑一下这一问题带来的启示:如果个体的智力主要由遗传决定,并在出生时就已确定,那么日后生活中对提高智力水平的种种努力可能注定以失败告终。相反,如果智力是环境因素作用的结果,那么我们可以期望通过改善社会条件而促进智力的提高。

关于智力来源的争论对社会政策的影响程度证明了先天—后天问题的重要性。正如本书就此问题涉及的主题提出的探讨,我们需要记住的是,发展心理学家并不主张行为是先天或后天单独作用的结果。相反,这是一个程度的问题,而问题的细节同样被激烈讨论着。

除此而外,遗传与环境因素的交互作用相当复杂。部分是由遗传决定的特质,它不仅直接影响到儿童的行为,而且间接影响到他们所处的环境。例如,一个一贯任性和爱哭的儿童——他的特质可能由遗传因素造成——也会影响到其自身的环境:他使得父母极易对持续的哭声产生反应,无论孩子在何时哭闹都会匆匆赶去抚慰。由此,父母对儿童由遗传所决定的行为的敏感反应,变成了对儿童日后发展的环境影响(Bradley & Corwyn, 2008; Stright, Gallagher, & Kelley, 2008; Barnes & Boutwell, 2012)。

同样,虽然我们的遗传背景使我们偏向于特定的行为,这些行为在缺乏适当环境的情况下也难以发生。具有相似遗传背景的个体(如同卵双生子)可能具有相差甚远的行为方式,而具有完全不同遗传背景的个体也可能会在特定领域有极为相似的行为(Coll, Bearer, & Lerner, 2004; Kato & Pedersen, 2005; Segal et al., 2015)。

概括而言,对于特定行为应在何种程度上归因于先天或后天这一问题,是具有挑战性的。归根结底,我们应该将先天—后天问题看作一个连续统一体的两个对立面,而一些特定行为则处于两者中间的某一处。我们还可以列举出一些与之相似的争论,也是我们曾讨论过的话题。例如,连续与不连续发展并非一个"不是/而是"的命题;一些发展形式偏向于统一体"连续"的一端,而另一些发展则靠近"不连续"的一端。简而言之,关于发展的课题,只有极少数涉及绝对的"不是/而是"论断(Rutter, 2006; Deater-Deckard & Cahill, 2007)。

模块 1.1 复习

- 毕生发展，利用科学途径考察个体在生命历程中的成长和变化，包括体能、认知、社会性和人格发展。
- 发展心理学家关注体能、认知、社会性和人格发展。除了选择专注于特定领域外，发展心理学家通常也会关注特定的年龄阶段。
- 作为相似年龄和出生地点的同辈中的成员，人们会受到基于历史事件（历史方面）的影响。人们同样会受制于年龄方面、社会文化方面以及非常规生活事件的影响。文化和族裔在发展中同样扮演了重要的角色，广义的文化和文化的各个方面，如种族、族裔和社会经济地位，都包括在内。
- 毕生发展中的四个重要议题分别是发展的连续与不连续、关键期的重要性、应该关注特定的阶段还是完整的一生以及先天—后天之争。

共享写作提示

应用毕生发展：举出几个例子，说明文化（广义的文化或文化的各方面）影响人类发展的方式。

1.2 毕生发展的理论观点

直到17世纪，欧洲才开始出现"童年"的概念。之前，儿童被简单地视为微缩版的成人。他们被认为有着与成人相同的需要和愿望、相同的恶习和美德，且不可享有超出成人的特权。他们有着和成人相同的着装，也有着和成人一样的工作时间。儿童同样由于错误的行为而接受惩罚。如果他们偷窃，他们会被悬吊起来；如果他们表现出色，他们可以享受富贵，至少在他们的身份或社会地位允许的范围之内。

这种对于童年期的观点在现在看来是错误的，但在当时却是毕生发展的内容所在。在这个观点里，年龄并不会带来除了"尺寸"以外的差异，人们认为个体在贯穿一生的绝大部分时间里是不会发生实质性改变的，至少在心理层面上如此（Aries, 1962；Acocella, 2003；Hutton, 2004；Wines, 2006）。

虽然向前回顾几个世纪，我们可以简单地驳斥中世纪对于儿童期的观点，然而如何找到正确的替代观点却并不简单。我们对于发展的观点应该集中在生命中生物学方面的变化、成长和稳定性上吗？还是集中于认知和社会性方面？抑或是其他的因素？

事实上，研究毕生发展的学者采用大量不同的观点对这一领域进行考察。每一种主要观点都包括一个或多个理论，即对于所关注现象系统的解释和预测。理论提供了一个框架，用来理解表面上无条理的事实或原理间的关系。

社会对儿童期的看法，以及对儿童的适当要求，随着时代而改变。在 19 世纪早期，这些儿童的全部时间都在矿井下工作。

我们每个人都在建立关于发展的理论，基于经验、民间传说以及杂志和报纸上的文章。然而，毕生发展的理论是不同的。我们自己的理论建立在未经证实的偶然观测上，而发展心理学家的理论则更为正式，是基于对先前发现和推论的系统整合。这些理论允许发展心理学家总结和组织先前的观测结果，并允许他们超越现存的结果，做出并非显而易见的推论。除此而外，这些理论受到了以研究形式进行严格的检验，而个人的发展理论则不会经过如此严格的检验，甚至根本不会受到质疑（Thomas，2001）。

我们将会关注毕生发展中的六个主要理论观点：心理动力、行为、认知、人本主义、情境和演化的观点。每一种观点都强调发展的不同方面，并指引发展心理学家在特定方向的研究。此外，每一种观点也都在不停地发展和改变，以适应这个正在成长且充满活力的学科。

心理动力学观点：关注内在的自己

LO 1.5　描述心理动力学理论如何解释毕生发展

当玛丽索（Marisol）6 个月大的时候，她经历了一场血淋淋的车祸——这或许是她的父母告诉她的，因为她对这场车祸并不存在有意识的记忆。然而，在她 24 岁的时候，她却不能维持和他人的关系，而她的治疗师正在探寻她的问题是否缘于早期的那场车祸。

试图寻找这样的联结也许看来有些牵强，但是在**心理动力学观点**的支持者看来，这并非不可能。心理动力学观点的拥护者相信，很多行为都是由那些并未被个体觉知或控制的内在动力、记忆和冲突推动的。在个体儿童期开始出现的内在动力，持续影响着个体的行为，并贯穿生命始终。

心理动力学观点　该观点指出，行为是由那些并未被个体觉知或控制的内在动力、记忆和冲突推动的。

西格蒙格·弗洛伊德

弗洛伊德（Freud）的精神分析理论。心理动力学观点与一个人及其理论最紧密地联系在一起：弗洛伊德（Sigmund Freud）和他的精神分析理论。弗洛伊德，生于1856年，卒于1939年，是维也纳的一名医生。他的革命性观点最终不仅在心理学和精神病学领域大放光彩，而且对西方的思想也产生了普遍而深远的影响（Masling & Bornstein，1996；Greenberg，2012）。

精神分析理论 由弗洛伊德提出，认为无意识的动力决定了个体的人格和行为。

弗洛伊德的**精神分析理论**提出，无意识的动力决定了个体的人格和行为。弗洛伊德认为，无意识是人格中未被自己觉察的一部分。它包括婴儿时期被隐藏的希望、愿望、要求和需求。由于它们具有令人烦扰的本质，因而被隐藏于有意识的觉知背后。弗洛伊德提出，无意识是很多日常行为发生的原因。

根据弗洛伊德的理论，每个人的人格包括三部分：本我、自我和超我。本我是人格中未经加工和组织的、天生的部分，在个体出生时即存在。它表现出的原始驱力与饥饿、性、攻击和无理性的冲动有关。本我所遵循的是快乐原则，追求目标的最大化满足和压力的缓解。

自我是人格中理性与理智的部分。自我是个体外在的现实世界和内在的原始本我间的缓冲器。自我所遵循的是现实原则，其机能是抑制本能的冲动以维持个体的安全，并帮助个人与社会的相互结合。

最后，弗洛伊德提出，超我表现的是个体的良知，可以区分正确和错误的差别。在个体5岁或6岁的时候，超我通过个体对父母、老师和其他重要他人的学习而形成。

心理性的发展 根据弗洛伊德的理论，它是儿童所经历的一系列不同阶段，在这些阶段中，儿童通过特定的生物学功能和身体部分获得愉快感或满足。

除了对人格不同组成部分进行阐述，弗洛伊德还指出童年期人格发展的方式。他认为**心理性的发展**是儿童经历一系列不同阶段的过程，在这些阶段中，儿童通过特定的生物学功能和身体部分获得愉快感或满足。如表1-3中所列举的，弗洛伊德指出愉快感的来源从口腔（口唇期）转换到肛门（肛门期），最终到生殖器（性器期和生殖期）。

根据弗洛伊德的观点，如果儿童在特定的阶段无法使自己得到充分的满足或满足过度，就有可能发生固着。固着是由于发展早期阶段未解决的冲突而反映出的行为方式。例如，口唇期的固着可能导致一个成人常常热衷于口头的活动——吃东西、讲话或咀嚼口香糖。弗洛伊德还提出，固着会通过一些象征性的口头活动表征出来，如使用“尖刻”的挖苦。

表1-3　弗洛伊德和埃里克森的理论

大致年龄	弗洛伊德的心理性的发展阶段	弗洛伊德理论中各阶段的主要特征	埃里克森的心理社会性发展阶段	埃里克森理论中各阶段发展的正性和负性结果
出生到12—18个月	口唇期	通过吮吸、吃东西、做口型、啃咬中得到满足感兴趣	信任对不信任	正性:从环境支持中感到信任 负性:对他人感到害怕和担忧
12—18个月到3岁	肛门期	通过排泄和控制排便得到满足;对涉及上厕所训练的社会控制做出妥协让步	自主对羞愧怀疑	正性:如果探索受到鼓励,产生自我满足感 负性:自我怀疑,缺乏独立性
3岁到5—6岁	性器期	对生殖器感兴趣,对恋母情结的冲突做出妥协,导致对同性别家长的认同	主动对内疚	正性:探索到发起行动的方式 负性:对行动和思想感到内疚
5—6岁到青少年期	潜伏期	对性的关注大大减弱	勤奋对自卑	正性:发展出能力胜任意识 负性:感到自卑,没有控制感
青少年期到成年期(弗洛伊德) 青少年期(埃里克森)	生殖期	对性的兴趣重新出现,建立成熟的性关系	同一性对角色混乱	正性:意识到自我的独特性,对自己需遵循的角色有明确认识 负性:不能明确生命中适当的角色
成年早期(埃里克森)			亲密对孤独	正性:建立爱、性关系和亲密的友谊 负性:对和他人的关系感到恐惧
成年中期(埃里克森)			再生力对停滞	正性:对生命延续的贡献感 负性:对自己的行动产生碌碌无为感
成年晚期(埃里克森)			自我整合对绝望	正性:感到生命中的成就和谐统一 负性:对生命中失去的机会感到悔恨

埃里克森的心理社会性理论。心理社会学家埃里克森（Erik Erikson），生于1902年，卒于1994年。在他的心理社会性发展理论中，提出了另一种可供参考的心理动力观点。该观点强调个体和他人的社会交互作用。埃里克森认为，社会和文化都在挑战并塑造着我们。**心理社会性发展**包括人与人间的相互了解和相互作用的变化，以及我们作为社会成员对自己的认识和理解（Erikson，1963；Dunkel，Kim，Papini，2012；Jones et al.，2014）。

心理社会性发展 包括人与人间的相互了解和交互作用的变化，以及我们作为社会成员对自己的认识和理解。

埃里克·埃里克森

埃里克森的理论指出，发展变化贯穿我们的生命，并经历了八个不同的阶段（见表1－3）。这些阶段以固定的模式出现，并且对所有人来讲都是相似的。埃里克森指出，个体在每个阶段都要应对和解决一种危机或冲突。尽管没有一种危机是可以完全解决的，生活也会变得越来越复杂，但至少个体必须充分地化解每一阶段的危机，以应对下一个阶段发展的要求。

与弗洛伊德不同，埃里克森没有将青少年期视为发展的完成。他指出，成长和变化持续贯穿于人的一生。例如我们将在第16章探讨的，埃里克森认为在成年中期，个体会经历再生力—停滞阶段，他们可能由于自己给予家庭、社区和社会的贡献而产生一种对生命延续的正性知觉，也可能对自己传递给未来一代的事物感到失望而有一种停滞感（De St. Aubin，McAdams，& Kim，2004）。

对心理动力学观点的评价。心理动力学理论以弗洛伊德的精神分析和埃里克森的心理社会性发展理论为代表，让我们领会它的全部意义是一件很难的事情。弗洛伊德所阐述的关于无意识影响行为的观点是一项不朽的成就，从所有人对于其合理性的大致认同，就可以看出无意识观点遍及西方文化思想的范围之广了。事实上，当代研究记忆和学习的学者提出，那些我们并未有意识觉察到的记忆，对我们的行为产生着重要的影响。如在婴儿时期经历车祸的玛丽索的例子，就是基于心理动力学理论思考和研究的一次应用。

然而，弗洛伊德的心理动力学理论中一些最基本的原则也遭到了人们的质疑，因为它们并未通过后来的研究得到验证。特别是关于童年期不同阶段的经历会决定个体成年期的人格这一观点，还缺乏明确的研究支持。除此而外，由于弗洛伊德理论中的很大部分仅仅基于有限的样本——那些生活于一个严格禁欲、极端拘束时代的奥地利中上阶层个体，这些理论能否应用于更广泛的文化群体还值得质疑。最后，由于弗洛伊德的理论主要关注于男性的发展，他被当作男性至上主义者和贬低女性而遭到批判（Guterl，2002；Messer & McWilliams，2003；Schachter，2005）。

埃里克森认为发展持续贯穿生命始终的观点是非常重要的——并且他也得到了相当多的支持。然而，他的理论也同样存在缺陷。如同弗洛伊德的理论，埃里克森更多地关注了男性而非女性的发展。其理论中某些方面的阐述相当模糊，致使研究者很难对其进行严格的检验。另外，正如心理动力学理论通常存在的问题，我们很难利用这些理论明确地预测特定个体的行为。总而言之，心理动力学观点对过去的行为提供了令人满意的描述，但对未来行为的预测却是不严密的（Zausznicwski & Martin，1999；de St. Aubin & McAdams，2004）。

行为观点：关注可观测的行为

LO 1.6　描述行为观点如何解释毕生发展

当艾莉莎·希恩（Elissa Sheehan）3 岁的时候，一条棕色的大狗袭击了她，结果用了几十针来缝合伤口，并接受了几次手术。从那时起，每当她看到狗的时候都会浑身出汗，事实上，她也从未享受过和宠物相处。

以一个持有行为观点的毕生发展专家来看，对于艾莉莎行为的解释十分简单直白：她对狗产生了习得的恐惧。与考察有机体内在的无意识过程不同，**行为观点**指出，理解发展的关键是可观测的行为和外部环境中的刺激。如果我们知道了刺激，就可以预测行为。从这个角度来说，行为观点所反映的内容是，后天比先天对发展更为重要。

行为观点　该观点提出，理解发展的关键是可观测的行为和外部环境中的刺激。

行为理论并不承认人们普遍会经历的一系列阶段。相反，该理论认为个体受到其所处环境中刺激的影响。因此，发展模式是针对个人的，并且反映特定的一种环境刺激；行为则是持续暴露于环境中的特殊因素而造成的结果。此外，发展变化是数量上而非性质上的改变。例如，行为理论认为，随儿童年龄的增长，问题解决能力的提高在很大程度上是心理容量增加的结果，而不是儿童解决问题时可以采取的思维种类的变化。

经典条件作用：刺激替代。

> 给我一打健全的婴儿，在我所设计的环境中抚养长大，不论他的天赋、才能、志趣及家族背景，我保证能够任选其一，把他训练成我所选定的行业专家：医生、律师、艺术家、大亨甚至乞丐或小偷……（Watson，1925）

约翰·华生

经典条件作用 学习的一种，指有机体以一种特定的方式对中性刺激进行反应，而这种刺激一般不会唤起该类型的反应。

这句话出自华生（John B. Watson），他是最先提出采用行为理论的美国心理学家之一。他对行为观点做出了全面的总结。华生生于1878年，卒于1958年，他相信我们可以通过仔细研究组成环境的刺激来对发展获得全面的理解。事实上，他认为通过有效地控制个体的环境，就有可能塑造几乎所有的行为。

正如我们将在第5章中讨论的，当有机体学会用一种特定的方式对中性刺激进行反应，而这种刺激以往一般不会唤起该类型反应的时候，就产生了**经典条件作用（classical conditioning）**。例如，如果重复给一只狗呈现配对出现的刺激——铃声和食物，它就会学会对单独的铃声表现出类似于对食物的反应——过量分泌唾液并兴奋地摇动尾巴。对铃声产生这样的反应并不是狗的典型行为，这种行为是条件反射的结果。条件反射是学习的一种形式，指的是与某一种刺激（食物）相关联的反应又与另外一种刺激建立了联系——在这个例子中，另一种刺激就是铃声。

我们可以通过与经典条件作用相同的过程，解释个体如何学习情绪反应。在被狗袭击的艾莉莎这一例子中，华生会将其解释为新刺激对原始刺激的替代：艾莉莎与一只特定的狗（原始刺激）的不愉快经历被转移到其他狗身上，并泛化到所有的宠物。

操作条件作用。除了经典条件作用，其他类型的学习也源自行为观点。事实上，影响最为深远的学习途径应该是操作条件作用。**操作条件作用（operant conditioning）**是学习的一种形式，指一种自发的反应被与其相关联的正性或负性结果加强或削弱。它与经典条件作用不同的是，被操作的反应是自发的、有目的的，并不是自动的（如分泌唾液）。

操作条件作用 学习的一种形式，指一种自发的反应被与其相关联的正性或负性结果加强或削弱。

在由心理学家斯金纳（B. F. Skinner，1904—1990）阐述并拥护的操作条件作用中，个体为了得到他们期望的结果，学会有意地在他们所处的环境中做出行动（Skinner，1975）。因此，在某种意义上，人们通过操纵他们所处的环境使一切达到一种理想的状态。

儿童或成人是否会试图重复一种行为，取决于该行为是否会跟随着强化。强化是一个提供刺激的过程，该过程使得先前行为重复出现的可能性增加。因此，如果一个学生得到了好的分数，他/她就会倾向于在学校努力学习；如果工人的努力与薪水的提升相挂钩，他们就会在岗位上更勤奋地工作；而如果人们偶尔彩票中奖，他们就更乐于在日后继续购买彩票。此外，惩罚——一个不愉快或引人痛苦刺激的出现，或者令人愉快刺激的移除，会减少先前行为在未来出现的可能性。

被强化的行为更可能会在将来重复出现，而未得到强化或得到惩罚的行为则可能不会再持续——用操作条件作用的术语来讲，就是消退。操作条件作用的原理被应用于**行为矫正**，一种用来促进理想行为的出现频率，同时减少有害行为发生的正式技术。行为矫正被应用于广泛的情境中，范围从教授智力极度迟滞的个体运用初级语言到帮助人们坚持控制饮食（Matson & LoVullo, 2008; Wupperman et al., 2012; Wirth, Wabitsch & Hauner, 2014）。

行为矫正 一种用来促进理想行为的出现频率，同时减少有害行为发生的正式技术。

社会—认知学习理论：通过模仿学习。一个 5 岁的男孩模仿他在电视上看到的暴力摔跤电影时，严重地伤害了他 22 个月大的弟弟。这个婴儿遭受了脊髓创伤，在医院治疗 5 个星期后才痊愈出院（Reuters Health eLine, 2002）。

这里有一种因果关系吗？虽然我们无法得到确切的答案，但看起来是相当可能的，尤其是以社会—认知学习理论的观点来检视这一情境。根据发展心理学家班都拉（Albert Bandura）和他的同事提出的观点，许多学习可以由**社会—认知学习理论（social-cognitive learning theory）**解释。该理论强调，人们可以通过观察他人的行为而学习，被观察的个体称为榜样（Bandura, 1997, 1994, 2002）。

社会—认知学习理论 通过对他人行为的观察进行学习，被学习的对象称为榜样。

与操作条件作用强调的学习是尝试错误有所不同，社会—认知学习理论认为，行为是通过观察学习的，我们不需要亲自经历行为的后果来达到学习的目的。社会—认知学习理论的观点是，当我们看到榜样的行为受到奖赏，我们就有可能模仿这种行为。例如，在一个经典的实验中，让害怕狗的儿童看到一个昵称为"无畏的同伴"的榜样正和狗高兴地玩耍（Bandura, Grusec, & Menlove, 1967）。在这之后，与其他没有看到榜样的儿童相比，这名先前害怕狗的儿童更容易去接触一只陌生的狗。

班都拉指出，社会—认知学习过程分为四个阶段（Bandura, 1986）。第一，一个观察者必须注意并察觉榜样行为中最关键的特征。第二，观察者必须成功地回忆该行为。第三，观察者必须正确地重现该行为。第四，观察者必须自发地学习和执行该行为。

图中展示了哪种学习方式？

社会工作者的视角

社会学习的概念和榜样作用如何与大众传媒相关联？让一个儿童暴露于大众传媒之

中，对他/她的家庭生活有什么影响？

对行为观点的评价。采用行为观点进行的研究已经做出了巨大的贡献，其影响范围从教育智力严重迟滞的儿童，到确定控制攻击行为应实施的步骤。同时，对于行为观点也存在一些争议。例如，尽管都是行为观点的一部分，经典条件作用、操作条件作用和社会学习理论在一些基本的方向上互不认同。经典和操作条件作用将学习视为对外部刺激的反应，在这里，唯一重要的因素是可观测的环境特征。在这种分析中，人们和其他有机体被比喻成死气沉沉的"黑箱子"，在箱子里发生的任何事情都无法被理解或被关注。

而社会学习的理论家则认为，这种分析将事物过度简单化了。他们认为，人类不同于老鼠或鸽子，就在于他们以思维和期望为形式所产生的心理活动。他们强调，如果要全面理解人类的发展，就必须超越对外部刺激和反应的单纯研究。

近几十年来，社会学习理论在许多方面渐渐压倒了经典和操作条件作用理论。实际上，另一种明确地关注内部心理活动的观点开始产生重要的影响。这就是我们将要介绍的认知观点。

认知观点：考查理解的根源

LO 1.7　描述认知观点如何解释毕生发展

当3岁大的杰克（Jake）被问到为什么有的时候会下雨时，他回答："这样花儿就可以长大了。"当他11岁的姐姐莉拉（Lila）被问到同样的问题时，她回答"是因为地球表面的蒸发作用"。而轮到他们的哥哥阿吉玛（Ajima），一个学习气象学的研究生时，他的回答又有所延伸，包括对积雨云、科里奥利效应（Coriolis effect）和天气图的讨论。

在一个持有认知观点的发展理论家看来，这些回答中完整性和精确性的差异正是体现不同程度知识、理解，或认知的例证。**认知观点（cognitive perspective）**关注的是人们认识、理解和对这个世界进行思考的过程。

认知观点　关注人们认识，理解和对这个世界进行思考的过程。

认知观点强调人们在内部如何表征和认识这个世界。利用这种观点，发展研究者们期望理解儿童和成人怎样加工信息，以及他们思考和理解的方式如何影响他们的行为。研究者们还希望知道，人们的认知能力如何随着年龄发展而改变，认知发展在何种程度上表征智能的量变与质变以及不同的认知能力间如何相关联。

皮亚杰的认知发展理论。没有一个人对认知发展研究产生的影响可以与皮亚杰（Jean Piaget）媲美。皮亚杰是一位瑞士心理学家，他提出，所有个体都会经历固定次序的一系列认知发展阶段。在这些阶段中,不仅信息的数量有所增加,知识和理解的性质同样也在发生变化。他关注儿童从一个阶段发展到另一个阶段时认知能力发生的改变(Piaget,1952,1962,1983)。

我们将会在第5章详细讲述皮亚杰的理论,现在可以先对其进行大致的了解。皮亚杰指出,人类的思维是以图式进行组织和排列的,图式即表征行为和动作的有组织的心理模式。对于婴儿,图式代表具体的行为——吮吸、够取以及每一个单独行为的图式。对于年长一点的儿童,图式变得更加复杂和抽象,如骑自行车或视频游戏时所包括的一系列技能。图式就像智能电脑的软件,指引和决定了来自外部世界的数据应如何被看待和处理(Parker, 2005)。

皮亚杰认为,儿童对世界理解的发展可以由两个基本原理解释:同化和顺化(应)。同化是人们根据当前认知发展的进程或思维的方式理解某种经验的过程。同化发生在人们利用当前认识和理解世界的方式来知觉和理解一个新的经验。相反,顺化(应)是指个体为了应对他们所遇到的新刺激或新事件,对现有思维方式的改变。同化和顺化(应)先后工作,带来认知发展。

对皮亚杰理论的评价。皮亚杰深刻地影响了我们对认知发展的理解,他也是毕生发展心理学领域中的泰斗人物之一。他为童年期的智力发展提供了权威的阐述,他的阐述经受了几千个研究的严格检验。总的来讲,皮亚杰对认知发展顺序的主要观点是正确的。

然而,该理论的细节部分,尤其是认知能力随时间发展的变化,受到了一些质疑。例如,一些认知技能出现的时间明显早于皮亚杰的论断。除此而外,皮亚杰发展阶段的普遍性还存在争议。越来越多的证据表明,在非西方文化下,特定认知技能的出现依照着不同的时间表。而且在每一个文化中,都有一些个体似乎永远无法达到皮亚杰所说认知复杂性的最高水平:形式运算的逻辑思维(McDonald & Stuart-Hamilton, 2003; Genovese, 2006; De Jesus-Zayas, Buigas, & Denney, 2012)。

最后,对皮亚杰观点的最严厉批判在于,认知发展并非像皮亚杰的阶段理论所提出的那样,是绝对不连续的。我们应该记住,皮亚杰指出发展进程分为四个完全不同的阶段,认知能力的性质在每个阶段互不相同。然而,很多发展研究者提出,成长的过程更偏向于连续发展。这些批评引出了被称为信息加工理论的新观点,它关注毕生发展中学习、记忆和思维背后的过程。

信息加工理论（information processing approaches）。信息加工理论成为继皮亚杰理论之后一个重要的新观点。有关认知发展的**信息加工理论**旨在确定个体接受、应用和贮存信息的方式。

信息加工理论 确定个体接受、应用和贮存信息方式的模型。

信息加工理论来源于信息的电子处理，尤其是电脑执行的信息处理过程。该理论假设，即使是最复杂的行为，如学习、记忆、分类和思维，都可以分解为一系列独立的、特定的步骤。

信息加工理论假定，儿童就像电脑一样，进行信息加工的资源是有限的。然而随着他们的成长，他们使用的策略也趋于复杂和成熟，这使得他们能够更有效地加工信息。

与皮亚杰关于思维随儿童年龄提高产生质的改变这一观点完全不同，信息加工理论认为，发展更多地标志着量的提高。我们处理信息的能力随年龄而改变，我们处理的速度和效率也同样随之改变。此外，信息加工理论提出，随着年龄的成长，我们可以更好地控制加工的本质，还可以改变我们用于加工信息的策略。

一种基于皮亚杰研究的信息加工理论被称为新皮亚杰理论。与皮亚杰原始的理论不同，新皮亚杰理论并不赞同将认知看作一个由逐渐复杂的一般认知能力组成的单独系统。该理论认为，认知是由不同种类的独立技能组成的。依照信息加工理论的术语，新皮亚杰理论指出，认知发展在特定方面进行得较快，而在其他方面则较慢。例如，相较代数学和三角学中所需的抽象计算能力、阅读能力和回忆故事的技能可能发展得较快。此外，相比于传统的皮亚杰理论，新皮亚杰理论相信，经验在认知发展进步中发挥了更重要的作用（Case, Demetriou, & Platsidou, 2001; Yan & Fischer, 2002; Loewen, 2006）。

对信息加工理论的评价。我们将会在后面的章节中看到，信息加工观点已经成为我们对发展理解的核心部分。然而同时，该观点并没有对行为提供完全的解释。举例来说，信息加工理论对诸如创造性一类的行为给予的关注较少，在创造行为中，很多意义深远的想法总是以一种看似非逻辑的、非线性的方式建立的。除此而外，该理论并没有考虑到社会环境对发展产生的影响。这就是为什么强调发展中社会文化方面的理论逐渐变得流行的原因之一。我们将要在下面讨论。

认知神经科学理论（cognitive neuroscience approaches）。对毕生发展学家提出的多种理论的最新补充之一，就是**认知神经科学理论**。它通过对大脑加工过程的透视考察认知的发展。与其他认知观点相似，认知神

认知神经科学理论 通过对大脑加工过程的透视考察认知的发展。

经科学理论聚焦于内在的心理过程，但它特别关注思维、问题解决和其他认知行为背后的神经活动。

认知神经科学家试图确定大脑中与不同类型认知活动相关联的实际部位和功能，而不是简单地假定，存在着与思维相关的基于假设或理论的认知结构。例如，运用复杂的大脑扫描技术，认知神经科学家证明，思考词语含义和思考词语发音所激活的脑区是不同的。

认知神经科学家的工作也为孤独症的病因提供了线索。孤独症是一种主要的发展障碍，可以导致年幼儿童显著的语言功能缺陷和自伤行为。例如，神经科学家发现患有这种障碍的儿童的大脑在第一年呈现出爆炸性的急剧发育，他们的头比那些没有患病的孩子要大得多（见图1－1）。通过对患儿的早期识别，医护工作者得以提供关键的早期干预（Nadel & Poss, 2007；Lewis & Elman, 2008；Howard et al., 2014）。

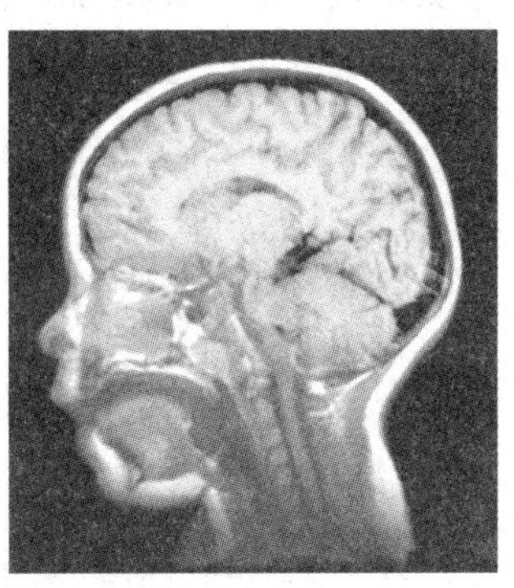

图1–1　孤独症患者的大脑
认知神经科学家已经发现孤独症患者的大脑更大，这一发现可能有助于对该障碍的早期识别，从而可以提供合适的治疗。

认知神经科学理论同样位于重要研究的最前沿。这些研究已经确定了与机能失调相关联的特殊基因。这些失调或疾病的范围从身体问题（如乳腺癌）到心理紊乱（如精神分裂症）。确定这些导致个体易受这些疾病影响的基因是基因工程迈出的第一步，由此，基因治疗可以减少甚至预防疾病的发生（Strobel et al., 2007；Ranganath, Minzenberg, & Ragland, 2008；Rodnitzky, 2012）。

对认知神经科学理论的评价。认知神经科学理论代表着儿童青少年发展研究的一个新的前沿。应用近几年发展出来的尖端测量技术，认知神经科学家能够窥探大脑的内部运作。我们在基因方面的进展也给正常和异常发展的研究打开了一扇新的窗口，并启发了对于异常发展的多种治疗方法。

认知神经科学理论的批评者则提出，该理论只是提供了对发展现象的更好的描述，并没有给出解释。例如，发现孤独症儿童具有比正常儿童更大的大脑并不能解释为什么他们的大脑变得更大了——这仍然是一个有待解答的问题。尽管如此，这方面的工作不仅为找到合适的治疗方法提供了重要线索，而且最终能够指向对一系列发展现象的全面理解。

人本主义观点:关注人类的独特本质

LO 1.8 描述人本主义观点如何解释毕生发展

人类的独特本质是人本主义观点关注的核心。人本主义观点是毕生发展心理学家应用的第四个基本理论,它否认我们的行为在很大程度上由无意识过程决定,或从环境中学习,或缘于理性的认知过程。**人本主义观点(humanistic perspective)**主张,人们具有天生的能力来对他们的生活做出决定,或控制他们的行为。根据这一理论,每个个体都具有能力和动机达到成熟的更高水平,而人们会很自然地尝试实现他们的全部潜能。

人本主义观点 该理论主张,人们具有天生的能力来对他们的生活做出决定,或控制自身行为。

人本主义观点强调自由意志,即人类对他们的生活做出选择和决定的能力。与依赖社会标准相反,人们具有对自己生活中需要做的事情做出决定的动机。

人本主义观点的主要拥护者之一罗杰斯(Carl Rogers)指出,所有个体都具有对积极关注的需求,因为所有人都有潜在的被爱和被尊敬的渴望。由于这种积极关注是他人提供的,我们变得依赖他们。因此,我们对自我和自我价值的看法是我们认为他人如何看待自己的反映(Rogers, 1971; Motschnig & Nykl, 2003)。

罗杰斯与另一位人本主义观点的关键人物马斯洛(Abraham Maslow)一起提出,自我实现是生活中的首要目标。自我实现是人们以他们独特的方式实现最高潜能的一种状态。虽然这个概念最初只是被应用于一小部分人群,如罗斯福(Eleanor Roosevelt)、林肯(Abraham Lincoln)和爱因斯坦(Albert Einstein)等著名人物。后来,理论家们将此概念扩展到任何认识到自身潜能和价值的个体身上(Maslow, 1970; Jones & Crandall, 1991; Sheldon, Joiner, & Pettit, 2003)。

对人本主义观点的评价。除了对人类重要、独特本质的强调,人本主义观点并没有为毕生发展领域带来重要的影响。这主要由于该理论无法解释任何随年龄或经验增长而发生的一般发展变化。尽管如此,人本观点中提到的一些概念,如自我实现,有助于描述人类行为的重要方面,并且在从健康保健到商业的广泛领域中引发了探讨(Zalenski & Raspa, 2006; Elkins, 2009; Beitel et al., 2014)。

情境观点:更全面地看发展

LO 1.9 描述情境观点如何解释毕生发展

尽管毕生发展心理学家总是分别从身体、认知、人格和社会性因素几个方面来考察发展轨迹，但这样的归类存在一个严重的不足：在真实世界中，没有一种影响因素会孤立于其他因素单独发生。相反，在不同类型的影响因素之间，存在着一种稳定而持续的交互作用。

情境观点(contextual perspective)考虑个体与他们的身体、认知、人格和社会环境之间的关系。该观点认为如果不了解个体如何融入周围丰富的社会和文化环境，就不能正确地看待个人独特的发展过程。这里我们将考察该类别下的两个主要理论，即布朗芬布伦纳(Urie Bronfenbrenner)的生物生态学理论和维果茨基(Lev Vygotsky)的社会文化理论。

情境观点 该理论考虑个体与他们的身体、认知、人格及社会环境之间的关系。

发展的生物生态学理论。在承认对毕生发展的传统研究方法存在缺陷的前提下，心理学家布朗芬布伦纳（1989；2000；2002）提出了一个全新的视角，即生物生态学理论。**生物生态学理论**认为，同时存在五个层级的环境，影响个体的发展。布朗芬布伦纳指出，如果我们不考虑个体如何被每一层级的环境影响，我们就无法完全理解发展(见图 1－2)。

生物生态学理论 该观点认为不同层级水平的环境同时影响个体发展。

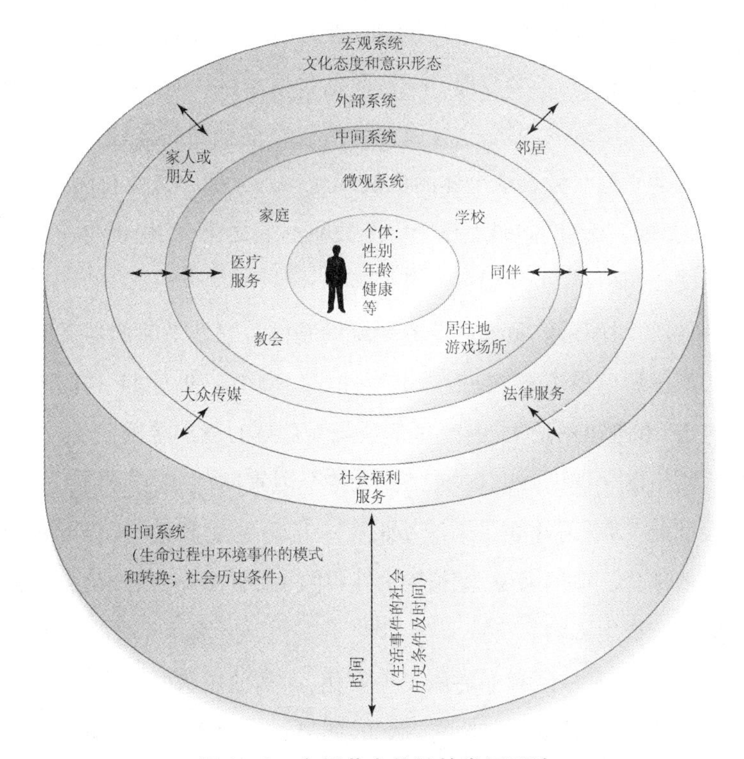

图 1－2　布朗芬布伦纳的发展理论

布朗芬布伦纳的生物生态学理论提出了同时影响个体发展的五个层级环境：宏观系统、外部系统、中间系统、微观系统和时间系统。

- 微观系统是儿童日常生活的直接环境。家人、看护者、朋友和老师都作为微观系统的一部分，对儿童产生影响。然而儿童并不是一个被动的接受者，相反，他们主动参与建构微观系统，并塑造他们所直接生活的世界。儿童发展中大多数传统研究都指向微观系统这一层面。

- 中间系统为微观系统的众多方面提供了联结。如同链条中的链环，中间系统将儿童与父母、学生和老师、员工和雇主、朋友和朋友相互联结起来。它体现了将人们联结在一起的直接和间接影响，例如使父母在办公室经历了糟糕的一天的上司，与被父母在家里粗暴对待的儿童，就被这种间接影响联结在一起。
- 外部系统代表了更广泛的影响，包括诸如地方政府、社区、学校、宗教场所、地方媒体等社会机构。这些社会机构对个人发展可以产生直接的、重要的作用，并影响到微观系统和中间系统的运转。例如，学校的教学质量会影响到儿童的认知发展，并会产生潜在的长期后果。
- 宏观系统代表了作用于个体的更大的文化影响。它包括一般意义上的社会、各类政府、宗教、政治价值系统以及其他广泛的包罗万象的因素。例如，文化或社会对教育或家庭的重视程度会影响生活于这个社会中个体的价值观念。儿童是广义文化（如西方文化）的一部分，同时也作为一个独特的亚文化（如墨西哥—美国亚文化）群体中的成员而受其影响。
- 最后，时间系统是上述所有系统的基础。它涉及时间对儿童发展产生影响的方式，包括历史事件（如2001年9月11日的恐怖袭击）和渐进的历史变化（如职业妇女数量的逐步增长）。

生物生态学理论强调影响发展的各个因素间的相互联结。由于众多层级彼此关联，因此如果系统中的某一部分发生变化，就会影响到系统的其他部分。举例来说，家长的失业（中间系统部分的因素）会对儿童的微观系统产生影响。

相反，如果某一层级的环境发生变化，而其他层级并未产生改变，那么对于个体的影响则相对较小。例如，如果家庭给予儿童的学业支持很少，那么即使对学校的环境进行改善，也仍然收效甚微。同样，生物生态学理论阐明，家庭成员间的影响是多向的，家长不仅仅影响儿童的行为，儿童同时也在影响着家长的行为。

最后，生物生态学理论强调文化因素对个体发展的重要性。发展研究者们越来越多地关注文化和亚文化群体如何影响其成员的行为表现。

请考虑一下以下的问题：是否应该教导孩子，他取得的好成绩与同学的帮助密不可分？儿童是否一定要继承父亲的事业？他们是否应该听从父母的建议来选择以后的职业道路？如果你成长于北美文化中，你很可能会对以上问题给予否定的答案，因为它们违反了个体主义的前提——个体主义强调个人身份、独特性、自由和个人价值，是占统治地位的西方哲学。

另一方面，如果你成长于传统的亚洲文化，你可能对上面的三个问题给予赞同。原因是什么？上述观点反映了被称为集体主义的价值导向。在集体主义的观念中，团体的繁荣和利益重于个人。成长于集体文化中的个体倾向于强调他们所属团体的福利，有些时候甚至会为此牺牲个人的利益。

个体主义和集体主义这一对概念是文化差异的几个维度中的一种，它例证了人们所处的文化环境存在差异。这种普遍的文化价值观在塑造人们的时间观和行为上，扮演了重要的角色（Leung, 2005；Garcia & Saewyc, 2007；Yu & Stiffman, 2007）。

发展的生物生态学理论关注于儿童成长环境的巨大差异。

评价生物生态学理论。尽管布朗芬布伦纳将生物学影响作为生物生态学理论的重要组成部分，但是生态学影响才是该理论的核心。一些批评者认为这一观点对生物学因素的关注不够。尽管如此，考虑到它提出的环境影响儿童发展的多层级理论，生物生态学理论对儿童发展研究仍相当重要。

维果茨基的社会文化理论。根据苏联发展心理学家维果茨基的观点，如果不考虑到儿童生长发展的文化，那么就无法对发展进行全面的理解。维果茨基的**社会文化理论**所强调的是，认知发展作为同一文化中成员间社会互动的结果，是如何进行的（Vygotsky, 1926/1997, 1979；Edwards, 2005；Gncü & Gauvain, 2012）。

社会文化理论　强调认知发展是某一文化中成员间社会互动的结果。

维果茨基生于 1896 年，卒于 1934 年。他认为，儿童对世界的理解是通过他们和成人及其他儿童解决问题的互动中习得的。在儿童与他人的游戏和合作中，他们学到了什么是这个社会中重要的东西，同时，他们对世界的理解有了认知上的进步。因此，为了理解发展的进程，我们必须关注：对于一个特定文化中的成员，什么是有意义的。

根据维果茨基的理论，通过和他人的游戏和合作，儿童在对于世界的理解中发展认知，并学会什么是社会中重要的东西。

与其他理论相比，社会文化理论更为强调的是，发展是儿童和处于儿童所在环境中的个体之间的相互交流。维果茨基相信，环境和环境中的个体影响着儿童，而儿童也反过来影响着个体和环境。这种模式以一种无止境的循环方式持续，儿童既是社会化影响的接受者，也是该影响的给予者。例如，在一个大家庭里成长的儿童，对于家庭生活的认识就会有异于一个亲戚居住在远方的儿童。同样，这些亲戚也被这种情境和儿童所影响，影响程度取决于他们与儿童的亲密程度以及接触的频率。

对维果茨基理论的评价。尽管维果茨基已经于几十年前去世，社会文化理论却变得越来越具影响力。因为越来越多的研究承认，文化因素在发展中极其重要。儿童并非在一个文化真空中发展，相反，他们的注意会被社会指引到特定的领域。其结果是，儿童发展出特定类型的技能，而这些技能是他们所处文化环境的产物。维果茨基是最先认识并承认文化重要性的发展心理学家中的一员，在当今逐渐趋向于多元文化并存的社会中，社会文化理论帮助我们更好地理解塑造发展的丰富多变的影响（Koshmanova，2007；Rogan，2007；Frie，2014）。

然而，社会文化理论并非没有遭到批评。有人提出，维果茨基对文化和社会经验的过分强调导致他忽略了生物学因素对发展的作用。此外，他的观点似乎将个体对所处环境的塑造能力减至最低。事实上，就像我们在人本主义观点中看到的——每一个个体都可以在决定自身发展轨迹的过程中起到重要作用。

演化观点：我们的祖先对行为的贡献

LO 1.10　描述演化观点如何解释毕生发展

一个越来越有影响力的观点就是演化的观点，也是我们要讨论的第

演化观点 该理论旨在说明我们祖先遗传下来的行为。

六个即最后一个发展观点。**演化观点**旨在说明我们从祖先遗传下来的基因对行为的影响(Bjorklund, 2005; Goetz & Shackelford, 2006)。

演化观点萌芽于达尔文(Charles Darwin)的开创性工作。1859年,达尔文在他的著作《物种起源》中提出,自然选择的过程创造了物种用来适应它们所在环境的特质。参照达尔文的论点——演化观点主张,我们的遗传基因不仅决定了诸如皮肤和眼睛颜色的物理特质,而且也决定了特定的人格特质和社会行为。例如,一些演化发展心理学家认为,诸如羞怯和嫉妒一类的行为部分是由基因导致的,这大概是因为它们帮助人类祖先增加了生存概率(Easton, Schipper, & Shackelford, 2007; Buss, 2003, 2009, 2012)。

演化观点与习性学领域有着很深的渊源,习性学考察的是我们的生物构成影响我们行为的方式。康拉德·劳伦兹(Konrad Lorenz)是习性学的主要支持者,他发现新出生的幼鹅一般会如预编程序般跟随着它们出生后看到的第一个移动物体。他的工作证明了生物学的决定性因素对行为模式的重要影响,并使发展心理学家开始关注人类行为反映先天遗传模式的可能方式。

正如我们将在第2章中讨论的,演化观点包含了毕生发展研究中发展最迅速的领域:行为遗传学。行为遗传学考察遗传对行为的作用,试图理解我们如何继承特定的行为特质,以及环境如何影响我们表现出这些特质的可能性。该观点还关注遗传因素如何造成诸如精神分裂一类的心理异常(Li, 2003; Bjorklund & Ellis, 2005; Rembis, 2009)。

图中被刚出生的幼鹅跟随着的劳伦兹,关注行为对先天遗传模式的反应方式。

对演化观点的评价。绝大多数毕生发展学家都赞成,达尔文的演化理论对基本的遗传过程提供了正确的描述,并且在毕生发展领域中,演化观点逐渐变得令人瞩目。然而,对演化观点的应用却遭受了相当多的批评。

一些发展心理学家认为,由于演化观点着眼于行为的遗传和生物学方面,它对于塑造儿童和成人行为的环境和社会因素关注甚少。另有一些批评指出,我们找不到合适的实验方法来验证源于演化观点的理论,因为它们都发生在太久以前。例如，我们可以说嫉妒帮助个体更有效地生存下来，但要证明它却不那么简单。即便如此，演化观点还是引发了众多研究来考察生物学遗传如何（至少在部分上）影响着个体的部分特质和行为（Bjorklund, 2006; Baptista et al., 2008; Del Giudice, 2015）。

为什么"何种理论是正确的"是一个错误问题

LO 1.11　讨论将多种观点应用于毕生发展的价值

我们已经探讨了发展领域中的六个主要观点：心理动力学、行为、认知、情境、人本主义和演化；我们在表1-4中对它们进行了总结并将其应用于一位超重年轻人的案例中。很自然，我们会提出这样的问题：在这六种观点中，哪一种是对人类发展最准确的说明？

表1-4　毕生发展的主要观点

观点	对人类行为和发展的主要思想	主要支持者	举例
心理动力学	贯穿一生的行为是由内在的无意识动力推动的，它由儿童期开始，我们无法对其控制	弗洛伊德（Sigmund Freud） 埃里克森（Erik Erikson）	该观点会认为，一个超重的年轻人有发展中口唇期的固着
行为	通过研究可观测的行为和环境刺激，可以理解发展	华生（John B. Watson） 斯金纳（B. F. Skinner） 班都拉（Albert Bandura）	根据该观点，一个超重的年轻人会被认为没有得到良好的饮食习惯和锻炼习惯的强化
认知	强调个体认识，理解和思考这个世界的变化和成长如何影响行为	皮亚杰（Jean Piaget）	该观点会认为，一个超重的年轻人没有学会保持合适体重的有效的方式，而且对丰富的营养不加重视
人本主义	行为通过自由意志选择，由我们天生力争发挥全部潜能的能力推动	罗杰斯（Carl Rogers） 马斯洛（Abraham Maslow）	根据该观点，一个超重的年轻人也许最终选择追求最佳的体重作为个体成长全部模式中的一部分
情境	发展应该从一个人的身体、认知、个性和社会世界的相互关系来看待	布朗芬布伦纳（Uire Bronfenbrenner） 维果茨基（Lev Vygotsky）	从这个角度来看，超重是由身体、认知、个性和社交世界中的许多相互关联的因素造成的
演化	行为是来自祖先的遗传基因导致的结果，促进物种生存的适应性特质和行为通过自然选择遗传下来	受到达尔文（Charles Darwin）早期著作的影响，洛伦兹（Konrad Lorenz）	该观点可能会认为，一个超重的年轻人也许具有肥胖的遗传倾向，因为脂肪有助于帮助他/她的祖先在饥荒年代中生存下来

这并不是一个完全适当的问题，原因如下：首先，每一种观点所强调的是发展的不同方面。例如，心理动力学观点强调情绪、动机的冲突以及行为的无意识决定因素。相反，行为观点强调外显的行为，把更多的关注投向个体做了什么，而不是他们头脑中发生了什么，头脑内的活动被认为是不相关的。认知和人本主义观点选择了相反的方向，它们更多地关注人们想了什么，而不是做了什么。最后，演化观点聚焦于发展背后存在的遗传生物学因素。

观看视频　像一个心理学家一样思考：演化心理学。

举例来说，一个持有心理动力学观点的发展学家可能会关注世贸中心和五角大楼的恐怖袭击如何对儿童的一生产生无意识的影响，认知观点可能关注儿童如何接受并解释和理解这次恐怖行动，而人本主义观点则会关注儿童的志向和发挥潜能的能力如何受到影响。

很明显，每种观点都基于它们自身的假设前提，并关注发展的不同方面。此外，同样的发展现象也可同时由多种观点进行考察。事实上，一些毕生发展心理学家运用一种折衷的观点，这样就可以在同一时间对多种观点加以利用。

我们可以将不同的观点比喻为针对同一地理区域的一系列地图。其中一张可能包括对道路的详细描述；另一张也许表现了地理特征；第三张体现了行政区的划分，如城市、城镇和农村；还可能有的重点标记了特定的关注点，如风景区或历史标记。每一张地图都是正确的，而每一张地图又都提供了不同的视角和思考的方式。没有一张地图是“完整的”，但如果将它们整合起来考虑，我们就可以对这个区域产生更全面的了解。

同样的道理，众多不同的理论观点提供了研究发展的不同方式。将它们集合起来考虑，就可以绘制出更为完整的画面，来体现人类在生活道路上改变和成长的无数方式。然而，并不是所有源于不同观点的理论和主张都是正确的。在这些相互竞争的解释中，我们如何选择？答案是研究，这也是我们将要在这一章的最后一部分中讨论的。

模块1.2 复习

- 心理动力学观点主要关注内在的无意识动力对发展的影响。
- 行为观点将外在的、可观测的行为看作发展的关键。
- 认知观点关注使个体了解、理解并思考世界的过程。
- 人本主义观点的理论提出,每一个体都具有能力和动机来达到成熟的更高水平,而人们会很自然地寻求实现自己的全部潜能。
- 情境观点关注个体与其生活的社会环境的关系。
- 最后,演化观点旨在说明我们的行为是从祖先遗传下来的结果。
- 多种理论视角为我们考察发展提供了不同方式。折衷的观点帮助我们更全面地绘制出人类毕生发展的路径。

共享写作提示

应用毕生发展:有什么样的人类行为你认为是由祖先遗传下来以帮助个体生存并更有效适应环境的？为什么你认为它们是遗传的？

1.3 研究方法

希腊历史学家希罗多德(Herodotus)曾写过一篇关于公元前7世纪的埃及国王普萨美提克(Psamtick)进行实验的文章。普萨美提克渴望证明埃及人是世界上最古老的种族这一美好信念。为了证明这一观点,普萨美提克提出一个假设:如果儿童没有机会从身边年长的人那里学习一种语言,他们会自发地说出人类最初的、与生俱来的语言——也就是最古老人类的自然语言——他坚信这种语言是埃及语。

在他的实验中,普萨美提克征用了两个婴儿,将他们转交给一个生活在偏远地区的牧者。他们被适当地喂养和照看,却被关在村舍,不被允许听到任何人说的哪怕是一个单词。希罗多德继续追踪这个故事,他了解到普萨美提克希望知道孩子说出的第一个词语是什么。实验奏效了,但结果并非普萨美提克所期望的那样。一天,当两个儿童2岁大的时候,他们在那个牧者打开村舍的大门时,跑向牧者并喊着“Becos!”牧者不知道这个词的意思,但是当孩子反复使用这个词语时,他联系了普萨美提克。普萨美提克立即命令把孩子带到他面前。当同样听到孩子所说的单词后,他进行了调查并得知Becos在弗里吉亚语里代表了面包的意思。他失望地总结道,弗里吉亚是比埃及更古老的种族。

对于这个几千年前的观点,我们可以轻而易举地看出普萨美提克理论中的缺陷——无论是科学性上还是伦理上。然而相对于简单的推测,他的方式还是代表了一种进步,而且有的时候也被看作是历史记载中的第一个有关发展的实验 (Hunt, 1993)。

理论和假设：提出问题

LO 1.12　描述理论和假设在发展研究中的作用

诸如由普萨美提克提出的问题推动了发展的研究。事实上，发展心理学家现在仍然在研究儿童是怎样学习语言的。而其他研究者则试图找到类似下述问题的答案：营养不良对日后的智力表现有什么影响？婴儿如何形成他们和父母间的关系，进入托儿所是否会破坏这种关系？为什么青少年特别容易受到同伴压力的影响？挑战智力的活动能否减少与老化有关的智能衰退？心理能力是随年龄而提高的吗？

为了回答这些问题，发展心理学家像所有心理学家和其他科学家一样，依赖于科学的方法。**科学的方法（scientific method）**是采用谨慎的、被控制的技术，包括系统、有条理的观察和收集数据在内，提出并回答问题的过程。科学的方法包括三个主要步骤：（1）识别感兴趣的问题；（2）形成解释；（3）进行支持或者反对该解释的研究。

科学的方法　是采用谨慎的、被控制的技术，包括系统、有条理的观察和收集数据在内，提出并回答问题的过程。

科学的方法包括对**理论**的规范表达、概括性的解释科学家就相关研究的预测。例如，很多人提出过这样的理论：孩子刚刚出生后，在父母和新生儿间存在一个至关紧要的联结期，这也是形成持久的亲子关系的必要因素。他们假定，如果没有这样的联结期，亲子关系将永远受到危害（Furnham & Weir, 1996）。

理论　对于所关注现象的解释和预测，提供了一个用来理解有组织的事实或原理间关系的框架。

发展研究利用理论来形成假设。**假设（hypothesis）**是以一种可以被检验的方式来陈述的预测。例如，赞成联结是亲子关系的关键因素这一理论的个体，也许会提出这样一种明确假设：在刚出生后未与养父母建立联结的收养儿童，最终与他们的收养父母可能缺乏安全关系。其他人则可能提出另外的假设，如只有持续一定的时间长度，才可能建立有效的联结，或联结只会影响母子关系，而不会影响父子关系。（如果你想知道结果是什么：我们将在第3章讨论，这些特定的假设并没有得到支持，父母与新生儿间的分离并不会产生长期后果，即使分离持续了数天。）

假设　以一种允许被检验的方式所陈述出来的预测。

选择研究策略：回答问题

LO 1.13　比较两类主要的毕生发展研究

当研究者提出了一个假设，他们必须找到一种研究策略来检验假设的有效性。研究的类别主要有两种：相关研究和实验研究。**相关研究（correlational research）**旨在验证两个因素间是否存在一种联结或关系。我们将会看到，相关研究并不能确定一个因素是另一个因素改变的起因。例如，相关研究可以告诉我们，当孩子刚出生后，母亲和新生儿在一

相关研究　旨在验证两个因素间是否存在一种联结或关系。

起相处的时间与儿童2岁时母婴关系的质量存在一种关联。这种相关研究可以显示这两个因素是否相关联，却不能证明最初的接触会导致母婴关系以特定的方式发展（Schutt, 2001）。

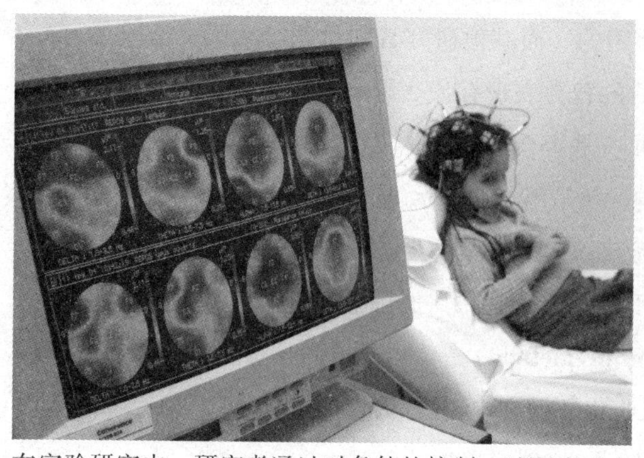

在实验研究中，研究者通过对条件的控制，试图发现众多变量间存在的因果关系。

相反，**实验研究**（**experimental research**）则被用来发现多种因素间的因果关系。在实验研究里，研究者有意在仔细构造的情境中加入一个改变，目的在于考察这个改变带来的结果。例如，研究者在实验时会改变母亲和新生儿间互动的时间，以此考察建立联结的时间是否会影响母婴关系。

由于实验研究可以回答因果关系的问题，因此它是各种发展研究寻求答案的基础。然而，由于一些技术或伦理的原因（例如，如果设计一个让一组儿童没有机会与养育者产生联结的实验，就是不合伦理的），一些研究问题无法通过实验得到答案。事实上，很多开创性的发展研究——如皮亚杰和维果茨基进行的研究——采用的都是相关技术。因此，相关研究仍然是发展研究者工具箱中的一个重要工具。

实验研究 用来发现多种因素间因果关系的研究。

相关研究

LO 1.14　识别不同类型的相关研究以及它们与因果的关系

我们已经说过，相关研究考察两个变量间的关系，用来确定两者间是否存在关联或相关。例如，关注于观看攻击性电视和后续行为的研究者们发现，在电视上观看大量攻击镜头——谋杀、犯罪、射击和类似画面的儿童，比起那些只少量观看的儿童，倾向于更具攻击性。换言之，正如我们将在第15章详细讨论的，对攻击行为的观看和实际的攻击行为之间，有着很高的关联或相关（Center for Communication & Social Policy, 1998；Singer & Singer, 2000；Feshbach & Tangney, 2008）。

但是，这是否意味着我们可以得到如下总结：观看攻击性的电视节目会导致观看者更多的攻击行为？完全不是这样的。让我们考虑一些其他的可能性：也许本身就具有攻击性的儿童更愿意选择观看暴力节目。如果是这样的话，那么就是攻击倾向导致了观看行为，而非相反的情况。

让我们再考虑一种可能性：假设生长于贫困家庭的儿童，相比于生长于富裕家庭的儿童，更有可能具有攻击行为，并且愿意观看更具攻击性的节目。如果情况是这样的,就出现了第三个变量——低社会经济地位——它可能同时导致了攻击行为和观看攻击性电视节目。多种可能性列举在图 1－3 中。

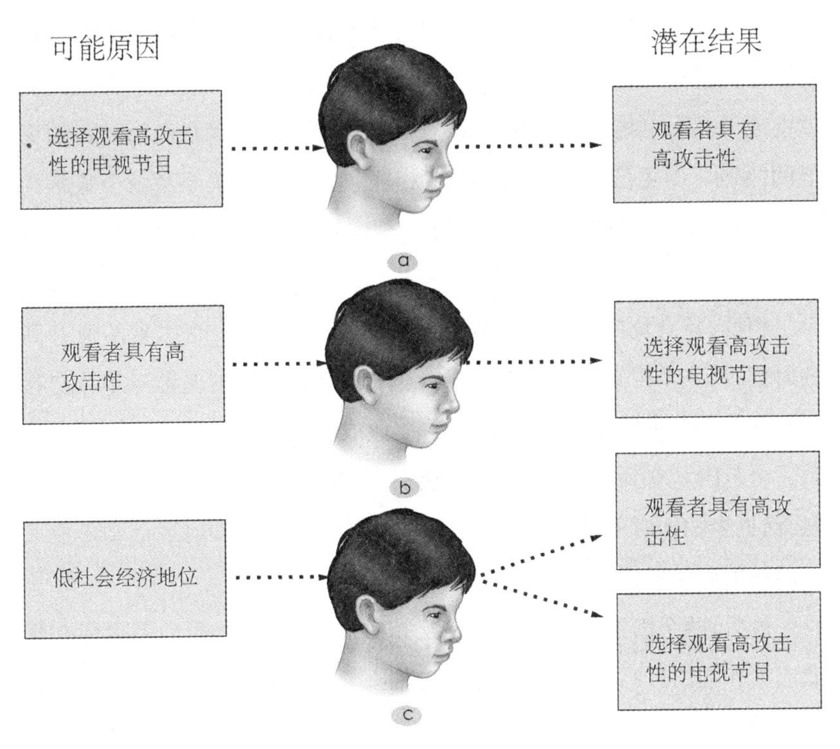

图 1－3　发现一个相关因素

对两个因素相关的发现并不意味着一个因素导致了另一个因素的变化。例如,假定一个研究发现,儿童对具有高攻击性电视节目的观看和他们实际的攻击行为相关。这种相关可能反映了至少三种可能性:(1) 观看高攻击性的电视节目导致观看者具有攻击性;(2) 有攻击行为的儿童选择观看具有高攻击性的电视节目;或者(3) 诸如儿童的社会经济地位一类的第三因素,同时导致了攻击行为和对高攻击性电视的观看。除了社会经济地位外,还会有什么其他的因素,成为这不确定的第三个因素呢?

简言之,对两个变量间相关的发现并不能提供任何因果关系。虽然有可能变量间是以因果关系相联结的,然而事实并非一定如此。

然而,相关研究还是提供了重要的信息。例如,我们将在后面的章节中看到,通过相关研究,我们了解到两个个体间的基因关联越紧密,他们的智力也更相关。我们也了解到家长越多地与他们的孩子谈话,儿童的词汇量也就越大。我们还通过相关研究了解到,婴儿得到的营养越丰富,他们在日后出现认知和社会问题的可能性也就越小(Hart, 2004; Colom, Lluis-Font, & Andrès－Pueyo, 2005; Robb, Richert, & Wartella, 2009)。

相关系数。两个因素间关系的强度和方向由一个数值表征，称之为相关系数，它的范围从+1.0到-1.0。一个正相关表示，一个因素的值升高，就可以预测另一个因素的值也会升高。例如，如果我们发现人们在毕业后找到的第一份工作薪水越高，他们在工作满意度调查问卷中的得分也就越高，而薪水越低的个体，也会有较低的工作满意度，那么我们就发现了一个正相关（更高的“薪水”与更高的“工作满意度”相联；而更低的“薪水”与更低的“工作满意度”相联）。由此，相关系数就会显示为一个正数，而薪水和工作满意度间的关联越强烈，相关系数就会越接近+1.0。

相反，具有负值的相关系数给我们的信息是，当一个因素的值升高的时候，另一个因素的值则会下降。例如，假设我们发现青少年花费在电脑即时通信上的时间越长，他们的学业成绩就越差。这样的发现会导致一个范围从0到-1的负相关。更多的即时通信与更低的学业成绩相联，而更少的即时通信则与更高的学业成绩相联。在即时通信和学业成绩间的关联越紧密，相关系数就会越接近-1.0。

最后，两个因素很可能并不是互相关联的。例如，我们不可能在学业成绩和鞋的尺码间找到关联。在这种情况下，两者之间并不存在的关系会通过一个接近于0的相关系数表现出来。

我们需要再一次重申之前所提到的事情：即使两个变量间存在的相关系数相当强烈，我们也不可能知道一个因素是否导致了另一个因素的变化。这只是简单地意味着，两个因素以一种可预测的方式相互关联。

相关研究的类型。相关研究具有几种不同的类型。**自然观察（naturalistic observation）**是在不干涉情境的条件下，对自然发生行为的一种观察。例如，一个想要考察学前儿童与他人互相分享玩具频率的研究者，会在一个班级中观察三个星期，记录学前儿童自发地与他人互相分享玩具的频率。自然观察的要点是，研究者仅仅观察儿童，无论发生什么，都对情境不加干涉（e. g., Fanger, Frankel, & Hazen, 2012; Graham et al., 2014）。

自然观察 相关研究的一种，在没有任何干涉的条件下，对自然发生行为的一种观察。

虽然自然观察具有考察儿童在其“自然栖息地”中的行为这一优势，这种方法却存在一个重要的缺陷：研究者无法控制他们所关注的因素。例如，在某些案例中，研究者感兴趣的行为很少能自然发生，以致研究者无法得出任何结论。此外，如果儿童知道他们正在被观察，他们可能因此而调节自己的行为。这样，被观察到的行为也就无法代表未被观察时可能出现的行为了。

逐渐地,自然观察采用了民族志学,一种从人类学领域借来并应用于调查文化问题的方法。在民族志学中,研究者的目标是通过仔细的、长期的考察,理解一种文化下的价值观和态度。一般而言,运用民族志学的研究者扮演了参与观察者的角色,他们在一种文化中生活几个星期、几个月,甚至几年的时间。通过仔细观察日常生活,进行深入的访谈,研究者们可以深刻地理解另一种文化中生活的本质(Dyson, 2003)。

民族志学研究是定性研究这一更广泛的研究类别中的一个例子。在定性研究中,研究人员选择感兴趣的特定环境,并试图以叙事方式仔细描述正在发生的事情以及原因。定性研究可用于生成假设,之后可以使用更客观、定量的方法进行验证。

虽然民族志学和定性研究方法对特定情境下的行为提供了深入细致的看法,但同时也具有一些缺陷。就像我们提到的,一个参与观察者的存在可能会影响被研究个体的行为。此外,由于被研究的个体人数有限,研究者很难将发现的结果泛化到其他情境中。最后,民族志学者们可能曲解和误解他们的观察,尤其是在与他们自身所处文化差异很大的文化群体中(Polkinghorne, 2005; Hallett & Barber, 2014)。

个案研究(case study)包括对一个特定个体或少数人群长时间、深入的访谈。这种研究通常不仅用于了解访谈的对象,而且还试图推导出普遍的原理,或得出可能应用于他人的尝试性结论。例如,个案研究曾经应用于具有不寻常天赋的儿童,以及在生命早期生活于野外,没有与人发生过接触的个体。这些个案研究向研究者们提供了重要的信息,并为未来的研究提出了假设(Goldsmith, 2000; Cohen & Cashon, 2003; Wilson, 2003)。

个案研究 包括对一个特定个体或少数人群长时间、深入的访谈。

参与者被要求以日记的形式定期记录他们的行为。例如,一群青少年可能被要求将他们与朋友超过5分钟的每次互动记录下来,从而提供一条追踪他们社交行为的路径。

调查代表了另一种类型的相关研究。在**调查研究(survey research)**中,被选择的一个群体将代表更多人数的总体,他们需要回答自己关于特定主题的态度、行为或想法。例如,调查研究可以用来了解家长对子女的惩罚,以及他们对于母乳喂养的态度。通过他们的回答,就可以得到关于总体——即由被调查群体所代表的更广泛人群的推论。

调查研究 被选择的一个群体将代表更多人数的总体,他们需要回答自己关于特定主题的态度、行为或想法。

心理生理学方法。有些发展研究者,尤其是采用认知神经科学理论

心理生理学 关注生理过程和行为关系的研究。

的研究者，会使用**心理生理学（psychophysiological methods）**的方法。心理生理学方法关注生理过程与行为的关系。例如，研究者会检验脑血流和问题解决能力的关系。类似地，一些研究将婴儿的心率作为对呈现给他们的刺激物感兴趣程度的测量指标（Santesso, Schmidt, & Trainor, 2007；Field, Diego, & Hernandez－Reif, 2009；Mazoyer et al.，2009）。

自然观察被用来考查不加干涉的自然条件下的情形。自然观察的缺点是什么？

最常用的心理生理学方法如下：

- 脑电图（EEG）。用放置于颅骨外侧的电极记录大脑的电活动。脑活动被转化为大脑的图像呈现，能够呈现脑电波类型并诊断癫痫和学习困难等障碍。
- 计算机轴向断层成像（CAT）扫描。在断层成像扫描中，电脑将多条有微小角度差异的X射线扫描结果结合起来，建立脑部影像。尽管断层成像扫描不能呈现大脑活动，但是它可以清晰地展示出大脑的结构。
- 功能性磁共振成像（fMRI）扫描。通过对脑施以强磁场，核磁共振扫描可以提供电脑生成的大脑活动的详细的三维影像。它是研究单个神经层面的大脑运作的最好方式之一。

实验研究：确定原因和结果

LO 1.15　解释一项实验的主要特征

在一个**实验**中，研究者或实验者通常会设计两种不同的条件或处理方法，并研究和比较身处这两种不同条件下被试的行为结果，以考察行为是如何被影响的。其中一个组，即实验组，将接受所要研究的处理变量；而另一个组，即控制组，则不接受这种处理。

实验　被称为实验者的研究者，为被试设计两种不同体验并研究和比较结果的过程。

尽管这些术语刚开始会显得令人望而却步，但在它们背后有着一套逻辑来帮助我们梳理。让我们思考一项为检验新药品效果而进行的医学实验。在对药品的检验中，我们希望考察这种药品是否可以成功地治疗疾病。因此，接受该药物的组将被称为实验组。与其对照的是，另一个组的被试将不会接受药物治疗，他们将会是非实验组的控制组。

观看视频　基础：科学研究方法

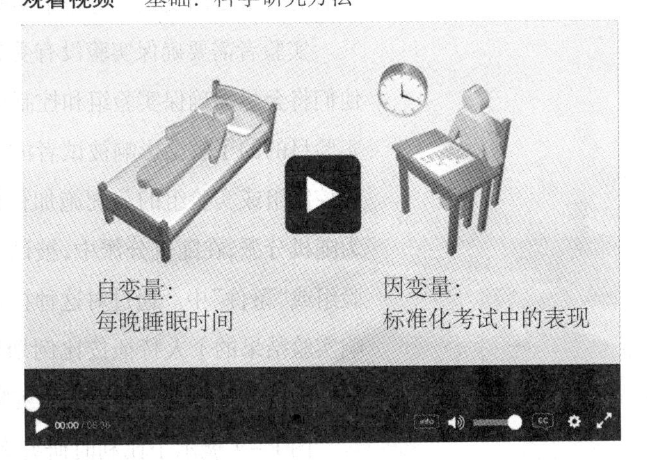

同样，假设你希望知道观看暴力电影是否会使观众变得更具攻击性。你可能会选择一组青少年，并给他们放映一系列具有很多暴力画面的电影。然后你会测量他们接下来的攻击性。这个组将成为实验组。对于控制组，你可能会选择另一组青少年，给他们放映没有攻击画面的电影，并测查他们接下来的攻击性。通过比较实验组和控制组成员显示出来的攻击行为，你可以确定观看暴力电影是否会使观众产生攻击行为。而这正是比利时的一组研究者所发现的：通过进行类似的实验，心理学家雅克－菲利普·莱恩斯（Jacques－Philippe Leyens）和他的同事们（Leyens et al.，1975）发现，青少年在观看了具有暴力镜头的电影后，他们的攻击水平显著提高。

上述实验以及所有实验的核心特征，就是对不同条件下的结果进行比较。实验组和控制组的使用，使研究者们可以排除实验结果是由实验操作以外的因素所造成的可能性。例如，如果没有控制组，实验者就无法确定，诸如电影放映的时间段、在放映中被试需要始终坐着的要求，甚至仅仅是时间的流逝这些因素，是否会造成研究者所观测到的变化。然而，通过使用控制组，实验者就可以得出关于原因和影响的正确结论了。

自变量 研究者在实验中操作的变量。

因变量 研究者在实验中测查并期望由实验的操作而带来变化的变量。

自变量和因变量。自变量(independent variable)是研究者在实验中操作的变量(在我们例子中,自变量是被试者看到的电影类型——暴力或非暴力)。相反,**因变量(dependent variable)**是研究者在实验中测查并期望由实验操控而带来变化的变量。在我们的实验中,被试者在观看暴力或非暴力电影后的攻击行为程度就是因变量。一个记忆的方法:一个假设预测的是因变量如何依赖于对自变量的操控而变化。例如,在研究服用药物效果的实验中,被试者是否接受药物治疗是自变量,接受或未接受药物治疗后的效果是因变量。每一个实验都具有自变量和因变量。

实验者需要确保实验没有受到操控因素以外任何因素的影响。因此,他们将会尽力确保实验组和控制组中的被试者没有意识到实验的目的(对实验目的的了解会影响被试者的反应和行为),实验者也没有对被试者进入控制组或实验组的分配施加任何影响。被试者分配时运用的程序被称为随机分派,在随机分派中,被试者依照且仅依照概率被分派到不同的实验组或“条件”中。通过对这种技术的应用,统计学原理可以确保有可能影响实验结果的个人特征按比例划分在不同组别中,使每一组都是等价的。利用随机分配得到的等价组让实验者能够有信心给出结论 。

图1-4展示了比利时研究者以青少年为被试者,研究观看是否包含暴力影像的电影对后续攻击行为影响的实验。如你所见,它包含了实验所需的每一要素:

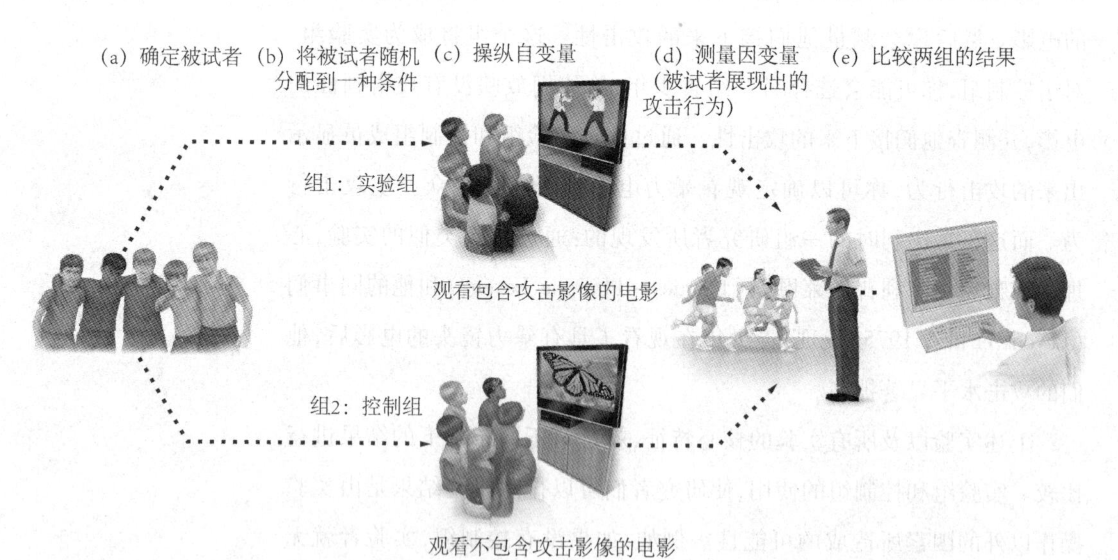

图1-4 实验的要素

在这项实验中,研究者将一组青少年随机分配到两种条件中:观看包含暴力影像的电影或者观看不包含暴力影像的电影(对自变量的操纵)。然后观察被试者之后表现出来的攻击行为(因变量)。对实验发现的分析显示观看包含暴力影像电影的青少年在随后展示出更多的攻击行为(基于 Leyens 等人 1975 年的研究)。

- 自变量(不同电影的分配)。
- 因变量(测量青少年的攻击行为)。
- 随机分配组别(观看包含攻击影像的电影对应观看不包含攻击行为影像的电影)。
- 关于自变量对因变量可能造成的影响的假设(观看包含攻击行为影像的电影会引发后续攻击行为)。

既然实验研究具有优点——它提供了确定因果关系的方法——为什么实验法并不常常被使用呢? 答案是,无论实验者的设计多么巧妙,总有一些情境是无法控制的。并且,即使可以控制,对某些情境的控制也是不合伦理的。例如,实验者不能够将婴儿分派给具有高社会经济地位或低社会经济地位的家长,以研究其对儿童日后发展的影响。同样,我们不能控制一组儿童在童年时观看的电视节目,以研究儿童观看攻击性电视节目是否会导致日后的攻击行为。因此,对那些由于逻辑或伦理而不可能进行实验研究的情形,发展心理学家会运用相关研究。

此外,还需要牢记单个的实验不足以对一个研究问题给出确定的答案。在完全相信一个结论前,研究必须可复制,或重复,有时是对其他参与者采用不同的程序或技术。有时发展心理学家使用元分析这一方法,该方法可以将许多研究的结果结合起来,形成一个综合的结论(Peterson & Brown, 2005)。

选择研究的地点。决定研究的地点与决定研究的内容一样重要。在比利时进行的电视暴力影响实验中,研究者采用了一个现实生活的场景——被判少年犯罪的男孩组成的青少年之家。研究者之所以选择这个**样本(sample)**——即一组被选定参与实验的被试者,是因为攻击性水平普遍较高的青少年是该实验的合适人选,而且研究者可以将放映电影融合到他们的日常生活中,并将干扰减少到最低。

样本 被选择参加实验的一组被试。

对现实生活场景的利用,正如上述考查攻击性实验中提到的,是现场研究的特点。**现场研究(field study)**是在自然发生的场合下进行的调查研究。现场研究可以在幼儿园班级里、社区运动场中、校车上或街道拐角处进行。现场研究捕捉现实生活场景中的行为,相比于实验室研究,参与现场研究的被试者行为表现会更自然。

现场研究 在自然发生的场合下进行的研究。

现场研究可以应用于相关研究和实验。现场研究一般运用自然观察——我们曾讨论过的技术，即研究者在不加干涉、不对情境加以改变的条件下，对自然发生行为的观察。例如，研究者可能在儿童保育中心观察发生的行为，也可能在中学的走廊上观察一组青少年的表现，还可能在老年活动中心观察老年人的行为。

然而，在现实生活场景中进行实验往往很困难，因为在这种场合下，情境和环境都很难控制。因此，现场研究更多地应用于相关设计，而不是实验设计，且大多数发展研究的实验是在实验室中进行的。**实验室研究（laboratory study）**是在为保持事项恒定而专门设计的控制场景中进行的调查研究。实验室可以是为研究而设计的房屋或建筑，就像在一个大学的心理学系中的一样。在实验室研究中对情境的控制使得研究者更清晰地了解，他们的处理是如何影响被试者的。

实验室研究 在被控制的，为保持事件恒定而专门设计的场景中进行的研究。

理论和应用研究：互补的途径

LO 1.16　区别理论研究和应用研究

发展研究者一般会关注两种研究途径中的一种，理论研究或应用研究。**理论研究（theoretical research）**是专门为了验证对于发展的解释以及扩展科学知识而设计的，而**应用研究（applied research）**旨在为当前的问题提供实际的解决方法。举例来说，如果我们对于儿童期的认知变化过程产生了兴趣，我们可能对不同年龄的儿童在接触多位数后能够记住几位数进行研究——这是一个理论研究。或者，我们可能通过考查小学老师教授的使儿童更简单地记住信息的方式，来理解儿童是如何学习的。这样的研究代表了一种应用研究，因为研究的发现将会应用到特定的环境或问题中。

理论研究 专门为验证对发展的解释以及扩展科学知识而设计的研究。

应用研究 旨在为当前问题提供实际的解决方法的研究。

在理论研究和应用研究之间，通常没有清晰的界限。例如，一个考查婴儿耳部感染对日后听力损失影响的研究，是理论研究还是应用研究？由于这种研究有助于阐明听觉所涉及的基本过程，因此可以被认为是理论性的。但是在某种程度上，该研究可以帮助我们了解如何预防儿童的听力损失，以及哪些药物可以减轻感染的后果，它也可以被认为是一种应用研究（Lerner，Fisher，& Weinberg，2000）。

简而言之，即使最典型的应用研究也可以帮助我们加深对于特定主题领域的理论性理解，而理论研究也可以为广泛的实际问题提供具体的解决方法。事实上，正如我们在随后的“从研究到实践”栏目中讨论的，无论是理论本质还是应用本质，都在策划和解决许多国家政策问题中发挥了重要的作用。

◎ 从研究到实践

利用发展研究改善国家政策

学前儿童启蒙计划(Head Start Preschool Program)是否真的有用?

限制青少年接触网络,是否能够保护他们免受网络骚扰?

当军人从战场归来,他们及其家人将会受到怎样的影响?

有哪些有效的方法可以增强女生对自身数学和科学能力的信心?

有一个母亲和一个父亲的孩子会比有两个母亲或两个父亲的孩子更好吗?

发展异常的儿童应该去普通学校接受教育还是与具有相似情况的儿童一起在特殊学校学习?

以上每一个问题都代表了国家的政策问题,只有考虑相关研究得出的结果才可以得到答案。通过进行控制性研究,发展研究者们对国家层面的教育、家庭生活和健康做出了极其重要的贡献和影响。例如,我们可以考虑一下不同研究结果对国家政策问题提出建议的多种方式(Maton et al., 2004; Mervis, 2004; Aber et al., 2007):

- 研究结果可以向政策制定者提供一种方法,帮助他们决定应该首先提出什么问题。例如,伊拉克和阿富汗战役接近尾声引起了人们对美国军人回国后影响的疑问。研究发现战争不仅对军人有持续性影响,还会影响其父母、子女和其他家庭成员,任何支持健康和适应的干预措施都应考虑到这些人的需求。研究也反驳了儿童注射疫苗与孤独症相关这一广泛流传的信念,为关于强制儿童接种益处和风险的争论提供了宝贵的证据(Price et al., 2010; Lester, Paley, Saltzman, & Klosinski, 2013)。
- 研究结果和研究者的陈述通常是法律起草过程中的一部分。许多立法都是基于发展研究者的发现而得以通过的。例如,研究表明,在和没有特殊需求的儿童一起相处时,发展异常的儿童会受益。这一结果最终导致美国在立法中规定,应尽可能将发展异常儿童安置于普通学校班级。研究表明,由同性伴侣抚养的孩子和由父母抚养的孩子一样生活得很好,这推翻了同性婚姻对孩子有害这一经常被使用但毫无根据的论点(Gartrell & Bos, 2010)。
- 政策制定者和其他专家可以利用研究结果决定如何更好地执行计划。已有研究策划了如下项目:减少青少年不安全性行为的发生,增加对怀孕母亲的关照,鼓励并支持女性追求数学和科学学习,以及促使老年人注射流感疫苗等。这些项目的共同点是,它们中的很多细节都是建立在基础研究的发现上的。
- 研究技术被用来评价现存计划和政策的有效性。当国家政策被制定以后,有必要确定它能否有效并成功地达到其目标。为此,研究者将使用在基本研究程序中建立的正式评估技术。例如，抵抗药物滥用教育计划(DARE)是一个旨在减少儿童毒品使用的流行项目，针对该项目的仔细研究发现该项目是无效的。采用发展学家的研究结果，DARE开发了新的技术，初步研究发现改善后的项目更加有效。一些关于预防青少年网络骚扰的干预策略研究发现，监控青少年对网络的接触实际上比限制其接触有效很多倍(University of Akron, 2006; Khurana, Bleakley, Jordan, & Romer, 2014)。

发展心理学家通过研究成果与政策制定者相互联合，携手工作。这些研究对于使我们受益的国家政策有着重要的影响。

共享写作提示

尽管存在可能为发展政策提供信息的研究数据，但政客们很少在演讲中讨论这些数据，你认为这是为什么？

测量发展的变化

LO 1.17 比较纵向研究、横断研究和序列研究

人在一生中如何成长和变化是所有发展研究者工作的核心。因此，研究者面对的最棘手问题之一，就是对随年龄和时间而产生的变化和区别的测量。为解决这一问题，研究者们提出了三种主要的研究策略：纵向研究、横断研究和序列研究。

纵向研究：测量个体的变化。如果你有兴趣了解儿童的道德发展在3到5岁间如何变化，那么最直接的途径就是选取一组3岁的儿童，定期对他们进行测量，直到他们5岁。

这种策略就是纵向研究的一个例子。在**纵向研究(longitudinal research)**中，随着一个或多个研究对象年龄的增长，他们的行为被多次测查。纵向研究考察随时间而产生的变化，通过对很多个体随时间发展的追踪，研究者们可以理解生命某些阶段中变化的一般轨迹。

纵向研究 随着一个或多个研究对象年龄的增长，多次测量其行为。

纵向研究的鼻祖是路易斯·特曼(Lewis Terman)，大约在80年前，他开始对天才儿童追踪，这一工作已经成为经典。在这项直到现在还未有结论的研究中，1500名高智商的儿童每隔5年接受一次测试。现在，他们已经年过八旬，这些将自己称为“特曼人”的被试者们提供了他们从智力成就到个性和寿命的各种信息(Feldhusen, 2003; McCullough, Tsang, & Brion, 2003; Subotnik, 2006)。

纵向研究同样帮助研究者们了解语言的发展。例如，通过追踪儿童词汇量每天的增长，研究者们就可以理解人类熟练运用语言能力背后的过程(Gershkoff-Stowe & Hahn, 2007; Oliver & Plomin, 2007; Childers, 2009; Fagan, 2009)。

评价纵向研究。对于随时间而产生的变化，纵向研究可以提供大量的信息。然而，该研究也存在一些缺陷。首先，它需要大量的时间投入，因为研究者必须等待被试者的成长。此外，被试者通常会在研究进程中流失，他们可能会退出、离开、患病，甚至死亡。

最后，被反复观察或测试的被试者可能变成"测验能手"，随着对实验程序逐渐熟悉，他们得到的成绩也越来越好。即使在实验中对被试的观察没有受到严重的干扰（如在很长的一段时间内通过简单地录像来考察婴儿和学前儿童词汇量的增加），被试者还是会因为实验者或观察者的重复出现而受到影响。

因此，尽管纵向研究有很多好处，特别是它可以考察个体内的变化，发展研究者们还是经常在研究中利用其他方法。他们最常选择的另一种方法是横断研究。

横断研究允许研究者在同一时间比较不同年龄组间的典型行为。

横断研究。再一次假设你想要考察儿童的道德发展，以及他们对于正确和错误的判断力在3岁到5岁间的变化。不同于运用纵向研究对同一个儿童进行为期几年的追踪，我们可能会通过同时考察3岁、4岁、5岁的3组儿童，来进行这项研究。我们可以给每一组儿童呈现相同的问题，观察他们对问题的反应以及对自己选择的解释。

这种研究方法是横断研究的代表。**横断研究（cross-sectional research）**是在同一个时间点对不同年龄的个体进行相互的比较。横断研究提供的是不同年龄组之间发展差异的信息。

横断研究 在同一个时间点比较不同年龄组被试之间的行为。

在时间方面，横断研究比纵向研究更加经济：被试者只在一个时间点被测试。例如，如果特曼只是简单地考察15岁、20岁、25岁，以此类推直到80岁的天才人群，也许他的研究早在75年以前就可以完成了。由于被试者不再被定期测试，他们就没有机会变成"测验能手"，而被试者流失的问题也不会发生。那么，为什么还会有研究者选择横断研究以外的研究途径呢？

这是因为横断研究也会带来特定的难题。回忆一下，每个人都属于一个特定的同辈群体，即出生在同样的时间和地点的人群。如果我们发现不同年龄的个体在某些维度存在差异,那么很可能缘于同辈间的差异,而不是年龄本身导致的差异。

让我们考虑一个具体的例子:如果我们在一个相关研究中发现,25岁的个体在智力测验中的表现优于那些75岁的个体,有好几种方法可以解释这个现象。尽管这种差异可以归因于老年人智力水平的衰退,但它也可以归因为不同同辈群体的差异。也许75岁年龄组的个体接受的正式教育少于15岁的儿童,因为年老同辈中的成员与年轻同辈中的成员相比,完成高中学业并进入大学的可能性较低。而老龄群体较差的表现也可能缘于他们在婴儿时期没有像年轻群体那样,获得充足的营养。简而言之,我们不能完全排除横断研究中不同年龄组间的差异是源于同辈差异的可能性。

横断研究还可能遭受选择性流失,即某些年龄群体的被试者比其他被试者更容易退出实验。例如,假设一个考察学前儿童认知发展的研究,该研究中包括对认知能力的长时间评估。比起年龄较大的学前儿童,年龄较小的学前儿童可能认为任务更难,要求更多。结果,年幼儿童可能比年长儿童更倾向于退出实验。如果能力最低的年幼儿童退出了实验,那么在剩下的被试者中,将包括能力更强的年幼学前儿童——以及更广泛、更具代表性的年长学前儿童的样本。这样一个研究得出的结果是有问题的(Miller, 1998)。

最后,横断研究还具有一个附加的也更基本的弱点:它无法告知我们关于个体或群体的变化。如果纵向研究像是一个人在不同年龄阶段拍的录像,横断研究就像是对完全不同年龄组的快照。虽然我们可以明确与年龄相关的差异,我们却无法确定这样的差异是否与时间的变化相关。

序列研究。由于纵向研究和横断研究都具有缺陷,研究者便采取了一些折衷的技术。其中,最常用的是序列研究,实质上它是纵向研究和横断研究的结合。

序列研究 研究者在不同时间点对几个不同年龄组的被试进行考察的研究。

在**序列研究**(**sequential studies**)中,研究者在不同的时间点对不同年龄群体的被试进行考察。例如,一个对儿童道德行为感兴趣的研究者可能会同时考察3个不同年龄组——3岁、4岁和5岁儿童的行为作为一个序列研究的开始。(这和完成一个横断研究的方式是相同的。)

然而,这个研究并不会就此结束,而会在将来的几年里继续进行下去。在此期间,每一个实验的参与者都将在每年接受一次测试。也就是说,3岁组的儿童会在他们3岁、4岁、5岁的时候接受测试;4岁组的儿童在 4 岁、5 岁、6 岁时接受测试；而 5 岁组的儿童在 5 岁、6 岁、7 岁的时候接受测试。该方法结合了纵向研究和横断研究各自的优势，并且允许发展研究者弄清年龄变化和年龄差异所带来的不同结果。研究发展的主要研究技术如图 1－5 所示。

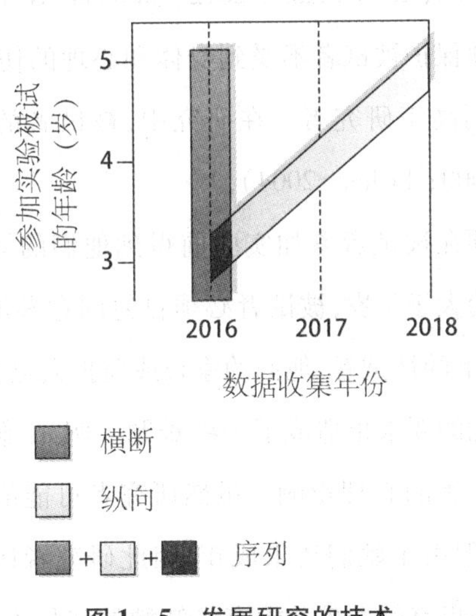

图 1－5　发展研究的技术

在横断研究中，3、4、5 岁儿童在同一时间点进行比较（在 2016 年）。在纵向研究中，2016 年 3 岁的一组儿童在他们 4 岁（2017 年）、5 岁（2018 年）的时候接受测试。最后，序列研究将横断研究和纵向研究技术相结合，在这里，一组 3 岁的儿童将在 2016 年先与 4 岁和 5 岁的儿童相比较，而且还将和 1 到 2 年后自己长到 4 岁和 5 岁时的数据相比较。虽然在图中并没有显示，进行序列研究的研究者还将在随后的两年中 再次测试 2016 年时 4 岁和 5 岁的儿童。这三种类型的研究各具有什么优势？

伦理和研究

LO 1.18 描述影响心理学研究的伦理问题

在埃及国王普萨美提克进行的“研究”中，两名儿童从他们的母亲那里被抢走并隔离起来，为的是考察语言的根源。如果你发现自己正在思考这项工作是多么残忍，那么你会有很多的同盟。很明显，这样一个实验引发了我们对于伦理的关注，如今，这样的实验是不可能实施的。

观看视频　特别话题：伦理和心理学研究

为了帮助研究者应对这种伦理问题，发展心理学家的主要组织——包括儿童

发展研究学会和美国心理学会,为研究者们建立了全面的伦理规范指导方针。在这些必须被遵守的基本原则中,包括不受伤害、知情同意、对欺骗的应用以及对被试者隐私的保护（American Psychological Association, 2002；Toporek, Kwan, & Williams, 2012；Joireman & Van Lange, 2015）。

- 研究者必须保护被试者不受到身体和心理的伤害。他们的福利、兴趣和权利高于研究者。在研究中,被试者的权利是最重要的（Sieber, 2000；Fisher, 2004）。
- 研究者必须在被试者参加实验前得到他们的知情同意。如果被试者的年龄大于7岁,被试者必须自愿同意参加实验。对于年龄在18岁以下的被试者,他们的家长或监护人也必须同意。

对于知情同意的要求也造成了一些难题。例如,假设研究者想要研究流产对青少年产生的心理影响。虽然研究者可能能够获得曾流产过的青少年的同意,但由于她们还未成年,因此研究者还必须得到青少年家长的允许。但如果有的女孩并没有告知她的父母流产事件,那么向家长请求许可就会冒犯了女孩的隐私——导致对伦理的违反。

健康照护服务人员的视角

是否存在一些特殊的情况,允许青少年——法律上的未成年人参加一项研究,而不需经过其父母的许可？这些情况可能会包括什么？

- 在研究中对欺骗的运用必须合理,而且不会造成伤害。虽然为了掩饰实验的真实目的,欺骗是被允许的,但任何运用欺骗的实验必须在实施前经过一个独立小组的详细审查。例如,假设我们想要了解被试者对于成功和失败的反应,我们将告知被试者他们将要进行的只是一个游戏。但是,实验的真正目的则是观察被试者如何应对自己任务成功或失败的表现。然而,只有在不对被试者造成任何伤害,并通过审核小组的检查,而且在实验结束后向被试者做出完整的报告或解释的情况下,这样的程序才是符合伦理的（Underwood, 2005）。
- 被试者的隐私必须受到保护。例如,如果在实验过程中对被试者进行录像,那么必须得到被试者的许可,该录像带才可被观看。此外,对录像带的获取权必须加以谨慎限制。

◎ 你是发展心理学知识的明智消费者吗？

批判性地思考“专家”的建议

如果你马上安慰哭闹的婴儿，你会惯坏他们。

如果你让婴儿哭闹而不去安慰他们，他们会像某些成人一样没有信任感和黏人。

打屁股是训练孩子最好的办法之一。

永远都不要打你的孩子。

如果婚姻是不美满的，父母离婚后儿童的状况会比他们勉强相处时好一些。

无论一段婚姻多么艰难，父母为了孩子也不要离婚。

对于如何更好地抚养孩子，或更一般地说，如何更好地生活，向来不缺忠告。从《心灵鸡汤：关于为人父母》这类畅销书到杂志和报纸专栏，对每一个可能的话题都提出了建议和忠告，而我们中的每一个人也都置身于大量信息的包围之中。

然而并不是所有建议都同样有效。事实上，出现在印刷品或电视上的内容并不一定合理或正确。所幸，有一些指导方针可以帮助我们区分劝告和建议在什么时候是合理的或什么时候是不合理的。

- 考虑建议的来源。来自常设的、受尊敬的组织——诸如美国医药学会、美国心理学会及美国儿科医生学会的信息，很可能是经过数年研究得到的结果，具有相当高的准确性。如果你不了解这些机构，那么多做一些调查以了解其目标和宗旨。
- 对建议提供者的证书进行评估。来自常设的、在相关领域受到承认的研究者或专家的信息，相比于来自身份含糊不清的个人的信息，准确性更高。考虑这个作者是否受聘或拥有特定的政治或个人诉求。
- 了解轶事证据和科学证据的不同。轶事证据是基于某种现象的一两个例证，是偶然出现或被发现的；科学证据则基于谨慎、系统的程序。如果一个婶婶告诉你，她所有的孩子在2个月的时候就可以整夜安睡，所以你的孩子也可以。这完全不同于你阅读到一项报告，指出75%的儿童在9个月的时候可以整夜安睡。当然，即使是对于这项报告，你也应该了解该研究的规模以及数据是如何得到的。
- 如果一项忠告是基于研究发现的，那么必定会提供关于该研究的清晰、易懂的描述。谁参与了这项研究？运用了什么方法？结果表明了什么？在接受研究发现前，需要批判地看待其获取的途径。
- 不要忽视信息的文化背景。即使一项主张在某些环境中是有效的，它可能并不适用于所有环境。例如，人们普遍认为，给予婴儿活动和伸展四肢的自由促进了他们肌肉的发展和灵活性。然而在一些文化下，婴儿在大部分时间里都被紧紧束缚在他们的母亲身边，且并没有出现明显的长期损害（Tronick，1995）。

- 不要假定很多人相信的事情一定是正确的。科学评估经常证实，一些最基本的关于不同方法有效性的假设是错误的。

简而言之，保持安全剂量下的怀疑态度，是对关于人类发展的信息评估的关键。任何信息的来源都并非绝对和永久准确，对任何陈述保持批判的眼光，你就可以站在一个更有利的位置上，判定发展心理学家在理解人类的毕生发展中做出的真实贡献。

模块 1.3 复习

- 发展中的理论是有系统地得出的，对事实或现象的解释。理论提出假设，假设是可被验证的预测。
- 相关研究考察两个因素间是否存在联结或关系。实验研究是用于探索不同因素间因果关系的。
- 自然观察、个案研究和调查研究是相关研究的不同类型。一些发展学研究者也采用心理生理学方法。
- 实验研究旨在通过对实验组和控制组的运用，发现因果关系。通过操作自变量并观察因变量的变化，研究者可以找到变量间存在因果关系的证据。
- 研究可以在现场中进行，这样被试者将处于自然环境，也可以在实验室中进行，这样被试者所处的环境是被控制的。
- 理论研究是专门为了验证对于发展的解释以及扩展科学知识而设计的，而应用研究旨在为当前的问题提供实际的解决方法。
- 研究者通过纵向研究、横断研究和序列研究测查与年龄有关的变化。
- 在开展研究时，发展研究者必须遵循伦理准则。伦理规范指导方针包括不受伤害、知情同意、对欺骗的使用以及对被试隐私的保护。

共享写作提示

应用毕生发展：简要叙述一个关于人类发展方面的理论以及一个与其相关的假设。

结语

正如我们已经看到的，毕生发展的范围相当广阔，它涉及关于人类在生命轨迹中如何成长和变化的广泛主题。我们还了解到发展学家在寻求他们所关注问题的答案时，所利用的多种技术。

在继续进行下一个章节之前，让我们花几分钟的时间重新考虑一下本章的序言——第一个诞生于试管技术下的孩子路易斯·布朗。基于你现在对毕生发展的了解，请回答以下问题：

1. 路易斯的父母所采用的受精方式——人工授精，其潜在收益和代价是什么？
2. 研究体能、认知或人格和社会性发展的发展心理学家可能会就人工授精对路易斯产生的影响提出什么问题?

3. 路易斯报告自己儿童时曾体验过孤独和被孤立。你认为这一现象发生的原因是什么,以及对成年后的路易斯会产生什么影响?

4. 路易斯自己的孩子是通过传统方式孕育的。你认为他的发展会和路易斯有什么不同?

回顾

LO 1.1　定义毕生发展的领域并描述其包含的内容

毕生发展是利用科学的途径,考察个体从受精到死亡的过程中,体能、认知以及社会性和人格特征的成长、变化和稳定性。

LO 1.2　描述毕生发展专家所涵盖的领域

一些发展心理学家关注体能发展,考察身体的构成如何决定个体的行为。一些发展心理学家关注认知发展,旨在考察智能的发展和变化如何影响人类的行为,还有一些发展心理学家关注人格和社会性发展。除了对特定的领域进行选择和深入研究,发展心理学家们还会关注特定的年龄范围。

LO 1.3　描述人类发展的基本影响因素

每个人都受到常规的历史方面、常规的年龄方面、常规的社会文化方面以及非常规生活事件的影响。文化无论是广义还是狭义的,都是毕生发展中的重要论题。发展的很多方面不仅受到广义上的文化差异的影响,还受到一个特定文化中民族、种族、社会经济差异的影响。

LO 1.4　总结毕生发展领域的四个关键议题

毕生发展中的四个关键议题是:(1)发展变化是连续的还是不连续的;(2)发展是否在很大程度上由关键期支配,特定的影响或经历必须在该期间发生,发展才能得以正常;(3)应该关注人类发展中某些特定的重要阶段,还是关注毕生发展的全部过程;(4)对遗传和环境影响各自重要性的先天—后天之争。

LO 1.5　描述心理动力学理论如何解释毕生发展

心理动力学观点以弗洛伊德的精神分析理论和埃里克森的心理社会性理论为代表。弗洛伊德关注无意识和系列阶段,儿童必须成功地经历这些阶段,以避免产生有害固着。埃里克森确立了8个不同的阶段,每个阶段都由一种需要解决的冲突或危机所表现。

LO 1.6　描述行为观点如何解释毕生发展

行为观点关注于刺激—反应学习,以经典条件作用、斯金纳的操作条件作用以及班都拉的社会认知学习理论为代表。

LO 1.7　描述认知观点如何解释毕生发展

在认知观点中,最著名的理论家是皮亚杰,他确立了所有儿童都需要经历的发展阶段,在每一阶段,思维都会产生质变。与之相反,信息加工理论将认知发展归因于心理过程和能力上量的改变。认知神经科学关注大脑的生物过程。

LO 1.8　描述人本主义观点如何解释毕生发展

人本主义观点主张，人们具有天生的能力来对他们的生活做出决定，或控制他们的行为。人本主义观点强调人们自由意志和发挥自身全部潜能的自发愿望。

LO 1.9　描述情境观点如何解释毕生发展

情境观点考虑个体与其身体、认知、人格和社会性环境之间的关系。生物生态学理论强调发展领域的相互交织，以及广泛的文化因素在人类发展中的重要性。维果茨基的社会文化理论强调文化中个体的社会交互作用。

LO 1.10　描述演化观点如何解释毕生发展

演化观点将行为归因于来自祖先的遗传基因。该观点主张，基因不仅决定了诸如皮肤和眼睛颜色这些特质，而且还决定了特定的人格特质和社会行为。

LO 1.11　讨论将多种观点应用于毕生发展的价值

众多不同的理论观点提供了研究发展的不同方式。折衷研究方法绘制了关于毕生发展中人类变化的更为完整的图画。

LO 1.12　描述理论和假设在发展研究中的作用

理论是基于对先前发现和理论的系统整合，是对所关注事实或现象的一般解释。假设是基于理论的、可被检验的预测。系统性地提出和回答问题的过程被称为科学的方法。

LO 1.13　比较两类主要的毕生发展研究

研究者通过相关研究（确定两个因素间是否有关联）和实验研究（发现因果关系）来检验假设。

LO 1.14　识别不同类型的相关研究以及它们与因果的关系

相关研究运用自然观察、个案研究和调查研究去探讨所关注的特定特征间是否存在关联。一些研究者也运用心理生理学方法进行研究。相关研究不能得出关于因果关系的直接结论。

LO 1.15　解释一项实验的主要特征

一般来说，实验研究中包括实验组中接受实验操作的被试者，以及控制组中不接受操作的被试者。在操作过后，两组间出现的差异可以帮助实验者确定该操作的作用。自变量是研究者操纵的变量，而因变量是研究者在实验中测量并预期会因为实验操纵而变化的量。实验可以在实验室中或在现实生活场景中进行。

LO 1.16　区别理论研究和应用研究

理论研究是专门为了验证对于发展的解释以及扩展科学知识而设计的，而应用研究旨在为当前的问题提供实际的解决方法。

LO 1.17　比较纵向研究、横断研究和序列研究

为测查年龄增长带来的变化，研究者利用纵向研究考察相同被试者不同时间点中的表现，或利用横断研究在同一时间里考察不同年龄被试者的表现,或利用序列研究考察不同年龄被试者在不同时间点中的表现。

LO 1.18　描述影响心理学研究的伦理问题

研究中的伦理指导方针包括保护被试者不受伤害,被试者的知情同意,对欺骗使用的限制,以及对隐私的保护。

关键术语和概念

毕生发展	经典条件作用	实验研究
体能发展	操作条件作用	自然观察
认知发展	行为矫正	个案研究
人格发展	社会认知学习理论	调查研究
社会性发展	认知观点	心理生理学方法
同辈	信息加工理论	实验
连续变化	认知神经科学理论	自变量
不连续变化	人本主义观点	因变量
关键期	情境观点	样本
敏感期	生物生态学观点	现场研究
成熟	社会文化理论	实验室研究
心理动力学观点	演化观点	理论研究
精神分析理论	科学的方法	应用研究
心理性的发展	理论	纵向研究
心理社会性发展	假设	横断研究
行为观点	相关研究	序列研究

第2章 生命的开端：产前发育

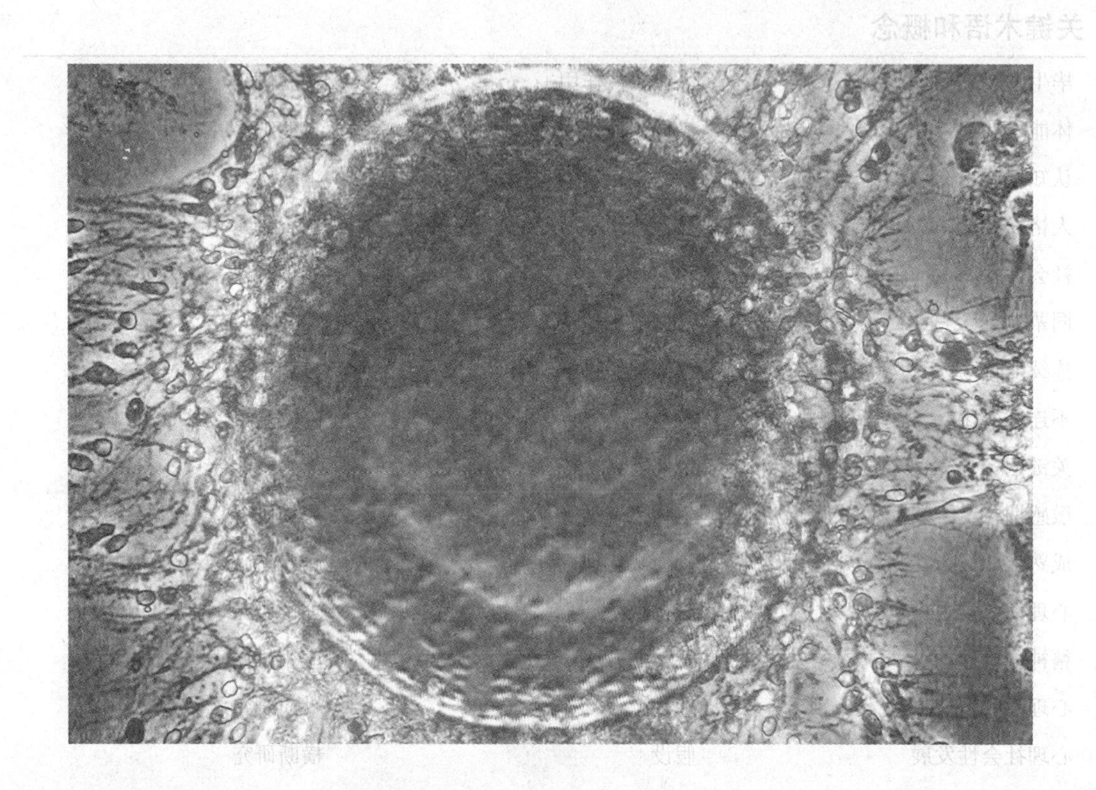

本章学习目标

LO 2.1 描述基因和染色体如何提供给我们的基本遗传信息

LO 2.2 比较同卵双生子和异卵双生子

LO 2.3 描述孩子的性别是如何决定的

LO 2.4 解释基因传递信息的机制

LO 2.5 描述行为遗传学领域

LO 2.6 描述主要的遗传障碍

LO 2.7 描述遗传咨询的作用并区分不同形式的产前检查

LO 2.8 解释环境和遗传如何共同作用决定了人类的特征

LO 2.9　总结研究者如何研究遗传因素和环境因素在发展中的相互作用

LO 2.10　解释遗传和环境如何共同影响生理特征、智力以及人格

LO 2.11　解释遗传和环境在心理疾病发展中所起的作用

LO 2.12　描述基因影响环境的方式

LO 2.13　解释受精的过程

LO 2.14　总结产前发展的三个阶段

LO 2.15　描述和妊娠有关的一些生理及伦理挑战

LO 2.16　描述胎儿环境受到的威胁及其应对

本章概要

最早期的发展

基因与染色体:生命的密码

多胞胎:以一倍的遗传代价获得两个或更多

男孩还是女孩? 孩子性别的确定

遗传的基础:性状的混合与匹配

人类基因组与行为遗传学:破解遗传密码

先天与遗传障碍:发展出现异常

遗传咨询:从现有的基因预测未来

遗传和环境的交互作用

环境在决定基因表达中的作用:从基因型到表型

研究发展:多少源于先天? 多少受后天影响?

遗传和环境:共同作用

心理疾病:遗传和环境的作用

基因会影响环境吗?

产前的生长和变化

受精:怀孕的一刻

产前期的各阶段:发育的启动

妊娠问题

产前环境:发育所受的威胁

开场白：赌概率

在胎儿20周的一次产前B超中发现，蒂姆（Tim）和陈萝拉（Laura Chen）尚未出生的儿子患有一种很严重的脊柱裂（spina bifida，一种出生缺陷，患者的椎管形成不良，有一截脊髓暴露在后背开口处）。他们的第一个问题是：这能修复吗？萝拉的医生告知他们可能的选项。他们可以在孩子出生后再把脊髓包裹起来，但是这可能给脊髓及大脑带来危险，造成孕后期损伤。此外，孩子还有可能造成瘫痪、认知损害以及膀胱和肠道问题。陈氏夫妇另外的选项是让医生们在产前就做手术。医生会将萝拉的子宫移到体外，做一个切口，缝合使脊髓暴露在外的洞隙。这会带来更大的早产风险，但是对降低毕生损伤大有好处。陈氏夫妇选择了胎儿手术。三年后，他们的儿子只有轻微的膀胱问题，他可以独立走路，学前认知评估也超过85%的同龄儿童。“我们生活在能做这种手术的时代，真是太幸运了。”萝拉说。

预览

陈氏夫妇的故事表明，随着我们对产前阶段的理解越来越多，以及能在产前探测到生理问题会带来巨大的好处，当然通常也带来困难的选择。在这一章中，我们将考察发展研究者和其他科学家已经了解的关于遗传和环境是如何共同作用，从而塑造和影响人类生命的方式。我们先从遗传基础说起，看看我们究竟是如何获得这种遗传禀赋。我们还会介绍行为遗传学，这个学科是专门研究遗传对行为的影响。此外，我们会讨论遗传因素如何导致发展异常，以及如何通过遗传咨询和基因治疗的手段来解决这些异常问题。

然而，基因的作用只是产前发展的一种影响因素。我们还会考虑儿童的先天遗传与成长环境交互作用的方式——个体的家庭、社会经济地位和生活事件如何影响包括身体特征、智力和人格在内的个体性状。

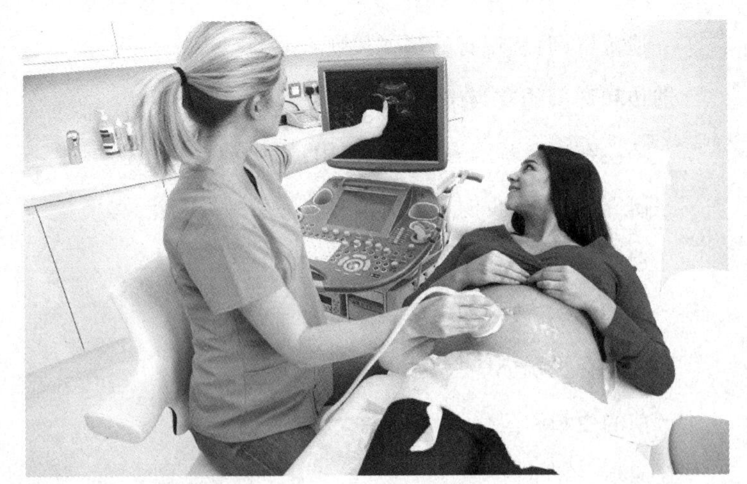

产前检查越来越精密了。

最后，我们将关注个体发展的第一个阶段，追踪产前的生长和变化。我们会回顾一些解决夫妻不孕问题的方法，探讨产前期的各阶段以及产前的环境是如何损害或保护个体未来的生长发育。

2.1　最早期的发展

人类生命历程的开始发生在一瞬间,看似非常简单。与其他成千上万物种的个体一样,人类个体也是从一个重量约 1.42 微克的单个细胞孕育而来。但只要经过几个月的时间,这个微不足道的小东西就能孕育出一个活生生的、能够自主呼吸的婴儿。

基因与染色体: 生命的密码

LO 2.1　描述基因和染色体如何提供给我们的基本遗传信息

上述的单细胞是由男性的生殖细胞(精子)突破女性的生殖细胞(卵子)膜后结合而成。这些作为男性或女性生殖细胞的配子(gametes),每个都携带大量的遗传信息。在精子进入卵子大约 1 个小时之后,两者会很快融合,成为一个细胞,形成**受精卵(zygote)**。男女双方的遗传指令最终结合在一起,该结构包含了超过 20 亿的化学编码信息,这些信息足以塑造出一个完整的人。创造人类个体的蓝图储存于我们的基因之中,并由我们的基因一代代传递下去。**基因(gene)**,是遗传信息的基本单位,人类个体大约有 25000 个基因,构成了生物学意义上的"软件",正是这些"软件"决定了我们身体所有"硬件"部分的未来发展。

受精卵　在受精过程中形成的新细胞。

基因　遗传信息的基本功能单位。

观看视频　受精卵阶段

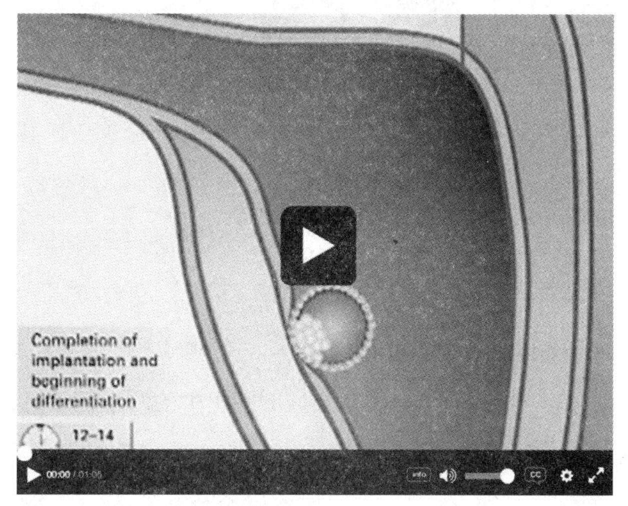

所有基因都是由特定序列的**脱氧核糖核酸分子**组成。基因按照特定顺序排列在 46 条**染色体**的特定位置。染色体呈杆状,两两一对共 23 对。生殖细胞(精子和卵子)只包含总体染色体的一半,即 23 条染色体。因此,父母亲分别为 23 对染色体中的每一对提供一条染色体。受精卵的 46 条染色体(23 对)包含规划个体未来一生中细胞活动的遗传蓝图(Pennisi, 2000; International Human Genome Sequencing Consortium, 2001; 如图 2.1 所示)。通过有丝分裂(mitosis)这种大多数细胞复制的方式,身体中所有的细胞都几乎含有与受精卵相同的 46 条染色体。

脱氧核糖核酸分子　组成基因并决定体内每个细胞性质和功能的物质。

染色体　呈杆状的 DNA,有 23 对。

特定基因位于染色体链上的精确位置,决定着人体中每一细胞的性质和功能。例如,基因决定哪些细胞最终成为心脏的一部分,哪些成为腿部肌肉。基因还决定身体各部分的功能,如心跳的速度有多快、肌肉的力量有多强。

如果每个父母仅仅是各提供了 23 条染色体,那么人类巨大的多样性潜能来自哪里呢？答案在于配子细胞分裂那些过程的特点。在成年个体中，配子通过减数分裂形成，每个配子获得23对染色体中每对中的一条。至于究竟获得哪一条，则是随机的。因此就有2^{23}种，或者说八百多万种不同组合。而且，像特定基因的随机变构等其他情况，也增加了遗传的变异性，最终导致数万亿种遗传组合。

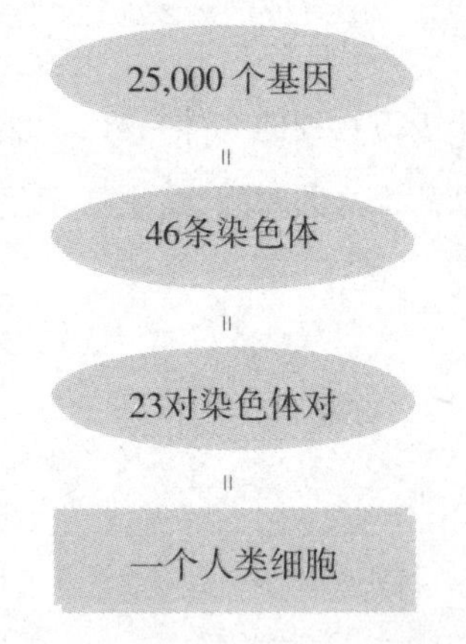

图 2–1 单个人类细胞的内容物
在受孕的那一刻，人类就得到了25000个基因，这些基因包含在23对、46条染色体中。

既然有这么多遗传基因的可能组合，我们基本不可能碰到和自己一模一样的人，除了一个例外：同卵双生子。

多胞胎：以一倍的遗传代价获得两个或更多

LO 2.2　比较同卵双生子和异卵双生子

虽然猫狗一次生育多个后代并不奇怪，但这在人类却比较少见。双胞胎在所有怀孕中不超过3%，三胞胎以上的比例就更低。

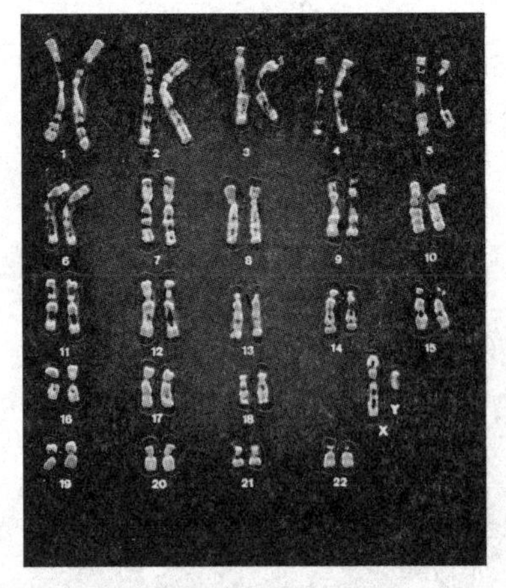

在受精的那一刻，人类接受23对染色体，一半来自母亲，一半来自父亲。这些染色体包含成千上万个基因。

为什么会有多胞胎？有的是在受精后的头两周内，受精卵分裂出另一簇细胞而产生的。结果是形成两个遗传相同的受精卵。因为它们来自同一个原始受精卵，所以称单卵。**同卵双生子（monozygotic twins）**将来发展的任何差异均可只归因于环境因素，因为在遗传上他们是完全相同的。

还有一种实际上更常见的多胞胎产生机制。在这种情况下，两个单独的卵子分别与两个单独的精子几乎同时受精。以这种方式产生的双生子称为**异卵双生子（dizygotic twins）**。因为它们是两个独立的卵子—精子结合，在遗传上和不同时间出生的两个兄弟姐妹的相似性一样。

当然，多胞胎可以不止两个。以上两种途径均可产生三胞胎、四胞胎，甚至更多胞胎。三胞胎就可能是同卵、异卵或者三卵。

虽然怀上多胞胎的机会非常小，但当夫妇使用促孕药增加怀孕机会时，其概率大大增加。例如，在美国的白人夫妇中，每十对使用促孕药的夫妇就有一对孕育异卵双生子，而这在普通夫妇中的比例仅为1/86。年龄较大的女性也更容易孕育多胞胎。多胞胎还有家族聚集倾向。过去的30年里，促孕药使用及孕妇平均年龄的上升已经造成多胞胎的增加（见图2－2；Martin et al.，2005）。

同卵双生子 遗传上完全一样的双生子。

异卵双生子 两个单独的卵子分别与两个单独的精子几乎同时受精产生的双生子。

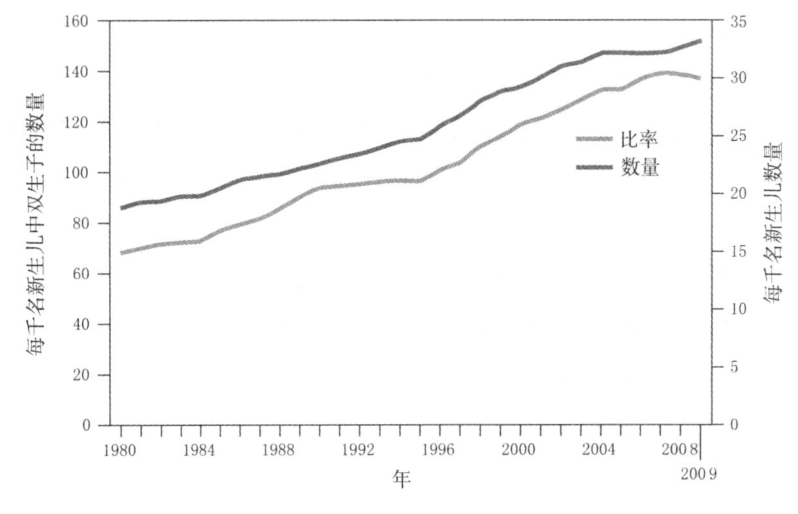

图 2-2　增长的多胞胎

在过去的三十年中,双生子的数量和比率都有相当程度的增长。
(资料来源:CDC/ NCHS, National VitalStatistics System, 2012.)

多胞胎的比率有种族、族裔及国家差异,这可能是由于多个卵子同时释放的可能性存在先天差异。每 70 对非裔美国人夫妇有 1 对孕育异卵双生子,而美国白人夫妇每 86 对有 1 对(Vaughan, McKay, & Behrman, 1979; Wood, 1997)。

多胞胎孕妇有高于平均的早产及生产并发症的风险。因此,这些母亲的产前照料要格外小心。

男孩还是女孩? 孩子性别的确定

LO 2.3　描述孩子的性别是如何决定的

回顾一下前面提到的 23 对染色体。其中 22 对染色体每对的两条都是相似的。唯一的例外是决定孩子性别的第 23 对染色体。女性的第 23 对染色体是由两条匹配的、较大的 X 染色体组成,可标记为 XX。男性的第 23 对染色体是不一样的,一条是 X 型,另一条较短、较小,是 Y 型,标记为 XY。

如前面讨论过的,每个配子携带 23 对染色体每对的其中一条。因为女性的第 23 对染色体两条都是 X,所以不论分配哪条,卵子总是携带 X 染色体。男性的是 XY,所以每个精子可能携带 X 或者 Y 染色体。

当精子与卵子相遇时,如果精子贡献的是 X 染色体(卵子总是贡献 X 染色体),第 23 对染色体是 XX,孩子是女性。如果精子贡献的是 Y 染色体,结果会是一对 XY,孩子是男性(见图 2-3)。

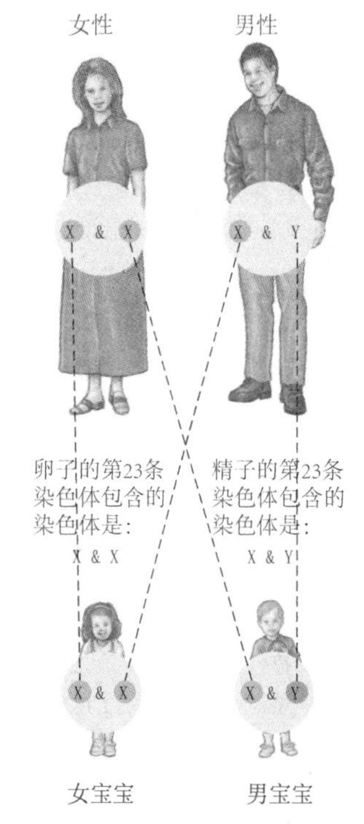

图2-3　性别决定

当在受精的那一刻,精子和卵子相遇时,卵子肯定要提供一个 X 染色体,精子可能提供 X 染色体,也可能提供 Y 染色体。如果精子贡献了 X 染色体,孩子的第 23 对染色体就会是 XX 型,是女孩。如果精子提供了 Y 染色体,孩子就会是 XY 型,就会是个男孩。这是否意味着更有可能怀上女孩呢?

从这个过程可以清楚地看到,父亲的精子决定了孩子的性别。这一事实使性别选择技术得以发展。其中一种新技术是用激光检测精子中的 DNA,通过去除携带不想要的性染色体的精子,使获得想要的那个性别的孩子的机会大大增加(Hayden, 1998; Belkin, 1999; Van Balen, 2005)。

当然,性别选择会带来伦理学和实践上的问题。例如,在性别地位不平等的文化中,性别选择是否意味着性别歧视在出生前就存在?而且,性别选择最终将导致不受偏好性别儿童短缺的情况。在性别选择变成常规前,很多问题尚待解决(Sharma, 2008; Bhagat, Ananya, & Sharma, 2012)。

遗传的基础: 性状的混合与匹配

LO 2.4 解释基因传递信息的机制

什么决定头发的颜色?为什么人有高矮?为什么有些人容易花粉过敏?为什么有些人长很多雀斑?要回答这些问题,需要弄清楚基本机制,我们从父母那里遗传的基因如何传递信息。

我们从一位 19 世纪中叶的奥地利修士格雷戈尔·孟德尔的发现谈起。在一系列简单而有说服力的实验中,孟德尔对只长黄色种子的豌豆和只长绿色种子的豌豆进行杂交。结果并不像人们所猜测的,长出一棵黄色与绿色种子混合的植物。相反,全部植物都长出黄色的种子。这最初让人以为绿种子豌豆根本不起作用。

但是,孟德尔进一步的研究发现并不是这样。他继续把新一代的黄种子豌豆再次进行杂交。结果是产生稳定比例的豌豆,四分之三是黄色种子,四分之一是绿色种子。为什么黄色和绿色种子的比率能稳定地维持在 3∶1?孟德尔天才地给出了答案。他认为当两个互相竞争的特征同时存在时,如绿色种子和黄色种子,只有一个得到表现。得到表现的特征称为**显性特征(dominant trait)**。另一个特征尽管不表现,但也同样保存在机体内部,称为**隐性特征(recessive trait)**。在孟德尔最初的豌豆实验中,子代豌豆从绿色种子和黄色种子的亲代那里均得到了遗传信息。只是黄色是显性特征,得到表现;而隐性的绿色特征则不表现。要记住,来自亲代双方的遗传物质均存在于子代中,只是有些不能外显表现。遗传信息称为机体的**基因型(genotype)**。基因型是机体内部存在但不外显的遗传物质总和。而**表现型(phenotype)**则指可观察到的特征。

显性特征 当两个相互竞争的特征出现时表现出来的一个特征。

隐性特征 有机体内存在但没有表现出来的特征。

基因型 遗传物质在有机体中的潜在组合(但不可见)。

表现型 可观察到的特征,实际看到的特征。

虽然黄种子豌豆和绿种子豌豆杂交得到的后代都是黄种子豌豆(它

们有黄种子表型），但基因型则由亲代双方的遗传信息组成。

那么基因型包含信息的特性是什么？为了回答这个问题，让我们把豌豆换成人类。事实上，上述法则不仅在植物和人类中是相同的，它在绝大多数物种中也同样适用。

父母通过提供配子携带的染色体实现遗传信息向后代的传递。有些基因配成对，称为等位基因，控制那些具有两种可选择形式的特征，如头发和眼睛的颜色。例如，棕色的眼睛是显性特征（B）；蓝色的眼睛是隐性特征（b）。孩子的等位基因可以是从父母那里得到的相同或不同的基因。如果孩子得到相同的基因，他或她就是该特征的**纯合子（homozygous）**。如果得到不同的基因，他或她则被称为**杂合子（heterozygous）**。在杂合等位基因（Bb）的情况下，显性特征棕色眼睛得到表达。而如果孩子得到的均为隐性等位基因（bb），缺乏显性特征，那就表现出隐性特征蓝色眼睛。

纯合子 从父母那里继承了相似的特征。

杂合子 从父母那里继承特定特征的不同形式的基因。

遗传信息传递的例子。以苯丙酮尿症（phenylketonuria，PKU）为例可清楚看到遗传信息如何传递。苯丙酮尿症是一种遗传障碍，这种障碍使机体不能利用一种必需氨基酸——苯丙氨酸。牛奶等多种食物里都含有这种氨基酸。如果不治疗，苯丙酮尿症患者体内苯丙氨酸达到毒性水平，导致大脑损伤及精神发育迟滞（Moyle et al.，2007；Widaman，2009；Deon et al.，2015）。

苯丙酮尿症是由一对等位基因缺陷引起的。如图 2－4 所示，我们可以把携带显性特征的基因标记为 P，它导致苯丙氨酸标准产物；而把隐性基因标记为 p，它导致苯丙酮尿症。如果父母双方均不是苯丙酮尿症基因携带者，那么他们的一对基因均为显性的 PP。这样，不论父母提供哪一条基因给后代，小孩得到的一对基因一定是 PP，这种情况下小孩绝对不会得苯丙酮尿症。

再看看父母其中一方携带一条隐性基因 p 的情况。在这种情况下，携带者的基因型为 Pp，父母不会得苯丙酮尿症，因为 P 基因是显性的，但隐性基因可以传递给小孩。这种情况还不算糟，小孩只得到一个隐性基因，他也不会得苯丙酮尿症。但如果父母双方均携带一条隐性基因 p 呢？在这种情况下，虽然父母都没有这种障碍，但小孩有可能从父母那里各获得一个隐性基因。那么这个小孩的基因型就是 pp，他就会得苯丙酮尿症。

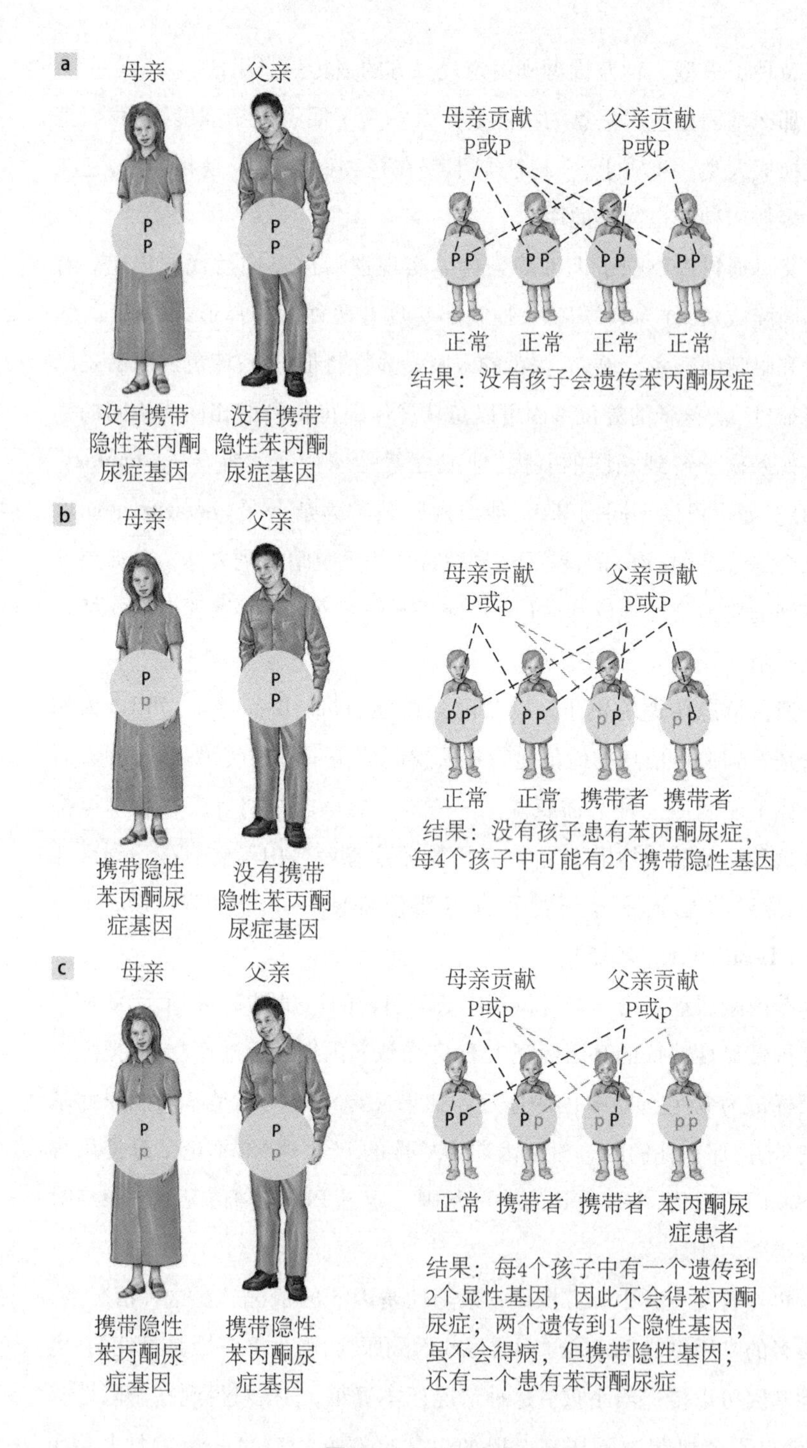

图 2-4　PKU 患病概率

PKU,一种会造成脑损伤和智力缺陷的疾病,是由遗传自父亲或母亲的一对单基因决定的。(a)如果父母双方都不携带致病基因,那么孩子不会患 PKU。(b)即便父母一方携带了隐性基因,但是另一方没有,孩子也不会遗传这种疾病。(c)但是,如果父母双方都携带致病的隐性基因,那么孩子就有四分之一的可能性会罹患 PKU 疾病。

然而,即使是父母均携带隐性基因,小孩得苯丙酮尿症的概率也只有 25%。根据概率定理,25% 的小孩将从父母那里均得到显性基因(这种小孩的基因型是 PP),50% 的小孩从一个父母身上得到显性基因,而从另一个身上得到隐性基因(他们的基因型将是 Pp)。只有余下不幸的 25% 从父母那里均得到隐性基因,基因型为 pp,从而患苯丙酮尿症。

多基因特征。苯丙酮尿症的传递很好地说明了遗传信息从父母传递给小孩的基本原则,但大多数情况下遗传比苯丙酮尿症复杂得多。较少特征是单基因控制的,相反,多数特征是多基因遗传的结果。在**多基因遗传(polygenic inheritance)**中,一个特征的产生是多对基因联合作用的结果。

多基因遗传 多对基因联合作用负责一个特定特征的产生。

此外,有些基因具有多种作用,而另一些则起修饰作用,修饰其他等位基因编码的遗传特征。基因有不同的反应范围,反应范围指由环境引起的,一种特征实际表达的潜在变异程度。还有像血型等一些特征,其决定基因不能单纯归类为显性基因或隐性基因。该特征的表达是两个基因的联合作用,如 AB 型血。

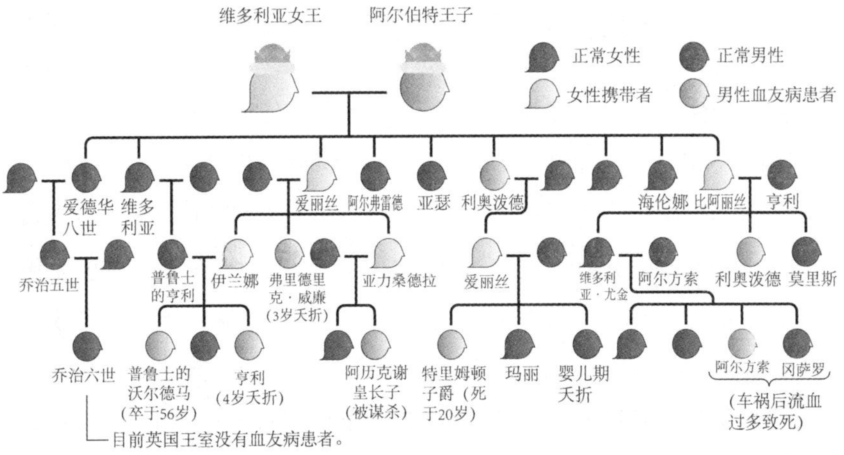

图 2-5 血友病的遗传

血友病是一种凝血障碍,一直以来都是欧洲王室的遗传问题,图中显示了英国维多利亚女王的后代的情况。

(资料来源:Kimball,John W., Biology, 5thEd., 1983. 得到 Pearson Education, Inc., Upper Saddle River, New Jersey 的授权重印并发行电子版)

位于 X 染色体上的隐性基因名为 **X 连锁基因(X-link genes)**。前面曾提到,女性的第 23 对染色体是 XX,而男性是 XY。男性有更高的 X 连锁基因所导致障碍的风险,因为男性缺乏第二个 X 染色体来抵消产生障碍的遗传信息。例如,男性更易患红绿色盲,这是一种由位于 X 染色体上的一套基因引起的障碍。

类似地，一种血液障碍，血友病(hemophilia)也是由X连锁基因引起的。血友病是欧洲王室反复出现的问题。图2-5显示英国维多利亚女王的许多后代遗传了血友病。

人类基因组与行为遗传学：破解遗传密码

LO 2.5　描述行为遗传学领域

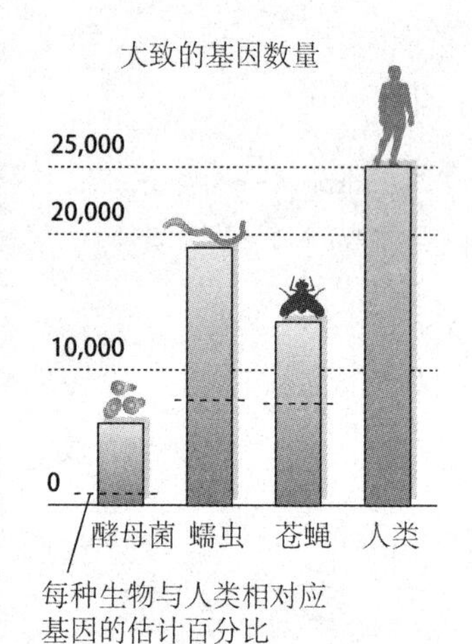

图2-6　独特的人类

人类拥有大约25000个基因，在遗传上并不比某些原始物种复杂很多。

（资料来源：Celera Genomics: International Human Genome Sequencing Consortium, 2001.）

孟德尔对特征遗传传递基础的发现是卓著的，然而它仅仅标志着我们才刚刚开始了解那些特定特征从一代如何向下一代传递。

遗传学最近的里程碑是2001年初分子生物学家对人类基因组全部测序工作的完成。这一成就不仅是遗传学史上，而且也是生物学史上最重要的贡献之一(International Human Genome Sequencing Consortium, 2001)。

人类基因组序列图的绘制使我们对遗传的理解有了重要的进步。例如，关于人类基因的数目，长期以来都以为有10万之多，但最后证实只有25000个，与比人类简单得多的生物相比多不了多少(见图2-6)。而且，科学家发现99.9%的基因序列是人类共有的。这意味着我们之间相似之处远多于不同之处。这也表明很多看上去能区分人类的差异，如种族，实际上是很肤浅的。人类基因组图的绘制也有助于识别对某些障碍易感的个体(Levenson, 2012; Goldman& Domschke, 2014)。

行为遗传学　一门研究遗传对行为和心理特征影响的学科。

人类基因序列图谱给予行为遗传学领域有力的支持。正如**行为遗传学(behavioral genetic)**这个名字所隐含的意思，这门学科研究的是遗传对行为和心理特征的影响。行为遗传学不是简单地检测像头发或眼睛的颜色这类稳定、不变的特征，而是用更广泛的方法，探讨我们的个性和行为习惯是怎样受遗传因素影响的(Eley, Lichtenstein, & Moffitt, 2003; Li, 2003; Judge, Ilies, & Zhang,2012)。

很多个性特质都有研究，如害羞或善于交际、情绪化及果断性。另一些行为遗传学家研究心理障碍，如严重抑郁、注意力缺陷/多动障碍和精神分裂症谱系障碍，寻找它们和遗传的可能联系(DeYoung, Quilty, & Peterson, 2007; Haeffel et al., 2008; Wang et al., 2012; 见表2-1)。

行为遗传学包含着未来的重大希望，比如，本领域的研究确实让我们对人类行为及其发展背后的遗传编码有了更好的理解。

更重要的是，研究者一直在探索遗传缺陷的治疗方法(Peltonen & McKusick, 2001; Bleidorn, Kandler, & Caspi, 2014)。为了实现这种想

法,我们需要弄清楚本来能使发展顺利进行的遗传因素如何产生异常。

表 2-1　目前对某些行为障碍和特征的遗传基础的理解

行为特征	目前有关其遗传基础的观点
亨廷顿病	亨廷顿基因位于 4 号染色体短臂的尾端
强迫障碍	已识别出几个潜在相关基因,不过还需要更多研究证实
脆性 X 精神发育迟滞	已识别出两个基因
早发性(家族性)阿尔茨海默病	已识别出三个特异性的基因。多数病例是由 21、14 和 1 号染色体上的单基因突变导致的
注意缺陷多动障碍	一些研究中的证据表明 ADHD 和多巴胺受体 D4 及 D5 基因有关。不过由于这种疾病的复杂性,还难以定位某一特定基因
酗酒	研究提示,影响血清素和 GABA 这两种神经递质活动的基因,可能与酗酒风险有关
精神分裂症	未有一致的意见,但知道与多个染色体有关,包括 1、5、6、10、13、15 和 22 号染色体均有报道

(资料来源:基于 Mcguffin, Riley, & Plomin, 2001)。

先天与遗传障碍:发展出现异常

LO 2.6　描述主要的遗传障碍

苯丙酮尿症只是多种遗传障碍的一种。就像没有点燃的炸弹并无伤害性一样,单个可导致某障碍的隐性基因可以在不知不觉中从一代传到下一代,直到遇到另一条隐性基因。仅当两条隐性基因碰到一起,就像火柴或燃料一触即发,基因才会表达,小孩才会患遗传障碍。

但还有另一种令人担忧的途径——物理损伤。例如,基因在减数分裂或有丝分裂过程中,受到撕裂、摩擦等损伤,或者发生一些偶然事件,都可能会遭到破坏。有时基因会因为不明原因自发改变它们的结构,这一过程被称为自发突变。

另一方面,某些环境因素,如暴露在 X 线下,也会导致遗传物质的畸变(见图 2-7)。这些受损基因传递给小孩,会导致体能和认知发展障碍(Semet, DeMarini, & Malling, 2004; Tucker-Drob, & Briley, 2014)。

苯丙酮尿症的发病率为每 1 万到 2 万出生人中有 1 个。除了苯丙酮尿症外,其他遗传障碍包括:

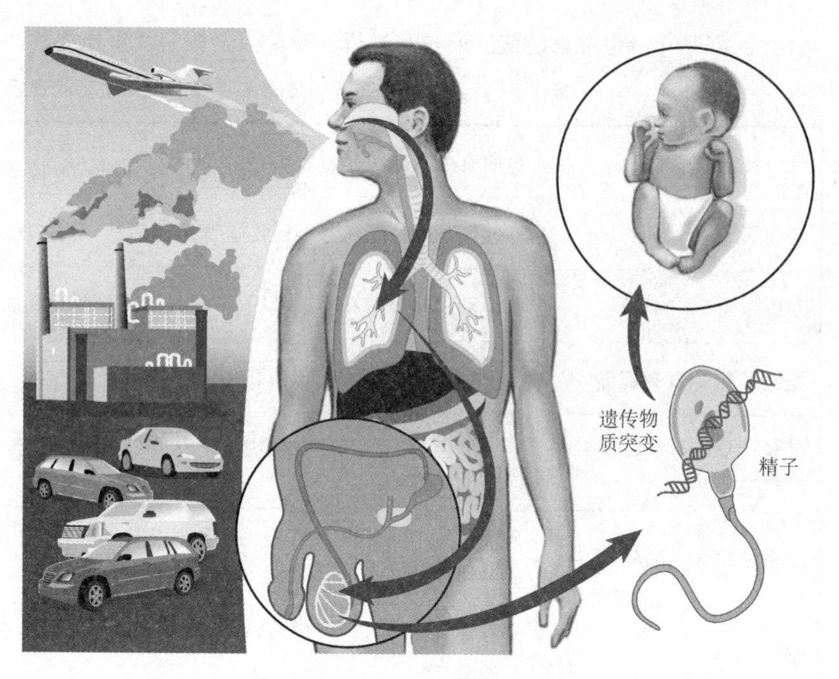

图2-7　吸入空气和基因突变

吸入有害、被污染的空气可能会导致精子中的遗传物质发生突变。这些突变可能会传递给下一代，损伤胎儿甚至影响到未来几代。

（资料来源：基于 Samet, Demarini, & Malling, 2004, p.971.）

唐氏综合征　一种由于在第21对染色体上出现一条额外的染色体而引起的障碍；曾被称为先天愚钝型。

脆性X综合征　一种由于X染色体上基因损伤而导致的障碍，表现为轻度到中度的心理迟滞。

镰刀形细胞贫血　一种血液障碍，因患者的红细胞呈镰刀形而得名。

- **唐氏综合征(Down syndrome)**。如我们早前提到的，绝大多数人有46条染色体，组成23对。唐氏综合征个体则例外，他们的第21对染色体多了一条。曾被称为先天愚型的唐氏综合征是精神发育迟滞最常见的病因。大概700出生人次就有1个，年龄很小或很大的母亲所生孩子患病风险会更高(Sherman et al., 2007; Davis, 2008; Channell et al., 2014)。
- **脆性X综合征(Fragile X syndrome)**因X染色体上某个基因损伤而引起，其结果是轻到中度的精神发育迟滞(Cornish, Turk, & Hagerman, 2008; Hocking, Kogan, & Cornish, 2012)。
- **镰刀形细胞贫血(Sickle-cell anemia)**。大约十分之一的非裔美国人携带产生镰刀形细胞贫血的基因，而400个非裔美国人中就有1个患此病。镰刀形细胞贫血是一种血液障碍，它的名字来源于该病患者红细

镰刀形细胞贫血，以红细胞形变而得名，十分之一的非裔美国人身上携带这种基因。

胞的形状呈镰刀形。其症状包括没有食欲、生长迟缓、腹胀和巩膜黄染。重型病人很少能活过儿童期。但是,对那些轻症病人来说,医疗的进步已经使期望寿命明显增加。

- **泰伊 - 萨克斯病(Tay-Sachs disease)**主要在东欧犹太人家族和法裔加拿大人中发生,患者通常在学龄前死亡。这种障碍在死亡前会出现失明及肌肉变性,没有方法治疗。

泰伊 - 萨克斯病　一种在死亡前会失明以及肌肉萎缩的障碍,没有治疗方法。

- **克兰费尔特综合征(Klinefelter's syndrome)**。每 500 个男性有 1 个先天患有克兰费尔特综合征,患这种综合征的男性有一条额外的 X 染色体。XXY 结合体导致生殖器发育不良,身高异常高和乳房增大。由于性染色体数目异常导致的遗传障碍有很多,克兰费尔特综合征只是其中的一种。例如,还有一种障碍是得到额外的 Y 染色体(XYY),另一种则是一条性染色体缺失(称特纳综合征,Turner syndrome)(X0),还有一种是有三条 X 染色体(XXX)。这类障碍以性特征相关的问题和智力缺陷为特点(Murphy & Mazzocco, 2008; Murphy, 2009; Hong et al., 2014)。

克兰费尔特综合征　一种由于存在一条额外的 X 染色所引起的障碍,表现为发育不良的生殖器官、异常高大的身材和增大的乳房。

很重要的是我们要记住,有遗传根源的障碍并不意味着环境因素不起作用(Moldin & Gottesman, 1997)。我们以镰刀形细胞贫血为例子。这种疾病通常累及非裔后代。因为这种疾病常在儿童期致命,患病者的寿命通常不足以向下一代传递疾病,至少在美国,情况似乎的确如此。比起部分西非地区,美国的患病率低很多。

但为什么西非地区镰刀形细胞贫血的患病率并没有逐渐降低?这个问题多年来一直令人困惑,直到科学家们发现携带镰刀形细胞贫血基因会增加对疟疾的免疫力。疟疾是西非一种常见的疾病。增加了免疫力意味着有镰刀形细胞贫血的人有一种遗传优势(对于对抗疟疾而言),在某种程度上抵消了作为镰刀形细胞贫血基因携带者的坏处。

镰刀形细胞贫血的例子说明遗传因素是和环境因素相互作用的,不应被孤立看待。而且,尽管我们讨论了很多遗传因素的异常情况,但更多的情况是遗传机制在我们身上运转良好。总体而言,在美国出生的小孩大概 95% 是健康和正常的。而对那 25 万生来就有某种体格或精神障碍的人来说,恰当的治疗和干预常常能得到改善,有些情况甚至能够治愈。

另外,由于行为遗传学带来的好处,越来越多遗传障碍可以在小孩出生前预测,并可采取应对措施。父母可以在小孩出生前采取措施减少某些遗传障碍的严重后果。事实上，正如我们下面要讨论的，当科学家对基因的位置和序列了解越来越多时，他们对遗传所规定的未来的预测就越来越精确了（Plomin & Rutter, 1998）。

遗传咨询：从现有的基因预测未来

LO 2.7　描述遗传咨询的作用并区分不同形式的产前检查

如果你知道自己的母亲和祖母都死于亨廷顿病，一种以颤抖和智力衰退为特征的灾难性遗传病，你如何知道自己遗传这种疾病的概率呢？最好的方法就是遗传咨询，遗传咨询是遗传研究中一个新的领域，仅有数十年的历史。**遗传咨询（genetic counseling）**致力于解决与遗传障碍有关的问题。

遗传咨询 致力于帮助人们处理遗传障碍以及相关问题的学科。

遗传咨询者在他们的工作中使用各种数据。例如，打算生小孩的夫妇想了解怀孕的风险，那么咨询者将全面了解他们的家族史、父母的年龄、之前小孩的情况等，并寻找隐性或X连锁基因遗传缺陷发生的可能性。此外，咨询师也会考虑父母年龄以及之前生育小孩的异常情况等因素（Resta et al., 2006; Lyon, 2012; O'Doherty, 2014）。

观看录像　遗传咨询

遗传咨询一般要进行全面的体格检查。这些检查能够发现准父母隐匿的异常情况。而血液、皮肤和尿液样本则用来分离和检测染色体。某些遗传缺陷，如一条额外的性染色体，可以通过建立染色体组型加以发现。这种染色体组型实际上是一张放大的染色体图片。

产前检查。如果女性已经怀孕，就有各种不同的技术评估她未出生孩子的健康程度（见表2－2，是一张目前能提供的检查清单）。最早的检查是怀孕早期筛查，这个检查结合了血液和超声波检查，一般在怀孕第11到13周进行。在**超声成像（ultrasound sonography）**中，高频的声波透过母亲的子宫，形成胎儿的图像。这种图像虽不精确，但很有用，可以评估胎儿的大小和形状。重复使用超声波检查可以显示胎儿的发育模式。虽然怀孕早期血液和超声检查的诊断准确性并不高，但在怀孕后期胎儿更易分辨时，准确性会大大提高。

超声成像 高频声波扫描母亲的子宫，生成未出生孩子的图像并评估其大小和形态的操作过程。

表 2-2　胎儿发育监测技术

技术	描述
羊膜穿刺	在怀孕的第 15—20 周进行,检查含有胚胎细胞的羊水样本。如果父母任何一方患有泰伊-萨克斯病、脊柱裂、镰形细胞病、唐氏综合征、肌营养障碍或 Rh 病,推荐做这项检查。
绒毛膜取样	在怀孕 8—11 周,由胎盘的位置决定是经过腹还是宫颈取样。通过插入一支针(经腹)或一只导管(经宫颈)进入胎盘实体并在羊膜囊外取出 10—15 毫克组织。这块组织经人工洗去母体子宫组织后做培养,并像羊膜穿刺一样做染色体组型。
胚胎镜	在怀孕最初的 12 周期间,经宫颈插入光学纤维内镜检查胚胎。最早可在怀孕 5 周进行。通过设备可以观测到胎儿血液循环,胚胎直接可视化可以对畸形做出诊断。
胎儿血液取样	在怀孕第 18 周以后进行,抽取少量脐血做检查,用来检测唐氏综合征等大多数染色体异常。很多其他疾病也可以通过这种方法检查。
超声胚胎学	用于检测怀孕早期的异常。使用高频探头经阴道探测并经数字成像处理,与超声结合使用,可以在怀孕中检测超过 80% 的发育畸形。
超声波	用超声产生子宫、胎儿和胎盘的可视影像。
超声成像	用非常高频的声波检测胎儿的结构异常或多胎妊娠、测量胎儿生长、判断胎龄以及评估子宫异常,也与其他检查结合使用,如羊膜穿刺。

如果血液和超声检查发现了一些潜在问题或是有家庭遗传障碍史,在怀孕第 10 到 13 周时,可考虑做一项有创检查——**绒毛膜取样(chorionic villus sampling, CVS)**。这种检查一般在怀孕第 8 到 11 周进行。绒毛膜取样需要将一根细针插到胚胎,取出包围在胚胎周围毛发样物质的小样本。但是,它有 1/100 到 1/200 的概率会导致流产。因为这个风险,这项检查相对不常用。

绒毛膜取样　一种用来检测遗传缺陷的检查,要从胚胎周围取一些毛发样物质的样本进行检测。

而在另一种有创检查羊膜穿刺中,少量胎儿细胞的样本通过细针从围绕胎儿周围的羊水中取出。**羊膜穿刺(amniocentesis)**一般在怀孕第 15 到 20 周进行。它可以分析胎儿细胞,从而识别出不同的遗传缺陷,其准确率接近 100%。除此之外,它还可以用来检测孩子的性别。虽然像羊膜穿刺这样的有创操作会有损伤胎儿的危险,大约有 1/200 到 1/400 的风险,但总体来说还是安全的。

羊膜穿刺　通过检测胎儿细胞来识别遗传缺陷的过程。样本通过把细针插入围绕胎儿的羊水中取得。

当各种检查完成及各种信息齐备后,这些夫妇将再次和遗传咨询者会面。一般来说,咨询者不会给出某种具体做法。他们只会列出事实和目前可考虑的选择,从不做任何干预到采取最积极的措施,如通过

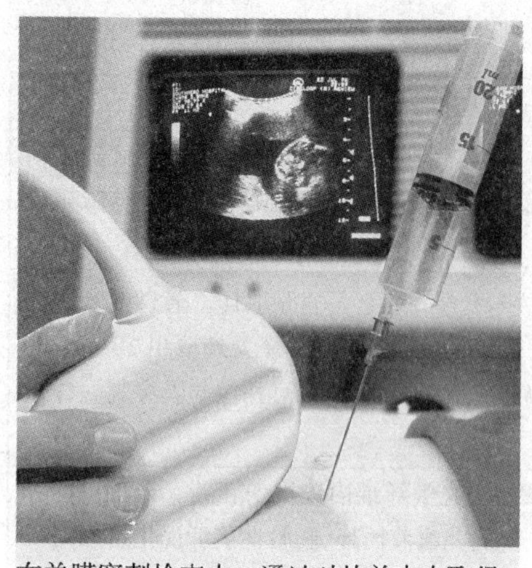

在羊膜穿刺检查中，通过对从羊水中取得的胎儿细胞样本检测来识别遗传缺陷。

流产终止妊娠等，但是最终要靠父母自己决定应对方法。

未来问题的筛查。遗传咨询者最新的角色是替父母本身而不是他们的孩子做检查，看他们是否因为遗传异常而在未来易感于某些疾病。例如亨廷顿病(Huntington's disease)这种通常致死的恶性疾病，以震颤和智能衰退为特征，一般在40岁时才发病。而遗传检查则可以更早发现某个人是否携带导致亨廷顿病的基因。人们知道了自己携带这种基因的话就可以为将来做准备(Cina & Fellmann, 2006; Tibben, 2007; Sanchez - Castaneda et al., 2015)。

一个医疗健康从业者的视角

遗传咨询面临的伦理和哲学问题是什么？提前获知可能会折磨你和你孩子的某些遗传障碍是否是明智之举呢？

除了亨廷顿病以外，超过一千种障碍可以通过遗传检查进行预测(见表2-3)。虽然阴性结果可以去除对未来的担忧，但阳性结果却带来相反的影响。事实上，遗传检查会带来实践及伦理的问题(Human Genome Project, 2006; Twomey, 2006; Wilfond & Ross, 2009; Klitzman, 2012)。

表2-3　一些现有的基于DNA的遗传检测

疾病	描述
阿尔茨海默病	老年痴呆和迟发变异
肌萎缩型脊髓侧索硬化症(卢·格里格氏病)	进展性运动功能丧失而致瘫痪和死亡
乳腺及卵巢癌(遗传性)	早发乳腺及卵巢肿瘤
腓骨肌肉萎缩症	肢体末端感觉丧失
囊性纤维症	肺黏膜增厚和慢性肺炎及胰腺炎
Duchenne型肌营养不良(Becker型肌营养不良)	重度肌肉萎缩、退化、无力
肌张力障碍	肌肉僵硬，反复扭动
脆性X综合征	心理迟滞
血友病A和B	出血障碍
遗传性非息肉性结肠癌	[a] 早发结肠及其他器官肿瘤
亨廷顿病	进行性神经退化，通常始于中年
肌强直性营养不良	进行性肌肉无力

神经纤维瘤病 1 型	多发良性神经系统肿瘤,可为不规则形:癌症
苯丙酮尿症	因酶缺乏引起的进行性心理迟滞;可通过饮食纠正
镰刀形细胞病	血液细胞障碍;慢性疼痛及感染
脊髓性肌萎缩症	严重的、通常致死的儿童进行性肌肉萎缩性障碍
泰伊—萨克斯病	惊厥、瘫痪;儿童早期致死性神经系统疾病

[a]这是疾病易感性检验的结果,只提供发病的估计风险。

(资料来源:Human Genome Project, 2010, http://www.oml.gov/scl/techresources/Human_Genome/medicine/genetest.shtml.)

假设一个被怀疑对亨廷顿病易感的人,在她 20 多岁时接受遗传检查发现没有携带缺陷基因。很明显,她将体验到如释重负的感觉。但如果她发现自己真的携带了缺陷基因的话,那就意味着她将会得这个病。她将会感到抑郁和沮丧。事实上,一些研究显示,在发现自己携带亨廷顿病缺陷基因后,有 10% 的人不能恢复他们的情绪水平(Hamilton, 1998; Myers, 2004; Wahlin, 2007)。

遗传检查显然是一个复杂的问题。它很少能给出简单的是或不是的答案。一般它只提供一个概率范围。在某些情况下,真正患病的可能性依赖于一个人暴露于怎样的环境应激源。个体差异也会影响一个人对某种障碍的易感性(Bonke et al., 2005; Lucassen, 2012; Crozier & Robertson, 2015)。(另参见“从研究到实践”专栏。)

当我们对遗传的了解持续增加时,研究者们和临床医生们已经超越了检验和咨询,而去主动改变缺陷基因。遗传干预和操作的可能性扩展到曾经只有科幻小说才有的领域,就像我们接下来要讨论的。

未来我们会“定制宝宝”吗?

亚当·纳什(Adam Nash)的出生是为了拯救他姐姐莫莉(Molly)的性命——是字面意义上的拯救。莫莉患有一种叫作范可尼贫血(Fanconi anemia)的罕见疾病,她的骨髓无法造血。这种疾病对于儿童是致命的,还可能引起出生缺陷和某些癌症。很多患儿无法活至成年。莫莉的最佳治愈机会是从新生的兄弟姐妹的胎盘中获得未成熟血细胞移植,以此生长出健康的骨髓。但并不是任意一个兄弟姐妹都可以——兄弟姐妹的血细胞必须不被莫莉的免疫系统排斥才可以。所以莫莉的父母转向了一项新的有风险的技术,用她未出生的弟弟的细胞来救莫莉的命。

莫莉的父母是第一个使用一种叫作植入前遗传学诊断(preimplantation genetic diagnosis, PGD)的人,这种技术可以确保下一个孩子没有范可尼贫血的问题。PGD会在新胚胎植入母亲子宫发育之前筛查很多遗传疾病。医生在试管中培育了好几个莫莉父母的精子卵子结合体。之后他们会检查胚胎,以确保只将遗传上健康并且符合莫莉配型的胚胎移植到子宫里。当九个月以后亚当出生时,莫莉的生命也焕然一新:移植是成功的,莫莉的疾病得到了治愈。

莫莉的父母和医生也为遗传工程开启了反传统的新篇章,这种在生殖医学上的进步让父母可以在一定程度上掌控他们未出生孩子的某些特点。另外一种可以在这个层面上进行遗传控制的方法是生殖细胞疗法(germ line therapy),它是将细胞从胚胎中取出,修复了细胞所包含的缺陷基因后再将其放回。

尽管PGD和生殖细胞疗法在预防和治疗严重遗传疾病上有重要作用,有些担忧依然升起,这些科学进步会不会造成“定制宝宝”——被操控基因的婴儿,以拥有他们父母希望的性状。关键问题是,这些技术可以且应当不仅仅用于修正不良遗传缺陷,还可以用于繁育带有某些特性的婴儿以从遗传水平上“改善”未来的世代吗?

伦理上的考虑会有很多:为了满足特定的需求而定制婴儿,无论多么高尚,这样做对吗?这种基因控制对人类基因库是否构成危险?那些有钱或有特权的人的后代是否会被赋予不公平的优势,使他们能够进入这些程序(Sheldon & Wilkinson,2004; Landau,2008; Drmanac,2012)?

设计出来的婴儿还没有出现;科学家还没有对人类基因组有足够的了解,无法确定控制大多数特征的基因,更不用说进行遗传修饰来控制这些特征的表达方式了。然而,正如亚当·纳什的案例所揭示的那样,我们离父母决定他们的孩子会有什么样的基因和不会有什么样的基因的日子越来越近了。

◎ 从研究到实践

产前筛查并非诊断

当丝黛茜·查普曼(Stacie Chapman)的产科医生推荐她为尚未出世的孩子做一个常规基因筛查时,她并没有想太多。她怀孕快三个月了,她知道自己的年龄很容易怀上一个遗传有异常的孩子。做个检查很有必要,看起来也没什么不好。

但是当结果呈现爱德华综合征为阳性结果的时候,丝黛茜就抓狂了。爱德华综合征是一种非常严重的致命遗传疾病,患者的第 18 对染色体多了一条。她和她丈夫立刻决定终止妊娠,他们不想生出来一个注定只能活几天的婴儿(Daley, 2014)。

但是,查普曼夫妇不明白的是,基于简单血样检测的遗传筛查不能确定诊断未出生孩子的情况,这并不一定要终止妊娠。他们的困惑可以理解,因为产科医生解释说这个检测有 99% 的检出率。但是这个精度只意味着如果真的有病的话,检测出该种疾病的概率;但是如果没病的话,检测出有病的概率是多少是未知的。事实上,年纪越大的妇女,筛查出爱德华综合征的假阳性概率大概是 36%(对年轻妇女来说这个概率更大,假阳性概率达到 60%)。需要更多侵入性的手段以获得产前疾病的确诊(Lau et al. , 2012; Allison, 2013; Daley, 2014)。

这些未受调控的筛查开始是为了给高风险病人使用,现在的市场中则越来越多提供给所有孕妇。很多人相信,受检妇女以及她们的医生并未得到足够的教育去理解阳性结果到底意味着什么,也不理解阳性结果有一定的概率是错误的。行业研究表明,有些妇女仅仅依据阳性筛查结果就终止了妊娠,也没有进一步确认。这些情况中的胎儿,至少有一部分是健康的。

没有人否认产前遗传异常筛查的好处,但是同样明确的是,医生和病人必须理解应当如何解释结果,并且应当基于在检测结果做出任何重大决定前,咨询遗传专家(Weaver, 2013; Guggenmos et al. , 2015)。

共享写作提示

如果你的一个朋友刚收到泰伊—萨克斯遗传疾病阳性结果,你会怎么跟他/她说?

模块 2.1 复习

- 人类男性性细胞(精子)和女性性细胞(卵子)为孕育婴儿各提供 23 条染色体。
- 同卵双生子是遗传上相同的双生子。异卵双生子是从两个独立的卵子在差不多同时被两个不同的精子受精发育而来。
- 当卵子和精子在受精的时刻相遇,卵子提供一个 X 染色体,精子提供一个 X 或者 Y 染色体。如果精子贡献了 X 染色体,孩子的染色体就会是 XX,就会是女孩。如果精子贡献了 Y 染色体,就会是 XY,孩子就是男孩。
- 基因型是存在于机体内部的不可见的遗传物质总和;表现型是可见的特征,是基因型的表达。
- 行为遗传学领域研究遗传对行为的影响,是心理学和遗传学的结合。
- 一些先天和遗传障碍是由受损或突变的基因引起的。
- 遗传咨询者们用各种不同的数据和技术,为未来的父母提供关于未出生孩子可能面临的遗传风险的意见。如果女性妊娠,使用超声、绒毛膜取样和羊膜穿刺等各种技术评定未出生孩子的健康。

共享写作提示

应用毕生发展:行为遗传学领域怎样帮助研究者们理解人类发展?

2.2 遗传和环境的交互作用

与其他父母一样，贾瑞德（Jared）的母亲利莎（Leesha）和他的父亲贾木尔（Jamal）想弄清楚他们的小孩最像他俩中的哪一个。他似乎有利莎的大而宽的眼睛，又有贾木尔大方的笑容。随着贾瑞德的成长，他像他父母的地方更多了。他头发的发际线像利莎一样，而当他长牙时他的牙让他的笑容更像贾木尔了，他的行动也似乎更像他的父母了。例如，他是一个可爱的小婴儿，总是准备好对家里的访客微笑，就像他友善的、愉快的爸爸一样。他的睡眠似乎更像他妈妈，这是幸运的，因为利莎睡眠规律，一晚睡7到8小时，而贾木尔则睡眠很浅，每晚只能睡4小时。

贾瑞德时常微笑和规律的睡眠习惯是从他的父母那里遗传过来的吗？还是贾木尔和利莎提供了一个幸福而安定的、鼓励这些受欢迎特征的家庭环境呢？我们的行为由什么引起？先天还是后天？行为是由先天、遗传因素影响，还是由环境因素激发？

简单的答案是：根本没有简单的答案。

环境在决定基因表达中的作用：从基因型到表型

LO 2.8 解释环境和遗传如何共同作用决定了人类的特征

随着发展研究增多，我们越来越清楚，行为只归因于遗传或只归因于环境的看法都是不恰当的。某一行为并不只由遗传因素引起，也不单纯由环境力量引起，而是如我们在第一章中讨论的，行为是两者结合的产物。

气质 这些模式代表了一个人始终如一和持久不变的特征。

让我们以**气质（temperament）**为例展开讨论。气质代表了个体一致和持久特征的唤醒和情绪性模式。越来越多研究证实，有少数孩子生来就具有产生独特生理反应的气质。这种婴儿趋于回避任何不寻常的事物，他们对新异刺激的反应使心率迅速增快和脑边缘系统异常激活。这种与生俱来的刺激高反应性似乎跟遗传因素有关。父母或老师可能会在孩子四五岁时发现他们很害羞。但并不是所有孩子都这样，其中一些个体的表现会与同龄人没有明显差别（Kagan & Snidman, 1991; McCrae et al., 2000）。

是什么导致了差异呢？答案似乎是孩子成长的环境。父母安排一些机会鼓励孩子们外向一点可以使孩子克服害羞。而在家庭不和或病痛困扰等紧张环境中成长的孩子，更容易在以后的人生中一直比较害羞（Kagan, Arcus, & Snidman, 1993; Propper & Moore, 2006; Bridgett et al.,

2009；Casalin et al.，2012）。之前提到的贾瑞德，可能生来就有易于养育的气质，这很容易通过悉心照料的父母得到强化。

因素的交互作用。这些发现表明，很多特征反映的是**多因素传递（multifactorial transmission）**，这意味着它们是由遗传和环境因素共同决定的。在多因素传递中，基因型提供表型的范围。例如，具有容易肥胖基因型的人不论怎样控制饮食，可能永远都不能变苗条。考虑到他们的遗传特征，他们可以相对地苗条，但他们永远不可能超越某个极限（Faith，Johnson，& Allison，1997）。在很多情况下，环境决定基因型表达为表型的方式（Plomin，1994a；Wachs，1992，1993，1996）。

多因素传递　遗传因素和环境因素共同作用决定性状，基因型提供了一个表现型可能表现的范围。

另一方面，某些基因型相对不受环境因素影响。在这些情况下，发展遵循预定的模式，相对独立于一个人成长的环境。例如，对"二战"中由于饥荒而严重营养不良的孕妇的研究发现，她们的孩子成年后体能和智力不受影响，处于平均水平（Stein et al.，1975）。类似地，不论人们吃多少健康的食物，他们的身高也不能超越遗传规定的限制。贾瑞德的发际线位置就极少受他父母行为的影响。

当然，最终是遗传和环境的特定交互作用决定人们发展的模式。

更恰当的问题是，行为多少由遗传因素决定，多少由环境因素决定？（作为例子，请看图 2－8 所示决定智力的因素的可能范围。）一个极端是智力只受环境影响，另一个极端是智力只受遗传影响，你要么智力好要么智力差。这种极端论点的无效性使我们更偏向中庸之——智力是先天的心理能力和环境因素某种联合作用的结果。

有很多不同的原因可以解释智力的发展，这些原因的变化是从先天到后天的一个连续体。基于本章的证据，你认为哪种解释最有说服力。

先天 ⟶ 后天

可能的原因				
智力完全由遗传因素决定；环境不起作用。即使拥有非常丰富的环境和良好的教育也不能引起任何改变。	虽然智力大部分由遗传因素决定，但还是会受到极度丰富或极度贫乏环境的影响。	智力同时受到遗传天赋和环境的影响。一个遗传上低智力的个体如果在丰富的环境中养育会变得更好些，而在贫乏的环境中会表现得更差些。同样地，遗传上高智力的个体在贫乏环境中表现得更差，而在丰富的环境中会表现得更好。	虽然智力大部分是环境因素导致的结果，但是遗传障碍也许导致心理迟滞。	智力完全依赖于环境。遗传在决定智力的成功上完全不起作用。

图2－8　智力的可能来源

研究发展：多少源于先天？多少受后天影响？

LO 2.9 总结研究者如何研究遗传因素和环境因素在发展中的相互作用

发展研究者运用一些策略试图解决特质、特征和行为多大程度由遗传或环境产生的问题。为了寻求答案，他们同时研究非人类物种和人类。

观看录像 基础：遗传机制和行为遗传学

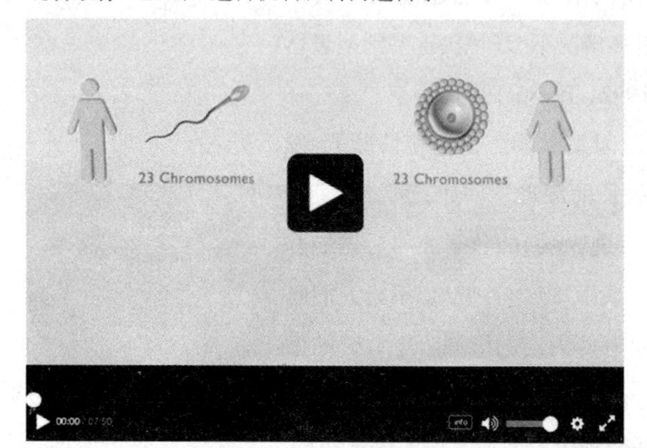

非人动物研究：同时控制遗传和环境。繁殖遗传特征相似的动物相对来说比较简单。养火鸡的人有办法挑出生长速度快的火鸡大量养殖，以求在感恩节薄利多销。相似地，实验室也可以选择具有相似的遗传背景的动物种系来繁殖。

通过观察不同环境中相同遗传背景的动物，科学家可以精确断定某些环境刺激的作用。例如，动物可以在丰富的刺激环境中饲养，有很多东西可供攀爬跳跃；或者饲养于相对贫瘠的环境，来看生活在这些不同环境的结果。相反，研究者也可考察在某些特征上有显著遗传背景差异的动物，通过把这些动物暴露在相同的环境中，可以确定遗传背景所起的作用。

当然，在动物身上发现的实验成果纵然丰富，但这种方法存在无法克服的缺陷——我们无法确定这些发现是否能够很好地推论到人类身上。

对比亲缘关系和行为：收养、双生子和家庭研究。很明显，研究者不能像控制非人类一样控制人类的遗传背景或环境。但是，大自然方便地提供了进行不同类型"先天研究"的可能性——双生子。

回忆一下同卵双生子，他们在遗传上是一样的。因为他们的遗传背景精确地一致，任何行为上的变异都可完全归因于环境。

研究者可以很简单地利用同卵双生子去研究先天和后天作用的不同地位。例如，通过在出生时分开同卵双生子，把他们放到完全不同的环境，研究者可以明确地估计环境的影响。当然，伦理上的考虑使这种做法不太可能实现。研究者能够做到的只是对出生时被收养，并在不同的环境中抚养的同卵双生子的情况进行研究。这种例子可以让我们对遗传和环境的相对贡献下确切结论(Richardson & Norgate, 2007; Agrawal & Lynskey, 2008; Nikolas, Klump, & Burt, 2012)。

从这种在不同环境中抚养的同卵双生子研究中得到的数据并不总是没有偏差。收养机构一般会在安排寄养家庭时考虑生母的特征(或生母的希望)。例如,收养机构一般会将小孩安排到同一种族或同一信仰的家庭。即使将同卵双生子放到不同的寄养家庭中,这两个家庭环境往往也有很多相似的地方,结果,研究者不是总能把行为的差异确切地归因于环境。

对异卵双生子研究也提供了研究先天和后天相对贡献的机会。回想一下异卵双生子在遗传上和兄弟姐妹在遗传上的相似性一样。通过比较异卵双生子的行为差异与同卵双生子(遗传上一样)的行为差异,研究者可以断定在某一特征上,同卵双生子行为的相似程度是否平均比异卵双生子要高。如果的确是高,那么可以认为遗传在那个特征的表达上起到重要作用。

还有其他研究完全不相关的人的研究方法。这些人在遗传背景上不相同,但有共同的环境。例如,一个家庭同时收养了两个血缘上不相关联的小孩,在儿童期提供给他们极相似的环境,在这种情况下,小孩性格和行为的相似性可以在某种程度上归因于环境的影响(Segal, 2000)。

"我科学项目的题目是'我的弟弟,来自先天还是后天?'"

最后,发展研究者还会考察遗传相似程度不同的人群。例如,如果我们发现某一特征在亲生父母和孩子间高度相似,而养父母和孩子间关联很少,那么我们就得到了遗传有重要作用的证据。另一方面,如果某一特征在养父母和孩子间比生父母与孩子间有更强的相关性,就证明环境在决定该特征上的重要性。如果某特征在遗传相似的个体间表现出相似的水平,而在遗传上距离较远的个体表现出不同的水平,那么表明遗传在该特征的发展上占重要地位。

发展研究者用上述所有方法研究遗传和环境因素的相对影响。他们发现了什么?

在转到他们的具体发现前,要重申一个数十年研究所得的基本结论:实际上所有特质、特征和行为都是先天和后天交互作用的结果。遗传和环境协力合作,彼此影响,创造了一个个特别的个体(Robinson, 2004; Waterland & Jirtle, 2004)。

遗传和环境:共同作用

LO 2.10 解释遗传和环境如何共同影响生理特征、智力以及人格

让我们看看遗传和环境如何影响我们的个性、智力以及人格。

生理特质:家族相似性。当患者进入希瑞·马克斯(Cyril Marcus)医生的诊室时,他们并没有发现那个其实是他的双胞胎兄弟斯图沃特·马克斯(Stewart Marcus)医生。这对双胞胎在外表和态度上是如此相似,以致连长期的病人都被这种伦理上欠妥的行为愚弄。这离奇的一幕就像电影《孽扣》(*Dead Ringers*)里著名的情节一样。

如果两个人在遗传上越相似,他们的生理特征就越相似。这一事实最极端的例子是同卵双生子。高个的父母更易生出高个的孩子,而矮个的父母更易生出矮个孩子。肥胖被定义为体重超过身高对应的平均体重的20%,也有很多遗传的成分。例如,一项研究让同卵双生子每天摄入额外的1000卡路里热量的饮食,而且不能进行任何体育锻炼。3个月后,双生子增加了几乎相同的体重。而不同双生子之间增加的体重数各不相同。其中一些双生子增加的体重是其他的三倍(Bouchard et al., 1990)。

另外,一些不能明显观察到的体能特征也显示很强的遗传影响。例如,血压、呼吸率,甚至死亡年龄这些特征,在遗传上关系更近的个体间更相似(Price & Gottesman, 1991; Melzer, Hurst, & Frayling, 2007)。

智力:研究越多,争议越大。涉及遗传和环境相对影响的问题,没有比智力引起更多研究的了。为什么?最主要是因为,智力是人类与其他物种区分的中心特征。智力一般用IQ分数来测量,它与学业成就有很强的相关性,与其他成就的相关性某种程度上就要弱一些了。

遗传在智力上扮演着重要的角色。在整体智力和智力亚成分的研究中(如空间能力、语言能力和记忆),如图2-9所示,两个个体的遗传相联性越高,他们整体IQ分数就越相关。

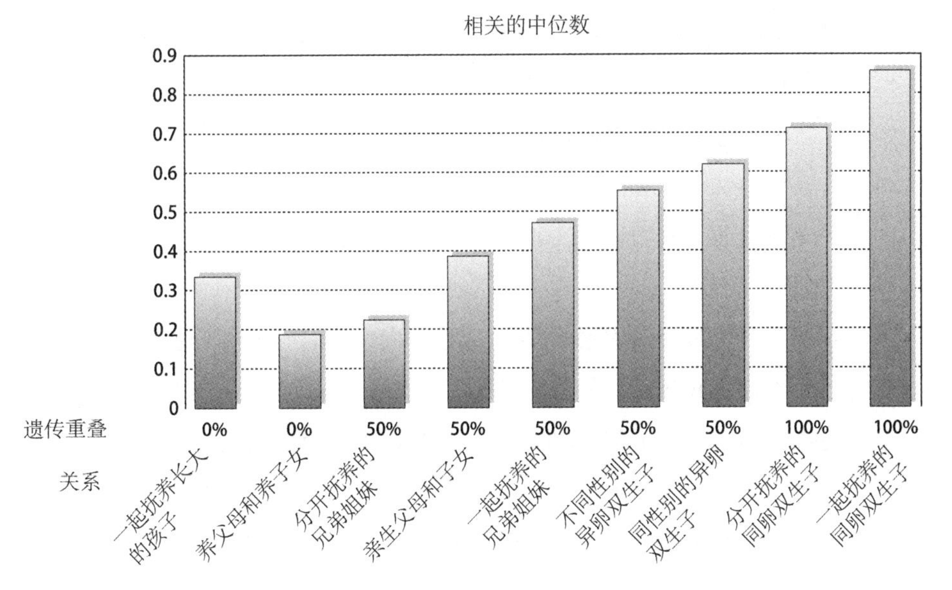

图 2－9 遗传与 IQ

两个个体在遗传上越近，他们的 IQ 分数相关度就越强。你觉得为什么异卵双生子的数据有性别差异？其他类别的双生子或兄弟姐妹中是否也会存在性别差异，但没有在这张图表中显示出来？

（资料来源：基于 Bouchard &McGue，1981.）

遗传不仅对智力产生重要影响，而且这些影响随年龄增加而增加。例如，异卵（双卵）双生子从婴儿发展到成人，他们 IQ 分数的差异越来越大。而相对地，同卵（单卵）双生子的 IQ 分数则随时间的推移变得越来越相似。这种相反的模式提示，随年龄增加遗传因素会有越来越强的影响（Brody，1993；McGue et al.，1993；Silventoinen et al.，2012）。

虽然遗传在智力上所起的重要作用已很明确，但研究者想更进一步区分遗传因素影响的程度。最极端的观点应该是心理学家阿瑟·詹森（Arthur Jensen）（2003）提出的。他认为 80% 的智力是遗传的结果。其他人持较缓和的态度，认为从 50% 至 70% 不等。然而，这些数字仅仅是大量人群的平均，而某一特定个体受遗传影响的程度不能从这个平均数估计得来（eg.，Herrnstein & Murray，1994；Brouwerer al.，2014）。

很重要的一点是，虽然遗传在智力上发挥了重要作用，但环境也有深刻的影响，如可获得的书籍数、良好的受教育经验、聪明的同龄人等。即使是像詹森那样极端肯定遗传作用的人也认为环境有重要作用。事实上，就公共政策而言，环境因素才是致力于人类智力开发最大化的焦点。如发展心理学家桑德拉·斯卡尔（Sandra Scarr）所提出的，我们应该问，为争取每个个体智力发展的最大化，我们能做什么（Scarr & Carter-Saltzman，1982；Storfer，1990；Bouchard，1997）。

一个教育工作者的视角

一些人运用智力受遗传影响的实验结论作为反对向低 IQ 个体提供教育的论据。根据你学到的环境与遗传的知识，你认为这种观点站得住脚吗？为什么？

遗传和环境对人格的影响：天生外向？ 我们的人格是遗传的吗？至少部分是遗传来的。一些证据支持我们的基本人格特征具有遗传基础。例如，“大五”人格特质中的两个，神经质和外向性，与遗传因素相关。在这里，神经质（neuroticism）指一个人的性格所表现出来的情绪稳定性。外向性（extroversion）指一个人希望与他人相处、外向及喜欢社交的程度。例如，之前提到过的婴儿贾瑞德，从他外向的父亲贾木尔那里遗传了外向的倾向（Benjamin，Ebstein，& Belmaker，2002；Zuckerman，2003；Horwitz，Luong，& Charles，2008）。

我们怎样知道哪些人格特质反映了遗传呢？一部分证据来自基因检测。例如，有研究结果显示某些基因会影响冒险行为。这种追求新奇性的基因影响脑中化学物质多巴胺的产生，使一些人更倾向于追求新奇情境并冒险（Serretti et al.，2007；Ray et al.，2009；Veselka et al.，2012）。

证明遗传在决定人格特质中作用的另外一些证据来自双生子研究。例如，在一项重要的研究中，研究者调查了上百对双生子的人格特质。由于这些双生子中不少是同卵双生子，只是他们在不同的环境中长大，这就为判断遗传因素的影响提供了强有力的证据（Tellegen et al.，1988）。研究者发现，一些特质比其他特质反映出更大的遗传影响。如图 2-10 所示，社交能力（成为有影响力的领导并乐于成为大众注意的焦点倾向）和传统主义（对规则和权威严格服从）与遗传因素高度相关（Harris，Vernonl，& Jang，2007；South，et al.，2015）。

尽管遗传因素在智力发展中起到明显作用，环境的变化程度也很重要。

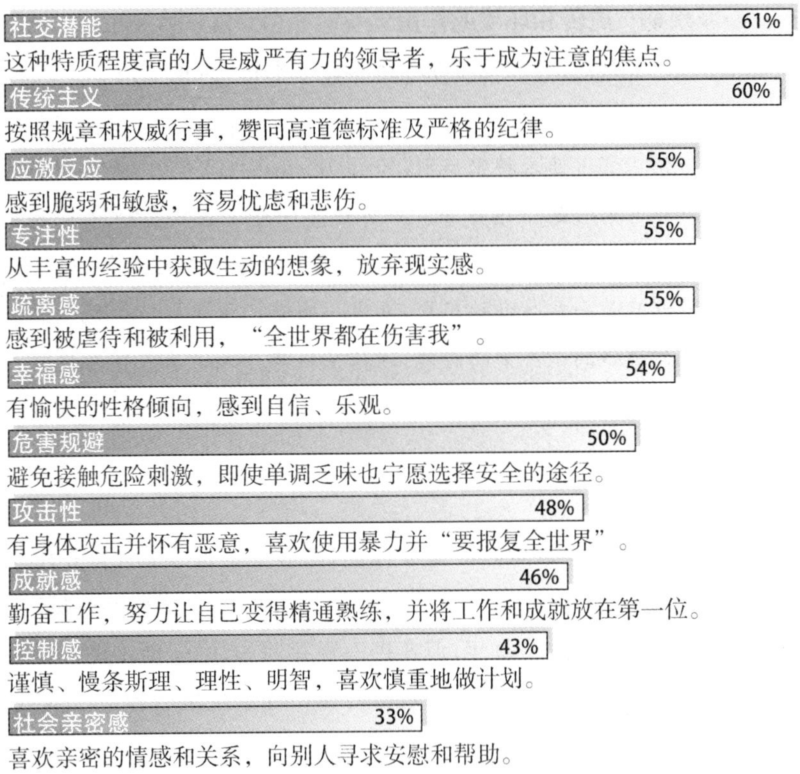

社交潜能 61%
这种特质程度高的人是威严有力的领导者，乐于成为注意的焦点。

传统主义 60%
按照规章和权威行事，赞同高道德标准及严格的纪律。

应激反应 55%
感到脆弱和敏感，容易忧虑和悲伤。

专注性 55%
从丰富的经验中获取生动的想象，放弃现实感。

疏离感 55%
感到被虐待和被利用，“全世界都在伤害我”。

幸福感 54%
有愉快的性格倾向，感到自信、乐观。

危害规避 50%
避免接触危险刺激，即使单调乏味也宁愿选择安全的途径。

攻击性 48%
有身体攻击并怀有恶意，喜欢使用暴力并“要报复全世界”。

成就感 46%
勤奋工作，努力让自己变得精通熟练，并将工作和成就放在第一位。

控制感 43%
谨慎、慢条斯理、理性、明智，喜欢慎重地做计划。

社会亲密感 33%
喜欢亲密的情感和关系，向别人寻求安慰和帮助。

图 2－10　遗传的特质

这些特质是和遗传因素关联最密切的人格因素。百分率越高，特质反映遗传影响的程度越大。这张图是否意味着“领袖是天生的，而不是培养的”？为什么？

（资料来源：改编自 Tellegenet al.，1988.）

即便是其他非核心人格特征也具有先天性。譬如，政治倾向、宗教兴趣和价值观，甚至对性的态度等（Bouchard，2004；Koenig et al.，2005；Bradshaw & Ellison，2008；Kandler，Bleidom，& Riemann，2012）。

可以明确的是，遗传因素在决定个性上起作用。与此同时，小孩成长的环境也影响着个性的发展。例如，一些父母鼓励高主动性，把主动性看作独立和智力的表现。其他父母则鼓励低主动性，觉得被动一点的小孩会更好地适应社会。父母的态度部分受文化决定，美国父母鼓励更高的主动性，而亚洲文化下的父母鼓励更多的被动性。在两种情况下，孩子的个性会部分由他们父母的态度塑造（Cauce，2008）。

遗传和环境因素都对孩子的人格发展产生影响，个性的发展就是一个很好的例子：遗传和环境因素密切相关。先天和后天相互作用的方式不但可以影响个体的行为，而且可以影响一种文化的基础，我们接下来将会看到这一点。

心理疾病：遗传和环境的作用

LO 2.11　解释遗传和环境在心理疾病发展中所起的作用

> 当伊兰妮·迪米特里奥斯(Elani Dimitrios)13岁时,她感到猫咪靡菲斯特开始给她下达命令。一开始是一些无害的命令:"双脚穿不同的袜子去学校"或是"从地板上放着的那个碗里吃饭"。她的父母觉得这只是一些生动的想象,没当一回事。但是当伊兰妮拿着一个锤子靠近她的小弟弟的时候,她母亲强势介入。后来伊兰妮回忆道:"我非常清晰地听到了那个命令:杀掉他,杀掉他。就好像我已经着魔了。"

从某种意义上来说,她的确是着魔了,她着了精神分裂症谱系障碍的魔。这是最严重的精神疾病中的一种(通常简称为"精神分裂症")。伊兰妮快乐平凡地度过了童年,但在进入青春期后,她渐渐不能区分现实和幻想。在接下来的二十年里,她将要在精神病院里进进出出,和这种疾病带来的灾难不断斗争。

是什么导致了伊兰妮患上精神分裂症？越来越多的证据提示,遗传因素是元凶之一。这种疾病会在家族中遗传,有些家庭表现出异常高的发病率。而且,精神分裂症患者和另一名家庭成员之间的血缘关系越近,这名成员患病概率就越高。例如,同卵双生子中如果有一个患精神分裂症,另一个有50%的概率也罹患精神分裂症(见图2－11)。而精神分裂症患者的侄子或侄女只有不到5%的患病风险(Hanson & Gottesman, 2005; Mitchell K. J.; Porteous, 2011; van Haren et al., 2012)。

这些数据也表明,仅凭遗传不能决定精神分裂症的发生。如果精神分裂症仅仅由遗传导致,那么同卵双生子中一人发病,另外一个的发病风险应该是100%。因此,还有其他因素影响精神分裂症的发病,如大脑结构异常或者生化失衡(e.g., Hietala, Cannon, & van Erp, 2003; Howes & Kapur, 2009; Wada et al., 2012)。

这些数据似乎还提示我们,即使某些个体有精神分裂症的遗传易感性,他们也并非一定会患病。相反,他们遗传到的是对环境压力的异常敏感性。如果压力不大,他们会与正常人一样没有任何问题,如果环境中的压力过大则会导致他们发病。另一方面,对于具有较强精神分裂症遗传易感性的个体来说,即使他们处在一个压力相对不大的环境中,他们仍可能会患病(Mittal, Ellman, & Cannon, 2008; Walder et al., 2014)。

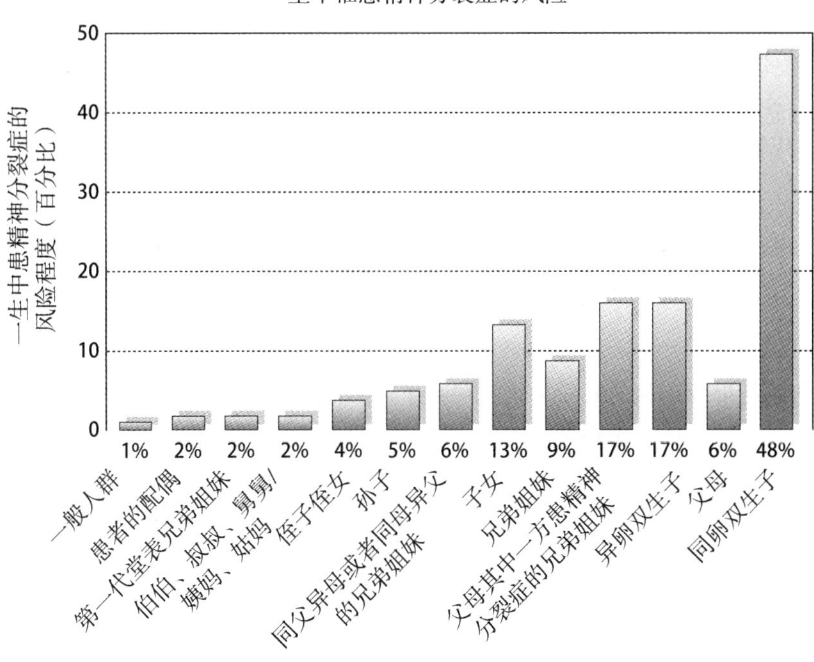

图 2-11　精神分裂症的遗传

精神分裂症这种心理障碍有确定的遗传成分。精神分裂症患者与另一名家庭成员之间的血缘关系越近,该家庭成员就越有可能罹患精神分裂症。

(资料来源:基于 Gottesman,1991.)

精神分裂症并非唯一与遗传相关的心理疾病。重度抑郁、酗酒、自闭症以及多动症都有显著的遗传成分(Dick, Rose, & Kaprio, 2006; Monastra, 2008; Burbach & van der Zwaag, 2009)。

这些同时受到遗传和环境影响的疾病阐明了遗传和环境作用于精神分裂症和其他心理疾病的基本原则。遗传通常为未来的发展轨迹提供一种倾向或可能性,而何时以及是否表达出这种倾向特征则取决于所处环境。因此,尽管精神分裂症的易感体质在出生时就决定了,但直到在青少年期遇到了特定的环境时才会发病。

类似地,随着父母和其他社会因素影响的减弱,某些特征可能会显现出来。例如,年幼时被领养儿童可能更多表现出与养父母相似的特质。但随着他们长大,养父母的影响逐渐减弱,遗传影响的特质开始呈现出来,使得他们的表现与亲生父母更为相似(Caspi & Moffitt, 1993; Arsenault et al., 2003; Poulton & Caspi, 2005)。

◎ 发展的多样性与生活

生理唤醒上的文化差异：一种文化的哲学观点是否由遗传决定？

佛教哲学是许多亚洲文化的固有部分，强调和谐与和平。而传统的西方哲学，如马丁·路德（Martin Luther）和约翰·开尔文（John Calvin），强调控制焦虑、恐惧和内疚的重要性，他们认为这些是人类的基本状况。

这样的哲学观点部分受遗传因素的影响吗？这是由发展心理学家杰罗姆·凯根（Jerome Kagan）和他的同事提出的具争议性的观点。他们推测某个社会背后由遗传决定的气质，会使该社会的人们更趋向某种哲学（Kagan, Arcus, & Snidman, 1993; Kagan, 2003）。

凯根是根据可靠的研究结果提出他的假设的。这些结果显示白人儿童和亚裔儿童在气质上有明显差异。例如，有研究比较了中国、爱尔兰和美国的4个月大的婴儿，发现了一些差异。与美国白人婴儿及爱尔兰婴儿比较，中国婴儿明显运动少，不易激惹，发声（vocalization）少（见表2-4）。

表2-4　美国白人、爱尔兰及中国4个月大婴儿的平均行为分数

行为	美国人	爱尔兰人	中国人
运动活动	48.6	36.7	11.2
哭泣（秒）	7.0	2.9	1.1
烦躁（%试次）	10.0	6.0	1.9
发声（%试次）	31.4	31.1	8.1
笑（%试次）	4.1	2.6	3.6

（资料来源：Kagan, Arcus, & Snidman, 1993.）

凯根认为中国人生来气质就比较平和，会发现佛教哲学的平静观念与他们的自然倾向更协调。相反，西方人则更情绪化、更紧张，有更高的内疚感，会容易被那些强调控制不愉快情绪的哲学所吸引（Kagan et al., 1994; Kagan, 2003）。

值得注意的是，这并不意味着某种哲学观点必然好于或差于另一种。它也不意味着源于哪种哲学的气质更优于或劣于另一种。而且，同一文化下的任何单个个体或多或少在气质上存在差异，且差异范围非常大。还有，如我们最开始讨论气质时提到的，环境条件会对一个人的气质中不由遗传决定的部分产生显著影响。而凯根和他的同事要努力指出的，是文化

佛教哲学家强调和谐和平静。这种非西方式的哲学其产生的决定性原因有可能部分是源于遗传吗？

和气质的交互影响。正如宗教信仰会有助于气质的塑造，气质也同样可以使某种宗教思想显得更吸引人。

哲学传统是文化最基本的部分，它会受遗传影响的观点是有趣的。要弄清楚某个文化下遗传和环境如何交互作用而产生理解世界的哲学框架，我们还需要进一步的研究。

基因会影响环境吗？

LO 2.12　描述基因影响环境的方式

根据发展心理学家斯卡尔（1993，1998）的观点，父母提供给小孩的遗传天赋不仅决定小孩的遗传特征，而且还主动影响他们的环境。斯卡尔提出了小孩的遗传倾向影响他或她的环境的三种途径。

小孩倾向于把精力集中于与遗传决定的能力最相关的环境。例如，一个活跃好斗的小孩会被体育所吸引；而一个内向一点的小孩更可能会从事学术或可以独自完成的活动，如电脑游戏或画画。同时，他们很少注意那些和他们的遗传天赋不相容的环境。例如，两个女孩阅读同一块学校布告栏，其中一个会注意少年棒球联赛的广告。而她的朋友协调性稍差却更有音乐天赋，更可能注意到课余合唱队的招募启事。在每种情况下，小孩都注意到能让他们由遗传决定的能力发挥的环境。

在某些情况下，基因对环境的影响是被动和间接的。例如，偏好运动的父母具有促进身体协调性的基因，会为孩子提供很多运动的机会。

此外，一个小孩遗传得来的气质会激发某种环境的影响。例如，比较苛求的婴儿会使父母更注意婴儿的需要。又如，在遗传上协调性比较好的小孩会找房子里的任何东西和她一起玩球。家长通常会注意到这一点，并确定她需要一些运动器材。

总而言之，要判断行为到底归因于先天还是后天，就像要瞄准活动的靶子射击一样。行为和特征不但是遗传和环境因素共同作用的结果，而且对于某种特征而言，遗传和环境的影响随着人生命的进程不断变化。虽然出生时就获得的遗传基因库设定了未来发展的起跑线，不断变化的环境和生活中的其他角色决定着发展的最终模样。环境影响我们的经验，也被我们先天气质上的倾向所塑造。

模块2.2 复习

- 人类的特征和行为通常反映了多因素的影响，是遗传和环境因素共同作用的结果。
- 发展研究者使用很多策略来检验特质和行为在多大程度上是由于遗传或环境因素。策略包括动物实验、双生子研究、收养儿童研究及家庭研究。

- 遗传会影响体能特征、智力、人格特质、行为。环境因素，像家庭倾向和习惯也在像智力和人格这样的特质中起到了作用。
- 精神分裂症谱系障碍有很强的遗传根源。其他疾病，包括重性抑郁障碍、酗酒、自闭症谱系障碍和注意力缺陷/多动障碍，也有遗传成分，但环境影响也有作用。
- 儿童可能通过遗传特征影响他们的环境，这些遗传特征导致他们建构或影响他们父母去建构一个与他们的遗传倾向和喜好相匹配的环境。

共享写作提示

应用毕生发展：与你所经历的环境不同的环境如何影响你由父母那里遗传而来的人格特质的发展？

2.3 产前的生长和变化

罗伯特(Robert)陪同利萨(Lisa)与助产士初次见面。检查的结果证实利萨怀孕了。“没错，你怀孕了，”助产士对利萨说，“在接下来的六个月里，你需要每月复诊一次，而当预产期临近时，复诊会更频繁。这是孕期需要补充的维生素的处方，以及运动和饮食的指南。你不抽烟吧？嗯，很好。”然后，她转向罗伯特说：“你呢？抽烟吗？”在听了一大堆指导和建议后，这对夫妇有点茫然，但已经做好准备尽他们最大努力生一个健康的宝宝。

从怀孕的一刻开始，发育就不断地进行着。如我们所见，许多方面都受来自父母的遗传影响。当然，像所有的发展一样，产前发育从一开始也受到环境因素的影响(Leavitt & Goldson, 1996)。我们将看到，就像罗伯特和利萨一样，父母双方都可以影响产前环境。

受精：怀孕的一刻

LO 2.13 解释受精的过程

谈及生命时，大部分人只会想到使男性精子接近女性卵子的性行为。实际上，性行为只是受精前一系列事件的结果，以及其后事件的开端。**受精(fertilization)**是精子和卵子结合形成一个受精卵的过程，是每个人生命的开端。

受精 来自男性的精子和来自女性的卵子融合产生一个新细胞的过程。

男性精子和女性卵子都有自己的历史。女性出生时两个卵巢就含有大约400000个卵细胞(见图2-12，男女性生殖器官的基本解剖)。然而，只有到了青春期，卵细胞才成熟。从这时开始直到绝经期，大约每28天就会排卵一次。排卵时，一个卵子从其中一个卵巢中释放，经输卵管运行到子宫。如果卵子在输卵管中与精子相遇，受精就会发生(Aitken, 1995)。

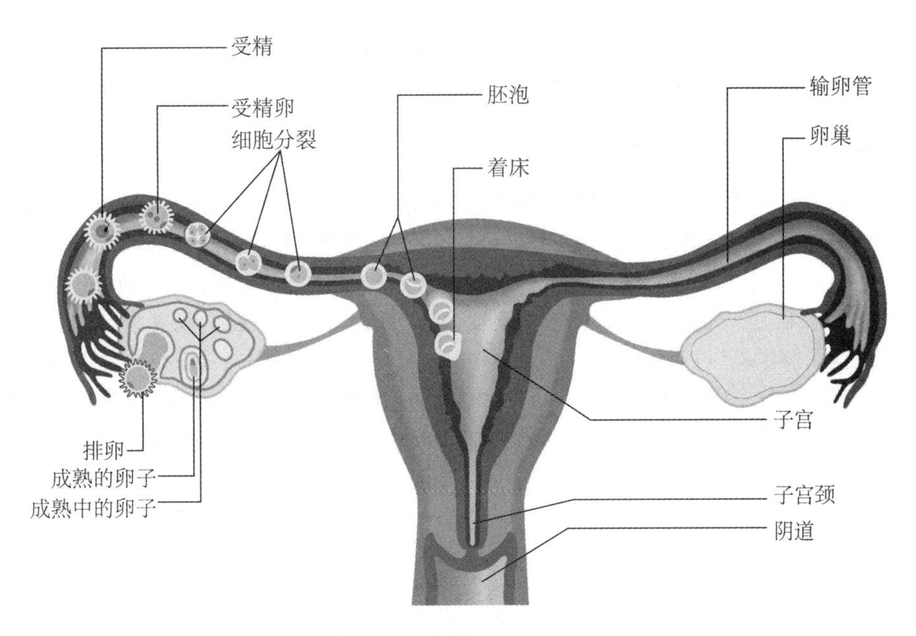

图 2－12　女性生殖器官的解剖

女性生殖器官的基本解剖以剖面图进行说明。

(资料来源:基于 Moore& Persaud, 2003.)

看起来像小蝌蚪似的精子的生命周期更短一些。它们在睾丸中快速产生,成年男性一般每天生成数亿个精子。因此,性交中活动的精子比卵子要新得多。

精子进入阴道后,开始了蜿蜒的旅途。它们首先通过宫颈,这是通向子宫的门口。然后从子宫进入输卵管,这是受精发生的地方。然而,在性交中射精射出的 3 亿精子里,只有一小部分在经历这样艰辛的旅程后能最终存活下来。不过这样已经足够,因为只需要一个精子就可以使一个卵子受精,而每个卵子和精子各自都包含了孕育一个新生命所必需的基因数据。

产前期的各阶段: 发育的启动

LO 2.14　总结产前发展的三个阶段

产前期包括三个阶段:胚芽期、胚胎期、胎儿期。表 2－5 是对它们的总结。

胚芽阶段　受孕的前两个星期,出生前第一个阶段,也是最短的一个阶段。

胚芽阶段:从受精到第 2 周。**胚芽阶段(germinal stage)**是产前期第一个也是最短的一个阶段。在怀孕头两周,受精卵开始分裂,结构越来越复杂。同时,受精卵(现在被称为胚泡)向子宫移动,然后植入子宫壁。子宫壁能提供丰富的营养。系统的细胞分裂是这个阶段的标志,细胞以极快的速度进行分裂。受精后第三天,胚泡含有 32 个细胞,到第四天这个数字又翻一倍,在一周内,达到 100 至 150 个细胞,并继续加速增长。

表2-5　产前的各阶段

胚芽期 （受精至第2周）	胚胎期 （第2周至第8周）	胎儿期 （第8周至出生）
胚芽期是最早也是最短的阶段，以受精卵系统化地细胞分裂以及着床于子宫壁为特征。受精后3天，胚泡就含有32个细胞，再过一天数目再翻倍。一周之内，胚泡就增长至100-150个细胞。细胞开始各司其职，其中一些形成包围胚泡的保护层。	受精卵此时被称为胚胎。胚胎发育成三层，它们最终会形成不同的身体结构。这三层包括：外胚层——皮肤、感觉器官、脑、脊髓；内胚层——消化系统、肝脏、呼吸系统；中胚层——肌肉、血液、循环系统。在8周时，胚胎有1英寸长。	胎儿期正是始于主要器官开始分化时期。发育中的个体此时被称为胎儿。胎儿生长迅速，长度增加了20倍。在4个月时，胎儿平均重4盎司；7个月时，3磅；出生时，平均体重则超过7磅。

除了数量上的增多外，细胞越来越专门化。比如，有些细胞在细胞团外形成保护层，而其他细胞开始形成胎盘和脐带的雏形。当发育成熟后，**胎盘（placenta）**成为母体和胎儿之间的桥梁，通过脐带提供营养和氧气。此外，发育中的胎儿所产生的废物也通过脐带被带走。

胎盘　连接母亲和胎儿的桥梁，通过脐带给胎儿提供营养和氧气。

胚胎阶段（embryonic stage）：第2周至第8周。在胚芽阶段结束时，也就是怀孕第2周，个体已经牢固地着床于母体子宫壁，称为胚胎。胚胎期是怀孕第2周至第8周。这一阶段的特点是主要器官和基本身体结构的发展。

胚胎阶段　怀孕的2-8周，主要的器官和身体系统有显著的生长。

在胚胎阶段开始时，发育中的胚胎分三层，每一层最终会发育成为不同的结构。外层称为外胚层，形成皮肤、毛发、牙齿、感觉器、脑和脊髓。内层称为内胚层，形成消化系统、肝脏、胰腺和呼吸系统。两者之间的称为中胚层，形成肌肉、骨、血液和循环系统。全身的每一部分都由这三个胚层形成。

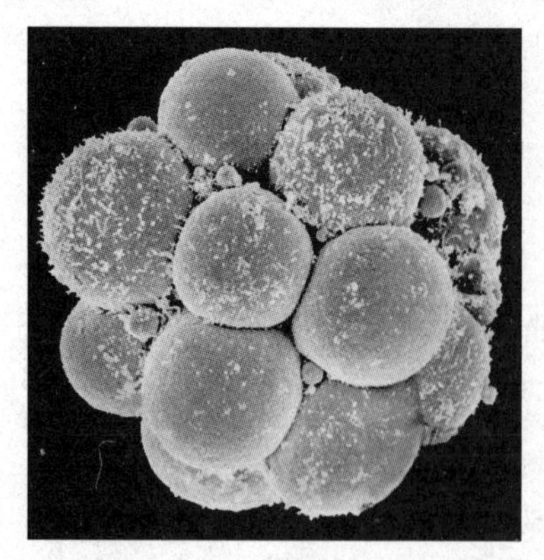

产前期的胚芽阶段开始得很快。在这里，胚胎在受精后不久就分裂成16个细胞。

如果看到一个胚胎阶段末期的胚胎，你可能很难相信这是一个人类。一个8周大的胚胎只有一英寸长，看起来像个鱼鳃加尾巴的结构。然而细看之下，可以发现一些熟悉的特征，可辨认出眼睛、鼻子、嘴唇甚至牙齿的雏形，粗短的凸出部分最终会形成四肢。

头和脑在胚胎阶段经历快速的发育。头部占了胚胎相当大的比例，大约为总长度的一半。神经元（neurons）的发育也是惊人的。在生命的第2个月里每分钟有100000个神经元产生。神经系统大约在第5周开始发挥功能，这时产生微弱的脑电波（Lauter，1998；Nelson & Bosquet，2000）。

胎儿阶段(fetal stage):第8周至出生。直到产前发育的最后一个阶段胎儿期,胎儿才比较容易辨认。**胎儿期**从怀孕第8周开始到出生前。胎儿期正式开始的标志是主要器官的分化。

胎儿阶段 怀孕第8周开始,延续至出生的阶段。

胎儿阶段的**胎儿(fetus)**以惊人的速度成长。身长增加了约20倍。身体的比例也发生了巨大变化。在2个月时,头部占身长的一半。而到了5个月,头部就只占身长的四分之一了(见图2-13)。胎儿的体重也逐渐增加,4个月时平均体重为4盎司,到了7个月约重3磅,而出生时则超过7磅。

胎儿 从怀孕第8周到出生这段时间,发育中的个体称为胎儿。

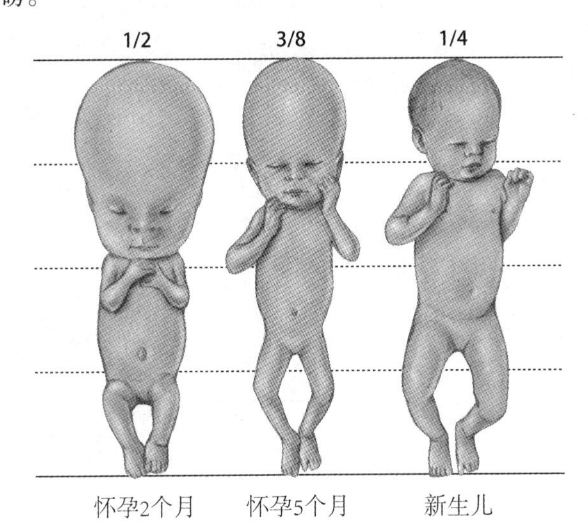

图2-13　身体比例

在胎儿期,身体比例变化非常大。在2个月时,头部占胎儿身体的一半,而到了出生时,头部只占全身的1/4了。

与此同时,胎儿的结构日趋复杂。器官分化更明确并开始发挥功能。例如,3个月时胎儿开始吞咽和排尿。而身体各部分之间的连接也变得更复杂而整合。臂长出手,手长出手指,手指长出指甲。

这时的胎儿让外界知道了它的存在。在怀孕早期,母亲可能并没有意识到自己怀孕了。而当胎儿变得越来越活跃时,绝大部分母亲都会有所察觉。4个月后,母亲可以感觉到胎动。而再过几个月,其他人也能通过母亲的皮肤感觉到胎儿在踢腿。除了以踢腿提醒母亲自己的存在外,胎儿还会翻身、翻筋斗、哭泣、打嗝、握拳、张合眼睛、吮吸拇指。

胎儿期大脑变得更加精密复杂。左右大脑半球迅速生长,神经元之间的联系更加复杂。神经纤维被髓鞘包裹,加速了信息从大脑到身体其他部分的传递。

胎儿阶段末期，脑电波显示胎儿有睡眠期和觉醒期之分。这时的胎儿还能听到声音并感觉声音带来的振动。研究者安东尼·德卡斯伯(Anthony DeCasper)和梅兰尼·斯宾斯(Melanie Spence)(1986)曾经要求一群孕妇在怀孕最后几个月每天大声朗读苏斯博士(Dr. Seuss)的故事《戴帽子的猫》两次。孩子在出生 3 天后似乎能辨别出这个故事。比起另一个不同节律的故事，他们对这个故事有更多的反应。

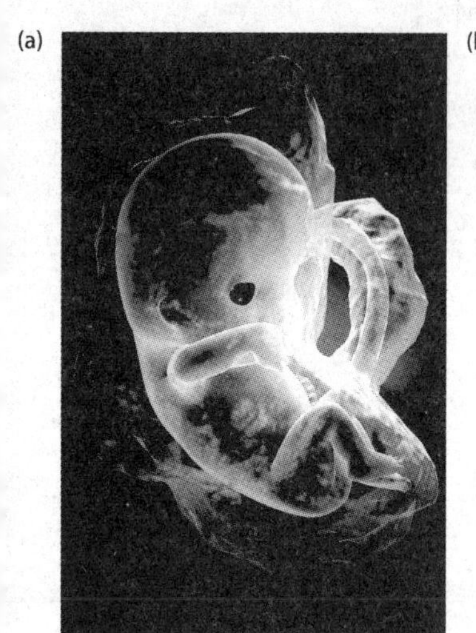
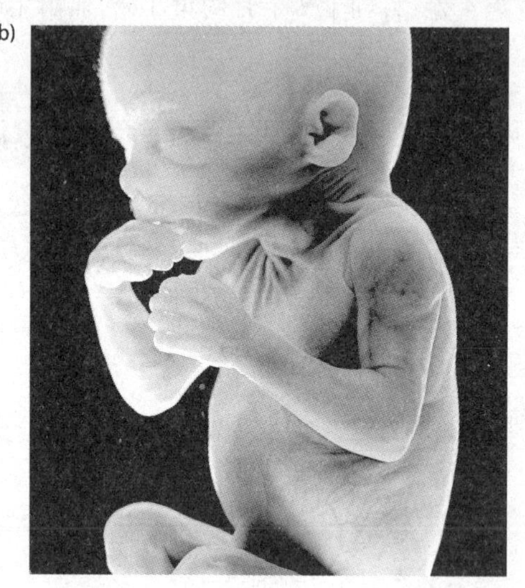
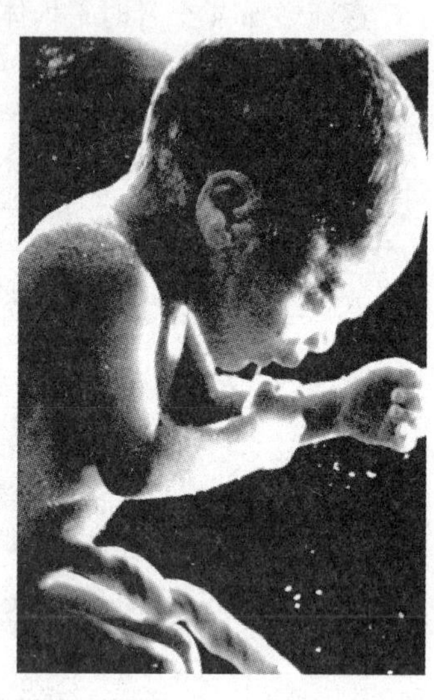

(a) 胎儿期从受孕的第八周开始。(b) 这张五个月大的胎儿图片看起来已经确定无疑像人的样子。
(c) 像成人一样，胎儿的天性也有很大的差别。他们在出生后会表现出不同的特征，有些非常活跃，有些则相对安静。

怀孕第 8 到 24 周，激素使两性胎儿有不同的分化。男性胎儿高水平的雄激素影响其神经细胞的大小以及神经连接的生长。有科学家认为这最终会导致男性与女性大脑结构的差异，甚至造成以后性别相关行为的差别(Reiner& Gearhart, 2004; Knickmeyer & Bareon - Cohen, 2006; Burton et al., 2009; Jordan - Young, 2012)。

正如没有两个成人是完全相同的一样，也没有两个胎儿是完全相同的。虽然产前期发育的模式大致如上所述，但是每个胎儿个体的行为确有明显差异。有些胎儿特别活跃，有些则比较安静(活跃的胎儿在出生后可能也会比较活跃)。有些心率比较快，有些则比较慢，范围为每分钟 120 到 160 次(DiPietro, 2002; Niederhofer, 2004; Tongsong et al., 2005)。

这些行为的差异一部分由受精时刻所继承的遗传特点造成。另一部分由胎儿最初的 9 个月所处的环境造成。接下来我们将看到，产前环境可以通过很多途径影响胎儿的发育，有好有坏。

妊娠问题

LO 2.15　描述和妊娠有关的一些生理及伦理挑战

对一些夫妇而言,怀孕是一个巨大的挑战。我们将讨论一些与怀孕相关的生理上或伦理上的问题。

不孕。大约15%的夫妇受**不孕(infertility)**困扰。不孕是指在尝试怀孕12到18个月仍不能怀孕者。不孕的发生率与年龄呈负相关,年龄越大越容易发生,见图2-14。

不孕　试图怀孕12-18个月仍不能怀孕。

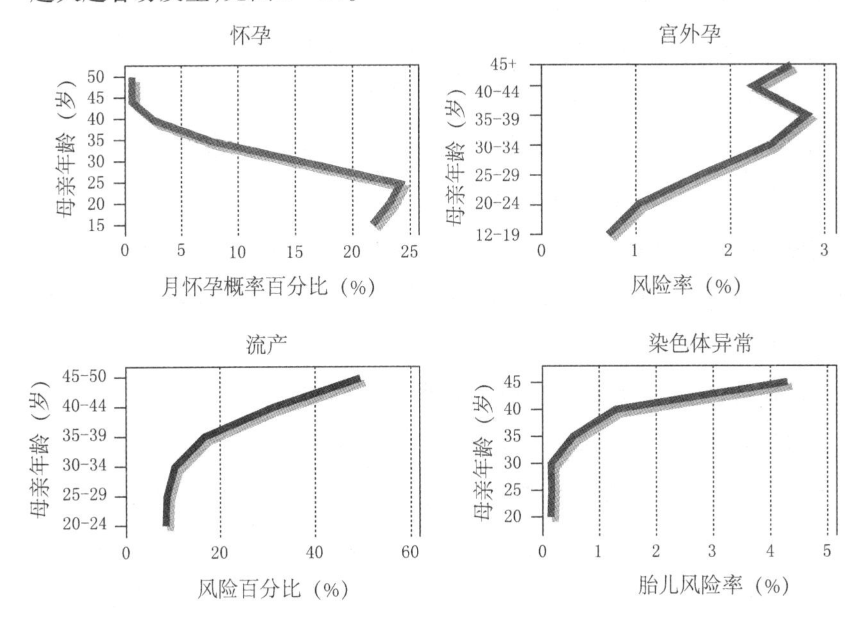

图2-14　女性年龄和怀孕风险

不仅是不孕率,还有染色体异常的风险,都会随着孕妇的年龄增加而提高。
(资料来源:Reproductive Medicine Association of New Jersey,2002.)

男性不育的主要原因是精子产生过少,而滥用毒品、吸烟及既往感染过性传播疾病也会增加不孕的可能性。女性不孕最常见的问题是不能正常排卵,其原因包括激素紊乱、输卵管或子宫损伤、压力、滥用毒品或酗酒(Lewis, Legato, & Fisch, 2006; Kelly-Weeder & Cox, 2007; Wilkes et al., 2009)。

不孕目前有几种治疗方法。有些可以用手术或药物治疗。还有一种选择是**人工授精(artificial insemination)**,由医生将男性的精子直接置入女性的阴道。有的情况下精子由孕妇的丈夫提供,有的则来源于精子库的匿名捐赠者。

人工授精　医生直接把男性的精子放置到女性阴道的受精过程。

而另外一些情况中,受精发生在母亲体外。**体外受精(in vitro fertilization,IVF)**是指从女性卵巢取得卵子,并在实验室里使其与男性精子

体外受精　从女性的卵巢中取出卵子,并和男性的精子在实验室里受精的过程。

受精的过程。然后再把受精卵植入女性的子宫。与此相似，配子输卵管内移植（gamete intrafallopian transfer, GIFT）和受精卵输卵管内移植（zygote intrafallopian transfer, ZIFT）分别指将精子及卵子或受精卵植入女性的输卵管。在IVF、GIFT和ZIFT中，配子或受精卵植入的对象通常是卵子的提供者，而在极少的情况下可以是代孕母亲（surrogate mother）。代孕母亲同意代为怀孕至孩子足月。代孕母亲也会为无法怀孕的女性代孕。代孕母亲通过人工授精怀孕，并同意放弃对婴儿的所有权利（Frazier et al., 2004; Kolata, 2004; Hertz & Nelson, 2015）。

体外受精的成功率越来越高，在35岁以下的妇女中大约达到48%（对高龄妇女要低一些）。（实际的出生率会更低，因为并不是所有孕妇都成功生产。）随着像女演员玛西亚·克劳斯（Marcia Cross）和妮可·基德曼（Nicole Kidman）这样的女性对该技术的使用和推广，它变得更加普遍。现在全世界有超过三百万的婴儿通过体外受精得以出生（SART, 2012）。

而且，生殖技术越来越进步，使婴儿的性别选择成为可能。一项技术可以将携带X和Y染色体的精子分离，然后将想要的那一类精子植入女性的子宫。另一项技术可在体外受精成功后第3天检测受精卵的性别，然后将想要性别的受精卵植入母亲体内（Duenwald, 2003, 2004; Kalb, 2004）。

伦理问题。代孕母亲、体外受精以及性别选择技术带来了一系列伦理和法律问题，同时也带来许多情感问题。在某些个案中，代孕母亲在孩子出生后拒绝放弃孩子，而另一些代孕母亲则试图进入孩子的生活。在这些情况下，父母、代孕母亲以及孩子的权利会产生冲突。

性别选择技术引起更多争议。根据性别而终止一个胚胎的生命是否合乎伦理？迫于女性歧视的文化压力而寻求孕育更多男性后代的医学手段的做法是否合理？更让人迷惑的是，如果性别选择是允许的，那么将来当技术成熟时，其他由遗传决定的特征是否都可以选择呢？例如，假设技术上允许，那么选择偏爱的眼睛或头发的颜色、智力水平或者某种个性是否符合伦理？虽然目前这样的技术尚不可行，但难保在不久的将来不会成为现实。

虽然许多伦理问题目前仍悬而未决，但有个问题是我们可以回答的：用体外受精这类生殖技术孕育的孩子发展如何？

研究显示他们发展得很好。事实上，有一些研究发现用这类技术孕育的孩子的家庭生活质量要优于自然孕育的孩子。而且,体外受精及人工授精的孩子在随后的心理发展和自然孕育的孩子没有差异(DiPietro, Costigan, & Gurewitsch, 2005; Hjelmstedt, Widstrom, & Collins, 2006; Siegel , Dittrich, & Vollmann, 2008)。

不过,随着越来越多的大龄夫妇使用体外授精这种技术,上述的积极发现可能会发生变化。因为,近年来这种技术才被广泛使用,但它对于大龄夫妇造成的影响还有待时间告知我们答案(Colpin & Soenen, 2004)。

流产和人工流产。流产(miscarriage),这里指自然流产,是在胎儿可以在母亲体外存活之前妊娠终止的情况。胎儿从子宫壁分离并排出体外。

大约15%到20%的妊娠以流产告终,通常发生在妊娠的头几个月。"死胎(stillbirth)"这个词是指怀孕20周甚至20周以上的胎儿停止发育。有些时候流产很早就发生,母亲根本就不知道自己怀孕了,更不知道已经流产。然而,由于家用妊娠测试的出现,妇女能够比以往任何时候都更早地知道自己怀孕了,因此知道自己流产的妇女人数增加了。

通常来说,流产可以归因于胎儿的某些遗传障碍。此外,激素问题、感染或母亲健康因素都会导致流产。不论原因是什么,遭遇流产的女性经常会体验到焦虑、抑郁以及哀伤。即便后来生出了健康的孩子,曾经流产过的女性依然有较高的抑郁风险,并可能在照料健康的孩子方面有困难(Leis – Newman, 2012; Murphy, Lipp, & Powles, 2012)。

每年,世界范围里,四分之一的怀孕都以人工流产(abortion)告终,人工流产是指孕妇自愿终止妊娠。对于任何一位女性来说,人工流产都是一个艰难的选择,它涉及生理学、心理学、法律和伦理上的一系列复杂的问题。美国心理学会(American Paychological Association, APA)的一项研究显示,人工流产后,大部分女性体验到解脱了不想要的妊娠的轻松,以及内疚和后悔的混合情感。在多数情况下,计划外怀孕的成年女性如果在第一孕程内做了自愿堕胎的手术,其罹患心理疾病的风险并不比最终生下孩子的妇女更高(APA Reproductive Choice Working Group, 2000; Sedgh et al., 2012)。另一方面,另一项研究发现,人工流产可能会增加未来心理问题的风险。很明显,女性如何应对人工流产这一经历的个体差异非常大,在所有情形里,人工流产都是一个复杂且困难的决定(Fergusson, Horwood, & Ridder, 2006; Cockrill & Gould, 2012; van

Ditzhuijzen et al., 2013）。

产前环境：发育所受的威胁

LO 2.16 描述胎儿环境受到的威胁及其应对

据南美的西里奥诺人所说，如果孕妇在怀孕期间吃了某种动物的肉，她生的孩子就会像那种动物。根据某些电视节目的说法，怀孕妇女应该尽量别生气，以免自己的孩子也带着怒气来到这个世界（Cole, 1992）。

尽管上述观点多半是民间说法，但的确有一些证据表明母亲怀孕期间的焦虑情绪会影响胎儿出生前的睡眠模式。父母在怀孕前后的某些行为，的确会对孩子造成终生的影响。有些行为的后果马上就能看见，但有半数的情况在出生前并不明显。更隐匿的可能要在出生后数年才能有所体现（Couzin, 2002; Tiesler & Heinrich, 2014）。

致畸剂 导致先天缺陷的环境因素。

其中带来最严重后果的是致畸物质。**致畸剂（teratogen）**是指会导致先天缺陷的环境因素，如药物、化学物质、病毒等。虽然胎盘有阻止致畸剂到达胎儿的功能，但很多时候胎盘并不能完全成功，因此每个胎儿大概都会接触到一些致畸剂。

关键是接触致畸剂的时间和剂量。某种致畸剂在产前发育的某些阶段可能只有微弱的影响，但在另一些阶段却可能造成严重的后果。一般来说，致畸剂在产前的快速发育期影响最大。对某种致畸剂的敏感性也与种族和文化背景有关。例如，相对于欧裔美国人而言，印第安人胎儿对酒精更敏感（Kinney et al., 2003; Winger & Woods, 2004; Rentner, Dixon, & Lengel, 2012）。

而且，不同器官在不同时期对致畸剂的敏感性也是不同的。比如，怀孕15到25天时，所怀婴儿的大脑最易受损伤，而心脏在第20天到第40天时最脆弱（见图2-15；Bookstein et al., 1996; Pajkrt et al., 2004）。

当讨论关于某种致畸剂的研究结果时，一定要考虑与致畸剂接触发生的社会文化背景。比如，贫困的生活使接触致畸剂的概率增加。贫穷的母亲无法负担足够的饮食和医疗服务，这使她们更容易患病，以致损伤发育中的胎儿。而且，她们也更容易接触污染的环境。因此，必须考虑导致致畸剂接触的社会因素。

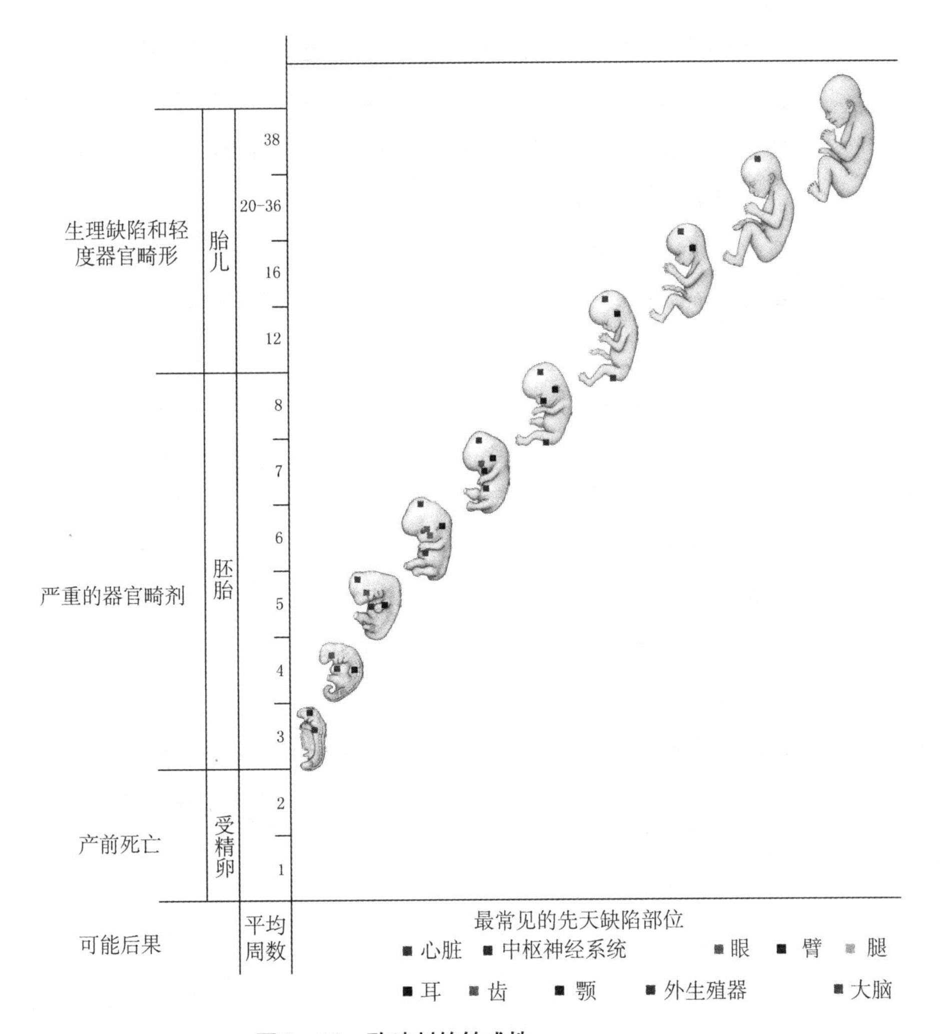

图 2－15　致畸剂的敏感性

依据发育的不同阶段，身体的各部分对致畸剂的敏感性有所不同。

（资料来源：Moore，1974.）

母亲的饮食。大部分关于环境因素对胎儿发育影响的知识来源于对母亲的研究。例如，就像助产士向罗伯特和利萨指出的那样，母亲的饮食对胎儿的发育非常重要。相对于饮食营养不足的母亲，饮食营养充足的母亲更少出现孕期并发症，生产更顺利，所生婴儿更健康（Guerrini, Thomson, & Gurling, 2007；Marques, 2014）。

饮食是全球关注的问题，全世界有 8 亿人处于饥荒之中。另外还有接近 10 亿人濒临饥饿的边缘。显然，饮食不足带来的饥荒波及范围之大，影响到数百万在这种条件下生活的孕妇所生的孩子（联合国，2015）。

幸运的是，还是有方法可以对付母亲营养不良对胎儿造成的影响的。补充母亲的饮食可以部分逆转不良饮食造成的影响。更有研究显示，出生前营养不良的婴儿如果在出生后能得到充足营养，早期营养不良所带来的问题可以部分得到缓解。但事实上，很少有出生前营养不良的婴儿能够在出生后得到充足的食物（Kramer，2003；Olness，2003）。

母亲的年龄。现在女性的生育年龄比起二三十年前要晚。最大的原因是社会的变革。更多的女性选择在生第一个孩子前继续学业、获取更高的学位并开始她们的事业（Gibbs，2002；Wildberger，2003；Bornstein et al.，2006）。

因此，从20世纪70年代开始，越来越多的女性在30或40岁左右才生小孩。然而，晚生育对母亲和孩子都有潜在的影响。30岁以后生小孩的女性会面临更高的孕、产期并发症风险，如早产儿或低出生体重儿。其中一个原因是卵子质量下降。女性到了42岁就有90%的卵子已不再正常（Cnattingius，Berendes，& Forman，1993；Gibbs，2002）。

年龄越大的母亲所生孩子得唐氏综合征的概率越大。大于40岁的母亲所生孩子中每100人就有1人患唐氏综合征，而大于50岁的母亲中比例上升至25%（Gaulden，1992）。但也有研究显示，高龄产妇并非必定面临更多孕期问题的风险。一个没有健康问题的40多岁的女性发生孕期并发症的可能性并不比20多岁的女性高（Ales，Druzin，& Santini，1990；Dildy et al.，1996）。

年龄太小的怀孕女性同样也会面临许多风险。青少年期怀孕的女性容易早产。事实上这一年龄段的怀孕女性占了总数的20%。青少年母亲所产婴儿的死亡率是20多岁母亲所产婴儿的两倍（Kirchengast & Hartmann，2003）。

母亲的产前支持。青少年母亲所产婴儿死亡率高反映的不单是与母亲年龄有关的生理问题。年轻母亲常常要面对不利的社会和经济压力，这会影响婴儿的健康。许多少年母亲没有足够的经济和社会支持，这使她们不能得到良好的产前保健，以及婴儿出生后的营养支持。贫穷或缺乏父母监管等社会环境本来就是导致青少年怀孕的原因（Huizink，Mulder，& Buitelaar，2004；Langille，2007；Meade，Kershaw，& Ickovics，2008）。

母亲的健康。母亲在孕育期间营养良好，体重保持正常，保证适当的运动等对于她生出一个健康的宝宝是非常有好处的。此外，她们这种健康的生活方式有利于减少孩子罹患肥胖、高血压以及心脏病的可能性（Walker& Humphries，2005，2007）。

相反,孕妇罹患的疾病有可能对胎儿造成灾难性的影响,这取决于疾病发生的时间。例如,怀孕 11 周前感染风疹(rubella,德国麻疹),有可能导致婴儿失明、失聪、心脏缺陷或脑损伤等严重后果。然而到了怀孕后期,风疹的危害越来越小。

其他几种可能影响胎儿发育的疾病,其后果也取决于孕妇患病的时间。例如,水痘(chicken pox)会造成先天缺陷,腮腺炎(mumps)会增加流产的风险。

某些性传播疾病如梅毒(syphilis)可直接传给胎儿,待其出生时早已患病。而另一些性传播疾病如淋病(gonorrhea),则在婴儿通过产道准备出生时传染。

最新的影响新生儿的疾病是艾滋病(AIDS, 获得性免疫缺陷综合征,aquired immune deficiency syndrome)。母亲是艾滋病患者或仅为艾滋病病毒携带者都会通过胎盘血液把疾病传染给胎儿。然而,如果患艾滋病的母亲在孕期服用 AZT 等抗病毒药物,则只有不到 5% 的婴儿在出生时感染此病。出生时患艾滋病的婴儿必须终生接受抗病毒治疗(Nesheim et al. , 2004)。

母亲的药物使用。母亲对许多药物的使用会使未出生的孩子面临严重的危险,这包括合法和不合法的药物。即使是普通小病的非处方药都可能造成出乎意料的伤害性后果。例如,止头痛的阿司匹林可导致胎儿出血和生长异常(Tsantefske, Humphreys, & Jackson, 2014)。

即使是临床医生开出的处方药有时也造成严重后果。在 20 世纪 50 年代,很多女性为减缓早孕反应按医生的处方服用反应停(thalidomide),却导致生出来的小孩四肢残缺。反应停的确会抑制本来应在怀孕最初 3 个月长出来的四肢的生长,尽管开药时医生并不知道。

母亲服用的某些药物会导致孩子数十年后的一些疾病。最近的例子发生在 20 世纪 70 年代,人工激素己烯雌酚(diethylstilbestrol, DES)经常被用来防止流产。后来才发现服用过己烯雌酚的母亲所生的女儿患某种少见的阴道或宫颈癌的概率要高于常人,且其怀孕时会遇到更多困难。而这些母亲的儿子也有问题,包括高于平均水平的生殖障碍(Schecter, Finkelstein, & Koren, 2005)。

怀孕妇女在得知自己怀孕前服用避孕药或促孕药也会导致胎儿损伤。这些药物含有性激素,会影响胎儿大脑结构的发育。这些激素在自然分泌时和胎儿性别分化及出生后性别差异有关,而外部的来源则会导致严重的损伤(Miller, 1998; Brown, Hines, & Fane, 2002)。

非法药物对小孩的产前环境造成同等甚至更加严重的危害。一方面,非法购买的药物纯度差别很大,服药者根本不能确定他们服用的到底是什么。而且,某些常用非法药物又特别具有破坏性(Jones, 2006; Mayes et al., 2007)。

看看服用大麻的例子。在怀孕期间服用大麻会减少胎儿的氧气供应。大麻是最普遍的非法药物之一,上百万美国人承认服用过它。服用大麻会使婴儿易激惹、神经紧张及易受干扰。产前接触过大麻的孩子在10岁时表现出学习与记忆障碍(Williams & Ross, 2007; Goldschmidt et al., 2008; Willford, Richardson, & Day, 2012)。

在20世纪90年代初,孕妇使用可卡因导致上千个"快克婴儿(crack babies)"的出生。可卡因会使胎儿的供血血管产生强烈的收缩,导致胎儿缺血缺氧,增加死胎、多种先天缺陷及疾病的风险(Schuetze, Eiden, & Coles, 2007)。

可卡因成瘾的母亲所生小孩生来就成瘾,可能也要遭受药物戒断的痛苦。即使未成瘾,他们出生时也会有明显的问题。他们通常身长短、体重低,还会有严重的呼吸系统问题、可见的先天缺陷或惊厥。他们的表现与其他婴儿很不同,他们对刺激的反应通常很沉默,但一旦他们开始哭,就很难安静下来(Singer et al., 2000; Eiden, Foote, & Schuetze, 2007; Richardson, Goldschmidt, & Willford, 2009)。

很难断定母亲单独使用可卡因的长期影响,因为这种药物的使用通常伴随产前保健的缺乏和出生后教养的不足。事实上,在许多情况下导致孩子出问题的是使用可卡因的母亲不良的照料,而不是药物的接触。因此,治疗接触可卡因的孩子的方法不仅需要母亲停止使用可卡因,而且还需要提高母亲或其他照料者照料婴儿的水平(Brown et al., 2004; Jones, H. E., 2006; Schempf, 2007)。

母亲的烟酒使用。怀孕的女性找理由说偶尔喝酒或吸烟不会对未出生孩子造成不良影响,她是在跟自己开玩笑。越来越多证据提示,即使是少量的酒精或尼古丁都会阻碍胎儿的发育。

胎儿酒精综合征 孕妇在怀孕期间摄入大量酒精引起的一种疾病,可能导致智能障碍和延迟孩子的生长。

母亲喝酒对未出生孩子有深远的影响。酗酒者在怀孕期间大量喝酒的话,她们的孩子会很危险。大约每750个新生婴儿就有1个患**胎儿酒精综合征(fetal alcohol syndrome, FAS)**,这是一种表现为智力低下、精神发育迟滞、生长迟缓及面部畸形的障碍。胎儿酒精综合征是目前精神发育迟滞可初级预防的原因(Burd et al., 2003; Calhoun & Warren, 2007; Bakoyiannis et al., 2014)。

即使是怀孕期间服用少量酒精,母亲也会让她们的孩子面临风险。**胎儿酒精效应(fetal alcohol effects, FAE)**是由于母亲在怀孕期间喝酒,导致孩子表现出胎儿酒精综合征中部分症状的情况(Baer, Sampson, & Barr, 2003; Molina et al., 2007)。

胎儿酒精效应 由于母亲在怀孕期间饮酒过量而导致的胎儿酒精中毒综合征。

没有明显胎儿酒精效应的小孩也会受到母亲喝酒的影响。研究发现母亲在怀孕期间平均每天喝两杯含酒精饮料,和她们的孩子在 7 岁时表现出的低智力相关。其他研究发现怀孕期间相对少量的酒精摄入对小孩将来的行为和心理功能有不良影响。而且,怀孕期间酒精摄入的后果是长期的。例如,某项研究发现 14 岁儿童在空间与视觉推理测验中的成绩和母亲怀孕期间酒精摄入存在相关性。母亲喝酒越多,孩子反应的正确率越低(Mattson, Calarco, & Lang, 2006; Streissguth, 2007; Chiodo et al., 2012)。

因为酒精带来的风险,医生建议怀孕女性以及那些将要怀孕的女性避免饮用酒精饮料。另外,他们还告诫母亲另一种已证明对未出生孩子不利的事情:吸烟。

吸烟会造成不良后果。对于初吸者,吸烟减少母亲血中的氧含量,同时增加一氧化碳的含量,从而减少胎儿的氧气供应。另外,尼古丁和其他烟草中所含的毒素会减慢胎儿的呼吸频率而加快心率。

孕妇吸烟的最坏结果是增加流产和婴儿期死亡的可能性。事实上,最近的评估显示,美国孕妇吸烟每年导致超过 100,000 例流产和 5600 例婴儿死亡(Haslam & Lawrence, 2004; Triche & Hossain, 2007)。

吸烟者生下低出生体重婴儿的可能性是非吸烟者的两倍,而且吸烟者所生的婴儿身长平均比非吸烟者的短些。此外,怀孕期间吸烟的女性有多出 50% 的机会生下精神发育迟滞的孩子(McCowan et al.,

孕妇饮酒会使未出生的孩子处于风险之中。

2009；Alshaarawy & Anthony，2014）。

吸烟的负面影响非常深远，它不仅影响母亲的孩子，而且她的孙辈也是受害者。例如，孩子的祖母在怀孕期间吸烟的话，她的孙辈患哮喘的概率是不吸烟的两倍（Li et al.，2005）。

父亲会影响产前环境吗？人们很容易会认为父亲一旦完成了他在一系列受孕活动中的任务，他就对胎儿的产前环境没有影响了。发展研究者过去也普遍认同这个观点，有关父亲对产前环境影响的研究也较少。

然而，越来越清楚的是，父亲的行为是会影响产前环境的。因此，健康从业人员正在应用相关研究的结果，向父亲提出他们可以对健康的产前环境提供支持的方式（Martin et al.，2007）。

例如，准父亲应该避免吸烟。从父亲那里得到的二手烟会影响母亲的健康，并进一步影响未出生的孩子。父亲吸烟越多，他的孩子出生体重越低（Hyssaelae，Rautava，& Helenius，1995；Tomblin，Hammer，& Zhang，1998）。

一个保健工作者的视角

除了避免吸烟，准父亲还能通过做哪些事情来帮助他们未出生的孩子正常发展？

相似地，父亲使用酒精和非法药物也对胎儿有很大的影响。酒精和药物的使用会损伤精子和染色体，并影响胎儿。另外，母亲怀孕期间父亲使用酒精和药物也会制造母亲的紧张和不健康的产前环境。在工作场所接触环境毒素（如铅和汞）的父亲会损害精子并导致胎儿的先天缺陷（Wakefield et al.，1998；Dare et al.，2002；Choy et al.，2002）。

最后，在身体上或情绪上虐待怀孕妻子的父亲也会伤害未出生的孩子。父亲作为虐待者会增加母亲的紧张水平，或者直接导致身体损伤，从而增加损伤未出生孩子的风险。事实上，4%到8%的妇女在孕期受到身体虐待（Gazmarian et al.，2000；Bacchus，Mezey，& Bewley，2006；Martin et al.，2006）。

◎ 你是发展心理学知识的明智消费者吗？

优化产前环境

如果你打算要一个小孩，这一章的内容可能会让你觉得怀孕总会出现异常。请不要这样认为，虽然遗传和环境都会对怀孕造成威胁，但大多数情况下，怀孕和生小孩进展顺利。而且，妇女

可以在怀孕前和怀孕时采取一些措施来增加怀孕顺利进行的概率。这些措施包括:

- 准备怀孕的女性应该按顺序执行一些预防措施。首先,女性非紧急的 X 光照射只能在月经周期后的头两周进行。其次,女性应该在怀孕前至少 3 个月,最好 6 个月进行风疹(德国麻疹)疫苗接种。最后,准备怀孕的妇女应在试图怀孕前 3 个月避免避孕药的使用,因为这些药物会阻碍激素产生。
- 在怀孕前和怀孕时(以及怀孕后,这也很重要)吃得好。如旧时的说法,怀孕的母亲吃的是两人份。这意味着这比任何时候都需要饮食规律和营养均衡。此外,医生通常会建议服用包括叶酸在内的产前维生素,这可以减少先天出生缺陷的可能性(Amital et al., 2004)。
- 不要喝酒和使用其他药物。有确切的证据表明许多药物能直接到达胎儿并引起先天缺陷。同样明确的是喝酒越多,胎儿的危险越大。这是最重要的建议,不论你是准备怀孕还是已经怀孕。
- 不要使用任何药物,除非是医生开的处方。如果你计划要怀孕,还要鼓励你的伴侣停止喝酒及停止使用其他药物(O'Connor & Whaley, 2006)。
- 监测咖啡因的摄入。虽然还不清楚咖啡因是否导致先天缺陷,但已明确的是,咖啡、茶和巧克力里的咖啡因能到达胎儿,并具有刺激作用。因此,每天喝咖啡请不要超过两三杯(Wisborg, 2003; Diego et al., 2007)。
- 不论怀孕与否,不要吸烟。这对于母亲、父亲以及任何接近孕妇的人来说都适用,因为研究表明胎儿环境中的烟会影响出生体重。
- 有规律地锻炼身体。在大多数情况下,怀孕妇女可以继续锻炼身体,特别是那些日常的不剧烈的运动。另一方面,应避免剧烈活动,特别是在非常热和非常冷的天气尤应避免。“没有痛苦就没有收获”在怀孕时就不适用了(Paisley, Joy, & Price, 2003; Schinidt et al., 206; DiNallo, Downs, & Le Masurler, 2012)。

模块 2.3 复习

当精子进入阴道时,它们开始了一个旅程,先是穿过子宫颈进入子宫,再进入输卵管,在那里可能会发生受精。受精使精子和卵子结合在一起,开始产前发育。

- 产前期包括三个阶段:胚芽、胚胎和胎儿。
- 一些夫妇需要医疗辅助手段来帮助他们受孕。其他的受孕途径包括人工授精和体外人工受精。有些妇女也可能会经历流产或选择堕胎。
- 致畸剂是一种环境因素,如药物、化学物质、病毒或其他导致出生缺陷的因素。产前环境对婴儿的发育有重要影响。母亲的饮食、年龄、产前支持和疾病会影响胎儿的健康和成长。母亲的药物、酒精、烟草和咖啡因的使用会对未出生孩子的健康和成长造成不利的影响。父亲和其他人的行为(如吸烟)也影响未出生孩子的健康。

共享写作提示

应用毕生发展:研究显示“快克婴儿”进入学校时明显很难应付多种刺激且形成紧密的依恋关系。遗传和环境的影响是怎样结合起来导致这种结果的呢?

结语

在这章中,我们讨论了先天和遗传的基础,包括生命的密码通过DNA世代相传的方式。我们还看到遗传传递有时也会出错,并且讨论了遗传疾病的治疗和预防方法,包括遗传咨询等。

本章另一个重要内容是遗传和环境因素在决定人类特征上的交互作用。当我们遇到一些奇怪的例子,例如人格特征的发展和个人的喜好和品味,发现遗传在这上面起一定的作用时,我们同时会发现遗传并不是这些复杂特征的单一决定因素,环境也扮演了重要的角色。

最后,我们总结了产前生长的主要阶段:胚芽期、胚胎期和胎儿期,并且考察了危害产前环境的因素和优化环境的方法。

在继续下去之前,让我们先回顾一下关于前言中提到的陈氏夫妇的儿子,他在出生之前就得到了脊柱裂的治疗。根据你对遗传和产前发展的理解回答以下问题:

1. 你认为陈氏夫妇决定对儿子进行子宫内手术而不是出生后再进行手术是正确的决定吗?为什么?

2. 研究表明,母亲膳食中摄入叶酸不足和后代的脊柱裂有关。你认为这种疾病是遗传造成的还是环境造成的?解释你的观点。

3. 什么样的证据能够表明脊柱裂是不是X连锁基因相关的隐性疾病?

4. 如果陈氏夫妇的儿子没法进行胎儿手术,你认为父母采取什么样的行为是最好的?

回顾

LO 2.1 描述基因和染色体如何提供给我们的基本遗传信息

一个孩子从父母那里各得到23条染色体。这46条染色体提供了指导个体终生细胞活动的遗传蓝图。

LO 2.2 比较同卵双生子和异卵双生子

同卵双生子是遗传上相同的。异卵双生子是两个单独的卵子被两个单独的精子在差不多同一时间受精。

LO 2.3 描述孩子的性别是如何决定的

当卵子和精子在受精时相遇,卵子提供X染色体,而精子提供X染色体或Y染色体。如果精子提供了它的X染色体,那么这个孩子将有XX配对,就会是一个女孩。如果精子贡献Y染色体,会产生XY配对,就会是一个男孩。

LO 2.4　解释基因传递信息的机制

基因型是生物体内遗传物质的基本组合,但不可见;表现型是可见的特征,是基因型的表现。

LO 2.5　描述行为遗传学领域

行为遗传学将心理学和遗传学结合起来,研究遗传对于行为和心理特点的影响。

LO 2.6　描述主要的遗传障碍

基因可能会遇到物理性损伤,或者自发性变异。如果受损基因被遗传给小孩,可能会导致遗传障碍。

LO 2.7　描述遗传咨询的作用并区分不同形式的产前检查

遗传咨询者通过从各种检查和其他途径得到的数据来发现准备生孩子的男女潜在的遗传异常。如果女性已经怀孕,可能会运用多种技术手段检查未出生孩子的健康,包括超声波、CVS 以及羊膜穿刺。

LO 2.8　解释环境和遗传如何共同作用决定了人类的特征

行为特征由遗传和环境共同决定。遗传特征代表一种潜能,称为基因型,会受环境影响而最终表达为表型。

LO 2.9　总结研究者如何研究遗传因素和环境因素在发展中的相互作用

为弄清楚遗传与环境的不同作用,研究者进行动物研究及人类研究,特别是双生子研究。

LO 2.10　解释遗传和环境如何共同影响生理特征、智力以及人格

一般来说,所有人类特质、特征和行为是先天和后天共同作用的结果。很多体能特征受遗传影响很大。智力有很大的遗传成分,但可以受环境因素的显著影响。一些人格特质,包括神经性和外向性,与遗传因素相关联,甚至态度、价值观和兴趣也有遗传成分。一些个人行为会通过个性特质作为中介受遗传影响。

LO 2.11　解释遗传和环境在心理疾病发展中所起的作用

某些心理障碍,如精神分裂症,很大程度是由遗传导致的。其他障碍,包括酒精成瘾和严重抑郁障碍,是由遗传和环境共同导致的。

LO 2.12　描述基因影响环境的方式

儿童可能通过遗传特性影响环境,遗传特性令他们建构或影响父母去建构适合他们先天倾向和偏好的环境。

LO 2.13　解释受精的过程

当精子进入阴道时,它们开始了一个旅程,先是穿过子宫颈进入子宫,再进入输卵管,在那里可能会发生受精。受精使精子和卵子结合在一起,开始产前发育。

LO 2.14　总结产前发展的三个阶段

胚芽期(从受精到 2 周)以快速的细胞分裂和专门化,以及受精卵着床于子宫壁为特点。在胚胎期(2 到 8 周),外胚层、中胚层和内胚层开始生长和专门化。胎儿期(8 周到出生)则以快速增加的复杂化和器官的分化为特征，胎儿变得更活跃，大多数系统开始发挥功能。

LO 2.15　描述和妊娠有关的一些生理及伦理挑战

有一些夫妇需要医疗辅助手段帮助他们怀孕。其他的受孕途径包括人工授精和体外人工受精。有些妇女也可能会经历流产或选择堕胎。

LO 2.16　描述胎儿环境受到的威胁及其应对

致畸剂是一种环境因素，如药物、化学物质、病毒或其他导致出生缺陷的因素。母亲会对未出生孩子的健康和成长造成不利的影响的因素包括药物、酒精、烟草和咖啡因的使用。父亲和其他人的行为（如吸烟）也影响未出生孩子的健康。

关键术语和概念

受精卵	X－连锁基因	受精
基因	行为遗传学	胚芽阶段
DNA（脱氧核糖核酸）分子	唐氏综合征	胎盘
染色体	脆性X综合征	胚胎阶段
同卵双生子	镰刀形细胞贫血	胎儿阶段
异卵双生子	泰伊－萨克斯病	胎儿
显性特征	克兰费尔特综合征	不孕
隐性特征	遗传咨询	人工授精
基因型	超声成像	体外受精
表现型	绒毛膜取样	致畸剂
纯合子	羊膜穿刺	胎儿酒精综合征
杂合子	气质	胎儿酒精效应
多基因遗传	多因素传递	

第3章　婴儿出生和新生儿

本章学习目标

LO 3.1　描述分娩的一般过程
LO 3.2　解释新生儿生命最初几个小时内发生的事件
LO 3.3　描述当前的一些分娩方法
LO 3.4　描述早产的一些原因、影响和治疗方法
LO 3.5　识别过度成熟儿面临的风险
LO 3.6　描述剖腹产的过程及其使用率增加的原因
LO 3.7　描述婴儿死亡率以及影响这些数据的原因
LO 3.8　描述产后抑郁的原因和影响

LO 3.9　描述新生儿的身体能力

LO 3.10　描述新生儿的感觉能力

LO 3.11　描述新生儿的学习能力

LO 3.12　描述新生儿的社会性能力

本章概要

出生

分娩:出生过程的开始

出生:从胎儿到新生儿

分娩的方法:医学与态度的碰撞

出生并发症

早产儿:太早,太小

过度成熟儿:太晚,太大

剖腹产:干预分娩过程

死胎和婴儿死亡率:成熟前死亡的悲剧

产后抑郁:从喜悦的高峰到绝望的低谷

有能力的新生儿

身体能力:适应新环境的要求

感觉能力:体验周围的世界

早期的学习能力

社会性能力:回应他人

开场白：期待意料之外

阿丽亚娜·坎波(Ariana Campo)为她女儿的诞生做好了准备。她所列的清单上所有条目都画上了钩:健康的饮食、低强度的孕期锻炼、分娩课。

但是阿丽亚娜的分娩并没有像她计划的那样进行。在她宫缩之前,她的羊水就破了。事实上,在随后的12小时内她仍然没有开始有规律的宫缩。当她的宫颈只扩张了2厘米的时候,她就感到了巨大的推力要生。护士告诉她先不要生,但没有告诉她怎么做,阿丽亚娜发现她练习了几个月的呼吸练习完全没有用。

经过24小时的分娩,她接受了硬膜外麻醉手术以使她放松,但药物和疲惫使她难以有效用力。当宝宝心跳开始下降时,医生使用了产钳。随后,阿丽亚娜的女儿几分钟就出生了,健康而美丽，但随后婴儿的体温略有升高，因此婴儿在新生儿监护室又待了一周。

今天，她的女儿已经长成一个活泼、好奇的学步儿。“一切都很顺利，”阿丽亚娜说，“但我明白，在分娩的时候，也许最好的做法就是期待意料之外。”

预览

虽然分娩和生产通常情况下不像阿丽亚娜·坎波的情况那样困难，但所有的新生命诞生都伴随着兴奋和某种程度的焦虑。大多数母亲的分娩都是很顺利的，当一个新的生命降临到这个世界上时，那真是一个令人激动和快乐的时刻。很快，人们对新生儿自带的非凡天分的惊讶取代了因其出生而带来的兴奋。婴儿一来到这个世界就拥有一系列令人惊异的能力，使他们能够应付子宫外的世界，应付这个新的环境和这里的人。

本章中，我们会梳理分娩前和出生过程中发生的事件，然后再简单探讨一下新生儿。首先，我们会关注分娩，探讨分娩的一般过程以及几种可替代方法。

接下来，我们会关注婴儿出生时可能遇到的几种并发症，从可能造成早产的问题到可能影响婴儿死亡率的问题。最后，我们再来探讨新生儿的各种非凡能力。我们不仅关注他们身体和知觉上的能力，还有他们一降临到这个世界上就随之具备的学习能力，以及为他们长大后和他人之间形成关系打下基础的一些技能。

3.1　出生

我并不完全是天真无知的。我的意思是，我知道只有在电影中，婴儿从子宫里出来时才会变得粉红、干爽和美丽。但是，我仍然对我儿子出生的样子感到吃惊。由于他通过产道，他的头部呈锥形，有点像湿的、瘪了点气的足球。护士一定是注意到了我的反应，因为她赶紧向我保证，所有的这一切都会在几天之内发生变化。然后，她快速地擦去了他全身到处都是的白色黏稠物质，告诉我他耳朵上毛茸茸的毛发也会是暂时的。我靠过去，将我的手指伸到我的孩子的手心里，他回报了我，合起了手掌握住了我的手指。我打断了护士的保证。“不要担心，”我结结巴巴地说，眼泪突然充满了我的眼睛，“他绝对是我所见过的最漂亮的。”

我们对于新生儿的印象大多来自婴儿的食品广告图像，这种典型的新生儿的肖像可能让人惊喜。但是大多数刚刚从子宫里出来的婴儿大都是像上文中提到的那样。毫无疑问的是，尽管婴儿暂时看上去有些瑕疵，但是从他们出生那一刻开始，迎接他们的就只有父母的满心欢喜。

新生儿的这种身体外貌是由他们从母亲的子宫到产道，然后来到外面的世界这整个旅程中的一系列因素造成的。我们可以追踪这条通路，从分娩过程最初的化学物质释放开始。

分娩：出生过程的开始

LO 3.1　描述分娩的一般过程

受精后大约266天，一种叫促肾上腺皮质激素释放激素（corticotropin-releasing hormone，CRH）的蛋白质会触发（目前其机制未知）多种激素的释放，从而导致分娩过程的开始。其中催产素（oxytocin）是一种很关键的激素，它由母亲的脑垂体释放。当催产素累积到一定浓度时，母亲的子宫就开始周期性收缩（Hertelendy & Zakar，2004；Terzidou，2007；Tattersall et al.，2012）。

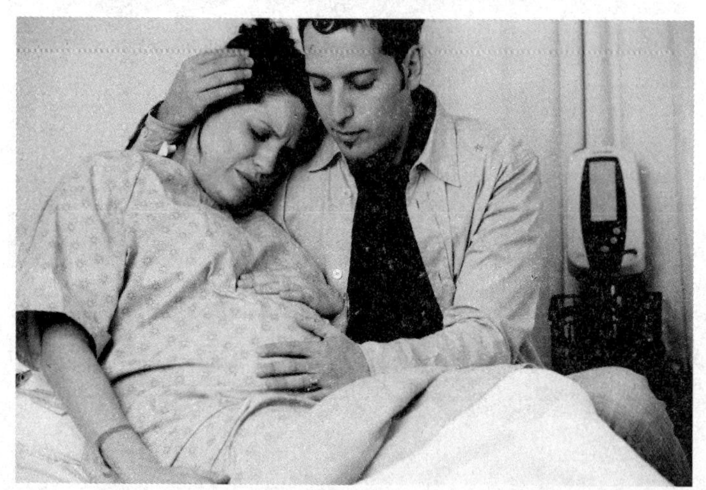

分娩可能很疲惫而且似乎毫无休止，但支持、沟通和愿意尝试不同技术都会很有帮助。

在产前期间，由肌肉组织构成的子宫随着胎儿的生长而缓慢地扩张。尽管在怀孕期间子宫大多数时间是不活动的，但是怀孕四个月之后，子宫会有偶尔的收缩，这实际上是为最后的分娩做准备。这些收缩被称为布雷顿—希克斯收缩（Braxton-Hicks contractions），有时候也被称作"虚假阵痛（false labor）"，因为它可能会愚弄了热切并且紧张期盼中的父母，但是事实上它并不预示着孩子要出世了。

当婴儿出生临近的时候，子宫开始间歇性地收缩。剧烈的宫缩逐渐增加，其作用就好像老虎钳，一开一合，促使婴儿的头部顶向子宫颈，它分开了子宫和阴道。最后，收缩的力量足够强的时候就能够把胎儿推入产道，然后婴儿慢慢滑过产道，最后来到外面的世界，成为**新生儿（neonate）**——刚出生的婴儿。正是这条费力而狭窄的出生通路使得新生儿

新生儿　指刚刚出生的婴儿。

形成了如本章前言中所描述的那种圆锥形的头部外貌。

分娩过程可以分为三个阶段(见图3－1)。在分娩的第一个阶段(first stage of labor),宫缩最初约每8到10分钟出现一次,每次持续约30秒。随着分娩过程的推进,宫缩逐渐频繁,每次宫缩持续的时间也会延长。分娩的最后阶段,宫缩约2分钟一次,每次持续约2分钟。分娩第一阶段的最后时刻,收缩增加到最大强度,即转变期(transition)。母亲的子宫颈完全打开,最后扩张到足够(一般约10厘米)婴儿的头部(婴儿身体最宽的部分)通过。

分娩的第一阶段是持续时间最长的。它的持续时间有很大的个体差异,与母亲的年龄、种族、族裔、先前的怀孕次数,以及胎儿和母亲本身的很多因素相关。一般情况下,如果是第一胎的话,分娩过程会持续16到24个小时,但是同样存在很大的个体差异。如果不是第一胎的话,分娩过程一般会短一些。

阶段1

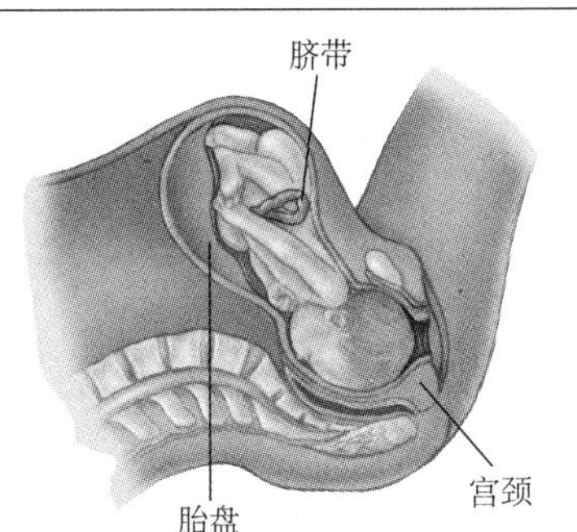

宫缩最初约每8到10分钟出现一次，每次持续约30秒。随着分娩过程的推进，宫缩逐渐频繁，每次宫缩持续的时间也会延长。分娩的最后阶段，宫缩约2分钟一次，每次持续约2分钟。分娩第一阶段的最后时刻，收缩增加到最大强度，即转变期（transition）。母亲的子宫颈完全打开，最后扩张到足够婴儿的头部通过。

阶段2

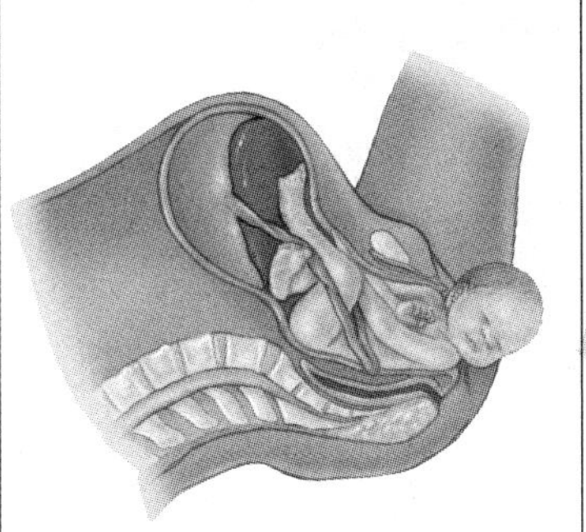

婴儿的头部开始通过宫颈和产道。通常情况下持续90分钟，当婴儿完全离开母体的时候，分娩的第二阶段结束。

阶段3

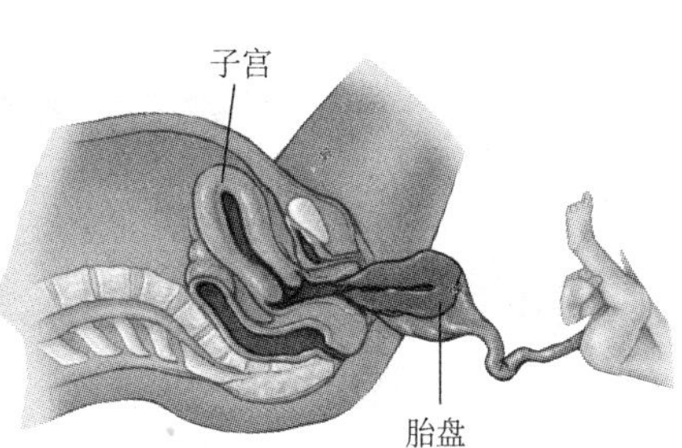

婴儿的脐带（仍然和新生儿的身体相连）和胎盘从母体娩出。该阶段是最迅速也是最容易的一个阶段，只要几分钟的时间。

图3－1　分娩的三个阶段

分娩的第二阶段(second stage of labor),通常会持续约90分钟。每一次宫缩,婴儿的头就离母体更远一步,阴道开口也更大一些。由于阴道和直肠之间的部分在分娩时必须伸展很多,所以有时会通过**外阴切开术(episiotomy)**做一个切口,以增大阴道口。但是,由于这种手术潜在的危害比好处更多,因此近几年来受到越来越多的批评。在过去的十年间,进行外阴切开术的数量急速下降(Graham et al., 2005; Dudding, Vaizey, & Kamm, 2008; Manzanares et al., 2013)。当婴儿完全离开母体

外阴切开术　有时作切口以扩大阴道口的大小,使得婴儿能够通过。

的时候，分娩的第二阶段也就结束了。

最后，婴儿的脐带（仍然和新生儿的身体相连）和胎盘从母体娩出，这就是分娩的第三阶段（third stage of labor）。该阶段是最迅速也是最容易的一个阶段，只要几分钟的时间。

女性对分娩的反应部分地反映了文化因素。没有证据表明不同文化背景的女性在分娩时存在生理方面的差异，但是不同文化中确实存在着对于分娩的预期和对其中疼痛理解上的差异（Callister et al., 2003; Fisher, Hauck, & Fenwick, 2006; Steel et al., 2014）。

观看视频 分娩

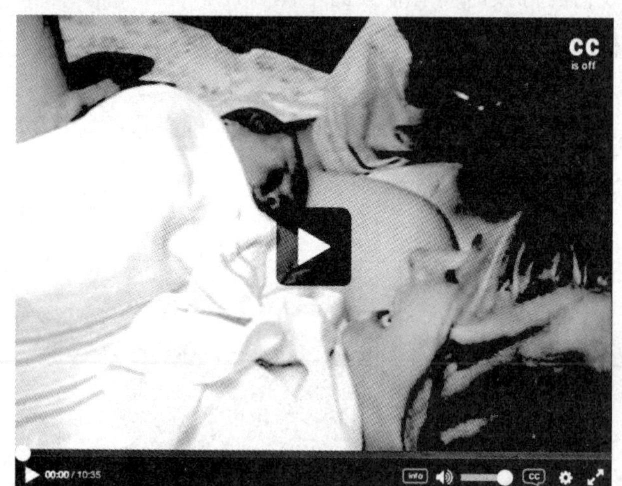

比如，在某些社会中，一些流传着的故事可以反映出其理念：女性怀孕仍在田中劳动，劳动过程中放下工具，走到边上并产下一名婴儿，包裹好新生儿捆到自己背上，然后立即返回田里劳动。非洲的很多！昆（Kung）族人描述分娩中的女性会冷静地坐在大树旁，在没有很多辅助的情况下，很顺利地产下一名婴儿，然后很快就能恢复过来。同时也有很多社会认为孩子的生产是很危险的，甚至把它看作一种相应的病症。正如我们在“你是发展心理学知识的明智消费者吗？”部分所讨论的那样，这种文化的观点影响着特定社会中的人们看待生孩子的经历及对其的期望。

◎ 你是发展心理学知识的明智消费者吗？

应对分娩

每个即将生产的女性都对分娩有一些恐惧。大多数人都听说过扣人心弦的超长48小时分娩的故事或者关于分娩所伴随的痛苦的生动描述。尽管如此，很少有母亲怀疑生育所带来的回报是值得这些付出的这种观点。

如何应对分娩没有对与错之分。然而，几种策略可以帮助让这个过程尽可能积极：

- **变通**。尽管你可能已经仔细研究了在分娩过程中该做什么，但不要觉得一定要准确地遵循它们。如果一种策略无效，试试另一种。
- **与你的医疗保健提供者沟通**。让他们知道你在经历什么。他们或许能够对如何处理你遇到的问题提供建议。随着分娩的进行，他们也可以清楚地告知你还需要分娩多久。当得知最痛苦的时刻只会再持续20分钟或者没多久了的时候，你会觉得你可以承受得住。

- **请记住分娩是很辛苦的**。要做好你会精疲力竭的预期，但是要意识到，到了分娩的最后阶段，你会感到如沐春风。
- **接受你伴侣的支持**。如果配偶或其他伴侣在场，允许他让你感到舒适并向你提供支持。研究表明，受到配偶或伴侣支持的女性有更舒适的分娩经历（Bader, 1995; Kennell, 2002）。
- **实事求是地面对疼痛**。如果你开始时计划分娩过程中不使用任何药物，要知道你会觉得那种疼痛根本无法忍受。从这个角度讲，考虑一下使用一些药物。总之就是不要把使用止疼药物看作是失败的标志。绝不是这样的。
- **关注大的方面**。要记住有这样一个过程，它将带来幸福快乐，而分娩只是其中一个不太和谐的音符。

出生：从胎儿到新生儿

LO 3.2 解释新生儿生命最初几个小时内发生的事件

出生的确切时间应该是胎儿通过子宫颈，穿过阴道，完全出现在母体之外的时候。在大多数情况下，婴儿会自动完成从胎盘供氧到用肺呼吸的转变。因此，一旦娩出母体，大多数婴儿就立即自发地啼哭起来。这会帮助他们清理肺部并开始自己呼吸。

接下来的工作会因为情况不同和文化不同存在很大的差异。在西方文化背景下，医护人员几乎总是随时准备着在婴儿生产过程中给予帮助。在美国，99%的婴儿出生是由专业的医护人员助产的，但在许多欠发达国家中，有专业医护人员参加的分娩不到一半（United Nations Statistics Division, 2012）。

阿普加量表（Apgar scale）。大多数情况下，新生婴儿首先要接受一个肉眼可以完成的快速检查。父母对于新生儿的检查可能只是数一数手指和脚趾是否有残缺，而受过专业培训的医护人员会收集更多的信息。一般情况下，他们可能会根据阿普加量表这样一个标准测量系统收集一系列信息，以确定婴儿是否健康（见表3-1）。这个量表是由弗吉尼亚·阿普加（Virginia Apgar）医师开发的，它关注新生儿的五种基本迹象：外貌（appearance，颜色），脉搏（pulse，心率），由打喷嚏、咳嗽等造成的面部扭曲（grimace，面部对刺激的反应敏感性），活动性（activity，肌肉状况）和呼吸（respiration，呼吸状况），这五种迹象的英文单词首字母的组合恰好组成了阿普加（Apgar）这个名字，可以很容易记住它们。

阿普加量表 通过收集一系列指标信息，以确定婴儿是否健康的一个标准测量系统。

医护人员会根据这个量表的指标给新生儿打分，分数范围为每种迹象0到2分，总体分数范围为0到10分。大多数婴儿得分在7到10分之间。约有10%的新生儿得分低于7分，他们通常需要在外界的帮助下才能开始呼吸。如果新生儿得分低于4分，他们一出生就要立即接受抢救干预。

表 3－1　阿普加量表

婴儿出生后 1 到 5 分钟，在每个指标上会得到一个分数。如果婴儿出现问题，可 10 分钟后再进行一次评定。得分为 7—10 分的婴儿被认为是正常的，得分在 4—7 分的婴儿可能需要一些复苏措施，得分低于 4 分的婴儿需要即刻抢救。

	迹象	0 分	1 分	2 分
A	外貌（皮肤颜色）	全身呈现蓝灰色或苍白	除手足之外，其他部分正常	全身皮肤颜色正常
P	脉搏	无脉搏	低于每分钟 100 次（ <100bpm）	高于每分钟 100 次（ >100bpm）
G	面部扭曲（面部对刺激的反应敏感性）	没有反应	有面部表情	打喷嚏、咳嗽时面部扭曲，然后恢复
A	活动性（肌肉状况）	没有活动	胳膊和腿会弯曲	不断活动
R	呼吸	没有呼吸	呼吸缓慢，不正常	呼吸顺利，会哭嚎

（资料来源：Apgar，1953.）

较低的阿普加分数（或其他新生儿评估的低分，比如我们在第 4 章讨论的布雷泽尔顿新生儿行为评定量表）可能是由胎儿阶段就存在的问题或是出生缺陷造成的，但也有可能是出生过程本身造成的。最有可能的原因就是某些暂时的缺氧。

在分娩过程中的各个接合点，胎儿都有可能暂时缺氧，而这些情况可能是多种原因造成的。比如，脐带可能会缠绕在胎儿的颈部。脐带也有可能在持续的宫缩过程中被拉断，因此切断了通过脐带进行的氧气供应。几秒钟的暂时缺氧不会对胎儿造成危害，但是再长一些时间的缺氧就会给胎儿造成严重的危害。氧的缺乏，或者叫作**缺氧症（anoxia）**，如果持续几分钟的话，就会造成孩子出生后有认知缺陷，比如语言迟滞，甚至由于部分脑细胞坏死造成智力迟滞（Rossetti，Carrera，& Oddo，2012；Stecker，Wolfe，& Stevenson，2013；Hynes，Fish，& Manly，2014）。

缺氧症　婴儿在生产过程中持续几分钟的缺氧，可能会造成脑损伤。

新生儿医学筛查　刚出生时，新生儿通常会接受各种疾病和医院疾病的检测。美国医学遗传学会（The American College of Medical Genetics）建议对所有新生儿进行 29 种疾病筛查，范围从听力困难和镰状细胞性贫血到极端罕见的情况，如异戊酸血症，一种涉及代谢的疾病。这些疾病可以从婴儿脚跟抽取的少量血液中检测出来（American College of Medical

Genetics, 2006)。

新生儿筛查的优势在于它可以早期治疗可能潜伏数年的问题。在某些情况下,破坏性疾病可以通过早期治疗来预防,例如实施特定种类的规定饮食(Goldfarb, 2005; Kayton, 2007; Timmermans & Buchbinder, 2012)。

新生儿经历的确切测试数量因州而异。在某些州,只需要进行三项测试,而在其他州则要求超过 30 项。只有少数测试的司法管辖区,很多疾病未被诊断出来。事实上,如果进行了适当的筛查,美国每年约有 1000 名苦于疾病的婴儿能够在出生时被检测出来。

身体外貌和最初的相遇　除了评估新生儿的健康状况外,医护人员还要处理新生儿通过产道时身上的残留物。你可以回忆一下那个关于婴儿周身包裹着厚厚的奶酪般油腻物质的描写。这种物质实际上是胎儿皮脂(vernix),在胎儿通过产道的时候起到了平滑通道的作用,而婴儿出生以后它就没有什么作用了,所以很快被清理掉。新生儿的身体有时被细细的暗色绒毛包裹,这些是胎毛(lanugo),它们很快就会自己消失。分娩过程中液体的积聚会导致新生儿的眼睑肿胀,同时新生儿可能在身体的某些部分也带有血液或者某些液体。

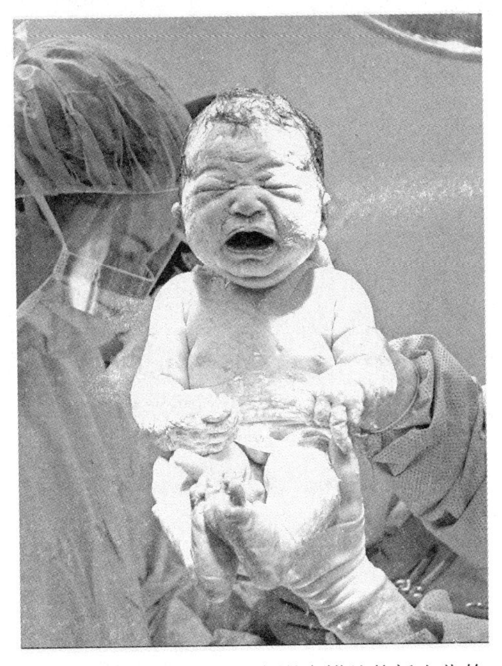

商业广告、电视节目和电影中描绘的新生儿的形象和现实中有着极大的差距。

在清洁之后,新生儿通常会回到母亲那里,如果父亲在场,也会去见父亲。对于父母和新生儿最开始相见的重要性问题,有很大的争议。部分心理学家和医师一直存在着这样一个论断:**联结(bonding)**,即从孩子呱呱落地那一刻起的一段时间内,父母和孩子在身体上和情绪上的紧密联系,是父母和孩子之间形成长期联系的一个非常关键的因素(Lorenz, 1957)。这个论断是从对非人类的一些物种的研究中推断而来的,比如小鸭。这项研究显示,在出生后的一个关键期,有机体表现出时刻准备好向出现在它们周围的同类学习的状态,这种学习的准备状态也可以叫作印记。

联结　从孩子呱呱落地那一刻开始的一段时间内,父母和孩子在身体上和情绪上的紧密联系,有些人认为它对父母和孩子之后的关系有影响。

把联结的概念推广应用到人类,关键期应该指的是从婴儿落地后持续的几个小时。在这段时间内,母亲和孩子肌肤之间的接触被认为会为母子间深深的情绪联结打下基础。在这个假设基础上的一个推论是,如果环境阻止了这种接触，母子之间的联结在一定程度上就会永远缺失。但因为很多婴儿出生后就被放到保育箱中或者医院的保育室而离开母亲，这种医学上的护理使得婴儿出生后，很少有机会立刻与母亲进行持续的身体接触。

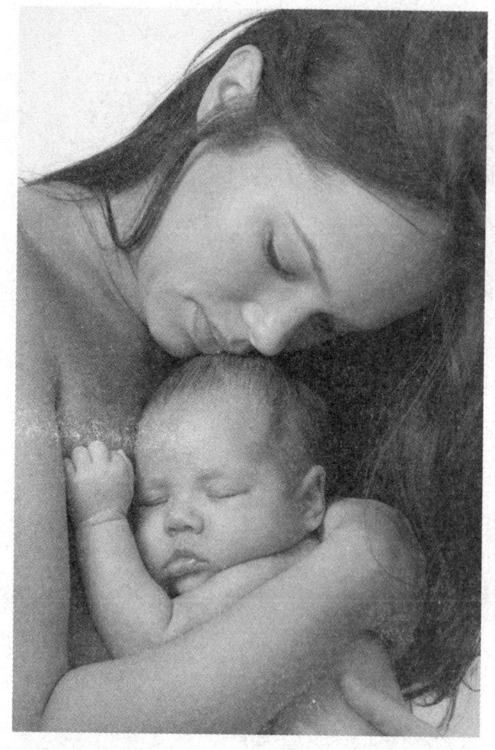

尽管对于非人类物种的观察提示母亲在后代出生之后与之立即接触的重要性，对于人类的研究却仿佛显示出这种即刻的身体接触并不是那么关键。

然而，当发展领域内的研究者谨慎地回顾研究文献时，他们没有找到证据支持出生时存在联结这个关键期。尽管看上去似乎和婴儿有早期身体接触的母亲确实比缺少这种接触的母亲对于婴儿有更多的回应，但是这种差异只持续了几天。对于那些出生后就必须立刻接受医疗救助孩子的父母，这样的信息使得他们安心。而对于那些孩子出生时并未出现在孩子身边的养父母来说，这些信息也使他们欣慰（Miles et al.，2006；Bigelow & Power，2012；Hall et al.，2014）。

尽管父母和孩子的联结看起来并不是那么不可或缺，但在出生后接受一些轻轻的抚触和按摩对于新生儿是很重要的。身体上的刺激会导致他们大脑内产生促进生长的化学物质。因此，婴儿接受的抚触按摩与其体重增加、更好的睡眠模式、更好的神经运动发育和死亡率降低有关（Field，2001；Kulkarni et al.，2011；van Reenen & van Rensburg，2013）。

分娩的方法：医学与态度的碰撞

LO 3.3　描述当前的一些分娩方法

在阿尔玛·华雷斯（Alma Juarez）的第二次怀孕中，她知道她想要的不是传统的产科。不要药物。不要背朝下平躺着进行分娩（这减缓了她的宫缩并且需要氧气面罩）。这一次，华雷斯要掌控全局。她参加了孕妇运动课，并阅读了有关分娩的书籍。她还选择了护理助产士而不是产科医生。她希望有人助她生产，而不是命令她。

当华雷斯要分娩时，她给她的助产士打电话，在医院和她见面。华雷斯决定站起来，利用重力加速分娩。随着宫缩加剧，她的丈夫和助产士轮流帮助她。当她完全扩张时，她抓紧双手和弯曲膝盖，她知道这种姿势最省力。30分钟后，她的女儿出生了。不要药物，不要额外的氧气。华雷斯说："第一次生产，我筋疲力尽。第二次生产，我很高兴。"

在西方，父母想出了各种不同的策略，有些是流传非常广泛的。这些方法能够帮助他们尽量自然分娩，就好像是非人类的动物世界中那样。现在父母面临的问题是，应该在医院还是在家生产？最好是由医师、护士还是助产士来辅助生产？父亲在场好还是不在场好？兄弟姐妹或是家庭中的其他成员是否应该在场并参与到辅助生产过程中？这些问题中的大部分都不会有明确的答案，主要是因为分娩技术的选择常常涉及价值观和观念等。没有一个过程适合所有的父母，并且现在也没有研究能够证明一种过程比另一个更为有效。正如我们看到的，各种各样的问题和选择牵扯其中，很显然文化在分娩方式的选择上有着一定的影响。

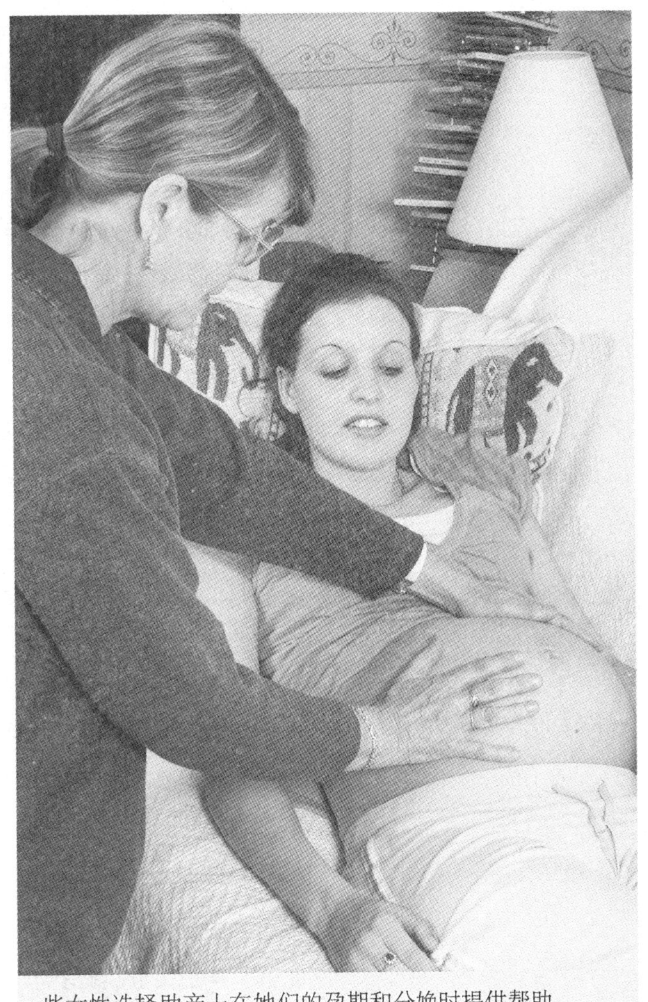

一些女性选择助产士在她们的孕期和分娩时提供帮助。

如此多的选择很大程度上是一种传统医疗手段的反叛。20世纪70年代初期以前，传统的医疗手段在美国广泛流传。典型的婴儿生产过程是这样的：一个房间中有多名处在不同分娩阶段的母亲，其中还有些人由于疼痛尖叫。而父亲们和家庭的其他成员都不允许在场。胎儿马上就要娩出之前，这名母亲被移入产房，在那里娩出婴儿。通常她会被麻醉，对于婴儿的出生一点意识都没有。

当时，医师认为这样的过程对于保证新生儿和母亲的健康来说是必要的。然而批评意见指出，还有其他的方式不仅能够最大限度地提高母亲和孩子的医疗幸福感，而且对其还有情绪上和心理上的帮助（Curl et al., 2004; Hotelling & Humenick, 2005）。

其他的分娩方法。并不是所有的母亲都是在医院产出婴儿的，也不是所有的婴儿都是按照传统的过程出生的。传统婴儿出生手术的几种主要的替代方式如下。

- **心理助产法（Lamaze birthing techniques）**。心理助产法在美国流传很广。根据费尔南德·拉马兹（Fernand Lamaze）医师的著述，心理助产法主要应用了呼吸技术和放松训练（Lamaze, 1970）。一般情况下，准妈妈要参与一系列培训，每阶段的培训为期一周，培训中她们要进行一些练习，使得她们自己能够按照意志放松身体的不同部分。一位"教练"，最典型的是由父亲担任，与准妈妈一起接受训练。这项训练教会准妈妈们如何通过把精神集中在呼吸上来应付宫缩的疼痛，并且放松下来，这一过程中的紧张情绪只会让她们疼痛感更强。女性学习将精神集中在一个让人放松的刺激上，比如一幅画中安静的景色。训练的目标就是学习如何积极地处理疼痛，以及如何在宫缩的过程中放松下来（Lothian, 2005）。

  这个程序有作用吗？大多数母亲和父亲报告说心理助产法是一种非常积极的体验。他们很享受掌握分娩过程的那种控制感，能够通过努力在一定程度上控制一个艰难经历的那种感觉。但是另外一方面，我们不能排除选择了心理助产法的父母可能比那些没有选择这个技术的父母，已经对分娩体验有更高的动机。因此也很可能他们对于心理助产法培训的赞美之辞是因为他们最初的热情，而不是心理助产法本身（Larsen, 2001; Zwelling, 2006）。

  心理助产法程序和其他的自然分娩技术，强调的都是向父母传达有关分娩过程的信息，尽量少使用药物。但是，低收入群体，尤其是少数民族，参与到心理助产法程序和其他自然分娩技术中的人很少。这些群体中的父母可能因为缺少便利的交通工具、时间或者是财力支持等因素，从而无法参与分娩准备的课程。而结果就是低收入群体中的女性对于分娩过程中的各种情况准备较少，从而可能在分娩过程中体验到更多的疼痛（Brueggemann, 1999; Lu et al., 2003）。

- **布拉德利法（Bradley method）**。布拉德利法，有时被称为"丈夫辅助分娩"，其基本要求是应尽可能地自然分娩，药物或医疗不参与干预。为了应对分娩的疼痛，妇女学习与自己的身体"协调一致"。为了准备分娩，准妈妈们会学习类似于心理助产法的肌肉放松技术,同时,怀孕期间良好的营养和锻炼被认为是准备分娩的重要内容。要求父母要对分娩负责,并且认为使用医生是不必要的,甚至有时是危险的。正如你所料,对传统医学干预的反对是相当有争议的(McCutcheon-Rosegg, Ingraham, & Bradley, 1996; Reed, 2005)。

- **催眠分娩(Hypnobirthing)**。催眠分娩是一种新式的但越来越流行的技术。它涉及一种自我催眠形式,能够在分娩过程中产生一种平静和镇定感觉,从而减轻疼痛。它的基本概念是产生一种注意力集中的状态,母亲在关注内心的同时放松她的身体。越来越多的研究证据表明该技术可以有效减轻疼痛(Olson, 2006; White, 2007; Alexander, Turnball, & Cyna, 2009)。

- **水中分娩(Water Birthing)**。在美国,水中分娩仍然是相对不常见的,它是女性进入温水池生育的一种方法。理论上,水的温暖和浮力是舒缓的,能够减少分娩和生产的时长和痛苦,并且对婴儿来说,从子宫的水环境移动到环境相似的分娩池,这样进入世界也是缓和的。

水中分娩,女性进入温水池生产。

虽然有一些证据表明水中分娩减少了疼痛和分娩时间,但仍存在被未消毒的水所感染的风险(Thni, Mussner, & Ploner, 2010; Jones et al., 2012)。

分娩护理人员:谁来接生?

传统上,专门负责接生的产科医师(obstetricians)一直是分娩护理人员之选。在最近几十年里,更多的母亲选择助产士(midwife)在分娩过程中全程陪伴。助产士多是专业从事分娩的护士,主要用于怀孕期间没有并发症的孕妇。在美国,助产士的雇佣率逐步增加,现在已经达到7000例,占分娩总数的10%。在一些地区,选择助产士辅助分娩能够占到80%,而且多是在家分娩。无论经济发展水平如何,在家分娩在很多国家都是很常见的。比如在荷兰，三分之一的分娩在家进行（Ayoub，2005；Klein，2012；Sandall，2014）。

医疗护理人员的视角

虽然在美国有专业医疗人员或者分娩辅助人员参与的分娩过程达到99%，而在世界范围内这个比例只达到50%。你认为这个现象是由哪些原因造成的？这个统计又说明了什么呢？

最新趋势同时也是最古老的分娩护理人员是“导乐（doula）”。导乐经过培训，可以在分娩过程中为母亲提供情绪、心理和教育上的支持。但是，她们并不能取代产科医师或者助产士，也不会做医学检查。不过，她们通常熟悉各种分娩的方法，能够给母亲提供支持，并且能够使父母知道不同的分娩方法和分娩中可能出现的情况。

尽管在美国导乐是新兴的，但实际上代表了其他一些文化中已经存在了几个世纪的古老传统的回归。在非西方文化中，虽然它们可能不被称为“导乐”，但是支持性的、经验丰富的年长妇女在年轻母亲生育时提供帮助已有几个世纪的传统了。越来越多的研究表明导乐的存在对于分娩过程、加速娩出和减少对药物的依赖都是有益的。但是仍然存在一些担忧。与经过认证的助产士，即接受过额外的一年或两年培训的护士不同，导乐不需要经过认证或具有任何特定的学历（Mottl - Santiago et al.，2008；Humphries，& Korfmacher，2012；Simkin，2014）。

疼痛和分娩。每一位经历过分娩过程的女性都会同意分娩是充满疼痛的。但是，更确切一些，到底有多疼？

这个问题在很大程度上很难回答。第一个原因是，这种疼痛是一个主观的心理现象，是很难用客观的标准衡量的。尽管有些研究试图对这种疼痛进行量化，但是没有人可以回答她们的疼痛是否比其他人的疼痛“更强”或“更糟糕”。在一项调查中要求女性按照五点量表（1－5）来评价她们在分娩中所经历的疼痛，“5”代表最疼痛（Yarrow，1973）。近半数（44%）的母亲选择了“5”，还有四分之一的女性选择了“4”。

因为通常意义上疼痛意味着身体内的某些异常，所以我们对于疼痛的反应通常是害怕并且会很关注。但是在分娩过程中，疼痛实际上标志着身体工作正常——宫缩正在进行，也就意味着胎儿正在通过产道。因此，当分娩中的女性没能恰当理解分娩过程中的疼痛经历时，反而潜在地增加了她们的焦虑程度，从而使得她们更强烈地感受到宫缩带来的疼痛。总之，每位女性的分娩都会涉及这样一些因素：在分娩前和分娩过程中的准备和接受的支持,她们所处的文化背景对于怀孕和分娩的看法与分娩过程本身的独特性质(Ip, Tang, & Goggins, 2009; de C. Williams et al., 2013; Karlsdottir, Halldorsdottir & Lundgren, 2014)。

使用麻醉和止痛药。现代医疗最大的进步之一就是不断发现了减少疼痛的药物。但是,分娩过程中药物的使用有好处也有坏处。

约有三分之一的女性选择以硬膜外麻醉(epidural anesthesia)的方式进行镇痛,这使得她们腰部以下都麻木了。传统的硬膜外麻醉过程使得她们下肢无力而不能行走,在某些情况下阻止她们在分娩过程中用力将婴儿娩出体外。但是,一种新的硬膜外麻醉过程,叫作可活动硬膜外麻醉(walking epidural)或叫作腰麻—硬膜外麻醉(dual spinal-epidural),即用更细的针头和一个控制系统逐步地注射麻醉药。这使得女性在分娩过程中能够更自由地运动,并且比传统的硬膜外麻醉副作用更小(Simmons et al., 2007)。

很显然,如果减少分娩过程中使用的药物,甚至不用药物,会让女性感到极度精疲力竭的疼痛。但是,疼痛的减少也是有代价的,因为药物可能影响胎儿和新生儿,降低新生儿的生理反应。药性越强,潜在影响也就越大。但是,大多数研究显示,现在他们在分娩过程中所使用的药物,对于胎儿和新生儿的风险是很小的。美国妇产科医师学会(American College of Obstetricians and Gynecologists)在指南中提出,女性在分娩过程的任何阶段提出采取疼痛减轻手段的要求都应该受到尊重,并且用以减轻疼痛的药物要在合理恰当的基础上尽量少,以使其用量不会对孩子将来的身体健康有显著的影响(ACOG, 2002; Alberts et al., 2007; Costa - Martins et al., 2014)。

分娩后在医院的停留:分娩,然后离开? 新泽西的一位母亲戴安娜·门施(Diane Mensch)在医院产下了她的第三个孩子,但是仅仅一天以后,她就被要求出院回家,当时她仍然处在精疲力竭的状态。但是她的保险公司坚持说产后身体恢复24小时已经足够了,并且拒绝为另外的住院时间支付费用。三天后,她的婴儿因为黄疸病又重新回到了医院。门施确信,如果她和孩子在医院再住几天的话,这个问题能够尽早发现并得到治疗(Begley, 1995)。

门施的经历并不少见。在20世纪70年代,正常分娩的平均住院时间为3.9天,到20世纪90年代减少到2天。这种变化很大程度上是由医疗保险公司造成的,因为他们为了减少支付的费用宣称产后的身体恢复只需要24小时。

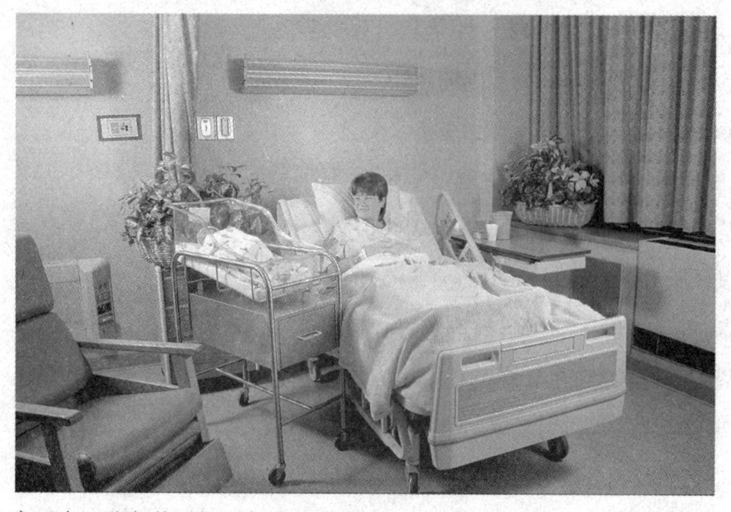

产后在医院留的时间更久的母亲比短时间后就离开的母亲恢复得更好。

但是实际上，医护人员反对这样的趋势，指出这样做无论对母亲，还是对孩子无疑都存在着很大的风险。比如母亲在分娩过程中破损的血管可能会再次破裂出血。而且，新生儿很早就离开医院提供的全面医疗护理，也存在着很大的风险。此外，母亲留在医院的时间长一些，还可以得到更好的休息，对医院所提供的医疗护理满意度也更高（Finkelstein, Harper, & Rosenthal, 1998）。

与上面这个观点一致，美国儿科学会声明女性在分娩后至少应该住院48小时，并且美国国会已经立法规定保险公司至少担负女性分娩后48小时的保险费用（American Academy of Pediatrics Committee on Fetus and Newborn, 2004）。

模块3.1 复习

- 在分娩的第一阶段，宫缩的频率、持续时间和强度会逐渐增加，直到婴儿的头部能够通过子宫颈。在分娩的第二阶段，婴儿通过子宫颈、产道，然后离开母体。在分娩的第三阶段，脐带和胎盘娩出母体。
- 婴儿出生后，助产人员立刻根据某些测量体系，比如阿普加量表，对新生儿进行评估。新生儿通常也经过各种疾病和遗传病的检测。新生儿通常在出生后不久就会回到父母身边，这样他们就可以抱着婴儿并与婴儿产生联结。
- 现在父母在分娩的相关问题上有很多的选择。除了产科医生，他们还可以雇佣助产士或导乐，甚至直接替代产科医生。他们也可以权衡分娩过程中麻醉剂使用的益处和不足。一些女性选择到传统医院分娩的替代方法，包括心理助产法、布拉德利法、催眠分娩和水中分娩。

共享写作提示

应用毕生发展：为什么对于分娩的预期和解释上存在文化差异呢？

3.2　出生并发症

艾薇·布朗(Ivy Brown)的儿子是死胎,护士告诉她,尽管很不幸,在她的城市华盛顿特区,近 1 %的产儿以死亡告终。这一统计数据促使布朗成为悲伤顾问,专门研究婴儿死亡率。她组建了一个由医生和市政官员组成的委员会来研究首都的高婴儿死亡率,并找到降低死亡率的解决方案。布朗说:"如果我能让一位母亲免于这种可怕的悲痛,那么我的损失就不会是徒劳的。"

美国,这个世界上最富裕的国家,婴儿死亡率为每1000 名产婴儿中有 6.17 例死亡。一些富裕国家,如日本,其婴儿死亡率是美国的一半。总体上,近 50 个国家的出生存活率高于美国(The World Factbook, 2012; Sun, 2012; 见图 3 –2)。

为什么美国的婴儿的存活率比其他不那么发达的国家还要低呢? 为了回答这个问题,我们需要考虑分娩过程中涉及问题的性质。

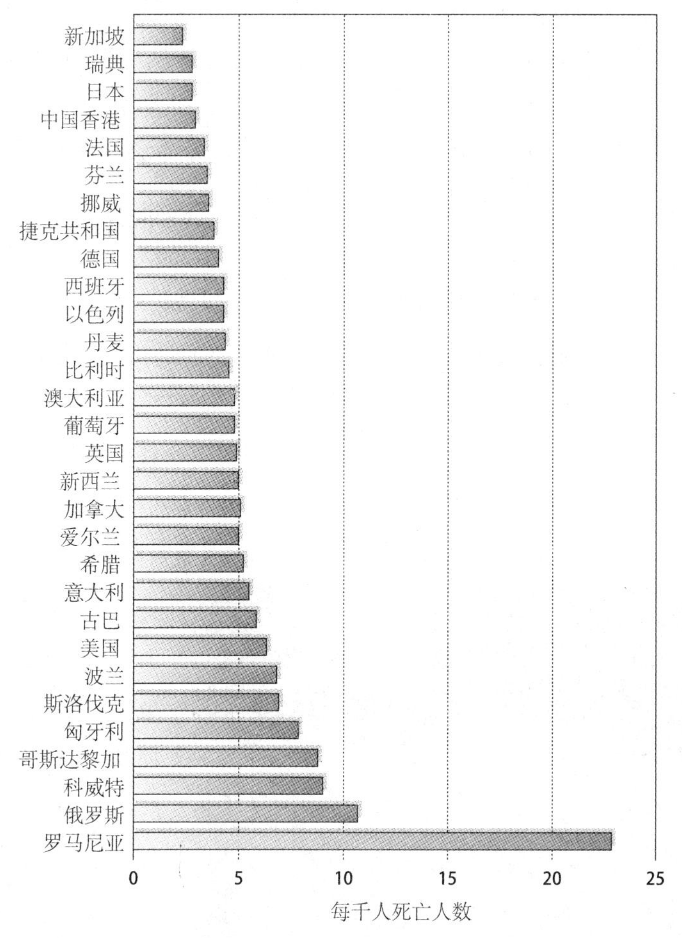

图 3 –2　国际儿童死亡率

部分国家的婴儿死亡率。虽然美国在过去 25 年中大大降低了其婴儿死亡率,但截至 2010 年,它在工业化国家及地区中仅排名第 23 位。这其中有哪些原因?

(来源:The World Factbook, 2010.)

早产儿：太早，太小

LO 3.4 描述早产的一些原因、影响和治疗方法

早产儿 受精后不足38周就出生的婴儿（也叫作尚未成熟的婴儿）。

11%的婴儿早于正常生产日期降生。**早产儿（preterm infant）**，或者叫作尚未完全成熟的婴儿，是指受精后不足38周就出生的婴儿。因为早产儿在胎儿阶段并没有发育完全，因此他们患病和死亡的风险都比较高。

早产儿所面临的危险大多数是由于他们出生时的体重造成的。出生体重是婴儿发展程度的一个显著的指标。新生儿平均体重约在3400克（6.8斤），**低出生体重婴儿（low-birthweight infants）**的体重不到2500克（5斤）。尽管在美国所有新生儿中只有7%被归为低出生体重婴儿，但是死亡的新生儿中大部分都是低体重的（Gross，Spiker，& Haynes，1997；DeVader et al.，2007）。

低出生体重婴儿 出生时体重低于2500克（5斤）的婴儿。

尽管大多数低出生体重婴儿都是早产的，也有一些是足月但体重不足的婴儿。**足月低出生体重婴儿（small-for-gestation-age infants）**是由于胎儿阶段生长的迟滞，出生时体重不到相同妊娠期婴儿平均体重的90%。低体重婴儿有时候也是早产儿，但是也有可能不是（Bergmann，Bergmann，& Dudenhausen，2008；Salihu et al.，2013）。

足月低出生体重婴儿 由于胎儿阶段生长的迟滞、出生时体重不到相同妊娠期婴儿平均体重值的90%的婴儿。

如果早产不是很严重，或者出生时体重不是很低，那么对于孩子将来身体健康的威胁相对来说是很小的。在这种情况下，主要的措施就是让孩子在医院里多待一段时间，让他们的体重增加。增加体重是很关键的，因为新生儿还不能很有效地调节身体的温度，而脂肪层可以帮助他们抵御寒冷。

研究还表明，接受更多反应、刺激和有组织的护理的早产儿比那些护理不太好的儿童更倾向于表现出更积极的结果。其中一些干预措施非常简单。例如，“袋鼠护理”让父母抱着婴儿使其皮肤与父母的胸部皮肤接触，这似乎能有效帮助早产儿发育。每天数次抚触按摩早产儿会触发促进体重增加、肌肉发育和应对压力能力的激素的释放（Field et al.，2008；Kaffashi et al.，2013；Athanasopou-

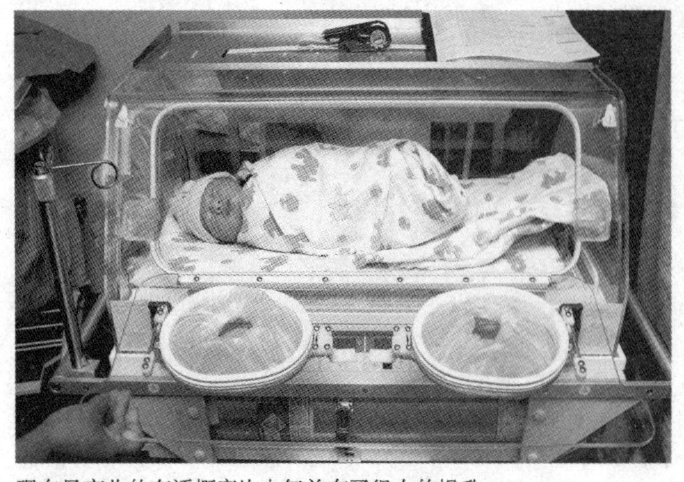

现在早产儿的存活概率比十年前有了很大的提升。

lou & Fox, 2014)。

早产程度比较严重的新生儿和那些出生体重显著低于平均水平的新生儿则面临着非常艰苦的生存之路。对于他们来说,生存是首要的问题。比如,低出生体重婴儿非常容易受到感染,因为他们的肺尚未完全成熟,在氧的获得上还存在着一定的困难。所以,他们可能会得呼吸困难综合征(respiratory distress syndrome, RDS),存在潜在的死亡危险。

为了应对呼吸困难综合征,低出生体重婴儿经常会被放到保育箱中。保育箱是完全封闭的,其内部的温度和含氧量是受到监控的。尤其是氧的含量被时时精确地监控着。含氧量低无法减轻婴儿的痛苦,含氧量高则会伤害到婴儿脆弱的视网膜,造成永久失明。

早产儿发展上的不成熟使得他们对周围环境的刺激异常敏感。他们很容易被所看到的、听到的或是经历的其他感觉淹没,他们的呼吸也可能出现中断,心率会减慢。他们通常不能平稳地运动;四肢运动的不协调使得他们总是磕磕绊绊的,还很容易在这些无意的磕绊中受到惊吓。这些行为常使得他们的父母感到手足无措(Doussard - Roosevelt et al., 1997; Miles et al., 2006; Valeri et al., 2014)。

尽管早产的新生儿在出生时经历了很多困难,最后多数还是能够正常地发展。但是比起那些足月的孩子,早产儿发展的节奏通常要慢,而且之后有时会出现更多细小的问题。比如,在满一岁的时候,早产的婴儿中只有10%出现了明显的问题,并且只有5%有严重的残疾。然而,到6岁时,大约38%的人有轻微的问题需要特殊教育的干预。例如,一些早产儿表现出学习障碍、行为障碍或智商低于平均水平。他们也可能面临更大的精神疾病风险。其他人只是存在着身体协调上的困难。尽管如此,约60%的早产儿基本上没有问题(Dombrowski, Noonan, & Martin, 2007; Hall et al., 2008; Nosarti et al., 2012)。

极低出生体重婴儿:小中最小的。早产儿中最极端的部分——极低出生体重婴儿的情况就不那么乐观了。**极低出生体重婴儿(very-low-birthweight infants)**体重低于1250克(2.5斤),或者不论体重多少,在母亲子宫中的时间少于30周。

极低出生体重婴儿 体重低于1250克(2.5斤),或者不论体重多少,在母亲子宫中的时间少于30周的婴儿。

极低出生体重婴儿不止体型很小——有些很容易就能用手掌托起——他们似乎与足月新生儿不属于同一物种。他们闭着的眼睛看起来好像融合在一起了,他们靠近头部的耳垂看起来就像是一层薄皮。无论属于哪一种族,他们的皮肤都呈现暗红色。

极低出生体重婴儿从生下来那一刻起就面临着严重的生存危险，因为他们的器官系统尚未发育成熟。在20世纪80年代中叶前，这些婴儿在脱离了母亲的子宫之后根本无法存活。但是，医学的进步使得他们生存的概率增加了，使得能够生存的年龄（age of viability）向前推进了。早产儿能够存活的极限是22周，大约比正常分娩提前了四个月。当然，受精后胎儿发展的时间越长，新生儿存活的概率就越大。早于25周出生的孩子生存的概率低于50%（见图3-3；Seaton et al.，2012）。随着医疗能力的进步和发展，研究人员提出了处理早产儿和提高存活率的新策略，可能使能存活的年龄提到更早。

低出生体重婴儿和早产儿可能经历的身体和认知问题同样会更多地出现在极低出生体重婴儿的身上，接下来需要极大的资金支持。婴儿在保育箱中待三个月，接受特殊护理，需要几十万美元，并且尽管进行了大量的医疗干预，这些新生儿中有一半最终还是会死亡（Taylor et al.，2000）。

28到32周之后胎儿生存的比率显著升高。在美国，一定的妊娠时间后新生儿在他们生命的第一年存活的比率。

	美国	奥地利	丹麦	英格兰和威尔士[2]	芬兰	北爱尔兰	挪威	波兰	苏格兰	瑞典
22—23周[1]	707.7	888.9	947.4	880.5	900.0	1,000.0	555.6	921.1	1,000.0	515.2
24—27周	236.9	319.6	301.2	298.2	315.8	268.3	220.2	530.6	377.0	197.7
28—31周	45.0	43.8	42.2	52.2	58.5	54.5	56.4	147.7	60.8	41.3
32—36周	8.6	5.8	10.3	10.6	9.7	13.1	7.2	23.1	8.8	12.8
37周或更久	2.4	1.5	2.3	1.8	1.4	1.6	1.5	2.3	1.7	1.5

注：
1由于报告差异，妊娠22—23周的婴儿死亡率可能不可靠。
2英格兰和威尔士提供了2005年的数据。
注意：婴儿死亡率是按指定组中每1000名降生婴儿的死亡数。
资料来源：NCHS结合了出生/婴儿死亡数据集（美国数据）和欧洲围产期健康报告（欧洲数据）。
（来源：基于MacDorman & Mathews, 2009.）

图3-3　生存和妊娠时间

即使一个极低出生体重婴儿存活下来了，他的医疗花费仍会不断增加。比如，一项评估表明，这样的一个婴儿在他们生命的前三年内，平均每月的医疗花费比那些足月婴儿高3到50倍。这样天文数字的花费引起了伦理上的争论，即花费大量的人力、物力、财力，而不太可能产生积极结果（Prince，2000；Doyle，2004；Petrou，2006）。

什么引起了早产和低出生体重的分娩? 约有一半的早产和低出生体重的分娩是无法解释的,但是另外的那些可以用以下几个原因来解释。在一些情况下,提早的分娩是由于母亲生殖系统的问题造成的。比如,如果母亲怀的是双胞胎,她的压力就很大,这种压力会导致早产。事实上,大多数多胞胎都会有一定程度上的早产(Luke & Brown, 2008; Saul, 2009; Habersaat et al., 2014)。

观看视频 早产和新生儿重症监护室

在另一些情况下,早产儿和低出生体重婴儿是母体生殖系统的不成熟造成的。年轻的母亲——年龄低于15岁——比年龄大一些的母亲更可能早产。在上次分娩后6个月内再次怀孕的母亲更有可能产下早产儿或是低出生体重婴儿,她们没有给生殖系统从上次分娩中恢复过来的机会。父亲的年龄也很重要:年长父亲的妻子更有可能早产(Smith et al., 2003; Zhu & Weiss, 2005; Branum, 2006)。

最后,影响母亲整体健康状况的因素,比如营养、医疗护理水平、环境压力水平和经济支持,所有这些都可能影响到婴儿是否早产或是低出生体重。不同的种族群体早产儿的比率也有不同,但是这并不是种族本身造成的,而是因为少数民族群体成员不成比例的更低收入和更高压力的状况。比如,非裔美国母亲产下低出生体重婴儿的百分比是白人美国母亲的两倍。(和低出生体重风险增加相关的一些因素的总结见表3-2; Bergmann, Bergmann, & Dudenhausen, 2008; Butler, Wilson & Johnson, 2012; Teoli, Zullig & Hendryx, 2014.)

过度成熟儿:太晚,太大

LO 3.5 识别过度成熟儿面临的风险

你可以想象一个婴儿在母亲的子宫中多待了一些时间可能对他会有些好处,使他有机会不受外界干扰继续成长。但是**过度成熟儿(postmature infants)**——母亲预产期两周后还没有出生的婴儿——也面临着一些风险。

过度成熟儿 *在母亲预产期两周后还没有出生的婴儿。*

表3－2　与低出生体重风险增加相关的因素

Ⅰ. 人口统计学风险
- A. 年龄(不到17岁,大于34岁)
- B. 种族(少数族裔)
- C. 低社会经济地位
- D. 未婚
- E. 低教育水平

Ⅱ. 怀孕之前的医学风险
- A. 以前的怀孕次数(0次或4次以上)
- B. 相对身高来说的低体重
- C. 泌尿生殖系异常/手术
- D. 一些疾病,如糖尿病、慢性高血压
- E. 一些非免疫系统的感染,如风疹
- F. 不良生育史,包括以前有过低出生体重婴儿、多次自然流产
- G. 母体遗传因素(如自己出生时体重过低)

Ⅲ. 怀孕过程中的医学风险
- A. 多胎
- B. 较低体重水平
- C. 较短的怀孕间隔
- D. 低血压
- E. 高血压/子痫前期/毒血症
- F. 一些感染,如无症状菌尿症、风疹和巨细胞病毒
- G. 怀孕早期或中期出血
- H. 胎盘问题,如前置胎盘
- I. 严重的孕吐
- J. 贫血/异常血红蛋白
- K. 正在发育婴儿的严重贫血症
- L. 胎儿畸形
- M. 子宫颈功能不全
- N. 自发性胎膜早破

Ⅳ. 行为和环境风险
- A. 抽烟
- B. 营养状况不佳
- C. 酒精和其他药物滥用
- D. 暴露在己烯雌酚(DES)或是其他有毒环境中,包括所从事职业带来的风险
- E. 高海拔

Ⅴ. 医疗保健风险
- A. 缺乏或不充分的产前护理
- B. 医源性早产

Ⅵ. 风险的演变观点
- A. 压力(身体和心理上)
- B. 子宫刺激性
- C. 触发宫收缩的事件
- D. 在分娩前检测到宫颈变化
- E. 一些感染,如支原体和沙眼衣原体
- F. 血浆扩容不足
- G. 黄体酮缺乏症

(来源:获得转载许可来自 Committee to Study the Prevention of Low Birth Weight, 1985, by the National Academy of Sciences, Courtesy of the National Academies Press, Washington, DC.)

比如,从胎盘给胎儿的血液供应不足,会导致正在生长中的胎儿营养不足。结果对胎儿脑部的血液供应也出现不足,引发潜在的脑损伤风险。类似地,已经和一个月的婴儿同样大的胎儿需要通过产道娩出母体,其分娩的风险(无论是对母亲而言还是对婴儿而言)就会增加(Shea, Wilcox, & Little, 1998; Fok et al., 2006)。

在某些方面,过度成熟儿所面临的风险比早产儿面临的风险更容易避免,因为如果分娩持续时间过长,医生可以人工引导分娩。不仅可以在分娩过程中采用一些药物,同时他们还可以选择进行剖腹产。我们在下面会介绍。

剖腹产：干预分娩过程

LO 3.6 描述剖腹产的过程及其使用率增加的原因

埃琳娜(Elena)已经进入分娩的第18个小时了,负责监控的产科医师开始有些担心。医师对埃琳娜和她的丈夫巴勃罗(Pablo)说,胎儿监视器显示胎儿的心率已经开始随着每次宫缩下降了。试过一些简单的治疗法(比如让埃琳娜换个位置侧躺)无效之后,产科医师认为胎儿已经有危险了。医师告诉他们胎儿必须马上娩出,所以她要马上给埃琳娜进行剖腹产。

埃琳娜成为美国每年100多万接受剖腹产的母亲之一。在**剖腹产(Cesarean Delivery)**中,婴儿通过外科手术从母亲的子宫出来,而不是通过产道。

剖腹产 一种分娩方式,婴儿通过外科手术从母亲的子宫出来,而不是通过产道。

通常在胎儿出现了一些危难状况的时候,剖腹产就会实行。比如,胎儿心率突然升高,显示已经处在危险当中,或是母亲在分娩过程中已经有血从阴道流出,这时候就很有可能要实行剖腹产。另外,与年轻一些的产妇的相比,年过40岁的高龄产妇需要通过剖腹产完成分娩的可能性更大(Tang et al., 2006; Romero, Coulson, & Galvin, 2012)。

如果胎儿在臀位(breech position),即胎儿在产道中脚部先出,通常需要实行剖腹产。臀位的分娩中,每25例会有1例面临风险,因为这一过程中脐带可能被挤压从而阻断了婴儿获得氧的通路。如果胎儿在横位(transverse position),即胎儿和子宫颈方向约垂直,或者胎儿的头部太大以至于不能通过产道,就更需要实行剖腹产了。

胎儿监视器 一种测量胎儿在分娩过程中心跳的装置。

整个过程都会用**胎儿监视器(fetal monitors)**,这是一种测量胎儿在分娩过程中心跳的装置,这个装置的使用使得剖腹产的比例大大增加。美国近三分之一的孩子

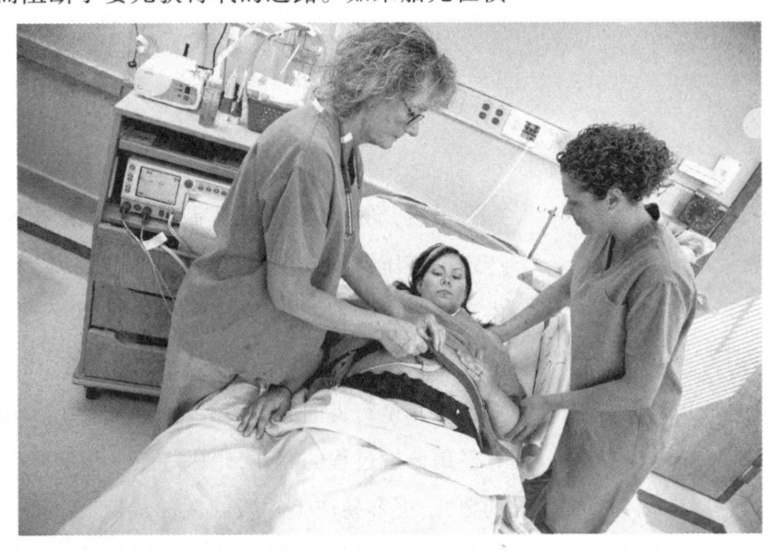

胎儿监视器的使用使得剖腹产的采用迅速增加,尽管有证据表明这个过程并不是很有益处。

是通过剖腹产这种方式出生的，是20世纪70年代早期的500%，当时的比率为5%（Hamilton, Martin, & Ventura, 2011）。

剖腹产是一种有效的医疗干预吗？在其他国家剖腹产的比例可能要低一些（见图3－4），并且成功地分娩和剖腹产的比例并没有相关关系。另外，剖腹产也会带来一些危险。剖腹产本质是外科手术，和正常的分娩比起来，母亲身体的恢复就需要更长的时间。另外，使用剖腹产，母体感染的风险也更高（Miesnik & Reale, 2007；Hutcheon et al., 2013；Ryding et al., 2015）。

国家与国家之间剖腹产的比例有着很大的差异。你觉得为什么美国的比例如此之高？

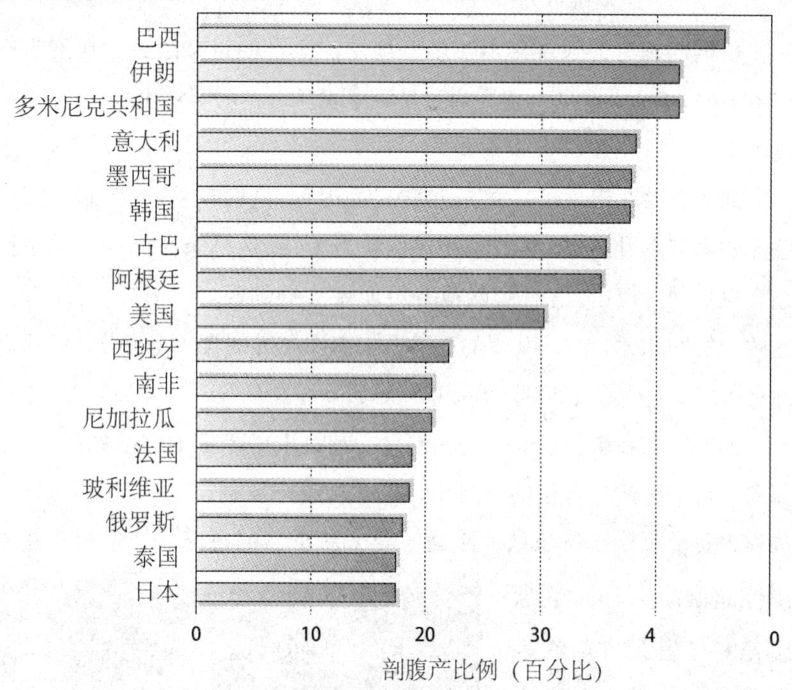

图3－4　剖腹产

最后，剖腹产对婴儿也有一定的风险。因为剖腹产的婴儿没有经受产道的挤压，他们通过相对容易的通路来到这个世界上，这会阻止一些由于压力才会释放的激素不能正常释放到婴儿的血液中，比如儿茶酚胺。这些激素能够帮助新生儿处理子宫外世界带来的压力，他们的缺失对新生儿是有害的。事实上，有研究显示，剖腹产产下的婴儿中，完全没有经历分娩过程的婴儿，比那些至少在剖腹产之前经历过部分分娩过程的婴儿，更容易产生呼吸问题。最后，剖腹产分娩的母亲对分娩过程的满意度较小，但是这种满意度的减少并不会影响母亲和孩子之间互动关系的质量（Porter et al., 2007；MacDorman et al., 2008；Xie et al., 2015）。

正如之前提到的，因为剖腹产的增加，胎儿监视器的应用也随之增加。医疗权威建议现在不要将使用仪器成为常规。有证据表明，被监视的新生儿并没有比那些没有被监视的状况更好。另外，监视器有时会在胎儿处于正常情况下时，显示出存在致命的危险——即发出了错误的警报。但是，监视器在一些高风险的怀孕、早产或是过度成熟儿的情况下是非常关键的（Albers & Krulewitch, 1993; Freeman, 2007）。

回溯研究已经发现了不必要的剖腹产在种族和社会经济状况上的差异。具体而言，黑人母亲比白人母亲更可能有不必要的剖腹产。此外，医保病人——往往健康状况相对较差——比非医保患者更有可能进行不必要的剖腹产（Kabir et al., 2005）。

死胎和婴儿死亡率：成熟前死亡的悲剧

LO 3.7 描述婴儿死亡率以及影响这些数据的原因

当新生儿死亡时，孩子出世带来的喜悦就完全走向了另一个极端。婴儿死亡发生的可能性相对来说是极少的，这使得父母更难以忍受刚出世孩子的死亡。

有的时候孩子甚至在它还没有通过产道的时候就已经死亡了。**死胎（stillbirth）**，指娩出的婴儿本来就已经死亡，发生率低于百分之一。有时候，分娩尚未开始就已经检测出胎儿已经死亡。在这种情况下，分娩是一个典型的人工引产的过程，或者医师会为母亲进行剖腹产以从母体中取出胎儿的尸体。在其他死胎的情况中，婴儿也可能是在通过产道的过程中死亡的。

死胎 婴儿娩出时就已经死亡，在美国115例分娩中有一例。

美国总体**婴儿死亡率（Infant mortality）**（定义为婴儿在他们生命第一年内的死亡）是每1000例降生婴儿中有6.17人死亡。自20世纪60年代以来，婴儿死亡率一直在下降，从2005年到2011年下降了12%（MacDorman et al., 2005; McDormatt, Hoyert, & Matthews, 2013; Loggins & Andrade, 2014）。

婴儿死亡率 婴儿在他们生命第一年内的死亡比率。

无论婴儿死亡是发生在胎儿阶段还是在娩出体外之后，失去孩子都是非常悲惨的，对于父母的影响也是巨大的。父母所经受的这种失去、这种悲伤的感受和他们在经历至亲死亡（将在第19章讨论）时的感受是类似的。事实上，把生命画卷的第一抹色彩和非自然的早期死亡并置是非常难以接受、难以处理的。因此，常常伴有抑郁的发生，并且由于缺乏支持而经常使抑郁加剧。有些父母甚至经历了创伤后应激障碍（Badenhorst et al., 2006; Cacciatore & Bushfield, 2007; Turton, Evans, & Hughes, 2009）。

正如我们在发展的多样性与生活部分讨论的那样，婴儿死亡率在种族、社会经济状况和文化上也存在差异。

◎ 发展的多样性与生活

消除婴儿死亡率中种族和文化的差异

美国的婴儿死亡率在过去的几十年间总体上下降了，但是非裔美国婴儿在1岁之前死亡的可能性是白人婴儿的两倍多。这个差异主要是由于社会经济因素造成的：非裔美国女性比美国白人女性生活贫困的可能性更大，并且在分娩前受到的照看也更少。结果，他们的孩子是低出生体重的可能性就比其他种族群体更大——低出生体重是和婴儿死亡率联系最紧密的因素（见图3-5；Duncan & Brooks-Gunn，2000；Byrd et al.，2007）。

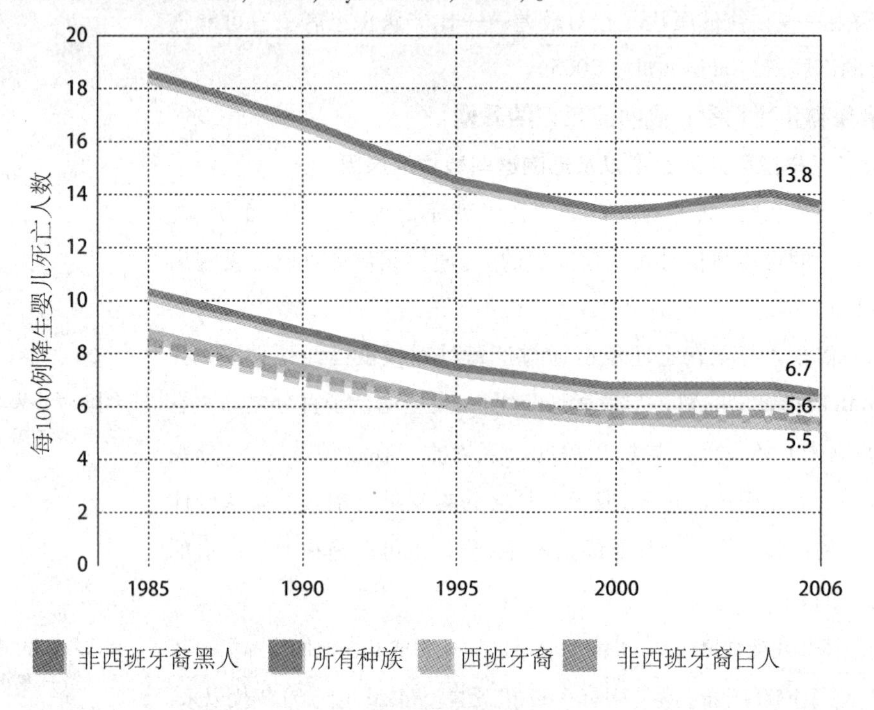

图3-5　种族和婴儿死亡率

尽管非裔美国婴儿和白人婴儿的婴儿死亡率都有所下降，非裔美国婴儿的婴儿死亡率仍然达到白人婴儿的两倍多。这张图表显示了每1000例降生婴儿中在出生后第一年死亡的人数。

（来源：Child Health USA，2009.）

但是，在美国不只是特定的种族群体成员承受着较高的婴儿死亡率。如前所述，美国的婴儿死亡率实际上比其他很多国家都要高。比如，美国婴儿的死亡比率几乎是日本的两倍。

为什么美国在新生儿的存活上如此糟糕呢？一个答案是美国的低出生体重婴儿和早产儿比例比很多国家都高。事实上，当把美国和其他国家同样体重的婴儿进行比较时，死亡比例上的差异就消失了（Wilcox et al.，1995；MacDorman et al.，2005；Davis & Hofferth，2012）。

美国婴儿死亡率高的另一个原因与经济状况不平衡有关。美国贫困人口的比例比很多其他国家都高。当生活处在较低的经济层次上时，人们就很难享受到充分的医疗护理，从而导致了较差的健康状况。所以在美国,贫困个体相对高的比例对整体的婴儿死亡率产生了影响(Terry, 2000; Bremner & Fogel, 2004; MacDorman et al., 2005)。

很多国家在向准妈妈提供分娩前护理方面做得都好于美国。比如,一些国家会提供低廉的或是免费的护理,分娩前和分娩后都有。不仅如此,通常还会提供给怀孕的女性带薪产假,有些甚至长达51周(见表3-3)。

在美国,美国家庭和医疗休假法案要求大多数雇主在孩子出生(或领养或寄养安置)后给新父母最多12周的无薪假期。然而,由于这是无薪假,缺乏工资对于低收入工人来说是一个巨大的障碍,他们很少能够利用这个机会在家陪伴孩子。

能够获得一个宽松的产假是很重要的,有更长产假的女性心理健康状况更好,和婴儿的互动质量也更高(Hyde et al., 1995; Clark et al., 1997; Waldfogel, 2001)。

更好的健康护理只是部分原因。在欧洲的一些国家,除了一般从业人员、产科医师和助产士全面的系列服务之外,孕妇还会获得很多特权,比如到医疗机构去的交通补贴。在挪威,孕妇会得到最多10天的生活费用,使得她们预产期临近时,能够住到医院附近的地方。并且当婴儿出世后,新妈妈们还将得到一小部分补贴,使得她们能够雇佣受过训练的家政人员(Devries, 2005)。

在美国,情况就很不一样了。大约每六个怀孕的女性中就有一名没有得到足够的产期护理。20%的美国白人女性和40%的非裔美国女性在她们怀孕的早期根本就没有得到护理。5%的美国白人女性和11%的非裔美国女性直到分娩前三个月才开始接触医护人员;有些甚至自始至终没有接触任何医护人员(Hueston, Geesey, & Diaz, 2008; Friedman, Heneghan, & Rosenthal, 2009; Cogan et al., 2012)。

表3-3　美国和其他10个国家与婴儿出生相关的假期政策

国家	假期类型	总持续时间(按月计)	支付比例
美国	12周探亲假	2.8	没有报酬
加拿大	17周产假(产前) 10周亲子假(产后)	6.2	15周内为之前收入的55% 之前收入的55%
丹麦	28周的产假 1年的育儿假	18.5	之前收入的60% 失业救济金的90%
芬兰	18周的产假 26周的亲子假 育儿假可以到孩子三岁	36.0	之前收入的70% 之前收入的70% 基本费用

挪威	52周的亲子假 2年育儿假	36.0	之前收入的80% 基本费用
瑞典	18个月的亲子假	18.0	前12个月为之前收入的80%，之后3个月基本费用，再之后的3个月没有报酬
澳大利亚	16周的产假 2年的亲子假	27.7	之前收入的100% 18个月的失业救济金，6个月没有报酬
法国	16周的产前假期 亲子假可以到孩子3岁	36.0	之前收入的100% 一个孩子没有报酬，两个或两个以上孩子支付基本费用（根据收入）
德国	14周的产假 3年的亲子假	39.2	之前收入的100% 2年内基本费用（根据收入），第三年没有报酬
意大利	5个月的产假 6个月的亲子假	11.0	之前收入的80% 之前收入的30%
英国	18周的产假 13周的亲子假	7.2	如果工作时长足够，则前6周为之前收入的90%，之后12周的基本费用；否则，均为基本费用

（来源："From Maternity to Parental Leave Policies: Women's Health, Employment, and Child and Family Well - Being," by S. B. Kamerman, 2000 (Spring), The Journal of the AmericanWomen's Medical Association, p. 55, Table 1; "Parental Leave Policies: An Essential Ingredient in Early Childhood Education and Care Policies," by S. B. Kamerman, 2000, Social Policy Report, p. 14, Table 1.0.）

最终，产期护理的缺乏导致了更高的婴儿死亡率。但是，如果能够提供更好的支持，这种情况能够有所改善。改善的第一步就是首先要保证经济困难的怀孕女性从怀孕开始就能够享受到免费的或者是费用低廉的高质量健康护理。其次，消除阻止贫困女性获得此类护理的壁垒。比如，可以发展一些项目，帮助她们支付到健康机构的交通费用，或者是支付当母亲去接受健康护理时，家里孩子的照看费用。这些项目所需要的费用其实可以和他们节省的资金抵消——健康的婴儿比有慢性问题的婴儿，比如营养不良、护理缺乏，花费得要少（Cramer et al., 2007; Edgerley et al., 2007; Barber & Gertler, 2009; Hanson, 2012）。

教育者的视角

你觉得为什么美国缺少能够降低整体和低收入家庭婴儿死亡率的教育和健康护理政策？你认为怎么才能改善这一状况？

产后抑郁：从喜悦的高峰到绝望的低谷

LO 3.8 描述产后抑郁的原因和影响

当勒娜特(Renata)发现自己怀孕了的时候非常高兴,之后几个月的怀孕期内,她也很开心地忙着做各种准备迎接自己的孩子。分娩过程很顺利,孩子是个健康的有着粉红脸颊的男孩。但是在她的儿子出生若干天后,她陷入了深深的抑郁之中,一直在哭,感到很迷茫、觉得自己没有能力照顾孩子,她正处在一种不可动摇的绝望之中。

对她这种状况的诊断是,典型的产后抑郁。产后抑郁(Postpartum depression)是母亲在孩子出生后一段时间的深度抑郁,它困扰着10%的新妈妈。尽管产后抑郁有多种不同的形式,但是它主要的症状就是持续地、深切地感受到失望和不开心,这种感觉可能持续几个月,也可能持续几年。每500例中会有1例症状更为严重,会与现实完全割裂。在这些极少的案例中,产后抑郁可能变得致命。比如,安德莉亚·耶茨(Andrea Yates)是一名住在得克萨斯的母亲,她被指控在浴缸中溺死了自己的五个孩子,她说是产后抑郁导致她做出这种行为的(Yardley, 2001; Oretti et al., 2003 ; Misri, 2007)。

受产后抑郁之苦的母亲的症状常常是很让人迷惑的,抑郁的发作通常让人很惊讶。某些母亲更有可能患产后抑郁,比如过去曾经有过抑郁的经历,或者家庭成员中有人有过抑郁。进一步讲,对于孩子出生后随之而来的各种情绪——有的是积极的,有的是消极的——缺少准备的女性更有可能患抑郁(Kim et al., 2008; LaCoursiere, Hirst, & Barrett-Connor, 2012)。

最后,产后抑郁还可能是由分娩后激素分泌的波动引发的。在怀孕期间,雌激素和孕酮等雌性激素的产生显著增加。然而,在出生后的24小时内,她们跌至正常水平。这种快速变化可能导致抑郁(Klier et al., 2007; Yim et al., 2009; Engineer et al., 2013; Glynn & Sandman, 2014)。

无论是什么原因造成的,母亲的产后抑郁会对婴儿产生很大的影响。在这章的后面会提到,婴儿一出生就有着令人惊异的社会能力,并且他们会倾向于调整自己的情绪和他们的母亲保持一致。抑郁的母亲在和孩子的互动中会较少表现出情绪,更多地表现出对孩子的分离和退缩。回应的缺乏会导致婴儿表现出的积极情绪更少,并且表现出不愿与母亲和其他成人接触。另外,母亲抑郁的孩子有更多的反社会行为,比如暴力倾向(Hay, Pawlby, & Angold, 2003; Nylen et al., 2006; Goodman et al., 2008)。

模块3.2 复习

- 大部分低出生体重婴儿和早产儿在出生后和将来的生活中都可能会有很多现实的困难。因为极低出生体重婴儿器官系统尚未成熟,所以处在很危急的状况下。早产和低出生体重的分娩可能是由母亲的健康状况、年龄和怀孕的一些相关因素引起的。收入和种族(因为种族和收入有关)也是重要的因素。许多早产儿在新生儿重症监护室花费数周或数月时间接受专门护理以帮助他们发育。
- 过度成熟儿面临一定的风险,包括血液供应不足和由于其体型过大而难以分娩。
- 剖腹产在过度成熟儿、婴儿处在危急状况、胎位不正或者不能顺利通过产道时实行。例行使用胎儿监视器促成了剖腹产率的飙升。
- 美国婴儿死亡率总体为每1000例降生婴儿死亡6.05人。在美国,非裔美国婴儿在1岁之前死亡的可能性是白人婴儿的两倍多。是否可以提供低廉的健康护理和是否对准妈妈进行产前培训会影响婴儿死亡率。
- 10%的新妈妈会陷入产后抑郁中,可能是由于出生后激素产生的明显波动引起的。

共享写作提示

应用毕生发展:在向极低出生体重婴儿提供全面的健康护理时,会涉及哪些道德上的考虑?你认为这种干预应该作为例行做法吗?为什么应该或为什么不应该?

3.3 有能力的新生儿

亲戚们围坐在凯塔·卡斯特罗(Kaita Castro)和她的婴儿车周围。两天前,凯塔出生了,她和母亲一起从医院回家。与凯塔年龄最接近的表哥泰伯(Tabor)已经4岁了,他看起来好像对这个新生儿的到来一点也不感兴趣。他说:“小孩不会做有趣的事情,小孩根本什么也不会。”

凯塔表哥的论断部分是正确的。有很多事情婴儿是不能做的。比如,新生儿来到这个世界上时都不能自己照顾自己。为什么人类婴儿生下来具有这么强的依赖性呢?而很多其他物种的个体生下来就好像已经学会一些生存技能了?

一个原因是在某种程度上人类婴儿降生得太早了。新生儿的平均脑量只是他们在成人阶段的四分之一。相比之下,恒河猴的幼仔经过24周的妊娠出生时,其脑量已经达到成年猴的65%。由于人类婴儿的大脑相对较小,一些观察者认为人类现在出生的时间比我们应该出生的时间要早6到12个月娩出子宫。

实际上,进化好像知道它在做什么:如果我们在母亲的子宫中再多待上半年到一年,我们的头就会因为太大而无法通过产道(Dchultz, 1969; Gould, 1977; Kotre & Hall, 1990)。

人类婴儿相对而言尚待发展的大脑能够部分解释婴儿明显的能力缺乏。正因为这一点，对于新生儿的看法，早先主要集中在和人类中年龄更大的个体相比他们不能够做的事情上。

但是，现在这样的观点被冷落了，更多的对新生儿赞许的观点成为关注的焦点。随着发展研究者开始更多地了解新生儿自身的特性，他们开始认识到，婴儿来到这个世界的时候就已经在所有发展的领域内具备了一系列令人惊异的能力：身体的、认知的、社会性的。

身体能力：适应新环境的要求

LO 3.9　描述新生儿的身体能力

新生儿面对的这个世界和他们在子宫中所体验的世界是完全不同的。比如，考虑一下凯塔・卡斯特罗在新的环境里开始她的生命之旅时，表现出的功能上的显著变化（在表 3－4 中列出）。

表 3－4　凯塔・卡斯特罗出生后的最初遭遇

1. 凯塔刚从产道娩出母体就可以自动开始自己呼吸，不再像在子宫里那样依靠和母体相连的脐带获得氧。
2. 反射——没有经过学习就在某些刺激出现的时候自动产生有组织的自然反应——开始出现。吮吸和吞咽反射使得凯塔能够立即摄入食物。
3. 觅食反射，包括转向刺激的来源，这使得凯塔能够找到嘴边潜在的食物来源，比如母亲的乳头。
4. 凯塔开始咳嗽、打喷嚏、眨眼——这些反射会帮助她回避对她有潜在的烦扰和危险的刺激。
5. 她的嗅觉和味觉有了很大发展。当她闻到薄荷油的味道的时候，身体活动和吮吸会增加。当酸味的东西触及她嘴唇的时候，她的双唇会紧闭起来。
6. 蓝色和绿色的物体比其他颜色的物体好像更能够吸引凯塔的注意，并且她对喧闹的、突然的声音反应迅速。如果听到其他婴儿的哭泣，她也会继续哭泣，但是当她听到自己哭泣声音的录音时反而会停下来。

凯塔的首要任务就是吸入足够多的空气。在母亲体内的时候，空气是通过和母体相连的脐带传送的，脐带同时也是二氧化碳运出的通道。外面世界的情况就不同了，一旦脐带被剪断，凯塔的呼吸系统就必须开始它一生的工作。

对凯塔来说，这项任务是自动化的。就像我们刚才所提到的，大多数新生婴儿从他们暴露在空气中那一刻开始就能够自己呼吸了。尽管在子宫中没有演练过真正的呼吸，新生儿通常能够立即开始呼吸，这个能力预示着其呼吸系统已经发育完全，工作正常。

新生儿从子宫娩出的时候就有一些习惯性的身体活动。比如，像凯塔一样的新生儿显示出多种**反射（reflexes）**——没有经过学习就在某些刺激出现的时候自动产生有组织的自然反应。这些反射中有一些是演

反射　没有经过学习，在特定刺激出现的时候自动产生有组织的自然反应。

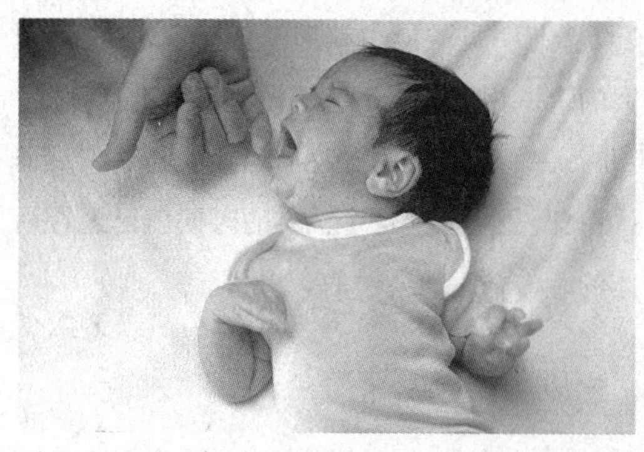

吮吸和吞咽反射使得新生儿出生后就能够立刻开始摄入食物。

练过的，在出生前几个月就已经存在了。吮吸反射（sucking reflex）和吞咽反射（swallowing reflex）使得凯塔立刻就能够开始摄入食物。定向反射（rooting reflex）也与进食有关，指嘴能够主动寻求在嘴边的刺激（比如轻轻地碰触）来源。这使得婴儿能够找到嘴边潜在的食物来源，比如母亲的乳头。

并不是所有的新生儿反射都是帮助新生儿寻找他想要的刺激，如食物。比如，凯塔会咳嗽、打喷嚏、眨眼——这些反射会帮助她回避对她有潜在的烦扰和危险的刺激。凯塔的吮吸和吞咽反射，能够帮助她吸入母亲的乳汁，与之相伴随的还有婴儿新得到的消化营养品的能力。新生儿的消化系统最初以胎粪（meconium）的形式排泄废弃物，胎粪是一种黑绿色的物质，是新生儿体内在胎儿阶段的残留物。

肝脏是新生儿消化系统的一个重要的组成部分，开始时它并不总是有效地工作，约有一半新生儿的身体和眼睛会带有明显的淡黄色。这种颜色上的变化是新生儿黄疸（neonatal jaundice）的一个症状。新生儿黄疸在早产儿和低出生体重婴儿身上发生的概率更大，它并不会使新生儿陷入危险。其治疗方法通常是把婴儿放到荧光灯下或者给予一些药物。

感觉能力：体验周围的世界

LO 3.10　描述新生儿的感觉能力

就在凯塔出生后，她的父亲很确定地说她会盯着他看。那么事实上，她看到父亲了吗？

由于以下几个原因，这个问题很难回答。一方面，当感觉方面的专家说“看见”的时候，他们的意思是对视觉感觉器官刺激的感觉反应和对这个刺激的理解（或许你可以从心理学导论课程中回忆起关于感觉和知觉的区别）同时存在。此外，就像我们将在第4章讲到婴儿的感觉能力时讨论的，至少我们可以说这是新生儿特定的感觉技能，他们尚不能解释他们所经历的感觉。

我们对于新生儿是否能看到事物这个问题还是有一些答案的，并且从这个意义上说，能够推广到其他的感觉能力。比如，像凯塔一样的新生儿很明显在一定程度上可以看到事物。尽管新生儿的视敏度还没有完全成熟,新生儿仍然活跃地关注着环境中的各种信息。

比如,新生儿密切地关注着在他们的视野中信息量比较高的画面,比如和环境对比强烈的物体。进一步讲,婴儿可以分辨不同的亮度。有证据表明,婴儿甚至具有大小恒常性的感觉。他们对于物体是否保持相同大小是有感觉的,尽管图像的大小随着距离远近在视网膜上大小会有不同(Chien et al., 2006; Frankenhuis, Barrett, & Johnson, 2013; Wilkinson et al., 2014)。

新生儿不仅能够区分不同的颜色,他们好像还会偏好某些颜色。比如,他们能够区分红、绿、黄和蓝,并且盯着蓝色和绿色物体的时间长于其他颜色物体——表明了他们对于那些颜色的偏爱(Dobson, 2000; Alexander & Hines, 2002; Zemach, Chang, & Teller, 2007)。

婴儿从出生就开始能够分辨颜色,甚至显示出对于某些颜色的偏好。

新生儿也具有听的能力。他们能够对一些声音做出反应,比如他们会对喧闹的、突然的声音表现出震惊。他们还表现出对某些声音的熟悉。比如,正在哭的新生儿如果听到周围新生儿的哭声,他们就会继续。但是如果婴儿听到他们自己哭声的录音,他/她就会很快停止哭泣,好像在辨认这个熟悉的声音(Dondi, Simion, & Caltran, 1999; Fernald, 2001)。

然而,和视觉类似,婴儿的听觉敏度也没有长大一些以后那么好。听觉系统还没有发育完全。而且,羊水最初会部分残留在中耳,只有羊水排净后他们才能完全听到。

除了视觉和听觉,新生儿的其他感觉行使功能也相当充分了。显然,新生儿对于触摸是非常敏感的。比如,他们对于诸如刷毛刺激会有反应,他们会感觉到成人感觉不到的微小的气流。

味觉和嗅觉也得到了很好的发展。当把薄荷油放到新生儿鼻子边上,他们闻到气味,会吮吸,其他身体活动也随之增加。当酸味的东西触及嘴唇的时候，他们的双唇会紧闭起来，并且对于不同的味道他们可以恰当地表现出相应的面部表情。这些结果明确显示，触觉、嗅觉和味觉出生时不仅存在，而且已经具有一定的复杂性（Cohen & Cashon，2003；Armstrong et al.，2008）。

从某种意义上，新生儿感觉系统的复杂性并不让人感到惊讶。毕竟，一般的新生儿都已经花了9个月的时间让自己准备好应对外面的世界。人类的感觉系统在出生之前就已经开始发展了。此外，产道的挤压使婴儿处在较高的感觉觉知的状态，使得他们准备好和外面世界的第一次接触（另见“从研究到实践”专栏）。

◎ 从研究到实践

食物偏好在子宫中就形成了吗？

你有朋友喜欢某些你认为刺鼻或辛辣的很难吃的食物吗？也许你喜欢大蒜或咖喱，而你的一些朋友却不喜欢？我们看似奇怪的对食物口味的偏好来自哪里？研究表明，至少我们的一些偏好是在子宫中形成的。

当研究人员在怀孕的最后几周给女性服用无味胶囊或大蒜味胶囊时，那些被要求嗅闻女性羊水或母乳样本的成年志愿者可以很容易地辨别出谁在吃大蒜。因为在这个发育阶段的胎儿有味觉和嗅觉的能力，所以如果成年人能够闻出大蒜味，胎儿也能闻到，这是一个合理的结论。当新生儿被提供大蒜味牛奶时，那些母亲在怀孕期间食用过大蒜的新生儿会快乐地喝掉它，而那些母亲没吃大蒜的新生儿则会拒绝它。其他种类的味道实验显示出类似的结果（Mennella & Beauchamp，1996；Underwood，2014）。

用小鼠进行的研究证实了在子宫内接触味道和后来的口味偏好之间的联系的神经学基础。当胎鼠接触薄荷味时，薄荷的气味受体和杏仁核——情绪参与的脑区之间的神经通路得到加强（Todrank，Heth，& Restrepo，2011）。

因此，今天你的食物偏好是否可能是你母亲在怀你时吃的东西的持久印记？可能并不是——当我们接触到新的食物和新的味道体验时，口味会随之变化。但是，这种对味道的早期影响最重要的地方是能影响婴儿期对食物的偏好和厌恶。这可能是有帮助的，例如，有时婴儿的病情需要非常特殊的饮食。事实上，我们母亲在怀孕期间喜欢的食物，可能会继续成为她为家人准备的食物。因此，我们中的一些在子宫里接触过大蒜或咖喱的人——然后在我们的童年时代继续吃它们——今天仍然会喜欢吃它们（Trabulsi & Mennella，2012）。

共享写作提示

喜欢母亲所吃食物的婴儿可能有什么进化上的优势？

早期的学习能力

LO 3.11　描述新生儿的学习能力

一个月大的迈克尔·萨梅迪(Michael Samedi)坐车和家人一起外出,正好遇上暴风雨。暴风雨愈发肆虐,电闪雷鸣。迈克尔显然被扰乱了,他开始哭泣。每次打雷,他哭泣的音调和音量就上一个台阶。不幸的是,没过多久,不止电闪雷鸣会加剧迈克尔的焦虑;光是闪电就足以让迈克尔害怕得哭出来。事实上,成人以后,仅仅是闪电的景象还是会让迈克尔感到胸腔受到压迫和胃部绞痛。

经典条件作用。迈克尔恐惧的来源就是经典条件作用。巴甫洛夫(第1章中讨论过)首先定义了学习的一种基本形式。在**经典条件作用(classical conditioning)**中,一个生物体需要学习对一个中性的刺激以特定的方式进行反应,中性刺激本身一般不会带来任何反应。

经典条件作用　一种学习方式,在这种机制中,一个中性刺激引起的特定方式的反应不是这个刺激通常导致的反应。

巴甫洛夫重复匹配两个刺激,比如响铃和喂肉,他让饥饿的狗学习反应,这里的反应指狗不仅在肉出现的时候分泌唾液,还要在铃响而肉没有出现的时候分泌唾液(Pavlov, 1927)。

经典条件作用的关键特征就是刺激的替代作用,即把一个不能自发引起目标反应的刺激和另一个能够引发目标反应的刺激匹配起来。重复地同时呈现两个刺激,结果使得第二个刺激在一定程度上具有第一个刺激的某种性质。事实上,就是第二个刺激替代了第一个刺激。

有研究表明经典条件作用能够改变人类情绪,最早的例子之一就是"小阿尔伯特(Little Albert)",这是一个由于研究者而著名的11个月大的婴儿(Watson & Rayner, 1920; Fridlund et al., 2012)。尽管阿尔伯特开始的时候很喜欢毛茸茸的动物,也不害怕老鼠,但是后来他在实验室里学会了害怕它们。实验中,每次当阿尔伯特试图和可爱并且不会伤害他的小白鼠一起玩的时候,他的周围就会响起巨大的噪声,然后阿尔伯特开始害怕老鼠。事实上,这种恐惧还扩展到了其他带毛的事物,包括兔子,甚至还有圣诞老人的面具。(当然,这样的实验过程在今天会被认为是违反伦理的,并且永远不会被允许实施。)

通过经典条件作用,婴儿很早就具备了学习的能力。比如,在每次给一到两天大的新生儿带有甜味的水之前轻敲一下他的头,很快他就会学会在只轻敲一下头的时候就转过头并且开始吮吸。很显然,经典条件作用从婴儿一出生就开始生效了（Blass，Ganchrow，& Steiner，1984；Dominguez，Lopez，& Molina，1999）。

操作条件作用。但是经典条件作用并不是婴儿学习的唯一机制；他们也可能通过操作条件作用。正如我们在第1章提到的，**操作条件作用（operant conditioning）**也是学习的一种形式，在其过程中，随意（voluntary）的反应根据与其相匹配的正性或者负性结果被增强或者减弱。在操作条件作用中，婴儿们学习为了得到他们想要的结果故意做出各种行为作用于环境。婴儿学会通过哭泣这种途径达到立即将父母的注意吸引过来的目的，这实际上就是操作条件作用的应用。

操作条件作用 一种学习方式，自发的反应由于与其相联系的正性或是负性结果而增强或者减弱。

和经典条件作用一样，操作条件作用从婴儿生命的开始就生效了。比如，研究者发现，甚至新生儿都已经准备好通过操作条件作用学习，他们可能会一直吸吮母亲的乳头，直到听到母亲给他们讲故事或是放音乐（DeCasper & Fifer，1980；Lipsitt，1986a）。

习惯化。习惯化可能是最原始的学习方式，习惯化的现象证明了学习的存在。**习惯化（habituation）**是在某个刺激重复多次呈现之后对刺激的反应降低。

习惯化 对某个刺激的反应因为这个刺激的重复出现而逐渐降低。

婴儿习惯化的存在依赖于这样的事实：给新生儿呈现一个新刺激的时候，他们会有一个定向反应（orienting response），他们可能会安静下来、投入关注，然后经历一段他们遇到新异刺激时都会有的心率降低。当他们重复多次暴露在这个刺激面前的时候，婴儿就不再出现最初的定向反应了。如果另一个新的不一样的刺激呈现的时候，婴儿又会重新出现定向反应。当这一现象发生时，我们就可以说婴儿已经学会识别最初的那个刺激，并且能够把它和其他的刺激区分开。

每种感觉系统都有可能出现习惯化，研究者通过多种指标来考察习惯化。一个是考察吸吮的变化，当新异刺激出现的时候，婴儿的吮吸会暂时停止。这个反应和成人在进餐过程中放下刀叉、表现出特别兴趣的反应有着异曲同工之妙。其他对于习惯化的测量还包括心率、呼吸频率和婴儿对于特定刺激的注视时间（Colombo & Mitchell，2009；Macchi et al.，2012；Rosburg，Weigl，& Srs，2014）。

观看视频 习惯化

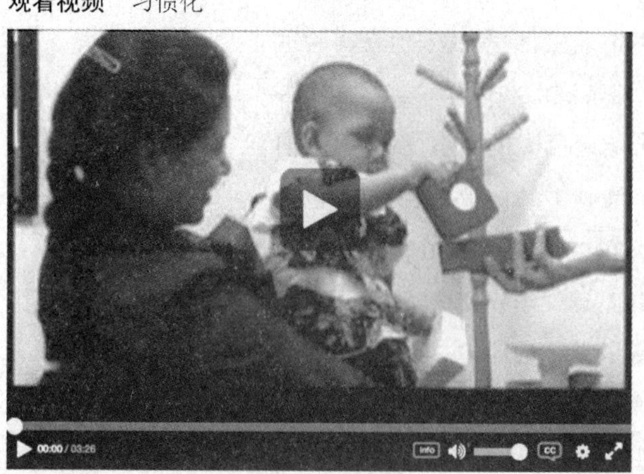

习惯化的发展与婴儿身体和认知上的成熟有关系。习惯化是婴儿从出生就具备的,并且在婴儿出生后的12周内发展成熟。习惯化上存在困难是发展上存在问题的标志,比如婴儿可能有智力迟滞(Moon, 2002)。我们刚才考虑的学习的三个基本的过程——经典条件作用、操作条件作用和习惯化——在表3-5中给出了总结。

表3-5 学习的三个基本过程

类型	描述	举例
经典条件作用	特定情境下形成的、一个中性刺激引起的特定方式的反应通常不是这个刺激导致的反应的机制	饥饿的婴儿可能在母亲抱起她时停止哭泣,因为她学会把被抱起和之后的哺乳联系起来
操作条件作用	一种学习方式,自发的反应由于与其相联系的正性或是负性结果而增强或者减弱	婴儿发现向父母笑会吸引他们积极的注意,之后他/她可能更多出现笑的行为
习惯化	对某个刺激的反应因为这个刺激的重复出现而逐渐降低	婴儿看到一个新奇的玩具时会表现出很感兴趣、很惊讶,但是之后多次看到同一个玩具就不再感到有趣和惊讶了

社会性能力:回应他人

LO 3.12 描述新生儿的社会性能力

凯塔出生后不久,她的哥哥低下头看着婴儿床上的她,然后张着大大的嘴,表现出一副惊讶的神情。凯塔的妈妈在旁边看着,非常惊讶地发现凯塔好像正在模仿哥哥的表情,张开她的嘴好像她也很惊讶。

当研究者们发现新生儿确实有能力模仿他人行为的时候,他们也感到很惊讶。尽管新生儿面部表情肌肉已经生长完全,具备表达基本面部表情的可能性,但是这些表情的出现在很大程度上仍然被认为是随机的。

婴儿正在模仿成人快乐的面部表情。为什么这很重要?

但是,从20世纪70年代晚期开始,有研究得出了不一样的结论。比如,发展研究者们发现,当看到成人示范行为时,婴儿自己也自发地行动起来,比如张嘴、伸出舌头等等。他们好像已经开始模仿他人的行为了(Meltzoff & Moore, 1977, 2002; Nagy, 2006)。

发展心理学家蒂芙尼·菲尔德(Tiffany Field)和其同事们的一系列的研究结果更令人兴奋(Field, 1982;

Field & Walden, 1982; Field et al., 1984)。他们最早证明了婴儿可以区分基本的面部表情如高兴、悲伤、吃惊等。他们使用成人表情模特向新生儿展示高兴、悲伤或是吃惊的面部表情。结果发现新生儿能够在一定程度上精确地模仿了成人的表情。

但是,后来的研究好像得出了不同的结论。其他的研究者们发现比较一致的证据认为事实上只有一个模仿动作出现:那就是伸出舌头。而且这个反应在婴儿约两个月大的时候就消失了。模仿既不应该限制在一个单独的动作上,也不应该只持续几个月。因此,一些研究者开始质疑原先的研究结果。事实上,一些研究甚至认为伸出舌头并不是模仿,而仅仅是某种探索性的行为(Jones, 2007; Tissaw, 2007; Huang, 2012)。

尽管某些形式的模仿在生命历程中开始得非常早,但是,真正的模仿到底是什么时候开始的？这个问题到现在还没有确定的结论。模仿技能是非常重要的,因为个体和他人有效的社会互动部分依赖于他能够以恰当的方式回应他人,并且能够了解他人情绪状态的含义。因此,新生儿模仿的能力为将来和他人的社会互动打下了基础(Meltzoff, 2002; Beisert, 2012; Nagy, Pal & Orvos, 2014)。

新生儿其他很多方面的行为看起来也是将来真正社会互动行为的早期形式。正如表3-6中所展示的,新生儿的某些特性和母亲的行为相互协调,有助于孩子和父母之间以及孩子和他人之间形成社会关系。

表3-6　促进足月的新生儿和父母之间社会互动的因素

新生儿	父母
表现对特定刺激的偏好	提供这些刺激比其他刺激更多
开始表现一个可预测的唤醒状态循环	使用观察到的循环来达到更规律的状态
表现时间模式的一致性	符合并塑造新生儿的时间模式
表现出意识到父母的行为	帮助新生儿掌握行为的意图
反应并适应父母的行为	做出可预测的、一致的行为
表现出有沟通欲望的迹象	努力理解新生儿努力表达的东西

(来源:基于 Eckerman & Oehler, 1992.)

儿童照护者的视角

发展研究者不再把新生儿看作一个依赖他人的、没有能力的生命体,而是看作一个具有惊人能力的、正在发展中的人类个体。你认为这种观点上的变化会对儿童的养育和照看产生什么样的影响?

比如，新生儿在多种**唤醒状态(states of arousal)**中循环。唤醒状态指不同程度的睡眠和清醒状态，从深度睡眠到高度兴奋。照看者试着帮助婴儿更容易地完成从一种状态到另一种状态的转换。比如，父亲会有节奏地轻轻摇动哭泣的小女儿，试图让她安静下来。这种联合行为拉开了婴儿和他人之间不同类型社会互动的序幕。类似地，新生儿会特别关注母亲的声音，可能部分是由于他们在母亲的子宫中待了几个月后变得熟悉。反过来，父母和其他人在对婴儿说话的时候讲话方式也会有所变化，可能音调和速度都会与年龄大些的孩子或是成人讲话时不同，这样做以引起婴儿的注意、促进互动的顺利进行(DeCasper & Fifer, 1980; Newman & Hussain, 2006; Smith & Trainor, 2008)。

唤醒状态 不同程度的睡眠和清醒状态，从深度睡眠到高度兴奋。

新生儿社会互动能力的最终结果以及他们从父母那里习得来的对行为的反应方式，为他们将来和他人的社会互动铺平了道路。和新生儿表现出的身体和知觉水平上的非凡技能一样，他们的社会性能力之后也会同样复杂。

模块3.3 复习

- 新生儿在很多方面能力不足，但是研究他们能做什么，比探讨他们不能做什么更能够揭示出新生儿一些令人惊奇的能力。例如，新生儿的呼吸系统和消化系统从他们一出生就开始工作了。一系列的反射可以帮助他们完成摄入食物、吞咽、寻找食物和远离不愉快的刺激等行为。
- 新生儿的感觉能力包括分辨视野范围内的物体和分辨颜色的能力；听和分辨熟悉声音的能力；对触摸、气味和味道很敏感。
- 经典条件作用、操作条件作用和习惯化的过程证明了婴儿学习的能力。
- 婴儿很早就发展出了社会性能力的基础。

共享写作提示

应用毕生发展：你能举出一些成人将经典条件作用应用到日常生活中的例子吗？比如在娱乐、广告或者是政治领域？

结语

这一章包含了令人惊叹而紧张的婴儿分娩、出生的过程。许多分娩选择供父母挑选，他们需要根据分娩过程中可能出现的并发症来权衡这些选择。除了了解对出生过早或是过晚的婴儿可能的治疗和干预措施之外，我们还了解了死胎和婴儿死亡率这样严肃的话题。最后，我们讨论了新生儿所具有的惊人的能力和他们早期的社会能力的发展。

在我们开始对婴儿的身体能力进行更为深入讨论之前，让我们回到前言中讨论的阿丽亚娜·坎波难产的情况，根据你对这章所涉及论题的理解回答下列问题。

1. 精疲力竭，以及为了帮助她放松而给予硬膜外麻醉，使得阿丽亚娜不可能在时机成熟时将她的孩子娩出。如果女儿的分娩被推迟了很多，可能会出现什么并发症？

2. 如果阿丽亚娜的产科医生确定她的女儿不能用产钳分娩，还能做些什么呢？可能会出现其他哪些并发症？

3. 你认为给予阿丽亚娜硬膜外麻醉以减轻她的痛苦和疲惫，虽然阻碍了她用力，但这是一个很好的决定吗？她的医生还可以做些什么来帮助她放松而不求助于药物？

4. 描述阿丽亚娜女儿出生后会立即经历什么。

回顾

LO 3.1　描述分娩的一般过程

在分娩的第一阶段，宫缩约为每8到10分钟一次，然后收缩频率、每次持续时间和强度都会不断增加，直到子宫颈扩张到足够大。在分娩的第二阶段，约90分钟的时间内，婴儿依次通过子宫颈和产道，最终离开母体。在分娩的第三阶段，大约只有几分钟的时间，脐带和胎盘娩出母体。

LO 3.2　解释新生儿生命最初几个小时内发生的事件

新生儿出生后通常先接受检查，查看一下是否有什么异常，然后接受清洁，并被送回到他/她的母亲和父亲身边。他们还要接受新生儿筛查测试。

LO 3.3　描述当前的一些分娩方法

准父母在分娩的机构、护理人员和是否要用止痛药等问题上都有较大的选择余地。有的时候医疗干预是必要的，比如剖腹产。

LO 3.4　描述早产的一些原因、影响和治疗方法

早产儿，即受精后妊娠不到38周就出生的婴儿，一般都有低出生体重的问题。低出生体重可能会引起婴儿体温不足、易受感染、呼吸困难、对环境刺激过分敏感等问题。它还有可能对孩子之后的成长有一些不利的影响，包括发展减缓、学习困难、行为问题、低智商和身体协调上的问题。极低出生体重婴儿状况非常危险，因为他们的器官系统还没有发育成熟。但是，医疗的发展使其能够生存的年龄往前推进到受孕后24周。

LO 3.5　识别过度成熟儿面临的风险

过度成熟儿，指那些在母亲的子宫中待的时间过长的婴儿，他们也存在着危险。但是，医师可以人为诱导分娩，或进行剖腹产，从而解决这个问题。

LO 3.6　描述剖腹产的过程及其使用率增加的原因

一般在胎儿处在危急状况、胎位不正或是不能够顺利通过产道等情况下会采用剖腹产。胎儿监视器的例行使用导致了剖腹产率的飙升。

LO 3.7　描述婴儿死亡率以及影响这些数据的原因

美国的婴儿死亡率比其他很多国家都高,并且在低收入家庭的比率高于高收入家庭。

LO 3.8　描述产后抑郁的原因和影响

产后抑郁是指一种持续的、深深的悲伤感,10% 的新妈妈会受到产后抑郁的影响。严重的产后抑郁对母亲和孩子都是有害的,需要有效的治疗。

LO 3.9　描述新生儿的身体能力

人类新生儿很快就能用肺进行呼吸,并且一系列的反射可以帮助他们摄入食物、吞咽、找到食物、远离不愉快的刺激。

LO 3.10　描述新生儿的感觉能力

新生儿的感觉能力包括分辨视野范围内的物体和分辨颜色的能力;听和分辨熟悉声音的能力;对触摸、气味和味道很敏感。

LO 3.11　描述新生儿的学习能力

从出生开始,婴儿就通过习惯化、经典条件作用、操作条件作用等方式进行学习。

LO 3.12　描述新生儿的社会性能力

婴儿很早就发展出了社会性能力的基础。新生儿会模仿他人的行为,这种能力能够帮助他们形成与他人的社会关系,并且推动了他们社会能力的发展。

关键术语和概念

新生儿	足月低出生体重婴儿	反射
外阴切开术	极低出生体重婴儿	经典条件作用
阿普加量表	过度成熟儿	操作条件作用
缺氧症	剖腹产	习惯化
联结	胎儿监视器	唤醒状态
早产儿	死胎	
低出生体重婴儿	婴儿死亡率	

1 总 结

开端

瑞秋（Rachel）和杰克（Jack）期待着他们的第二个孩子的诞生。正如发展学者所做的那样，他们在思考遗传学和环境在他们孩子的发展中所扮演的角色，涉及智力、相似性、人格、学校教育、邻里等方面的问题。对于出生本身，他们有很多选择。瑞秋和杰克选择使用助产士而不是产科医生，在传统医院分娩但用非传统的方式。当他们的孩子出生时，小伊娃（Eva）对她母亲的声音做出了反应，那是她曾经在她母亲体内的私密栖息处所听过的声音，这让他们感到骄傲和幸福。

你会怎么做？

- 关于瑞秋和杰克即将出生的孩子，你会对他们说什么？
- 你对瑞秋和杰克有关产前护理及其使用助产士的决定有什么建议？

你的回答是什么？

家长会怎么做？

- 为即将到来的孩子出生做好准备，你会采取什么策略？
- 你如何评价产前护理和分娩的不同选择？
- 你如何让你的大孩子为新生儿的出生做好准备？

你的回答是什么？

发展绪论

- 在思考孩子会是什么样子时，瑞秋和杰克考虑了遗传（自然）与环境（培养）方面的作用。
- 他们还考虑了他们的新生儿在身体、智力（或认知）和社会性方面会怎样发展。

产前发育

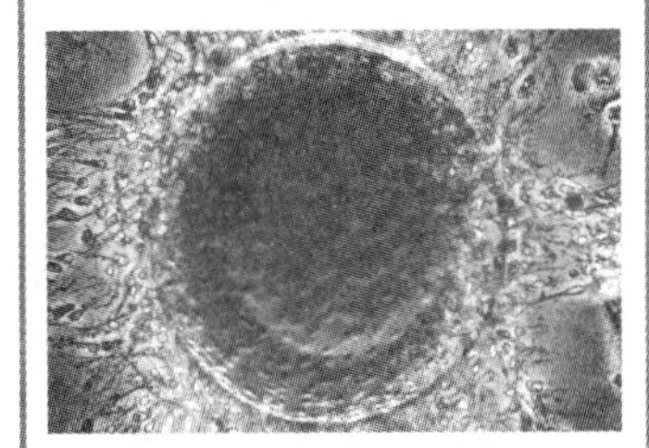

- 像所有的父母一样，瑞秋和杰克在受孕时各自贡献了23条染色体。他们的宝宝的性别是由一对染色体的特定组合决定的。
- 伊娃的许多特征将具有强大的遗传成分，但几乎所有特征都代表了遗传和环境的某种结合。
- 瑞秋的产前发展始于胎儿，并经历了多个阶段。

婴儿出生和新生儿

- 瑞秋的分娩是紧张而痛苦的，然而其他人由于个人和文化的差异会有不同的分娩经历。
- 像绝大多数的分娩一样，瑞秋的分娩完全正常且成功。
- 瑞秋选择使用助产士，这是几种新的分娩方法之一。
- 虽然小伊娃似乎无助和有依赖性，但她实际上从出生就拥有一系列有用的能力和技能。

护士会怎么做？

- 你会为瑞秋和杰克即将出生的宝宝做什么准备？
- 你会如何回应他们的担忧和焦虑？
- 关于分娩的不同选择你会怎样告诉他们

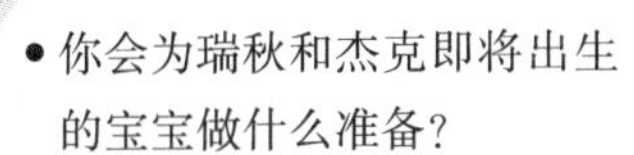

你的回答是什么？

教育者会怎么做？

- 你可以用什么策略来教瑞秋和杰克关于怀孕的阶段和出生的过程？
- 关于婴儿期，你可以告诉他们什么以帮助他们准备好照顾孩子？

你的回答是什么？

第二部分

婴儿期:形成生命的基础

第 4 章　婴儿期的体能发展

本章学习目标

LO 4.1　描述人体在生命前两年的发展,包括支配成长的四个原则

LO 4.2　描述神经系统与大脑在生命前两年的发展以及环境对此发展的影响

LO 4.3　解释生命前两年影响婴儿行为的身体节律和状态

LO 4.4　描述婴儿猝死综合征以及其预防指南

LO 4.5　解释婴儿与生俱来的反射能力如何帮助他们适应环境并保护他们

LO 4.6　总结婴儿期运动技能发展的里程碑

LO 4.7　总结营养在婴儿期体能发展中的作用

LO 4.8　总结在婴儿期中母乳喂养的益处

LO 4.9　描述婴儿的视知觉能力

LO 4.10　描述婴儿的听觉感知觉能力

LO 4.11　描述婴儿的嗅觉和味觉能力

LO 4.12　描述婴儿的疼痛和触觉的本质

LO 4.13　总结知觉的多通道路径

本章概要

发展与稳定

体能发展:婴儿的快速发育阶段

神经系统和大脑:发展的基础

整合身体的各系统:婴儿期的生活周期

婴儿猝死综合征:不可预料的杀手

运动技能的发展

反射:我们天生的身体技能

婴儿期运动技能的发展:体能成就的里程碑

婴儿期的营养:促进运动技能的发展

母乳喂养还是人工喂养?

感知觉的发展

视知觉:看世界

听知觉:声音的世界

嗅觉和味觉

对疼痛和触摸的敏感性

多通道知觉:综合多个单通道的感觉输入

开场白：渴望睡眠

利兹(Liz)和塞斯·考夫曼(Seth Kaufman) 实在是筋疲力尽了,他们甚至在晚饭时都无法提起精神。为什么呢? 他们3岁大的儿子,伊万(Evan),目前看来还未表现出有正常规律的饮食和睡眠。“我以为婴儿都是狂热的睡眠爱好者,但是伊万在整个晚上只小睡了一小时,随后一整晚都醒着。”利兹说,“我已经没有办法哄他了,因为我想做的只有睡觉。”

伊万的饮食安排也让利兹觉得困扰。“他五个小时里连续每个小时都要吃奶,这使不断要提供母乳的我觉得困难。接着,他在接下来的五个小时不会要喂,而这使我的奶涨得难受。"塞斯尽量地帮忙,当伊万睡不着时就陪着伊万一同散步,在凌晨三点给他提供一瓶利兹存下来的母乳。"但是有些时候他会拒绝要它,"塞斯说,"只有妈咪能满足他。"

儿科医生向考夫曼夫妇保证他们的儿子会健康成长。"我们相当确定伊万一切都会好。"利兹说,"但是我们想知道的是我们自己会怎么样。"

预览

伊万的父母可以放松。他们的儿子会安定下来的。一整夜的睡眠在婴儿期只属于急剧的体能发展中一系列里程碑中的一个特征。在这一章中,我们将考察婴儿从出生到2岁生日这个阶段的体能发展。我们将从婴儿的成长速度开始讨论,既会注意到身高和体重显而易见的变化,也会涉及不显而易见的神经系统的变化。同时我们也将考察婴儿是如何快速发展逐渐稳定的生活模式,如睡眠、饮食和注意周围环境等基本活动。

接着,我们的话题将会转向婴儿如何在运动发展上所获得的激动人心的成就。这些技能的出现最终使得婴儿能翻身、走出第一步以及捡起地上的那些饼干屑,这些技能最终形成后来更为复杂的行为。我们将会从基础的开始,由遗传决定的反射,接着考察这些如何通过经验来调整和改变。我们也会讨论特定身体技能发展的性质与时间节奏,看看它们的出现是否可以加速,并考察早期营养对婴儿发展的重要性。

最后,我们还会探讨婴儿的感知觉是如何发展的,我们考察婴儿的感知系统,如听觉和视觉是如何操作的,以及婴儿是如何通过他们的感觉器官对原始信息进行分类,并把它们转换成有意义的信息。

4.1　发展与稳定

一般来说,新生儿的体重平均高于7磅(约3千克),这远低于感恩节所用火鸡的平均体重。身高约20英尺(约50厘米),比一条法棍面包还要稍微短些。这是婴儿非常无助的时期,如果让他自己照料自己,他将无法生存。

然而,几年后这个故事将会非常不同。婴儿将会长大许多,具有活动能力,并逐渐变得独立。这个成长阶段是如何发生的?我们可以通过描述婴儿生命的前两年中身高和体重的变化,并且也考查一些着重于发展和与发展直接相关的原则来回答这个问题。

体能发展:婴儿的快速发育阶段

LO 4.1　描述人体在生命前两年的发展,包括支配成长的四个原则

婴儿生命中的最初两年是他们的快速成长期(见图4-1)。到5个月时,一般婴儿的体重已经是出生时的2倍,约在15磅(6.8千克左右)。1岁生日时,幼儿的体重已经是出生时的3倍,在22磅(10千克左右)。

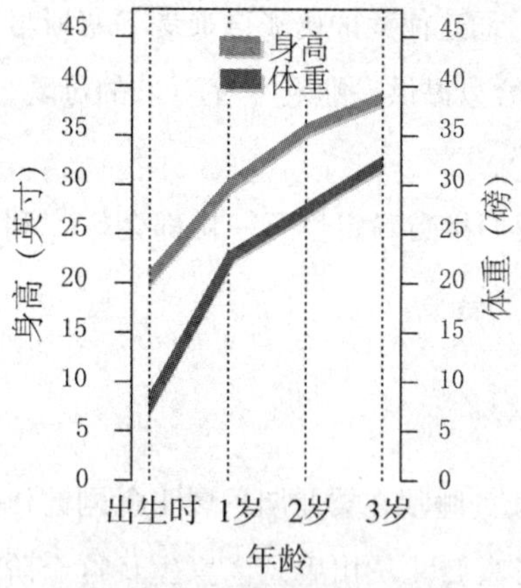

图4–1 身高和体重的成长

尽管婴幼儿的身高和体重在第一年中出现了最大程度的增长，但在整个婴儿期和儿童早期还会继续发展。

（来源：Cratty, 1979.）

尽管在第二年时他们的体重增长相对缓慢，但到他们2岁末时，一般幼儿的体重已经是他们出生时的4倍。当然，婴儿之间的发展速度也是大不相同的。在婴儿出生后的第一年中，医生常会定期拜访，测量身高和体重，并解答成长过程中可能遇到的问题。

婴儿体重是随着身高的增加而增加的。到1岁末时，婴儿一般都已经长高了约12英寸（约30厘米），约有30英寸（约76厘米）高。到2周岁的时候，儿童的平均身高是3英尺（约92厘米）。

婴幼儿身体的各部分并不是以相同的速率成长。例如，正如我们最初在第2章中看到的，刚出生时，新生儿的头部占整个身体比例的1/4。在生命的前两年中，身体的其余部分的发展开始赶上来。到2岁时，幼儿的头只占身高的1/5；而到成年期，只占了1/8（见图4－2）。

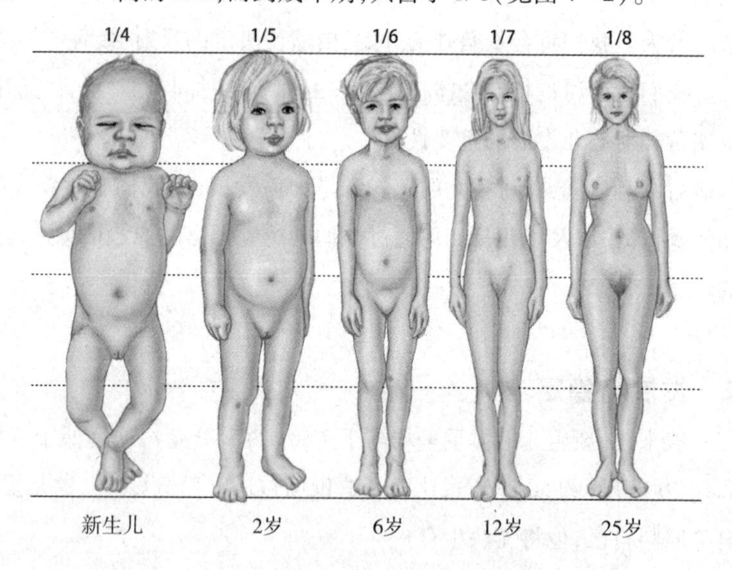

图4－2 逐渐减小的身体比例

在刚出生时，新生儿的头部占整个幼儿身体比例的1/4。而到了成年期，头部的比率只占身体比例的1/8。为什么婴儿的头会这么大？

身高和体重也存在性别和族裔差异。女生普遍上都比男生长得稍微矮小一些——这样的差异会在儿童期中一直保持着——接着，就像我们会在这本书的后面章节中看到的，差异会在青年期中变得更大一些。此外，亚裔婴儿会比北美高加索婴儿要矮小一些，而非裔美国人婴儿要比北美高加索婴儿要高大一些。

成长的四个原则

刚出生时婴儿的头偏大，显得有些不协调，这是成长发展的四个主要原则中(概括在表4－1)的一个例子：

- **头尾原则(cephalocaudal principle)**是指身体发展所遵循的一种趋势和模式，先从头部和身体上部开始发展，然后才是身体的其他部分。头尾发展原则的意思是视觉能力的发展(位于头部)先于学会走路的能力(位于身体末端)。

头尾原则 这个原则是指发展所遵循的一种模式，先从头部和身体的上半部分开始发展，然后是身体的其余部分。

- **近远原则(proximodistal principle)**是指从身体中心向四周的发展进程。近远原则意味着躯干的发展先于四肢的发展。此外，发展出利用身体各个部分的能力同样也遵循近远原则。例如，有效地使用手臂能力的发展先于使用手的能力的发展。

近远原则 这个原则是指从身体中心向四周发展的一个过程。

- **等级整合原则(principle of hierarchical integration)**指的是简单技能的典型发展是分离并独立的。后来，这些简单的技能被整合成更复杂的技能。因此，用手抓握东西的复杂技能，婴儿要到学会如何去控制和协调各个手指的运动时才能掌握。

等级整合原则 这个原则是指简单技能的典型发展过程是相互分离和独立的，但在后来它们被整合成更复杂的技能。

- **系统独立原则(principle of the independence of systems)**认为不同的身体系统有不同的发展速率。例如，身体比例、神经系统和性别特征的发展模式是大不相同的。

系统独立原则 这个原则是指不同的身体系统以不同的速率发展。

表4－1 支配发展的主要原则

头尾原则	近远原则	等级整合原则	系统独立原则
成长所遵循的先从头部和身体的上半部分开始发展，然后是身体的其余部分的一种发展模式。源自希腊语和拉丁语的词根，是“从头至尾”的意思	是从身体中心向四周的发展过程。来自拉丁语单词的“近”和“远”	简单技能的典型发展是相互分离和独立的。后来它们才被整合成更复杂的技能	不同的身体系统以不同的速率发展

神经系统和大脑：发展的基础

LO 4.2 描述神经系统与大脑在生命前两年的发展以及环境对此发展的影响

观看 突触的发展

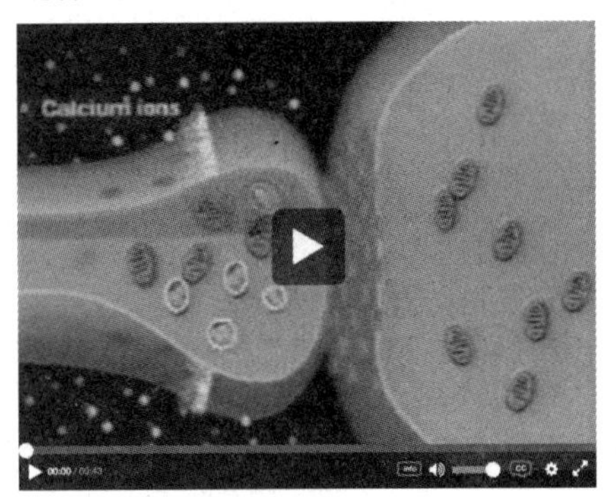

当蕾娜(Rina)出生时，她是她父母朋友圈子里的第一个孩子。这些年轻的成年人对这个婴儿感到十分好奇。她的每一个喷嚏、每一个微笑、每一次啜泣都会让他们欣喜万分，并努力尝试去猜测其中的含义。蕾娜体验着的情绪、做着的运动以及进行着的思维，都是由同一个复杂的神经系统网络所负责的：婴儿的神经系统。这些神经系统(nervous system)由大脑和贯穿全身的神经组成。

神经元 是指神经系统的基本细胞。

神经元(neurons)是神经系统的基本细胞。图4-3展示了成年人的神经元结构。像身体中所有的其他细胞一样，神经元有一个包含有细胞核的细胞体。但与其他细胞不同的是，神经元具有特殊的能力：它们能通过一端叫作树突(dendrites)的纤维与其他细胞相联系。树突接收来自其他细胞的信息。在另一端，神经元有一段长长的伸展部分叫轴突(axon)，它是神经元的一部分，负责传输信息到其他预先指定的神经元去。神经元之间其实并没有直接接触，它们之间有一段小的缝隙，叫**突触(synapses)**。神经元是通过化学信使——神经递质(neurotransmitters)穿越突触间隙与其他神经元相互联系。

突触 是指神经元之间的一段间隙，在那里神经元通过化学方法与其他神经元相联系。

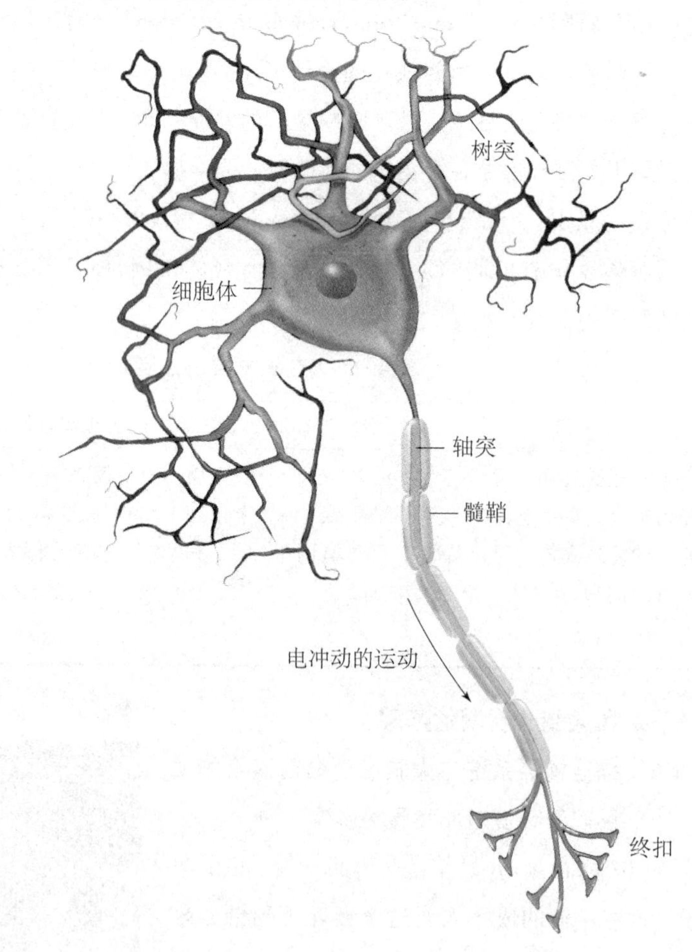

图4-3 神经元

神经系统的基本单位，神经元是由很多成分组成的。

（来源：Van de Graaff, 2000.）

尽管估计的结果总在变动,婴儿出生时的神经元在1000亿到2000亿之间。为了达到这个数目,出生前,神经元以惊人的速度进行复制。在产前发展的某个时间点上,细胞就以每分钟产生25万个神经元的速度进行分裂。

刚出生时,新生儿大脑中的许多神经元很少与其他神经元相连接。但在出生后的最初两年,婴儿大脑中的神经元之间将会建立起几十亿个连接。而且,这个神经元网络会变得越来越复杂,如图4-4所描绘的,一生中复杂的神经系统的连接会持续增加。在成年期,单个神经元就可能与其他神经元或其他身体部位至少有5000个连接。

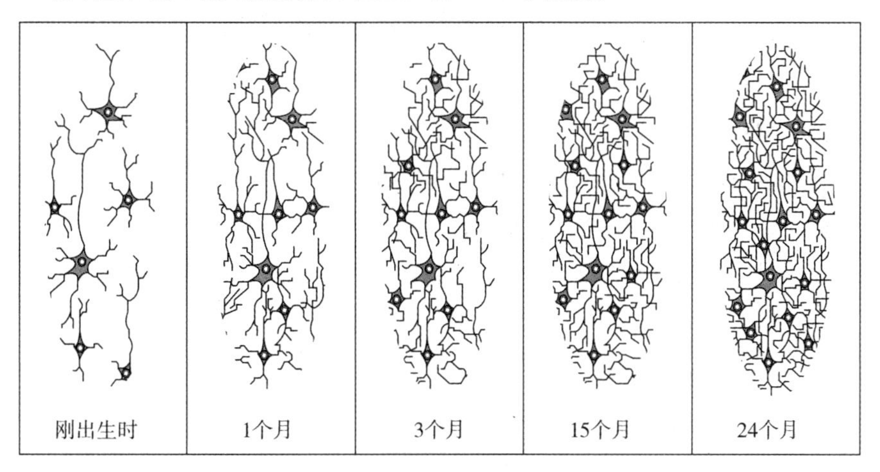

图4-4 神经网络

在生命的最初两年中,婴儿的神经网络逐渐变得复杂,并且互相连接。为什么这些很重要?

(来源:Conel, 1930/1963.)

突触修剪 无用或缺少刺激的神经元的清除。

突触修剪(synaptic pruning)。实际上婴儿出生时所拥有的神经元数目远远多于他们当时需要的量。另外,尽管在一生中,随着我们经历的变化,突触会不断地形成,但在婴儿期的前两年中所形成的几十亿个突触的数量就已经绰绰有余了。那多余的神经元和突触到哪儿去了呢?

好像一个果农,为了增强果树的生命力,需要修剪多余的树枝。大脑发展在一定意义上也是通过去掉多余的神经元来增强相应的能力。随着婴儿在这个世上经验的增加,那些没有与其他神经元相互连接的神经元会变得多余。它们最终会慢慢消失,以增加神经系统的运作效率。

随着多余神经元的减少和作为婴儿期使用与否的结果,剩余神经元之间的连接被扩展或被清除。如果一个婴儿的生活中没有刺激某些神经连接,就会像没使用的神经元一样被清除——这样的一个过程叫突触修剪。突触修剪的结果允许已有的神经元连接与其他神经元建立起更精确的通信网络。然而，不同于发展的其他方面，神经系统的持续发展很大程度上是通过损失一些细胞而变得更有效（Iglesias et al., 2005; Schafer & Stevens, 2013; Zong et al., 2015）。

髓鞘 是一种脂肪般的物质，有助于神经元绝缘和增加神经冲动的传递速度。

出生后，神经元的大小继续增大，除了树突会继续生长，神经元的轴突会覆盖上一层**髓鞘（myelin）**：髓鞘是一种脂肪般的物质，像电线外面包着的一层绝缘材料，提供保护和加速神经冲动的传递速度。因此，即使失去了许多神经元，剩余的神经元尺寸的增加和其复杂性也有助于令人叹为观止的大脑的发展。在婴儿生命中的最初两年，大脑重量翻了三倍；到2岁时，甚至能达到成人脑重和体积的3/4。

大脑皮层 是指大脑最上面的一层。

当他们长大时，神经元也会重新定位，根据功能进行重组。一些成为**大脑皮层（cerebral cortex）**，即大脑中的上层，而其他则成为大脑皮层下（subcortical levels）的组织。皮层下组织是调节呼吸和心率等基本活动的，它们在婴儿出生时已经发育完善。随着时间的推移，大脑皮层中那些负责高级神经活动如思维和推理等的细胞，逐渐发展并互相连接。

例如，突触和髓鞘化在约3到4个月时有关视听皮层（这些部位称为听觉皮层和视觉皮层）的部位会经历迅速生长。这样的生长和视听觉能力的迅速增加是相一致的。同样地，与肢体动作有关皮层部位的迅速生长，为运动技能的进步提供了基础。

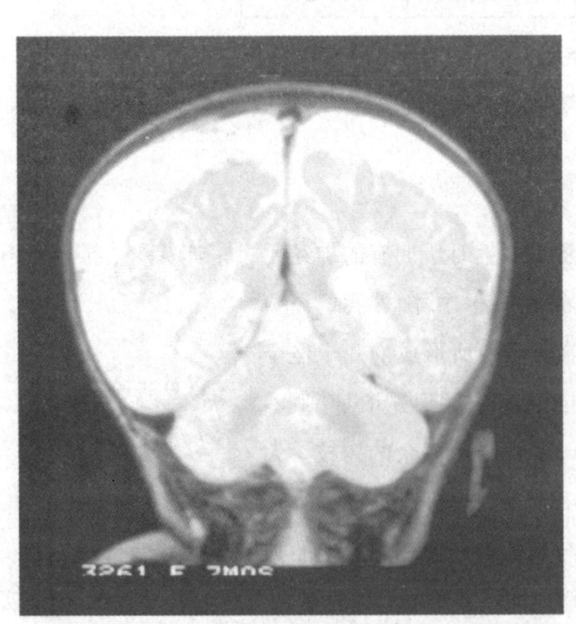

图4–5 摇晃婴儿

计算机轴向断层扫描（CAT Scan）显示一名怀疑被照顾者摇晃虐待的婴儿的严重脑损伤。
（来源：Matlung et al., 2011.）

虽然大脑是被头颅的颅骨所保护的，它仍对某些损伤极为敏感。一个尤其毁坏性的损伤来自一种被称为摇晃婴儿综合征（shaken baby syndrome）的儿童虐待，即婴儿被照顾者或父母摇晃，通常是出自对于婴儿的哭泣而感到的挫败和怒气。摇晃使大脑在头颅中旋转，造成血管的撕裂和错综复杂的神经元连接的破坏（见图4–5）。这样的结果可以是毁灭性的，导致严重的医学问题、长期的肢体障碍，如失明、听觉障碍和言语障碍。一些儿童经历学习障碍和行为异常。绝大多数严重的实例中，摇晃导致死亡。在美国，摇晃婴儿综合征在一年内的发生估计有600到1400宗，并且25%被摇晃的婴儿以死亡告终（Runyan, 2008; American Association of Neurological Surgeons, 2012; Hitchcock, 2012; Narang & Clarke, 2014）。

环境对大脑发展的影响。受预先决定的遗传模式的影响，大脑的许多发育显露出自动发展的倾向，同时也深受环境影响。实际上，大脑的**可塑性（plasticity）**，即其发展的结构或行为随着经验改变的可修改程度，对于大脑而言是很重要的。

可塑性 是指其发展的结构或行为随着经验改变的可修改程度。

大脑的可塑性最好的时候是在生命中的前几年。由于大脑的许多部位都还未完全隶属于某个特定的任务，于是如果一个部位受损了，其他部位还能够接替。因此，相比于经历类似脑损伤的成人患者，婴儿患者普遍受的影响较少且能恢复得更完好，这就显示了婴儿的高度可塑性。当然，并不是大脑与生俱来的可塑性就能完全保护大脑不受那些严重的损伤，比如摇晃婴儿综合征的强烈摇晃所带来的后果（Vanlierde, Renier, & De Volder, 2008; Mercado, 2009; Stiles, 2012）。

一个婴儿的感觉经历既影响个体神经元的大小，也影响神经元之间的连接结构。结果，相对于在丰富环境中被抚养起来的孩子，那些在受到严重限制的环境中抚养起来的孩子，他们的大脑结构和重量都显得不同（Cirulli, Berry, & Alleva, 2003; Couperus & Nelson, 2006; Glaser, 2012）。

非人类的研究已经帮助我们揭示出大脑可塑性的本质。研究比较了两组大鼠，一组被养在一个有丰富视觉刺激的环境里，另一组被养在一个典型的乏味的笼子里，这个研究结果显示，那些被饲养在丰富环境中的大鼠的视觉相关脑区相对而言更加厚重（Cynader, 2000; Degroot, Wolff, & Nomikos, 2005; Axelson et al., 2013）。另一方面，相当贫乏的或受限制的环境，会妨碍大脑的发展。又一次，动物的研究者提供了一些非常有趣的数据。在一项经典研究中，一些小猫被戴上使视觉能力受到限制的遮光镜，因此它们只能看到垂直线（Hirsch & Spinelli, 1970）。当这些猫长大后，即使拿掉了遮光镜，它们也不能看到水平线，尽管它们看垂直线的能力完全正常。类似地，如果小猫在早期被遮光镜剥夺了看垂直线的机会，它们成年后就会看不到垂直的线条，尽管它们看水平线的能力相当精确。

然而，当让那些已经相对正常生活几年的年龄大些的猫戴上遮光镜

敏感期 是一段特殊的，但有一定时间限制的时期，通常是在个体生命的早期。有机体的一些与发展有关的特殊方面，在这个时候特别容易受到环境的影响。

重复上述的实验，在去掉遮光镜后却没出现像前面那样的结果。结论是视觉发展存在敏感期。正如我们在第1章中提到，**敏感期（sensitive period）**是一段特殊的，但有一定时间限制的时期，通常是在有机体生命的早期。有机体的一些与发展有关的特殊方面，在这个时候特别容易受到环境的影响。一个敏感期可能与某一种行为相联系，比如完整视觉能力的发展；也可能与一种身体结构的发育相联系，比如大脑结构的发育（Uylings, 2006; Hartley & Lee, 2015）。

社会工作者的视角

什么样的文化或亚文化可能影响父母的育儿实践？

敏感期的存在产生了几个重要的争论，其中之一认为除非婴儿在敏感期得到一定程度的早期环境刺激，否则这个婴儿可能面临损伤或者会失去一些能力，而这些能力将永远无法完全修复。如果真是这样的话，对这样的小孩提供一系列的后期干预可能并非是件容易的事（Gottlieb & Blair, 2004; Zeanah, 2009）。

相反的问题是，在敏感期给予了非同寻常的高强度的刺激所获得的发展会胜过只是提供了普通程度的刺激所获得的发展吗？

这样的问题没有简单的答案。研究者试图去发现最大可能地开发孩子的方式，想要确定非一般贫穷或丰富的环境会如何影响后来的发展，这是一个常被发展学家提及的最主要的问题之一。

同时，许多发展学家认为父母和照料者有很多种提供环境刺激的简单方式，促进健康大脑的发育，如拥抱孩子，与孩子交谈并唱歌给他听，或者与宝宝一起玩耍，都有助于丰富他们的环境。此外，搂着孩子以及阅读给孩子们听极为重要，因为这些活动同时结合了多元感官，如视觉、听觉和触觉（Garlick, 2003; Shoemark, 2014）。

整合身体的各系统：婴儿期的生活周期

LO 4.3　解释生命前两年影响婴儿行为的身体节律和状态

当你碰巧听到刚成为父母的人在谈论他们的新生儿时，有可能其中的一个或几个身体功能会是谈话的主题。在生命最初的日子里，婴儿身体的节律，如醒着、吃奶、睡觉以及排泄等控制着婴儿的行为，常常没有固定的时间表。

这些基本的活动是由身体的多个系统支配的。尽管每一个单独的行为模式可能运用得相当自如，但对婴儿来说是花了许多时间和精力去整合这些分离的行为。婴儿当前的主要任务之一是让他们的单个行为变得协调,从而帮助他们,比如能整晚睡个好觉(Ingersoll & Thoman, 1999; Waterhouse & DeCoursey, 2004)。

节律和状态。使行为整合的其中一种重要方式是通过多种节律的发展。**节律(rhythms)**是指反复的、周期性的行为模式。一些节律是立刻显现的,如从醒着到熟睡的转变。而其他的则复杂得多,但仍然是显而易见的,如呼吸和吮吸的方式。还有一些节律可能需要仔细观察才能注意到。

节律 是指反复的、周期性的行为模式。

例如,在某个时期每隔几分钟新生儿的腿可能会有规律地抽搐。尽管其中的一些节律在出生时就已经显现,但其他的是随着神经系统中的神经元逐渐整合而慢慢出现的(Groome et al., 1997; Thelen & Bates, 2003)。

一个婴儿的**状态(state)**是主要的身体节律之一,警觉的程度反映了内外刺激的状况。正如从表4-2可见,这些状态包括了多种觉醒的水平,比如,警觉、紧张和哭闹,以及不同水平的睡眠。随着每一种状态的转变,引起婴儿注意所需要的刺激量也会随之发生变化(Balaban, Snidman, & Kagan, 1997; Diambra & Menna - Barreto, 2004)。

状态 是指婴儿在面对内外刺激时表现出来的觉知程度。

表4-2　主要的行为状态

状　态	特　征	当处于某种状态的时间百分比
清醒状态		
警觉的	注意或巡视,婴儿的眼睛是睁着,明亮并且炯炯有神	6.7
非警觉的清醒状态	眼睛通常是睁开的,但呆滞而且没有焦点。多变但典型的高活动性	2.8
慌乱	低水平的,持续或间歇性地大惊小怪	1.8
哭泣	出现个别的或一连串强烈的发声	1.7
睡眠和清醒的过渡状态		
瞌睡	婴儿的眼皮沉重。缓慢开合,活动水平较低	4.4
恍惚	睁着眼睛,眼神茫然而且呆滞。这种状态出现在警觉和瞌睡状态之间。活动水平较低	1.0
睡眠和清醒之间的转换	清醒和睡眠两者的行为表现很明显。运动活动水平一般;眼睛可能闭着,或者快速地开合着。这种状态出现在婴儿被唤醒时	1.3

睡眠状态		
主动睡眠	眼睛闭着;呼吸不均匀;间歇性快速眼动。其他行为有:微笑、皱眉、面部扭曲、做怪脸、吮吸、叹息和呜咽	50.3
安静睡眠	眼睛闭着,呼吸均匀而有规律。运动活动局限在偶尔的震惊、呜咽和有节律的怪脸	28.1
睡眠状态的转变		
主动和安静睡眠之间的过渡	这种状态出现在主动睡眠和安静睡眠之间,眼睛是闭着的,有较少的运动活动。婴儿表现出主动睡眠和安静睡眠混合行为特征	1.9

（来源:改编自 Thomas & Whitney, 1990.）

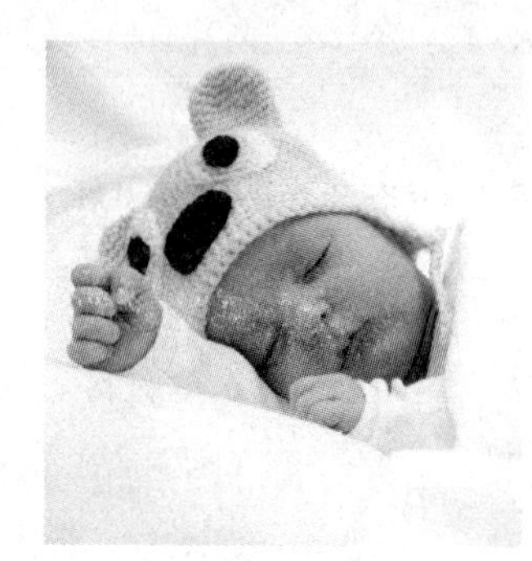

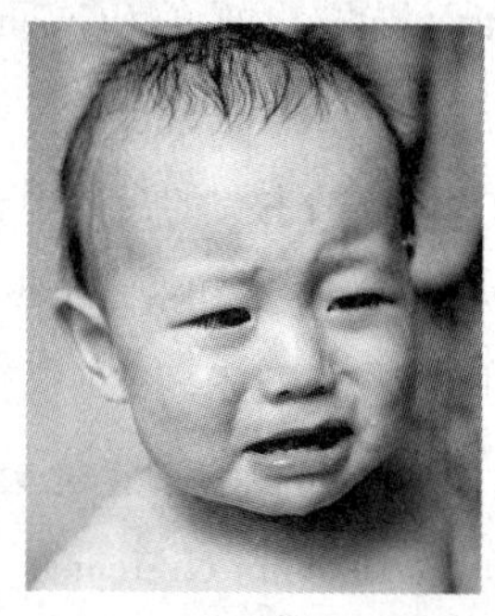

婴儿期会经历多种状态，包括哭泣和警觉状态。这些状态通过身体节律被整合起来。

经历不同状态的婴儿,脑中电活动会产生一些变化。这些改变以不同模式的脑电波反映出来,并且可以通过一种产生脑电图(electroencephalogram)或 EEG 的装置来测量。从出生前 3 个月开始,这些脑电波的模式相对不规则。然而,当婴儿到 3 个月大时,更成熟的模式开始出现,脑电波也变得更加规律了(Thordstein et al., 2006; Cuevas et al., 2015)。

睡眠:可能会做梦? 在婴儿早期,填满一个婴儿时间的主要状态是睡眠,这在很大程度上减轻了父母的疲倦,父母们也总把睡眠看作受欢迎的且可暂时从照料责任中解放出来的喘息时间。一般而言,新生儿每天的睡眠时间在 16—17 个小时之间。可是,不同个体之间有很大的差异,有些婴儿的睡眠时间超过 20 个小时,而另外有些婴儿每天的睡眠量只需 10 个小时(Buysse, 2005; Tikotzky & Sadeh, 2009; de Graag et al., 2012)。

婴儿睡很长的时间,但你可能应该不希望“睡得像个孩子”。婴儿的睡眠是不规则的。婴儿一开始会快速地进入睡眠约两个小时,而后跟随着不眠的几个阶段,他们的睡眠并非是连续长时间的。因此,婴儿和被他们剥夺了睡眠的父母与外部世界的步调并不一致,因为外部世界是晚上睡觉,白天清醒(Groome et al., 1997; Burnham et al., 2002)。

再加上,有许多婴儿出生之后一连几个月通宵不睡。有时父母的睡眠一个晚上连着几次会被婴儿的饥饿和需要安抚的哭声打断。

对父母来说幸运的是,婴儿会逐渐习惯成人的方式。一个星期后,婴儿晚上的睡眠时间会增加,白天醒着的时间也稍微长了些。典型的情况是,婴儿到 16 周大时能在晚上连着睡 6 个小时了,而白天的睡眠开始变成一般打盹的形式。1 岁末时许多婴儿能整个晚上熟睡,然而他们每天所需要的睡眠总量降到了约 15 个小时(Mao et al., 2004; Magee, Gordon & Caputi, 2014)。

婴儿安静的睡眠背后是另一个循环模式。在睡眠的过程中,婴儿的心率开始增加并变得没有规律,他们的血压上升,呼吸也变快(Montgomery-Downs & Thomas, 1998)。有时候,尽管不是经常,他们紧闭的眼睛开始上下移动,好像在看一个活动的场景。尽管不完全相同,但这一主动睡眠阶段与**快速眼动(rapid eye movement, REM)睡眠**相似,快速眼动睡眠常发生在年长儿童和成年人身上且是与做梦相联系的。

快速眼动睡眠 是一种在年长儿童和成年人身上发现的睡眠周期,总伴随着做梦。

首先,这种主动的、像快速眼动的睡眠活动占据了几乎一半的婴儿睡眠时间,而快速眼动睡眠只占成人睡眠的 20%(见图 4-6)。然而,到 6 个月大时主动睡眠的数量急剧下降,约占总睡眠时间的 1/3(Coons & Guilleminault, 1982; Burnham et al., 2002; Staunton, 2005)。

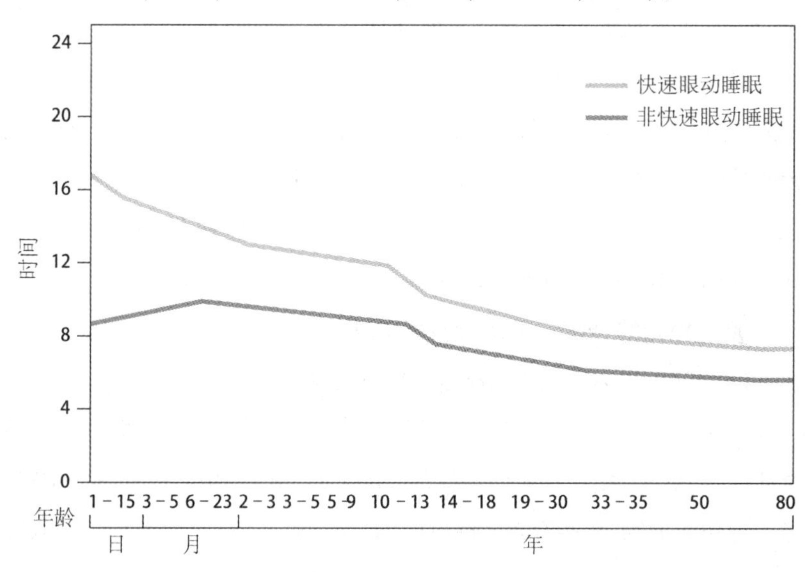

图 4-6　毕生的快速眼动睡眠

随着我们年龄的增长,快速眼动睡眠的比例随着非快速眼动睡眠比例的下降而逐渐增加。另外,随着年龄的增加,总睡眠量下降了。

(来源:根据 Roffwarg, Muzio, & Dement, 1966.)

婴儿的主动睡眠期表面上类似于成人的快速眼动睡眠，于是引起了婴儿是否也在这个时候做梦这样好奇的问题。尽管这看起来不太可能，但没人知道答案。首先，婴儿的经历有限，没太多可做的梦。其次，婴儿睡眠时的脑电波看起来与成人做梦时的脑电波有所不同。只有当他们到3个或4个月大时，这脑电波的波形才与成人做梦时的波形相类似，这意味着婴儿在睡眠时是不做梦的，或者至少是与成人的方式不同（Parmelee & Sigman, 1983; Zampi, Fagidi, & Salzarulo, 2002）。

那快速眼动睡眠在婴儿期的功能又是什么呢？尽管我们不能确切地知道，但有些研究者认为它提供了一种让大脑刺激自己的方式：即自我刺激（autostimulation）的过程（Roffwarg, Muzio & Dement, 1966）。神经系统的刺激在婴儿期特别重要，因为他们花了很多的时间在睡觉上，而处于清醒状态的时间则相对较少。

婴儿的睡眠周期看起来很大程度上是受遗传因素的影响，但环境因素也同样起着作用。例如，在婴儿期的环境中，所有的长期或短期的应激源（如热浪）都能影响他们的睡眠模式。如果周围的环境使婴儿清醒，那当睡眠最终来临之时，会比平常主动更少（和更安静）（Goodlin - Jones, Burnham, & Anders, 2000; Galland et al., 2012）。

文化习俗同样影响婴儿的睡眠模式。例如，在非洲的基普西吉（Kipsigis）族中，婴儿在晚上是和母亲睡的，那样无论何时醒来，她们都可以去照料他们。白天，他们常常被缚在母亲背上伴随着母亲做日常家务时睡着。因为他们经常外出并不时地在活动，基普西吉族的婴儿要比西方的孩子更大的时候才能睡整宿觉。他们在前8个月，很少一觉超过3个小时。相比之下，在美国，8个月大的婴儿每次睡眠都在8个小时左右（Super & Harkness, 1982; Anders & Taylor, 1994; Gerard, Harris, & Thach, 2002）。

婴儿猝死综合征：不可预料的杀手

LO 4.4　描述婴儿猝死综合征以及其预防指南

婴儿猝死综合征 看起来健康的婴儿在睡眠时出现的无法解释的死亡。

有一小部分婴儿的睡眠节律被极为痛苦的干扰所影响：婴儿猝死综合征或叫SIDS。**婴儿猝死综合征（sudden infant death syndrome, SIDS）**是一种功能失调，那些看起来健康的婴儿在睡眠时会突然死亡。被放在床上日间小睡或者晚上睡觉，有婴儿就不再醒来了。

在美国，每年2500个婴儿中会有1个遭受SIDS。尽管它看起来是在正常睡眠时的呼吸模式被打断，科学家仍未发现为什么那样的事情会发生。显然婴儿不是窒息而死；他们死得很平静，只是停止了呼吸。

在没有可靠的方法能够防止这种问题的发生时,美国小儿科医生学会目前建议婴儿睡眠时应该仰卧而不是侧卧或俯卧,这被称为仰睡(back-to-sleep)指导。除此之外,父母可以考虑在午休或睡觉时给婴儿提供奶嘴(Task Force on Sudden Infant Death Syndrome, 2005; Senter et al., 2011; Ball & Volpe, 2013)。

自从这个指导开展后,因 SIDS 死亡的数量明显下降(见图 4-7)。但是,在美国,SIDS 仍然是导致 1 岁以下儿童死亡的首要原因(Eastman, 2003; Daley, 2004; Blair et al., 2006)。

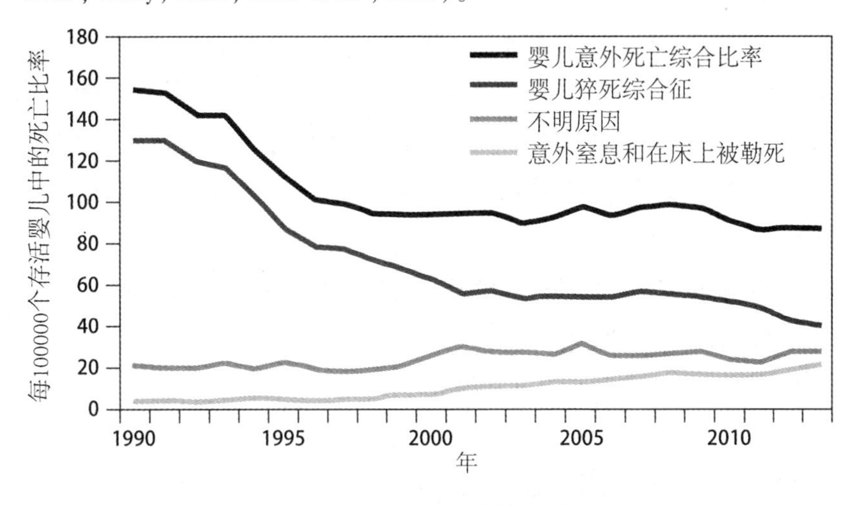

图 4-7　SIDS 下降的比例

在美国,当父母更加了解相关的信息,并让婴儿仰睡而不是俯卧后,婴儿猝死的比例已经显著下降了。SUID:Sudden unexpected infant death,婴儿意外死亡。

(来源:American SIDS Institute, based on data from the Center for Disease Control and the National Center for Health Statistics, 2004; National Vital Statistics System, Compressed Mortality File.)

有些婴儿比其他婴儿更容易处于 SIDS 的危险中。例如,男孩和非裔美国人是最危险的。另外发现,如果他们的母亲在怀孕期间吸烟的话,那么在出生时低体重的和阿普加新生儿评分较低的儿童会与 SIDS 有联系。一些证据也表明,大脑缺陷会影响呼吸从而产生 SIDS。在一个数量较少的案例中发现,儿童被虐待可能是真正的原因。但是,至今没有确切的原因来解释为什么一些婴儿会突然死于这种症状。在每个种族和社会经济阶层的儿童中以及没有发现有明显的健康问题的儿童中都可能发生 SIDS(Howard, Kirkwood, & Latinovic, 2007; Richardson, Walker, & Horne, 2009; Behm et al., 2012)。

尽管有许多假设解释为什么这些婴儿会死于 SIDS,比如原因不明的睡眠障碍、窒息、营养缺乏、与反射有关的问题以及未诊断出来的疾病,但导致SIDS的真实原因仍然不得而知(Kinney & Thach, 2009; Mitchell, 2009; Freyne et al., 2014)。

因为父母对婴儿因SIDS的死亡毫无准备,所以这样的事尤其令人感到沮丧。父母常会内疚,担心是由于他们自己的疏忽,在某种程度上造成了他们孩子的死亡。但既然至今还没有确定可以肯定防止婴儿猝死的方法,这种内疚也就没有根据了(Krueger, 2006)。

模式4.1 复习

- 成长的主要原则是头尾原则、近远原则、等级整合原则和系统独立原则。
- 神经系统的发展必须先使几十亿个神经元相互连接发展起来。稍后,作为婴儿经验的结果,神经元和连接的数量开始减少。大脑具有可塑性,正在发育的有机体受环境影响的易感性相对较大。研究者已经确定了一些身体系统和行为发展过程中的敏感期(有机体特别容易受环境影响的一段有限的时间)。
- 婴儿通过发展节律——重复性和循环性的行为模式——来整合个别行为。婴儿状态的一个主要节律是指对内外部刺激的觉知。
- SIDS是一种功能失调,那些看起来健康的婴儿在睡眠时会突然死亡。

共享写作提示

应用毕生发展:什么样的进化优势使得婴儿在出生时携带多于他们实际所需或所用的神经细胞?

4.2 运动技能的发展

假设你受聘于一家遗传工程公司来重新设计婴儿,用新的、更灵活的形式来代替现在的形式。你首先要考虑着手的工作(所幸是虚构的)可能是关于婴儿身体的构造和组成。

新生婴儿的体形和比例完全不利于简单运动。婴儿的头太大太重以至于他们没有力气把头抬起来。与他们身体的其他部位相比,由于他们的四肢太短,使得他们的活动进一步受到影响。此外,他们身体总体太胖,基本上没有什么肌肉;因此他们显得缺乏力气。

幸运的是,不久婴儿开始发展出明显较多的活动了。实际上,甚至在刚出生时,他们就拥有了由先天反射带来的一系列广泛的行为可能性,并且在最初的两年中,他们的运动技能得到快速发展。

反射:我们天生的身体技能

LO 4.5 解释婴儿与生俱来的反射能力如何帮助他们适应环境并保护他们

当父亲用手指压在3天大的克里丝蒂娜(Christina)的手掌上时,她的反应是紧紧地握紧小拳头，将父亲的手指抓住不放。当父亲把手指往上提时，她握得那么紧，好像父亲完全可以把她从婴儿床上拎起来。

基本反射。实际上，她的父亲是对的：克里丝蒂娜可能确实可以这样被提起来。她能紧紧握住的原因是激活了婴儿出生时就具有的许多反射中的一种。这些**反射(reflexes)**是天生的、自动组织的、受到某种刺激后自动发生的反应。新生儿出生时就具有一系列的反射活动模式来帮助他们适应新的环境，并以此保护自己。

反射 是指天生的，自动组织的，在受到某种刺激后自动发生的反应。

正如我们在表 4－3 中所看到的，很多反射清晰地表现出了有生存价值的行为，它们都有助于确保婴儿的健康。例如，游泳反射使得在水中面部朝下的婴儿以类似游泳的动作划水和蹬水。这种行为显而易见的结果是帮助婴儿脱离危险，直到照料者过来营救。同样地，眨眼反射(eye-blink reflex)似乎是为了保护眼睛防止受太多光线直射而设计的，因为那可能会损坏视网膜。

表 4－3　婴儿的一些基本反射

反　射	大概消失的年龄	描　述	可能的功能
定向反射	3 周	新生儿会把头转向碰他们脸颊的物体	摄取食物
跨步反射	2 个月	当孩子的脚轻触地面被往上抱着时，能迈动双腿	婴儿准备独立活动
游泳反射	4—6 个月	当脸朝下整个人在水里时，婴儿会做一些游泳动作：划水和蹬水	避免危险
抓握反射	5—6 个月	婴儿的手指包围着一个放到自己手里的物体	提供支持
莫罗(Mloro)反射	6 个月	当支撑脖子和头的物体突然挪开时的行为反应。婴儿手臂突然伸出，像要去抓住什么物体	类似于灵长类的动物防止跌落的保护
巴宾斯基(Babinski)反射	8—12 个月	婴儿对来自脚部外的突然打击的反应是张开脚趾	尚不清楚
惊跳反射	以不同的形式一直保持	当面对突然的噪声，婴儿伸出手臂，背后弓并且张开手指	自我保护
眨眼反射	一直保持	当面对直射的光线，快速闭上和睁开眼睛	避免直射光保护眼睛
吮吸反射	一直保持	婴儿总是会去吮吸碰到嘴唇的东西	摄取食物
呕吐反射	一直保持	婴儿清喉咙的反应	防止窒息

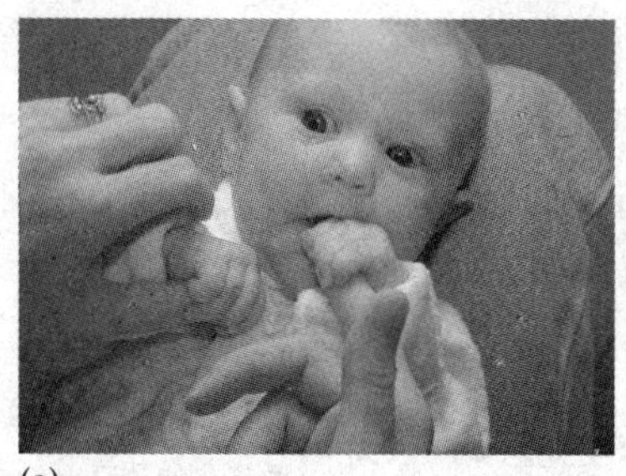

(a)

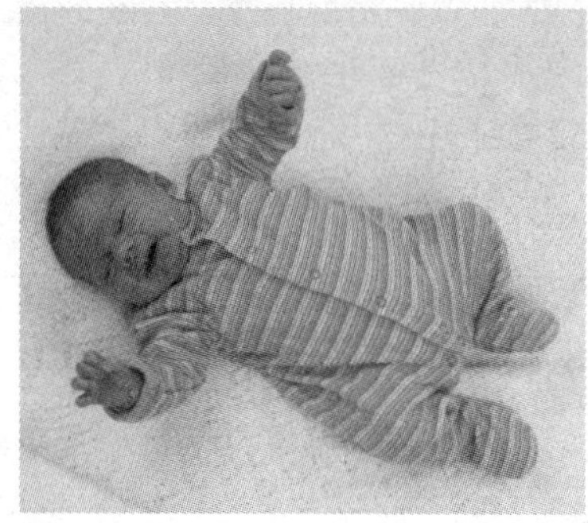

(b)

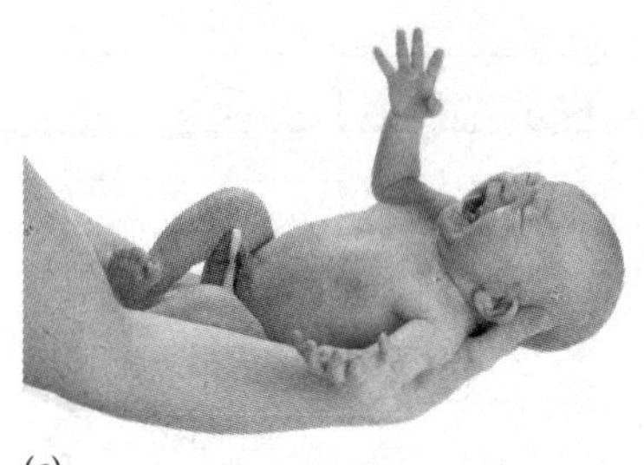

(c)

婴儿表现了（a）吮吸和抓握反射;（b）惊跳反射;（c）莫罗反射。

了解了很多反射的保护价值,那么维持它们对我们终生都是有益的。实际上,有些确实也是这样:眨眼反射在我们的一生中都保持着它的功能。另一方面,相当多的反射,例如游泳反射,几个月后就消失了。为什么会发生这种情况呢?

关注于发展的演化解释的研究者将这种反射的逐渐消失归结为,随着婴儿越来越能控制自己的肌肉,他们更能主动地控制出现的行为。此外,反射可能是形成今后更为复杂行为的基础。当这些复杂的行为能够很好地学习起来的同时,它们包含了早期的反射（Myklebust & Gottlieb, 1993; Lipsitt, 2003）。

反射可能刺激了大脑中某些负责复杂行为的部分,同时有助于这些行为的发展。例如,一些研究者认为跨步反射的练习有助于大脑皮层今后发展走路的能力。发展心理学家菲利浦·泽拉佐（Philip R. Zelazo）和他的同事开展了一项研究,他们找了两周大的婴儿练习走路,在六个星期的时间里每天练习走四次,每次三分钟。结果表明,这些经过走路训练的孩子确实要比未受过此种训练的孩子早好几个月开始独立行走。泽拉佐认为这种训练刺激了跨步反射,反过来又刺激了大脑皮层,为婴儿更早的独立运动做好了准备（Zelazo, 1998; Corbetta, Friedman & Bell, 2014）。

这些发现意味着父母亲应该格外努力地刺激婴儿的反射吗?或许并不是。虽然有证据表明密集的训练可以使某些活动出现得早些,但没有证据表明受过训练的婴儿要比没受过训练的婴儿做得更好。而且,即使发现有早期获益,但在成年后也并没有表现出在运动技巧方面更为擅长的情况。

实际上,结构化训练的弊大于利。根据美国儿科医师学会的调查显示,对婴儿进行的结构化训练可能导致肌肉拉伤、骨折、四肢脱臼,这远远超出尚未证实的益处（National Association for Sport and Physical Education, 2006）。

反射中族裔与文化间的异同。虽然,从定义上说,反射是由遗传决定的,并且在所有婴儿中都是普遍存在的,但是它们表现的方式确实具有文化上的差异。例如,莫罗反射,是当颈部和头部的支撑物突然移开时的行为反应。莫罗反射包括婴儿的手臂往外伸,然后表现出好像要抓住什么东西。多数科学家认为莫罗反射代表了我们人类从非人类祖先那里继承的残余反应。莫罗反射对依附在母亲背上四处游荡的猴子宝宝非常有用。当失去依附时,它们会掉落下去,除非它们能运用莫罗反射,迅速抓住母亲的皮毛(Zafeiriou, 2004)。

在每个人类身上都能看到莫罗反射,但不同儿童表现出来的活动能量非常不同。一些不同反映了文化和族裔间的差异(Freedman, 1979)。例如,白人婴儿在莫罗反射的情形下表现出有声反应。他们不仅张开双臂,而且通常不安地哭闹。相反,纳瓦霍人(Navajo)的婴儿处于同种情形下做出的反应相对要平静得多。他们的手臂不如白人孩子挥动得那么厉害,而且也很少哭。

观看视频 新生儿的反射

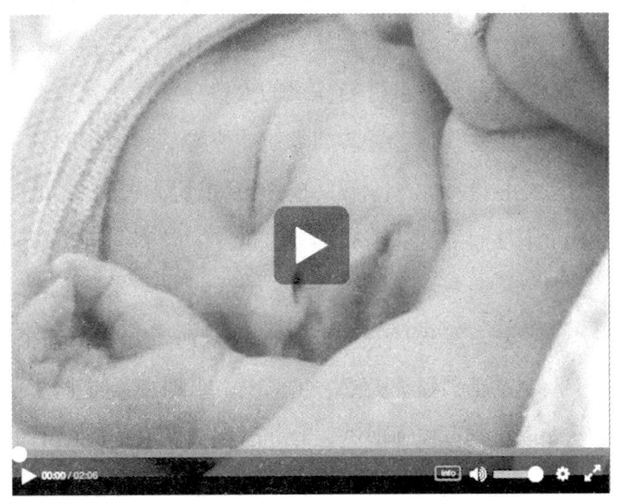

在有些情况下,反射还能作为儿科大夫有用的诊断工具。因为反射是以规律的时间表出现和消失的,在婴儿阶段的某个既定时刻,它们的缺失或者出现提供了婴儿发育中出现问题的线索。甚至对成人,医生也会把反射用于诊断,众所周知,医生用他们的橡皮槌敲击病人的膝盖来观察小腿是否能向前猛弹。

反射也在进化,因为它们在人类历史的特定阶段有着自己的存在价值。例如,吮吸反射能帮助婴儿自动吸取营养,定向反射帮助他找到乳头。此外,一些反射也起着社会功能,促进照料和养育。例如,克里丝蒂娜的父亲发现当自己的手指压在女儿手掌上时,她会握紧他的手指,或许并非有意,而只是她天生的反射。然而,他更有可能将他女儿对他的反应视为对他的回应,这种交流可以增加他对女儿的兴趣和慈爱。正如我们在第6章中可以看到的那样,当我们在讨论婴儿的社会性和人格发展时,这种明显的反应能帮助整合婴儿和照料者之间不断发展的社会关系。

婴儿期运动技能的发展:体能成就的里程碑

LO 4.6 总结婴儿期运动技能发展的里程碑

没有什么其他的身体变化能比婴儿不断取得的运动技能更明显和更让人期待了。大多数父母能记得他们的孩子很自豪地迈出的第一步,并且惊叹他们如此快速地从一个无助的甚至不会翻身的婴儿变成一个能相当有效地在这个世界中到处移动的人。

粗大运动技能。尽管相比于即将达到的水平，新生儿的运动技能还不是十分熟练，但至少婴儿还是能完成一些运动。例如，当婴儿面朝下趴着时，他们会摆动手臂和脚，可能还会试图抬起沉重的头。随着婴儿力气的增加，他们能够足以撑起自己的身体而向不同方向移动。结果他们通常是往后移动，而不是向前移，但是6个月大时，他们已经能使自己往特定的方向挪动了。这些初始的努力是爬行的前兆，婴儿通过这些努力协调了手臂和腿，并使自己往前移动。爬行一般出现在8到10个月大时。图4-8给出了一些运动正常发展的里程碑。婴儿学会走路相对较晚。在大约9个月大时，大多数婴儿能够借助于桌椅自己走路了，并且有一半婴儿在1岁末之前就能很好地走路了。

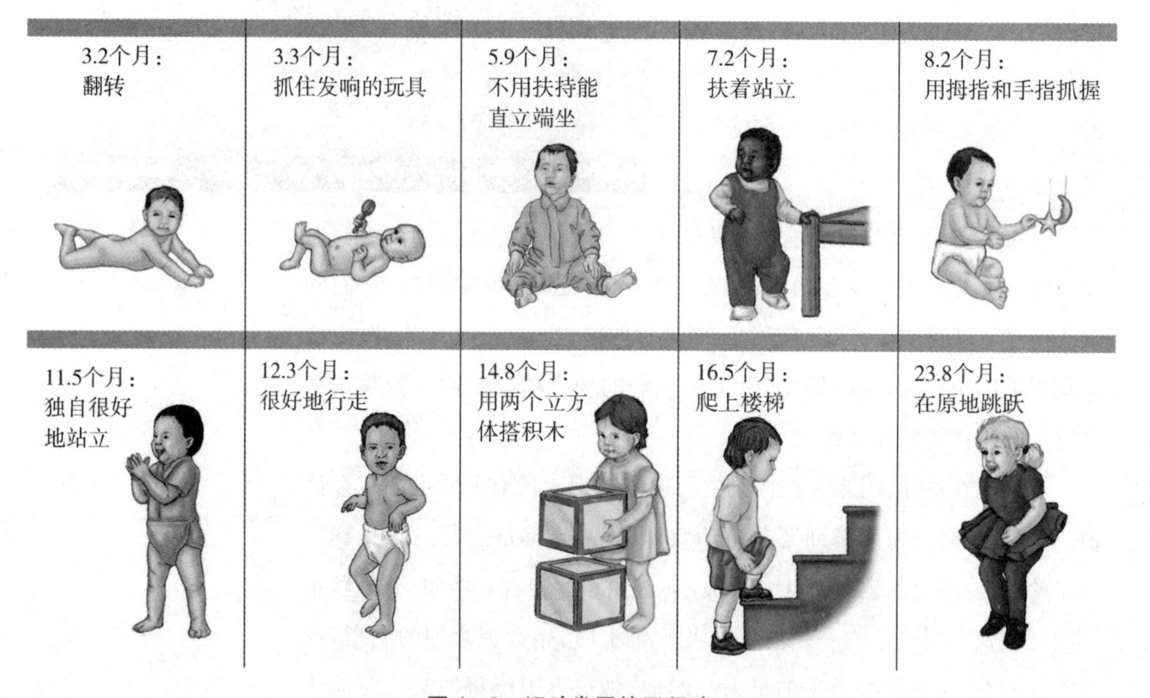

图4-8　运动发展的里程碑

在图中所标出的月份里，有50%的孩子能够完成每种技能。但是每种技能出现的具体时间很不相同。例如，四分之一的孩子在11.1个月大时就能很好地走路了；到14.9个月大时，90%的孩子走路能走得很好了。这种平均基准的知识对父母亲是有帮助还是有害处的呢？

（来源：改编自 Frankenburg et al.，1992.）

在婴儿正学着四处移动的同时，他们正完善着保持坐在一个固定位置不动的能力。刚开始，如果没有支撑，婴儿不能保持笔直的坐姿。但很快地他们就掌握了这种能力，在6个月大时，大多数宝宝在没有支撑的情况下也能坐了。

精细运动技能。当婴儿在完善基本运动能力时，例如笔直地坐着和行走，他们在精细运动技能方面也同样有所进步。例如，在 3 个月大时，婴儿表现出了一些协调四肢的能力。

此外，尽管婴儿出生时就具有伸手去勾某个物体的能力，但这种能力尚不完善，既不熟练也不精确，而且在大约 4 周大时就会消失。在 4 个月大时重新出现一种新的、更为精确地伸手去够物体的能力。当婴儿伸出手后，他们还要花一段时间才能成功地协调一系列抓握动作，但很快，他们就能够伸出手去抓那些感兴趣的东西了（Claxton, Keen, & McCarty, 2003；Claxton, McCarty, & Keen, 2009；Foroud, & Whishaw, 2012）。

婴儿展示了他的精细运动技巧。

精细运动技能的复杂性继续发展。在 11 个月大时，婴儿能够捡起掉落在地上的物体，照料者尤其需要注意如小到弹球之类的东西，因为这些物体往往就会被放到嘴里了。到 2 岁时，孩子们喝水时，可以小心地端起杯子，把它送到嘴边，且能够做到一滴不洒。

像其他动作的发展，抓握动作也遵循一个有序的发展模式，那就是简单技能被逐渐整合到更为复杂的技能中。例如，一开始婴儿用整个手去拣东西。当他们大一些了，他们就使用钳形抓握（pincer grasp）——拇指和食指形成一个圈，像钳子一样。钳形抓握使婴儿可以进行相当精确的动作控制（Barrett & Needham, 2008；Thoermer et al., 2013；Dionisio et al., 2015）。

动力系统理论：如何协调运动的发展。尽管我们很容易想到运动的发展在一定意义上是一系列个别运动成就的集合，但实际上每种技能的发展都不是凭空而来的。每一种技能（如婴儿拿起勺子放到嘴里的能力）的进步都是在其他运动能力情境中实现的（如伸出勺子和把它放回原来的地方的能力）。进一步说，运动技能在发展的同时，其他非运动技能如视觉能力也在发展。

发展心理学家埃斯特·瑟伦（Esther Thelen）已经创立了一种新的理论来解释运动技能是如何发展和协调起来的。**动力系统理论（dynamic**

动力系统理论 一种描述运动技能如何发展和被协调起来的理论。

systems theory)描述运动行为是如何被整合起来的。瑟伦所说的“整合”,指的是儿童发展中多种技能的协调,这些技能包括婴儿肌肉的发展、知觉能力和神经系统的发展,以及促使自己去做特定运动活动的动机和寻求环境支持的能力(Thelen & Bates, 2003; Gershkoff - Stowe & Thelen, 2004; Thelen & Smith, 2006)。

根据动力系统理论,在特定方面的运动发展,如开始爬行,并不是在大脑中启动“爬行程序”就能使肌肉运动驱动婴儿向前爬。相反,爬行需要协调肌肉、知觉、认知和动机。这个理论强调的是儿童的探索活动如何使他们的运动技能得以提高,这种探索活动在他们与周围的环境互动时产生了新的挑战(Corbetta & Snapp - Childs, 2009)。

动力系统理论值得注意的一点是它强调儿童自身的动机(一种认知状态)在促进运动发展上的重要性。例如,一个婴儿需要有动力去碰那些够不着的东西,才能发展这种需要他们爬过去的技能。这种理论也有助于解释不同儿童在运动能力方面表现出的个体差异,也正是接下来我们将会讨论的情况。

发展常模:个体和总体之间的比较。我们应当记住,我们前面所讨论的运动发展中里程碑的时间,都是建立在常模基础上的。**常模(norms)**就是指某一特定年龄段大样本儿童的平均成绩。它可以用来比较特定儿童的某些特殊行为的成绩与常模样本中儿童的平均成绩。

常模 某一特定年龄段大样本儿童的平均成绩。

例如,一个广泛用来测定婴儿的标准化工具是**布雷泽尔顿新生儿行为评估量表(Brazelton Neonatal Behavioral Assessment Scale,NBAS)**,这个量表是用来测定婴儿对他们所处环境的神经和行为反应的。

布雷泽尔顿新生儿行为评估量表 这个量表是用来测定婴儿对他们所处环境的神经和行为反应。

NBAS测验是对传统的阿普加测验的补充,阿普加测验是在婴儿出生后立即施测的。NBAS测验需要用的时间约30分钟,它包含27种不同的反应类别,这些反应是由4大类婴儿行为组成:与他人互动(例如警觉和拥抱)、运动行为、生理方面的控制(譬如在惊扰后是否易被安抚)以及对应激的反应(Brazelton, 1990; Canals, Fernandez - Ballart, & Espuro, 2003; Ohta & Ohgi, 2013)。

尽管这些量表(如NBAS)所提供的常模,在广泛意义上有助于提供各种行为和技能出现的时间点,但在使用它们时必须谨慎。因为常模只是一个平均数,它们掩盖了儿童获得不同成绩时潜在的个体差异。例如,有些儿童的时间点可能比大部分儿童要早。而其他完全正常的儿童,比如伊万,在预览中提到的儿童,可能会相对滞后。常模也可能隐藏了一个事实，那就是儿童之间不同行为获得的顺序也许是不同的(Boatella - Costa et al., 2007; Noble & Boyd, 2012)。

常模只有在它的数据取样范围是来自一个大的、不同层次的、多元文化的儿童样本时才有帮助。不幸的是，发展研究者曾经信赖的许多常模是取自白人主流社会和社会经济地位处于中上阶层人士的孩子。其中的原因是许多研究是在大学校园里进行的，用的是研究生和学校教职工的孩子。

如果不同文化、种族和社会群体的孩子在发展的时间点上不存在差异的话，那么这种局限也没那么关键。但是差异是存在的。例如，在整个婴儿期，非裔美国人的孩子在运动技能上的发展快于白人的孩子。而且，还有许多文化方面的显著差异，我们将在发展的多样性与生活专栏进行讨论(Gartstein, Slobodskaya, & Kinsht, 2003; de Onis et al., 2007; Wu et al., 2008)。

◎ 发展的多样性与生活

运动发展的文化维度

亚契(Ache)族的人生活在南美洲的热带雨林，婴儿的身体活动受到严格限制。因为亚契族的人是以一种游牧方式生存，住在雨林中的一些小帐篷里，空旷地带非常稀少。因此，在早年的生活中，婴儿几乎所有的时间都与他们的母亲有直接的身体接触。即使当他们不与母亲有身体触碰时，他们也只被允许在几米之内中探索。

* * *

而基普西吉族人的婴儿以一种相当不同的方式生活在非洲肯尼亚一个相对开阔的环境中。他们在生活中经常活动和锻炼。父母常尝试教他们的孩子坐直、起立，并在婴儿早期就让他们走路。例如，非常小的婴儿会被放在地上一个用来保持他们正确站立姿势的小洞里。出生8周后父母就开始教他们走路。婴儿会被扶着用脚触地，并被推着往前走。

很明显，这两个社会中的婴儿过着完全不同的生活(Super, 1976; Kaplan & Dove, 1987)。但对于亚契族婴儿那些相对缺少早期运动刺激与基普西吉族人鼓励孩子运动发展所做的努力两者中是否真的会出现不同呢?

答案不置可否。说是，是因为那些亚契族婴儿的运动发展显得相对迟缓，而基普西吉族婴儿和在西方社会中成长的儿童发展则相对较快。尽管他们的社会能力没什么不同，但亚契族儿童一般在23个月时才会走路，比典型的美国儿童晚了近一年。相反，被鼓励发展运动技能的基普西吉族儿童，坐起来和行走一般要比美国儿童早几个星期。

然而，长时间来看，亚契族儿童、基普西吉族儿童和西方儿童之间的差异消失了。在儿童大些的时候，6岁左右，所有亚契族的、基普西吉族的和西方儿童之间总的运动技能已经没有差异。

正如我们所看到的，亚契族和基普西吉族儿童运动技能发展时间的差异好像部分地依赖于父母的期望，这种期望是指在适宜的时间上出现特定的技能。例如，有一项研究调查了英格兰一个城市儿童运动技能的发展情况，研究中母亲来自不同的族裔。在这项研究中，根据她们各自孩子的几项有纪念意义的运动技能，首先评估英国、牙买加和印度母亲的期望。牙买加的母亲期望她们的孩子坐立和行走的时间显著早于英国的和印度的母亲，而这些活动出现的确切时间与母亲们的期望呈线性相关。牙买加婴儿更早掌握运动技能的来源在于父母给予孩子们的不同对待。例如牙买加的母亲在婴儿期早期就让她们的孩子练习走台阶（Hopkins & Westra，1989，1990）。

总之，文化因素有助于确定特定运动技能出现的时间。作为一种文化本质部分的活动更容易被选择用来教给他们的婴儿，从而使得这种活动更早出现（Nugent，Lester，& Brazelton，1989）。

文化因素影响运动技能发展的速度。

在一个特定的文化中，父母期望孩子能掌握一种特定技能一点也不足为奇，这些很小就被教给一些技能知识的孩子，相对于那些在没有这样的期望和训练的文化中的孩子，他们可能更早地精通这些技能。然而最大的问题是在一个特定的文化中，那些早期出现的基本运动行为是否会持续存在，并影响特定运动技能的出现以及在其他领域取得成就。关于这个争论，尚无定论。

但有一件事是可以肯定的，那就是一种技能可能在多早出现是有一定时间限制的。尽管在他们的文化中得到鼓励和训练，但1个月大的婴儿身体本身不可能站立和行走。尽管做父母的急于去加快他们孩子的运动发展，但家长们要注意“欲速则不达”这个道理。实际上，他们可以问问自己，婴儿是否有必要比他或她同龄的儿童早几个星期获得一种运动技能。

最理智的回答是“不需要”。尽管有些父母对他们的孩子开始走路比其他孩子要早一些而感到骄傲（正如有些父母可能关心是否延迟了几周），但从长远来看这种活动的适时性可能并无差异。

婴儿期的营养：促进运动技能的发展

LO 4.7　总结营养在婴儿期体能发展中的作用

当罗萨(Rosa)坐下来给孩子喂奶时又叹了口气。她今天几乎每隔一小时就去喂 4 个星期大的胡安(Juan),然而他看起来还是很饿的样子。在一些日子中,她好像一整天都只是在喂她的孩子吃奶。当她坐在她喜欢的摇椅上给孩子吃奶时,她断定"他肯定正经历一个快速成长期"。

在婴儿期,婴儿迅速的体能成长只有在得到足够的营养时才会出现。如果没有得到足够的营养,婴儿无法达到他们体能发展所能达到的潜力,并且会影响他们的认知和社会交往方面的发展(Tanner & Finn - Stevenson, 2002; Costello, Compton, & Keeler, 2003; Gregory, 2005)。

尽管对于合适的营养这个概念存在许多个体差异,也就是说婴儿在成长速率、身体构成、新陈代谢和活动水平方面有所不同,但一些广泛的指导方针还是得以支持的。普遍来说,婴儿每磅体重就需一天摄取约 50 卡路里,这个分配量是成人卡路里摄取建议的两倍(Dietz & Stern, 1999; Skinner et al. , 2004)。

然而,对于婴儿来说,计算卡路里是不必要的。大多数婴儿能够很有效地自己调节卡路里的摄取。只要他们能够消耗掉他们所摄取的,并不是被迫多吃,他们就没事。

营养不良(malnutrition)。营养不良是指因为营养量不适当,营养物质不平衡的状况,从而造成了一些不好的后果。例如,生活在发展中国家的孩子比生活在工业化富裕国家的孩子更容易出现营养不良的问题。在这些国家中,营养不良的儿童到了 6 个月大时发展的速度开始变慢。到 2 岁时,他们的身高和体重只有生活在工业化国家孩子的 95%。此外,那些在婴儿期已经是长期营养不良的儿童,后来的 IQ 测验得分较低,并且在学校的学业成绩也不好。即使这些儿童的饮食在后来得到了充分改善,那些不良的影响仍会继续存在(Ratanachu - Ek, 2003; Waber et al. , 2014)。

营养不良问题在不发达国家最为严重,那儿有将近 10% 的婴儿存在严重的营养不良(见图 4 - 9)。在一些国家,这个问题会尤其严重。例如,有 25% 的朝鲜儿童因为长期的营养不良问题而发展受到阻碍,有 4%

的儿童则存在严重营养不良问题（Chaudhary & Sharma，2012；United Nations World Food Programme，2013）。

图 4-9　人口中的营养不良

在2012—2014人口(百分比)中营养不良的分布。

(来源:World Food Programme)

然而,营养不良问题并不局限于发展中国家。在美国,约有1600万儿童,约22%,生活贫困,处于营养不良的危险中。实际上,居住在低收入家庭环境的儿童的比例在2000年以来已经在增长。总体上,在有3岁或更小的孩子的家庭中,有26%的家庭处于贫困,49%被归为低收入。并且,正如我们在图4-10中看到的,在黑人、西班牙裔和印裔美国人家庭中贫困的比率甚至更高(National Center for Children in Poverty,2013)。

教育工作者的视角

想一想为什么营养不良,一个会导致体能成长缓慢的因素,也能让智力分数和学业表现受到伤害?

多种社会服务计划,如联邦政府的协助补充营养计划(Supplemental Nutrition Assistance Program,SNAP),已被创立,目的是为了防止这类问题。通过这些计划,儿童很少成为严重的营养不良者,但由于饮食中缺乏一些东西，这些儿童仍然容易面临营养不足（undernutrition）的问题。有调查发现，在美国 1 到 5 岁的儿童中，有 1/4 的儿童每天的饮食量远远低于营养专家所建议的最低卡路里摄入量。尽管还不至于严重到营养不良，营养不足也存在长期的健康代价。例如，轻微到中度营养不足会影响儿童期的认知发展（Tanner & Finn - Stevenson，2002；Lian et al.，2012）。

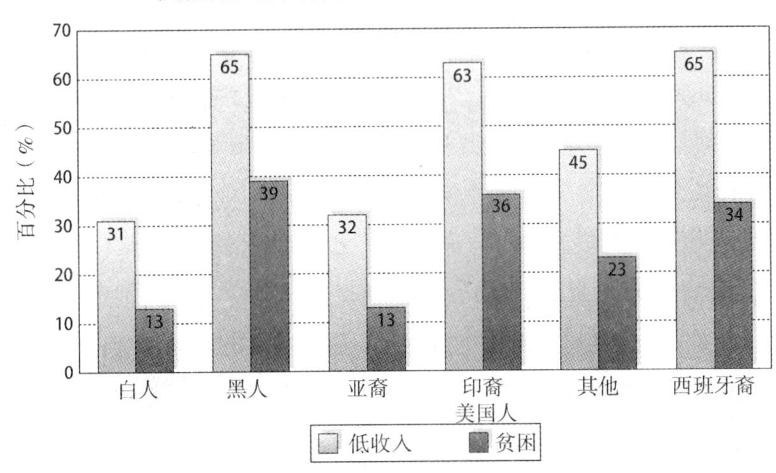

图 4 – 10　生活在贫困中的儿童

相比于白人和亚裔家庭，黑人、印裔美国人和西班裔的家庭更多地生活在贫困中。（来源：National Center for Children in Poverty at the Joseph L. Mailman School of Public Health of Columbia University，2013.）

在婴儿期严重的营养不良可能会导致严重的失调。在 1 岁里出现营养不良会导致人消瘦（marasmus），这是一种会使婴儿停止生长的疾病。消瘦是由于吸收的蛋白质和热量严重不足造成的，会导致身体日益瘦弱并最终导致死亡。而再大一点的儿童则容易得夸休可尔症（kwashiorkor），这是一种因恶性营养不良而导致儿童的胃、四肢和脸水肿。那些得夸休可尔症的儿童好像很胖。然而这是一种错觉，实际上那些儿童的身体正在因为缺乏营养而苦苦挣扎（Douglass & McGadney-Douglass，2008）。

早期的营养不良会导致IQ分数偏低，即使在后来的饮食有所改善也无法改变这种状况。那怎样才能克服这样的不足呢？

在有些情形中，尽管婴儿的营养充分，但他们看起来好像因缺少食物而得了消瘦病，表现为发育迟缓、情绪低落、兴趣缺乏。但真正的原因是情感方面的：他们缺乏足够的关爱和情感支持。像这样诸如**非器质性发育不良（nonorganic**

非器质性发育不良 由于缺乏父母的刺激和关注，所导致的儿童停止发育的一种失调。

failure to thrive)的事件中，儿童停止发育并不是由生理原因造成的，而是由于缺乏来自父母的刺激和关注。这种现象常常出现在18个月大时，非器质性发育不良可以通过加强对父母的培训，或把儿童养在能够得到情感支持的收养家庭而得到改善。

肥胖(Obesity)。婴儿期营养不良对婴儿造成潜在的危险后果显而易见。然而，肥胖造成的影响还不是特别清楚。肥胖是超过特定身高个体标准体重的20%。

在还没有发现婴儿期肥胖和青春期肥胖有明显的关联时，一些研究显示婴儿期过量饮食会导致产生额外的脂肪细胞，这种细胞在体内永久存在并容易诱发体重超标。婴儿期的体重与儿童6岁时的体重以及成人肥胖有联系，说明婴儿期的肥胖可能最终与成人时的体重问题有关联。然而，还没有找到婴儿超重与成人超重之间明确的联系线索(Taveras et al., 2009; Carnell et al., 2013; Murasko, 2015)。

尽管婴儿肥胖与成人肥胖相联系的证据还没有最终的结论，但显而易见关于“胖婴儿健康”这一在社会中广为流传的观点是错误的。的确，对于食物的文化迷思很明显会导致过度喂食。但是，其他因素和婴儿期的肥胖也有着关联。例如，剖腹产婴儿变肥胖的可能性是顺产婴儿的两倍(Huh et al., 2011)。

鉴于父母缺乏婴儿肥胖的清晰概念，他们更少关心婴儿体重而多注重于给婴儿充足的营养。但什么是适当的营养？或许最大的问题围绕着是否应该给予婴儿母乳喂养还是添有维生素并经过加工的牛奶，这就是下一部分所要讨论的。

母乳喂养还是人工喂养？

LO 4.8 总结在婴儿期中母乳喂养的益处

50年前，如果有母亲向儿科医生询问母乳喂养好还是人工喂养好，她会得到一个简单而明了的答案：人工喂养是受欢迎的方法。从20世纪40年代开始，儿童护理专家普遍认为母乳喂养过时了，这种方法会导致儿童面临不必要的危险。

父母通过人工喂养可以知道婴儿摄入的牛奶量，因此可以确保婴儿摄入充足的营养。相反，使用母乳的母亲不能确定孩子摄入多少奶水。用人工喂养也可以帮助母亲实行那个年代所推荐的每4个小时一瓶牛奶的严格程序。

然而，当今母亲对此问题可能得到截然不同的答案。儿童护理专家赞成：生命最初的 12 个月，对于婴儿，再没有比母乳更好的食物了。母乳不仅提供婴儿生长必需的所有营养，而且好像也提供抵抗不同儿童疾病的免疫力，例如呼吸道疾病、耳朵感染、腹泻和过敏。相较于人工喂养的婴儿，4 个月的母乳喂养就减少了平均 45% 的感染，这样的感染减少对于母乳喂养了 6 个月大的婴儿而言达到 65%。母乳比牛奶或其他调制品更容易吸收，母亲喂养起来很方便。有一些证据甚至表明母乳可以促进婴儿的认知发展，到成年时有更高的智力（American Academy of Pediatrics, 2005; Duijts et al., 2010; Julvez et al., 2014）。

母乳喂养在提供母亲和孩子间的情感交流方面有明显的优势。大部分母亲在谈到母乳喂养的经历时，所带来的是与孩子在一起的幸福感和亲密感，可能是由于母亲大脑产生内啡肽的缘故。母乳喂养的婴儿在哺乳过程中更容易对母亲的抚摸和凝视有反应，并且能够安静下来。正如我们会在第 7 章所看到的，这种互动反应会促进良好的社会性发展（Gerrish & Mennella, 2000; Zanardo et al., 2001）。

"I forgot to say I was breast-fed."
“我忘了说我是被母乳喂养的。”

母乳喂养也可能对母亲的健康有益。比如，有研究表明，使用母乳喂养的妇女在更年期前患卵巢癌和乳腺癌的比例更低。而且，在哺乳期间产生的激素有助于妇女在产后缩小子宫，使她们恢复到孕前体形。这些激素也可以阻止排卵，减少（但不是排除！）再次怀孕的可能，从而有助于增加孩子出生之间的间隔（Kim et al., 2007; Pearson, Lightman, & Evans, 2011; Kornides & Kitsantas, 2013）。

母乳喂养并不能解决婴儿营养和健康的所有问题，许多人工喂养的孩子也不应该担心他们会遭受不可弥补的危害。（近来的研究认为，获得充裕的人工喂养的婴儿表现出的认知方面的发展比只用传统人工喂养的方式的婴儿要好。）但是越来越清楚的是，那些倡导使用母乳喂养的口号就目标来看是正确的："母乳喂养是最好的"（Auestad et al., 2003; Rabin, 2006; Ludlow et al., 2012; 同时见从研究到实践专栏）。

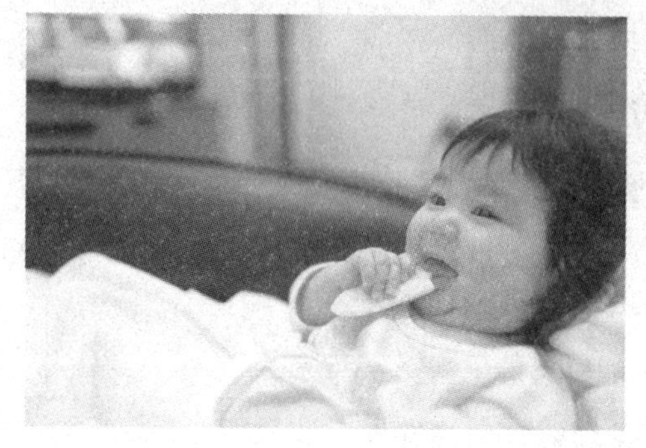
婴儿通常在4至6个月时开始吃固体食物，然后逐渐地吃多种不同的食物。

引入固体食物：什么时候？吃什么？ 虽然儿科医生赞同母乳是最初的理想食物，但是在某个阶段婴儿需要比母乳可以提供更多的营养。美国儿科学会和美国家庭医生学会建议，虽然婴儿直到9至12个月才需要固体食物，但是婴儿在6个月左右就可以开始食用了（American Academy of Pediatrics, 2013）。

为了了解婴儿的偏好和是否过敏，固体食物每次一点，逐渐引入婴儿膳食中。虽然顺序对于每个婴儿来说各不相同，但是大部分时候婴儿应首选谷类，其次是水果，最后是蔬菜和其他食物。

逐渐停止母乳或者人工喂养，断奶（weaning）的时间各不相同。在发达国家如美国，一般早在婴儿3个或者4个月时就断奶了。然而有一些母亲继续使用母乳喂养直到两三岁。美国儿科学会建议婴儿应该在前12个月中接受母乳喂养（American Academy of Pediatrics, 1997; Sloan et al., 2008）。

◎ 从研究到实践

母乳喂养的科学

考虑到母乳喂养是婴儿的主要营养来源，你可能认为很早之前科学界已经仔细地考察了母乳的成分以及它是如何被吸收和使用的。长久以来，出乎意料地，事实上并不是这样的。一直到近期，研究者才密切注意母乳，并且他们发现它意外地复杂。

科学家现在明确知道母乳不仅仅是食物。即使理解还不那么全面，它在免疫系统中的角色早已被认可，因为长久以来的观察是，母乳喂养婴儿的死亡率要比人工喂养婴儿的低。母乳包含复杂的碳水化合物，被称为低聚糖。人类消化不了这些低聚糖，但细菌可以。母乳能够养育细菌，而这些细菌普遍上能使人类的肠道更加健康发展以及提供重要的保护功能。结果是，这些低聚糖非常地特定，只有一个品种的细菌，叫婴儿双歧杆菌，具有所有必要的酶来消化它们，使得这个品种显然得以比其他居住在人类肠道的细菌影响得更多。

什么导致婴儿肠双歧杆菌那么特别呢？一方面，它能够排除其他的细菌，包括那些难以控制的潜在的有害病原体，因为它们消化不了低聚糖。它也提供一些能够选择性促进其他有益细菌成长的物质（Ward et al., 2007; Gura, 2014）。

母乳还是人工喂养？虽然婴儿从母乳或人工喂养中得到了足够的营养，大多数权威者认同“母乳是最好的”。

甚至在近期，研究者发现婴儿的肠胃会比以往认为的有更弱的酸性和更少的酶。相反，它们吸收蛋白质的能力只局限于很少的品种，并且这所有的品种都能在母乳中获得。实际上，奶本身提供某种不活跃的酶，这种酶是需要被婴儿吸收或消化的，从而能在肠胃的环境中变得活跃。然而在某一点上，母乳确保了自身易于被消化的能力。俗话说，母乳在很多形式中都比人们所认为的更好，是最好的应用，未来的研究可以揭开更多的奥秘（Dallas et al., 2014）。

共享写作提示

一个针对早产婴儿主要的健康风险是肠道被有害的细菌所感染，但是婴儿双歧杆菌的引入还没有成功防止这一切。你觉得为什么会这样呢？

模块4.2 复习

- 反射是普遍的、遗传获得的身体行为。
- 在婴儿期，孩子们的体能发展会以一个大致相同的时间表到达一系列发展的里程碑，同时存在一些个体差异和文化差异。训练和文化期望影响运动技能的发展时间。
- 营养强烈地影响体能发展。营养不良会引起发育迟缓，影响智力表现，并且导致疾病的产生，如消瘦和夸休可尔症。营养不足的受害者也会遭受负面影响。
- 母乳的好处很多，对婴儿有包括营养、免疫力、情绪和体能方面的益处，对母亲的身心也都有好处。

共享写作提示

应用毕生发展：当你的朋友说她的孩子14个月大了还不会走路，而别的孩子1岁就开始走路了，你能给她什么样的建议？

4.3 感知觉的发展

心理学的奠基人之一，威廉·詹姆斯（William James）认为婴儿的世界是“极其混乱的”（James, 1890/1950）。他的看法正确吗？

如果是这样，那么他是自作聪明。新生儿的感官世界缺乏像我们成人那样用于区别事物的清晰度和稳定性，但是日复一日，随着婴儿感知和觉察环境能力的增长，他们越来越能理解外部世界。事实上，正如我们会在这章中看到的，婴儿在充满着愉快感觉的环境中茁壮成长。

视知觉：看世界

LO 4.9 描述婴儿的视知觉能力

感觉 是感觉器官对物理性刺激的反应。

知觉 是分类、解释、分析和整合来自感觉器官和大脑的刺激的心理过程。

婴儿理解他们周围环境的过程就是感觉和知觉。**感觉（sensation）**是感觉器官对物理性刺激的反应，而**知觉（perception）**是分类、解释、分析和整合来自感觉器官和大脑的刺激的心理过程。

观看视频 婴儿的知觉

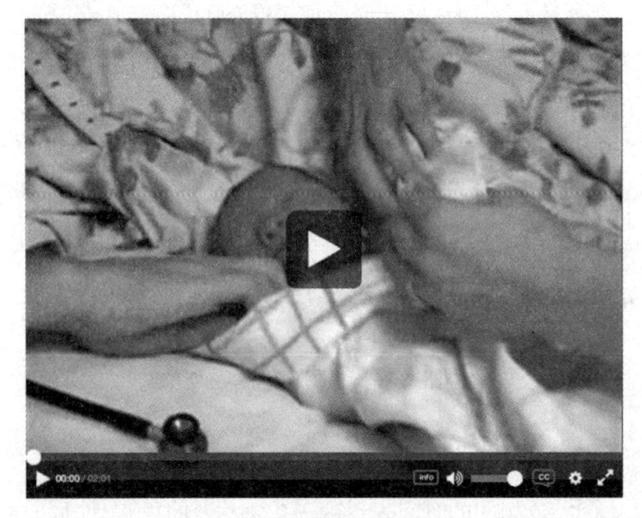

研究婴儿在感觉和知觉领域的能力对研究者的智力提出了挑战。研究者们已经开发了许多程序来理解不同领域的感觉和知觉。举个例子，李恩格（Lee Eng），一个典型的婴儿。从李恩格出生开始，每个人见到他都感觉到他在有意识地注视他们。他的眼睛好像见过这些来访者，这双眼睛好像是能深深感知到注视他的这些人的脸庞。

事实上，李恩格的视觉好到能够在周围的环境中识别什么吗？至少是在眼前的事物他能识别多一些。根据一些估计，一个新生儿视觉距离的范围在20/200到20/600之间，这意味着婴儿在20英尺处能看到事物，就像正常视力的成人在200英尺到600英尺处能够看到的一样（Haith, 1991）。

这些数据表明，婴儿的视力范围是一般成人的1/10到1/3。这是一个很不错的结果，其实，新生儿的视力与很多戴眼镜或隐形眼镜的视力不太好的成人有着同样的视敏度。（如果你戴着眼镜或隐形眼镜，摘下它们时就可以知道婴儿所看到的世界是怎么样的。）而且婴儿的视力会变得越来越精确。6个月大时，一般婴儿的视力已经达到20/20——也就是说，达到了成人的视力（Cavallini, Fazzi, & Viviani, 2002; Corrow et al., 2012）。

其他的视觉能力也发展得很快。例如双眼视觉(binocular vision)在大约 14 周时发育成熟,这是把来自两只眼睛的成像结合起来得到有关深度和运动方面信息的能力。而在此之前婴儿是不能整合来自双眼的信息的。

一个婴儿的视力比一般成人的视力要弱，新生儿的视力与很多戴眼镜或隐形眼镜的视力不太好的成人有着同样的视敏度。

深度知觉是非常有用的视觉能力,它能帮助婴儿获得有关高度的知识,避免跌落。在由埃莉诺·吉布森(Eleanor Gibson)和理查德·沃克(Richard Walk)(1960)所做的经典研究中,婴儿被放置在一块很厚的玻璃板上。玻璃板下中间的那层印有方格子图案,使婴儿感觉像是在一块稳当的地板上。然而,在玻璃板的中间,那方格子图案与地面形成几十厘米的落差,形成了明显的"视崖(visual cliff)"。吉布森和沃克提出的问题是,当母亲召唤婴儿的时候,他们是否会愿意爬过这个悬崖?(见图 4-11。)

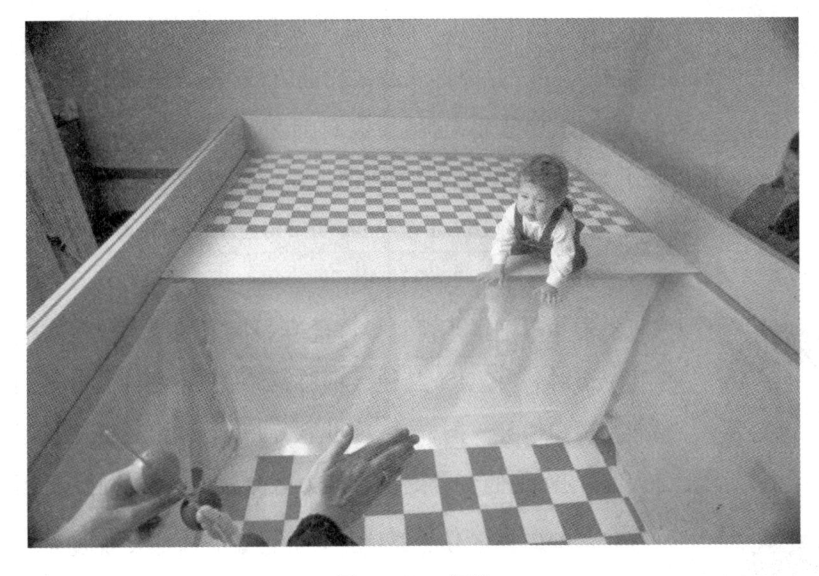

图 4-11　视崖

"视崖"实验考察的是婴儿的深度知觉能力。许多 6 到 14 个月大的婴儿不会爬过悬崖,这显然是对那方格子图案有落差所做出的反应。

结果是很明显的,研究中许多 6 到 14 个月大的婴儿不会通过"视崖"。显然,在这个年龄段的大多数婴儿的深度觉察能力已经发展成熟。另一方面,由于只有在婴儿已经学会爬行后才能施测,这个实验没有明确指出深度视觉是在什么时候产生的。但在其他实验中,把 2 到 3 个月大的婴儿俯卧在地板和"视崖"上,结果揭示出在这两个位置上婴儿的心

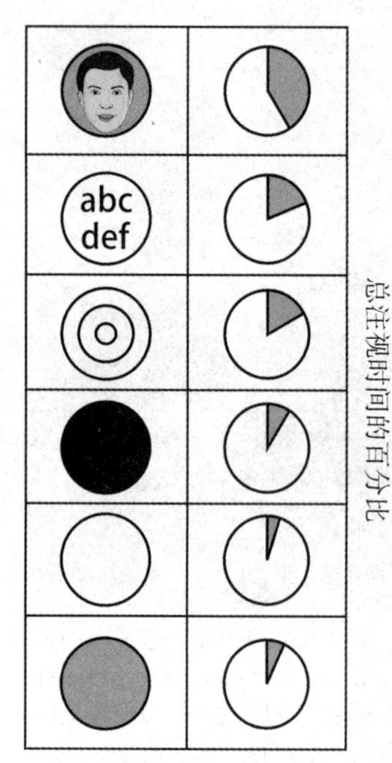

图4-12　对复杂性的偏好

在一个经典实验中，研究者罗伯特·范茨发现2—3个月大的婴儿更喜欢看复杂的刺激，而不是简单刺激。

（来源：改编自Fantz, 1961.）

律有所不同（Campos, Langer, & Krowitz, 1970; Kretch & Adolph, 2013; Adolph, Kretch, & LoBue, 2014）。

当然，重要的是应该记住，这些研究结果并不能让我们知道婴儿是对深度本身反应，还是由于婴儿从一个没有深度到有深度的地方移动时，仅仅是对视觉刺激改变的反应。

婴儿从出生时就表现出明显的视觉偏好。给婴儿一个选择——带图案的视觉刺激和简单点的刺激，它更喜欢前者（见图4-12）。我们是怎么知道的呢？发展心理学家罗伯特·范茨（Robert Fantz）（1963）发明了一个经典测验。他造了一个小隔间，让躺在里面的婴儿可以看到上面成对的刺激。范茨通过观察婴儿眼睛上所反射的物体来判断他们正在看什么。

范茨的工作推动了大量婴儿视觉偏好研究的开展，其中的大多数研究说明了一个重要的结论：婴儿天生对某些特殊刺激有偏好。例如，出生后几分钟的婴儿对不同刺激的特定颜色、形状和结构有偏好。他们喜欢曲线而非直线，喜欢三维图形而非二维的，相对于其他非人脸脸，他们更喜欢人脸。这种能力，可能反映了大脑中存在专门化的细胞对特定的模式、方位、形状和运动方向进行反应（Hubel & Wiesel, 2004; Kellman & Arterberry, 2006; Gliga et al., 2009）。

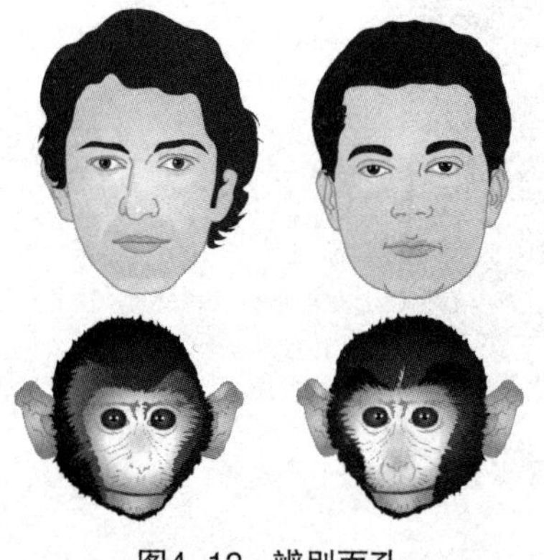

图4-13　辨别面孔

在某项研究中使用了图中的面孔。研究发现，婴儿在6个月大时区分人类面孔和猴子面孔的能力同样好，然而当婴儿9个月大时，他们区分猴子面孔的能力差于人类面孔的能力。

（来源：Pascalis, de Haan, & Nelson, 2002,p. 1322.）

遗传并不是婴儿视觉偏好的唯一决定因素。仅仅在出生几个小时后，相对于其他人的脸，婴儿已经对自己母亲的脸产生视觉偏好。同样地，婴儿在 6—9 个月大时更擅长区分人脸，同时他们变得更没有能力区分其他物种的脸（见图4-13）。他们也区分出男性与女性的脸。这些发现提供了另一个清晰的证据——遗传和环境因素如何交织共同决定婴儿的能力（Ramsey-Rennels & Langlois, 2006; Valenti, 2006; Quinn et al., 2008; Otsuka et al., 2012）。

听知觉：声音的世界

LO 4.10　描述婴儿的听觉感知觉能力

母亲的催眠曲是如何抚慰一个哭闹、焦躁的婴儿？在我们考察婴儿听力感知觉的时候可以得到一些这方面的线索。

婴儿在出生时就能听到声音,甚至更早。正如我们在第 2 章中提到的,听的能力在出生之前就开始了。即使在子宫里,胎儿对母亲体外的声音也有反应。而且,婴儿天生具有对特定声音组合的偏好(Trehub, 2003; Pundir et al., 2012)。

因为婴儿在出生前就有一些听力练习,出生后他们有很好的听力觉察那是很自然的事了。事实上,婴儿对某些高频和低频的声音比成人都更敏感,这种敏感性似乎在出生后的前两年是在增加的。另一方面,最初婴儿对中等频率的声音不如成人敏感,但最后他们这方面的能力有所提高(Fernald, 2001; Lee & Kisilevsky, 2014)。

在婴儿期,是什么导致他们对中频声音敏感性的提高还不是很清楚,尽管这可能与神经系统发育成熟有关。更令人困惑的是,过了婴儿期,为什么儿童对高频和低频的听觉能力逐渐下降了。一种可能的解释是处于高水平的噪声中可以降低这种听极端范围声音的能力(Trehub et al., 1989; Stewart, Scherer, & Lehman, 2003)。

除了觉察声音,婴儿需要一些其他能力来进行更有效的倾听。例如,声音定位(sound localization)使我们确定声音来自哪个方向。相对于成人,婴儿在精确的声音定位方面还有些欠缺,因为有效的声音定位需要在一个声音到达我们的双耳时,利用声音的细微差异来区分。右耳首先听到声音说明声音源头在我们右边。由于婴儿的头比成人的小,所以同样的声音到达两只耳朵的时间差小于成人的,因此他们在定位声音时存在困难。

尽管由于头小而导致的局限之外,婴儿的声音定位能力在出生时就已经相当好了,并且在 1 岁时就成功达到了正常成人的水平。有趣的是,这种能力的提高并不稳定:尽管我们不知道其中的原因,但是有研究表明,声音定位的准确性在出生到 2 个月之间实际上是下降了的,随后又开始上升(Clifton, 1992; Litovsky & Ashmead, 1997; Fenwick & Morrongiello, 1998)。

婴儿可以区分几组不同的声音,也就是说他们对声音的发音模式和其他的听觉特征的感知能力相当地好。例如,婴儿在 6 个月大时就可以察觉有 6 个声调的旋律中单个音符的变化,他们也能察觉音调和节拍的变化。总之,他们热衷于听父母亲所唱催眠曲的旋律(Phillips - Silver & Trainor, 2005; Masataka, 2006; Trehub & Hannon, 2009)。

对于婴儿最终成功地立足于世界来说更重要的方面是,他们有能力很好地区分那些将来需要理解的语言（Bijeljac - Babic, Bertoncini, & Mehler, 1993；Gervain et al., 2008）。例如，在一个经典研究中，给一组1到4个月正在吃奶的婴儿在每次吃奶时播放一个人说“ba”的录音（Eimas et al., 1971）。开始时他们对于声音的兴趣促使他们更有力地吮吸。随后，很快地，他们渐渐习惯于声音（整个过程叫习惯化，具体讨论见第3章），吮吸不像刚才那样有力了。另一方面，当实验者把录音改换成“pa”音时，婴儿立刻表现出新的兴趣并且再次有力吮吸。这个明显的结论是，即使1个月大的婴儿也可以区分两个相似的声音（Miller & Eimas, 1995）。

在4个月大时，婴儿可以区分自己的名字与其他名字、相似的发音和词。那什么样的方式使得婴儿能够把他或她的名字与其他的单词区分开来呢？

更有趣的是，婴儿可以区分不同的语言。到4个半月大时，婴儿可以区分自己的名字与其他发音与自己名字相似的声音字。5个月大时，婴儿能区分英语和西班牙语段落的差异，即使这两种语言的长度、音节数目以及语速都相似。一些证据表明，与其他语言相比，即使是2天大的婴儿也偏好于他们周围常说的语言（Rivera - Gaziola, Silva - Pereyra, & Kuhl, 2005；Kuhl, 2006；Palmer et al., 2012；Chonchaiya et al., 2013）。

假如婴儿具有可以区分两个只有细微差异的辅音字母的能力，那么他们能区分不同人的声音也就不足为奇了。实际上，婴儿在早期就清楚地表现偏好某些声音。例如，在一个实验中，婴儿吃奶时会播放一段人声讲故事的录音。如果这段录音是母亲的声音，那么婴儿吃奶的时间要显著长于放陌生人声音的录音时吃奶的时间（DeCasper & Fifer, 1980；Fifer, 1987）。

这种偏好是如何产生的呢？一种假设是，在出生以前胎儿总是听到母亲的声音是关键所在。为了支持这种推测，研究者指出这样一个事实——与其他男性的声音相比，新生儿并没有表现出对自己父亲的声音有偏好。此外，相对于在婴儿出生之前母亲没有唱过的旋律，新生儿更喜欢听在他们出生之前母亲唱过的旋律。尽管胎儿被子宫的液态环境包围着，但看起来出生之前听到母亲的声音有助于形成婴儿的听觉偏好（DeCasper & Prescott, 1984；Vouloumanos & Werker, 2007；Kisilevsky et al., 2009；Jardri et al., 2012）。

嗅觉和味觉

LO 4.11　描述婴儿的嗅觉和味觉能力

当婴儿闻到臭鸡蛋味时他们会怎么做？就像成人的表现，皱起鼻子，看起来很不愉快的样子。另一方面，婴儿在闻到香蕉和黄油的味道时会产生愉快的反应（Steiner, 1979; Pomares, Schirrer, & Abadie, 2002）。

婴儿的嗅觉非常发达，他们仅凭嗅觉就能辨别出他们的母亲。

即使很小的婴儿，味觉发展得也已经很好了，至少一些12到18天大的婴儿可以只根据气味分辨出自己的母亲。例如，在一个实验中，让婴儿去闻前一天晚上放在成人腋窝的薄纱布。采用母乳喂养的婴儿能将母亲的气味与其他成人的气味区分开来。然而，并不是所有婴儿都能这么做，那些采用人工喂养的婴儿无法做出这种区分。而且，无论是母乳喂养还是人工喂养的婴儿都不能区分出他们父亲的气味（Mizuno & Ueda, 2004; Allam, Marlier, & Schaal, 2006; Lipsitt & Rovee-Collier, 2012）。

婴儿好像特别喜欢甜食（即使在他们有牙齿之前），并且当他们尝到苦的味道时，会有厌恶的表情。在很小的婴儿的舌头上放一点有甜味的液体时，他们会微笑。如果在瓶子上抹些甜味的东西他们也会使劲地吮吸。既然母乳是甜的，这种味觉上的偏好可能是我们演化过程中遗传的一部分，之所以保留下来是因为这种偏好提供了有利于生存的条件。那些偏爱甜食的婴儿比其他婴儿可以得到更充足的营养从而存活下来（Steiner, 1979; Rosenstein & Oster, 1988; Porges, Lipsitt, & Lewis, 1993）。

婴儿味觉偏好的发展也是基于在子宫里的时候母亲所喝的东西。例如，一个研究发现在孕期常喝胡萝卜汁的孕妇，她们的婴儿对胡萝卜的味道就有一定的偏好（Mennella, 2000）。

对疼痛和触摸的敏感性

LO 4.12 描述婴儿的疼痛和触觉的本质

在埃利·罗森布莱特（Eli Rosenblatt）8天大时，他参加传统的犹太教割礼。躺在他父亲的怀里，他的阴茎的包皮被割掉了。尽管他那焦虑的父母认为埃利因为疼痛而尖叫，但他很快安定下来并进入了梦乡。其他观察这个仪式的人们向埃利的父母保证说，在他这样的年龄时躯体不会真正体验到疼痛，至少不会像成人那么疼。

埃利的亲戚们说那些较小的婴儿不会感受疼痛是对的吗？在过去，许多医生会同意这种说法。由于他们假定婴儿不会体验到这种令人焦虑的疼痛，许多内科医生进行常规的医疗操作，甚至在一些外科手术中，一点也不用止痛剂或者麻醉药。他们认为，用麻醉药的风险比婴儿所体验的潜在疼痛更危险。

关于婴儿痛觉的当代观点。今天，众所周知，婴儿天生就具有感受疼痛的能力。显然，没人能确定婴儿所承受的疼痛是否与成人相同，我们也不能说一个朋友在抱怨头痛时所经历的疼痛会比我们自己在头痛时经历的疼痛严重或轻微。我们所知道的是疼痛会给婴儿带来痛苦。当他们受伤时，他们心跳加快、出汗、面部表情痛苦以及哭声的强度和声调也变了（Kohut & Pillai Riddell, 2008；Rodkey & Riddell, 2013；Plkki et al., 2015）。

那些对疼痛的反应好像有一个发展的过程。例如，用于血液检验，一个新生儿的脚踝被扎破抽血，他们的反应会很痛苦，但是要在数秒钟后才有反应。相反，仅在几个月后进行同样的程序，他们就会立刻有反应。这种延迟反应有可能是由于婴儿发育不完善的神经系统传导信息速度较慢造成的（Anand & Hickey, 1992；Axia, Bonichini, & Benini, 1995；Puchalski & Hummel, 2002）。

对于新生儿来说，触觉是一个高度发育成熟的感觉系统。

通过对大鼠的研究，认为在婴儿期经历疼痛可能导致神经系统形成某种永久的环路，以至于在成年期对疼痛变得更敏感。这些结果表明，需要经历大量疼痛的医学治疗和检验的婴儿在长大以后可能对疼痛更加敏感（Ruda et al., 2000；Taddio et al., 2002；Ozawa et al., 2011）。

越来越多的人支持这种说法——婴儿所经历的疼痛以及这种影响可能会持续很长一段时间，对此，医学专家现在认可手术中使用麻醉药和止痛剂，即使是最小的婴儿也不例外。根据美国儿科医生学会，在许多外科手术中——包括包皮环切术，麻醉是适用的（Sato et al., 2007；Urso,

2007；Yamada et al.，2008；Lago，Allegro，& Heun，2014）。

对触摸的反应。很明显不能用针刺疼痛来引起婴儿的注意力。即使是最小的婴儿对温和的触摸都有反应，比如轻柔的抚摸，可以使一个哭闹、焦躁的婴儿安静下来（Hertenstein & Campos，2001；Hertenstein，2002；Gitto et al.，2012）。

对于新生儿来说，触觉是一个高度发育成熟的感觉系统，它也是首先发育的感觉系统之一。有证据表明在怀孕32周后，整个身体对触摸就已经很敏感了。而且，婴儿在出生时已有一些基本反射，比如定向反射，需要对触摸刺激的敏感才可以完成：婴儿必须能在嘴巴周围感知触觉，以自动找到乳头吃奶（Haith，1986；Field，2014）。

婴儿感受触摸的能力对他们努力探索世界很有帮助。一些理论家认为，触觉是婴儿获取有关这个世界信息的一种方式。像在前面曾提到过的，6个月大的婴儿容易把任何东西放在嘴巴里，通过他们嘴巴的感觉反应感受其结构而得到相应的信息（Ruff，1989）。

此外，正如我们在第3章中已经讨论的内容，触觉对有机体将来的发展起着很重要的作用，因为它引起一种复杂的化学反应，可有助于婴儿生存。例如，轻柔的抚触按摩可以刺激婴儿大脑特定化学物质的产生，从而促进生长。触摸也和社会性发展相关。实际上，大脑似乎早对缓慢、温柔的触摸有积极的反应（Diego，Field，& Hernandez - Reif，2008；2009；Gordon，2013；Ludwig & Field，2014）。

多通道知觉：综合多个单通道的感觉输入

LO 4.13 总结知觉的多通道路径

当艾瑞克·佩提格鲁（Eric Pettigrew）7个月大时，他的祖父母送给他一个吱吱响的橡皮玩具。他一看到它，就伸出手来一把抓住，并在它吱吱响时仔细听着。他看起来相当满意这个礼物。

观察艾瑞克对玩具的感觉反应的一种方式是分别集中注意每一种感受。对于艾瑞克而言，它看起来像什么？在他手里的感觉怎么样？它听起来像什么？实际上，就是这种途径支配着婴儿感知觉的研究。

但我们来考虑其他途径，我们可以考查不同的感觉通道的反应是如何彼此整合起来的。我们可以考虑这些反应是怎样一起工作的，以及如何被连接起来成为艾瑞克最终的行为反应，而不是只考虑每一种单个感

多通道知觉途径 考察如何整合和协调由各种不同的单个感觉系统接收的信息。

觉通道的反应。**多通道知觉途径(multimodal approach to perception)**考察如何整合和协调由各种不同的单个感觉系统接收的信息(Farzin, Charles, & Rivera, 2009)。

健康保健工作者的视角

那些一出生就不用某一种感觉的人往往在一种或多种其他的感觉中发展出不寻常的能力。健康保健工作者怎么样帮助那些缺少一种特定感觉的婴儿?

在研究婴儿如何理解他们所感知世界的过程中,尽管多通道途径是一种相对较新的研究方式,但它引起了一些关于感知觉发展基础的争论。例如,一些研究者认为婴儿期一开始时,感觉就彼此整合了,另一些研究者则坚持婴儿的感觉系统最初呈分离状态,是脑的发展导致整合增加(Lickliter & Bahrick, 2000; Lewkowicz, 2002; Flom & Bahrick, 2007)。

我们还不知道哪种观点是正确的。然而,婴儿在早期已经能够把那些通过一个感觉通道得知的一个物体与另一个感觉到得到的信息关联起来。比如,即使1个月大的婴儿也能认出某个物体,就算这个物体之前只曾放进过他们的嘴里而没有见过(Steri & Spelke, 1988)。毫无疑问,出生后一个月,可能已经有了一些不同感觉通道之间的交流。

功能可供性 特定情境或刺激提供的行为可能性。

婴儿在多通道知觉方面的能力显示了婴儿复杂的知觉能力,这种能力在婴儿期一直在发展。婴儿对**功能可供性(affordances)**的发现,即一种情境或刺激可以提供的行为可能性,有助于这种知觉的发展。例如,婴儿知道当他们走陡坡时可能会摔倒:即斜坡产生了使人摔倒的可能。这样的知识在对婴儿从爬行到走路的转变中是重要的。同样地,婴儿知道,如果没有准确抓握的话,某些形状的物体会从他们的手里掉下去。例如,艾瑞克正在尝试多种方式玩他的玩具,他可以抓它或压它,听它吱吱响的声音,如果他正在长牙齿的话,他甚至可以舒服地咬它(Wilcox et al., 2007; Huang, 2012; Rocha et al., 2013; 也见"你是发展心理学知识的明智消费者吗?")。

◎ 你是发展心理学知识的明智消费者吗?

锻炼你孩子的身体和感官

回顾文化预期和环境是如何影响各种体能发展里程碑出现的年龄,例如第一步的迈出。当大部分专家认为企图加速婴儿体能和感知觉发展的努力没有什么结果的同时,父母应该确保他们的婴儿接受充足的体能和感觉刺激。下面有一些具体方法能够达到这样的目标:

- **把婴儿放在不同位置。** 在后面背着;在前面的挎包里裹着;像抱足球一样把婴儿的头放在手掌里,脚放在你胳膊上。这样可以让婴儿从不同的角度来观察这个世界。
- **让婴儿探索他们周围的环境。** 不要让他们在一个单调贫乏的环境里待太长时间。先把周围的危险物品移走,让婴儿处在一个相对安全的环境中,让他们到处爬行。
- **参加一些不暴力的打闹游戏。** 摔跤、跳舞、在地板上旋转是好玩的活动且能刺激稍大点儿婴儿的运动和感觉系统。
- **让婴儿碰他们的食物,即使是拿着玩。** 餐桌礼仪的学习对于婴儿期而言还过早。
- **给婴儿提供能刺激感觉的玩具,尤其是那些可以同时刺激多个感官的玩具。** 例如,颜色鲜明、局部会动的玩具会更好玩,并且有助于提高婴儿的感觉能力。

模块 4.3 复习

- 婴儿感觉能力在出生时或出生后不久就发育得非常好了。他们的知觉帮助他们探索和开始理解这个世界。婴儿很早就能感知到深度和运动、区分颜色和图案以及表现出清楚的视觉偏好。
- 婴儿在出生之时,甚至更早以前,就能够倾听。还处于非常小的时候,婴儿能够对声音产生定位和区分以及辨认他们母亲的声音。
- 婴儿对于气味的嗅觉有很好的发展,其中许多可以单凭嗅觉区分他们的母亲。婴儿有天生的味觉偏好,偏好于甜味以及当他们尝到苦的东西就会表现得厌恶。
- 婴儿对疼痛和触摸很敏感,现在大多数医学权威人士支持使用包括麻醉药等手段来减低婴儿的疼痛。
- 婴儿也有能力去整合来自不同感觉器官的信息。

共享写作提示

应用毕生发展:包裹婴儿的优缺点有哪些？包裹,是一种让宝宝依偎和包裹在一张被单里,而这通常能安抚婴儿吗?

结语

在这一章,我们讨论了婴儿体能发展的性质和速度,脑和神经系统不太明显的成熟速度以及婴儿发育模式和状态的规律。

然后我们了解了运动发展、反射的发展和作用、在影响运动发展的速度和形式时环境的作用以及营养的重要性。

在本章结尾我们学习了感觉,以及婴儿整合多种感觉通道信息的能力。

稍微回忆一下本章开头描述伊万·考夫曼不稳定的睡眠和饮食模式,并且来回答这些问题。

1. 伊万的父母想知道他是否能睡一整晚。对于在婴儿期中节律的发展,你可以告诉他们什么来向他们肯定他们的儿子最终将遵循常规行为？

2. 伊万的母亲提到她已经没有办法哄着她的儿子了，因为他一整天都是醒着的。你认不认为伊万的清醒状态能部分归因到他周边过多刺激的环境？你可以为他的母亲提出什么可能帮助她和伊万双方都能放松的建议？

3. 伊万的父亲常常在晚上时喂他喝奶，那样他的太太就可以休息。对于伊万，为什么瓶子里装的是母乳的话会比配方牛奶更好？

4. 根据前言的资料，如果让伊万看一系列女人和男人的照片，你认为他会对其中一个有偏好吗？解释你的想法。

回顾

LO 4.1　描述人体在生命前两年的发展，包括支配成长的四个原则

尤其在前两年里，婴儿的身高和体重发育得很快。支配人类成长的主要原则包括头尾原则、近远原则、等级整合原则和系统独立原则。

LO 4.2　描述神经系统与大脑在生命前两年的发展以及环境对此发展的影响

神经系统包含大量神经元，多于成人所需要的数量。多余的连接和无用的神经元随着婴儿的长大而被去除。大脑的发育，主要是由遗传决定的，也包含很强的可塑性成分——容易受环境影响的部分。有机体在敏感期阶段对环境影响特别敏感，很多发展在这一时期发生。

LO 4.3　解释生命前两年影响婴儿行为的身体节律和状态

婴儿的基本任务之一是节律的发展——整合单个行为的循环模式。一个重要的节律是婴儿的状态——对所出现刺激的觉知程度。

LO 4.4　描述婴儿猝死综合征以及其预防指南

婴儿猝死综合征是一种功能失调，即看起来健康的婴儿突然在睡眠中死去。美国儿科医师学会建议，比起侧睡和俯睡，宝宝仰着睡能够帮助防止婴儿猝死综合征的发生。

LO 4.5　解释婴儿与生俱来的反射能力如何帮助他们适应环境并保护他们

反射是对刺激天生的、自动的反应，帮助新生儿生存和保护自己。一些反射也有其价值，即为以后很多有意识行为奠定了基础。

LO 4.6　总结婴儿期运动技能发展的里程碑

粗大运动和精细运动技能的发展进程对正常儿童来说在一定程度上有着一致的时间表，同时存在个体差异和文化差异。

LO 4.7　总结营养在婴儿期体能发展中的作用

体能发展的基础是充足的营养。营养不良和营养不足会影响体能方面的发育、智商和学业表现。

LO 4.8 总结在婴儿期中母乳喂养的益处

母乳喂养显然优于人工喂养,其中包含母乳营养全面,对某些儿科疾病有一定程度的免疫,并且易于消化。此外,母乳喂养对于婴儿和母亲的身心都有好处。

LO 4.9 描述婴儿的视知觉能力

感觉是感觉器官对刺激的反应,它不同于知觉,知觉是对感觉刺激的解释和整合。很早婴儿就可以感知深度和运动、区分颜色和形态,以及表现出清楚的视觉偏好。

LO 4.10 描述婴儿的听觉感知觉能力

婴儿在出生时就能倾听,甚至更早。在很小的时候,婴儿就有能力能够定位和区分声音以及辨认出他们母亲的声音。

LO 4.11 描述婴儿的嗅觉和味觉能力

婴儿对于气味的嗅觉有很好的发展,其中许多可以单凭嗅觉区分他们的母亲。婴儿有天生的味觉偏好,偏好于甜味以及当他们尝到苦的东西就会表现得厌恶。

LO 4.12 描述婴儿的疼痛和触觉的本质

曾经在某段时间,人们认为小的婴儿不会感觉到疼;今天大家广泛地知道婴儿在出生时已经具备感觉到疼的能力了。对于婴儿而言,一个高度发育成熟的感觉系统直到现在已经被理解了,触觉在儿童未来的发展扮演着重要的角色。

LO 4.13 总结知觉的多通道路径

多通道知觉途径考察如何整合和协调由各种不同的单个感觉系统接收的信息。

关键术语和概念

头尾原则	大脑皮层	动力系统理论
近远原则	可塑性	常模
等级整合原则	敏感期	布雷泽尔顿新生儿行为评估量表
系统独立原则	节律	非器质性发育不良
神经元	状态	感觉
突触	快速眼动睡眠	知觉
突触修剪	婴儿猝死综合征	多通道知觉途径
髓鞘	反射	功能可供性

第5章　婴儿期的认知发展

本章学习目标

LO 5.1　总结皮亚杰认知发展理论的基本特征
LO 5.2　描述皮亚杰提出的认知发展的感觉运动阶段
LO 5.3　总结支持和批判皮亚杰认知发展理论的论据
LO 5.4　描述婴儿如何根据认知发展的信息加工观点处理信息
LO 5.5　描述婴儿最初两年的记忆能力
LO 5.6　描述如何使用信息加工观点来测量婴儿智力
LO 5.7　概述儿童学习使用语言的过程
LO 5.8　概述语言发展的主要理论
LO 5.9　描述儿童如何影响成人的语言

本章概要

开场白: 事情发生

9个月大的雷萨·诺伐克(Raisa Novak)刚开始爬行。“我已在所有东西上做好防护以免宝宝受伤。”她的妈妈贝拉(Bela)说道。雷萨在客厅移动时发现的第一件物品就是收音机/CD播放机。一开始,她随机按下上面的按钮,但一周后,她就知道红色的按键会让收音机开始播放。“她总是很喜欢音乐。”贝拉说,“她显然很兴奋,因为只要她想她就能按下按键让音乐播放。”雷萨现在满屋子爬来爬去寻找能按的按钮,但当她爬到洗碗机或是电视的DVD播放机边时她就哭了,因为她还够不到它们的按钮。“等她开始走路时我就会忙得不可开交了。”

预览

婴儿对这个世界的理解有多少?他们如何开始为这一切赋予含义?智力上的刺激能加速婴儿的认知发展吗?在这一章中,我们在探讨生命中第一年的认知发展时,会阐述这些内容以及相关的问题。我们会集中考察一些发展学家的工作,他们试图理解婴儿的知识如何增长以及他们如何理解世界。首先,我们讨论一下瑞士心理学家让·皮亚杰(Jean Piaget)的工作,他的发展阶段理论对认知发展研究中的大量工作起到了巨大的推动作用。我们不仅会探讨这位重要的发展研究专家的贡献,还将涉及其理论的局限。

然后,我们会涉及更多同时代的有关认知发展的观点,考察试图解释认知发展如何产生的信息加工观点。在思考了学习是如何发生的以后,我们将探讨婴儿的记忆以及记忆过程中婴儿加工、存储和提取信息的方式。我们还将讨论有关婴儿期事件的回忆是否发生的争论并阐述智力的个体差异。

最后，我们将考察语言，这种认知技能使得婴儿能够与他人进行交流。我们会从前言语中探究语言的根源，并追溯婴儿从发出第一个字到说出词和句子的进程，表明语言技能发展的里程碑。我们还将考察成人同婴儿交流的语言特征，这些特征具有惊人的跨文化一致性。

通过与孩子互动，父母会对婴儿的认知发展产生影响。

5.1 皮亚杰的认知发展理论

奥莉维亚（Olivia）的爸爸正在清理她高脚椅下的一堆杂物，这已经是今天的第三次了！对他而言，14个月大的奥莉维亚似乎非常喜欢从高脚椅上往下扔食物。她也会扔玩具、勺子，或任何东西，只是想看看这些东西是如何撞击地面的。她像是在试验看看她丢的每个不同的东西会制造出什么样的噪声，会飞溅成什么样子。

瑞士心理学家皮亚杰可能会说，奥莉维亚的爸爸所做的推测是正确的，奥莉维亚正在进行自己的一系列实验来学习更多的有关世界运作的信息。皮亚杰有关婴儿学习方式的观点可以总结成一个简单的公式：行动 = 知识。

皮亚杰认为婴儿并不是从他人传达的事实中获取知识，也不是通过感觉和知觉来获得。他提出知识是直接的运动行为的产物。尽管他的很多基本的解释和观点已经受到了后来研究的挑战（这些内容我们后面会讨论），但是婴儿以各种各样的方式，通过“做”来学习的观点仍未受到任何质疑（Piaget, 1952, 1962, 1983; Bullinger, 1997）。

瑞士心理学家皮亚杰

皮亚杰理论中的核心概念

LO 5.1　总结皮亚杰认知发展理论的基本特征

正如在第1章中首次提到的那样，皮亚杰的理论是一种基于发展的阶段论观点。他假设所有的儿童从出生到青少年期都会以固定的顺序经历一系列共同的四个阶段：感觉运动、前运算、具体运算和形式运算阶段。他还提出，当儿童的身体发展达到了适当水平的成熟，并接触了相关的经验时，他就会从一个阶段向另一个阶段变动。如果没有这样的经验，儿童就无法发挥出他们的认知潜能。一些认知的观点侧重于儿童有关世界知识内容的变化，但皮亚杰认为，儿童从一个阶段发展到另一个阶段时，他们的知识和理解的质的变化也很重要。

举个例子，随着儿童认知能力的发展，他们对世界上什么可能发生，什么不会发生的理解产生了变化。假设一个婴儿参加了一个实验，实验中，由于摆放了一些镜子，使她同时看到了三个一样的母亲。一个3个月大的婴儿会愉快地和其中的每一个"母亲"进行互动。但是，到5个月大时，孩子在看到好多个妈妈时会感到非常不安。显然，直到这个时候，孩子才搞清楚她只有一个妈妈，一次看到三个妈妈是非常惊人的（Bower，1977）。对皮亚杰而言，这样的反应表明孩子开始掌握有关世界运作方式的规律，表明她开始建构一个有关世界的心理感知，那就是她不会有两个妈妈。

图式　随着心智发展而适应和变化的有组织的功能模式。

皮亚杰认为我们理解世界的基本建构方式是称为**图式**的心理结构，是随心智发展而适应或变化的有组织的功能模式。起初，图式与身体或感觉运动的行为有关，如拣起玩具或伸手拿玩具。随着儿童的发展，他们的图式发展到一个心理水平，反映了思维。图式与计算机软件相似：他们指导和决定如何考虑和处理外界的数据，如新的事件或客体（Achenbach，1992；Rakison & Oakes，2003；Rakison & Krogh，2012）。

根据皮亚杰的理论，婴儿会用感觉运动的图式（如把东西放到嘴里或往地上丢东西）来理解一个新的客体。

例如，如果你给婴儿一本新的布书，他（她）会摸摸这本书，把它塞到嘴里，也可能试图撕破它或把它摔到地上。对皮亚杰而言，每种动作都可能代表了一种图式，它们是婴儿获得知识和理解新客体的方式。然而，成人对待这本书会采用一种不同的图式。他们不会把它拿起来放到嘴里，或摔在地上，他们会被书页上的文字所吸引，通过每个句子的含义来理解这本书的内容,这是一种非常不同的方式。

同化 人们以其当前的认知发展阶段和思维方式来理解一种经验的过程。

皮亚杰认为,儿童图式的发展遵循两条原则:同化和顺应①。**同化**过程是指,人们以其当前的认知发展阶段和思维方式来理解某种经验。当一个刺激或事件产生后,人们对它的感知和理解与现存的思维方式相一致时,同化就发生了。举个例子,一个试图以相同方式吮吸所有玩具的婴儿一直在将这些客体同化到她现存的吮吸图式中。相似地,在动物园看到一只正在树间跳跃的松鼠,并叫它"鸟"的孩子正在将松鼠同化到他现存的有关鸟的图式中。

顺应 改变现有的思维方式来回应遇到的新刺激或事件。

相反地,当我们改变已有的思维、理解或者行为方式,对遇到的新刺激或事件作反应,**顺应**就发生了。举个例子,当一个孩子看见一只跳跃的松鼠,并叫它"有尾巴的鸟"时,他就是将新的知识进行顺应,修改了他对于鸟的图式。

皮亚杰认为,最早的图式主要局限于我们出生时所具有的反射,比如吮吸和觅食。随后,婴儿几乎立即就开始通过同化和顺应的加工过程来修正这些简单的早期图式,来配合他们对环境的探索。随着婴儿运动能力的进一步提高,图式很快变得越来越复杂,对皮亚杰而言,这是儿童具有发展出更高级认知能力的潜力的一个信号。皮亚杰提出的感觉运动阶段从出生开始,持续到2岁,我们在这里会将这个阶段进行详细阐述。(在后面的章节中,我们将讨论后面阶段儿童的发展。)

感觉运动阶段:认知发展的最早阶段

LO 5.2 描述皮亚杰提出的认知发展的感觉运动阶段

(认知发展的)感觉运动阶段 皮亚杰提出的认知发展初期的主要阶段,它可以被分为6个亚阶段。

皮亚杰认为,**感觉运动阶段**作为认知发展的初始主要阶段,可以被分为6个亚阶段。有关这6个阶段的总结见表5-1。需要牢记的是,尽管感觉运动阶段的特定的亚阶段最初看起来似乎有极大的规律可循,似乎婴儿到达特定的年龄,自然而然就会进入下一个亚阶段,但认知发展的实际情况有时候并不是这样的。首先,不同的儿童进入一个特定阶段的年龄差异很大。进入一个阶段的确切时间反映了婴儿身体的成熟水平同养育儿童的社会环境性质之间的交互作用。因此,尽管皮亚杰主张对所有的孩子而言,各个亚阶段的发展顺序不变,但他承认进入的时间在某种程度上会有所变化。

①在李其维教授主编的皮亚杰文集中,他建议将这一术语译为"顺化"。

表 5－1　皮亚杰感觉运动阶段的 6 个亚阶段

亚阶段	年龄	描述	例子
亚阶段 1：简单反射	生命的第 1 个月	在这个阶段，决定婴儿与世界交互作用的各种反射是他们认知生活的中心	吮吸反射使婴儿吮吸放在其嘴唇上的任何东西
亚阶段 2：最初的习惯和初级循环反应	1—4 个月	在这个年龄段，婴儿开始将个别的行为协调成单一而整合的活动	婴儿可以将抓握物体同吮吸这个物体结合起来，或者一边触摸一边盯着它看
亚阶段 3：次级循环反应	4—8 个月	在这期间，婴儿主要的进步在于，将他们的认知区域扩展到自己以外的世界，并且开始对外面的世界进行反应	在婴儿床上反复拨弄拨浪鼓，并且以不同的方式摇晃它，从而观察声音如何变化。这个孩子就表现出调整自己有关摇拨浪鼓的认知图式的能力
亚阶段 4：次级循环反应的协调	8—12 个月	在这个阶段，婴儿开始更多地采用有计划的方式引发事件，将几个图式协调起来形成单一的行为。他们在该阶段理解了客体永存	婴儿会推开一个挡路的玩具，使自己能拿到另一个放在它下面只露出一部分的玩具
亚阶段 5：三级循环反应	12—18 个月	在这个阶段，婴儿发展出皮亚杰所说的“有目的的行为改变”，这样的行为会带来想要的结果。婴儿并不再仅仅重复喜欢的活动，而像是执行小实验一样来观察结果	孩子会反复丢一个玩具，变化丢玩具的位置，每次都仔细观察玩具掉在什么地方
亚阶段 6：思维的开始	18 个月—2 岁	第 6 个亚阶段的主要成就在于心理表征能力或象征性思维能力的获得。皮亚杰认为只有在这个阶段，婴儿才能想象出他们看不到的客体的可能位置	孩子们甚至能够在头脑中勾画出看不到的物体的运动轨迹，因此，如果一个球滚到某个家具下面，他们能判断出球可能出现在另一边的什么位置

皮亚杰认为发展是从一个阶段到另一个阶段变化的渐进过程。婴儿不会睡前在某一亚阶段中，第二天早上醒来就到另一个亚阶段了，而是随着儿童向下一个认知发展阶段过渡，存在一种更渐进和更稳定的行为转变。婴儿也要经历过渡期，在过渡期里，他们行为的某些方面反映了下一个更高的阶段，而其他的方面仍然显现出当前阶段的特征（见图5-1）。

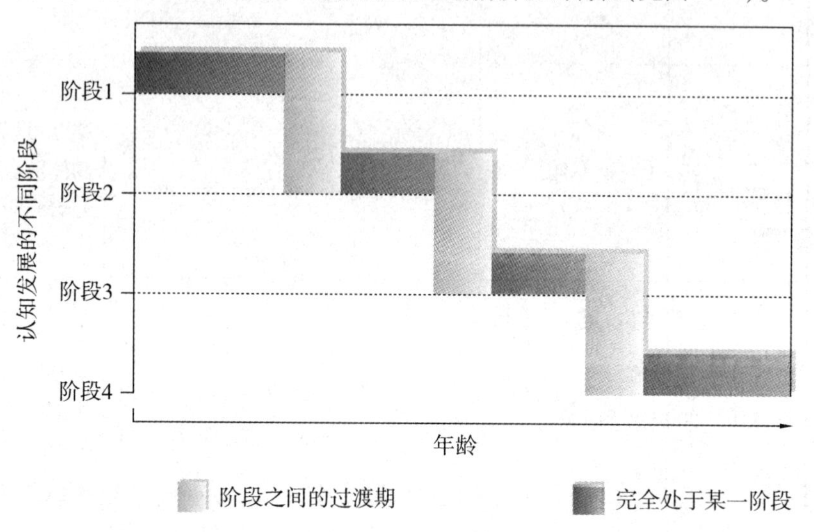

图5-1　认知过渡期

婴儿不是突然从一个认知发展阶段转到下一个阶段。皮亚杰认为这中间存在一个过渡期。在过渡期间，某些行为反映了一个阶段，而其他行为则反映了更高的阶段。这种渐进主义是否与皮亚杰对阶段的解释相对立呢？

亚阶段1：简单反射。感觉运动期的第一个亚阶段是亚阶段1：简单反射，发生在生命的第一个月。在这段时间里，第1章和第4章中所描述的各种先天反射是婴儿身体发展和认知生活的中心，决定了他（她）与世界互动的本质。举个例子，吮吸反射使婴儿吮吸放在他（她）嘴唇上的任何东西。根据皮亚杰的观点，这种吮吸的行为提供给新生儿有关客体的信息，这些信息为进入感觉运动期的下一个亚阶段铺设了道路。

同时，一些反射开始将婴儿的经验与世界的本质相顺应。例如，一个婴儿主要通过母乳喂养，但同时也辅助性地用奶瓶喝奶，那么这个孩子可能已经开始根据碰到的是乳头，还是奶嘴，来改变他（她）吮吸的方式。

亚阶段2：最初的习惯和初级循环反应。亚阶段2：最初的习惯和初级循环反应，是感觉运动期的第二个亚阶段，发生在1到4个月的婴儿身上。在这个时期，婴儿开始将分离的行为协调成单一的、整合的活动。

举个例子，婴儿可能将抓握一个物体同吮吸这个物体结合起来，或者一边触摸，一边盯着它看。如果一项活动引起了婴儿的兴趣，他（她）可能会反复地重复，只是为了持续体验它。奥莉维亚在婴儿椅上的重力“实验”就是这样的一个例子。一个偶然运动事件的重复能够帮助婴儿开始以一种称为“循环反应”的加工过程来建构认知图式。“初级循环反应”是一种反映婴儿因为活动有趣或愉快而重复进行这些活动的图式。皮亚杰把这些图式看作是“初级的”，是因为婴儿参与的这些活动集中在他们自己的身体上，只是为了享受做的过程。因此，当婴儿第一次把大拇指放在自己的嘴里，开始吮吸，这只是一个偶然事件。但是，后来当他反复地吮吸自己的大拇指时，这就代表了一种初级的循环反应，由于吮吸的感觉令人很愉快，因此他就一直重复这一行为。

亚阶段3：次级循环反应。在亚阶段3：刺激循环反应中，婴儿的行为更具目的性。根据皮亚杰的观点，婴儿认知发展的第三个阶段发生在4—8个月之间。在这期间，儿童开始根据外面的世界进行反应。例如，此时如果婴儿在自己所处的环境中，碰巧通过偶然的活动，引发了愉快的事件，那么他们就会试图进行重复。一个孩子在婴儿床上反复地拿起一个拨浪鼓，并且以不同的方式摇晃，看看声音是如何变化的，这表明他/她有能力改变他/她关于摇动拨浪鼓的认知图式。他/她正处在被皮亚杰称为“次级循环反应”的阶段。

“次级循环反应”是关于重复行为的图式，这种行为能够带来希望产生的结果。初级循环反应与次级循环反应的主要差别在于，婴儿的活动是集中于婴儿和自己的身体（初级循环反应），还是包含了与外界相关的行为活动（次级循环反应）。

在第三个亚阶段，随着婴儿开始注意到他们一制造噪声，周围的人就会对他们的噪声做出反应，婴儿的发音能力有了实质性的提高。相似地，婴儿开始模仿他人发出的声音。发音成为一种次级循环反应，最终帮助婴儿实现语言的发展和社会关系的形成。

亚阶段4：次级循环反应的协调。一个主要的飞跃发生在第四个亚阶段：次级循环反应的协调，该阶段从8个月左右持续到第12个月。在该阶段之前，行为仅包含了对客体的直接动作。当某件偶然发生的事情引起了婴儿的兴趣，他们就会尝试采用一个单一的图式来重复这一事件。但是，在第四个亚阶段，婴儿开始使用**目标指向的行为**，这种行为将几个图式进行合并和协调，产生出解决问题的单一行为。举个例子，婴儿会推开一个玩具使自己能拿到另一个放在它下面露出了一部分的玩具。他们也开始预期即将发生的事件。比如，皮亚杰说他8个月大的儿子劳伦特(Laurent)“会通过由空气导致的一种特定的声音认识到他就要喝完奶了，就不再继续吮吸到喝完最后一滴，而是把奶瓶丢到一边……”(皮亚杰，1952，pp.248－249)。

婴儿新产生的目的性，运用手段达到特定目的能力，以及他们预期未来环境的能力，可以部分归因于婴儿在第四个亚阶段出现的客体永存性的发展。**客体永存**是指即使看不到人和客体，也能意识到他们的存在。这是一个简单的原则，但是它具有深远的影响。

客体永存 即使看不到人和客体，也能意识到他们的存在。

举个例子，想想7个月大的褚(Chu)，还没有学会客体永存的概念。褚的妈妈在他前面摇一个拨浪鼓，然后拿起拨浪鼓并放到毯子下面。对还没有掌握客体永存概念的褚而言，拨浪鼓不存在了。他不会费力去寻找。

在第四个亚阶段的婴儿能够协调他们的次级循环反应，表现出计划或计算如何产生想要结果的能力。

几个月以后，当他进入第四个亚阶段，情况就完全不同了(见图5－2)。这一次，他的妈妈一把拨浪鼓放到毯子下面，褚就试图把毯子翻开，急切地寻找拨浪鼓。很明显，褚已经知道即使看不到这个客体，它依然存在。对于获得了客体永存概念的婴儿而言，不在视线里并不意味着不在思维中。

客体永存的获得不仅涉及没有生命的物体，还延伸到人。即使爸爸和妈妈离开了房间，褚也知道他们依然存在，这使他有了安全感。这种觉知在第6章会提到的社会依恋的发展中很可能是一个重要的元素。认识到客体永存还满足了婴儿日益增长的自信：当他们意识到从他们身边拿走的客体并没有消失，只是存在于另一个地方时，他们通常的反应可能是想尽快把它拿回来。

尽管在第四个亚阶段，婴儿对客体永存的理解出现了，但这只是一种初步的理解。对这个概念的充分理解还要再花上几个月的时间，并且婴儿在之后的几个月里会继续犯各种与客体永存相关的错误。举个例子，当一个玩具被藏在一块毯子下，下一次被藏在另一块毯子下时，他们时常会被误导。大部分处于第四个亚阶段的婴儿会到第一次藏东西的地方找玩具，而忽略玩具所在的另一块毯子。即使藏东西的过程婴儿能够看到，这种情况也会发生。

获得客体永存之前

获得客体永存之后

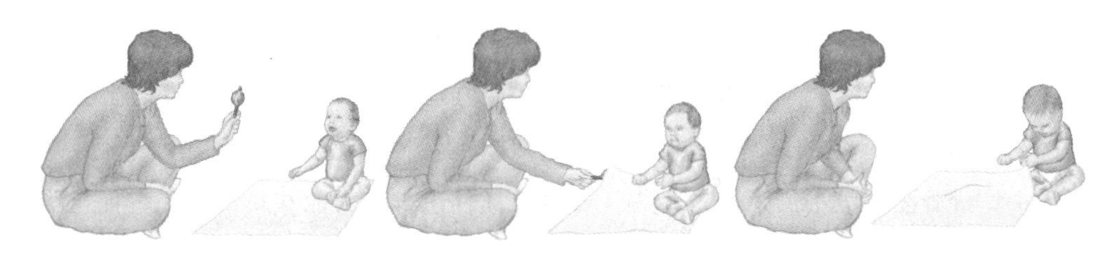

图5–2　客体永存

在婴儿理解客体永存之前，他不会搜寻刚刚在他眼前被藏起来的客体。但几个月以后，他就会去寻找了，表明他已经理解了客体永存的概念。为什么客体永存的概念这么重要呢？

亚阶段 5：三级循环反应。亚阶段 5：三级循环反应在大约 12 个月的时候出现，持续到 18 个月。正如这一阶段的名称所指示的，在这一时期，婴儿会发展出三级循环反应，这是一种有意改变行动后带来所希望的结果的图式。不只是像次级循环反应中仅仅去重复愉快的活动，此时婴儿似乎通过实施小实验来观察结果。

例如，皮亚杰观察到他的儿子劳伦特反复将一只玩具天鹅扔到地上，变化丢下玩具的位置，然后仔细观察每次玩具掉在了哪里。劳伦特不是仅仅做重复动作（如次级循环反应中那样），他通过对情境做出调整来学习与之相关的结果。正如你可能还记得我们在第

观看视频　不同文化中客体永存的概念

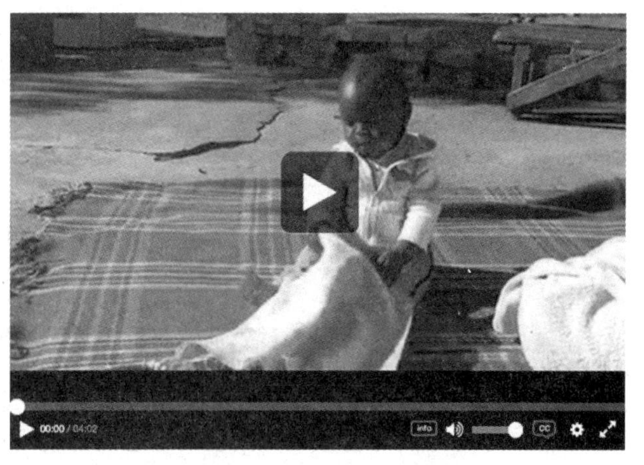

随着延迟模仿这种认知技能的获得，儿童能够模仿他们过去看到过的人和情景。

一章中探讨的研究方法，这种行为代表了科学方法的本质：实验者在实验室中变化一种情境来探讨这种变化带来的影响。对处于第五阶段的儿童来说，世界就是他们的实验室，他们每天都悠闲地实施着一个又一个微型的实验。前面我们描述过的婴儿奥莉维亚，她喜欢从她的高脚椅上往下丢东西，这就是一个小科学家。

在第五个亚阶段中，婴儿最引人注目的行为是他们对意外事件的兴趣。意料之外的事件不仅是有趣的，而且是需要去解释和理解的。婴儿的发现能够带来新的技能，其中的一些技能可能会引发一定程度的混乱，正如奥莉维亚的爸爸在打扫她高脚椅附近的地面时意识到的那样。

亚阶段6：思维的开始。感觉运动期的最后一个阶段是亚阶段6：思维的开始，这一阶段从大约18个月开始持续到2岁。第六个亚阶段的主要成就在于心理表征或者象征性思维能力的获得。**心理表征**是指对过去事件或客体的内部映像。皮亚杰认为到了这个阶段，婴儿能够想象出看不到的物体可能在哪里。他们甚至能够在脑海中绘出物体看不到的运动轨迹，因此，如果一个球滚到某个家具下面，他们能判断出球可能出现在另一边的什么地方。

心理表征 对过去事件或客体的一种内部意象。

由于孩子具有了产生有关客体的内部表征的新能力，他们对因果关系的理解也变得更复杂。例如，看看皮亚杰对他儿子劳伦特试图打开花园大门的描述：

> 劳伦特试图打开花园的大门，但是由于门被一件家具挡住了，所以推不动。他既看不出来门为什么打不开，也无法通过声音来判断原因，但是在尝试着硬推开门未果以后，他貌似突然就理解了；他绕过墙，来到门的另一侧，把挡住门的椅子移开，然后带着胜利的表情把门打开了(Piaget,1954,p.296)。

心理表征的获得也使另一种重要的发展成为可能：假装的能力。儿童看到过真实世界中发生的一些场景，他们在一段时间以后，就能够采用皮亚杰所说的**延迟模仿**能力（对曾经看到过的某种动作，后来在当事

延迟模仿 儿童对曾经看到过某种动作，在当事人不在的情况下进行模仿。

人不在的情况下进行模仿)。孩子可以假装自己在开车,给娃娃喂奶,或者做晚饭。对皮亚杰而言,延迟模仿的出现为儿童内部心理表征的形成提供了清晰的证据。

评价皮亚杰:支持与挑战

LO 5.3　总结支持和批判皮亚杰认知发展理论的论据

大部分的发展学家可能会同意,在许多重要的方面,皮亚杰对婴儿期认知发展的描述大致来说是准确的(Harris, 1983, 1987; Marcovitch, Zelazo, & Schmuckler, 2003)。但是,对于其理论的有效性和其中很多特定的假设还存在大量分歧。

让我们从皮亚杰理论中明显正确的地方开始。皮亚杰是一个十分专业的儿童行为报告者,他对婴儿成长的描述一直是他强大观察能力的丰碑。此外,数以千计的研究已经支持了皮亚杰的观点,即儿童通过作用于环境中的客体来了解世界。最后,由皮亚杰概述的有关认知发展顺序的主要框架,以及在婴儿期逐步增加的认知成就,大体上都是准确的(Schlottmann & Wilkening, 2012; Bibace, 2013; Müller, Ten Eycke, & Baker, 2015)。

另一方面,自从皮亚杰开展其开创性工作以来的几十年里,他理论的某些特定方面受到了越来越多的检验和批评。例如,某些研究者对构成皮亚杰理论基础的发展阶段的概念提出质疑。正如我们前面提到的,尽管皮亚杰承认儿童在不同阶段间的过渡是渐进的,批评者们还是认为发展是以一种更为连续的方式向前推进的。进步不是在一个阶段的结尾和下一个阶段的开始才表现出来的能力飞跃,而是以更加缓慢的方式累积,通过一种技能接着一种技能的学习来逐步地发展和提高。

举例来说,发展研究者罗伯特·辛格勒(Robert Siegler)认为认知发展不是以阶段的方式推进,而是以“波浪式”。根据他的观点,儿童并不是某一天放下一种思维方式,第二天就采取一种新形式。实际上,儿童理解世界所用的认知方式存在潮涨和潮落的过程。某天,儿童可能使用一种认知策略,而另一天他们可能又选择一种不那么高级的策略,也就是说,会在一个时期内来回地波动。尽管在某个特定的年龄儿童会最为频繁地采用某一种策略,但是他们仍然会使用其他的思维方式。因此,辛格勒将认知发展看成是持续的变化过程(Opfer & Siegler, 2007; Siegler, 2012; Siegler & Lortie - Forgues, 2014)。

其他的批评者反驳了皮亚杰有关认知发展基于运动活动的观点。他们指责皮亚杰忽视了婴儿很小的时候就已经存在的感觉和知觉系统的重要性，皮亚杰对这些系统知之甚少，因为大部分揭示这些系统在婴儿期就具有复杂性的研究都是相对近期才完成的。对先天缺少四肢的儿童（第2章中提到过的，由于母亲在怀孕期间不经意服用了致畸药物所导致）的研究表明，尽管这样的孩子缺少运动活动的练习，但是他们仍然表现出正常的认知发展，这就构成了进一步的证据，表明皮亚杰夸大了动作发展和认知发展之间的联系（Decarrie，1969；Butterworth，1994）。

为了支持这些看法，皮亚杰的批评者还指出，最近的一些研究质疑了皮亚杰有关婴儿直到快1岁的时候才能掌握客体永存概念的观点。一些研究表明小一点的婴儿没有表现出对客体永存的理解是因为用来测试其能力的工具不够敏感，探测不到他们的真实能力（Baillargeon，2004，2008；Walden et al.，2007；Bremer，Slater，& Johnson，2015）。

根据研究者芮妮·拜拉格（Renée Baillargeon）的观点，3个半月大的婴儿就对客体永存有一定的了解。她提出较小的婴儿不去寻找藏在毯子下的拨浪鼓可能是因为他/她还没有学会搜寻所必需的动作技能，而不是因为他/她不理解拨浪鼓仍然存在。相似地，小婴儿表面上看起来无法理解客体永存，也可能反映了他们记忆能力的缺陷，而不是他们缺乏对概念的理解，也就是说，可能是小婴孩的记忆力比较差，使得他们只是记不住玩具刚才被藏在了哪里而已（Hespos & Baillargeon，2008）。

拜拉格进行了巧妙的实验来证明婴儿在更早的时候就具有理解客体永存的能力。例如，在她的"违背预期"研究中，她反复地将婴儿置于一个事件中，并观察他们对该事件中各种不可能发生的情况的反应。结果表明，3个半月大的婴儿对不可能发生的事件表现出强烈的生理反应，这说明他们对客体永存的理解远早于皮亚杰所能识别的年龄（Luo，Kaufman，& Baillargeon，2009；Scott & Baillargeon，2013；Baillargeon et al.，2015）。

其他类型的行为看起来也比皮亚杰所认为的出现得要早。例如我们在第3章中讨论过的，新生儿出生后几个小时就能够模仿成人基本的面部表情。这种技能的存在与皮亚杰的观点相矛盾，皮亚杰认为婴儿最初只能用他们能清楚看到的自己身体的部分（比如他们的手和脚），对他们所看到的别人的行为进行模仿。实际上，婴儿对面部表情的模仿说明人类天生就有基本模仿他人行为的能力，这种能力依赖于某种特定的环境经验，而皮亚杰却认为这是婴儿后期才发展出来的（Lepage & Théret，2007；Legerstee & Markova，2008；Gredebck et al.，2012）。

对非西方文化下婴儿的研究表明，皮亚杰的阶段论并不具有普遍性，它在某种程度上是文化衍生的。

儿童护理工作者的视角

总的来说，皮亚杰对儿童如何理解世界的观察对育儿实践有什么影响？你会用与之同样的方法来抚养一个成长在非西方文化中的孩子吗？为什么会或为什么不会呢？

同时，皮亚杰的研究看起来更适合描述西方发达国家儿童的情况，而不太适用于非西方的文化。一些证据表明非西方文化下成长的孩子，其认知能力出现的时间与欧洲和美国的孩子不同。在非洲象牙海岸长大的婴儿比在法国长大的婴儿更早进入感觉运动期的各个亚阶段（Dasen et al., 1978；Mistry & Saraswathi, 2003；Tamis-LeMonda et al., 2012）。

尽管皮亚杰的感觉运动期的观点存在上述问题，但即使是他最激进的批评者也承认他为我们提供了婴儿期认知发展纲要的权威性描述。他的弱点似乎是低估了小婴儿的能力，以及他声称感觉运动技能是以一种一致的、固定的模式发展的。然而，他的影响是巨大的。尽管很多当代的发展心理学研究者已经把焦点转移到了我们下面要讨论的更新的信息加工方式上，但皮亚杰仍然是发展领域中的先锋人物（Roth, Slone, & Dar, 2000；Kail, 2004；Maynard, 2008）。

模块 5.1 复习

- 皮亚杰关于人类认知发展的理论包含了从出生到青少年，儿童要经历的一系列发展阶段。随着人类从一个阶段过渡到另一个阶段，他们理解世界的方式也在发生着改变。
- 感觉运动阶段，从出生到 2 岁左右，包括了一个渐进的发展过程：从简单的反射到单一协调的活动，到对外面的世界产生兴趣，再到将活动与目的结合，并调控动作以达到想要的结果，最后发展出象征性思维。感觉运动期共有 6 个亚阶段。
- 尽管对其理论的后续研究的确提出了一些局限，但皮亚杰还是被视为一位细致的儿童行为观察者，一位对人类认知发展的进程有较为准确解释的学者。

共享写作提示

应用毕生发展：想一种你熟悉的小孩子的常见玩具，同化和顺应的规律对它的使用有怎样的影响？

5.2　认知发展的信息加工观点

安珀·诺德斯特朗姆（Amber Nordstrom），3 个月大，当她哥哥马克斯（Marcus）站在她的小床边，拿起一个娃娃，吹起口哨时，她突然笑了起来。安珀好像从来不会对马克斯努力逗她笑而感到厌倦。而且不久，每当马克斯出现，并只是拿起娃娃，她就开始咧嘴笑。

显然，安珀记住了马克斯以及他的搞笑方式。但她是如何记住他的呢？安珀还能记住多少其他东西呢？

为了回答类似这样的问题，我们需要脱离皮亚杰为我们铺设的道路。不同于皮亚杰那样，试图明确所有婴儿都要经历的认知发展过程中普遍的、主要的里程碑。我们必须要考虑到每个婴儿获取和使用他们所接触到的信息的具体加工过程。我们应该少考虑一些婴儿心理生活中质的变化，更加密切地关注他们能力的量变，也就是我们在这部分章节中将要探讨的。

信息加工的基础：编码、存储与提取

LO 5.4　描述婴儿如何根据认知发展的信息加工观点处理信息

信息加工观点　该模型试图明确个体获取、使用和存储信息的方式。

认知发展的**信息加工观点**试图明确个体获取、使用和存储信息的方式。根据这种观点，婴儿组织、调控信息能力的量变是认知发展的标志。

从这种观点出发，认知增长的特点表现为信息加工的复杂性、速度和能力的不断提高。前面，我们将皮亚杰的图式概念同引导计算机处理外部数据的计算机软件进行了比较。我们也可以将认知发展的信息加工观点与更高效的程序所带来的信息处理上的进步相比较，这些程序的使用提高了信息加工过程的速度和复杂性。因此，信息加工观点关注人们寻求解决问题时所采用的“心理程序”的类型（Cohen & Cashon, 2003; Fagan & Ployhart, 2015）。

编码、存储与提取

信息加工有三个基本方面：编码、存储与提取（见图5－3）。编码是指信息最初以一种可记忆的形式被记录下来的过程。婴儿和儿童——实际上所有的人，都会面对大量的信息；如果他们试图加工所有的信息，他们就会被信息淹没。因此，他们就选择性地进行编码，挑选出他们要注意的信息。

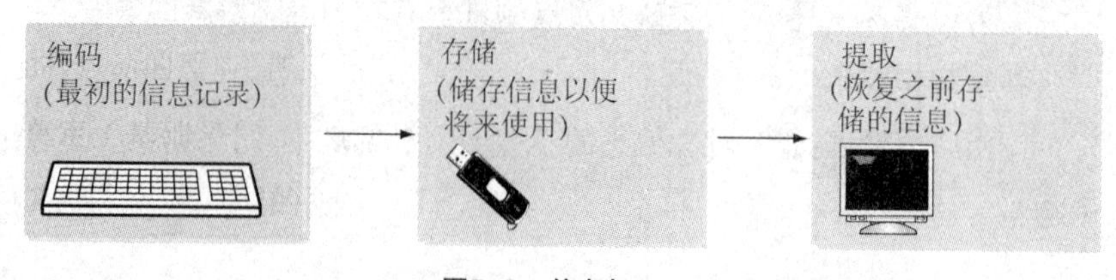

图5-3　信息加工

信息编码、存储和提取的过程。

即使某人最初接触了这些信息，并以恰当的方式对其进行了编码，仍然无法保证他（她）以后能够使用这些信息。信息还必须要适当地存储在记忆中。存储是指将材料放置到记忆中。最后，将来能成功使用这些材料还依赖于提取的过程。提取是将记忆存储中的材料进行定位、意识到并使用的过程。

这里,我们可以再次与计算机进行比较。信息加工观点认为编码、存储和提取过程类似于计算机中的不同部分。编码可以被看作是计算机的键盘,通过键盘人们输入信息;存储就是计算机的硬盘,信息被储存在这里;提取相当于软件,使信息能够在屏幕上呈现。只有当所有三个过程——编码、存储和提取都运行,信息才能得到加工。

自动化。在某些情况下,编码、存储和提取是相对自动化的,而在另一些情况下,它们则是有意识的。自动化指的是一项活动需要注意参与的程度,需要较少注意的加工就是自动化的;需要较多注意的加工则是受控制的。举个例子,一些活动,如走路、用叉子吃饭,或者阅读,对你而言可能是自动化的,但最初它们都需要你完全的注意才能完成。

在孩子与世界的初次接触中,自动化的心理加工会帮助他们,使他们能轻松和“自动”地以特定的方式加工信息。例如,到 5 岁时,儿童能根据频率自动地对信息进行编码。不必投入大量的注意去计算,他们就能意识到自己遇到各种各样人的频率高低,这就使得他们能够区分熟悉和不熟悉的人(Homae et al., 2012)。

许多现在对你来说自动化的任务,比如拿杯子或使用叉子,曾经都需要你投入全部的注意力来完成。

而且在没有意图和意识的情况下,婴儿和儿童对不同刺激同时发生的频率会产生一种感觉。这就使得他们能够去理解享有共同属性的概念、对象、事件或人员的分类。例如,通过编码“四条腿”“摇摆的尾巴”和“吠叫”这些经常在一起出现的信息,我们很早就学会了理解“狗”的概念。儿童以及成人,很少能意识到他们是如何学到这些概念的,他们往往无法清楚地表达出用来区分一个概念(如狗)与另一个概念(如猫)的特征。相反地,学习倾向于自动发生。

我们自动学习的一些事情具有出乎我们意料的复杂性。比方说,婴儿具有学习复杂的统计模式和关系的能力;这些结果与越来越多表明婴儿具有惊人数学能力的研究相一致。5 个月大的婴儿就能计算出简单加减问题的答案。发展心理学家凯伦·韦恩(Karen Wynn)的一项研究中,最开始呈现给婴儿一个物体：一个4英寸高的米奇老鼠雕像。然后一个屏风升起，将小雕像挡住。接下来，实验者给婴儿呈现另一个同样的米奇老鼠，然后把它放在那个屏风下面（Wynn, 1992, 1995, 2000）。最后，根据实验条件，发生两种可能结果中的一种。在“正确加法”情境下，屏风落下，露出两个小雕像（类似于1+1=2）。但在“错误加法”情境下，屏风落下，只有一个小雕像（类似于不正确的1+1=1）。

由于婴儿对预料之外的结果注视的时间要长于对意料之中结果的注视，研究者检验了婴儿在不同情境下注视时间的模式。实验中婴儿在结果错误的情境下注视时间要长于正确情境，表明错误情境和他们预期的雕像数目不同，这就支持了婴儿能够区分正确和错误加法的观点。采用相似的实验程序也发现，婴儿在错误减法问题上的注视时间也要长于答案正确的问题。由此得出结论：婴儿具有初级的数学能力，使他们能够理解数量是否准确。

婴儿基本数学技能的存在得到了非人类研究的支持，动物生来就具备一些基本的数字能力。即使是刚孵出的小鸡也会表现出一些计数能力。而且，进入婴儿期不久后，孩子们就能对运动轨迹和重力等基本物理知识有所理解（Gopnik, 2010; van Marle & Wynn, 2011; Hespos & van Marle, 2012）。

这些不断增长的研究表明，婴儿先天就能理解某些基本的数学公式和统计模式。这种与生俱来的能力很可能是形成后来学习更复杂的数学和统计关系的基础（McCrink & Wynn, 2009; van Marle & Wynn, 2009; Starr, Libertus, & Brannon, 2013; Posid & Cordes, 2015）。

现在，我们转向信息加工的几个方面，来关注记忆以及智力的个体差异。

婴儿期的记忆：他们一定记得这个……

LO 5.5 描述婴儿最初两年的记忆能力

阿里夫·特兹克（Arif Terzic）是在阿富汗战争期间出生的。他和母亲一起躲在地下室里度过了他生命的头两年。他唯一看到的光来自一盏煤油灯。他听到的唯一声音是他母亲轻声的摇篮曲和炮弹的爆炸声。有一个他从没见过的人给了他们一些食物。那里有一个水龙头，但有时水太脏不能喝。有一次，他的母亲遭受了心理上的创伤。只有她想起了才喂他，但她不说话或唱歌。

阿里夫很幸运。他2岁时,全家人移民去了美国。他父亲找到了工作。他们租了一间小房子。阿里夫上了学前班,然后上了幼儿园。如今,他有朋友、玩具和一只狗,并且热爱足球。“他不记得阿富汗,”他的母亲说,“就像这一切从来没有发生过一样。”

有多大可能性阿里夫真的不记得他婴儿期的事情了?如果他曾经回忆起其生命中最初的两年,他的记忆会具有怎样的准确性呢?为了回答这些问题,我们需要考虑婴儿期的记忆质量。

记忆 信息最初被记录、存储和提取的加工过程。

婴儿的记忆能力。当然,婴儿具有**记忆**能力,它被定义为信息最初被记录、存储和提取的加工过程。正如我们已经看到的,婴儿能够区分新的或旧的刺激,这暗示着一定有一些对旧的刺激的记忆存在。除非婴儿对最初的刺激有一定的记忆,否则他们就不可能认识到新的刺激不同于早期的刺激。

但是,婴儿识别新旧刺激的能力,对我们了解有关年龄如何导致记忆能力的变化及其本质的改变帮助不大。婴儿的记忆能力是否随着他们年龄的增长而提高?答案是十分肯定的。在一个研究中,研究者教婴儿通过踢腿来移动挂在婴儿床上方的运动物件。2个月大的婴儿几天后就忘记了他们受过的训练,但是6个月大的婴儿3个星期以后仍然记得(Rovee-Collier, 1993, 1999)。

已经学习了移动物体和踢腿之间联系的婴儿,面对提示时表现出了惊人的回忆能力。

而且,那些后来受到提示要求回忆踢腿和物体运动之间联系的婴儿,表明了记忆会持续存在甚至更长的时间。只接受两次每次持续9分钟训练的婴儿在大约一周以后仍然能够回忆出来,当他们被放在挂着可运动物件的小床上时,他们便开始踢腿。但2个月以后,他们就不再试图踢腿了,说明他们已经完全忘记了。

但实际上,他们并没有忘记:当婴儿看到提示(一个正在运动的物件)时,他们的记忆显然又被重新激活。实际上,如果有提示,婴儿对联结的记忆能够再持续一个月。其他证据证实了这些结果,表明线索能够重新激活似乎已经丢失的记忆,同时也表明婴儿的年龄越大,这种提示越有效(DeFrancisco & Rovee-Collier, 2008; Moher, Tuerk & Feigenson, 2012; Brito & Barr, 2014)。

婴儿的记忆与大一点的孩子和成人相比有质的差异吗?研究者一

般认为，在人的毕生发展中，即使被加工的信息种类会发生变化，大脑的不同部分会被使用，但是信息的加工方式是相似的。根据记忆专家卡罗琳·罗维－科利尔（Carolyn Rovee－Collier）的观点，人们无论在什么年龄，都会逐渐失去记忆，不过，就像婴儿一样，如果提供提示，他们可能会重新获得记忆。而且，一个记忆被提取的次数越多，那么这个记忆保持的时间就越长（Barr et al.，2007；Turati，2008；Bell，2012）。

记忆的保持。尽管在人的毕生发展中，记忆保持和回忆的内部加工过程看起来很相似，但是随着婴儿的成长，存储和回忆的信息量存在显著的差异。大一点的婴儿能够更快地提取信息，也能够记得更久一些。但是到底有多久？婴儿期的记忆可以被回忆起来吗？比如等婴儿长大以后？

婴儿遗忘症 人们的记忆中缺少发生在3岁以前的经历。

研究者对于记忆能够被提取的年龄看法不一。早期的研究支持**婴儿遗忘症**的说法，即人们的记忆中缺少3岁以前的经历。更近的研究则表明，婴儿能够保持一些最初三年的记忆。南希·迈耶斯（Nancy Myers）和她的同事让一组6个月大的孩子在实验室里经历一系列不平常的事件，比如，光暗的交替出现和奇怪的声音。后来，当这些孩子1岁半或2岁半时进行测试，有证据清楚地表明，他们仍留有早期参与实验的记忆。其他的研究表明，婴儿对于他们仅仅看过一次的行为和情境也表现出存有记忆（Howe，Courage，& Edison，2004；Neisser，2004；Callaghan，Li & Richardson，2014）。

这些结果与下面的证据相符，即大脑中记忆的物理痕迹似乎是相对恒久的，这表明记忆可能从婴儿期开始就一直持续着。但是，要想准确地提取记忆内容又是一件很难的事情。记忆很容易受到其他新信息的干扰，这些新信息可能取代或屏蔽了旧信息，从而阻止其回忆。

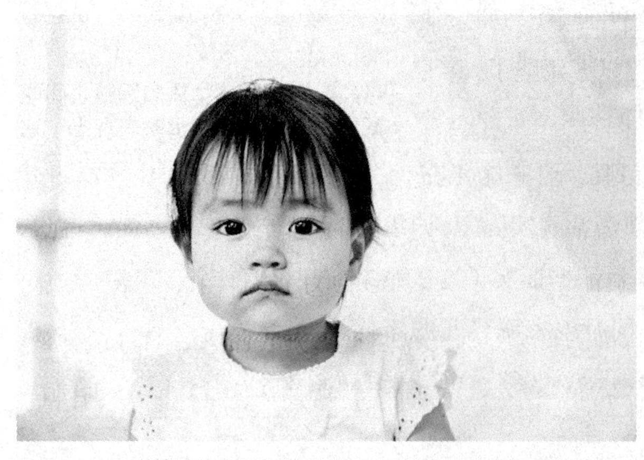

尽管对于记忆能够被提取的年龄，研究者看法不一，但一般说来，人们无法记住发生在3岁以前的事件和经历。

婴儿记忆较少的一个原因可能是语言在决定对生命早期记忆进行回忆的方式上起着关键作用：大一点的孩子和成人可能只能使用他们在最初事件发生时可用的词汇来报告记忆，即记忆被存储的时候。由于最初存储的时候，他们的词汇非常有限，即使事件确实在他们的记忆中，他们也无法在后来描述出这个事件(Simcock & Hayne, 2002; Heimann et al., 2006)。

婴儿期形成的记忆在成人期被保存得如何?这个问题仍然没有得到完全的回答。虽然婴儿的记忆可能是非常详细的,如果婴儿被反复提示,他们的记忆可能是非常持久的。但人在毕生发展的进程中,这些记忆的准确性保持得如何依然不明了。实际上,如果在最初的记忆建构之后,人们暴露于相关的矛盾信息之中,那么早期的记忆很容易被错误地提取。这样的新信息不仅会损害对原始内容的回忆,新的信息也会不知不觉地融入原始的记忆中,从而破坏回忆内容的准确性(Cordón et al., 2004; Li, Callaghan, & Richardson, 2014)。

总之,数据表明,尽管在理论上存在"小时候的记忆依然保存完整"的可能性——如果后来的经验没有干扰他们的回忆,但大部分情况下,婴儿有关个人经历的记忆不会持续到成年。目前的结果表明,在18到24个月之前,有关个人经历的记忆似乎并不准确(Howe, 2003; Howe, Courage, & Edison, 2004; Bauer, 2007; 另见"从研究到实践")。

记忆的认知神经科学研究。关于记忆发展的一些最令人兴奋的研究来自对记忆的神经基础的研究。大脑扫描技术的进步以及对脑损伤成人的研究都表明,有两个独立的系统与长期记忆有关。这两个系统称为外显记忆和内隐记忆,保留着不同类型的信息。

外显记忆是一种有意识的,能够被有意回忆的记忆。当我们试图回忆一个名字或电话号码时,我们使用的是外显记忆。相比之下,内隐记忆是由我们没有意识到但会影响表现和行为的记忆组成的。它包括运动技能、习惯和不需要有意识的认知努力就能够记住的活动,比如如何骑车和爬楼梯。

内隐和外显记忆形成的速度不同,并涉及不同的脑区。最早的记忆似乎是内隐的,它们与小脑和脑干的活动有关。最初的外显记忆涉及海马体,但真正的外显记忆直到6个月大以后才会出现。当外显记忆出现的时候,它会涉及越来越多的大脑皮层区域(Squire & Knowlton, 1995; Bauer, 2007; Low & Perner, 2012)。

◎ 从研究到实践

婴儿遗忘症可能与大脑的发育有关

你最初的记忆有哪些呢?也许你还记得和一个儿时的朋友一起玩耍,或是你的幼儿园老师,又或者是你5岁生日派对的一些零碎片段。但是,尽管你可能尝试,你基本不可能记得你婴儿时期的事情，也没人能记起。心理学家长期以来一直在考虑造成这种现象，即婴儿遗忘症的可能原因，并将其归因于在这一时期缺乏某种功能，通常是自我意识或语言，而阻碍了记忆的正确编码。现在研究人员正在考虑一个不同的原因：新的脑细胞的持续增长。

大脑生长、变化和创造细胞间新连接的能力是一件好事。这种被称为神经可塑性的现象，允许大脑同化新的信息，在极端情况下甚至使大脑有能力克服损伤。但正如你可能想象的那样，大脑中出现的新路径会干扰或取代现有的路径，从而“排挤”掉旧的信息。研究人员推测，在发育中的婴儿的大脑中，新的脑细胞的快速生长影响了之后对这段生命的回忆。为了验证他们的假说，神经科学家希娜·乔瑟琳(Sheena Josselyn)和保罗·法兰克兰(Paul Frankland)和同事们使成年小鼠形成一种害怕特定刺激的条件反射。然后，他们诱导鼠脑的海马体区域，也就是负责记录新的记忆的区域的细胞生长。正如预测的那样，这些小鼠对条件刺激的恐惧反应比对照组要少；那些经历了海马体部位脑细胞生长的小鼠已经忘记了他们先前的条件反射。

从老鼠身上可以看到有关婴儿记忆的什么呢？

乔瑟琳和法兰克兰以及他们的团队对幼鼠采用了相反的模式，幼鼠们自然地经历了脑细胞的快速发育（也经历了婴儿遗忘症）。当这种自然的生长受到阻碍时，这些幼鼠比脑细胞生长不受阻碍的对照组更好地保留了信息(Akers, Martinez - Canabal, Restivo, & Yiu, 2014)。

在婴儿期后，脑细胞的快速生长会减慢，在可塑性和稳定性之间达到平衡，这可以在记录新记忆的同时保留大部分旧的记忆。当然，有些遗忘仍然会发生，但这也是一件好事。“我们做的大多数事情都很平凡。”法兰克兰说，“为了成人的健康的记忆功能，你不仅需要能记住事物，还需要能清除那些无关紧要的记忆”(Sneed, 2014, p. 28)。

共享写作提示：

忘记婴儿期发生的事情有没有什么好处呢？

智力的个体差异：这个婴儿比另一个聪明？

LO 5.6　描述如何使用信息加工观点来测量婴儿智力

马蒂·罗杰盖兹(Maddy Rodriguez)不仅充满好奇，而且精力充沛。在她6个月大的时候，如果够不到玩具，她就会嚎啕大哭。当她看到镜子中自己的映像，就会咯咯地笑起来，似乎是觉得这种情况很有趣。

贾瑞德·林奇(Jared Lynch)6个月大的时候,比马蒂羞怯和内向得多。当球滚到了他够不到的地方时,他看起来并不在意,而且很快就对球失去了兴趣。另外,不同于马蒂,当贾瑞德在镜子里看到自己的时候,他基本忽略了镜中的映像。

婴儿智力很难被定义和测量。这个婴儿是否正表现出智力行为呢?

任何一个曾经花时间观察过不止一个婴儿的人都可以告诉你,并非所有的婴儿都是一样的。一些婴儿能量充沛,活力十足,表现出天生的求知欲。比较而言,另一些孩子看起来对周围的世界不那么感兴趣。这是否意味着这些婴儿在智力上存在差异?

要回答婴儿的智力水平如何不同,以及在何种程度上不同并不容易。尽管很明显,不同婴儿的行为表现具有显著差异,但究竟何种行为可能与认知能力相关这个问题却很复杂。有趣的是,对婴儿个体差异的研究最初是被发展学家用来理解认知发展的,而这些问题仍然是该领域的一个重要焦点。

什么是婴儿智力? 在我们阐述婴儿在智力方面是否并如何存在差异之前,需要先考虑“智力”这个词的含义。教育工作者、心理学家以及其他发展方面的专家尚未就智力行为的一般定义达成一致,即使对于成人也是如此。这种能力是指学业成绩出色?精通商务谈判?或是擅长在变化莫测的海域中航行,如同南太平洋上对西方航海技术一无所知的人所表现的那样?

定义和测量婴儿的智力甚至比在成人身上进行更加困难。把什么作为智力的基本指标?是婴儿通过经典或操作性条件反射学习一项新任务的速度?还是婴儿对一个新刺激习惯化的速度?抑或婴儿学习爬或走的年龄?即使我们能够明确一些特定的行为,这些行为看起来似乎表明了两个小孩在婴儿期智力上存在的差异，我们仍需要进一步说明另一个可能更重要的问题：婴儿智力的测量结果与最终成人后的智力有多大关系？

这样的问题并不简单，也没有找到简单的答案。但是，发展心理学家已经设计了几种方法（见表5－2的总结）来阐明婴儿期个体智力差异的本质。

发展量表。发展心理学家阿诺德·格塞尔（Arnold Gesell）提出了最早用来衡量婴儿发展的标准，旨在区分正常发展和非典型发展的婴儿（Gesell, 1946）。格塞尔根据对上百名婴儿的检查来确定他的量表。他比较了婴儿们在不同年龄段的表现，以了解在特定年龄下最常见的行为。如果一个婴儿与其年龄段的常模存在显著差异，那么就认为他（她）发展迟滞或提前。

发展商数 一个总的发展得分，涉及四个领域的表现：运动技能、语言的使用、适应性行为以及个人—社会性方面。

在那些尝试通过特定分数（即智力商数，或IQ）来量化智力的研究者的引导下，格塞尔发展出一个**发展商数**，即DQ。发展商数是一个总的发展得分，涉及四个领域的表现：运动技能（如平衡和坐）、语言的使用、适应性行为（如警觉和探索）以及个人—社会方面（如适当地自己吃饭和穿衣）。

贝利婴儿发展量表 用来评估2—42个月婴儿发展的量表，包括心理和运动能力两方面的考量。

后来，研究者们又创建了其他的发展量表。例如，南希·贝利（Nancy Bayley）制定出了婴儿测量中应用最广泛的工具之一。**贝利婴儿发展量表**被用来评估2至42个月婴儿的发展。贝利量表关注两个领域：心理和运动能力。心理量表关注感觉、知觉、记忆、学习、问题解决和语言，而运动量表评价精细和粗大的运动技能（见表5－3）。与格塞尔的方法类似，贝利也提出了一个发展商数（DQ）。得分处于平均水平（即同一年龄段其他儿童的平均成绩）的儿童得分为100（Bayley, 1969；Lynn, 2009；Bos, 2013；Greene et al., 2013）。

表5－2 用于探查婴儿期智力差异的方法

发展商数	由阿诺德·格塞尔提出，它是一个总的发展得分，涉及四个领域的表现：运动技能（平衡和坐）、语言的使用、适应性行为（警觉和探索）以及个人—社会行为方面
贝利婴儿发展量表	由南希·贝利发展，该量表用来评估2－42个月婴儿的发展。贝利量表关注两个方面：心理能力（感觉、知觉、记忆、学习、问题解决和语言）和运动能力（精细和粗大的运动技能）
视觉再认记忆测量	视觉再认记忆的测量，即对先前见过刺激的记忆和再认，也与智力有关。婴儿从记忆中提取一个刺激表征的速度越快，他的信息加工过程可能就更有效率

表5-3　贝利婴儿发展量表的举例项目

年龄	心理量表	运动量表
2个月	把头转向声源 对面孔的消失做出反应	保持头部直立/稳定15秒 能在协助下保持坐姿
6个月	通过把手拿起杯子 注意到书中的插图	独自保持坐势30秒 手能抓住脚
12个月	用两个积木块建造塔 翻书	在抓住别人手或扶着家具的情况下行走 能握住笔
17—19个月	模仿着划动蜡笔 认出照片中的物体	独自用右脚站立 在协助下站着走楼梯
23—25个月	匹配图片 重复双字句	串3颗珠子 跳4英寸距离
38—42个月	分辨4种颜色 使用过去时 区分性别	照着画圆 单脚跳两次 双脚交替下楼梯

(资料来源:Based on Bayley, N. 1993. Bayley Scales of Infant Development BSID - II, 2nd ed, San Antonio, TX: The Psychological Corporation.)

格塞尔和贝利等人所使用的方法的优势在于,它们能很好地反映婴儿目前的发展水平。使用这些量表,我们就可以客观地判断某个婴儿的发展与同龄儿童相比是提前还是落后了。

这些量表在判断发展落后的孩子时尤为有用。在这种情况下,需要立即给予婴儿特别关注。如果父母或医生认为婴儿正遭受发育迟缓并需要评估这种延迟,就可以进行这些测试。根据他们的分数,可以制定并实施早期干预计划。(Aylward & Verhulst, 2000; Sonne, 2012; Bode et al., 2014)。

此类量表不适用于预测儿童未来的发展进程。用这些测量工具测得儿童1岁时发展相对迟滞,并不一定在其5岁、12岁,或者25岁时也表现出迟缓的发展。因此,多数对婴儿行为的测量与成人智力的联系不大(Molfese & Acheson, 1997; Murray et al., 2007)。

护士的视角

使用格塞尔或贝利这样的发展量表会有哪些帮助?又存在哪些危

险呢？如果你要给一对父母建议，你如何最大程度地帮助他们并将危险降到最低？

有关智力个体差异的信息加工观点。我们平时谈到智力的时候，常会在反应快和反应慢的个体之间进行区分。实际上，根据信息加工速度的相关研究，这样的说法具有一定的真实性。当代研究婴儿智力的方法表明，婴儿加工信息的速度可能与后来的智力关系密切，后来的智力是成年时通过IQ测验得到的（Rose & Feldman, 1997；Sigman, Cohen, & Beckwith, 1997）。

我们如何来辨别婴儿加工信息的快慢呢？为了回答这个问题，大多数研究者使用习惯化测验。那些有效加工信息的婴儿应该能更快地了解刺激，因此，我们预期，与那些信息加工效率较低的个体相比，他们会将注意力更快地从给定的刺激上转移出来，形成习惯化现象。相似地，视觉再认记忆的测量，即对先前见过刺激的记忆和再认，也与智商有关。婴儿从记忆中提取一个刺激表征的速度越快，想必这个婴儿的信息加工效率越高（Rose, Jankowski, & Feldman, 2002；Robinson & Pascalis, 2005；Trainor, 2012）。

使用信息加工框架进行的研究，清楚地表明信息加工效率和认知能力之间的关系：婴儿对先前看到过的刺激失去兴趣的速度和对新刺激的反应性与后期测得的智力呈中度相关。出生后6个月大的婴儿，其信息加工效率越高，他们在2岁和12岁时越倾向于获得较高的智力分数，同时，在其他的认知能力测验中也会得到高分（Rose, Feldman, & Jankowski, 2009；Otsuka et al., 2014）。

其他研究表明，与知觉的多通道观点相关的能力可能提供了有关后期智力的线索。例如，对先前通过某一感觉体验到的刺激采用另一种感觉进行识别的能力（称作跨通道迁移）与智力有关。如果婴儿对先前触摸过但是没有看到过的螺丝刀能够进行视觉上的识别，那么，他就是表现出了跨通道的迁移。研究已经发现，1岁婴儿表现出来的跨通道迁移程度（这需要高水平的抽象思维能力）与几年后智力得分有关（Rose, Feldman, & Jankowski, 2004）。

尽管婴儿期的信息加工效率和跨通道迁移能力与后期的IQ得分有中度相关，但我们还是应该注意两个限制。第一，即使早期的信息加工能力和后来的IQ得分之间存在联系，也仅仅是中等强度的相关。其他的因素，如环境刺激的程度，在决定成人智力时也起到了重要的辅助作用。

因此,我们不应该想当然地认为婴儿期的智力会以某种方式固定不变。

第二点可能更为重要,通过传统IQ测验测得的智力只涉及智力的某一特定类型,它强调了能够带来学业成功而非艺术或职业成功的能力。因此,预期一个孩子在后来的IQ测验中能得高分与预期他在今后生活中能获得成功是不同的。

尽管有上述局限,最近的研究结果表明的认知加工效率与后来的IQ得分之间的联系,的确表明了认知的毕生发展在一定程度上具有跨年龄的一致性。虽然,早期对量表(如贝利量表)的依赖导致了一种误解,即认知发展缺乏连续性,但是,新近的信息加工观点表明从婴儿期到后来的发展阶段,认知发展以一种更有序、连续的方式展开(请见你是发展心理学知识的明智消费者吗?促进婴儿认知发展途径的一些特点)。

评价信息加工观点。对于婴儿期的认知发展,信息加工观点与皮亚杰的看法存在很大差异。与皮亚杰关注婴儿能力质变的一般性解释不同,信息加工观点则关注量变。皮亚杰将认知发展视为突然的冲刺;而信息加工则认为它是更缓慢、逐步的发展。(设想一下跨栏的田径运动员与速度缓慢而稳定的马拉松选手之间的差别。)

由于持有信息加工观点的研究者将认知发展视为一种个体技能的集合,与皮亚杰观点的支持者相比,他们常常能够使用更精确的方式对认知能力进行测量,如加工速度和回忆能力。然而,恰恰是这些准确的单个测量,使我们很难对认知发展的本质有一个全面的了解,而这正是皮亚杰做出了杰出成就。似乎信息加工观点更多地关注认知发展问题的单个部分,而皮亚杰的观点更关注问题的整体(Kagan,2008;Quinn,2008)。

最后,在解释婴儿期认知发展的时候,皮亚杰的观点和信息加工观点都很重要。这两种观点,再加上脑的生物化学研究进展以及有关社会因素对学习和认知的影响的理论上的进步,会帮助我们建构一幅有关认知发展的全景图。

◎ 你是发展心理学知识的明智消费者吗?

我们能做些什么来促进婴儿的认知发展?

所有的父母都希望他们的孩子能够实现其全部的认知潜能,但有时他们试图达到这一目标的方式却很奇怪。例如,有些父母花费上百美元去参加一些名为"如何提高婴儿智力"的工作坊,还买一些类似于《如何教你的宝宝阅读》的书籍(Doman & Doman, 2002)。

这样的努力会成功吗?尽管有些家长断言他们会成功,但此类项目的有效性并没有得到科学研究的支持。比如,尽管婴儿拥有许多认知技能,但没有婴儿能进行阅读。而且,“提高”婴儿的智力是不可能的,诸如美国儿科学会和美国神经学会等组织已经公开谴责了宣称可以这样做的。

另一方面,我们倒是可以做一些事情来促进婴儿的认知发展。下列建议是依据发展研究者们得到的结果提出的,为大家提供了一个起点(Gopnik, meltzoff, & Kuhl, 2002; Cabrera, Shannon, & Tamis - Lemonda, 2007):

- **为婴儿提供探索世界的机会**

正如皮亚杰所说的,儿童通过做来学习,因此他们需要探索环境的机会。

- **在言语和非言语两个水平上都要对婴儿做出及时回应**

虽然婴儿不能理解句子的含义,他们仍然能够从读书活动中有所受益。

试着去和婴儿说话,而不是对他们说话。提问,听他们的反应,再提供进一步的交流机会(Merlo, Bowman, & Barnett, 2007)。

- **为婴儿读书**

尽管他们可能并不理解你所说的话的含义,但他们会对你的音调和活动提供的亲密感做出回应。和孩子一起阅读还与后来的读写能力相关,并开始形成终生的阅读习惯。美国儿科学会推荐从6个月开始每天为儿童阅读(American Academy of Pediatrics, 1997; Holland, 2008; Robb, Richert, & Wartella, 2009)。

- **记住你没必要24小时都和婴儿在一起**

正如婴儿需要时间自己去探索他们的世界一样,父母和其他看护者除了照顾儿童以外,也需要有自己的时间。

- **不要逼迫婴儿,也不要对他们有过快过多的期望**

你的目标不应该是创造一个天才,而应该是提供一个温暖的养育环境,让婴儿发挥他(她)的潜力。

模块5.2 复习

- 信息加工观点考虑到儿童组织和使用信息能力的量变。认知发展被认为是越来越复杂的编码、存储和提取过程。
- 尽管婴儿记忆的持续性和准确性的问题还没得到解决,但是他们显然从很小的时候就有记忆能力。
- 传统的婴儿智力测量关注行为的达成,可以帮助识别发展迟滞或提前,但它与成人智力的测量关系并不密切。信息加工观点对智力的评价依赖于婴儿加工信息的速度和质量上的差异。

共享写作提示

应用毕生发展:你会用这一章里的什么信息去反驳那些承诺帮助家长提高婴儿的智力或给婴儿灌输高级的智力技能的书籍或是教育计划?根据有效的研究结果,你会用哪种观点来解释婴儿的智力发展?

5.3　语言的根源

对于马拉(Maura)要说的第一个词会是什么,维奇(Vicki)和多米尼克(Dominic)正在进行一场友谊赛。在将马拉交给多米尼克换尿布之前,维奇会轻柔地对宝宝说:"叫'妈妈'。"多米尼克则会咧开嘴笑着接过女儿,哄着她说:"不,叫'爸爸'。"最终父母双方不输不赢,马拉说的第一个词听起来更像"baba",看起来她指的是她的奶瓶。

Mama、No、Cookie、Dad、Jo,大部分父母能够记住自己孩子说的第一个词。毫无疑问,这种人类独有技能(这一点仍处于争论中)的出现是一个令人兴奋的时刻。

但是那些最初说出的词语只是语言的第一个也是最明显的表现形式。婴儿在几个月以前就开始理解其他人用来理解周围世界所用的语言。这种语言能力如何发展?语言发展的模式和顺序是什么?语言的使用如何改变婴儿和其父母的认知世界?当介绍生命前几年的语言发展时,我们会考虑这些问题。

语言的基础:从声音到符号

LO 5.7　概述儿童学习使用语言的过程

语言,作为系统的有意义的符号排列,提供了信息交流的基础。但是语言的作用不止于此:它与我们的思考方式和如何理解世界有着密切的联系。它使我们能够对人和客体进行反思,并将我们的想法传递给其他人。

语言　系统的、有意义的符号排列,它提供了信息交流的基础。

随着语言能力的发展,语言有几个必须被掌握的构建特征,其中包括:

• **语音**

语言中的基本声音，叫作音素，把它们结合起来就形成了词和句子。比如，“mat”中的“a”与“mate”中的“a”在英语中代表了两个不同的音素。尽管英语只采用了40个音素来构造所有的单词，但有的语言会有多达85个音素，还有的只有15个音素（Akmajian, Demers, & Harnish, 1984）。

• **词素**

词素是最小的有意义的语言单位。有些词素是完整的词，而另一些则是为了解释一个词而增加的必要信息，如复数的词尾“-s”和过去时态的后缀“-ed”。

• **语义**

语义是决定词和句子意思的规则。随着儿童语义知识的发展，他们能够理解“艾莉被球打到了”（对为什么艾莉不想玩接球所作的回答）和“一个球打到了艾莉”（用于说明当前的情况）之间的细微差别。

在考虑语言发展的时候，我们需要区分言语理解（linguistic comprehension），即对言语的理解和言语生成（linguistic production），即使用语言进行交流。“理解先于生成”是这两者关系的一个基本原则。一个18个月大的婴儿可能可以理解一系列复杂的指导语（“捡起你的衣服，放到火炉旁的椅子上”），但她自己说话的时候可能还无法将两个以上的词串起来。在整个婴儿期，理解的发展都比生成要快。举个例子，在婴儿期，一旦孩子开始说话，对单词的理解就会以每个月22个新单词的速度增长，但单词的生成速度每个月只新增9个左右（Rescorla, Alley, & Christine, 2001; Shafto et al., 2012; Phung, Milojevich, & Lukowski, 2014; 见图5-4）。

早期的声音和交流。即使是和很小的婴儿待在一起24小时，你也会听到各种各样的声音：咕咕声、哭声、咯咯的笑声、嘟哝的声音和很多其他的声音。尽管这些声音本身没有什么含义，但是它们在语言发展方面起到了重要的作用，为真正的语言铺平了道路（O'Grady & Aitchison, 2005; Martin, Onishi & Vouloumanos, 2012）。

前语言交流是指通过声音、面部表情、手势、模仿和其他非言语的方式进行交流。当一名父亲发出“啊”声来回应女儿的“啊”声时，女儿会重复这个声音，然后父亲会再回应一次，他们正是在进行前言语交流。显然，这个“啊”声并没有特定的意义。但是，对它的重复类似你来我往的对话交流，教会婴儿有关交流需要双方轮流进行（Reddy, 1999）。

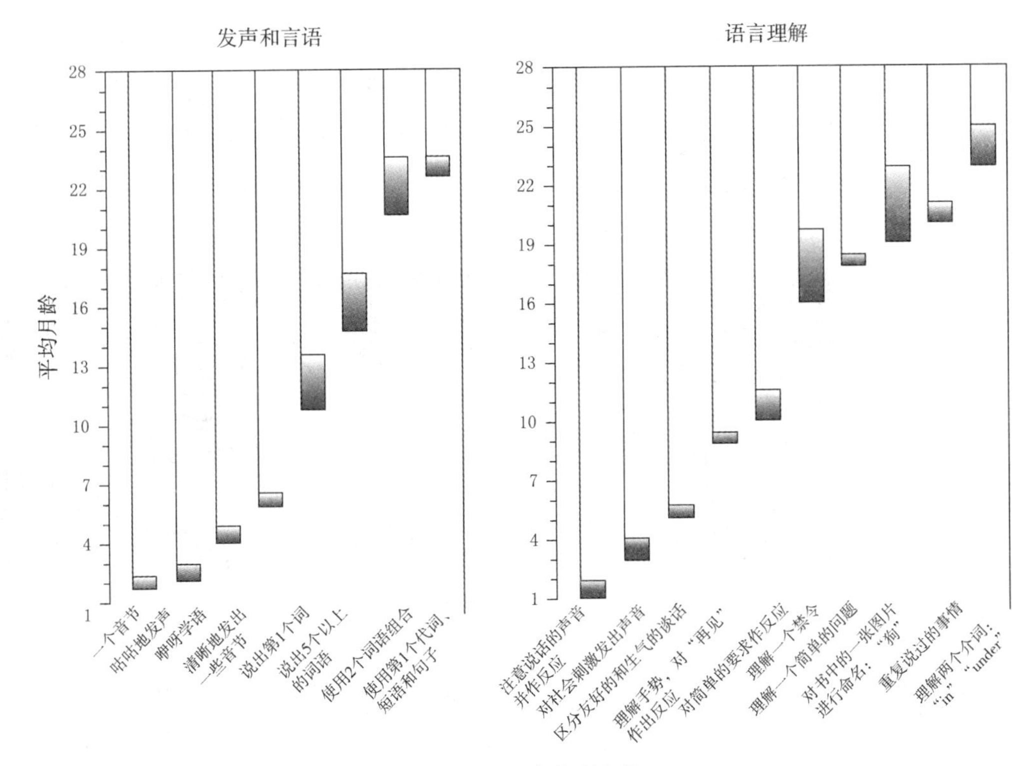

图5-4　理解先于生成

咿呀学语　发出类似言语，但又没有意义的声音。

前语言交流中最明显的表现是咿呀学语。**咿呀学语**，即发出类似言语，但又没有意义的声音，它开始于两三个月，并持续到 1 岁左右。当婴儿咿呀学语时，他们从高到低地改变音调来重复相同的元音（如以不同的音高重复“ee－ee－ee”）。5 个月以后，咿呀学语的声音开始扩展，反映出来就是加上了一些辅音（如“bee－bee－bee－bee”）。

咿呀学语是一种普遍的现象，在所有的文化中都有相同的进程。在婴儿咿呀学语时，他们会自发产生每种语言中都存在的声音，而不仅仅是他们听到的身边人所说的语言。

即使是聋童也会以自己的形式表现出咿呀学语：那些听不到声音、处在符号语言世界里的孩子，用手代替声音来“咿呀学语”。因此，他们通过手势表现的“咿呀学语”与能听见的儿童口头的咿呀学语是类似的。另外，如图 5－5 所示，手势的产生所激活的脑区与言语生成所激活的区域相似，表明口语可能是从手语进化而来的（Gentilucci & Corballis, 2006；Caselli et al.，2012）。

咿呀学语的典型发展轨迹是从简单过渡到复杂的声音。尽管处于某种特定语言的发声环境中，看起来并不会影响最初的咿呀学语，但最终经验还是会导致差异。婴儿 6 个月大时，咿呀学语就会反映出他们所处环境的语言发音情况(Blake & Boysson - Bardies, 1992)。这种差异非常显著,以至于即使是没受过训练的听众,也能区分出咿呀学语的婴儿是来自说法语、阿拉伯语,还是广东话的文化。此外,婴儿进入自己语言环境的早晚和他们之后的语言发展快慢相关(Whalen, Levitt, & Goldstein, 2007; Depaolis, Vihman & Nakai, 2013; Masapollo, Polka & Ménard, 2015)。

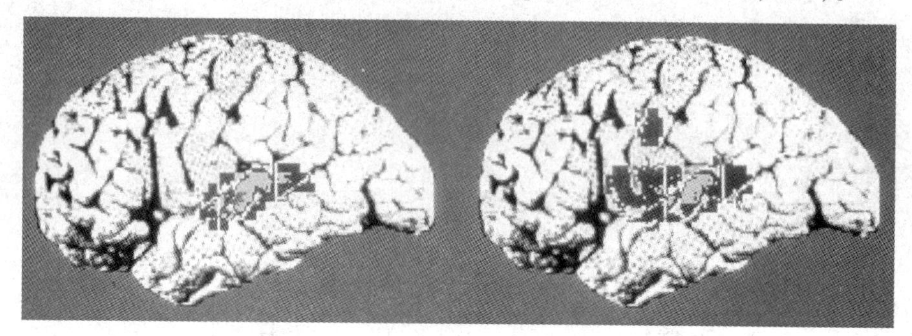

图5-5　布洛卡区

左图中说话时激活的脑区与右图中做手势时激活的脑区相似。

前语言言语还有其他方面的表现。比如5个月大的婴儿马塔(Marta),发现自己正好够不到红色的球。在她试图伸手去拿却发现自己拿不到的时候,就发出气愤的哭泣声,以此来提醒父母自己有麻烦了,她的母亲就会把球递给她。交流就发生了。

4个月以后,当马塔面对同样的情境时,她不再为够球而烦恼,也不再用生气回应。她会向球的方向伸出胳膊,极有目的性地去吸引母亲的注意。当母亲看到她的动作时,就知道马塔想要什么了。显然,尽管马塔的交流技术仍然是前语言,但已经向前迈了一大步。

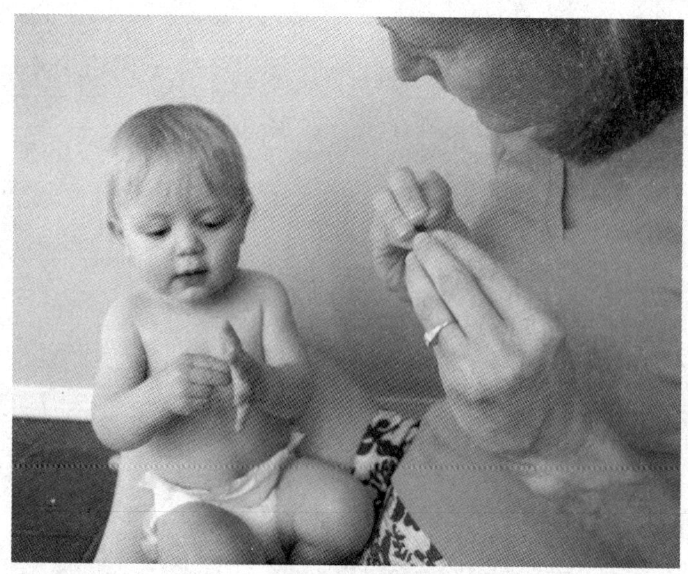

处于手语环境中的聋童，有他们自己咿呀学语的方式，涉及手语的使用。

当手势让位于一种新的交流技能,即说出真正的词语的时候,就连这些前语言技能也在仅仅几个月的时间里被取代了。马塔的父母清楚地听到她说"球"。

初次出现词汇。当父母第一次听到孩子说"妈妈"或"爸爸",或只是"baba",就像我们在这部分开篇讲述的马拉一样,父母都会喜出望外。但是,当他们发现婴儿用同样的声音来要饼干、娃娃和破烂的旧毛毯时,他们最初的热情可能会受到打击。

在 10 到 14 个月的时候,婴儿就会说出第一批词汇,但也可能早在 9 个月时就可以了。关于如何确定初次出现的词是否已经说出,语言学家观点不一。有的认为当婴儿对词汇有了清楚的理解,并能发出与成人所说的词相近的声音,如儿童用“妈妈”表达她的需求时,初次出现的词就产生了。其他语言学家对第一个词的产生有着更严格的标准。他们认为只有当儿童对人、事件或客体进行了清晰一致的命名时,“初次出现的词汇”才真正产生。以这种观点来看,只有当婴儿在多种情境下看到一个人在做不同事情的时候,也能把“妈妈”这个词一致地应用在这个人身上,它才算得上是第一个词(Hollich et al., 2000; Masataka, 2003; Koenig & Cole, 2013)。

尽管对于婴儿何时能说出第一个词,意见并不一致,但是没有人反对一旦婴儿开始生成词语,词汇量就会快速增长。到了 15 个月时,儿童平均已经掌握 10 个词,并且词汇量还会持续系统地扩充,直到语言发展的单字词阶段在 18 个月左右时结束。一旦该阶段结束,词汇量就会出现一个突然的爆发式增长。在 16 到 24 个月之间的某几周里,短短的一段时间儿童的词汇量会从 50 增长到 400(Nazzi & Bertoncini, 2003; Mc Murray, Aslin, & Toscano, 2009.)。

正如你在图 5－6 中见到的,儿童早期的词汇里的第一个词一般与客体、事物有关,包括有生命和没有生命的。他们通常指的是经常在他

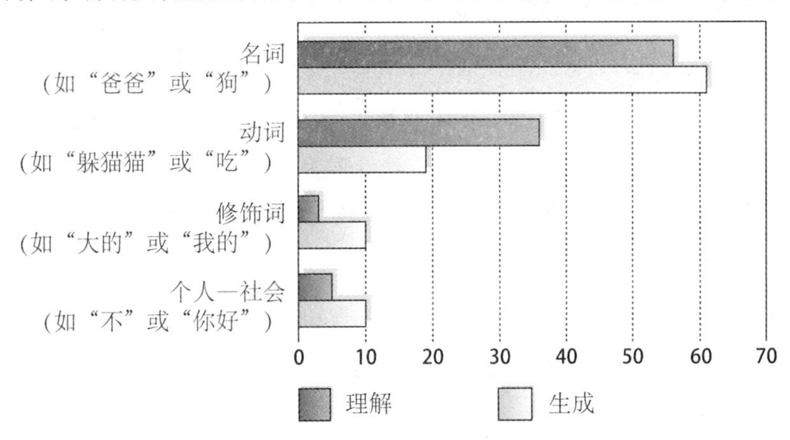

图 5－6　儿童最初理解和表达词汇的前 50

(资料来源:Based on Benedict, 1979.)

独词句 说一个词来代表一整句话，这个词的意思依赖于使用它的特定情境。

们生活中出现和消失的人或客体（“妈妈”）、动物（“小猫”），或暂时的状态（“湿的”）。这些初次出现的词常常是**独词句**，即说一个词语来代表一整句话，这个词的意思依赖于使用它的特定情境。比如，婴儿说“妈妈”这个词的含义由情境决定，可能意味着“我想让妈妈抱我”或“妈妈，我想吃东西”或“妈妈在哪儿?”（Dromi，1987；O'Grady & Aitchison，2005）。

文化对初次出现的词的类型产生影响。例如，在中国说普通话的婴儿，不像北美说英语的婴儿那样最开始更倾向于使用名词，他们更多的是使用动词。另一方面，20个月大时，婴儿使用词语的类型会出现引人注意的跨文化一致性。比如，对来自阿根廷、比利时、法国、以色列、意大利和韩国的20个月大婴儿的比较发现，他们的词汇中名词相对其他类型的词而言所占的比例较大（Tardif，1996；Bornstein，Cote，& Maital，2004；Andruski，Casielles & Nathan，2014）。

观看视频 不同文化下的语言发展

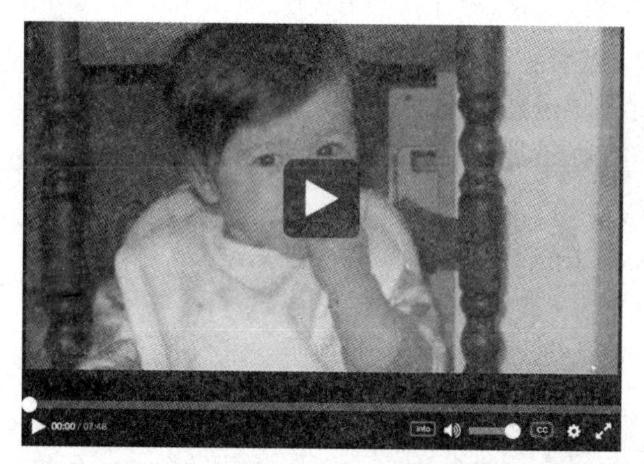

最初出现的句子。当阿荣（Aaron）19个月大的时候，像每天吃饭前一样他听到妈妈从后面的楼梯走上来。阿荣转向爸爸，清楚地说出：“妈妈来了。”在将这两个词连起来时，阿荣的语言发展向前迈出了巨大的一步。

在18个月左右，词汇量的增加伴随着另一项成就出现，那就是将单个的词连成句子来表达某种想法。尽管儿童产生第一个双字短语的时间差异较大，但一般说来，通常发生在他们说出第一个词以后的8到12个月。

双字（词）组合的产生代表着很重要的语言上的进步，因为这种连接不仅为外界的事物提供了标签，同时也表明了它们之间的关系。比如，这种组合可能表明了事物的从属关系（“妈妈钥匙”），或反复发生的事件（“狗叫”）。有趣的是，大部分早期的句子并不代表需求，甚至不一定要别人做出回应。它们通常仅仅是对发生在儿童世界里的事件的评价和观察（O'Grady & Aitchison，2005；Rossi et al.，2012）。

2岁大的孩子使用双词组合时倾向于采用特定的顺序，这种顺序与成人建构句子的方式相似。例如，英语中的句子一般遵循以下模式：句子的主语放在最前面，后面跟动词，然后接宾语（“Josh threw the ball.”）。儿童的言语常常使用相似的顺序，尽管最初并不会包括所有词汇。因此,儿童可能会说“Josh threw”或“Josh ball”来表达相同的想法。重要的是他们言语的顺序一般不会是“threw Josh”,或“ball Josh”,而是正常的英文语序,这就使得此类表达对于说英语的人而言更容易理解(Hirsh-Pasek & Michnick - Golinkoff, 1995; Masataka, 2003)。

尽管双词句的产生代表了一种进步,但儿童使用的语言仍然与成人不同。正如我们刚才看到的,2 岁儿童倾向于省去信息中不太重要的词,这与我们发电报时所采用的方式相似,因为电报是按字付费的。正是这个原因,他们的话常常被称作“**电报语**”。使用电报语的儿童不会说“I put on my shoes.”,而可能会说:“My shoes on.”“I want to ride the pony.”可能就变成了“I want pony.”。

电报语 说话时省去信息中不重要的词。

早期的语言还有其他区别于成人语言的特点。例如,萨拉(Sarah)把自己睡觉时候盖的毯子叫作“毯子”。当她的阿姨埃瑟尔(Ethel)给她一张新毯子时,萨拉拒绝叫新毯子“毯子”,而只把这个词用于她原来的毯子上。

萨拉不能将“毯子”这个标签泛化到其他毯子上,是**泛化不足**的一个例子,即用词过于局限,这在刚刚掌握口语的儿童身上很常见。当学语言的新手认为一个词只代表某概念的一个特例,而不是指该概念的所有事例时,泛化不足就发生了(Caplan & Barr, 1989; Masataka, 2003)。

泛化不足 用词过于局限,一般发生在刚刚掌握口语的儿童身上。

类似萨拉的婴儿发展到能够更熟练地使用语言时,有时会发生与之相反的情况。**过度泛化**,是指词语被过于宽泛地使用,过度推广了它们本身的含义。例如,当萨拉把公共汽车、卡车和拖拉机都叫作“小汽车”时,她就犯了过度泛化的错误,她假设所有有轮子的客体一定都是小汽车。尽管过度泛化反映了言语中的错误,但它也表明儿童的思维过程正在发生进步:儿童开始发展出整体性的心理分类和概念(McDonough, 2002)。

过度泛化 词语被过于宽泛地使用,过度推广了它本身的含义。

婴儿在使用语言的风格上也存在个体差异。例如,一些孩子使用**指示性风格**,即使用语言主要是为了对客体进行标记。其他孩子倾向于使用**表达性风格**,即使用语言主要是为了表达自己和他人的情感与需求(Bates et al., 1994; Nelson, 1996; Bornstein, 2000)。语言风格部分反映了文化因素。比如,与日本的母亲相比,美国的母亲更多地对客体进行标记,因此催生了指示性的语言风格。与之相对,日本的母亲更倾向于说有关社会交往方面的内容,因此更易催生表达性的语言风格(Fernald & Morikawa, 1993)。

指示性风格 使用语言主要是为了对客体进行标记的语言使用风格。

表达性风格 使用语言主要是为了表达关于自己和他人的情感与需要的语言使用风格。

语言发展的起源

LO 5.8　概述语言发展的主要理论

学前期语言发展的巨大进步引发了一个重要问题：如何才能精通语言？根据语言学家对这个问题的回答，我们可以将他们分为以下几类。

学习理论观点 认为语言的获得遵循强化和条件反射的基本法则。

学习理论观点：语言是一种习得的技能。语言发展的一种观点强调学习的基本原则。根据**学习理论**，语言的获得遵循第1章中探讨过的强化和条件反射的基本法则（Skinner，1957）。例如，当一个孩子清楚地说出"da"时，她爸爸立即得出结论她叫的是他，因此会拥抱、奖励她。这种反应对孩子而言是一种强化，她就更可能重复这个字。总之，学习理论对语言获得的观点表明，儿童通过制造和言语相似的声音而获得奖赏，从而学会说话。经过塑造的过程，他们的语言与成人的越来越相似。

父母如何影响孩子的说话能力？

但是，学习理论观点存在一个问题。看起来，它并没有对儿童如何快速地获得语言规则做出充分的解释。比如，小孩子在犯错的时候也会受到强化。当孩子说"Why the dog won't eat."时，父母倾向于做出与孩子正确表达这个问题（"Why won't the dog eat."）时一样的反应。这个问题的两种形式都得到了正确的理解，也引发了相同的反应；正确和不正确的语言使用都得到了强化。在这种情况下，学习理论就很难解释儿童如何学会正确地说话。

儿童还能够超越他们听过的特定表达，产生新的短语、句子和句法结构，这种能力同样无法用学习理论解释。另外，儿童能将语言规则应用到无意义的词上。一项研究中，4岁大的儿童在句子"熊正在 pilking 马"中听到了无意义的动词"to pilk"。之后，当被问到马身上发生了什么事情时，他们把这个无意义的动词以正确的时态和语态放入了句子中，即"它正在被熊 pilked"。

先天论观点 认为语言的发展由一种遗传决定的、与生俱来的机制所引导。

先天论观点：语言是一种天生的技能。学习理论中存在的概念危机导致了另一种观点的发展，即先天论的观点。这种观点是语言学家诺姆·乔姆斯基（Noam Chomsky）所支持的（1968，1978，1991，1999，

2005)。他认为,语言的发展由一种遗传决定的、与生俱来的机制所引导。根据乔姆斯基的观点,人们生来就具有学习语言的能力,随着发育的成熟,这种能力或多或少地自动出现。

乔姆斯基对不同语言的分析发现,世界上所有的语言都有一个相似的内部结构,他称之为**普遍语法**。以这种观点来看,人类的大脑有一个称为**语言获得机制(LAD)**的神经系统,它既使人能够理解语言结构,也提供了一套策略和技术用于儿童学习所处环境中语言的特征。这样看来,语言是人类所特有的,通过一种遗传倾向使得理解和产生单词和句子成为可能(Lidz & Gleitman, 2004; Stromswold, 2006; Wommacott, 2013; Bolhuis et al., 2014)。

普遍语法 乔姆斯基的理论,认为世界上所有的语言存在相似的内部结构。

语言获得机制 假设能够实现语言理解的大脑神经系统。

近期的研究确定了和语言产生有关的特定基因,支持了乔姆斯基的先天论观点。进一步的证据支持来自研究发现婴儿在进行语言加工时所涉及的大脑结构与成人进行语言加工时的非常相似,暗示了语言的演化基础(Dehaene - Lambertz, Hertz - Pannier, & Dubois, 2006)。

语言是人类天生并独有的能力这一观点也受到了批评。例如,一些研究者认为,某些灵长类动物至少也能学会基本的语言,他们的这种能力对人类语言能力的独有性提出了质疑。其他研究者还指出,尽管人类可能在基因上做好了使用语言的准备,但语言的有效使用仍然需要大量的社会经验(Savage - Rumbaugh et al., 1993; Goldberg, 2004)。

交互作用观点。无论是学习理论还是先天论观点都不能完全地解释语言的获得。因此,某些理论家转向了另一种将这两类学派的观点结合起来的新理论。交互作用观点认为,语言的发展是由遗传和帮助语言学习的环境相结合来实现的。

(语言的)交互作用观点 语言发展是由基因和有助于语言学习的环境共同作用的结果。

交互作用观点接受先天因素对语言发展总体框架的塑造作用。但它也提出,语言发展的特定进程是由儿童所处的语言环境和他们以特定方式使用语言时所受的强化共同决定的。成为某种社会和文化成员的动机让个体与他人进行互动,从而导致语言的使用和语言技能的发展,因此社会因素也是语言发展的重要因素(Dixon, 2004; Yang, 2006; Graf Estes, 2014)。

正如有些研究支持了学习理论和先天论观点的某些方面一样,交互作用的观点也得到了一些支持。但目前我们还不知道哪一种观点最终会提供最好的解释。更可能的是,不同因素在儿童期的不同阶段发挥了不同的作用。因此,语言获得的更完善的解释仍需进一步探索。

和孩子说话：婴儿指向型言语中的语言及性别相关言语

LO 5.9　描述儿童如何影响成人的语言

大声地说出以下句子:你喜欢苹果酱吗?现在,假设你要问婴儿同样的问题,你要像对着小孩的耳朵那样说出这句话。当你把这句话说给婴儿听时,常常会发生下面这些事情。首先,措辞可能会改变,你可能会说类似于“宝宝喜欢苹果酱吗?”同时,你的音调可能会升高,你总体的语调很有可能像在唱歌,并且你会把每个词仔细分开说。

婴儿指向型言语　一种指向婴儿的说话方式,特点是句子短小简单。

婴儿指向型言语。你语言的转变是因为你使用了**婴儿指向型言语**,这种言语风格包含了很多指向婴儿的言语交流特征。这种言语模式过去被称为妈妈语,因为曾经的假设是只有妈妈才会使用。但这个假设是错误的,现在,用得更频繁的是一个中性的术语婴儿指向型言语。

婴儿指向型言语以短小、简单的句子为特征。音调变高,音频范围变大,语调有更多起伏。此外还有词语的重复,谈话时也只采用那些假定婴儿能够理解的词语,如婴儿环境中的具体物体。婴儿并不是特殊语言形式的唯一受众,我们在对外国人说话时也会改变言语方式。(Soderstrom, 2007; Schachner & Hannon, 2011; Scott & Henderson, 2013)。

有时,婴儿指向型言语还包括一些有趣的声音,这些声音甚至不是词语,模仿的是婴儿的前言语。在其他情况下,它很少有正式的结构,但与婴儿在发展自己语言技能时所使用的电报语很相像。

婴儿指向型言语随着儿童的成长而变化。大约在1岁末时,婴儿指向型言语呈现出更多类似成人语言的特征。尽管单个的词语仍然说得很慢,很仔细,但句子变长,也更复杂了。音高也被用来强调关键词(Soderstrom et al. ,2008; Kitamura & Lam,2009)。

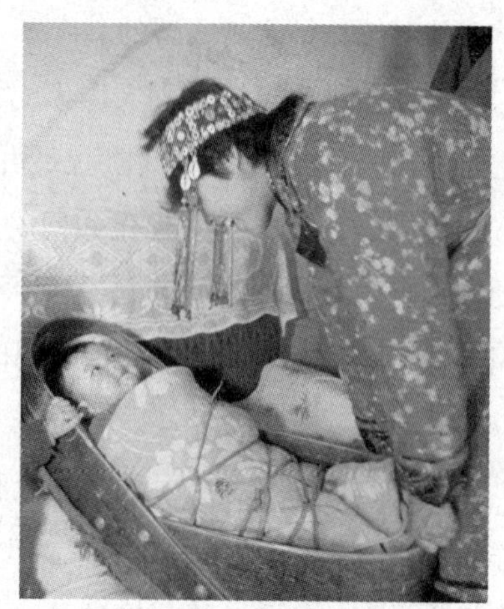

妈妈语,或更准确一些,婴儿指向型语言包括使用短小简单的句子,以及采用比与年龄较大的儿童和成人谈话时所用的更高的音调,并且这是具有跨文化相似性的。

婴儿指向型言语在婴儿言语获得过程中起到了重要的作用。正如我们下面要讨论的，尽管存在文化差异，但全世界都有婴儿指向型言语。与正式语言相比，新生儿更喜欢婴儿指向型言语，这表明他们可能特别容易接受这样的言语。另外，一些研究表明，在早期接触了大量婴儿指向型言语的婴儿，似乎更早地开始使用语词，并表现出其他形式的语言能力（Englund & Behne, 2006; Soderstrom, 2007; Werker et al., 2007; Bergelson & Swingley, 2012）。

性别差异。对女孩而言，鸟是小鸟，毯子是小毯子，狗是小狗。但对男孩而言，鸟是鸟，毯子是毯子，狗就是狗。

至少，男孩和女孩的父母是这样认为的，从他们对儿女的用语上就可以体现。根据发展心理学家吉・恩布库・格里森（Jean Berko Gleason）所作的研究，几乎从出生开始，父母与孩子交流的用语就会依据儿童的性别而有所不同（Gleason, et al., 1994; Gleason, & Ely, 2002; Arnon & Ramscar, 2012）。

格里森发现到了 32 个月，女孩听到的“指小词”（像“小猫咪”“小娃娃”这样的词，指代“猫”和“娃娃”）是男孩听到的两倍之多。尽管“指小词”的使用随着年龄的增加而减少，但与男孩指向的言语相比，在女孩指向的言语中，这些词的使用仍然一直保持较高的水平（见图 5－7）。

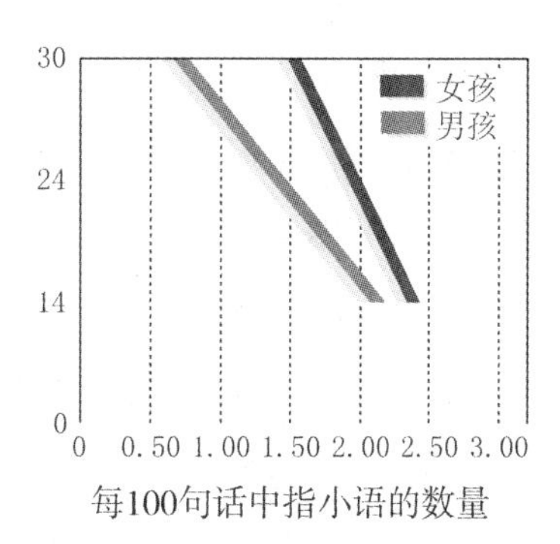

图5–7　指小语的减少

尽管随着年龄的增长，对男性和女性婴儿使用指小语的频率都会减少，但是在女性指向的言语中，指小语的使用频率一直较高。你认为这种差异的文化意义是什么？（资料来源：Gleason et al., 1991.）

根据孩子的性别，父母对儿童的要求也倾向于给出不同的回应。比如，当拒绝孩子的要求时，母亲对男孩的反应可能是一个坚决的“不”，但对女孩可能会用一个转移注意力的回应方式来缓和打击（“你为什么不试试这个？”）或者用不那么直接的拒绝方式。因此，男孩倾向于听到更坚决、明确的语言，而女孩则更多听到温和的、常指向内部情绪状态的句子（Perlman & Gleason, 1990）。

在婴儿期，男孩指向和女孩指向语言中存在的这种差异会不会影响他们成年后的行为？并没有直接的证据清楚地支持这样的联系，但男性和女性成年后的确使用不同类型的语言。例如，作为成人，女性倾向于使用更多试探性语言，而较少使用武断性语言（“也许我们可以去看电影”），而不像男性那样（“我知道了，我们去看电影吧！”）。尽管我们并不知道，这些差异是否反映了早期的语言经验，但这样的结果显然是很有趣的（Tenenbaum & Leaper, 2003；Hartshorne & Ullman, 2006；Plante et al., 2006）。

教育者的视角

成人对男孩和女孩讲话方式上的差异有什么启示吗？这种言语的不同如何影响了随后不只是言语上的而且还有态度上的差异？

◎ 发展的多样性与生活

婴儿指向型言语是不是具有跨文化的相似性？

美国、瑞典和俄罗斯的母亲是不是以相同的方式对孩子说话？在某些方面她们的确是这样的。尽管不同语言的词语本身是有差异的，但是把这些词语说给婴儿的方式是非常相似的。越来越多的研究表明，婴儿指向型言语在本质上具有跨文化的基本相似性（Werker et al., 2007；Broesch & Bryant, 2015）。

例如，比较英语母语者和西班牙语母语者所使用的婴儿指向型言语，在10个最频繁出现的婴儿指向型言语特征中，有6个是两种语言所共有的：夸张的语调，高亢的音调，拉长的元音，重复、压低的音量和对关键词的强调（比如在句子“不，那是一个球”中，强调“球”）（Blout, 1982）。类似地，美国、瑞典和俄罗斯的母亲都会以相似的方式和婴儿说话，她们都会夸大和拉长三个元音“ee”“ah”和“oh”的发音，尽管这些声音在不同语言中本身存在差异（Kuhl et al., 1997）。

即使是失聪的母亲也会以某种形式来使用婴儿指向型言语：与婴儿交流时，失聪的母亲使用手语的速度明显慢于与成人交流，而且他们会频繁地重复手势（Swanson, Leonard, & Gandour, 1992；Masataka, 1996；1998；2000）。

婴儿指向型言语具有相当大的跨文化相似性，在特定的互动中具有某些语言上的共同特点。例如，有研究比较了说美式英语、德语和汉语普通话的人，证据表明在每种语言中，当妈妈试图吸引婴儿的注意力，或做出回应时，音调都会升高，而当她试图安抚婴儿时，音调都会降低（Papousek & Papousek, 1991）。

我们为什么会在非常不同的语言之间发现这种相似性呢？一个假设是，婴儿指向型言语其特征会激活婴儿天生的反应。正如我们已经指出的那样，与成人指向的言语相比，婴儿似乎更喜欢婴儿指向型言语，表明他们的知觉系统对这样的特征更易做出反应。另一种解释认为，婴儿指向型言语促进了语言的发展，它在婴儿发展出理解言语含义的能力之前，提供有关言语意义的线索（Kuhl et al., 1997；Trainor & Desjardins, 2002；Falk, 2004）。

尽管婴儿指向型言语风格存在跨文化的相似性，但是婴儿从其父母那里听到的言语数量存在重要的文化差异。例如,尽管肯尼亚的基西(Gusii)族人以一种非常亲密的身体接触的方式看护婴儿,但他们和婴儿说的话要少于美国的父母(Levine, 1994)。

在美国,还有一些语言风格上的差异与文化因素有关。似乎,一个主要的因素可能是性别。

模块5.3 复习

- 在婴儿说话之前,他们能理解成人的很多表达,并能参与某些形式的前言语交流,包括使用面部表情、手势和咿呀学语。儿童一般在10到14个月之间说出他们的第一个词语,从那时起,他们的词汇量开始快速增加,尤其是在18个月左右的时候有一个爆发期。儿童语言的发展进程遵循从独词句、双词组合到电报语的模式。
- 学习理论观点认为,基本的学习过程导致语言发展,而像乔姆斯基及其跟随者这样的先天论者认为,人类有与生俱来的语言能力。交互作用观点则提出,语言是环境和先天因素共同作用的结果。
- 当和婴儿说话时,所有文化下的成人都倾向于使用婴儿指向型言语。婴儿的性别也影响了其父母的用语。

共享写作提示

应用毕生发展:儿童的语言发展如何能反映出他们获得了解释和处理外部世界的新方法?

结语

在这一章中,我们从不同角度(从皮亚杰的观点到信息加工理论)探讨了婴儿认知能力的发展。我们考察了婴儿的学习、记忆和智力,最后通过了解婴儿的语言结束这一章节。

在进入下一章继续探讨社会性和人格发展之前,我们回顾这一章前言中刚学会爬行的宝宝雷萨的故事,并回答下面的问题。

1. 根据皮亚杰的理论,雷萨探索收音机/CD的过程是否是同化和顺应的一种表现呢?说说你的理由。
2. 皮亚杰认为,运动能力的提高标志着认知进展的潜能。雷萨的故事如何支持了这一观点呢?
3. 如果雷萨和家人离开家一个月,你认为雷萨还能记得怎么打开收音机吗?什么样的提示能激活她的记忆呢?
4. 你认为独立行走能如何进一步促进雷萨的认知发展?

回顾

LO 5.1　总结皮亚杰认知发展理论的基本特征

根据皮亚杰的观点，当孩子处于发展的某一适当水平，并接触了相关的经验时，所有的儿童都会逐步通过认知发展的四个主要阶段（感觉运动、前运算、具体运算和形式运算）以及它们的各个亚阶段。皮亚杰认为，儿童对世界的理解通过两种方式发展，一种是将自身的经验同化到当前的思维方式中，另一种是使现在的思维方式顺应他们的经验。

LO 5.2　描述皮亚杰提出的认知发展的感觉运动阶段

在感觉运动期（从出生到2岁左右）的6个亚阶段中，婴儿从使用简单的反射开始，发展出逐步复杂化的重复和整合的动作，再到掌握了通过行为来引发所希望的结果的能力。在感觉运动期的6个亚阶段结束时，婴儿开始使用象征性思维。

LO 5.3　总结支持和批判皮亚杰认知发展理论的论据

皮亚杰被认为是儿童行为的细致的观察者，也是一位对人类认知发展的进程有较为准确解释的学者，尽管后来对其理论的研究确实表明了他理论的一些局限性。

LO 5.4　描述婴儿如何根据认知发展的信息加工观点处理信息

认知发展研究的信息加工观点试图了解个体如何接收、组织、存储和提取信息。这种观点与皮亚杰的看法不同，它考虑到了儿童信息加工能力的量变。

LO 5.5　描述婴儿最初两年的记忆能力

尽管婴儿记忆的准确性问题仍存有争议，但婴儿很早就具有记忆能力。

LO 5.6　描述如何使用信息加工观点来测量婴儿智力

婴儿智力的传统测量方法，如格塞尔的发展商数和贝利婴儿发展量表，关注在儿童群体中观察到的特定年龄的平均行为水平。信息加工观点对智力的衡量依赖婴儿加工信息的速度和质量上的差异。

LO 5.7　概述儿童学习使用语言的过程

前语言交流包括使用声音、手势、面部表情、模仿，以及其他非语言的方式来表达想法和状态。前语言交流为婴儿的言语发展做了准备。婴儿一般在10到14个月之间说出第一个词。在18个月左右，儿童通常开始将词连接到一起构成基本的句子，来表达单一的想法。真正开始说话的特征包括运用独词句、电报语、泛化不足和过度泛化。

LO 5.8　概述语言发展的主要理论

语言获得的学习理论主张，成人和儿童使用基本的行为过程，如条件反射、强化和塑造，来学习语言。乔姆斯基提出一种不同的观点，他认为人类在遗传上具有一种语言获得机制，这使得他们能够发现和使用作为所有语言基础的普遍语法原则。

LO 5.9　描述儿童如何影响成人的语言

成人的语言会受到与其谈话的儿童的影响。婴儿指向型言语所表现出来的特征具有惊人的跨文化一致性，这些特征使其对婴儿而言更有吸引力，可能会更好地促进语言的发展。成人的语言也会根据对话儿童的性别表现出一定的差异，它可能会影响后来的发展。

关键术语和概念

图式	婴儿遗忘症	指示性风格
同化	发展商数	表达性风格
顺应	贝利的婴儿发展量表	学习理论观点
(认知发展)的感觉运动阶段	语言	先天论观点
客体永存	咿呀学语	普遍语法
心理表征	整字句	语言获得机制(LAD)
延迟模仿	电报语	语言的交互作用观点
信息加工观点	泛化不足	婴儿指向型言语
记忆	过度泛化	

第6章　婴儿期的社会性和人格发展

本章学习目标

LO 6.1　讨论儿童在生命最初两年是如何表达和体验情感的

LO 6.2　区分陌生人焦虑与分离焦虑

LO 6.3　讨论社会参照和非言语编码能力的发展

LO 6.4　描述儿童在生命最初两年所拥有的自我感

LO 6.5　总结婴儿在两岁时心理理论和对心理活动的觉察增多的证据

LO 6.6　解释婴儿时期的依恋以及它如何影响一个人未来的社会能力

LO 6.7　描述照护者在婴儿社会性发展中的作用
LO 6.8　讨论婴儿时期关系的发展
LO 6.9　描述区分婴儿人格的个体差异
LO 6.10　定义气质并描述在生命的前两年它如何影响孩子
LO 6.11　讨论孩子的性别如何影响他或她最初两年的发展
LO 6.12　描述21世纪的家庭及其对儿童的影响
LO 6.13　总结父母以外的养育对婴儿的影响

本章概要

开场白: 情绪过山车

尚特烈・伊万斯(Chantelle Evans)一直是个快乐的孩子,这解释了为什么当她的母亲米歇尔(Michelle)在与朋友共进午餐后从邻家回来接她时,发现10个月大的女儿泪流满面后感到很惊讶的原因。"尚特烈认识简妮(Janine)。"米歇尔说,"她经常在院子里看见她,我不明白她为什么这么不开心,我只离开了两个小时。"简妮告诉米歇尔她试过所有的方法——轻轻摇动,给她唱歌——但什么都没有用。直到哭得满脸通红的尚特烈再见到她的母亲时,她才露出了微笑。

预览

终有一天,米歇尔可以和朋友们一起吃午餐而不必担心女儿会很难过,但对于一个10个月大的孩子来说,尚特烈的反应是完全正常的。在本章中我们将会考察婴儿的社会性和人格发展。我们首先检查婴儿的情绪生活,思考他们感觉到哪些情绪,以及他们能多大程度上地读懂别人的情绪。我们也关注其他人的回应是如何塑造婴儿的反应,以及婴儿是如何看待自己和他人的心理生活。

从出生开始，男孩和女孩的打扮便不同。

然后我们转向婴儿的社会关系。我们关注他们如何形成依恋关系以及他们与家庭成员和同伴的互动方式。

最后,我们涵盖了区分婴儿的一些特质,讨论儿童由于性别而受到不同的养育方式。我们将会思考家庭生活的本质,而且讨论之前几个时期和现在有何不同。本章的末尾审视了家庭外婴儿看护的利弊得失,在今天,越来越多的家庭采用这样的看护方式。

6.1 社交能力形成的根源

当杰梅尼(Germaine)看了妈妈一眼之后,他露出了微笑。当塔旺达(Tawanda)的妈妈把她正在玩的小勺拿走后,她看起来很生气。当一辆发出很大声响的飞机飞过头顶的时候,希尼(Sydney)皱起了眉头。

微笑、生气的表情、皱眉。婴儿的情绪都写在了脸上。然而婴儿是用和成人相同的方式来体验情绪的吗？他们是何时变得能够理解其他人正在体验情绪？他们如何利用他人的情绪状态来理解他们的环境？在探究婴儿的情绪及社会性是如何发展的时候,我们考察了其中的一些问题。

婴儿的情绪：婴儿会经历情绪的高低起伏吗？

LO 6.1 讨论儿童在生命最初两年是如何表达和体验情感的

任何人只要花时间和婴儿们相处,就会知道婴儿的表情似乎显示着他们的情绪状态。在我们期待他们会快乐的情境中,他们似乎会微笑；

当我们假定他们可能受挫折的时候，他们展示出愤怒；当我们假定他们可能不高兴的时候，他们看起来有些悲伤。

事实上，这些基本的面部表情即使是在差别最大的文化间也是惊人地相似。不论是印度、美国或是新几内亚丛林的婴儿，基本情绪的面部表情都是相同的。而且，被称为“非言语编码”的非言语表情，在各个年龄间都相当一致。这些一致性让许多研究人员得出了这样的结论，我们天生就具有表达基本情绪的能力（Sullivan & Lewis, 2003; Ackerman & Izard, 2004; Bornstein, Suwalsky, & Breakstone, 2012）。

在各个文化间，婴儿们与基本情绪相关的面部表情是相似的。你认为在非人的动物中，这样的表情是类似的吗？

婴儿表现出相当广泛的情绪表达。有许多研究考察了母亲在她们孩子的非言语行为中看见了什么，这些研究发现几乎所有的母亲都认为她们的孩子在满月前就已经表达出兴趣和喜悦。此外，84%的母亲认为她们的孩子已经表达出愤怒，75%认为有惊讶，58%认为有恐惧，而34%认为有悲伤。研究采用了由卡罗尔·伊扎德（Carroll Izard）所编制的“最大可识别面部运动编码系统”（Maximally Discriminative Facial Movement Coding System）。研究也发现，兴趣、沮丧和厌恶在出生的时候已经出现，而其他的情绪在之后的几个月出现（见图6-1）。这些发现与著名的自然主义者查尔斯·达尔文的工作相一致。达尔文在1872年的著作《人与动物的情感表达》中认为，人类和灵长类动物拥有与生俱来的、普遍的情感表达——一种与当今发展的进化论相一致的观点（Izard, 1982; Benson, 2003; MacLean et al., 2014）。

尽管婴儿展示了相似的情绪种类，情绪的表达程度在婴儿间各有不同。甚至在婴儿期，不同文化间的儿童在情绪的表达性上就显示出了可靠的差异。比如说，在11个月大之前，中国的婴儿相比于欧洲、美国以及日本的婴儿来说，普遍更少地表达情绪（Eisenberg et al., 2000; Camras et al., 2007; Easterbrooks et al., 2013）。

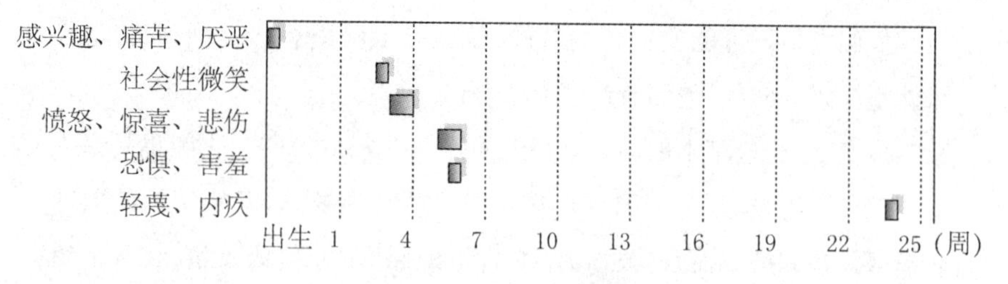

图6－1 情绪表情的出现

情绪的表情大约在这些时间出现。请记住出生后几星期内出现的表情并不必然反映了特定的内在感受。

体验情绪。婴儿有能力以一种可靠的、一致的方式来表达非言语情绪，是否就意味着他们真的能体验到情绪？如果他们真的能体验到的话，这种体验和成人的相似吗？

要回答这些问题，我们需要考虑情绪是什么。发展学家认为，真正的情绪有三个组成部分：生物唤醒成分（如增加的呼吸频率或心跳）、认知成分（感知到愤怒或恐惧）和行为成分（例如通过哭泣表现出不快乐的感觉）。

因此，儿童能够展示和成人相似的非言语表情的事实并不必然意味着他们有着相同的体验。如果这种展示的本质是先天的，即天生的，面部表情的产生可能并不伴随着我们对情绪体验的觉知（认知成分），那么幼小婴儿的非言语表情可能就没有情绪，就像医生轻轻地敲打你的膝盖时，你的膝盖不用涉及情绪也能反射性地向前运动一样（Soussignan et al.，1997）。

然而，大多数的发展研究者并不这样认为。他们辩称婴儿的非言语表情代表了真实的情绪体验。事实上，情绪表情可能不但反映了情绪体验，而且能帮助调节情绪本身。发展心理学家伊扎德提出，婴儿们天生就有一整套情绪表情，用来反映基本的情绪状态，比如高兴和悲伤。随着婴儿和儿童的成长，他们扩展和修正这些基本的表情，而且能够越来越熟练地控制他们的非言语行为表达。比如说，他们最终可能学会在恰当的时间微笑，来使他们做自己想做的事情的机会增加。因此，情感表达有一种适应性功能，允许婴儿在发展言语技能之前，以非言语的方式向照护者表达他们的需要。

总体而言，婴儿好像确实体验着情绪，尽管在出生时情绪的范围还相当有限。然而，当他们更大些时，婴儿能够展示和体验更大范围的复杂情绪。此外，随着儿童的发展，他们除了表现出更广泛的情感外，还会体验并感受到更广泛的情感(Buss & Kiel, 2004; Killeen & Teti, 2012)。

随着婴儿大脑复杂性的增加,他们的情绪生活得以向前推进。最初,在生命最初3个月大脑皮层开始运作时,情绪的分化便开始了。到了9或10个月大的时候,构成边缘系统(情绪反应的位置)的结构开始生长。边缘系统开始与额叶一同工作,情绪范围得以不断地扩大(Davidson, 2003; Schore, 2003; Swain et al., 2007)。

微笑。当露兹(Luz)躺在婴儿床上睡觉时,她的父母看到她脸上露出美丽的笑容。她的父母确信露兹做了一个美梦。他们是对的吗?

可能不会。尽管没有人能绝对确定,睡眠早期的微笑可能并没有什么意义。到了6到9周大时,婴儿在看到能让他们快乐的刺激物(包括玩具、手机)时开始稳定地露出微笑,这让家长们感到高兴。第一个微笑往往是相对任意的,因为婴儿一看到他们觉得有趣的东西就开始微笑。然而,随着年龄的增长,他们的微笑变得更加有选择性。

婴儿对他人而不是对非人刺激的微笑,被认为是一种社交式微笑。随着婴儿年龄的增长,他们的**社交式微笑**会指向特定的个人,而非任何人。到18个月大的时候,婴儿的社交式微笑会更多地指向照顾者,并且变得比针对非人客体的微笑更频繁。此外,如果成人对孩子没有反应,微笑的数量就会减少。简言之,到2岁的末期,孩子们都能有目的地利用微笑来表达他们的积极情绪,并且他们对他人的情绪表达也很敏感(Fogel et al., 2006; Reissland & Cohen, 2012; Wrmann et al., 2014)。

社交式微笑　回应其他个体的微笑。

陌生人焦虑与分离焦虑:这都是正常的

LO 6.2　区分陌生人焦虑与分离焦虑

"她以前一直是如此和善的娃娃",艾瑞卡(Erika)的妈妈想着,"不论遇见谁,她总会露出一个灿烂的微笑。但在7个月大的时候,她对陌生人的反应就像是见了鬼似的。她皱起眉头,而且要么扭过头去,要么用怀疑的眼光盯着他们。她不想被留下来跟不认识的人在一起。她前后强烈的行为反差,就好像经历过人格移植似的。"

在艾瑞卡身上所发生的其实相当典型。在第一年要结束的时候,婴儿通常会发展出**陌生人焦虑**与**分离焦虑**。陌生人焦虑是婴儿在遇见不熟悉的人时所表现出来的小心与担忧。这样的焦虑典型地出现在第一年的后半段。

陌生人焦虑　当婴儿遇见一个不熟悉的人时,所表现出的小心与担忧。

分离焦虑　当看护者离开时,婴儿所表现出的沮丧。

哪些原因导致了陌生人焦虑?同样是大脑的发展及婴儿与日俱增

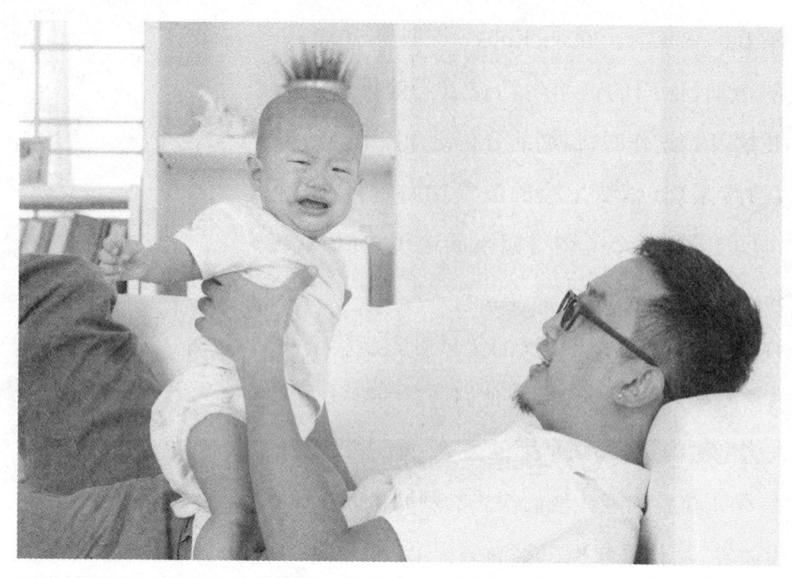

通常情况下，婴儿在生命的第一年末表现出对陌生人焦虑。

的认知能力在这里起了作用。随着婴儿记忆的发展,他们能够把认识的和不认识的人区分开来。同样的认知进步使得他们能够积极地回应他们所熟悉的人,而这也给予他们能力去辨认他们所不熟悉的人。而且在6到9个月期间,婴儿开始试着去理解他们的世界,试着去期待和预测事件。当某件他们没有预期到的事情发生了,比如出现了一个不认识的人,他们便会体验到恐惧。这就好像是婴儿有了一个疑问,却不能回答它(Volker, 2007; Mash, Bornstein, & Arterberry, 2013)。

尽管陌生人焦虑在6个月大的时候很常见,儿童之间仍存在着很大的不同。有些婴儿,特别是那些有着大量和陌生人接触经验的婴儿,倾向于表现出较少的焦虑。而且,并不是所有的陌生人都会引起同样的反应。比如说,婴儿在面对女性陌生人时,倾向于表现出较少的焦虑。此外,相对于陌生的成人,婴儿在面对陌生的儿童时,会有更为积极的反应,这可能是因为儿童的身材大小没那么吓人(Swingler, Sweet, & Carver, 2007; Murray et al., 2007; Murray et al., 2008)。

分离焦虑是当习惯的看护者离开时,婴儿所表现出来的沮丧。分离焦虑在不同的文化间具有普遍性,通常开始于7或8个月(见图6-2)。它大约在14个月达到顶峰,然后逐渐降低。分离焦虑大部分可以归结为和陌生人焦虑相同的原因。婴儿逐渐成长的认知技巧使得他们能够提出一些合理的问题,但这些问题的答案可能因为他们太小而无法理解:“为什么我的妈妈离开了?”“她去哪里?”“她会回来吗?”

分离焦虑和陌生人焦虑代表了个体社会性发展的重大进步。它们反映了婴儿的认知发展以及婴儿和看护者之间不断增长的情绪和社会联系。在本章的后面,我们讨论婴儿的社会关系时将会思考和分析这些联系。

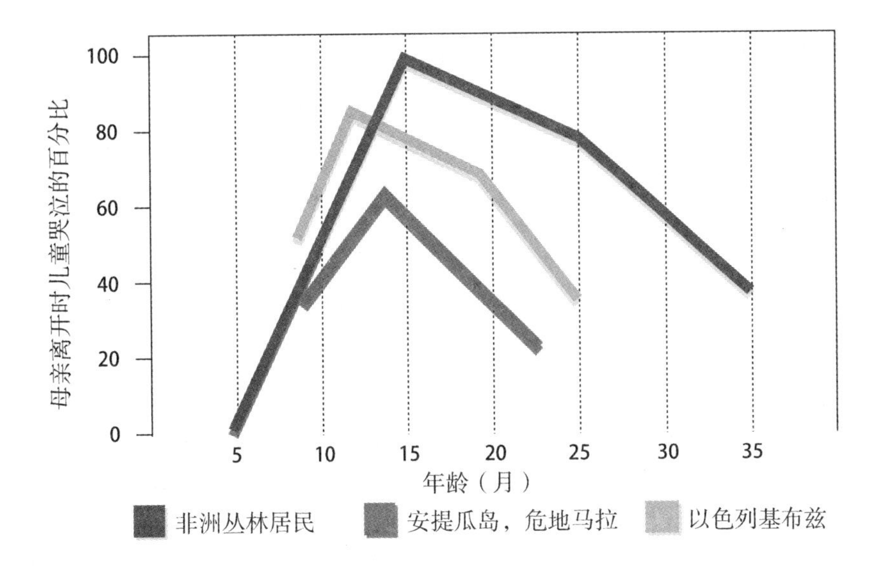

图 6－2　分离焦虑

分离焦虑是平时的看护者不在跟前时，婴儿所表现出的悲伤情绪。在婴儿 7 或 8 个月大时，分离焦虑是一种普遍的现象。它大约在 14 个月时达到顶峰，然后逐渐下降。对人类而言，分离焦虑有生存的价值吗？

（来源：Kagan，Kearsley，＆ Zelazo，1978）

社会参照：感受别人所感觉到的

LO 6.3　讨论社会参照和非言语编码能力的发展

当斯蒂芬尼亚（Stephenia）的哥哥艾瑞克（Eric）和他的朋友陈（Chen）彼此大声争辩而且开始打斗的时候，23 个月大的斯蒂芬尼亚专注地看着。由于不确定发生了什么，斯蒂芬尼亚看了妈妈一眼。妈妈知道艾瑞克和陈只是在玩，因此露出微笑。一看见妈妈的反应，斯蒂芬尼亚也笑开了，她模仿着妈妈的面部表情。

同斯蒂芬尼亚一样，我们也曾处于不确定的情境当中。在这种情形下，我们有时候会转过头去看看别人是如何反应的。这种对别人的依赖，也就是社会参照，告诉我们什么样的反应是合适的。

社会参照指有意地去搜寻其他人的情感信息，以帮助解释不确定环境和事件的意义。就像斯蒂芬尼亚那样，我们使用社会参照去澄清情境的意义，减少我们对于正在发生事情的不确定性。

社会参照　有意地搜寻他人的情感信息，以帮助解释不确定环境和事件的意义。

社会工作者的视角

在什么情况下成人会依赖社会参照来做出适当的反应？如何使用

社会参照影响父母对孩子的行为?

社会参照最早出现在8到9个月的时候,它是相当复杂的社会性能力。凭借着使用诸如面部表情这样的线索,婴儿不仅用社会参照来理解其他人行为的意义,而且用来理解在特定情境下这些行为的意义(Stenberg, 2009; Hepach & Westermann, 2013; Mireault, 2014)。

在社会参照中婴儿会特别地使用面部表情,就像斯蒂芬尼亚注意妈妈微笑的方式那样。例如,在一项研究中实验者让婴儿玩一个不常见的玩具,婴儿玩这个玩具的时间取决于母亲的面部表情。当妈妈表现出厌恶的时候,他们玩玩具的时间要显著地少于当他们的妈妈表现出愉快的时候。而且,当稍后有机会再去玩相同玩具的时候,尽管母亲现在的面部表情是中性的,婴儿们也不愿意再玩这个玩具,说明父母的态度可能对婴儿有持续性的影响(Hertenstein & Campos, 2004; Pelaez, Virues - Ortega, & Gewirtz, 2012)。

社会参照的两种解释。尽管很明显的社会参照在生命的早期便已经开始出现,研究者们仍不太清楚它是如何运作的。从一方面来说,有可能是观察某人面部表情时会导致这种表情所代表的情绪。也就是说,当一个婴儿观察到某人看起来有些悲伤时,她自己可能也会变得悲伤,而且她的行为也可能会受到影响;而另一方面,仅仅观察到他人的面部表情也许就能够提供一定信息。在这种情况下,婴儿不需要体验其他人的面部表情所代表的特定情绪,她只要把这种表情当作是引导自己行为的资料即可。

社会参照的这两种解释都有一些研究成果的支持,所以目前我们仍然不知道哪一种说法是对的。我们所确知的是社会参照最有可能发生在情境不确定和模糊的时候。而且对那些已经大到能够运用社会参照的婴儿,如果他们接受到来自父母彼此冲突的非言语信息,他们会变得十分沮丧。比如说,如果一个妈妈的面部表情表明对儿子敲打牛奶上的卡通图案感到恼怒,然而他的祖母却认为这个举动很可爱并露出了微笑,这个孩子便收到了互相矛盾的信息。对于一个婴儿而言,如此混杂的信息会是一个真实的压力来源(Vaish & Striano, 2004; Schmitow & Stenberg, 2013)。

解读他人的面部表情和声音表达。运用社会参照的能力依赖于非言语解码能力来理解他人的非言语行为,这种能力在出生后不久就开始出现。虽然模仿能力并不意味着能够理解其他人的面部表情,这样的模仿确实为即将出现的非言语解读能力铺平了道路。运用这些能力，婴儿能够解释他人的面部表情及声音表达，而这些表达通常传递着情绪的意义。比如说，婴儿能够判断看护者什么时候乐于看到他们，并且面对他人时能够很快理解他们的忧虑或恐惧（Hernandez – Reif et al.，2006；Striano & Vaish，2006；Hoehl et al.，2012）。

婴儿能够区分情绪的声音表达的时间比他们区分面部表情的时间要稍早一些。尽管相对而言，婴儿对声音表达的觉知仅仅得到很少的关注，他们似乎在5个月大的时候就能够区分快乐和悲伤的声音了（Montague & Walker – Andrews，2002；Dahl et al.，2014）。

科学家们对非言语面部表情解读能力发展的顺序有着更多的了解。在第6到8周，婴儿的视觉精确度十分有限，所以他们无法过多注意其他人的面部表情。但他们很快地开始区分不同的面部表情，甚至似乎能够对不同强度的面部表情做出反应。他们也会对不寻常的表情做出反应。比如说，当妈妈露出平淡的、没有反应的中性表情时，婴儿会显得不安（Adamson & Frick，2003；Bertin & Striano，2006；Farroni et al.，2007）。

在4个月以前，婴儿可能已经开始理解隐藏在其他人面部表情及声音表达背后的情绪。我们是如何知道的呢？一条重要的线索来自一项对7个月大婴儿的研究。实验中，婴儿会看到一对喜悦和悲伤的面部表情，同时他们会听到一个代表喜悦（音调上升）或代表悲伤（音调下降）的声音。当面部表情和音调匹配的时候，他们会更加注意。这说明婴儿对面部表情及声音的情绪意义至少有一个基本的理解（Grossmann，Striano，& Friederici，2006；Kim & Johnson，2013；Biro et al.，2014）。

总而言之，婴儿很早便学着表达和理解情绪，并且也开始理解自己的情绪对他人的影响。这种能力不仅对帮助他们体验自己的情绪很重要，在利用他人情绪来理解模糊社会情境也发挥了重要的作用（Buss & Kiel，2004；Messinger et al.，2012）。

自我的发展：婴儿知道他们自己是谁吗？

LO 6.4　描述儿童在生命最初两年所拥有的自我感

8个月大的艾莎（Elysa）爬着经过挂在父母卧室门上一个全身的镜子。在移动的时候，她很少注意到自己在镜中的影像。而另一方面，当她那快要2岁的表姐布莱纳（Brianna）经过镜子的时候，她凝视着镜中的自己。当注意到自己的前额上沾了少许果冻之后，她开心地笑了起来，然后伸手把它擦掉。

你可能有过这样的经验，你看了一眼镜中的自己，然后发现有一束头发竟然不是那么整齐，你会试着把它们梳理一下。你的反应显示你在意的不仅仅是你外表看起来如何，它意味着你有一种自我感，知道自己是一个他人会有所反应的独立的社会性个体，你以一种有利于自己的方式来呈现你自己。

自我觉知 对自我的认识。

然而，我们并不是天生就知道自己是独立于其他人以及一个更大的世界而存在。很小的婴儿并没有感觉到他们自己是独立的个体，他们不会认出相片或镜中的自己。然而，**自我觉知**即对自我的知识，大约在12个月大的时候开始发展。我们通过一个简单却天才般的实验技术来了解到此事：婴儿的鼻子被偷偷地点上一个红点，然后让他坐在镜子前面。如果婴儿碰触他们的鼻子或试着抹掉这个红点，我们就有证据说他们至少有一些身体特征的知识。对于这些婴儿而言，在他们理解自己为一个独立个体的过程中，这种觉知是其中的一步。比如说，本段开头所提到的布莱纳，当她试着擦掉前额的果冻时，显示出她已经意识到自己的独立性（Asendorpf, Warkentin, & Baudonniere, 1996; Rochat, 2004; Rochat, Broesch, & Jayne, 2012）。

研究表明，18个月大的儿童已经能够清晰地表现出自我觉知。

尽管有些婴儿早在12个月大时，就似乎对看见红点而感到吃惊，但对于大多数人而言，他们直到17个月甚至到24个月大时才会做出反应。大约也是在此时，孩子们开始明白自己的能力。比如说，一些23到25个月大的婴儿参加了一项实验，如果实验者要求他们模仿涉及玩具的复杂行为序列，尽管已经完成了一些较为简单的序列，有时他们仍会开始哭泣。这种反应说明他们意识到自己缺乏能力去执行一些困难的任务，而且为此感到难过。这个反应是自我觉知的清晰显示（Legerstee et al., 1998; Asendorpf, 2002）。

不同文化下儿童的养育也影响着自我认知的发展。例如，希腊儿童会经历强调自治和分离的育儿方法，他们比非洲喀麦隆儿童更早地表现出自我认知。在喀麦隆文化中，育儿实践强调身体接触和温暖，从而使婴儿和父母之间更加相互依赖，由此更晚地发展出自我认知（Keller et al.，2004；Keller，Voelker，& Yovsi，2005）。

观看视频　自我觉知任务

整体而言，在 18 到 24 个月大的时候，西方文化内化下的婴儿至少已经发展出对他们自己身体特征和能力的觉知，而且了解到他们的外表是稳定的，尽管我们并不清楚这种觉知能延伸到什么程度。如同接下来要讨论的，越来越明显的是，婴儿不仅对自己有一个基本的了解，而且开始理解心理是如何运作的——即发展出了心理理论（Lewis & Ramsay，2004；Lewis & Carmody，2008；Langfur，2013）。

心理理论：婴儿对自我及他人心理生活的观点

LO 6.5　总结婴儿在两岁时心理理论和对心理活动的觉察增多的证据

婴儿认为思考是什么呢？根据发展心理学家约翰·弗拉维尔（John Flavell）的观点，婴儿在很小的时候就开始理解某些关于他们自己和他人心理过程的一些事情。弗拉维尔研究儿童的**心理理论**，即他们关于心智如何运作以及它是如何影响行为的知识和信念。儿童使用心理理论来解释别人是如何思考的。

心理理论　关于心理如何运作以及它如何影响行为的知识和信念。

比如说，我们在第 5 章所讨论到的一些婴儿期的认知进步，它允许较大的婴儿以一种非常不同的、区别于其他客体的方式来看待人们。他们学会将其他人视为顺从的行动者（compliant agents），一种和他们相似的生物——在他们自己的意志下行动，并且有能力回应婴儿的要求。比如说，18 个月大的克里丝（Chris）已经了解到他可以要求爸爸拿给他更多的果汁（Rochat，2004；Slaughter & Peterson，2012）

此外，在婴儿期孩子们理解意图和因果的能力也有所发展。例如，10 个月和 13 个月大的婴儿能够在心理上表征社会的主导地位，他们认为较大的体型与支配其他小的个体和物体的能力有关。此外，婴儿也有一种先天的道德，在这种道德中他们表现出对帮助的偏好（Hamlin et al.，2011；Hamlin & Wynn，2011；Thomsen et al.，2011；Sloane，Baillargeon，& Premack，2012；Ruffman，2014）。

另外，早在18个月大婴儿便开始理解，相对于非生命物体的行为，其他人的行为是有意义的，用来达成一些特定的目标。比如说，儿童开始理解当爸爸在厨房做三明治的时候，他会有一个特定的目标。相反地，爸爸的汽车仅仅是在路边停着，没有任何心理活动或目标（Ahn，Gelman，& Amsterlaw，2000；Wellman et al.，2008；Senju et al.，2011；同样见从研究到实践的专栏）。

共情 与另一个人的感受相同的情绪反应。

婴儿心理活动感逐渐增长的另一个证据是，2岁的婴儿开始表现出**共情**的能力。共情是与另一个人的感受相同的情绪反应。在24个月大的时候，婴儿有时会去安慰或关心别人。要这么做，他们需要知道别人的情绪状态。例如，1岁大的婴儿能够通过观察电视上女演员的行为而获得情绪线索（Gauthier，2003；Mumme & Fernald，2003）。

而且在2岁左右的时候，婴儿开始在假装游戏及想要愚弄别人时使用欺骗。“假装”和说谎（falsehood），必须知道其他人拥有关于这个世界的信念，而这种信念是可以被操纵的。简而言之，在婴儿期结束前，儿童已经发展出他们个人心理理论的雏形。心理理论帮助婴儿了解其他人的行动，也会影响到他们自己的行为（van der Mark et al.，2002；Caron，2009）。

◎ 从研究到实践

婴儿理解道德吗？

你可能会想，婴儿的社交生活除了哭、笑，有时还有大笑之外别无其他。但研究表明，他们对社会互动的了解远远超过了人们所认为的那样，甚至拥有一种基本的道德感——对或错，公平或不公平——这些曾经被认为在几年后才发展起来的。

在一项研究中，3个月大的婴儿看一个玩偶爬一座小山。在某些情况下，另一个玩偶帮助这个玩偶爬上了山，而在另一些情况下，另一个玩偶把这个爬山的木偶推回了山底。婴儿们之后表现出了对做出帮助行为的玩偶的偏爱，相比于做出阻碍行为的玩偶——而社会互动才是造成这种差异的关键原因，因为当玩偶移动没有生命的物体上下山时，婴儿们没有表现出任何偏好（Hamlin，Wynn，& Bloom，2010）。

在另一项研究中，21个月大的孩子在同一个房间里观察到一个成年人要么拿一个玩具戏弄他们，最后拒绝给他们玩具，要么试图给他们一个玩具，但因为路被堵住了没能这样做。当孩子们以后有机会帮忙的时候，他们更倾向于帮助那个试图对他们友好的成年人，而不是那个戏弄他们的成年人。这似乎说明即使是婴儿也能认识到谁应该得到他们的好意。其他研究表明,他们也明白谁应该受到平等或不平等的对待。当婴儿看到两个成年人完成一项任务,并得到同样的回报时,他们并不惊讶。但是,当他们看到两个成年人在一人玩耍而另一人工作后得到同样的奖励时,他们确实会表现出惊讶。这些公平原则是与生俱来的还是后天学会的,还是一个未知数,但无论是哪种方式,婴儿对公平的理解都比他们看起来的要多(Dunfield & Kuhlmeier, 2010; Sloane, Baillargeon, & Premack, 2012)。

共享写作提示

只帮助那些帮助你的人会有什么好处?

模块6.1 复习

- 婴儿似乎在表达并体验着情绪,而且他们情绪范围的扩大越来越能反映复杂的情绪状态。
- 不同文化下的婴儿都使用相似的面部表情来表达基本的情绪状态。
- 随着他们认知的发展并且开始区分哪些是熟识的人时,婴儿在6个月大的时候开始体验陌生人焦虑,在大约8个月大的时候体验分离焦虑。
- 解读其他人非言语的面部表情及声音表达的能力,在很小的婴儿身上便开始发展了。使用这种非言语解码澄清不确定的情境并做出适当反应的过程称作社会参照。
- 婴儿大约在12个月大的时候发展出自我觉知,即有关他们独立于世界的其他部分而存在的知识。
- 到2岁的时候,儿童已经发展出心理理论的雏形。

共享写作提示

应用毕生发展:为什么抑郁的父母看起来悲伤或面无表情会对婴儿造成不良的影响?如何消除这种影响?

6.2　关系的形成

如今**38**岁的卢斯·卡马丘(Luis Camacho)还清楚地记得当年在去医院和他的新妹妹凯蒂(Katy)见面的路上那些困扰他的感情。虽然当时他只有**4**岁,但那一天的痛苦到今天仍然历历在目。卢斯将不再是家里唯一的孩子,他将不得不和一个妹妹分享他的生活。她会玩他的玩具,读他的书,和他一起坐在汽车后座上。当然,真正困扰他的是,他必须和一个新的人分享他父母的爱和关注。而且凯蒂不仅仅是一个新的人,还是一个自然会有很多优势的女孩。凯蒂比他更可爱,更需要人照顾,有更多的需求,也更有趣。他最好的情况是显得碍手碍脚,最坏的情况是被人忽视。卢斯也知道,人们期望他能开朗而热情。因此,他在医院摆出一副勇敢的面孔,毫不犹豫地走到他母亲和凯蒂正在等他们的房间。

新生儿的降临会给一个家庭带来戏剧性的变化。不论新生儿有多受欢迎,他都会导致家庭成员角色的根本转变。父母必须开始和他们的婴儿建立关系,而较大的孩子必须因家庭新成员的出现做出调整,并且建立他们和新弟弟或新妹妹的联盟关系。

尽管婴儿期的社会性发展过程既不简单也不会自动发生,它却十分关键:婴儿和他们的父母、兄弟姐妹、家庭以及其他人之间逐渐形成的联结提供了他们一生社会关系的基础。

依恋：形成社会联结

LO 6.6　解释婴儿时期的依恋以及它如何影响一个人未来的社会能力

依恋　在儿童和特定看护者之间所发展的积极情绪联结。

在婴儿期,社会性发展最重要的方面就是依恋的形成。**依恋**是在儿童及特定个体之间的一种积极的情感联系。当儿童体验到对特定的人有所依恋时,和他们在一起便能使儿童感到愉快;在儿童难过的时候,只要他们出现儿童便会感受到安慰。如同我们将要看到的,当我们考虑到成年早期的社会性发展时(见第 14 章),我们婴儿时期的依恋本质会影响我们后半生如何与其他人建立关系(Grossman, Grossmann, & Waters, 2005; Hofer, 2006; Fisher, 2012; Bergman et al., 2015)。

为了理解依恋,最早的研究者们转而研究在非人类的动物王国中,父母与幼崽关系的形成。比如说,生态学家康拉德·洛伦兹(Konrad Lorenz,1965)观察到刚出生的小鹅天生有一种倾向,会把它们出生后看见的第一个移动的物体当作母亲,并且跟在其后。洛伦兹发现在孵化器孵出后第一眼就看见他的这些小鹅,会每时每刻地跟在他的后面,就好像他是它们的妈妈似的。如同我们在第 3 章所讨论的,他把这个过程称为印刻:一种发生在关键期,并对观察到的第一个移动物体产生依恋的行为。

图6–3　猴子妈妈

哈洛的研究显示猴子对温暖的、柔软的母亲的偏好要胜过提供食物的母亲。

洛伦兹的发现意味着依恋基于由生物学决定的因素,而其他的理论学家也同意此种观点。比如说,弗洛伊德指出依恋的发展来自母亲满足儿童口唇需要的能力。

哈洛的猴子。然而,提供食物和其他生理需要的能力可能不像弗洛伊德等理论学家们最初所认为的那么重要。在一项经典的研究中,心理学家哈利·哈洛(Harry Harlow)给了幼猴选择的机会,铁丝做成的猴子身上提供了食物,而柔软的、毛茸茸的布做成的猴子身上很温暖但没有提供食物(见图 6－3)。小猴子们的偏好十分明显:幼猴大部分的时间都攀附在用布做成的猴子身上，尽管它们偶尔会到铁丝做成的猴子身上取食。哈洛指出对温暖的、用布做成的猴子的偏好给幼猴带来了接触安慰（Harlow & Zimmerman，1959；Blum，2002）。

哈洛的工作说明仅仅只有食物并不是依恋的基础。假定幼猴对软布"妈妈"的偏好是在出生后的某段时间发展起来的，这些发现和我们在第3章所讨论的相一致，对人类而言，几乎没有什么证据支持在出生后不久母子之间的联结会有一个关键期。

鲍比对我们理解依恋的贡献。关于人类依恋最早期的工作是由英国的精神病学家约翰·鲍比（John Bowlby，1951，2007）所进行的，这项研究至今仍有很大影响。在鲍比看来，依恋主要是建立在婴儿安全需要的基础上，即他们与生俱来的要躲避捕食者的动机。随着他们的发展，婴儿开始知道某个特定的人最能提供他们安全的保障。这样的理解最终导致了和此个体（通常是母亲）特殊关系的发展。鲍比提出和主要看护者的专一关系在质量上有别于和其他人（包括父亲）的联系，这样的说法，如同我们稍后会看到的，已经成为一些争论的来源。

依照鲍比的观点，依恋提供了一种家庭基地（home base）。当孩子变得更加独立的时候，他们就能漫步在离安全基地更远的地方。

爱因斯沃斯的陌生情境和依恋模式。发展心理学家玛丽·爱因斯沃斯（Mary Ainsworth）在鲍比的理论基础上发展了一个被广泛用来测量依恋的实验技术（Ainsworth et al.，1978）。**爱因斯沃斯陌生情境**是由阶段性情景序列所构成的，可以说明儿童和母亲之间依恋的强度（见图6－4）。陌生情境依循通常为八个步骤的模式：（1）母亲和孩子进入一个不熟悉的房间；（2）母亲坐下来，让孩子自由地探索；（3）一个成年的陌生人进入房间后，先跟母亲说话，然后再和孩子说话；（4）母亲离开房间；（5）母亲回来，和孩子打招呼并安慰孩子，陌生人离开；（6）母亲再次离开，留下孩子独自一人；（7）陌生人回来；（8）母亲回来，陌生人离开（Ainsworth et al.，1978；Pederson et al.，2014）。

爱因斯沃斯陌生情境　由一些依照顺序的阶段性情景所构成的，可以说明儿童和他母亲（通常情况下）之间依恋的强度。

婴儿对陌生情境不同方面的反应有着巨大的差异，这取决于他们与母亲依恋的本质。1岁大的孩子会典型地表现出下面4种类型中的一种——安全型、回避型、矛盾型和混乱型（总结见表6－1）。**安全型依恋**的孩子把母亲当作鲍比所描述的家庭基地。在陌生情境中，只要他们的母亲在场，这些孩子就显得很自在。他们独立地探索环境，偶尔会回到母亲的身边。尽管当母亲离开时，也会心烦。安全依恋型的孩子在母亲

安全型依恋　儿童把母亲当作是一个家庭基地，当母亲出现时，他们很放松；母亲离开时则显得有些难过。只要母亲一回来，儿童便会来到她的身边。

回来时会马上回到母亲身边并寻求接触。大多数的北美儿童（大约有2/3）会被归为安全依恋型。

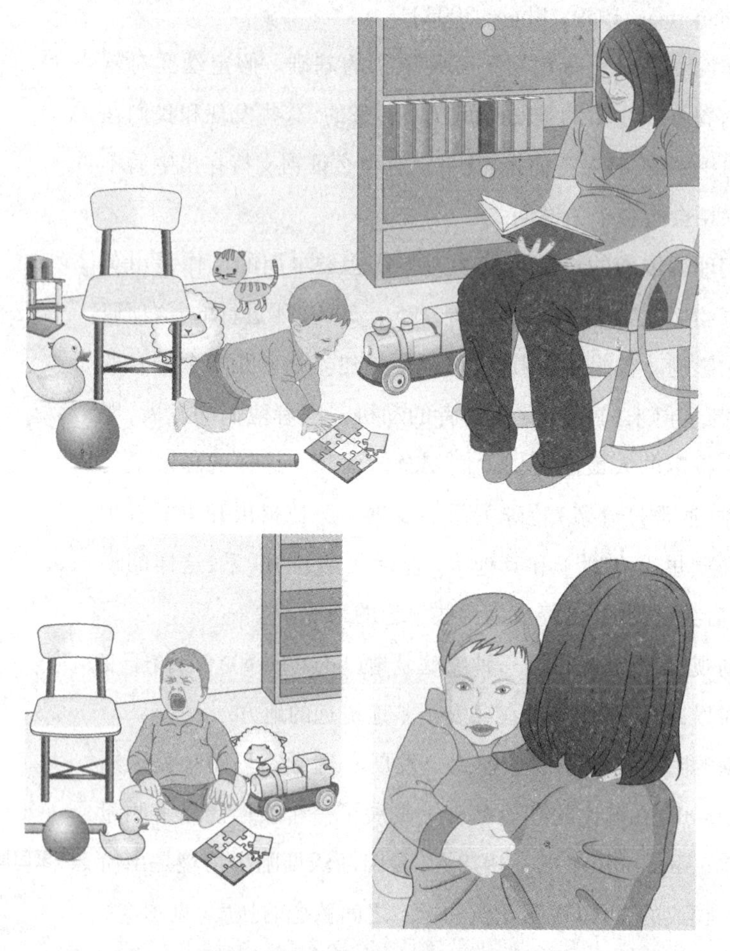

图6-4　爱因斯沃斯陌生情境

在此陌生情境的插图中，只要妈妈在场，婴儿首先自己探索游戏室。但当她离开时，他便开始哭泣。然而妈妈一回来，他便感到安慰并停止哭泣。结论：他是属于安全型依恋。

表6-1　婴儿依恋的分类

分类标准				
标签	寻求接近看护者	保持与看护者的接触	避免接近看护者	抗拒与看护者的接触
回避型	低	低	高	低
安全型	高	高（如果哀伤）	低	低
矛盾型	高	高（通常在分开前）	低	高
混乱型	不一致	不一致	不一致	不一致

相反地，**回避型依恋**的儿童并不寻求接近母亲，在母亲离开后，他们并不显得哀伤。而且，当母亲回来时，他们看起来在回避她，对母亲的行为十分冷淡。大约有 20% 的 1 岁儿童属于回避型。

回避型依恋 儿童并不寻求接近母亲。

矛盾型依恋的儿童对他们的母亲表现出一种既有正面又有负面的混合反应。刚开始时，矛盾型儿童紧紧地挨着他们的母亲，他们几乎不去探索环境。他们甚至在母亲离开前就显得有些焦虑，而当她真的离开时，他们表现出巨大的哀伤。然而一旦她回来，他们会表现出矛盾的反应，一方面寻求和她接近；另一方面却又踢又打，明显地十分生气。大约有 10%—15% 的 1 岁儿童会属于矛盾型（Cassidy & Berlin, 1994）。

矛盾型依恋 儿童对母亲既表现出正性也表现出负性反应。

尽管爱因斯沃斯只确认了三种类别，近来对她工作的扩展发现了第四个类别：混乱型。**混乱型依恋**的儿童表现出不一致、矛盾和混乱的行为。当母亲回来时，他们会跑到她身边但不去看她，或者最初似乎显得很平静，然后却爆发出愤怒的哭泣。他们的混乱行为意味着他们可能是最没有安全依恋的孩子。大约有 5%—10% 的儿童属于这个类别（Mayseless, 1996; Cole, 2005; Bernier & Meins, 2008）。

混乱型依恋 儿童表现出不一致的，经常是相互抵触的行为。

如果不是母子间的依恋质量对以后的关系有着重要影响的话，孩子的依恋类型就不会太重要。比方说，1 岁时是安全型依恋的男孩子，在大一些的时候，比起回避或是矛盾型的儿童，表现出更少的心理困难。类似地，婴儿期是安全型依恋的孩子们在后来更善于交往，且更有能力控制情绪，更加积极。成人的浪漫关系与在婴儿期发展的依恋风格有关（Mikulincer & Shaver, 2005; Simpson et al., 2007; MacDonald et al., 2008; Bergman, Blom, & Polyak, 2012）。

另一方面，我们既不能说婴儿期没有安全依恋风格的儿童在以后的生命里都会经历困难；也不能说 1 岁时有安全依恋的儿童以后总是能够很好地调整自己。事实上，有些证据指出，在陌生情境实验中所划分的回避及矛盾型儿童，在日后的表现也相当好（Weinfield, Sroufe, & Egeland, 2000; Fraley & Spieker, 2003; Alhusen, Hayat, & Gross, 2013）。

在依恋发展受到严重破坏的情况下，儿童可能患有反应性依恋障碍（reactive attachment disorder），这是一种以与他人形成依恋存在极端问题为特征的心理问题。在幼儿中，它可以表现为进食困难、对他人的社会主动性反应迟钝以及发育不全。反应性依恋障碍是罕见的，通常是虐待或忽视的结果（Corbin, 2007; Hardy, 2007; Hornor, 2008; Schechter & Willheim, 2009）。

产生依恋：父母的作用

LO 6.7　描述照护者在婴儿社会性发展中的作用

当5个月大的安妮(Annie)放声大哭时,她的妈妈来到她的房间并温柔地把她从摇篮里举起来。妈妈轻柔地摇晃她并和她说话,仅仅过了片刻,安妮便躺在妈妈的怀里并且停止了哭泣。但当妈妈一将她放回摇篮里时,她又开始嚎啕大哭,妈妈只好再次将她抱起。

对大多数父母来说,这样的模式很熟悉。婴儿哭了,父母做出反应,孩子再做出回应。这些似乎不太重要的次序在婴儿和父母的生活中不断地重复发生,这有助于为儿童和他们的父母以及其他人形成社会关系铺平道路。我们将会考虑每一个主要的看护者和婴儿在依恋的发展里是如何发挥作用的。

母亲和依恋。对婴儿的愿望和需要的敏感是安全型依恋婴儿母亲的共同特点。这样的母亲知道婴儿的心情,而且在跟孩子互动的时候,她能够理解孩子的感受。在面对面的互动中,她也会有所回应,孩子一有需要便会进行喂食。她挚爱她的孩子并充满温暖(McElwain & Booth-LaForce, 2006; Priddis & Howieson, 2009; Evans, Whittingham, & Boyd, 2012)。

社会工作者的视角

在评估潜在的养父母时,什么样的家庭才是社会工作者为孩子寻找的好的收养家庭。

要区分安全和非安全型依恋的母亲,就不仅仅是以何种方式回应婴儿信号而已了。安全型依恋的母亲倾向提供适当水平的反应。事实上,过度回应和回应不足一样,都可能造成非安全型依恋的儿童。相反地,以同步互动(interactional synchrony)方式沟通的母亲,更可能养育出安全型依恋的儿童,在这一过程中看护者以适当的方式回应婴儿,并且看护者和婴儿的情绪状态相匹配(Kochanska, 1998; Hane, Feldstein, & Dernetz, 2003)。

观看视频　依恋

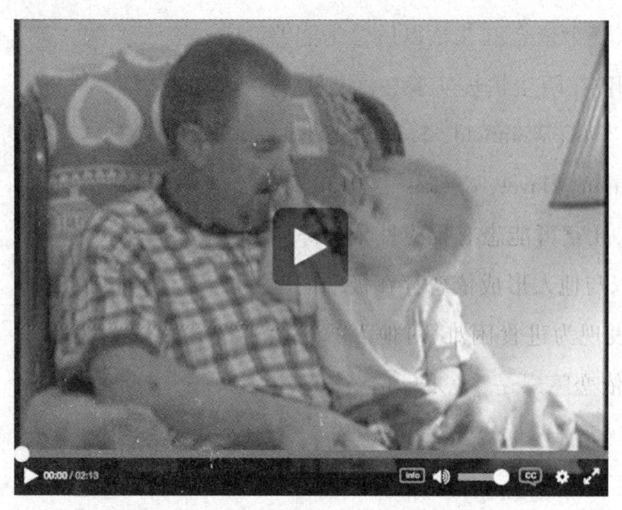

爱因斯沃斯主张依恋取决于母亲如何回应婴儿的情绪信号，此点和现有的研究（母亲对婴儿的敏感度和婴儿的安全依恋有对应关系）结果是相一致的。爱因斯沃斯指出安全型依恋婴儿的母亲快速且积极地对婴儿做出回应。比如说，对于安妮的哭泣，妈妈很快地做出了抚慰的回应。相反地，根据爱因斯沃斯，非安全型依恋婴儿的母亲则会忽视他们的行为线索，在他们面前表现得前后不一致，以及拒绝或忽略他们的社交努力。举个例子，想象一个孩子，当她的母亲在谈话的时候，她不停地喊妈妈、转身、从她的婴儿车里做手势，试图吸引母亲的注意，但是都没有成功，她的母亲无视了她。相对于母亲能更快、更一致回应的孩子，这样的婴儿更不容易成为安全型依恋（Higley & Dozier, 2009）。

然而母亲是如何学会怎样对他们的婴儿做出反应的呢？一种方式是来自她们自己的母亲。母亲对婴儿的典型反应是基于她们自己的依恋风格。因此，代代相传的依恋模式在本质上十分相似（Benoit & Parker, 1994; Peck, 2003）。

理解下面的事情是很重要的，即母亲（和其他人）对婴儿的行为——至少在一部分上——反映了婴儿是否可以提供有效线索的能力。一位母亲很可能没有办法对一个本身的行为就是误导、模糊及没有表达出来的孩子做出有效的反应。比如说，一个清楚表达出愤怒、恐惧或不高兴的孩子比有着模糊行为的孩子更容易被人所理解。因此，婴儿传达出何种信号可能部分地决定了母亲在回应时有多成功。

父亲和依恋。直到现在，我们才刚刚开始触及养育孩子的关键人物。事实上，如果你查看早期关于依恋的理论和研究，你会发现很少提起父亲及他对孩子生活的潜在贡献。

对此至少有两种解释。首先，提出早期依恋理论的约翰·鲍比认为母子关系有其独特的一面。他相信母亲在生物学上就有独特的乳房来保障孩子生存。因此，他的结论是这种能力导致了母子之间特殊关系的发展。其次，早期关于依恋的工作受到时代传统观念的影响，这些观念认为妈妈在家看孩子，而爸爸外出挣钱养家才合乎自然。

越来越多的研究强调父亲对孩子表达关爱的重要性。事实上，某些障碍，如抑郁和物质滥用，已被发现和父亲而非母亲的行为有着更高的相关。

几个因素导致了此种观点的消亡。其一是社会规范的改变，父亲开始在养育孩子的活动中承担更多的责任。更重要的是，研究结果越来越清楚地表明，尽管在社会规范上，父亲是次级的养育角色，有些婴儿是和父亲形成了最初的主要关系

（Brown et al., 2007；Diener et al., 2008；McFarland - Piazza et al., 2012）。

此外，越来越多的研究表明父亲的养育、温暖、挚爱、支持和关心的表达对于孩子情绪和社会性的主观幸福感十分重要。事实上，某些心理障碍，如抑郁和物质滥用，已被发现和父亲而非母亲的行为有着更高的关联性（Roelofs et al., 2006；Condon et al., 2013；Braungart - Rieker et al., 2015）。

婴儿的社会联结会扩展到他们的父母之外，特别是在他们年龄稍大些以后。比如说，一个研究发现，尽管大多数的婴儿和一个人形成最初的主要关系，大约有1/3会有多重的关系，而且很难决定哪一个才是主要的依恋。而且，婴儿到了18个月大的时候，大多数已经形成了多重关系。总而言之，婴儿可能不仅只跟母亲，也会跟其他不同的人发展出依恋关系（Silverstein & Auerbach, 1999；Booth, Kelly, & Spieker, 2003；Seibert & Kerns, 2009）。

对母亲和对父亲的依恋有所不同吗？尽管婴儿完全有能力形成对母亲、父亲以及其他个体的依恋。母子和父子之间的依恋本质并不相同。比如说，当他们在不寻常的应激环境中，大多数的婴儿偏好向母亲而非父亲寻求安慰（Schoppe - Sullivan et al., 2006；Yu et al., 2012；Dumont & Paquette, 2013）。

依恋差异的一个原因是父亲和母亲对孩子做什么。母亲往往花更多的时间喂养和直接养育孩子，而父亲则经常花更多的时间和婴儿玩耍。

依恋质量不同的一个原因是父亲、母亲和孩子在一起时，他们做的事并不相同。母亲花更多的时间在喂食和直接的养育上。相反地，父亲花更多的时间和孩子们玩耍。几乎所有的父亲对孩子的照料都会有所贡献：95%的父亲说他们每天做一些照料孩子的琐事。但平均而言，他们做的仍比母亲少。比如说，有30%的父亲和妻子一起每天要花3个小时（或更多）的时间来照料孩子。相比之下，却有74%的在职母亲每天要花这么多的时间来照料孩子（Grych & Clark, 1999；Kazura, 2000；Whelan & Lally, 2002；Tooten et al., 2014）。

而且，父亲和孩子游戏的本质和母亲的通常大不相同。父亲和孩子从事更多身体的、打打闹闹的活动。相反地，母亲会玩像是躲猫猫这样的传统游戏，以及有更多言语元素的游戏（Paquette, Carbonneau, & Dubeau, 2003）。

父亲、母亲用不同的方式和孩子玩游戏，这种情形甚至发生在美国一些少数以父亲为主要看护者的家庭中，而且这种不同在差异很大的文化中也会发生。澳大利亚、以色列、印度、日本、墨西哥甚至在中非的阿卡俾格米（Aka Pygmy）部落的父亲们都是和孩子玩的比对他的照料要多，尽管他们花在孩子身上的时间有着很大的差异。比如说，比起其他已知文化中的成员，阿卡部落的父亲花更多的时间照料孩子，拥抱孩子的时间大约是世界上其他地方的 5 倍（Roopnarine, 1992; Hewlett & Lamb, 2002）。

不同社会在养育孩子上的异同提出了一个重要的问题：文化是如何影响依恋的？这一话题在"发展多样性与生活"中进行了讨论。

◎ 发展的多样性与生活

不同文化间的依恋是否不同？

约翰·鲍比对其他物种幼崽寻求安全的生物学动机的观察，是他依恋理论观点的基础，并体现在他如下的观点中：依恋在生物上具有普遍性，应该不仅在其他物种，也会在所有的人类文化中发现。

然而，研究显示人类的依恋并不像鲍比所预测的那样具有文化普遍性。某些依恋模式似乎更可能存在于特定文化中的婴儿身上。比如说，一项对德国婴儿的研究显示，大多数婴儿属于回避型依恋。其他研究发现，与美国相比，以色列和日本安全型依恋婴儿的比例要小一些。最后，加拿大和中国儿童的比较显示，比起加拿大儿童，中国儿童在陌生情境中表现出更多的抑制（Grossmann et al., 1982; Takahashi, 1986; Chen et al., 1998; Rothbaum et al., 2000; Kieffer, 2012）。

日本的父母在婴儿期会寻求避免分离和应激，而且他们并不培养婴儿的独立性。因此根据陌生情境，日本儿童表面上较少安全依恋。但是如果使用其他的测量技术，他们在依恋的得分上可能会很高。

这些结果是否意味着我们应该放弃依恋是一种普遍生物学倾向的主张？

未必如此。尽管鲍比宣称的渴望依恋是普遍的这种说法可能言过其实了，大多数关于依恋的资料都是使用爱因斯沃斯陌生情境测验而获得的，陌生情境在非西方文化下，可能不是最恰当的测量方式（Vereijken et al., 1997; Dennis, Cole, & Zahn - Waxler, 2002）。

依恋如今被认为容易受到文化规范和期望的影响。依恋在文化内和文化间的差异反映了所用测量以及不同文化期望的本质不同。一些发展专家建议应当把依恋看作是一般的倾向，但在表达方式上，会随着社会上看护者对儿童灌输独立性的积极程度而有所差异。为西方陌生情境所定义的安全依恋，可能在提倡独立性的文化中会最早被发现，但在一个文化上并不那么重视独立性的文化中，可能会滞后（Rothbaum et al., 2000; Rothbaum, Rosen, & Ujiie, 2002）。

婴儿的互动：发展工作关系

LO 6.8　讨论婴儿时期关系的发展

依恋的研究清楚地显示，婴儿可能发展出多重的依恋关系，而且随着时间的推移，婴儿主要依恋的特定个体可能会发生改变。这些依恋上的差异强调了这个事实，即关系的发展是一个不断进行的过程，不仅仅在婴儿期，而且贯穿我们的一生。

关系发展的基础过程。在婴儿期，关系发展的基础是哪一个过程？首先，父母和事实上所有的成年人似乎都是遗传预设的，他们会对婴儿很敏感。例如，大脑扫描技术发现，婴儿（而不是成人）的面部特征在1/7秒内激活了大脑中一种称为梭状回的特殊结构。这些反应可能有助于引发养育行为和社会互动（Kringelbach et al., 2008; Zebrowitz et al., 2009）。

此外，一些研究证实，几乎在所有的文化中，母亲都是以一种典型的方式和婴儿相处。她们倾向于夸张面部表情及声音的表达——妈妈语的非言语等同物。妈妈语是人们对婴儿说话时所使用的语言（如同我们在第5章所讨论的）。相似地，他们经常模仿婴儿的行为，而且借由重复它们来回应婴儿与众不同的运动和声音。游戏的类型几乎都是普遍的，比如“躲猫猫”、“小小蜘蛛儿”、“拍手”（Harrist & Waugh, 2002; Kochanska, 2002）。

相互调节模型　在此模型中，婴儿和父母学着沟通彼此的情绪状态，并做出适当的反应。

此外，根据**相互调节模型**，通过这些互动，婴儿和父母学会沟通彼此的情绪状态并且做出适当的反应。比如说，在拍手的游戏中，婴儿和父母共同行动去控制轮流的行为，个体必须等待，直到其他人完成一个动作，他才可以开始另一个。因此，在3个月大的时候，婴儿和母亲对彼此的行为有着大约相同的影响力。有趣的是，在6个月大的时候，婴儿对轮流有着更多的控制，尽管在9个月大的时候，彼此的影响力大致上又变得相等（Tronick, 2003）。

当婴儿和父母互动时,他们对彼此发出信号的一个方式是通过面部表情。如本章之前所提到的,甚至很小的婴儿也能解读或是破译他们看护者的面部表情,而且他们会对这些表情做出反应。

比如说,一位母亲在实验中流露出僵硬的、纹丝不动的面部表情,她的婴儿便发出一些声音,做出一些他自己的姿势和面部表情以回应这个令人困惑的情境,而且可能从他母亲那里引出一些新的回应。当婴儿的母亲看起来很高兴的时候,婴儿也会显得更加快乐,并且用更多的时间来注视母亲。另一方面,当他们的母亲流露出不快乐的表情时,婴儿倾向于用悲伤的表情来回应,并且他们还会背过身去(Crockenberg & Leerkes, 2003; Reissland & Shepherd, 2006; Yato et al., 2008)。

简而言之,婴儿的依恋发展不仅仅代表对他们周围人们行为的反应。相反地,有一个**相互社会化**的过程。在此过程中,婴儿的行为引起父母及其他看护者做出进一步的反应;反过来,看护者的行为会引发孩子的反应,然后这个过程不断地循环下去。比如说,回想一下安妮,当妈妈把她放进摇篮里时,她便一直哭泣以便被抱起。最后,所有父母、孩子的行动和反应导致了依恋的增加,当婴儿和看护者沟通他们的需要并彼此做出回应的时候,他们之间的联结便得到了塑造和强化。图6-5总结了婴儿和护理者之间相互作用的序列(Kochanska & Aksan, 2004; Spinrad & Stifter, 2006)。

相互社会化 在此过程中,婴儿的行为引起父母及其他看护者做出进一步的反应;而它反过来会引发孩子更进一步的回应。

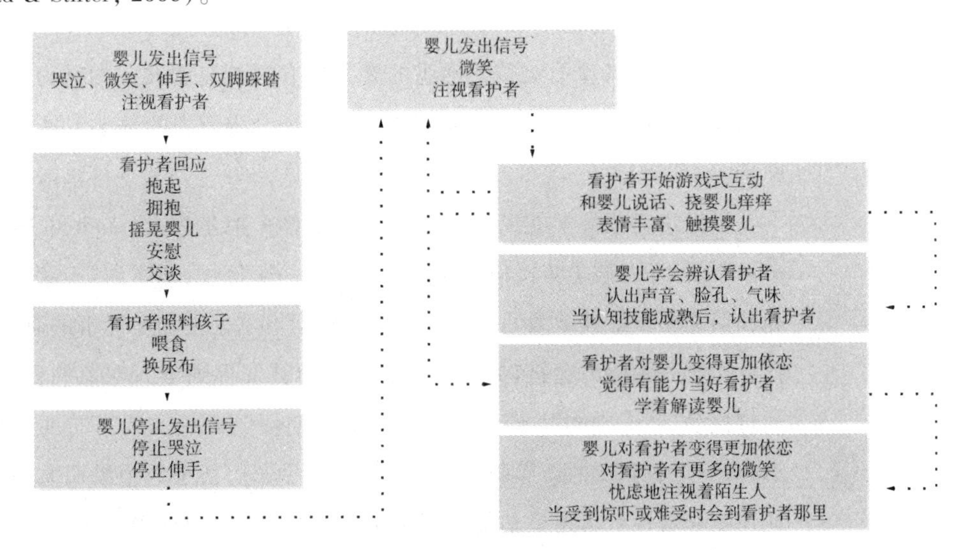

图6-5 婴儿—看护者互动的序列

看护者、孩子的行动和反应以一种复杂的方式彼此影响。你认为一个类似的模式会出现在成人—成人的互动中吗?

(来源:改编自Bell & Ainsworth, 1972; Tomlinson-Keasey, 1985.)

婴儿与同伴的社会交往:婴儿间的互动

婴儿和其他的儿童怎样交往?尽管从传统的意义上来说,他们明显地还没有形成“友谊”,但在生命的早期,婴儿的确对同伴的出现有着积极的反应,而这是他们参与社会互动的最初形式。

婴儿的社会交往表现在以下几个方面。从生命最初的几个月,当他们看到同伴的时候,他们会微笑、大笑,还会发出声音。比起对没有生命的物体,他们对同伴表现出更多的兴趣;他们对其他婴儿的注意也要大过对镜子中的自己。比起不认识的同伴,他们表现出对熟悉同伴的偏好。例如,对同卵双胞胎的研究显示,与对不熟悉的婴儿相比,双胞胎对彼此表现出更高水平的社会行为(Eid et al., 2003; Legerstee, 2014; Kawakami, 2014)。

婴儿的社会交往水平一般随着年龄而上升。9—12 个月大的婴儿相互展示和接受玩具,特别是如果他们彼此认识的话。他们也会玩一些社交游戏,如躲猫猫,或是互相追逐。这样的行为十分重要,因为它是未来社会交换的基础。在社会交换中,儿童将会试着引发其他人的回应,然后对这些回应做出反应。既然这些交换甚至到了成年期都还会继续,因此学会这些交换的种类很重要。比如说,有人说“嗨,近来如何?”可能是试着要引出一个他们能够做出回答的反应(Endo, 1992; Eckerman & Peterman, 2001)。

最后,随着婴儿年龄的增长,他们开始互相模仿(Russon & Waite, 1991)。例如,14 个月大彼此熟悉的婴儿们有时会复制彼此的行为。这样的模仿提供了社交的功能,而且能够成为一个强有力的教学工具(Ray & Heyes, 2011)。

根据华盛顿大学的发展心理学家安德鲁·梅尔佐夫(Andrew Meltzoff)所认为的,孩子传授信息的能力仅仅是一个例子,即所谓“专家”婴儿如何能够教给其他婴儿技巧及信息。根据梅尔佐夫和他同事的研究,向专家学习的能力会被保持,并且在稍后会被发挥到令人吃惊的程度。通过接触(exposure)进行学习在生命的早期便已开始。近来的证据显示,对早先看到过的新异刺激(如成人伸出舌头),甚至 7 个星期大的婴儿也能够表现出延迟模仿能力(Meltzoff & Moore, 1999; Meltzoff, 2002; Meltzoff, Waismeyer, & Gopnik, 2012)。

对一些发展学者来说,婴儿进行模仿的能力表明模仿可能是天生的。为了支持这一观点,研究已经确定了大脑中的一类神经元,它们似乎与天生的模仿能力有关。镜像神经元是一种神经元,它不仅在个体实施特定行为时激发,还会在个体仅仅观察另一个有机体执行相同行为时也被激发(Falck-Ytter, Gredebck, & von Hofsten, 2006; Lepage & Théret, 2007; Paulus, 2014)。

例如,对大脑功能的研究表明,当一个人执行一项特定任务,或观察另一个人执行相同任务时,额叶下回都会激活。镜像神经元可以帮助婴儿理解他人的行为,并发展出心理理论。镜像神经元的功能障碍可能与儿童心理理论发展障碍以及孤独症有关,孤独症是一种涉及明显的情感和语言问题的神经发育障碍(Kilner, Friston, & Frith, 2007; Martineau et al., 2008; Welsh et al., 2009)。

婴儿通过与他人的共处而学会新的行为、技巧和能力,这样的观点具有几点意义。一方面,它指出婴儿间的互动所提供的不仅是社交上的获益,他们可能对儿童将来的认知发展也会有所影响。更重要的是,这些发现阐明了婴儿可能从参加儿童看护中心而获益(我们在本章稍后会谈到此点)。尽管我们并不清楚,对处于儿童看护中心这样的群体环境中的婴儿而言,从同伴学习的机会是否具有长远的利益。

模块 6.2 复习

- 依恋,在婴儿和重要个体之间的积极情绪联结,影响着一个人成年后的社会交往能力。
- 安全依恋可以发生在婴儿和母亲之间,婴儿和父亲之间以及婴儿和其他看护者之间。
- 当婴儿和与他交往的人互相调整彼此的互动时,婴儿就和这些个体进行着交互式社会化。婴儿对其他儿童的反应与对没有生命的物体的反应不同,而且他们会逐渐增加与同伴社会互动的数量。

共享写作提示

应用毕生发展:在何种社会中,儿童养育的文化态度会促进孩子的回避型依恋?在这样的文化中,将婴儿对其母亲一致的回避当作是愤怒,这样的解释准确吗?

6.3 婴儿间的差异

林肯(Lincoln)的父母都认为,他是一个很难带的孩子。比如说,他们似乎永远也不能使林肯在夜晚入睡。只要有一丝轻微的噪音,他便会大哭,这个问题自从他的摇篮靠近临街的那个窗户后就发生了。更糟的是,一旦他开始哭泣,不知要到何年何月才能使他再次安静下来。有一天他的母亲艾莎(Aisha)告诉她的婆婆玛丽(Mary),当林肯的妈妈是一件多么有挑战的事。玛丽回忆起她的儿子，也就是林肯的父亲马尔康（Malcom），也有着同样的处境："他是我的第一个孩子，而当时我以为所有的孩子都是这个样子的，所以我们不断尝试不同的方法，试图发现到底是怎么回事。记得我们将他的摇篮在公寓的每个地方都放了一遍，直到最后我们找到他能够在哪儿睡着，而他的摇篮最后被放在走廊上好长一段时间。后来，他的妹妹马莉（Maleah）诞生了，她是如此安静和自在，我都不知道多出来的时间可以做些什么！"

正如林肯的家庭故事一样，婴儿和他们的家庭都不是全然相同的。事实上，如同我们将会看到的，自诞生的那一刻起，人与人之间的差异便开始出现。婴儿间的差异包含了他们全部的人格、气质及其导致的不同的生活，这些差异基于他们的性别、家庭的特点，以及他们被照料的方式。

人格发展：使婴儿独特的一些特征

LO 6.9 描述区分婴儿人格的个体差异

人格 区分个体的持久性特征总和。

人格，区分个体的持久性特征总和，源自婴儿期。一出生，婴儿就开始展现出独特、稳定的行为和特质，而这些行为和特质最终导致了他们发展成独特的特定个体（Caspi，2000；Kagan，2000；Shiner，Masten，& Robert，2003）。

我们在第1章讨论到心理学家埃里克·埃里克森人格发展的理论，根据他的理论，婴儿的早期经验会塑造一个人人格的关键方面：基本而言，他们是会信任还是怀疑别人？

埃里克森的心理社会性发展理论 考虑个体是如何理解自己以及他人和自己行为的意义。

埃里克森的心理社会性发展理论考虑个体是如何理解自己以及他人和自己行为的意义（Erikson，1963）。这一理论提出发展的变化贯穿人的一生中八个不同的阶段，第一个阶段发生在婴儿期。

信任—不信任阶段 根据埃里克森的理论，在这个阶段，婴儿会发展出信任或不信任感，而这取决于看护者能多好地满足婴儿的种种需要。

根据埃里克森的理论，在生命开始后的前18个月内，我们经过了**信任—不信任阶段**。在这个阶段，婴儿会发展出信任或不信任感，而这取决于看护者满足婴儿种种需要的情况。在上述的例子中，玛丽对马尔康的注意可能会帮助他发展出对于世界的基本信任感。埃里克森提出，如果婴儿能够发展出信任，他们便产生希望感，而这种希望感使他们觉得似乎能够成功地满足自己的种种需要。另一方面，不信任感导致婴儿将这个世界视为艰难和不友善的，因而，之后在和他人形成亲密的联结时，他们可能会有一些困难。

自主—羞愧和怀疑阶段 在婴儿蹒跚学步的阶段（18个月到3岁），根据埃里克森的理论，如果他们能够自由地探索，儿童会发展出独立和自主；如果孩子受到限制或是过度保护，他们则会发展出羞愧和怀疑。

在婴儿期的最后阶段，儿童进入了**自主—羞愧和怀疑阶段**，这个阶段从18个月大到3岁。在这个阶段，如果父母鼓励探索并在安全范围内给予一定的自由，婴儿便会发展出独立性和自主性。而如果孩子受到限制并被过度保护，他们便会觉得羞愧、自我怀疑和苦恼。

埃里克森认为人格主要由婴儿的经验塑造。然而,如同我们接下来所要讨论的,其他发展心理学家关注出生时,甚至是在婴儿期的经验之前的行为一致性,这些一致性被认为大部分是由遗传所决定的,并提供了形成人格的原材料。

据埃里克森所言,如果父母在安全的界线内鼓励探索和给予自由,儿童在18个月到3岁的这段期间就会发展出独立和自主。如果孩子受到限制或是过度保护,埃里克森的理论是如何解释的?

气质:婴儿行为的稳定性

LO 6.10 定义气质并描述在生命的前两年它如何影响孩子

萨拉(Sarah)的父母想着:肯定是哪里出问题了。萨拉的哥哥乔什(Josh)从婴儿期开始便一直很活泼,好像永远也静不下来似的。和哥哥不同,萨拉要平静得多。她会打一个长盹,即使偶尔变得激动不安,她也很容易被安抚下来。是什么造成了她的极度平静呢?

最可能的答案是,萨拉和乔什之间的不同反映了气质的差异。如同我们最初在第2章所讨论的,**气质**包含唤醒的模式和个体一致且持久的情绪特点(Kochanska & Aksan, 2004; Rothbart, 2007)。

气质 情绪性和唤醒的模式,具有一致的和持久的个人特点。

不同于做什么或是为什么这么做,气质是指儿童怎样行为。从一出生,婴儿便展示出一般倾向上的气质差异,最初主要是由于遗传的因素,到了青少年期,气质仍然倾向于相当稳定。另一方面,气质并不是固定不变的;儿童养育的实践能够很大程度上改变气质。事实上,有些儿童在成长的过程中,在气质上表现出很少的一致性(Werner et al., 2007; de Lauzon-Guillain et al., 2012; Kusangi, Nakano, & Kondo-Ikemura, 2014)。

气质反映在行为的几个维度上。一个中心的维度是活动水平,它反映了总体运动的程度。有些婴儿(像萨拉)相对比较平静,他们的动作较慢,几乎像是在休闲似的。相反地,另外一些婴儿(像乔什)的活动水平就相当高,他们的手脚总是强而有力地、无休止地运动着。

气质另一个重要的维度是婴儿心境的特点和质量,特别是儿童的易激惹性。就像本段开头所提到的林肯,在其他人很自在的时候,有些婴儿很容易被扰乱也很容易哭。易激惹的婴儿会大惊小怪,而且他们很容易心烦。他们一旦开始哭泣就很难被安抚。这种易激惹性相对稳定:研究者发现出生时易激惹的婴儿在1岁时仍易激惹，甚至在2岁时，与出生时不是易激惹的婴儿相比，他们仍然更容易心烦（Worobey & Bajda，1989）。（气质的其他方面列在表6－2。）

表6－2　婴儿气质的维度和行为指标

维度	行为指标
活动水平	高：换尿布的时候扭动 低：换尿布的时候躺着不动
趋近—退缩	趋近：很容易接受新异的食物或玩具 退缩：当陌生人靠近的时候哭泣
节律性	有规律的：有固定的进食时间表 无规律的：睡觉和醒着的时间经常变化
分心性	低：即使在换尿布的时候也会持续哭泣 高：在被抱起或摇晃的时候停止吵闹
心境的质量	消极：在摇篮被摇晃的时候哭泣 积极：在吃新食物的时候微笑或吧唧嘴
反应的阈限	高：不会被突然的噪声或强光吓到 低：在父母靠近或有轻微噪声时停止吸吮奶瓶

（来源：Thomas，Chess & Birch，1968.）

气质分类：容易型、困难型和慢热型婴儿。因为气质有许多的维度，一些研究者便提出是不是有更广泛的类别可以用来描述儿童全部的行为呢？亚历山大·托马斯（Alexander Thomas）和斯泰拉·切斯（Stella Chess）做过一个大型的婴儿群体研究，即纽约纵向研究（New York Longitudinal Study，Thomas & Chess，1980），根据他们的研究，可以依据下列几个侧面中的一个来描述婴儿：

容易型婴儿 具有积极倾向的婴儿，他们的身体机能运作规律且更能适应环境。

困难型婴儿 有负面的心境且适应新情境缓慢的婴儿，当面对新情境时，他们倾向于退缩。

慢热型婴儿 不活泼、对环境表现出相对平淡反应的婴儿。他们的心境通常是负面的，他们会从新情境中退缩，适应缓慢。

- 容易型婴儿。**容易型婴儿**有一种积极的倾向。他们的身体机能很有规律地运作，可以很好适应。一般而言，他们是积极的，对新情境显示出好奇心，而且他们处于中、低强度的情绪状态。大约有40%（最多）的婴儿属于这个类别。
- 困难型婴儿。**困难型婴儿**有更多负面的心境，而且适应新情境慢。当面临新情境的时候，他们倾向于退缩。大约有10%的婴儿属于这个类别。
- 慢热型婴儿。**慢热型婴儿**不活跃，对环境表现出相对平淡的反应。他们的心境一般较为负面，他们在新情境中会退缩，适应缓慢。大约有15%的婴儿属于这个类别。

至于剩下的35%的婴儿，他们跟上述的类别都不太一致。这些婴儿表现出混合的特点。比如说，一个婴儿可能有相对快乐的心境，但却对新情境有负面的反应，或者可能表现出很少的气质稳定性。

气质的结果：气质重要吗？ 在气质相对稳定的结果中出现一个明显的问题：某种特定的气质是否是有益的？答案似乎是没有一个单一气质类型总是好或坏的。相反地，婴儿长期的调整依赖于他们特定的气质与环境的特点及要求**拟合优度（goodness-of-fit）**。比如说，低活动水平和低兴奋性的儿童可能在允许他们自己探索和自己决定行动的环境中做得很好。相反地，高活动水平和高兴奋性的儿童可能在指导性较强的环境中做得最好，这样的指导允许他们将精力引向特定的方向（Thomas & Chess, 1980; Strelau, 1998; Schoppe－Sullivan et al., 2007）。之前例子中的祖母玛丽找到了解决办法，为她儿子马尔康调整环境。马尔康和艾莎可能需要为他们的儿子林肯做同样的事情。

拟合优度 一种认为发展依赖于儿童的气质、养育环境的特性及要求之间的匹配程度的观点。

一些研究确实提出，一般而言，某些气质更具适应性。例如，困难型的婴儿通常比容易型婴儿更易在学龄期表现出问题行为。但是不是所有困难型的婴儿都会出现问题。关键因素似乎是父母对婴儿困难行为反应的方式。如果儿童困难的、苛刻的行为引发出父母愤怒和不一致的反应，那么儿童最终更可能会出现问题行为。另一方面，在反应中展示更多温暖和一致性的父母，他们的孩子之后更可能避免问题（Thomas, Chess, & Birch, 1968; Salley, Miller, & Bell, 2013; Sayal et al., 2014）。

观看视频

而且，气质似乎至少和婴儿对成人看护者的依恋有些微弱的相关。比如说，婴儿表现出多少非言语的情绪有着很大的差异。有些个体是面无表情的，仅有很少的表达性；而其他个体的反应却更容易被解读。更具表达性的婴儿对其他人而言可能提供更多容易辨别的线索，因此看护者就容易对他们的需要成功地做出反应并促进依恋的形成（Feldman & Rimé, 1991; Mertesacker, Bade, & Haverkock, 2004; Laible, Panfile, & Makariev, 2008）。

文化差异对特定气质的结果也有很大的影响。比如说，在西方文化中被描述为“困难型”的儿童实际上在东非的马赛（Masai）文化中似乎占有优势。为什么呢？因为母亲只在婴儿哭闹的时候才喂奶；所以易激惹的、困难型的婴儿比平静的、容易型的婴儿容易得到更多的营养。特别是在恶劣的环境条件下，比如干旱，困难型的儿童可能会占有优势（de Vries, 1984; Gartstein et al., 2007; Gaias et al., 2012）。

气质的生物学基础。近来气质研究方法的发展出自我们在第2章所讨论的行为遗传学的框架。从这个角度来看，气质特点代表遗传的特征，这些特征在儿童期甚至贯穿其一生都是相当稳定的。它们构成了人格的核心，在未来的发展中起着重要的作用（Sheese et al., 2009）。

比如，考虑一下某种生理反应的特征，在面对新异刺激时会有高度的运动和肌肉活动。这种高反应性，即对不熟悉刺激进行抑制，会表现为害羞。

对不熟悉刺激的抑制反应有明确的生物学基础，任何新异刺激都会使心跳加快、血压增高、瞳孔放大以及大脑的边缘系统的兴奋。比如说，2岁时被归为抑制型的人，成年后在看到不熟悉的面孔时，他们大脑内的杏仁核仍会有较强的反应。与这种生理模式相联系的害羞反应似乎从儿童期一直持续到成年期（Propper & Moore, 2006; Kagan et al., 2007; Anzman-Frasca et al., 2013）。

婴儿对陌生环境的高反应性也与成年期更易患抑郁症和焦虑症有关。此外，高反应性婴儿在成年时的前额叶皮质比低反应性儿童的更厚。因为前额叶皮质与杏仁核（控制情绪反应）和海马（控制恐惧反应）密切相关，前额叶皮质的差异可能有助于解释抑郁症和焦虑症的高发病率（Schwartz & Rauch, 2004; Schwartz, 2008）。

性别：为什么男孩穿蓝色，女孩穿粉色？

LO 6.11　讨论孩子的性别如何影响他或她最初两年的发展

“这是一个男孩！”“这是一个女孩！”

小孩出生后，人们所说的第一句话可能就是上述两者中的一个。从出生的那一刻起，男孩和女孩就受到不同的对待。父母会以不同的方式通知亲友们孩子已经诞生。他们穿不同的衣服，包裹在不同颜色的毛毯里头。他们也会收到不同的玩具（Bridges, 1993; Coltrane & Adams, 1997; Serbin, Poulin - Dubois, & Colburne, 2001）。

父母用不同的方式与儿子和女儿玩。从出生开始，父亲倾向于和儿子有更多的互动，母亲和女儿有更多的互动。正如同我们在本章前面所提到的,父亲和母亲以不同的方式玩游戏(父亲参与更多的身体的、打闹的活动;母亲则是传统的游戏,比如躲猫猫),男孩和女孩面临来自父母明显不同的活动类型以及互动方式(Clearfield & Nelson, 2006; Parke, 2007; Zosuls, Ruble, & Tamis - LeMonda, 2014)。

成人用不同的方式来诠释男孩和女孩的行为。比如说,当研究者给成人看婴儿的录像带,婴儿的名字被分别叫作"约翰"和"玛丽",尽管是由同一个婴儿做出的一套行为,成人知觉"约翰" 为冒险及好奇的,而觉得"玛丽"是恐惧及忧虑的(Condry & Condry, 1976)。显然,成人是通过性别的透镜来看儿童的行为的。**性别(gender)**指我们是男性或女性的意识。"性别"和"性"这两个名词通常指的是同一回事,但它们又不完全相同。性(sex)指的是解剖学上的性及性行为,而性别指的是男性或女性的社会知觉。所有的文化都指定了男性和女性的性别角色(gender role),但这些角色在不同的文化间有很大的差异。

性别 是男性或女性的意识。

性别差异。尽管大多数人同意,男孩和女孩的确经历由于性别而至少部分不同的世界,然而对于性别差异的范围和原因则有很多不同的意见。从出生开始,有些性别差异就十分明显。比如说,比起女婴,男婴倾向于更活跃也更急躁。男孩的睡眠也更容易被打乱。男孩更多地扮鬼脸,尽管在哭上不存在性别差异。有些证据显示男性新生儿比女性新生儿更易受激惹,尽管研究发现并不完全一致(Eaton & Enns, 1986; Guinsburg et al., 2000; Losonczy - Marshall, 2008))。

然而,女婴和男婴之间的差异一般是比较小的。事实上,如同"约翰""玛丽"录像带研究所显示的,大多数情况下,婴儿看起来非常相似,成人通常无法区分它是男孩还是女孩。而且,我们必须谨记在心:婴儿间的个体差异比他们在性别上的差异要大得多(Crawford & Unger, 2004)。

性别角色。性别差异随着年龄的增长而日益明显,而且逐渐受到社会为他们设置的性别角色的影响。比如说,在1岁前婴儿就能够辨别男性和女性。女孩在这个年纪喜欢玩洋娃娃和填充的动物玩具,然而男孩会挑选积木和卡车。当然,由于他们的父母在提供那些玩具时已经做了决定,所以孩子通常也别无选择(Cherney, Kelly - Vance, & Glover, 2003; Alexander, Wilcox, & Woods, 2009)。

父母强化了儿童对某些种类玩具的偏好。一般而言,男孩的父母更关心他们孩子的选择。男孩受到社会上认为男孩适合玩什么玩具的观

男孩如果玩女孩的玩具，父母会比较担心；相对而言，女孩如果玩男孩的玩具，父母则没这么忧虑。

念强化，而且这种强化会随着年龄增长而增加。另一方面，女孩玩卡车就不像男孩玩洋娃娃那么引人关注。男孩玩女性化玩具时所受到的阻力比女孩玩男性化玩具要大得多（Martin，Ruble，& Szkrybalo，2002；Schmalz & Kerstetter，2006；Hill & Flom，2007）。

到2岁的时候，男孩比女孩表现得更独立也更不服从。大部分这样的行为可以被追溯到父母对较早行为的反应。比如说，当孩子迈出第一步时，父母倾向于根据孩子的性别做出不同的反应：男孩更被鼓励离开和去探索世界，而女孩则被拥抱和靠近父母。那么，几乎毫无悬念的是，到了2岁的时候，女孩倾向于表现出较少的独立性和较大的顺从（Poulin－Dubois，Serbin，& Eichstedt，2002）。

然而，社会的鼓励和强化并不能完全解释男孩和女孩之间的行为差异。比如说，如同我们在第8章会进一步讨论到的，一项研究检验了由于母亲在怀孕时错误地服用了含雄性激素的药物，因此出生前就暴露在不寻常的高水平雄性激素下的女孩子们。后来，这些女孩更可能去玩刻板印象中男孩偏好的玩具（比如汽车），而不太可能去玩刻板印象中与女孩有关的玩具（比如洋娃娃）。尽管这些结果有其他的解释，可能你自己就能想出好几个，一种可能是暴露在雄性激素下影响了这些女孩的大脑发育，导致她们偏好涉及某些技巧的玩具（Mealey，2000；Servin et al.，2003）。

总而言之，婴儿时期男孩和女孩之间的行为差异，如同我们在后面的章节所看到的，会持续贯穿整个儿童期（甚至超越）。尽管性别差异有许多复杂的原因，它结合了许多先天的、与生理相关的环境因素，他们对儿童的社会性及情绪发展起到了非常关键的作用。

21世纪的家庭生活

LO 6.12　描述21世纪的家庭及其对儿童的影响

回顾20世纪50年代的电视节目（比如*Leave It to Beaver*），会发现以一种在今天看起来老式的、离奇有趣的方式来描绘的家庭世界：父母结婚多年，而他们漂亮的儿女在生活上很少遇到问题，一旦遇到问题通常就很严重。

社会工作者的视角

假设你是一个社会工作者，并且在早上 11 点时，正拜访一个寄养家庭，你看到早餐的碗筷堆着没洗，书和玩具散落一地。被寄养的小孩正随着寄养母亲的拍子，开心地敲打锅碗瓢盆。放置婴儿椅的厨房地板黏腻不堪。你会如何评估这个家庭？

甚至在 20 世纪 50 年代这样的家庭生活观也是过于浪漫和不切实际的。到了今天，这样的观点已经相当失真，仅代表了美国的一小部分家庭。快速的回顾可以说明这个情况：

单亲家庭的数量在过去20年内急剧地增加。如果目前的趋势不变，有60%的儿童在某个时期生活在单亲家庭之中。

- 当双亲家庭的数量减少的时候，单亲家庭的数量在过去的 30 年戏剧性地增加。目前，0 到 17 岁的儿童中 64% 的孩子和结婚的父母居住，相比于 1980 年的比例 77% 有所下降。大约 25% 的孩子仅仅和母亲一起住，4% 的孩子仅仅和父亲一起住，4% 的孩子不和父母一起住（Childstats. gov, 2013）。
- 家庭的平均大小正在缩小。今天每个家庭平均有 2.5 个人，相比之下，1970 年每个家庭平均有 3.1 个人。不和家人在一起生活（没有任何亲戚）的人数超过 4100 万（U.S. Census Bureau, 2013）。
- 虽然在过去 5 年中，生育的青少年人数大幅下降，但 15 至 17 岁的少女仍有近 96000 名分娩，其中绝大部分为未婚者（Childstats. gov, 2013）。
- 57% 的婴儿的母亲在外工作（U. S. Bureau of Labor Statistics, 2013）。
- 2011 年，45% 的 18 岁以下儿童生活在低收入家庭，高于 2006 年的 40%。近 2/3 的黑人儿童和西班牙裔儿童生活在低收入家庭（NationalCenter for Children in Poverty, 2013）。

至少，这些统计数据表明，许多婴儿都是在压力很大的环境中长大的。本来在各方面条件都很好的情况下养育孩子也绝不容易，而这些因素使得养育孩子的任务变得异常困难。

与此同时，社会正在适应 21 世纪新的家庭生活的现实。对于婴儿的父母，如今有很多社会支持，而且社会发展出许多新的制度来帮助父母照顾儿童。一个例子是，越来越多的儿童看护安排可以帮助在职的父母，就像我们接下来所讨论的。

婴儿时期的照护是如何影响后续发展的？

LO 6.13　总结父母以外的养育对婴儿的影响

> 我的两个小孩大部分的时间是在儿童看护中心度过的，我对此十分担心。女儿在蹒跚学步时曾在古怪的日托中心待过，那会造成不可挽回的伤害吗？儿子所讨厌的那所儿童看护中心会对他造成不可挽回的损伤吗？（Shellenbarger, 2003, p. D1）

每天父母都会问自己这些问题。对许多父母而言，儿童看护如何影响后来的发展是一个十分紧迫的议题，因为经济、家庭或职业的需要，他们的孩子一天当中有部分的时间需要由别人来照顾。事实上，4 个月到 3 岁这个年龄段的儿童几乎有 2/3 不是由父母看护的。在他们生命的第一年，超过 80% 的婴儿不是由母亲所照料。大多数这些婴儿不到 4 个月的时候就开始接受每周 30 个小时的家庭之外的看护（Federal Interagency Forum on Child and Family Statistics, 2003；NICHD Early Child Care Research Network, 2006a；同样见图 6－6）。这样的安排对以后的发展会产生什么影响呢？

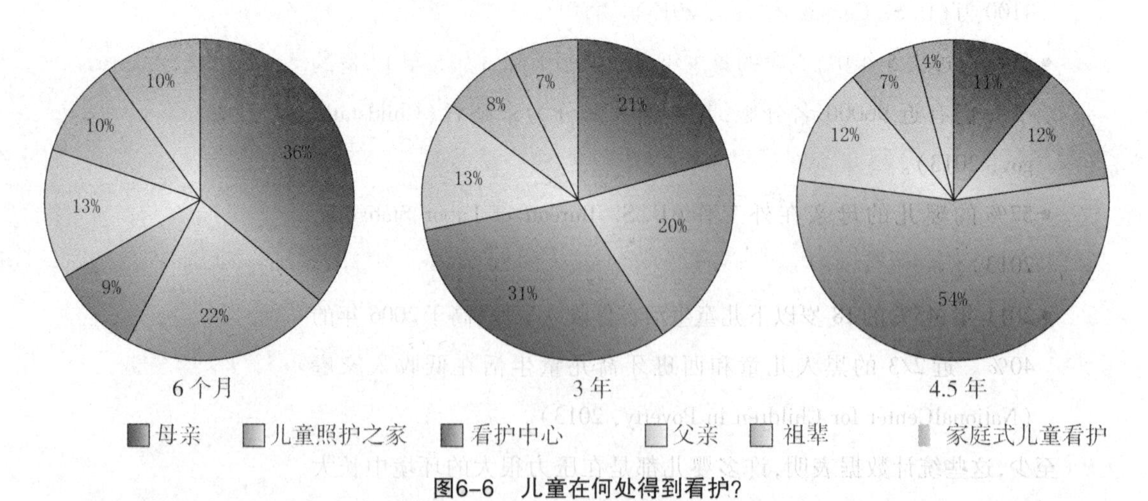

图6-6　儿童在何处得到看护？

根据美国国家儿童健康和人类发展研究所（National Institute of Child Health and Human Development, NICHD）的一项主要研究的结果，随着年龄的增长，孩子们在某种家庭外的儿童看护会度过更多的时间。

（来源：NICHD Early Child Care Research Network, 2006a）。

答案在很大程度上是令人放心的,但最新的研究来自大规模长期的早期儿童看护和青少年发展研究(Study of Early Child Care and Youth Development),这是有史以来对儿童看护进行的历时最长的一次考察。该研究表明,长期参与日托活动可能会带来意想不到的后果。

首先好消息是,依据大部分的证据,高质量儿童看护中心在许多方面和家庭看护只有很小的差异,甚至还能提升发展的某些方面。例如,研究发现,在高质量的儿童看护中心和由父母养育的婴儿,他们和父母依恋关系的强度或本质上只有很小甚至没有区别(NICHD Early Child Care Research Network, 1999, 2001; Vandell et al., 2005; Sosinsky & Kim, 2013; Ruzek et al., 2014)。

使用家庭之外的儿童看护除了这些直接的好处外还有一些间接的好处。比如说,尽管父母工作对儿童后来的机能只有很小的影响,但单身母亲家庭及低收入家庭的儿童可能会得益于儿童看护中的教育及社会经历,也会从父母工作带来的较高的收入中获益(NICHD Early Child Care Research Network, 2003a; Dearing, McCartney, & Taylor, 2009)。

此外,参加早期领先计划(Early Head Start:为高风险儿童提供高质量看护服务的计划)的儿童和没有参加这个计划的儿童相比,能够更好地解决问题,更加注意别人,以及更有效地使用语言。此外,他们的父母(参加了这个计划)也从参与中获益。这些参加的父母对孩子话说得更多也读得更多,而且不太会去打他们的屁股。儿童如果接受了好的、有回应的看护,他们就能和其他孩子更好地玩耍(NICHD Early Child Care Research Network, 2001b; Maccoby & Lewis, 2003; Loeb et al., 2004; Raikes et al., 2014)。

在大多数方面,高质量的婴儿看护似乎只会与家庭看护产生微小的差异,而且发展的某些方面甚至可能得到加强。发展的哪些方面可能通过参加家庭外的婴儿看护得到加强?

而另一方面,一些有关家庭外看护的发现并不这样积极。当婴儿被放在低质量的儿童看护中心,或受到多儿童看护安排,或他们的母亲不敏感且没有反应,会在某种程度上更没有安全感。此外,在家庭外照顾场所待的时间较长的儿童的独立工作的能力较低,时间管理能力也较低(Vandell et al., 2005)。

最新的研究集中在学龄前儿童身上,研究发现在一年或更长时间中每周花10个小时或更多时间在集体看护上的孩子在课堂上更有可能受到干扰,这种影响一直持续到六年级。尽管进行破坏性活动的可能性增加得并不是很大,但每在儿童看护中心待一年,儿童就会在教师完成的问题行为标准化测量中分数高出1%,这一结果相当可靠(Belsky et al., 2007)。

总而言之,日益增加的群体儿童看护研究既不是全然积极的,也不是全然消极的。但明确的结论是儿童看护的质量十分重要。最后,我们需要研究更多关于谁来使用及社会各阶层的成员如何利用儿童看护,以便全面理解儿童看护的结果(Marshall, 2004; NICHD Early Child Care Research Network, 2005; Belsky, 2006; de Schipper et al., 2006; Belsky, 2009;同样见“你是发展心理学知识明智的消费者吗?选择正确的儿童看护中心”专栏)。

◎ 你是发展心理学知识明智的消费者吗?

选择正确的儿童看护中心

近来一篇有关婴儿照看机构绩效的评估研究清楚表明,只有在高品质的照料下,婴儿的同伴学习、良好社交技巧、充分自主性等特质才可能得以发展。然而,如何区分高质量和低质量的儿童看护中心呢?父母在选择时应该考虑以下问题(Committee on Children, Youth and Families, 1994; Love et al., 2003; de Schipper et al., 2006):

- 是否雇用足够的照看者?最佳比率应为一比三,每一个大人照看三个婴儿。但是,一比一到一比四的范围都是可以接受的。
- 每组婴儿数是否可以充分管理 即使一组中有许多的照看人员,一组中的婴儿人数也不应超过8人。
- 儿童看护中心是否符合政府规定?是否备有营业执照?
- 从事照看婴儿的人员是否喜欢他们的工作?他们工作的动机为何?照看婴儿对他们而言是一个短期工作,还是一份长期的职业?他们是否经验丰富?他们喜欢工作还是仅为糊口?
- 照看人员每天都做些什么事情?他们是否花时间与婴儿一同游戏、通过语言互动交流并且悉心留意婴儿的举动?他们是不是从心里对小孩很感兴趣,而不只是把照看小孩当成是一个固定工作流程?电视机是否一直开着?
- 儿童看护中心的小孩是否干净和安全?中心的设施是否保证小孩活动的安全?各项设备

及家具是否完整无损？照看人员本身的清洁卫生是否达到最高标准？尿片更换后，看护者是否确实洗净双手？

- 在实际投入工作前，照看者接受过什么样的培训？他们对于婴儿发展的基本知识是否具有相当的水平？是否了解正常孩子的发展历程？异常发展的征兆出现时，他们是不是能敏锐地觉察？
- 最后，中心的环境是否充满着欢乐的气氛？儿童看护中心不只是一个提供照看小孩服务的场所，当小孩置身其中时，那就是小孩的整个世界。因此，父母们必须非常确信该中心会给予孩子们绝对的尊重和个体化的照顾。

除上所述，父母们亦可与美国国家幼儿教育委员会（National Association for the Education of Young Children）联系，取得父母居住地的育儿机构名称列表以及相关代理机构。详情请见 NAEYC 网站 www. naeyc. org 或致电（800）424 －2460。

模块 6.3 复习

- 根据埃里克森的理论，婴儿期个体从“信任—不信任”的心理发展阶段到“自主—羞愧与怀疑”的心理发展阶段。
- 气质指的是个体持续而长久的表现在情绪与唤醒水平方面的特点。
- 性别差异随着婴儿年龄的增长，越来越显著。
- 家庭外的儿童看护中心可能对儿童产生正面、中立或负面的影响，这种影响取决于看护中心的照看质量。关于儿童看护效果的研究必须考虑不同儿童看护中心的不同质量以及倾向于使用儿童看护的父母的社会特征。

共享写作提示

应用毕生发展：如果您有机会在国会立法前，发表关于儿童看护中心合格营业标准的意见时，您会强调哪一方面？

结语

婴儿成长为社会个体的道路，是遥远而曲折的。在本章中我们了解到，婴儿早期便能通过社会参照，对情绪进行解码与编码，而渐渐形成心理理论的能力。此外，我们还考虑了依恋模式如何对婴儿产生长期性的影响，甚至能够影响到婴儿长大后成为什么样的父母。除了埃里克森的心理社会性发展理论外，我们还讨论了婴儿气质以及性别差异的原因和本质。最后，我们讨论了如何选择好的婴儿看护中心。

回到本章序言，回顾序言中10个月大的女孩尚特烈·伊万斯在她的母亲把她留给邻居时，抽泣了两个小时，回答以下问题：

1. 你认为尚特烈正在经历陌生人焦虑、分离焦虑或两者兼而有之吗？你如何向她母亲解释这其实意味着积极、健康的发展？

2. 尚特烈缺乏自我意识与她母亲不在时的焦虑有什么关系？
3. 尚特烈的红红的小脸儿和泪水是否表明她正在经历真正的痛苦和悲伤？解释你的想法。
4. 利用你对尚特烈这个年龄段婴儿的社会参照的了解，你能给米歇尔什么建议，可以帮助她女儿很容易转向邻居的照顾？

回顾

LO 6.1　讨论儿童在生命最初两年是如何表达和体验情感的

婴儿具有不同的面部表情，这些表情具有跨文化的相似性，似乎反映了基本的情绪状态。

LO 6.2　区分陌生人焦虑与分离焦虑

到1岁末的时候，婴儿通常能够发展出陌生人焦虑（对周围不认识人的忧虑），以及分离焦虑（熟悉的照看者离开时的悲伤）。

LO 6.3　讨论社会参照和非言语编码能力的发展

通过社会参照，8—9个月的婴儿即可通过他人的表情判断模糊情境，并学会适当地反应。婴儿早期即能发展出非语言的解码能力，根据其他人的面部表情及声音表达判断他人的情绪状态。

LO 6.4　描述儿童在生命最初两年所拥有的自我感

婴儿大约在12个月时开始发展自我觉知的能力。

LO 6.5　总结婴儿在两岁时心理理论和对心理活动的觉察增多的证据

大约在这个时候，婴儿也开始发展出心理理论能力：关于自我及他人如何思考的知识及信念。

LO 6.6　解释婴儿时期的依恋以及它如何影响一个人未来的社会能力

依恋，指的是婴儿与一个或多个重要他人之间所形成的强烈、正性的情感联结。是使得个体发展未来社会关系的一个重要影响因素。

婴儿的依恋类型有四种：安全型依恋、回避型依恋、矛盾型依恋以及混乱型依恋。相关研究指出婴儿依恋类型与他成年后的社会及情绪处理能力相关。

LO 6.7　描述照护者在婴儿社会性发展中的作用

母亲与婴儿的互动对于婴儿的社会性发展至关重要。对于婴儿社会交往需求能够积极回应的母亲更有助于宝宝将来具备安全依恋能力。

LO 6.8　讨论婴儿时期关系的发展

通过相互社会化过程，婴儿与照看者相互作用并影响着彼此的行为，进一步增强了彼此之间的关系。婴儿从早期即开始从事与其他儿童最初的社会互动形式，随着年龄的增长，社会交往水平也随之增加。

LO 6.9　描述区分婴儿人格的个体差异

人格，能够将个体区分开来的长久而稳定的特征总和，在婴儿期开始出现。

LO 6.10　定义气质并描述在生命的最初两年它如何影响孩子

气质指个体持续而长久的唤醒水平和情绪性特征。气质类型可以分成容易型、困难型、慢热型。

LO 6.11　讨论孩子的性别如何影响他或她的最初两年的发展

随着年龄增长，性别差异越来越显著，这主要源自环境的影响。差异形成主要源于父母的行为与期望。

LO 6.12　描述 21 世纪的家庭及其对儿童的影响

家庭的多样性，从传统的双亲到混合的同性伴侣，反映了现代社会的复杂性。

LO 6.13　总结父母以外的养育对婴儿的影响

看护中心是因应社会变迁中的家庭而产生的，如果是高质量的，对于儿童的社会性发展，培养社会交往和合作都有所裨益。

关键术语和概念

陌生人焦虑	回避型依恋	容易型婴儿
分离焦虑	矛盾型依恋	困难型婴儿
社交性微笑	混乱型依恋	慢热型婴儿
社会参照	相互调节模型	拟合优度
自我觉知	相互社会化	性别
心理理论	人格	
共情	埃里克森的心理社会性发展理论	
依恋	信任—不信任阶段	
爱因斯沃斯陌生情境	自主—害羞和怀疑阶段	
安全型依恋	气质	

2 总 结

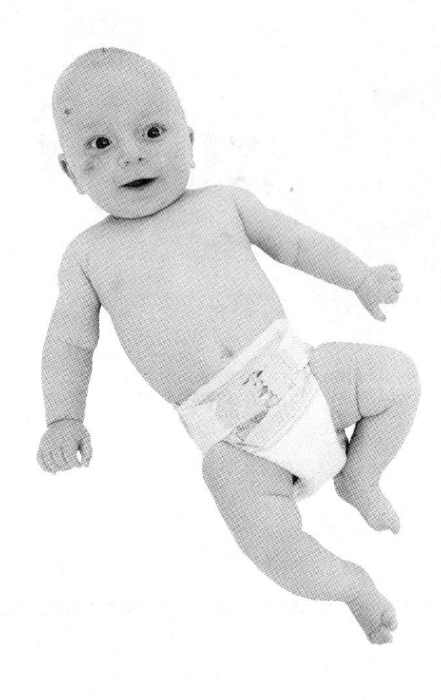

婴儿期

4 个月大的亚历克斯几乎在各个方面都是模范婴儿。然而，他行为的一个方面造成了困境：当他半夜醒来时伤心地哭时应该如何回应。这通常不是他饿了的问题，因为通常他最近都吃得很饱。而且也不是他的尿布被弄脏了造成的，因为尿布最近才换过。相反，亚历克斯似乎只是想被人抱着和玩乐，而当他没有被这样对待时，他就会又哭又闹，直到有人来找他。

你会怎么做？

- 你会如何处理亚历克斯？
- 哪些因素会影响你的决定？
- 根据你的阅读，你认为亚历克斯会做出哪些反应呢？

你的回答是什么？

父母会怎么做？

- 你会采取什么办法用来应对亚历克斯？会在每次他哭的时候去找他吗？
- 或者，你会试着等他自己走出来，也许之前设定了一个时间限制再去找他？

你的回答是什么？

生理发育

- 亚历克斯的身体正在开发各种节奏（重复的、循环的行为模式）负责从睡眠转到清醒的变化。
- 亚历克斯将在最开始时只睡 2 个小时，然后就会保持清醒。直到他长到 16 周左右，他的睡眠时间将会是连续 6 个小时。
- 由于亚历克斯的触觉是他最发达的感官之一（也是最早发展的），亚历克斯会对轻微的触摸做出反应，比如抚慰的爱抚，这可以让哭泣的、挑剔的婴儿平静下来。

认知发展

- 亚历克斯已经知道他的行为（哭泣）可以产生一种他想要的效果（有人抱着他并且陪他玩）。
- 随着亚历克斯的大脑发育，他能够区分认识的人和不认识的人；这就是为什么当他认识的人在夜里过来宽慰他时，他会做出如此积极的反应。

社会和人格发展

- 亚历克斯已经开始对那些照顾他的人产生依恋（他和特定个体之间的积极情感纽带）。
- 为了感到安全，亚历克斯需要知道他的看护人会对他发出的信号做出适当的回应。
- 亚历克斯性情的一部分是易怒。易怒的婴儿很难取悦的，当他们开始哭泣时很难安抚他们。
- 由于易怒情绪相对稳定，亚历克斯会在 1 岁甚至 2 岁继续表现出这种性格。

护士会做什么？

- 您建议亚历克斯的护理人员如何处理这种情况？看护者是否应该注意任何危险？

你的回答是什么？

教育工作者会做什么？

- 假设亚历克斯每个工作日下午花几个小时在日托中心。如果你是一名托儿服务提供者，如果亚历克斯睡着后很快就从小睡中醒来，你会如何处理？

你的回答是什么？

第三部分

学前期

第7章　学龄前儿童体能和认知的发展

本章学习目标

LO 7.1　描述儿童在学龄前的体能发展和主要的健康风险
LO 7.2　总结学龄前儿童的大脑如何发育
LO 7.3　解释学龄前儿童的运动技能如何发展
LO 7.4　总结皮亚杰如何解释学龄前儿童的认知发展
LO 7.5　总结学龄前儿童认知发展的信息加工观点
LO 7.6　描述维果茨基对于学龄前儿童认知发展的观点
LO 7.7　解释学龄前儿童的语言能力如何发展
LO 7.8　总结电视和其他媒体对于学龄前儿童的影响
LO 7.9　区分提供给学龄前儿童的典型教育项目

本章概要

体能发展

发育中的身体

发育中的大脑

运动的发展

智力发展

皮亚杰的前运算思维阶段

认知发展的信息加工观点

维果茨基的认知发展理论：文化的影响

语言和学习的发展

语言的发展

从媒体中学习：电视和互联网

早期儿童教育：将“前”从学龄前时期去掉

开场白：研学旅行

来自康妮·格林(Corine Green)所负责幼儿园的小朋友正在前往农场的路上，他们将进行一次研学旅行。格林所能做的就是让其中过于兴奋的成员不要在大巴的过道上来回乱跑，或是在座位上乱蹦乱跳。为了吸引大家的注意力，格林带领小朋友们进行一系列熟悉的教室游戏。首先，她击掌打出不同的节奏，让小朋友们来模仿。当他们不再感兴趣时，格林选择大家都看得见的东西为目标，让小朋友们来玩游戏“I Spy”。之后，她带领大家唱一些包含手势动作的歌曲，比如《小小蜘蛛儿》。

不过，并非所有的小朋友都需要这样安顿。4岁的丹尼·布洛克(Danny Brock)正忙着画奶牛、马和猪。他的草图很简单，却很容易被辨识成他希望在农场上看见的动物。苏云·戴维斯(Su-Yun Davis)正在给隔壁的小女孩描述粮仓、拖拉机和鸡舍，这些内容来自四个月前她母亲带她去的农场的记忆。梅格·哈斯(Megan Haas)正安静地吃着她带来的午餐，一口一根薯条，而此时离她的老师宣布午餐开始还有两个小时。格林说：“学龄前儿童从未有一个瞬间是无趣的，他们总是在做些事情。在一个二十人的班级，经常会有二十种不同的事情发生。”

预览

在格林班上奔跑、拍手模仿节奏的小朋友不久前还是幼儿。学龄前儿童的移动能力飞速发展，这对父母们来说具有挑战性，因为他们必须提高警惕以避免孩子受伤。然而在这个年龄段，儿童所经历的体能发育不仅仅是带来跳跃和攀爬等能力，同时也能使布洛克完成的绘画中有可被认出的东西，使戴维斯记得数月前事情的细节。

学龄前时期是从 2 岁左右的幼儿期结束开始，大约在 6 岁结束。这在儿童生活中是一个令人兴奋的时期。就某种意义来说，学龄前时期是一个准备阶段：在这个时期里儿童憧憬并为正式教育的开始做好准备，社会通过正式教育将知识工具传递给新的一代。

但是对“学龄前”这个标签理解过于字面化是种错误。3 到 6 岁并不只是人生中的一个小站，不只是一个用来为下一个更重要时期的开始做准备的间歇时期。相反，学龄前时期是一个发生着巨大变化、迅速发育的时期，这时候孩子的身体、智力和社会性在飞速发展。

本章将关注体能、认知和语言在学龄前时期的发展。我们将以考虑孩子在学龄前时期身体发生的变化开始。我们讨论体重、身高、营养和身心健康状态。大脑及其神经通路也在变化，我们将谈到一些关于大脑运作方式上有趣的性别差异。我们还将涉及在学龄前时期粗大和精细运动技能的变化。

智力发展是本章的另一部分重点。我们将检查认知发展的主要观点，包括皮亚杰理论中接下来的一个阶段，信息加工观点，以及文化对认知发展产生重大影响的观点。

最后，本章将考虑学龄前时期发生的语言的重要发展。最后，我们将讨论影响认知发展的若干因素，这些因素包括对电视的接触、儿童护理和学龄前项目的参与。

7.1　体能发展

学龄前时期儿童的体能发展令人惊讶。当我们观察儿童在身高、体重、体型和体能上的变化时，发展的幅度就很明显了。

发育中的身体

LO 7.1　描述儿童在学龄前的体能发展和主要的健康风险

到 2 岁，一般的美国孩子体重大概在 25 到 30 磅之间，身高将近 36 英寸，是一般成年人身高的一半。在学龄前时期，儿童稳定地发育，到 6 岁，他们的体重平均约 46 磅，直立身高 46 英寸(见图 7－1)。

身高和体重的个体差异。这些平均值掩盖着很大的身高和体重的个体差异。例如，10% 的 6 岁儿童体重为 55 磅或更高，10% 的儿童体重

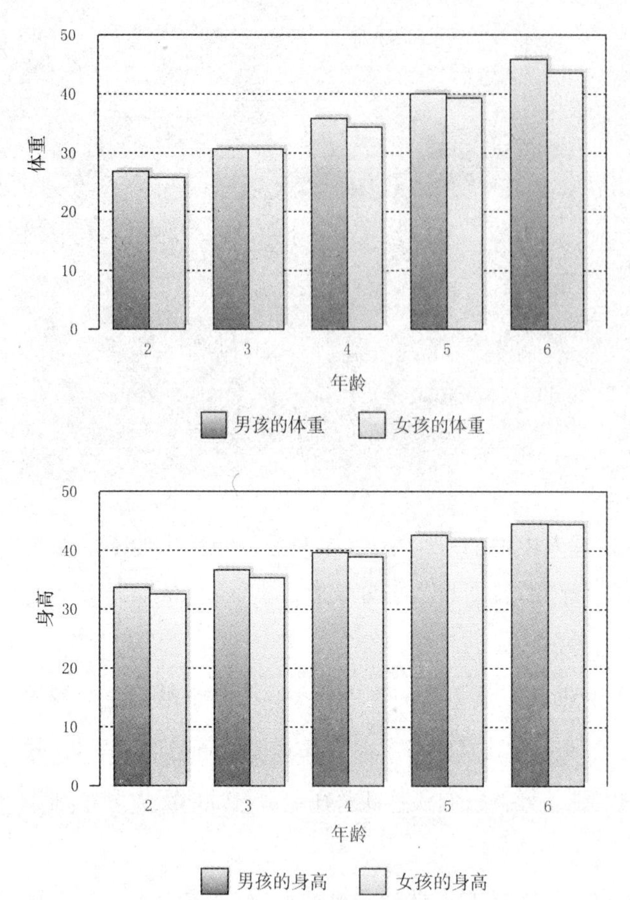

图7-1　增长着的身高和体重

学龄前儿童身高和体重稳定增长。数字表示每一年龄男孩和女孩身高和体重的中位数，每组50%的儿童高于该身高或体重水平，50%的儿童低于该水平。

（资料来源：国家健康统计中心、国家慢性疾病预防和健康促进中心 National Center for Health Statistics in Collaboration with the National Center for Chronic Disease Prevention and Health Promotion，2000.）

为36磅或更低。而且，男孩和女孩在身高和体重上的平均差异在学龄前时期有所增加。虽然在2岁时这种差异相对较小，在学龄前时期男孩变得比女孩平均更高更重。

全球经济也影响着这些平均值。经济发达国家和发展中国家的孩子在身高和体重方面有很大的不同。发达国家中的儿童营养更好、接受保健护理更多，使得他们在生长发育方面与其他儿童显著不同。例如，瑞典一般的4岁儿童就同孟加拉国一般的6岁儿童一样高（United Nations，1991；Leathers & Foster，2004）。

在美国，身高和体重的差异也反映了一些经济因素的影响。例如，收入低于贫困水平家庭的孩子非常有可能显著地矮于生长在富裕家庭的孩子（Barrett & Frank，1987；Ogden et al.，2002）。

体形和结构的变化。如果我们将一个2岁孩子的身体和一个6岁孩子的身体做比较，就会发现他们的身体不但在身高和体重上不同，而且身形也不一样。在学龄前时期，男孩和女孩开始消耗掉一些幼年存留的脂肪，看起来不再是肚子圆圆的样子。他们开始不那么胖了，变得更瘦一些。而且，他们的胳膊和腿变长，头和身体其他部分的大小比例关系更接近成年人。事实上，儿童长到6岁时，他们的比例跟成年人就很像了。

身体内部在发生着其他一些变化。肌肉在增长，儿童变得更强壮了。骨骼变得更坚硬。感觉器官继续发展。例如，耳咽管将声音从外耳传到内耳，它从出生时几乎平行于地面的位置移动到有一定角度的位置。这种变化有时会导致学龄前儿童耳痛的发生频率增加。

营养：吃适量的食物。由于学龄前时期的发育速度比幼儿时期要慢，学龄前儿童维持发育需要的食物较少。食物消耗的变化如此显著，父母们有时会担心他们的孩子吃得不够。然而,如果提供的是营养丰富的膳食,儿童可以自如地维持合适的食物摄取量。事实上,让孩子吃超过他们愿意吃的量可能会导致食物摄取量超过正常水平。

最后,一些孩子的食物消耗量太高而导致**肥胖**,即特定年龄和高度的个体其体重高于平均体重的20%。在20世纪80和90年代,肥胖率在较大年龄学龄前儿童中显著增加。然而,2014年发布的研究表明:近10年内,儿童的肥胖率惊人地从近14%降至约8%(Robertson et al., 2012; Tavernise, 2014; Miller & Brooks-Gunn, 2015)。

肥胖 指特定年龄和高度的个体其体重高于平均体重20%。

父母们怎样才能保证他们的孩子获得足够营养又不把吃饭时间变得紧张,充满火药味呢?在许多情况下,最好的策略就是保证供应的食物品种多样,脂肪含量低而营养成分高。铁含量相对高的食物尤为重要:缺铁性贫血,可导致持续的疲劳,是诸如美国等发达国家常见的营养问题之一。富含铁的食物包括深绿色蔬菜(如西兰花)、全麦以及一些如瘦肉汉堡的肉类。此外,避免碘含量过多和高脂肪的食品也很重要(Brotaneket al., 2007; Grant et al., 2007; Jalonick, 2011)。

由于学龄前儿童同大人一样,不会觉得所有的食物都具有同样的吸引力,他们应该有机会发展自己的自然喜好。只要他们总的进食充分,没有哪种食物是必不可少的。让孩子广泛接触各种食物,鼓励孩子尝一口新异的食物,这是一种压力相对较小的扩大孩子食谱的方法(Busick et al., 2008; Struempler et al., 2014)。

鼓励儿童吃超过他们想吃的量,可能会使其摄入过量。

从健康照护工作者的视角

生物与环境能如何共同影响一名收养于发展中国家而成长于发达国家的儿童的体能发展?

健康与疾病。学龄前儿童从3岁到5岁,每年平均患7到10次感冒以及其他轻微的呼吸系统疾病。在美国,感冒流涕是最频繁——幸好也是最严重的——一种学龄前的健康问题。绝大多数的美国儿童在这一时期是健康的(Kalb, 1997)。

虽然这些疾病的症状,如流鼻涕和咳嗽肯定会让儿童难受,但这种不适感并不严重,而且持续时间也只有几天。实际上这些小病可以带来一些意想不到的好处:它们不仅可以帮助孩子们锻炼自身的免疫系统,预防将来可能会遇到的更严重的疾病,还可以有益于情感的发展。一些研究者特别指出,小病不仅可以让儿童更多地了解自己的身体,还可以让他们学到一些应对技能,帮助他们更有效地对付未来更为严重的疾病。而且,小病还可以让他们有机会更好地了解病人会经历什么。这种体谅他人的共情能力,可以让儿童更富有同情心,能够更好地照顾别人(Notaro, Gelman, & Zimmerman, 2002; Raman & Winer, 2002; Williams & Binnie, 2002)。

尽管身体疾病在学龄前时期是典型的小问题,但是用药物治疗诸如抑郁这类心理障碍的孩子数量正在增长(见图7-2)。举例来说,抑郁影响着美国4%的学龄前儿童,确诊的比率明显增加。其他问题还包括恐惧、焦虑和行为异常等。此外,抗抑郁和兴奋性药物使用也明显增加。虽然不清楚为什么会发生这种增长,一些专家认为父母和幼儿园老师可能在寻找一种快速解决方法来处理一些行为问题,但这些行为问题实际上很普遍(Colino, 2002; Zito, 2002; Mitchell et al., 2008; Pozzi-Monzo, 2012; Muller, 2013)。

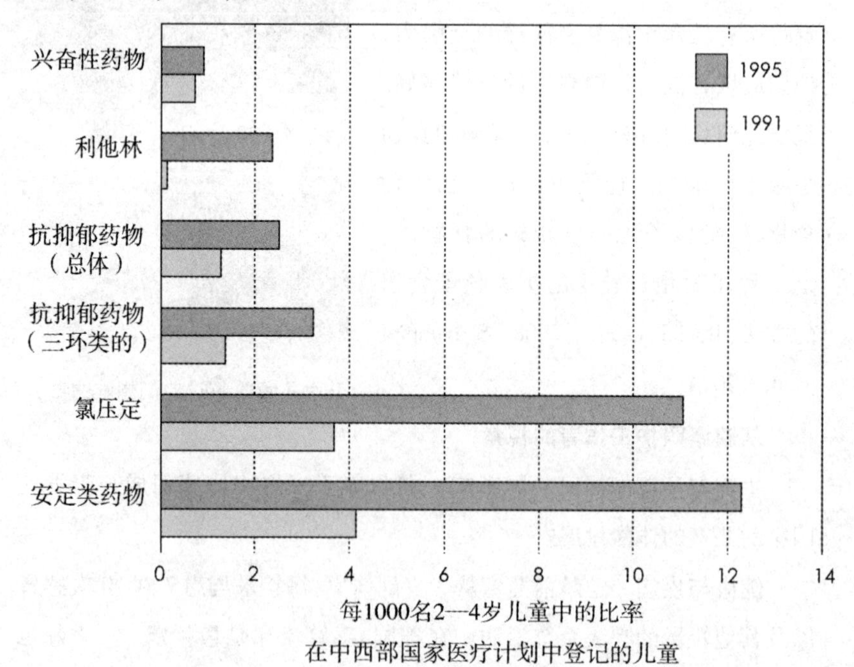

图7-2　学龄前儿童因行为问题接受药物治疗的数量

虽然不清楚为什么会发生这种增长,一些专家认为父母和幼儿园老师可能在寻找一种快速解决方法来处理一些行为问题,但这些行为问题实际上很普遍。

(资料来源:Zito et al., 2000.)

学龄前时期的受伤:安全玩耍。学龄前儿童面临的最大危险既不是疾病也不是营养问题,而是意外事件的发生:10岁前,儿童死于伤害的可能性是死于疾病的2倍。实际上,美国的儿童每年有1/3的概率受到需要医疗处理的伤害(Field & Behrman, 2003; National Safety Council, 2013)。

学龄前时期受伤的危险一定程度上是儿童身体活动的高水平所致。一个3岁的孩子也许会认为爬上一把不稳的椅子,够一个拿不到的东西完全合理;而一个4岁的孩子也许会很喜欢抓住矮树杈来回摆腿。正是这种身体活动,再加上这个年龄群体的好奇心和缺乏判断的特点,导致学龄前儿童容易发生意外事件。

而且,一些孩子比其他孩子更容易冒险,这些孩子比同龄中更为谨慎的孩子受伤害的可能性更大。男孩子比女孩子更好动,也更爱冒险,受伤害的概率更高。通过意外事件发生率也能看出族裔差异,很可能是由于对孩子照看松紧的文化准则不同。在美国的亚裔儿童,被他们的父母照看得异常严格,所以孩子意外事件发生率最低。经济因素也有影响。在贫困地区长大的孩子,其生活环境可能比富裕地区存在更多的危险,因伤死亡的可能性达到富裕地区的2倍以上(Morrongiello et al., 2006; Morrongiello, Klemencic, & Corbett, 2008; Sengoelge et al., 2014)。

学龄前时期的受伤有时是由于儿童高水平的身体活动造成的。采取措施减少危险是重要的。

学龄前儿童面临的危险范围很广,跌倒受伤、炉火烫伤、室内盆浴和室外水池溺死、在诸如废弃冰箱等地方窒息。交通事故导致受伤的儿童数量也很大。最后,儿童还面临着诸如家庭清洁剂等有毒物质带来的伤害。

正如我们所看到的,任何预防措施都不能取代严密看护,父母和幼儿园的管理者可以采取预防措施预防伤害的发生。管理者可以从"儿童安全"的住宅和教室开始,将这些地方的电源插口覆盖,在放有毒药品的橱柜上装上儿童锁。儿童座椅和自行车头盔可以有助于防止交通事故发生时造成的伤害。父母和老师也需要知道某些物质长期接触带来的危险,如铅中毒(Bull & Durbin, 2008; Morrongiello, Corbett, & Bellissimo, 2008; Morrongiello et al., 2009)。

无声的危险：幼儿铅中毒

贫穷孩子生活的城市环境使他们特别容易铅中毒。

3岁时，托力(Tory)不能安静地坐着。他看电视节目不会超过5分钟，让他安静坐着听妈妈读书像是件不可能的事。他常常很暴躁，和其他孩子玩耍时也更倾向于冲动冒险。当托力的父母认为托力的行为已经到了严重失常的地步，就带他到儿科医生那里做了一次全面的身体检查。在给托力验血后，医生发现托力的父母是对的：托力正在遭受铅中毒的痛苦。

据疾病控制中心信息显示，由于会接触到有毒的铅，约1400万儿童有铅中毒的危险。虽然对于油漆和汽油的铅含量已有严格的法规限制，墙面涂漆和窗框仍然含铅——特别是在旧房、汽油、陶瓷、铅焊管道中，甚至在灰尘和水中。生活在由汽车和卡车运输引起的严重空气污染地区的人们可能会接触更多的铅(Hubbs-Tait et al.，2005；Fiedler，2012；Herendeen & MacDonald，2014)。

即使极少量的铅都可以对儿童造成永久性的伤害。低智商、语言和听力问题，以及像托力一样的问题——亢奋和精神不能集中都与接触铅有关。学龄儿童的攻击性和行为不良等反社会行为与高铅接触有关(见图7－3)。暴露在更高水平的铅环境中，引起的铅中毒会导致疾病甚至死亡(Fraser，Muckle，& Després，2006；Kincl，Dietrich，& Bhattacharya，2006；Nigg et al.，2008)。

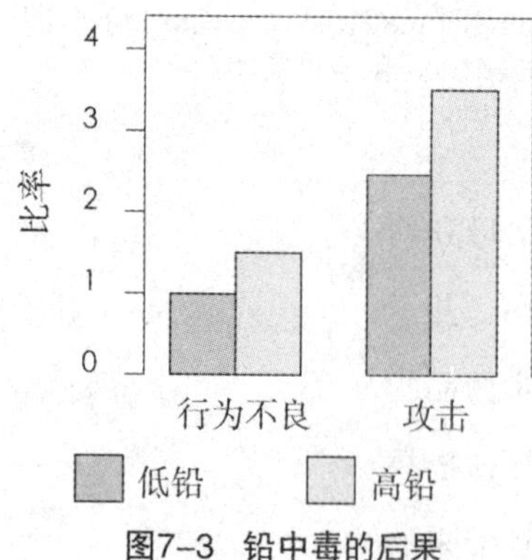

图7-3 铅中毒的后果

学龄儿童的攻击性和行为不良等反社会行为与高铅接触有关。

(资料来源：Needleman et al., 1996.)

贫穷家庭中的孩子特别容易铅中毒，且中毒的后果比富裕家庭的孩子更严重。生活在贫困家庭的孩子更有可能居住在表面和碎屑中含铅涂料的房屋里，或生活在空气污染严重、交通拥挤的市区附近。同时，生活贫困的家庭稳定性较低，不能提供持续的智力开发以弥补铅中毒导致的认知问题。所以，铅中毒对较贫困的孩子特别有害(Duncan & Brooks-Gunn，2000；Dilworth-Bart & Moore，2006；Polivka，

2006；另请查阅“你是发展心理学知识的明智消费者吗?”）。

发育中的大脑

LO 7.2　总结学龄前儿童的大脑如何发育

大脑发育的速度比身体其他部分都要快。2 岁孩子大脑的大小和重量已经是成人的 3/4。到 5 岁,孩子大脑的重量是一般成年人大脑重量的 90%。相对而言,一般 5 岁儿童体重只是一般成年人体重的 30%（Lowrey, 1986；Nihart, 1993；House, 2007）。

为什么大脑的发育如此之快? 原因之一就是细胞相互联络的数量增多,如同我们在第 4 章所见。这种相互联络使神经元之间更为复杂的通讯成为可能,也允许了认知技能的快速发展,我们将在本章后面谈及。此外,**髓鞘**——神经元周围保护性的绝缘体——数量的增加,加快了电流沿脑细胞传输的速度,同时也增加了大脑的重量（Dalton & Bergenn, 2007；Klingberg & Betteridge, 2013；Dean et al., 2014）。

髓鞘 神经元周围保护性的绝缘体

到学龄前时期结束的时候,大脑的某些部分完成了具有重大意义的发育。例如,胼胝体（corpus callosum）,连接左右半球的神经纤维束,变得更厚,发展成 8 亿个单独纤维,帮助协调脑左右半球的功能。

相反地,营养不良的儿童大脑发育迟缓。实验表明,极度营养不良儿童保护神经元的髓鞘化较少（Hazin, Alves, & Rodrigues Falbo, 2007）。

◎ 你是发展心理学知识的明智消费者吗?

保持学龄前儿童的健康

这是不可避免的:即使最健康的学龄前儿童也会偶尔得病。和他人的社会交往会使疾病从一个孩子传给另一个孩子。但是,一些疾病可以避免,其他的一些如果采取简单的预防措施能够使患病率降低到最低:

- 学龄前儿童应该摄取营养均衡的食品,包括合适的营养元素,特别是富含蛋白质的食物。（推荐能量摄入量:24 个月的孩子 1300 卡路里左右,4 到 6 岁的孩子则在 1700 卡路里左右。）虽然一些果汁,如早餐喝一杯橙汁会很好,但通常来说,果汁有太多的糖应避免食用。此外,持续供应健康的食物,即使开始儿童会拒绝,他们也会渐渐喜欢这些食物。
- 鼓励学龄前儿童锻炼。进行锻炼的孩子比那些坐着不动的孩子肥胖的可能性要小。
- 儿童想睡多久应该让他们就睡多久。营养不良或睡眠不足形成的弱体质会使儿童更容易患病。
- 儿童应该避免和其他患病的孩子接触。父母应保证孩子们在和其他明显患病的孩子玩耍后必须洗手（也应该注重平常洗手的重要性）。

- 保证孩子根据免疫接种计划进行接种。正如图 7－4 所示，当前推荐的是孩子通过 5 到 7 次就诊以分别接种 9 种疫苗和其他预防性药物。除了一些家长的固有观念，尚未有科学依据支持因会提高自闭症风险而避免使用疫苗。美国儿科学会与美国疾病控制中心建议，除非权威医学专家告知避免，儿童应接种下图所示的推荐疫苗。
- 最后，如果孩子确实病了，记住这点：儿童时期的小病有时会为以后更严重的疾病提供免疫。

图7-4　免疫接种计划

（资料来源：http://www.cdc.gov/vaccines/parents/downloads/parent-ver-sch-0-6yrs.pdf.）

侧化 某些功能更可能在一侧半球加工。

脑功能的侧化。大脑的两半球开始越来越不同并且专门化。**侧化**，某些功能更可能在一侧半球加工，在学龄前时期开始愈发显著。

对于大多数人，左半球主要涉及的是语言能力相关的任务，如说话、阅读、思维和推理。右脑发展它自己的特长，特别是在非语言类领域，如空间关系的理解、图案和绘画的鉴赏识别、音乐以及情感的表达上（Pollak, Holt, & Wismer Fries, 2004；Watling & Bourne, 2007；Dundas, Plaut, & Behrmann, 2013；见图 7－5）。

两个半球处理信息的方式也稍有不同。左半球相继地处理信息，一次一批。右半球更倾向于以同步的方式处理信息，并整体地反映这些信息（Ansaldo, Arguin, & Roch-Locours, 2002；Holowka & Petitto, 2002；Barberet al., 2012）。

尽管左右半球各有一定程度的专门化，在很多方面他们都是一前一后行动。他们相互依存，彼此间的差异是次要的。即使对于特定任务，半球专门化的说法也并不绝对。事实上每个半球都能够进行另外一个半球的工作。例如，右半球进行一些语言处理并且在语言理解方面起到重要的作用（Corballis, 2003；Hutchinson, Whitman, & Abeare, 2003；Hall, Neal, & Dean, 2008；Jahagirdar, 2014）。

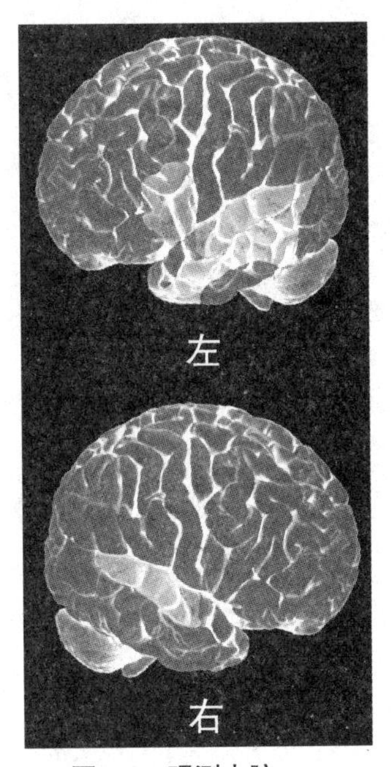

图7-5　观测大脑

这些扫描图显示了大脑左右半球的活动根据人正在完成的任务而不同。教育者如何利用这一发现进行教学？

此外，大脑具有显著的复原力。在一个人类大脑可塑性的例子中，如果一个专化某类特定信息的半脑被损坏，则另一个半脑可以填补这个空缺。例如，当一些儿童的左脑受到损伤（左脑专注于言语加工），起先他们会失去语言能力，然而这种损失并不是永久性的。在这种情况下，右脑会投入使用，并且可能实质上补偿左脑所造成的损伤（Kolb & Gibb, 2006）。

脑功能侧化也存在着个体差异和文化差异。例如，在占10%的左撇子和可使双手的人（两只手可以交换使用）中，有许多人的语言中枢在右脑，或没有特定的语言中枢（Compton & Weissman, 2002；Isaacs et al., 2006；Szaflarski et al., 2012）。

与侧化有关的性别和文化差异更加有趣。比如，男孩和女孩就表现出一些同较低阶的身体反射和听力处理有关的半球差异，这种差异从诞生的第一年开始并在学龄前时期持续。且男孩子语言功能向左半球侧化的倾向非常明显；而在女性中，语言在两个半球的分布更加平衡。这种差异有助于解释为什么在学龄前时期女孩的语言发展比男孩更快，我们在本章后面的部分也将看到（Grattan et al., 1992；Bourne & Todd, 2004）。

根据心理学家西蒙·拜伦—科恩（（Simon Baron-Cohen）的说法，男女之间大脑的差异可以帮助解释孤独症谱系障碍的谜团，而这是一个经常导致失语和难以与他人交往的、显著的发育异常。拜伦—科恩认为有孤独症谱系障碍的儿童（绝大部分是男孩）拥有其所谓“极端男性大脑”。这种类型的大脑虽然相对地善于系统性治理世界，却不能够很好地理解他人的情绪、对他人的感觉表达出共情。在他看来，拥有“极端男性大脑”的人与其他男性有共通的特征，只不过这些特征过于极端被认为是自闭症（Auyeung, et al., 2009；Auyeung& Baron-Cihen, 2012；Lau et al., 2013；Ruigrok et al., 2014）。

虽然拜伦—科恩的理论极具争议，但在脑功能侧化中显然存在着性别差异。而我们仍然不清楚是什么导致了这种差异且这种差异到底有多大。一种解释来自遗传方面:女性和男性功能天生就有细微差别。有数据显示,男性和女性的大脑构造存在着细微的不同。这些数据支持了遗传的观点。例如,从比例上看,女性的胼胝体比男性的胼胝体要大。而且,在其他物种中进行的研究,如灵长类、大鼠和仓鼠,都发现雌性和雄性脑的大小和构造存在差异(Witelson, 1989; Highley et al., 1999; Matsumoto, 1999; Luders, Toga, & Thompson, 2014)。

在我们接受对雌性和雄性大脑之间差异的遗传解释学说之前,我们需要考虑另一种可能性:可能是女孩获得的对语言技能的鼓励多于男孩,使得女孩子的语言能力出现得较早。例如,甚至在婴儿时期,对女孩说的话就比男孩子多(Beal, 1994)。这种较高水平的语言刺激可能促进了大脑特定区域的发育。因此,我们发现的脑功能侧化的性别差异可能是环境因素而非遗传因素导致。更加可能的是遗传和环境因素二者的结合共同起作用,如同在我们其他方面所起的作用一样。我们再一次发现研究遗传和环境的影响是一项富有挑战性的工作。

脑发育与认知发展间的关系。神经科学学家近来开始了解脑发育和认知发展之间的关联方式。例如,在儿童时期大脑快速发展期间,同时期的认知能力也在快速增长。一项对生命全程大脑电活动的监测研究发现,在1岁半到2岁期间大脑与语言有关的脑电活动非常活跃,这段时期也是语言能力快速提高的阶段。在认知发展特别强烈的年龄,脑发育的其他指标也有很大的提高(见图7-6; Mabbott et al., 2006; Westermann et al., 2007)。

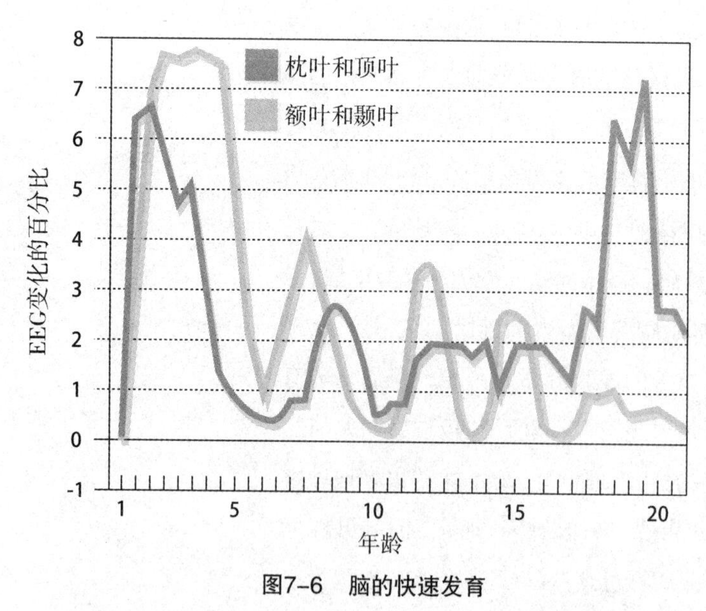

图7-6　脑的快速发育

这一研究显示，脑中的电活动与生命期间不同阶段的认知能力增长有关。在本图中，1岁半到2岁的活动急剧增长，这是语言快速发展的时期。

（资料来源：Fischer & Rose, 1995）

其他研究显示,作为神经元周围的保护性绝缘体,不断增加的髓鞘可能和学龄前儿童认知能力的增长有关。例如,网状结构是与注意和专注力有关的脑区,儿童在5岁的时候才完成该区域的髓鞘化。这或许能够解释孩子入学前注意力广度的发展。学前期记忆的发展也可能和髓鞘形成有关。在学龄前时期，海马区完成髓鞘形成，这个区域同记忆有关(Rolls, 2000)。

此外，连接小脑(控制平衡和运动)与大脑皮层(负责对复杂信息的处理)的神经连接发生了显著的增长。这些神经纤维的发展与在学前期运动技能和认知处理的显著提高有关(Carson, 2005; Gordon, 2007)。

我们还不清楚孰因孰果(是大脑的发展促进了认知的进步，还是认知的进步刺激了大脑的发展?)。然而很明确的是，我们对大脑生理方面了解的增加最终将对家长和老师产生重要的启示作用。

运动的发展

LO 7.3　解释学龄前儿童的运动技能如何发展

恩雅(Anya)坐在公园沙箱里，一边和其他的父母聊天，一边和她的两个孩子，5岁的尼古莱(Nicholai)和13个月大斯美纳(Smetna)玩耍。在聊天的时候，恩雅关注着斯美纳，如果不加阻止，斯美纳有时就会将沙子放进嘴里。但是今天，斯美纳看起来满足于将沙子捧到手中并试图将桶装满。同时，尼古莱正忙着和另外两个男孩一起快速地装满其他的沙桶然后倒出，以搭起一座精致的城堡。然后他们再用玩具卡车将其摧毁。

当不同年龄的儿童聚集在操场上的时候，很容易就能看出比起婴儿时期，学龄前儿童运动技能已经有了长足的发展。他们的粗大和精细运动技能已经越来越趋向细致调节。例如斯美纳仍然在学着如何将沙子

学龄前儿童的粗大和精细运动技能都有了提高。

装入桶中，而她的哥哥尼古莱已经可以轻松地应用这种技能，来建立他的沙子城堡。

粗大运动技能。到3岁的时候，儿童已经掌握了各种技能——跳跃、单脚蹦、跨越和跑步。4—5岁，他们对肌肉的控制越来越好，使得技能更加精细化。例如，在4岁，他们能够准确地扔出球让同伴接到；在5岁，他们可以将一个环扔到5英尺外的一个柱子上。5岁的孩子可以学骑自行车、爬梯子、向下滑——这些活动都需要相当的协调能力。（图7-7概括了在学龄前时期出现的主要粗大运动技能。）

图7-7　童年早期主要的粗大运动技能

这些成就可能和大脑的发育以及大脑中涉及平衡和协调区域的神经元髓鞘化有关。学龄前儿童运动技能发展如此之快的另一个原因就是孩子们用大量的时间来练习它们。正如在本章前言中指出的，学龄前儿童们似乎永远在运动着。实际上，3岁时的活动水平比整个生命中任何时期的水平都要高。

男孩和女孩粗大运动协调的某些方面有些不同，这一定程度上是因为肌肉力量存在差异，男孩子的比女孩子的要强一些。例如，男孩子显然可以把球扔得更远、跳得更高，而且男孩子的总体运动水平倾向于比女孩子的更高。另一方面，女孩一般在肢体协调方面超过男孩。例如，在5岁,女孩子在玩跳跃游戏(jumping jacks)和一只脚平衡方面做得比男孩子要好(Largo, Fischer, & Rousson, 2003)。

肌肉技能的另一方面就是控制排泄,这是蹒跚学步时期,父母常常认为孩子的最大的问题。我们将随后讨论。

便壶战争:何时以及如何训练儿童上厕所?

莎朗·贝尔(Sharon Bell)被2岁的女儿莉(Leah)吓了一跳,因为她不愿意再穿纸尿裤了。莉说,从现在开始,她只会用便壶。更令贝尔惊奇的是,自此以后每天早上醒来,莉的睡衣都是干的。连续三个月从无意外。贝尔承认,她2岁的女儿已经会上厕所了。

莉的决心和成功产生了另一个令人惊奇的效果。她4岁的哥哥亚当(Adam)突然停止使用纸尿裤,而这之前他每晚都离不开它。当贝尔问到亚当为什么做出这个突然的改变,他答道:"我比莉大。如果她都不穿纸尿裤,那么我也不会再穿了。"

没有什么儿童保育问题像训练使用厕所这样引起父母的焦虑。也没有什么问题使专家和外行持如此多的相反意见。通常,各种各样的观点在媒体上出现,甚至还带有政治意义。例如,著名儿科医师布雷泽尔顿主张灵活的如厕训练方法,提倡在孩子表现出准备好的迹象时再进行(Brazelton, 1997; Brazelton et al., 1999)。另一方面,心理学家约翰·罗斯蒙德(John Rosemond)则主要以在媒体表现出的保守的、传统的儿童抚育立场而出名,他赞成更为强硬的方法,表示如厕训练应尽早尽快完成。

很显然在过去50年中,进行如厕训练的年龄有所提高。例如1957年,92%的儿童在18个月大的时候就接受如厕训练。如今,如厕训练的平均年龄是30个月左右(Goode, 1999; Boyse & Fitzgerald, 2010)。

目前美国儿科学会(American Academy of Pediatrics)的指导方针支持布雷泽尔顿的立场,认为进行如厕训练没有统一的时间,可以在儿童表现出他们准备好后再进行。准备好的迹象包括:一天中至少有两个小时保持干燥或者午睡后醒来没有尿床;规律的可预见性的肠蠕动;通过面部表情或语言表明要撒尿或肠蠕动了;听从简单指导的能力;到厕所并自己脱裤子的能力;对弄脏的尿布感到不舒服;要求使用便器或便壶;以及穿内衣的愿望。

同时,孩子不仅要做好身体方面的准备,而且要做好情感方面的准备，如果他们表现出强烈抗议如厕训练的迹象，如厕训练就应该后延。小于12个月的孩子还不具备对膀胱或肠的控制力，再过6个月后仅有初步的控制能力。一些儿童在18到24个月的时候表现出如厕训练准备好的迹象，但有些儿童则要到30个月或更大的时候才准备好（American Academy of Pediatrics，1999；Fritz & Rockney，2004；Connell-Carrick，2006）。

甚至在接受了白天的如厕训练后，儿童还经常需要几个月或几年的时间才能在夜里控制排泄。3/4左右的男孩和大多数女孩在5岁后才能不尿床。

儿童准备不再使用纸尿裤的迹象：他们能够遵循指导而且能够去卫生间并自己脱下裤子。

当孩子成熟并且获得更好的肌肉控制时，完整的如厕训练最终可以在多数孩子身上进行。但是，延后的如厕训练可能成为一个忧虑的起因，如果一个孩子对此感到心烦，或者因为它使孩子成为兄弟姐妹们耻笑的对象。在这种情况下，一些处理方式被证明是有效的。特别是奖励没有尿床的孩子，或让感应他们尿床的电子设备叫醒他们，这些疗法通常很有效（Houts，2003；Vermandel et al.，2008；Millei & Gallagher，2012）。

精细运动技能。在粗大运动技能发展的同时，儿童精细运动技能也在进步，这些精细技能涉及更为灵敏的、较小的身体运动，如使用叉子和勺子、用剪刀剪东西、系鞋带和弹钢琴等。

精细运动的技能需要大量的实践，就像人们看到的那样，4岁的孩子努力地抄写字母表的字母。这些精细运动技能的出现表现出清晰的发展模式。在3岁，儿童已经能够用蜡笔画出一个圆和方块，他们去卫生间时能够自己脱衣服。他们能够将简单的七巧板拼到一起，能够将不同形状的木块放到相应的孔中。但是，他们在完成这些任务时并没有表现出多少精确性和完美性。例如，他们可能试图将一块七巧板硬放到一个地方。

到4岁，他们的精细技能已经提高了许多。他们能够画人像，把纸叠成三角形的图案。到5岁的时候，他们能够拿住并正确地熟练使用细铅笔。

利手。当学龄前儿童进行抄写或使用其他精细运动技能时，他们怎样决定用哪只手来拿铅笔？对于许多孩子来说，他们出生后不久就做出了选择。

在婴儿早期开始，许多孩子就表现出使用一只手多于另一只手的偏好，即**利手**的发展。例如，新生儿也许表现出对身体一边多于另一边的偏好。到7个月大，一些婴儿似乎喜欢更多地用一只手而不是另一只手来抓东西。到学龄前末期，多数儿童表现出明显的用手倾向：约90%的孩子是右利手，10%的是左利手。而且，还存在性别差异：左利手中男孩更多。即使在学前期之后，一些孩子仍然保持同样轻松地双手使用（Segalowitz，& Rapin，2003；Marschik et al.，2008；Scharoun & Bryden，2014）。

利手 使用一只手多于另一只手的偏好。

对利手的意义推测有很多，但几乎没有结论。一些研究表示左利手与更高成就有关，而有些研究则得出左利手并没有什么优势的结论，还有研究提出双利手的人在学术上表现并不佳。显然，关于利手的结果还没有定论（Dutta & Mandal，2006；Corballis，Hattie，& Fletcher，2008；Casasanto & Henetz，2012）。

模块7.1 复习

- 学龄前时期以稳定的身体发育为标志。学龄前儿童吃得比婴儿时期要少，但他们通常恰当地调整自己的食物摄入量，而且他们通常会自由选择吃什么，从而形成他们自己的选择和控制。学龄前时期通常是一生中最健康的时期，只有一些小病对儿童造成威胁。意外事故以及环境危害是学龄前儿童健康的最大威胁。
- 在学龄前时期大脑发育很快。此外，脑发展出功能侧化，使两个半球适应专化的任务。
- 粗大和精细运动在学龄前时期的发展也很快。男孩和女孩的粗大运动技能开始分化，儿童形成利手。

共享写作提示

应用毕生发展：对学龄前儿童体能发展越来越多的了解，能够从哪些方面帮助家长和护理者照顾孩子？

7.2　智力发展

3岁的山姆（Sam）正在和自己说话。他的父母则饶有兴趣地在另一房间倾听，他们听到山姆（Sam）在使用两种非常不一样的声音。“找你的鞋。”他用低低的声音说。“别在今天。我不出去嘛。我讨厌这些鞋子。”他用高高的声音说道。较低的声音回答道：“你是个坏孩子。找这些鞋，坏孩子。”较高的声音回应：“不，不，不嘛。”

山姆的父母意识到他正在和他假想的朋友吉尔（Gill）玩游戏。吉尔是个坏孩子，经常不听妈妈的话，至少在山姆的印象中是这样。事实上，根据山姆的想象，吉尔常常犯山姆父母责备他的那些错误行为。

在某些方面，**3**岁孩子的智力复杂得令人吃惊。他们的创造力和想象力发展到了一个新的高度，他们的语言不断地复杂化，他们推理和思考这个世界的方式甚至在几个月前都是不可能的。但是在学龄前开始并持续贯穿整个时期的这种飞速的智力发展的基础是什么？我们已经讨论了作为学龄前儿童认知发展基础的大脑发育的概要。现在让我们思考关于儿童思维的几种观点，先来看看皮亚杰对学龄前儿童期认知变化的发现。

皮亚杰的前运算思维阶段

LO 7.4　总结皮亚杰如何解释学龄前儿童的认知发展

我们在第5章讨论过瑞士心理学家皮亚杰的认知发展阶段理论，他认为学龄前是既稳定又充满巨大变化的时期。他提出学龄前正处于认知发展的前运算阶段，从2岁开始持续到7岁左右。

前运算阶段　根据皮亚杰的观点，这一阶段从2岁开始持续到7岁左右，其间儿童对象征性思维的使用增加，心理推理出现，概念使用增加。

运算　有组织的、形式上的、逻辑性的心理加工。

在**前运算阶段**，儿童更多地使用象征性思维，心理推理出现，概念的使用也有所增加。看到妈妈的车钥匙可能会想：“要去商店吗？”因为孩子开始将钥匙看作开车的象征。用这种方法，儿童开始更善于在内部表征事件，更少依赖直接的感觉运动活动来理解周围的世界。但是他们还不能进行**运算**，即有组织的、形式的、逻辑性的心理加工，这是学龄儿童的特征。只有在前运算阶段结束的时候，他们才开始具有运算能力。

根据皮亚杰的观点，前运算思维的一个重要方面就是象征性功能，即使用心理符号、词或者物体代替或表征一些不在眼前的东西。例如，在这一阶段，学龄前儿童能够使用心理符号——车（单词“车”），他们也懂得一辆小的玩具车能够代表真正的车。因为他们能够使用象征功能，儿童就没必要跟在真实的汽车轮子后面弄懂它的基本作用和用途。

语言和思维的关系。象征功能是前运算阶段最重要的进步：儿童越来越善于使用语言。正如我们在本章随后所讨论的，儿童在学龄前时期语言技能有很大的进步。

皮亚杰指出，语言和思维紧密相关，学龄前时期语言的进步反映了超越思维方式的一些进步，这种思维方式在较早的感觉运动阶段就可能存在。例如，具身于感觉运动活动中的思维相对较慢，因为它依赖于身体所做的实际运动，而人类的身体又有一些物理限制。相比而言，使用象征思维,比如想象出一个朋友,使学龄前儿童可以象征性地表现动作,让更快的速度成为可能。

更重要的是,使用语言可使儿童的思维不受当前或未来的限制。因此,学龄前儿童有时能够通过详细描述的幻想和白日梦这种语言形式来想象未来的可能性,而不局限于当前或眼下。

学龄前儿童语言能力的发展能导致思维的进步吗?或者是前运算阶段思维的进步引发语言能力的提高?是思维决定语言还是语言决定思维,这个问题是心理学领域长期以来最具争议的问题之一。皮亚杰的观点是语言发展源自认知的进步,而非反之。他认为感觉运动阶段思维的进步是语言发展所必需的,在前运算阶段,认知能力的持续增长为语言能力发展提供了基础。

中心化:所见即所想。将一个狗的面具戴在猫头上会得到什么?三四岁学龄前儿童的答案是:一只狗。对于他们来讲,一只戴着狗面具的猫应该像狗一样叫,像狗一样摇尾巴,而且吃狗粮。无论如何,这只猫都变成了一只狗(de Vries, 1969)。

对于皮亚杰来说,这种想法的本质就是中心化,它是前运算阶段儿童思维的一个重要的成分和局限。**中心化**是注意刺激物的某一方面并忽略其他方面的加工。

中心化 关注于刺激物的某一方面而忽略其他方面的加工。

学龄前儿童不能考虑到有关刺激物的全部可用信息。相反,他们注意的是他们可见的、表面的、明显的部分。这些外在的成分在学龄前儿童的思维中占主导地位,导致思维的不准确性。

在学龄前儿童面前摆出两排纽扣,一排是10个,摆放得很紧凑,另外一排是8个纽扣,展开放成更长的一排(见图7-8)。问他们哪排包含更多的纽扣,4或5岁的孩子通常会选择看起来更长的那一排而不是实际上包含更多纽扣的那一排。尽管事实是这个年龄的儿童很明白10比8多,但这种现象仍然会发生。

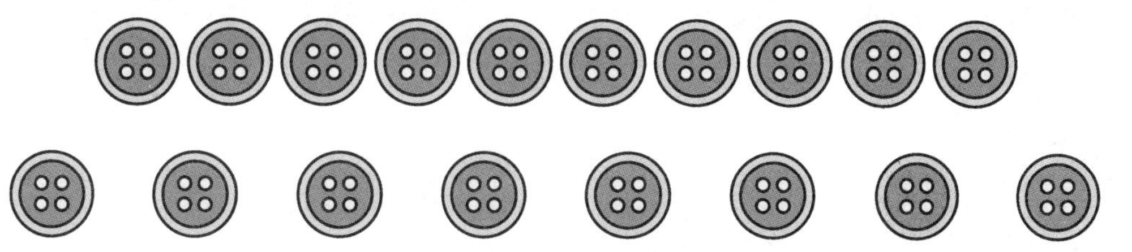

图7-8　哪排包含更多的钮扣?

当学龄前儿童面前摆放着这样两排并被问及哪排有更多的纽扣,他们通常回答下面这排钮扣更多,因为它看起来更长。即使他们很清楚10比8大,他们也这样回答。你认为学龄前儿童能够被教会正确地回答这个问题吗?

儿童犯错误的原因是更长排的视觉形象主导了他们的思维。他们注意表面而不是考虑数量。对一个学龄前儿童来讲,表面就是全部。学龄前儿童对表面的注意可能和前运算思维的另一个方面有关——守恒能力的缺失。

守恒:认识到外形有欺骗性。思考下面的场景:

> 4岁的简米(Jaime)面前摆放着两个不同形状的水杯。一个又矮又粗,另一个又高又细。一个老师向短粗的杯子倒了半杯苹果汁。然后将这些果汁再倒入又高又细的那个杯子。这些果汁几乎都到了细杯子的边缘。老师问简米一个问题:第二个杯子中的果汁比第一个的多吗?

如果你认为这是个简单的事,像简米这样的孩子也如此认为。他们回答这个问题毫无困难。但是,他们的答案几乎总是错的。

多数4岁的孩子回答细高杯子中的果汁比矮粗杯子中的果汁要多。事实上,把细高杯子里的果汁倒入一个矮粗杯子里,他们很快会说现在的果汁比高杯子中的要少(见图7-9)。

图7-9　哪个杯子装得多?

多数4岁孩子认为这两个杯子的液体数量不同，因为容器的形状不同，即使他们可能看到相同数量的液体倒入每个杯子中。

守恒　数量与物体的排列及外在形状无关的知识。

判断错误的原因就是这个年龄的孩子还没有掌握守恒。**守恒**就是数量与物体的排列及外在形状无关的知识。因为他们不懂守恒,学龄前儿童不理解一个维度的变化(如外形的变化)并不一定意味着另一个维度的变化(如数量)。例如,不了解守恒原则的孩子认为液体倒在不同形状杯子中它们的数量会改变,这样感觉很正常。他们只是不能意识到外形的改变并不意味着数量的变化。

不理解守恒还表现在儿童对面积的理解上,正如皮亚杰“田中牛”问题所做的例证(Piaget,Inhelder,& Szeminska,1960)。在这个问题中,两张大小相同的绿色纸摆放在孩子面前,每张纸面上放着一只玩具牛。接着,每张纸面放上一只玩具畜舍,然后问儿童哪只牛有更多的东西可吃。典型的回答是牛有相同数量的食物可吃,目前为止这是正确的。

下一步,在每张纸面上再放上一个畜舍。但是在一个纸面上畜舍紧挨着放,而另一张纸面上的畜舍分散着放。未掌握守恒的儿童通常会说畜舍紧挨着放的纸面上的牛比畜舍分散放在纸面上的牛有更多的东西可吃。对比而言,能守恒的孩子正确地回答说,牛有相同数量的食物可吃(一些其他的守恒任务在图 7 - 10 显示)。

为什么对守恒的认识重要?

守恒的类型	特征	物理外表的变化	平均的通过年龄
数	集合中的成分数目	重新排列	6—7岁
物质	物质的量	改变形状	7—8岁
长度	线段或客体的长度	改变形状或构型	7—8岁
面积	表面覆盖的面积	重新安排	8—9岁
重量	客体的重量	改变形状	9—10岁
容量(体积)	客体的容量(如水)	改变形状	14—15岁

图7-10　孩子对守恒原则理解的常规测试

为什么前运算阶段的孩子在要求守恒的任务中会出错？皮亚杰提出，主要原因就是他们中心化的倾向阻碍了他们注意情境的相关特性。而且，他们不能跟随情境表面变化所伴随的转变。

对转换的不完全理解。一个前运算阶段的学龄前儿童走在树林中，如果看到一些虫子，他可能会认为它们都是同一只虫子。这是因为他孤立地看待每个情境，不能明白一个虫子能够从一个地方快速地挪到另一个地方的过程中必定有所转换。

转换 一种状态变化成另一种状态的过程。

正如皮亚杰使用的这个词，**转换**是一种状态变化成另一种状态的过程。例如，成年人知道如果让一支直立的铅笔落下，它会经历一系列连续的阶段直到它到达最终的水平静止点（见图7-11）。相对而言，前运算阶段的儿童不能想象或记住铅笔从竖直到水平位置所历经的连续转变。如果让他们以图画的方式再现这个顺序，他们画出的是直立的和平躺的铅笔，中间什么也没有。他们基本上将中间的步骤都忽略了。

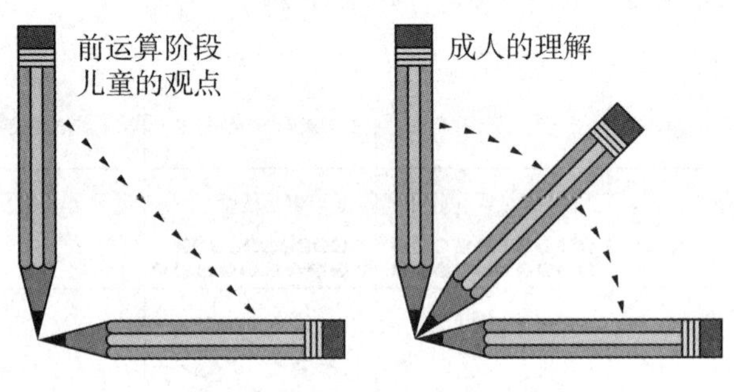

图7-11 倒下的铅笔

处于皮亚杰前运算阶段的儿童不明白当铅笔从竖直落到水平位置要历经的连续转变。相反，他们认为从直立到水平位置的变化中没有中间步骤。

自我中心：不考虑他人观点。前运算阶段另一个特点就是自我中心的思维。**自我中心思维**就是不考虑其他人观点的思维。学龄前儿童不明白其他人有和其不同的观点。自我中心思维有两种形式：缺乏对其他人从不同的观点看待事物的意识，以及不能意识到其他人也许有和其不同的思想、感觉和观点。（注意自我中心思维并不意味着，前运算阶段的儿童自私或故意以不考虑他人的方式思维。）

自我中心思维 不考虑其他人观点的思维。

自我中心思维使儿童不关心他们的非语言行为以及这些行为对他人产生的影响。例如，一个4岁的孩子得到了一双不想要的袜子作为礼物，而他期待的是其他更想要的东西。打开包装时他也许会皱着眉、板着脸，并不知道他的表情其他人都能看到。这可能会暴露他对礼物的真实感受（Cohen，2013）。

前运算阶段的几类行为核心就是自我中心。例如,学龄前儿童可能和自己说话,甚至在旁边有其他人的时候。有时他们只是忽视其他人跟他们说的话。这些行为并非性情古怪的表现,更多地说明了前运算阶段儿童思维自我中心的特点:没有意识到他们的行为会引发其他人的反应和回应。因此,一部分学龄前儿童的一些语言行为并不是出自社会动机,而是只对他们自己有意义。

相似地,自我中心在前运算阶段的儿童玩捉迷藏的游戏中也能看出来。在捉迷藏的游戏中,3 岁的孩子可能用枕头将脸盖着,以为这样就能把自己藏起来,其实他们仍然能被看到。他们认为,如果他们看不到其他人,别人也就看不到他们,而别人和他们想法一样。

观看视频 守恒

直觉思维的出现。正因为皮亚杰将学龄前时期作为"前运算阶段",人们很容易假设这个阶段是标志着等待更加正式的运算出现的时期。如同支持这一观点似的,许多前运算阶段的特点突显了儿童的不足之处和尚待掌握的社交技能。然而,前运算阶段完全不是可有可无。认知发展稳定推进的同时,事实上一些新的能力也出现了。一个例子就是,直觉思维的发展。

直觉思维指学龄前儿童利用简单的推理以及他们对知识的渴求获得有关世界的知识。从 4 岁到 7 岁,儿童的好奇心非常强。他们总是对广泛范围内的各种问题问个不停,几乎每件事都要问"为什么?"。同时,儿童可能表现得好像他们是某个话题的权威,觉得自己对问题有正确的(并最终的)的解释。如果逼问他们,他们不能解释他们是如何知道这些了解到的内容的。换句话说,他们直觉的思维使其认为自己知道各种各样问题的答案,但是他们对世界运转方式的了解只持有很少的信心,或没有逻辑基础。这可能会使得一个学龄前儿童颇为专业地说飞机能飞是因为它像鸟一样上下挥动翅膀,即使他们从没看到过一架飞机以哪种方式飞翔。

直觉思维 一种反映学龄前儿童利用简单的推理以及他们对知识的渴求来获得有关世界知识的思维。

在前运算阶段后期,儿童的直觉思维确实为他们准备更为复杂的推理提供某些基础。例如,学龄前儿童开始懂得用力蹬脚蹬会使自行车跑得更快,按遥控器的按钮可以换电视频道。到前运算阶段结束的时候,

观看视频 自我中心

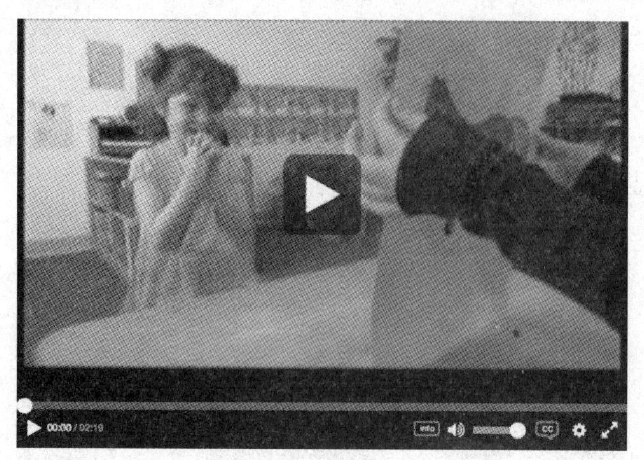

学龄前儿童开始知道功能性的概念，即行为、时间和结果以某种模式彼此相关。

儿童在前运算阶段后期也开始表现出对同一性概念的意识。同一性就是对某些事物不管它们形状、大小和外形的变化仍然还是那个事物的理解。例如，同一性的知识会让一个人知道一块泥不论被团成球或拉长成一条蛇的样子，泥的含量并未变化。同一性的理解对孩子发展守恒的理解十分必要，正如我们先前论及的，守恒能力就是明白数量和外形无关。皮亚杰将孩子守恒能力的发展看作一种标志性技能，标志着前运算阶段转变到下一阶段，即具体运算阶段，我们将在第 9 章讨论。

评估皮亚杰的认知发展理论。儿童行为的专业观察家皮亚杰提供了学龄前儿童认知能力的详细描述。其理论的重要观点为我们提供了一种有用的方法，以考虑学龄前阶段发生的认知能力的进步（Siegal, 1997）。

然而，在适当的历史环境中依据近期研究发现来考察皮亚杰认知发展理论十分重要。如我们第 5 章讨论的，皮亚杰的理论是基于对相对较少孩子进行大量观察所得出的。尽管他的观察富有洞察力并具有突破意义，近期实验研究提示在某种水平上他低估了儿童的能力。

以皮亚杰对儿童前运算阶段如何理解数为例。他认为学龄前儿童的思维有严重缺陷，这一点从他们在有关守恒和可逆性任务上的表现可以证明，可逆性就是明白转换能够将某些东西反转到最初的状态。但是，最新实验工作提出了不同看法。例如，发展心理学家罗切尔·吉尔曼（Rochel Gelman）发现 3 岁大的孩子就能轻易地辨别两个玩具动物和三个玩具动物组成行的不同，不管他们如何放置。更大一些的孩子能够注意到数字的不同，进行诸如辨别两个数字的大小之类的任务，显示出他们知道一些简单的加减问题（Cordes & Brannon, 2009; Izard et al., 2009; Brandone et al., 2012）。

基于上述证据，吉尔曼得出结论：儿童有一种天生的数学能力，而这种能力像使用语言那样被一些理论家认为是普遍的、由遗传决定的。这种结论显然和皮亚杰的主张——儿童的许多能力直到前运算阶段之后才快速发展——不一致。

一些发展心理学家(特别是那些同意信息加工观点的人,我们将在本章后面看到)还认为认知技能以一种比皮亚杰阶段理论更为连续的方式发展。他们认为相对于皮亚杰认为的思维上质的变化,发展变化在本质上是一种量上的逐渐提高。这些批评家认为,产生认知技能进步的基本过程随年龄只产生微小的变化。

皮亚杰认知发展的观点还有一些难以解释的地方。他认为守恒直到前运算阶段结束才能出现,有些情况甚至更晚,这经不起仔细的实验检查。儿童们经过一定的训练和练习就能够正确回答守恒任务。皮亚杰认为儿童的认知上不成熟,还不能理解守恒问题,但训练能够改善儿童在一些任务上表现的事实对皮亚杰的这一观点提出了质疑(Ping & Goldin-Meadow, 2008)。

显然,与皮亚杰的看法相比,儿童在更小年龄拥有更多能力。为什么皮亚杰低估了儿童的认知能力?答案之一就是他向儿童提问的语言太难,使得儿童无法以体现他们真实能力的方式回答。此外,如同我们看到的,皮亚杰倾向于注意学龄前儿童思维上的不足,他观察的重点放在儿童逻辑思维的缺乏。通过更多关注儿童的能力,现在的理论家们已经找到越来越多证据表明学龄前儿童的能力达到了令人惊讶的水平。

认知发展的信息加工观点

LO 7.5　总结学龄前儿童认知发展的信息加工观点

甚至在成年后,帕高(Paco)对他第一次农场之旅记忆犹新,那是他 3 岁时去的。他看望生活在波多黎各的祖父,他们两个人来到了附近的一个农场。帕高叙述了他所见的上百只的鸡,他还清晰地记得他很害怕那些看起来很大、臭臭的、吓人的猪。他尤其记得和祖父骑马的那种兴奋的心情。

帕高对他的农场之行记忆犹新这个事实并不令人诧异:许多人有清晰的、看似准确的、可以追溯至 3 岁的记忆。在学龄前时期记忆形成的过程和年龄稍大之后记忆形成的过程是类似的吗?推而广之,在学龄前时期信息加工有什么一般性的变化吗?

信息加工理论关注儿童在处理信息时使用的“心理程序”发生的变化。他们认为学龄前儿童认知能力发生变化,正如计算机程序员根据自己的经验修改程序之后，计算机程序将变得更加精密。事实上，对于许多儿童发展心理学家来说，信息加工理论对儿童认知发展的解释是最有影响力、最综合从而也是最准确的（Lacerda, von Hofsten, & Heimann, 2001）。

在下一个部分中，我们将通过两个领域的研究来说明信息加工论者的观点：学龄前儿童对数的理解和记忆的发展。

学龄前儿童对数的理解。如同我们前面看到的，批评家注意到皮亚杰理论的缺点之一就是学龄前儿童对数的理解比皮亚杰所认为的更多。将信息加工理论应用于认知发展的研究者们已经发现，越来越多的证据表明学龄前儿童具有较好的数理解能力。一般学龄前儿童不但能够数数，而且使用了一种相当系统的、一致的方式（Siegler, 1998）。

例如，发展心理学家吉尔曼提出，学龄前儿童数数时遵从一些法则。给他们一组物品，他们知道应该给每个物品一个数字，并且每件物品应只数一次。而且，即使数错，他们在使用时也会保持一致性。例如，一个4岁的孩子将三件物品数成“1，3，7”，当她数另外一组不同的物品时还会说“1，3，7”。当被问到有多少个时她很可能会说这组有7个（Gallistel, 2007；Le Corre & Carey, 2007；Slusser, Ditta, & Sarnecka, 2013）。

简而言之，学龄前儿童可以显示出对数令人惊讶的理解能力，虽然他们的理解并不完全准确。到4岁时，多数孩子能够靠数数进行简单的加减运算，他们能够很成功地比较不同的数量（Gilmore & Spelke, 2008；Jansen et al., 2014）。

记忆：对过去的回忆。回想自己最早的记忆，如果你像我们前面提到的帕高一样，像大多数人一样，所能记起的可能是3岁后发生的一件事。**自传体记忆（autobiographical memory）**，自己生活中某些特定事件的记忆，直到3岁后才能比较准确。之后记忆的准确性在整个学龄前时期逐渐缓慢提高（Nelson & Fivush, 2004；Reese & Newcombe, 2007；Wang, 2008；Valentino et al., 2014）。

自传体记忆 自己生活中某些特定事件的记忆。

学龄前儿童对事件的回忆有时是准确的，但并不全是准确的。例如，3岁孩子能够记得一些日常事件的核心特征，像与上床睡觉有关的序列事件。此外，学龄前儿童在回答开放性的问题时一般会更准确，如：“在游乐园里你最喜欢做什么？”（Wang, 2006；Pathman et al., 2013）。

学龄前儿童记忆的准确性一定程度上是由事件发生后多快对其进行记忆评估来决定的。除非某件事件特别生动或有意义，否则不可能完全被儿童记住。而且，不是所有的自传体记忆都会持续到后来的生活中。例如,一个孩子可能会将幼儿园的第一天记住6个月或者1年,但是在后来的生活中可能根本不记得了。

记忆也受文化因素的影响。例如,中国大学生的童年记忆更可能是非情绪性的,并反映有关社会角色的活动,如在自家的店铺里工作;而美国大学生的最早记忆更加富有细腻情感并注意特别的事件,如弟弟或妹妹的出生(Wang, 2006, 2007; Peterson, Wang, & Hou, 2009)。

这个学龄前儿童也许6个月以后能够回忆出骑马的事情,但是她12岁时,很有可能已经忘了这件事。你能解释为什么吗?

学龄前儿童的自传体记忆不仅会淡忘,而且所记的内容也可能不完全准确。例如,如果一件事经常发生,如去杂货店,可能很难记得它发生的一个具体时间。学龄前儿童熟悉事件的记忆常常以**脚本**的方式进行组织,事件及其顺序在记忆中被概括性地进行表征。

例如,一个幼儿可能以几个步骤再现餐馆进餐的过程:和服务员交谈、得到菜品、进餐。随着年龄增长,这个脚本变得更加详细:上车、餐馆落座、选食物、点菜、等待上菜、进餐、点甜品、付账。由于经常重复发生的事件容易融入脚本,所以调用脚本化事件的特定实例的准确性低于在内存中未脚本化的事件(Fivush, Kuebli, & Clubb, 1992; Sutherland, Pipe, & Schick, 2003)。

脚本 事件及其顺序在记忆中的主要表征。

学龄前儿童之所以没有完全准确的自传体记忆,还有一些其他原因。因为描述特定信息(例如复杂的因果关系)还有困难,他们可能将记忆过分简单化。例如,一个孩子看到祖父祖母间的争论,可能只记得祖母拿走了祖父的蛋糕,而不记得引起这个行为的是有关祖父体重和胆固醇的争论。

如何看待信息加工。根据信息加工理论,认知发展包括人们感知、理解、记忆信息方法的逐渐提高。随着年龄增长和实践的增加,学龄前儿童处理信息更加有效和精确,他们能够处理越来越复杂的问题。在信息加工理论的支持者眼中,正是这些信息加工过程中量的进步——并不是皮亚杰提出的质变——形成了认知的发展(Zhe & Siegler, 2000; Rose, Feldman, & Jankowski, 2009)。

对信息加工理论支持者们来说,这一理论最大的特点是它建立在被精确定义的过程之上,而这些过程能够以相对精确的程度被验证。信息加工理论不是建立在那些多少有些模糊的概念之上,如皮亚杰的同化和顺化(顺应)等。信息加工理论提出了一套全面的、具有逻辑性的概念。

例如,学龄前儿童长大一些后,能拥有更大的注意广度,更有效地监控和计划他们所关注的事物,并且越来越能意识到他们认知的局限性。正如我们在本章前面所讨论的,这些进步可能是因为大脑的发育。这种注意能力的提高对皮亚杰的发现予以新的解释。例如,增加的注意广度能使年长孩子关注水倒进高杯子和矮杯子后的高度和宽度,并明白杯子中液体倒来倒去量则不变。相对而言,学龄前儿童不太能同时关注两个以上的维度,进而缺乏守恒的能力(Hudson, Sosa, & Shapiro, 1997)。

相对于其他流派传统上很少关注的认知过程,如记忆和注意等心理能力对儿童思维的贡献,信息加工理论支持者们做得非常成功。他们认为信息加工对认知发展给予了清晰、有逻辑和全面的说明。

但也有人批评信息加工理论。这些批评者提出了一些明显的事实。一方面,关注一系列单一的、个人化的认知过程忽略了某些影响认知的重要因素。例如,信息加工理论家们对社会和文化因素关注相对较少,而我们随后将考虑怎样解决这个不足之处。

一个更重要的批评就是信息加工观点“只见树木,不见森林”。换句话说,信息加工理论对组成认知加工和发展的细节和个体结果给予了大量关注,以至于从来没有对认知发展形成全面的、综合的理解,而皮亚杰在这一点上做得更好。

采用信息加工理论的发展学家回应了这些批评。他们声称其认知发展模型能够被精确地说明,对应的假设也能够被检验。他们认为有很多研究支持其理论,没有哪种认知发展理论能够替代信息加工理论。简而言之,他们认为他们的理论提供了更准确的解释。

信息加工观点在过去的几十年里有很大影响。相关的大量研究帮助我们了解儿童认知是如何发展的。

维果茨基的认知发展理论：文化的影响

LO 7.6　描述维果茨基对于学龄前儿童认知发展的观点

当印第安部落的一个成员丘尔科汀(Chilcotin)正在把一条大马哈鱼做成晚餐时,她的女儿在一旁观看。当她的女儿对烹饪鱼过程中的一个细节提出问题时,她的妈妈拿出另外一条大马哈鱼并且重复整个过程。部落对于学习的观点是,明白和理解来自对整个过程的掌握,而不是任务的个别子成分(Tharp, 1989)。

丘尔科汀关于儿童如何了解世界的观点与西方社会长久以来的观点有所不同,后者认为只有掌握过程的每个部分,个体才能达到完全理解。特定文化和社会解决问题方法的差异会影响认知发展吗？根据苏联发展心理学家维果茨基的观点,其答案非常明确:"是。"

维果茨基观点的影响日益增加,他认为认知发展是社会交往的结果。在社会交往中儿童在他人的指导下参与活动,和指导者一起工作解决问题。维果茨基与皮亚杰和其他理论家不同,他不关注个体的表现,更加关注发展和学习的社会性方面。

维果茨基把孩子看作学徒,从成人和同伴参与者身上学习认知策略和其他技能,其他人不只是呈现做事情的新方式,而且提供帮助、指导和动机。总之,他关注社会和文化世界,认为这是儿童认知发展的源泉。根据维果茨基的观点,在成人和同伴提供的帮助下,儿童逐渐在智力上成长,并开始独立发挥作用(Vygotsky, 1926/1997; Tudge & Scrimsher, 2003)。

苏联发展心理学家维果茨基认为认知发展的关注点应该在于儿童的社会和文化世界,与皮亚杰所关注的个人表现有所不同。

维果茨基认为处于发展阶段的儿童与成人和同伴之间形成的合作关系,在很大程度上其本质是由文化和社会因素所决定的。例如,文化和社会建立了公共机构,如幼儿园和玩伴群体,机构通过提供认知发展机会而促进了儿童的发展。而且,通过强调特殊的任务,文化和社会塑造儿童特定的认知进步。我们必须认识到现存社会对个体成员的重要意义,否则很容易低估个体最终所获得认知能力的实质和水平(Schaller & Crandall, 2004; Balakrishnan & Claiborne, 2012; Nagahashi, 2013)。

例如,儿童的玩具就能够反映出在这个社会中什么是重要和有意义的。在西方社会,学龄前儿童通常会玩四轮马车、汽车和其他交通工具。这在某种程度上反映了文化中的流动性特点。

在儿童逐渐理解世界的过程中,社会对性别的期望也同样起到作用。例如,科学博物馆做的一项研究发现,相对于女孩,父母会向男孩讲述更多关于博物馆陈列物细节的科学解释。这种在解释水平上的差异很可能使得男孩更擅长理解科学,而最终导致其和女孩在日后科学学习上表现出性别差异(Crowley et al., 2001)。

因此,维果茨基认为儿童只有通过学徒的方式,从同伴、父母、老师和其他成人那里学习,才能充分发展知识、思维过程、信念和价值观

（Fernyhough，1997；Edwards，2004）。

最近发展区 根据维果茨基的观点，处于这一水平时，儿童几乎能够又不足以独立完成某一任务，但是在更有能力的人的帮助下是可以完成的。

最近发展区和脚手架：认知发展的基础。维果茨基认为儿童认知能力是通过接触那些能足够引发他们的兴趣，但又不是很难达到的新信息而发展的。儿童几乎能够但又不足以独立完成某一任务，但是在比他们强的人的帮助下是可以完成的。维果茨基将这二者之间的距离称为最近发展区或ZPD。在最近发展区内提供适宜的教导，儿童就能够理解并掌握某项新任务。为了促进认知的发展，就必须由父母、老师或者是更熟练的同伴在儿童的最近发展区内提供新信息。例如，一个学龄前儿童依靠自己可能不知道如何把一个小柄贴在她做的橡皮泥锅上，但是有了看护老师的建议就能做到了（Kozulin，2004；Zuckerman & Shenfield，2007；Norton & D'Ambrosio，2008）。

最近发展区的概念认为，两个儿童即使在没有帮助的情况下都能获得同样的发展。如果一个儿童得到了帮助，他或她就会比另外一个提高得更多。由于受到帮助而提高的部分越大最近发展区就越大。

一名教育者的视角

如果儿童的认知发展依赖于与他人的接触交往，那么幼儿园或社区之间作为社会情境应该起到什么作用？

脚手架 有助于儿童独立和成长的对学习以及问题解决的支持。

由他人提供的协助或扶持被称为脚手架（Wood，Bruner，& Ross，1976）。**脚手架**能支持学习和解决问题，且有助于儿童的独立和成长。对于维果茨基来说，脚手架不仅能够帮助儿童解决特定问题，而且对儿童整体的认知发展都起到协助作用。“脚手架”这一术语得名于建筑中的支架，在搭建建筑物结构时起到支撑的作用，且在建筑物建好后就要移走。在教育中，脚手架首先是指帮助儿童以适当的方式思考和界定任务。另外，一个合作者或老师应该提供完成任务的一些线索，而它们要适于儿童的发展水平和完成任务的行为模式。在建构过程中，更有能力的人提供脚手架，加速儿童完成任务；一旦儿童能够独立解决问题时，就要把脚手架移走（Taumoepeau & Ruffman，2008；Eitel et al.，2013；Leonard & Higson，2014）。

为了说明脚手架是如何起作用的，可以参考如下一段母亲和儿子的对话：

母亲：你还记得以前你是如何帮助我制作小甜饼的吗？

儿子：不记得了。

母亲：我们做了面团然后放在了烤箱里。你还记得吗？

儿子:是奶奶进来的时候吗?

母亲:对了,就是那个时候。你可以帮我把面团做成小甜饼的样子吗?

儿子:好的。

母亲:你还记得奶奶在的时候我们做了什么样的甜饼吗?

儿子:大个的。

母亲:对了。你能比画出是多大吗?

儿子:我们用的是大号木勺。

母亲:聪明的儿子。说对了。我们用木勺,做了大的甜饼。今天我们来换个花样,用冰激凌铲制作成甜饼。

尽管这段对话也不是特别复杂,但是它说明了脚手架的运用。母亲帮助儿子回忆,而且她把儿子带入对话中。在该过程中,她不仅通过使用不同的工具(用铲子代替勺子)拓展了儿子的能力,而且示范了如何将交流进行下去。

在一些社会中,父母对孩子学习上的协助存在性别差异。在一项研究中发现,墨西哥的母亲比父亲提供更多的脚手架。一种可能的解释就是母亲可能比父亲能更加意识到儿童的认知能力(Tenenbaum & Leaper, 1998; Tamis-LeMonda & Cabrera, 2002)。

成功个体能为后来的学习者提供帮助,其中的一个重要方面是以文化工具的形式呈现。文化工具是现实的、实在的物体(如铅笔、纸、计算器、计算机等),也是一种解决问题的智力和概念框架。学习者可以获得的智力和概念框架包括一种文化中使用的语言、字母和数字系统、数学和科学体系,甚至是宗教体系。它们提供了一个能够帮助儿童定义和解决特定问题的结构。从智力的角度看,这种结构也促进了认知的发展。

观看视频 脚手架

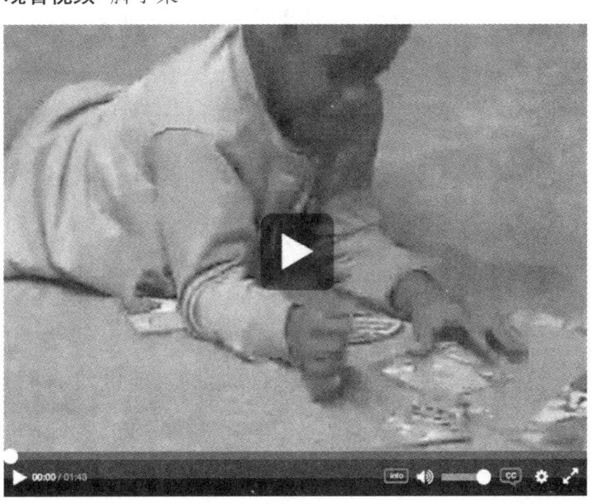

例如,考察一下人们谈及距离时的文化差异。在城市中,距离是按照街区来说的(商店离这儿约有15个街区远)。对于一个农村孩子来说,这样的测量单位没有意义,而更有意义的距离术语是以码数、英里,或是“实践的拇指原则”如“抛出一个石头那么远”，或者是其他已知的距离为参照（“大约是到城里距离的一半”）。为了使事情更清楚，“多远”的问题有时不是根据距离，而是用时间（“到商店大约是15分钟的路程”）来回答。根据所指是走路还是乘车又有不同理解，这要依赖于情境——而且，如果是按照乘车时间计算，还要看乘车形式的不同。有些孩子可能在想象中乘牛车去商店，另外一些孩子可能认为是骑脚踏车或坐公共汽车、渡船，这也要依赖于文化情境。儿童解决问题和完成任务时获得工具的实质是在很大程度上依赖于他们所处的文化。

评价维果茨基的贡献。维果茨基的观点（只有通过考虑文化和社会情境才能够理解认知发展的特定本质）在最近20年有着重大影响。在某种程度上，这是令人吃惊的，因为维果茨基的观点发表于70年前，他37岁时就去世了（Winsler, 2003; Gredler & Shields, 2008）。

维果茨基的影响越来越大的原因有很多。其中之一是直到最近他才被发展心理学家所熟知。而现在他所著的英文翻译版本才在美国传播开来。事实上，在20世纪，维果茨基在其祖国也并非广为人知。他的工作被禁封了一段时间。直到苏联解体，他的著作才能在苏联自由看到。因此，在很长时间内，维果茨基并不为他的发展学家同事们所了解，而这种情况一直持续到他去世很长时间以后才有所改变（Wertsch, 2008）。

然而，更为重要的是维果茨基观点的质量。这些观点表明了一致的理论系统，有助于解释大量研究中得出的社会交往在促进认知发展中的重要性的结论。他关于儿童对世界的理解认识是他们与父母、同伴和社会中其他成员进行交流的结果的观点，不仅受到提倡而且得到大量研究结果的支持。其观点也与大量多元文化和跨文化研究相一致。这些研究结果表明：认知发展在某种程度上是由文化因素塑造而成的（Scrimsher & Tudge, 2003; Hedegaard & Fleer, 2013; Friedrich, 2014）。

当然，维果茨基理论并不是在所有的方面都得到了支持。他对于认知发展缺乏概念界定就受到了批评。比如，最近发展区的概念就过于宽泛，定义非常不精确，而且很多时候难以实验和检验（Daniels, 2006）。

另外，维果茨基没有说明基本的认知过程是如何发展的，比如注意和记忆的发展，他也没有解释儿童先天的认知能力是如何逐渐展现的。由于他强调的重点是宽泛的文化影响，并没有关注个体的细小信息加工是如何完成的。这些过程是我们要彻底了解认知发展所必须加以考虑的,信息加工理论则对这些问题进行了直接的说明。

维果茨基将儿童的认知和社会两个领域融合在一起,仍然不失为我们理解儿童认知发展过程中的重要进步。我们也只能想象如果他在世时间更长些他的影响又会怎样。

模块7.2 复习

- 根据皮亚杰的观点,儿童在前运算阶段发展符号功能,他们思维中发生的大量变化是日后认知进一步发展的基础。前运算阶段的儿童用直觉思考,来对世界进行探索和下结论。他们的思维开始包含功能和同一性的概念。在普遍认可皮亚杰的天赋和贡献的同时,近来发展学家也指出,他过于强调儿童的局限性,并低估了儿童的能力。
- 信息加工方法的支持者认为,儿童加工技能上量的变化说明了他们认知的发展。
- 维果茨基认为,在文化和社会情境中儿童认知得以发展。他的理论包括最近发展区和脚手架的概念。

共享写作提示

应用毕生发展:根据你的观点,学龄前儿童的发展过程中,思维和语言是如何交互作用的?没有语言的思维可能存在吗?天生聋童是如何思考的呢?

7.3 语言和学习的发展

> 我尝试了真是太棒了!
>
> 这是一幅我和妈妈跑过水塘的图画。
>
> 我和爸爸妈妈去看焰火的时候,你去哪了?
>
> 我不知道人能浮在池子里。
>
> 我们能够经常假装自己是别人。
>
> (Schatz, 1994, p. 179)

上面都是瑞奇(Richy) 3岁时说的话。除了认识字母表中的大多数字母、写出他名字的第一个字母以及写出"HI"这个词以外,他还有能力说出上面所引用的复杂句子。

在学龄前时期,儿童的语言技能达到娴熟的新高度。尽管在理解和产生之间还存在显著差距,但是他们开始拥有相当的语言能力。事实上,没有人以为3岁孩子说的话出自一个成人之口。然而,到了学龄前末期,他们能够赶上成人——不论在理解还是说话方面都有很多地区已经达到成人语言的水平。这些转变是如何发生的呢?

语言的发展

LO 7.7 解释学龄前儿童的语言能力如何发展

研究者还没有了解儿童在2岁末到3岁半时语言飞速发展的精确模式。已经明确的是句子的长度以稳定速度发展，儿童把词语、短语组合成句子的方式（称为**句法**）每月增长一倍。儿童到3岁时，各种组合达到了上千种。

句法 个体将单词和短语组合形成句子的方式。

除了句子的复杂性增加，儿童能使用词语的数量也有巨大飞跃。到6岁时，儿童平均词汇量是1,4000。要达到这个数量，一天按照24小时算，儿童获得词汇的速度基本上是每两个小时就学到一个新单词。他们通过一个称作**快速映射**的过程来达成。在该过程中，新的单词经过短暂接触就与它们的意思连接在一起（Krcmar，Grela，& Lin，2007；Kan & Kohnert，2009；Marinellie & Kneile，2012）。

快速映射 新单词在短暂接触后与它们的意思连接在一起的过程。

图7–12 单词的恰当形式

不仅是学龄前儿童——我们中的其他人——以前也从未遇到过一个“wug”，他们能够在空白处填上适当的单词（答案是wugs）。

（资料来源：Berko, J. (1958). The child’s learning of English morphology. Word, 14, 150–177.）

到3岁时，学龄前儿童可以日常使用名词的复数形式和所有格（如“男孩们”和“男孩的”）、动词的过去式（在词后面加上“ed”）和冠词（“a”或“an”）。他们能够提出和回答复杂问题（“你说我的书在哪里？”和“那些是卡车，不是吗？”）。

学龄前儿童的技能是他们能够理解他们以前没有遇到的单词的意思。例如，一个经典实验中，实验者展示给儿童一个像鸟的卡通图片，如图7–12所示（Berko，1958）。实验者告诉儿童那是一个“wug”，然后展示给他们有两个这种图的卡片。然后，实验者告诉孩子“现在这里有两个它们”，然后告诉他们在句子中填上单词，“这里有两个___”（答案当然是“wugs”）。

儿童不仅懂得名词复数形式的规则，而且能够理解名词的所有格形式和第三人称以及动词的过去式——那些单词都是他们以前没接触过的，甚至是那些没有意义的假词（O’Grady & Aitchison，2005）。

语法 决定我们如何表达思维的规则系统。

获得了语法规则以后，学龄前儿童也懂得了什么不能说。**语法**是决定如何表达思维的规则系统。例如，学龄前儿童开始明白“I am sitting”是正确的，而相似的结构“I am knowing［that］”是不正确的。尽管他们也常会犯这种或那种错误，但在3岁时大多情况下还是能够遵循句法规则的。虽然也会犯显而易见的错误——如“mens”和“catched”的使用——

但是这些错误是非常少见的。事实上,在90%的时间里,学龄前儿童能够正确使用语法(deVilliers & deVillers, 1992; Pinker, 1994; Guasti, 2002)。

自言自语和社会性言语。即使只跟学龄前儿童短暂接触,人们就能注意到他们在玩的时候可能会和自己说话。一个儿童可能提醒洋娃娃他们要去商店;而另一个儿童在玩小赛车时,可能会谈到一个即将到来的比赛。在一些例子中,我们能够看到这种情况:一个儿童在玩拼图时可能会说这样的话:"这块儿放那儿……嗯,这块儿不合适……我把这块放哪呢……这样放不对。"

一些发展学家把这种现象称作**自言自语**。这种言语用来指向儿童自己,并有重要作用。维果茨基认为这些言语用来指导行为和思维。儿童通过自言自语与自身交流,尝试想法,充当自己的宣传媒介。从这个角度来看,自言自语促进儿童思维并有助于他们控制自己的行为。(当你想在某些情境下控制自己的情绪的时候,你曾经对自己说过话吗,比如"不要着急"或者"冷静下来"。)根据维果茨基的观点,自言自语最终起到社会功能,使儿童能够解决和反思他们遇到的难题。他还认为人们在思考时进行自我推理要使用内部对话,而自言自语是内部对话的先兆(Al-Namlah, Meins, & Fernyhough, 2012; McGonigle-Chalmers, Slater, & Smith, 2014)。

自言自语 由儿童说的指向他们自己的言语。

另外,自言自语可能是一种儿童用来练习在交谈中所需要的实践技能的途径,称作语用。**语用**是语言的一个方面,与同他人进行有效和适宜的交流有关。语用能力的发展使儿童能够明白交流的一个基础——即轮流说、转换话题和根据社会交流情境决定什么该说什么不该说。当教给儿童在收到礼物时适宜地回答"谢谢"时,或者在不同场合下使用不同语言(在操场和朋友在一起或是在教室里和老师在一起),他们就是在学习语言的语用。

语用 是语言的一个方面,与同他人的有效和适宜交流有关。

社会性言语在学龄前也有很大的发展。**社会性言语**指向其他人,其目的是让他人明白。在3岁之前,儿童说话似乎只是为了自娱自乐,根本不关心其他人是否明白理解。然而,在学龄前时期,儿童开始把他们的话语指向别人,希望让别人听到;而当别人不明白时,儿童会感到困惑。因此如上所述,他们开始通过语用来调整自己的言语以便别人能明白。回想皮亚杰的观点,儿童处于前运算阶段时很多言语都是自我中心的:学龄前儿童很少考虑他们的言语对别人有什么影响。然而,近来的实验

社会性言语 指向他人并且目的是让他人明白的言语。

证据表明，儿童在某些时候也会懂得考虑别人，而不像皮亚杰最初说的那样完全不考虑他人的想法和观点。

贫困如何影响语言发展。根据心理学家贝蒂·哈特（Betty Hart）和陶德·瑞斯利（Todd Risley）（Hart & Risley, 1995；Hart, 2000, 2004）的里程碑式的系列研究结果，学龄前儿童在家中听到的语言对将来认知发展结果有着深远意义。研究者考察了来自各种不同收入水平家庭的父母和孩子在两年期间交流的语言。他们考察了将近1300个小时的父母与儿童的日常交流，得出如下几个重要发现：

- 父母越富裕，他们与孩子说的话越多。如图7－13所示，根据家庭经济水平不同，父母跟孩子说话的比率有着显著变化。
- 在某个特定时间内，划分为专业人士组的父母与接受福利援助组的父母相比，前者与孩子进行交流的时间是后者的两倍。
- 到4岁时，接受福利援助组家庭的孩子与专业人士家庭组的孩子相比，大约少接触130万个单词。
- 在各种不同类型的家庭中，所用语言也有所不同。和专业人士家庭中的孩子相比，接受社会福利援助家庭中的孩子听到更多的禁令（比如“不”或者“停下”），频率约是专业人士组父母家庭的两倍。

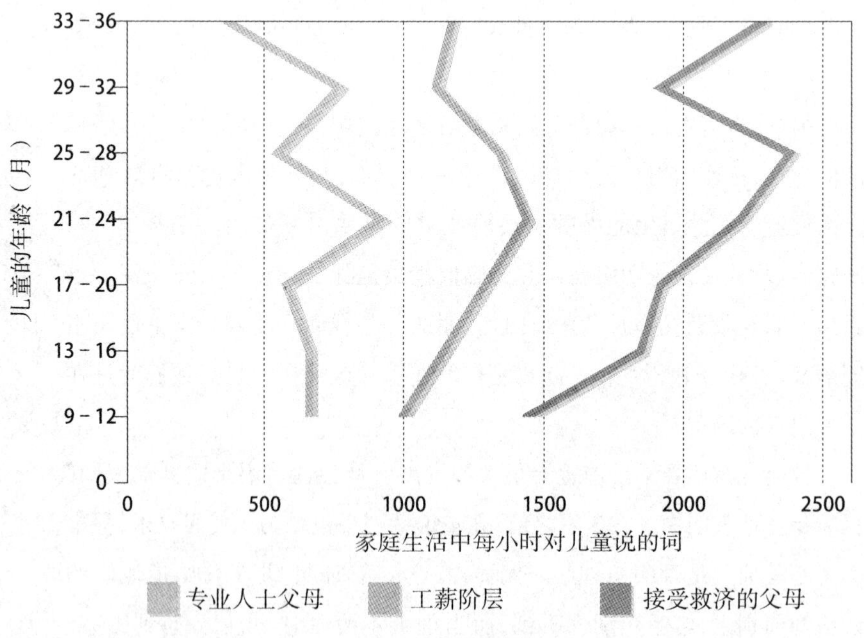

图7－13　不同语言接触

经济富足水平不同的父母提供不同的语言经验。平均来看，专业人士父母和工薪父母比接受救济的父母跟孩子说更多的单词。你如何评价这一结果？

（资料来源：Hart & Risley, 1995.）

最终，研究发现儿童接触到语言的类型与他们在智力测验中的成绩相关。比如，儿童听到的单词量越多、类型越多样，他们 3 岁时在各种智力测验上的成绩表现越好。

尽管这些相关结果不能进行因果解释，但是从量和类型上来看，它们明确提出早期接触语言的重要性，以及父母如何与孩子进行更多更丰富谈话的干预措施，旨在减少贫困造成的潜在不良影响。

这一研究与越来越多的研究结果相一致的是，家庭收入和贫困对儿童整体认知发展和行为有着重大影响。到 5 岁时，贫穷家庭的孩子与富裕家庭的孩子相比有更低的 IQ 分数，而且在其他认知发展测量中也有更差的表现。此外，在贫困环境生活的时间越长，这种后果越严重。贫困不仅仅减少了儿童所能获得的教育资源，对父母的负性影响也限制了他们能为家庭提供的心理支持。简言之，贫困的后果是严重的，而且具有持续性(Farah et al., 2006; Jokela et al., 2009; Leffel & Suskind, 2013; Kim, Curby, & Winsler, 2014)。

从媒体中学习：电视与互联网

LO 7.8　总结电视和其他媒体对于学龄前儿童的影响

学龄前儿童史蒂芬·陈(Steven Chen)和特雷丝·卡罗尔(Tracy Carroll)正在玩一个叫"Muppets(小笨蛋)"的游戏，而这个游戏改编自一个广受欢迎的儿童电视节目《芝麻街》。"来吧，史纳菲(Snuffy)，"特雷丝喊道，"我们必须找到爱丽丝(Alice)！"两个小朋友跑向了攀登架。而今天，那儿就是史纳菲的家——一个他们将要去寻找的洞穴。明天，他们将玩特雷丝的游戏"Dora the Explorer(探险者朵拉)"。

如果询问学龄前儿童，他或她几乎都能认出史纳菲，也能知道大鸟(Big Bird)、恩尼(Ernie)和其他主要角色，他们都是《芝麻街》中的角色。《芝麻街》是目前针对学龄前儿童最成功的电视节目，它的观众数量将近百万。

但是，学龄前儿童并不只观看《芝麻街》一个电视节目。因为电视以及最近的互联网和电脑，在许多美国家庭中已经扮演了核心角色。需要指出的是，电视是儿童接触到的最有效和广泛的刺激之一，学龄前儿童平均每周观看电视的时间超过 21 小时。平均来说，超过 80% 的学龄前儿童观看电视，而超过1/3的2到7岁儿童的家庭报告表明，电视在家庭中占用“最多时间”。在美国，2至5岁的儿童平均每天花3个半小时观看电视。（参见图7－14；Bryant & Bryant，2001，2003；Gutnick et al.，2010）。

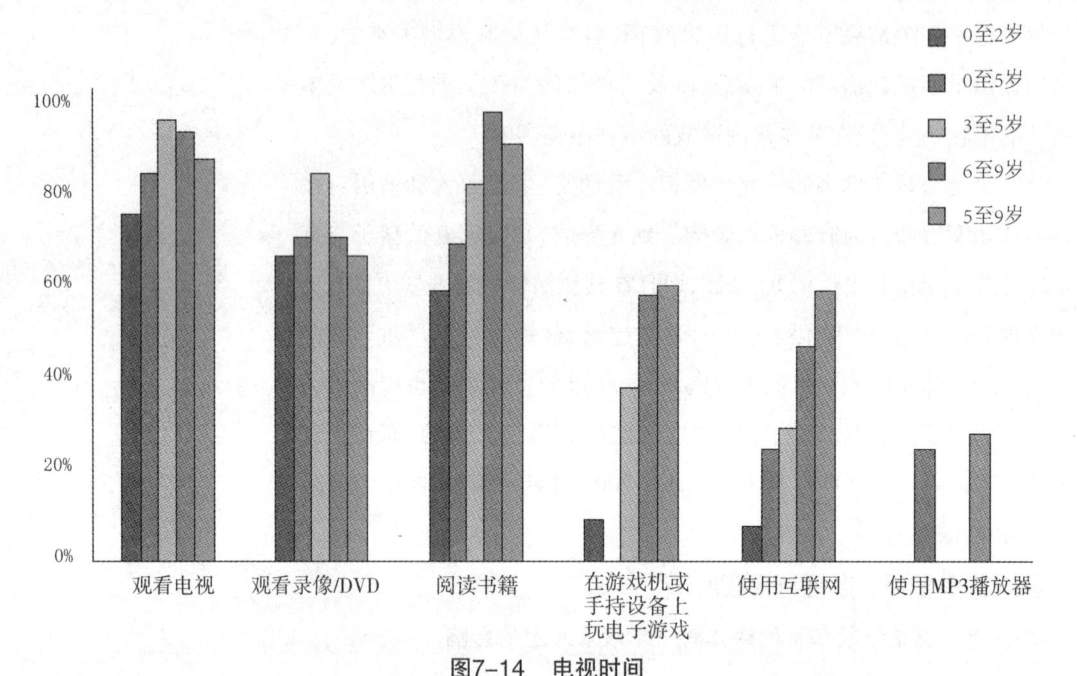

图7－14　电视时间

电视在美国十分普遍。相比之下，有11岁及以下年龄儿童的家庭中只有2/3有电脑。在平日，约有80%的幼儿和学龄前儿童观看电视。而电视也是儿童在0至11岁最常接触的媒体（Gutnick et al., 2010）。

（资料来源：Gutnick, A. L., Robb, M., Takeuchi, L., & Kotler, J. (2010). Always connected: The new digital media habits of young children. New York: The Joan Ganz Cooney Center at Sesame Workshop. p.15.）

计算机在学龄前儿童的生活中影响越来越大。70%的4到6岁的学龄前儿童拥有过计算机，而他们中的1/4每天都使用计算机。那些使用计算机的儿童平均每天花1小时进行跟计算机相关的活动，而他们中的绝大部分是独自完成。在父母的帮助下，他们中的1/5发送过电子邮件（Rideout，Vandewater，& Wartella，2003；McPake，Plowman，& Stephen，2013）。

现在要说明使用计算机以及其他媒体（比如电子游戏）对学龄前儿童的影响还为时过早。然而，已有许多关注电视影响的研究，我们在接下来将着重讨论（Pecora，Murray，& Wartella，2007）。

电视：控制接触的时间。尽管在过去的10年里，大量高质量的教育节目涌现，但许多儿童节目的质量并不令人满意，或者并不适合学龄前儿童。美国儿科学会提出，接触电视的时间应该限制。他们认为，2岁以前儿童都不要看电视；2岁以后，每天看儿童节目的时间最多不要超过1

到 2 个小时。从更广泛的角度，美国儿科学会建议父母限制学龄前儿童每天观看媒体屏幕的时间在 2 小时内，而这些媒体包括电视、计算机、电子游戏和 DVD（美国儿科学会，2014）。

限制儿童观看电视的原因之一是其带来的儿童活动的减少。如果学龄前儿童每天观看电视、视频超过 2 小时（或者长时间使用计算机），这将产生极大的肥胖风险（Danner, 2008; Jordan & Robinson, 2008; Strasburger, 2009）。

学龄前儿童"电视文化"的限制是什么？当儿童看电视时，他们往往没有完全理解故事中的情节，尤其是长的节目。看完节目以后，他们不能很好地回忆故事细节，对故事中角色的动机所做的推论也往往非常局限，甚至是不正确的。而且，学龄前儿童经常不能将电视节目中的虚构和现实区分开来。比如，他们相信真有一个大鸟生活在芝麻街（Rule & Ferguson, 1986; Wright et al., 1994）。

接触电视广告的学龄前儿童并不能批判性地理解和评估其所接触到的信息。他们会完全接受广告者对某个产品的宣传。鉴于儿童相信广告信息的可能性之高，美国心理学会提出针对 8 岁以下儿童的广告应予以限制的建议（Kunkel et al., 2004; Pine, Wilson, & Nash, 2007; Nash, Pine, & Messer, 2009）。

总之，儿童不能很好地理解在电视上接触到的世界，通过电视接触到的世界也是不真实的。另一方面，随着他们年龄的增长和信息加工能力的提高，儿童理解电视上呈现材料的能力也增强。他们对事情记忆越来越准确，而且越来越能够集中于电视提供的信息。这种进步表明，电视媒介的力量可能带来认知的进步——这正是《芝麻街》制作者的初衷（Singer & Singer, 2000; Crawley, Anderson, & Santomero, 2002; Berry, 2003; Uchikoshi, 2006）。

《芝麻街》：家庭中的老师？ 毫无疑问，《芝麻街》是美国最受欢迎的教育节目。美国约有一半的学龄前儿童观看这个节目。而它几乎遍布于 100 个不同的国家，被翻译成 13 种语言。像大鸟和艾蒙（Elmo）这样的角色已为全世界的成人和学龄前儿童所熟知（Bickham, Wright, & Huston, 2000; Cole, Arafat, & Tidhar, 2003）。

《芝麻街》的创作是为了给学龄前儿童提供教育经历。它的明确目标包括教字母和数、扩大词汇和教授学前文化技能。那么《芝麻街》达到了它的目标吗？很显然，许多证据表明答案是肯定的。

例如，一个为期两年的追踪研究比较了三组3到5岁儿童：一组是观看卡通节目或其他节目，一组是看同样时间的《芝麻街》，另一组则很少看或没有电视。观看《芝麻街》组儿童的词汇量显著大于观看其他节目或很少看电视的两组儿童。这个结果没有考虑儿童的性别、家庭规模和父母受教育程度以及态度。这些发现与早期对芝麻街节目的评估是相一致的。早期评估发现观看者表现出所教技能的飞速提高，如背诵，儿童在没有被直接教授的方面也有提高，比如阅读单词（McGinn, 2002; Oades-Sese et al., 2014）。

对节目正式的评估发现，成长于低收入家庭，那些观看了节目的儿童比那些没有观看的儿童有更好的入学前准备，到了六七岁时在一些口语和数学测试中有更好的表现。而且，看《芝麻街》的儿童比没看的儿童有更多的阅读时间。在他们六七岁时，观看《芝麻街》或其他教育节目的儿童更容易成为优秀的阅读者，而且得到老师更多的正性评价。这样的发现在其他以教育电视节目中也能得到体现，如《探险者朵拉》和蓝色小狗的线索（Blue's Clues）（Augustyn, 2003; Linebarger, 2005）。

最近的评估甚至发现了更积极的结果。2015年的一个实验研究表明：观看《芝麻街》与上幼儿园一样具有价值。事实上，观看《芝麻街》与保持适当成绩档次的可能性增加有关，增幅可达几个百分点。这个效果在男孩、非裔美籍儿童和在劣势地区成长的儿童中尤其明显（Kearney and Levine, 2015）。

另一方面，芝麻街也并不是没有受到批评。比如，一些教育者称不同场景下的狂热基调使儿童对他们将在学校经历的传统教育方式接受性变差。然而，正式的评估没有发现《芝麻街》的观看导致儿童对传统学校教育的兴趣降低；相反，总的来说，最近的调查结果表明，对《芝麻街》和其他类似教育节目的观众来说，效果相当积极（Wright et al., 2001; Fisch, 2004; Mendoza, Zimmerman & Christakis, 2007; Penuel et al., 2012）。

早期儿童教育：将“前”从学龄前时期去掉

LO 7.9　区分提供给学龄前儿童的典型教育项目

“学龄前时期”这一术语有些用词不当：美国约有3/4的儿童参加家庭以外的各种形式的护理，这些机构教授各种技能来提高儿童智力和社会能力（参见图7－15）。导致这种增长有些原因，但最主要因素是——如我们在第6章讨论婴儿护理中心一样——父母双方都在外面工作的人数比例增加。例如，父亲在外面工作的比例很高，接近60%的有6岁以下孩子的女性也在外面工作，并且大多数人是全职（Gilbert，1994；Borden，1998；Tamis-LeMonda & Cabrera，2002）。

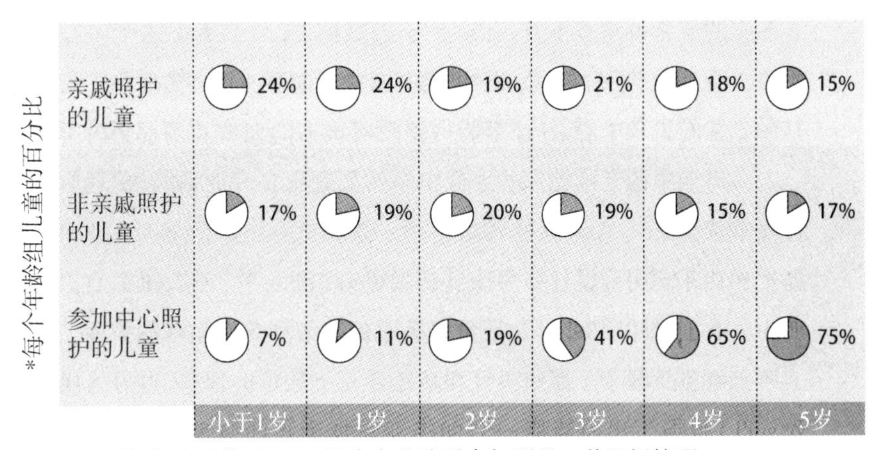

*每列加起来不等于100，因为有些孩子参加不只一种日间护理。

图7-15　家庭以外的照护

大约有75%的美国儿童参加各种形式家庭以外的照护——这种倾向源于越来越多父母全职工作。证据表明儿童能够从早期儿童教育中获益。

（资料来源：U.S. Department of Education, National Center, 2003.）

然而，这里还有另外一个原因，人们较少将这一点和儿童护理联系起来。发展心理学家发现越来越多的证据表明，儿童能从正式入学以前所参加的各种形式教育活动中受益，在美国通常发生在5或6岁。当与那些待在家里、没有参加正式教育活动的儿童相比，那些参加了好的学前教育的儿童，明显获得了更多认知和社会性的帮助（Campbell，Ramey，& Pungello，2002；Friedman，2004；国家儿童健康和人类发展研究所 National Association for the Education of Young Children，2005）。

早期教育的多样性。早期教育的种类繁多。在家庭外的儿童照顾甚至比婴儿护理更多一些，而其他的则着眼于提高儿童的智力和促进社会发展。以下为主要的几种选择：

- 儿童护理中心在家长工作的时候提供家庭外的照护。（儿童护理中心以前是指日间护理中心。但是，由于很多父母工作时间不是很有规律，除了白天，其他时间也需要照顾孩子，因此称呼就改成儿童护理中心。）

  尽管儿童护理中心最初设立是为了给孩子提供一个安全、温暖的环境，使他们能跟其他儿童交流，但如今这个目标变得宽泛了。儿童护理中心致力于提供一些智力方面的训练。其根本的目标是社会性和情绪培养，而不仅仅是认知能力的培养。

- 一些家庭儿童护理中心提供家庭式的儿童护理,即在私人家庭里进行一些护理。因为设立中心在一些地方是不允许的,各种护理的质量也参差不齐,在送孩子去之前,父母会考虑这个中心是否有营业执照;相反,设在学院的教室、社区中心、教堂和犹太教会堂的护理中心,往往都能得到政府机构的允许和调控。由于这些机构中的老师比那些家庭中心的受过更多专业训练,护理质量也较高。
- 幼儿园明确设计要为孩子提供智力和社会性经验,比家庭护理中心的时间限制更多,通常每天只提供3到5个小时的护理。幼儿园主要服务于那些中等和高社会经济地位的家庭,因为这样的父母不用全天工作。

  和儿童护理中心一样,幼儿园所提供的活动的差别也很大。一些幼儿园强调社会技能,而另外一些则关注智力发展,还有一些则两者都关注。例如,蒙台梭利幼儿园,采用的是意大利教育家玛利亚·蒙台梭利提出的方法,使用精心设计的材料,通过游戏来培养儿童的感觉、运动和语言发展。儿童可以从被提供的一系列活动中选择,也可以选择在不同的活动中交替进行(Gutek, 2003)。

  类似地,在另一种由意大利引进的瑞吉欧方法中,儿童参加一个名为被谈判的课程的活动。该活动强调儿童和教师的共同参与,并建立儿童的兴趣,通过艺术和参与整周项目的结合来提升他们的认知发展(Hong & Trepanier-Street, 2004; Rankin, 2004; Paolella, 2013)。
- 学校儿童护理由美国一些地方学校系统提供。美国几乎一半的州都为4到6岁儿童建立了学前班计划,主要目标是处境不利的孩子。由于这里的老师比规范较少的儿童护理中心的有更好的训练,学校儿童护理中心的服务通常比其他早教中心质量要高。

儿童照护的有效性。这些工作有效吗?绝大多数研究表明进入儿童护理中心的学龄前儿童在智力发展上至少表现出和在家中的相当,而且常常更好些。例如,一些研究发现,在护理中心的儿童口头表达更流利,记忆和理解能力更强,甚至比在家中养的孩子有更高的IQ分数。其他研究发现,早期和长期在儿童中心接受照护有助于儿童远离贫穷的家庭环境及其风险。一些研究甚至发现,儿童照护能在25年后产生积极效果(Vandell, 2004; Mervis, 2011; Reynolds et al., 2011; Vivanti et al.,

2014)。

这些儿童在社会性发展方面也有相似的进步。参加高质量照护的儿童更加有自信、更独立,比那些没有参加的儿童有更多的社会知识。然而,家庭外护理的结果并不都是正性的:这些儿童对父母缺少礼貌、顺从和尊敬,而且有些时候比他们的同伴更争强好胜和有攻击性(Clarke-Stewart & Allhusen, 2002; NICHD Early Child Care Research Network, 2003b; Belsky et al., 2007; Douglass & Klerman, 2012)。

另一种考虑儿童护理有效性的方式则是使用经济方法。比如,一个关于得克萨斯州内的幼儿园教育研究发现,投资在高质量幼儿园项目中的每 1 美金会产生 3.5 美金的利益,而这些利益包括提高的毕业率、更高的收入、避免少年犯罪以及在儿童福利开支方面的节省(Aguirre et al., 2006)。

需要指出的重要一点是,并不是所有儿童早期护理都具有同等效果。如我们在第 6 章中对婴儿护理的观察,一个重要因素就是护理质量:高质量的护理有助于智力和社会性的发展,而低质量的护理则不具备这些好处,实际上差的项目甚至会伤害儿童(Votruba-Drzal, Coley, & Chase-Lansdale, 2004; NICHD Early Child Care Research Network, 2006; Dearing, McCartney, & Taylor, 2009)。

儿童护理的质量。我们如何定义"高质量"? 一些重要的特点是与适合于婴儿护理的指标相似(参见第 6 章)。高质量护理的主要特点包括以下各项(Vandell, Shumow, & Posner, 2005; Lavzer & Goodson, 2006; Leach et al., 2008; Rudd, Cain, & Saxon, 2008; Lloyd, 2012):

- 护理者受过良好训练,最好具有学士学位。
- 儿童护理中心的规模以及护理者和儿童比例都很重要。一个班最多不要超过 14 到 20 人,一个老师最多照顾 5 到 10 个 3 岁儿童,或者是 7 到 10 个 4 或 5 岁的儿童。
- 儿童与护理者的比例应该保持在 10:1或更高。
- 儿童的课程不能任意设置,要有认真的规划,并且通过护理者的合作来执行。
- 语言环境丰富,伴有大量会话。
- 护理者对于儿童的情绪和社会需求很敏感,并且知道何时干预以及是否干预。
- 材料和活动符合年龄。

- 符合基本的健康和安全标准。
- 儿童应进行视力、听力和健康问题的检查。
- 每天至少提供一餐。
- 应提供至少一种家庭支持服务。

没有人知道美国有多少机构是属于“高质量”的，但这个数字比期望的要少。事实上，美国儿童护理在质和数量上的供给能力要落后于大多数其他工业化国家，正如我们之后在发展多样性与生活中所讨论的那样（Muenchow & Marsland, 2007; Pianta et al., 2009）。

◎ 发展的多样性与生活

世界各地的学龄前儿童：美国为什么落后了？

在法国和比利时进入幼儿园是法定权利。瑞典和芬兰给那些有需要的父母提供儿童照护。俄罗斯有一个被称为“yasli-sads”的国立补充系统、托儿所和幼儿园，75%的3到7岁儿童都参加了该系统。

相反，美国对于学龄前教育，或是总体的儿童教育，都没有合适的国家政策。有如下一些原因。其一，教育的决策权力已经下放给各个州和当地学校。其二，美国没有教育学龄前儿童的传统，而其他国家儿童已经进行正式的学前教育几十年了。最后，幼儿园和托儿所在美国的地位一直比较低。例如，幼儿园和托儿所老师在教师中收入最低。（教师的薪水随着所教孩子年龄的增长而提高。因此，大学和高中老师的薪水最高，而小学和幼儿园老师的薪水最少。）

根据各国对儿童早期教育目标看法的不同，幼儿园也有显著不同（Lamb et al., 1992）。例如，在跨国家比较中国、日本和美国的幼儿园时，研究者们发现三个国家的父母对于幼儿园目标的看法有很大区别。中国父母倾向于认为上幼儿园是为了给孩子日后学习一个良好的开端，日本父母认为幼儿园给孩子提供了成为集体中一员的机会。在美国，尽管父母认为获得一个好的学习的开始和具有团队经验是重要的，但是他们认为幼儿园的基本目标更应是使孩子更加独立（Huntsinger et al., 1997; Johnson et al., 2003）。

为学龄前儿童作做学业追求准备：领先计划真的领先了吗？ 尽管许多为学龄前儿童设计的计划都关注儿童的社会和情绪因素，有些旨在提高儿童的认知能力，从而为幼儿园之后正式的学习经历做好准备。在美国，最有名的提高未来学业成功的计划就是领先计划（Head Start）。这个涉及三千万儿童和他们家庭的项目诞生于20世纪60年代，而当时美国正式向贫穷宣战；每年，近一百万3至4岁的儿童参与这个计划。这个强调父母参与的计划被设计用于关注“孩子的全部”，包括儿童的身体健康、自信、社会责任和社会情绪的发展（Gupta et al., 2009; Zhai, Raver,

& Jones, 2012; Office of Head Start, 2015)。

领先计划的成功与否依赖于看待它的角度。比如,如果这个计划初衷是提供长期的IQ分数的提高,那它就是令人失望的。尽管参加了领先计划的孩子当时的IQ有一定的提高,但是这种增长并没有持续。

从积极的方面来看,领先计划很明显达到了它为学龄前儿童做好入学准备的目标。参加了领先计划的儿童比那些没有参加的儿童有更好的入学前准备。而且,与其他孩子相比,他们更好地适应学校、更少地接受特殊教育或是留级。最后,一些研究表明:参加过领先计划的孩子在高中末期有更好的成绩,尽管这种优势不是特别明显(Brooks-Gunn, 2003; Kronholz, 2003; Bierman et al., 2009; Mervis, 2011b)。

其他类型的幼儿园准备计划也为日后学习提供了帮助。研究表明,参与或是从这些学前计划毕业的儿童更少留级,比未参加计划的儿童更顺利地完成学业。幼儿园准备计划也显示出花费是有效益的。根据对一个计划进行的花费—收益分析表明,每在计划上投资1美元,到了毕业者27岁时,纳税人就能节省7美元(Friedman, 2004; Gormley et al., 2005; Lee et al., 2014)。

最新对早期干预计划的全面评估表明,这些计划总体能带来显著的好处,而政府基金的早期投资可以减少日后的花费。例如,与没有参加早期干预项目的儿童相比,参加者的情绪和认知发展水平更高,学习成绩更好,同时能提高经济自我满足、减少犯罪、改进健康相关行为。尽管并不是所有此类计划都产生这些好处,也不是每个儿童都有同等程度的提高,但是评估的结果表明早期干预的潜在益处确实存在(NICHD Early Child Care Research Network & Duncan, 2003; Love et al., 2006; Izard et al., 2008; Mervis, 2011a)。

我们让孩子们太努力走得太快了吗? 并不是每个人都认为实施提高学前时期学习技能的计划是件好事。事实上,根据发展心理学家大卫·艾尔坎德(David Elkind)的观点,美国社会倾向于过速推进孩子发展会使其在幼年就感到应激和压力(Elkind,2007)。

艾尔坎德认为学业的成功很大程度上依赖于父母控制以外的因素,如遗传以及儿童的成熟速度。因此,在要求儿童掌握一些学习材料时,我们不能不考虑其在某个特定年龄阶段的认知发展水平。简言之,儿童需要**与发展相适宜的教育实践(developmentally appropriate educational practice)**,即根据典型发展水平和儿童本身特点进行的教育(Robinson &

与发展相适宜的教育实践 指根据典型发展水平和儿童本身特点进行的教育。

Stark, 2005；也见从研究到实践专栏）。

一个教育者的视角

你认为美国的儿童在学习上被强迫了，从而使其在幼年就感到很大的应激和压力吗？为什么？

艾尔坎德指出不能武断地期望儿童在某个特殊的年龄该掌握什么知识，更好的策略是提供一个鼓励学习的环境，而不是强加给他们。通过创造一个鼓励学习的氛围——比如，给儿童阅读——父母能够使孩子按照自己的步伐前进，而不是强迫他们（Reese & Cox, 1999；van Kleeck & Stahl, 2003）。

尽管艾尔坎德的建议非常吸引人——诚然一定要避免增加儿童的焦虑和抑郁水平——但这些建议也受到了一些批评。例如，一些教育者认为——可能是由于父母比较富裕——强迫孩子是中产和高经济地位水平家庭中的普遍现象。对于贫穷家庭中的孩子，他们的父母可能没有物质资源督促孩子，或是轻松创造提高学习的环境的能力，促进学习的正式计划利大于弊。此外，发展研究者已经发现存在父母为其孩子准备未来教育成功的方法。

◎ 从研究到实践

为儿童朗读：保持真实

所有人都知道讲故事有利于儿童，但不能太早、太频繁开始做这件事。美国儿科学会建议儿科医生应推荐家长从孩子出生起每天大声对他们朗读。研究表明，在家听到更多口语词汇的儿童在学校表现更好。因此，儿科医生团体将朗读列为他们的推荐策略之一。然而，数字时代产生了一个新的疑问：书籍是实体书还是电子书是否有影响（美国儿科学会，2014；Rich，2014）？

这是一个看起来更重要的问题。新的数字阅读移动程序正不断被发布着，将科技推向了新的方向。电子儿童读物不仅有文字和图片，甚至还包括游戏、动画、选择题、教程以及其他互动元素。但它们同时破坏了阅读的连续性，也分散了注意力。儿童可以在没有成人协助下使用电子读物，使它们变成类似拥有故事线的游戏而非书籍。美国儿科学会建议应限制儿童使用屏幕；2岁以下的幼儿则不应接触屏幕（Quenqua, 2014）。

那么书籍的形式是否重要？早期研究的答案是肯定的。当成人为儿童阅读实体书时，所提供的体验与阅读电子读物有量的差异：那是一种实时反应的互动，或者说对话，而非形式上的表达。父母可以根据孩子的反应——疑惑、厌倦、兴奋、开心——进行反应。亲子可以根据儿童自己的独特理解和经历来讨论故事，而这个过程反复地增强儿童的语言能力。不仅仅是故事本身，伴随而来的对话和互动也很重要。相反地，即使有父母陪伴，儿童使用数字读物更像是在玩游戏，并关注设备本身以及相关的操纵。低技术含量的实体书籍帮助回归重点，即故事与分享（Parish-Morris，Mahajan，Hirsh-Pasek，Golinkoff，& Collins，2013）。

分享写作提示

如果与父母的互动对于阅读如此重要，你认为书籍增添了哪些作用？阅读与仅仅对话有何不同？

模块 7.3 复习

- 在学龄前时期，儿童的语言能力得到快速发展，语法理解能力增强并且逐渐由自言自语向社会性言语转变。贫困会限制父母或其他护理者与儿童进行语言交流，从而影响儿童的语言发展。
- 学龄前儿童观看电视的时间很长。电视对儿童的影响是复杂的，有些节目能够带来益处，有些节目则会带来不好的影响。
- 如果学龄前教育计划是高质量的，那么对儿童就是有益的，如具有受过训练的员工、好的课程、大小合适的班级人数以及小的师生比例。学龄前儿童更容易从适合他们发展的、符合他们自身的、充满鼓励氛围的环境中获益。

共享写作提示

应用毕生发展：想象你是学龄前儿童的父母，你从这个模块中学到了哪些可以提高教养水平的知识呢？

结语

本章中，我们了解了儿童在学龄前时期的发展，包括身体发展、成长、营养需求、健康、大脑发展以及粗大和精细运动技能的发展。我们从皮亚杰的观点、信息加工理论以及维果茨基的观点出发讨论儿童的发展，前者描述了儿童前运算阶段的思维发展，后者强调社会和文化对儿童发展的影响。接着我们讨论了学龄前时期儿童语言能力的爆发，以及电视对儿童发展的影响。以讨论学龄前儿童的教育和影响作为结束。

在下一章将讨论儿童的社会性和人格发展之前，简单回顾一下本章的前言部分：康妮·格林带领她的幼儿园班级进行考察旅行，思考下面的问题：

1. 格林在大巴上选择的游戏是否与儿童的发展水平匹配？从运动、感知、大脑发展的角度解释你的答案。
2. 苏云·戴维斯近来的哪些大脑变化使其能够记忆起 4 个月之前与家人农场之旅的细节？
3. 解释丹尼·布洛克已经历了哪些精细运动发展阶段，使其能够画出可被识别的奶牛、马和猪？
4. 在农场考察旅行中，幼儿园老师应提前察觉哪些危险？应该采取哪些措施以保证儿童安全？

回顾

LO 7.1　描述儿童在学龄前的体能发展和主要的健康风险

除了身高和体重增加，学龄前儿童的身体会经历外形和结构的变化。儿童会越来越苗条，而他们的骨头和肌肉力量也将增强。总的来说，儿童在学龄前非常健康。这些年来出现的肥胖问题是由基因和环境因素导致的。最大的健康威胁是事故和环境因素。

LO 7.2　总结学龄前儿童的大脑如何发育

学龄前时期，儿童的大脑飞速发展，细胞之间的连接数量和神经元髓鞘量剧增。大脑两半球开始在某些不同的任务上出现专化——这个过程称为脑功能侧化。

LO 7.3　解释学龄前儿童的运动技能如何发展

学龄前时期，儿童的粗大和精细运动技能有很大发展。性别差异开始出现，精细动作越来越完善，利手开始表现出来。

LO 7.4　总结皮亚杰如何解释学龄前儿童的认知发展

在皮亚杰所描述的前运算阶段，儿童还不能进行有组织的、形式逻辑思维。然而，符号功能的发展使他们能够进行更快和更有效思维，突破感觉运动时期学习的局限性。根据皮亚杰的观点，儿童在前运算阶段首次进行直觉思考，主动运用简单的推理技能获得世界知识。

LO 7.5　总结学龄前儿童认知发展的信息加工观点

另一个关于认知发展的不同观点是信息加工理论。该理论的支持者关注儿童对信息的储存和回忆以及所能加工信息的数量(如注意)。

LO 7.6　描述维果茨基对于学龄前儿童认知发展的观点

维果茨基认为儿童认知发展的本质和过程依赖于儿童所处的社会和文化情境。

LO 7.7　解释学龄前儿童的语言能力如何发展

儿童从两字句阶段发展到更娴熟表达能力的进步表现在他们词汇的增长和对语法的掌握。语言能力的发展受到社会经济地位的影响。贫困家庭中儿童的语言能力较低，最终导致较低的学业成绩。

LO 7.8　总结电视和其他媒体对于学龄前儿童的影响

电视影响是复杂的。儿童长期接触并非代表真实世界的情绪和情境的现象已经引起关注。另一方面，儿童会从一些节目如《芝麻街》中了解知识，这个节目的制作是为了带来认知进步。

LO 7.9　区分提供给学龄前儿童的典型教育项目

早期儿童教育计划，以中心、学校或幼儿园为基础的儿童护理能够带来认知和社会知识的进步。美国缺少相应的对学龄前儿童教育的国家统一政策。美国联邦发起的主要的学前教育项目就是领先计划，这个项目产生了复杂的结果。

关键术语和概念

肥胖	转换	快速映射
髓鞘	自我中心思维	语法
侧化	直觉思维	自言自语
利手	自传体记忆	语用
前运算阶段	脚本	社会性言语
运算	最近发展区	与发展相适宜的教育实践
中心化	脚手架	
守恒	句法	

第8章　学龄前儿童的社会性和人格发展

本章学习目标

LO 8.1　描述学龄前儿童面对的主要发展挑战

LO 8.2　解释学龄前儿童如何发展出自我概念

LO 8.3　解释学龄前儿童如何发展出种族认同和性别认同

LO 8.4　描述学龄前儿童所卷入的一系列社会关系

LO 8.5　解释学龄前儿童如何游戏以及为什么游戏

LO 8.6　总结学龄前儿童思维的改变

LO 8.7　描述家庭关系如何影响学龄前儿童的发展

LO 8.8　描述父母教养风格的类型以及对学龄前儿童的影响

LO 8.9　影响儿童虐待和忽视的因素

LO 8.10　定义心理弹性并描述它如何能够帮助受虐待儿童

LO 8.11　解释学龄前儿童道德感如何发展

LO 8.12　描述学龄前儿童攻击性如何发展

本章概要

形成自我感

心理社会性发展:解决冲突

学龄前的自我概念:对自我的思考

种族、族裔和性别意识

朋友和家庭:学龄前儿童的社会生活

友谊的发展

按规则玩耍:游戏的作用

学龄前儿童的心理理论:理解他人的想法

学龄前儿童的家庭生活

有效的教养:教会想要的行为

儿童虐待和心理虐待:家庭生活的阴暗面

心理弹性:克服逆境

道德发展和攻击性

道德发展:符合社会的是非标准

学龄前儿童的攻击性和暴力行为的根源和结果

开场白:援助之手

4岁的罗拉·格雷(Lora Gray)看着她的妈妈为刚从医院回来的邻居准备炖牛肉。当罗拉问她的妈妈为什么要为邻居准备食物时,她的妈妈解释说当有人处于不幸之时,应该通过准备食物或是帮他们办事以帮助他们走出困境。

一个小时之后,罗拉的朋友罗萨(Rosa)来找她玩。罗萨表现得异常安静和严肃。罗拉问是否她感到悲伤,罗萨回答说她的奶奶去世了。罗拉想了一下,之后她提议去唱歌:“我是个优秀的歌手,”她告诉罗萨,“但是我和朋友一起能唱得更好。”罗拉的母亲播放了一张CD,之后女孩们就开始了唱歌、跳舞和欢笑。当罗萨离开的时候,罗拉说:“我知道音乐能够帮助罗萨。音乐能够使得每一个人开心。”

预览

罗拉努力使她的朋友高兴起来的故事表明了学龄前儿童理解他人情绪的能力日益增长。

在本章,我们回答学龄前阶段的社会性和人格发展,在这一时期它们快速成长和改变。我们从考察学龄前儿童如何形成自我感开始,关注他们如何发展出自我概念。我们特别考察了与自我性别有关的问题,这是一个儿童看待他们自己和他人的核心方面。

学龄前儿童的社会生活是接下来一部分的核心问题。我们关注儿童如何同另一个个体游戏,考察游戏的各种类型。我们考虑父母和其他权威人物如何通过训练来塑造儿童的行为。

在学龄前,儿童理解他人情感的能力开始发展。

最后,我们考察学龄前儿童社会行为的两个关键方面:道德发展和攻击性行为。我们考虑儿童如何形成是非标准以及这种发展如何引导他们去帮助他人。我们也要看另外一面——攻击性行为——考察导致学龄前儿童做伤害他人行为的那些因素。我们以一个乐观的注释结束:考虑如何去帮助学龄前儿童成为更加有道德,更少有攻击性的个体。

8.1 形成自我感

尽管从表面来看,“我是谁”这个问题并没有被学龄前儿童提出来,但是它构成了学龄前儿童很多发展的基础。在这期间,儿童对于自我的本质很好奇,他们如何回答这个问题将会影响生活的其他方面。

心理社会性发展:解决冲突

LO 8.1 描述学龄前儿童面对的主要发展挑战

当玛丽·爱丽丝(Mary Alice)脱下外套时,她的学前老师睁大了眼睛惊讶地看着4岁的她脱下外套。通常穿着搭配很好的玛丽今天的穿着却十分奇怪。她穿着花裤子和一个极不协调的格子上衣。条状的头巾,印着动物的袜子和圆点雨鞋。她妈妈轻微地做了一个尴尬的耸肩:“玛丽今天早上完全是自己打扮的。”她把装着另一双鞋的袋子递给老师,因为雨鞋并不适合今天。

精神分析学家埃里克森可能会表扬她妈妈，因为她帮助玛丽发展了创新的意识（如果不是为了时尚）。原因是埃里克森（1963）认为，在学龄前，儿童面临的关键冲突是与包含主动性发展相关的心理社会性发展。

正如我们在第 6 章中所讨论的，**心理社会性发展（psychosocial development）**包括个体对自己以及他人行为理解的变化。根据埃里克森所说，社会和文化为发展中的人提出了随年龄而变化的独特挑战。埃里克森认为，人们经历 8 个明显不同的阶段，分别以人们必须解决的冲突和危机为特征。我们努力解决冲突的经历可以引导我们发展出持续毕生的关于自己的意识。

心理社会性发展 依据埃里克森观点，这一发展包括个体对自己作为社会成员以及对他人行为意义的理解上的变化。

在学龄前早期，儿童正在结束从 18 个月到 3 岁时所在的自主—羞愧与怀疑的阶段（autonomy-versus-shame-and-doubt stage）。在这期间，父母如果鼓励儿童的探索行为，儿童就会变得更加独立与自治，如果儿童被限制和过分保护就会变得自我怀疑。

学龄前这个时期主要包括埃里克森所说的从 3 岁到 6 岁的**主动—内疚阶段（initiative-versus-guilt stage）**。在这期间，儿童一方面想要独立于父母自己做事情；另一方面，当他们没能成功的时候会有因失败而产生的内疚。随着学龄前儿童不断面对这些冲突，他们对自己的看法会发生改变。他们渴望自己做事情（“让我做”是学龄前儿童最常说的话），但如果努力失败的话他们就会感到内疚。他们开始把自己看成为对自己行为负责的人，开始自己做决定。

主动—内疚阶段 依据埃里克森观点，3 到 6 岁的儿童体验独立行动与有时候得到负面结果之间冲突的时期。

儿童照护者的视角

如何把埃里克森的信任—不信任阶段，自主—羞耻—怀疑阶段以及主动—内疚阶段同以前章节中讨论的安全依恋问题联系起来？

对孩子倾向于独立的这种转变反应积极的父母，比如玛丽的妈妈，会帮助他们的孩子解决这个时期所特有的对立情绪。通过给孩子提供独立行动的机会，同时给予指导，父母能够支持和鼓励孩子的主动性。但是，不鼓励孩子寻求独立性的父母会增加持续存在于孩子生活中的内疚感，并且会影响在这个时期开始发展的自我

决定穿什么衣服是主动—内疚阶段学龄前儿童的一个特点。

概念。

学龄前的自我概念：对自我的思考

LO 8.2　解释学龄前儿童如何发展出自我概念

如果你要求学龄前儿童指出是什么使得他们与其他孩子不同,他们很容易回答,“我跑得快”或“我喜欢涂色”或“我是一个受欢迎的女孩子”。这样的答案与**自我概念(self-concept)**相关——他们的身份,或者说是他们关于自己作为个体像什么的信念体系(Brown, 1998; Marsh, Ellis, & Craven, 2002; Bhargava, 2014)。

自我概念 对于自己作为一个个体是什么的认同或信念。

儿童自我概念的陈述并不一定要准确。事实上,学龄前儿童通常会高估自己在所有领域的技能和知识。结果,他们对于未来的看法是非常令人鼓舞的:他们希望赢得下一场比赛,击败比赛中的所有对手,在成长中写下伟大的故事。即使在他们刚刚经历了失败的时候,他们很可能认为在未来会做得更好。有这样乐观的看法,一部分原因是他们还没有开始把自己以及自己的成就与他人相比较。他们的不准确是有益的,使得他们能够去把握机会和尝试新的活动(Wang, 2004; Verschueren, Doumen, & Buyse, 2012; Ehm, Lindberg, & Hasselhorn, 2013)。

学龄前儿童对自己的看法也反映了他们所在的文化考虑自我的方式。例如,很多亚洲社会具有**集体主义取向(collectivistic orientation)**,强调互依性。这样文化中的人们倾向于把自己看成是大的社会网络中的一部分,他们处在中间与其他人相互联系并且负有责任。相对地,西方文化中的儿童更可能发展出反映**个人主义取向(individualistic orientation)**的观点,强调个人认同以及个体的独立性。他们更倾向于把自己看成是自我包含与自治的,与其他人竞争稀缺资源。结果,西方文化中的儿童更可能关注把他们自己同他人区分开来的东西,即让他们与众不同的东西。

集体主义取向 倡导相互依赖的一种哲学。

个人主义取向 强调个人身份和个体独特性的一种哲学。

这样的看法会渗透在文化中,有时是以很微妙的形式。例如,西方文化中一个著名的谚语说:“发出声音的轮子得到油。”处在这样观点中的学龄儿童被鼓励通过凸显自己和表达自己的需要来得到他人的注意。另一方面,亚洲文化中的儿童处在不同观点中,他们被告知:“枪打出头鸟。”这种观点告诉学龄前儿童,他们应该抑制自己,不要与众不同(Dennis et al., 2002; Lehman, Chim & Schaller, 2004; Wang, 2004, 2006)。

◎ 发展的多样性与生活

发展种族和族裔意识

学龄前标志着一个儿童的重要转折点。对于他们是谁这样的问题的回答开始加入了对于种族和族裔的认同。

对于大多数学龄前儿童,种族意识来得相对早。当然了,即使婴儿都能区分皮肤颜色,他们的知觉能力在生命很早的时候就允许这样的颜色识别。然而,直到晚一些,儿童才开始把意义归因于不同种族特征。

到他们 3 到 4 岁时,学龄前儿童注意到人们之间皮肤颜色的差异,他们开始把自己认同为某个特定群组的成员,比如“西班牙裔”或“黑人”。尽管在学龄前早期他们不能意识到族裔和种族是一个持久特征,标志他们是谁,但是,随后他们开始发展出对于社会所赋予种族和族裔身份意义的理解(Hall & Rowan, 2003; Cross & Cross, 2008; Quintana & Mckown, 2008)。

一些学龄前儿童对于他们的族裔和种族身份有着混合感情。一些人经历着**种族认同的冲突**,少数族裔群体儿童表现出对主流价值和群体的偏爱。例如,有研究发现,当被问到对于黑白儿童绘画作品的反应时,90% 的非裔美国人对黑人儿童作品表现出更多的负面反应。但是,这些负面反应并不代表这些被试者的低自尊,而是说,他们的偏好似乎是主流白人文化强势影响的结果,而不是对本种族特征的歧视(Holland, 1994; Quintana, 2007)。

族裔认同的产生或多或少要晚于种族认同,因为它相对种族来说更不显著。比如,在一个关于墨西哥裔美国人的族裔意识的研究中。学龄前儿童表现出对族裔认同有限的了解。但是,随着年龄的增长,他们对于族裔的意义更加了解。说西班牙语和英语的双语儿童更加能意识到族裔身份(Bernal, 1994; Quintana et al., 2006; Grey & Yates, 2014)。

种族、族裔和性别意识

LO 8.3　解释学龄前儿童如何发展出种族认同和性别认同

种族认同的冲突　少数族裔儿童表现出对主流价值和群体偏爱的现象。

在学龄前阶段,儿童的自我意识开始变得更加精确。包括两个特别重要的方面,种族和性别。

种族认同:缓慢发展。学龄前儿童自我概念的发展也受到他们所处文化对多种族和族裔群体态度的影响。正如我们将看到的发展多样性与生活,学龄前儿童的族裔意识或种族认同缓慢发展,并且会受到其所接触的人群、学校和其他文化团体态度的影响。

性别认同:发展中的男性和女性

男孩的奖励辞:最有思想,最好学,最有想象力,最热情,最有科学精神,最好的朋友,最风度翩翩,工作最努力,最有幽默感。

女孩的奖励辞:人见人爱的宝贝,最甜美,最可爱,最好的分享者，最好的艺术家，最大度，最有礼貌，最爱帮助别人，最有创造力。

这种描写有什么不对？对父母来说，听到相当多的是女儿在幼儿园毕业典礼上得到给女孩子的奖励。女孩子由于她们温和的个性得到赞扬，而男孩子则由于他们的聪明和分析能力获得奖励（Deveny, 1994）。

这样的情况并不少见，女孩子和男孩子通常生活在不同的世界。出生时，男性和女性被对待的方式上就有差异，在学龄前期间继续着这种差别，并且，我们在后面会看到，这一直延伸到青少年和更大的时候（Bornstein et al., 2008; Brinkman et al., 2014）。

性别，是男是女的意识，儿童学龄前的时候就很好地建立起来了。（我们在第6章时第一次提到，性别和性不是一回事。性通常是指性解剖和性关系，性别通常是指对给定社会中身份相关的男性特征和女性特征的知觉。）到2岁时，儿童一直在给自己以及周围的人贴上男性或女性的标签（Raag, 2003; Campbell, Shirley, & Candy, 2004）。

性别差异会在游戏中表现出来。学龄前男孩比女孩花更多时间在打闹的游戏中，学龄前女孩则花费更多时间在有组织的游戏和角色扮演中。在这个时期，男孩和女孩开始都和同性伙伴玩得更多，并在童年中期有增加的趋势。女孩比男孩更早开始偏好同性玩伴。她们在2岁时开始明显地偏爱与女孩玩，而男孩直到3岁才表现出对同性玩伴的偏好。（Martin & Fabes, 2001; Raag, 2003）。

这样的同性偏好出现在很多文化中。例如，在对中国大陆幼儿园儿童的研究中表明，没有出现不同性别间个体的游戏。相似地，游戏中性别超越了族裔变量：一个西班牙裔的男孩更愿意和一个白人男孩而不是一个西班牙裔女孩玩（Whiting & Edwards, 1988; Aydt & Corsaro, 2003）。

在学龄前，游戏的性别差异变得更加显著。另外，男孩和女孩都更倾向于和同性玩。

学龄前儿童对于男孩女孩应该怎样行为有着严格的想法。事实上，他们对于性别适宜行为的期望甚至超过成年人，更刻板，并且在学龄前比生命中任何其他时候都更缺乏灵活性。直到 5 岁，对于性别刻板印象的信念变得越来越显著；到 7 岁时，尽管或多或少不那么僵硬呆板了，这种信念并没有消失。事实上，学龄前儿童的性别刻板印象与社会中传统的成年人的很相似（Lam & Leman, 2003; Ruble et al., 2007; Halim, Ruble, & Tamis-LeMonda, 2013）。

儿童照护者的视角

在学前儿童照护机构，如果一个女孩大声地告诉一个男孩说他不能和玩偶玩游戏，因为他是个男孩，那么在这种情况下最好的处理方法是什么？

学龄前儿童性别期望的本质是什么？如成年人一样，学龄前儿童认为男性更倾向具有涉及能力、独立性、强有力和竞争性特征，女性则被认为更可能具有温暖、表达性、养育性以及服从等特性。尽管这些只是期望，并没有说出男性和女性实际上是如何行动的，但是这样的期望为学龄前儿童提供了借以看世界的一个透镜，并且影响着他们的行为，以及他们与同伴和成年人互动的方式（Blakemore, 2003; Gelman, Taylor, & Nguyen, 2004; Martin & Dinella, 2012）。

学龄前儿童性别期望的普遍和强大，以及男生女生间行为的差异令人迷惑。为什么性别会在学龄前时期（与生命的其他阶段一样）起这么大的作用？发展心理学家已经提出了很多解释，包括生物学和精神分析的观点。

关于性别的生物学观点。既然性别与是男是女的意识有关，而性与区分男性女性的身体特征有关，那么发现与性相关的生理特征可能本身就能导致性别差异也就不会令人惊讶了。这已经被证明是正确的了。

已经发现激素是一种会影响基于性别行为的与性相关的生物学特征。出生前处于高水平雄性激素中的女孩，与她们没有处于这样条件下的姐妹相比，更有可能表现出与男性刻板印象相关的行为（Knickmeyer & Baron-Cohen, 2006; Burton et al., 2009; Mathews et al., 2009）。

即这些女孩更倾向于选择男孩作为玩伴，比其他女孩花费更多时间玩与男性角色相关的玩具，比如汽车和卡车。相似地，出生前处于不正常的高水平雌性激素中的男孩倾向于表现出更多与女性刻板印象相关的行为（Servin et al., 2003; Knickmeyer & Baron-Cohen, 2006）。

另外，一些研究认为，男性和女性大脑结构存在生物学差异。比如，联结大脑半球的神经纤维束，胼胝体在女性中比在男性中的比例要大。对于一些理论学家来说，这样的证据表明性别差异可能是由像激素这样的生物因素导致的（Westerhausen et al.，2004）。

但是，在接受这样的结论之前，考虑到还有很多其他解释是很重要的。比如，女性脑中胼胝体比例较大可能是因为某些特殊经历以特定方式影响脑的发育。我们知道，在婴儿期人们更多地和女孩说话，这可能会导致某些脑部的发展。如果这是事实，那么是环境经历导致生物上的变化，而不是相反的方式。

其他发展学家把性别差异看成是服务于通过繁殖实现物种生存这个生物学目标。基于演化观点的研究工作，这些理论学家认为，我们的男性祖先，如果表现出更加刻板的男子气概，例如有力量和富有竞争力，会吸引那些能为他们提供强壮后代的女性。在女性刻板任务上（例如养育）表现出色的女性能成为更有价值的配偶，因为她们能够增加孩子在儿童期的危险中生存下来的机会（Browne，2006；Ellis，2006）。

如其他涉及可遗传的生物特征和环境影响相互作用的领域一样，把行为特征明确归因于生物因素也是很困难的。因为这个问题，我们必须考虑性别差异的其他解释。

精神分析观点。你可以回忆一下，在第1章中，弗洛伊德的精神分析理论认为我们沿着一系列涉及生理驱力的阶段前进。对于他来说，学龄前包括性器期，在这个阶段，儿童乐趣的焦点与生殖器性特征有关。

弗洛伊德认为，性器期的结束以发展的重要转折点来标志：俄狄浦斯冲突。他认为，俄狄浦斯冲突出现在大约5岁，当男女之间解剖差异特别明显的时候。男孩对母亲发展出性兴趣，把父亲看成竞争对手。

结果，男孩想象出杀死父亲的渴望，正像希腊神话中俄狄浦斯所做的。但是，因为他们把父亲看成是万能的，男孩发展出对报复的害怕，以阉割恐惧的形式表现出来。为了克服这种恐惧，男孩压制了对母亲的渴望，开始**认同（identification）**父亲，试图与他们的同性家长相似，整合父母的态度和价值观。

认同 儿童试图与同性家长相似，整合家长的态度和价值观的过程。

根据弗洛伊德的观点，女孩经历一个不同的过程。她们开始感觉到对父亲的性吸引和阳具妒羡——弗洛伊德这种认为女性劣于男性的观点不出所料地受到人们的指责。为了解决阳具妒羡，女孩最终试图认同母亲，与她们尽可能相似。

男孩女孩的情况最终结果都是认同同性家长,孩子接受家长的性别态度和价值观。弗洛伊德认为,通过这种方法,社会将男性和女性应该如何行为的期望传递给新的一代。

你可能发现接受弗洛伊德复杂的解释很困难,很多其他心理学家也是这样。对弗洛伊德理论的部分批评是这一理论缺少科学支持。例如,儿童在不到5岁的时候就学到了对性别的刻板印象,而这种学习在单亲家庭中也有。但是,精神分析理论的某些方面已经获得支持,比如发现如果同性别的家长支持性别刻板行为,那么他们的孩子就会表现出这种行为。但是,很多发展学家已经在寻找其他更简单的对性别差异的解释(Martin & Ruble, 2004)。

社会学习观点。正像字面意思所说,这个观点把儿童看成是通过观察他人来学习性别相关的行为和期望。儿童观察父母的、老师的、兄弟的甚至同伴的行为。一个小男孩看到了主力棒球选手的荣耀,之后变得对运动感兴趣。一个小女孩看到上高中的邻居在啦啦队中练习,就开始自己也试着练习。通过观察他人在因性别适宜的行为中获得的奖励来引导儿童将自己的行为与这些行为相一致(Rust et al., 2000)。

书和媒体,特别是电视和视频游戏,也在传递与性别相关的传统看法中起着作用。例如,对最流行的电视节目的分析发现,男性角色以2比1的比例远超女性角色。另外,女性更倾向于同男性一起出现,女性和女性的关系不太常见(Calvert et al., 2003)。

电视还将传统的性别角色赋予男性和女性。电视节目通常通过女性角色同男性角色的关系来定义女性。女性角色更有可能作为牺牲者出现。她们不太可能以创造者或决策者出现,更可能被刻画成对浪漫、对家庭、对家人感兴趣的人物。根据这个观点,这样的榜样倾向于给学龄前儿童对性别适宜行为的定义施加强大的影响(Scharrer et al., 2006; Hust, Brown, & L'En-

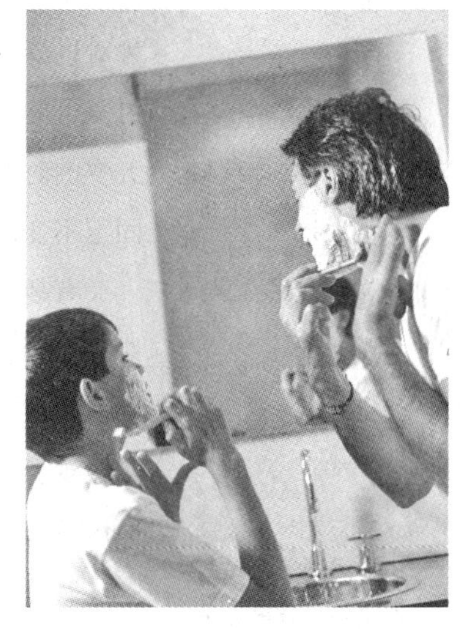

根据社会学习观点,儿童从对他人的观察中学习与性别相关的行为和预期。

gle，2008；Nassif & Gunter，2008）。

在某些情况中，对社会角色的学习并不涉及榜样，而是出现得更直接。例如，我们大部分都听过，学龄前儿童被父母告知，做个“小女孩”或“小男子汉”。这通常就意味着，女孩应该彬彬有礼，男孩应该坚强和泰然自若，这些是与社会对男性和女性传统刻板印象相关的性质。这些训练对学龄前儿童所期望的行为给出了清晰的信息（Leaper，2002；Williams，Sheridan，& Sandberg，2014）。

性别认同 对于自己是男性或女性的知觉。

性别图式 组织与性别相关信息的认知框架。

认知观点。在某些理论的观点中，形成清晰认同感的一个方面就是渴望确立**性别认同**。为了做到这点，他们发展出**性别图式**，即组织与性别相关信息的认知框架（Martin & Ruble，2004；Signorella & Frieze，2008；Halim et al.，2013）。

性别图式在生命早期发展出来，作为学龄前儿童看待世界的透镜。例如，学龄前儿童利用他们不断增长的认知能力发展出关于男性和女性哪些行为是对的，哪些是不合适的“规则”。于是，一些女孩会认为穿裤子是不合适的，僵化地应用这个规则而拒绝穿除了裙子以外的其他东西。学龄前男孩可能会认为既然化妆品是女性的用品，那么他使用化妆品就是不合适的，甚至在游戏中其他男孩和女孩都使用的时候，他也是这么想的（Frawley，2008）。

根据劳伦斯·柯尔伯格（Lawrence Kohlberg）提出的认知发展理论，这种僵化部分反映了学龄前儿童对于性别的理解（Kohlberg，1966）。僵化的性别图式受到他们对性差异错误信念的影响。特别是，年幼的学龄前儿童认为性差异不是基于生理因素，而是外表或行为的差异。采用这种对世界的看法，一个女孩可能认为，她长大后可以成为一个父亲；一个男孩可能认为，他穿上裙子并绑上马尾就可以变成女孩。但是，到了四五岁的时候，儿童发展出对于**性别恒常性**的理解，即意识到基于一个人固定不变的生物特征，永远是男的或女的。

性别恒常性 建立在固定不变的生物学因素上的关于一个人一直是男性或女性的信念。

有趣的是，对于学龄前儿童增长的性别恒常性理解的研究表明，它对于性别相关的行为没有特别的影响。事实上，性别图式在儿童理解性别恒常性之前就出现了。甚至年幼的学龄前儿童也可以基于对性别的刻板观点，断定某些行为是合适的，某些不是（Ruble et al.，2007；Karniol，2009；Halim et al.，2014）。

双性化 一个性别角色包括了两个性别典型特征的状态。

有可能避免采用性别图式看待世界么？桑德拉·贝姆（Sandra Bem）（1987）认为，一个方法是，鼓励孩子**双性化**，兼具两性特征。例如，父母和照看者可以鼓励儿童把男性看成是坚定而自信的(典型的男性适宜特征),同时又是温暖而温和的(通常是女性的适宜特征)。相似地,可以鼓励女孩把女性角色看成既是有同情心而温柔的(通常是女性的适宜特征),又是竞争的、自信的和独立的(典型的男性适宜特征)。

如同其他关于性别发展的观点一样(在表8-1中总结),认知观点并没有说两性之间的差异在某种方式下不正确或不合适。它认为,应该教导学龄前儿童把他人看成是个体。另外,学龄前儿童需要学会实现他们自己的才能,作为独立的个体行事而不是作为某个性别的代表,这对儿童来说是很重要的。

表8-1　性别发展的四种观点

观点	关键概念	应用于学龄前儿童的概念
生物学的	我们祖先的所作所为或许更易于繁衍,而这些在我们现在看来是刻板的男性或女性行为。脑差异可能导致性别差异。	通过进化,女孩可能在遗传上被设定为更善于表达和养育,男孩被设定为更具有竞争力和更加强壮。出生前接触异性激素已经与男孩和女孩表现异性典型行为联系了起来。
精神分析的	性别发展是对同性家长认同的结果,通过一系列与生理驱力有关的阶段来获得。	同性家长以性别刻板方式行为的女孩和男孩更可能也这么做,可能是因为对这些家长的认同。
社会学习的	儿童通过观察他人的行为来学习性别相关的行为和预期。	儿童注意到其他儿童或成人通过进行性别刻板的行为而得到奖励——有时是因为违背刻板行为受到惩罚。
认知的	通过使用在生命早期发展出来的性别图式,学龄前儿童形成观察世界的透镜。利用他们不断增长的认知能力来发展出关于男性和女性哪些行为适宜的“规则”。	学龄前儿童相比其他年龄的人对于适宜的性别行为的规则更加僵化,可能是因为他们已经发展出不允许与刻板预期有过多差异的性别图式。

模块8.1复习

- 根据埃里克森的心理社会性发展理论,学龄前儿童经历从自主—羞愧—怀疑阶段到主动—内疚阶段的过程。
- 在学龄前阶段,儿童发展出自我概念以及从他们自己的知觉、父母的行为和社会中得出的关于自己的信念。
- 在学龄前阶段,种族和族裔意识开始形成。在学龄前阶段,性别意识也开始发展。对这个现象的解释包括生物的、精神分析的、学习的以及认知的观点。

共享写作提示

应用毕生发展:你可以鼓励学龄前男孩从事哪些活动来使他采用不太刻板的性别图式?

8.2 朋友和家庭:学龄前儿童的社会生活

当胡安(Juan)3岁的时候,他有了自己第一个最好的朋友艾米利欧(Emilio)。胡安和艾米利欧住在圣荷西(San Jose)的同一幢公寓楼里,两人好得亲密无间。他们在公寓走廊里不停地玩着玩具赛车,直到有些邻居开始抱怨噪声才停下来。他们假装为对方读故事,有时还在彼此的家里睡觉——对一个3岁小孩子来说这可是件大事,他们都觉得没有比和这个"最好的朋友"在一起更快乐的事情了。

一个婴儿的家庭能够提供他们需要的几乎所有的社会联系。但很多学龄前儿童,就像胡安和艾米利欧,开始发现同伴之间友谊的快乐。尽管他们会很快扩展自己的社交圈,但父母和家庭对学龄前儿童的生活仍然产生着重要的影响。让我们看看学龄前儿童社会性发展中朋友与家庭这两个方面。

友谊的发展

LO 8.4 描述学龄前儿童所卷入的一系列社会关系

3岁之前,大部分社会性活动仅发生在一时一地,并无真正的社会互动。但当儿童3岁左右时,他们开始发展像胡安和艾米利欧一样真正的友谊,因为同伴们开始变成了拥有特别品质和可以给予好处的个体。如果说学龄前儿童与成人的关系反映出他们对于照顾、保护和指导的需求,那么他们与同伴的关系就更多建立在对陪伴、游戏和乐趣的需求上。

随着他们渐渐长大,学龄前儿童对友谊的理解也随之发展。他们开始将友谊看作是一个连续的状态、一种稳定的关系,不仅仅发生在此时而且也对未来活动有所承诺(Hay, Payne, & Chadwick, 2004; Sebanc et al., 2007; Proulx & Poulin, 2013; Paulus & Moore, 2014)。

当学龄前儿童渐渐长大，他们对友谊的概念与他们之间互动的质量随之发展变化。

在学前阶段,儿童与朋友之间互动的质量与种类均在不断变化。3岁儿童友谊的焦点是共同进行活动带来的快乐——一起做事一起玩,就像胡安和艾米利欧一样在走廊里玩玩具车。但大一些的学龄前儿童则更关注信任、支持与共同兴趣等抽象概念(Park, Lay, & Ramsay, 1993)。纵观整个学前阶段,一起玩耍在所有友谊中均占有重要地位,并且与友谊相似，这些游戏的模式也在变化。

按规则玩耍：游戏的作用

LO 8.5　解释学龄前儿童如何游戏以及为什么游戏

在 3 岁的罗丝·吉拉芙(Rosie Graiff)班里，米妮(Minnie)一边轻声地对自己唱歌，一边在桌子上轻弹娃娃的脚。本(Ben)在地板上推着他的玩具车，发出噪声。莎拉(Sarah)绕着教室不停地追逐阿卜杜勒(Abdul)。

游戏不仅仅是学龄前儿童用来打发时间时做的事，它对儿童的社会性发展、认知与体能发展均有帮助(Whitebread et al., 2009; McGinnis, 2012; Holmes & Romeo, 2013)。

游戏分类。在学龄前阶段的最开始，儿童进行功能性游戏——3 岁儿童典型的游戏是简单、重复性的活动。**功能性游戏**可能涉及客体，如娃娃或汽车，或重复性的肌肉活动，如蹦、跳、卷起或展开一块泥巴。功能性游戏中，参与者做事的目的是保持活跃，而不是创造出什么东西(Bober, Humphry, & Carswell, 2001; Kantrowitz & Evans, 2004)。

功能性游戏　3 岁儿童典型的游戏，涉及简单、重复性活动。

等长大些，功能性游戏减少。当儿童 4 岁时，他们开始一种更为复杂的游戏形式。在建构性游戏中，儿童操作物体，要创作或建造些什么。儿童用乐高积木建造一幢房子或完成一幅拼图就是建构性游戏。他/她有一个最终目标——造出点什么。这种游戏并非一定要创造出新鲜的事物，儿童可能重复地建起一座积木房子，推倒再重建。

在平行游戏中，儿童用相似的方式，玩相似的玩具，但并不一定相互交流。

建构性游戏使儿童有机会检验他们正在发展的身体和认知技能，并锻炼他们的精细肌肉动作。他们获取解决问题的经验，例如物体结合在一起的方法和顺序。他们还学习如何与他人合作(这是学前阶段游戏社会性质转变的过程中，我们发现的一个进步)。因此，学龄前儿童的成年照顾者应当提供多样的玩具以促进儿童的功能性游戏和建构性游戏(Shi, 2003; Love & Burns, 2006; Oostermeijer, Boonen, & Jolles, 2014)。

建构性游戏　儿童在游戏中操作物体以制造或建立某物。

游戏的社会性方面。如果两个学龄前儿童坐在同一张桌子前，每人带来一个拼图游戏，他们会一起玩吗？

根据米尔德里德·帕滕（Mildred Parten，1932）的开创性工作，答案是“会”。她指出，学龄前儿童进行**平行游戏**，在游戏中儿童用相似的方法玩相似的玩具，但彼此间并没有互动。**平行游戏**是儿童在学龄前阶段早期的典型模式。学龄前儿童也进行另外一种形式的游戏，一种十分被动的形式：旁观者游戏。在**旁观者游戏**中，儿童仅仅观看他人玩耍，自己并不参与。他们可能静静观看，或者给予鼓励、建议等评论。

平行游戏 儿童用相似的方式，玩相似的玩具，但彼此间没有互动。

旁观者游戏 儿童仅仅注视他人玩耍，但自己并不参与。

联合游戏 两个或更多儿童通过共享或转借玩具或工具进行互动，但并非在做同一件事。

合作性游戏 儿童真正互动，轮流做游戏，或进行比赛。

随着年龄增长，学龄前儿童进行形式更加复杂的社会性游戏，设计更高水平的互动。在**联合游戏**中，两个或更多儿童以共享或转借玩具或工具的形式进行互动，但各自做着不同的事。在**合作性游戏**中，儿童真正与他人一起玩耍，轮流做游戏，或发起竞赛。

通常情况下，联合游戏和合作性游戏均在儿童发展到学前阶段末期才会十分明显。但上过幼儿园和学前班的儿童与较少此类经历的同伴相比，倾向于更早地进行有更多社会性行为的联合游戏和合作性游戏（Brownell，Ramani，& Zerwas，2006；Dyer & Moneta，2006）（游戏种类参见表8－2）。

表8－2 学龄前儿童的游戏

游戏种类	描述	例子
功能性游戏	3岁儿童典型的简单、重复性活动。可能涉及物体或重复性肌肉运动	重复移动玩偶或汽车
建构性游戏	儿童操作物体用以制造或建立某物的更为复杂的游戏。4岁左右发展出来，建构性游戏使儿童能够检验身体和认知技能，并练习精细肌肉运动	用乐高积木建造一个娃娃屋或车库，拼拼图，用泥土捏动物
平行游戏	儿童在同一时间，用相似方式玩相似的玩具，但没有彼此间的互动。学前阶段早期颇为典型	儿童坐在一起，各自玩着自己的玩具车，拼自己的拼图，或独自用泥土捏动物
旁观者游戏	儿童仅仅注视他人玩耍，自己并不参与。他们可能静静观看或者给予鼓励或建议等评论。常出现在一个儿童想要加入已经在游戏中的团体时	一个儿童注视另一个团体玩玩偶、汽车或泥土、乐高积木或拼拼图
联合游戏	两个或更多儿童通过共享或转借玩具或工具进行互动，但并非在做同一件事	两个儿童，各自搭建自己的乐高车库，可能来回交换积木
合作性游戏	儿童真正与他人一起玩耍，轮流做游戏，或进行比赛	一组儿童一起拼拼图，可能轮流拼图片。儿童一起玩玩偶或汽车，可能轮流和玩偶说话或一起决定赛车规则

独自游戏和旁观者游戏在学前阶段的后期仍然存在。有时儿童更愿意自己玩耍。当新伙伴想要加入一个团体的时候，一个容易成功的策略就是采取旁观者游戏，并等待机会更为主动地加入游戏中（Lindsey & Colwell, 2003）。

观看视频　游戏分类

假装游戏的性质在学前阶段也会发生变化。在某些方面，假装游戏变得更加脱离实际，并更具想象力，即儿童从使用真实物体到借助更不具体的事物。因此，在学前阶段的最开始，儿童仅仅在拥有一个与现实相像的塑料收音机时才能够假装听广播。后来，他们则更可能用一个完全不同的物体，如一个大纸盒，来假装收音机（Parsons & Howe, 2013; Russ, 2014）。

我们在第 7 章中谈到的苏联发展心理学家维果茨基认为，假装游戏，尤其当它涉及社会性游戏成分时，是学龄前儿童扩展认知技能的重要途径。通过假装游戏，儿童能够“练习”那些作为他们特定文化一部分的活动（比如假装使用电脑或读书），并且扩展他们对世界如何运转的理解。

此外，玩耍有助于大脑发育。基于非人类的实验，神经科学家塞尔吉奥·佩利斯（Sergio Pellis）发现，剥夺动物玩耍的能力会影响其大脑发育（Pellis & Pellis, 2007; Bell, Pellis, & Kolb, 2010）。

在一个实验中，佩利斯和他的同事观察了两种不同条件下的大鼠。在控制条件下，一只青年目标大鼠和其他三只青年雌性居住在一起，允许他们参与相同的游戏。在实验条件下，青年目标大鼠和其他三只成年雌性居住在一起，剥夺青年大鼠玩耍的机会。当佩利斯考察青年大鼠的大脑时，他发现玩耍被剥夺的大鼠在前额叶的发育上存在缺损（Pellis & Pellis, 2007; Henig, 2008; Bell, Pellis, & Kolb, 2009）。尽管从大鼠的游戏推广到学步儿童游戏跳跃有些大，但是研究的结果表明玩耍对于促进认知发展的重要性。总的来说，玩耍可能对学龄前儿

发展心理学家维果茨基认为，通过假装游戏，儿童能够“练习”一些作为他们特定文化一部分的活动，并且扩展他们对世界如何运转的理解。

童的智力发展具有重要影响。

文化也会影响儿童游戏的形式。例如，韩裔美国儿童比英裔美国儿童进行更多的平行游戏，而英裔儿童进行更多的假装游戏（见图8-1；Farver，Kim，& Lee-Shin，1995；Farver & Lee-Shin，2000；Bai，2005）。

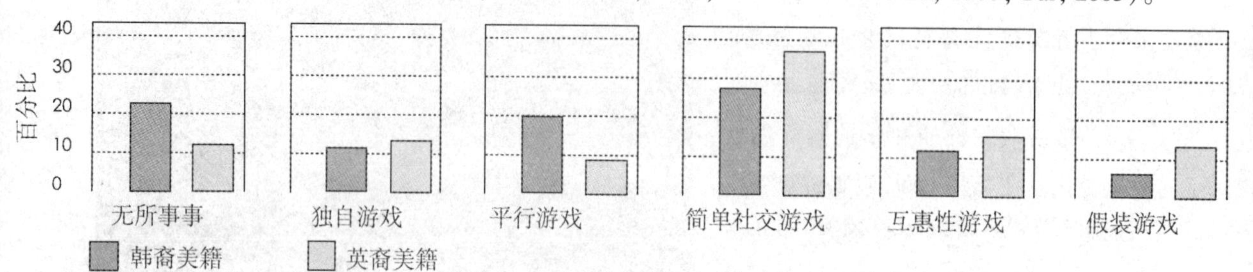

图8-1 游戏复杂性的比较

关于韩裔学龄前儿童与英裔学龄前儿童游戏复杂程度的一项研究发现了两组被试者在游戏模式上有显著差异。你能想到该如何解释这一结果吗？

(来源：Adapted from Farver, Kim, & Lee, 1995)

学龄前儿童的心理理论：理解他人的想法

LO 8.6　总结学龄前儿童思维的改变

儿童游戏发生变化背后的一个原因就是学龄前儿童心理理论的持续发展。像我们在第6章里讨论过的，心理理论指的是关于心理活动的知识与信念。运用心理理论，学龄前儿童开始能够解释他人是怎么想的，以及为什么别人会那样做。

儿童不断出现的新游戏和社会技能的一个主要原因是，在学前阶段，儿童逐渐能够从他人的角度观察世界。即使仅有2岁的儿童也能够理解别人拥有情绪。在3到4岁的时候，学龄前儿童就能够分辨自己的想法与客观事实了。例如，3岁儿童知道他们能够想象实际并没有出现的事物，如斑马，而他人也能做同样的事。他们能够假装某事已经发生并据此做出反应，这种技能是他们想象性游戏的一部分。并且他们知道其他人也具有同样的能力（Andrews，Halford，& Bunch，2003；Wellman，2012；Wu & Su，2014）。

学龄前儿童在发现他人行为背后的动机与原因上也变得更加富有洞察力。他们开始理解妈妈是因为约会迟到了而感到很生气，尽管他们没有亲眼见到她的迟到。并且在4岁左右，学龄前儿童对于人们会被客观事实愚弄或误导（就像涉及手的技巧的魔术戏法）的理解变得惊人地老练。这一理解的进步帮助儿童具有更好的社会技能，因为他们能够洞察他人的想法（Fitzgerald & White，2002；Eisbach，2004；Fernaandez，2013）。

但是,3 岁儿童的心理理论仍存在局限性。尽管在 3 岁时他们已经理解“假装”的概念,他们对“信念”的理解仍不全面。3 岁儿童理解“信念”的困难在他们错误信念任务的表现中可见一斑。在错误信念任务中,学龄前儿童看到一个名叫麦克西(Maxi)的玩偶将一块巧克力放在橱柜里后离开。但在麦克西离开后,她的妈妈把巧克力移到了其他地方。

在看过这些事件后,问学龄前儿童麦克西回来后会到哪里去找巧克力。3 岁儿童会(错误地)回答麦克西将要到新的地点去找。相反,4 岁组儿童则正确认识到麦克西拥有一个错误的信念,认为巧克力还在橱柜里,并且到那里去找(Amsterlaw & Wellman, 2006; Brown & Bull, 2007; Lecce et al., 2014)。

观看视频

在学前阶段末期,大部分儿童能够轻易解决错误信念问题。但孤独症儿童终其一生都会有很大困难。孤独症是一种有明显语言和情绪困难的心理障碍。

孤独症儿童与别人互动特别困难,部分是因为他们很难理解别人在想什么。孤独症的发病率为 1/68,且大部分是男性,患者缺乏与他人甚至父母的交流,并且回避人际交往的情境。孤独症个体无论年龄多大仍在错误信念任务上感到吃力(Begeer et al., 2012; Carey, 2012; Miller, 2012; Peterson, 2014)。

心理理论的出现。什么因素影响了心理理论的出现?当然,脑成熟是一个重要因素。当额叶髓鞘化变得更加明显时,学龄前儿童逐渐发展出了包括自我觉知在内的更多情绪能力。此外,看来激素变化也与更具评价性的情绪有关(Davidson, 2003; Schore, 2003; Sabbagh et al., 2009)。

语言技能的发展也与儿童心理理论的完善有关。特别是关于“想”、“知道”这类词语的理解有助于学龄前儿童对他人心理活动的理解(Astington & Baird, 2005; Farrant, Fletcher, & Maybery, 2006; Farrar et al., 2009)。

正如儿童心理理论的发展能够促进儿童参与社会互动和游戏一样，这一过程也是相互的：社会互动与假装游戏的机会也能够促进心理理论的发展。例如，拥有年龄较大的兄弟姐妹的学龄前儿童（提供高水平的社会互动）比没有兄弟姐妹的儿童具有更好的心理理论能力。并且，受到虐待的儿童在回答错误信念问题的能力上表现出滞后，部分原因是他们只有较少正常的社会交往经验（Nelson, Adamson, & Bakeman, 2008; Muller et al., 2012; O'Reilly & Peterson, 2015）。

◎ 从研究到实践

儿童如何学会成为一个更好的说谎者

学龄前儿童在3岁左右学习到对于错误的行为，承认事实会好于说谎。但是，知道说谎是错误的和抑制说谎是不同的事情。年纪较小的儿童会说谎，但是想要成功说谎，他们必须做到两点：他们必须理解社会规范以使得说谎更能被接受，他们的心理理论需要得到一定程度的发展。

理解社会规范是很重要的，因为一些社会情境允许说谎，甚至期望说谎。例如，有礼貌意味着你会表达对所收到的礼物的感激，即使你不喜欢这个礼物。某些时候，善意的谎言可以保护他人免于尴尬或是不必要的伤害。在一个研究中，3至7岁的儿童被要求给一个模特拍照，这个模特鼻子上有一个明显可见的标记。在拍照之前，这个模特会询问儿童他看上去怎样。大多数儿童会说他很好，但是之后的实验表明他们并不是真的认为这个模特看上去可以。

在另一个实验中，同样年龄段的儿童收到了来自实验者的礼物，一个他们并不喜欢的礼物。许多儿童都会说他们喜欢，尽管他们在打开礼物盒时做出了相反的表情（Talwar & Lee, 2002a; Talwar, Murphy, & Lee, 2007）。

当儿童说他们喜欢时，实验者会立即询问为什么，较大的儿童会说更加精细的谎言，例如他们如何使用以及他们在收集这些东西。这些行为要求他们具有心理理论，这使得他们能够有效地欺骗。在另一个研究中，儿童被告知当实验者离开房间时不要偷看隐藏的玩具，他们会对这一行为说谎。当被问及他们怎么想时，大多数2至3岁的儿童会说出玩具的样子，无意间揭穿了他们的谎言。但是较大的儿童知道假装完全的无知——一旦他们发展了错误的前提，他们知道他们必须建构其他错误的前提以维持一致性。

之后，言语的欺骗，必须同时知道说了什么和记住保持随后的言语与行为的一致性——这个技能在学龄前阶段快速发展（Talwar & Lee, 2002b, 2008; Lee, 2013）。

分享写作提示

你觉得为什么儿童在小时候学习去说谎以保护他人的感受？

心理理论的发展以及儿童对他人行为的解释均受到儿童所处文化因素的影响。例如,西方工业社会的儿童更倾向于将他人的行为归因到他们是怎样的人,即个人特质("她赢得这场比赛,因为她跑得快")。相反,非西方社会的儿童会将他人的行为归因为并非由个人控制的其他力量上("她赢得比赛是因为她很幸运")(Tardif, Wellman, & Cheung, 2004; Wellman et al., 2006; Liu et al., 2008,也见从研究到实践专栏)。

学龄前儿童的家庭生活

LO 8.7　描述家庭关系如何影响学龄前儿童的发展

晚饭后,当妈妈做清洁的时候,4岁的本杰明(Benjamin)在看电视。过了一会儿,他走过来并拿了一块毛巾,说:"妈妈,让我帮你刷碗吧。"妈妈对孩子第一次这样的行为感到颇为惊讶,问道:"你在哪里学会刷碗的?"

"我在'Leave It to Beaver'里看到的。"他说,"只是那里面是爸爸帮忙。因为我们没有爸爸,我想应该我来做。"

随着学龄前儿童数量的增加,生活并不像我们所看到的"Leave It to Beaver"的重演。许多人要面对现实中越来越复杂的世界。例如,就像我们曾在第6章提到过并将在第10章详细讨论的那样,更多儿童有可能生活在单亲家庭中。1960年,只有不到10%的18岁以下儿童生活在单亲家庭。到了2000年,21%的白人家庭、35%的西班牙裔家庭和55%的非裔家庭均是单亲家庭(Grall, 2009)。

但是,对于绝大多数儿童来说,学前阶段并不是一个混乱和剧变的时期,而是一个逐渐与世界更多互动的阶段。例如,就像我们看到的,学龄前儿童开始与他人发展真正的友谊。一个导致学龄前儿童发展友谊的主要原因是父母提供的温暖、支持的家庭环境。大量研究表明,与父母之间的强而积极的关系对儿童与他人之间的关系起到推动作用。那么父母应该如何培养这样的关系呢?

有效的教养:教会想要的行为

LO 8.8　描述父母教养风格的类型以及对学龄前儿童的影响

当玛利亚(Maria)认为没有人看到的时候,她走进了哥哥阿尔占卓(Alejandro)的卧室,那里藏着哥哥最后的万圣节糖果。当她拿起哥哥装糖果的花生酱杯子时,妈妈走进了房间并立刻明白发生了什么。

如果你是玛利亚的妈妈,你认为以下哪些反应是最合理的?

1. 告诉玛利亚她必须立刻回到自己的房间一天都待在里面,并且她将失去睡觉时最喜欢盖的毛毯。

2. 温和地告诉玛利亚她所做的并不是一个好的行为,以后不应该再做。

3. 解释为什么她的哥哥阿尔占卓会难过,并且告诉她必须待在自己的房间一个小时作为惩罚。

4. 忽略这件事,让孩子们自己解决。

这四种反应分别代表戴安娜·鲍姆林德(Diana Baumrind)所定义,并经埃莉诺·麦考比(Eleanor Maccoby)与同事们(Maccoby & Martin, 1983; Baumrind, 1980, 2005)修正的主要教养类型中的一种。

专制型父母 父母倾向于控制、惩罚、严格与冷漠,他们的话语就是法律。他们崇尚严格的、无条件服从,并不能容忍孩子表达不同意见。

放任型父母 给予较松懈且不一致反馈的父母,他们几乎很少对孩子提出要求。

权威型父母 坚定且能制定清晰一致的限制的父母,但他们会试着给孩子讲道理,解释为什么应该按照特定的方式行为。

忽视型父母 表现出对自己的孩子几乎没有兴趣的父母,伴有漠不关心、拒绝等行为。

专制型父母(authoritarian parents),反应如第一种选择。他们控制、惩罚、严格、冷漠。他们的话就是法律,要求孩子无条件服从,不允许不同意见的存在。

放任型父母(permissive parents),相反地,给予松懈且不确定的反馈,正如第二种选择。他们几乎不对孩子做出要求,且不认为自己对孩子的行为结果负有很大的责任。他们很少限制孩子的行为。

权威型父母(authoritative parents)是坚定的,并制定清晰且一致的限制。尽管他们倾向于相对严格,就像专制型父母,他们还是付出爱且在情感上支持自己的孩子。他们尝试与孩子讲道理,解释为什么孩子应该按照特定的方式行为("阿尔占卓会难过的"),并且与孩子交流他们所提出来惩罚的道理。权威型父母鼓励他们的孩子独立自主。

最后,**忽视型父母(uninvolved parents)**实质上表现出对自己的孩子没有兴趣,对他们的行为漠不关心、拒绝。他们在感情上疏离,视自己的角色仅仅为喂养、穿衣及为孩子提供庇护的场所。在最为极端的形式下,忽视型父母常常造成忽视,是儿童虐待的一种形式。(四种形式的总结见表8-3。)

表8－3　教养方式

父母对孩子的要求	有要求的	没有要求的
父母对孩子的回应	权威型	放任型
高水平回应	**特点**:坚定,制定清晰、一致的限制。 **与孩子的关系**:尽管他们相对严格,就像专制型父母,他们仍然付出爱,在感情上支持自己的孩子,并且鼓励孩子独立。他们也试图给孩子讲道理,向他们解释为什么应该按照特定的方式行为,并与孩子交流惩罚的原因和原则。	**特点**:松懈且不一致的反馈。 **与孩子的关系**:他们几乎很少对孩子提出要求,且并不认为自己对孩子的行为结果负有很大的责任。他们对孩子的行为施加很少的限制或控制。
	专制型	忽视型
低水平回应	**特点**:控制、惩罚、严格、冷漠。 **与孩子的关系**:他们的话语就是法律,崇尚严格的,无条件服从,并不能容忍孩子表达不同意见。	**特点**:表现出漠不关心、拒绝等行为。 **与孩子的关系**:他们在感情上疏离,视自己的角色仅仅为喂养、穿衣及为孩子提供庇护的场所。在最为极端的形式下,这种教养方式会造成忽视,儿童虐待的一种形式。

父母所采取的特定的教养方式会引起儿童行为上的不同吗？答案是一定会的(Hoeve et al., 2008; Cheah et al., 2009; Lin, Chiu, & Yeh, 2012):

- 专制型父母的孩子更倾向于性格内向,表现相对较少的社交性。他们不是非常友好,经常在同伴中表现不自在。专制型父母教养下的女孩更加依赖父母,但男孩往往表现出过分敌对。
- 放任型父母的孩子,在很多方面,与专制型父母的孩子一样拥有很多不受欢迎的特点。放任型父母教养下的孩子倾向于依赖和喜怒无常,并且他们的社会技能和自我控制能力很低。
- 权威型父母的孩子表现最好。

拥有专制型父母的孩子更会退缩，不善交际。那么如果父母过分放任或过分不介入，结果又会是怎样的呢？

他们多表现为独立、对待同伴友好、自有主张又具有合作精神。他们追求成就的动机很强，并且常获得成功且受人喜爱。无论在与他人的关系还是自我情绪调节方面，他们均能够有效调节自己的行为。某些权威型父母还表现出一些特质，构成支持性父母养育，包括关怀、积极主动的教育、纪律教育中的平静探讨，以及对儿童同伴活动的兴趣与参与。拥有支持型父母的儿童在日后可能遇到的逆境面前表现出更好的适应性并且得到更好的保护（Pettit, Bates, & Dodge, 1997；Belluck, 2000；Kaufmann et al., 2000）。

- 忽视型父母的孩子表现最差。父母的较少介入，对他们情感发展产生了相当大的负面影响，导致他们感到不被爱和情感上的疏离，并且也阻碍了其身体和认知方面的发展。

尽管这些分类系统在鉴别和描述父母行为时十分有效，但它们不能解决所有问题。教养与成长比这些分类要复杂得多！例如，在很多情况下，专制型父母和放任型父母的孩子发展得十分成功。真实情况也表明，绝大多数父母并不是完全一致的：尽管专制、放任、权威和忽视这些形式描述了大致的类型，有时父母还是会从他们的优势模式变换为另一种模式。例如，当儿童飞奔到马路中间，哪怕最懒散、放任的父母也会以苛刻、专制的方式做出反应，提出严厉的安全要求。在这类情况下，专制方式或许最为有效（Eisenberg & Valiente, 2002；Gershoff, 2002）。

儿童养育实践的文化差异。同时值得注意的是，这些关于儿童教养模式的发现均主要应用在西方社会中。最为成功的教养模式以及教育父母什么是合适的教养经验，可能在很大程度上依赖于特定的文化标准（Keller et al., 2008；Yagmurlu & Sanson, 2009；Calzada et al., 2012）。

教养方式是否有效，取决于在特定文化下灌输给父母的恰当的子女教养经验是什么。

例如，中国文化的“孝顺”概念暗示父母应当严厉、严格地控制孩子的行为。父母被认为有责任培养他们的孩子遵从社会和文化下的适当的行为标准，尤其是较好的学校表现。儿童对纪律的接受与认同被看作对父母尊敬的标志(Chao, 1994;Lui & Rollock, 2013; Frewen et al. , 2015)。

中国父母通常惯于指示他们的孩子,强迫他们表现优秀,与典型西方国家的父母相比更多控制孩子的行为。并且这一方法很有效:亚洲父母教养下的孩子倾向于非常成功,尤其在学业方面(Steinberg, Dornbusch, & Brown, 1992; Nelson et al. , 2006)。

相反地,美国父母通常被建议采用权威方法,并且明确指出应避免专制的方法。有趣的是,事情并不总是这样。直到第二次世界大战前,提出建议的著作中占主导地位的观点还是专制的方法,明显受到清教徒宗教中儿童带有"原罪",或需要打破他们原有意志这类思想的影响(Smuts & Hagen, 1985)。

简而言之,父母遵从的儿童教养实践,反映了关于儿童本质以及父母恰当角色的文化观点。没有一种单一的教养方式能够广泛适用,或一成不变地培养出成功的孩子(Chang, Pettit, & Katsurada, 2006; Wang, Pomerantz et al. , 2007; Pomerantz & Wang, 2011)。

相似地,我们需要注意到儿童教养实践并不是受到单一因素影响的。例如,兄弟姐妹们和同伴对儿童的发展具有较大的影响。更进一步,儿童的行为源自其独特的基因遗传,他们的行为反过来塑造了其父母的行为。总而言之,父母的教养实践只是影响儿童发展的众多因素中的一个(Boivin et al. , 2005; Loehlin, Neiderhiser, & Reiss, 2005; Rossi, 2014)。

儿童虐待与心理虐待：家庭生活的阴暗面

LO 8.9　影响儿童虐待和忽视的因素

相关数字是阴沉而令人沮丧的,在美国每天至少有 5 个孩子被他们的父母或照顾者杀害,并且每年还有 14 万个儿童受到身体上的伤害。每年约有 300 万美国儿童受到虐待或忽视。虐待有几种不同的形式,从身体虐待到心理虐待(见图 8 - 2; National Clearinghouse on Child Abuse and Neglect Information,2004; U. S. Department of Health and Human Services, 2007)。

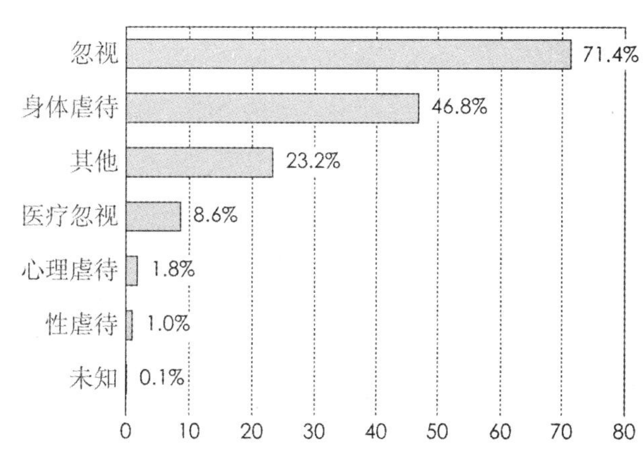

图8–2　儿童虐待的种类

忽视是最为常见的虐待形式。教育管理者和卫生保健提供者怎样帮助识别儿童虐待的案例呢?

(来源: Child Welfare Information Gateway. 2015.)。

身体虐待。儿童虐待可能发生在任何家庭，无论家庭的经济条件或父母的社会地位如何。这种现象在生活于压力较大环境中的家庭更为多见。贫穷、单亲和高于平均水平的婚姻冲突可能造成这样的环境。养父比亲生父亲更有可能对养子实施虐待。儿童虐待也会更多发生在父母间曾有暴力史的家庭（Osofsky, 2003; Evans, 2004; Ezzo & Young, 2012）。（表8-4列举了一些虐待的危险信号。）

表8-4　儿童虐待的预警信号有哪些？

因为儿童虐待是一种典型的隐秘犯罪，对虐待受害者的识别尤为困难。但是，仍然有一些信号能够暗示一个儿童是暴力的受害者（Robbins, 1990）：

- 无合理解释的可见的、严重的伤痕。
- 咬痕或颈部勒痕。
- 烟头烫伤或热水烫伤。
- 无明显原因的疼痛感。
- 对成人或照顾者的恐惧。
- 温暖天气下的不适宜着装（长袖、长裤、高领衫）——有可能为了掩饰颈部、手臂或腿部的伤痕。
- 极端行为——高度攻击性、极端顺从、极端内向。
- 对身体接触的恐惧。

如果你怀疑某个儿童是攻击的受害者，你有责任采取行动。打电话联系当地警察局，或城市社会服务部门，或美国儿童帮助热线1-800-422-4453。与神父交流。记住要果断行动，你真的能挽救一个人的生命。

被虐待的儿童更倾向于易激怒、对抗控制，且不愿意适应新环境。他们更多出现头痛、胃痛和尿床等经历，通常更加焦虑，且可能出现发展迟滞。三四岁与15—17岁儿童是最容易受到父母虐待的群体（Ammerman & Patz, 1996; Haugaard, 2000; Carmody et al., 2013）。

当你考虑到受虐待儿童性格特点这一信息时，请注意给儿童贴上受虐待的高风险标签并不能将受到虐待的责任推向他们；实施虐待的家庭成员才是错误的。统计结果仅仅说明，拥有这样特点的儿童更有可能成为家庭暴力的受害者。

身体虐待的原因。为什么会出现身体虐待呢？绝大多数父母当然无意伤害他们的孩子。事实上，对孩子实施虐待的父母，在事后大多会表达困惑和对自己行为的后悔。

儿童虐待情况的一个原因是可允许与不允许的体罚形式之间模糊的划分。绝大多数的美国家长认为打孩子不仅是可以接受的，而且常常是必要的。4岁以下儿童的母亲中，几乎半数报告在最近的一周打过孩子，而且有近20%的母亲认为当孩子不满1岁时打他/她是合适的。在一些其他的文化中，身体惩罚是非常普遍的（Lansford et al., 2005; Deb & Adak, 2006; Shor, 2006）。

不幸的是，"拍打(打屁股)"与"殴打"之间的界限不清，且愤怒中开始的"拍打(打屁股)"很容易上升为虐待。专家不同意这种观点。越来越多的科学证据表明，应该避免打孩子。尽管体罚可以得到即刻的顺从——孩子通常会中止导致挨打的行为——但会产生很多严重的长远的副作用。例如，打骂常伴随着低质量的亲子关系、孩子和家长较差的心理健康、更严重的行为不良和更多的反社会行为。同时，打骂给孩子提供了一个暴力和攻击行为的范例，会使孩子觉得暴力是可以接受的解决问题的途径。因此，依据美国儿科学会，不建议任何形式的身体惩罚(Benjet & Kazdin, 2003; Zolotor et al., 2008; Gershoff et al., 2012)。

这个大家庭中的两个孩子受到了父母的虐待，且严重营养不良，但其他孩子似乎得到了很好的照顾。是什么造成了这种不正常的情况呢?

另一个导致虐待高发的因素是西方社会儿童养育的隐私性。在其他许多文化下，儿童养育被看作是几个人甚至整个社会的共同责任。在大多数西方文化下，尤其是美国，儿童教养是一种隐私的、独立的家庭行为。因为儿童教养被看作仅仅是父母的责任，其他人通常不能在父母丧失耐心的时候介入并提供帮助(Chaffin, 2006; Elliott & Urquiza, 2006)。

有时，虐待的产生是源于成人对孩子在某特定年龄阶段保持安静和顺从能力的不切实际的过高期望，儿童不能达到这些不切实际的期望时可能会招致虐待(Peterson, 1994)。

有趣的是，拍打(打屁股)和其他形式的身体暴力被看作是违反人权的。联合国人权委员会提到，身体惩罚对于儿童而言是违法的，需要抵制。已经有192个国家支持这个观点，美国和索马里除外(Smith, 2012)。

暴力循环假设。很多时候，对孩子施虐的人在童年时期自己就曾遭受过虐待。根据**暴力循环假设(the cycle of violence hypothesis)**，童年时期遭受的忽视与虐待使儿童更倾向于在成年后忽视或虐待自己的孩子(Widom, 2000; Heyman & Slep, 2002)。

暴力循环假设　这一理论认为儿童遭受的虐待与忽视使他们成年以后更倾向于对自己的孩子实施虐待或忽视。

根据这一假设，虐待的受害者从他们的童年经历中学到暴力是一种恰当且可以接受的处罚形式。暴力可能代代相传，因为每一代继承者都在一个虐待、暴力的家庭中习得了虐待的行为方式(并且没有学会不以身体暴力来解决问题和实施惩罚的技能)(Blumenthal, 2000; Ethier, Couture, & Lachatite, 2004; Ehrensaft et al., 2015)。

孩童时期受到虐待并不一定导致对自己孩子的虐待。事实上，统计数据显示仅有1/3童年曾受虐待或忽视的人虐待自己的孩子；其余2/3的童年曾受虐待个体并没有成为虐待儿童者。很明显，童年时期遭受虐待并不能充分解释成人虐待儿童的行为（Cicchetti, 1996; Straus & McCord, 1998）。

心理虐待。儿童也可能成为更为隐蔽虐待形式的受害者。**心理虐待(psychological maltreatment)**在父母或其他照顾者伤害儿童的行为、认知、情感或身体功能的时候发生。它可能发生在外显的行为或忽视之后或其过程中（Higgins & McCabe, 2003; Garbarino, 2013）。

心理虐待 当父母或其他照顾者伤害儿童的行为、认知、情感或身体功能的时候就发生了心理虐待。

例如，施虐的父母可能会恐吓、轻视，或羞辱自己的孩子，从而胁迫并折磨他们。孩子可能被迫感到自己是令人失望的或失败的，或父母会持续提醒孩子是父母的负担。父母可能告诉他们的孩子，他们希望自己从未有过孩子，并且希望他们的孩子从未出生过。孩子可能受到被抛弃甚至死亡的威胁。在另外一些例子中，大一些的孩子可能会受到剥削。被强迫找工作并将所得交给父母。

另一些心理虐待的案例中，虐待以忽视的形式呈现。父母会忽略他们的孩子或表现出情感上的不负责任，在这些案例中，儿童可能会承担不现实的责任或被抛弃而需自己谋生。

没有人知道每年有多少心理虐待案件发生，因为常规搜集的数据并没有将心理虐待和其他形式的虐待分离开。绝大多数心理虐待隐秘地发生在人们的家里。而且，通常心理虐待不会造成如烫伤或骨折等能够引起医师、教师或其他权威人士注意的身体伤害。因此，许多心理虐待的案件很有可能没有被识别出来。但是，有一点是清楚的——心理虐待最为常见的形式是对儿童不加管理和照顾的完全忽视（Hewitt, 1997; Scott et al., 2012）。

心理虐待的后果是什么？一些儿童从虐待中恢复过来成长为心理健康的成年人，但在许多案例中，虐待造成了持久性的伤害。例如，心理虐待常常伴随儿童在学校的低自尊、撒谎、品行不端和学习成绩不良。在极端的案例中，它可能造成犯罪行为、攻击和谋杀。在另一些案例中，遭受心理虐待的儿童变得沮丧消沉，甚至最终自杀（Allen, 2008; Palusci & Ondersma, 2012; Spinazzola et al., 2014）。

心理以及其他形式的虐待造成许多消极后果的一个原因是，受害者的大脑因为遭受虐待而发生了永久性的改变（见图8－3）。例如，童年遭受虐待可能导致成年后杏仁核与海马结构缩小。由于涉及记忆和情绪调节的边缘系统过度兴奋，虐待带来的恐惧也可能导致大脑产生永久性改变，导致成年期的反社会行为（Watts - English et al., 2006；Rick & Douglas, 2007；Twardosz & Lutzker, 2009）。

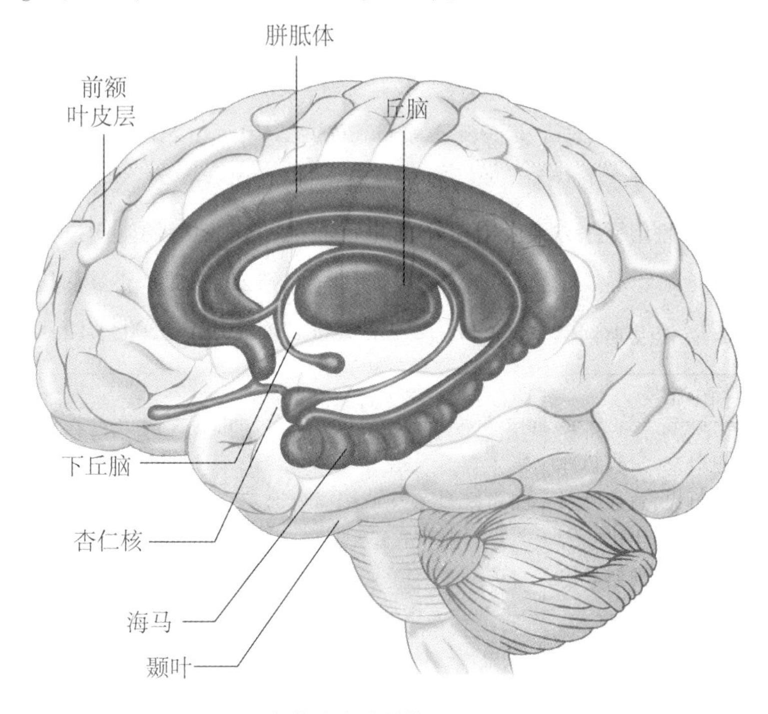

图8-3　虐待改变脑结构

边缘系统，包括海马和杏仁核，作为儿童虐待的结果，可能被永久地改变。

心理弹性：克服逆境

LO 8.10　定义心理弹性并描述它如何能够帮助受虐待儿童

我们承认各种形式的儿童虐待可能带来身体、心理和神经的严重伤害，但很明显，并不是所有有虐待经历的孩子都会经受永久性创伤。实际上，就他们所遇到的问题来看，一些孩子的表现确实相当好。是什么使这些孩子能够克服在大多数情况下会困扰其他人一生的压力与创伤呢？

答案就是心理学家所定义的一种品质——心理弹性（resilience）。**心理弹性**是一种能力，克服使儿童处于心理或身体伤害高风险的环境，如极度贫困、产前压力以及受暴力或其他形式的社会性障碍困扰的家庭。在特定情况下，一些因素似乎能够降低或消除这些儿童对艰难环境的反应，而这些反应在其他人身上可能造成深远的消极影响（Trickett, Kurtz, & Pizzigati, 2004；Collishaw et al., 2007；Monahan, Beeber, & Harden, 2012）。

心理弹性　克服将儿童置于心理或身体伤害的高风险环境的能力。

正如发展心理学家埃米·沃纳(Emmy Werner)所说,具有心理弹性的儿童倾向于具有能够激发各种照顾者正性反应的特质。他们非常重感情,随和,并且平易近人。他们像婴儿一样容易抚慰,并且能够引起绝大多数人在任何环境下的恻隐之心。在某种意义上,具有心理弹性的孩子能够通过激发别人的对他们自身发展有利的行为而成功创造自己的环境(Werner & Smith, 2002; Martinez-Torteya et al. , 2009; Newland, 2014)。

相似的特质也与大一些儿童的心理弹性有关。最有心理弹性的学龄儿童在社会交往方面令人愉悦、对人友善并具有良好的沟通能力。他们相对更加聪明,而且独立,认为他们能够塑造自己的命运而不是依赖他人或运气(Curtis & Cicchetti, 2003; Kim & Cicchetti, 2003; Haskett et al. , 2006)。

了解具有心理弹性儿童的特点,可以为改善那些面对一系列发展性威胁的儿童提供了方法。例如,在首先减少将他们置于风险之中的那些因素的基础上,我们需要通过教育增强他们处理这种情况的能力。事实上,成功帮助弱势儿童的项目拥有一个共同的思路:他们请有能力的成年人来教给儿童解决问题的技能,并且帮助他们将自己的需要告诉那些能够为他们提供帮助的人(Davey et al. , 2003; Maton, Schellenbach, & Leadbeater, 2004; Condly, 2006; Goldstein & Brooks, 2013)。

◎ 你是发展心理学知识的明智消费者吗?

规范儿童的行为

如何最有效地规范儿童行为的问题已经经过了世世代代的讨论,今天,发展心理学专家给出了这个问题的解答,建议如下:(O'Leary, 1995; Brazelton & Sparrow, 2003; Flouri, 2005)

- 对于大多数西方文化下的儿童,权威型的养育是最有效的。父母要严格一致地对希望的儿童行为给出清晰的指导。权威型的厉行纪律的人提供规则,但是要用儿童可以理解的语言解释为什么这些规则有意义。
- 美国儿科学会认为,体罚绝对不是一种合适的规范方法。体罚不仅相对于其他纠正不适宜行为的方法效果差,还会导致诸如潜在的更多的敌对行为等其他不期望的结果。尽管大多数的美国人在儿童时期都被拍打(打屁股),但是研究表明这是不合适的(Bell & Romano, 2012; American Academy of Pediatrics, 1998, 2012)。
- 用暂时出局(time out)来惩罚,意味着儿童在做错事后,在一段时间内不允许去做他们喜欢的活动。
- 调整父母的调教行为以适应儿童及情景的特征。试着记住儿童特定的个性,并调整对他们的规范行为。

- 利用惯例来避免冲突，例如洗澡惯例、上床睡觉惯例等。例如上床睡觉时间可能总是由于父母坚持，而儿童反抗导致一晚上的斗争。父母可以用一些愉快的可以预见性的策略来赢得儿童的依从。例如例行地读本催眠故事，或者跟儿童来场夜晚“摔角”比赛，来缓和这种潜在的争斗。

模块8.2 复习

- 学龄前阶段，孩子们在个人性格、信任和分享兴趣的基础上发展了他们最初真正的友情。
- 学龄前儿童的角色会不断变化，变得更加复杂、互动、合作并且显著依靠社会技能。
- 学龄前阶段，儿童的心理理论开始帮助其理解他人的想法和感受。
- 无论家庭结构如何发生变化，温暖的家庭环境对儿童的社会发展的重要性是毋庸置疑的。
- 有几种不同的养育方式，包括专制型、放任型、权威型、忽视型。文化对养育方式有很强的影响。
- 一些儿童会遭受家庭成员的虐待，尤其是家庭处于压力环境下。在美国，大众认为拍打（打屁股）是有益的，同时考虑到家庭隐私的问题，可能使得一些父母过线进而虐待他们的孩子。
- 心理弹性，能够帮助儿童克服逆境，这是一种重要的气质特征，能够帮助儿童克服虐待和忽视。

共享写作提示

应用毕生发展：在美国，自从“二战”后，什么文化和环境因素使得专制型的养育方式转变为权威型的养育方式？还有什么其他的转变吗？

8.3　道德发展和攻击性

莉纳(Lena)和卡瑞尔(Carrie)想要表演《金发姑娘和三只熊》。老师开始分配角色。“卡瑞尔，你是宝宝熊。莉纳你是金发姑娘。”卡瑞尔的眼中流出了眼泪：“我不想当宝宝熊。”她抽泣道。莉纳抱住了卡瑞尔：“你也可以是金发姑娘，我们将是金发姑娘姐妹。”卡瑞尔变得高兴了起来，多亏了莉纳理解了卡瑞尔的感受并且做出了友善的反应。

在这个短短的情景中，我们可以看到在学龄前儿童身上许多关键的道德要素。儿童在什么是对的以及什么是正确的行为方面观点的变化是在学龄前阶段成长的重要方面。

同时，学龄前儿童的攻击行为也在变化。我们可以这样认为，作为人类行为的两个相反方面，道德和攻击的发展都与有关他人的意识的增长密切相关。

道德发展：符合社会的是非标准

LO 8.11　解释学龄前儿童道德感如何发展

道德发展 人们在正义感以及对正确与否认识上的改变，还有和道德相关的行为的改变。

道德发展是指人们在判断正确与否的意识上的改变，以及与道德问题相关的行为的变化。发展学家已经依据儿童对道德的推理，对道德堕落的态度和面对道德问题时的行为等方面考虑了道德发展。在研究道德发展的过程中，已经发展出几种方法。

皮亚杰关于道德发展的观点

儿童心理学家皮亚杰是最早研究道德发展问题的学者之一。他提出道德发展就像认知发展一样是阶段性的(Piaget, 1932)。最初的阶段是一个广泛的道德思维模式，他称之为他律道德，其中的规则是不变的且不可变的。这个阶段是从4岁到7岁，儿童假设有一个且只有一个方式进行游戏，任何其他方式都是不对的，他们严格地按照这个规则游戏。但是同时，尽管学龄前儿童可能无法完全掌握游戏规则。结果是可能一群儿童在一起玩，每一位儿童都有稍许不同的游戏规则，但他们还是很开心地一起玩。皮亚杰指出每一位儿童都会“赢”得这场游戏，因为赢意味着玩得快乐，而不是真正地与他人竞争。

严格的他律道德最终会被两个后续的道德阶段取代：初始的合作和自治的合作。从字面上看也就是，在初始的合作阶段，对应于7岁到10岁，儿童的游戏变得更加清晰地社会化。儿童学习了正式的游戏规则，并以共享的知识为准来游戏。因此，规则仍然可以看作是大致不可变的。存在一个正确的游戏方法，初始阶段的儿童根据这些正式的游戏规则来进行游戏。

直到自治的合作阶段，大概从10岁开始，儿童充分意识到如果一起游戏的人同意，正式的游戏规则可以更改。我们会在第12章提及的之后更复杂的道德发展的转变反映出学龄儿童理解了游戏的规则是被创造出来的，而且可以根据人们的意愿来更改。

然而直到后一阶段，儿童对规则及判断问题的推理还局限在具体方面。例如，我们看以下两个故事：

> 佩德罗(Pedro)从幼儿园回到家。在他通常吃午后点心的桌上，有一盘饼干。想到这应该是给他的，他吃了4块饼干。他的妈妈回来后说她做这些饼干是为了给他的学校筹款。
>
> 史蒂文(Steven)的幼儿园班上正在举办聚会。每一个小朋友分

到了两块饼干和一杯潘趣饮料。史蒂文吃了他的两块饼干，当他看见别的小朋友莉兹(Lizzie)时，没有管她，他拿走了她的一块饼干吃了。

皮亚杰发现，在他律道德阶段的学龄前儿童会认为拿走四块饼干的要比拿走一块饼干的孩子更不好。相反，已经度过他律道德阶段的儿童认为拿走一块饼干的儿童更淘气。原因是处于他律道德阶段的儿童不考虑意图。

学龄前儿童相信固有的公正。这些儿童会认为做错了事情即使没有人看到他们也会被惩罚。

在他律道德阶段的儿童同样相信固有的公正，意思是违反规定立即招致惩罚。学龄前儿童相信只要做错了事就会立即受到惩罚，即使没有人看到他们做错事。相反，大一些的孩子知道做错事的惩罚是由其他人来决定和执行的。已度过他律道德阶段的儿童已经理解判断违反规则的严重性是基于是否他们故意做错事。

评价皮亚杰道德发展的观点

最近的研究表明，尽管皮亚杰有关道德发展是如何进行的描述是正确的，但是他的方法同他的认知发展理论一样有问题，尤其是在道德技能获得的年龄方面低估了儿童。

如今，众人皆知学龄前儿童在 3 岁左右就已经理解了意图的概念，这使得他们基于意图做出判断的年龄早于皮亚杰假设的年龄。尤其是在提出强调意图的道德问题时，即使无意图的事可能要比有意图的损失更大些，学龄前儿童也会判断有意图的会比无意图的更“不恰当”。此外，到 4 岁的时候，儿童就可以判断有意撒谎是错误的（Yuill & Perner, 1998; Bussey, 1992）。

道德的社会学习观点

道德发展的社会学习观点则与皮亚杰的理论完全相反。皮亚杰强调认知发展的局限导致道德推理的特定形式，而社会学习理论更关注学龄前儿童所处的环境如何使他们产生**亲社会行为**，即有利于他人的帮助行为（Spinrad, Eisenberg, & Bernt, 2007; Caputi et al., 2012; Schulz et al., 2013）。

亲社会行为　有利于他人的帮助行为。

社会学习观点基于我们在第 1 章讨论的行为方法。他们认为在一些例子中，儿童做出符合既定社会道德准则的行为，是由于他们在做出合适的有道德的举动后受到积极的强化。例如，当克莱尔(Claire)的母亲在她给弟弟丹(Dan)分享饼干后称她是一个“好女孩”，克莱尔的举动被鼓励了，今后克莱尔更愿意做出与他人分享的行为（Ramaswamy & Bergin, 2009）。

但是，社会学习观点要更进一步，认为并不是所有亲社会行为都得直接表现出来并被强化学习而发生。根据社会学习观点，儿童还可以通过观察称为榜样的他人行为来间接学习道德行为（Bandura, 1977）。儿童模仿由于行为而获得强化的榜样，最终学会自己完成这些行为。例如，当克莱尔的朋友杰克（Jake）看到克莱尔与她的兄弟分享糖果并且被表扬的时候，杰克更有可能在以后某个时候自己进行这种分享行为。

相当多的研究表明，榜样和社会学习的力量对于塑造学龄前儿童的亲社会行为的影响很普遍。例如，实验已经表明，看到某人慷慨行为的儿童更倾向于模仿榜样，随后当被放到相似环境中时会表现出慷慨行为。也有反面例子，如果一个榜样有自私行为，观察到这种行为的儿童倾向于自己表现出自私行为（Hastings et al., 2007）。

并非所有榜样对于塑造亲社会行为有着相同的效果。例如，相比那些看起来较冷漠的成年人，儿童更倾向于模仿热情的有回应的成年人行为。另外，看起来拥有高竞争力或高威望的榜样更加有效。

儿童不是简单、不假思索地模仿在其他人那里看到回报的行为。通过观察道德行为，他们受到从家长、老师以及其他权威人物那里传递来的与道德行为重要性有关的社会规范的提醒。他们注意到特定情境和某些行为之间的联系。这就增加了在相似情境激发观察者相似行为的可能性。

抽象塑造 为更普遍规则和原则的发展铺平道路的塑造过程。

结果，模仿为称作**抽象塑造**过程中更普遍规则和原则的发展铺平了道路。相对于总是模仿他人的特定行为，更大一些的学龄前儿童开始发展出构成他们所观察到的行为基础的概化原则。在观察到榜样由于做出符合道德期望的行为而受到奖励的重复事件时，儿童开始了对道德行为的普遍原则的推断和学习（Bandura, 1991）。

教育工作者的视角

幼儿园教师应该如何鼓励一个害羞的小朋友参与一个群体的活动？

道德的遗传观。最新的和具有较大争议的道德观表明道德行为可能依赖于特定的基因。根据这个观点，学龄前儿童表现的慷慨或自私是有遗传倾向的。

在一个研究中，研究者给予学龄前儿童机会通过分享贴画去表现得慷慨。那些或多或少表现得有些自私的个体更有可能在AVPR1A基因上存在变异，这个基因调节了大脑与社会行为有关的激素（Avinun et al., 2011）。

基因不可能完全解释学龄前儿童缺乏慷慨。儿童赖以生长的环境也具有较大的影响,并且可能是更大的影响。当然,目前为止,这个研究是开创性的,发现了慷慨可能具有遗传基础。

共情和道德行为。**共情**是理解他人的感受。根据一些发展学家所说,共情处于某些道德行为的核心。

共情 理解其他个体的感受。

共情发展得很早。1 岁的婴儿听到其他婴儿哭也会哭。在 2 到 3 岁时,儿童会自发对其他儿童或成人给予或共享玩具、礼物,即使他们是陌生人(Zahn-Waxler & Radke-Yarrow, 1990)。

共情发展得很早。在2到3岁时,儿童会给予礼物并自发与其他儿童和成人分享玩具。

在学龄前阶段,共情一直在发展。一些理论学家认为增长的共情——还有其他正性情绪,如同情,敬佩——引导孩子们以更道德的方式行事。另外,一些负性情绪——如对于不公平的情形生气或对以前的违规感到羞愧——也能促进儿童道德行为的发展(Decety & Jackson, 2006; Bischof-Kohler, 2012; Eisenberg, Spinrad, & Morris, 2014)。

负性情绪会有助于道德发展的说法是弗洛伊德最早在他的精神分析人格发展理论中提出来的。想一下第 1 章中我们讲过的,弗洛伊德认为儿童的超我(代表社会允许与否)是通过对俄狄浦斯情结的解决发展出来的。儿童认同他们的同性父母,整合父母的道德标准以避免从俄狄浦斯情结而来的无意识负罪感。

无论我们是否接受弗洛伊德对于俄狄浦斯情结以及产生的负罪感的解释,他的理论与最近的发现是一致的。这表明学龄前儿童试图避免经历负面情绪有时会导致他们采取更道德、更有益的方式。例如,儿童帮助他人的一个原因是避免体验到当他们面对他人的不快乐和不幸时所体验到的个人悲伤(Eisenberg, Valiente, & Champion, 2004; Cushman et al., 2013)。

学龄前儿童的攻击性和暴力行为的根源和结果

LO 8.12　描述学龄前儿童攻击性如何发展

4 岁的杜安(Duane)再也克制不了他的愤怒和失望了。虽然他向来脾气温和,但当埃舒(Eshu)开始嘲笑他裤子上的裂口并且喋喋不休地持续了几分钟后，杜安终于发作了。他冲向埃舒，把他推倒在地，开始用紧握的小拳头打他。因为杜安太过激动发狂，他的攻击并没有造成很大的伤害，但也足够在幼儿园老师赶到之前让埃舒吃到了苦头。

攻击 有意伤害另一个体。

尽管类似这样的例子并不多见，学龄前儿童的**攻击**行为还是相当普遍的。潜在的言语攻击、互相推搡、踢打以及其他形式的攻击在整个学龄前阶段都存在，尽管等孩子长大一些的时候攻击行为所表现出的严重程度会有所变化。

埃舒对杜安的讥笑同样也是一种攻击。攻击是对另外一个人有目的地侮辱或伤害。婴儿不表现出攻击的行为；很难说他们的行为意在伤害他人，即使他们不经意地试图去做。相反，等他们到了学龄前的年龄，他们就表现出了真正的攻击。

攻击行为，包括身体和言语上的，存在于整个学龄前阶段。

在学龄前阶段的早期，一些攻击行为是为了达到一个特定的目的，例如从另一个人那里抢走玩具或抢占被另一个人占用的空间。因此，从某种意义上说攻击是不经意间的，小的扭打可能事实上正是学龄前早期生活中典型的一部分。那种从没表现出一点攻击行为的儿童是非常罕见的。

另一方面，极端和持续的攻击行为必须要引起关注。大部分的儿童，随着年龄的增长，攻击行为的数量、频率和每次攻击行为的持续时长都随之下降（Persson，2005）。

情绪的自我调节 将情绪调整到一个适度的状态和强度水平上的能力。

儿童的人格和社会性发展对攻击行为的减少有所贡献。在学龄前阶段，儿童能够越来越好地控制他们正在体验的情绪。**情绪的自我调节**是将情绪调整到一个适度的状态和强度水平上的能力。从2岁开始，儿童能够表达他们的感受，并且能够运用策略来调节这些感受。当他们再长大一些的时候，他们就能运用更为有效的策略，学会更好地对付消极情绪。除了自我控制能力的增长，像我们所见到的那样，儿童也能够发展出老道的社会技能。多数人能够使用语言来表达自己的愿望，而且他们也越来越擅长与他人进行协商谈判（Philippot & Feldman，2005；Cole et al.，2009；Helmsen，Koglin，& Petermann，2012）。

尽管攻击行为会随年龄增长有普遍的下降，一些儿童却在整个学龄前阶段持续地表现出攻击性。此外，攻击性是一种相对稳定的特质：攻击性最强的学龄前儿童似乎到了学龄期还是攻击性最强的，攻击性最弱的学龄前儿童似乎也会发展成最少攻击性的学龄儿童（Tremblay, 2001; Schaeffer, Petras, & Ialongo, 2003; Davenport & Bourgeois, 2008）。

男孩子通常比女孩子表现出更高程度的身体攻击和工具性攻击。**工具性攻击**是指被一个达成具体目标的愿望所驱动的攻击，例如想得到另一个儿童正在玩的玩具。

工具性攻击 被一个达成具体目标的愿望所驱动的攻击。

另一方面，尽管女孩子表现出的工具性攻击行为较少，但她们也一样地富有攻击性，只是与男孩子所表现的方式不同。女孩更可能使用**关系性攻击**，是意在伤害另一个人感受的非身体的攻击。这种攻击可能表现在起绰号、断交（withholding friendship），或只是简单地说一些刻薄、伤害的事情使对方难受（Werner & Crick, 2004; Murray - Close, Ostrov, & Crick, 2007; Valles & Knutson, 2008）。

关系性攻击 意在伤害另一个人感受的非身体的攻击。

攻击的根源。我们怎么来解释学龄前儿童的攻击行为呢？一些理论家认为攻击行为是一种本能，是人类的一部分。例如，弗洛伊德的精神分析理论认为，我们都被性和攻击本能所驱动（Floyd, 1920）。根据行为学家康拉德·劳伦兹所说，动物（包括人类）共享着一种从原始的保护领土、保持食物供应以及淘汰较弱动物的动机中分化出来的战斗本能（Lorenz, 1974）。

相似的争论来自演化理论学家和社会生物学家，他们思考社会行为的生物根源。他们认为，攻击行为导致交配机会的增加，从而增加了个体的基因向下一代传递的可能性。另外，由于强者生存，攻击行为从整体上会有助于加强物种及其基因库。最终，攻击本能有助于个体的基因向下一代传递（Archer, 2009）。

观看视频　班杜拉BoBo实验的经典片段

尽管对于攻击性行为的本能解释是符合逻辑的，但是大多数发展学家认为这不是全部。本能解释不仅没有考虑到人类随着年龄增长越来越复杂的认知能力，它也相对缺乏实证支持。而且，对于判断儿童以及成人什么时候以及如何进行攻击行为,它不能给出什么指导,只能指出攻击性行为是人类不可避免的部分。结果,发展学家已经转向其他方法来解释攻击行为和暴力行为。

攻击行为的社会学习观点。在看到杜安攻击埃舒场面之后的一天,林(Lynn)和伊莉亚(Ilya)争执起来。她们先是斗嘴,然后林把手攥成拳头试图打伊莉亚。幼儿园老师被吓着了,因为林很少生气,她从前从未表现得这样有攻击性。

这两件事情之间有什么联系吗?大多数人会认为有,尤其是如果我们赞成社会学习观点所认为的攻击很大程度上是习得行为。这种观点认为攻击基于观察和先前的学习。为了理解攻击行为的原因,我们应该先关注儿童生长环境中的奖惩体系。

关于攻击的社会学习观点强调了社会和环境条件怎样导致个体具有攻击性。这一想法来自认为通过直接强化获得攻击行为的行为主义观点。举例说明,学龄前儿童通过攻击性拒绝同伴分享的要求,而能一直独占最喜欢的玩具。用传统的学习理论的说法,他们因为做出攻击行为而受到强化(一直独占玩具),因此以后他们将更加容易表现出攻击性。

但是社会学习观点认为强化也很少是直接给予的。很多研究提出与具有攻击行为示范的接触导致了攻击性的增加,尤其是当观察者本身生气、受辱或者灰心时。例如,阿尔伯特·班杜拉(Albert Bandura)和他的同事们在一个学龄前儿童的经典研究中说明了榜样的力量(Bandura Ross, & Ross. 1963)。一组儿童观看成人带有攻击性地粗暴玩弄 Bobo 玩偶(一个大的充气的塑胶小丑,是为孩子们设计的击打袋,推倒之后还能够恢复到原来站立的位置)的影片。作为对比,另外一组儿童观看成人安静地玩一套 Tinkertoy(万能工匠益智玩具)(图8-4)。之后,让学龄前儿童玩这些玩具,其中包括 Bobo 玩偶和 Tinkertoys。但是开始时,这些孩子因为不能玩最喜欢的玩具而感到沮丧。

就像社会学习观点预测的那样,这些学龄前儿童模仿成人的行为。看到粗暴玩耍 Bobo 玩偶示范的儿童比那些看到平静地玩 Tinkertoys 示范的儿童更具有攻击性。

随后的研究支持了早期的研究,很明显与攻击性示范的接触增加了一部分观察者随后攻击性的可能性。这些发现意义深远,尤其对生活在暴力普遍存在群体里的孩子来说。例如,一个在城市公共医院的调查发现,6 岁以下儿童中,有 1/10 声称目击过枪击或者武器伤害。其他的研

图8–4　塑造攻击

这一系列图片来自班杜拉经典的Bobo玩偶实验，这个实验是说明攻击的社会学习。图片清楚地显示，成人示范的攻击行为（第一排）是如何被目击的儿童所模仿的（第二、三排）。

究指出在一些城市街区的孩子中,1/3 看到过杀人,2/3 看到过重度袭击。如此频繁的暴力现象一定会增加目击者自身表现出攻击行为的可能性(Fraver & Frosch, 1996; Farver et al., 1997; Evans, 2004)。

在电视上看到暴力:有关系么? 即使在实际生活中不曾目击过暴力的儿童中的大多数也通过电视媒体接触到攻击。事实上,儿童电视节目的暴力程度(69%)高于其他类型的节目(57%)的暴力程度。平均 1 个小时中,儿童节目包含的暴力事件超过了其他节目 2 倍(Wilson, 2002)。众多的影视暴力加上班杜拉等人的关于示范性暴力的研究结果不得不使我们关注一个重要的问题:观看影视暴力是否会增加儿童(以及他们成年后)的暴力行为? 很难确切地回答这个问题,主要是没有实验室之外真实情景的研究。

尽管实验室研究表明通过电视观察攻击导致更高水平的攻击性,证据表明现实世界中目击暴力与随后的攻击行为是相关的。(想一下,如果我们进行涉及孩子观看习惯的真正实验,就需要控制他们在一段集中的时间里观看电视节目,一些个体要看暴力的节目,另外一些个体看非暴力的,大多数家长们是不会同意的。)

尽管事实上结果是相关的,研究证据足以清晰表明通过观察暴力的确导致随后的攻击性。纵向的研究也发现,偏好暴力电视节目的 8 岁儿童与到30岁时犯罪的严重程度有关。其他证据支持了这样一个观点，观察媒体暴力可能导致更易实际表现出攻击和欺侮行为，而且对暴力受害者不敏感（Ostrov, Gentile, & Crick, 2006; Christakis & Zimmerman, 2007; Kirsh, 2012）。

电视并不是媒体暴力的唯一来源。许多视频游戏包含了大量的攻击行为，而且很大一部分儿童都在玩这些游戏。例如，3岁以及3岁以下儿童的14%和4—6岁儿童的50%左右都在玩视频游戏。因为对成人的研究表明，玩暴力视频游戏与表现出攻击性行为有关，玩包含暴力视频游戏的儿童将更有可能表现出攻击性（Polman, de Castro, & van Aken, 2008; Bushman, Gollwitzer, & Cruz, 2014）。

幸运的是，认为学龄前儿童通过电视和视频游戏习得攻击性的社会学习理论提出了减少媒体负面影响的方法。例如，明确地教儿童用更怀疑和批评的眼光看待暴力。教育儿童暴力不是真实世界的典型表现、观看暴力行为会给他们负面的影响、他们不应该模仿电视上看到的暴力行为，这会帮助孩子以不同的观点去看暴力节目，更少地受到它们的影响（Persson & Musher - Eizenman, 2003; Donnerstein, 2005）。

观看视频

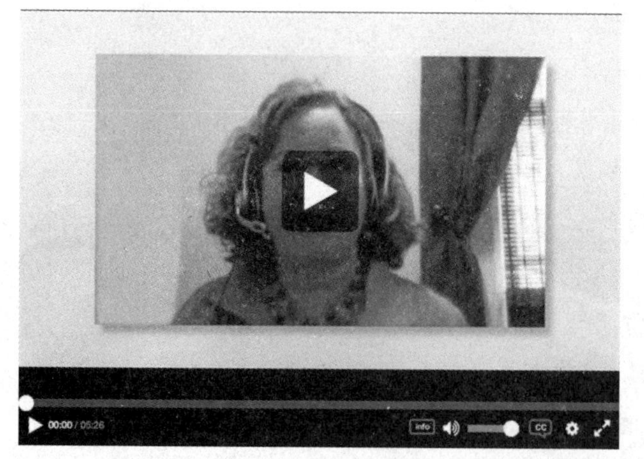

进一步，就像接触攻击性示范导致攻击，观察非攻击性示范就会减少攻击性。学龄前儿童不只从其他人那里学习怎样攻击，也要学习怎样避免冲突和控制攻击性，这就是我们接下来要讨论的。

攻击行为的认知观点：暴力背后的想法。两个孩子在踢球，当他们同时去接球时撞在了一起。其中一个的反应是道歉；另一个则推搡着，生气地说"够了"。尽管事实是两个人对这个小事件应该负同等的责任，却有完全不同的反应结果。第一个孩子把这个看成是意外，而第二个看成是挑衅，而且其反应具有攻击性。

关于攻击的认知观点认为理解道德发展水平的关键是考察学龄前儿童对他人行为以及行为发生情境的解释。根据发展心理学家肯尼思·道奇（Kenneth Dodge）及其同事的研究，一些儿童比另一些更倾向于认为行为具有攻击性动机。在某些情况下他们无法注意到适宜的线索，也不能正确地解释在设定情境中的行为。取而代之的是,他们常常不正确地认为发生的事情总是和别人的敌意有关。随后,在决定他们如何反应的时候,他们行为的基础就是那些错误的理解。总之,他们可能对从未存在过的情况做出攻击性的反应(Petit & Dodge, 2003)。

例如,考虑杰克(Jake)的情况,他和盖瑞(Gary)在桌子上画画。杰克出了自己的范围,并拿了盖瑞接下来要用的红色蜡笔。盖瑞马上认为杰克知道他要用这只红色的蜡笔,杰克拿走它就是因为这个。因为他思维中的这种解释,盖瑞打了"偷"他蜡笔的杰克。

尽管关于攻击的认知观点对导致一些儿童具有攻击行为的过程提供了描述,它却不能成功地解释某些儿童怎么就成了不能准确知觉情境的个体。此外,它也无法解释为什么这些不准确的感知者如此容易做出攻击性的反应,以及为什么他们认为攻击是一种适当甚于可取的反应。

另一方面,关于攻击的认知观点提出一种减少攻击性的手段是有用的,即通过教育学龄前儿童更准确地解释情境,我们可以引导他们不要轻易认为别人的行为具有敌意动机,结果就不太可能用攻击本身进行反应。在"你是明智的发展心理学消费者吗?"中的指导方针是基于我们在这章讨论过的各种关于攻击和道德的理论观点的。

◎ 你是发展心理学知识的明智消费者吗?

增加学龄前儿童的道德行为并减少他们的攻击行为

关于学龄前儿童攻击性的许多观点都有助于鼓励儿童的道德行为并减少儿童的攻击行为。这里是一些实用的且容易完成的策略(Bor & Bor, 2004; Eisenberg, 2012)。

- 为学龄前儿童提供观察他人用合作的、帮助的、亲社会的方式行为的机会。鼓励他们通过参与分享共同目标的活动与同伴互动。这些合作的活动能教会他们与人合作并且帮助他人的重要性和必要性。
- 鼓励学龄前儿童参与他人受益的活动,例如分享。但是不要直接奖励他们做这些事情,例如糖果或金钱。口头表扬是比较好的。
- 告诉学龄前儿童他人在困境中的感受,从而促进共情。
- 不要忽略攻击行为。当看到学龄前儿童的攻击时,家长和老师应该介入,明确地说明攻击这种解决冲突的方法是不被接受的。
- 帮助学龄前儿童对他人的行为做出不同的解释。这对于具有攻击性、把别人的行为看得比本来更具有敌意的儿童尤其重要。家长和老师应该帮助这些儿童认识到他们同伴的行为有几种可能的解释。

- 监控学龄前儿童看电视，尤其是看暴力电视节目的情况。有很多的证据表明观看影视暴力会导致儿童随后的暴力行为的增加。同时，鼓励学龄前儿童观看专门设计，部分是为了增加道德行为的节目，例如“芝麻街”等（Sesame Street, Dona the Explorer, Mr. Rogers' Neighborhood, and Barney）。
- 帮助学龄前儿童了解自己的感受。当孩子们生气时——所有的孩子都会这样——他们应该知道怎样用一种构建性的方式来处理自己的情感。详细而准确地告诉他们怎样做来改善这种情况（“我知道你因为杰克不给你一次机会而生气了。但别打他，告诉他你也想要玩那个游戏”）。
- 明确地教他们推理和自制。学龄前儿童可以理解最初步的道德推理，应该告诉他们为什么某些行为是需要的。例如，明确地说“如果你吃掉了所有的小甜饼，其他人就没有餐后甜点了”好过于说“乖孩子就不会吃掉所有的小甜饼”。

模块3 复习

- 皮亚杰相信学龄前儿童处于道德发展中他律道德的阶段，此时规则被看成是固定的和不变的。社会学习理论在道德发展方面强调了强化和对榜样的观察的重要性。精神分析学者和其他理论看重儿童对他人的共情作用以及他们乐于助人来避免内疚带来的不快。
- 当儿童变得更加能调节自己的情绪并使用语言来协商辩论时，攻击行为的频率和持续时间都会有所下降。习性学家和社会生物学家认为攻击性是人类的一种先天特性，而社会学习理论和认知理论的支持者则关注攻击的后天习得方面。

共享写作提示

应用毕生发展：如果高威望的行为榜样对于影响道德态度和行为尤其有效，那么这里是否暗示着在运动、广告以及娱乐这样的产业中的名人有更大的影响力？

结语

本章考察了学龄前儿童的社会性和人格发展，包括其自我概念的发展。学龄前儿童变化的社会关系可以从游戏性质的变化中看到。我们考虑了典型的教养训练方式及其对儿童以后生活的影响，并考察了导致儿童虐待的因素。我们从几方面的发展观点出发讨论了道德感的发展，最后对攻击进行了讨论。

在进行下一章学习之前，花一点时间重读本章的前言，关于罗拉，一个理解朋友悲伤并试图使她开心的4岁小女孩的故事，并回答以下问题：

1. 罗拉的行为如何表明她正在发展的心理理论？
2. 社会学习理论家如何解释罗拉对罗萨的行为？
3. 在这个故事中，你看到了什么表明罗拉自我概念的线索？你认为罗拉会怎么回答我是谁这个问题？

4. 基于这个故事，你如何描绘罗拉和她朋友交往的质量和类型？你认为罗拉会玩什么类型的游戏？

回顾

LO 8.1　描述学龄前儿童面对的主要发展挑战

埃里克森认为，学龄前儿童（18 个月至 3 岁）正处于自主—羞愧—怀疑的阶段，他们发展出独立性和对于物理世界和社会世界的掌握，或者感到羞愧、自我怀疑和不快。之后，在 3 到 6 岁，处于主动—内疚阶段的学龄前儿童面临着冲突，一方面渴望独立行动，另一方面又因为他们行动导致的不想要的后果而内疚。

LO 8.2　解释学龄前儿童如何发展出自我概念

学龄前儿童的自我概念一部分来源于对于他们性格的自我知觉和估计，一部分来源于他们父母对于他们的行为态度，还在一定程度上受到文化的影响。

LO 8.3　解释学龄前儿童如何发展出种族认同和性别认同

学龄前儿童形成对于种族的不同态度很大程度上是对他们环境的反应，包括父母和其他的一些影响。性别差异出现在学龄前早期，当儿童形成了对于每种性别来说什么是适宜的行为、什么是不适宜的行为的预期之后，这种对于性别的预期通常与社会刻板印象相一致。不同理论学家对于学龄前儿童持有很强的性别预期有不同的解释。一些研究者将遗传因素作为性别预期的生物学解释的证据。弗洛伊德的精神分析理论使用一个基于下意识的框架。社会学习理论关注包括父母、老师、同伴和媒体等这些环境的影响。而认知理论则提出儿童通过收集、组织关于性别的信息形成性别图式和认知框架。

LO 8.4　描述学龄前儿童所卷入的一系列社会关系

学龄前社会关系开始涉及真正的友谊，包含信任的成分，并能随时间持续。

LO 8.5　解释学龄前儿童如何游戏以及为什么游戏

大一些的学龄前儿童更多地参与建构型游戏，而不再是功能性游戏。他们同样更多地参与联合游戏和合作性游戏，小一些的学龄前儿童则更多地进行平行游戏和旁观者游戏。

LO 8.6　总结学龄前儿童思维的改变

学龄前儿童开始理解他人的思考和为什么他们做这些事情。儿童开始理解现实和想象之间的差异并且开始有意识地参与想象游戏。

LO 8.7　描述家庭关系如何影响学龄前儿童的发展

家庭本质和结构随着时间不断变化，但是一个坚实和积极的家庭环境对儿童的健康发展而言是必要的。

LO 8.8　描述父母教养风格的类型以及对学龄前儿童的影响

教养方式在个体上和文化上都存在差异。在美国和其他西方社会，父母的教养绝大多数可以分为专制的、放任的、忽视的和权威的，而通常认为最后一种最有效。父母如果是专制型和放任型，孩子可能会比较依赖、有敌意、自尊比较低。而忽视型的父母会使孩子感到自己不受父母喜爱、感情上比较疏离。而权威型父母的孩子会更独立、友好、自信、合作。

LO 8.9　影响儿童虐待和忽视的因素

对于儿童的虐待可能是身体上的，也可能是心理上的，尤其容易发生在充满应激的家庭环境中。对于家庭隐私固执的观点和体罚导致了美国很高的儿童虐待率。而且，暴力的循环假说指出父母如果在儿童期受过虐待，成人以后可能会成为虐待者。

LO 8.10　定义心理弹性并描述它如何能够帮助受虐待儿童

受虐待的儿童靠心理弹性这一品质，往往能在环境中生存下来。

LO 8.11　解释学龄前儿童道德感如何发展

皮亚杰相信，学龄前儿童处在道德发展中的他律道德发展阶段，特征是个体相信有外部的、不可改变的对于行为的规则、所有的违规都会得到即刻的惩罚。相反地，社会学习观点强调道德发展中环境和行为的交互作用，这里面行为的榜样在发展中起到了重要作用。一些发展学家认为道德行为源于儿童共情的发展。其他的情绪，包括愤怒、羞耻这些负性情绪，可能也会促进道德行为。

LO 8.12　描述学龄前儿童攻击性如何发展

攻击在学龄前开始出现，涉及对另一个人有意的伤害。随着儿童年龄增长、语言技能提高，攻击行为在频率和持续时间上下降。劳伦兹等一些习性学家认为攻击只不过是人类生活中一个简单的生物学事实，这一观点得到社会生物学家的赞同，他们关注物种内部为了传递基因而产生的竞争。社会学习理论关注环境的作用，包括榜样和社会强化对于攻击行为的影响。认知观点强调在决定做出攻击行为与否时对于他人行为的解释起到的重要作用。

关键术语和概念

心理社会性发展
主动—内疚阶段
自我概念
集体主义取向
个体主义取向
种族认同的冲突
认同
性别认同
性别图式
性别恒常性
双性化
功能性游戏
建构性游戏
平行游戏
旁观者游戏
联合游戏
合作性游戏
专制型父母
放任型父母
权威型父母
忽视型父母
暴力的循环假说
心理虐待
心理弹性
道德发展
亲社会行为
抽象塑造
共情
攻击
情绪的自我调节
工具性攻击
关系性攻击

3 总　结

学龄前

朱莉(Julie),一个 3 岁的小女孩在她去幼儿园的第一天,最初是害羞和被动的。她看上去能接受这样的事,即年纪较大的小孩,尤其是男孩,有权利告诉她做什么和从她这里拿想要的东西。

她几乎没有选择,因为她没法阻止他们。然而,在短短一年之后,朱莉觉得受够了。相比于接受年纪较大的小孩可以做他们想做的这样的规则,她将奋起抵抗这不公平。相比于沉默地任其支配她,朱莉选择使用她的道德感和日益发展成熟的语言技能来警告他们。朱莉通过使用所有发展的工具以使得她的世界变得更加公平和美好。

你会怎么做?

- 你会做什么以促进朱莉的发展?
- 你会给朱莉的父母和老师怎样的建议以帮助朱莉克服她的害羞以及更有效地和其他朋友交流?

你的回答是什么?

父母会怎么做?

- 你怎样帮助朱莉在家里和在学校都变得更加自信?
- 你怎样帮助她准备去处理在幼儿园的坏孩子?

你的回答是什么?

体能发展

- 朱莉长高、变重，变得更加强壮。
- 她的大脑发育以促进认知能力，包括计划和使用语言的能力。
- 她学习使用和控制她的粗大和精细运动技能。

认知发展

- 在学龄前，朱莉的记忆能力提高了。
- 她观察其他人并从她的伙伴和成人那里学习如何应对不同的情境。
- 她也能够更加有效地使用她日益发展的语言技能。

社会性和人格发展

- 和其他的学龄前儿童一样，朱莉的游戏是其社会性、认知和体能成的一种方式。
- 朱莉学习游戏的规则，例如轮流和公平。
- 她也发展了心理理论以帮助她理解他人的想法。
- 她发展了最初的正义感和道德行为。
- 朱莉能够调节她的情绪并且使用语言表达她的愿望。

护士会做什么？

- 你会怎样帮助朱莉的父母以提供合适的训练给朱莉？
- 你会怎样帮助她的父母以最优化他们的家庭环境并促进他们孩子的身体、认知和社会性发展。

你的回答是什么？

教育工作者会做什么？

- 你会使用什么策略以促进认知和社会性发展？
- 你会怎样处理在幼儿园班级上的欺凌，包括受害者和欺凌者？

你的回答是什么？

第四部分

儿童中期

第 9 章　儿童中期的体能和认知发展

本章学习目标

LO 9.1　描述孩子在儿童中期成长的方式和影响他们成长的因素

LO 9.2　概述儿童中期运动发展的过程

LO 9.3　总结学龄儿童主要的身心健康问题

LO 9.4　描述学龄儿童可能出现的各种特殊需要以及如何满足这些需要

LO 9.5　总结皮亚杰关于儿童中期认知发展的观点

LO 9.6　根据信息加工观点解释儿童在儿童中期的认知发展

LO 9.7　总结维果茨基对儿童中期认知发展的解释

LO 9.8　描述语言在儿童中期是如何发展的

LO 9.9　解释孩子们如何学习阅读

LO 9.10　总结学校在儿童中期基础教育之外所教授的内容

LO 9.11　描述智力是如何被测量的以及测量它会产生什么争议

LO 9.12　描述智障和资优个体在儿童中期是如何接受教育的

本章概要

体能的发展

成长着的身体

运动的发展

儿童中期的身心健康

有特殊需要的儿童

智力的发展

皮亚杰的认知发展理论

儿童中期的信息加工

维果茨基的认知发展理论和课堂教学

语言发展:词汇的意思

学校教育:儿童中期涉及的三个R(或是更多)

阅读:学会破解词语背后的意思

教育趋势:除了三个R以外

智力:决定个体的实力

低于和高于智力常模:心理迟滞和智力超常

开场白：一个预先准备的游戏

这是9岁的简·维格(Jan Vega)第一次参加少年棒球联赛。在父母的大力鼓励下,她参加了当地球队的选拔,现在她是洋基队的一员。

简被派到二垒。她一直盯着球,戴着手套,但是一场接一场,球被游击手接去,游击手把球投到一垒外。虽然很失望,简还是保持着警惕。她的教练总是说,棒球不仅仅是击球和接球。要想打得好,你必须动动脑筋。

现在是最后一局了。洋基有一分的领先优势，但金莺队有最后一击，他们最好的击球手站在本垒上，只有一分出局，一垒有一名跑垒员。比赛到了关键时刻。

后来，简说，当击球手挥棒时，她看到球径直朝本垒飞来。她知道它会与球正面相遇，然后径直朝中间飞过去。游击手没有位置去投。那是她的球。

当球击中球棒时，她跑到自己的右边，伸展身体去捕捉弹跳的球，打到二垒让跑者出局，然后把球吊到一垒完成双杀。游戏结束。简·维格帮助她的球队取得了胜利。

预览

简·维格从幼儿园开始就有了长足的进步。然后，她就会发现不可能画出一条路线来拦截一个移动的小物体，计算出一个箭步准确接住球的时间，并扭动身体将球准确地抛向相反的方向。

在儿童中期，儿童的体能、认知和社会性技能发展到了新的水平。

随着体能、认知和社会技能攀升到新的水平，儿童经历了类似上述一些令人激动的时刻，而这正是儿童中期的特征。从6岁一直到12岁左右（也就是青少年期开始的时候），儿童中期通常是指“上学的时期”，因为对于大多数儿童来说，它标志着正规教育的开始。儿童中期的体能和认知发展有时是渐进的，有时则是突变的，但都是显著的。

我们从体能和运动发展开始考虑儿童中期的一些特点。我们讨论儿童的身体是如何变化的以及营养不良和儿童期肥胖这一对问题。我们还会考虑那些有特殊需要儿童的发展。

然后，我们把目光转向儿童中期孩子认知能力的发展。我们考察一些用于描述和解释认知发展的观点，包括皮亚杰的理论和信息加工的理论以及维果茨基的重要观点。我们还着眼于语言发展以及着眼于美国面临的日益紧迫的社会政策问题，也就是双语所涉及的一些问题。

最后，我们谈到涉及学校教育的一些问题。讨论世界各地教育的概况后，我们考察阅读——这项重要的技能以及多文化教育的特性。这一章的最后讨论关于智力的问题，它与学业成功关系密切。我们还将探讨智力测验的性质以及对于那些智力水平显著低于和高于智力常模的儿童的教育问题。

9.1 体能的发展

灰姑娘，穿着黄色的衣裳，上楼去亲她的农夫。但是她弄错了，亲了一条蛇。需要请多少医生？一个，两个……

当其他女孩有节奏地说着那经典的跳绳顺口溜时，凯特（Kat）已经能够向后跳了，她骄傲地展示着自己最近获得的这种能力。凯特在二年级时开始变得很会跳绳。一年级的时候，她还没能掌握这项技能。但是她已经花了一个夏天的时间来练习，现在看来，练习似乎是有成效的。

正如凯特愉快地经历着体能的变化一样，儿童中期是一个孩子体能迅速发展的时期，随着逐渐长大和强壮，他们掌握了各种各样新的技能。这样的发展是怎样产生的？我们将首先谈到儿童中期一般的体能发展特点，然后再把目光转向一些有特殊需要的孩子。

成长着的身体

LO 9.1 描述孩子在儿童中期成长的方式和影响他们成长的因素

缓慢但稳定。如果用几个词来描绘儿童中期成长的特性，就会是这几个词。一方面，儿童中期孩子的身体发展是相对稳定的，其速度绝对超不过出生的前5年和以发育迸发为特点的青春期。另一方面，身体也不是停滞不长的。尽管与学前期相比速度较慢，但体能仍然在发展。

身高和体重的变化。在美国，儿童在小学期间平均每年增长5厘米到7厘米(2到3英寸)。到11岁时，女孩的平均身高是146厘米(4英尺10英寸)；男孩的身高稍矮，是130厘米(4英尺9英寸)。女孩的平均身高只有在这段时期才高于男孩。这种身高的差异反映了女孩的体能发展稍快，她们在青春期时的发育迸发始于10岁左右。

同龄儿童的身高相差15厘米（6英寸）是很平常的事，而且这种差异绝对是在正常范围之内的。

体重也按相似的模式增加。在儿童中期，男孩和女孩的体重每年大概增加2到3千克(5到7磅)。体重也会被重新分配。随着“婴儿肥”圆圆模样的消失，儿童的身体变得更加强健，力量也逐渐增加。

只关注身高和体重增量的平均水平，会使人忽视原本很明显的个体差异。如果你曾经见过一队四年级学生经过学校的走廊，你就能体会到这一点。所以，见到比同龄儿童高出15厘米到17厘米(6或7英寸)的孩子，也是很正常的。

营养不充足和疾病会严重影响成长。在如加尔各答、香港和里约热内卢等城市中，穷困地区生活的儿童，比在同一城市的富裕地区生活的儿童矮。

成长的文化模式。在北美，大多数儿童获取了充足的营养，从而能最大限度地成长。然而，在世界的其他地方，营养物质的匮乏以及疾病可能会阻碍儿童的成长，使他们长得比营养充足时所应该达到的水平更矮更瘦。但同一地方的儿童，发育水平也存在较大差异：在加尔各答、中国香港和里约热内卢等城市中，穷困地区生活的儿童，比在同一城市的富裕地区生活的儿童要矮。

在美国，大部分身高和体重的差异是由不同人独特的遗传物质决定的，包括与种族和族裔背景有关的遗传因素。例如，平均来说，有亚洲和太平洋地区背景的儿童比有北欧和中欧遗传特性的儿童矮。另外，黑人在儿童期时发育得一般比白人快(Meredith, 1971; Deurenberg, Deurenberg - Yap, & Guricci, 2002; Deurenberg et al., 2003)。

当然，即使在特定的种族和族裔群体内部，个体之间也具有明显的差异。而且，我们也不能把种族间和族裔间的差异仅仅归因于遗传因素，因为饮食习惯和可能存在的富裕水平的不同都会导致差异。另外，一些由父母冲突或酗酒等因素所导致的严重压力也可能影响脑垂体的作用，从而影响了成长(Powell, Brasel, & Blizzard, 1967; Koska et al., 2002)。

用激素促进个体生长：个子矮的儿童能人为地变高吗？在美国社会的大部分地区，长得高都被看成是一种优势。由于这种文化上的偏好，如果孩子长得矮，家长有时就会为孩子的成长担心。对于生产Protropin(一种能使矮个子儿童长得高些的人造生长激素)的厂商来说，有一个简单的解决方法:让儿童服用这种药物,使他们长得高于自然发育所能达到的水平(Sandberg & Voss, 2002; Lagrou et al., 2008; Pinquart, 2013)。

应该让儿童服用这样的药物吗？这个问题相对来说是一个较新的问题。促进生长的人造激素仅是在过去二十年里才开始被使用。尽管成千上万缺乏自然发育所需激素的儿童正在服用这种药物,但一些观察者却提出质疑,“矮”究竟是不是一个足够严重的问题,以致儿童必须使用这种药物。可以肯定地说,个子不高也并不影响个体在社会中的正常发展。而且,这种药物价格昂贵,并可能有副作用,这是很危险的。某些情况下,这种药可能导致青春期提早开始,反而会限制儿童之后的生长。

健康照护者的视角

在什么情况下,您会建议使用生长激素吗？身体矮小主要是生理问题还是文化问题？

另一方面,也没有人否认人造生长激素在提高儿童身高上的作用。某些情况下,它使得非常矮的儿童的身高增量远远超过了30厘米(一英尺),达到正常水平。最后,在还没有长期研究说明这种治疗是否安全的时候,父母和医学人员必须在给儿童用药之前,仔细地权衡其利弊(Ogilvy-Stuart & Gleeson, 2004; Webb et al., 2012; Poidvin et al., 2014)。

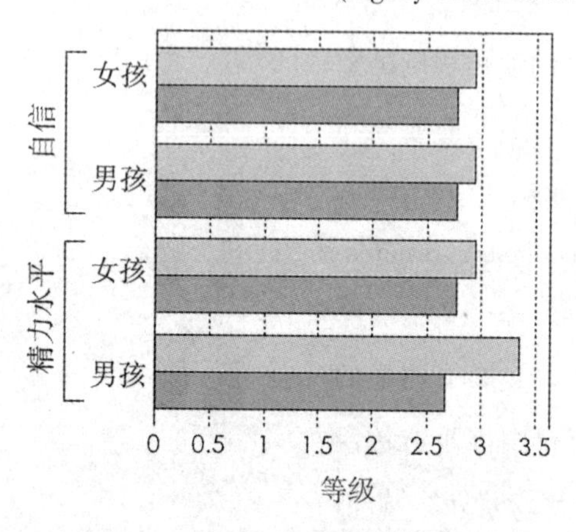

图9-1 营养好的收益

获取较多营养的儿童比营养摄入较少的儿童更有精力，更自信。这个发现提示我们应实施哪些政策？

（资料来源：改编自Barrett & Radke-Yarrow，1985.）

营养。正如我们之前提到的,体型和营养之间具有相当明显的联系。营养水平不仅影响体形大小。例如,在危地马拉村庄长期的纵向研究显示,儿童的营养状况与学龄期的社会和情绪功能发展的一些因素有关。与营养不足的同龄儿童相比,营养充足的儿童与同伴的关系更为密切,表现出更多的积极情绪和更少的焦虑。较好的营养状况也能使儿童更渴望探索新的环境,在挫败的情境中更能坚持,在某些活动中更为机警,总体上表现得更有活力,也更加自信(Barrett & Frank, 1978; Nyaradi et al., 2013; 见图9-1)。

营养也与认知表现有关。例如,在一项考察儿童言语能力和其他认知能力的研究中,肯尼亚营养充足的儿童比轻度至中度营养不良的儿童表现得更好。其他研究表明,营养不良可能会通过抑制儿童的好奇心、反应性和学习动机来影响其认知发展(Wachs, 2002; Grigorenko, 2003; Jackson, 2015)。

儿童期肥胖。尽管普遍认为瘦是一种优势,但至少在美国,越来越多的儿童在变胖。肥胖是指一个人的体重比他年龄和身高阶段的体重平均水平高出 20%。根据这种定义,有 15% 的美国儿童达到肥胖水平,这个比例自 20 世纪 60 年代到现在,已经翻了两倍(见图 9 - 2; Brownlee, 2002; Dietz, 2004; Mann, 2005)。

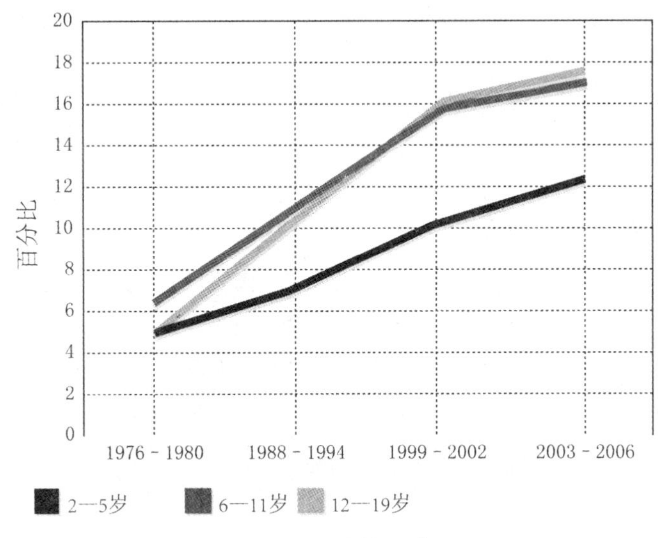

图9-2　儿童的肥胖问题

在过去的30年中，6到12岁具有肥胖问题的儿童的比率已经急剧增加。
(资料来源：Centers for Disease Control and Prevention, retrieved from World Wide Web, 2009.)

儿童肥胖的代价会持续一生。肥胖儿童成年后更有可能超重,患心脏病、2 型糖尿病、癌症和其他疾病的风险也更高。一些科学家认为,肥胖症的流行可能导致美国人的寿命缩短(Park, 2008; Mehlenbeck, Farmer, & Ward, 2014)。

肥胖是由遗传和社会特征以及饮食共同造成的。特定的遗传基因与肥胖有关,并使某些儿童容易超重。例如,被收养的孩子的体重往往更接近他们的亲生父母,而不是他们的养父母(Bray, 2008; Skledar et al., 2012; Maggiet al., 2015)。

社会因素同样会影响儿童的体重。儿童需要学会控制自己的饮食。那些过分关注和控制孩子饮食的父母,可能会使儿童缺乏一些调节自己食物摄入的内部控制能力(Johnson & Birch, 1994; Faith, Johnson, & Allison, 1997; Wardle, Guthrie, & Sanderson, 2001)。

当然,不佳的饮食也会导致肥胖。虽然大多数儿童知道,某些食物对保证饮食均衡和有营养是必要的，但他们吃水果和蔬菜的数量比建议的要少得多，吃油腻和甜食的数量比建议的要多得多（见图 9－3）。学校的午餐计划有时会因为没有提供营养的选择而导致这个问题（Johnston，Delva，& O'Malley，2007；Story，Nanney，& Schwartz，2009）。

这张“我的金字塔孩童版（MyPyramid for kids)”可以使你每天保持体力充沛，或者大多时候做出健康的食物选择。每一部分都有新的信息，你发现了吗？

每天保持活力
爬楼梯的小人会提醒你每天积极运动，比如跑步、遛狗、游泳、骑车或者爬楼梯。

从每一组中选取更丰富的食物
为什么金字塔底部彩条更宽？你应该吃更多，更经常吃的这些食物就位于金字塔底部。

吃更多某些食物组里的食物
你注意到一些彩条比另一些更宽吗？不同的大小提醒你应该从最宽的食物组中选择更多的食物。

每天一彩条
橙、绿、红、黄、蓝、紫代表6组不同食物和油类。记住每天要吃所有食物组中的食物。

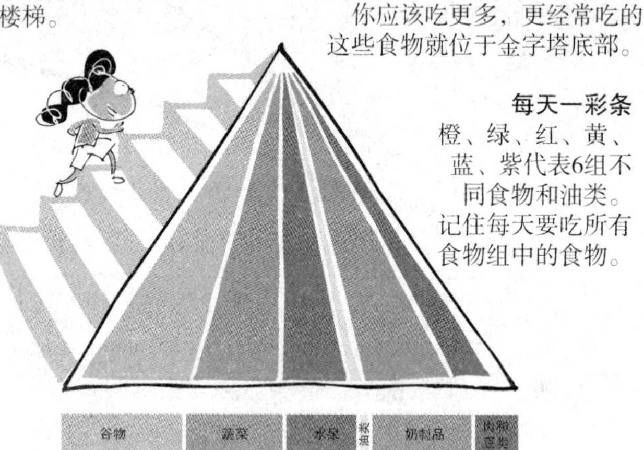

一步步来
你不必一晚上就做出对吃什么和怎么锻炼完全的改变。从选择一件新的有益的事情开始，然后每天增加一点新的。

做适合你的正确选择
“My Pyramid.gov”这个网站会给家庭中的每一个成员建议怎么吃得更好，锻炼更多。

图9–3　均衡的饮食？

最近的研究表明，儿童的饮食结构几乎与美国农业部所建议的相反，这可能会导致肥胖问题的增加。现在的10岁儿童普遍比十年前的同龄儿童重4.5千克（10磅）。（资料来源：美国农业部〔USDA〕，1999；新产品开发小组〔NPD Group〕，2004.）

虽然儿童中期的孩子精力很充沛，但令人惊奇的是儿童期肥胖的一个主要影响因素却是缺乏锻炼。大多数学龄儿童参加的体育锻炼相对较少，身体也并不是非常健壮。例如，大概有 40% 的 6 至 12 岁男孩不能做一个以上的引体向上，有 1/4 连一个也做不了。而且，尽管国家在努力提高学龄儿童的健康水平，但学校的身体健康调查表明，美国儿童的锻炼量几乎没有或根本没有提高。从 6 岁到 18 岁，男孩的运动量减少了 24%，而女孩减少了 36%（Moore，Gao，& Bradlee，2003；Sallis & Glanz，2006；Weiss & Raz，2006）。

当我们看到儿童期的孩子在学校操场上愉快地跑着，进行体育运动，在捉人游戏中互相追赶时，为什么说他们实际的锻炼水平还是相对较低呢？其中的一个回答是许多孩子都在家里待着，看电视或盯着电脑屏幕。这样总是坐着不仅限制了儿童锻炼身体，而且他们在看电视和在网上冲浪时还经常吃零食（Pardee et al., 2007；Landhuis et al., 2008；Goldfield, 2012；Cale & Harris, 2013；也见“你是发展心理学知识明智的消费者吗？”）。

观看视频　儿童期肥胖问题

运动的发展

LO 9.2　概述儿童中期运动发展的过程

学龄儿童的健康水平没有我们期望得那样高，但这并不意味着这些儿童身体能力不足。事实上，即使不进行定期的锻炼，儿童的粗大运动和精细运动技能也会在学龄时得到充分的发展。

粗大运动技能。粗大运动技能的一个重要发展体现在肌肉协调方面。当我们看到一个垒球投手发出的球绕过击球手，到达本方捕手时；当我们看到选手在赛跑中到达终点时；当我们看到本章前面提到的会跳绳的凯特时，我们都会被这些儿童从较为笨拙的学前期开始所取得的巨大进步所触动。

在儿童中期，孩子掌握了许多早先不能很好完成的技能。例如，大多数学龄儿童能很容易地学会骑车、滑冰、游泳和跳绳（Cratty, 1986；见图 9－4）。

男孩和女孩的运动技能有差异吗？几年前发展心理学家就得出结论，认为在这些年中，不同性别儿童在粗大运动技能上的差异变得越来越明显，男孩的表现要好于女孩（Espenschade, 1960）。但是，有些男孩和女孩都会定期地参加一些类似的活动，如垒球，当对这些儿童进行比较时，会发现他们在粗大运动技能上的差异其实是很小的（Hall & Lee, 1984；Jurimae & Saar, 2003）。

为什么会有变化？社会对儿童的期望可能在其中起了作用。社会不希望女孩表现得活蹦乱跳，并告诉女孩她们在运动中的表现会差于男孩，所以女孩的表现反映了这样的信息。

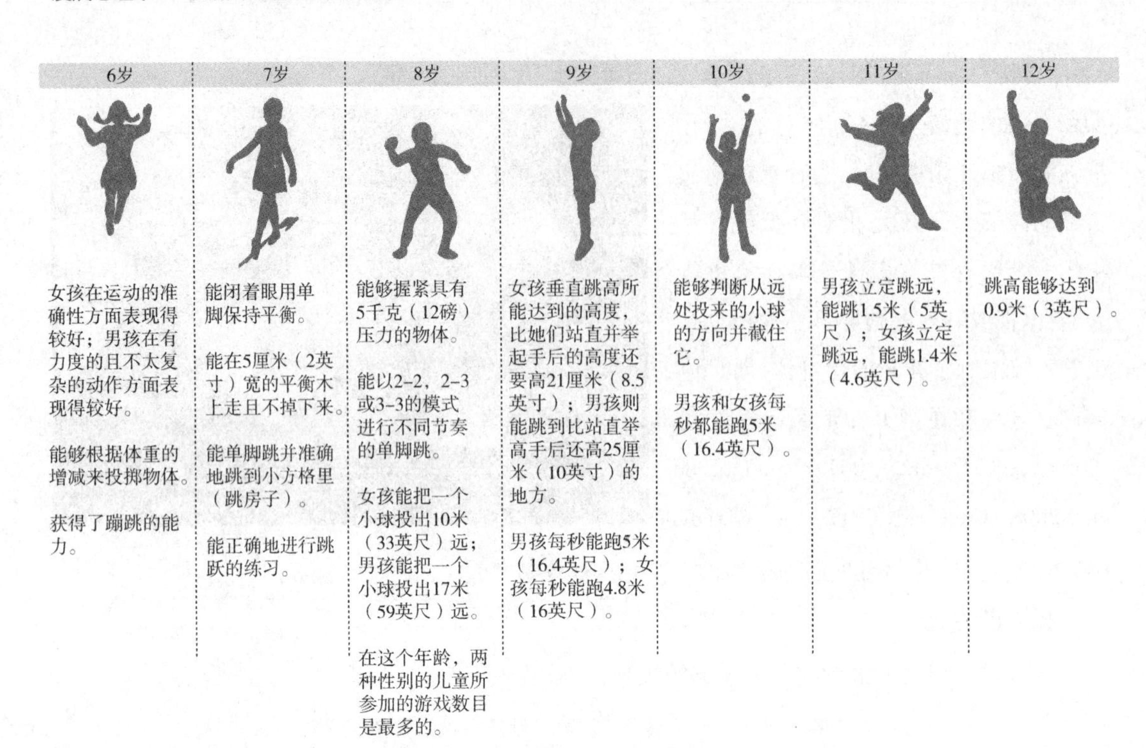

图9–4　粗大运动技能

儿童在6至12岁期间粗大运动技能的发展

（资料来源：改编自Cratty, 1979, p.222.）

在童年中期，孩子们掌握了许多早期他们不能很好地表现的技能，比如那些依赖于精细运动协调的技能。

然而在今天，至少从官方态度来看，社会信息已经发生了变化。例如，美国儿科学会（American Academy of Pediatrics）提出男孩和女孩应该参加相同的运动和游戏，并且在一起活动。青春期之前就在身体锻炼和运动中把儿童按性别分开，是没有道理的，直到青春期时，才应在身体接触项目中考虑到儿童的性别，因为女性较小的身躯很容易在这些项目中受伤（Vilhjalmsson & Kristjansdottir, 2003；American Academy of Pediatrics, 2004；Kanters et al., 2013）。

◎ 你是发展心理学知识的明智消费者吗？

保持儿童身体健康

这是一个有关当代美国人的简短描述：山姆（Sam）整个星期都坐在桌子旁，不进行定期的锻炼。周末他在电视机前坐了很长时间，总是在喝苏打吃糖果。在家里和餐馆中，他的伙食都以高热量和富含脂肪的食物为主(Segal & Segal, 1992, p.235)。

尽管这样的勾画可能适用于许多成年男女,但山姆实际上才 6 岁。在美国,许多学龄儿童几乎或根本不进行定期的锻炼,最终导致了其体能欠佳、肥胖和其他的健康问题。山姆就是这些儿童中的一个。

有一些能够使儿童变得更爱活动的方法(Tyre & Scelfo, 2003; Okie, 2005):

- 令锻炼有趣。为了养成锻炼的习惯,应该让儿童感到锻炼是愉快的。不适宜让儿童参与的或竞争激烈的活动,可能会让他们终身讨厌锻炼,使其运动技能也变得较差。
- 为儿童做一个锻炼身体方面的榜样。当儿童发现锻炼是他们父母、老师或成年朋友生活中定期要进行的内容后,他们可能也会开始想保持身体健康应是自己生活中定期要进行的内容。
- 使活动适合儿童的体能和运动技能。例如,使用儿童尺寸的能够使参与者有成就感的器械。
- 鼓励儿童寻找一个搭档,可以是朋友、兄弟姐妹或父母。锻炼可以涉及很多种活动,如滑旱冰或徒步旅行,而且如果有其他人的参与,那么几乎所有的活动都会更容易开展。
- 缓慢地开始。那些过去没有进行定期身体活动的坐惯了的儿童,应该逐渐开始运动。例如,他们开始时可以一天只进行 5 分钟的锻炼,一周 7 天。10 周过后,他们可以努力达到一天进行 30 分钟,一周 3 到 5 天的锻炼目标。
- 督促儿童参与有组织的体育运动,但不要督促得太紧。不是所有的儿童都愿意运动,督促得太紧可能会事与愿违。把参与和享受其中的乐趣作为这些活动的目标,而不是把取胜作为目标。
- 不要把诸如开合跳跃或俯卧撑之类的身体活动作为对有害行为的惩罚。相反,学校和父母应该鼓励儿童参加那些能够使他们以愉快方式活动的有组织的项目。
- 提供健康的饮食。饮食健康的孩子比那些饮食中含有大量苏打水和零食的孩子更有精力从事体育活动。

精细运动技能。在计算机键盘上打字、用钢笔和铅笔写字、画一些精细的画。这些成就取决于精细动作协调性的发展,当然它们只是其中的一些。精细动作协调性的发展在儿童早期和中期开始出现。6 岁和 7 岁的儿童能够系鞋带和扣子;到 8 岁时,他们可以只用一只手做事;到 11 岁和 12 岁,他们操作物体的能力几乎达到了成人的水平。

精细运动技能发展的原因之一是大脑中髓鞘的数量在 6 到 8 岁时有了显著增加(Lecours, 1982)。髓鞘是环绕在神经细胞某些部位上的保护性绝缘物质。由于髓鞘能加快神经元之间的电脉冲传导的速度,所以信息能够较快地到达肌肉,并使它们受到更好地控制。

儿童中期的身心健康

LO 9.3　总结学龄儿童主要的身心健康问题

伊玛尼(Imani)很痛苦。她在流鼻涕,嘴唇干裂,喉咙疼痛。虽然她没有上学待在家里,并整天在看电视里重播的节目,她仍旧感到病得非常严重。

尽管伊玛尼很痛苦,但她的情况并不十分糟糕。几天之后她的感冒就会好,她的身体也不会因生病而虚弱。事实上,她的状况可能还会稍好些,因为她现在对那些导致她生病的感冒病毒已有了免疫力。

伊玛尼的感冒可能是她在儿童中期所得的最严重的病。对于大多数儿童来说,生病之后是一个身体强健的时期,并且他们所得的大多数疾病往往是轻微、短暂的。儿童中期的孩子都要接受疫苗注射,这已经使得威胁生命的疾病的发病率明显降低,这些疾病在50年前曾夺去了许多儿童的生命。

另一方面,得病也是很平常的。例如,一项大规模调查的结果显示,90%以上的儿童在儿童中期的6年中都可能经历至少一个严重的疾病期。大多数儿童患有短期疾病,而1/9的儿童患有慢性、长期疾病,如复发的偏头痛。还有一些疾病,如哮喘,也变得更为普遍了(Dey & Bloom, 2005)。

哮喘　一种慢性疾病,其特征是出现周期性的喘息、咳嗽和呼吸短促的症状。

哮喘。在过去的几十年里,哮喘是普遍明显增加的疾病之一。**哮喘**是一种慢性疾病,其特征是出现周期性的喘息、咳嗽和呼吸短促的症状。美国有700多万儿童患有这种疾病,世界范围内这个数字超过1.5亿。种族和少数族裔尤其容易患这种疾病(Celano, Holsey, & Kobrynski, 2012; Bowen, 2013; Konis - Mitchell et al., 2014)。

当通向肺部的通道收缩,部分地阻碍了氧气的流通时,哮喘就发作了。由于通道被阻塞,所以个体需要费力地使空气穿过通道,这导致呼吸更加困难。随着空气被迫穿过阻塞的通道,个体出现了像哨声一样的喘息声。

哮喘发作是由多种因素引起的。最常见的是呼吸道感染(如感冒或流感),对空气中刺激物的过敏反应(如污染、香烟烟雾、尘螨、动物皮屑和排泄物),压力和锻炼等。有时,甚至是气温或湿度的突然变化也足以引起发作(Noonan & Ward, 2007; Marin et al. , 2009; Ross et al. , 2012)。

最令人迷惑的一点是为什么在过去的 20 年中越来越多儿童患上了哮喘这种疾病。一些研究者指出空气污染的增加导致了患病人数的增加;其他研究者则认为,现在只不过是更为精确地诊断出过去可能被遗漏的哮喘病例罢了。还有一些研究者认为人们接触如灰尘之类的“哮喘刺激物”的次数可能在增加,因为新的建筑物不太受天气影响,所以比旧房子的通风差,致使里面的空气流通更加受限。

在儿童中期,尽管哮喘和其他疾病对儿童的健康造成了威胁,但更大的潜在危险来自可能发生的意外伤害。正如我们下面要谈到的,在这期间与严重的疾病相比,儿童更可能由意外事件所造成的威胁生命的伤害(Woolf & Lesperance, 2003)。

意外事故。学龄儿童日益增长的独立性和移动性导致了新的安全问题。在 5 到 14 岁之间,儿童的受伤率增加。男孩比女孩更容易受伤,可能是因为他们的整体体育活动水平更高。一些种族和少数族裔群体比其他群体面临更大的风险:受伤死亡率最高的是美洲印第安人和阿拉斯加原住民,最低的是亚洲和太平洋岛民。白人和非裔美国人的受伤死亡率大致相同(见图 9 – 5; Noonan, 2003a; Borse et al. , 2008)。

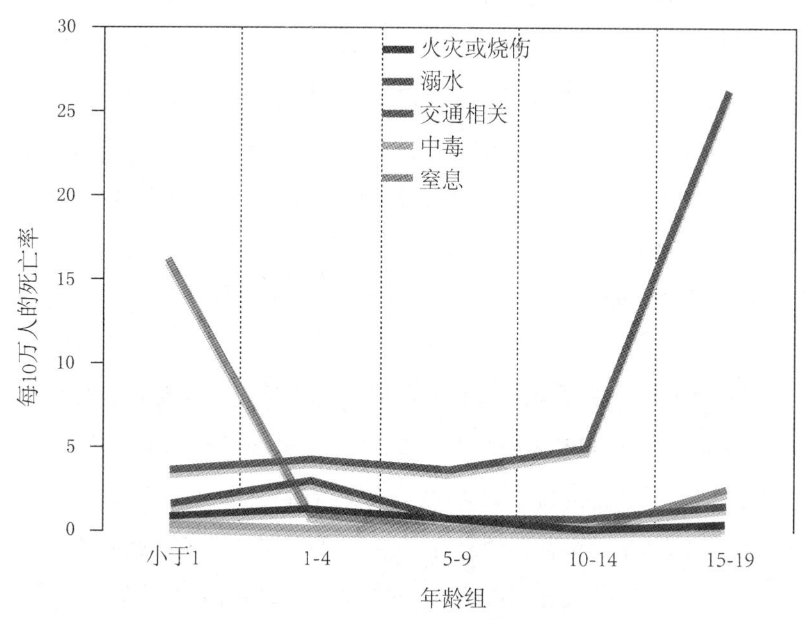

图9–5 不同年龄段的伤害死亡率

在儿童中期,意外死亡最常见的原因是交通。你认为为什么与交通有关的死亡会在儿童中期之后激增?

(资料来源:Borse et al., 2008.)

学龄儿童活动性的增加是一些意外事件发生的根源。例如，在经常自己走着去上学的儿童中，有许多人独自走这么长的路，他们面临着被汽车和卡车撞到的风险。由于他们缺乏经验，所以当他们计算自己与即将过来的车辆距离时，就可能出错。此外，自行车事故也呈增长趋势，特别是当儿童在热闹的公路上冒险时（Schnitzer, 2006）。

造成儿童伤害最常见的原因是汽车事故和其他的交通伤害。每年每100,000名5到9岁的儿童中就有4个在车祸中丧生。火灾和烧伤、溺水以及枪杀致死的发生频率依次递减（Field & Behrman, 2002; Schiller & Bernadel, 2004）。

减少汽车和自行车伤害的两个方法是，使用固定在汽车里的座椅安全带，以及把合适的具有保护性的衣服穿在外面。自行车头盔已经明显地减少了头部伤害，而且头盔在许多地区是被强制使用的。对于其他活动可以采取相似的保护措施；例如，对于滚轴溜冰和滑板运动来说，护膝和护肘都已是减少受伤的重要用品（Blake et al., 2008; Lachapelle, Noland, & Von Hagen, 2013）。

心理失调

8岁的本·卡拉默（Ben Cramer）喜欢棒球和神秘故事。他有一只狗叫弗兰基和一辆蓝色的赛车。本患有双相障碍，一种严重的心理疾病。一分钟前还会认真地做作业，而下一分钟就连看一眼老师都不愿意。他通常是同学们的好朋友，但也会突然对班上的其他孩子大发脾气。有时他相信自己可以做任何事情：触摸火焰而不被烧伤，或者从屋顶上跳下来飞起来。有时，他感到如此悲伤和渺小，会写关于死亡的诗。

当人的情绪状态在精神异常高涨和抑郁中反复交替时，就被诊断为像本的病症一样的双相障碍。多年以来，大多数人都忽视了儿童心理失调的这些症状，甚至到目前为止，父母和老师似乎也没注意到它们的存在。然而，这却是一个普遍的问题：1/5的儿童和青少年患有心理失调，至少在某些方面，这会导致损伤。例如，大约有5%青春期前的儿童患有儿童期抑郁，13%的9到17岁的儿童患有焦虑障碍。儿童心理障碍的治疗费用估计为2500亿美元（Cicchetti & Cohen, 2006; Kluger, 2010; Holly et al., 2015）。

对于儿童心理失调的忽视,部分因为儿童表现出的症状与患有类似失调的成人的症状存在一定的差异。甚至当儿童已被诊断为患有儿童期心理失调时,究竟应使用哪种治疗方法,也不是很明确的。例如,抗抑郁药物的使用已经成为治疗多种儿童期心理失调的普遍方法,其中的心理失调包括抑郁和焦虑。在2002年,医生给18岁以下儿童开的药物处方超过了一千万。但令人惊奇的是,政府从来没有批准对儿童使用抗抑郁药物。然而,由于成人可以使用,所以医生会理所当然地也给儿童开这种药方(Goode, 2004)。

倡导给儿童多开类似百忧解(Prozac)、左洛复(Zoloft)、帕罗西汀(Paxil)和安非他酮(Wellbutrin)的抗抑郁药处方的人认为,可以用药物疗法来成功地治愈抑郁和其他心理失调。在许多情况下,那些主要采用言语方法的传统非药物疗法,很多是完全没有效果的。针对这样的情况,药物是唯一能减轻病情的方法。而且,至少有一个临床测验已经表明药物对于儿童有效(Barton, 2007; Lovrin, 2009; Hirschtritt et al., 2012)。

双相情感障碍和抑郁症等心理障碍会损害儿童的思维和行为。

然而,批评者声称几乎没有证据能证明抗抑郁药物对儿童的长期效用。更糟的是,没有人比较了解在儿童大脑发育期间,使用抗抑郁药物的结果以及长期后果。人们也几乎不知道应该给特定年龄和体型的儿童服用多大的剂量。而且,一些观察者认为,使用专门为儿童生产的抗抑郁药物,如橘子味或薄荷味的糖浆,可能会导致用药过量或最终造成了非法药物的使用(Cheung, Emslie, & Mayes, 2006; Rothenberger & Rothenberger, 2013; Seedat, 2014)。

最后,有证据显示了使用抗抑郁药物与自杀风险增高之间的关系。尽管还没有最后确定二者之间的联系,美国联邦药品管理局(U. S. Federal Drug Administration)于2004年发布了一则有关抗抑郁药物SSRI的使用警告。一些专家已强烈要求完全禁止给儿童和青少年使用这些抗抑郁药物(Bostwick, 2006; Sammons, 2009)。

尽管使用抗抑郁药物来治疗儿童还存在争议,但儿童期抑郁和其他心理失调对于儿童来说，仍旧是一个重大的问题，这是毋庸置疑的。一定不能忽视儿童期的心理失调。儿童期的失调不仅具有扰乱性，而且那些在儿童期有心理问题的个体，还具有在成年期患失调的危险（Bostwick, 2006; Gren, 2008; Sapyla & March, 2012）。

正如我们下面将要看到的，成人同样应该关注学龄儿童的其他特殊需要，它们会影响许多儿童的正常发展。

有特殊需要的儿童

LO 9.4　描述学龄儿童可能出现的各种特殊需要以及如何满足这些需要

开伦·艾维瑞（Karen Avery）是个无忧无虑的孩子，直到她上了一年级。一项阅读评估把开伦归入阅读组的最低水平。尽管开伦和老师有很多一对一的时间，但她的阅读并没有提高。她认不出前一天或前天看到的单词。她的记忆力问题很快在整个课程中显现出来。开伦的父母同意让学校给她做一些诊断测试。结果表明，开伦的大脑在将信息从短时（工作）记忆转移到长时记忆方面存在问题。她被贴上了学习障碍的标签。根据法律，她现在可以得到她真正需要的帮助。

开伦已被归入学习困难儿童的行列，这是有特殊需要的儿童中的一种类型。虽然儿童的能力存在差异，但有特殊需要的儿童与正常发展的儿童在身体素质或学习能力上明显不同。而且，他们的特殊需要使得其家庭和老师面临着巨大的挑战。

我们现在把目光转向影响儿童智力发展的一些最为常见的异常情况：感觉困难、学习困难和注意缺陷障碍。我们将在这章的后面谈到智力显著低于和高于平均水平的儿童的特殊需要。

感觉困难：视觉、听觉和言语问题。对于感觉损伤的人来说，即使是非常基本的、日常的任务，做起来也非常困难。可能曾经暂时弄丢过自己的眼镜或隐形眼镜的人体会过这一点。做事时视力、听力和言语能力低于正常水平，对患者来说，也许是一个巨大的挑战。

我们可以从法定的和教育上的意义来考虑视觉的损伤。法定的损伤是很明确的：失明是指视敏度在矫正后小于20/200（是指在距物体6米〔20英尺〕远的地方看它，就像一个正常人在距其60米〔200英尺〕远的地方看它一样),部分视力是指视敏度在矫正后小于 20/70。

即使一个人的视觉损伤没有严重到失明的程度,他的视觉问题可能也会严重影响其学业。首先,规定的标准仅与远距离视力有关,而大多数教育任务需要近距离视力。另外,这种对视力的界定没有考虑到有关颜色、深度和亮度知觉的能力——所有这些都可能会影响一个学生的学业成就。大约有 1/1000 的学生需要与**视觉损伤**方面有关的特殊教育服务。

听觉损伤会导致学业和社交方面的困难，还可能引发言语困难。

大多数严重的视觉问题很早就能被确诊,但有时也可能检查不出来。视觉问题也可能随着儿童的生理发展而逐渐出现,儿童的视觉器官也会相应地发生变化。父母和老师应该能够觉察到儿童视觉问题的一些征兆。眼睛经常疼痛(睑腺炎或感染),在阅读时持续地眨眼以及面部歪曲、经常把阅读材料贴近脸部、写字困难、经常头疼、头晕眼花,或眼睛发热,它们都是视觉问题的一些征兆。

听觉损伤也可能导致学业问题,还会造成社交困难,因为同伴交往大多都是通过非正式的谈话进行。丧失听力,这个影响着 1% 到 2% 学龄儿童的问题,并不简单的是听力不好的问题,而是一个可以从多种角度来解释的听觉问题(Yoshinaga - Itano, 2003; Smith, Bale, & White, 2005)。

视觉损伤　一种可能包括失明和有部分视力在内的看事物方面的困难。

听觉损伤　一种包括听力丧失和其他听力方面问题的特殊需要。

在一些丧失听力的情况中,儿童只是在对某一范围内的频率或音高的感知上存在着听力损伤。例如,他们的听力可能在正常言语范围内的音高上的缺损程度较大,而在其他频率,如那些非常高或低的声音上的缺损程度则非常小。具有这种情况的听力丧失的儿童,可能需要对不同频率声音具有不同放大程度的助听器;统一放大所有频率声音的助听器可能是无效的,因为它会把这个人能够听到的声音放大到不舒服的程度。

儿童如何适应这种损伤,取决于他们听力丧失开始的时间。如果听力丧失发生在婴儿期,其影响可能要比发生在 3 岁后严重得多。一方面,几乎没有或根本没有听过语言声音的儿童,很难理解口语并且自己说出口语的。另一方面,儿童听力在学习语言后丧失,将不会对其之后的语言发展造成严重影响。

严重的早期听力丧失也会导致抽象思维方面的困难。因为听力损伤的儿童可能接触语言的机会有限,而有些概念只有通过使用语言才能被完全理解，所以与那些能通过视觉来说明的概念相比，他们可能会在掌握这样的概念时表现出困难。例如，不使用语言就很难解释“自由”或“灵魂”这样的概念（Marschark, Spencer, & Newsom, 2003; Meinzen - Derr et al., 2014）。

言语损伤有时伴随着听觉困难，它是异常情况中最为常见的一种类型：每当儿童大声说话时，听话者就能明显感觉到这种损伤。事实上，从对**言语损伤**的界定来看，当言语与其他人的言语水平相差甚远，以致使它本身受到注意，干扰了交流，或使说话者适应不良时，就表明言语存在着损伤。换句话说，如果一个儿童的说话听起来有损伤了，则很可能就是言语损伤。大概有3%到5%的学龄儿童有言语损伤的问题（Bishop & Leonard, 2001）。

言语损伤 与其他人的言语水平相差甚远，以致使其本身受到注意，干扰了交流，或使说话者适应不良的言语。

儿童期开始的流畅性障碍，即口吃（stuttering）。极大破坏了说话的节奏和流畅性，是最为常见的言语损伤。虽然有很多关于这个问题的研究，但还没有明确找出口吃的原因。对于年幼儿童来说，偶尔口吃是很常见的，而且这也会偶尔发生在成年人身上，但长期口吃可能是一个严重的问题。口吃不仅干扰了交流，还会使儿童尴尬和紧张，从而变得不爱和别人谈话，也不爱在班里大声说话（Altholz & Golensky, 2004; Sasisekaran, 2014）。

儿童期开始的流畅性障碍（口吃） 极大破坏了说话节奏和流畅性是最为常见的言语损伤。

父母和老师可以采取一些策略来应对口吃。例如，不要把注意力放在口吃本身，无论儿童的说话时间有多么长，都给他们足够的时间说完他们已经开始说的话。替口吃者说完他们要说的话或纠正他们说话的做法，都是无益的（Ryan, 2001; Beilby, Byrnes, & Young, 2012）。

学习困难：成就与学习能力之间的差异。就像在这部分一开始所描述的开伦·艾维瑞一样，约1/10的学龄儿童被诊断为学习困难。**学习困难**的特征是在获得和使用听、说、读、写、推理和数学能力上存在困难。学习困难的一种模糊定义，是把它的发生看成是碰运气之类的事，当儿童的实际学业表现和其本应表现出的学习能力之间存在差异时，就把儿童诊断为学习困难者（Lerner, 2002; Bos & Vaughn, 2005）。

学习困难 在获得和使用听、说、读、写、推理和数学能力上存在的困难。

如此宽泛的界定包含了各种极其不同的学习困难。例如，一些儿童有阅读障碍，这种阅读困难会导致阅读和书写时错误地知觉字母、很难读出字母、混淆左右以及难于拼写。虽然阅读障碍还没有被完全了解，但导致这种障碍的一个可能原因，是大脑中负责把词分解成声音元素的部分出现了问题，而这些声音元素是语言的组成部分（McGough, 2003; Lachmann et al., 2005; Summer, Connelly, & Barnett, 2014）。

学习困难的原因从总体上说还不是很清楚。尽管它们一般被归结为某种脑功能紊乱,这种紊乱可能由遗传因素导致,但一些专家认为它们是由一些环境因素导致,如早期较差的营养状况或过敏等(Shaywitz,2004)。

注意力缺陷多动障碍

> 7岁的特洛伊·达尔顿(Troy Dalton)把老师累坏了。他坐不住,整天在教室里走来走去,分散了其他孩子的注意力。在读书会上,他在座位上跳上跳下,书掉在地上,撞翻了白板。朗读时,他在房间里跑来跑去,一边大声哼着歌,一边大喊:"我是一架喷气式飞机!"有一次,他纵身一跃,落在另一个男孩身上,摔断了胳膊。老师告诉特洛伊的母亲(她看上去非常疲惫):他就像永动机。学校最终决定把特洛伊一天分配到三间二年级教室。这并不是一个完美的解决方案,但确实让他的小学老师能够进行一些实际的教学。

7岁的特洛伊精力充沛、注意力持续时间短,这是由注意力缺陷多动障碍引起的,在学龄儿童中有3%到5%患有这种疾病。**注意力缺陷多动障碍(ADHD)**的特征是注意力不集中、冲动、对挫折的容忍度较低,通常还有大量不适当的活动。所有的孩子有时都会表现出这样的特点,但对于那些被诊断为ADHD的孩子来说,这种行为很常见,会干扰他们的家庭和学校功能(American Academy of Pediatrics 2000b; Whalen et al., 2002; Van Neste et al., 2015)。

注意力缺陷多动障碍 一种学习困难,它的特征是不能集中注意力、冲动、难以忍受挫折以及具有大量不适当的活动。

ADHD的最常见的标志是什么?通常很难区分开只是活动水平较高的儿童和ADHD儿童。最常见的一些症状包括:

- 在完成任务、遵照指令和组织工作方面一直有困难;
- 不能看完一个完整的电视节目;
- 频繁地打断别人或说话过多;
- 往往在听完所有指令之前就开始某项任务;
- 很难等待或持久地坐着;
- 坐立不安,扭曲身体。

因为没有简单的测试来确定一个孩子是否患有ADHD,所以很难确定有多少孩子患有这种疾病。美国疾病控制与预防中心(Centers for Disease Control and Prevention)估计,3至17岁的多动症儿童比例为9%,其中男孩被诊断为多动症的可能性是女孩的两倍。其他估计数字要低一些。可以确定的是,在过去的20年里,ADHD的诊断发病率显著增加(见图9-6)。目前还不清楚这种增加是由于这种疾病的实际增加,还是因为其标签的增加。无论如何,只有经过训练的临床医生才能在对孩子进行广泛评估并与家长和老师面谈后做出准确的诊断(Sax & Kautz, 2003; CDC, 2010)。

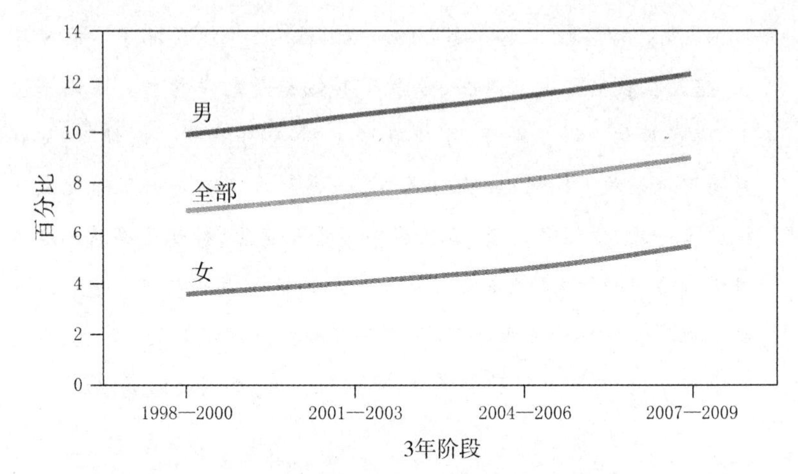

图9-6　ADHD的诊断呈上升趋势

在过去的20年里，男孩和女孩的多动症诊断增加了。
（资料来源:CDC/NCHS、健康数据互动和全国健康访谈调查。http://www.cdc.gov/nchs/数据/ databriefs / db70.htm.）

ADHD的病因尚不清楚,但一些研究发现,它与神经发育迟缓有关。具体来说,可能是ADHD儿童的大脑皮质增厚比正常儿童晚了三年(见图9-7)。

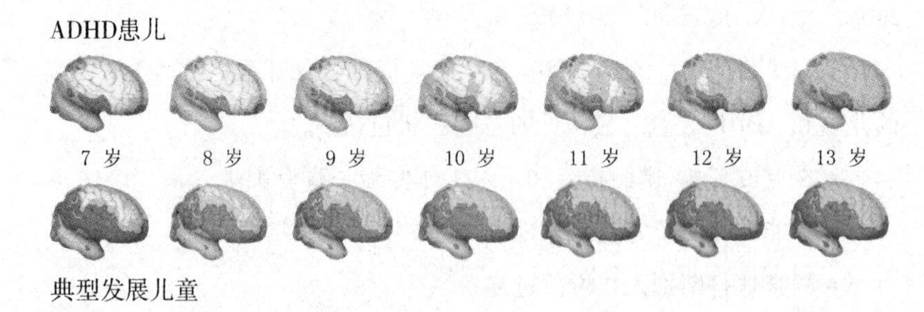

图9-7　ADHD患儿的大脑

与同龄儿童的大脑相比，多动症儿童的大脑皮层增厚程度较轻。
（资料来源: Shaw et al., 2007.）

儿童多动症的治疗一直是一个相当有争议的来源。由于已经发现,哌甲酯或伪麻黄碱(矛盾的是,它们是兴奋剂)的剂量会降低多动症儿童的活动水平,许多医生会定期开出药物治疗处方(Arnsten, Berridge, &

McCracken, 2009; Weissman et al., 2012)。

尽管在许多情况下,这样的药物能有效地增加注意范围和顺从行为,但在某些情况下,其副作用(如易怒、食欲减退和抑郁)是很大的,并且人们还不清楚这种治疗对健康的长期作用。事实上尽管这种药通常能够帮助儿童在短期内改善在学校的表现,但还没有明确的证据显示,它能够持续地改善儿童的表现。实际上一些研究表明,服用了这种药的儿童在几年后学业上的表现并没有好于没有服药的 ADHD 儿童。不过,医生正在越来越频繁地开这种药(Mayes & Rafalovich, 2007; Rose, 2008; Prasad et al., 2013)。

观看视频　说出来:吉米(JIMMY):ADHD

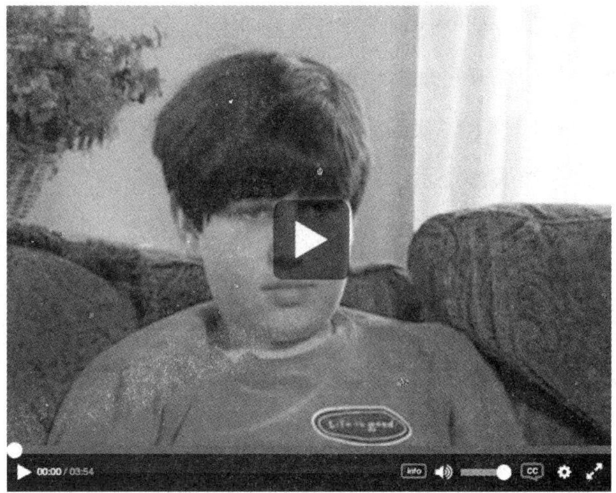

除了使用药物治疗 ADHD,行为疗法也经常被使用。通过行为疗法,孩子们被训练来控制他们的冲动并实现目标,主要是通过对期望行为的奖励(如口头表扬)来实现。此外,教师可以增加课堂活动的结构,并使用其他班级管理技术来帮助多动症儿童,他们在非结构化任务方面有很大的困难(Chronis, Jones, & Raggi, 2006; DuPaul & Weyandt, 2006)(家长和老师可以通过 www.chadd.org 获得患有注意力缺陷多动障碍组织的儿童和成人的支持。也见"从研究到实践"专栏)

◎ 从研究到实践

用药物治疗患有多动症的孩子会带来学习上的好处吗?

长期以来,人们普遍认为,哌甲酯(Ritalin)或阿德罗(Adderall)等药物有助于注意力缺陷多动症(ADHD)儿童在学校取得更好的成绩。研究证实了这一观点,证实这些药物有助于改善多动症儿童的注意力和记忆力。但最近的研究显示,从长远来看,这可能并不重要,这给人们蒙上了一层怀疑的阴影(Wang, 2013)。

当研究人员着眼于长远而不是着眼于短期结果时,就会出现这种差异。一项历时 11 年的研究调查了数千名患有多动症的男孩的教育结果,其中一些男孩接受了药物治疗,另一些男孩没有,接受药物治疗的男孩在学校的表现实际上比没有接受药物治疗的男孩差(Currie, Stabile, & Jones, 2014)。

当然,一个令人困惑的问题是,为什么注意力和记忆力等明显的短期益处不会转化为更好的成绩。问题可能是多动症儿童在动机、纪律和学习技能方面与其他儿童没有什么不同。使用药物来提高他们的注意力并不能保证他们会正确或持续地使用这种注意力，如果他们选择专注于与朋友的电话交谈或沉迷于在奈飞网站(Netflix)刷剧，这可能对他们非常不好。很显然，还需要更多的研究来更加明确地回答这个问题，答案是重要的：如果我们要兴奋剂治疗的儿童克服他们在学业成绩上的缺陷，我们需要合理确定药物事实上会怎么做(Ilieva, Boland, & Farah, 2013)。

共享写作提示

如果服用 ADHD 药物的儿童比服用安慰剂的儿童更容易感到专注，这个理由是否足以证明广泛使用这种药物是合理的为什么或为什么不？

模块 9.1 复习

- 在儿童中期，受遗传和社会因素的影响，身体在缓慢而稳定地成长着。充足的营养对身体、社会和认知发展是至关重要的，但营养过剩可能会导致肥胖。
- 这段时期，儿童在很大程度上发展了他们的粗大运动和精细运动技能，其肌肉协调性和操控技能都发展到了接近成人的水平。
- 在过去的几十年中，哮喘和抑郁的发生率已有了显著的增长。学龄儿童日益增长的独立性和流动性导致了新的安全问题。
- 许多学龄儿童都有特殊需要，尤其是在视觉、听觉和语言方面。一些儿童还有学习困难。以注意、组织和活动问题为特征的注意缺陷多动障碍影响了 3% 到 5% 的学龄儿童。使用药物来治疗这种障碍引起了很大争议。

共享写作提示：

应用毕生发展：美国文化的哪些方面可能导致了学龄儿童的肥胖？

9.2 智力的发展

一天，贾瑞德(Jared)从幼儿园回家，告诉父母他已经知道为什么天空是蓝色的，他的父母很高兴。他谈论到地球大气，尽管他还不能正确地发出那个单词，还谈论到空气中的湿气微粒是如何反射太阳光的。虽然他的解释很粗略（他不是非常了解什么是“大气”），他还是掌握了大体的概念，而且他的父母认为，这对于 5 岁的孩子来说，已经是一个非常大的成就了。

很快 6 年过去了，贾瑞德现在 11 岁。他已经花了 1 个小时写他的晚间作业。完成了 2 页的乘除作业后，他开始写他的美国宪法作业。他正在为他的报告做笔记，这个报告将说明政治派别在撰写文件时会涉及什么内容以及宪法出现后是如何被修正的。

不是只有贾瑞德的智力在儿童中期进步很大。在这个时期,儿童的认知能力拓宽,他们逐渐能够理解和掌握复杂的技能。然而,他们和成人的思维还不是完全一样的。

儿童期思维的发展和局限是什么？一些观点解释了儿童中期认知的发展。

皮亚杰的认知发展理论

LO 9.5　总结皮亚杰关于儿童中期认知发展的观点

让我们重新看看在第7章提到的皮亚杰有关学龄前儿童的观点。依据皮亚杰的理论,学龄前儿童处于前运算阶段。这是一种自我中心的思维类型,前运算阶段的儿童缺乏使用运算的能力,运算是有组织的、形式的、逻辑的心理过程。

具体运算思维的出现。依据皮亚杰的理论,在随着上学到来的具体运算阶段中,所有的一切改变了。儿童7到12岁时出现的**具体运算阶段**,是以主动且恰当地使用逻辑为特征的。具体运算思维要求把逻辑运算应用于具体问题之中。例如,当处于具体运算阶段的儿童面临一个守恒问题时(如判断从一个容器倒入另一个形状不同的容器中的液体是否总量不变),他们会运用认知和逻辑过程去解答,而不只是受事物外表的影响。他们能够进行正确的推理,即因为没有液体漏出,所以液体的总量不变。由于他们自我中心的程度较低,所以他们能够考虑到一个情境的多个方面,即具有去中心化的能力。我们在这部分开始时提到的六年级学生贾瑞德,正在使用**去中心化**的技能,考虑不同派别在创立美国宪法时所持的观点。

具体运算阶段　7到12岁的认知发展期,以主动且恰当地使用逻辑为特征。

去中心化　考虑到一个情境多个方面的能力。

儿童不可能一夜之间就从前运算思维转变到具体运算思维。在儿童正式处于具体运算阶段的前两年中,他们的思维在前运算和具体运算间来回地转变。例如,他们一般能正确回答守恒问题,但不能说出为什么。当被问到答案背后的原因时,他们可能会以一个毫无用处的“因为”来回答。

然而,具体运算思维一旦被完全使用,儿童的认知能力就进步了不少。例如,他们获得了可逆性的概念,它是指改变刺激的这个过程是可以逆转的,即能使刺激恢复到它原来的形式。掌握可逆性的概念能够让儿童理解,一个已经被压成蛇一样长的橡皮泥可以被恢复成它原来的状态。更加抽象地讲,它使学龄儿童理解了,如果3加5等于8,那么5加3也等于8,在这个阶段的后期,他们还会理解8减3等于5。

具体运算思维也能使儿童理解类似时间与速度关系这样一些概念。例如,考虑一下图9-8的问题,其中两辆车从同样的起点到同样的终点,使用了相同的时间，但是行驶了不同的路线。刚步入具体运算时期的儿童会认为两辆车以相同的速度行驶。然而，在 8 到 10 岁时，儿童得出正确的结论：如果行驶了较长路线的车到达终点的时间与行驶了较短路线的车到达终点的时间相同，则它一定跑得更快。

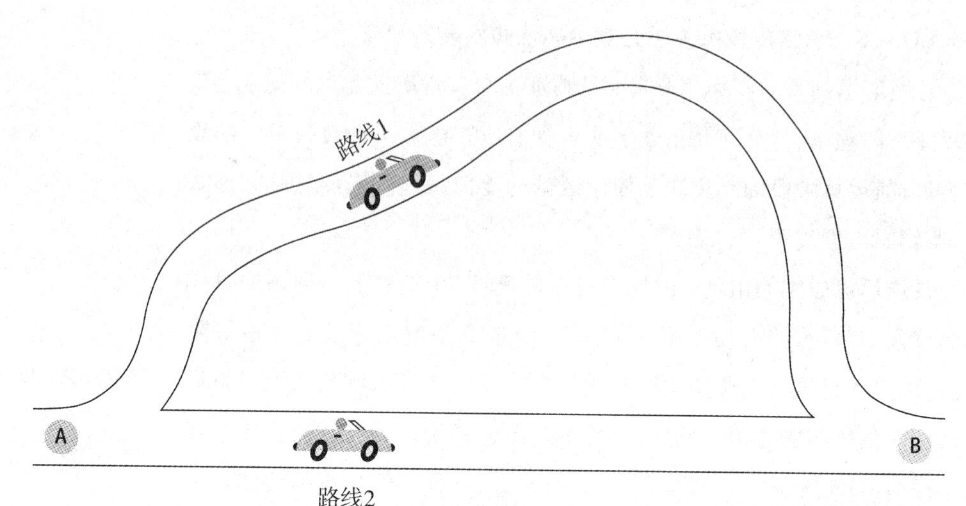

图9–8　守恒的路线

告诉儿童这两辆行驶路线1和路线2的车从启程到结束行程，使用的总时间相同后，刚步入具体运算时期的儿童仍然认为两辆车以相同的速度行驶。然而，随后他们得出了正确的结论：如果行驶过较长路线的车的启程和结束行程的时间，与行驶过较短路线的车相同，则它一定是以较快的速度行驶。

尽管儿童在具体运算阶段有所进步，但他们的思维仍旧有局限性。他们还是脱离不了具体的物理事实。而且，他们不能理解真正抽象的或假设的问题，或涉及形式逻辑的问题，如自由意志或决定论这样的概念。

皮亚杰的观点：皮亚杰是正确的，皮亚杰是错误的。正如我们在第 5 章和第 7 章探讨皮亚杰理论时所了解到的那样，推崇皮亚杰理论的研究者已经发现，他的观点虽然有许多遭到了批评，但也有许多是值得肯定的。

在儿童中期，认知有了相当程度的发展。

皮亚杰是观察儿童的大家，他在儿童学习和玩耍时对他们进行了出色而仔细的观察，他的许多书都记录了这些内容，而且他的理论有重大的教育意义，许多学校都以他的观点为依据来制定教学方针，从而指导教学材料及其呈现形式(Flavell, 1996；Siegler & Ellis, 1996；Brainerd, 2003)。

从某种程度上说，皮亚杰描述的认知发展观点是非常成功的(Lourenco & Machado, 1996)。但同时，批评者也提出了强烈的且看似合理的疑义。正如前面所述，许多研究者认为皮亚杰低估了儿童的能力，在这部分上是因为他所进行的迷你实验具有一定的局限性。当采用一系列范围较广的实验任务时，儿童在各阶段的表现就与皮亚杰预期的不大相符了(Bjorklund, 1997b；Bibacel, 2013)。

此外，皮亚杰似乎错误地判断了儿童认知能力出现的年龄。越来越多证据表明，儿童的能力出现得比皮亚杰预想得早，可能我们从之前对皮亚杰所描述的各阶段的讨论中，就能想到这一点。有证据表明一些儿童在7岁前就表现出具体运算思维的形式，而皮亚杰认为这种能力在儿童7岁时才会出现。

然而，我们也不能摒弃皮亚杰的观点。虽然一些早期的跨文化研究似乎表明，一些文化中的儿童从来都没有脱离过前运算阶段，不能掌握守恒并进行具体运算，但最近的一些研究得出的结论则不然。例如，通过守恒方面的适当训练，非西方文化的儿童也能学会这种能力。比如，在一项研究中，把发展出具体运算思维的时间与皮亚杰所说的时间相同的澳大利亚城市儿童，与一般在14岁时还没有理解守恒的土著儿童进行比较(Dasen, Ngini, & Lavallee, 1979)。结果发现，土著儿童接受训练后，表现出了与城市儿童类似的守恒技能，尽管其技能比城市儿童晚3年出现(见图9-9)。

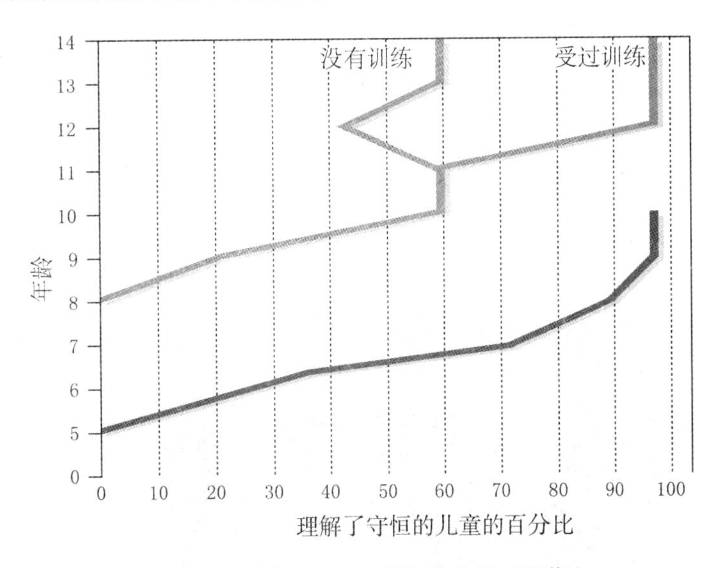

图9-9　守恒训练

澳大利亚土著儿童在守恒理解的发展上落后于城市儿童；但在训练之后，他们赶了上来。不经过训练，大概有一半的14岁土著儿童理解不了守恒。我们可以从训练影响了守恒理解的这个事实中得出什么结论？

(资料来源：改编自Dasen, Ngini, & Lavallee, 1979)。

此外，当访谈儿童的研究者具有与儿童相同的文化时，也就是说，当他们熟悉该文化的语言和习俗，使用的推理任务也与该文化所注重的方面有关时，这些儿童更可能表现出具体运算思维（Nyiti，1982；Jahoda，1983）。最后，这些研究说明，皮亚杰提出的，儿童普遍在儿童中期获得具体运算思维的观点，是正确的。尽管西方文化和一些其他文化中的学龄儿童在展现某些认知技能上或许存在差异，但这很可能是由于西方社会中儿童的经历能使他们在皮亚杰的守恒和具体运算测验中表现较好，而非西方文化中的儿童具有不同于西方文化中儿童的经历。因此，我们不能脱离儿童的文化特性来理解其认知发展的过程（Mishra，1997；Lau，Lee，& Chiu，2004；Maynard，2008）。

儿童中期的信息加工

LO 9.6　根据信息加工观点解释儿童在儿童中期的认知发展

对于一年级的儿童来说，除了学会拼写如“dog”和“run”这样的简单单词外，学会类似一位数加减的基本数学计算，也是一个很大的成就。但是到了六年级，儿童就能进行分数和小数运算了，就像这部分的开始所提到的那个小男孩贾瑞德在完成他六年级的家庭作业一样。此外，他们还能拼写如“exhibit”和“residence”这样的单词。

根据信息加工的观点，儿童能越来越娴熟地处理信息，就像计算机一样。随着他们记忆容量的增加，以及用于处理信息的“程序”越来越高级，儿童能够处理更多的数据（Kuhn et al.，1995；Kail，2003；Zelazo et al.，2003）。

记忆　信息最初被记录然后被存储和提取的过程。

记忆。正如我们在第5章看到的，记忆在信息加工模型中是指编码、储存和提取信息的能力。对于要记住某个信息的儿童来说，这三个过程必须全部正常地发挥功效。通过编码，儿童最初用便于记忆存储的方式来记这个信息。从来没有学过5+6=11，或是学的时候没有集中注意力的儿童，将永远不可能记住它。他们首先从没编码过这个信息。

尽管早期的一些跨文化研究似乎暗示，某些文化中的儿童从未超越前预算阶段，但最近的研究表明，情况并非如此。

但是仅仅是接触一个事实是不够的，信息还必须被储存。在我们的例子中，5+6=11这个信息必须被放并保持在记忆系统中。最后，记忆系统的正常工作，还要求存储在记忆中的内容能被提取。通过提取，存储在记忆中的内容被锁定，并提到意识层面，然后被使用。

在儿童中期，短时记忆（也被称为工作记忆）能力有了显著的发展。例如，儿童逐渐能够听完一串数字"1—5—6—3—4 后以相反的顺序复述它们"4—3—6—5—1"。从学龄前开始，他们只能记住并反向复述大概两个数字；在青春期开始时，他们能完成 6 个数字的这种任务。另外，他们能够使用更复杂的策略来回忆信息，这些策略能够随着训练而逐步提高（Rose, 2008；Jack, Simcock, & Hayne, 2012；Jarrold & Hall, 2013）。

记忆能力可能会使认知发展中的另一个问题变得清晰起来。一些发展心理学家认为，学龄前儿童在解决守恒问题时遇到的困难可能源于其有限的记忆能力（Siegler & Richards, 1982）。他们认为年幼儿童也许只是不能记起所有与正确解决守恒问题有关的必要信息。

元记忆，即对记忆的基础过程的理解，同样在儿童中期出现并发展。儿童步入一年级，且其心理理论发展得比较成熟时，他们就会对什么是记忆有一个大致的看法，也会理解一些人的记忆力比其他人要好（Cherney, 2003；Ghetti & Angelini, 2008；Jaswal & Dodson, 2009）。

元记忆 对作为记忆的基础的那些过程的理解，在儿童中期出现并发展。

随着学龄儿童慢慢长大，并逐渐使用控制策略——为了改善认知处理过程而有意识地、特意使用的一些策略，他们对记忆的理解变得更加成熟。例如，学龄儿童意识到复述，即重复信息，是提高记忆力的一种有效策略，于是他们在儿童中期越来越多地使用这种策略。类似地，他们会在组织材料上花更多的时间，这种策略也有助于他们回忆信息。例如，当要记住包括杯子、刀、叉子和盘子的词表时，与刚上学的儿童相比，年长儿童更可能把一致的项目分成一组——杯子和盘子、叉子和刀（Sang, Miao, & Deng, 2002；Dionne & Cadoret, 2013）。

同样，儿童中期也越来越多地使用助记法（mnemonics，念作"neh MON ix"），这是一种组织信息的形式化技术，使信息更容易被记住。例如，他们可能会学习乐谱上的空格拼出 FACE 这个单词，或者学习 30 天有 9 月、4 月、6 月和 11 月来回忆每个月的天数（Bellezza, 2000；Carney & Levin, 2003；Sprenger, 2007）。

提高记忆力。通过训练，儿童能更有效地使用控制策略吗？一定可以。虽然教儿童使用特定的策略并不是一件容易的事情，但学龄儿童还是能学会的。例如，儿童不仅需要知道如何使用一个记忆策略，还要知道什么时候和在哪儿使用这个策略才是最有效的。

以一个新策略——关键词为例。这种策略能把词或标签配对，从而帮助学生学习外国语言中的词汇、国家的首都以及其他信息。在关键词策略中，一个词与另一个与其读音相似的词被配成对（Wyra, Lawson, & Hungi, 2007）。例如，学习外国语言的词汇时，一个外国单词和一个与其读音相似的普通英语单词被配成对，这个英语词汇就是关键词。因此，学习西班牙语的单词鸭子（pato，发 pot - o 的音）时，关键词可以是“壶（pot）”；学习西班牙语的单词马（caballo，发 cob - eye - yo 的音）时，关键词可以是“眼睛（eye）”。一旦选择了关键词，儿童就形成了关于这两个相互联系的单词的心理表象。例如，一个学生可能会用在壶里洗澡的鸭子的表象来记 pato 这个词，或者凸眼睛的马来记 caballo 这个词。

维果茨基的认知发展理论和课堂教学

LO 9.7　总结维果茨基对儿童中期认知发展的解释

学习环境也能激励儿童学习这些策略。回想一下我们在第7章提到的苏联发展心理学家维果茨基的观点，他提出了儿童是通过接触处于其最近发展区，即 ZPD 之内的信息而发展认知能力的。ZPD 体现的是儿童能基本理解，但不是完全理解或完成某项任务的这样一种水平。

维果茨基的观点对于一些课堂实践的发展具有极其重要的影响，这些课堂实践的依据是，儿童应该积极参与学校教育中的各项活动（例如，Holzman, 1997）。所以，教室被看作是儿童有机会实验和尝试新活动的场所（Vygostsky, 1926/1997; Gredler & Shields, 2008; Gredler, 2012）。

教育工作者的角度

建议教师使用维果茨基的方法来教10岁的孩子有关美国成为殖民地的知识。

根据维果茨基的观点，教育所关注的，应该是那些涉及与他人相互影响的活动。儿童—成人和儿童—儿童的相互影响，都能为认知发展提供机会。必须仔细考虑相互影响的类型，以便使其处于每个儿童的最近发展区之中。

在合作性的小组中工作的学生能从其他人的见识中受益。

现今一些值得关注的教育上的新举措，就借鉴了许多维果茨基的理论。例如，合作学习，即儿童为了达到一个共同的目标而组成小组，一起工作，就吸收了维果茨基理论中的一些内容。在合作性的小组中工作的学生，能够从其他人的见识中受益,如果他们走错了路,也会被小组中的其他成员带回到正确的道路上。另一方面,并不是每一个同伴对合作学习小组中的成员都有帮助:正如维果茨基的观点所提示的那样,当小组中至少有一些成员更能胜任某项任务,并能充当专家的角色时,其他儿童才能最大限度地受益(DeLisi, 2006; Slavin, 2013; Gillies, 2014)。

互惠的教学是另一项反映维果茨基认知发展观点的教育实践。互惠的教学是一种教授阅读理解策略的方法。老师教学生浏览一段文章的内容,提出有关中心观点的问题,总结这段文章,最后预测下文的内容。这种方法的关键在于其相互性,即强调给学生一个担任教师角色的机会。开始时,老师引导学生学习阅读理解策略。之后,学生通过朝着其最近发展区的水平努力,而慢慢进步,逐渐能更好地使用这种策略,最终能担任教师的角色。尤其是对那些有阅读困难的学生来说,这种方法提高了学生的阅读理解水平,显示出了巨大成效(Greenway, 2002; Takala, 2006; Sprer, Brunstein, & Kieschke, 2009)。

语言发展:词汇的意思

LO 9.8　描述语言在儿童中期是如何发展的

如果你听过学龄儿童之间的谈话,就会感到他们的谈话乍听起来,与成人的没有很大差异。然而,这种表面上的相似性掩盖了真实情况。尤其是在学龄期开始时,儿童的语言技能仍需锤炼,才能达到成人的娴熟水平。

掌握语言的技巧。儿童的词汇量在其上学期间呈现出持续、快速增长的趋势。例如,6 岁儿童一般知道 8000 到 14000 个单词,9 到 11 岁的儿童又多认识了 5000 个。

学龄儿童使用语法的能力也在发展。例如,在学龄早期,儿童很少使用被动语态(如相较于"The dog was walked by Jon. 狗被乔恩遛。"),更常用主动语态"Jon walked the dog. 乔恩遛了狗"。6 岁到 7 岁时,儿童则很少使用条件句,如"If Sarah will set the table, I will wash the dishes."。然而,在儿童中期,他们对被动语态和条件句的使用都有所增加。另外,在儿童中期,儿童逐渐理解了句法,即用来把词和短语组织成句的规则。

儿童步入一年级时,他们中的大多数人都能准确地发出单词的音。然而,特定的音素和声音单元仍令他们烦恼。例如,发出 j、v、th 和 zh 音的能力,要比发其他音素音的能力晚发展出来。

当句子的意思取决于语调或声音的音调时,学龄儿童同样会遇到不能破解句子意思的困难。例如，考虑一下这个句子，"Gedge gave a book to David and he gave one to Bill."。如果单词"he"被重读，则意思是"乔治给了大卫一本书并且大卫给了比尔一本不同的书"。但如果语调重音放在单词"and"上，则意思就变为"乔治给了大卫一本书并且乔治也给了比尔一本书"。学龄儿童还不能轻松地弄清类似上述的一些微妙之处（Wells, Peppé, & Goulandris, 2004; Bosco et al., 2013）。

除语言技能外，交谈技能也在儿童中期得以发展。在这个时期中，儿童能较好地使用语用知识，语用知识所涉及的一些规则能够指导我们正确地使用语言，使我们能更好地在特定的社会环境中与人交流。

例如，从儿童早期的开始，尽管儿童意识到在交谈中要轮流说话，但他们对于这些规则的掌握还不是很成形。考虑一下下面6岁的尤尼（Yonnie）和麦克斯（Max）之间的谈话：

尤尼：我爸爸开一辆FedEx卡车。

麦克斯：我姐姐叫莫莉。

尤尼：他早上真的很早就起床了。

麦克斯：她昨晚尿床了。

而随着年龄的增长，儿童会在交谈中较多地交换意见，第二个儿童实际上会回应第一个的观点。例如，11岁的米娅（Mia）和乔什（Josh）之间的谈话反映出他们能较为熟练地掌握语用知识：

米娅：我不知道克莱尔生日时应该送她什么。

乔什：我会送她耳环。

米娅：她已经有很多首饰了。

乔什：我认为她并没有很多。

元语言意识。儿童中期最显著的发展之一，是儿童逐渐增强了对自己如何使用语言的理解，或者说是儿童的**元语言意识**增强了。到儿童5岁或6岁时，他们能够理解语言是受一套规则支配的。尽管在早年，他们还是内隐地学习和理解这些规则，但在儿童中期，他们已开始比较明确地理解这些规则（Benelli et al., 2006; Saiegh - Haddad, 2007）。

元语言意识 对自己如何使用语言的理解。

当信息模糊或不完整时，元语言意识可以帮助儿童来理解它们。例如，当给学前儿童模糊或不清楚的信息时，例如一个如何玩复杂游戏的说明，他们很少去询问清楚，如果他们不理解，就责怪自己。等儿童长到7岁或8岁时，就会意识到误解可能不仅由自身的因素导致，还会由他人，即与儿童交流的那些人的因素导致。所以，学龄儿童更可能询问清楚那些模糊的信息（Apperly & Robinson, 2002）。

语言如何促进自我控制。逐渐娴熟的语言技能可以帮助学龄儿童控制和调节他们的行为。例如在一个实验中，儿童被告知如果他们选择立刻吃掉一块棉花糖，就不能再得到其他的了，但如果选择等待一会再吃的话，最终将得到两块棉花糖。大多数 4 至 8 岁的儿童选择了等待，但他们等待时所使用的策略显著不同。

4 岁儿童经常使用在等待时去看棉花糖的策略，这并不是非常有效的。相反，6 到 8 岁儿童使用语言来帮助自己克服诱惑，尽管方式不同。6 岁儿童自己说话和唱歌，提醒自己如果等待一会儿就能在最后得到更多的棉花糖。8 岁儿童关注一些与棉花糖的味道无关的方面，如它们的外观，这帮助了他们等待。

简而言之，儿童使用"自言自语"的策略来帮助他们调节自己的行为。而且，他们自我控制的有效性也随着其语言能力的提高而增加。

双语：用多种语言说话

约翰·杜威小学是一所以进步和民主态度而闻名的学校。但在一所大型大学的校园里，有一群助教，他们说 15 种不同的语言，包括印地语和豪萨语。最大的挑战在于，这里的学生们会说 30 多种语言。

从小城镇到大城市，儿童所说的话都可能是不同的。将近 1/5 的美国人在家除了说英语外还说另一种语言，并且这个百分比还在增长。双语，即不只使用一种语言，正越来越普遍（Graddol, 2004; Hoff & Core, 2013；见图 9－10）。

进入学校的几乎不能说或根本不能说英语的儿童必须既学习标准的课程，也学习教授课程所用的语言。教育不说英语的人的一种方法是双语教学，即首先用儿童的母语教儿童，再让他们学习英语。在**双语**教学中，学生能使用自己的母语为基本的课程打下坚实的基础。大多数双语教学项目的最终目标是逐渐从母语教学转向英语教学。

双语　不只使用一种语言。

另一种方法是使学生置身于英语中，只教他们这种语言。对这种方法的支持者而言，首先用其他语言而非英语来教学生，会阻碍他们努力学英语，以及延缓他们融入社会的进程。

这两种完全不同的方法已非常具有政治性，一些政治家主张"只说

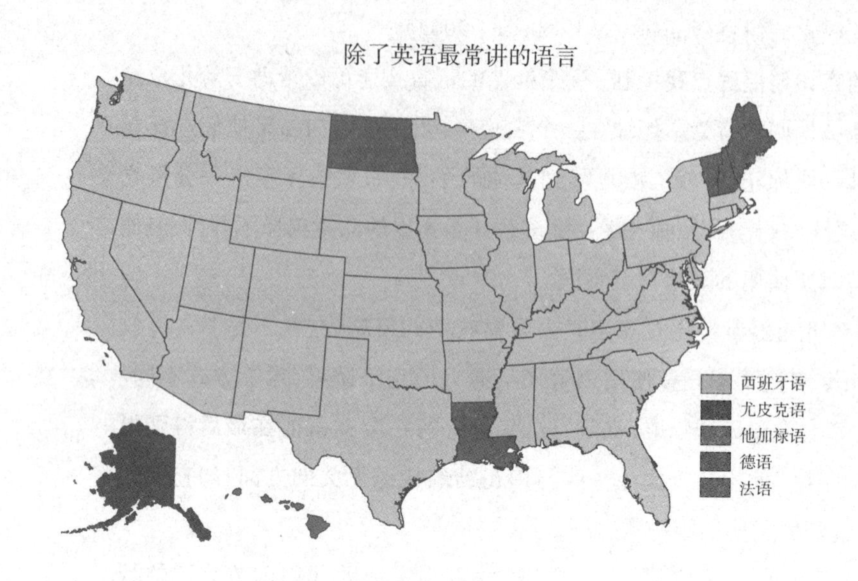

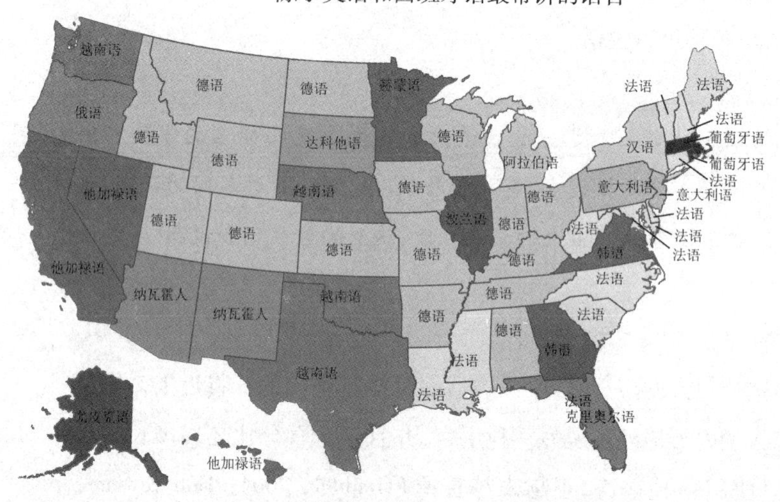

图9–10　美国除英语外的其他语言的多样性

（资料来源：加利福尼亚州的他加禄语、阿肯色州的切诺基语）。你们州讲什么语言 By Ben Blatt, May 23, 2014. Slate. http://www.slate.com/articles/arts/culturebox/2014/05/language_map_what_s_the_most_popular_language_in_your_state.html.）

英语”的法律，而其他政治家则通过颁布使用母语的指令，来督促学校系统考虑到不说英语者面临的挑战。然而，心理学研究表明，懂得一种以上语言的人是具有一些认知优势的。因为当他们评估一个情境时，他们可以选择使用哪种语言，所以说双语者表现出较高的认知灵活性。他们解决问题时更具创造性和多面性。而且，对小团体学生来说，用母语学习与较高的自尊相关。

模块 9.2 复习

- 根据皮亚杰的观点，学龄儿童所处的具体运算阶段，是以把逻辑过程应用于具体问题为特征的。
- 信息加工观点关注的是在记忆和学龄儿童使用的心智程序的复杂性方面量上的改善。记忆过程的编码、存储和提取在学龄期间受到越来越多的控制，元记忆的发展促进了认知加工和记忆。
- 根据维果茨基的观点，学龄期儿童应该拥有进行实验的机会，与同伴一起积极地参加教育体验。
- 语言发展的特点是词汇、句法和语用的改进；通过元语言意识的增长；通过使用语言作为一种自我控制的手段。双语能力可以提高认知灵活性和元语言意识。

共享写作提示

应用毕生发展：儿童使用语言（自言自语）作为自我控制的工具吗？怎么做的？

9.3　学校教育：儿童中期涉及的三个 R（或是更多）

当被阅读小组中的六个孩子看着时，格雷姆（Glenm）在他的椅子上很不自在地扭动。阅读对他来说从来都是不容易的，当轮到他朗读时他总是感到焦虑。但当他的老师朝他鼓励地点着头时，他最初先是犹豫地读着，当读到“妈妈第一天开始新的工作”这个故事时，他的兴趣来了。他发现自己能很好地阅读这个段落，并对自己的成就感到非常快乐和骄傲。他读完时，老师简单地说了一句“很好，格雷姆”，他脸上洋溢着明朗的笑容。

类似这样的一些小的瞬间，反复地重复着，它们组成了，或者说是拉开了儿童受教育的序幕。学校教育标志着社会开始正式地将它逐渐积累的知识、信念、价值观和智慧传递给新一代。从非常实际的意义上说，这种传递的成功与否决定了世界未来的命运。

与大多数发达国家一样，在美国接受小学教育既是一种普遍的权利，也是一种法定的义务。事实上所有的儿童都在 12 年中接受免费教育。

观看视频　不同文化中的学校和教育

世界很多地方的儿童却没这么幸运。超过一亿六千万儿童甚至没有接受小学教育的机会。

另有一亿儿童,其受教育程度,充其量也只达到了美国的小学水平,总共有将近十亿的个体(2/3是女性)一生都是文盲(见图9-11;International Literacy Institute,2001)。

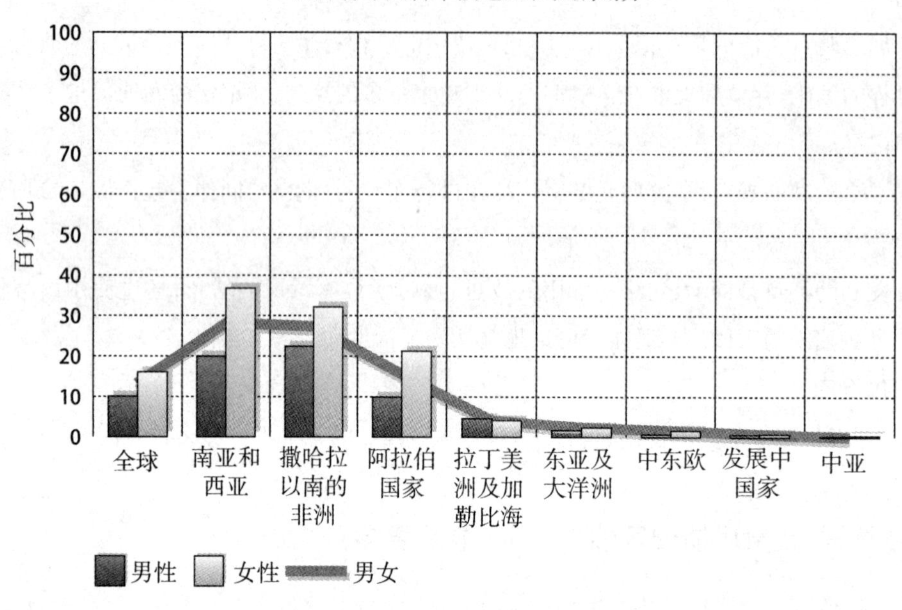

图9-11 令人苦恼的文盲问题

文盲仍然是一个普遍的问题,尤其是对于女性来说。在全世界有将近十亿人一生都是文盲。
(资料来源:UNESCO,2006.)

几乎在所有的发展中国家中,与男性相比,能够接受正规教育的女性数量较少,且这种差异在各种程度的教育中都有所体现。甚至在发达国家中,女性接触科学和科技领域的机会还是少于男性。这些差异反映了一种重男轻女的偏见,它普遍而根深蒂固地存在于文化和父母的心中。美国男性和女性的受教育水平较为接近。尤其是在上学的早些时候,男孩和女孩拥有相等的受教育机会。

阅读:学会破解词语背后的意思

LO 9.9 解释孩子们如何学习阅读

对于学校教育来说,其首要任务是教会儿童阅读。阅读不仅涉及一种技能,还涉及许多其他技能,其中包括低水平和高水平的技能。低水平的技能包括识别单独的字母,把字母与声音联系在一起;高水平的技能包括把书面呈现的单词与其在长时记忆中的意思匹配起来,进而使用上下文和背景知识来确定句子的意思。

阅读阶段。阅读技能的发展一般经历了一系列阶段,这些阶段历时较长,且往往是彼此重叠的(Chall, 1979, 1992; 见表9-1)。在从出生到一年级开始的阶段0中,儿童学习了阅读所需的一些基本能力,包括在字母表中识别字母,他们有时还会写自己的名字并读几个非常熟悉的单词(例如他们自己的名字或停车标志上的“停”字)。

阶段1第一次涉及真正的阅读,但它主要包括语音编码技能,一般从一年级到二年级,儿童能把字母放在一起从而读出单词。另外,儿童也学会了字母的名字及其发音。

表9-1　阅读技能的发展

阶段	年龄	主要特征
阶段0	出生到一年级开始	学习阅读所需的一些先决能力,如识别字母
阶段1	一年级和二年级	学习语音编码技能;开始进行阅读
阶段2	二年级和三年级	流畅地朗读,但没怎么联系单词的意思
阶段3	四年级到八年级	把阅读用作是一种学习的方法
阶段4	八年级及以后	理解反映了多重观点的阅读

(资料来源:基于 Chall, 1979.)

在一般从二年级到三年级的阶段2中,儿童学会流畅地朗读。然而,他们还没怎么把单词的意思与单词相联系,因为对他们来说,仅读出单词就需要费很大功夫,以致几乎没有认知资源能用于处理单词的意义。

接下来的一个时期是阶段3,是从四年级到八年级。阅读最后变成了一种方法,尤其是一种学习的方法。早期进行的阅读,其目的在于让儿童学会阅读,而到了这个时候儿童开始通过阅读来了解这个世界。然而,即使在这个年龄,儿童也不能完全通过阅读来理解事物。例如,儿童在这个阶段的局限之一,是只有文章从单独一种观点来呈现信息时,他们才能理解信息。

在最后的一个阶段,阶段4,儿童能够阅读并处理那些反映了多重观点的信息。这种在进入高中时才出现的能力,使儿童对材料的理解更加透彻。这也解释了为什么伟大的文学作品没有在教育的早期阶段呈现给儿童。并不是年幼儿童没有相应的单词量以理解这样的作品(尽管有时这确实是事实),而是他们缺乏理解在复杂的文学作品中都会出现的多重观点。

应该如何教授阅读? 关于教授阅读最有效的方法,教育者就这个问题已经争论了很长时间。争论的核心问题是阅读时处理信息的机制究竟是什么。阅读的编码理论的支持者认为,教阅读时,应该让儿童学习一些基本的技能,因为这些基本技能是阅读的基础。阅读的编码理论强调阅读的各成分,如字母的读音以及它们的组合——语音,还有字母和读音是如何构成单词的。他们认为阅读包括这样一些过程，即分析单词内部的成分并把它们组合成单词，进而从单词中推测出书面句子和段落的意思（Jimenez & Guzman, 2003; Gray et al., 2007; Hagan - Burke, 2013）。

相反，一些教育者认为最成功的阅读教授方法是整体阅读法。在整体阅读法中，阅读被看成是与口语的获得类似的一个自然过程。根据这种观点，儿童应该通过接触完整的作品——句子、故事、诗、目录、图表以及其他写作的应用实例来学习阅读。不是教儿童去痛苦地读单词，而是鼓励他们根据包含单词的整个上下文，来猜单词的意思。通过这样一个反复试验的方法，儿童一次就能学习所有的单词和短语，从而逐渐成为熟练的读者（Shaw, 2003; Sousa, 2005; Donat, 2006）。

越来越多的研究显示，阅读的编码方法要优于整体阅读法。例如，一个研究发现与一组好的阅读者相比，用语音编码教授一年的一组儿童不仅在阅读方面有了巨大的进步，而且在涉及阅读的神经通路上也逐渐接近了这组优秀的阅读者（Shaywitz et al., 2004; Shapiro & Solity, 2008; Vaish, 2014）。

基于这样的研究，美国国家阅读小组和国家研究委员会现在支持使用基于编码的方法进行阅读教学。他们的立场表明，关于哪种教学方法最有效的争论可能即将结束（Rayner et al., 2002; Brady, 2011）。

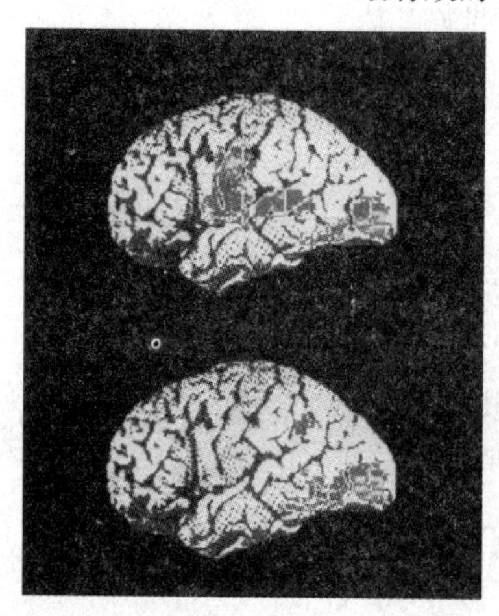

图9–12

阅读的过程涉及大脑重要区域的激活，正如这些扫描所示。在上面的扫描图中，一个人在大声朗读；在底部的扫描中，这个人正在安静地阅读。

无论用什么方法来教授阅读，阅读都会使大脑的线路产生重大的改变。它促进大脑视觉皮层的组织，提高口语的处理能力（见图9－12; Dejaeme et al., 2010）

教育趋势：除了三个R以外

LO 9.10　总结学校在儿童中期教育基础之外的内容

21世纪的教育与十年前的教育明显不同。事实上，美国的学校正在重新倡导以三个R（reading〔阅读〕、writing〔写作〕和arithmetic〔算术〕）为标志的传统教育原则。对这种教育原则的关注表明教育已经背离了前几十年的教育趋势，即强调学生的社会性发展和强调允许学生根据自己的兴趣选择科目而非遵照设定好的课程（Schemo, 2003; Yinger, 2004）。

目前，小学课堂中同时还强调老师和学生的责任感。一般认为老师对学生的学习负有更多责任，而且学生和老师都要参加州或国家级的测验，以评估他们的能力（McDonnell,

2004)。

随着美国人口日渐多样化,小学也已经越来越关注学生多样性和多种文化的问题。文化差异与语言差异一样,也很可能在社会和教育方面影响学生。美国学生的人口统计学组成经历着非常大的转变。例如,西班牙裔的比例很可能在之后 50 年变为原来的两倍多。另外,到 2050 年,非西班牙裔白人可能会变成美国总人口中的一个小群体(美国人口调查局,2001,见图 9 – 13)。所以,教育者已愈发关注多文化问题。下面提到的关于发展的多样性与生活专题,讨论了对来自不同文化学生的教育目标是如何显著地改变的,以及关于这个目标的争论在今天是如何继续进行的(Brock et al. , 2007)。

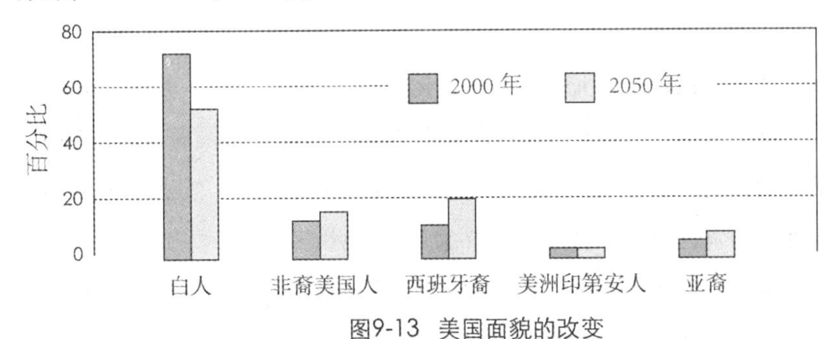

图9-13　美国面貌的改变

对美国人口组成的预测显示，到2050年非西班牙裔白人的比例将减少，而小群体成员的比例将增加。人口的变化会对社会工作者造成哪些方面的影响?（资料来源：美国人口调查局，2000）

◎ 发展的多样性与生活

多元文化教育

美国的教室中总是包括了许多背景和经历不同的个体。但是,直到最近,学生背景的多样性才被看作是教育者面临的一个重大挑战和机遇。

接触多元文化群体的学生和老师可以更好地理解世界并对他人的价值观和需要更加敏感。在课堂上培养更强的敏感性有哪些方法?

事实上,教室中儿童背景和经历的多样性牵扯到一个基本教育目标,即通过正规的方法把社会中的重要信息传授给儿童。著名的人类学家玛格丽特 · 米德(Margaret Mead)曾说过,“从最宽泛的意义上说,教育是一个文化的过程,即每个天生比其他哺乳动物更具学习潜能的新生儿，被转变成特定的人类社会中一名纯粹的成员，与特定的人类文化中的成员一同分享生活”（Mead, 1942, p.633）。

所以，文化被认为是一个特定社会中成员所共享的一系列行为、信念、价值观和期望。但是文化也不仅仅是像“西方文化”或“亚洲文化”那样的一种相对宽泛的概念，它还包括一些特定的亚文化团体。例如，我们可以考虑特定的种族、族裔、宗教、社会经济地位甚至性别群体作为说明美国亚文化的特征。

如果不是因为学生的文化背景对他们和他们的同龄人受教育的方式有很大的影响，那么教育工作者对一个文化或亚文化群体的成员资格可能只是暂时的兴趣。近年来，人们对建立**多元文化教育**进行了大量的思考。多元文化教育是一种教育形式，其目标是帮助少数族裔学生在其原有文化的基础上保持积极的群体认同，同时在多数族裔的文化中发展自己的能力（Nieto, 2005）。

多文化教育 这种教育方式的目标是帮助少数群体的学生在多数群体的文化中发展能力，又保持其积极的基于原有文化的群体认同。

文化同化模型 这个模型的教育目标是将个体的文化认同同化为一个独特的、统一的文化。

多元社会模型 这个模型认为美国社会由多个具有同等地位的文化群体所组成，这些文化群体应该保留各自的文化特征。

文化同化还是多元社会? 多文化教育的发展，部分上是由**文化同化模型**所引起的，这个模型的教育目标是把个别文化认同转化成独特的、统一的文化。通俗地讲，就是类似如下的一些做法，不鼓励学生说英语以外的语言，如他们的母语，要求他们完全使用英语。

然而，20世纪70年代早期，教育者和少数群体的成员提出文化的适应模型应被**多元社会模型**取代。这个模型认为，美国社会是由不同的、有同等地位的文化群体组成的，这些文化群体应该保留他们自己的文化特征。

多元文化模型部分源于这样的看法：教师通过强调主流文化和不鼓励儿童说母语的方式，贬低了少数群体的亚文化遗产并使那些学生自尊较低。教学材料，如读物和历史课，不可避免地注重特定文化的事件及其理解，那些从来没有接触过代表自己文化遗产事件的儿童，可能永远都不能了解自己文化背景的一些重要方面。例如，英语课文中很少出现一些在西班牙文学和历史中出现的重大主题，如寻找青春之泉（Search for the Fountain of Youth）和唐璜传奇（The Don Juan Legend）等。学习这样课文的西班牙学生可能永远都不能理解他们自己文化遗产中的重要部分。

最终，教育者开始提出，不同文化学生的出现，丰富和拓展了所有学生的教育体验。接触不同背景个体的学生和老师，能够更好地理解世界万物，并更善于洞察出他人的价值观和需要（Zirkel & Cantor, 2004; Levin et al., 2012; Thijs & Verkuyten, 2013）。

促进双文化认同。现在,大多数教育者都同意鼓励少数群体中的学生发展**双文化认同**。他们建议学校系统鼓励儿童保留他们原有的文化认同,又让自己融入主流文化之中。这种观点意味着个体能成为两种文化中的成员,他们有两种文化认同,不需去选择一种而放弃另一种(Lu, 2001; Oyserman et al., 2003; Vyas, 2004; Collins, 2012)。

双文化认同 保留自己原有的文化认同,又让自己融入主流文化之中。

教育工作者的视角

社会的一个目标应该是促进来自其他文化的儿童进行文化同化吗?为什么?

达到这种双文化目标的最好方式还不清楚。考虑这样一个例子,即儿童在入学时只会说西班牙语。传统的"大熔炉"方式可能是让儿童参加英语速成班(几乎没有其他的方法),使他们沉浸在英语教学的教室中,直到他们表现出适当的英语能力。不幸的是,这种传统方法有很多缺点:在儿童掌握英语之前,他们都会越来越落后于那些入校时就懂得英语的同伴。

目前,更多的方法都强调双文化的策略,鼓励儿童不要仅成为一种文化的成员,而是要成为更多文化中的成员。例如在说西班牙语儿童的例子中,首先用儿童的母语来教他,然后尽可能快地让他接触英语。同时,学校对所有学生进行一个多文化教育的项目,老师在展现教学材料时,会考虑到所有学生的文化背景和传统。这种教学的目的在于提高多数团体和少数团体文化中说话者的自我形象(Bracey, Bamaca, & Umana-Taylor, 2004; Fowers & Davidov, 2006; Mok & Morris, 2012)。

尽管多数教育专家提倡双文化的方法,但公众并不总是支持的。例如,之前提到的"只说英语"运动,其目标就是禁止用英语以外的语言进行教学。所以目前的这种观点是否能盛行起来还需拭目以待。

智力:决定个体的实力

LO 9.11　描述智力是如何被测量的以及测量它会产生什么争议

"为什么应该说实话?""洛杉矶离纽约有多远?""桌子是由木头制成的;窗户是由________。"

当10岁的海厄斯因斯(Hyacinth)弓着背坐在课桌前,努力回答类似这些的一长串问题时,她试图猜想她正在五年级教室中进行的测验的意义究竟是什么。这项测验显然没有涉及她的老师,怀特-约翰斯顿(White-Johnston)女士曾经在课上讲过的内容。

"这一列数的下一个是什么:1,3,7,15,31,________?"

当她继续这个测验时,她不再猜想关于这个测验合理性的问题。她把这件事交给了老师,于是如释重负。她没有再试图想出那意味着什么,只是尽自己的最大努力完成了这项测验。

海厄斯因斯刚才正在进行一个智力测验。她不是唯一一个在想这个测验中项目的意义和重要性的人,知道这些后她可能会有些惊奇。智力测验中的项目是学者们辛辛苦苦准备的,它与学业成功密切相关(之后我们将说明其原因)。然而,一些发展心理学家承认,那些与海厄斯因斯在测验中遇到的问题类似的题目,是否能完全恰当地评估智力,是值得质疑的。

对于那些想要说明究竟是什么把有智慧的和无智慧的行为区分开来的研究者来说,仅是理解智力是什么就已经是一个巨大的挑战。尽管非专家人士有他们自己关于智力的理解(例如,一项调查发现,外行认为智力由三个成分组成:解决问题的能力、言语能力和社会性能力),但专家较难同意这种观点(Sternberg et al., 1981; Howe, 1997)。尽管如此,给智力下一个大概的定义还是可能的:**智力**指个体面对挑战时表现出的理解世界、理性地思考和有效使用资源的能力(Wechsler, 1975)。

智力 个体面对挑战时表现出的理解世界、理性地思考和有效使用资源的能力。

多年来人们在寻求如何区分有智慧的和一般人时,已经走了很长的一段路,而且有时还是弯路。而界定智力的一部分困难正在于此。为了理解研究者是如何通过设计智力测验来愈加正确地评估智力,我们来看看智力领域的一些历史性事件。

智力标准:区分高智商和低智商的个体。19世纪末20世纪初,巴黎学校体系面临着一个问题:相当一批学生没能从正规教学中获益。而这些儿童中的许多人,属于我们现在所说的心理迟滞者,他们大多没被及时诊断出来以转到其他特殊班级。法国教育部长与心理学家阿尔弗雷德·比奈(Alfred Binet)谈了这个问题,并让他设计一个方法,以便能在早期确定出那些可能会从常规课堂授课之外的教育形式中受益的儿童。

比奈测试。比奈以非常实际的方式解决了这项任务。比奈在对学龄儿童的多年观察中发现,以前那些区分智力高低学生的方法(如一些基于反应时和视觉敏锐度的方法)是没用的。他启动了一个试误的程序,那些曾经被老师认为是"聪明"的或"笨"的学生都要完成里面的项目和任务。那些聪明学生能正确完成而笨学生不能正确完成的任务就被保留作为测验的内容。不能区分这两组学生的任务就被剔除。最后他得出一个能够可靠地区分曾被老师评为学得快和学得慢两类学生的测验。

我们可以从比奈在智力测验方面先驱性的工作中,看到他为我们做出的三大重要贡献。第一个是他构造智力测验时注重实效的方法。比奈没有关于智力是什么的理论设想。相反,他使用了一种反复试验的心理测量方法,这种构造测验的重要方法一直持续到今天。他对于自己的测验中所测的智力的界定,已被现在的很多研究者采用,尤其受某些测验编制者的欢迎,他们注重智力测验的广泛使用,又想避免关于智力性质的争论。

比奈的贡献还拓展到了智力与学业成功的关系上。比奈构造智力测验时的程序确保了智力和学业成功在本质上是相同的,因为智力就是被界定为在测验中的表现。所以,比奈的智力测验和现在那些仿效比奈智力测验的测验,已经成为评估学生在多大程度上具有能促进学业表现的那些特质的合理指标。另一方面,这些测验并没涉及许多与学业能力无关的其他特质,如社会技能和人格特性。

最后,比奈发展出一个把每个智力测验分数与心理年龄相联系的方法,**心理年龄**指进行测验的儿童平均得某个分数时的年龄。例如,如果一个6岁的女孩在这个测验中得了30分,而这个分数是10岁儿童的平均分,则认为她的心理年龄是10岁。类似地,一个15岁男孩在测验中得了90分,他的分数与15岁儿童的平均分一样,就认为他的心理年龄是15岁(Wasserman & Tulsky, 2005)。

心理年龄 某一实际年龄个体的典型智力水平。

虽然给了学生一个心理年龄,有了一个指标能评价其表现是否与同伴的水平相同,但这不能用来比较**实际年龄(或生理年龄)**不同的学生的表现。例如,仅使用心理年龄,将认为一个心理年龄为17岁的15岁儿童可能与一个心理年龄为8岁的6岁儿童一样聪明,但实际上那个6岁儿童的聪明程度可能相对较高。

实际年龄(或生理年龄) 进行智力测验儿童的实际年龄。

可以通过**智商**或IQ的形式来解决这个问题,它是一个考虑到学生的心理和实际年龄的分数。传统计算智商的方法使用了下面的公式,其中MA代表心理年龄,CA代表实际年龄:

智商(或IQ分数) 一种考虑到学生的心理和实际年龄的测量智力的方法。

$$\text{IQ分数} = \frac{MA}{CA} \times 100$$

在对这个公式的反复应用中我们会发现,心理年龄(MA)与实际年龄(CA)相等的人总会得到数值为100的智力分数。而且,如果实际年龄超过了心理年龄，说明智力水平处于平均水平之下，分数将低于100；如果实际年龄低于心理年龄，说明智力水平处于平均水平之上，分数将高于100。

我们可以使用这个公式回到刚才那个心理年龄为17岁的15岁儿童的例子。这个学生的IQ是$\frac{17}{15}\times100$，或113。相比之下，心理年龄为8岁的那个6岁儿童的IQ是$\frac{8}{6}\times100$，或133，他的IQ分数高于那个15岁的儿童。

尽管计算IQ所依据的基本原理是不变的，但现今，人们以更为复杂的数学方式来计算这个分数，即被称为离差智商分数。离差智商分数的平均值还被设定成100，但现在发展出的这种测验能用与这个分数相差的程度来计算有相似分数的人的比例。例如，大概有2/3人的得分在平均分100的正负15分之内，即得分范围是85到115。随着分数高于或低于这个范围，具有相同分数类别的人的比例就会显著下降。

测量IQ：现今测量智力的方法。从比奈那个时代起，智力测验已能越来越准确地测量IQ。大多数测验都是源于他最初的工作。例如，最常用的测验——**斯坦福—比奈智力量表（Stanford – Binet Intelligence Scale，现在是第5版SB5）**，开始是作为比奈原始测验的美国版本来使用的。这个测验包括一系列根据测验者年龄而变化的项目。例如，年幼儿童要回答有关日常活动的问题或临摹复杂的图形。年长的人要解释谚语，解决类比问题，以及描述各组词之间的相似性。这个测验是口头进行的，参加测验的人要回答越来越难的问题，直到不能完成为止。

斯坦福—比奈智力量表 包括一系列根据测验者年龄而变化的项目的测验。

韦氏儿童智力量表—第4版（Wechsler Intelligence Scale for Children – Fourth Edition，WISC – IV）是另一个被广泛使用的智力测验。这个测验（源于其成人版，韦氏成人智力量表）除了测量总体表现外，还能单独测量语言和操作（非语言）技能。正如你可以在图9 – 14看到的样题那样，语言任务涉及传统的词汇问题，如考察个体对于一段文章的理解。而典型的非语言任务包括临摹一个复杂的图案，以逻辑顺序给图片排序和组合物体。这个测验各个不同的部分能够较为容易地确定参加测验者可能具有的特定问题。例如，操作部分的得分显著高于语言部分的得分，可能意味着语言发展方面的问题（Zhu & Weiss，2005）。

韦氏儿童智力量表 测量言语和操作（非言语）技能以及总体智力的测验。

考夫曼儿童评定问卷，第2版（Kaufman Assessment Battery for Children，2nd Edition，KABC – II）的使用方法与斯坦福—比奈和WISC-

考夫曼儿童评定问卷，第2版 测量儿童同时把多种刺激整合在一起，并进行逐步思考的能力。

IV 不同。它评估的是儿童同时把多种刺激整合在一起，并进行逐步思考的能力。KABC－II 的特别之处在于它的灵活性。它允许实施测验的人使用各种措辞和手势，甚至用不同的语言提问，以便使参加测验者的表现最优。KABC－II 使得测验对那些以英语为第二语言的儿童来说更为有效和公正（Kaufman et al.，2005）。

韦氏儿童智力量表（WISC－IV）包括了类似的项目。这些项目涉及哪些内容？它们遗漏了哪些内容？

名称	项目的目标	例子
信息	评估一般的信息	多少分等于一角？
理解	评估能否理解和评价社会规范以及过去经验	把钱存在银行里有什么好处？
算术	通过语言问题评定数学推理能力	如果两个扣子是 15 分，那 12 个扣子要花多少钱？
相似性	考察能否理解物体之间或概念之间的相似性，即探测抽象推理的能力	一个小时和一个星期从什么方面来说是相似的？
数字符号	评定学习的速度	通过线索把符号和数字匹配起来 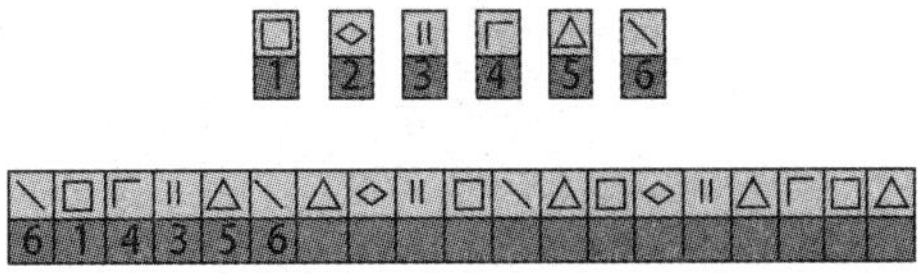
填图	视觉记忆和注意	指出缺失的部分 
组合物体	考察对部分与整体关系的理解	把各部分放在一起形成一个整体 

图 9－14　测量智力

从IQ测验中得到的IQ分数意味着什么？对大多数儿童来说,IQ分数能够合理预测他们的学校表现。这并不奇怪。因为最初发展智力测验就是为了识别那些在学校中遇到困难的儿童(Sternberg & Grigorenko, 2002)。

但当涉及学业领域之外的表现时,IQ分数的预测力就不同了。例如,尽管具有较高IQ分数的人往往接受教育的时间较长,而一旦在统计上控制了教育年限后,IQ分数与经济收入和后来的成功之间的关系就不那么密切了。此外,当要预测个体未来的成功时,IQ分数经常是不准确的。例如,两个有不同IQ分数的人可能都在相同的大学里拿到学士学位,但IQ分数低的那个人可能最后收入较高并较为成功。由于传统IQ分数在解决这些问题上的困难,研究者开始关注其他研究智力的方法(McClelland, 1993)。

IQ测验所没有说明的东西:其他的关于智力的概念。现在学校经常使用的智力测验,都是强调智力是一个单一的因素,或者说是一种单一的心理能力。这种主要的特质一般被称为G(Spearman, 1927; Lubinski, 2004)。G因素强调智力各个方面的表现,人们假定智力测验测到的就是G因素。

流体智力 反映了信息加工能力、推理能力和记忆。

然而,许多理论家对智力是单一维度的说法有所争论。一些发展学家提出实际上存在两种智力:流体智力和晶体智力。**流体智力**反映了信息加工能力、推理能力和记忆力。例如,当要求一个学生按照某种标准给一系列字母分组,或记住一系列数字时,他可能会使用流体智力(Cattell, 1987; Salthouse, Pink, & Tucker - Drob, 2008; Shangguan & Shi, 2009; Ziegler et al., 2012)。

晶体智力 反映了人们所积累的从经验中学到的和能在问题解决情境中应用的那些信息、技能和策略。

相反,**晶体智力**反映了人们所积累的那些从经验中学到的和能在问题解决情境中应用的信息、技能和策略。当需要依据过去经验来解决一个难题,或找到解决一件神秘事情的方法时,一个学生很可能要依赖他的晶体智力(McGrew, 2005; Alfonso, Flanagan, & Radwan, 2005; Thorsen, Gustafsson, & Cliffordson, 2014)。

其他的理论家把智力分成了更多的成分。例如,心理学家霍华德·加德纳(Howard Gardner)认为我们有八种不同的智力,每种都是相对独立的(见图9-15)。加德纳提出这些分离的智力不是彼此孤立的,而是一起发挥作用,这取决于我们要进行哪种类型的活动(Chen & Gardner, 2005; Gardner & Moran, 2006; Roberts & Lipnevich, 2012)。

图9–15 加德纳的八种智力

霍华德·加德纳提出的理论认为，智力有八种不同的类型，每种都是相对独立的。
（资料来源：改编自Walters & Gardner, 1986）

教育工作者的视角

霍华德·加德纳的多元智能理论是否认为课堂教学应该从强调传统的阅读、写作和算术这 3Rs 做些转变？

我们在第 1 章中讨论了苏联心理学家维果茨基关于认知发展的观点，他用了一种很不同的观点来研究智力。他建议在评估智力时，我们不仅要关注那些已经充分发展的认知过程，还应该关注那些最近正在发展的过程。为了达到这个目的，维果茨基主张评估时所用的任务，应该涉及一种被称为动态评估的过程，即让被评估的人和进行评估的人之间进行合作性的相互作用。总之，人们认为智力不仅反映了儿童完全依靠自己时的表现，还反映了他们在得到成人协助时的表现（Vygotsky, 1927/1976；Lohman, 2005）。

舞蹈家、棒球运动员和体操运动员所展示的身体运动智能，是加德纳的八种智能之一。还有其他加德纳智能的例子吗？

让我们看看另一种研究智力的观点，心理学家罗伯特·斯滕伯格（1990，2003a）认为最好把智力看成信息加工的过程。根据这种观点，人们把材料储存在记忆中，之后用它来完成那些需要动脑的任务，这一系列过程，能够最精确地说明智力这个概念。信息加工方法不是关注组成智力结构的各个子成分，而是考察作为智力的行为基础的那些过程（Floyd，2005）。有关问题解决的方法和速度的研究表明，那些有着较高智力水平的人不仅在解决问题的数量上多于其他人，而且在解决问题的方法上也与别人不同。那些具有较高智商分数的人在解决问题的最初阶段花更多的时间，从记忆中提取相关信息。相反，那些在传统智商测验得分较低的人则往往在最初阶段花较少的时间，他们向前跳过了这一环节，进行没什么根据的猜想。问题解决中所涉及的过程可能反映了智力的重要差异（Sternberg，2005）。

智力的三因素理论 这个模型认为智力由信息加工的三个方面构成，即成分要素、经验要素和情境要素。

斯滕伯格关于智力的信息加工观点的工作促使他发展了**智力的三因素理论**。根据这个模型，智力由信息加工的三个方面构成：成分要素、经验要素和情境要素。成分要素反映了人们究竟能多么有效地处理和分析信息。它在人们推理问题的不同方面之间的关系时发挥作用，使人们能够推断出问题不同部分之间的关系，解决问题，然后评估他们解决问题的水平。那些在成分要素上具有优势的人在传统的智力测验中得分最高（Sternberg，2005；Ekinci，2014）。

经验要素是智力中使人具有洞察力的成分。那些在经验要素上具有优势的人能够轻易地把新材料与他们已知的材料进行比较，并能以新颖和具创造性的方式把它们与已知的事实结合并联系起来。最后，智力的情境要素涉及实践智力，或者说反映了我们如何处理日常生活中的问题。

根据斯滕伯格的观点，从各种要素在个体身上表现的强弱来看，人和人之间是有差异的。每个人在智力的这三个成分所涉及的能力上都具有自己特定的模式。我们完成某项特定任务的优异程度，反映了任务与个人特定的模式是否相吻合(Sternberg, 2003b, 2008)。

群体的智商差异。

A"jontry"is an example of a

a. rulpow　　b. flink　　c. spudge　　d. bakwoe

如果要求你找到一个由无意义单词构成的项目,就像上面这个智力测验中的一样,通常你的第一反应很可能是抱怨。一个力求测量智力的测验怎么能包括那些由无意义的术语构成的项目呢?

然而对一些人来说,这些实际上用于传统智力测试的题目可能近乎没有意义。就好比,居住在农村地区的儿童被问及有关地铁的一些细节,而居住在城市地区的儿童被问及有关羊交配过程的问题。在这两种情况下,我们都可能预计参加测验者的先前经验,会对他们回答问题的能力有重大影响。如果一个智商测试中包括了类似上述的问题,则这个测验更应该被看作是一个关于先前经验的测量,而不是关于智力的测量。

虽然像我们的例子那样,传统智力测试中的问题并不明显地依赖于参加测验者的先前经验,但是文化背景和经验确实对智力测试分数造成潜在的影响。事实上,许多教育家指出传统的智力测试稍有利于白人、上层和中层社会的学生,而不利于与上述群体文化经验不同的其他群体(Ortiz & Dynda, 2005)。

解释不同种族的智商差异。许多研究者对文化背景和经验如何影响智力测验表现这个问题,都持有非常不同的观点。争论源于某些种族的智商平均分数总是低于其他群体种族的智商平均分数。例如,非裔美国人的平均分往往比白人低大约15分,尽管测得差异在很大程度上取决于所使用的特定智力测验(Fish, 2001; Maller, 2003)。

由这些差异所引发的问题当然就是,它们到底说明了智力上的真实差异,还是由智力测验本身的偏差所造成的,即智力测验有利于多数群体而不利于少数群体。例如,如果白人在智力测试中的表现优于非裔美国人,是因为他们更熟悉测试项目所使用的语言,我们就很难说这个测试能公平地测量非裔美国人的智力。相似地,如果智力测试中只使用非裔美国人的英语,则这个测验就没能公平地测量白人的智力。

如何解释不同文化群体在智力测验中的分数差异,是儿童发展中主要争论的问题之一:个体的智力多大程度上是由遗传决定的,多大程度上是由环境决定的?由于这样的问题具有一定的社会意义,所以很重

智商是否存在种族差异的问题是极具争议的,并最终与智力的遗传和环境决定因素有关。

要。例如,如果智力主要由遗传决定,并因此在出生时就大体定型了,那么试图改变之后认知能力的做法,如教育,其成功的可能性就会很小。另一方面,如果智力主要是由环境决定的,那么改变社会和教育状况就会成为促进认知功能发展的一个更有希望的途径(Weiss, 2003; Nisbett et al., 2012)。

钟形曲线争论。虽然关于遗传和环境对于智力相对影响的研究已经进行了几十年,但是争论是随着理查德·J. 哈瑞斯坦(Richard J. Herrnstein)和查尔斯·莫瑞(Charles Murray)(1994)所著的《钟形曲线》(*The Bell Curve*)的出版而激烈起来的。在此书中,哈瑞斯坦和莫瑞认为白人和非裔美国人平均15分的智商差异,主要是由遗传而不是由环境造成的。此外,他们认为这种智商差异说明了与多数群体相比,少数群体的贫穷率较高,就业率较低,需要较多福利。

哈瑞斯坦和莫瑞得出的结论遭到了暴风雨般的抗议,而且许多研究者考察书中报告的数据时,都得出了非常不同的结论。大多数发展学家和心理学家的回应是,智力测试中的种族差异可以用不同种族的环境差异来解释。事实上,从统计上同时考虑多个经济学指标和社会因素时,黑人与白人儿童的智力平均分实际上是非常接近的。例如,来自相似的中产阶级家庭背景的孩子,无论是非裔美国人还是白人,都有相似的智力分数(Brooks - Gunn, Klebanov, & Duncan, 1996; Alderfer, 2003)。

此外,评论者坚持认为没有证据表明智力是导致贫穷和其他社会问题的原因。事实上,一些评论者认为,就像我们之前讨论的那样,智力分数与之后的成功并没有特定意义的联系(e. g., Nisbett, 1994; Reifman, 2000; Sternberg, 2005)。

最后,文化和社会中少数团体成员的智力分数低于多数团体成员的,是由智力测试本身的性质导致的。很显然,传统的智力测验可能会歧视那些小群体,因为他们没有经历过大群体所经历的环境(Fagan & Holland, 2007; Razani et al., 2007)。

大多数传统的智力测验是通过招募白人、说英语的和中产阶级的被试而发展出来的。所以，处于不同文化背景的儿童可能在这种测验中表现得较差。这不是因为他们不聪明，而是因为测验使用的问题具有文化偏差，它们有利于多数群体的成员。事实上，在加利福尼亚州学区的一个经典研究发现，墨西哥裔美国学生被置于特殊教育班级的可能性比白人大十倍（Mercer, 1973；Hatton, 2002）。

更多的近期研究表明，美国被认为患有轻度迟滞的非裔学生是白人学生的两倍，专家把这种差异主要归因于文化偏见和贫穷的因素。尽管某些智力测验（如多元文化系统评价，或 SOMPA）是不受参加测验者文化背景影响的平等有效的测验，但没有测验可以完全摆脱偏见（Reschly, 1996；Sandoval et al. , 1998；Hatton, 2002）。

简言之，智力领域的大多数专家都不信服钟形曲线论断，即智商分数的差异主要由遗传因素决定。而且我们也不可能解决这个问题，因为我们不可能设计出一个能明确说明不同群体成员智力分数差异的决定因素的实验（思考如何设计这样的一个实验是无用的：我们不能从伦理上把儿童分配到不同的居住环境以找出环境的效果，也不能希望从遗传上来控制和改变还未出生的儿童的智力水平）。

现在，智商被看成是遗传和环境以复杂的方式共同作用的产物。人们不再把智力看作是由基因或经验单独决定的。而是认为基因会影响经验，经验会影响基因的体现。例如，心理学家埃里克·塔克海默（Eric Turkheimer）已发现有证据显示，环境因素会更多地影响贫穷儿童的智商，而基因会更多地影响富足儿童的智商（Turkheimer et al. , 2003；Harden, Turkheimer, & Loehlin, 2007）。

观看视频　专题：智力测试，过去和现在

所以，了解智力受遗传和环境因素影响的绝对程度，其重要性不及了解如何提高儿童的居住环境和教育经验。如果让儿童的生活环境变丰富，无论个体的智力水平如何，我们都能更好地让所有儿童充分发挥他们的潜能，最大程度地对社会做出贡献（Wichelgren, 1999；Posthuma & de Geus, 2006；Nisbett, 2008）。

低于和高于智力常模：心理迟滞和智力超常

LO 9.12　描述智障和资优个体在童年中期是如何接受教育的

尽管在幼儿园时康妮(Connie)与她的伙伴还能够并驾齐驱,但到上一年级时,几乎在所有科目中,康妮都是学习最差的一个。她并不是没有努力,而是她比其他学生需要更长的时间理解新的材料,并且她一般需要特殊的关注才能跟上班里其他同学。

另一方面,她在一些领域的表现却是出色的:当被要求用手画或做出一些东西时,她不仅比得上其他同学的表现,而且还超过了他们,做出了令班上许多同学都羡慕的美丽作品。虽然班上的其他同学感到康妮有些不同,但让他们确定这种不同的原因,还是有困难的,并且事实上他们也没有花很多时间来思考这个问题。

然而,康妮的父母和老师知道到底是什么导致了她与众不同。幼儿园时期对她进行的大量测验显示,康妮的智力低于正常水平,并且她被归为有特殊需要的儿童行列。

如果康妮在1975年之前上学,她很可能由于较低的智商而从常规教室中被剔除,并被安置在其他班里,这样的班中配有专门教特殊儿童的老师。这样的班级通常由有不同问题的学生组成,他们的问题包括情绪困难、严重的阅读困难、身体残疾,如多发性硬化以及智力水平较低,传统上这种班级是远离正规教育进程的。

1975年美国会通过了公法94－142,即关于所有残疾儿童的教育法案时,一切都发生了变化。这个法律基本已经实现了的目标,是确保有特殊需要的儿童在**受限制最少的环境**中接受全部教育,即教育的设置与那些没有特殊需要儿童的非常相似(Yell, 1995)。

受限制最少的环境　与那些没有特殊需要儿童所处的环境非常相似的环境。

实际上,这项法律意味着只要对儿童是有益处的,就必须让有特殊缺陷的儿童尽可能加入常规教室和常规活动中。只有在学习那些由于他们的例外而特别受影响的科目时,儿童才被从常规教室中分离出来;在学习其他课程时,他们都与正常儿童在一起。当然那些严重残障的儿童仍然需要大部分或全部的单独教育。但是这项法律的目标是最大限度地把异常的儿童与正常儿童融为一体(Yell, 1995)。

主流　把例外儿童最大限度地纳入传统教育体系,并为他们提供多种选择的教育方法。

这种旨在最大限度地避免把例外学生分离出来的特殊教育方法,已经被称作主流。在**主流**中,使异常的儿童最大限度地融入传统教育体系中,并为他们提供十分宽泛的教育选择(Hocutt, 1996; Belkin, 2004; Crosland & Dunlap, 2012)。

结束按智力水平划分学生:主流化的好处。从许多方面讲,尽管明显地增加了教室教学的复杂性,主流化的引入还是解决传统特殊教育失败的一种措施。一方面,几乎没有研究支持对例外学生进行特殊教育的做法。有些研究考察了诸如学业成就、自我概念、社会适应和人格发展因素,它们大都没有发现让有特殊需要的学生加入特殊的而不是常规的教育班级的优势。此外,强制性地把少数人群体从多数人群体中分离出来接受教育,经验证明这样几乎没有什么成效,正如考察那些曾经根据种族而进行分开教学的学校所得的结果那样(Wang, Peverly & Catalano, 1987; Wang, Reynoods, & Wallberg, 1996)。

最终,赞同主流化的、最令人信服的观点,是从哲学的角度出发的:因为有特殊需要的儿童必须最终在典型发展的环境中活动,所以,广泛地与同伴交往应该能促使他们融入社会,并有助于他们的学习。因此主流为所有儿童能获得相等的机会提供了途径。主流的最终目标是确保所有人,无论是有能力的还是没能力的,都可以拥有许多教育机会,并且最终都能平等地享受到生活的回报(Fuchs & Fuchs, 1994; Scherer, 2004)。

主流的现实情况像它所承诺的那样吗?从某种程度上说,其支持者所称赞的一些好处已经实现了。然而,教室中的老师必须获得大量的支持,才能发挥主流的功效。教一个学生能力相差很大的班级并不是一件简单的事(Kauffman, 1993; Daly & Feldman, 1994; Scruggs & Mastropieri, 1994)。

主流的成效促使一些专业人员提出了另一个被称为全纳的教育模型。全纳是指把所有学生融合在一起,即使是有严重残疾的学生,也要被纳入常规教室中。在这样的一个体系中,分离性的特殊教育项目将停止进行。全纳是存在争议的,这种做法是否能推广还需拭目以待(Lindsay, 2007; Mangiatordi, 2012; Justice et al., 2014)。

低于常模:智力障碍。大约有1%至3%的学龄儿童被认为是智力障碍。对智力障碍的评估存在很大的差异,因为最被广泛接受的对智力障碍的界定,也还有很多模糊的地方需要解释。根据美国智力和发育障碍学会(American Association on Intellectual and Developmental Disabilities)的标准,**智力障碍**是一种残疾,其特征是智力和适应性行为(涉及许多日常社会性和实践技能)的发展很有限(American Association on Intellectual and Developmental Disabilities,2012)。

智力障碍 一种残疾,其特征是智力功能和适应行为都受到严重限制,包括许多日常社交和实践技能。

这个患有唐氏综合征的女孩被主流融合进入了这个班级。

大多数智力障碍的病例被归类为家族性智力障碍，其中没有明显的原因，但有家族智力障碍的历史。在其他情况下，有一个明确的生物学原因。最常见的生物学原因是胎儿酒精综合征，这是由于母亲在怀孕期间饮酒而产生的；唐氏综合征，这是由于存在一个额外的染色体；出生并发症，如暂时性缺氧，也可能导致智力障碍(Plomin, 2005; West & Blake, 2005; Manning & Hoyme, 2007)。

虽然智力方面的局限可以通过相对直接的方式来测量，如标准的智力测验，但要决定如何测量其他方面的发展局限则是比较困难的。不精确的测量最终使专家们不能统一地应用“智力障碍”这个提法。此外，还可能造成一个问题，就是那些都被认为患有智力障碍的人，实际上他们的能力之间存在着很大的差异。因此，患有智力障碍的人，有的不需要被特殊关注，就能够学会工作；有的则基本上不能被训练，并且根本不能说话，或是进行一些类似爬和走这样的基本运动。

轻度智力障碍 智商得分在50或55到70之间的智力障碍。

大多数智力障碍的个体，约90%，缺陷的程度相对较低。他们的智力测验分数从50或55到70，属于**轻度智力障碍**的一类。尽管他们的早期发展通常慢于平均水平，但一般来说他们的智力障碍甚至在入学前还未被确定。而一旦他们上了小学，他们的智力障碍和对特殊关注的需要往往就变得明显起来，就像开始所描述的一年级学生康妮一样。通过合适的训练，这些学生能够达到三年级到六年级的教育水平，并且尽管他们不能完成复杂的需要使用智力的任务，但可以非常成功地独立维持工作和发挥作用。

中度智力障碍 智商得分在35或40到50或55之间的智力障碍。

然而，对更差一些的智力障碍来说，智力和适应性方面的缺陷变得愈加明显。智商分数从大概35或40到50或55的个体属于**中度智力障碍**。中度智力障碍的人占智力障碍人数的5%到10%，他们在生活的早期就表现出不同的行为。他们发展语言技能的速度较慢，且运动发展也受到影响。常规教育往往不能有效地训练这些中度智力障碍的人获得学业技能,因为他们一般都不能跨越二年级的水平。但他们能学会一些职业和社会技能,并学会独自去熟悉的地方。一般来讲,他们需要中等程度的监督。

严重智力障碍(智商从20或25到35或40)和**极度智力障碍**(智商低于20或25)个体,他们能力的发挥严重受限。这样的人往往基本没有或不具备语言能力,对运动的控制也很差,可能需要24小时看护。同时,一些严重智力障碍的人能够学会基本的自我看护技能,如穿衣服和吃饭,他们在某些方面,甚至能像成年人那样独自生活。然而,在他们的毕生发展中,仍不断需要相对高水平的看护,大多数严重和极度智力障碍的人多数时间都被送进专门机构。

严重智力障碍 智商得分在20或25到35或40之间的智力障碍。

极度智力障碍 智商低于20或25的智力障碍。

高于常模:有天赋和才能的儿童

艾米·雷伯维茨(Amy Leibowitz)3岁时就开始阅读。5岁时,她开始写自己的书。一年级不到一个星期就使她厌烦了。由于她所在的学校没有为天才儿童开设的课程,有人建议她跳级到二年级。从那以后,她上了五年级。她的父母很自豪,但也很担心。当他们问五年级的老师她觉得艾米真正属于哪个水平时,老师说她已经为上高中做好了学业上的准备。

有天赋和才能的儿童被看成是一种例外,有时会让人感到奇怪。然而,3%到5%的学龄儿童面临着这种特殊的情况。

哪些学生是有**天赋和才能**的?研究者们几乎不同意对这类范围较广的学生进行单一的界定。可是,联邦政府认为有天赋的这个词涉及某些学生,他们"被认为在如智力、创造性、艺术性、领导能力或特定学业领域中有较好的表现,为了发挥这些能力,往往需要学校提供目前还没能提供的某些服务和活动"(Sec 582,P. L. 97-35)。智商高只是例外情况中的一种;其他情况还包括在学业领域之外表现出非凡的潜能。有天赋和才能的儿童有如此多的潜能,以致像低智商学生一样,非常需要特殊的关注,然而当学校体系面临预算问题时,针对他们的特殊教育项目通常是第一个被取消的(Schemo, 2004; Mendoza, 2006; Olszewski-Kubilius, & Thomson, 2013)。

天赋和才能 那些在如智力、创造性、艺术性、领导能力或特定的学业领域中有较好表现的儿童。

尽管有天赋的儿童,尤其是那些有超高智力的天才儿童常常被描述成“不善交际的”“适应差的”、“神经过敏的”，但大多数研究显示，极其聪明的人往往是外向的、适应性较好的和受欢迎的（Bracken & Brown，2006；Shaughnessy et al.，2006；Cross et al.，2008）。

一项开始于20世纪20年代的研究长期考察了1500名天才学生，发现他们不仅比普通学生更聪明，而且还比智力差于他们的学生更加健康，更具协调性，心理上适应得更好。此外，他们以令大多数人都羡慕的方式生活着。他们比一般人得到更多的奖赏和声望，在艺术和文学上做出了更多的贡献。例如，他们到40岁的时候，总共写出了90多本书、375个剧本和短篇小说，以及2000篇文章，并且他们已经注册了200多项专利。与非天才学生相比，他们对自己的生活更为满意，也是不足为奇的（Sears，1977；Shurkin，1992；Reis & Renzulli，2004）。

然而，有天赋和才能并不保证在学校获得成功，如果我们考虑一下这个群体的特定方面就能发现这一点。例如，语言能力既能让人能言善辩地表达观点和感受，同样也能让人表达出一些诡辩的或劝诱性的观点，而这些有时是不合适的。此外，教师有时可能会曲解非常有天赋儿童的幽默、新颖及创造性，并把他们的智力优势看成是捣乱和不适当的。同伴并不总会有同情心：一些非常聪明的儿童试图隐藏他们的智力以尽量更好地适应其他学生（Swiatek，2002）。

教育有天赋的个体。在对有天赋和才能儿童进行教育时，教育者们提出了两个方法：加速和丰富。**加速**的方法允许天才儿童以自己的速度向前发展，即使这意味着他们会跳到更高年级的水平。加速计划中学生的教材不必与其他学生所用的教材不同；只是让他们以比普通学生更快的速度学习（Smutny，Walker，& Meckstroth，2007；Wells，Lohman，& Marron，2009；Lee，Olszewski - Kubilius，& Thomson，2012）。

加速 允许天才儿童以自己的速度向前发展的特殊方案，这甚至意味着他们可以跳到更高的年级水平。

丰富 使学生处于相应的年级水平，但给他们提供特殊的项目和个别的活动，以加深对于一个特定问题的理解的方法。

另一种方法是**丰富**，学生还处于相应的年级水平，但给他们提供特殊的项目和个别的活动，以加深对于一个特定问题的理解。在这种方法中，天才儿童和普通儿童不仅在什么时候学习教材上的哪些内容上有所不同，其教材的难易程度也存在差异。因此，丰富法所用材料的目的在于为天才儿童提供智力上的挑战，鼓励他们有更高层次的思考（Worrell，Szarko，& Gabelko，2001；Rotigel，2003）。

加速计划可能是非常有效的。多数研究已表明，比同龄人入学早得多的天才儿童与在正常年龄入学的儿童表现得同样好，有时还优于他们。最能说明加速计划优点的是一项正在范德比尔特大学（Vanderbilt

University）进行的“数学天才青少年的研究”。在这个项目中，具有非凡数学能力的七年级和八年级学生参加了多种的特殊班级和研习班。结果非常好，这些学生成功地完成了大学课程，有些甚至提前进入大学。一些学生甚至18岁之前就从大学毕业了（Lubinski & Benbow, 2006; Webb, Lubinski, & Benbow, 2002; Peters et al., 2014）。

模块9.3 复习

- 阅读技能的发展一般经历几个阶段。把编码（即语音）方法和整体阅读法中的元素结合起来，似乎是最具前景的。
- 多文化教育经历了从文化同化的熔炉模型转变到多元社会模型的过程。
- 传统上对于智力的测量已经成为对那些能够促进学业成功的技能的测量。最近有关智力的理论指出，智力可能具有不同种类或成分，它们反映了信息处理的不同方式。
- 美国教育者正致力于一个这样的教育问题，就是如何教育智力及其他技能显著低于或高于普通学生的那些异常学生。

共享写作提示

应用毕生发展：社会的目标之一应该是促进儿童与其他文化的文化同化吗为什么？

结语

在这一章里，我们讨论了儿童中期的体能和认知发展。我们考虑了体能发展和与之相关的营养和健康问题。我们也考虑了如皮亚杰、信息加工观点以及维果茨基所解释的这个时期的智力发展。这个时期儿童的记忆和语言能力都在增长，这些能力促进并支持了他们在许多其他方面的发展。我们探讨了世界各地的教育问题，尤其是美国的教育，并考察了智力的一些问题，如它如何被界定，它如何被测量，智力水平显著低于或高于常模的儿童如何被教育和对待。

回顾前言中的内容，关于简・维格赢得比赛的双杀，并回答以下问题：

1. 什么样的体能使简能打棒球当她从学前班进入儿童中期时，这些能力发生了怎样的变化考虑到她的发展阶段，她可能还缺乏什么能力？

2. 在她的计算中，简使用的是流体智力还是晶体智力，或者两者兼而有之？用故事中的例子解释你的答案。

3. 简的故事中有什么证据表明她达到了皮亚杰所说的具体运算思维？

4. 如果简有特殊的需要降低了她的体能，是否应该鼓励她和其他孩子一起参加体育活动？如果是，应在什么情况下进行这种参与？

回顾

LO 9.1　描述孩子在儿童中期成长的方式和影响他们成长的因素

儿童中期的成长特征是缓慢而稳定。随着婴儿脂肪的消失,体重开始重新分布。成长的原因部分是由遗传决定的,但诸如富裕情况、饮食习惯、营养和疾病等社会因素也会明显地影响成长。

LO 9.2　概述儿童中期运动发展的过程

在儿童中期,粗大运动技能有显著的发展。文化中固有的对儿童的期望似乎是男孩和女孩粗大运动技能差异的潜在原因。精细运动技能也在飞速发展。

LO 9.3　总结学龄儿童主要的身心健康问题

充足的营养是十分重要的,因为它对生长、健康、社会和情绪功能以及认知发展都有作用。肥胖部分受遗传因素影响,但同时也与儿童不能控制自己的过度饮食以及随心所欲地总是坐着而不活动,如看电视有关,还与缺乏身体锻炼有关。哮喘和儿童抑郁是学龄儿童具有的非常普遍的问题。

LO 9.4　描述学龄儿童可能出现的各种特殊需要以及如何满足这些需要

视觉、听觉和语言障碍以及其他学习障碍可导致学术和社会问题,必须在敏感和适当的协助下加以处理。患有注意力缺陷/多动障碍的儿童表现出另一种特殊需要。ADHD 的特征是注意力不集中、冲动、无法完成任务、缺乏组织和过多的无法控制的活动。药物治疗多动症的争议很大,鉴于副作用和对长期后果的怀疑。

LO 9.5　总结皮亚杰关于儿童中期认知发展的观点

根据皮亚杰的观点,学龄儿童进入具体运算阶段,并且开始把逻辑思维应用于具体问题之中。

LO 9.6　根据信息加工的观点解释儿童在儿童中期的认知发展

根据信息加工观点,儿童在学龄期智力的发展源于记忆力的显著提高和所使用的"程序"复杂性的提高。

LO 9.7　总结维果茨基对儿童中期认知发展的解释

维果茨基建议学生运用儿童—成人和儿童—儿童的相互作用模式,关注主动学习,这些相互作用模式处于每个儿童的最近发展区当中。

LO 9.8　描述语言在儿童中期是如何发展的

学龄期儿童的语言发展是显著的,他们在词汇量、句法和语用上都有进步。儿童通过语言策略来学习控制自己的行为,他们在必要时通过向他人询问来有效地学到了许多东西。双语在学龄期可能是有益的。那些能用母语学习所有课程,且同时接受英语教育的儿童,似乎没有什么缺陷,而且有一些语言和认知方面的优势。

LO 9.9　解释孩子们如何学习阅读

阅读能力对教育来说是一种非常基本的技能,它的发展一般经历几个阶段:识别字母,读极为熟悉的单词,读出字母并把声音组合成单词,流畅地读词但还不能理解其意思,能在理解意思的基础上为某种实际目的而阅读,阅读那些反映了多种观点的材料。

LO 9.10　总结学校在儿童中期基础教育之外所教授的内容

多元文化主义和多样性是美国学校里的重要问题。在美国,少数文化被主流文化同化的熔炉社会正在被多元社会所取代。

LO 9.11　描述智力是如何被测量的以及测量它会产生什么争议

传统上,智力测验强调那些能把学业成功者和不成功者区分开的因素。智商或IQ,反映了一个人的心理年龄与实际年龄的比率。其他有关智力的概念强调智力的不同类型或信息加工任务中的不同方面。

LO 9.12　描述智障和资优个体在儿童中期是如何接受教育的

在现在学校里,特殊儿童,包括有智力缺陷的儿童,在受限制最少的环境中接受教育,且一般在常规教室中进行。如果处理得当,这种方法能使所有的学生受益,并且使这些特殊的学生关注自己的优势而不是劣势。有天赋和才能的儿童能够在特殊的教育方案中获益,这些方案包括加速和丰富。

关键术语和概念

哮喘	文化同化模型	智力的三因素理论
视觉损伤	多文化教育	受限制最少的环境
听觉损伤	多元社会模型	主流
言语损伤	双文化认同	智力障碍
儿童期开始的流畅性障碍(口吃)	智力	轻度智力障碍
学习困难	心理年龄	严重智力障碍
注意力缺陷多动障碍	实际年龄(或生理年龄)	极度智力障碍
具体运算阶段	智商	天才
去中心化	斯坦福－比奈智力量表	加速
记忆	韦氏儿童智力量表	丰富
元记忆	考夫曼儿童评定问卷	
元语言意识	流体智力	
双语	晶体智力	

第10章　儿童中期的社会性和人格发展

本章学习目标

LO 10.1　描述儿童中期主要的发展挑战

LO 10.2　总结孩子们的自我观在儿童中期如何变化

LO 10.3　解释为什么自尊在儿童中期很重要

LO 10.4　描述孩子们的是非感在儿童中期如何变化

LO 10.5　描述在儿童中期典型的关系和友谊的种类

LO 10.6　描述让一个孩子受欢迎的原因以及这为什么在儿童中期很重要

LO 10.7　描述性别如何影响儿童中期的友谊

LO 10.8　描述不同种族之间的友谊在学龄期如何变化
LO 10.9　总结今天各色各样的家庭和照料安排如何影响儿童中期的孩子们
LO 10.10　描述在儿童中期社会和情绪生活如何影响孩子们的学校表现

本章概要

开场白:这个孩子是谁?

如果问 5 个不同的人关于戴维·鲁道夫斯基(Dave Rudowski)的事,你会得到 5 种不同的对于这个 10 岁孩子的描述。“鲁道夫斯基很令人惊叹!”他最好的朋友保罗(Paul)说,“他非常擅长数学,在玩《使命召唤(Call of Duty)》游戏时也很有天赋。”戴维的老师承认他的能力在平均水平之上。“但是他有一点懒惰。”她说,“作业晚交,还有粗心的拼写错误。”四年级足球队的队长认为戴维有一点像书呆子,“他对体育运动不是很感兴趣,但是他很有趣,所以也还可以。”和戴维同在学校乐队的同班同学说,他真的很喜欢音乐:“他会打鼓。当他用鼓释放自己的时候,真的令人惊叹。”他的妈妈充满爱意地称他为“大哥”。“戴维是家里最大的孩子。”她解释道,“他和弟弟妹妹们相处得非常好,经常发明游戏和他们一起玩。”

那么戴维是怎样看待自己的呢?“我有些喜欢走自己的路,”他说,“我总是想出新的计划或者把事情做得更好的新方式。我已经有几个朋友了,真的不需要更多朋友了。”

预览

进入儿童中期后，儿童体验到与他人关系以及自我观的明显转变。正如戴维的故事那样，人格发展在这个阶段变得具有多面性且复杂，这对于他们和同伴及成年人的社会关系具有深远的影响。

孩子们对于自己的理解在儿童中期持续变化。

本章主要关注儿童中期孩子们的社会性与人格发展。在这个阶段中，孩子们的自我观发生改变，他们和朋友、家人形成新的联结，并且越来越依赖家庭以外的社会机构。

在考虑儿童中期的人格和社会性发展时，我们首先考察他们自我观的改变。我们讨论他们对自我人格特征的看法，并且考察自尊这个概念的复杂性。

接着，本章转向儿童中期各种关系的发展。我们讨论友谊的阶段、性别和种族如何影响儿童的交往及与谁交往，还会讨论怎样才能提高儿童的社会能力。

本章最后考察了儿童生活的核心社会机构——家庭，讨论了离婚的影响、自我照料的儿童以及团体照料现象。

根据埃里克森的观点，儿童中期包含了勤奋—自卑阶段，其特征是聚焦于迎接世界提出的挑战。

10.1　发展中的自我

卡拉·霍勒（Karla Holler）舒适地坐在她的树屋里休息，这个树屋是她在郊区家中后院的一棵高苹果树上建的。她现在9岁，刚刚完成对树屋的最近一次修补，能够熟练地使用锤子把木头钉在一起。她和爸爸从她5岁的时候就开始建造这个树屋了。从那时起，她一直在对树屋进行小的修补。到这时候，她已经发展出对树屋的明确的自豪感。她在里面待上几个小时，品味由它带来的私密感。

上面的文字描述反映出卡拉逐渐增长的能力感。卡拉对自己建筑成果无声的自豪感反映了儿童中期个体自我观发展的一种方式，传达了心理学家埃里克森提出的“勤奋”的含义。

儿童中期的心理发展

LO 10.1　描述儿童中期主要的发展挑战

我们在第 8 章讨论过埃里克森有关心理社会性发展的观点，根据这一理论，儿童中期的发展更多地围绕能力而展开。**勤奋—自卑的阶段**（industry-versus-inferiority stage）从 6 岁持续到 12 岁，主要特征是聚焦于付出努力获得能力，以便来迎接挑战，这些挑战来自父母、同伴、学校以及复杂的现代社会。

勤奋—自卑的阶段 根据埃里克森的观点，这一阶段从 6 岁持续到 12 岁，主要特征是聚焦于付出努力来获得能力，以便迎接挑战，这些挑战来自父母、同伴、学校以及复杂的现代社会。

当发展到儿童中期时，学校对儿童提出了巨大的挑战。儿童中期的个体不仅要努力掌握学校要求学习的大量知识，还要找到自己在社会中所处的位置。他们越来越多地在集体活动中与他人一起工作，并且必须在不同的社会群体和角色之间游刃有余，包括处理与老师、朋友、家人的关系。

如果成功度过勤奋—自卑阶段，儿童就会像卡拉谈论建筑经历时那样拥有一种掌握感和熟练感，会觉得能力感有所增长。另一方面，如果通过这一阶段有困难，儿童就会有一种失败感和欠缺感。这可能导致他们在学业追求中退缩，其兴趣和好胜心下降，也会导致他们在与同伴交往时退缩。

儿童可能会发现，儿童中期勤奋感的获得对他们的将来有着持久的影响。例如，有项研究为了考察儿童期勤奋、努力工作与成年期行为的关系，对 450 个被试男性从儿童早期开始进行了长达 35 年的追踪（Vaillant & Vaillant, 1981）。结果发现，那些儿童期最勤奋、最努力工作的被试者成年后在职业成就和个人生活方面也是最成功的。事实上，与智力或家庭背景相比，儿童期勤奋与成年期成功的关系更加密切。

理解自我：“我是谁？”的新答案

LO 10.2　总结孩子们的自我观在儿童中期如何变化

在儿童中期，儿童继续努力找寻“我是谁?”的答案，并寻求进一步了解“自我”的本质。这个问题在儿童中期不如青少年期表现得急迫，但学龄儿童仍然不懈地找寻自己在社会中的位置。

从生理的自我理解到心理的自我理解。儿童中期的个体一直在努力地理解自我。在之前章节讨论过的认知发展的帮助下，他们更少地从外部条件和身体特征而更多地从心理特质上看待自己（Marsh & Ayotte，2003；Sotiriou & Zafiropoulou，2003；Lerner，Theokas，& Jelicic，2005；Bosacki，2013，2014）。

例如，6岁的凯丽（Carey）这样描述她自己"跑得很快，擅长画画"，这两个特征都属于依赖运动技能的外部活动。相反，11岁的梅平（Meiping）描述自己"相当聪明、友好、热心助人"。梅平的自我观点是以心理特征、内部特质为基础的，它们比年幼儿童的描述更抽象。使用内部特质建构自我概念的能力源于儿童逐渐增长的认知技能，也就是我们在第9章中讨论过的。

儿童关于自己是谁的观点除了有这种从外部特征到内部心理特质的转变外，也存在由简单到复杂的变化。根据埃里克森的观点，儿童在通过勤奋能够获得成功的方面努力。在逐渐长大的过程中，儿童发现他们可能擅长某些事情而不擅长另一些事情。例如10岁的金妮（Ginny）逐渐知道自己数学很棒，但拼写却不好；11岁的阿尔伯特（Alberto）开始发现自己很会打垒球却不太会踢足球。

儿童中期个体的自我概念开始区分出个人领域和学术领域。正如图10－1所看到的，儿童的自我评价表现在四个主要领域，每个领域又可以进一步细分。例如，非学业自我概念包括身体外表、同伴关系和体能，学业自我概念也可以进行类似划分。对学生在语文、数学、非学科领域的自我概念的研究结果表明，虽然这些自我概念之间存在重叠，但它们之间并不总有联系。例如，一个自认为数学很棒的学生不一定觉得自己也擅长语文（Marsh & Hau，2004；Ehm，Lindberg & Hasselhorn，2013）。

社会比较。如果有人问你"你的数学有多好"，你会如何回答？我们中的大多数会将自己的表现与同龄和同级其他人的表现进行比较，毕竟我们不可能与爱因斯坦或者那些刚刚开始学习数字的幼儿园小朋友进行比较。

学龄阶段的儿童在考虑自己的能力有多大时，也开始使用相同的推理方式。在此之前，他们多是按照一些假定的标准思考，做出的判断也都是绝对意义上的擅长或不擅长。进入儿童中期后，他们开始使用社会比较的方法，通过与他人比较来判断自己的能力水平（Weiss，Ebbeck，& Horn，1997）。

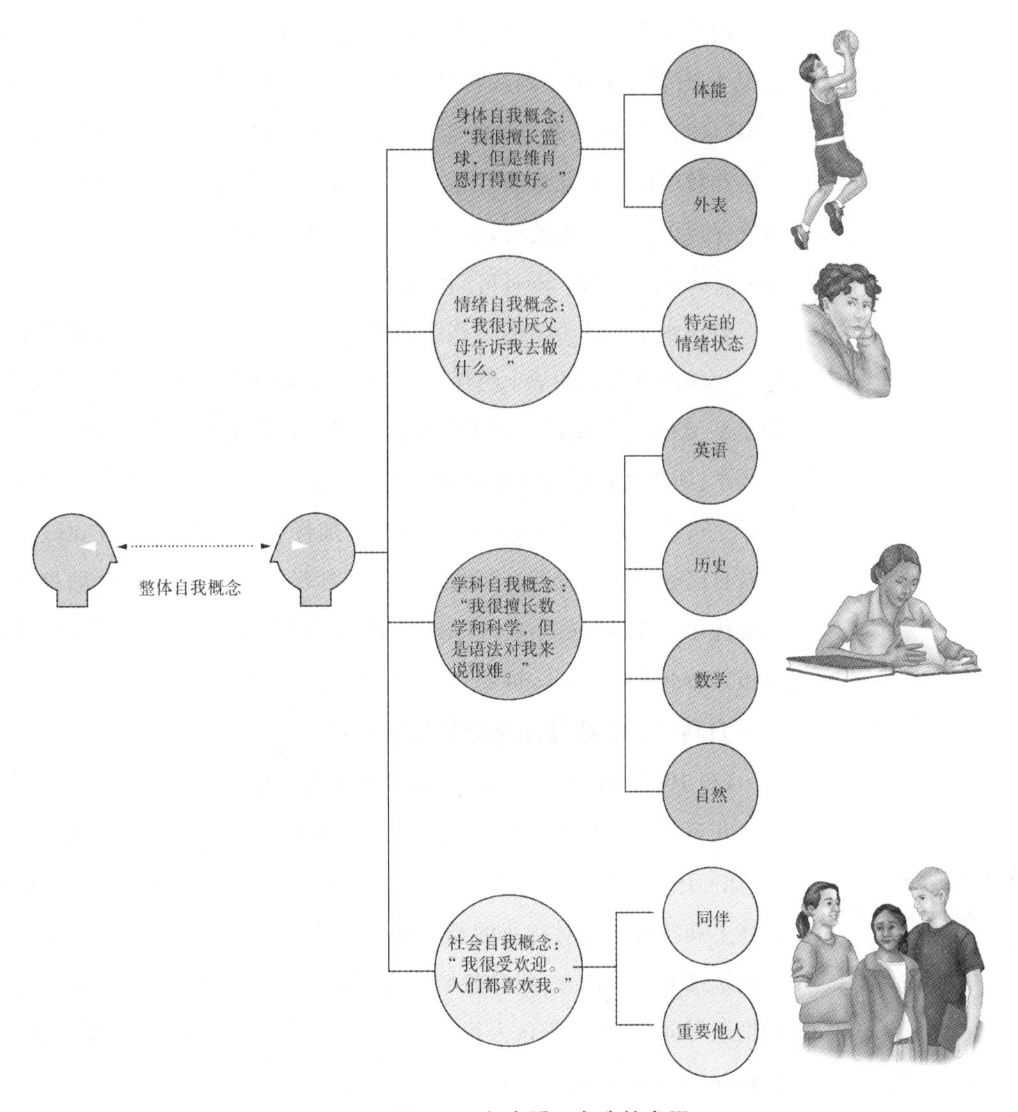

图10–1　向内看：自我的发展

随着儿童年龄的增长，他们的自我观更加分化，包括几类人际领域和学术领域。哪些认知变化促成了这种发展？

（资料来源：改编自Shavelson, Hubner, & Stanton, 1976.）

社会比较(social comparison)是指期望通过与他人比较来评价自己的行为、能力、特长和看法。心理学家里昂·菲斯廷格(Leon Festinger, 1954)首次提出了该理论。他指出，当无法对某种能力进行具体客观的测量时，人们会求助于社会现实(social reality)来评价自己。社会现实是指根据其他人如何行动、思考、感受和看待世界而得来的知识。

社会比较　期望通过与他人比较来评价自己的行为、能力、特长和看法。

然而，将谁作为比较对象才最充分呢？儿童中期的个体不能客观地评价自己的能力时，就会更多地参照与自己相似的其他人(Summers, Schllert, & Ritter, 2003)。

向下社会比较。尽管儿童一般将自己与相似的他人做比较，但某些情况下，尤其是自尊受到威胁时，他们就会选择向下社会比较(downward social comparisons)，即与那些能力或成就明显差于自己的人比较。向下社会比较可以保护儿童的自尊。通过与比自己能力差的人比较，儿童能够确保自己处于领先地位，从而保持自己成功的形象(Hui et al., 2006; Hosogi et al., 2012; Sheskin, Bloom & Wynn, 2014)。

教学水平较低小学的一些学生的学术自尊水平要比来自教学水平较高小学的有能力的学生更强，向下社会比较有助于解释这一点。原因似乎是，教学水平低的小学里的学生周围大多是学术成就并非特别出色的同学，所以比较后的感觉相对要好。与此相反，教学水平高的小学里的学生可能发现与他们竞争的是许多更加优秀的学生，所以在比较中他们对自己表现的知觉就会变差。至少从自尊的角度来说，小池塘里的大鱼要优于大池塘里的小鱼(Marsh & Hau, 2003; Marsh et al., 2008; Visconti, Kochenderfer - Ladd & Clifford, 2013)。

自尊：发展积极或消极的自我观点

LO 10.3 解释为什么自尊在儿童中期很重要

儿童不会只使用身体和心理特征方面的一些术语来冷静地描绘自己，他们还会以特定的方式判断自己好或不好。**自尊(self-esteem)**指在整体上和特定方面对自我的积极和消极评价。相比于反映对自我的信念和认知的自我概念(我擅长吹小号；我学不好社会学科)，自尊有更多的情绪导向(每个人都认为我是个书呆子)(Davis-Kean & Sanlder, 2001; Bracken & Lamprecht, 2003)。

自尊 在总体上和特定方面对自我的积极和消极评价。

儿童中期自尊有了很大发展。前文有提到，这一时期的儿童越来越多地将自己与他人比较，以评估自己在多大程度上符合社会标准。此外，他们也逐渐发展出自己的一套对成功的内在标准，从而能知道自己有多成功。儿童中期出现的一大进步是自尊越来越分化，就像自我概念一样。大多数7岁儿童的自尊反映了他们对自己整体上的观点，相当简单。如果整体自尊是积极的，他们就会认为自己能做好一切事情。相反，如果整体自尊是消极的，他们就会觉得自己大多数事情都做不好(Lerner et al., 2005; Harter, 2006)。

然而进入儿童中期后，他们的自尊就会在一些领域更高，在另一些领域则较低。例如，一个男孩的整体自尊可能由某些领域的积极自尊(例如他感到自己的艺术能力很高)和其他领域的消极自尊(例如他对自己的运动技能感到不满意)组合而成。

自尊的改变和稳定性。一般来讲,整体自尊在儿童中期会很高,但是到 12 岁左右会开始下降。虽然对于这种下降有多种可能的解释,但不可忽视的一个主要原因似乎是,升学通常发生在这个年龄段:学生在小学毕业升入中学时,自尊会发生下降,随后又再次逐渐上升(Twenge & Campbell, 2001; Robins & Trzesniewski, 2005; Poorthuis et al., 2014)。

一名教育者的视角

老师们可以怎样帮助那些因低自尊而总是失败的孩子? 怎样才能打破这种失败循环?

另一方面,一些儿童长期处于低自尊的状态。低自尊的儿童面临着一条坎坷的路,部分原因在于低水平的自尊会令他们陷入一种越来越难以摆脱失败的循环之中。举个例子,假设学生哈利(Harry)的自尊一直很低,目前要面临一场重要的考试。由于自尊低,他预期自己会考砸,所以就非常焦虑——过分的焦虑使他不能很好地集中精力有效地学习。进而,他会觉得既然无论如何都考不好又何必要学,于是可能决定不再努力。

最后,哈利的高焦虑和不努力当然导致了预期结果的产生——他考得非常差。这种失败恰好验证了哈利的预期,也强化了他的低自尊,使失败循环得以继续(见图 10-2)。

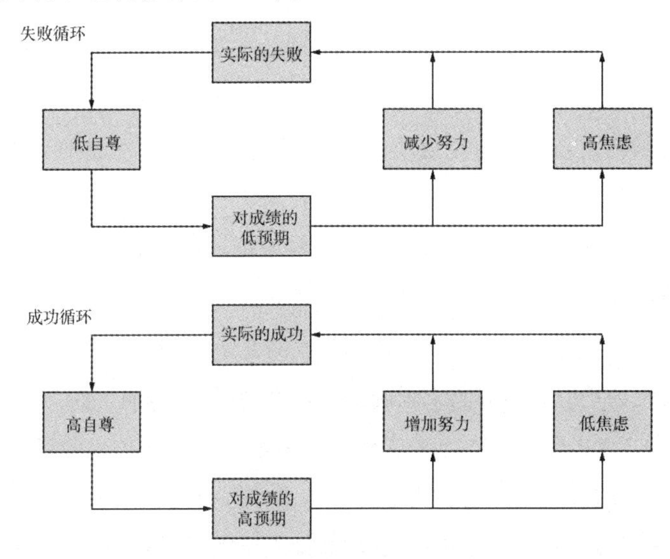

图10-2　低自尊的循环

因为低自尊儿童可能预期自己会考砸,于是产生高焦虑,努力程度不如高自尊的儿童。最后,他们确实考得很差,从而验证了他们对自己的消极观点。相反,高自尊的儿童对自己有更积极的预期,这会导致低焦虑和高动机。结果,他们表现得更好,强化了积极的自我印象。老师如何帮助低自尊的学生打破消极循环呢?

相反，具有高自尊的学生会走一条更积极的路，进入成功的循环之中。具有高预期会导致更多的努力和更低的焦虑，增加了成功的可能性。反过来，这又是对于他们高自尊的肯定，从而开始了循环。

父母可以通过提高孩子的自尊来打破这种失败的循环。最好的办法是采用第8章中讨论的权威型养育方式。权威型的父母为孩子提供温暖和情感支持，对孩子的行为设定清晰的限制。相反，其他类型的养育方式对自尊的影响并不那么积极。高惩罚和高控制的父母会传递给孩子这样的信息：你们是不值得信赖的，没有能力做出正确的决策。这种信息会削弱儿童的自我肯定。而那些溺爱型的父母对孩子的表现总是会不加区分地给以赞扬和强化，从而会使孩子产生虚假的自尊感，最终可能对孩子造成同样的伤害（Milevsky et al., 2007; Taylor, et al., 2012; Raboteg - Saric & Sakic, 2013; Harris et al., 2015; 也见“从研究到实践”专栏）。

◎ 从研究到实践

言过其实的表扬的危害

如果你知道有一个孩子面临低自尊的问题，你认为与这个孩子说些什么可能是有用的呢？如果你猜测大量表扬可能会鼓励他/她对自己感觉好一些，那么并不只是你这么想。大多数成年人相信儿童需要被表扬，这样可以让他们自我感觉良好，流行媒体给出的养育建议也经常强化这种观念（Brummelman, Thomaes, de Castro, et al., 2014; Brummelman, Thomaes, Overbeek, et al., 2014）。

但是儿童实际上会对表扬做何反应呢？研究表明，表扬并不总是像我们所想的那样有益。例如，表扬孩子的天赋（“你真聪明！”）而不是努力（“你学习真努力！”）会使得孩子回避挑战。当失败意味着你不够努力而不是不够优秀时，个体更可能会冒失败的风险。那么，低自尊儿童对善意的言过其实的表扬会做何反应呢？

结果表明，这样并不太好。在一项近期的研究中，8—12岁的儿童看一幅艺术作品，并且要临摹出来。大多数儿童之后会收到一份对于他们绘画的手写反馈，据说是来自一位著名的艺术家。反馈内容是随机的，一部分儿童得到的反馈是他们的画很漂亮，另一部分儿童得到的反馈是他们的画漂亮得令人难以置信。接着，儿童可以从其他艺术作品中选择一幅来临摹——一些临摹起来简单容易，另一些则复杂困难。主试者向儿童强调，选择复杂的作品可以从中学到更多，但是选择简单的作品会更少犯错（Brummelman et al., 2014）。

在得到有限表扬（“你的画很漂亮”）的儿童中，那些低自尊的儿童倾向于接下来尝试更有挑战性的画。但是这一模式在得到言过其实的表扬（“你的画漂亮得令人难以置信”）的儿童中出现了反转，那些低自尊的儿童倾向于接下来尝试更简单的画。研究者得到的结论是，言过其实的表扬倾向于使低自尊儿童去避免展现自己的缺点，但是倾向于使高自尊儿童去展示自己的能力。当使用表扬来提高儿童的自尊时，“少即是多”的格言非常适用(Brummelman et al.，2014)。

共享写作提示

恰如其分的夸奖为什么更能诱导低自尊儿童而不是高自尊儿童去寻求挑战？

种族和自尊。如果你所在的种族时常遭到偏见和歧视，可以预测你的自尊将会受到影响。早期研究证实了这个假设，并且发现非裔美国人的自尊低于白人。例如，30年前的一系列探索研究发现，面对黑人洋娃娃和白人洋娃娃，非裔美国儿童更偏爱白人洋娃娃(Clark & Clark，1947)。研究者对此的解释是，非裔美国儿童的自尊低。

几十年前的开拓性研究提出，非裔美国女孩偏爱白人洋娃娃能够说明她们的自尊低。但是近年来的证据表明，白人儿童和非裔美国儿童的自尊几乎不存在差异。

然而，近年来的更多研究表明，早期的假定有些言过其实。考虑到不同种族、民族个体的自尊水平不同，情况就变得更为复杂了。例如，最开始白人儿童的自尊高于黑人儿童，但是到了11岁左右黑人儿童的自尊略高于白人儿童。当非裔美国儿童对自己的种族更加确定、发展出更复杂的种族认同、更多地看到自己种族的积极方面时，常常会出现这种转变(Oyserman et al.，2003；Tatum，2007；Sprecher，Brooks & Avogo，2013)。

西班牙裔儿童的自尊在儿童中期将结束时有提高，不过在青少年阶段仍低于白人儿童。亚裔美国儿童则表现出相反的模式：小学时其自尊高于黑人和白人，儿童后期其自尊却低于白人(Twenge & Crocker，2002；Umana-Taylor，Diveri，& Fine，2002；Tropp & Wright，2003；Verkuyten，2008)。

自尊与少数群体地位之间的关系很复杂，社会认同理论(social identity theory)为此提供了一种解释。根据这一理论，只有当少数群体成员觉得很难改变与多数群体在权力和地位上的差异时，他们才可能接受多数群体的消极观点；如果他们觉得能够减少偏见和歧视，并将这种偏见归咎于社会而非自己，那么他们的自尊就不会与多数群体产生差异(Tajfel & Turner，2004；Thompson，Briggs - King，& LaTouche - Howard，2012)。

当少数群体的群体自豪感和种族意识增强时，不同种族的自尊差异就会缩小。近年对多元文化主义的重要性越来越敏感，这进一步支持了这种趋势。(Negy，Shreve，& Jensen，2003；Lee，2005；Tatum，2007；关于多元文化的其他方面，见“发展的多样性与生活”专栏)

◎ 发展的多样性与生活

移民家庭的儿童适应良好吗？

最近50年移民到美国的浪潮高涨不落。移民家庭的儿童几乎占美国儿童的25%。事实上，移民家庭的儿童是美国儿童中增长最快的群体(Hernandez et al., 2008)。

在很多方面，这些移民的儿童过得相当好。一方面，他们的发展要比非移民的同辈更好。例如，移民儿童的学校成绩一般不比父母皆在美国出生的儿童差。心理方面，尽管移民儿童感到较不受欢迎、对生活的控制较少，但总的说来他们发展得很不错，自尊水平也与非移民儿童相似(Harris, 2000; Kao, 2000; Driscoll, Russell, & Crockett, 2008)。

另一方面，许多移民家庭的孩子也面临挑战。他们的父母通常受教育程度有限，并且从事一些低薪工作。他们的失业率通常比总体水平更高。此外，父母的英语熟练程度也可能更低。很多移民家庭的孩子缺乏良好的医疗保险，获得医疗保健的途径有限(Hernandez et al., 2008; Turney & Kao, 2009)。

然而，那些来自经济不宽裕家庭的移民儿童常常比非移民家庭的儿童有更强的成功动机，也更看重教育。另外，许多移民儿童来自强调集体主义的国家，因而可能感到对家庭的成功负有更多的义务和责任。最后，移民儿童来自的国家可能会赋予他们一种非常强烈的文化认同感，从而阻碍他们接纳不受本土文化欢迎的“美国式”行为，例如实利主义或自私(Fuligni & Yoshikawa, 2003; Suárez-Orozco, Suárez-Orozco, & Todorova, 2008)。

移民到美国的儿童一般过得很不错，部分原因在于他们中的很多人来自强调集体主义的国家，可能感觉到自己对家庭的成功担负着更多的责任和义务。还有哪些文化差异促成了移民儿童的成功？

在美国，移民家庭的孩子在儿童中期似乎都发展得不错。但是到了青少年时期和成人阶段，情况开始变得不确定。例如，一些研究显示移民的青少年有更高的肥胖风险(身体健康的关键指标)。目前研究者刚刚开始着手阐明移民在生命的不同阶段是如何有效适应的(Fuligni & Fuligni, 2008; Perreira & Ornelas, 2011; Fuligni, 2012)。

道德发展

LO 10.4　描述孩子们的是非感在儿童中期如何变化

> 你的妻子患了一种不寻常的癌症,生命受到威胁。医生说有一种可能拯救她的药,是附近城市的科学家最近研制出来的放射镭的一种。但是这个药生产起来很贵,科学家的要价是该药生产成本的10倍,也就是说,他花了1000元买来了镭,却开价10000元卖一个很小的剂量。你找了所有能找的人借钱,总共只借到了2500元,是所需总数的1/4。你告诉那个科学家你的妻子就快死了,希望他能够把药便宜卖给你,或者你稍后再付钱。但是科学家说:“不行,我发现了这药,我要用它来挣钱的。”你很绝望,正在考虑闯进科学家的实验室为妻子偷药。你应该这样做吗?

根据发展心理学家柯尔伯格和他的同事的观点,儿童对这个问题的回答反映了他们的道德感和正义感的核心方面。他提出,人们对此类道德两难问题的反应揭示了他们所处的道德发展阶段,也透露了他们认知发展的总体水平(Kohlberg, 1984; Colby & Kohlberg, 1987)。

科尔伯格主张,随着正义感的发展,人们做出道德判断时使用的推理方式会经历一系列阶段。根据前面对认知特点的讨论,年幼的学龄儿童通常会从具体不变的规则(“偷就是错”或“如果我偷就会遭受惩罚”)或者社会规则(“好人不会偷”或“如果每个人都偷怎么办?”)的角度来思考。

然而,在青少年时期到来时,个体的推理已经达到了较高的水平,通常接近皮亚杰的形式运算阶段。他们能够理解抽象、正式的道德原则,当遇到类似上面的问题时通常会考虑对错问题,也会从更广泛的角度思考(“如果你是遵从自己的良心而做这件对的事,那么偷药是可以接受的”)。

科尔伯格主张道德发展可分为三个水平,进一步可细分为六个阶段(见表10-1)。处于最低水平——前习俗道德(preconventional morality,阶段1和阶段2)的人们会遵循以惩罚或奖励为基础的严格规则。例如,处于前习俗道德阶段的学生可能会这样评估前面的道德两难故事:偷药不值得,如果被逮住的话你可能会进监狱。

接下来的水平称为习俗道德(conventional morality,阶段3和阶段

4），这时人们会把自己看作负责任的社会好公民，以此方式来处理道德问题。这一水平的某些人会反对偷药，因为他们觉得自己会因为违反社会规范而感到内疚和不诚实。另一些人则会赞成偷药，因为在此种情形下如果什么都不做，他们会觉得难以面对其他人。这些人都是在习俗道德的水平上进行推理。

最后一个水平称为后习俗道德（postconventional morality，水平3；阶段5和阶段6），这时的人们会遵循通用的道德原则，它并非某个特定社会所独有。处在后习俗道德阶段的人们会因没有偷药而谴责自己，因为没能坚守住自己的道德原则。

科尔伯格的理论认为，人们的道德发展以固定的顺序进行，由于认知发展的局限，直到青少年时期他们才能达到最高水平（Kurtines & Gewirtz, 1987）。然而，并非所有人都会到达最高水平，科尔伯格发现到达后习俗道德水平的人数相当少。

尽管科尔伯格理论为道德判断的发展提供了很好的解释，但道德判断与道德行为之间的关系却比较弱。不过，道德推理水平较高的学生更不容易在学校和社区中表现出反社会行为，如破坏学校规则、青少年期行为不良等（Langford, 1995; Carpendale, 2000; Wu & Liu, 2014）。

另外，有实验发现，当可以欺骗别人的时候，处于后习俗道德水平（最高类别）的学生有15%做出了欺骗行为，而处于较低水平的学生有一半以上做出了欺骗行为。很明显，知道从道德上讲什么是对的并不意味着就会那样做（Snarey, 1995; Hart, Burock, & London, 2003; Semerci, 2006; Prohaska, 2012）。

观看视频 科尔伯格和海因兹困境

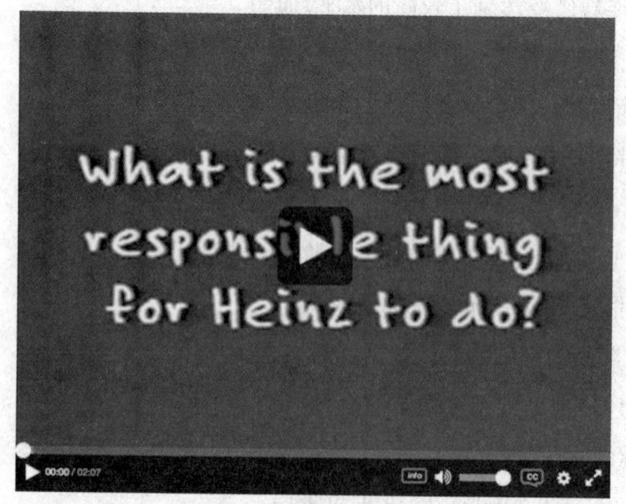

科尔伯格的理论由于仅立足于对西方文化中个体的观察，因此受到批评。事实上，跨文化研究发现，处在工业化程度更高、技术更先进的文化中的人比非工业化国家的人通过道德发展各阶段的速度更快。为什么呢？解释之一是科尔伯格提出的更高阶段是基于政府机构和社会机构（如警方和法庭）常用的道德推理基础上的。在工业化程度较低的区域，道德可能更多地基于特定村镇里人与人之间的关系。一言以蔽之，不同文化中道德的性质可能有差异，而科尔伯格的理论更适合西方文化（Fu et al.，2007）。

科尔伯格理论还存在一个更有争议的方面，它难以解释女孩的道德判断。最初提出这个理论是基于男性被试者为主的数据，因此有些研究者认为它能更好地描述男孩而非女孩的道德发展。这也能够解释为什么使用相同的科尔伯格阶段顺序的道德判断测验时，女性的得分普遍低于男性。这样的结果同时表明，女孩的道德发展需要另一种不同的解释。

表 10－1　科尔伯格的道德推理序列

		道德推理示例	
水平	阶段	赞成偷	反对偷
水平 1 前习俗道德 主要的考虑是避免惩罚以及渴望奖励	阶段 1 服从和惩罚定向：人们为了避免惩罚而遵守规则。服从本身就是奖赏	“你不应该让你的妻子就这样死掉。人们会因为你的不作为而谴责你，他们也会因为科学家不愿意把药便宜卖给你而谴责他。”	“你不应该偷药，因为你会被抓住被送去监狱。即使你幸运逃脱了，你会时刻处在内疚中，会一直担心警察可能会发现你做过什么。”
	阶段 2 奖赏定向：个体为了获得奖赏而服从那些对自己有利的规则	“即使你被抓住了，陪审团也会理解你，刑期不会太久。同时你的妻子可以活下去。如果你在把药给你妻子之前就收手，可能把药还回去就可以了，不会受到惩罚。”	“你不应该偷药，因为你对妻子的癌症没有责任。如果你被抓住了，你的妻子仍然会死，而你也会进监狱。”
水平 2 习俗道德 社会关系变得十分重要。人们按照能获得他人认可的方式行事	阶段 3 “好孩子”道德：人们想要被他人尊敬，并按照他人对自己的期待行事	“谁会谴责你偷了救命用的药呢？但是如果你让你的妻子死掉，你再也不能面对家人或者邻居了。”	“如果你偷了药，所有人都会认为你是个罪犯。他们会奇怪你为什么不能找到其他方法来救你的妻子。”
	阶段 4 权威和社会秩序维持的道德：人们认为只有社会才能决定什么是正确的，个人无法决定。服从社会规则本身就是正确的	“丈夫当然对妻子有责任。如果你想活得高尚，就不会因为害怕承担后果而不去救她。如果你不想夜不能寐，就必须救她。”	“你不应该让对妻子的关心蒙蔽了你的判断。偷药可能让你一时觉得正确，但是之后你会因为违法而后悔的。”

（续表）

		道德推理示例	
水平	阶段	赞成偷	反对偷
水平3 后习俗道德 人们认为，我们的行为必须受到某些道德理想和原则的支配。这些理想比任何一个特定的社会规则都重要	阶段5 契约道德、个人权利和民主接受的法律：人们觉得自己有义务遵循社会公认的规则。但是在社会发展的过程中，规则必须及时更新，以便使社会变化反映出潜在的社会原则	“如果你只是遵守法律，你就会违背救你妻子的原则。如果你真的偷了药，社会将会理解并且尊重你的行为。你不能让过时的法律阻止你做正确的事。”	“规则代表着社会对道德行为的思考。你不能让你一时的情绪去干扰持久存在社会规则。如果你这样做，社会将对你产生负性评价，最终你将会失去自尊。”
	阶段6 个人原则和良心的道德：人们承认法律尝试写下普遍道德原则的具体应用。个体必须用自己的良心去检验这些法律，这代表了对这些原则的天生感受	“如果你让你的妻子死掉，你就遵循了法律条文，但是却违背了你良心中要保护生命的普遍原则。如果你的妻子死了，你会永远谴责自己，因为你遵守了一个不完美的法律。”	“如果你变成了一个小偷，你的良心会受到谴责，因为你将自己对道德的解释置于法治之上。你将会背叛自己的道德标准。”

（资料来源：改编自 Kohlberg, 1969.）

女孩的道德发展。心理学家卡罗尔·吉利根（Carol Gilligan）（1982，1987）认为，社会对男孩和女孩不同的养育方式导致了两者的道德行为观点的差异。根据她的理论，男孩主要从正义或公平等大原则的角度看待道德，女孩则从个人责任和在特定关系背景下牺牲自我、帮助他人的意愿出发。在女性的道德行为中，对个体的同情是一个更突出的因素（Gilligan, Lyons, & Hammer, 1990; Gump, Baker, & Roll, 2000）。

吉利根提出了女性道德发展的三阶段过程（总结为表10－2）。在第一个阶段“个体生存的定向（orientation toward individual survival）”中，女性首先将注意力集中在什么是实际的、对自己最有利的，然后逐渐由自私过渡到责任，即会想到什么对他人最有利。在第二阶段“自我牺牲的善良（goodness as self－sacrifice）”中，女性开始认为她们必须牺牲自己的利益以帮助他人得到所需。理想的情况是，女性会从“善良”过渡到“现实”，即同时考虑自己的需要和他人的需要。过渡后会抵达第三阶段“非暴力道德（morality of nonviolence）”，这时女性开始认识到，伤害任何人都是不道德的——包括伤害她们自己。这样就在自我和他人之间建立了道德等价性(moral equivalence),它代表着吉利根的观点中道德推理的最复杂水平。

吉利根的阶段顺序明显异于科尔伯格的。有些发展学家认为,吉利根对科尔伯格研究的反对意见过于彻底,性别差异并不像人们原以为的那样明显(Colby & Damon, 1987)。例如一些研究者指出,男性和女性在作道德判断时都会使用相似的"公正"和"关怀"定位。很明显,目前研究者仍然不清楚男孩和女孩道德定位的差别在哪里以及道德发展总的特点是什么(Weisz & Black, 2002; Jorgensen, 2006; Tappan, 2006; Donleavy, 2008)。

表10－2　吉利根的女性道德发展三阶段

阶段	特征	例子
阶段1 个体生存的定向	最初的注意力集中在什么是实际的、对自己最有利的。逐渐从自私过渡到责任,包括会想到什么对他人最有利	一年级的女孩在和朋友玩时可能坚持只玩她自己选择的游戏
阶段2 自我牺牲的善良	最初的观点是女人必须牺牲自己的愿望以满足他人所需。逐渐从"善良"过渡到"现实",即会考虑他人的需要和自己的需要	现在这个女孩长大了,她可能相信,作为好朋友,她必须玩对方选择的游戏,即使她自己并不喜欢这些游戏
阶段3 非暴力道德	在他人和自己之间建立起道德等价性。伤害任何人——包括自己——都是不道德的。根据吉利根的观点,这是道德推理最复杂的形式	这个女孩现在可能认识到,朋友必须享受在一起的时间,并且寻找双方都能喜欢的一些活动

(资料来源:Gilligan, 1982.)

模块10.1 复习

- 根据埃里克森的观点,儿童中期的个体处在勤奋—自卑阶段。
- 儿童中期,个体开始使用社会比较的方法,其自我概念建立在心理特征而非生理特征的基础上。
- 儿童中期,个体的自尊建立在与他人和与成功的内在标准进行比较的基础上。如果自尊很低,儿童最后可能陷入失败的循环之中。
- 根据科尔伯格的观点,道德发展从最初的关注赏罚,发展到对社会习俗和规则的关注,再到普遍道德原则感。然而,吉利根指出,女孩的道德发展可能有着不同的进程。

共享写作提示

应用毕生发展:科尔伯格和吉利根各自都认为道德发展存在三个主要水平。这些水平之间可比较吗？你认为在每个理论的哪个水平上可以观察到男性和女性之间的最大不同？

10.2　关系：儿童中期友谊的建立

> 2号餐厅里，加米拉（Jamillah）和她的新同学正在慢慢地咀嚼三明治，安静地用吸管吸着纸盒里的牛奶……男孩和女孩羞怯地望着餐桌对面的陌生面孔，寻找能跟他/她们一起在操场里玩、能成为他/她们的朋友的人。
>
> 对这些孩子来说，操场上和教室里发生的事同样重要。在操场上玩的时候没有人会保护他们。所有的儿童都想在游戏中取胜，在考试中不丢脸，在打架时不受伤。他们作为群体中一员的身份不会受到干扰，也无法得到保证。一旦到了操场上，要么被动沉寂要么主动活跃。没有人会主动成为你的朋友。（Kotre & Hall, 1990, pp. 112 – 113）

加米拉和她的同学的例子显示，友谊在儿童中期扮演着愈加重要的角色。这一时期，儿童开始对朋友的重要性更为敏感，建立和维持友谊关系成为儿童社会生活中的重要部分。

友谊影响儿童多个方面的发展。例如，友谊为儿童提供有关世界、他人和自我的信息。当儿童面对压力时，朋友能提供情感支持从而使儿童有效应对。拥有朋友可以使儿童更少被攻击，也能教会儿童如何管理和控制情绪、解释情绪体验（Berndt, 2002; Lundby, 2013）。

儿童中期的友谊同样能为儿童提供与他人沟通和交往的机会，还能通过增加儿童的各类经验来促进他们智力上的成长（Nangle & Erdley, 2001; Gifford – Smith & Brownell, 2003; Majors, 2012）。

儿童中期，虽然朋友和其他同伴对儿童的影响逐渐增大，但是他们的重要性仍然比不过父母和其他家庭成员。大多数发展学家认为，儿童的心理功能和整体的发展是许多因素共同作用的结果，这些因素包括同伴和父母（Vandell, 2000; Parke, Simpkins, & McDowell, 2002; Laghi et al., 2014）。因此，本章的后面我们将更多地谈论家庭的影响。

友谊的阶段：友谊观的变化

LO 10.5　描述在儿童中期典型的关系和友谊的种类

儿童中期，儿童对友谊性质的理解经历了一些深刻的变化。根据发展心理学家威廉·戴蒙（William Damon）的观点，儿童对友谊的看法经历了三个不同的阶段（Damon & Hart, 1988）。

阶段1：基于他人行为的友谊。这一阶段大概从4岁到7岁，此时儿童会把那些喜欢自己的、可以分享玩具和其他活动的人当作朋友。所以朋友常常是那些在一起玩得最多的同伴。例如，当问一名幼儿园儿童："你怎么知道某个人是你最好的朋友？"他/她是这样回答的：

> 我有时会在他家过夜。当他和他的朋友们玩球时，他也会让我一起玩。我到他家过夜，在玩四方游戏时，他会让我先走。他喜欢我。(Damon, 1983, p. 140)

处于第一阶段的儿童不太会考虑他人的个人品质。例如，他们不会根据同伴的积极独特的个人特质做出友谊的判断。与此相反，他们会使用非常具体的方法——主要根据他人的行为来决定谁是朋友。他们总是喜欢那些可以相互分享的人，不喜欢那些不愿意分享、会发生冲突、不在一起玩的人。总而言之，在第一阶段，朋友很大程度上就是能为愉快交流提供机会的人。

阶段 2：基于信任的友谊。这一阶段大概从 8 岁持续到 10 岁，此时儿童对友谊的观点变得更复杂，他们会考虑他人的个人品质、特质以及他人可以提供的奖赏。但这一阶段友谊的核心是相互信任，在需要时能帮上忙的人会被当作朋友。这也同时意味着违背信任的后果很严重，一旦朋友之间出现了这种状况，补救起来就会很困难，不会再像小时候那样通过一起高兴地玩就能弥补。相反，如果这时要想修复友谊，受害者会期望对方必须做出正式的解释和道歉。

阶段 3：基于心理亲密的友谊。友谊的第三个阶段开始于儿童中期的后段，从 11 岁持续到 15 岁。这一阶段，儿童对友谊的观点开始向青少年靠拢，本书第 12 章会详细讨论青少年对友谊的看法。第三阶段友谊的主要标准转移到了亲密和忠诚上，特征是亲密感。儿童一般通过倾诉分享各自的想法和感觉，从而建立友谊。这一时期的友谊有些排外。在儿童中期结束前，儿童去寻找那些忠诚的朋友，开始更多地从友谊带来的心理益处而不是可共享的活动的角度来看待友谊。

相互信任被认为是儿童中期友谊的核心。

儿童也开始清楚哪些行为是自己希望朋友应该具备的，而哪些行为是自己所不喜欢的。从表 10 – 3 中可看出，

五、六年级的小学生最喜欢那些邀请自己参加活动的、乐于提供身心帮助的人。相反，都不喜欢有身体或言语攻击行为的人。

表 10－3　儿童指出的朋友身上最受喜欢的和最不受喜欢的行为（按重要性排序）

最受喜欢的行为	最不受喜欢的行为
有幽默感	言语攻击
很和蔼或友好	表达愤怒
乐于助人	不诚实
赞扬他人	挑剔的、爱批评人
邀请参加游戏等	贪婪的、专横的
分享	身体攻击
避免不愉快的行为	令人生气或困扰
给出许可或控制	嘲笑
提供指导	妨碍成功
忠诚	不忠诚
表现极好	违反规则
促进成功	忽视他人

（资料来源：改编自 Zarbatany, Hartmann, & Rankin, 1990.）

友谊的个体差异：什么导致儿童受欢迎？

LO 10.6　描述让一个孩子受欢迎的原因以及这为什么在儿童中期很重要

为什么有些儿童在校园里受欢迎，而有些儿童却被孤立，他们提出的建议通常不被同伴考虑呢？

发展学家主要从以下方面尝试回答这个问题：考察受欢迎程度的个体差异，找出一些儿童受欢迎而另一些儿童不受欢迎的原因。

学龄儿童的地位：建立自己的位置。谁最受欢迎呢？学龄儿童不太可能准确地回答这个问题，但友谊事实上就显示出清晰的地位等级。**地位（status）**指群体中其他相关成员对该个体或角色的评价。高地位的儿童有更大的机会获得资源（如游戏、玩具、书、信息），低地位的儿童则更可能跟随高地位儿童的领导。

地位　群体中其他相关成员对该个体或角色的评价。

测量地位有几种方法，最常用的一种是直接问儿童喜欢或不喜欢某个同学的程度，也可能问他们最喜欢（最不喜欢）与谁玩或与谁一起完成某个任务。

地位是儿童友谊的一个重要决定因素。高地位的儿童更容易与其他高地位的儿童建立友谊，低地位的儿童更可能与低地位儿童成为朋友。地位也与儿童拥有的朋友数量有关：高地位儿童比低地位儿童更容易有更多的朋友。

高地位儿童与低地位儿童不仅在社会交往的数量上不同，其性质也有差异。高地位的儿童更可能被其他同伴当作朋友，更可能形成排外的、令人向往的小团体，也更容易与更多的儿童交往。相反，低地位儿童更可能与比其年幼或受欢迎程度更低的儿童一起玩（Ladd, 1983）。

简而言之，受欢迎程度反映了儿童的地位。处于中高地位的学龄儿童更可能发起并协调共同的社会行为，这样他们社会活动的总体水平要高于低地位儿童（Erwin, 1993）。

儿童不受欢迎、被同伴孤立是由许多因素造成的。

哪些人格特征导致儿童受欢迎？ 受欢迎儿童有一些共同的人格特征。他们常常乐于助人，在完成共同任务时善于合作、比较幽默有趣并且能欣赏他人的幽默。与那些不太受欢迎的儿童相比，他们更容易理解他人的非言语行为和情绪体验，能更有效地控制自己的非言语行为，因此能更好地表现自己。总之，受欢迎儿童的**社会能力（social competence）**高，这是使个体在社会环境中取得成功的所有社会技能（Feldman, Tomasian, & Coats, 1999）。

社会能力 使个体在社会环境中取得成功的所有社会技能。

虽然受欢迎儿童一般都很友好、开放、乐于合作，但是受欢迎男孩中有一类会表现出一系列的消极行为，包括攻击、破坏和制造麻烦。虽然存在这些行为，他们仍然可能被同伴认为很酷、很顽强，也常常受欢迎。部分原因可能是其他人认为他们敢于打破规则，做他人不敢做的事（Woods, 2009; Schonert - Reichl, Smith, Zaidman - Zait, & Hertzman, 2012; Scharf, 2014）。

社会问题解决能力。与受欢迎程度有关的另一个因素是儿童的社会问题解决能力。**社会问题解决（social problem-solving）**指面对社会冲突时使用令自己和他人皆满意的解决策略。学龄儿童之间，包括最好的朋友之间，经常会发生社会冲突，因此掌握处理冲突的有效策略是儿童获得社会成功的重要因素（Murphy & Eisenberg, 2002; Dereli - Iman, 2013）。

社会问题解决 面对社会冲突时使用的令自己和他人皆满意的解决策略。

根据发展心理学家肯尼斯·道奇的观点,成功的社会问题解决按照一定的步骤进行,每个步骤包含着不同的信息加工策略(见图10-3)。道奇认为,儿童在每个步骤上所做的选择,决定了他们最终解决社会问题的方式(Dodge, Lansford, & Burks, 2003; Lansford et al., 2006)。

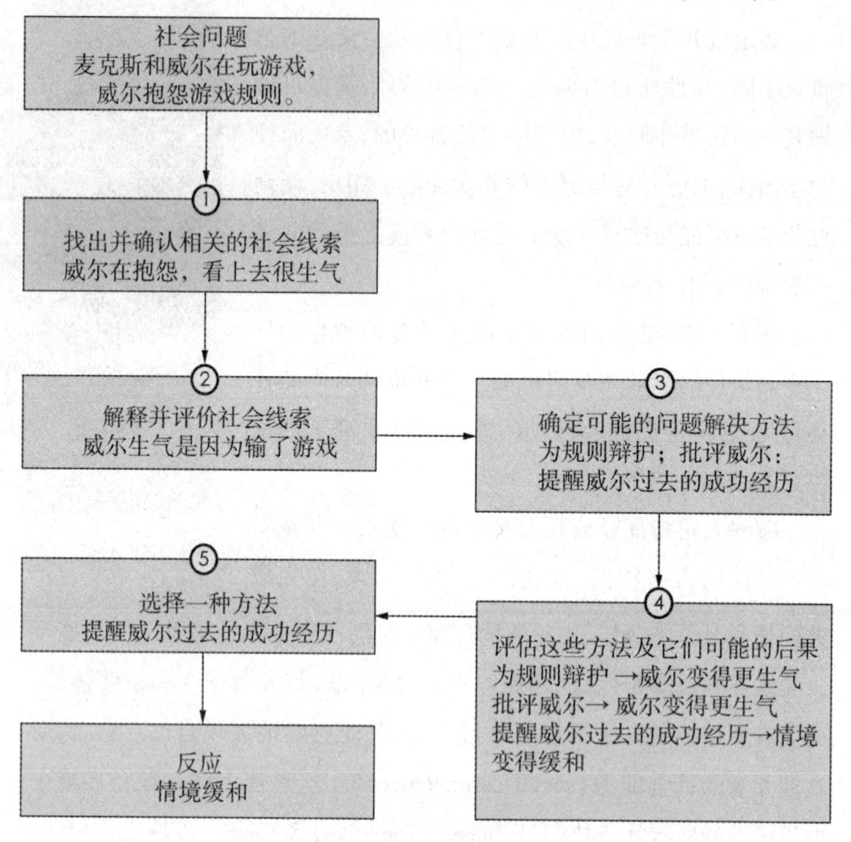

图10-3　问题解决步骤

儿童的问题解决按照一定的步骤进行，这些步骤包含着不同的信息加工策略。（资料来源：基于Dodge, 1985.）

道奇仔细介绍了各个阶段的特点,提供了针对儿童身上某些不足的相应干预措施。例如,一些儿童经常对他人的行为产生误解(第2步),并且在此基础上做出反应。

假设麦克斯(Max)是一个四年级的小学生,他正在跟威尔(Will)玩游戏。威尔输了,很生气,并抱怨规则不好。如果麦克斯不明白威尔的生气更多是因为没有赢的话,他就很可能弄得自己也很生气,开始为规则辩护、批评威尔,使情况更加糟糕。但是如果麦克斯能够更准确地解释威尔生气的原因,他就能够采用一种更有效的方法,例如提醒威尔:“喂,下一局赢我吧!”从而缓和局势。

总的来说,受欢迎的儿童能更准确地解释其他人的行为,处理社会问题的方法也更多样。相反,不太受欢迎的儿童很难有效地理解他人行为的原因,因此做出的反应可能不适当。另外,他们处理社会问题的策略更有限,有时会不知道如何道歉或帮助那些不开心的人(Rose &Asher, 1999; Rinaldi, 2002; Lahat et al., 2014)。

观看视频　欺凌

不受欢迎的儿童可能成为习得性无助(learned helplessness)的受害者。由于不明白自己不受欢迎的根本原因,他们可能觉得自己没有能力改变现状或能力有限。因此,他们可能直接放弃,甚至不去尝试融入同伴。反过来,他们的习得性无助又变成了自证预言,减少了他们变得受欢迎的可能(Seligman, 2007; Aujoulat, Luminet, & Deccache, 2007)。

教授社会能力。有办法可以帮助不受欢迎的儿童学习社会能力吗?值得开心的是,答案是肯定的。目前已经开发出一些项目教儿童学习一系列社会技能,而社会技能是社会能力的基础。例如,有一个实验项目主要教不受欢迎的五年级和六年级儿童如何与朋友谈话,包括如何透露自己的事情、通过问问题了解别人、用无威胁的方式为别人提供帮助和建议。

与那些没有接受训练的儿童相比,这些儿童与同伴的交流和谈话更多、自尊更高,更重要的是他们比训练前更容易被同伴们接受(Asher & Rose, 1997; Bierman, 2004)。(更多提高儿童社会能力的信息见"你是发展心理学的明智消费者吗"专栏。)

校园欺凌和网络欺凌

奥斯汀·罗杰盖兹(Austin Rodriguez)是俄亥俄州的一个青少年,当同学因为他是一名同性恋者而欺负他时,他尝试自杀。据报道,他们把他的运动服藏起来,试图阻止他进入更衣室或者餐厅,还在网上说一些恶毒的话。

瑞秋·埃姆克(Rachel Ehmke)是明尼苏达州的一名七年级学生,当欺凌使她不堪忍受时,她选择了上吊。这个 13 岁的孩子几个月来一直被一群女孩追着,她们叫她"妓女",在她的笔记本上写满了“荡妇”，还在网上骚扰她。

无论是在学校还是在网上，并不是只有奥斯汀和瑞秋遭受着欺凌的折磨。将近85%的女孩和80%的男孩报告自己在学校曾经经历过某种形式的骚扰，16万美国学龄儿童由于害怕被欺负而整天待在家里不去学校。另一些儿童则遭受网络欺凌，由于网络欺凌经常是匿名的，或者会公开发布一些内容，因此这种形式可能更加令人痛苦（Smith et al.，2008；Mishna，Saini，& Solomon，2009；Law et al.，2012）。

经常遭受欺凌的人常常有一些共同特征，他们中的大多数不合群，非常被动。他们常常容易哭，缺少相应的社会技能来缓和欺凌情境。例如当面对欺凌者的嘲弄时，被欺凌者很难幽默地回应。虽然有这些特征的儿童更容易被欺凌，但没有这些特征的儿童在校期间有时也可能遭到欺凌：大概90%的中学生报告自己在上学期间曾被欺凌过，最早发生在学龄前阶段（Li，2007；Katzer，Fetchenhauer，& Belschak，2009；Lapidot-Lefler & Dolev - Cohen，2014）。

约有10%—15%的学生曾经欺凌过其他人。一半左右的欺凌者来自有虐待事件发生的家庭，当然这也意味着另一半的欺凌者并非如此。相比于非欺凌者，欺凌者倾向于看更多的暴力电视节目，在家和学校有更多的不当行为。当因欺凌他人招致麻烦时，欺凌者不但很少为自己给他人带来的伤害而感到悔恨，而且很可能通过撒谎摆脱困境。另外，欺凌者在成年后比其他同伴更容易触犯法律。有时候欺凌者在同伴中会很受欢迎，但具有讽刺意味的是，一些欺凌者最后成为欺凌行为的受害者（Ireland & Archer，2004；Barboza et al.，2009；Reijntjes et al.，2014）。

开展让学生报名参与的学校项目是减少欺凌的一种最有效的方法。例如，学校可以训练学生去制止看到的欺凌现象，而不是袖手旁观。事实证明，让学生为受害者挺身而出可以有效减少欺凌（Storey et al.，2008；Munsey，2012）。

中学生可以怎样应对欺凌呢？专家给出了众多策略，包括挑衅发生时不要回应，明确反对欺凌（说类似“停下”的话），向家长、老师、其他值得信赖的成年人寻求帮助。最后，儿童需要认识到每个人都有不被欺凌的权利。（美国政府网站提供了更多关于欺凌的信息，见StopBullying.gov；NCB Now，2011；Saarento，Boulton，& Salmivalli，2014。）

◎ 你是发展心理学知识的明智消费者吗？

提高儿童的社会能力

在儿童的成长过程中，友谊的建立和维持非常重要。为提高儿童的社会能力，父母和教师能做些什么吗？

答案当然是肯定的。以下是一些可能有用的策略：

- 鼓励社会交往。教师可以想方设法让儿童参加集体活动，父母也可以鼓励儿童加入童子军这样的群体，或者参加需要团队合作的体育运动。
- 教会儿童倾听技能。教儿童仔细倾听交流中的表面内容和潜在含义并做出反应。
- 教儿童察觉他人用非言语方式表达的情绪和情感，从而让他们知道除了注意语言的含义外，还应注意他人的非言语行为。
- 教会学生交谈技能，让他们认识到提问题和自我表露的重要性。鼓励学生用以“我”开头的句式阐明自己的感觉或观点，避免泛化到其他人。
- 不要在公开场合让儿童选择队或小组。相反，要随机分配儿童，这样能够保证各组之间能力平均分配，避免出现最后只剩下某个儿童的尴尬情形。

性别和友谊：儿童中期的性别分隔

LO 10.7　描述性别如何影响儿童中期的友谊

> 女孩守规矩，男孩瞎起哄。
>
> 男孩是傻瓜，女孩是笨蛋。
>
> 男孩去大学学知识，女孩去木星变得更笨。

这些歌谣至少反映了小学男生和女生对异性的部分看法。小学阶段儿童对异性的回避非常明显，大多数男孩和女孩的社交圈子几乎都是同性别的（Mehta & Strough, 2009; Rancourt et al., 2012; Zosuls et al., 2014）。

有趣的是，友谊的性别分隔几乎在每个国家都存在。非工业化国家中，同性别的隔离可能是由于儿童的活动类型导致的。例如，许多文化会规定男孩只能做一类事情，而女孩只能做另一类事情（Whiting & Edwards, 1988）。不过，活动类型的差异可能无法完全解释这种性别分隔：在一些发达国家，哪怕儿童在同一学校参加相同的活动，他们仍然倾向于回避异性同伴。

当男孩和女孩偶尔涉足对方的领域时，他们的行为通常带有一定的爱情色彩。例如，女孩可能威胁说要吻男孩，男孩可能逗女孩追赶他们

儿童中期同性别组成的群体占大多数。男孩和女孩偶尔才会涉足对方的领域，他们这时的行为通常带有一定的爱情色彩，被称为“边缘活动”。

玩。这类行为，又称“边缘活动”，有助于强化两性之间的清晰界线，也可能为学龄儿童长大后与异性的交流（包括浪漫和性兴趣）铺路，因为到了青少年阶段，社会已经认可异性之间的交往了（Beal, 1994）。

儿童中期男孩和女孩的友谊关系都只限于与自己同性别的成员，他们缺少与异性的交流。进一步来讲，男孩之间的友谊与女孩之间的友谊的特点必然有很大差异（Lansford & Parker, 1999；Rose, 2002）。

男孩的朋友圈通常比女孩的大，他们更喜欢一群群地玩而不是一对对地玩。群体内的地位等级也很明显，通常会有一个公认的领导者和众多地位不同的成员。这种严格的等级代表了个体在群体内的相对社会权力，称为**“优势等级”（dominance hierarchy）**。因此，地位较高的成员能够对地位较低的成员提出质疑和反对，而不用担心有什么后果（Beal, 1994；Pedersen et al., 2007）。

优势等级 等级评定，象征了成员在群体中的相对社会权力。

男孩一般更关心自己在等级中的位置，他们会努力地维持和提升自己的地位，与之相连的一类游戏被称为“限制性游戏（restrictive play）”。游戏时，当儿童觉得自己的地位受到挑战，交往就会被打断。如果挑战的同伴比自己地位低，男孩就会觉得不公平，可能就会扭打着争玩具或有其他独断的行为，最终使交往终结。所以，男孩的游戏更容易迸出火药味，而不是持续、平静地进行（Benenson & Apostoleris, 1993；Estell et al., 2008）。

男孩使用的友谊语言反映了他们对地位和挑战的关心。可以看看下面这个例子，这是两个男生之间的对话，他们俩是好朋友：

男孩1：你为什么不离开我的院子？

男孩2：你为什么不把我赶出院子？

男孩1：我知道你不想那样。

男孩2：你不把我赶出院子是因为你做不到。

男孩1：不要逼我。

男孩2:你做不好。不要逼我伤害你(窃笑)。(Goodwin, 190, p.37)

女孩之间的友谊模式非常不同。学龄期的女孩往往有一两个地位差不多的"最好朋友",而不是一个广阔的朋友网。与关注地位差异的男孩相反,女孩自称会避免地位差异,她们更喜欢在同等地位水平上维持友谊。

观看视频　不同文化下儿童中期的友谊和游戏

学龄期女孩之间的冲突常常通过妥协来解决,比如忽视情境、让步,而不是让大家都接受自己的观点。总之,她们的目标是消除不一致,使社会交流更容易、没有对抗(Noakes & Rinaldi, 2006)。

在解决社会冲突时,女孩不是因为缺乏自信,也不是因为对直接解决办法的担忧才使用间接方法的。事实上,当学龄女孩与非朋友的其他女孩互动,或者与男孩互动时,她们可能会表现出很强的对抗性。不管怎样,在与朋友交往时,她们的目标就是维持一种不存在优势等级的、地位平等的关系(Beal, 1994; Zahn - Waxler et al., 2008)。

女孩使用的语言一般反映了她们对友谊的看法。她们不用明显的命令语("把铅笔给我"),更容易使用对抗性较小、更间接的语言。她们一般使用动词的间接形式,例如"我们一起看电影吧"或"你愿意和我交换书吗?",而不太会说"我想去看电影"或"这些书给我吧"(Goodwin, 1990; Besag, 2006)。

随着年龄的增长,儿童与其他种族个体形成的友谊在数量和深度上都有所下降。为促进种族间的相互接受,学校能做些什么?

跨种族的友谊:教室内外的整合

LO 10.8　描述不同种族之间的友谊在学龄期如何变化

友谊不考虑种族吗?大部分情况下这个问题的答案是否定的。儿童最亲密的朋友多是同种族的人。实际上,随着年龄的增长,儿童与异种族个体之间建立的友谊,其数量和深度都有下降。大概到十一二岁时,非裔美国儿童对指向自己种族成员的偏见和歧视特别敏感。这时,他们更可能区分出内群体(人们觉得自己属于的群体)和外群体(人们觉得自己不属于的群体)成员(Aboud & Sankar, 2007; Rowley et al., 2008; McDonald et al., 2013; Bagci et al., 2014)。

例如,在致力于种族融合的学校,研究者让三年级学生说出一个最好朋友的名字，大约有1/4的白人儿童和2/3的非裔美国儿童选择了异种族的儿童。但是当他们升到十年级时，情况却相反，只有不到10%的白人儿童和5%的非裔美国儿童选择了异种族的儿童（Asher, Singleton, & Taylor, 1982; McGlothlin & Killen, 2005; Rodkin & Ryan, 2012）。

另一方面，虽然白人儿童和非裔美国儿童（包括其他少数群体的儿童）可能不会选择对方作为最好的朋友，但是他们对彼此的接受程度很高。这种情况尤其存在于一些努力消除种族界限的学校里。这是很有意义的，大量研究支持了以下观点：多数群体成员和少数群体成员之间的接触可以减少偏见和歧视（Hewstone, 2003; Quintana, 2008）。

一个社会工作者的视角

怎样才可能减少因种族不同产生的友谊隔离？必须改变个人或社会的哪些因素？

模块10.2 复习

- 儿童对友谊的理解经历了从分享愉快的活动，到考虑满足自己需要的个性特质，再到亲密和忠诚的变化过程。
- 儿童期的友谊表现出地位等级。社会能力和社会问题解决技能可以提高儿童的受欢迎程度。许多儿童在校期间都曾经遭受欺凌，尤其是那些不太合群的儿童。教育学生去制止欺凌行为是减少其发生率的最有效方式。
- 男孩和女孩分别与同性别的个体建立起更多的友谊。男孩友谊的特征是以群为单位，女孩友谊的特征是地位同等的一对。
- 跨种族的友谊随着儿童年龄增长而减少。不过，如果属于不同种族的成员之间有一些同伴式的联系，那么就能够提高他们对对方的接受程度，促使他们相互欣赏。

共享写作提示

应用毕生发展：你认为友谊的阶段是儿童期的现象，还是对成年人仍然成立？

10.3 家庭和学校：儿童中期孩子行为的塑造

塔玛拉（Tamara）是一个二年级的学生。这天快放学时，她的妈妈布兰达（Brenda）等候在教室门外。一下课，塔玛拉就跑到妈妈跟前打招呼。然后，她试探着问妈妈："妈妈，安娜（Anna）今天能过来和我一起玩吗？"其实布兰达一直很希望能单独和女儿共度一些时光，因为前三天女儿都是在爸爸那里过的。但是，布兰达又想到，塔玛拉放学后难得邀请一次朋友,所以就答应了这个请求。不巧的是,安娜的家今天似乎不行,所以她们只好再商量另外一个时间。安娜的妈妈建议说:“星期四怎么样?”塔玛拉还没来得及回答,妈妈就提醒她:“你得问你爸爸,那天晚上你要待在他那里的。”塔玛拉那充满期待的脸立刻黯淡了。她咕哝着:“好吧。”

塔玛拉必须将时间分配到已离婚的父母各自的家庭,这会怎样影响她的适应状况?她的朋友安娜虽然和父母住在一起,但父母一直在外工作,安娜的适应情况又会怎样?当我们考察儿童中期的学校生活和家庭生活对儿童的影响时,这只是其中的一小部分问题。

家庭:变化着的家庭环境

LO 10.9 总结今天各色各样的家庭和照料安排如何影响儿童中期的孩子们

赫尔德(Herald)女士班上的一年级学生正在制作家谱来展示儿童家庭的多样性。家庭的类型是多么丰富呀!保罗(Paul)有两个爸爸。乔吉(Jorge)的母亲离婚后再嫁了,继父有两个女儿。玛丽(Mary)的爸爸去世了,现在她有母亲和两个孪生兄弟。迪米特利(Demetri)与祖父母、姑姑和她的儿子住在一起。贝丝(Beth)与爸爸和他的女朋友住在一起,他的女朋友现在怀孕了,所以贝丝在家谱中写上了“宝宝???”。乔纳斯(Jonas)生活在寄养家庭中,家里有两个妈妈、三个孩子。

前面的章节已经提到,最近几十年来家庭结构发生了巨大变化。越来越多的父母双方都外出工作,离婚率不断攀升,单亲家庭数量渐增,从而使得21世纪儿童中期孩子的生活环境非常不同于以往的任何一代。

儿童中期孩子和父母面临的最大挑战之一是儿童行为独立性的增加。在此之前,儿童完全受父母的控制,而在这一时期,儿童对自我命运的控制逐渐增强,至少可以控制自己的日常生活。因此,儿童中期又被视为父母和儿童共同控制行为的**共同约束(coregulation)**时期。慢慢地,父母为儿童提供广泛、一般的行为指导,同时儿童也对自己的日常行为加以控制。例如,父母可能督促他们的女儿每天在学校里要吃营养均衡的午餐,而孩子可能自己决定一直吃比萨和两份甜品。

共同约束 父母和儿童共同控制儿童行为的时期。

家庭生活:多年以后仍然重要。在儿童中期,孩子和父母待在一起的时间明显减少。尽管如此,父母仍然是影响儿童生活的重要来源,他们需要为儿童提供必要的帮助、建议和指导(Parke, 2004)。

这一时期兄弟姐妹也会对儿童产生重要影响,其中有利也有弊。兄弟姐妹能为儿童提供支持、友谊和安全感,但同时也会引起冲突。

同胞竞争(Sibling rivalry)可能会发生,也就是兄弟姐妹之间的竞争和争吵。当竞争双方的年龄相似、性别相同时,竞争是最激烈的。如果父母偏爱其中一个,就会加剧这种竞争。当然,这种知觉并不一定准确。例如,父母会允许年长儿童有更多的自由,这时年幼儿童可能将此解释为偏袒。某些情况下,当儿童察觉到偏袒时,不仅会发生同胞竞争,还可能伤害年幼儿童的自尊。另一方面,同胞竞争并非不可避免,很多兄弟姐妹之间也相处得相当好(McHale, Updegraff, & Whiteman, 2012; Edward, 2013; Skrzypek, Maciejewska - Sobczak & Stadnicka - Dmitriew, 2014)。

文化差异与儿童和兄弟姐妹之间的关系息息相关。例如,墨西哥裔美国人的价值观中对家庭非常重视,如果自己的弟弟妹妹享受一些优待,哥哥姐姐可能并不会出现负性的反应(McHale et al., 2005; McGuire & Shanahan, 2010)。

无兄弟姐妹的儿童情况如何?独生子女不会经历同胞竞争,但同样也会错失有兄弟姐妹的益处。总的来看,人们都有这样一种刻板印象:独生子女娇生惯养、自我中心。然而实际情况并非如此,独生子女与有兄弟姐妹的儿童一样适应良好。在某些方面,他们适应得更好,通常自尊更高,成功的动机更强。这对中国的父母来说无疑是一个好消息,因为中国改变了严格的"独生子女"政策。相关研究也表明,中国的独生子女通常在学业上比有兄弟姐妹的儿童表现得更好(Jiao, Ji, & Jing, 1996; Miao & Wang, 2003)。

当父母都工作时:儿童的遭遇如何? 大多数情况下,父母皆在外全职工作的儿童普遍过得很好。如果父母很爱孩子、对孩子的需求很敏感、能将孩子托付给合适的照料者,那么他们的孩子就会与父母有一方不工作的儿童没有差异(Harvey, 1999)。

父母皆工作的儿童的良好适应性与其父母(尤其是母亲)的心理适应能力有关。一般来说,对自己生活满意的女性倾向于更多地养育孩子,工作满意度高的女性可能为孩子提供更多的心理支持。因此,母亲选择全职工作、待在家里还是两者兼有似乎不是问题的关键,重要的是她对自己选择的满意程度(Haddock & Rattenborg, 2003; Heinrich 2014)。

我们可能会认为父母皆工作的儿童与父母共处的时间要少于父母有一方待在家里的儿童,但是研究得出的结果并非如此。无论是与家人在一起、与朋友一起上课还是独处的时间,父母全职工作的儿童与父母一方待在家里的儿童都基本相同(Gottfried, Gottfried, & Bathurst, 2002)。

家和孤独:儿童干什么?

> 10 岁的约翰内塔·科尔文(Johnetta Colvin)在马丁·路德·金小学上学。每天放学回到家后,她要做的第一件事就是去取一些小甜饼并打开电脑。迅速地浏览信件后,她走到电视机前,像往常一样开始看一个小时的电视。播广告的时候她扫了一眼家庭作业。她没有和爸妈聊天,因为爸妈都不在家。她只是独自待在家里。

像约翰内塔一样放学后自己待在家里一直等到父母都下班回家的儿童被称为**自我照料的儿童(self - care child)**。在美国大约有 12%—14% 的 5—12 岁儿童放学后没有成人监管,要独自消磨时间(Lamorey et al., 1998; Berger, 2000)。

自我照料的儿童 放学后独自待在家里一直等到照料者下班回家的儿童,以前被称为“带钥匙的儿童”。

过去对自我照料的儿童的关注主要围绕缺乏监管和独处时的负性情绪。其实这类儿童以前被称为“带钥匙的儿童(latchkey children)”,涵义是伤心的、可怜的、被忽视的小孩。不过,如今出现了对自我照料的儿童的一种新看法。根据社会学家桑德拉·霍弗尔兹的观点,既然许多儿童的时间表都排得满满的,那么几个小时的独处可能利于他们缓解压力。不仅如此,它还能锻炼儿童的自主感(Hofferth & Sandberg, 2001)。

自我照料对儿童的影响并不一定是坏的,他们的独立性和能力感可能更强。

研究已经证实自我照料的儿童与到家后有父母陪伴的儿童几乎没有差异。有些儿童虽然报告自己在家时有消极体验(如孤独),但是似乎没有因此产生情绪困扰。另外,相比于无朋友监督、独自“在外停留”的情况,自己待在家里更容易防止儿童卷入易生麻烦的活动中(Long & Long, 1983; Belle, 1999; Goyette-Ewing, 2000)。

总之,自我照料对儿童的影响并不一定是坏的。

他们的独立性和能力感可能更强。此外，独处的时间也能使儿童做作业或进行个人活动时不被干扰。事实上，父母皆工作的儿童通常感到自己对家庭很有贡献，所以他们的自尊可能更高（Goyette - Ewing, 2000）。

离婚。像前面描述的二年级学生塔玛拉这样，父母离婚的儿童如今已不再罕见。在美国，只有一半的儿童在整个童年期间与父母双方同住。剩下的一半要么是单亲家庭，要么与继父母、祖父母或其他非父母的亲戚同住，其中一些最终被收养（Harvey & Fine, 2004）。

儿童对父母离婚的反应如何？这取决于父母离婚了多久和离婚时儿童的年龄。如果父母刚离婚，儿童和父母都可能有一些心理失调，大概持续六个月到两年。例如，儿童可能会焦虑、抑郁、出现睡眠障碍或恐怖症。即使父母离婚后儿童与母亲同住，大部分情况下母子关系的质量还是会下降，因为儿童常常觉得自己夹在了父母中间（Lansford, 2009; Maes, De Mol, & Buysse, 2012; Weaver & Schofield, 2015）。

一个健康护理人员的视角

离婚可能会如何影响儿童中期个体自尊的发展？父母之间的敌意和紧张会导致儿童产生健康问题吗？

如果父母离婚，处于儿童中期、早期阶段的儿童常常会自责，会将父母关系破裂归因于自己。当必须要在父母双方中做出选择时，10岁以下儿童会感到有压力，因此会在一定程度上体验着分裂的忠诚（divided loyalty）（Shaw, Winslow, & Flanagan, 1999）。

离婚的短期影响是灾难性的，研究者对此并无异议。但是离婚的长期影响至今仍然不甚明了。一些研究发现，离婚18个月到2年后，大多数儿童开始恢复到父母离婚前的心理适应状态。对许多儿童来说，离婚的长期影响很小（Hetherington & Kelly, 2002; Guttmann & Rosenberg, 2003; Harvey & Fine, 2004）。

另一方面，研究表明离婚带来的一些其他影响可能会持续下去。例如，来自离婚家庭的儿童去做心理咨询的是来自完整家庭的两倍（虽说有时候是法官要求将咨询作为离婚的一部分的）。另外，父母离婚的儿童将来自己离婚的风险更高（Huurre, Junkkari, & Aro, 2006; Uphold - Carrier & Utz, 2012; South, 2013）。

儿童对父母离婚的反应还取决于一些因素，其中之一是家庭经济地位。许多情况下，离婚会使父母双方的生活标准下降，这时儿童可能陷入贫困之中（Ozawa & Yoon, 2003; Fischer, 2007）。

有些情况下，离婚会减少家庭中的敌意和愤怒，从而减轻其消极影响。30% 离婚家庭的父母冲突水平很高，离婚后冲突的减少可能有利于儿童。对于那些想与没有住在一起的家长维持积极亲密关系的儿童，这一点尤为真实（Davies et al.，2002）。

若儿童生活的家庭完整但不快乐，冲突水平较高，那么离婚相当于一种改善。但是将近 70% 的离婚家庭，其冲突水平在离婚前并不是特别高，儿童要适应因父母离婚带来的影响可能需要更艰难的一段时间（Amato & Booth，1997）。

单亲家庭。美国大约有 1/4 的 18 岁以下儿童只与父母一方同住。如果这种趋势持续发展，那么将有 3/4 的儿童 18 岁之前要在单亲家庭中生活一段时间。对于少数族裔的儿童来说，这个比例甚至更高：将近有 60% 的 18 岁以下非裔美国儿童和 35% 的 18 岁以下西班牙裔儿童住在单亲家庭（美国人口普查局 U. S. Bureau of the Census，2000；见图 10－4）。

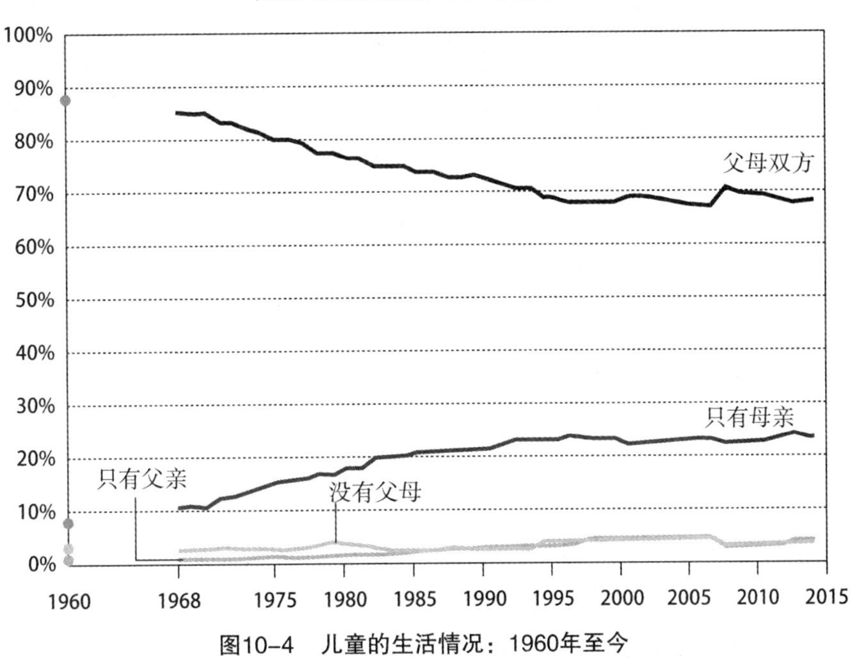

图10–4　儿童的生活情况：1960年至今

虽然在过去的几十年中，单亲家庭的儿童大幅增加，但是这一数量近年已经稳定下来。
（资料来源：美国人口普查局大普查数据，1960；现阶段人口普查，年度社会经济增刊，1968－2014。）

因父母一方亡故而形成单亲家庭的很少。较多的情况是没有配偶（未婚妈妈）、配偶离婚或配偶离开。大多数情况下，单亲家庭里的家长是母亲。

生活在单亲家庭对儿童有什么影响？这个问题很难回答，多半依赖于早年间是否与父母另一方同住以及当时的父母关系。除此之外，单亲家庭的经济地位也是一个重要的决定因素。一般来说，单亲家庭的经济状况要比完整家庭的差，生活条件相对贫困会对儿童造成不利影响（Davis, 2003；Harvey & Fine, 2004；Nicholson et al. , 2014）。

总之，生活在单亲家庭对儿童的影响并不总是积极或消极的。如今的单亲家庭非常多，曾经的坏名声也大大减少。儿童最后的成长情况取决于与单亲家长有关的多种因素，如家庭经济地位、家长与儿童共处的时间、家庭内部的压力等。

几代同堂的家庭。有些家庭由几代人组成，孩子、父母和祖父母生活在一起。几代人住在同一屋檐下可以给儿童带来丰富的生活体验，他们不仅受到父母的影响，也受到祖父母的影响。同时，如果几个大人都把自己作为纪律执行者，而没有协调好彼此的行为，那么几代同堂的家庭也存在爆发冲突的可能性。

三代同堂的家庭在非裔美国人中比在白人中更常见。此外，非裔美国家庭比白人家庭更可能出现单亲的情况，常常依赖祖父母来照料儿童的日常生活，其文化习俗也支持祖父母扮演积极的角色（Oberlander, Black, & Starr, 2007；Pittman & Boswell, 2007；Kelch - Oliver, 2008）。

生活在混合家庭。对许多儿童来说，离婚的长远影响还包括父母一方或双方的再婚。在美国，配偶再婚过的家庭至少有1000万，与一个以上继子（女）同住的再婚夫妇超过500万，这种家庭称为**混合家庭（blended families）**。总的来说，17%的美国儿童住在混合家庭中（美国人口普查局 Bureau of the Census, 2001；Bengtson et al. , 2004）。

混合家庭 再婚夫妇与一个以上继子（女）同住组成的家庭。

生活在混合家庭对儿童来说是个挑战。混合家庭里常常会出现角色和期待不明确的状况，即角色模糊（role ambiguity）。自己的责任是什么，应该怎样对待继父母和其他兄弟姐妹，如何才能做出对自己的家庭角色有广泛影响的决定，儿童对这些可能都不确定。举个例子，混合家庭的儿童可能要选择与父母哪一方共度假期，也可能要选择听从生父母的建议还是继父母的建议（Cath & Shopper, 2001；Belcher, 2003；Guadalupe & Welkley, 2012）。

不过，混合家庭的学龄儿童大都发展得出奇地好，他们对这种混合安置的适应会相对容易，不像混合家庭的青少年那样会面临更多的困难，原因有以下几种。首先，再婚后家庭的经济状况通常比单亲家庭有所改善。其次，混合家庭中有更多的人共同分担家务。最后，家庭的成员更多,可以增加社会交往的机会(Greene, Anderson, & Hetherington, 2003; Hetherington & Elmore, 2003; Purswell & Dillman Taylor, 2013)。

另一方面,并非所有儿童在混合家庭中都适应良好。有些儿童感到日常生活被打乱,已经建立的家庭关系网被打破,适应起来很困难。举个例子,当儿童已经习惯了得到母亲的全部关注后,如果母亲也关心、喜欢继子,他会感到很难适应。最成功的混合家庭是父母能够为儿童创造一种所有家庭成员都融为一体的环境氛围,这种氛围可以为儿童的自尊提供支持。一般来说,儿童年龄越小,在混合家庭中的过渡就越容易(Jeynes, 2007; Kirby, 2006)。

观看视频　混合家庭

同性恋父母的家庭。越来越多的儿童不只是有一个母亲或父亲。据估计,美国有 100 万到 500 万个家庭是由男同性恋或女同性恋组成,也就是说大约 600 万儿童的父母是同性恋(Patterson, 2007, 2009; Gates, 2013)。

同性恋家庭的儿童生活得怎么样?越来越多的有关研究显示,同性恋家庭儿童的发展状况与异性恋家庭儿童相似。他们的性取向与父母的无关,行为没有特别受到性别类型化的影响,看上去也适应良好(Fulcher, Sutfin, & Patterson, 2008; Patterson, 2002, 2003, 2009)。

一项大样本分析包含了时间跨度为 25 年的 19 项研究,涉及超过 1000 个同性恋和异性恋家庭,以便检验同性恋家庭对儿童的影响。结果证实了上述发现,在性别角色、性别认同、认知发展、性取向、社会发展和情绪发展方面,父母是同性与父母是异性的儿童之间没有显著差异。具有差异方面的是亲子关系,有趣的是,同性恋父母报告的亲子关系比异性恋父母更好(Crowl, Ahn, & Baker, 2008)。

父母是同性与父母是异性的儿童在发展上是相似的。

其他研究表明，同性恋家庭的孩子和异性恋家庭的孩子有相似的同伴关系。他们和成年人（包括同性恋者和异性恋者）的关系也和异性恋家庭的孩子相似。当到了青少年阶段，他们的浪漫关系和性行为也和异性恋家庭的青少年没有差异（Patterson，1995，2009；Golombok et al.，2003；Wainright，Russell，& Patterson，2004）。

简而言之，研究表明，父母是同性与父母是异性的儿童之间几乎不存在发展上的差异。唯一能够确定的差异是，虽然美国社会对于这样的情况变得包容了很多，但是同性父母的孩子还是受到更多的歧视和偏见。事实上，最近最高法院规定同性恋婚姻合法化，这应该会加速社会对于此类家庭的接受程度（Davis，Saltzburg，& Locke，2009；Biblarz & Stacey，2010；Kantor，2015）。

种族和家庭生活。虽然家庭类型多种多样，但研究并没有发现它与种族之间的一致性关系（Parke，2004）。例如，非裔美国家庭常常有很强烈的家族感，他们很乐意对扩展家庭的成员表示欢迎和支持。非裔美国家庭女性当家的相对要多，这时扩展家庭提供的社会支持和经济支持就很关键。除此之外，老人（如祖父母）当家的家庭也占了相对高的比例，一些研究发现，生活在祖母当家的家庭里，儿童适应得特别好（McLoyd et al.，2000；Smith & Drew，2002；Taylor，2002）。

西班牙裔家庭通常也很强调家庭生活、社区以及宗教组织的重要性。他们教育儿童要重视与家庭的关系，并把自己看成扩展家庭的核心，所以西班牙裔儿童的自我感与家庭紧密联系在一起。一般情况下，西班牙裔家庭的人口相对较多，平均每家3.71个人，而白人家庭的平均人口为2.97，非裔美国家庭的为3.31（Cauce & Domenech-Rodriguez，2002；美国人口普查局U. S. Bureau of the Census，2003；Halgunseth，Ispa，& Rudy，2006）。

尽管对亚裔美国家庭的研究相对很少，但现有研究都表明，在维持纪律方面，父亲更容易成为权力的象征。儿童一般认为家庭需要高于个人需要，而男性尤其需要照顾父母终生，这与亚洲文化的集体主义倾向保持一致（Ishi－Kuntz，2000）。

贫穷与家庭生活。不论种族如何，生活在经济状况不佳的家庭中的儿童都过得比较艰难。贫穷家庭拥有的基本生活资源较少，儿童在生活中面临着更多的困扰。例如，父母可能被迫寻找更加便宜的住处，或者为了工作而全家搬迁。结果经常导致这样的家庭环境：父母较少回应儿童的需求，提供的社会支持也比较少（Evans，2004；Duncan，Magnuson & Votruba－Drzal，2014）。

家庭困难的压力，加上贫穷儿童生活中的其他压力（例如生活在暴力事件多发的不安全地区和上不好的学校），最终造成了损害。经济条件不佳的儿童可能成绩更差，攻击行为和品行问题的发生率更高。此外，经济水平下降与身体和心理方面的健康问题有关。具体来说，伴随着贫穷的长期压力让儿童更容易患心血管疾病、抑郁症和2型糖尿病（Sapolsky，2005；Morales & Guerra，2006；Tracy et al.，2008）。

团体照料：21世纪的孤儿院。提到孤儿院一词，我们常常想象衣衫褴褛、可怜兮兮的小孩，喝着锡碗里的粥，住在像监狱一样的大房子里。如今情况已经发生了变化：孤儿院这个术语已经被团体家庭（group home）或住宿治疗中心（residential treatment center）所替代，很少被再用到。当父母不能很好地照料儿童时，就让这些儿童集中生活在一起，这就是团体家庭。它的人数相对较少，通常由来自联邦、州和地方的基金支持。

近十年来团体照料机构逐渐增多。1995年到2000年的5年内，被收养儿童的数目增长了50%以上。现在美国有超过50万的儿童住在收养照料机构（Roche，2000；Jones－Harden，2004；Bruskas，2008）。

20世纪初的孤儿院（左图）总是很拥挤单调，而今天取代了孤儿院的团体家庭和住宿治疗中心（右图）却舒适多了。

团体照料机构里的儿童大约有3/4在自己家中曾被忽视或受过虐待，每年有30万儿童被从家中赶出。在社会服务机构对其家庭进行干预后，他们中的大多数能够回到家中。但是，剩下1/4儿童由于被虐待或其他因素受到的心理伤害特别大，只能待在团体照料机构，而且很可能整个童年阶段都待在那里。儿童若存在严重的问题，例如攻击性强或容易愤怒，就会很难适应领养家庭。实际情况是，要找到能处理儿童情绪和行为问题的暂时领养家庭是非常困难的（Bass，Shields，& Behrman，2004；Chamberlain et al.，2006）。

依赖福利的未婚妈妈常常带来一系列复杂的社会问题，有些政治家认为解决办法之一是增加团体照料，但提供社会服务和心理治疗的专家并不这么认为。一方面，团体家庭不可能像正常家庭一样一直提供支持和关爱；另一方面，团体照料并不廉价：每年为支持团体照料的一名儿童需要花费4万美元，这个数字大约是收养照料一名儿童或用福利支持一名儿童费用的10倍（Roche，2000；Allen & Bissell，2004）。

其他专家指出不能简单地评价团体照料本身的好坏。如果团体家庭的员工具备一定的特征，并且年轻的照料人员能够与儿童建立起有效、稳定、深厚的情感联结，那么离开自己家生活对儿童的影响有可能是积极的。另一方面，如果儿童不能与团体家庭的照顾者建立有意义的关系，结果可能会非常有害（Hawkins - Rodgers，2007；Knorth et al.，2008）。

学校：学术环境

LO 10.10　描述在儿童中期社会和情绪生活如何影响孩子们的学校表现

儿童白天的大部分时间都待在教室里，显然学校对儿童有着深远的影响，它塑造了儿童的思维方式和对世界的看法。儿童中期，学校教育的许多方面都对儿童产生了深远影响，下面开始分别介绍。

儿童如何解释学业成功和失败。我们中的大多数都曾经考砸过。回想一下你看到分数很低时的感觉。你感到羞耻吗？生老师的气吗？担心后果吗？

归因　人们对行为背后原因的解释。

你的回答反映了你的**归因（attributions）**，也就是对于行为背后原因的解释。人们对于失败和成功的解释一般有以下考虑：是因为自身特点（“我不是一个那么聪明的人”）还是因为情境因素（“我昨夜睡得不够”）。例如，当成功被归因于内在因素（“我很聪明”）时，学生会觉得自豪；而当失败被归因于内在因素（“我很笨”）时，则会觉得羞愧（Weiner，2007；Hareli & Hess，2008；Healy et al.，2015）。

文化间的比较：归因的个体差异。每个人对成功和失败的归因各不相同。除了存在个体差异外，归因受到的最大影响来自种族、族裔和社会经济地位。归因是条双行道，它会影响未来的表现，而不同的经验又会使人们对世界的知觉产生差异。因此，对和成就有关的行为的理解和解释必然也存在亚文化差异。

种族因素是造成差异的一个重要来源。相比于白人，非裔美国人更可能将成功归因于外部而非内部因素。非裔美国儿童倾向于认为决定自己表现的是一些如运气、任务难度之类的外部因素，即使付出最大的努力，偏见和歧视等外界原因也会阻碍他们成功（Ogbu，1988；Graham，1990，1994；Rodgers & Summers，2008）。

过分强调外部因素的归因模式会降低学生对成功或失败的个人责任感。当归因为内部因素时，他们会认为行为的改变（例如增加努力）能够带来成功（Glasgow et al.，1997）。

并非只有非裔美国人更倾向于使用不适应的归因模式。举个例子，女性也常常将自己的失败归因于能力低，即不可控的因素。具有讽刺意味的是，她们不会将自己的成功归因于能力高，而会归因于其他不可控的因素。使用这种归因模式的人常常得出如下结论：即使将来再努力也是不可能成功的。持这种观点的女性更不可能为将来的成功而付出相应的努力（Nelson & Cooper，1997；Dweck，2002）。相对而言，亚洲学生更多使用内部归因，他们的学业更成功，这在“发展的多样性与生活”专栏中有具体描述。

超越3Rs：学校应该进行情绪智力教育吗？许多小学里，有关课程的热门话题几乎都与传统的3Rs无关。相反，美国小学教育的一个重要趋势是设法提高学生的**情绪智力（emotional intelligence）**，即准确评估、评价、表达和调节情绪所需的一套能力（Salovey & Pizarro，2003；Mayer，Salovey，& Caruso，2000，2008）。

情绪智力 准确评估、评价、表达和调节情绪所需的一套能力。

畅销书《情商（*Emotional Intelligence*）》的作者，心理学家丹尼尔·戈尔曼（Daniel Goleman）（1995）认为，情绪教育应该是学校课程中的一个标准部分。他提到了几个训练学生有效管理情绪的项目。例如有一个项目专为儿童提供有关共情、自我意识和社会技能的课程，另一个项目通过一些展示人物积极品质的故事，从一年级开始教儿童如何关心他人和交友。

旨在提高情绪智力的项目并没有得到普遍的认同。一些批评者指出，培养情绪智力的任务最好留给学生家长来做，学校应该将更多的精力集中在传统的课程教学上。另一些批评者指出，将情绪智力加入已经如此繁多的课程中可能会减少学生花在学业上的时间。还有一些批评者认为,目前对情绪智力的组成成分仍没有一套很好的标准,所以编制适当、有效的课程材料是非常困难的(Humphrey et al., 2007)。

然而,大多数人仍然认为情绪智力是值得培养的。很明显,情绪智力不同于传统的智力概念。例如,大多数人会认为,一个传统意义上很聪明的人也可能不敏感、缺乏社会技能。训练情绪智力的目标就是培养出不仅认知能力高而且能有效管理情绪的人(Sleek, 1997; Nelis et al., 2009)。

◎ 发展的多样性与生活

解释亚洲人的学业成功

本(Ben)和汉娜(Hannah)是两个在校学生,他们的学业成绩都很差。假定你认为本成绩差是由于不可改变的、稳定的因素造成的,如智力水平不够高,而汉娜是由于暂时的原因造成的,如学习不够刻苦。那么你觉得他们中的哪个最后的成绩会更好?

大多数人很可能会预测汉娜的前景更好,毕竟汉娜可以付出更多的努力,而本却很难提高他的智力。

根据心理学家哈罗德·史蒂文森(Harold Stevenson)的观点,这种推理方式恰恰是亚洲学生比美国学生成绩更好的关键所在。史蒂文森的研究表明,美国的教师、父母和学生更可能将学业成绩归因于稳定的内在因素,而日本、中国和其他东亚国家的人更可能将其归因于暂时的情境因素。亚洲人的观点部分地源于古代儒家著作,会更强调努力工作、持之以恒的必要性(Stevenson, Lee, & Mu, 2000; Yang & Rettig, 2004; Phillipson, 2006)。

归因风格的文化差异表现在几个方面。有调查表明,日本的母亲、教师和学生全都认为同一个普通班里的学生能力都差不多,而美国的母亲、教师和学生则倾向于认为不同学生的能力存在明显的差异(见图10-5)。

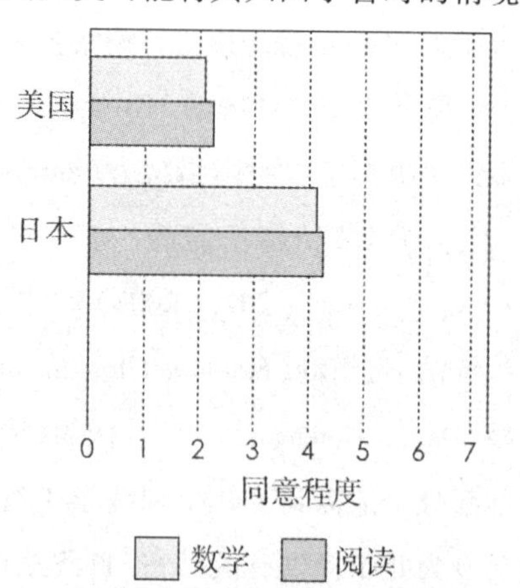

图10-5 母亲对儿童能力的信念

日本母亲比美国母亲更相信所有儿童生来都具有相同的潜力。研究要求被试用7点量表评定,1代表非常不同意,7代表非常同意。这项研究对美国学校教育有什么实际意义?

(资料来源:Stevenson & Lee, 1990.)

很容易想象出不同的归因风格对教育方式的影响。像美国,教师和学生都认为能力是固定的,那么差的学业成绩会使学生感到自己很失败,其努力克服困难的动机也会下降。相反,日本的教师和学生容易将失败看作是缺乏刻苦努力引起的暂时结果,这样他们就更可能为将来的学业成功付出更多的努力。

根据一些发展学家的观点，这些不同的归因风格可能可以解释为什么亚洲学生的学业成绩通常优于美国学生（Linn, 1997; Wheeler, 1998）。因为亚洲学生倾向于认为学业成功来源于努力学习，而美国学生则认为是自己的内在能力决定了学业成绩，所以亚洲学生在学业方面可能比美国学生付出的努力更多。这些争论提示我们，美国教师和学生的归因风格可能是不太适当的，而父母教给儿童的归因风格可能对儿童未来的成功有着重要影响（Eaton & Dembo, 1997; Little & Lopez, 1997; Little, Miyashita, & Karasawa, 2003）。

模块 10.3 复习

自我照料的儿童在照顾过程中可能锻炼出独立的个性，自尊得到提升。离婚对儿童的影响依赖于如经济状况、离婚前后家庭关系紧张程度的变化等因素。生活在单亲家庭对儿童的影响依赖于经济状况、亲子交流数量、家庭关系紧张程度等因素。

人们的归因风格存在个体差异、文化差异和性别差异。情绪智力，即准确评估、评价、表达和调节情绪所需的一套技能，目前有越来越多的人认可情绪智力是社会智力的一个重要方面。

共享写作提示

应用毕生发展：政治学家经常提及“家庭的价值”。这个术语与本章涉及的各种家庭情境，包括离婚家庭、单亲家庭、混合家庭、工作的父母、自我照料的儿童、有虐待事件的家庭和团体照料，有何关系？

结语

自尊和道德发展是儿童中期社会性和人格发展的两个关键领域。这个年龄的儿童倾向于建立并依赖更深的关系和友谊，本章主要探讨了性别和种族对友谊的影响。此外，家庭结构的变迁、儿童和教师对学业成败的解释会影响社会性和人格发展。最后，我们讨论了情绪智力，即有助于提高儿童的共情能力、控制和表达情绪能力的一系列素质。

回到前言中提到的对于戴维·鲁道夫斯基的不同看法，回答下列问题。

1. 你会如何描述戴维在同伴中的社会地位？故事中有哪些线索？

2. 戴维说他喜欢走自己的路，你认为这是否意味着他较少进行社会比较？引用故事中的例子来支持你的答案。

3. 考虑对戴维的不同看法，包括他自己的看法，你觉得戴维是否正在经历埃里克森所说的勤奋—自卑阶段？

4. 戴维的自我概念怎样体现出从学龄前期到儿童中期的典型变化？你可以估计一下戴维的自尊如何吗？

回顾

LO 10.1　描述儿童中期主要的发展挑战

根据埃里克森的观点,儿童中期的个体处于勤奋—自卑的阶段,他们非常注重发展能力和应对众多个人挑战。

LO 10.2　总结孩子们的自我观在儿童中期如何变化

儿童中期,儿童的自我观开始考虑到心理特征,其自我概念也开始分化为不同的领域。他们会使用社会比较的方法来评价自己的行为、能力、特长和观点。

LO 10.3　解释为什么自尊在儿童中期很重要

这一时期儿童的自尊一直在提高。如果自尊长期处于低水平,儿童就可能陷入失败循环中,也就是说低自尊会引起低预期和差的表现,进而又会引起低自尊。

LO 10.4　描述孩子们的是非感在儿童中期如何变化

根据科尔伯格的观点,人们的道德发展经历了前习俗道德(由奖励和惩罚驱动)、习俗道德(由社会参照驱动)和后习俗道德(由普遍的道德原则感驱动)三个水平。吉利根概括了女孩道德发展的过程,即从个体生存的定向到自我牺牲的善良,最后到非暴力道德。

LO 10.5　描述在儿童中期典型的关系和友谊的种类

儿童的友谊体现了地位等级。他们对友谊的理解经历了几个阶段,关注的重点从最初的相互喜欢和在一起的时间到个人特质和友谊可提供的奖赏,到最后的亲密和忠诚。

LO 10.6　描述让一个孩子受欢迎的原因以及这为什么在儿童中期很重要

儿童的受欢迎程度与构成社会能力的基本品质有关。考虑到社会交往和友谊的重要性,发展研究者努力致力于提高儿童的社会问题解决能力和社会信息加工能力。

LO 10.7　描述性别如何影响儿童中期的友谊

儿童中期,男孩和女孩都更多地选择同性别的朋友。男性友谊以群体、地位等级和限制性游戏为特征,女性友谊以一两个亲密关系、地位平等和对合作的依赖为特征。

LO 10.8　描述不同种族之间的友谊在学龄期如何变化

随着儿童年龄的增长,跨种族的友谊越来越少。不同种族成员之间地位平等的交往有助于相互理解、尊重和接受,并减少刻板印象。

LO 10.9　总结今天各色各样的家庭和照料安排如何影响儿童中期的孩子们

父母都在外工作的儿童一般过得很好。那些放学后要自己照顾自己的儿童,即"自我照料的儿童",可能有更强的独立性,更可能觉得自己有能力、对家庭有贡献。在儿童中期,父母刚离婚时对儿童的影响可能非常大,主要取决于家庭的经济条件和离婚前配偶间的敌意水平。生活在单亲家庭对儿童的影响取决于家庭的经济条件和之前父母间的敌意水平。混合家庭向儿童提出了挑战,但同时也为增加社会交往提供了机会。住在团体照料机构的儿童之前常常是被忽视和虐待的受害者。大部分儿童能够得到帮助，也能被安置在自己或他人的家里，但有 25% 的儿童童年期要在团体照料机构中度过。

LO 10.10　描述在儿童中期社会和情绪生活如何影响孩子们的学校表现

人们会对自己的学业成功和失败做出归因。归因模式不仅存在个体差异，而且似乎还受到文化和性别的影响。情绪智力指允许人们有效管理自己情绪的一套能力。

关键术语和概念

勤奋—自卑阶段	社会能力	自我照料的儿童
社会比较	社会问题解决	混合家庭
自尊	优势等级	归因
地位	共同约束	情绪智力

4 总 结

儿童中期

瑞恩(Ryan)带着无限希望和对阅读的渴望步入一年级。不幸的是,未确诊的视力问题阻碍他进行阅读,精细运动障碍让他很难进行书写。在其他方面,瑞恩至少能和同伴做得一样好,他活动积极、具有想象力,也很聪明。然而,由于他需要在特教班中接受教育,因此受到了一些阻碍。他需要个人辅导,不能完成一些其他同学可以做的事情,因此遭到了一些同学的忽视甚至欺凌。但是当他终于接受正确的治疗后,他的大多数问题都消失了。他的身体和社交技能进步到和认知能力相符的水平。他变得对学业更投入,也对友谊更开放。瑞恩的故事有了一个快乐的结局。

你会怎么做?

- 如果你的孩子有一些身体疾病,并且阻碍了他/她在学校的进步,你会怎样处理这种情况?你会怎样鼓励你的孩子?你会如何处理孩子由于在学校落后而产生的沮丧?

你的回答是什么?

父母会怎么做?

- 你会用什么策略来帮助瑞恩克服困难、正常生活?你会如何提高他的自尊?

你的回答是什么?

生理发展

- 瑞恩这些年的生理发展稳定，能力增强。
- 随着肌肉协调能力改善和新技能的练习，瑞恩的粗大和精细运动技能也在发展。
- 瑞恩的感觉问题阻碍了他的学业。

认知发展

- 瑞恩的智力能力（如语言和记忆）在儿童中期增强。
- 对瑞恩来说，一个关键的学业任务就是流利地阅读以及正确地理解。
- 瑞恩表现出智力的很多成分，社会互动可以帮助他提高智力技能。

社会性和人格发展

- 在这个阶段，瑞恩需要处理来自学校和同伴的众多挑战，这是他生活的关键。
- 瑞恩的自尊发展是非常重要的。当瑞恩觉得自己能力不足时，自尊就会受到打击。
- 瑞恩的友谊可以帮他提供情感支持，促进智力发展。

健康照护人员会做些什么？

- 你会怎样处理瑞恩的视力和运动问题？如果他的父母不相信瑞恩的身体出了问题怎么办？你怎么说服他们让瑞恩接受治疗？

你的回答是什么？

教育工作者会做什么？

- 你会怎样解决瑞恩在阅读和书写方面的困难？你会怎样帮助瑞恩融入班级、与同学成为朋友？为了解决他的问题，你会向教育专家提哪些建议？

你的回答是什么？

Pearson | 心理学经典译丛

发展心理学

——人的毕生发展

[美]罗伯特·费尔德曼 著
Robert Feldman

苏彦捷 等 译

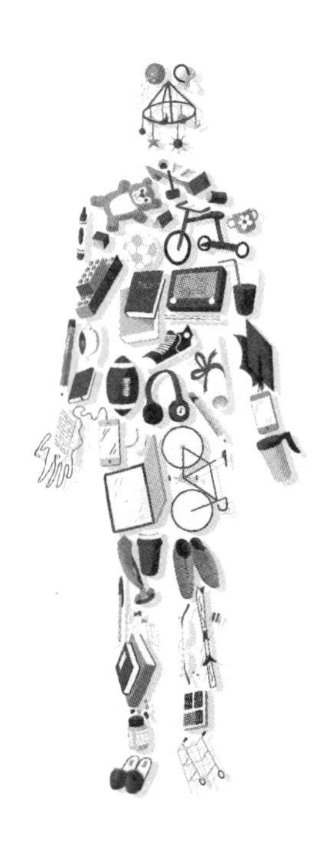

华东师范大学出版社
ECNUP
全国百佳图书出版单位
上海

第五部分

青少年期

第11章　青少年期的生理和认知发展

本章学习目标

LO11.1　描述青少年在进入青春期时所经历的身体变化

LO11.2　解释青少年的营养需求和关注点

LO11.3　总结大脑在青少年期的发育变化

LO11.4　根据皮亚杰的观点,描述青少年时期认知发展的过程

LO11.5　总结信息加工的观点是如何解释青少年认知发展的

LO11.6　描述自我中心主义如何影响青少年的思维和行为

LO11.7　分析青少年学业表现的影响因素

LO11.8　描述青少年如何使用互联网

LO11.9　分析青少年的非法药物使用及其原因

LO11.10　讨论青少年的酒精使用及酗酒情况

LO11.11　总结青少年的烟草使用及其原因

LO11.12　描述青少年性行为的危险及其规避

本章概要

生理的成熟

青少年期的成长:生理的快速发育和性成熟

营养、食物和进食障碍:青少年发育的推进剂

脑发育和思维:为认知发展铺平道路

认知发展和学校教育

皮亚杰的认知发展理论:使用形式运算

信息加工的观点:能力的逐渐变化

思维的自我中心主义:青少年的自我关注

学校表现

网络空间:青少年的网络行为

对青少年幸福的威胁

非法药物

酒精:使用和滥用

烟草:吸烟的危害

性传播感染

开场白：不再是一个孩子

加文·怀曼(Gavin Wyman)和父亲陷入了一场争吵。这不是他们第一次起冲突,却是迄今为止规模最大的一次。15 岁的加文计划在下个月学年结束时前往海地,帮助近期飓风后的救灾工作。但是他的父亲不同意他的想法。“爷爷曾经是一个自由骑手。”加文说,“你之前也和人类家园组织一起去过危地马拉。”加文的父亲提醒他:“爷爷去南方争取民权的时候已经 18 岁了,我去危地马拉的那年也已经 20 岁了。”“可我都快 16 岁了,”加文哭着说,声音沙哑,“而且,现在的孩子们成长得比之前更快了。”加文的爸爸看着这个比他还要高出几英寸的儿子,他才刚刚从中学毕业一年就要离家远行。在加文看来,父亲就好像一个狱卒,像对待小孩子一样限制他的生活。争论再次陷入僵局,但加文早已下定决心。

那天晚上，他睡着了，想象着自己在海地的英勇事迹：帮助人们建立全新的、更好的生活，甚至拯救生命。他觉得他在海地能获得人们的欣赏和尊敬。

预览

像加文一样，许多青少年渴望独立，觉得他们的父母没能发现他们已经很成熟了。他们敏锐地意识到自己身体的变化和日益成熟的认知能力。每天，他们都要处理各种情绪，不断变化的社交网络以及性、酒精和毒品的诱惑。在这段充满兴奋、焦虑、快乐和绝望的人生阶段当中，像加文一样，他们渴望证明自己能够应对任何挑战。

青少年期，十几岁孩子的生活变得越来越复杂。

在这一章和下一章，我们将讨论青少年时期的一些基本问题。本章主要讨论青少年时期的生理和认知发育。我们将看到，随着青春期的到来，青少年的身体在快速地发育成熟。同时我们也会讨论早熟和晚熟的后果以及营养和饮食障碍。

接下来，我们将关注青少年时期的认知发展。首先我们会回顾解释青少年认知能力变化的几种观点，之后我们研究了他们的学校表现及其影响因素，重点是社会经济地位、族裔和种族对学术成就的影响。

本章最后讨论了几个对青少年幸福的主要威胁。我们将重点关注药物、酒精和烟草使用以及性传播疾病。

11.1　生理的成熟

对于阿瓦(Awa)部族的男性成员，一项复杂甚至在西方人眼中是恐怖的仪式标志着青少年期的开始。男孩子被鞭子和带刺的枝条抽打 2 到 3 天。通过抽打来表达对在战争中死去的族人的尊重。但这仅仅是开始，仪式要持续很多天。

因为我们进入青少年期不必经历这样的身体磨练，大多数人可能会心存感激。虽然没有上述那么可怕，但西方文化中也有自己进入青少年期的仪式，例如犹太成人礼，13岁时犹太男孩和女孩都会经历犹太成人礼；在基督教国家，也会有成人礼（confirmation ceremony）（Dunham, Kidwell, & Wilson, 1986; Delany, 1995; Herdt, 1998; Eccles, Templeton, & Barber, 2003; Hoffman, 2003）。

教育工作者的角度

为什么在很多文化中进入青少年期都被认为是一个重要的转变，需要独特的仪式？

无论各种文化的仪式本质如何，他们的最终目的都是相同的：庆祝从儿童到成人的生理上的转变，通过这些转变，儿童离开了儿童期而迈入了成年期的门槛。

青少年期的成长：生理的快速发育和性成熟

LO 11.1 描述青少年在进入青春期时所经历的身体变化

青少年期 介于童年和成年之间的发展阶段。

青少年期是介于童年和成年之间的发展阶段。它通常被认为开始于十几岁之初，结束于20岁左右，是一个过渡阶段。青少年时期的个体不再被认为是儿童，但也不意味着他们就是成年人了。这是一个生理和心理快速成长和变化的时期。在短短的几个月中，一个青少年期的孩子能长高好几英寸，并且可能需要不断更新衣服来适应他们的变化，至少是生理外形上的变化——从儿童到青少年。变化的一个方面在于青少年身高和体重的快速增长。平均而言，男孩1年能长高4.1英寸（约10厘米），女孩长高3.5英寸（约8.9厘米）。有些孩子甚至在一年中长高了5英寸（约12.7厘米）（Tanner, 1972; Caino et al., 2004）。

男孩和女孩的发育高峰开始的时间各异。如图11－1所示，女孩的发育高峰在10岁左右，而男孩则在12岁左右。从11岁开始的两年里，女孩总体上比男孩要高，但到了13岁后，男孩平均就比女孩高了——这种状态以后会一直持续下去。

青春（发育）期 性器官成熟的时期。

青春期，性器官开始成熟的时期，脑垂体开始释放信号刺激体内的其他腺体分泌成年水平的性激素：雄性激素（男性荷尔蒙）或者雌激素（女性荷尔蒙）。男性和女性都会分泌这些性激素，但男性分泌更多的雄性激素，女性分泌更多的雌激素。垂体也会刺激身体释放生长激素，与性激素共同作用来促进青春期的快速发育。此外，激素瘦素蛋白好像在启动青春期中起了作用。

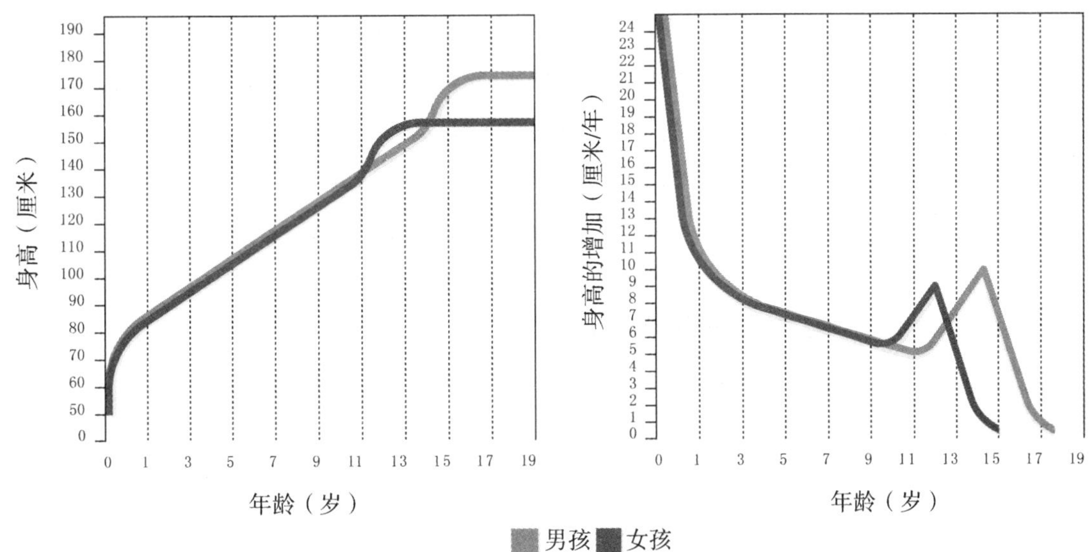

图11-1　生长模式

生长模式通过图中两种方式来展现。第一个图展示了与特定年龄对应的身高，第二个图显示了从出生到青少年期结束时的身高增长。需要注意的是，女孩在10岁左右身高急剧增长，而男孩则是在12岁左右。然而，到13岁时，男孩往往比女孩高。男孩和女孩比平均身高高或矮的社会结果是什么？

（资料来源：改编自Cratty, 1986.）

与发育高峰相似，女孩的青春期开始得也比男孩早。女孩在 11 或者 12 岁时开始青春期，而男孩则在 13 或 14 岁时才开始。但这也有很大的个体差异。例如，有些女孩在七八岁时就开始，有些则晚到 16 岁才开始。

女孩的青春期。现在还不清楚为什么青春期在一个特定时间开始。但可以肯定的是，环境和文化因素起了一定的作用。例如月经初潮，即月经的开始，可能是女孩青春期最显著的特征，世界各地女孩月经初潮的时间差异很大。在贫困的发展中国家，月经开始的时间要晚于经济发达的国家。即使在发达国家，富裕家庭的女孩月经要早于不太富裕家庭的女孩（见图 11－2）。

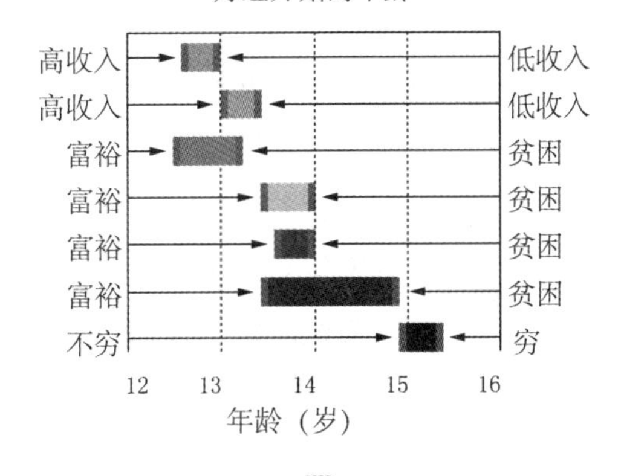

图11-2　月经的开始

在经济发达的国家，女孩月经开始的时间要早于贫困国家。即使在发达国家，富裕家庭的女孩月经要早于不太富裕家庭的女孩。这是为什么呢？

（资料来源：改编自 Eveleth & Tanner, 1976.）

因此可见，营养好、更健康的女孩要比营养不良或者有慢性疾病的女孩更早地开始月经。实际上，一些研究发现，体重或者身体中脂肪与肌肉的比例也是影响月经初潮的因素。例如在美国，低体脂的运动员开始月经的时间要晚于不运动的女孩。相反，肥胖会促使个体分泌一种与月经初潮有关的激素——瘦素（leptin），从而使青春期提前到来（Woelfle，Harz，& Roth，2007；Sanchez - Garrido& Tena - Sempere，2013）。

其他能影响月经初潮的因素有环境的压力，如父母离异、严重的家庭冲突都可能导致月经较早开始（Kaltiala-Heino，Kosunen，& Rimpela，2003；Ellis，2004；Belsky et al.，2007）。

在过去的100年里，美国及其他国家的女孩进入青春期的时间都提前了。19世纪末，月经开始的时间平均是14或15岁，而现在差不多是11或12岁。青春期的其他表现，如达到成人的身高以及性成熟的年龄，也都由于疾病的减少和营养的改善而提前了（McDowell，Brody，& Hughes，2007；Harris，Prior，& Koehoorn，2008；James et al.，2012）。

长期趋势 通过几代人的积累而导致的生理特征的改变。

青春期的提前是一种通过几代人表现出来的长期趋势的体现。**长期趋势**是指，通过几代人的积累而导致的生理特征的改变，例如由于几个世纪以来营养条件的丰富而导致的月经提前开始、身高增加等。

初级性征 直接与繁殖相关的器官和结构的发展有关的特征。

次级性征 与性成熟有关的外部表现，而与性器官无直接关系的特征。

月经的出现只是青春期中与初级和次级性征发展相关的种种变化中的一个。**初级性征**与繁殖直接相关的身体器官和结构的发展有关。相应地，**次级性征**是与性成熟有关的外部表现，而与性器官无直接关系。

女孩初级性征的发展是指阴道与子宫的变化。次级性征包括乳房和阴毛的变化。乳房从10岁左右开始发育，阴毛从11岁左右开始出现，腋毛则在2年后出现。

有些女孩的青春期征兆出现得异常早。1/7的白人女孩乳房或阴毛从8岁就开始发育。更令人惊讶的是，有1/2的非裔美国女孩是这样的。发育过早的原因还不清楚，划分青春期正常和异常开始的时间在专家中还存在争论（Ritzen，2003；Mensah et al.，2013；Mrug et al.，2014）。

男孩的青春期。男孩的性成熟经历了与女孩不同的过程。12岁左右，阴茎和阴囊开始快速发育，三至四年后达到成人大小。随着阴茎的发育，其他的初级性征也随着能产生精液的前列腺和膀胱的增长而发展着。男孩的初次遗精大约发生在13岁，即在男孩开始产生精子的一年以后。起初，精液中只含有较少的精子，但随着年龄的增长，精子的数量显著增加。次级性征也开始发展。12岁左右，阴毛开始出现，接着腋毛和胡须也出现了。最终，由于声带变长，喉结变大，男孩的声音变得深沉（图 11－3 总结了在青少年早期性成熟中的变化）。

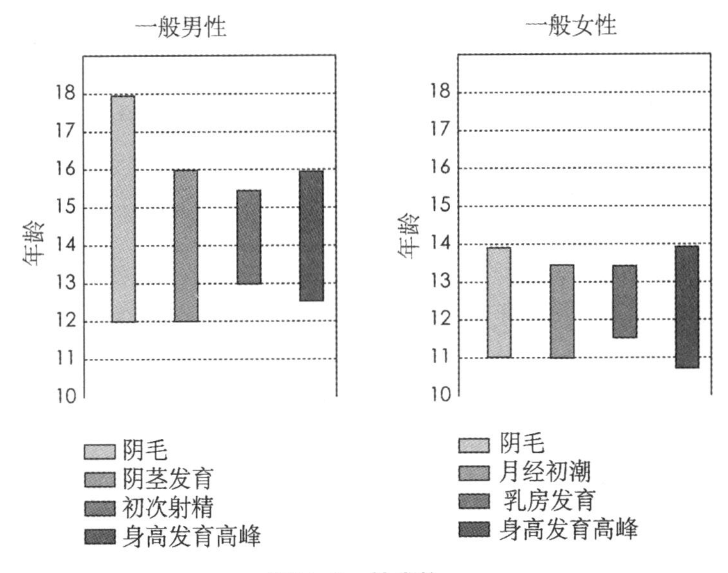

图11-3　性成熟

青少年早期男性和女性性成熟的变化。
(资料来源：根据Tanner, 1978.)

激素的大量产生导致了青少年期的开始，同样可能导致情绪的快速变化。例如，男孩经常会感到生气和烦恼，这与较高的激素水平有关。而女孩与激素相关的情绪则有所不同：较高的激素水平导致了生气和抑郁（Buchanan, Eccles, & Becker, 1992; Fujisawa & Shinohara, 2011）。

请注意，在短短几年内，照片中的男孩在青春期前和青春期后所发生的变化。

身体印象:对青少年期生理变化的反应。与同样发展迅速的婴儿不同,青少年能很好地意识到身体的变化,他们会很害怕或高兴地回应这种变化,花更多的时间站在镜子前。很少有人能对自己的变化无动于衷。

青少年时期的一些变化并不只是在生理上,还有心理上的。过去,女孩对于月经初潮表现得很恐惧,因为在西方社会更强调月经的负面影响,如月经痛、肮脏。但现在,社会对月经的看法变得更加积极,因为月经已经不再神秘,并被更公开地讨论。例如,电视中卫生巾的广告。这样一来,月经初潮则导致了自尊、地位的上升和更强的自我觉知,使青少年期的女孩觉得自己正长大成人(Matlin, 2003; Yuan, 2012; Chakraborty & De, 2014)。

男孩的初次遗精与女孩的月经初潮很相似。但不像女孩那样会把开始月经告诉自己的母亲,男孩很少把他们的初次遗精告诉父母甚至是朋友(Stein & Reiser, 1994)。为什么呢?原因之一是女孩需要月经垫或者卫生巾,而母亲可以提供给她们。还可能是由于男孩把初次遗精看作是性发育的一个迹象,而他们对性还一无所知,不愿谈论。

观看视频 身体印象第一部分:奇亚娜,12岁

月经和遗精是很私密的,但身体外形的改变则是很公开的。因此,十多岁进入青春期的青少年经常对自己身体的变化感到尴尬。尤其是女孩,常常会对自己的外形不满。西方国家美丽的模特常常要求一种与现实女性不同的不切实际的瘦削。青春期带来了很多的脂肪组织,同时臀部也会变大——这与社会所要求的苗条相去甚远(Unger & Crawford, 2004; McCabe & Ricciardelli, 2006; Cotrufo et al., 2007)。

儿童对青春期的开始如何反应,部分取决于他们何时进入青春期。发育过早或过晚的男孩和女孩尤其会受到开始时间的影响。

青春期的时间表:早熟和晚熟的结果。为什么男孩女孩何时进入青春期很重要呢?早熟和晚熟有很多对青少年很重要的社会结果。

早熟。对男孩来说,早熟有很大的好处。早熟的男孩由于他们的好身体,在体育上很容易成功。他们会变得更受欢迎并且有更积极的自我

概念。

另一方面,早熟的男孩也确实有一些不利方面。早熟的男孩在学校里更容易出现问题,他们更容易出现行为不良和物质滥用。原因在于他们的身体使他们更容易接触比他们大的人,而那些人可能会引导他们做出与自己年龄不符的事。总体来看,男孩早熟是利大于弊的(Costello et al., 2007; Lynne et al., 2007; Beltz et al., 2014)。

发育较早的男孩会在体育上更成功, 并且有更积极的自我概念。但早熟会有什么不利的影响呢?

对早熟的女孩来说就不太一样了。她们身体的显著变化——例如乳房的发育—可能导致她们在与同伴交往时感到不舒服和与众不同。更重要的是,由于女孩比男孩发育早,早熟可能是发生在一个女孩很早的年龄。因此一个早熟的女孩可能会受到她未发育同伴很长时间的嘲笑(Franko &Striegel - Moore, 2002; Olivardia& Pope, 2002; Mendle, Turkheimer, & Emery, 2007)。

另一方面,早熟对女孩来说并不是一个完全负面的经历。早熟的女孩可能会被更多地追求,如约会,她们的受欢迎会提高她们的自我概念。但这种引人注意是有代价的,她们可能还没有为这种大些的女孩子们的一对一的约会做好准备,这对早熟的女孩来说可能是一种心理上的挑战。并且,她们与未发育同伴的显著的差异可能会产生消极的后果,导致焦虑、不快和抑郁(Kaltiala - Heino et al., 2003; Galvao et al., 2013)。

如何看待女性的文化规范和标准对早熟女孩有较大的影响。例如,在美国,对于女性特征的看法是很矛盾的,在媒体上和在现实社会中是很不相同的。看起来很“性感”的女孩可能会同时得到积极的和消极的注意。

除非一个女孩可以很好处理由于早熟给她带来的种种问题,否则早熟的结果可能是消极的。在一些对性比较自由的国家,早熟的结果可能是积极的。例如在对性看法比较开放的德国,早熟的女孩会比早熟的美国女孩有更高的自尊。同时,早熟的后果在美国各地也是不同的,这取决于女孩同伴群体的观点和社会对性的主流标准(Petersen, 2000; Güre, Uanok, &Sayil, 2006)。

晚熟。与早熟相同,对于晚熟的看法也是各有不同,但这些情况下,男孩的遭遇比女孩差。例如，比同伴瘦小的男孩会被看作没有吸引力。由于他们的瘦小，他们的体育运动很差，并且由于人们总是希望男孩高大，因此晚熟男孩的社会生活可能会受到影响。最终，如果这些弊端导致了自我概念的降低，晚熟的不利方面一直会影响到成年期。但从积极方面来看，克服晚熟带来的种种不利，会给男性很大的帮助。晚熟男孩也有很多优点，如自信、有洞察力等（Kaltiala - Heino et al., 2003）。

晚熟女孩所面对的，则往往是非常积极的场景。从短期看，晚熟的女孩会在约会以及其他男女共同参加的活动中被忽视，导致很低的社会地位。但到了十年级开始发育后，晚熟女孩对自己感到满足并且她们的身体会好于早熟的女孩。晚熟女孩基本不会出现什么情绪问题。这可能是因为晚熟女孩比那些看起来胖胖的早熟女孩更能适应社会对于苗条的要求（Petersen, 1988; Kaminaga, 2007; Leen - Feldner, Reardon, & Hayward, 2008）。

总之，对早熟和晚熟的反应各不相同。就像我们反复提到的，为更好地理解个体的发展，我们必须全面地考虑其他可能会遇到的问题。一些发展学家提到了另外一些因素，例如同伴群体的变化、家庭动力学，尤其是学校和其他社会机构，都比早熟晚熟更可能决定一个青少年个体的行为以及青春期的总体影响（Stice, 2003; Mendle, Turkheimer, & Emery, 2007; Hubley & Arim, 2012）。

营养、食物和进食障碍：青少年发育的推进剂

LO 11.2 解释青少年的营养需求和关注点

阿里尔·波特（Ariel Porter）今年16岁了，她很漂亮，性格外向，非常受欢迎。但当她喜欢的一个男孩取笑她"太胖"不能带出去玩时，她变得认真起来。她开始非常在意自己的食物，用她妈妈的食物秤强制规划自己的饮食。她把食物的分量、重量和卡路里都记录成图表。她还把食物切成小块，把极少量的肉、蔬菜和水果分装在一些拉链袋子里，并在上面标上食用的日期和次数。

几个月后，爱丽儿的体重从101磅减少到83磅。她的臀部和肋骨变得清晰可见，但与此同时她的手指和膝盖也会经常性地疼痛。另外她的月经也停止了，头发开始分叉，指甲也很容易折断。尽管如此，阿里尔还是坚持说自己太胖，她捏了捏自己其实并不存在的肥肉来证明自己的想法是对的。最终她姐姐从大学回来，她才终于

意识到自己的问题。见到阿里尔的第一眼，她姐姐就跪倒在地上失声痛哭起来。

阿里尔的问题：严重的进食障碍、神经性厌食症。上面已经提到，传统文化中理想的女孩形象应该是发育较晚的拥有苗条身材的女孩。但当这种发育已经出现时，女孩们以及越来越多的男孩子们该如何来应对镜子前自己那与大众媒体宣传相去甚远的外表呢？

青少年时期快速生理发育的能量是由摄取食物获得的。尤其是在发育高峰，青少年摄取大量的食物，极大地增加自己的热量。在十几岁时，女孩平均每天需要大约 2200 卡路里的热量，男孩则需要 2800 卡路里。

当然，并非只有卡路里帮助身体发育，其他营养物质也是必需的，如钙和铁。牛奶提供的钙质帮助骨骼发育，并且可以防止以后发生骨质疏松症（骨头变薄），大约有 25% 的妇女受到骨质疏松的困扰。同样，铁也是防止贫血的重要物质，尽管贫血在十几岁时非常少见。

对大多数青少年来说，最主要的营养问题在于保证膳食的平衡。两种极端的营养摄取方法都是不好的，都可能对健康造成影响。最普遍的问题有肥胖和像阿里尔那样的进食障碍。

肥胖。青少年时期最常见的营养问题就是肥胖。1/5 的青少年超重，1/20 可以被划为肥胖（体重超过标准 20%）。更重要的是，青少年女性肥胖的比例还在增长（Critser, 2003; Kimm et al., 2003）。

虽然青少年肥胖产生的原因与儿童相同，其中的心理问题可能会更加严重，因为青少年时期的身体印象是如此重要。更重要的是，青少年时期肥胖潜在的健康问题也是很大的。例如，肥胖加重了循环系统的负担，增加了患高血压和 2 型糖尿病的可能性。最后，80% 的青少年的肥胖会延续到成年（Blaine, Rodman, & Newman, 2007; Goble, 2008; Wang et al., 208; Morrison et al., 2015）。

缺乏锻炼是主要的罪魁之一。一项调查显示，到 19 岁左右，大部分的女性在学校里几乎没有户外活动。事实上，随着年龄的增长，女性的运动会越来越少。这个问题在黑人女性中更加严重，超过一半的人报告说自己没有参加户外活动，而白人女性的比率则为 1/3（见图 11-4; Delva, O'Malley, & Johnston, 2006; Reichert et al., 2009; Nicholson & Browning, 2012）。

为什么青少年女性运动得如此之少呢？这可能反映了适合女性的运动项目和器材的缺乏。甚至可能是文化标准认为男孩比女孩更适宜运动。无论什么原因，缺乏运动无疑是肥胖问题越来越严重的原因之一。

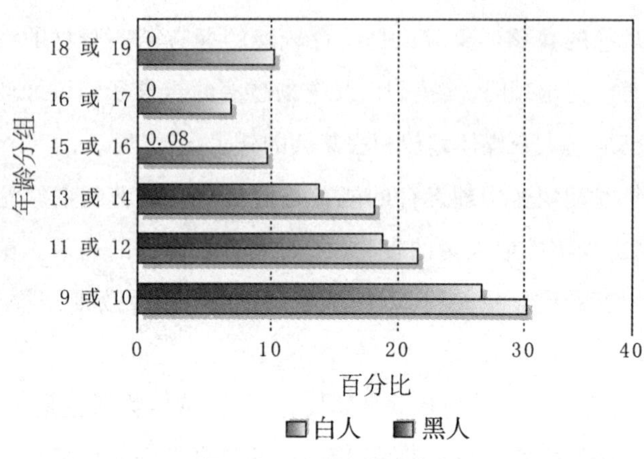

图11-4　运动的减少

白人和黑人青少年女性的身体运动在整个青少年时期都显著下降。这种下降的原因可能是什么呢？

(资料来源：Kimm etal.，2002.)

青少年肥胖率高还有一些其他的原因。其一是快餐的供应，这些快餐以青少年能够承受的价格提供了大部分高热量、高脂肪的食物。此外，许多青少年把大量的闲暇时间花在家里使用社交媒体、看电视和玩电子游戏上。这种久坐不动的活动不仅使青少年缺乏锻炼，而且经常伴随着垃圾食品的零食（Bray, 2008；Thivel et al.，2011；Laska et al.，2012）。

神经性厌食症和贪食症。对于肥胖的恐惧以及努力要避免发胖有时会如此强烈，以至成为一个问题。例如，阿里尔·波特就患有**神经性厌食症**。神经性厌食症是一种严重的进食障碍，他们不肯吃东西，由于错误的身体印象，他们拒绝承认自己的行为和外表有异常，即使身体已变得皮包骨头。

神经性厌食症　一种严重的进食障碍，患者不肯吃东西，并且拒绝承认自己的行为和外表有异常，即使身体已变得皮包骨头。

厌食症是一个危险的心理问题。15%—20%的人甚至会绝食而死。12—40岁的妇女最容易产生这种问题；来自富裕家庭的聪明、成功和吸引人的白人青少年女孩最容易受到影响。现在厌食症也成为男孩的问题。大约10%的患者是男性，而且这个比率还在增长（Crisp et al.，2006；Schecklmann et al.，2012；Herpertz-Dahlmann, 2015）。

即使他们吃得很少，他们对食物依然很有兴趣。他们可能会经常去购物，买烹饪书，谈论食物或者为他人制作食物。尽管他们是如此之瘦，由于错误的身体印象，他们还是会觉得镜子里的自己是如此之胖，需要继续减肥。即使他们瘦得如皮包骨头，他们还是不会察觉。

暴食症，另一种进食障碍，它的特点是疯狂进食，接着通过泻药或导吐来去除食物。暴食症患者可能会吃掉一加仑冰激凌或一整包薯片。但在疯狂进食后，他们会产生强烈的负罪感和抑郁，并且要故意清除这些食物。

暴食症 一种进食障碍，它的特点是疯狂进食，接着通过泻药或导吐来去除食物。

观看视频　杰西卡：饮食障碍

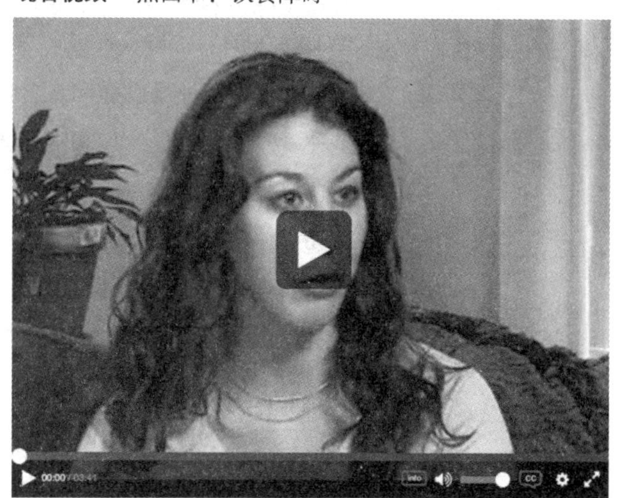

尽管暴食症病人的体重正常，但这种病还是很危险的。持续的吃和吐会导致体内化学失衡，最终可能导致心脏疾病。

尽管很多因素都可能导致出现进食障碍，但真正的原因还不清楚。控制饮食（减肥）往往是进食障碍产生的原因。即使体重正常的人也可能在以苗条为美的社会标准下减肥，他们的控制和成就感更激励着他们减掉更多的体重。早熟的女孩以及过胖的女孩，在青少年晚期更可能由于想要变瘦而产生进食障碍。抑郁的青少年更可能由于对自己的失望而产生进食障碍（Santos，Richards，& -Bleckley，2007；Courtney，Gamboz，& Johnson，2008；Wade & Watson，2012）。

一些学者提出神经性厌食症和暴食症可能是有生物基础的。在双生子的研究中发现了遗传因素的影响。此外，患者有时也会出现激素失调的情况（Kaye，2008；Wade et al.，2008；Baker et al.，2009）。

其他对进食障碍的一些解释来自心理和社会因素。例如，一些学者认为进食障碍可能是家庭问题造成的，比如家长追求完美，要求过分。文化也有一定的影响。例如，神经性厌食症仅仅发生在以瘦为美的文化中（比如美国），而在其他一些不追求瘦的社会中，厌食症

这位年轻的女性患有神经性厌食症，这是一种严重的进食障碍，患者不肯吃东西，并且拒绝承认自己的行为和外表有异常。

并不常见(Harrison & Hefner, 2006; Bennett, 2008; Bodell, Joiner, & Ialongo, 2012)。

例如在亚洲,除了受西方文化影响很深的日本和香港地区的上流社会,在其他地方并没有出现暴食症。神经性厌食症也是最近才出现的问题。在以丰满为美的17、18世纪也没有暴食症。在美国,男性暴食症的增长可能与越来越多关注增肌和减脂有关(Mangweth, Hausmann, & Walch, 2004; Makino et al., 2006; Greenberg, Cwikel, & Mirsky, 2007)。

由于神经性暴食症和贪食症有其生物和环境基础,他们的治疗也是多种多样的。心理治疗和膳食调整都是必需的。在一些极端案例中,可能还需要住院治疗(Keel & Haedt, 2008; Stein, Latzer, & Merrick, 2009; Doyle et al., 2014)。

脑发育和思维：为认知发展铺平道路

LO 11.3 总结大脑在青少年期的发育变化

青少年时期带来了更大的独立性,他们也越来越自信。这种独立,一定程度上来说,是大脑变化的结果,大脑变化为青少年时期认知功能的显著进步铺平了道路,接下来的这一部分我们将要讨论这一点。随着神经元的不断发育,它们之间的连接变得越来越丰富、复杂。青少年的思维也变得越来越复杂和精密(Toga & Thompson, 2003; Petanjek et al., 2008; Blakemore, 2012)。

在青少年时期中大脑产生了过量的灰质,这些灰质随后会以每年1%—2%的速度剪除(见图11－5)。髓鞘形成(神经元细胞被神经胶质细胞所包围的过程)使得信息传递更有效率。灰质的剪除过程以及髓鞘形成都对青少年的认知能力发展有重要作用(Sowell et al., 2001; Sowell et al., 2003)。

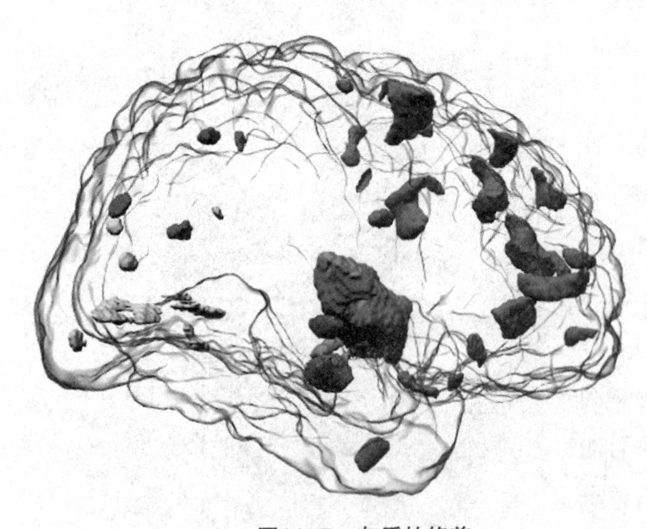

图11–5 灰质的修剪

这个大脑的三维视图显示了从青少年期到成年期间大脑中被修剪掉的灰质区域。

（资料来源：Sowell et al., 1999.）

在青少年期有显著发展的脑区还有前额叶,前额叶要到二十几岁才能完全发育好。前额叶是人们负责思考、评价和做出复杂决策的脑区。它是青少年期获得越来越复杂的智力成就的基础。

在青少年期，前额叶与大脑其他部分的交流也变得越来越有效。这有助于在大脑中建立一个分布更广和更复杂的沟通系统，这使得大脑的不同区域能够更有效地处理信息（Scherf, Sweeney, & Luna, 2006; Hare et al., 2008; Wiggins et al., 2014）。

前额皮质还负责对冲动的控制。与简单地对生气或愤怒等情绪做出反应不同，前额皮质发育完全的人能够抑制产生这些情绪的行动欲望。

在青少年期，前额皮质在生理上还是不成熟的，抑制冲动的能力还没有完全发育完善。这种不成熟可能导致青少年特有的一些冒险和冲动性行为。此外，一些研究人员认为，青少年一方面低估了冒险行为的风险，同时还高估了冒险行为带来的收益。不管青少年冒险的原因是什么，它已经引起了关于死刑是否应该适用于青少年的热烈讨论，我们接下来将要讨论这一点（Steinberg & Scott, 2003; Casey, Jones, & Somerville, 2011; Gopnik, 2012）。

不成熟的大脑理论：太年轻而不能判死刑？

考虑一下下面这个例子：

> 这是一起可怕的犯罪案件。17 岁的克里斯托弗·西蒙斯（Christopher Simmons）和 15 岁的查尔斯·本杰明（Charles Benjamin）闯入一名 46 岁妇女的家中，偷走了 6 美元。他们把这名女子绑起来，用胶带封住她的眼睛和嘴，把她扔进汽车后座。然后他们把车开到一座桥上，把她扔到下面的河里。第二天人们在河里发现了这名妇女的尸体。在被警方追捕后，两人都供认不讳（Raeburn, 2004）。

这个案件使本杰明被判终身监禁，西蒙斯被判死刑。但是西蒙斯的律师提出上诉，最终美国最高法院裁定，由于西蒙斯还不满 18 岁，因此免于死刑。

最高法院在其裁决中权衡了来自神经科学家和儿童发展学家的证据。这些证据表明青少年的大脑仍处在重要的发育阶段。这种大脑发育的不成熟导致他们缺乏一定的判断能力。根据这一证据，青少年并不能完全做出合理的决定，因为他们的大脑还不像成年人那样发达。

基于已有的研究，一些观点认为青少年可能不像成年人那样能对自己

前额皮质是大脑中负责控制冲动的区域，在青少年时期，它在生理上是不成熟的，会导致一些这个年龄段特有的冒险和冲动行为。

的罪行负责。在青少年期，甚至以后，大脑仍旧在继续发育和成熟。例如，大脑灰质中那些不必要的神经元在青少年期开始逐渐消失，取而代之的是，大脑的白质体积开始增加，灰质的减少和白质的增加为更加精细和复杂的认知过程奠定了基础（Beckman, 2004；Ferguson, 2013；Maier-Hein et al., 2014）。

青少年的大脑发育不成熟，这能成为他们犯罪后减轻惩罚的原因吗？这并不是一个简单的问题。能够回答这个问题的应该是研究道德的人而非科学家（Aronson, 2007）。

睡眠不足。青少年所面临的学业压力和社交压力越来越大，这导致他们经常晚睡早起，从而常常处于睡眠不足的状态。

睡眠不足的情况恰好出现在青少年生物钟发生变化的时候。青少年晚期的个体往往需要晚睡晚起，他们需要9个小时的睡眠时间来休息。然而，一半的青少年每晚的睡眠时间甚至不超过7个小时，近1/5的青少年睡眠时间不足6个小时。因为他们通常有早课而不得不早起，但是在晚上要直到深夜才会感到困倦，所以他们实际的睡眠时间远远少于身体所需要的睡眠时间（Loessl et al., 2008；Wolfson & Richards, 2011；Dagys et al., 2012）。

睡眠不足是有代价的。困倦的青少年成绩较差，更抑郁，更难控制自己的情绪。此外，他们发生车祸的风险也很大（Roberts, Roberts, & Duong, 2009；Roberts, Roberts, & Xing, 2011；Louca & Short, 2014）。

模块 11.1 复习

- 青春期是身体快速发育的时期，同时伴随与发育有关的变化。青春期可能导致青少年从混乱到自尊提高等不同的反应。早熟或者晚熟都有利有弊，这取决于性别以及情绪和心理的成熟程度。
- 充足的营养对青少年时期的身体发育是必需的。改变身体需要和环境压力可能引起肥胖或者进食障碍。最常见的进食障碍是神经性厌食症和暴食症,治疗它们都必须结合身体和心理疗法。

- 脑的发育为认知能力的发展铺平了道路,尽管到 20 多岁大脑才能发育完善。

共享写作提示

应用毕生发展:社会和环境因素如何影响进食障碍的产生?

11.2　认知发展和学校教育

当美嘉(Mejia)老师读到一篇特别有创意的文章的时候,她会笑起来。她每年给八年级的学生教授美国政府这门课,要求学生每人写一篇文章,内容是“如果美国没有赢得独立战争,他们的生活将会是什么样子”。在给六年级的学生上课的时候,她也布置了同样的作业,然而大部分六年级的学生似乎并不能想象出一些新鲜的东西。但是对于八年级的学生来说,他们会写出很多有趣的场景:一个男孩把自己想象成卢卡斯勋爵(Lord Lucas);而一个女孩儿则想象自己是一个富有的农场主的仆人,还有的孩子想象自己正在为推翻政府而努力。

是什么使得青少年与年幼儿童的思维不同呢?最主要的一个变化可能在于他们能够不拘泥于现实而进行想象。在青少年的思想中有无数的可能性,他们可以进行相对的而不是绝对的想象。他们不再把问题看成非黑即白,而是能够认识到灰色地带。

我们有很多理论可以解释青少年的认知发展。首先我们来看看皮亚杰的理论,他的理论对发展学家们解释青少年思维有很大的影响。

皮亚杰的认知发展理论:使用形式运算

LO 11.4　根据皮亚杰的观点,描述青少年时期认知发展的过程

14 岁的莉(Leigh)正在思考一个问题,只要你看到老式的座钟都会产生同样的问题:钟摆的摆动速度是由什么决定的?为了帮助她解决问题,她得到了一个单摆。她可以对这个单摆作很多改变:变化线长,变化重量,变化对单摆的推力,变化重物的释放高度。

莉并不记得,在她 8 岁时,也被要求解决同样的问题(作为纵向研究的一部分)。那时,她正处于具体运算阶段,那时,她不能成功地解决这个问题。她随意地处理这个问题,而没有任何系统性的行动计划。例如,她同时增大对单摆的推力,缩短线长以及增加单摆的重量,这使得她无从知道究竟是哪个因素影响了单摆摆动的速度。

但现在,莉的思考变得更加系统。她没有立刻行动,而是思考了一会儿到底要考察哪些因素。通过形成“哪个因素最为重要”的假设,她思考着自己要如何对其进行检验，然后就像科学家一样进行实验。她每次改变一个变量。通过单独地、系统地考察每个变量，她最终得出了正确的结论：线长决定了单摆的摆动速度。

形式运算阶段 人们发展出抽象思维能力的一个阶段。

使用形式运算来解决问题。莉解决单摆问题的方法表明她已经进入了认知发展的形式运算阶段（Piaget &Inhelder，1958）。**形式运算阶段**是人们已经发展出抽象思维能力的一个阶段。皮亚杰认为从青少年时期开始，大概在12岁就进入了形式运算的阶段。莉可以抽象地思考单摆问题，并且能够验证她所形成的假设。

通过引入形式逻辑原则，青少年们不再局限于具体的术语，而是能以抽象的方式来处理他们所面临的问题。他们可以通过系统的基础实验来验证自己对问题的理解，并观察实验“干预”所带来的结果。

处在形式运算阶段的青少年能够像科学家一样形成假设，使用系统化的推理。他们从一般理论出发，演绎出特殊情况下对特定结果的解释。

青少年可以进行形式推理。他们可以从一般的理论出发，演绎并解释在特殊情境下的特殊结果的解释。就像我们在第1章里讨论的科学家一样，他们先提出这些假设，然后检验这些假设。这种思维与早期认知发展阶段的区别在于，这种能力是从抽象可能性开始，接着应用到具体情境中的；而在此之前，孩子只能解决具体情境中的问题。例如，在8岁时，莉只是改变各种条件来看单摆的变化，是一种具体化措施；而在12岁时，她是从一系列的抽象变量开始：线长、重量等一一进行考察。

青少年在形式运算阶段能够引入命题思维。命题思维是一种使用抽象逻辑的推理。命题思维使青少年明白，如果某些前提正确，那得出的结论也一定正确。如下面的例子：

所有的老师都是人。　　　　[前提]

苏格拉底是老师。　　　　　[前提]

因此，苏格拉底是人。　　　[结论]

青少年不但理解正确的前提能够得出正确的结论，他们还可以进行

更加抽象的推理,如下:

所有的 A 都是 B。　　　　　　［前提］

C 是 A。　　　　　　　　　　［前提］

因此,C 是 B。　　　　　　　［结论］

尽管皮亚杰指出儿童在青少年期开始就可以进入形式运算阶段,你一定还记得,他也假设由于认知的不断发展,能力并不是一下子获得的,而是随着生理的成熟和环境经验而慢慢获得的。根据皮亚杰的理论,15岁左右,青少年才真正完全进入了形式运算阶段。

事实上,很多证据都表明很大一部分人在很晚才学到了形式运算的能力,在一些案例中,甚至一直都没有获得形式运算能力。例如,大部分研究表明,只有 40%—60% 的大学生和成年人完全能够达到形式运算思维的水平,有些研究则估计只有不到 25% 的个体能掌握这种思维能力。但很多没有在每一个领域都表现出形式运算思维的成年人,还是会应用形式运算的某些方面(Sugarman, 1988; Keating, 1990, 2004)。

青少年在使用形式运算上存在差异,原因之一在于他们生长的环境。例如,生活在与世隔绝的、科学不发达社会中以及没有受到良好教育的人,比那些生长在技术复杂社会中并受到良好教育的人更难达到形式运算思维水平(Segall et al., 1990; Commons, Galaz - Fontes, & Morse, 2006; Asadi, Amiri, & Molavi, 2014)。

这是不是意味着没有出现形式运算思维文化中的青少年(和成人)就不能获得它呢? 当然不是。更可能的结论是,在不同的社会中,对于以形式运算为特征的科学推理有不同的价值判断。如果在日常生活中并不要求这种推理,人们也就没有必要在面对问题时使用这种推理了(Gauvain, 1998)。

青少年使用形式运算的结果。青少年使用形式运算进行抽象推理的能力,导致了他们日常行为的改变。早先,他们可能会毫无怀疑地接受规则及其解释,但是他们不断增加的抽象思维能力,可能会导致他们更努力地对家长和其他权威提出质疑。抽象思维的进步也会导致他们更加理想主义,这可能会让青少年对学校和政府这样机构的不完善缺乏耐心。

一般来说,青少年变得更好争辩。他们喜欢利用抽象推理来找出别人的漏洞,他们的怀疑思维使他们对家长和老师的缺点更加敏感。例如,他们可能会注意到家长们在反对毒品使用问题上的不一致,比如当他们知道父母在青少年阶段也曾使用过毒品并且没有出现什么问题。同时,青少年也可能会优柔寡断,因为他们能看到事物的多面(Elkind, 1996; Alberts, Elkind, & Ginsberg, 2007)。

对于父母、老师以及其他与青少年打交道的成年人来说,面对质疑能力日益增长的青少年是一种挑战。但这也使得青少年觉得很有趣,因为他们在主动地寻找他们生活中对价值和公正的理解。

对皮亚杰理论的评价。在前面的各章中我们都提到了皮亚杰的理论。下面让我们来总结一下:

- 皮亚杰提出认知发展是以普遍的、分阶段的提高来推进的。但我们也发现,每个人的认知能力是各不相同的,尤其在不同的文化下。更重要的是,即使是同一个体,也会有不一致。人们可以通过完成某些任务来表明自己达到了一定的思维水平,而不是通过其他任务。如果皮亚杰的理论是正确的话,一旦他们达到了一定的思维阶段,他们应当表现得始终如一才对。
- 皮亚杰提出的阶段的概念表明,认知能力不是逐渐平稳发展的,而是从某一阶段突然变化到了下一阶段。相反,很多发展学家都认为认知发展是一个连续的过程,并不是跳跃式的,而是逐渐积累的。他们同时还认为皮亚杰的理论更适合于描述某一阶段的行为,而不适于解释从一个阶段到下一个阶段发生变化的原因(Case, 1991)。
- 由于皮亚杰所用的测量认知能力的任务存在问题,评论者们认为他低估了某些能力出现的年龄。现在普遍认为,婴儿和儿童出现更复杂能力的年龄比皮亚杰所提出的要早(Bornstein & Lamb, 2005; Kenny, 2013)。
- 皮亚杰对思维和认识的观点过于狭隘。对皮亚杰来说,认识还主要包括在单摆问题上表现出来的各种理解。但在我们第9章的讨论中,霍华德·加德纳等发展心理学家就指出人有多种智力,彼此不同并相互独立(Gardner, 2000, 2006)。
- 最后,一些发展心理学家还认为形式运算并不能代表思维发展的终结,更具思辨性的复杂思维形式要到成年早期才能出现。例如发展心理学家吉塞拉·拉波维－维芙(Giesela Labouvie－Vief)(1980,1986)就认为社会的复杂性要求思维不能仅仅基于纯粹的逻辑,而是需要能够灵活地诠释过程的逻辑,并且能够反映隐藏于现实世界背后的事实——拉波维－维芙称之为后形式思维(Labouvie－Vief & Diehl, 2000)。

一方面,这些对皮亚杰认知发展理论的批评和关注是很有价值的。另一方面,皮亚杰的理论为大量思维能力和思维过程的发展性研究提供了推动力,也促进了很多课堂教学的改革。最后,他对认知发展本质的大胆论断提供了孕育对认知发展持相反主张的土壤,例如我们下面将谈到的信息加工观点(Taylor & Rosenbach, 2005; Kuhn, 2008; Bibace, 2013)。

信息加工的观点:能力的逐渐变化

LO 11.5　总结信息加工的观点是如何解释青少年认知发展的

从信息加工的观点来看认知发展,青少年的心理能力是逐渐持续增长的。皮亚杰认为,青少年日益增长的认知复杂性是阶段性爆发的体现,而与之不同的**信息加工观点**则认为青少年认知能力的改变是由于获得、使用和储存信息能力上的逐渐变化所带来的。人们通过对世界的思考,对新情境的处理,对事物的分类以及发展自己的记忆和感觉能力来使自己的认知能力得到发展(Pressley & Schneider, 1997; Wyer, 2004)。

信息加工观点　一个用以解释个体获得、使用和储存信息方式的模型。

青少年通过传统的IQ测验得到的一般智力是稳定的,但在此基础上的其他心理能力则会有很大的发展。言语能力、数学能力以及空间能力都会发展,这使得青少年能够更快地接受更多的信息。记忆容量增加,青少年能够更好地分配他们的注意力,使他们同时能注意多个刺激——比如可以一边复习生物一边听着音乐。

此外,正如皮亚杰所说的,青少年对问题进行精密理解的能力、掌握抽象概念的能力、假设思维的能力以及他们对情境中各种可能性的理解能力都在快速地增长。这使得他们能够对自己提出的假设关系和过程进行不断的仔细剖析和研究。

青少年抽象推理能力使得他们对各种接受的规则和解释产生了质疑。

青少年对世界了解

得越来越多。随着他们接触的材料越来越多，以及他们的记忆能力的增强，他们的知识也在不断增长。总体来说，构成智力基础的各项心智能力在青少年时期都有明显的提高（Kail，2004；Kail& Miller，2006；Atkins et al.，2012）。

元认知 人们对自己思维过程的认识以及对自己认知的监控能力。

根据信息加工理论对认知发展的解释，青少年时期心理能力发展最重要的原因在于元认知的发展。**元认知**是人们对自己思维过程的认识以及对自己认知的控制能力。虽然学龄儿童也能使用一些元认知的策略，但直到青少年时期，个体才更有能力理解自己的心理过程。

举例来说，随着青少年对自己记忆能力理解的加深，他们可以更好地估计自己对某种材料记忆的时间。更重要的是，他们可以比小时候更好地判断自己何时已经对材料记忆得足够好了。这种元认知的发展使得青少年能够更加有效地理解和掌握学习材料（Desoete，Roeyers，& De Clercq，2003；Dimmit & McCormick，2012；Martins et al.，2013；Thielsch，Andor，& Ehring，2015）。

这些新能力也使得青少年能够更好地内省和自我觉知——这两项是这一时期的特点。同时也会产生我们下面要提到的高度的自我中心。

思维的自我中心主义：青少年的自我关注

LO 11.6 描述自我中心主义如何影响青少年的思维和行为

卡罗斯（Carlos）认为他的父母是控制狂人。他不能理解为什么父母坚持要他借走他们的车后，一定要他打电话回家报告自己在哪里。杰瑞（Jeri）看到莫莉（Molly）买了跟她一样的耳环感到震惊，她认为自己的耳环应当是独一无二的，但她并不知道莫莉在买耳环时是否知道自己有一个相同的了。露（Lu）对自己的生物老师塞巴斯坦（Sebastian）很不满，原因是她的期中测验太长太难以至于露没有考好。

青少年的自我中心主义 一种自我热衷的状态，认为全世界都像他自己一样关注他。

青少年新近发展出来的元认知能力使得他们能够很容易地想象别人正在考虑自己，并且他们还能够想象到别人思维的细节。这同样也是在青少年思维中占主导地位的自我中心主义的来源。**青少年的自我中心主义**是一种自我热衷的状态，他们认为全世界都在注意着自己。自我中心主义的青少年对权威（例如父母和老师）充满了怀疑，不愿接受批评，并且很快能发现别人行为的过错（Schwartz，Maynard，& Uzelac，2008；Inagaki，2013；Rai et al.，2014）。

一个社会工作者的视角

青少年自我中心主义在哪些方面使青少年的社会和家庭关系复杂

化成年人能完全摆脱自我中心主义和个人神话吗？

青少年的自我中心主义可以解释为什么青少年有时会觉得自己是其他人的注意焦点。事实上，青少年可能会发展出所谓的**假想观众**——就像他们自己那样，对自己行为给予很多关注，但其实只是他们想象出来的旁观者。

假想观众　青少年认为自己的行为是他人注意和关注的主要焦点。

假想观众常常被认为总是集中注意青少年考虑最多的：他们自己。不幸的是，很多情景都是他们的自我中心主义造成的。例如，坐在教室里的学生可能觉得老师正在注意他，一个在打篮球的青少年可能觉得全场的人都在注意他下巴上的痘痘。

自我中心主义导致了另一项扭曲的思维：个人经历是唯一的。青少年产生了**个人神话**，他们会觉得自己的经历是唯一的，别人都不会经历。例如，失恋的青少年可能觉得别人都不会经历这种痛苦，别人都不像自己这样遭遇不幸，没有人能理解他的经历（Alberts, Elkind, & Ginsberg, 2007）。

个人神话　一些青少年觉得自己的经历是唯一的，别人都不会经历。

个人神话还可能使青少年对其他人遭遇的危险毫无畏惧（Klacynski, 1997）。很多青少年的危险行为可能就是由于他们自己建构出来的个人神话所造成的。他们可能认为性活动时不必使用避孕套，因为个人神话使得他们相信，像怀孕和艾滋病一类性传播疾病，只会发生在别人身上而不会发生在自己身上。他们会酒后驾车，因为个人神话使得他们认为自己是谨慎的司机，一切都在掌控之中（Greene et al., 2000; Vartanian, 2000; Reyna & Farley, 2006）。

青少年的自我中心主义影响了他们的思维和行为。

学校表现

LO 11.7　分析青少年学业表现的影响因素

青少年期的元认知、推理以及其他认知能力的发展，是否会转化为学校表现的进步呢？如果我们用学生的成绩作为在校表现的测量，那么答案是肯定的。

在过去的十年当中，高中生的成绩在上升。现在高中毕业生的平均绩点是3.3（满分4分），而十年前这个数字是3.1。超过40%的高中毕业生的平均成绩为A⁺、A或者A⁻（College Board, 2005）。

然而与此同时，独立的成就测验（SAT分数）则没有表现出提高。因此对于成绩的提高，一个更可能的解释是分数膨胀。按照这个观点，学生其实并没有发生改变，只是教师变得更加仁慈，对于同样的表现给出了更高的分数（Cardman, 2004）。

关于分数膨胀的进一步证据来自美国学生与其他国家的学生相比的表现，例如，与其他工业化国家的学生相比，美国学生在标准化数学和自然科学考试中得分较低（见图11-6；OECD, 2014）。

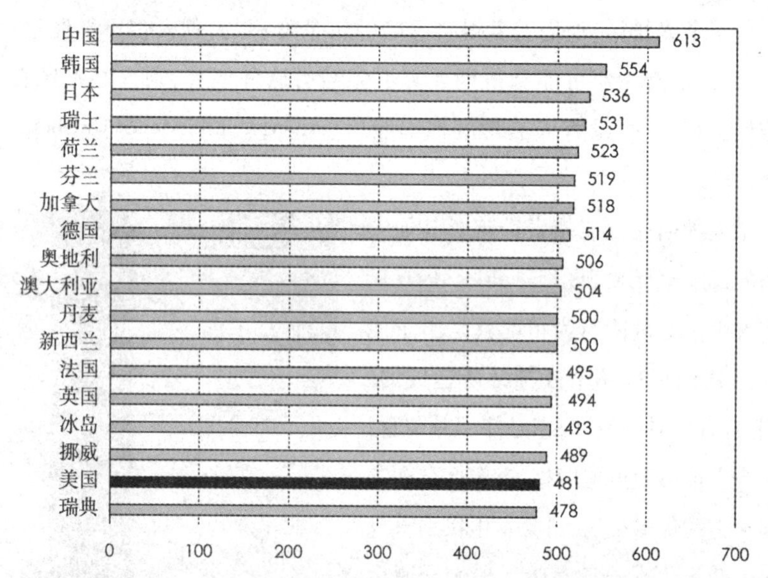

图11-6 美国学生和其他国家地区的学生在数学表现上的对比

与世界各地学生的数学成绩相比，美国学生的数学成绩低于平均水平。

（资料来源：基于OECD, 2014）

美国学生教育成就的这个鸿沟不是单一原因能够解释的，而是多种因素造成的，例如课堂上花费的时间少，要求不够严格等等。此外，其他国家上学的人同质性更强，更富裕，而美国上学人群的广泛多样性及其存在的巨大差异也可能造成影响（Stedman, 1997；Schemo, 2001）。

美国学生成绩较差也反映在高中毕业率上。虽然美国高中毕业的人口比例一度居世界首位，但在工业化国家中已降至第24位。只有79%的美国高中生毕业率远低于其他发达国家。当然，正如我们接下来讨论的，社会经济地位的差异反映在美国学生的在校表现上（Stedman, 1997；Schemo, 2001；OECD, 2001, 2014）。

社会经济地位和学校表现:成就上的个体差异。所有的学生在课堂上都有相同的机会,但很明显有些群体的学习就是比其他群体好。最能说明这种现实的一个指标就是教育成就和社会经济地位(SES)之间的关系。

平均而言,中高社会经济地位的学生比低社会经济地位的学生,在标准化测验中成绩更好,受教育时间更长。当然这种差异并不是从青少年期开始的,从较低年级开始就发现了这种差异。但到了高中阶段,社会经济地位的影响变得更加显著(Shernoff & Schmidt, 2008; Tucker-Drob & Harden, 2012; Roy & Raver, 2014)。

为什么来自中高社会经济地位家庭的学生学业更成功呢?有很多原因,一方面,贫困的学生比其他学生有更多的不利条件。他们的营养和健康状况不如其他人。居住在拥挤的环境中,就读于不太好的学校,他们可能没有地方来完成家庭作业。与其他经济好的家庭相比,他们的家庭中可能没有书和电脑(Prater, 2002; Chiu & McBride-Chang, 2006)。

由于这些原因,来自贫困家庭的学生从上学起就处在不利的境地。随着他们的成长,他们的学校表现会持续落后,事实上他们还会越来越差。由于以后学习的成功很大程度上取决于在学校早期学到的基础能力,早期学习有困难的学生在后来会越来越落后(Phillips et al., 1994; Biddle, 2001; Hoff, 2012)。

学校成就的族裔和种族差异。不同族裔和种族间学校成就的差异是巨大的,这是美国教育所面临的一个重要问题。例如,学校成就的数据显示,平均而言,非裔美国人和西班牙裔学生比白人学生的学校表现要差,标准化测验成绩也低于白人学生。相对地,亚裔美国学生则比白人学生成绩要好(Shernoff & Schmidt, 2008; Byun & Park, 2012; Kurtz-Costes, Swinton, & Skinner, 2014)。

造成族裔和种族间学校成就差异的原因是什么呢?显然,很多都是社会经济因素造成的:与白人相比,较高比例的非裔美国人和西班牙裔的家庭处于贫困之中,经济上的劣势也许反映在他们较差的学校表现上。当考虑了社会经济水平后,不同族裔和种族间在校成就的差异大大减小,但并没有完全消失(Meece & Kurtz-Costes, 2001; Cokley, 2003; Guerrero et al., 2006)。

教育者的视角

为什么被迫移民的人的后代在学业上不如自愿移民的人的后代成功可以用什么方法来克服这个障碍呢?

人类学家约翰·奥格布(John Ogbu)(1988,1992)指出某些少数族裔的成员不是太看重学校成绩。他们相信社会偏见早就决定了他们不会获得成功,不管他们有多努力。也就是说,努力学习并不能获得相应的成功。

奥格布指出,与强迫接受新的文化相比,自愿融入新的文化环境的少数族裔成员更容易在学校获得成功。例如,他发现,从韩国自由移民到美国的家庭,孩子在学校中的表现相当好;而另一方面,“二战”中从韩国被迫移民到日本的家庭,其孩子在学校的表现则相当差。为什么会出现这种差异?非自愿的移民导致了长久的创伤,降低了后代追求成功的动机。奥格布指出,在美国,很多非裔美国人是非自愿移民——奴隶的后代,这使他们的成就动机不足(Ogbu, 1992; Gallagher, 1994)。

另一个造成族裔和种族成就差异的原因是对学术成功的归因。正如我们在第十章中讨论的,很多亚洲学生将成功看作内部归因,例如他们的努力。与此相反,非裔美国学生则将成功看作是外部不可控条件的结果,如幸运或社会偏爱。认可成功来自努力的学生,会更加努力,他们的学校表现就会比认为努力无用的学生要好(Stevenson, Chen, & Lee, 1992; Fuligni, 1997; Saunders, Davis, & Williams, 2004)。

对学生学业表现的关注导致人们为改善学校教育做出了极大的努力。《不让一个孩子掉队》法案是其中影响力最大的教育改革,下面我们将就此进行讨论。

高中成就测验:不会有孩子掉队吗?

杨南李(Duong Nghe Ly)知道校园暴力是南费城高中学校文化的一部分。去年总共发生了45起危险事件,比如袭击和持有武器,以及326起较轻的案件。一群学生施以多年的威胁和辱骂之后,终于开始“捕猎”亚洲人,最终在教室里残忍地攻击了杨的一个朋友。杨和其他50名亚裔学生终于忍无可忍,联合抵制了学校一周的时间,希望学校能够重视这个问题。

像这样的学校,能够变成为每个学生提供安全环境和优秀教学质量的学校吗?可以确定的是,《不让一个孩子掉队》是一个综合性的法案,人们创立它的目的是改善美国学生的在校表现。

美国国会在2002年通过了《不让一个孩子掉队》法案,要求美国的每个州都编制和执行成就测验,学生必须通过成就测验才能从高中毕业。此外也对学校本身进行排名,从而公众知道哪个学校的测验成绩最好(最差)。这一强制执行的测验计划,其背后的基本想法是确保学生毕业的时候具备最低程度的能力。支持者认为测验能巩固激发学生和老师的积极性,从而整体教育水准得以提高(Watkins, 2008; Opfer, Henry, & Mashburn, 2008; Cook, Wong & Steiner, 2012)。

法案(以及其他强制性的标准化考试形式)的反对者争辩说,法案的强制性会造成一些非计划中的负面结果。他们提出为了能确保有最多的学生通过考试,教师将会采取“应试教育”,这意味着,他们将专注于考试的内容,而将考试不太涉及的内容排除在外。这一观点认为,强调考试会妨碍创造力和批判性思维的培养(Thurlow, Lazarus, & Thompson, 2005; Linn, 2008; Koretz, 2008)。

约翰·奥格布指出,父母自愿移民到美国的韩裔孩子在学校的表现比父母在“二战”期间被迫从韩国移民到日本的那些孩子要好。

此外,强制性的、利害攸关的考试会使学生的焦虑水平升高,成为导致学生表现不好的潜在因素。而且在校期间一直表现良好的学生也可能因为考得不好而无法毕业。此外,因为社会经济水平较低和拥有少数族裔背景的学生,以及其他有特殊需要的学生在考试中失败的比例太大。因此,批评人士认为,强制性考试计划本身就存在偏差(Samuels, 2005; Yeh, 2008)。

由于该法案存在问题,许多州已经免除了最严格的要求。美国国会正在讨论如何改进这项法案。尽管该法案从通过之日起就充满了争议,但这个法案中的一部分得到了普遍的赞同。具体来说,这个法案提供资金来帮助那些基于科学研究的有效的教育实践和项目。关于构成最佳教育实践的“证据”是什么,人们还存在不同的意见。不过人们对客观数据的重视受到了发展和教育研究者的欢迎(Chatterji, 2004; Sunderman, 2008; Blankinship, 2012)。

◎ 从研究到实践

电子游戏能够促进认知能力吗？

尽管大量的研究表明玩暴力电子游戏有很多有害的影响，但电子游戏的影响不仅仅只有这一个方面。事实上，一些研究人员认为，对攻击性行为的关注掩盖了玩电子游戏也能带来有益后果的可能性。最近的研究表明，这种情况确实存在（Granic, Lobel, & Engels, 2014）。

玩电子游戏并不像有些人指责的那样是一种让人麻木的活动，事实上它能刺激个体的认知能力。即使是暴力类型的动作或射击类电子游戏也是如此。当非游戏玩家的参与者被随机分配玩射击类或非射击类电子游戏时，那些玩射击类游戏的参与者在注意力、视觉加工和心理旋转能力等方面表现出提升。一项全面的元分析显示，这类游戏提高了空间技能，甚至能够与正规的空间技能训练相媲美。而且，学习速度快、持续时间长，并且可以转移到其他类型的任务中。而这些技能能够预测未来在科学、技术、工程和数学领域的成就。讽刺的是，解谜类游戏和其他非射击类游戏则没有这种提升效果。似乎射击游戏的快节奏、瞬间决策和沉浸式三维环境在认知增强效果中起着关键作用（Wait et al., 2010；Green & Bavelier, 2012；Uttal et al., 2013）。

电子游戏还可以增强其他类型的认知能力。大多数游戏都涉及某种类型的问题解决，所以假设它们能够提高问题解决能力并不令人惊讶。目前的研究尽管非常有限，但很有希望：一项研究表明，玩战略性游戏能在第二年提高自我报告的解决问题的能力。虽然还需要做更多的研究，但很明显，电子游戏对孩子来说是一把双刃剑，既有益处，也有害处（Adachi & Willoughby, 2013）。

写作提示分享

你认为玩射击类电子游戏的好处能证明让青少年接触暴力内容的问题是合理的吗？是或否的原因是什么？

辍学。大部分学生都能念完高中，但美国每年还是有50万的学生在毕业前辍学。辍学的后果非常严重。高中辍学者比高中毕业生挣的钱少42%，高中辍学者的失业率在50%左右。

青少年过早地离开学校有很多原因。一些是由于怀孕或者语言问题。有些是由于经济问题，需要养活他们自己或他们的家庭。

辍学率跟性别和族裔有关。男性比女性更容易辍学。此外，20年来尽管各族裔的辍学率都在下降，尤其是西班牙裔，但不同种族之间仍旧存在差异（见图11-7）。另一方面，并不是所有的少数族裔都呈现高的辍学率，例如亚洲人的辍学率就比白人低（National Center for Educational Statistics, 2003；Stearns & Glennie, 2006；U.S. Department of Education, 2015）。

贫困在很大程度上决定了学生是否能完成高中学业。低收入家庭的学生辍学的可能性是中高收入家庭的学生的3倍。由于经济成功取决于教育，辍学造成了贫困的恶性循环（National Center for Educational Statistics, 2002）。

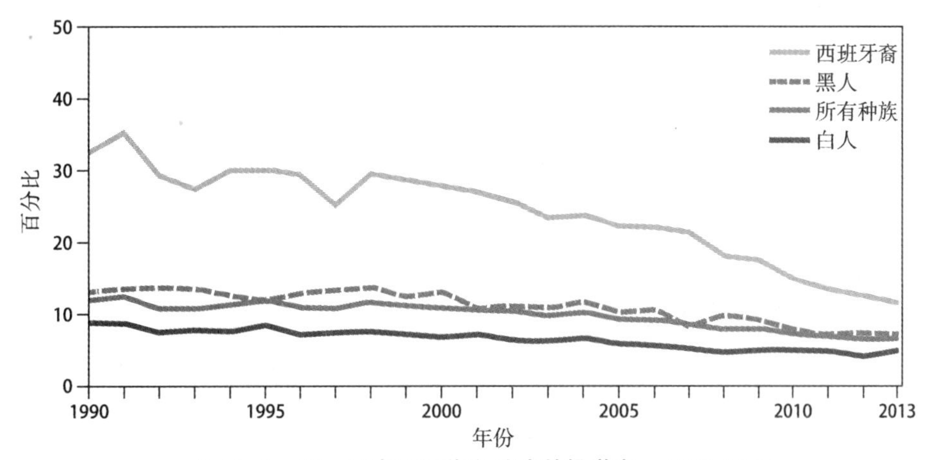

图11-7　16—24岁不同种族/族裔的辍学率：1990-2013

在过去的25年里，辍学率普遍下降，尤其是西班牙裔。

（资料来源：美国教育部，2015）

网络空间：青少年的网络行为

LO 11.8　描述青少年如何使用互联网

普拉卡什·苏哈尼(Prakash Subhani)面临着一个选择:要么为化学期末考试学习,要么上脸书(Facebook)。普拉卡什需要考好才能提高分数。但他也需要和他在印度的朋友保持联系。最后,他决定妥协。他花半个小时在脸书上,剩下的时间用来学习。但是,当他再次看表的时候,已经四个小时过去了,他太累了,无法学习。普拉卡什不得不毫无准备地面对化学考试。

像普拉卡什·苏哈尼一样,大多数青少年对社交媒体和其他技术的使用达到了令人惊讶的程度。事实上,凯泽家庭基金会(Kaiser Family Foundation,一家可靠的智囊机构)对 8 岁至 18 岁的男孩和女孩进行了一项全面的调查,结果显示,年轻人平均每天花在各种媒体上的时间为 6.5 个小时。此外,大约有 1/4 的时间同时使用一种以上的媒体。因此,他们实际上每天使用媒体的时间相当于有 8.5 个小时(Boneva et al., 2006; Jordan et al., 2007)。

媒体的使用量是惊人的。例如,一些青少年每个月可以发送近 3 万条短信,并且经常同时进行着多个对话。短信的使用常常会取代其他形式的社会互动,比如打电话,甚至是面对面的交流(Lenhart, 2010; Richtel, 2010; 见图 11-8)。

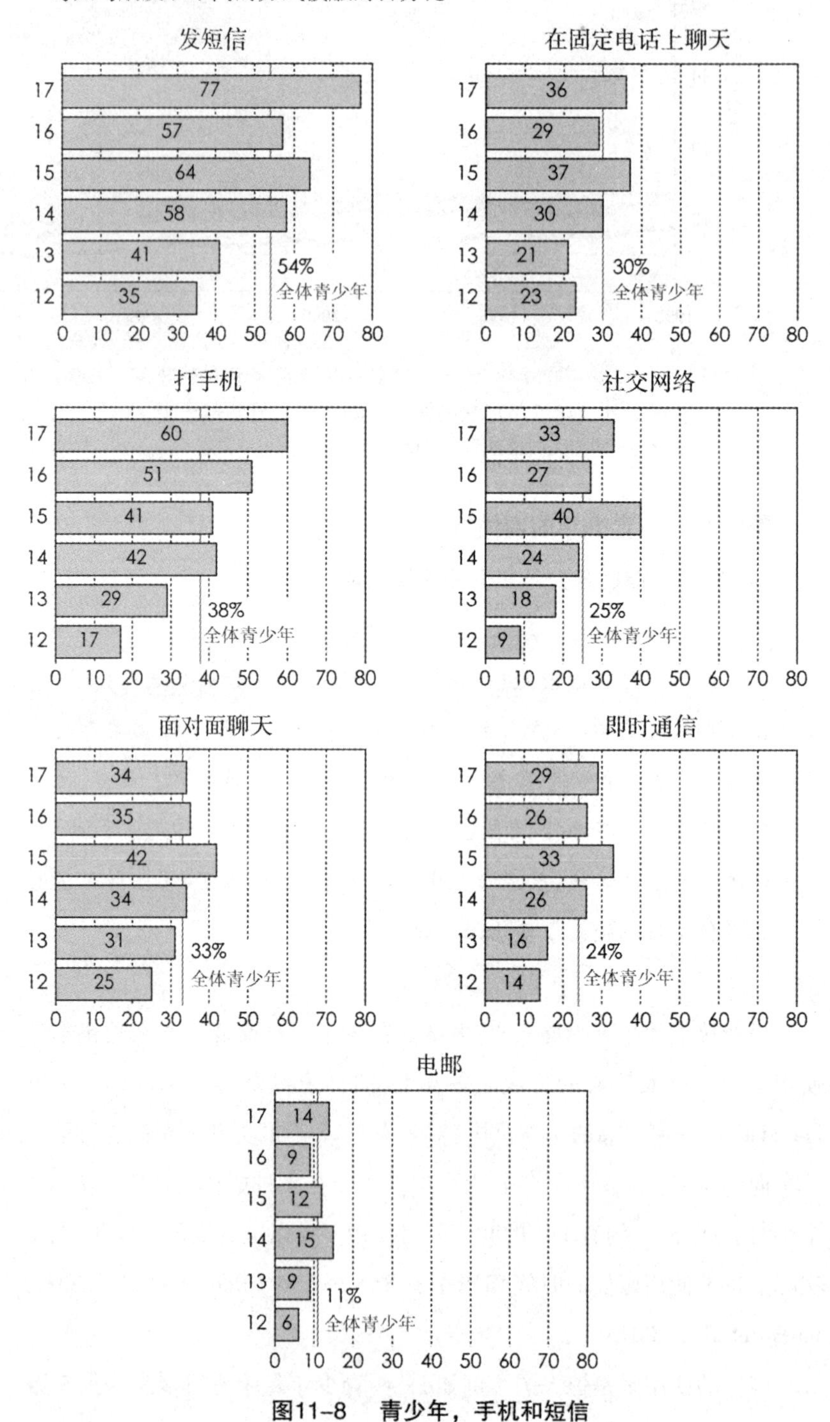

图11-8　青少年，手机和短信

随着年龄的增长，每天给朋友发短信的青少年比例通常会上升。

（资料来源：Pew Research Center皮尤研究中心，2010）

一些在线活动的形式是极为恶劣的。比如一些青少年使用网络来欺凌其他人,他们会重复性地给受害者发送带有伤害信息的短信或者邮件。这些网络欺凌行为可以是匿名,而且这些信息可能会被滥用。虽然没有对受害者造成身体上的伤害,但是对他们造成了心理上的伤害(Zacchilli& Valerio, 2011; Best, Manktelow, & Taylor, 2014)。

媒体与教育。网络的广泛使用也使教育发生了巨大的变化,使青少年能够接触大量的信息。然而,这些改变的本质和他们到底能有多大的积极作用,目前还不清楚。例如,学校必须教给学生有效使用网络的核心技能:学习对大量信息分类,以确定哪些是最有用的,哪些是无用的。为了充分利用网络的优势,学生必须具备搜索、选择和整合信息的能力,才能创造新的知识(Trotter, 2004; Guilamo - Ramos et al., 2015)。

尽管网络有很多好处,但是也存在弊端。网络空间充斥着儿童性骚扰者的说法可能有些夸张,但网络空间确实提供了许多家长和其他成年人认为非常令人反感的材料。此外,网上赌博的问题也日益严重。高中生和大学生可以很容易地在体育赛事上下注并参与赌博,比如使用信用卡在网上玩扑克(Winters, Stinchfield, &Botzet, 2005; Fleming et al., 2006; Mitchell, Wolak, &Finkelhor, 2007)。

计算机的日益普及也带来了社会经济地位、种族和族裔等方面的挑战。贫穷的青少年和少数群体成员使用电脑的机会比富裕的青少年和社会优势群体的成员要少,这一现象被称为"数字鸿沟"。例如,77%的黑人学生报告说,他们经常使用个人电脑,在西班牙裔和拉丁裔中这一数字达到了87%,亚裔美国学生的电脑使用率最高,为91.2%。社会如何减少这些差异是一个相当重要的问题。此外,只有18%的老师认为他们的学生有数字资源来完成家庭作业(Fetterman, 2005; Olsen, 2009; Purcell et al., 2013)。

模块11.2 复习

- 青少年时期对应于皮亚杰的形式运算阶段,这一阶段以抽象推理和以实验法解决问题为标志。
- 根据信息加工的观点,青少年认知发展是逐渐的量变,包括了思维和记忆的发展。元认知能力的发展使青少年可以监控思维过程和心理能力。
- 青少年很容易受到自我中心主义的影响,并且觉得有假想观众在关注自己的行为。他们同时还会构筑个人神话,这使他们觉得自己独一无二,不会发生危险。

- 学术表现与社会经济地位、种族以及族裔有着复杂的关系。
- 青少年花大量的时间在网上与朋友互动、寻找信息、娱乐。与互联网相关的担忧主要集中在对电脑接触和使用的不平等机会，即所谓的数字鸿沟以及滥用社交媒体进行网络欺凌。

共享写作提示

应用毕生发展：在面对复杂的问题时，例如买什么样的电脑或车，你觉得大部分的成年人会应用形式运算思维吗？为什么？

11.3 对青少年幸福的威胁

一场车祸把汤姆·詹森（Tom Jansen）从睡梦中惊醒——这是真实的，却又像做梦一样。警方在凌晨12:30打电话给他，让他去医院接他13岁的女儿罗妮（Roni）。事故并不严重，但汤姆那天晚上了解到的东西可能挽救了罗妮的一生。警察在她和车上其他乘客的呼出气体中检测出了酒精，这其中包括司机。

汤姆一直知道，总有一天他会和罗妮谈到“酒精和毒品”，但他原本希望是在高中，而不是初中。现在回想起来，他发现自己把罗妮的缺课、成绩下降、普遍无精打采——归结为“青少年的焦虑”是错误的，而这些都是酗酒的典型症状，是时候面对现实了。

几个月来，他和罗妮每周都会去见一位心理咨询师。一开始罗妮很不友好，但有天晚上他们在洗碗时，她开始哭泣。汤姆抱着她，一句话也没说。但从那一刻起，他知道罗妮回来了。

汤姆了解到，酒精并不是罗妮使用的唯一药物。正如她的朋友们后来承认的那样，罗妮的种种迹象表明她可能会变成他们所说的“垃圾头”——愿意尝试任何事情（毒品）。如果事故没有发生，罗妮面对的后果可能更加严重，甚至失去她的生命。

青少年本来是一生中最健康的一段时间，尽管这种极端的案例在青少年药物使用中很少见，但药物使用是青少年健康的一大威胁。虽然药物、酒精、烟草的使用以及性传播疾病的危险程度很难度量，它们都是青少年健康和幸福的极大威胁。

非法药物

LO 11.9 分析青少年的非法药物使用及其原因

青少年时期非法药物的使用有多普遍呢？非常普遍。举例来说，大约1/15的高中高年级学生每天或几乎每天吸食大麻。过去十年大麻的使用一直保持相当高的水平，关于大麻使用的态度也变得更积极了（Nanda & Konnur, 2006; Tang & Orwin, 2009; Johnston et al., 2015; 见图11-9）。

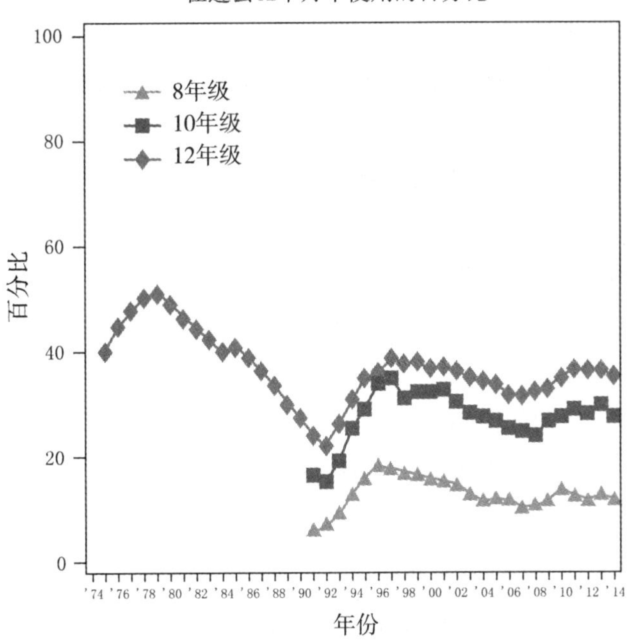

图11-9　大麻的使用保持平稳

一项年度调查显示，在过去的12个月里，吸食大麻的学生比例一直保持在相当高的水平。

（资料来源：http://www.monitoringthefuture.org/pubs/monographs/mtf-overview2014.pdfp. 13.）

青少年使用药物有很多原因。有人因为药物所带来的快感,有人使用药物来暂时逃避现实生活的压力,有些人使用药物只是为了干一些违法的事追求刺激。

使用药物的最新原因之一是为了提高学习成绩。越来越多的高中生正在使用药物,比如阿得拉尔(Adderall),这是一种治疗注意力缺陷/多动障碍的安非他命处方药物。非法使用者以为药物可以提高注意力,提高学习能力,让使用者可以长时间学习(Schwarz, 2012)。

名人使用药物的传闻也助长了药物使用。最后,同辈压力也起到了一定的作用:我们将在第 12 章中更详细地讨论,青少年特别容易受到同辈群体标准的影响(Urberg, Luo, & Pilgrim, 2003; Nation & Heflinger, 2006; Young et al., 2006)。

非法药物的使用在很多方面是危险的。例如,一些药物具有成瘾性。成瘾药物是指让使用者产生生理或心理依赖,并对其产生越来越强烈渴求的药物。

药物成瘾后,机体已经习惯了药物的作用,一旦没有了这些药物,身体就无法正常运转。更重要的是,成瘾后会在一段时间后导致神经系统的改变。这样一来,药物的使用不再会有“high”的感觉,而变成仅仅是维持现有的感觉了(Cami & Farre, 2003; Munzar, Cami, & Farre, 2003)。

除了生理成瘾外,药物也可能造成心理成瘾。在这种情况下,人们越来越依赖于药物去处理日常的压力。如果药物是用来逃避的话,他们可能妨碍了青少年面对问题和解决问题,导致他们将药物使用放在第一位。最后,即便是使用一些危险性低的药物,也是危险的,会逐渐发展为使用更危险物质严重的滥用(Toch, 1995; Segal & Stewart, 1996)。

成瘾药物(addictive drugs) 使用者产生生理或心理依赖,并对其产生极大渴求的药物。

酒精：使用和滥用

LO 11.10　讨论青少年的酒精使用及酗酒情况

超过75%的大学生有这样的共同点:在过去30天内他们至少喝了一次酒精饮料。超过40%报告说在过去的2周内喝了5次以上酒精饮料,大约有16%一周要喝酒精饮料16次以上。高中生也喝酒:接近3/4的高中高年级学生报告说高中毕业前喝过酒,大约2/5的人在八年级之前就喝过酒。超过一半的十二年级学生和近1/5的八年级学生表示,他们一生中至少喝过一次酒(Ford, 2007; Johnston et al., 2015)。

狂饮是大学校园中的一个大问题。对男性来说,狂饮是指一次连续喝5瓶以上的酒精饮料;而对于体重较轻、不太容易有效吸收酒精的女性来说,狂饮是指一次连续喝4瓶以上的酒精饮料。调查发现一般的男性大学生和超过40%的女性大学生报告说自己在过去的2周中曾经有过狂饮的情况(Harrell & Karim, 2008; Beets et al., 2009; 见图11-10)。

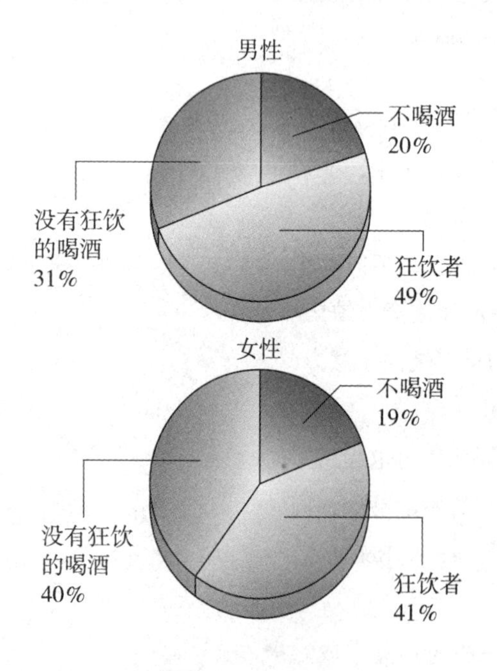

图11-10　大学生中的狂饮

对于男性来说，狂饮被定义为一次喝5瓶或更多的酒；对于女性来说，这个数字是4瓶或更多。为什么酗酒如此流行？

（资料来源：Wechsler et al., 2003.）

狂饮对那些不喝或很少喝酒的人也有影响。很少饮酒的人中有2/3报告说他们在学习或睡觉时,会被醉酒的学生打扰。其中1/3会被醉酒的学生羞辱,有25%的女性会被醉酒的同学性骚扰。此外,脑部扫描显示,与非酗酒者相比,青少年酗酒者的大脑组织表现出受损的情况(Wechsler et al., 2000, 2002, 2003; McQueeny, 2009; Squeglia et al., 2012; Spear et al., 2013)。

青少年开始喝酒有很多原因。有些人——尤其是男性运动员,他们的饮酒率高于其他青少年——喝酒只是为了证明他们能和其他人喝得一样多。其他人喝酒与一些使用药物的原因相同,是为了释放抑制和紧张。很多人开始喝酒是受了校园中酒鬼的影响,他们以为每个人都喝得很厉害,这就是所谓的虚假一致效应(Nelson & Wechsler, 2003; Weitzman, Nelson, & Wechsler, 2003; Dunn et al., 2012; Archimi & Kuntsche, 2014)。

对一些青少年来说,喝酒成了一种无法控制的习惯。**酗酒者**是有酒精问题的人,他们依赖酒精,而无法控制自己的饮酒行为。他们对酒精的耐受性越来越高,需要更多的酒才能获得快感。一些人整日饮酒,另一些人则在狂欢聚会上疯狂喝酒。

酗酒者 有酒精问题的人,他们依赖于酒精而不能控制自己的饮酒行为。

观看视频 克里斯:酗酒

一些青少年酗酒的原因还不太清楚。基因有一定的影响:酗酒表现出家族遗传的特征。另一方面,并非所有酗酒的人都有存在酒精问题的家人。对一些青少年来说,酗酒可能是因为和有酒精问题的父母或家庭成员相处的压力带来的(Berenson, 2005; Clarke et al., 2008)。

当然,最重要的不是酒精和药物问题的来源,而是我们要如何帮助出现问题的青少年。家长、老师和朋友如果意识到问题,都可以提供帮助。朋友和家庭成员怎么能辨别青少年是否出现了酒精或药物问题呢?我们下面在“你是发展心理学的明智消费者吗?”专栏中将提到一些特征。

如果一个青少年或者其他任何人符合这些描述,可能就需要他人的帮助了。一个好的起点是国家药物滥用研究所开通了热线(800)662-4357 并建立了专门的网站 www.nida.nih。此外,那些需要建议的人可以在网上找到当地的戒酒互助会名单。

◎ 你是发展心理学知识的明智消费者吗?

沉迷于药物或酒精?

尽管判断青少年是否存在药物或酒精滥用问题并不简单,但还是有一些标志的,危险信号如下:

认同或感觉与毒品文化产生联结

- 在谈话或者玩笑中经常提到药物。
- 感兴趣并熟悉毒品用具。
- 抗拒讨论药物。
- 药物有关的海报或者杂志，或者有药物参照的衣服。

学校表现的明显变化

- 学习成绩的显著下降——不是从C变为F，而是A变为B或C。
- 重复地拖延或者不能完成。
- 缺乏动机或者自我约束；好像无动于衷或者“精神恍惚”。
- 缺课情况增多或者拖拉。

身体衰弱

- 容易分心，不能集中，记忆衰退。
- 身体协调能力差，说话模糊不流利。
- 外表不健康；对卫生或修饰不上心。
- 眼睛充血，瞳孔放大。
- 食欲和睡眠模式发生变化；突然体重减少或者增加。

行为的改变

- 频繁出现不诚实行为（说谎、偷窃、作弊）；被警察找麻烦。
- 朋友的改变；不愿谈论新朋友。
- 不明原因地拥有或者需要大量的钱。
- 突然的情绪波动，不合时宜地发怒，不同寻常地亢进或者焦虑不安。
- 自尊的降低；表现出恐惧或者不明原因的焦虑。
- 对户外活动和原来的爱好兴趣降低。

（改编自：Franck & Brownstone, 1991, pp. 593 – 594）

烟草：吸烟的危害

LO 11.11　总结青少年的烟草使用及其原因

大部分青少年都知道吸烟的危害，但很多人还是会吸烟。最近的调查显示，总体上青少年吸烟的人数比过去十年减少了，但人数还是很多；而且在特定团体内，人数还在增加。女性吸烟人数在上升，在奥地利、挪威和瑞典等国，女孩吸烟的比率要高于男孩吸烟的比率。同时还存在种族差异：白人的孩子以及低社会经济地位家庭的孩子要比非裔美国人的孩子及高社会经济地位家庭的孩子吸烟的可能性大，开始吸烟时间早。同样，高中男生中，白人比黑人吸烟的人数多，尽管近几年这种差异在减少(aHarrell et al., 1998; Stolberg, 1998; Baker, Brandon, & Chassin, 2004; Fergusson et al., 2007; Proctor, Barnett, & Muilenburg, 2012)。

吸烟成为一种越来越难维持的习惯。社会越来越反对吸烟。现在很难找到一个可以舒服地吸烟的地方了:学校、商场都变成了无烟场所。即使这样,尽管他们知道吸烟和被动吸烟的危害,还有很多青少年依然吸烟。为什么青少年开始吸烟,并且持续吸烟呢?

其中一个原因是,对于一些青少年来说,吸烟被视为一种青少年的成人仪式,是长大成人的标志。此外青少年还会受到名人、父母和同伴等榜样的影响,从而增加染上吸烟习惯的概率。香烟也很容易上瘾。尼古丁,香烟中重要的化学成分,能够使人产生生理和心理上的依赖。尽管吸一两支并不能造成烟瘾,但是一旦吸多非常容易成瘾。在生命早期即便只吸了 10 支烟,也有 80% 的可能性染上烟瘾(West, Romero, & Trinidad, 2007; Tucker et al., 2008; Wills et al., 2008)。

电子香烟已经成为当下吸烟的新趋势,这种卷烟形状的装置可以提供气化的尼古丁。虽然它们看起来比传统香烟的危害小,但它们长期影响还不清楚,美国政府已经设法规范它们的销售(Tavernise, 2014)。尽管存在潜在的危险,但它们已经越来越受欢迎。2014 年,大约 13% 的高中生使用电子烟,而且这一数字似乎还在增加。同时,高中生对传统卷烟的使用显著下降,这说明电子烟可能成为传统卷烟的替代品(Gray, 2013; Tavernise, 2013; CDC, 2015)。(也见发展的多样性与生活板块。)

◎ 发展的多样性与生活

销售死亡:将吸烟推向弱势群体

根据美国癌症研究所的一份报告,美国各大烟草公司都有一些领先的青年品牌(万宝路、骆驼、新港),并大力推广。新推出的"Kool Smooth Fusions"香烟提供了四种流行口味:加勒比冷饮(Caribbean Chill)、午夜浆果(Midnight Berry)、摩卡禁忌(Mocha Taboo)和薄荷味(Minitrigue)。这些烟草带着水果的气味,就像在吃糖果一样。

如果你是香烟制造商,当你发现使用你产品的人正在减少,你会怎么办?美国公司寻求开拓新的市场,转向一个年轻而易受影响的市场,尤其是在弱势群体中。此外,烟草公司不仅仅在美国国内,而且还在国外寻找着新的青少年消费者。在很多吸烟人数不多的发展中国家,烟草公司试图通过一系列营销策略(免费的样品)来提高吸烟的人数,尤其是吸引青少年吸烟。此外,在一些美国文化和产品占主流的国家,广告往往宣称吸烟是一种美国式的习惯(Boseley, 2008; Hakim, 2015)。

这种策略很有效。例如，在一些拉丁美洲城市，有50%的青少年吸烟。根据世界卫生组织的数据，在21世纪，吸烟将会导致大约10亿人过早地死亡(Picard, 2008)。

性传播感染

LO 11.12　描述青少年性行为的危险及其规避

当医生告诉17岁的谢丽尔·蒙特(Cheryl Mundt)她得了艾滋病时，她立刻想到了她的第一个男朋友。他一年前和她分手了，而且没有任何解释，谢丽尔后来再也没有联系过他。她不得不把现在的情况告诉她的新男友，她不知道他会有什么反应。她只知道她必须马上告诉他，不管后果如何。

艾滋病。谢丽尔并不是个例：获得性免疫缺陷综合征或称艾滋病，是一种导致青少年死亡的主要疾病。艾滋病无法治愈，只要感染了艾滋病毒，就只有死亡。

性传播感染 通过性接触传播的感染。

由于艾滋病主要通过性接触传播，因此被定义为一种**性传播感染(STI)**。尽管它最初在同性恋人群中发现，但它很快传播到了其他人群，包括异性恋和静脉注射药物者。少数族裔受到的影响更大：非裔和西班牙裔美国人在美国新增病例中大约占到70%，男性非裔美国人染病数量几乎是白人的8倍。目前，全球已有超过2500万人死于艾滋病，而患病的人数达到了3400万(见图11－11；UNAIDS, 2011)。

图11-11　世界范围下的艾滋病

艾滋病携带者人数表现出地理差异。到目前为止，大多数病例发生在非洲和中东，而在亚洲该问题也日益严重。

(资料来源：联合国艾滋病规划署和世界卫生组织，2009)

其他性传播感染。艾滋病是最致命的性传播感染，但其他一些性传播感染更为常见（见图 11－12）。1/4 的青少年在高中毕业前感染 STI。总的来说，每年大约有 250 万青少年感染性病，如图 11－12 所示（Weinstock，Berman，& Cates，2004）。

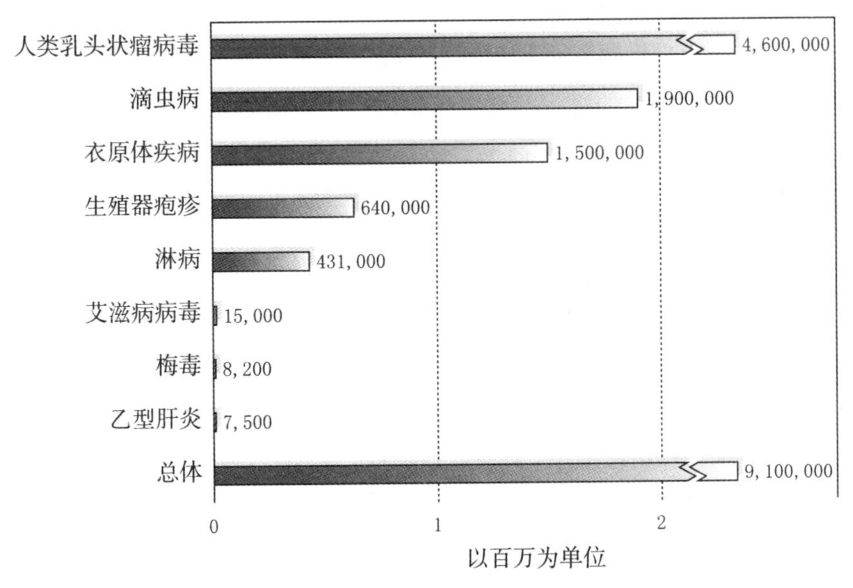

图11-12　青少年中的性传播感染

为什么青少年特别容易感染？

（资料来源：Alan Guttmacher Institute, 2004; Weinstock, Berman, & Cates, 2006.）。

最常见的 STI 是人类乳头状瘤病毒（HPV）。HPV 可通过生殖器接触传播，无需性交。大多数性传播感染都没有症状，但是 HPV 会导致生殖器疣，在某些情况下还会导致宫颈癌。有一种疫苗可以预防某些类型的 HPV。美国疾病控制与预防中心建议，11 至 12 岁的女孩应定期接种，这一建议引发了相当大的政治反应（Caskey，Lindau，& Caleb，2009；Schwarz et al.，2012；Thomas et al.，2013）。

另一种常见的 STI 是滴虫病，一种由寄生虫引起的阴道或阴茎感染。初期没有任何症状，最终会引起排尿和射精疼痛。衣原体疾病，一种细菌引起的疾病，起初没有什么症状，但后来会导致小便时有灼烧感，阴茎或阴道出现分泌物。该疾病还可能导致骨盆发炎甚至不育症。衣原体疾病可以通过抗生素治疗（Nockels & Oakeshott，1999；Fayers et al.，2003）。

另一个常见的性传播感染是生殖器疱疹，与常常出现在嘴边的那种病毒很相似。症状首先是生殖器周围的水泡，这些水泡可能会破裂而变得很疼。尽管几周后水泡会消失，但这个疾病会在一段时间后复发，水泡重现。这种疾病也无法治愈，并且也是可传染的。

淋病和梅毒是发现最早的性传播感染，在古代就有案例报告。抗生素发现之前，他们都是致命的，现在都能得到有效的治疗了。

卫生保健者的视角

为什么青少年提高了认知能力，包括推理和实验思考的能力，却不能阻止他们不理性的行为？比如吸毒、酗酒、吸烟和不安全的性行为。如何使用这些能力来设计一个程序以帮助预防这些问题？

避免性传播感染。除了节欲，没有其他办法能够百分之百地避免性传播感染。不过做到以下事情能够让性行为变得安全（见表11－1）。

然而，即使青少年受到大量的性教育，安全性行为仍然远远没有得到普及。正如本章之前所讨论的，青少年存在“个人神话”的思维方式，而更有可能从事危险的行为，他们认为自己感染的概率很小。如果青少年和他们的性伴侣经历过一段相对长期的关系，他们会更加认为自己的伴侣是“安全”的（Tinsley, Lees, &Sumartojo, 2004; Widman et al., 2014）。

不幸的是，除非一个人知道伴侣完整的性史和感染现状，否则无保护措施的性行为仍然是一件危险的事情。了解伴侣完整的性史是很困难的，问这个问题不仅令人尴尬，而且伴侣的回答不一定准确，或者是因为他们自己也蒙在鼓里，或者是出于尴尬，或者是为了维护隐私，又或者是单纯地忘记了。因此，性传播感染在青少年中仍然是一个严重的问题。

表11－1　安全的性行为

避免性传播感染（STI）的万无一失的方法就是禁欲。然而，遵循这里列出的“安全性行为”实践，可以显著降低感染的风险：

- 充分了解你的性伴侣。在和某人发生性关系之前，了解他或她的性史。
- 使用避孕套。对于那些有性关系的人来说，避孕套是对STI最可靠的预防手段。
- 避免体液交换，特别是精液。尤其要避免肛交。艾滋病病毒可以通过直肠的细小裂伤传播，使得不使用避孕套的肛交特别危险。口交曾经被认为相对安全，但现在却被认为具有感染艾滋病病毒的潜在危险。
- 保持冷静。使用酒精和毒品会损害判断力，导致错误的决定，也增加了使用安全套的困难。
- 考虑一夫一妻制的好处。长期与忠诚的伴侣保持一夫一妻制关系的人感染的风险较低。

模块 11.3 复习

- 非法药物的使用在青少年中很普遍，是一种寻找快感、避免压力或得到同伴赞许的途径。
- 酒精的使用在青少年中同样普遍，它可以使自己变得像成年人，或者减轻抑制。
- 尽管了解吸烟的危害，青少年还是会用吸烟来效仿成年人。
- 艾滋病是最严重的性传播感染，可最终导致死亡。安全的性行为或不进行性行为能够防止艾滋病，但青少年常常忽视这些策略。其他性传播感染，如衣原体疾病、生殖器疱疹、滴虫病、淋病和梅毒，也对青少年造成影响。

文章撰写提示

应用毕生发展：青少年对自我形象的关注以及他们认为自己是注意的焦点这两个特点，是如何影响吸烟和酒精使用的？

结语

将青少年阶段称为人生的重大转折点是一个保守的说法。本章着眼于青少年的生理、心理和认知方面所发生的巨大变化，以及进入并且经历青少年期给他们带来的种种影响。

在进入下一章之前，让我们看看前言所说的加文，那个想独自去海地的少年。根据你所学的青少年期的各种知识，考虑以下问题：

1. 加文的海地梦是如何典型地体现出青少年自我中心主义的？

2. 加文的父亲对于他 15 岁的儿子独自去海地会有哪些担心呢？从你对青少年发展的了解中，哪一种担忧是合理的？

3. 加文的论点如何印证青少年认知能力的变化？

4. 加文认为孩子们现在成长得更快了，你认为他的观点正确吗？从身体和认知发展的角度来解释你的答案。

回顾

LO 11.1 描述青少年在进入青春期时所经历的身体变化

青少年期的特征是身体的快速发育，女孩从 10 岁左右开始，男孩从 12 岁左右开始。青春期开始于女孩 11 岁左右、男孩 13 岁左右。青少年时期的生理变化往往会对心理产生影响，比如自尊和自我意识的增强，以及对性的困惑和不确定性。早熟对男孩和女孩有不同的影响。对于男孩来说，更强壮、更发达的身体可以提高他们的运动能力，使他们更受欢迎，以获得更积极的自我概念。对女孩来说，早熟会让她们更受欢迎，社交生活更丰富，但突然看起来和别人不一样了也会让她们对自己的身体感到尴尬。就短期而言，晚熟可能是一种生理和社会上的劣势，影响男孩的自我概念。晚熟的女孩可能会受到同龄人的忽视，但最终她们似乎不会受到持久的不良影响，甚至可能从中受益。

LO 11.2　解释青少年的营养需求和关注点

虽然大多数青少年除了通过适当的食物来促进他们的成长外，并没有更大的营养问题，但是有些人出现了肥胖或超重的问题。过度担心肥胖会导致一些青少年，尤其是女孩，患上饮食障碍，如神经性厌食症或暴食症。

LO 11.3　总结大脑在青少年期的发育变化

大脑的变化为青少年的认知快速增长铺平了道路，尤其是前额皮质的变化。这些变化使得复杂的思想、评估和判断成为可能，从而促使青少年获得更加复杂的智力成就。

LO 11.4　根据皮亚杰的观点，描述青少年时期认知发展的过程

按照皮亚杰的理论，青少年期处在形式运算的发展时期，人们开始从事抽象思维和科学推理。

LO 11.5　总结信息加工的观点是如何解释青少年认知发展的

按照信息加工的观点，青少年时期的认知增长是渐进式的，包括记忆能力、心理策略、元认知以及认知功能的其他方面的改善。青少年元认知能力的发展，他们能够监控自己的思维过程，准确评估自己的认知能力。

LO 11.6　描述自我中心主义如何影响青少年的思维和行为

青少年认知能力的发展也可能促使青少年产生自我中心主义。这是一种对自我独立身份的沉迷。这使得青少年很难接受批评，也难容忍权威人士。假想观众和个人神话是自我中心发展的两种体现。

LO 11.7　分析青少年学业表现的影响因素

在青少年期，学习成绩往往会下降。学校成绩与社会经济地位、种族和族裔有关。尽管许多学业成绩差异是由社会经济因素造成的，但对成功的归因模式以及与学校成功和生活成功之间的联系有关的信念体系也发挥了作用。

LO 11.8　描述青少年如何使用互联网

青少年是狂热的互联网用户，每天大部分时间都在使用社交媒体、信息资源和娱乐渠道。互联网也会滋生虐待，比如网络欺凌。

LO 11.9　分析青少年的非法药物使用及其原因

青少年使用非法药物的情况非常普遍，他们的动机是寻求快乐、逃避压力、模仿榜样，或者表达自己蔑视权威的愿望。

LO 11.10　讨论青少年的酒精使用及酗酒情况

许多青少年饮酒是出于社交原因，以及体验快感。酗酒（狂饮）的问题在大学生中尤其严重。

LO 11.11　总结青少年的烟草使用及其原因

尽管被社会所反对，许多青少年通过吸烟（或者最近流行的电子烟）作为自己的成人仪式。

LO 11.12　描述青少年性行为的危险及其规避

艾滋病是年轻人死亡的主要原因之一，对少数族裔人群的影响尤为严重。青少年的行为模式和态度，如害羞、自我专注和相信个人无懈可击，阻碍了他们采取安全性行为来预防这种疾病。其他性传播感染，包括衣原体、生殖器疱疹、滴虫病、淋病和梅毒，经常发生在青少年中，它们也可以通过安全性行为或禁欲加以预防。

关键术语和概念

青少年期	神经性厌食症	假想观众
青春(发育)期	暴食症	个人神话
月经初潮	形式运算阶段	成瘾药物
长期的趋势	信息加工理论	酗酒者
初级性征	元认知	性传播感染
次级性征	青少年的自我中心主义	

第 12 章　青少年的社会性和人格发展

本章学习目标

LO 12.1　描述自我概念和自尊在青少年期如何发展
LO 12.2　总结埃里克森如何解释青少年期的认同形成
LO 12.3　解释玛西亚对青少年认同的分类
LO 12.4　描述宗教和精神性在青少年期自我认同形成中的作用
LO 12.5　讨论各族裔和少数群体在青少年期认同形成中面临的挑战
LO 12.6　识别青少年应对这一年龄阶段的压力时遇到的危险
LO 12.7　描述青少年期的家庭关系
LO 12.8　解释青少年期与同伴的关系如何变化

LO 12.9　讨论成为受欢迎者和不受欢迎者对青少年的影响,以及他们如何应对同伴压力

LO 12.10　描述青少年期约会的功能和特点,以及青少年的性发展

LO 12.11　解释性取向在青少年期如何发展

LO 12.12　总结青少年怀孕带来的挑战以及最有效的几种预防项目

本章概要

自我认同:"我是谁?"

自我概念和自尊

自我认同形成:变化或危机?

玛西亚研究自我认同发展的方法:对埃里克森观点的更新

宗教和精神性

认同、种族与族裔

抑郁和自杀:青少年的心理问题

关系:家庭和朋友

家庭纽带:变化着的关系

同伴关系:归属的重要性

受欢迎与顺应

约会、性行为和青少年怀孕

21 世纪的约会和性关系

性取向:异性恋、同性恋、双性恋和跨性别

青少年怀孕

开场白:装门面

16 岁的利维娅·阿贝娄(Livia Abello)把她兼职工作赚来的所有钱都花在了化妆、做发型和买衣服上。"很难跟上其他女孩的潮流。"她说,"我的学校里有很多有钱的孩子,但是我不属于他们中的一员。"利维娅总是能做到让自己周围有很多朋友。在一年级时,这些朋友是来自足球队的女孩。去年,利维娅做了画布景的工作,并和那些剧院的孩子一起逛街。今年,她是 JV 女子舞团的一员。她承认,一年又一年之间,这些友谊并没有什么连续性。"人们总会改变。"她耸耸肩,"我也会改变。"她坚持认为,成为一个小集团中的一员是很重要的。"没人希望被看作一个失败者。"经过这一切之后,利维娅的成绩仍然保持很好——绝大多数是 B,其中还有一些 A。她

说她能做到更好，但是“被认为是一个书呆子并不划算”。

然而，最近她开始感到需要很费劲才能拿到B。“我厌倦了只是考虑学校的事情。”她说。之后，则是关于她现在的男朋友的事，那是一个很受欢迎的人，她的小团体中每个人都很崇拜他。但是，利维娅却因为他的酗酒而困扰。谈起现在的生活，她承认说：“我曾经把自己看作一个可以处理好任何事的人。我长相很漂亮，很受欢迎，而且足够聪明。现在，我开始考虑那些是不是只是假象。你知道的，就像你披上了一件斗篷，掩盖住了它下面的东西，但实际上并没有那么好。”

预览

利维娅正在努力解决的关于认同和自尊的问题，实际上每个青少年都会遇到。尽管这些问题会令人痛苦和迷惑，然而大多数人在度过这个时期时并不是很混乱。虽然他们可能“尝试”不同的角色、做出一些父母不能接受的轻率行为，但是大多数人发现青少年期是个令人兴奋的时期，因为在这个阶段里，友谊开始形成、亲密关系得到发展，他们对自己的感受也加深了。

这并不是说青少年所经历的这个转折时期不具有挑战性。正如我们讨论人格和社会性发展那样，在这章中，我们将要看到，青少年在应对世界的方式上发生了显著的变化。

我们从青少年是如何形成对自己的观点开始讨论，包括自我概念、自尊和自我认同的发展，我们也考察两个严重的心理问题：抑郁和自杀。

青少年的社会生活是形式多样的。

接下来，我们讨论青少年中的关系，如青少年如何在家庭中重新定位自己，家庭成员的影响在某些领域中是如何下降的，而同时同伴是如何在该领域中形成了新的重要地位。我们也考察青少年与朋友互动的方式，以及受欢迎程度是如何形成的。

最后，本章会考察约会和性行为。我们考察约会及亲密关系在青少年中扮演的角色，接下来，讨论性行为和约束青少年性行为的标准。并考察未成年少女怀孕问题及对意外怀孕的预防计划，在此基础上，我们做出本章的总结。

12.1 自我认同：“我是谁？”

“你肯定想象不到一个13岁的人要处理多少压力。你不得不变得看起来很酷，做事很酷,穿正确的衣服,把发型弄成某种样式——而且你的朋友对这些事情的观点和你的父母都不一样,你知道我的意思吗?而且你要有朋友,否则你就是无名之辈。然后你的一些朋友就会说如果你不喝酒或吸毒就不够酷,但是如果你不想做这些怎么办?"

——安东·马西德(Anton Merced)

13岁的安东·马西德表现出了一种鲜明的自我意识,来评价他在社会和生活中新形成的位置。在青少年中,诸如"我是谁"和"我在世界上属于哪里?"这样的问题开始放在首要位置。

为什么自我认同问题在青少年时期变得如此重要?一个理由是青少年的智力变得更为成人化。他们可以通过与他人比较来认识自己,能够意识到他们是独特的个体,不仅独立于他们的父母,还独立于其他所有人。青春期中显著的生理变化使青少年敏锐地意识到自己身体的特点,意识到其他人以他们不习惯的方式对他们做出反应。无论什么原因,在十几岁时,青少年的自我概念和自尊常常发生至关重要的变化。总的来说,是他们对自己的认同上的变化。

自我概念和自尊

LO 12.1 描述自我概念和自尊在青少年期如何发展

你是谁,你对自己感觉如何?像这样的问题在青少年期是重要的挑战。

自我概念:我是怎样的人? 我们请瓦勒瑞(Valerie)描述她自己。她说:"其他人认为我是无忧无虑的,不会去担忧什么事情。但实际上,我常常会紧张不安和情绪化。"

瓦勒瑞对别人观点和她自己观点的区分代表了青少年的一种发展进步。童年时,瓦勒瑞已经根据一系列关于她的看法塑造了自己的特质,而在这些看法中,她尚未区分这些看法是自己的还是别人的。然而,青少年是可以做出区分的,当他们试图描述自己是谁时,他们能将自己的观点和他人的观点综合起来考虑(Updegraff et al., 2004; Chen, S. et al., 2012; Preckel et al., 2013; McLean & Syed, 2015)。

青少年对自己是谁的理解日益增长,而其中一个方面就是以更广阔的视角看待自己。他们可以同时看到自己的不同方面,而且,这种关于自己的观点变得更有组织性和一致性。他们以心理学家的视角看待他们自己,不仅将特质看作是具体的实体,还看作是抽象的东西(Adams,

Montemayor, & Gullotta, 1996)。例如,比起更年幼的儿童,青少年更可能根据自己的意识形态(例如,说“我是一个环境主义者”),而不是生理方面的特性(例如,说“我是我们班里跑得最快的”)来描述自己。

青少年综合自己的和他人的观点思考自己是谁。

然而,从某种意义上讲,这种更广的、更为多面的自我概念是让人既喜又忧的,尤其是在青少年期开始的几年。那个时候,青少年可能为他们人格的复杂性所困扰。例如,在青少年早期,青少年可能想以一种特定的方式来看待他们自己(“我是一个好交际的人,喜欢和他人待在一起”)。当他们的行为与他们的观点不一致的时候,他们可能变得忧虑(“尽管我想变得社会性强一点,但有的时候,我不能忍受待在我朋友的周围,而只想一个人待着”)。然而,在青少年末期,他们会更容易接受这一事实:不同情境会引发不同行为和情绪(Trzesniewski, Donnellan, & Robins, 2003; Hitlin, Brown, & Elder, 2006)。

自尊:我有多喜欢自己?“知道自己是谁”和“喜欢自己是谁”是两种事情。虽然青少年在理解他们是谁(他们的自我概念)方面越来越精确,但这种知识并不保证他们更喜欢自己(他们的自尊)。事实上,他们在理解自己方面越来越精确的知识使得他们可以全面地看待自己,如实描绘自己。他们根据这种理解去做事情,正是这些事情引导着他们发展出自尊感。

同样地,这种认知技能不但使青少年能区分自我的各个方面,也引导他们用不同的方式来评价这些方面(Chan, 1997; J. Cohen, 1999)。例如,一位年轻人可能在学术方面表现得自尊很高,但在与他人的关系方面有低自尊。或者可能相反,正如这位青少年所说的:

我有多喜欢自己这样的人?好吧,我喜欢自己的一些方面,比如我是一个好的倾听者和好的朋友,但不喜欢别的一些方面,比如我有些时候会妒忌别人。我在学业上并不是个天才——我的父母希望我能做得更好一点——不过如果你太聪明,你就会没有那么多朋友。我在体育运动上做得不错,尤其是游泳。但是我最大的优点是我是一个好的朋友,你知道的,我对朋友很忠实。很多人都知道这一点,而且我也很受欢迎。

在自尊方面的性别差异。哪些因素会影响青少年的自尊?其中一个因素是性别。尤其是青少年早期,女孩的自尊往往比男孩更低、更脆弱。其中的一个原因是,与男孩比起来,不仅在意学业成就,女孩还往往对身体外表和社交成功更加在意。虽然男孩对这些东西也同样在意,但他们的态度更为随意。而且,社会信息暗示着女性的学业成就是社会成功的绊脚石,这就将女孩置于一个艰难的困境中:如果她们在学业上做得好,那么,就阻碍了她们在社交上的成功。这就难怪青少年时期女孩的自尊比男孩更脆弱了(McLean & Breen, 2009; Mkinen et al., 2012; Ayres & Leaper, 2013; Jenkins & Demaray, 2015)。

虽然一般来说,青少年男孩的自尊比女孩高,但男孩在能力认同认知方面确实更脆弱。例如,社会的刻板性别期望可能使男孩感觉到,他们应该总是自信、坚强和无所畏惧。男孩面临困难时,例如不能组织一个运动队,或者想要与一个女孩约会却遭到拒绝,由于他们没能满足社会刻板定型的期望,可能不仅会因失败而感到痛苦,还会感到自己无能(Pollack, 1999; Pollack, Shuster, & Trelease, 2001)。

自尊在社会经济地位和种族方面的差异。社会经济地位(SES)和种族因素也影响自尊。高 SES 的青少年比低 SES 的青少年有更高自尊,在青少年中期和后期尤其如此。这可能是因为社会地位因素显著提升了个体的地位和自尊——例如,有更昂贵的衣服或车——而这在青少年后期变得更引人注目(Dai et al., 2012; Cuperman, Robinson, & Ickes, 2014)。

种族和族裔也是自尊的影响因素,但由于对少数群体的不公待遇减少,这两种因素的影响也减弱了。早期的研究认为,少数群体的地位可能导致更低的自尊。研究者解释说,非裔和西班牙裔美国人的自尊之所以比白人的低,是因为社会中的偏见使得他们感到不被喜欢和接受,并且这种感受被整合进他们的自我概念中。较近的研究描绘了一个不同的图景。新近的大多数研究认为，在自尊水平上，非裔美国青少年与白人没什么差异(Harter, 1990b)。为什么会这样呢？一种解释是，非裔美国人团体中的社会运动提升了民族自豪感，而这种民族自豪感帮助提升了非裔美国青少年的自尊。实际上，非裔和西班牙裔美国人中更强的民族认同感是与更高的自尊水平相关联的(Verkuyten, 2003; Phinney,

青少年期强烈的民族认同感与更高的自尊水平相关。

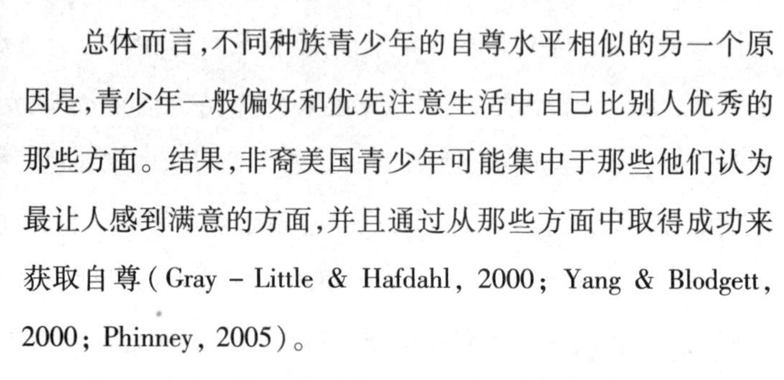

2008; Kogan et al., 2014)。

总体而言，不同种族青少年的自尊水平相似的另一个原因是，青少年一般偏好和优先注意生活中自己比别人优秀的那些方面。结果，非裔美国青少年可能集中于那些他们认为最让人感到满意的方面，并且通过从那些方面中取得成功来获取自尊(Gray - Little & Hafdahl, 2000; Yang & Blodgett, 2000; Phinney, 2005)。

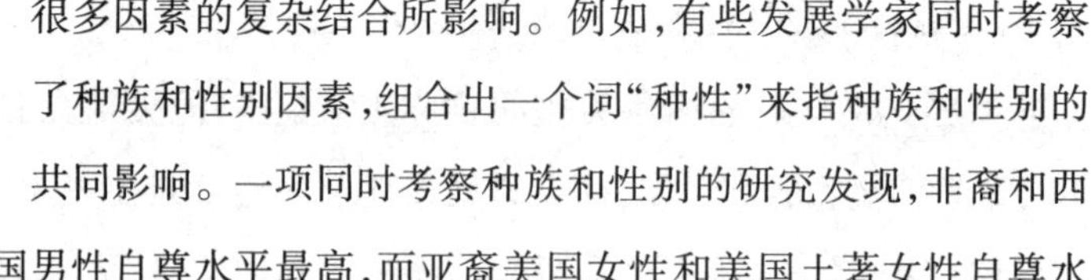

最后，自尊可能不仅仅单一地被种族因素影响，而是被很多因素的复杂结合所影响。例如，有些发展学家同时考察了种族和性别因素，组合出一个词"种性"来指种族和性别的共同影响。一项同时考察种族和性别的研究发现，非裔和西班牙裔美国男性自尊水平最高，而亚裔美国女性和美国土著女性自尊水平最低(Saunders, Davis, & Williams, 2004; Biro et al., 2006; Park et al., 2012)。

自我认同形成：变化或危机？

LO 12.2　总结埃里克森如何解释青少年期的认同形成

根据我们刚在第10章讨论过的埃里克森理论，当青少年面临认同危机时，寻求自我认同不可避免地使一些青少年体验到明显的心理混乱(Erikson, 1963)。表12-1总结了埃里克森理论所说的各个阶段。埃里克森的理论认为，在青少年期，青少年试图弄清楚他们自己的独特性——由于青少年期的认知发展，他们可以用更复杂的方式做到这一点。

埃里克森认为，青少年会努力发现他们独特的优点和缺点，以及他们在未来生活中能扮演的最好的角色。这种发现过程常常包括"尝试"不同的角色或选择，来看这些角色和选择是否符合自己的能力和观点。在这个过程中，青少年通过在人际的、职业的、性的和政治的承诺方面缩窄或做出选择来试图理解他们是谁。埃里克森将此称为**认同—认同混乱阶段(identity - versus - identity confusion stage)**。

认同—认同混乱阶段 青少年寻找和确定自己区别于他人的独特方面的过程。

在埃里克森的观点中,青少年如果在寻找一个适合的自我认同的过程中遇到阻碍,可能会以某些方式脱离这一自我认同形成过程。他们可能通过扮演社会所不接受的角色作为表达他们不想成为某种人的方式,或者可能在形成和维持长期亲密关系上出现困难。一般而言,他们对自我的感觉变得“分散”,无法组织起一个中心的、统一的核心认同。

另一方面,那些成功地形成了适当认同的人为自己未来的心理发展奠定了基础。他们了解自己独特的能力、相信这些能力,并且发展出对自己是谁的精确感知。他们准备好走向一个可以充分利用自己独特力量的方向(Allison & Schultz, 2001)。

社会压力和对朋友及同伴的依赖 好像青少年自己产生的认同问题还不够困难似的,社会给青少年带来的压力在认同—认同混乱阶段同样很高,正如任何一名学生反复被父母和朋友问到“你学什么专业?”和“当你毕业时,你打算做什么?”时,所体会到的那样。在决定高中毕业后是去找工作或是读大学时,青少年感到了压力。如果他们选择工作,还要面临选择哪种职业的压力。到目前为止,他们接受教育的生涯是由美国社会计划的,这些计划为他们铺设了一条统一的路线。然而,这条路线在高中时终止,因此,青少年就要面临对各种道路的艰难选择。

在这个阶段,青少年越来越依赖于他们的朋友和同伴作为信息来源。同时,他们对成人的依赖下降。正如我们稍后要讲到的,这种对同伴依赖性的增长使得青少年能够形成亲密关系。将他们自己与他人做比较,可以帮助他们弄清他们的自我认同。

在认同—认同混乱阶段，美国青少年通过在人际的、职业的、性的和政治的承诺方面缩窄他们的选择来试图理解他们是谁。可以将这个阶段用到其他文化下的青少年身上吗？为什么？

对同伴的依赖有助于青少年明确自我认同并学习建立关系,它是埃里克森所提出的这一发展阶段与下一“亲密—疏离”阶段之间的桥梁。这种依赖同样与认同形成中性别差异的主题有关。当埃里克森发展他的理论时,他认为,男性更有可能以在表 12 - 1 中所呈现的顺序经历社会性发展阶段,即在承诺对另一个人的亲密关系前发展一种稳定的认同。相反的是,他认为女性的顺序相反。她们先寻求发展亲密关系,然后通过这些关系形成她们的认同。这些观点很大程度上反映了埃里克森提出理论时的社会环境条件，那时，女性较少上大学或者建立自己的事业，常常很早就步入婚姻。然而，今天，在认同—认同混乱阶段，一般认为男孩和女孩的经验是类似的。

表12-1　埃里克森阶段论的总结

阶段	大概的年龄	积极结果	消极结果
1. 信任—不信任	出生到1.5岁	从周围环境的支持得到信任感	对他人感到害怕和不安
2. 自主—羞愧和怀疑	1.5到3岁	如果探索得到鼓励，会有自我效能感	怀疑自己，缺乏独立性
3. 主动—内疚	3—6岁	发现引发行动的方式	对行为和想法感到内疚
4. 勤奋—自卑	6—12岁	能力感的发展	自卑感、缺乏可控感
5. 认同—认同混乱	青少年期	自我独特性的觉知、获得对所要扮演角色的知识	不能识别在生活中应扮演的适当角色
6. 亲密—疏离	成年早期	爱、性关系和亲密关系的发展	恐惧与他人之间的关系
7. 再生力—停滞	成年中期	对生命连续的贡献的觉知	个体行为的琐碎化
8. 自我整合—失望	成年晚期	对人生完成的统合感	对人生中丧失机会的后悔

（资料来源：Erikson, 1963.）

心理延期偿付。因为认同—认同混乱阶段的压力，埃里克森认为，很多青少年追求一种“心理延期偿付”。心理延期偿付期中，青少年推迟承担即将面临的成人责任，探索各种角色和可能性。例如，很多大学生用一个学期或一年旅游、工作或找其他的方式来考察他们的优先选择。

另一方面，尽管这种心理延期偿付使得青少年能够对各种认同进行相对自由的探索，但由于现实的原因，很多青少年不能追求这种心理延期偿付。有些青少年由于经济原因，必须在放学后去打工，并且在高中毕业后就必须立即参加工作。结果，他们很少有时间去探索各种认同，去进行心理延期偿付。这是否意味着这些青少年在心理上将受到损害呢？可能不会。实际上，满足可以来自在上学的同时维持业余工作的能力感，这种满足可能是一种有效的心理回报，它可以超越在尝试各种角色上的无力感。

埃里克森理论的局限。一个对埃里克森理论的批评是他使用男性的认同发展模式作为标准,来比较女性的认同。特别是,他将男性只在达到稳定认同后才发展亲密关系看作是正常的模式。这些批评的观点认为埃里克森的理论是基于男性导向的个体化和竞争性的。心理学家卡罗尔·吉利根提出了另一种观点,认为女性是在关系的建立中发展出认同的。在这种观点中,女性认同的核心成分是自己和他人之间人际关系网的建立(Gilligan, 2004; Kroger, 2006)。

玛西亚研究自我认同发展的方法:对埃里克森观点的更新

LO 12.3　解释玛西亚对青少年认同的分类

以埃里克森的理论为出发点,心理学家詹姆斯·玛西亚认为可以根据两种特征来看待认同:危机或承诺的存在或缺失。危机是认同发展的一个阶段,在这个阶段中,青少年有意识地在多种选择中做出抉择。承诺是对一种行动或思想意识过程的心理投资。我们可以看到这样两名青少年的差异:一名青少年从喜欢一种活动到另一种活动,没有一种持续时间长过几个星期;而另一名青少年完全集中于帮助无家可归者的志愿者工作(Marcia, 1980; Peterson, Marcia, & Carpendale, 2004)。

玛西亚在对青少年开展了深度访谈后,提出了四种青少年认同类型(见表12-2)。

表12-2　玛西亚的青少年发展的四种状态

<table>
<tr><th colspan="4">承诺</th></tr>
<tr><th colspan="3">存在</th><th>缺失</th></tr>
<tr><td rowspan="2">危机/探索</td><td>存在</td><td>认同获得
“我很享受过去两个夏天在广告公司的工作,所以我计划以后去做广告类的事。”</td><td>延期偿付
“我要到我妈妈的书店里去工作,直到我想明白我真的想做的事是什么。”</td></tr>
<tr><td>缺失</td><td>认同闭合
“我爸爸说我和孩子们相处得很好,可以成为一个好的老师,所以我猜这就是我要做的事。”</td><td>认同扩散
“坦诚地说,我对做什么没什么头绪。”</td></tr>
</table>

(资料来源:改编自 Marcia, 1980.)

认同获得 青少年在考虑了各种选择后对某一特定认同做出承诺的状态。

1. 认同获得(identity achievement)。处于这种认同水平的青少年已经成功地探索及思考过他们是谁和想做什么的问题。在思考各种选择的危机阶段过去后,这些青少年已经确定了某一特定认同。已经达到这种认同阶段的青少年往往是心理最为健康的,比其他任何认同水平上的青少年有更高的成就动机,有更高的道德推理得分。

认同闭合 青少年在没有充分探索各种选择的情况下过早地承诺某种认同的状态。

2. 认同闭合(identity foreclosure)。指那些还没有经历过对各种选择进行探索的危机阶段,就已经形成认同的人。他们接受的是别人为他们做出的最好决定。这种类型中典型的情况是,一个儿子进入自己家族的企业,因为这是他人所期待的;而一个女儿决定成为一名医生也仅仅是因为她妈妈就是医生。虽然认同闭合者并不一定不开心,但他们往往有所谓的"刚性力量":他们是快乐的和自我满足的,他们也有对社会赞许的高度需要,倾向于成为独裁的个体。

延期偿付 青少年可能在一定程度上探索了各种认同选择,但是还没有对某一特定选择做出承诺。

3. 延期偿付(moratorium)。虽然延迟偿付者一定程度上探索了各种选择,他们仍然没有让自己做出承诺。玛西亚认为,他们因此表现出相对较高的焦虑和心理冲突。另一方面,他们往往是活跃和有魅力的,寻求与他人发展亲密关系。这种认同水平上的青少年正在努力解决认同问题,但只有经过一番努力后才能达到认同。

认同扩散 青少年考察各种认同选择,但是没有对某个选择做出承诺,或者还在思考做出什么选择。

4. 认同扩散(identity diffusion)。处于这一水平的青少年既不探索也不考虑去承诺各种选择。他们倾向于随波逐流,从一种事转换到另一种事上。他们似乎什么都不在乎,而根据玛西亚的说法,缺乏承诺会损害他们建立亲密关系的能力。实际上,他们往往是回避社会的。

重要的是,青少年并不局限于四种分类中的一种。实际上,有的人会在延期偿付和认同获得两个水平间前进或者倒退,这被称为"MAMA"圈(延期偿付—认同获得—延期偿付—认同获得)。例如,一个认知闭合者可能在没怎么积极思考的情况下,就在青少年早期确定了职业道路,但是,他/她仍可能在稍后重新评价这个选择,并且转换到另一种选择。这样,对于某些个体来说,认同形成可能在过了青少年时期以后才发生。然而,对于大多数人而言,认同在20岁左右完成(Al - Owidha, Green, & Kroger, 2009; Duriez et al., 2012; Mrazek, Harada, & Chiao, 2014)。

社会工作者的视角

你认为玛西亚四种认同状态在随后的生命中都可以引发重新评价和不同的选择吗?在玛西亚的发展理论中,有没有哪些状态对于贫困青少年来说更难以达到?为什么?

宗教和精神性

LO 12.4　描述宗教和精神性在青少年期自我认同形成中的作用

你考虑过为什么上帝会创造蚊子吗？还有如果上帝知道亚当和夏娃的反叛带来了多大的混乱，为什么他还要给他们反抗的能力？一个人可以先被拯救然后失去它吗？宠物会不会上天堂？

正如这篇博客中所写的一样，青少年逐渐开始提出关于宗教和灵性的问题。宗教对很多人来说都很重要，因为它可以提供一种正式的方法来满足精神性的需求。精神性（spirituality）是一种与某种更高的力量相联结的感觉，例如上帝、自然或者某种神圣的事物。尽管精神性的需要通常与宗教信仰联系在一起，但是它们也可能是独立的。许多认为自己是精神性的人不会参与正式的宗教活动或者没有任何一种特定的信仰。

由于青少年期的认知发展，青少年们可以更加抽象地思考宗教的问题。不仅如此，当他们处理关于认同的更普遍的问题时，他们可能会对自己的宗教认同产生怀疑。儿童时期，他们将自己的宗教认同接受为一种无可置疑的行为方式。但在这之后，青少年或许会用更加批判性的方式来看待宗教，并设法拉开自己和正式的宗教的距离。在另外的情况下，他们和宗教信仰的关系可能变得更为密切，因为宗教为很多抽象的问题提供了答案，例如“为什么我在这个地球上存在？”以及“生命的价值是什么？”宗教提供了一种理解世界和宇宙的方式，这种方式认为世界和宇宙是被有意识地设计出来的——世界是由某物或某人创造出来的地方（Azar，2010；Yonker，Schnabelrauch，& DeHaan，2012；Levenson，Aldwin，& Igarashi，2013）。

根据詹姆斯·福勒（James Fowler）的观点，我们关于宗教信仰和精神性的理解和实践经历了一系列阶段，而且这一过程可能会持续一生。在儿童期，个体对上帝和宗教人物持有相当具象化的观点。例如，儿童或许会认为上帝住在地球的上面，而且可以看到每个人在做的事。

在青少年期，对精神性的理解变得更加抽象。在建立自我认同的同时，青少年通常会产生一套核心信念和价值观。不过另一方面，许多情况下青少年不会深入或系统性地考虑他们的观点。直到他们之后变得更能深入思考时，他们才可以做到这点。

当他们离开青少年期之后，人们通常会进入对信仰的个体化—反思阶段，此时他们可以更深入地思考他们的信仰和价值观。他们可以理解他们对上帝的认识只是许多观点中的一个，而从多方面理解上帝是可能的。最终，信仰发展的最后一个阶段是契合阶段，此时个体发展出对宗教和所有人性的广泛的理解。他们把人性看作一个整体，而且他们或许会为公益事业而行动。在这一阶段，他们超越了正式的宗教，对全世界的人类产生了统一的理解。

认同、种族和族裔

LO 12.5　讨论各族裔和少数群体在青少年期认同形成中面临的挑战

尽管对于青少年来说，要找到形成某种认同的道路通常已经很困难了，但是对于那些传统上被区别对待的种族和族裔群体成员而言，这一过程则更具挑战性。社会中存在的矛盾的价值观是这个问题的一部分。一方面，青少年被告知，社会应该对各种肤色人种一视同仁，种族和族裔背景是不应该影响到机会和成就的，如果他们确实达到某一标准，社会就应当接受他们。传统的文化同化模型观点认为，个体的文化认同会同化到美国统一的文化，这就是众所周知的熔炉模型。

另一方面，多元社会模型认为，美国社会是由各种各样的、平等的文化群体组成，他们可以维护自己独特的文化特性。多元社会模型一部分由这样一种信念发展而来，即文化同化模型损害了少数族裔的文化继承性，降低了他们的自尊。

那么，根据这种观点，种族和族裔因素成为青少年认同的核心因素，并且这种因素在融入大多数群体文化的努力过程中不会被淹没。从这种观点来看，认同发展包括种族和族裔认同的发展——对自己属于一种种族或族裔成员的感知，以及与这种成员身份相关联的感受。这包含了一种承诺感和与一个特定族裔或种族团体的联结（Phinney，2008；Gfellner & Armstrong，2013；Umaa – Taylor et al.，2014）。

还有一种中立的立场。少数群体成员可以形成双文化认同，他们可以从他们自己的文化认同中抽取出来一些东西，整合进占统治地位的文化中。这种观点认为，个体可以作为两种文化的成员而生活，有两种文化认同，而不用非得选择一种而不认同另一种（LaFromboise，Coleman，& Gerton，1993；Shi & Lu，2007）。

选择双文化认同越来越普遍起来，实际上，认为自己属于超过一个种族的人很多，在2000年到2010年间增加了134%（见图12 – 1；U. S.

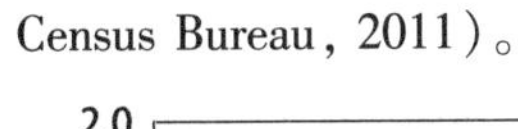

Census Bureau, 2011)。

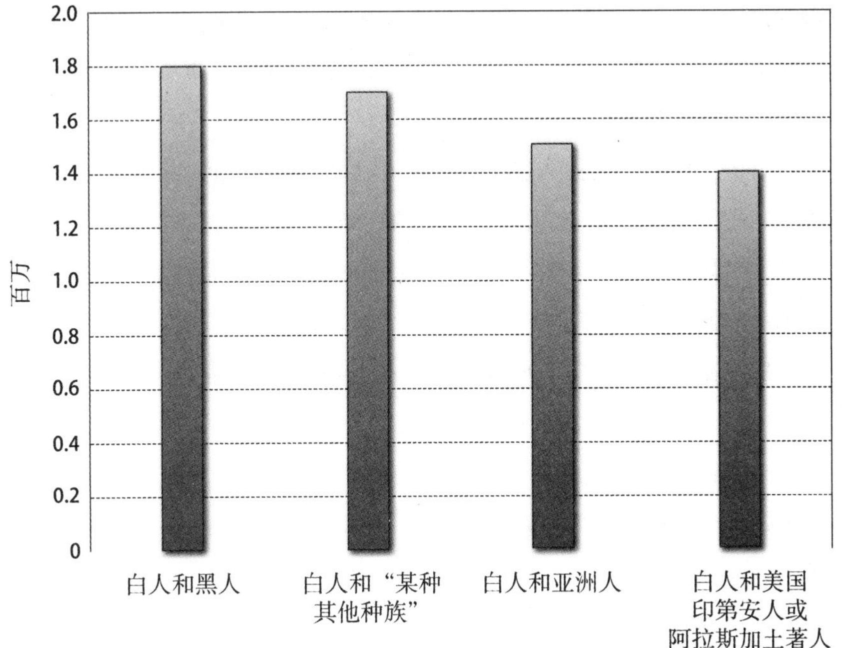

图12－1　美国的双文化认同

从2000年到2010年，美国人中认为自己属于超过一个种族的人数有明显的增加。大约10%的人报告自己属于三个或更多种族。

（资料来源：U.S. Bureau of the Census, 2011.）

对任何人来说，这种认同形成过程并不简单，而且对于少数群体成员来说，难度可能加倍。种族和族裔认同的形成需要时间，对于某些个体来说，时间可能延长。然而，最终的结果仍然可以是一种丰富的、多面的认同形式(Quintana, 2007; Jensen, 2008; Klimstra et al., 2012)。

抑郁和自杀：青少年的心理问题

LO 12.6　识别青少年应对这一年龄阶段的压力时遇到的危险

从进入九年级开始，林纳·汤顿(Leanne Taunton)就一直感到困扰，她感觉自己正陷在一个极其糟糕的世界中，毫无希望。“就好像空气都有巨大的重量，从各个方向挤压着我。”一个朋友同情地听了她的讲述，并邀请她去她的地下室。“我们开始吸毒，使用药品箱里的各种药物。刚开始的时候，那似乎可以带来一些安慰，但最后我们还是得再次回到自己的家里，如果你懂我的意思。”

一天，林纳偷拿了她父亲的剃须刀，将浴缸放满了水，然后划破了自己的手腕。她仅仅 14 岁，就想结束生命了。

虽然目前大多数青少年能经受住寻求认同和一些其他方面的挑战，不会出现严重的心理问题，但对有些人来说，青少年时期尤其有压力。实际上，有些个体会发展出严重的心理问题。两种最为重要的心理问题是青少年抑郁和自杀。

青少年抑郁。任何人都有伤心和心情低落的时期，青少年也不例外。一段关系的结束、在重要任务上的失败以及所爱的人的死亡，所有这些事情都会让人产生伤心、失落和悲伤的深刻体验。在这些情况下，抑郁是一种很典型的反应。

抑郁在青少年中有多普遍呢？超过1/4的青少年报告，连续两个星期或更长时间感到非常悲伤或者绝望，以致他们停止了正常的活动。差不多2/3的青少年说，他们在某个时候体验过这种情绪。另一方面，只有约3%的青少年患上严重抑郁。这是一种完全的心理失调，抑郁程度很重，持续时间很长（Grunbaum et al.，2001；Galambos，Leadbeater，& Barker，2004）。

25%—40%的女孩和20%—35%的男孩在青少年期有短暂的抑郁经历，虽然严重抑郁的发生率要低得多。

在患抑郁症的比率上，同样也可以发现性别、种族和族裔的差异。与成年人一样，在青少年中，女性会比男性经历更多的抑郁。有些研究已经发现，非裔美国青少年比白人青少年有更高的抑郁比例，尽管不是所有的研究支持这个结论。美洲印第安人也有着更高的抑郁比率（Zahn-Waxler，Shirtcliff，& Marceau，2008；Sanchez，Lambert，& Ialongo，2012；English，Lambert & Ialongo，2014）。

在严重和长期的抑郁案例中，常常包含生物学因素。虽然某些青少年在遗传上有易感倾向，但与青少年生活中显著变化相关的环境和社会因素也是重要的影响因素。例如，经历过所爱之人去世的青少年，或者在酗酒或抑郁父母的抚养下长大的青少年是抑郁的高危人群。此外，不受欢迎、几乎没什么亲密朋友和遭到拒绝也与青少年的抑郁有关（Eley，

Liang, & Plomin, 2004; Zalsman et al., 2006; Herberman Mash et al., 2014)。

关于抑郁,一个最令人困惑的问题是为什么女孩比男孩有更高的抑郁发生率。几乎没有什么证据说它与荷尔蒙差异或特定基因有关。相反,一些心理学家推测,这是由于对传统女性有时有很多性别角色要求,这些要求有时还是矛盾的,它们使得女孩比男孩有更大的压力。例如,回忆一下我们对自尊的讨论中提到的那个青少年女孩的例子。她对既要在学校表现好,又要受欢迎感到发愁。如果她感到学业成功阻碍她受大家欢迎,她便处于一种无助的困境中。除此之外,传统性别角色还会给男性更高的地位(Hyde, Mezulis, & Abramson, 2008; Chaplin, Gillham, & Seligman, 2009; Castelao & Krner – Herwig, 2013)。

在青少年时期,女孩抑郁水平普遍更高还可能反映了应对压力方式而不是情绪上的性别差异。与男孩相比,女孩可能更倾向于通过指向内部来对压力做出反应,由此感到无助和绝望。相反,男孩会更多地通过把压力外化,变得更冲动或具攻击性,或者使用药物和酒精来释放压力(Wisdom Agnor, 2007; Wu et al., 2007; Brown et al., 2012)。

青少年自杀。在近 30 年中,美国青少年自杀的比率已经增高了 3 倍。实际上,每 90 分钟就有一名青少年自杀,每 100,000 名青少年中每年就有 12.2 人自杀。而且,所报告的比率可能实际上低估了自杀的真实数字;父母和医护人员往往不愿意将死亡报告为自杀,而更愿意将其作为一次事故。即使这样,自杀也是 15—24 岁年龄段个体死亡的第三位因素,排在事故和他杀之后。然而,重要的是要记住,虽然自杀的增长率在青少年时期比其他时期都要高,但自杀率的高峰是出现在成年晚期(Healy, 2001; Grunbaum et al., 2002; Joe & Marcus, 2003; Conner & Goldston, 2007)。

在过去的30年中,青少年自杀的比率已经增高了3倍。这些同学正在悼念一名自杀的同学。

在青少年中,虽然女孩比男孩在自杀尝试上次数更多,但是男孩的自杀成功率更高。男性的自杀试图更可能导致死亡是因为他们所使用的方式:男孩们更倾向于使用更为激烈的方式,例如用枪;而女孩更倾向于使用更平和的方式,如服用过量药物。据估计,每一次成功的自杀会有大概200 次的自杀尝试(Gelman, 1994; Joseph, Reznik, & Mester, 2003)。

过去几十年中,青少年自杀率增高的原因是不清楚的。最明显的解释是,青少年所经受的压力增加了,使得那些最脆弱的个体更可能自杀。但是,其他人群的自杀率保持相对稳定,那为什么在同样的时期压力只在青少年中增长呢? 虽然我们仍不确定青少年自杀率为何升高,但很清楚的是,有特定的因素增加了自杀的风险,其中一个因素就是抑郁。经历强烈绝望的抑郁青少年面临更高的自杀风险(虽然大多数抑郁个体没有实施自杀)。此外,社会性抑制、完美主义、压力大和焦虑与更高的自杀风险相关。在美国,枪支使用比其他工业化国家更为普遍,这也导致了自杀率的增高(Wright, Wintemute, & Claire, 2008; Hetrick et al., 2012)。

除抑郁外,某些自杀案例与家庭冲突、关系困难或学校困难有关。某些自杀源于虐待和被忽视的经历。药物和酒精滥用者中的自杀率也相对要高。正如在图 12－2 中可以看到的那样,那些因正考虑自杀而播

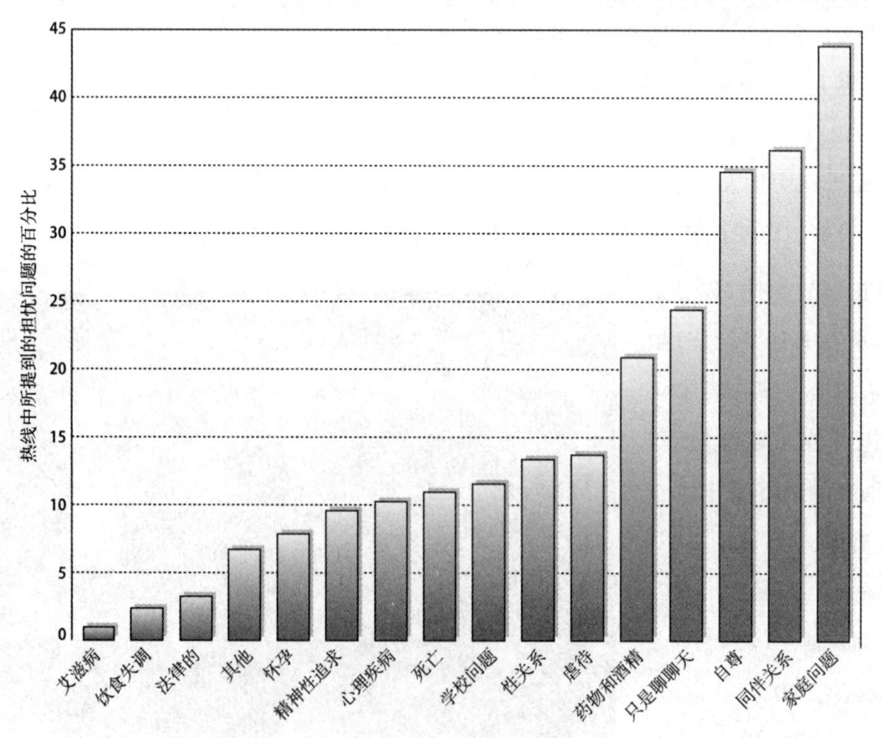

图12－2　青少年的难题

根据对一热线中来电的统计，家庭、同伴关系和自尊问题是考虑自杀的青少年提得最多的问题。

（资料来源：Boehm & Campbell, 1995.）

打热线电话的青少年也提到了其他一些因素(Lyon et al., 2000; Bergen, Martin, & Richardson, 2003; Wilcox, Conner, & Caine, 2004)。

某些自杀似乎是由他人自杀所引起的。在连锁自杀中,一名自杀者会引起其他人的自杀意图。例如,有些高中在一个自杀案例广为传播后出现一系列自杀事件。于是,很多学校设立了危机干预小组,当一名学生自杀时,安抚其他学生(Insel & Gould, 2008; Daniel & Goldston, 2009; Abrutyn & Mueller, 2014)。

有些情况可能是自杀的预兆。包括:

- 直接或间接地讨论自杀,例如,"我要是死了就好了"或者"你不会再让我感到担心了"。
- 在学校的问题,例如逃课或者降级。
- 做好安排,好像是准备一个长途旅行,例如,散发自己的财物或者安排照顾好宠物。
- 写下一份遗嘱。
- 没有食欲或过度饮食。
- 一般的抑郁,包括在睡眠模式上的变化、变得缓慢和无生气,以及沉默寡言。
- 在行为上的显著变化,例如,本来是个害羞的人,却突然过分活跃。
- 沉浸在以死亡为主题的音乐、艺术或文学中。

◎ 你是发展心理学知识的明智消费者吗?

青少年自杀: 如何预防

如果你怀疑一名青少年或者任何其他人正在考虑自杀,不要袖手旁观,行动起来! 这里有几个建议:

- 和这个人交谈,不带判断地倾听。给这个人提供一个充分理解的平台,试图一直谈着。
- 尤其谈一些自杀的想法,问一些问题如:他或她是否有计划? 他或她是否买了一支枪? 这支枪在哪? 他或她是否储存了药片? 这些药片在哪儿? 公众健康服务机构注意到,"与普遍的信念相反,这种直白的交谈不会让当事人产生某些危险的想法或者鼓励当事人的自杀行为"。
- 评价情形的严重性,努力区分一般的心烦和更严重的危险,如已经做出自杀计划的情况。如果危机紧急,不要让他或她一个人待着。
- 让自己保持支持性的态度,让这个人知道你关心他/她,努力减轻他或她的孤立感。

- 寻求帮助，不要考虑侵犯到一个人的隐私，不要试图独自解决问题；立刻寻求专业人士的帮助。
- 保持环境安全，除去（而不仅仅是隐藏）潜在的武器，例如枪、剪刀、药品以及其他潜在的危险家居用品。
- 不要让关于自杀的交谈或关于自杀的威胁成为秘密，以便寻求帮助和立即采取行动。
- 在努力使他们认识到自己思维的误区的过程中，不要使用挑战性的、威胁性的或打击性的言辞，这样会有悲惨的后果。
- 与这个人达成一个协议，得到一个允诺或承诺（写下来更好），即让其保证在你们有了进一步的交谈之前，不要试图自杀。
- 不要相信情绪上的突然好转。这种看来快的恢复有时反映了最终决定自杀的释然，或者和某人交谈的暂时释然，但最可能的状况是，潜在的问题仍未解决。

要寻求与自杀有关问题的立即的帮助，呼叫（800）784－2433国家自杀干预生命热线或（800）621－4000国家失控者干预，这些国家热线配有训练有素的咨询师。

模块12.1 复习

- 由于青少年关于自我的观点更为有组织、更广泛、更抽象以及开始考虑他人的观点，青少年的自我概念变得更为分化。当青少年发展出用不同的价值标准来评判自我的不同方面时，自尊也越来越分化。
- 埃里克森的认同—认同混乱阶段关注青少年如何努力确定认同和社会中的角色。那些成功获得自我认同的个体为自己的未来发展做好了准备。
- 玛西亚的四种认同状态——认同获得、认同闭合、延期偿付和认同扩散——是基于危机和承诺的出现与否。心理上最健康的状态是认同获得。
- 逐渐增加的认知能力使青少年可以更抽象地思考宗教和精神性的问题。当他们对自己的宗教认同产生疑问时，他们或许会在有组织的宗教和个人对精神性的感知之间做出区分。
- 不同族裔和少数群体青少年需要经历两种社会接纳模型中的过程：文化同化模型和多元社会模型。对于这些青少年来说，认同发展包括对种族和族裔认同的发展。第三个模型——产生双文化认同——对他们来讲也是可以选择的。
- 青少年面临的危险之一是抑郁，受影响的女性多于男性。自杀是15—24岁年龄段最普遍的第三大致死因素。

共享写作提示

应用毕生发展：从依赖成人转向依赖同伴的一些后果是什么？有好处吗？有危险吗？

12.2 关系:家庭和朋友

13岁的艾玛(Emma)告诉父亲,她朋友妮亚(Nia)即将举办一个舞会。艾玛的父亲说,他会在凌晨一点去接她回家。“凌晨一点!”她嘲笑着说,“爸爸,那是一个过夜的聚会!每个人都在第二天中午才被接走。”她的父亲问道:“那些男孩们什么时候回家?”艾玛难以置信地望着他:“第二天中午,像其他人一样。”

她的父亲叹了口气:“你不能在一个有男孩的地方睡觉。”艾玛不敢相信爸爸会这么说。“但是爸爸,”她不耐烦地解释道,“妮亚的妈妈会在那,什么都不会发生的,没人会去睡觉。”

艾玛的父亲感到无话可说。他暂停了讨论,去和其他家长们谈起了他刚刚进入的这个奇怪的新世界。

青少年的社会生活世界比年幼儿童的要大很多。随着青少年与家庭外的人的关系变得越来越重要,他们与家庭成员的互动发生了变化,出现了新的特点,有时表现为互动困难(Collins,Gleason, & Sesma, 1997; Collins & Andrew, 2004)。

家庭纽带:变化着的关系

LO 12.7 描述青少年期的家庭关系

当帕克·利扎戈拉(Paco Lizzagara)进入初中后,他与父母的关系发生了显著的变化。在七年级中期时,他和家里原来很好的关系开始变得紧张。帕克感觉他的父母似乎常常“插手他的事情”,不给他更多的自由,而这是他认为在13岁时应得的。他认为实际上父母看起来更严厉。

帕克的父母可能从另一个角度来看这件事情。他们可能认为,他们并不是紧张关系的来源,而帕克才是。在他们看来,在帕克童年期的大多数时光中,他们与帕克建立了亲密的、稳定的、爱的关系,但帕克似乎突然间改变了,他们感觉他正在把他们从他的生活中排挤出去。而当帕克与他们交谈时,却仅仅是批评他们的政治观点、着装和他们对电视节目的偏好。对帕克的父母而言,帕克的行为是令人烦恼和困惑的。

对自主的寻求。父母对青少年的行为有时会感到生气,而更多的是感到困惑。那些原来接受父母的判断、声明和指导的孩子开始对他们父母的世界观产生疑问,有时甚至进行反抗。

自主性 独立和拥有对自己生活的控制感。

对这些冲突的一个解释是，孩子和父母都必须面对孩子进入青少年期后的角色转变。青少年越来越多地寻求**自主性（autonomy）**、独立和对生活的控制感。大多数父母明智地认识到这种转变是青少年期正常的一部分，代表了这一时期的主要发展任务，他们通过多种方式来迎接这种变化，将之作为孩子成长的标志。然而，在很多情况下，要接受青少年自主性日益增长的现实，对父母来说可能是困难的（Smetana，1995）。但是，明智地理解这种日益增长的独立性和同意青少年加入一个没有父母在场的聚会是两种不同的事情。对青少年来说，父母的拒绝意味着对他们的信任或信心的缺乏。他们可能会说："我相信你，但我担心的是在那里的其他人。"对父母来说，这是一个简单合理的回答。

在大多数家庭中，青少年的自主性在青少年时期逐渐增长。例如，一项关于"青少年对父母看法的变化"的研究发现，增长的自主性使他们更多地把父母看作有着自己权力的人，而不是用理想化的标准看待他们。例如，当父母看重他们学业是否优秀时，他们开始将此看作父母对自身缺乏教育的遗憾，以及想看到他们在生活中有更多选择的期望，而不是将他们的父母看作是独裁的教导者，只是没有头脑地提醒他们做家庭作业。同时，青少年开始更多地依靠自己，更多地感到自己是一个独立的个体（见图12－3）。

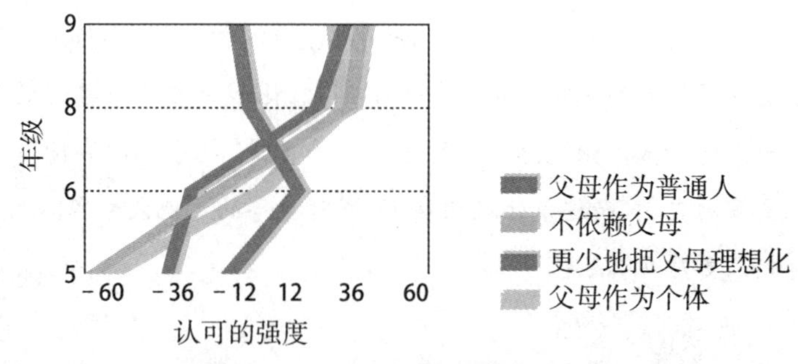

图12－3 对父母观点的变化

青少年在长大一些时，他们开始不再从理想的方面来认识他们的父母，而是更多地将他们当作个体来认识。这对家庭关系可能有什么影响呢？

（资料来源：改编自Steinberg & Silverberg, 1986.）

青少年自主性的增加改变了父母和青少年间的关系。在青少年时期之始，亲子关系往往是不对称的：父母拥有大多数权力和对关系的影响力。然而，在青少年末期，权力和影响力变得更为平衡，父母和孩子最终形成更为对称或者平等的关系。尽管父母一般保留更高的地位，父母和孩子还是分享了部分权力和影响力（Goede, Branje, & Meeus, 2009; Inguglia et al., 2014）。

文化和自主性。在最终达到的自主程度上,不同的家庭和孩子是不一样的。其中,文化因素扮演着重要的角色。西方社会倾向于个人主义价值观,青少年寻求自主相对较早。相反,亚洲社会是集体主义社会,他们推行集体价值高于个人价值的观点。所以,在集体主义社会中,青少年寻求自主的热情不那么明显(Raeff, 2004; Supple et al., 2009; Perez-Brena, Updegraff, & Umaa－Taylor, 2012)。

在对家庭的责任感方面,来自不同文化背景的青少年也有不同。集体主义文化下的青少年比个人主义文化下的青少年感到有更大的家庭责任、更会去满足家人的期望、尊敬家人和在未来支持他们的家人。在集体主义社会,对自主性的压力不那么强,青少年被期望的发展自主性的时间表也相对更晚(见图 12－4;Fuligni & Zhang, 2004; Leung, Pe-Pua, & Karnilowicz, 2006; Chan & Chan, 2013)。

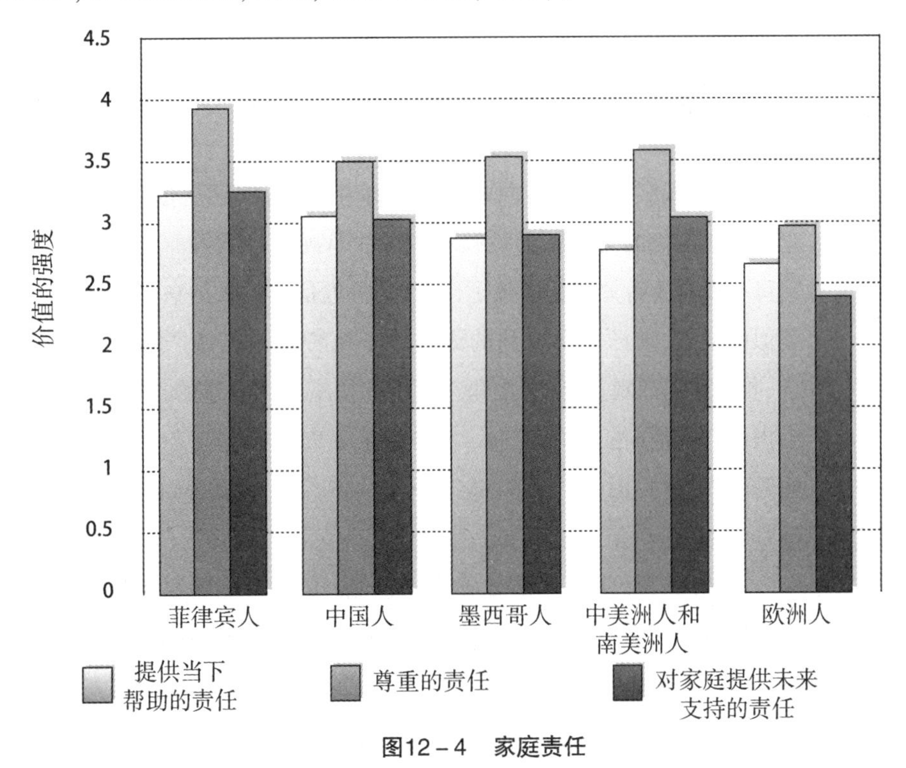

图12－4　家庭责任

亚洲和拉丁美洲的青少年比欧洲青少年对家人有更强的尊重和责任感。
(资料来源:Fulgini, Tseng, & Lam, 1999.)

例如,当被问起青少年应该在什么年龄做特定的事情(例如与朋友一起去听音乐会)时,不同文化背景的青少年和家长会给出不同的答案。相比亚洲的青少年和父母,白人青少年和父母会提出一个更早的时间表,在更早的年龄预期更高的自主性(Feldman & Wood, 1994)。

更集体主义的文化下被延长的自主性发展时间表会给这些文化下的青少年带来不良影响吗？当然不会。更重要的因素是文化期待和发展模式之间的匹配。或许，最关键的因素是自主性的发展与社会期待的匹配程度，而不是特定的自主性发展时间表（Rothbaum et al.，2000；Zimmer-Gembeck & Collins，2003；Updegraff et al.，2006）。

除社会因素之外，性别同样会产生影响。整体来看，男性青少年相比女性被允许也在更早的年龄有更多的自主性。鼓励男性的自主性与更广泛的传统男性刻板印象一致，这一刻板印象认为男性比女性更加独立，而相反，女性更加依赖他人。父母对性别的观点越符合传统刻板印象，他们就越不可能鼓励女儿的自主性（Bumpus，Crouter，& McHale，2001）。

代沟迷思。青少年电影往往将青少年和他们的父母描述成是有着相反世界观的人。例如，作为环保主义者的青少年，其父母却拥有一家有污染的工厂。这些夸张往往是可笑的，因为我们在这种夸张中假设了一个核心事实，认为父母和青少年往往不是以同样一种方式看待事物的。根据这种观点，父母和孩子存在一种**代沟（generation gap）**，一种在态度、价值观、志向和世界观方面有很深的分歧。

代沟 父母和青少年在态度、价值观、志向和世界观方面的分歧。

然而，现实是非常不同的。代沟即使存在，实际上也是相当小的。青少年和他们的父母在各种领域中往往是观点一致的。支持共和党的父母一般有支持共和党的孩子；有着基督教信仰的人的孩子一般也有着类似的观点；宣扬流产权利的人的孩子也赞成人工流产合法化。在社会、政治和宗教观点上，父母和青少年往往是步调一致的，孩子由此甚至会担忧复制他们父母的观点。大多数成年人可能也同意青少年对社会问题的观点（见图12－5，Knafo & Schwartz，2003；Smetana，2005；Grnhj & Thgersen，2012）。

正如我们所说的，大多数青少年和他们的父母相处得相当好。尽管他们自主和独立，大多数青少年对父母有着深深的爱、感情和尊敬，父母对孩子也同样如此。虽然有些亲子关系受到严重的干扰，但大多数亲子关系是更正性而非更负性的，这些正性的关系帮助青少年抵御同辈压力。在本章稍后部分，我们将要讲到这点（Resnick et al.，1997；Black，2002；Coleman，2014）。

即使青少年和家人在一起的时间普遍下降，他们和父亲或母亲单独在一起的时间在整个青少年时期也是明显稳定的（见图12－6）。简单来说，没有证据认为，家庭问题在青少年时期会比其他发展阶段更严重（Larson et al.，1996；Granic，Hollenstein & Dishion，2003）。

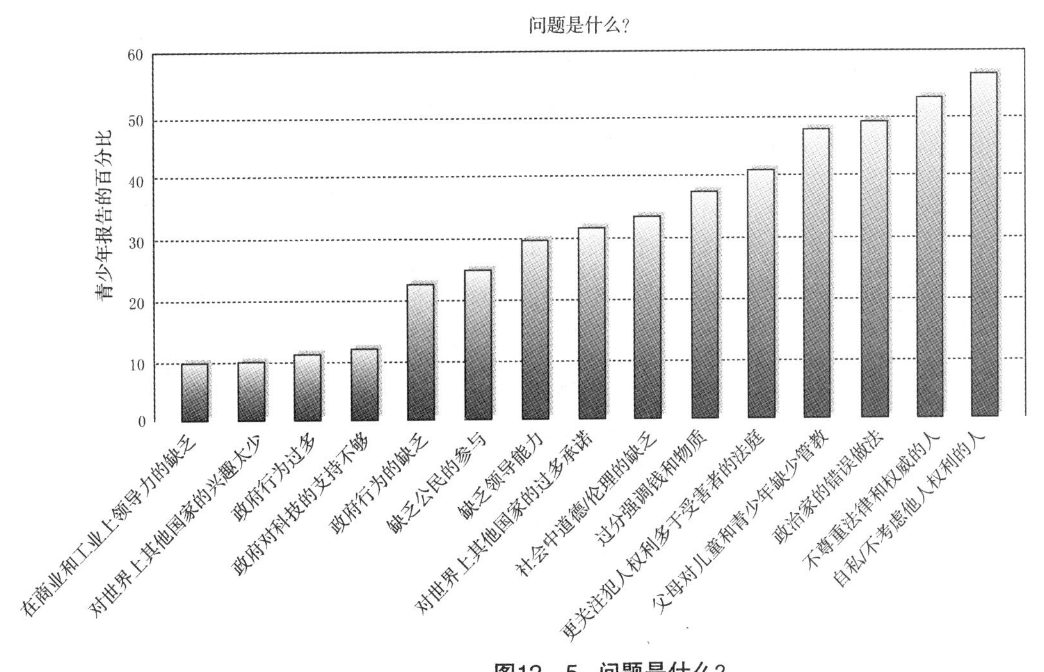

图12－5　问题是什么?

青少年关于社会问题的观点，他们的父母也可能会同意。
（资料来源：PRIMEDIA/Roper National Youth Survey，1999.）

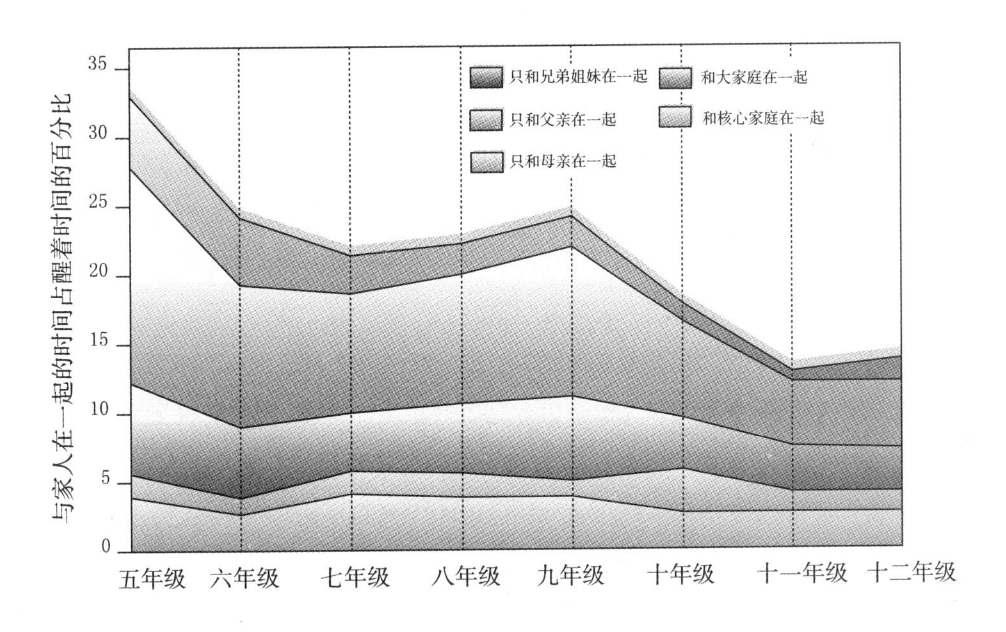

图12－6　青少年与父母在一起的时间

尽管青少年要求自主和独立，但大多数对他们的父母有着深深的爱和尊敬，并且他们单独与父母一方在一起的时间总量（下面的两个部分）在青少年期保持相当的稳定。
（资料来源：Larson et al, 1996.）

与父母的冲突。当然,如果大多数青少年在大部分时间中与父母相处融洽,这意味着还是有某些时候他们会发生冲突。没有任何关系是永远甜蜜和充满阳光的。父母和青少年可能在社会和政治问题上有类似观点,但他们常常在个人品位上有不同的观点,例如音乐偏好和服装风格。而且,正如我们所看到的,如果孩子在父母认为恰当的时间之前提出自主和独立的要求,就会遭到父母的反对。因此,虽然不是所有的家庭都同样程度地受影响,但亲子冲突的确更有可能在青少年阶段发生,尤其是在早期阶段（Arnett, 2000; Smetana, Daddis, & Chuang, 2003; García - Ruiz et al., 2013）。

为什么青少年早期阶段的冲突比在青少年后期更大呢？发展心理学家朱迪斯·斯美塔那(Judith Smetana)认为,这是因为对适当和不适当行为有不同的定义和解释。例如,父母可能感觉到,在耳朵上穿3个耳洞是不适宜的,因为社会传统认为它不适宜。另一方面,青少年可能将此看作是个人的选择（Smetana, 2006; Rote et al., 2012; Sorkhabi & Middaugh, 2014）。

而且,青少年新的复杂推理能力(在前一章中讨论过的)使得青少年用更复杂的方式去思考父母的规定。对学龄儿童可能有说服力的规定(“去做,因为我让你做”)对一名青少年就不那么有效了。

青少年早期的好争辩和过分自信首先可能导致冲突的增长,但在亲子关系的发展变化中,这些特质会通过很多方式扮演重要的角色。当面对孩子带来的挑战时,父母可能会首先表现出防御性,变得不灵活和顽固起来,在大多数情形下,他们最终会认识到他们的孩子正在长大,并且愿意在孩子长大的过程中给予支持。

父母开始认识到孩子的观点往往让人信服且合理,并且事实上可以信任女儿和儿子去拥有更多的自由。这时,他们变得更易被说服,愿意给予更多的宽容,最终甚至可能会鼓励孩子的独立。当这个过程在青少年中期出现时,青少年早期的好斗性会下降。

当然,这种模式并非对所有青少年适用,虽然大多数青少年在整个青少年期保持了与父母的稳定关系,但仍有20%的家庭经历了一段相当艰难的时光（Dmitrieva, Chen, & Greenberg, 2004）。

青少年期亲子冲突的文化差异。虽然在每种文化下都能发现亲子冲突,但在“传统的”、前工业化文化下,亲子冲突似乎更少。在这种传统文化下的青少年也比工业文化下的青少年经历了更少的情感波动和危险行为（Arnett，2000；Nelson，Badger，& Wu，2004；Kapadia，2008；Jensen & Dost－Gzkan，2014）。

观看视频　不同文化下青少年与父母的冲突

为什么呢？答案可能与青少年所期望的独立程度和父母所允许的自由程度有关。在更为工业化的社会里，个体主义价值一般是很高的，独立是青少年所期望的一部分。结果，青少年和他们的父母必须商谈自己日益增长的独立的程度和独立时间，这往往是个会导致争吵的过程。

相反，在更传统的社会中，个体主义价值并不那么高，所以，青少年没有那么强的寻求独立的倾向。由于青少年更少地寻求独立，因此，亲子冲突也就更少（Dasen & Mishra，2000，2002）。

同伴关系：归属的重要性

LO 12.8　解释青少年期与同伴的关系如何变化

在很多父母的眼中，与青少年最相称的象征标志是手机，他们用它不断地发短信。对大多数他们的儿子和女儿而言，与朋友交流被认为是不可缺少的生命线，是维持与朋友间联系的纽带，他们可能已在先前的日子里花了很多时间和这些朋友在一起。

这种与朋友交流的强烈需要表明同伴在青少年中扮演的角色。延续童年中期的趋势，青少年花越来越多的时间与同伴待在一起，同伴关系的重要性也随之增加。实际上，可能生命中没有哪个阶段，同伴关系会像青少年期那么重要。

社会比较。同伴在青少年时期变得更重要有很多的原因。一方面，他们互相提供比较和评价意见、能力甚至生理变化的机会——这是一种被称为社会比较的过程。因为青少年生理的和认知的变化在这个年龄段是特有和显著的，尤其在青少年早期，青少年越来越多地求助于其他有共同经验的个体。结果，他们可以明白彼此共有的经验（Rankin，Lane，& Gibbons，2004；Schaefer & Salafia，2014）。

父母不能提供社会比较。不仅是因为他们早已远离了青少年所经历的变化，还因为青少年对成人权威的质疑，并且，青少年想要变得更自主的动机也使得父母、其他家庭成员和成人普遍成为不充足和无效的信息来源。那么,还有谁来提供社会比较信息呢？那就是同伴。

参照群体。正如我们所说的,青少年期是一个试验期,在这个时期中,青少年尝试新的认同、角色和行为。同伴提供最为**参照群体(referencegroups)**所接受的关于角色和行为的信息。参照群体是个体用来与自己比较的一个群体。青少年会将自己与相似的人进行比较,正如一名专业球员会将自己与其他球员相比较。

参照群体 用来与自己做比较的群体。

参照群体提供了规范或标准的集合,通过与这种集合相比较,青少年可以判断他们的能力和社会成功性,他/她甚至也不需要归属到这个只作为参照的群体中。例如,不受欢迎的青少年可能发现自己被受欢迎的群体轻视和拒绝,但他仍然使用更受欢迎的群体作为参照群体(Berndt, 1999)。

小团体和团体:归属于一个群体。青少年认知复杂性日益增长的结果之一是更明确地区分团体。因此,即使他们不属于某个参照群体,青少年一般也会属于某个确定的群体。青少年并不像较小的学龄儿童那样,根据人们是做什么的这种具体的方面来定义人群(“足球运动员”或者“音乐家”),而是使用更抽象的集合了更精细方面的条目(“运动员”、“溜冰者”、“投掷者”)来定义人群(Brown, 1990; Montemayor, Adams, & Gulotta, 1994)。

实际上,青少年倾向于归属的群体有两种:小团体和团体。**小团体(cliques)**是这样一种群体,它由2到12人组成,成员间有着频繁的交往。相反,**团体(crowds)**更大,由共享某种特性的成员组成,但彼此间可能没有交往。例如,“运动员”和“学习尖子”是高中有代表性的团体。

小团体 由2—12人组成的群体,其成员间有频繁的社会交往。

团体 比小团体更大的群体,其成员有某种共同的特点,但可能彼此间没有社会交往。

特定小团体和团体的成员资格往往由群体成员的相似程度决定。相似性最重要的维度之一与物质使用有关;青少年往往选择与自己同等程度使用酒精和其他药物的人做朋友。在学业成就方面,他们的朋友也往往是与自己相似的,虽然情况并非总是这样。例如,在青少年早期,在行为举止方面做得最好的青少年的吸引力下降,而同时,那些行为更具攻击性的青少年的吸引力上升了(Kupersmidt & Dodge, 2004; Hutchinson & Rapee, 2007; Kiuru et al., 2009)。

青少年时期,各种各不相同的小团体和团体的出现部分反映了青少年的认知能力增加。群体的标签是抽象的,需要青少年对那些只是偶尔互动而了解不多的人做出判断。直到青少年中期,他们在认知上才足够完善,使得他们能对不同小团体和团体之间细微的差异做出判断

(Burgess & Rubin, 2000; Brown & Klute, 2003; 另见从研究到实践专栏)。

性别关系。当孩子从儿童中期步入青少年期时,他们的朋友群体几乎普遍由同性个体组成:男孩与男孩在一起;女孩与女孩在一起。从专业术语上说,这种性别分离称为**性别分隔(sex cleavage)**。

性别分隔 指男孩主要与男孩交往,而女孩主要与女孩交往的一种性别间的分离。

◎ 从研究到实践

青少年期的共情

回忆当你在青少年中期的时候,你是如何与其他人交往的。你有过向父母提出不合理的要求或不同情父母,或者你有过说冒犯性的笑话或者捉弄别人,只是因为其他人觉着这很有趣?如果有过,不要感到太不安——至少如果你是男性——因为最近的研究表明这是你的大脑的责任,不是你的。

认知共情(cognitive emphathy)是理解他人观点的能力,它在解决问题和避免纷争中起着重要的作用。情绪共情(affective empathy)是与之相关的理解他人的感受的能力,它能帮助我们用合适的方式回应他人。我们理解他人、考虑他人的想法和感受的能力对于形成健康的关系以及和他人友好相处至关重要。这些重要的能力曾经被认为在生命的早期就已经完全发展出来——例如,即便婴儿都能模仿他人的面部表情和社会性微笑,而且儿童能够安慰难过的人(Crone & Dahl, 2012; Ladouceur et al., 2012)。

但是,一个持续六年的研究发现女孩实际上到13岁才有明显的认知共情能力,而男孩要到大概15岁。此外,尽管女孩的情绪共情在青少年时期保持稳定,但男孩会在13到16岁之间出现一个暂时的下降,而这是由于睾酮与支配性有关。这一研究中,生理上更成熟的男孩同样更可能有较低的共情。另一个解释与男孩受到的男性化社会化过程有关——这个年龄的男孩感受到做事要有男子气概的压力,他们可能会相信应该压制自己的情感(Van der Graaf et al., 2014)。

青少年男孩会经历一段忧郁和鲁莽的时期,这些变化可能让父母和家长感到痛苦。不过幸好,在青少年期晚期,情绪共情能力又会回归,而且这种能力可以通过鼓励公开讨论自己和他人的情感而被增强(Miklikowska, Duriez, & Soenens, 2011)。

写作提示分享

青少年男孩的父母可以做哪些事来鼓励他们的儿子更能共情?

然而,随着两性成员进入青春期,这种情形改变了。男孩和女孩经历荷尔蒙的激增,导致性器官的成熟,这标志着青春期的来临(见第11章)。同时,社会压力暗示着这个时候该发展亲密关系了,这些发展导致青少年看待另一性别的方式发生变化。一名10岁儿童可能将每一名异性个体看成是“讨厌的”和“令人厌恶的”,而步入青少年期的男孩和女孩开始在人格和性方面都对对方有了更大的兴趣(正如稍后我们在考虑青少年约会时将要讨论到的那样，对于男同性恋和女同性恋而言，结成一对对恋人有着另外的复杂性）。

当他们进入青春期时，先前以平行和独立的轨迹发展的男孩和女孩小团体开始融合在一起。虽然大多数时间里，男孩仍然与男孩待在一起，女孩仍然与女孩待在一起，但青少年开始加入有男孩和女孩共同参加的舞会或者聚会了（Richards et al.，1998）。

儿童期的性别分隔持续到青少年早期。然而，在青少年中期，这种分隔减少了，男孩和女孩的小团体开始融合。

很快，青少年就花越来越多的时间与异性待在一起。新的由男女组成的小团体开始出现。当然，也并非所有人在一开始就参加这种小团体，早期是同性小团体的领导者以及有着最高地位的个体最先加入这种小团体。然而，最终大多数青少年会发现自己已身处这种既包括男孩也包括女孩的小团体中。

在青少年后期，小团体和团体仍然要经历另一种变化：随着异性间成双成对关系的发展，群体的影响力会变得更小，也可能解散。此外，他们可能还会受到多样性问题的影响。我们会在发展多样性和生活部分讨论这一点。

◎ 发展的多样性和生活

种族隔离：青少年的巨大分离

当塔夫茨大学的学生罗伯特·库克（Robert Corker）第一次走进体育馆时，他马上被拉进了一个非正式的篮球赛。“那些人认为我肯定篮球打得很好，只是因为我长得高又是黑人。实际上，我体育很差，所以马上改变了他们的看法。幸好，我们之后都只是把这件事当作一个笑话。”罗伯特说。

* * *

当阿拉巴马大学的波多黎各护理学学生桑德拉·堪图（Sandra Cantú）穿着她的医院白大褂走进快餐厅时，两个女同学把她当成了餐厅的工作人员，要她清理她们的餐桌。

* * *

白人学生也发现处理种族关系并不简单。南卫理公会大学的大四学生泰德·康诺斯(Ted Connors)回忆起那天他请一个同宿舍的同学帮忙完成他的西班牙语作业。“他当着我的面笑了起来。”泰德回忆说，“因为他的名字叫贡扎德(Gonzalez)，我以为他会说西班牙语。实际上，他在密歇根长大，只会说英语。他因为这件事笑了我好一阵子。”

这种种族误解在整个美国的学校中不断重演着：甚至在有着明显的族裔和种族多样性的学校也是这样，不同族裔和种族间几乎没有什么交往。而且，即使人们在校内有一个不同族裔的朋友，在校外，大多数青少年也不会与那个非本族的朋友交往(DuBois & Hirsch, 1990)。

这种种族隔离的局面在一开始并不是这样的。在小学甚至在青少年早期，不同族裔的学生间有相当频繁的交往。然而，到青少年中期和晚期，种族隔离变得突出(Ennett & Bauman, 1996; Knifsend & Juvonen, 2014)。

为什么种族和族裔的隔离会成为一种规则，甚至一度经历了无种族隔离阶段后仍然如此？其中一个理由是，少数群体的学生可能主动寻求来自其他同样处于少数群体地位的个体的支持(这里的“少数”取它的社会学含义，用来表示那种与占统治地位的群体的成员相比，其成员缺乏权力的低等级群体)。主要通过与自己群体中的成员联系，少数群体成员可以确立他们对自己的认同。

不同种族和族裔群体的成员可能在教室里也有隔离。如我们在第10章中讨论的，因为少数群体成员在历史上就被歧视，他们往往比多数群体成员有更少的学业成功。在高中的族裔和种族隔离可能不是基于族裔本身，而是基于学业成就。

如果少数群体成员经历更少的学业成功，他们可能发现自己处于一个多数群体成员比例更小的班级上。类似地，多数群体的学生可能在基本上没有什么少数群体个体的班级里。那么，这种教室分配惯例可能无意间保持下来，并且加剧了族裔和种族间的隔离。在那种死板的学校中，根据学生的主要学业成就将学生区分为“低”、“中”、“高”级别进行分班，这种族裔和种族间的隔离模式可能尤为普遍(Lucas & Behrends, 2002)。

不同族裔和种族背景学生间缺乏接触可能反映了对其他群体成员的偏见，无论是观念上的还是实际行动上的。有色人种学生可能感到白人学生对他们是带有偏见的、区别对待的和有敌意的，所以，他们可能更喜欢留在同种族群体中。相反，白种学生可能认为，少数族裔的学生是有敌意的和不友好的。这种相互的非建设性态度减少了有意义的交往发生的可能性(Phinney, Ferguson, & Tate, 1997; Tropp, 2003)。

在青少年期发现的这种依据种族和族裔的自动隔离是不可避免的吗？并非如此。那些在生命较早期与不同种族个体有过规律而广泛交往的青少年更有可能拥有不同种族的朋友。那些积极地促进班级中不同种族个体间接触的学校也帮助创造了一个环境，使得跨种族的友谊得以发展起来。从更广泛的角度来看，跨种族的友谊进一步促进了更积极的跨群体态度（Hewstone，2003；Davies et al.，2011）。

尽管如此，这一任务仍然相当艰巨。许多社会压力阻止不同种族的成员互相交流。同伴压力也可能会加剧这种情况，因为一些小团体可能会主动推动一些社会规范，阻碍团体成员跨越种族和族裔界线形成新的友谊。

受欢迎与顺应

LO 12.9 讨论成为受欢迎者和不受欢迎者对青少年的影响以及他们如何应对同伴压力

如果你回忆自己的青少年时期，你或许会对自己的受欢迎程度有很好的理解。你并不是一个特例：对于青少年，受欢迎程度是一个很重要的维度。

受欢迎和被拒绝。当确定谁受欢迎、谁不受欢迎时，大多数青少年都有着敏锐的觉知。事实上，对一些青少年而言，考虑自己是否受欢迎可能是他们生活的核心。

有争议的青少年 被有些人喜欢，而被其他人讨厌的孩子。

被拒绝的青少年 明显地为人所讨厌的孩子，其同伴可能对这类青少年表现出明显的负性态度。

被忽视的青少年 相对来说，无论在正性的交往中还是负性的交往中都不那么受同伴关注的孩子。

实际上，青少年的社交世界不仅仅被区分为受欢迎的和不受欢迎的，它的区分更为复杂（见图12-7）。例如，某些青少年是有争议的青少年，与最受人们喜欢的受欢迎青少年不同，**有争议的青少年（controversial adolescents）**是被一些人所喜欢，而被另一些人所讨厌。例如，一名有争议的青少年可能在一个诸如管弦乐队的特定群体中高度受欢迎，但在其他同学中并不受欢迎。此外，还有**被拒绝的青少年（rejected adolescents）**，他们一致不为人所喜欢。也有**被忽视的青少年（neglected adolescents）**，他们既不为人所喜欢，也不为人所讨厌。被忽视的青少年是被遗忘的学生，他们的地位是如此之低，以致他们被几乎所有人所忽视。

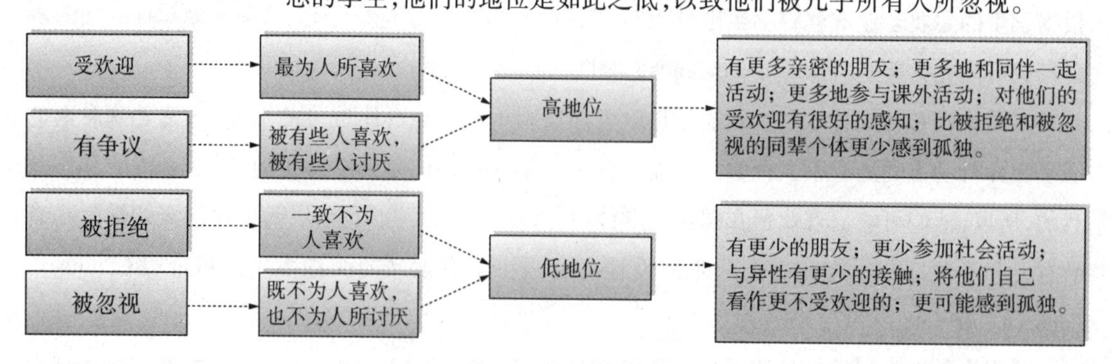

图12-7 青少年的社会世界

一名青少年的受欢迎性可以根据他自己或他同伴的看法分为四类。受欢迎性与地位、行为和适应能力的差异有关。

在大多数情形中，受欢迎的和有争议的青少年往往是相似的，因为他们总的地位更高，而被拒绝的和被忽视的青少年一般有更低的地位。受欢迎和有争议的青少年有更多亲密的朋友，更频繁地加入同伴的活动中。与相对不那么受欢迎的青少年比，他们对他人更能袒露自己，他们也更多地加入学校的课外活动中。此外，他们也完全知道自己受欢迎，他们比不那么受欢迎的同学更少感到孤独（Becker & Luthar, 2007；Closson, 2009；Estévez, et al., 2014）。

相比之下，被拒绝和被忽视的青少年的社交世界在很大程度上并不那么愉快。他们朋友更少，更少地参加社会活动，与异性接触更少。他们清楚地感到自己不受欢迎，更可能感到孤独。他们会被卷入和他人的争执中，有些争执会演变成完全爆发的“战争”，以至于需要别人的“调停”（McElhaney, Antonishak, & Allen, 2008；Woodhouse, Dykas, & Cassidy, 2012）。

是什么决定了青少年在中学时的地位？正如表12－3所阐明的那样，男性和女性有不同的看法。例如，大学男生认为身体的吸引力是决定中学女生地位的最重要因素，而大学女生相信最重要因素是中学女生的分数和智力水平（Suitor et al., 2001）。

表12－3　在学校中的高地位

根据大学男生的看法		根据大学女生的看法	
高地位的高中女孩	高地位的高中男孩	高地位的高中女孩	高地位的高中男孩
1. 好看	1. 参加运动	1. 成绩好/聪明	1. 参加运动
2. 成绩好/聪明	2. 成绩好/聪明	2. 参加运动	2. 成绩好/聪明
3. 参加运动	3. 在女孩中受欢迎	3. 合群	3. 合群
4. 合群	4. 合群	4. 好看	4. 好看
5. 在男孩中受欢迎	5. 有辆好车	5. 有辆好车	5. 学校俱乐部/管理

注意：访谈者询问了几所大学的学生，在他们高中所在学校的青少年是怎样赢得同伴的声望的，这几所大学是：Louisiana State University, Southeastern Louisiana University, State University of New York at Albany, State University of New York at Stony Brook, University of Georgia, and the University of New Hampshire.
（资料来源：Suitor et al., 2001.）

顺应：青少年的同伴压力。阿尔多斯·亨利（Aldos Henry）说，无论什么时候，他想要买某一品牌的运动鞋或某种特定款式的衬衫时，他的父母都抱怨他仅仅是屈服于同伴压力（peer pressure），并告诉他要对事物做出自己的判断。

在与阿尔多斯的争论中，他的父母采用的是美国社会非常普遍的一

同伴压力 同伴给个体施加的要求与他们的行为和态度保持一致的影响。

个关于青少年的观点：青少年屈服于**同伴压力**，即同伴的影响使他们的行为和态度与同伴保持一致。那么，阿尔多斯父母的这种说法对吗？

研究认为，这要视情况而定。在某些情形中，青少年确实非常容易受同伴的影响。例如，当考虑穿什么、与谁约会以及看什么电影时，青少年往往追随他们同伴群体的领导者。穿合适的衣服，以至特定品牌的衣服，有时可以成为加入某一受欢迎群体的门票。它表明了你知道潮流是什么。另一方面，在很多非社会事件的情形中（例如选择一条职业道路或者尝试去解决一个问题），他们更可能寻求一个有经验的成人的帮助（Phelan, Yu, & Davidson, 1994）。

简而言之，特别在青少年中期和后期，青少年寻求他们认为在某个领域最可能是专家的人士的帮助。如果他们有社交方面的担忧，他们寻求他们的同伴的帮助，这方面，同伴最可能是专家。如果是那种父母或其他成人最可能有专家知识的问题，青少年往往寻求他们的建议，并且最容易受他们的意见的影响（Young & Ferguson, 1979; Perrine & Aloise-Young, 2004）。

社会化不足的不良行为个体在没有纪律的或者恶劣的、不予关注的父母监管下长大，他们在相对早期的年龄阶段就开始反社会行为。相反，完成了社会化的不良行为个体知道并常常遵守社会规则，并且他们很容易受他们同伴的影响。

那么，总的来说，对同伴压力的易感性看来并不是在青少年期突然增长的。相反，青少年产生的变化是他们所顺应对象的变化。儿童在童年期相当一致地顺应他们的父母，而在青少年期，这种顺应就转移到同伴群体上来。这部分是因为青少年寻求建立独立于他们父母的认同，从而使得顺应同伴的压力增加。

然而，当青少年最终在他们的生活中发展出越来越强的自主时，他们对同伴和成人的顺应越来越少。当他们的自信和自己做决定的能力增强时，无论别人是谁，青少年都倾向于保持独立，并能够拒绝来自别人的压力。尽管如此，在青少年学会抵制与同伴保持一致的压力前，他们可能常常会和朋友产生些矛盾（Cook, Buehler, & Henson, 2009; Monahan, Steinberg, & Cauffman, 2009; Meldrum, Miller, & Flexon, 2013）。

青少年行为不良：青少年时期的犯罪

青少年还有年轻成人比其他年龄段的群体更可能犯罪。在某些方面，这个统计数据具有误导性：因为某种特定的行为(例如喝酒)对于青少年来说是违法的,而对于更年长的个体来说并非如此。青少年做某些事情很容易就触犯了法律,而如果他们在年长一些以后做同样这些事情的话,就是合法的了。但是,即便不把这些犯罪考虑在内,青少年也不同程度地参与到其他的严重犯罪中,例如谋杀、攻击、强奸,以及偷窃、抢劫和纵火。

虽然在过去十几年中,美国青少年的严重犯罪数量已经下降了,但某些青少年的违法行为仍然是一个显著的问题。暴力是青少年受到非致命伤害的一个主要原因,也是美国 10—24 岁青少年的第二大死亡原因。

为什么青少年会卷入犯罪活动?人们将有些违法的青少年称作**社会化不足的不良行为个体(undersocialized delinquents)**,这些个体在没有纪律的或者恶劣的、不给予他们关注的父母监管下长大,虽然他们受同伴影响,但并没有被父母适当地社会化,也没有人教导他们一些行为标准来调节自己的行为。社会化不足的不良行为个体一般在生命早期就开始犯罪活动,比青少年期的开始还要早很多。

社会化不足的不良行为个体 指那些在没有纪律的或者恶劣的、不予关注的父母监管下长大的青少年不良行为个体。

社会化不足的不良行为个体有某些共同的特征。相对来说,在生命很早的时候,他们往往具有攻击性和暴力倾向,这些使得他们受到同伴的拒绝,并且导致学业上的失败。他们也更可能在儿童期被诊断为注意缺陷多动障碍,他们的智力水平也往往低于平均水平(Silverthorn & Frick, 1999; Rutter, 2003)。

社会化不足的不良行为个体常常受心理问题的折磨,并且在成年时,会形成一种称为反社会人格障碍的心理模式。相对来说,他们不太可能成功地恢复,并且很多这种社会化不足的不良行为个体一生都生活于社会的边缘(Lynam, 1996; Frick et al. , 2003)。

更大的青少年违法群体是**社会化的不良行为个体(socialized delinquents)**,这种青少年明白社会规则,也知道那是对的;心理上也相当正常。对他们来说,青少年期的犯罪行为并不会使得他们一生都犯罪。相反,大多数社会化的不良行为个体只是在青少年期有些小偷小摸类的违法行为(例如入店行窃),但并没有持续到成年阶段。

社会化的不良行为个体 指那些明白社会规则并知道什么是对的,心理上相当正常的青少年不良行为个体。

社会化的不良行为个体一般很受同伴影响,他们的不良行为也常常以群体的形式发生。此外,某些研究者认为,这些个体的父母不如其他父母对孩子管得紧。但正如青少年行为的其他方面一样,这些小的不良行为往往是出于屈服于群体压力或为了寻求建立作为一名成人的认同(Fletcher et al. , 1995;Thornberry & Krohn, 1997)。

模块2.2 复习

- 对自主的寻求可能导致青少年和他们父母间关系的再调整,但是代沟比普遍所认为的要小。
- 小团体和团体作为青少年中的参照群体,提供了一个现成的社会比较途径。性别分隔渐渐减小,直到男孩和女孩开始成双成对。种族隔离在青少年时期增大。社会经济地位的差异、不同的学业经验和相互非建设性的态度使这种隔离更为牢固。
- 青少年中受欢迎的程度包括受欢迎的、有争议的、被忽视的和被拒绝的。青少年往往在那些他们认为同伴是专家的领域中顺应他们的同伴,而在那些认为成人是专家的领域中顺应成人。虽然大多数青少年并没有实施犯罪,但相比其他时期,有更高比例的青少年参与到犯罪活动中。青少年不良行为个体可以分为两类:社会化不足的不良行为个体和社会化的不良行为个体。

共享写作提示

应用毕生发展:回顾你自己的高中时光,你所在高中占统治地位的小群体是什么?哪些因素与这个群体的成员关系有关?

12.3 约会、性行为和青少年怀孕

这花了希尔维斯特·丘(Sylvester Chiu)几乎一个月,但他最终鼓起勇气去请杰基·杜斌(Jackie Durbin)看电影。对杰基来说,这已经不是件令人惊讶的事情了。希尔维斯特已经把他要约杰基出去的决心告诉了他的朋友埃里克(Erik),埃里克又把希尔维斯特的计划告诉了杰基的朋友辛提亚(Cynthia)。辛提亚接着告诉了杰基。于是,当希尔维斯特最终打电话邀请杰基的时候,杰基已经预先准备好说“好”了。

欢迎来到约会的复杂世界,它是青少年的一种重要和充满变化的活动。在这章的余下部分里,我们将讨论约会这个话题,以及青少年与他人关系的其他方面。

21世纪的约会和性关系

LO 12.10 描述青少年期约会的功能和特点以及青少年的性发展

青少年从何时开始约会和怎样开始约会的是由文化因素决定的,而这些文化因素一代代发生着变化。直到最近,专一地与某个人约会才被看作是浪漫情景下的文化理想状况。实际上,社会往往鼓励青少年的约会,这部分作为一种途径,使得青少年探索可能最终走向婚姻的关系。

今天,一些青少年相信,约会的概念是过时和有局限的。在某些地方,人们将“勾搭”(一个暧昧的、涵盖了从亲吻到性交的所有事情的词)的行为看作是更为适宜的。尽管文化准则发生着变化,然而约会仍然是社会交往的主导形式,并促进着青少年间亲密关系的形成(Denizet - Lewis, 2004; Manning, Giordano, & Longmore, 2006; Bogle, 2008)。

约会的作用。表面上,约会是能潜在地引致婚姻的求偶模式中的一部分,但它实际上也有着其他的功能,尤其是在早期。约会是一种学习怎样与另一个个体建立亲密关系的途径。它可以提供愉悦,而且一个人如果正在约会的话,可以提高他的威信。约会甚至可以用来发展某个人对认同的感受(Zimmer - Gembeck & Gallaty, 2006; Friedlander, Connolly, Pepler & Craig, 2007; Paludi, 2012)。

约会在多大程度上发挥了这些功能,尤其是在促进心理亲密感发展方面? 这是一个开放性的问题。然而,青少年专家所知道的答案却令人惊讶:在青少年早期和中期的约会在促进亲密感上并不很成功。相反,约会常常是一种表面性的行为,在这种表面的行为中,参与者如此少地放下自己的防卫,以致他们从来不真正地亲密,从来不互相情绪化地展露自己。甚至当性行为是关系的一部分时,心理的亲密感也可能是缺乏的(Collins, 2003; Furman & Shaffer, 2003 ; Tuggle, Kerpelman, & Pittman, 2014)。

真实的亲密感在青少年后期变得更为普遍。在那个时候,约会关系对于双方的参与者来说,可能都更为严肃,它可能可以看作是一种选择婚配对象和排除其他潜在对象的方式(我们会在第 14 章考虑这个问题)。

对同性恋青少年来说,约会尤其具有挑战。在某些情形下,同学公然地表现出对同性恋的讨厌和偏见,这可能导致同性恋者为努力适应这种局面而与异性个体约会。如果他们确实寻求与同性建立男同性恋或女同性恋的关系,他们可能发现很难寻找到一个伙伴,因为他们可能不会公开地表达他们的性取向。情况确实如此,公开约会的同性恋配偶们可能会面临尴尬,这使得关系的发展更为艰难(Savin - Williams, 2003)。

约会、种族和族裔。文化影响不同种族和族裔青少年的约会模式,如果青少年的父母是从其他国家移民到美国的话,这样的青少年尤其受到影响。父母可能努力控制孩子的约会行为,以试图维护他们文化的传统价值观，或者确保他们的孩子与同族裔或种族个体约会。

例如，亚洲父母可能在态度和价值观上尤其保守，部分是因为他们自身可能没有约会过（在很多情形下，父母的婚姻是由他人安排的，他们对约会的整个概念并不熟悉）。他们可能坚持要在监护人的陪同下约会，否则，就不准他们的孩子去约会。结果，他们可能发现自己与孩子之间出现了重大的冲突（Hamon & Ingoldsby, 2003; Hoelter, Axinn, & Ghimire, 2004; Lau et al., 2009）。

性行为。青春期的激素变化不仅促进了性器官的成熟，而且产生了新的对与性有关的情感和感受。性行为和有关性的想法是青少年关心的核心问题。几乎所有的青少年都有过性幻想，而且有许多人会花很多时间去考虑与性有关的事情（Kelly, 2001; Ponton, 2001）。

自慰 性自我刺激。

青少年进行的第一类性行为往往是独自的性自我刺激，或者说**自慰（masturbation）**。到15岁，青少年中，大约80%的男孩和20%的女孩报告他们有过自慰。男性自慰的频率在青少年早期发生得较多，然后开始下降；而女性自慰的频率开始时较低，随后在整个青春期都呈增长趋势。此外，自慰频率的模式随种族不同而不同。例如，亚裔美国男性和女性比白人更少自慰（Schwartz, 1999; Hyde & DeLamater, 2004）。

虽然说自慰普遍存在，但它仍然可能使人产生尴尬和内疚感。有几个原因，一个就是青少年可能相信这样一个错误的假设，即"自慰可能标志着在寻找性伙伴方面的无能"，这一假设其实是错误的，因为统计数据表明3/4已婚男性和2/3的已婚女性报告一年中会自慰10到24次（Das, 2007; Gerressu et al., 2008）。

对某些人来说，自慰带来的羞耻感是对自慰有错误认识的结果。例如，19世纪的医生和非专业人士向人们警告了自慰的可怕后果，包括"消化不良、脊髓病、头痛、癫痫、各种痉挛发作……视力受损、心悸、胁痛和肺出血、心脏痉挛甚至猝死"（Gregory, 1856）。所建议的措施包括：用绷带绑住外生殖器、用笼子罩住它们、捆住双手、不使用麻醉剂的男性割礼（这样可能就会记得更牢）；对于女孩来说，措施是在阴蒂上涂石碳酸。医师克洛格（J. W. Kellogg）相信，某些谷物可能更不容易激发性兴奋，这导致他提出了谷物消除论（Michael et al., 1994）。

事实上，自慰并没有这样的影响。现在，性行为方面的专家将它看作是一种正常的、健康的、无害的行为。事实上，有些人认为自慰为了解自己的性特性提供了有益的途径（Hyde & DeLamater, 2004; Levin,

2007)。

性交。尽管之前可能有很多不同的性亲密行为,包括深深的亲吻、按摩、爱抚和口交。但在大多数青少年的理解中,性交仍然是主要的具有里程碑意义的亲密行为。因此,研究性行为的研究者主要关注异性间的性交行为。

在过去的 50 年中,青少年发生第一次性交的年龄稳定下降,大约有 13% 的青少年在 15 岁之前就有了性经历。总的来说,第一次性交的平均年龄是 17 岁,大约 80% 的青少年在 20 岁前就有了性行为(见图 12 - 8),但与此同时,很多青少年在推迟性行为发生时间,并且从 1991 年到 2007 年,报告从未有过性经历的青少年数增加了 13%(MMWR, 2008; Guttmacher Institute, 2012)。

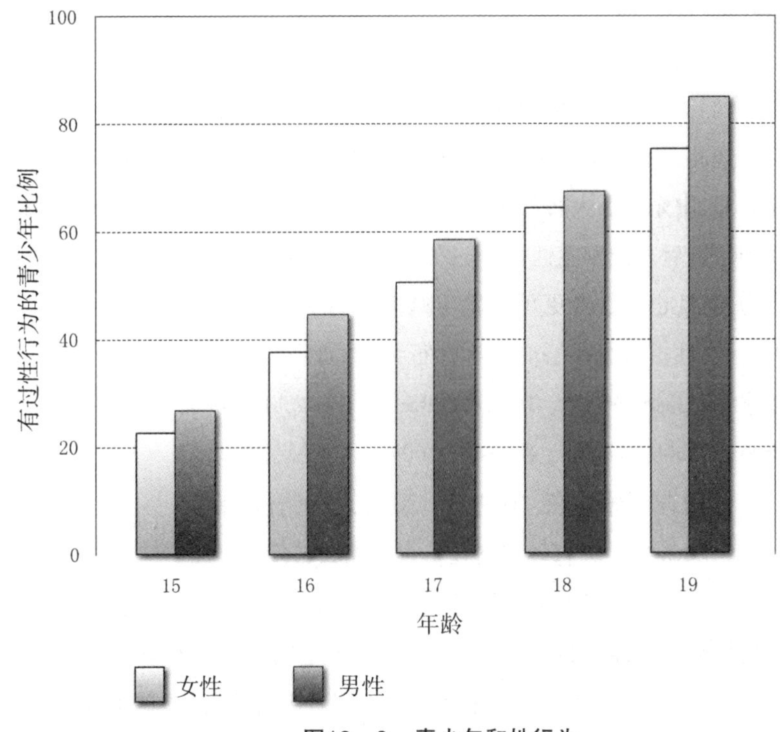

图12－8　青少年和性行为

青少年第一次开始性交的年龄正在下降，并且3/4的青少年在20岁以前就有了性行为。

(资料来源：Morbidity and Mortality Weekly Report, 2008.)

在首次性交的时间上,同样存在族裔和种族差异:非裔美国人通常比波多黎各人更早,而波多黎各人又比白人更早。这些种族和族裔差异很可能体现了在社会经济地位、文化价值观和家庭结构上的差异(Singh & Darroch, 2000; Hyde, 2008)。

医疗服务提供者的角度

一位家长询问你如何防止她14岁的儿子在长大前进行性活动。你会告诉她什么？

考虑性行为时，不可能不考虑监控性行为的社会规范。几十年以前关于性的普遍社会标准是双重标准。在这种双重标准中，婚前性行为对于男性来说是允许的，但对女性来说是禁止的。社会告诫女性"好的女性不能有婚前性行为"。而男性听到的是，男性婚前性行为是允许的，尽管他们要确信娶到的是处女。

今天，双重标准开始让位给新的标准，称为"对爱的允许"。根据这个标准，如果婚前性行为发生在长期的、忠诚的或者爱的关系中时，那么对于男女双方来说都是允许的（Hyde & Delamater, 2004；Earle et al., 2007）。

然而，消除双重标准的过程还远远没有完成。在对性行为的态度上，人们仍然一般对男性比对女性更宽容，甚至在相对更自由的文化中也是如此。在某些文化中，男性和女性的性行为标准非常不同。例如，在北非、中东以及大多数亚洲国家中，大多数女性遵守社会规则，即她们要到结婚后才能发生性行为。在墨西哥，尽管有严格的准则反对婚前性行为，男性也比女性更可能发生婚前性行为。相反，在撒哈拉以南非洲地区，女性更可能在婚前发生性行为，并且在未婚的青少年女性中更为普遍（Johnson et al., 1992；Peltzer & Pengpid, 2006；Wellings et al., 2006；Ghule, Balaiah, & Joshi, 2007）。

性取向：异性恋、同性恋、双性恋和跨性别

LO 12.11　解释性取向在青少年期如何发展

当我们思考青少年性的发展时，最普遍的模式是异性恋，即指向异性的性吸引和性行为。然而，某些青少年是同性恋，他们的性吸引和性行为是指向同性个体的。（很多男同性恋者更喜欢"gay"这个词，女同性恋者更喜欢"lesbian"这个称呼，因为这些词比"homosexual"这个词指涉更广的态度和生活方式，而"homosexual"则仅仅聚焦在性行为上。）其他人发现他们自己是双性恋，被两性所吸引。

很多青少年尝试过同性性行为。青少年中大约20%到25%的男性和10%的女性在某个时候有过至少一次同性性经历。实际上，同性恋和异性恋并非是截然分开的性取向。性研究的先驱者阿尔弗雷德·金赛（Alfred Kinsey）认为，应该将性取向看作是一个连续体，它的一端是"完

全的同性恋”，另一端是“完全的异性恋”（Kinsey, Pomeroy, & Martin, 1948）。虽然很难得到精确的数字，但大多数专家相信，两种性别都有4%—10%的人在他们的一生中是完全的同性恋（Diamond, 2003a, 2003b; Russell & Consolacion, 2003; Pearson & Wilkinson, 2013）。

观看视频　像心理学家一样思考：性取向

性取向和性别认同的区分使性取向的确定变得更为复杂。性取向与某人性兴趣的对象有关，而性别认同是这个人心理上所相信的他/她所属的性别。性取向和性别认同并不必然相关：一名有着强烈男性性别认同的男性可能被另外一名男性吸引。结果，男性和女性表现传统的“男性的”和“女性的”行为的程度并不必然与他们的性取向或性别认同相关（Hunter & Mallon, 2000）。

有些人认为自己是跨性别者。跨性别者（transexuals）感觉自己是装在异性身体中的人。跨性别是一个涉及个体自我性别认同的问题。跨性别者可能寻求变性手术的帮助，在这种手术中，他们原有的性器官被切除，之后再塑造出他们渴望性别的性器官。这是一个很困难的过程，其中要经历咨询、激素注射，并在手术前作为他们希望性别的一员生活一段时间。不过，这一过程最终带来的效果可能很积极。跨性别者与所谓的间性人（intersex，旧称 hermaphrodite）不同。间性人在出生时就与典型个体不同，他们同时具有两性的性器官、染色体或基因特征。例如，他们可能同时有男性和女性的器官，或者有介于二者之间的性器官。每4500名新生儿中只有一个是间性婴儿（Diamond, 2013）。

什么决定了性取向？ 人们并没有很好地理解使得人们发展出异性恋、同性恋或双性恋取向的原因。有证据表明，基因和生物因素可能扮演重要的角色。对双生子的研究表明，同卵双生子比不共享基因的一对兄弟姐妹更可能都是同性恋者。其他的研究发现，大脑的各种结构在同性恋者和异性恋身上是不同的，激素的产生看来也与性取向有关联（Ellis et al., 2008; Fitzgerald, 2008; Santilla et al., 2008）。

其他研究者也认为，家庭或同辈环境也有影响。例如，弗洛伊德认为，同性恋是对相反性别父母不适当认同的结果（Freud, 1922/1959）。

弗洛伊德理论观点和其他随后的类似观点的困难在于：没有证据支持任何特定的家庭机制或儿童养育实践与性取向一致相关。类似地，基于学习理论的解释认为，同性恋的产生是因为奖励——愉快的同性恋经验和不愉快的异性恋经验。不过，这看来也并非是个完整的答案（Isay, 1990; Golombok & Tasker, 1996）。

简而言之，对于为什么某些青少年发展出一种异性恋的性取向，而有些人发展出同性恋的性取向，并没有一个可接受的解释。大多数专家相信，性取向是基于基因的、生理的和环境因素的复杂交互作用而产生的（LeVay & Valente, 2003; Mustanski, Kuper, & Greene, 2014）。

已经清楚的是，那些发现自己被同性成员所吸引的青少年可能比其他青少年要面临更困难的时光。美国社会对同性恋仍然抱有强烈的无知和偏见，并坚持着这样一种信念：人们有对性取向进行选择的能力，然而事实上同性恋者没有。如果同性恋者公开他们的性取向，那么，他们可能会被他们的家庭或同伴所拒绝，甚至被骚扰和殴打。这样，那些发现自己是同性恋的青少年比异性恋青少年有更高的经历抑郁的风险，并有更高的自杀率。与社会性别刻板印象不一致的同性恋者尤其容易受到伤害，他们自我调整的速度也更慢（Toomey et al., 2010; Madsen & Green, 2012; Mitchell, Ybarra, & Korchmaros, 2014）。

不过，最终大多数人可以把握自己的性取向，并且能够接受它。虽然由于经受着压力、偏见和别人的歧视，女同性恋、男同性恋和双性恋者都可能经历心理问题，但没有任何一家主要的心理学或医学机构将同性恋看作是一种心理失调。他们所有人都赞成努力减少对同性恋的歧视。此外，社会对同性恋的态度也在转变，尤其是在年轻的个体之中。例如，多数美国公民支持同性婚姻合法化，这一点在2015年被实现（Russell & McGuire, 2006; Baker & Sussman, 2012; Patterson, 2013）。

青少年怀孕

LO 12.12　总结青少年怀孕带来的挑战以及最有效的几种预防项目

黑夜结束，白天来临。但日夜对17岁的托莉·米歇尔（Tori Michel）来说完全是一样的。她5天大的小孩凯特琳（Caitlin）已经哭闹了好几个小时。她最后终于在客厅沙发上粉紫色汽车坐垫上安静下来。托莉解释说："她已经筋疲力尽了。"托莉和她当残疾人护理员的妈妈苏珊（Susan）一起住在圣路易斯郊区一套两居室复式单元中。“我想她玩得很快乐。”托莉说。

当妈妈并不是托莉在 Fort Zumwalt South 高中三年级时的计划之一，直到她通过朋友认识了21岁的詹姆斯，并和他有了“一夜情”之后。之前她一直都有服避孕药，但在与交往了很久的男朋友分手后，她就停止了服药。她现在后悔地说：“这是错误的结果。”(Gleick, Reed, & Schindehette, 1994, p. 38)。

观看视频　青少年期的性问题：怀孕的青少年

在凌晨三点给孩子喂食、换尿片以及拜访儿科医师并非大多数人眼中青少年的生活。然而，每年都有成千上万美国青少年分娩。

但好消息是，青少年怀孕的数量下降了。事实上，在2012年，美国青少年的生育率是70年前政府开始追踪孕妇以来最低的(见图12-9)。对于每个种族和族裔群体来说，青少年生育率都下降到了历史最低值，但是他们之间仍然存在差异。非西班牙裔黑人和西班牙裔比白人的青少年生育率更高。整体来看，青少年的生育率是34.3‰(Colen, Geronimus, & Phipps, 2006; Hamilton et al., 2009; Hamilton & Ventura, 2012)。

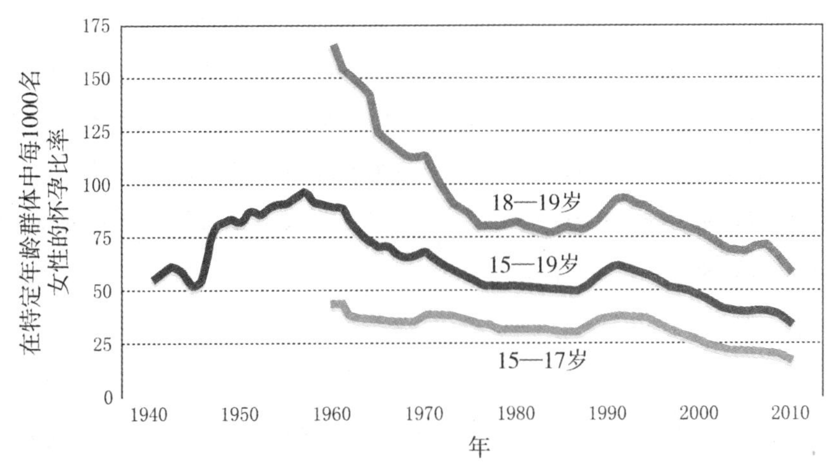

图12-9　青少年怀孕率

尽管最近几年稍有上升，但在所有的族裔群体中，青少年怀孕率从1991年开始都有了明显的下降。

(资料来源：Hamilton & Ventura, 2012.)

以下这些因素可以解释青少年怀孕率的下降：

- 新的主动干预计划提高了青少年对未加保护措施的性行为的风险意识。例如，美国大约2/3的高中建立了全面的性教育计划（Villarosa，2003；Corcoran & Pillai，2007）。
- 青少年进行过性交的比率已经下降。有过性交经历的青少年女孩百分比从1988年的51%下降至2006—2010年的43%（Martinez，Copen，& Abma，2011）。
- 对安全套和其他避孕方式的使用增加。例如，几乎所有有性经历的15—19岁女孩都使用过某种避孕方式。

性交的替代形式可能更为普遍。例如，很多青少年不认为口交是“性行为”，不过青少年可能越来越将其看作是性交的替代方式（Bernstein，2004；Chandra，Mosher，& Copen，2011）。

一个显然没有帮助青少年怀孕率下降的措施是要求青少年做童贞保证。这种对避免婚前性行为的公开保证是某种形式性教育的中心部分，但显然是无效的。例如，在一项对12000位青少年的调查中，88%的青少年报告说最后发生了性行为。然而，童贞保证确实将最早开始性行为的平均时间推迟了18个月（Bearman et al.，2004）。

即使美国青少年的生育率下降了，但是她们的怀孕率仍比其他工业化国家高出2到10倍。这种意外怀孕的结果对母亲和孩子来说可能都是毁灭性的。与早些时候相比，现在的青少年母亲结婚的可能性更小。在很大部分案例中，母亲在没有父亲帮助的条件下照顾小孩。在没有经济或者情感支持的情况下，一位母亲可能放弃自己的学业，结果她可能在余生要去做那些不需技能而只有微薄工资的工作。在其他的案例中，她可能长期依赖于社会福利的救济。由于兼顾工作和照顾小孩持续地消耗了她们的大量时间，青少年母亲面临残酷的压力，从而可能损害其生理和心理健康（Manlove et al.，2004；Gillmore et al.，2006；Oxford et al.，2006）。

模块12.3 复习

- 青少年的约会有很多的功能，包括亲密关系的建立、娱乐和地位的提高。自慰曾经被看作是负性的，现在普遍认为它是一种正常的和无害的持续到成年期的行为。性交是大多数人在青少年期达到的里程碑。首次性交的年龄反映了文化差异，并且在过去50年中一直在下降。

- 性取向通常被精确地看作是一个连续变量而非分类变量,是作为各种因素复杂结合的结果发展出来的。
- 青少年怀孕对青少年母亲及其孩子有很多负性结果。由于青少年的意识提高、安全套的使用和其他性交替代方式的应用,青少年怀孕率已经有所下降。

共享写作提示

应用毕生发展:青少年社会的哪些方面阻碍了约会中真实亲密感的形成?

结语

在这章中,我们在社会性和人格方面继续我们对青少年的思考。自我概念、自尊和认同在青少年期得到发展,这段时间也是自我发现的一段时期。我们考察了青少年与家庭、同伴的关系,以及青少年期的性别、种族和族裔关系。在最后,我们讨论了约会、性和性取向问题。

继续进行下一章之前,我们先回顾一下前言部分关于利维娅·阿贝娄的故事,以及她经历的关于自我认同的困惑。思考以下问题:

1. 利维娅面对着怎样的性别压力?如果她是一个男孩,她的经历可能会有怎样的不同?
2. 你认为在青少年期利维娅的自尊建立在什么基础上?你如何看待这种变化对她当前对自己生活评价的影响?
3. 利维娅似乎正在经历认同困惑。如果她不能解决这个她自己是谁的问题,她会面临怎样的风险?
4. 利维娅总是能确保她属于某个小团体。你认为她为这种归属的需求付出了什么?

回顾

LO 12.1　描述自我概念和自尊在青少年期如何发展

青少年期,青少年自我概念分化,可以像接纳自己的观点一样接纳他人的观点,并且同时接纳多方面的观点。当行为反映了一种对自我的复杂定义时,自我概念的分化可能导致混乱。青少年也区分自尊的不同方面,对他们的特定方面做出不同的评价。

LO 12.2　总结埃里克森如何解释青少年期的认同形成

根据埃里克森的观点,青少年处于认同和认同混乱阶段,在这个阶段,他们寻求发现他们的独特性和认同。他们可能变得困惑,表现出功能紊乱的行为,并且他们可能更依赖于从朋友和同伴处而非成人那里获取帮助和信息。

LO 12.3　解释玛西亚对青少年认同的分类

玛西亚区分出四种认同状态,青少年可能在青少年期或以后的生命历程中经历这些阶段:认同获得、认同闭合、认同扩散和延期偿付。

LO 12.4　描述宗教和精神性在青少年期自我认同形成中的作用

许多青少年开始抽象地和批判性地思考宗教和精神性的问题，而且开始形成他们自身的宗教认同。

LO 12.5 讨论各族裔和少数群体在青少年期认同形成中面临的挑战

认同的形成对于少数种族和族裔成员来说是有挑战性的，他们中很多人开始接受双文化认同的模式。

LO 12.6 识别青少年应对这一年龄阶段的压力时遇到的危险

很多青少年有悲伤和绝望的情绪体验，有些经历了严重的抑郁。生物的、环境的和社会的因素都对抑郁有影响。在抑郁的发生上，有性别、族裔和种族的不同。青少年自杀的比率正在上升。现在，自杀是15—24岁年龄段人们的第三大致死因素。

LO 12.7 描述青少年期的家庭关系

青少年对自主的要求常常使他们和父母的关系面临混乱和压力，但实际上，在父母和青少年间的“代沟”常常是小的。

LO 12.8 解释青少年期与同伴的关系如何变化

在青少年期，同伴是重要的，因为他们提供社会比较和参照群体。通过与这个参照群体进行对比，青少年可以判断自己是否做到社会成功。青少年间关系的一个明显特点是归属的需要。在青少年时期，男孩和女孩开始一起在群体里共度时光，这一直持续到青少年末期，此后，男孩和女孩开始成双入对。一般来说，不同种族和民族间的隔离在青少年中期和晚期增加了，甚至在有着多样的学生群体的学校中也是如此。

LO 12.9 讨论成为受欢迎者和不受欢迎者对青少年的影响以及他们如何应对同伴压力

根据青少年受欢迎的程度分为受欢迎和有争议的青少年（他们处于受欢迎程度高的一端）以及被忽视和被拒绝的青少年（他们处于受欢迎程度低的一端）。同伴压力并非一种简单的现象。青少年在那些感觉同伴是专家的领域中顺应同伴，在那些感觉成人是专家的领域中顺应成人。当青少年的自信增长后，他们对同伴和成人的顺应都有所下降。虽然大多数青少年并不犯罪，但是相对更多的青少年参与到犯罪活动中。青少年不良行为个体可以划分为社会化不足的不良行为个体和完成了社会化的不良行为个体。

LO 12.10 描述青少年期约会的功能和特点以及青少年的性发展

在青少年期，约会提供了亲密、娱乐和声望。在开始时，达到心理上的亲密可能是困难的，但是当青少年成熟起来、有更多自信，并且更认真地对待亲密关系时，达到心理上亲密变得更容易。对于大多数青少年而言，自慰往往是进入性的第一步。随着双重标准的衰退和“对爱的允许”标准的广泛接受，第一次性交的年龄（现在对某些人来说是十来岁）已经下降了。而且，性交的比率已有所下降。

LO 12.11 解释性取向在青少年期如何发展

性取向在基因的、生理的和环境因素的复杂交互作用下发展而来。

LO 12.12　总结青少年怀孕带来的挑战以及最有效的几种预防项目

过去二十年中，美国的青少年怀孕率已经有所下降。但是，由于它对母亲和孩子双方带来的长期严重影响，青少年怀孕仍然是一个重要的问题。最有效的预防青少年怀孕的方式是提供准确的信息，提供安全套和其他避孕方法，以及进行其他形式的性行为。

关键术语和概念

认同—认同混乱阶段	代沟	被拒绝的青少年
认同获得	参照群体	被忽视的青少年
认同闭合	小团体	同伴压力
延期偿付	团体	社会化不足的不良行为个体
认同扩散	性别分隔	社会化的不良行为个体
自主性	有争议的青少年	自慰

5 总　结

青少年期

从13到18岁，玛瑞亚(Mariah)从一个情绪稳定、状态良好的十几岁孩子成长为一个受困扰的青少年早期个体，之后又成为一个越来越自信和独立的青少年晚期个体。在青少年早期，她努力尝试定义自己，回应关于“我是谁”的问题，尽管这些问题的答案肯定不够有智慧。她尝试过毒品，之后几乎深陷其中，然后她尝试过自杀。最终，她为自己的问题寻求了帮助，改掉了自己的坏习惯。她开始努力确定自我概念，回到学校而且喜欢上了摄影。她修复了家庭关系，并且和一个男朋友开始了一段积极的关系。

你会怎么做？

- 如果你是玛瑞亚的朋友，在她尝试自杀之前你会给她怎样的建议和支持？在她的恢复期你又会给她怎样的建议和支持？

你的回答是什么？

父母会怎么做？

- 玛瑞亚的父母在她陷入抑郁和尝试自杀时应该注意到哪些迹象？他们应当在那时做些什么？

你的回答是什么？

生理发展

- 青少年要解决很多生理相关的问题。
- 为了处理这一时期的压力，很多青少年像玛瑞亚一样陷入毒品。
- 青少年的脑发展使玛瑞亚可以进行复杂的认知思维，而这有时会导致引起一些困惑。
- 玛瑞亚表现出对冲动缺乏控制，这是还没有完全成熟的前额叶引起的一种典型表现。

认知发展

- 青少年的个人神话包括一种认为自己不会受到伤害的感觉，这可能导致了玛瑞亚的冲动决策。
- 玛瑞亚的抑郁可能来自青少年内省和自我意识的倾向。
- 玛瑞亚或许用毒品来逃避日常生活的压力。
- 像玛瑞亚这样的青少年产生学业困难并不罕见。

社会性和人格发展

- 玛瑞亚对自我认同的挣扎是青少年内部冲突的典型表现。
- 在平衡友谊和独处的渴望时，玛瑞亚在努力接纳她逐渐复杂的人格。
- 实际上，玛瑞亚更加精确的自我概念可能降低她的自尊。
- 在依赖于她所在的“酷”的团体时，玛瑞亚从一个参照团体来定义自我认同，但这一参照团体是值得商榷的。
- 玛瑞亚与抑郁症的斗争反映出这种疾病在青少年女孩中发病率较高。
- 玛瑞亚受益于自己的延期偿付状态，这使得她能重新建立和自己的“无能”的父母之间的联系，开始真正的独立。
- 她与男朋友之间的关系体现出向主流社会模式的回归。

社会工作者会做什么?

- 当一个玛瑞亚这样的青少年表现出学业上明显的下降时，对于来自富裕或贫穷背景的青少年，对这些问题的解释会有不同吗？一个职业的照护提供者如何避免不同的解释和处理方式？

你的回答是什么？

教育工作者会做什么?

- 老师可以注意到玛瑞亚在教室的哪些表现表明她正有毒品相关的问题？对于这一问题，这位教师可以采取怎样的步骤进行处理？

你的回答是什么？

第六部分

成年早期

第 13 章　成年早期的体能和认知发展

本章学习目标

LO 13.1	描述身体在成年早期是如何发展和保持健康的
LO 13.2	解释为什么健康的饮食在成年早期特别重要
LO 13.3	描述身体残疾的人在成年早期所面临的挑战
LO 13.4	总结压力的影响和可以采取的措施
LO 13.5	描述认知能力在成年早期是如何持续发展的
LO 13.6	比较佩里和沙尔关于成年早期认知发展的观点
LO 13.7	解释智力在今天是如何定义的，以及生活事件如何影响年轻人认知能力的发展

LO 13.8　描述一下现在上大学的人以及上过大学的人群是如何变化的

LO 13.9　总结大学生入学后所面临的困难

LO 13.10　描述性别如何影响大学生的待遇

LO 13.11　总结大学生辍学的原因

本章概要

开场白: 剥夺她的梦想

卡妮莎·戴维斯(Kaneesha Davis)以全班第一名的成绩毕业,获得了经济学学位。她的梦想是找到一份工作,帮助贫困和苦苦挣扎的中产阶级实现他们的梦想——创业、买房、获得大学学位。但毕业时,卡妮莎背负着7万美元的债务,面临着严峻的就业市场。她被迫接受了芝加哥一家银行贷款部门给她的一份工作。"我想他们之所以雇用我,是因为他们可以在他们的'多元化'图表上划掉两个框:黑人和女性。"卡妮莎说,"当然不是因为我们有共同的目标。"现在,她每天都在帮助丧失房屋赎回权的人。"我的老板取消抵押品赎回权的案例比我们部门其他任何人都多。她为此感到自豪,但我感到不舒服。"她说,"每一天,我都在对那些最没有钱的人制造伤害。"

昨天,她的老板取消了一位有三个小孩的单身母亲的赎回权。"那个女人哭了。"卡妮莎说,"她不停地说:'你是个女人。你明白吗?'我感觉自己像个怪物。"卡妮莎心烦意乱,在回家的路上闯红灯,迎头撞上一辆卡车。幸好她的快速反应救了她的命。尽管卡妮莎只是手腕骨折了,但她的车却被撞毁了,她被震得很厉害。“我不知道我的生活在做什么。”她说。

预览

卡妮莎很难找到一份与她的天赋和梦想匹配的工作,这在今天的年轻人中并不罕见。成年早期的人正处于体能和认知能力的巅峰,但当他们进入成人世界时,也会经历巨大的压力。

正如我们在这一章和下一章所看到的,相当大的发展发生在成年早期,从青少年晚期(大约 20 岁)开始,一直持续到中年时期(大约 40 岁)。当新的机遇出现,人们选择接受(或放弃)配偶、父母和员工等一系列新角色时,重大的变化和挑战就会出现,当然也是机会。

本章关注这一时期的体能和认知发展。首先着眼于持续到成年早期的身体变化。尽管与青少年期相比,这类身体变化更为细微,但发展仍在继续,同时运动技能也随之有所改变。此外,我们还将学习饮食与体重的关系,考查这一年龄段多发的肥胖问题,以及成年早期的压力与应对技能。

大学毕业对一些年轻人来说是重要的里程碑。

随后,主题将转换到认知发展。尽管认知发展的传统理论将成年视为无关紧要的时期,但我们仍将在此了解表明该阶段重大认知发展的新理论。我们也将思考成人智力的本质,以及生活事件对认知发展的影响等问题。

本章最后将探讨“大学”,这是一个塑造学生智力发展的地方。在这里,我们将了解大学生人群的构成、性别与种族如何影响学生的学习成就。接着要讨论几个导致学生辍学的因素,以及某些大学生需要面对的适应问题。

13.1　体能发展

格莱迪·麦金农(Grady McKinnon)心情愉快地骑上了他的高山越野自行车。这位 27 岁的财政审计员,很高兴能够在周末与四位大学好友一起外出骑车、露营。格莱迪曾经担心一个马上到来的工作任务截止期限会使他错过本次出游。在大学时,格莱迪和好友们几乎每个周末都一起骑车出行。但后来出现的工作、婚姻、其中一位朋友做了父亲等等事件,开始渐渐地转移了他们的注意力。这次出游是他们这个夏天唯一的一次。格莱迪为终于能够出行大为欣喜。

当格莱迪和他的朋友们在大学时期刚刚开始规律性的越野自行车运动时，他们的身体状况或许正处于一生中最好的时期。尽管他现在的生活与大学时期相比更为复杂，体育运动也开始退居到工作与其他个人需求之后，但格莱迪仍享受着生命中最为健康的一段时间。通过这个例子，我们可以了解到，尽管大部分人像格莱迪一样在成年早期达到体能的巅峰，但与此同时，他们必须努力应对成年生活所带来的挑战与压力。

体能发展、健身与健康

LO 13.1　描述身体在成年早期是如何发展和保持健康的

大多数情况下，体能发展与其他许多方面发展的成熟在成年早期结束。大部分人在这个时期处于体能的巅峰期。他们的身高和肢体比例已基本定型，青少年时期瘦长的身材已经成为记忆。人们在 20 出头时大都身体健康、精力旺盛。尽管随着年龄增长而导致自然的身体**衰退（衰老）**也已开始，但老化的迹象通常要在生命晚期才真正显现。

衰老 随着年龄增长而导致自然的身体衰退。

与此同时，身体的发展仍在继续。例如，某些人，特别是晚熟型的，20 多岁时身高还在不断增加。

这一时期，身体的某些部位已经完全成熟。例如，大脑的体积与重量一直不断增长，在成年早期达到顶峰（随后二者开始缓慢下降，这一过程将贯穿剩余的整个生命时期）。大脑灰质继续被修剪，髓鞘形成（神经细胞被脂肪细胞包裹的过程）继续增加。这些大脑的变化有助于支持成年早期认知能力的发展（Sowell et al., 2001; Toga, Thompson, & Sowell, 2006; Li, 2012; Schwarz & Bilbo, 2014）。

观看视频　年轻人：健康

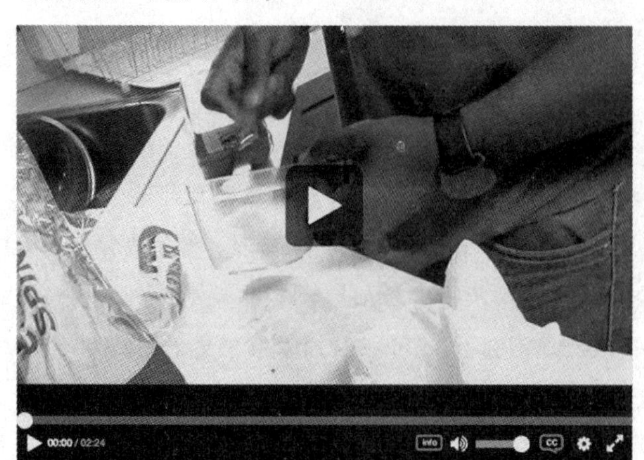

感觉。成年早期的感知能力也达到了前所未见的灵敏程度。尽管眼睛的弹性上已经有些变化（这种老化过程可能在 10 岁左右就开始了），但对视力的损坏微乎其微。直到 40 岁，人们才能够明显地注意到视力的改变，我们将在第 15 章讨论这一点。

听觉，也在这一时期进入最佳状态，男性感知较高音调的能力稍逊于女性（McGuinness, 1972）。不过总体而言，男性与女性的听觉在这一时期均非常灵敏。在安静的环境下,成年早期可以听到 20 英尺(约 6 米)外手表的嘀嗒声。

其他感知能力,包括味觉、嗅觉以及对触摸和疼痛的灵敏度,在整个成年早期也保持良好的状态。这类感知能力在 40 或 50 岁时才开始退化。

健身。如果你是一位职业运动员,在你步入 30 岁时,大部分人可能会认为你的巅峰期已过。尽管存在许多著名的特例,如棒球明星罗杰·克莱门斯(Roger Clemens)在 40 多岁时依然驰骋赛场,但即便运动员不断地训练,在他们到达 30 岁时,仍将逐渐丧失体能优势。在某些运动中,体能巅峰消失的速度更快,比如游泳选手的最好时期为青少年晚期,而体操选手则更早。

对于不是运动员的我们而言,运动能力也在成年早期达到最佳状态。反应时更快、肌肉力量增加、手眼协调能力较其他任何时期都强(Sliwinski et al., 1994)。

成年早期所表现出来的典型的良好体质并非与生俱来,也非人所共有。若要开发身体的潜能,人们必须加强锻炼并保持正确的饮食习惯。

锻炼的益处,大家有目共睹,在美国,瑜伽、有氧运动班、诺德士(Nautilus)训练、慢跑和游泳等都是常见的运动。但人们对体育运动也存在错误的认识。例如,只有不足 10% 的美国人参加了足量的规律锻炼,以保持良好的体形,另有不到 1/4 的美国人选择了有规律的中等程度的锻炼。此外,有锻炼机会者多为中、上层人士;出身社会经济地位较低(lower socioeconomic status, SES)家庭的人,通常既没有时间也没有金钱进行定期锻炼(Delva, O'Malley, & Johnston, 2006; Proper, Cerin, & Owen, 2006; Farrell et al., 2014)。

不仅仅是职业运动员在成年早期达到竞技运动的巅峰。大部分普通人也是在这一期间处于体能的最佳状态。

保持健康所需的运动量并非越大越好。美国运动医学学院与疾病控制和预防中心建议,一个人每天应当累计至少 30 分钟的中度体育活动,每周至少 5 天。锻炼时间可以是连续的,也可以是阶段性的,但每阶段至少要求持续 10 分钟,只要每天总量达到 30 分钟即可。中度运动包括:快步走(速度为每小时 3—4 英里),骑自行车(速度达到每小时 10 英里),打高尔夫(挥棒),在河岸边投线钓鱼,打乒乓球,或划独木舟(每小时 2—4 英里)。甚至某些常见的家务杂事,比如手工除草、用吸尘器打扫房间、用电动除草机除草等均能提供中度锻炼的强度（American College of Sports Medicine，1997）。

教育者的视角

人们能够学到规律锻炼会终身获益吗？基于学校体育教育的项目是否应该改变为培养终生锻炼的习惯？

参加规律性锻炼计划的人受益颇多。锻炼能加强心脏血管的健康，这意味着心脏与其循环系统能够更为有效地运行。此外，肺功能的增加提升了耐力。肌肉变得更为结实，身体也更为灵活、轻便。运动的幅度越大，肌肉、腱、韧带越有弹性。而且在这一时期进行锻炼还可以帮助减缓骨质疏松症：一种生命后期出现的身体骨质变得稀疏的疾病。

此外，锻炼还可以提高身体的免疫能力，帮助身体抵御疾病。锻炼甚至可以减缓压力和焦虑，消除抑郁。锻炼，除了可以提供人们有意识地对自己身体的控制感之外，还可以增加成就感（Wise et al.，2006；Rethorst，Wipfli，& Landers，2009；Treat－Jacobson，Brons & Salisbury，2014）。

规律性锻炼所能带来的另一个好处，也是最为重要的回报：益寿延年（见图13－1；Stevens et al.，2002）。

健康。尽管缺乏锻炼可能导致身体状况不佳（或更加严重的疾病），但总体而言，在成年早期健康的风险相对较小。在这一时期，人们极少感染童年时常见的感冒和其他小病症，而且即使他们真的病倒，通常也能很快痊愈。

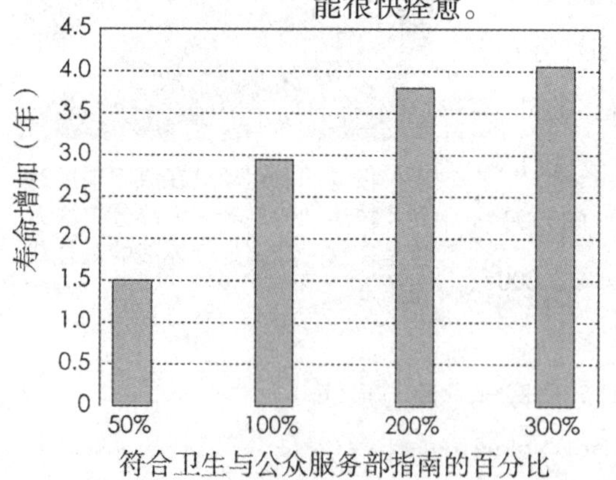

图13–1 健身的功效：益寿延年

根据美国卫生和公众服务部的健康指导方针，健身水平越高，死亡率越低。

（资料来源：http://www.nih.gov/news/health/nov2012/nci-06.htm. 2012年11月6日下午5点。美国国立卫生研究院(NIH)的研究发现，休闲时间的体育活动可以延长预期寿命，最长可达4.5年。国家癌症研究所新闻稿11/16/12。）

处于20—30岁之间的成年人所经受的死亡风险大多来自事故，而这类事故多与机动车辆有关。但也存在其他杀手：在24—34岁的人群中，死亡威胁还包括艾滋病、癌症、心脏病以及自杀。在死亡人数的统计中，35岁是一个重要的转折点。以这一点为界限，35岁以上因病身亡的人数超过事故所导致的死亡人数，因此疾病开始成为头号致命杀手，这是自婴儿期以来的第一次转折。

每个人的成年早期遭遇不尽相同。生活方式的选择，包括服用或滥用酒精、毒品或吸烟,或进行无保护措施的性行为,均可加速次级老化,即由外界环境因素或个人行为导致的身体体能下降。此外,在成年早期,这类物质使得死于前述头号致命杀手的风险大增。

正如次级老化定义所描述的,性别和种族等文化因素也与成年早期的死亡风险相关。例如,与女性相比,男性的死亡风险更大,这主要是因为男性发生机动车事故的频率更高。此外,非裔美国人的死亡率是白人的两倍。大体上,少数民族死亡的可能性比白人要高。

导致此年龄段男性死亡的另一主要原因是暴力,这一点在美国表现尤为突出。美国的凶杀率大大超过其他任何一个发达国家(参见图 13－2)。凶杀率也明显地与种族因素相关。

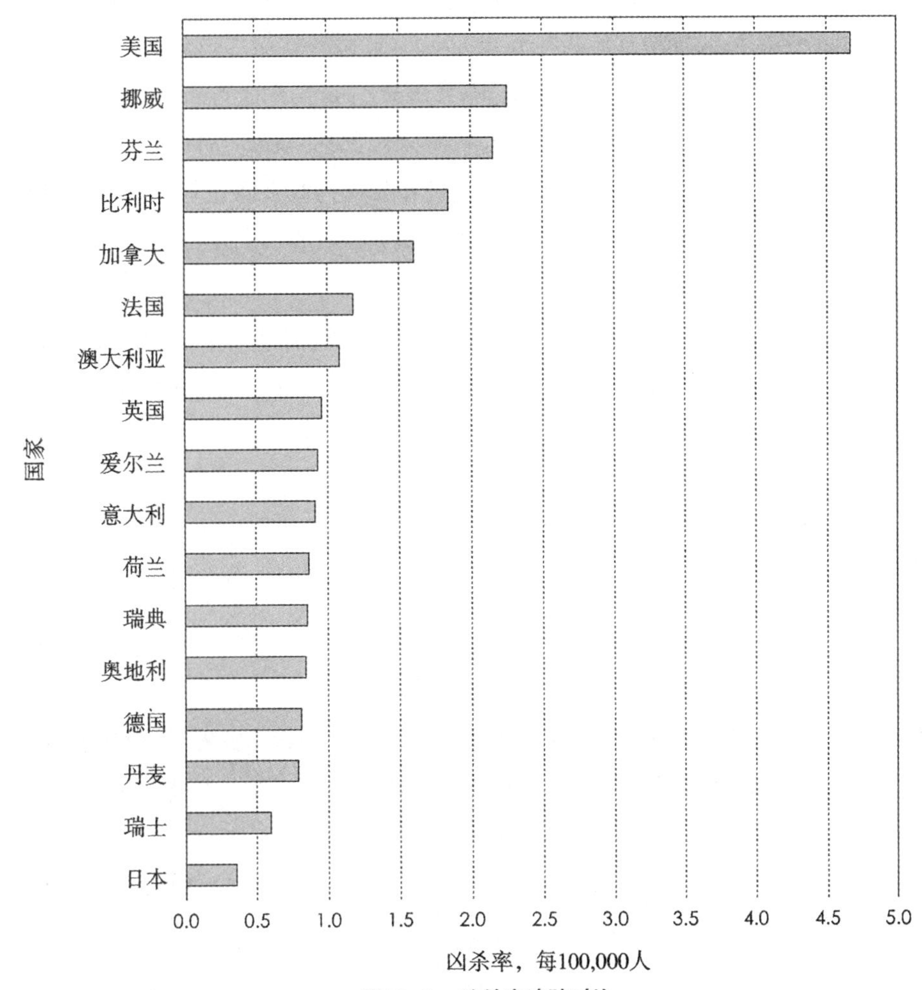

图13–2　凶杀率追踪对比

美国的凶杀率（每10万名男性）远远高于其他任何发达国家。哪种因素导致了美国社会的这一现象?

（资料来源：根据毒品和犯罪问题办公室UNODC, 2013.）

虽然凶杀是20到34岁白人男性的第三大致死原因,但它是黑人男性的第一大致死原因,也是同一年龄段西班牙裔男性的第二大致死原因。

正如发展的多样性专栏所指出的:种族和文化因素影响的不仅是死亡的原因,而且是年轻人的生活方式和健康相关的行为。

饮食、营养与肥胖:关注体重

LO 13.2　解释为什么健康的饮食在成年早期特别重要

大部分人在成年早期便知道哪种食品有营养、如何保持均衡的饮食,但是他们就是懒于遵守这类规则,尽管遵守这类规则并非难事。

良好的营养。根据美国农业部提供的指导方针,人们可以通过食用低脂肪食品获得充足的营养,低脂肪食品包括蔬菜、水果、全麦食品、鱼类、禽类、瘦肉以及低脂乳产品。此外,全麦食品和谷类食品、蔬菜(包括脱水豆类和豌豆)、水果对人体还另有益处,帮助提高食物中碳水化合物和纤维素的摄入量。牛奶和其他钙源食品也可用于预防骨质疏松症。最后,人们应当减少食盐的摄入量(USDA, 2006; Jones et al., 2012; Tyler et al., 2014)。

青少年时期不合理的饮食习惯,并非马上导致严重的问题。例如,由于正处于惊人的生长发育期,青少年很少能够感受到食用过多垃圾食品或脂肪带来的危害。不过当他们步入成年早期时,危害便开始显现。随着身体发育的逐步减弱,人们必须在成年早期减少在青少年时期所摄入的多余热量。

许多人未能做到这一点。尽管大部分人在步入成年早期时的身高和体重正常,但如果他们不改变之前不合理的饮食习惯,他们的体重将逐渐增加。

肥胖。美国成年人口的数量正呈现多途径、不断增长的趋势,而肥胖问题也随人口增长一直呈上升趋势。肥胖是指体重超过某一既定身高应有平均体重的20%。1/3的成年人属于肥胖,已经接近自20世纪60年代以来的3倍。而且,随着年龄的增加,被划为肥胖之列的人也就越来越多(见图13-3;疾病控制与预防中心,2010)。

对许多处于成年早期的人而言,体重控制是一种艰难而且常常以失败告终的痛苦经历。许多节食者的体重最后又再次反弹,从而陷入减肥、反弹的恶性循环。事实上,某些肥胖专家指出节食的失败比率之高,可能使得人们完全放弃减肥的希望。专家们还建议,在减肥过程中,如果人们适度地吃些特别想吃的食物,就有可能避免最常见的、导致减肥失败的暴饮暴食。尽管肥胖者可能不能完全达到他们理想中的体重,但依据上述推理,他们最终可能会更为有效地控制自己的体重(Annunziato & Lowe, 2007; Roehrig et al., 2009; Tremblay & Chaput, 2012)。

肥胖在美国尤其普遍。世界成年人的平均体重是 137 磅(约 124 斤);在美国,这一数字平均为 180 磅(约 163 斤)(Walpole, 2012; 见图 13 -4)。

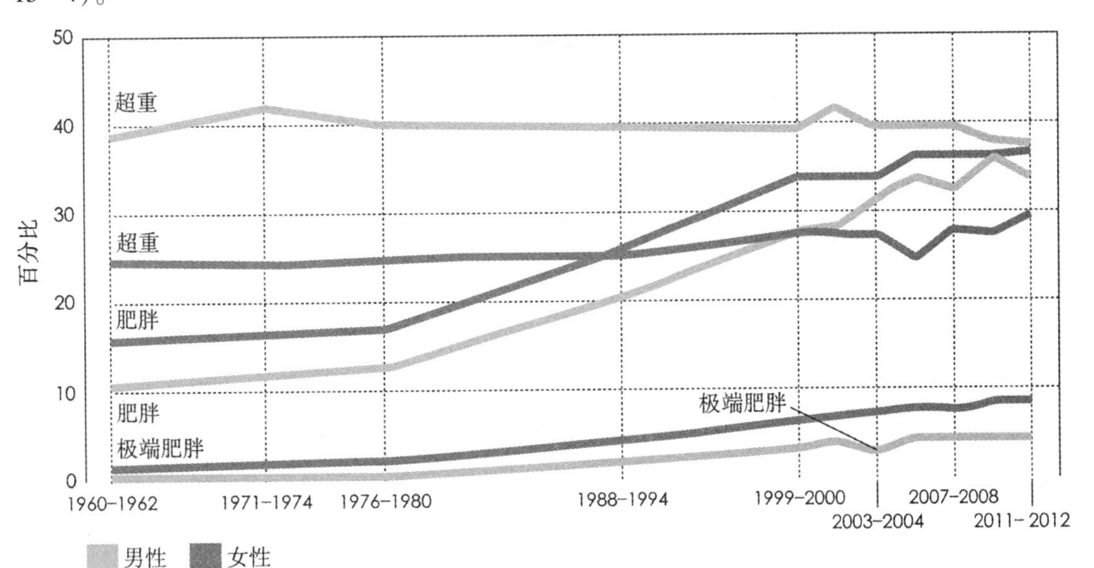

图13–3　肥胖呈上升趋势

尽管越来越多的人意识到良好营养的重要性，但在过去几十年里，美国有体重问题的成年人的比例急剧上升。你认为为什么会出现这种增长？
（资料来源:《2014年全国健康与营养调查》。）

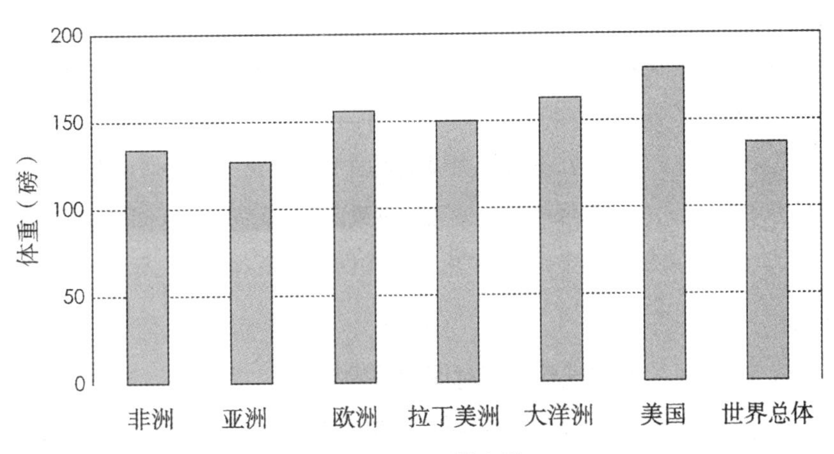

图13–4　肥胖之最

肥胖在美国尤其普遍。世界成年人的平均体重是137磅；在美国，平均为180磅（资料来源：Walpole, 2012.）。

◎ 发展的多样性与生活

文化信仰如何影响健康与健康护理

马诺莉塔(Manolita)目前深受心脏病痛之苦。她的医生建议她改变饮食和运动习惯,或者选择面对另一次危及生命的心脏病发作的风险。在接下来的一段时期,马诺莉塔大幅度调整了她的饮食与活动习惯。她也开始走进教堂进行祈祷。最近的一项体检显示,她的身体状况正处于一生中最好的时期。是何种原因让马诺莉塔发生了如此令人惊异的康复?(Murguia, Peterson, & Zea, 1997, p. 16)

读完上述短文之后,你认为马诺莉塔康复的原因包括以下哪些?(1)她改变了原有的饮食和运动习惯;(2)她成为一名更善良的人;(3)上帝在考验她的忠诚;(4)她的医生指出了正确的改变方式。

此问题的调查中,超过2/3来自中美洲、南美洲或加勒比海的拉美移民,认为对马诺莉塔康复有适度或重大影响的因素是“上帝在考验她的忠诚”,虽然他们大多也认同饮食和运动习惯的改变非常重要(Murguia et al., 1997)。

这一调查结果有助于说明为何拉美人很少像其他西方民族,在生病时寻求医生帮助。根据心理学家阿尔占德罗·穆尔吉亚(Alejandro Murguia)、罗尔夫·彼得森(Rolf Peterson)和玛丽亚·齐亚(Maria Zea)(1997)的研究,有关健康的信念受文化影响,它与人口统计学变量和心理上的屏障一起,降低了人们寻医问药的可能性。

他们还特别指出,拉美人与某些非西方群体一样,更有可能比非西班牙裔白人相信超自然因素导致疾病。例如,这类群体的成员可能将疾病归因于上帝的一种惩罚、缺乏忠诚或被诅咒。此类信仰可能减少向医生寻求药物治疗的动机(Landrine & Klonoff, 1994)。

金钱在其中也扮演着重要的角色。较低的社会经济地位,降低了人们支付传统药物治疗费用的能力,而传统药物治疗费用昂贵,也可能间接地促进了较为便宜的非传统型治疗方式的存在。此外,近年来美国移民的一个主要特征——融入主流社会的水平较低,也可以使人联想到他们寻医问诊,进而获得主流社会药物治疗的可能性降低(Pachter & Weller, 1993; Landrine & Klonoff, 1994; Antshel & Antshel, 2002)。

在治疗不同文化群体的成员时,健康护理提供者需要考虑其文化信仰。例如,如果一位病人认为他/她的疾病是由一位妒忌心强的对手诅咒而招致,那么该病人绝不可能遵循正常的药物疗法。显而易见,为了提供有效的健康护理,健康护理提供者必须对此类文化健康信仰保持高度的敏感与重视。

身体残疾:应对体能的挑战

LO 13.3　描述身体残疾的人在成年早期所面临的挑战

美国官方对残疾的定义:一种限制某种主要生活行为的(诸如行走或视觉)严重身体疾病。根据这一定义,目前美国有超过500万的人口遭受身体或精神上的障碍。身体残疾的人们在生活中困难重重。

残疾人的统计数字描绘了一幅少数群体受教育程度低、就业不足的画面。在有严重残疾的人群中，完成高中学业的不到 10%，男性残疾人中完成全职工作的不到 25%，女性残疾人中完成全职工作的不到 15%，失业率居高不下。此外，即使残疾人找到了工作，他们找到的职位往往是例行公事，而且工资很低（Albrecht，2005）。

残疾人在将自身完全融入社会大家庭中会遇到几种障碍。尽管美国于 1990 年颁布了具有历史意义的《美国残疾人法案》（ADA），该法案规定诸如商店、办公楼、宾馆、剧院等所有公共设施必须设立无障碍通道，但坐在轮椅上的残疾人仍旧无法进入许多旧有建筑物。

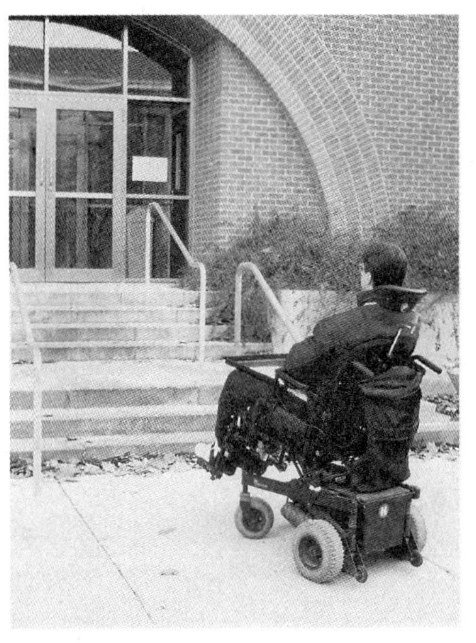

尽管通过了《美国残疾人法案》（ADA），但许多身体残疾的人仍旧无法进入许多旧有建筑。

社会工作者的角度

残疾人面临什么样的人际障碍？如何消除这些障碍？

另一个比身体残疾更难以克服的障碍是外界的偏见和歧视。残疾人有时需要面对正常人的同情或回避。有些正常人过多地关注了残疾人的残疾部位而忽略了其他特质，他们将残疾人视为异类而非一个完整的个体。还有些人将残疾人看作儿童。外界的这类行为最终将导致残疾人在对待自身的态度上存在障碍。

压力与应对：处理生活中的挑战

LO 13.4　总结压力的影响和可以采取的措施

现在是下午 5 点。罗萨·康威（Rosa Convoy），一位 25 岁的单身母亲，刚刚结束在一家牙医诊所前台的接待工作，正在赶往回家的路上。她只有 2 小时时间，需要从儿童看护所接回女儿佐伊（Zoe）、回家、做饭吃饭、去保姆家接保姆、和女儿说再见，然后再赶到一所当地社区学院参加晚上 7 点开始的课程。这就是罗萨每周二和周四晚上紧锣密鼓的行程，她知道如果要准时进入教室，那么她必须马不停蹄，一秒钟都不能耽搁。

虽然不是专家，但是我们也可以看出罗萨·康威正面临的一个难题:压力,一种对威胁或挑战我们的事件所产生的身体和情绪反应。罗萨以及每个人,如何才能够很好地应对所经受的压力?这取决于身体因素与心理因素之间复杂的相互作用。

几乎每个人都经受着不同程度的压力。生活中充满了各式各样、威胁我们健康的事件与境况,我们称之为紧张刺激物。紧张刺激物并非全是令人不愉快的事件。因而,即便是最令人高兴的事件,如得到长久以来梦寐以求的工作或婚礼计划等,均会产生压力(Crowley, Hayslip, & Hobdy, 2003; Shimizu & Pelham, 2004)。

心理神经免疫学 研究大脑、免疫系统和心理学因素之间相互关系的学科。

应激(压力) 对威胁或挑战我们的事件所产生的身体和情绪的反应。

新兴领域**心理神经免疫学**(PNI,研究大脑、免疫系统和心理学因素之间相互关系的学科)的研究人员发现**应激**会产生几种结果。最为直接、迅速的结果是生物学的反应,即由肾上腺分泌的某种激素导致心跳加速、血压上升、呼吸急促、出汗等等。在某些情况下,这一现象对人体有益,因为这在交感神经系统中产生了一种"危机反应",能够让人们更好地抵御突发、危险的情况(Ray, 2004; Kiecolt - Glaser, 2009; Janusek, Cooper, & Mathews, 2012; Irwin, 2015)。

观看视频 基础:压力与健康

另一方面,长期、持续的紧张性刺激,可能导致身体应对压力的能力降低。因为与压力相关的激素不断地分泌可能对心脏、血管以及其他身体组织造成损害。结果,由于抵御细菌侵害能力的下降而导致人们更容易得病。简而言之,无论是急性压力源(突然的、一次性的事件)还是慢性压力源(长期的、持续事件)都有可能产生重大的生理后果(Lundberg, 2006; Graham, Christian, & Kiecolt - Glaser, 2006; Rohleder, 2012)。

压力的产生根源。经验丰富的职场面试主管、大学管理员、婚庆商店老板都了解每个人对某种潜在压力事件的反应不尽相同。是何种因素造成人们反应的差异性?根据心理学家阿诺德·拉扎勒斯(Arnold Lazarus)和苏珊·福克曼(Susan Folkman)的研究,人们需要通过一系列阶段来判断是否将遭遇压力,如图13-5所示(Lazarus & Folkman, 1984; Lazarus, 1968, 1991)。

初级评估 对某一事件带来的结果将是正面、负面,还是毫无影响所进行的评估。

首先进行**初级评估**。这是个体判定某一事件带来的结果将是正面、负面,还是毫无影响所进行的评估。如果初步认为这一事件将带来负面影响,那么他将依据该事件曾经引起的危害进行评估:可能造成何种危害?如何才能避开这一危害?例如,上次法语考试成绩的好坏,使得你面对即将到来的另一次法语考试时的心情不同。

接下来进行次级评估。**次级评估**是个人对"我能否处理这一危害?"问题的解答,这是一次对其应对能力和资源是否足以克服潜在紧张刺激物所引发危机的评估。此时,人们尽可能确定他们是否将在某一情况下面对这一危机。如果资源不足,而潜在威胁巨大,那么他们将受困于压力。例如,每个人都有可能收到令人心烦的交通违章罚款通知单,但是如果某位正处于经济拮据时期的人收到罚单,那么他所经受的压力将大大加重。

次级评估 对个体应对能力和资源是否足以克服可能的压力源所带来的伤害、威胁或挑战做出的评估。

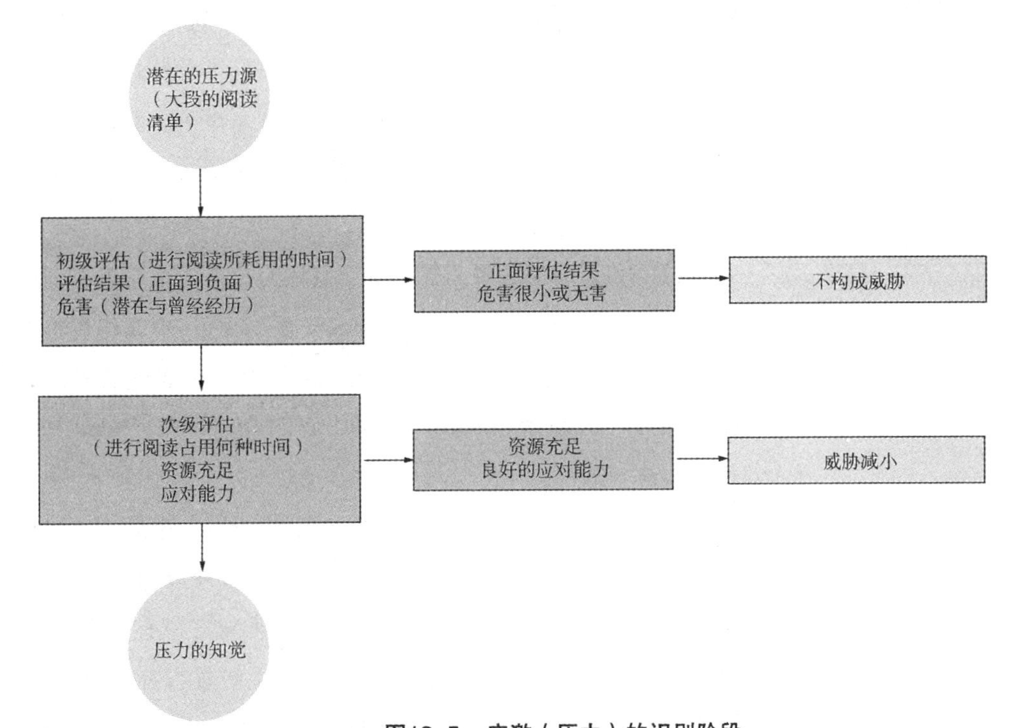

图13-5　应激（压力）的识别阶段

个人评估某种潜在紧张刺激物的方法，决定其是否将经受压力。
（资料来源：基于Kaplan, Sallis, & Patterson, 1993.）

压力,因个人的评估而不同,而评估也随着个人的气质和环境不同而变化。有一些普遍的原则可以帮助预测一个事件何时会被评估为压力。心理学家谢利·泰勒(Shelley Taylor)(2009)提出下列基本原则,帮助人们鉴别某一事件何时将被评定为何种压力的级别:

- 产生负性情绪的事件和环境比积极的事件更有可能导致压力。

例如，计划收养一名婴儿所产生的压力要小于处理爱人的疾病。

观看视频 有关未来的压力：盖瑞，25岁

- 不受控制或不可预知的情况比可控制和可预知的情况更易于产生压力。例如，喜欢进行突袭考试的教授，比习惯事先安排考试的教授带给学生的压力要大。
- 模棱两可的事件比环境较清楚明确的事件产生的压力要大。如果人们不能清楚理解某一情况，他们必须努力了解其真相，而非直接应对。开始一项毫无概念的新工作引发的压力，比从事另一内容明确的工作所产生的压力大。
- 同时竭尽心力完成多项任务的人所经受的压力较无事可做者要大。例如，一名即将临产的大学生，同时需要进行论文答辩极有可能感受到重大的压力。

应激（压力）造成的后果。长期遭受身体对抗压力所引发心理的折磨，将对人体产生危害作用。如果长期处于重压之下，那么将付出惨痛的代价。例如，头痛、背痛、皮疹、消化不良、慢性疲劳，甚至常见的感冒都可能是由于压力所致（Cohen, Tyrrell, & Smith, 1997; Suinn, 2001; Andreotti et al., 2014）。

此外，免疫系统（构成人体抵御疾病的天然防线），包括复杂的器官、腺体和细胞，也可能被应激破坏。这是因为压力过度地刺激免疫系统，致使其开始攻击人体本身，破坏健康的组织，而非坚守原有岗位，对抗入侵的细菌和病毒。有时，压力还可能阻止免疫系统进行有效的反应，进而让细菌轻易地进行复制繁殖，或让癌细胞更为迅速地扩散（Cohen et al., 2002; Caserta et al., 2008; Liu, N. et al., 2012）。

身心机能紊乱 一种心理、情绪和身体三者之间问题相互作用而引发的医学问题。

长此以往，最终压力将导致人体**身心机能紊乱**，这是一种由心理、情绪和身体三者之间的问题相互作用引发的医疗问题。例如，压力可能引发溃疡、哮喘、关节炎、高血压等病症，当然还有其他因素导致这类病症（Davis et al., 2008; Marin et al., 2009; Wippert & Niemeyer, 2014）。

总而言之，压力可以通过许多方式影响人类：可能增加患病的风险、直接导致疾病、让疾病极难痊愈、降低人们应对未来压力的能力等等。

(若要了解你自身所经受的压力,请填写表13-1中的问卷。)切记,尽管在一生中压力可能随时发生,但是随着年龄的不断增长,我们可以更好地学习应对压力的方式。接下来,我们将了解应对压力的方式。

表13-1 你所承受压力的程度?

通过回答下列问题、加总每小题的分数,测试你所承受的压力的水平。问题仅适用于上个月。最后面的解释供参考。

1. 因为发生意外事件而感到不安的频率?
☐ 0 = 从未有过,1 = 基本上没有,2 = 有时会有,3 = 比较频繁,4 = 非常频繁

2. 感到无力控制生活中重要事件的频率?
☐ 0 = 从未有过,1 = 基本上没有,2 = 有时会有,3 = 比较频繁,4 = 非常频繁

3. 感到紧张或压力的频率?
☐ 0 = 从未有过,1 = 基本上没有,2 = 有时会有,3 = 比较频繁,4 = 非常频繁

4. 对自己有能力应对个人问题充满信心的频率?
☐ 0 = 从未有过,1 = 基本上没有,2 = 有时会有,3 = 比较频繁,4 = 非常频繁

5. 感觉到事情的发生如你所愿的频率?
☐ 0 = 从未有过,1 = 基本上没有,2 = 有时会有,3 = 比较频繁,4 = 非常频繁

6. 能够控制愤怒的频率?
☐ 0 = 从未有过,1 = 基本上没有,2 = 有时会有,3 = 比较频繁,4 = 非常频繁

7. 发现你不能应对必须处理所有事件的频率?
☐ 0 = 从未有过,1 = 基本上没有,2 = 有时会有,3 = 比较频繁,4 = 非常频繁

8. 认为事情全然处于掌握中的频率?
☐ 0 = 从未有过,1 = 基本上没有,2 = 有时会有,3 = 比较频繁,4 = 非常频繁

9. 因为事情超出你的控制而生气的频率?
☐ 0 = 从未有过,1 = 基本上没有,2 = 有时会有,3 = 比较频繁,4 = 非常频繁

10. 感到难题已经积累到你不能克服的频率?
☐ 0 = 从未有过,1 = 基本上没有,2 = 有时会有,3 = 比较频繁,4 = 非常频繁

评定方式

压力水平因人而异。将你的总分与下列平均值进行比较:

年龄		性别	
18—29	14.2	男性	12.1
33—44	13.0	女性	13.7
45—54	12.6		
55—64	11.9		
65及以上	15.0		

婚姻状况	
寡居	12.6
已婚或同居	12.4
单身或从未结婚	14.1
离异	14.7
分居	16.6

(资料来源:Shelden Cohen,卡耐基·梅隆大学心理学系)

应对压力。压力是生活的一部分,每个人都会遇到。然而,某些处于成年早期的人相对于其他人来说能够更好地应对压力。**应对**是指努力控制、降低或学会容忍导致压力的潜在威胁(Taylor & Stanton, 2007)。

应对 努力控制、降低或学会忍受导致压力的威胁。

成功应对压力的关键是什么?

有些人采用以问题为中心的应对方式。在这种情况下他们通过直接改变局势来减小压力。例如,某人在工作中遇到困难时,他可以向其老板反映此事,并申请调换工作或另寻其他工作。

另一些人则采用以情绪为中心的应对方式,这包括有意识地控制情绪。例如,一位必须工作却难以为孩子找到合适看护的母亲可以告诉自己,她应当看到事情好的一面:至少在经济困难的时期,她还拥有一份工作(Folkman & Lazarus, 1988; Master et al., 2009)。

有时人们意识到他们正处于一种不可逆转的压力之中,但是他们可以通过控制自身的反应来应对这一局势。例如,他们可以采用冥想或锻炼的方式消除身体上的反应。

其他人给予的帮助和安慰等社会支持,也可以帮助提高应对压力的能力。在遇到压力时,向他人求助可以提供情感支持(如在别人肩上哭泣)和物质支持(如临时借钱或物)。此外,其他人可以提供信息,提供如何处理压力情况的具体建议。从别人的经历中学习的能力是人们使用网络与有类似经历的人联系的原因之一(Kim, Sherman, & Taylor, 2008; Green, DeCourville, & Sadava, 2012; Vallejo - Súnchez & Pérez - García, 2015)。

最后,有些心理学家还指出,即使人们不能有意识地应对压力,他们依然可以无意识地运用一种他们并不了解却能帮助减轻压力的防御应对机制。**防御应对**包括歪曲或否认某一局势真正本质的无意识策略。例如,人们可能不相信某一危害的严重性,轻看某种威胁生命的疾病,或者他们可能安慰自己学科考试失败并非大事,等等。

防御应对 这种应对涉及歪曲或否认情境的真实本质的无意识策略。

另一种防御性应对是情感隔离。在情感隔离中,人们无意识地试图阻止自己体验情感。试图通过不受消极(或积极)经历的影响来避免这种经历带来的痛苦。但如果防御应对成为面对压力时的一种习惯性反应,那么它将造成人们逃避或忽视问题,阻碍人们了解真相、面对现实(Ormont, 2001)。

有时人们通过药物或酒精逃避充满压力的环境。与防御应对一样,饮酒与服用药物不但不能帮助解决由压力导致的困境,反而可能增加个人的难题。例如,人们可能沉溺于最初提供他们一种逃避现实、快乐感觉的物质之中而无法自拔。

坚韧、心理弹性与应对。成年早期处理压力的成功部分取决于他们的应对方式,他们以特定方式处理压力的一般倾向。例如,“吃苦耐劳”的人在处理压力方面尤其成功。**坚韧**是一种与较低的压力相关疾病发

坚韧 是一种与较低的压力相关疾病发生率有关的性格特征。

生率有关的人格特征。

坚韧的人是勇于承担责任的人，他们喜欢生活中的挑战。因此，坚韧性高的人比坚韧性低的人更能抵抗与压力有关的疾病就不足为奇了。吃苦耐劳的人对潜在的压力源反应乐观，觉得自己能有效应对。通过把威胁变成挑战，他们更不容易经历高水平的压力(Maddi, 2006; Maddi et al., 2006; Andrew et al., 2008; Maddi, 2014)。

对于那些面临生活中最深刻困难的人来说(比如亲人的意外死亡或永久性损伤，比如脊髓损伤)，他们面临的一个关键因素是他们的心理弹性水平。正如我们在第八章中第一次讨论的那样，心理弹性是一种承受、克服并在逆境中茁壮成长的能力(Werner, 2005; Kim - Cohen, 2007; Lipsitt & Demick, 2012)。

心理弹性高的年轻人容易相处，脾气好，有良好的社交和沟通技巧。他们是独立的，觉得自己可以决定自己的命运，不依赖他人或运气。简而言之，他们利用他们所拥有的，充分利用他们所处的环境(Deshields et al., 2005; Friborg et al., 2005; Clauss - Ehlers, 2008)。(也参见你是发展心理学的明智消费者吗?)

◎ 你是发展心理学知识的明智消费者吗?

应对压力

尽管没有明确的规则能够涵盖所有压力的实例，但有些常规的方法能够帮助我们应对生活中无处不在的压力。下面列出其中的一些常见方式(Sacks, 1993; Kaplan, Sallis, & Patterson, 1993; Bionna, 2006)。

- 寻求对产生压力的情境进行控制。让自己控制产生压力的条件，这可能需要耗费许多精力，但可以最终成功应对压力。例如，如果你正担心即将到来的考试，那么你就需要做些事情来消除这种焦虑，如立刻开始学习。
- 将“威胁”重新定义为“挑战”。变换一种情景的定义，可以使其看上去没有那样可怕。“黑暗中总有一线光明”是一句很好的忠告。例如，如果你被解雇了，你可以将这看作是寻找另一份新的、更具挑战性的好工作的机会。
- 寻求社会支持。如果遇到困难时有其他人的帮助，那么基本上所有的困难都更容易解决。朋友、家庭成员，甚至由受过培训的咨询顾问所主持的电话热线，都能提供重要的支持。(为了帮助识别正确的热线，美国公共健康服务部保留了一个免费查询热线电话的号码，用来提供许多全国性团体的电话号码和地址。免费电话 800 - 336 - 4794。)
- 运用放松技巧。减少由压力引发的身体反应，是一种特别有效的应对压力的方式。许多技巧可以产生放松的效果，比如超然冥想、禅宗与瑜伽、渐进式肌肉放松、催眠等在消除压力方面效果显著。赫伯特·本森(Herbert Benson)医生设计了另一特别有效的方式,参见表13－2(Benson, 1993)。

- 努力保持一种健康的生活方式,强化自身的天然应对机制。这包括体育锻炼、营养丰富、睡眠充足、避免或适度饮酒、吸烟或服用其他药物。
- 如果不能做到上面所提及的任何一点,那么请牢记:没有任何压力的生活将非常单调、乏味。压力是生活的一部分,成功地应对压力能获得一种令人满足的经验。

表13－2　如何习得放松反应?

一些关于放松反应规律性练习的概括性建议:

- 每天努力空出10—20分钟的时间;早饭之前的时间最佳。
- 舒服地坐着。
- 为了在这段时间专心地练习,必须提前安排必要的生活琐事。比如,打开电话应答机,请其他人帮忙照看孩子。
- 自己规定一个锻炼时间的长度,并努力保持下去。但不能设定闹钟,而是通过看钟表或手表来确定时间。

能够获得放松反应的几个步骤。下面列出标准的流程说明:

第一步:挑选一个你个人印象最为深刻的单词或短语。例如,一位非宗教的个体可能选择某个中性单词,如"一(one)"、"和平(peace)"或"爱(love)";一位希望借用一句祈祷词的基督徒,则可能选择圣歌中的句子"上帝是我的牧羊人(The Lord is my shepherd)";而一位犹太教徒则可能选择"您好(Shalom)"。

第二步:安静、舒服地坐定。

第三步:闭上眼睛。

第四步:放松肌肉。

第五步:呼吸自然、缓慢,呼气时心中默念所选的单词或短语。

第六步:自始至终保持坦然、淡定的心态。不必担心所做的好坏。当其他想法侵入脑海时,只要对自己说:"嗯,好吧。"然后平静地重复所选的单词或短语。

第七步:保持10—20分钟。然后睁开眼睛查看时间(不能用闹钟)。完成后,静坐1分钟左右,先闭上眼睛,等一下再睁开。

第八步:每天练习1—2次。

(资料来源:Benson, 1993.)

模块13.1 复习

- 体能和感觉在成年早期达到巅峰,但发展仍在持续,特别是大脑。成年早期通常处于前所未有的健康状态,事故是死亡的最大威胁。在美国,暴力也是一种突出的风险,特别对非白人男性而言。
- 尽管处于成年早期,人们仍必须通过正常的饮食和锻炼保持健康。对处于成年早期的人而言,肥胖是一个不断增加的问题。

- 身体残疾的个体不仅需要面对自身的身体障碍，还要面对由外界的偏见和歧视所引发的心理障碍。
- 轻微的压力是一种健康的反应，但也可能对身体造成危害，而对于长期、频繁的压力则需要特别关注。控制、减少或学会忍受压力的努力被称为应对。应对策略包括以问题为中心的应对策略、以情感为中心的应对策略和依靠社会支持的应对策略。

共享写作提示

应用毕生发展：说明并讨论你自己应对压力的方式。你采用何种方式应对压力？哪些有效？哪些无效？

13.2 认知发展

众所周知本(Ben)的酒量很大，特别是在他参加晚会的时候。本的妻子泰拉(Tyra)警告他，如果他再次满身酒气地回家，她就将带着孩子离开他。今天晚上，本外出参加一个公司聚会，然后醉醺醺地回到了家。试想泰拉会离开本吗？

如果听到这一情况的是一位青少年，那么他可能认为这一问题的答案一目了然：泰拉离开了本(源于 Adams and Labouvie - Vief 的研究，1986)。但在处于成年早期的人，对该问题的答案却存在诸多不确定性。当人们步入成年，便开始减少绝对逻辑，转而更多地考虑可能影响现实生活的利害关系，或在特殊情况下调整自身的行为。

成年早期的智力发展

LO 13.5 描述认知能力在成年早期是如何持续发展的

如果认知发展在成年早期遵循与身体发展同样的方式，那么我们将不可能期望发现智力的新发展。事实上，皮亚杰有关认知发展的理论在以往我们对智力变化的讨论中扮演着极其重要的角色，他认为当人们告别青少年期后，思维至少在性质上大部分已经定型，在今后的岁月中很少改变。人们可能会收集更多信息，但他们分析、看待信息的方式将不再改变。

皮亚杰的观点是否正确？越来越多的证据表明，他的观点是错误的。

后形式思维。发展心理学家吉赛拉·拉波维 - 维芙指出：思维在成年早期发生了质的变化。她声称，单纯基于形式运算的思维仍不能有效地满足成年早期人们的需要(皮亚杰理论的最后一个阶段，在青少年期达成)。当人们处在复杂的社会环境，以及在这个复杂的社会中寻求出

后形式思维 认为成年人有时必须以相对灵活的方法解除困境。

思维的本质在成年早期发生质的变化。

路时，遇到不断增加的挑战，这要求人们的思维不仅仅根植于逻辑，更需要以实际经验、道德判断和价值观为基础(Labouvie-Vief, 2006, 2009)。

例如，假设有一位第一次参加工作的年轻单身女性，她的老板是一位已婚男性，她非常敬重他，而老板可以为她的事业提供帮助。有一次，老板邀请她陪同会见一位重要的客户。当会见圆满结束后，老板建议他们一起外出就餐庆祝。在那天夜里，他们一起喝酒，随后她的老板试图陪她一起回酒店的房间。她该如何应付这种情况？

单纯的逻辑并不能回答这一问题。拉波维-维芙认为，人们在成年早期不断面临这类暧昧的局面，因而他们的思想必须完善，以便成功地应对这类问题。她指出，人们在成年早期应当学会运用类推和比喻进行比对，对抗社会上的谬论，并能够通过更多的主观理解泰然处之。这类思维要求，依据个人的价值观和信仰权衡某一场合的所有层面。这需要解释某些过程，然后揭示事件背后的、真实世界中的事实是如此的微妙、不是非黑即白；是不同程度的灰色，不是理论上的是非分明(Thornton, 2004; Labouvie-Vief, 2015)。

为了展现这类思维的发展过程，拉波维-维芙进行了一项实验，被试的年龄范围在10—40岁之间，实验主题采用类似于本节前段所述的本和泰拉的假设情节。每个故事都有一个清楚、符合逻辑的结论。不过，如果将现实世界的需要和压力考虑在内，那么故事将以完全不同的形式收场。

对于这类故事情节的回应，青少年主要依靠形式运算的内在逻辑做出。例如，他们预测当本再次醉酒归来时，泰拉将立刻整理行李，然后带着孩子离家出走。毕竟，那是泰拉自己说过的。

而成年早期与青少年的答案明显不同，他们很少单纯地利用严格的逻辑确定主人公可能的行为模式。他们会考虑很多涵盖现实生活的可能性因素,例如,本是否会向泰拉道歉并恳求她不要离开?泰拉是否真如她所说的那样想离开?泰拉是否有其他地方可以容身?

拉波维-维芙将成年早期所展现的思维方式称为后形式思维。后形式思维是指超越皮亚杰形式运算之上的思维方式。与单纯基于逻辑程序、看待问题泾渭分明的形式运算相比,后形式思维认为成年人有时必须以谈判协商解除困境。

后形式思维也涵盖辩证思维,一种喜欢并欣赏论证、驳斥以及辩论的思维方式(Basseches, 1984)。辩证思维认为并非所有问题都可以一刀切,而问题的答案也并非总是绝对的正确或错误,有时某些问题必须协商解决。

心理学家贾恩·辛诺特(Jan Sinnott,1998)认为,在解决问题时,后形式思维也涵盖了真实世界的诸多因素。后形式思维者在考虑问题时,能够权衡某种抽象、理想的解决方案和现实生活中存在的局限,以及其间的利害关系,因为,现实生活中的限制,可能阻碍该解决方案的成功实施。此外,后形式思维者了解导致某一局势的因素很多,因此解决方式亦非只有一种。

简而言之,后形式思维与辩证思维认为,现实世界是一个有时不能全然以正误评判问题的世界,复杂的人类问题不可能完全通过逻辑来解决。因此,找到最佳的、解决难题的方式可能需要利用并综合先前的经验(也见从研究到实践专栏)。

后形式思维观点

LO 13.6　比较佩里和沙尔关于成年早期认知发展的观点

除了拉波维-维芙的后形式思维方法,心理学家威廉·佩里(William Perry)和华纳·沙尔(K. Warner Schaie)提出了后形式思维的替代理论。

佩里的相对性思维。心理学家佩里(1981)认为成年早期不仅是一个掌握独特知识的发展时期,同时也是一个理解世界的发展时期。佩里研究了学生在大学期间智力与道德的发展方式。在对哈佛大学一组学生的系列访谈中,他发现刚入校的学生们在看待周围的事物(人)时,倾向于运用二元思维的方式。例如,他们推断某事正确或者错误;有些人是好人,否则便是坏人;其他人要么支持他们,要么反对他们。

◎ 从研究到实践

成年早期的大脑仍在发育

一旦你进入成年早期，你就可以自由地探索各种各样的新体验，社会保护儿童和青少年免受这些体验的影响，因为他们所谓的易受影响的心智还在发育。现在的个体不再需要父母的指导、同意或监督。非常暴力的电影、酒吧和夜总会，以及各种各样的成人场景，你越来越不受限地接触到这些。但是你的大脑真的发育好了吗？

研究表明，事实并非如此，而且要到你20多岁大脑才最后成熟。成年早期的大脑并没有完全发育，而是继续发育新的神经连接，并修剪掉未使用的神经通路。这通常是一件好事——这意味着成年早期个体的思维仍然具有可塑性，能够适应新的经历。例如，学习一门新的语言、乐器或工作技能对成年早期来说比老年人更容易（Whiting, Chenery, & Copland, 2011）。

尤其是大脑的一个部分，前额皮质，要到成年早期才会成熟。这个区域负责诸如计划、决策和冲动控制等高级心理功能。因此，毫不奇怪，在人生的这个阶段，对健康和幸福最大的风险主要是判断力差——机动车事故、暴力、药物滥用和过度饮酒是其中最主要的。但这也是一个处处是机会的时期，成年早期个体仍然可以有机会获得这些高度有益的特点，如心理弹性、自我控制和自我调节（Raznahan et al., 2011; Giedd, 2012; Steinberg, 2014）。

你在这段时间里所做的事情会对未来产生重要的影响。例如，最近的研究发现，成年早期个体使用脸书的次数越多，他们当时的感觉就越糟糕，对生活的满意度也会随着时间的推移而下降。研究成年早期大脑发育的科学家们表达了一个更广泛的担忧：成年早期活动的选择可能会产生长期的影响，无论是好是坏（Beck, 2012; Giedd, 2012; Kross et al., 2013）。

共享写作提示

年轻人可以做些什么来优化他们正在进行的大脑发育？

然而，随着学生们遇到来自其他学生和教授的新的思想和观点，他们的二元思维开始减少。这一点与后形式思维的观点一致，学生们逐渐意识到问题不仅只有一种可能性。此外，他们已经更为清楚地了解到他们能够从多个角度看待同一个问题。多元思维的特征主要表现在学生对待权威方式的改变：从之前假定专家们拥有所有的正确答案，转而开始假定如果他们的想法经过深思熟虑并且有道理，那么他们的观点也同样是正确的。

一个教育工作者的视角

你能想象出作为一个成年人或青少年，你会以不同的方式处理的情况吗？这些差异是否反映了后形式思维？

事实上，根据佩里的理论，大学生们已经步入一个知识与价值观的相对论阶段。他们不再认为所生活的世界拥有绝对标准和价值观，而是承认不同的社会、文化和个人都可能具备不同的标准和价值观，以及所有他们视为正确的、合理的尺度与观点。

需要切记的是，佩里的理论是基于名校大学的精英、受过良好教育者的抽样访谈。他的研究结果并不适用于未曾接受过高校教育普及的多元化观点的人群。不过，他提出的思维在成年早期持续发展的观点被广泛接受。事实上，在我们从接下来学习的理论中可以看到，许多其他理论指出，思维方式的变化在整个成年期内十分显著。

沙尔的发展阶段。发展心理学家华纳·沙尔（1977/1978）提出了后形式思维的另一种观点（Schaie et al.，1989；Schaie & Willis，1993）。沙尔继续佩里的理论，指出成年人的思维遵循一定的阶段性（如图13－6所示）。但沙尔更注重于成年期对信息的运用方式，而非皮亚杰理论中强调的对新信息的获得和理解的变化（Schaie & Willis，1993；Schaie & Zanjani，2006）。

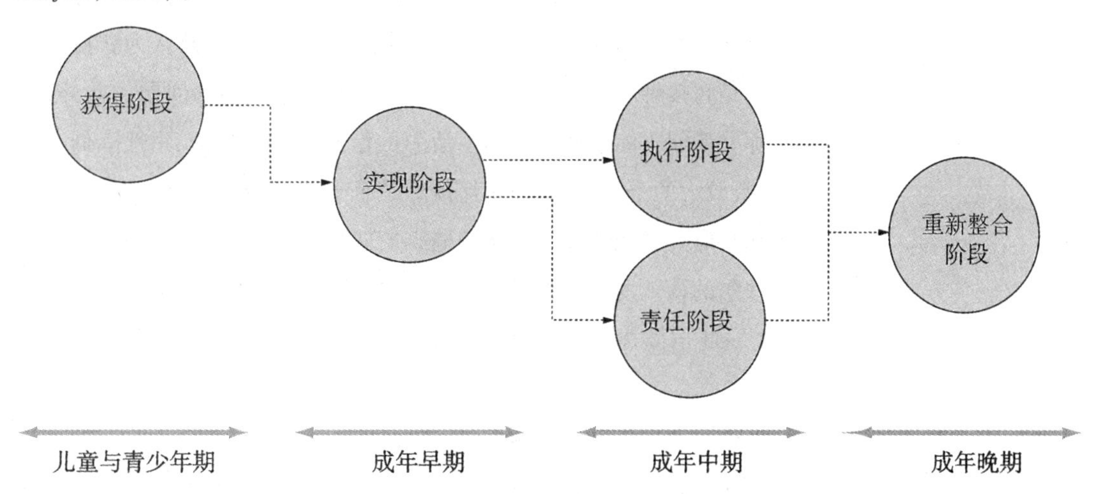

图13–6 沙尔的成年发展阶段

（资料来源：Schaie，1977－1978.）

沙尔认为在未进入成年期之前，主要的认知发展任务是信息的获得。为此，他将认知发展的第一阶段命名为**获得阶段**，其中包括整个儿童和青少年期。成年之前我们收集信息的目的，很大程度上是为未来的运用作储备。事实上，儿童与青少年期的教育的根本原因，是为人们未来的活动做准备。

获得阶段 根据沙尔的理论，为认知发展的第一阶段，包括整个儿童和青少年期，主要发展任务为获取资讯。

然而到了成年早期，情况发生了相当大的改变。与为未来运用储备知识的目的不同，人们收集信息的目的转向现学现用。根据沙尔的理论，青年早期正处于**实现阶段**，运用他们的智力与知识达成与职业、家庭和为社会做贡献相关的长期目标。在这一阶段，处于成年早期的人必须

实现阶段 成年早期必经的一个时间点，他们运用智力与知识，达成与职业、家庭和为社会作贡献相关的长期目标。

面对并解决几个主要问题，并做出重要决定，如从事何种工作、选择结婚对象等，这类问题的决策将影响他们的下半生。

责任阶段 已步入中年的成年人，主要关注其个人环境的阶段，其中包括保护和滋养其配偶、家庭和事业等问题。

执行阶段 为成年中期，此时他们的视野较之前更为开阔，更关注广阔的世界。

重新整合阶段 为成年晚期，此时他们更关注具有个人意义的目标。

在成年早期的最后阶段和成年中期，人们开始步入沙尔所命名的责任与执行阶段。在**责任阶段**，已进入中年的成年人，主要关注如何保护和滋养其配偶、家庭和事业等问题。

接下来，在成年中期的中后期，许多人（但并非所有人）步入**执行阶段**，此时他们的视野更为开阔，更关注广阔的世界（Sinnott，1997）。处于执行阶段的人们，不再仅仅关注自身的生活，他们也开始投身、回报并支持社会团体的活动。他们可能参加当地政府、宗教集会、社会服务单位、慈善团体、工会等拥有广泛社会影响的组织。显而易见，执行阶段人群的视野已经超越了个人的局限。

接下来，进入沙尔理论模式的老年阶段，即最后一个阶段：**重新整合阶段**，这一阶段是指关注具有个人目标的成年晚期。人们在这一阶段，不再把获得知识作为解决可能面对的潜在问题的手段，而认为获得信息的目的是直接针对某些特殊问题，尤其是他们感兴趣的问题。此外，他们对那些看似不能立即运用到生活中的信息的兴趣减少、耐性降低。因此，年龄较大的个体，对诸如联邦预算是否平衡等抽象问题的关注程度，远不如政府是否能够提供全面的健康护理等来得大。

沙尔的认知发展观点提醒我们，认知并没有到青少年期就停止变化了（这一点与佩里的观点一致），而是贯穿整个成年早期及其后面的岁月。

一个教育工作者的视角

你认为教育工作者能教人们变得更聪明吗？有哪些智力成分或种类可能比其他的更“可教”？如果是的话，那是要素的、经验的、情境的、实践的还是情绪的智力成分？

智力：在成年早期重要吗？

LO 13.7 解释智力在今天是如何定义的以及生活事件如何影响年轻人的认知能力的发展

你在目前的工作岗位上的工龄很长，比较有利。所负责部门的工作考核，至少不低于任职之前，甚至还要更好一些。你有两位助手：一位非常能干；另一位勉强合格，却不能真正地帮上忙。即使你深得人心，但你仍认为在你上司的眼中，你与公司其他九名同级别的经理相比没什么特别之处。你的目标是能够快速被提升到执行经理的职位(Wagner & Sternberg, 1985, p. 447)。

你如何达成你的目标?

根据心理学家罗伯特·斯滕伯格(Robert Sternberg)的理论,成年人的答案,与其未来的成功有着密切的关系。上述问题是专门用于评估特殊智力类型的系列问题之一,这一特殊智力类型对未来成功的影响比传统 IQ 测验要大许多(我们在第九章已经讨论过 IQ 测验)。

斯滕伯格在其提出的**智力三元论**中指出,智力由三个主要因素构成:成分要素的、经验的与情境的(参见图 13－7)。成分要素包含解决问题(尤指包括推理行为的问题)、分析数据的智力要素。组成成分与人们选择并使用规则、挑选恰当的问题解决策略的能力相关,总而言之,即如何妥善运用所学到的知识。经验的要素指智力、人们先前的经验以及其应对新情况的能力之间的关系。这是智力三个要素中最富有洞察力的一种,通过经验要素,人们可以将一系列之前从未遇见过的情况与已经掌握的知识相关联。最后是智力的情境要素,包含在应对日常生活和现实需要时,取得成功的程度。例如,在适应特定工作的过程中,便包含情境要素(Sternberg, 2005)。

智力三元论 斯滕伯格提出的智力理论,提出智力由三个主要因素构成:成分的、经验的、情境的。

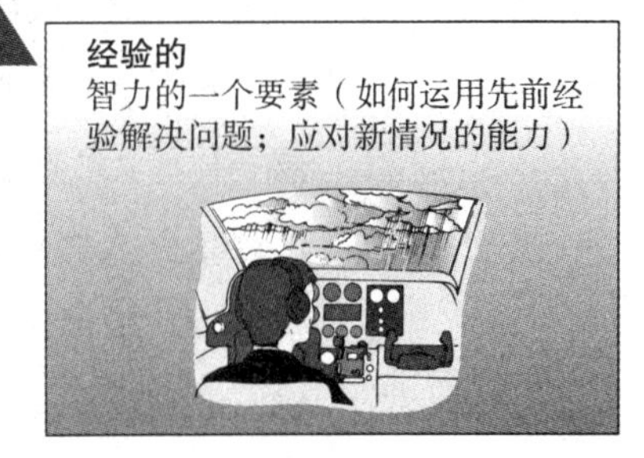

图13–7　斯滕伯格的智力三元论

(资料来源：Sternberg, 1985, 1991.)

出具一份IQ成绩单的传统智力测验,倾向于强调智力的组成成分方面。然而,越来越多的证据表明,情境要素,也被称为实践智力,是一种更为有用的考核方法,特别是用于试图找出、对比和预测成年期可能取得成功的个体。

实践智力与情绪智力。根据斯滕伯格的理论,大部分传统测试得出的IQ分数与学术成功之间密切相关,但与事业成功等其他类型的成就则无关。例如:尽管成功的商业职位要求IQ分数不能过低,但具有职业优势和最终成为成功的商业经理人与IQ成绩的相关性并不显著(Cianciolo et al., 2006; Sternberg, 2006; Grigorenko et al., 2009; Ekinci, 2014)。

斯滕伯格声称职业成功需要一种智力,即实践智力,这与传统学术工作中涵盖的智力存在实质差别(Sternberg et al., 1997)。学术成功基于知识或特殊类型的资讯,大部分通过阅读和收听获得;而**实践智力**则主要通过观察并模仿他人的行为而获得。实践智力很高的个体具有很好的“社会性雷达”。他们能够根据经验有效地理解并处理新情况,洞察人与环境。

实践智力 根据斯滕伯格的理论,意指主要通过观察他人并模仿他人的行为而获得的智力。

情绪智力 是指一系列基于准确评估、计算、表达和调控情绪的技能。

与此类智力能力相关的是另一类涵盖情绪范围的智力。**情绪智力**是指一系列基于准确评估、计算、表达和情绪控制的技能的总和。情绪智力能够赋予某些人与他人和睦相处、理解他人感受和经历并对他人需求给予适当反应的能力。情绪智力也对青年早期职业和个人成功具有显著的价值(Mayer, Salovey, Caruso, 2008; Nelis et al., 2009; Kross & Grossmann, 2012)。

创造力:新异思维。音乐天才莫扎特(Wolfgang Amadeus Mozart)在35岁去世时留下了许多不朽的音乐篇章,而其中大部分是他在成年早期完成的。其他许多拥有创造天分的个体亦是如此:他们的主要作品都是在成年早期完成(Dennis, 1966a; 见图13-8)。

成年早期高产的一个原因可能是,在成年早期过后,创造力有可能被一种称为“熟悉造就僵化”(Sarnoff Mednick, 1963)的情况所抑制。这意味着人们对某一科目了解越多,他们在该领域推陈出新的可能性就越小。根据这一推理,在成年早期人们处于创造性巅峰可能是因为他们遇到许多专业级别的问题都是全新的,至少对他们而言如此。然而,随着年龄的增长,他们对这类问题越来越熟悉,因而阻碍了他们的创造力。

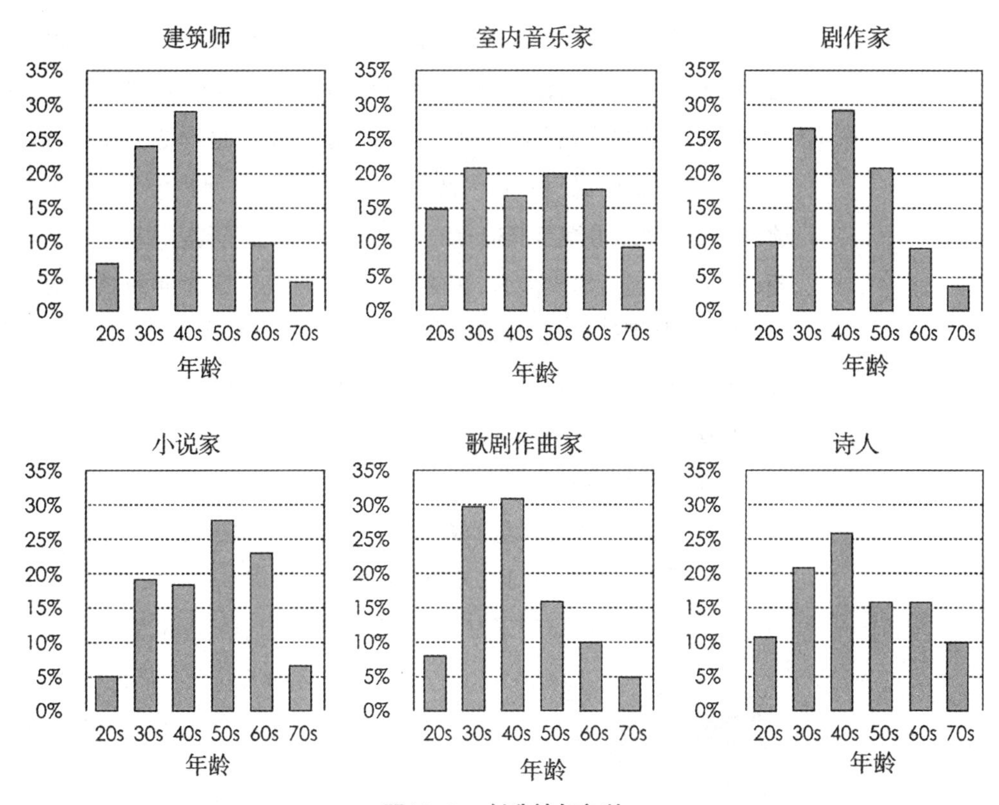

图13-8 创造性与年龄

特殊领域的最佳创作时期彼此不同。百分比是指一生中主要作品创作在特殊年龄阶段的比重。为何诗人的创作高峰较小说家的早?

（资料来源：Dennisa, 1966.）

另一方面,并非所有人都如此。许多人直到生命晚期才达到创造力的鼎盛时期。例如,巴克敏斯特·富勒(Buckminster Fuller)在 50 多岁才设计出他最重要的作品——网格球顶;弗兰克·劳埃德·赖特(Frank Lloyd Wright)于 70 岁高龄设计出著名的纽约古根海姆博物馆;达尔文(Charles Darwin)与皮亚杰在 70 多岁依然写出影响力十分广泛的著作;而毕加索(Picasso)90 多岁时仍在从事绘画创作。此外,当我们纵观整个创作周期,并将之与某人最重要的作品创作时期对比时,我们能够发现整个成年期的创作都十分均衡,这点在人文学科方面表现尤为明显(Simonton, 2009)。

总的来说,创造力研究对揭示持续的发展模式并没有突出贡献。原因之一是难以确定构成**创造力**的实例,创造力是指以全新的方式合成反应或观念。因为对定义所谓"全新的"一词,仁者见仁、智者见智,因此难以鉴别某一模棱两可的特殊行为是否属于创新。

创造力 是指以全新的方式合并反应或观念。

这种不确定并未阻止人们努力尝试的脚步。例如,创造力的一个重要组成元素，是个人甘愿承担风险而尝试可能获得潜在高额回报的意愿。富有创造性的人，可与成功期货市场投资人相媲美，他们努力遵循“低价买入、高价卖出”的原则。富有创造性的人，想出或支持未被社会认可，或被视为错误（相当于“低价买入”）的观点。他们假设其他人最终能够理解该观点并赋予其应有的价值（相当于“高价卖出”）。根据这一理论，富有创造性的成年人，能够重新看待最初被人抛弃的观念或解决问题之道，特别是当该问题为人所熟知时。他们能够灵活地从旧有的行事方式中转而考虑新的方法和机会（Sternberg, Kaufman, & Peretz, 2002; Sternberg, 2009; Sawyer, 2012）。

生活事件与认知发展。人类的生命历程是由诸如婚姻、离开父母、首次参加工作、新生儿出世、购买房子等许多重要事件组成。根据我们对前面章节内容的学习可以知道，这类里程碑式事件的发生，不管受欢迎与否，都会带来明显的压力。但它们是否也能引发认知发展呢？

诸如新生儿降生、挚爱亲人去世等重大生活事件，为人们重新评估自身和所处世界提供了契机，激发认知发展。可能激发认知发展的复杂事件还有哪些？

尽管这类研究依然断断续续，而且很大程度上基于案例研究，但越来越多的证据表明此类生活事件能够促进认知发展。例如，一名新生儿的降生，这一复杂事件可能使个体更深刻体会到亲属和父辈之间关系的本质、社会责任以及人性的不朽。同样，一名挚爱亲人的去世，也将促使人们重新思考生命中最重要的内容以及他们的生活方式（Kandler et al., 2012; Karatzias, Yan, & Jowett, 2015）。

经历过生活起伏，有助于帮助身处成年早期的人们以全新的、更为复杂和缜密的而非固执己见的方式思考现实世界。遇到情况，他们不再单纯地运用形式逻辑（一种他们早已全然掌握的策略），而是运用我们在本章前面描述过的更为广泛的后形式思维看待趋势和模式、个性与选择。此类思维能够让他们有效地应对复杂的社会环境（将在第十四章讨论）。

模块13.2 复习

- 认知发展在成年早期随着后形式思维的出现继续,后形式思维超越了逻辑,具有了解释性的和主观的思维。
- 佩里认为人们在成年早期的思维方式由二元思维转变为相对思维。根据沙尔的理论,人们在使用信息的方式上需要经历五个阶段:获得、实现、责任、执行和重新整合。
- 新的智力观点包括智力三元论、实践智力与情绪智力。随着人们在成年早期将许多已长期存在的问题视为全新的情况,他们的创造力在成年早期达到巅峰。重大生活事件为人们重新评估自身和所处世界提供了契机,对认知发展起了促进作用。

共享写作提示

应用毕生发展:何谓"熟悉造就僵化"?能否从自身的经验中举例说明这一现象?

13.3　大学:追求高等教育

下午3:30下课后,一个30岁重返校园的学生劳拉·吐温布利(Laura Twombly),收拾好书本,奔向她的车。她得抓紧在下午4点前赶去上班,以避免再次受到上司的警告。下班后,她从母亲家接上儿子德瑞克(Derek)急匆匆赶回家。

从晚上8:30到9:30,劳拉陪德瑞克睡觉。10点时,她开始学习商业道德测试。11点她不得不放下学习,把闹钟调到早上5点,这样她就可以在德瑞克早上7点左右醒来之前完成学习。然后,她穿上衣服,喂饱了德瑞克和自己,匆匆把德瑞克送到她母亲家,开始了另一轮的课程、工作、学习和照顾小孩的一天。

劳拉是年龄超过24岁的大龄学生,占当今美国大学生的三分之一,他们在追求大学教育的道路上遇到了不同寻常的挑战。年龄、家庭背景、社会经济地位、种族与族裔等方面的不同,构成了当今大学生的多样性。

对任何一名学生来说,能够上大学都是一种非常重要的成就。尽管你可能认为上大学是件平常事,但这并非事实:在全国范围内能够考取大学的高中毕业生仍是少数。

高等教育的人口统计学

LO 13.8　描述一下现在上大学的人以及上过大学的人群是如何变化的

进入大学读书的都是哪些学生?从整体来看,美国大学生绝大部分仍主要集中在白人和中产阶级。在18岁至24岁的大学生人群中,大约58%是白人,而西班牙裔和黑人的比例分别为19%和14%,7%是亚洲人,2%是其他种族或族裔(U. S. Department of Education, 2012;见图13-9)。

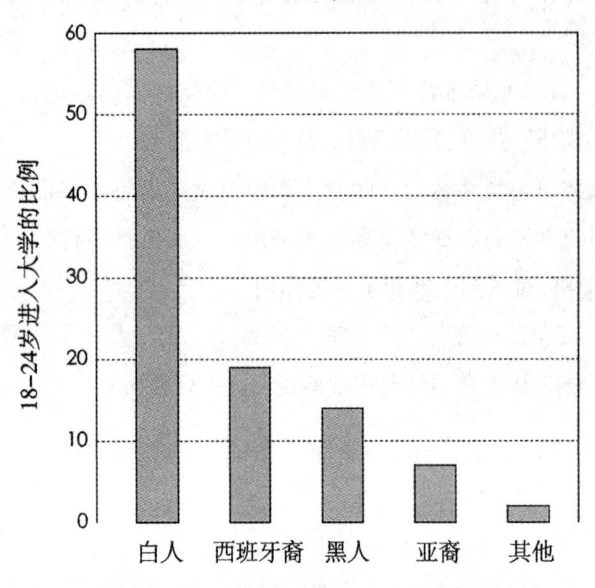

图13-9　不同种族群体的大学生比例

就读大学的学生分布显示，非白人上大学的比例远远低于白人。

（资料来源：U.S. Department of Education, 2012.）

此外,进入大学但最终从未毕业的学生比例是非常大的。只有大约40%的大学毕业生四年可以拿到学位。尽管在那些四年没有拿到学位的人中,有一半人最终完成了学业,但另一半人从未获得过大学学位。对少数族裔来说,情况甚至更糟:根据非裔美国学生在进入大学后6年内毕业的人数来衡量,非裔美国大学生的全国辍学率为60%(Casselman, 2014)。

对于没有上过大学或没有完成大学学业的学生来说,后果可能很严重。高等教育是人们提高经济保障的重要途径。只有3%受过大学教育的成年人生活在贫困线以下。高中辍学学生比接受过大学教育的成年人生活在贫困中的可能性要高出10倍(见图13-10;美国劳工统计局U. S. Bureau of Labor Statistics, 2012)。

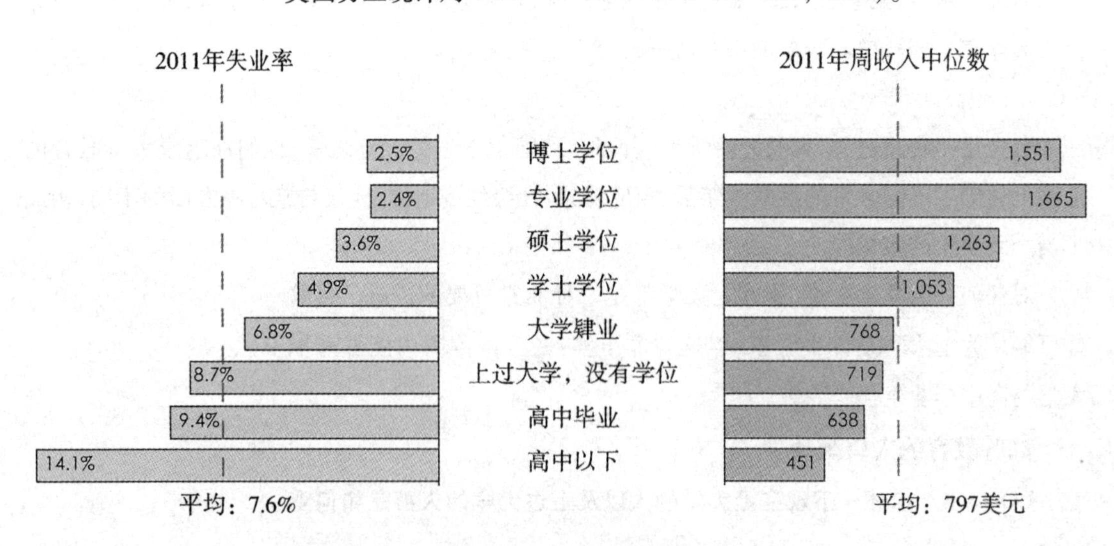

图13-10　教育与经济保障

教育为人们提供的内容不仅仅是知识；它也是为人们（男女均适用）提供获得经济保障的重要途径。

（资料来源：U.S. Bureau of Labor Statistics, 2012.）

大学入学率的性别差异。资料显示,美国女性就读大学的人数较男性多,而且差距仍在不断扩大,女性获得学士学位的比率与男性相比为133∶100。这一性别差距在少数族裔学生中表现尤为突出,如非裔女性就读大学的比率是男性的 1.66 倍(Sum, Fogg, & Harrington, 2003; Adebayo, 2008)。

为何在就读大学的问题上,存在如此明显的性别差异?这可能是因为男性高中毕业后更容易找到赚钱的机会,同时他们认为立刻赚钱比上大学更具吸引力。例如参军、工会,以及其他需要体力的工作可能更容易吸引男性,而结果是更多的男性将其作为最好选择。此外,由于平权法案在录取中越来越少地作为一个因素来考虑,往往是女生的高中学业成绩好于男生,她们被大学录取的比例也可能更高(Dortch, 1997; Buchmann & DiPrete, 2006; England & Li, 2006)。

变化中的大学生:求学不分早晚。如果随着"普通大学生"一词映入脑海的是一幅年龄为 18 和 19 岁年轻人的画面,那么你就应当纠正你的观点,因为学生的年龄在不断增长。事实上,在美国,修读大学课程得到学分的学生中,有 1/4 的年龄在 25 岁至 35 岁之间,就像之前介绍过的 30 岁学生劳拉一样。2/3 的社区大学学生年龄在 22 岁以上,14% 的学生年龄在 40 岁以上(U. S. Department of Education, 2005; American Association of Community Colleges, 2015)。

为何会出现许多大龄、非传统的学生修读大学课程的现象?原因之一是经济问题。大学文凭在获得工作方面的重要性不断增加,某些工人迫于压力,不得不重返校园获取证书。而雇主们也鼓励或要求工人们参加培训,学习新技巧或更新旧有技术。

此外,随着人们年龄的增长,他们开始感觉到需要成家安定下来。这一态度的转变可能减少他们的冒险行为,并使得他们更注重提高养家糊口的能力,这是一种被称为成熟变革(maturation reform)的现象。

一个教育工作者的视角

根据你对人类发展的了解,年长学生的存在可能会如何影响大学课堂?为什么?

根据发展心理学家谢丽·威利斯(Sherry Willis)(1985)的理论,成年人重返校园学习一般具有几个目的。首先,成年人可能正寻求自身成熟过程的答案。随着他们的成熟,他们开始努力体会发生在他们身上的事情,并对未来有所期望。其次,成年人寻求高等教育,力图更为全面地理解现代化社会中快速的技术与文化变换。

有些成年学生也可能正在寻求一种实践优势，以对抗工作过时的危机。有些个体也可能试图获取新的职业技能。最后，成年教育经历，可能被视为为将来退休打下坚实的基础。随着年龄的增大，他们关注的方向开始逐步从工作转向休闲，同时，他们可以将教育视为一种扩展个人可能性的方式。

大学适应：对大学生活要求的反应

LO 13.9 总结大学生入学后所面临的困难

在你刚开始进入大学时，你是否感觉沮丧、孤单、焦急或孤僻？如果是这样，那么你并不是一个人。许多学生，特别是那些刚刚从高中毕业、第一次远离亲人的学生，会在大学第一年经历一段调整时期。**第一年适应反应**是指一系列与大学体验相关的，包括孤独、焦急和沮丧在内的心理症状。尽管任何一名一年级新生都有可能经受第一年适应反应中的一个或多个症状，但在高中阶段的学业或社会地位上取得过巨大成功的学生身上发生这种情况的频率相当高。这些学生在大学学习开始时，经历了地位上的突变，可能导致他们陷入困境。

第一年适应反应 指一系列与大学体验相关的心理症状，包括孤独、焦率、退缩和沮丧。

第一代大学生是家里第一个上大学的人，他们在大学的第一年特别容易遇到困难。他们可能在没有清楚地了解大学和高中的需求有何不同的情况下就进入了大学，他们从家庭获得的社会支持也可能不够。此外，他们可能对大学的工作准备不足（Barry et al.，2009；Credé & Niehorster，2012）。

在高中阶段取得成功并深受欢迎的学生在大学第一年适应反应中表现得尤为脆弱。日渐被大学生所熟悉的咨询服务能够帮助学生进行心理调整。

大多数情况下，第一年适应反应会随着学生交朋友、经历学业成功、融入校园生活而过去。但在其他情况下，这些问题仍然存在，并可能恶化，导致更严重的心理困难（参见你是发展心理学的明智消费者吗？）。

◎ 你是发展心理学知识的明智消费者吗？

大学生何时需要专业帮助？

一名大学生朋友来拜访你，并诉说她深感沮丧与不开心，而且看起来她自己根本无法摆脱这种感觉。她不知道该做什么，也许她需要向专业人士寻求帮助。你该怎么回答她？

尽管并非绝对原则，但有几点可以被视为寻求专业帮助的信号（Engler & Goleman，1992）。其中包括：

- 削弱或羁绊幸福感和行为能力的心理悲伤（如强烈的抑郁倾向，以至于有些人难以完成他们的工作）。
- 感觉无法有效地应对压力。
- 毫无理由地绝望或抑郁。
- 无力与其他人发展友谊。
- 没有明显诱因的身体症状，如头痛、胃痉挛和皮疹等。

如果出现这类信号，那么与健康咨询人员，如提供咨询心理学家、临床心理学家或其他心理健康工作人员等交谈将会对你有所帮助。大学的医学中心便是最好的去处。一名私人医生、社区诊所或当地卫生局也能够提供转诊介绍。

人们对心理问题的关注程度如何？调查发现，近半数的大学生报告他们至少存在一种明显的心理问题。调查显示，超过 40% 的学生因抑郁问题求助于学校的咨询服务中心（参见图 13 – 11）。不过，要切记这些数字只包含向咨询服务中心寻求帮助的学生，而并未涵盖那些未曾求助的学生。事实上，这一数字并不能代表有心理问题的大学生人数（Benton et al.，2003）。

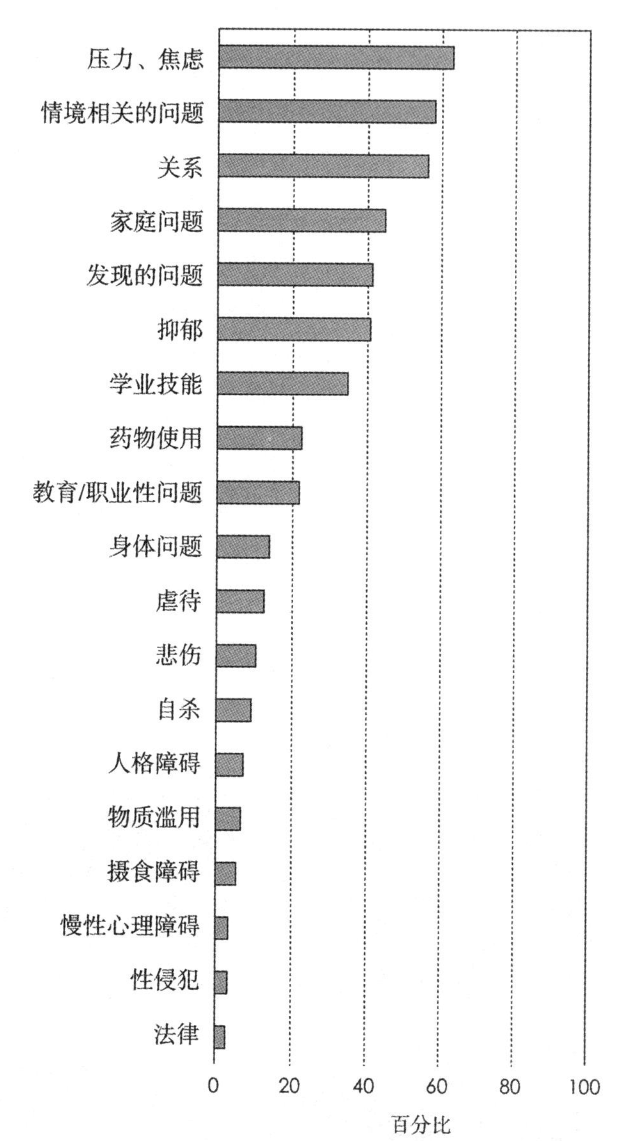

图13–11　大学生活中的问题

大学生去大学咨询中心求助最多的问题。
（资料来源：Benton et al., 2003.）

性别与学业表现

LO 13.10 描述性别如何影响大学生的待遇

在迪堡(DePauw)大学上学的第一年,我选修了一门微积分课程。因为在我20多年的岁月中从未胆怯过,所以在上课的第一天我便举手问了一个问题。时至今日,我仍能生动地描绘出当时的画面——讲课的教授不解地翻着眼睛、用手不断地敲打着他的头,然后大声宣布:“为什么他们让我来教女孩子们微积分?”从那以后我再也没有举手提问。几个星期后,我去观看一场橄榄球赛,但是我忘记带我的证件了。我的微积分教授正好在检查证件的门口,因此我走上前去对他说:“我忘记带我的证件了,但是您认识我,我是您的学生。”他直视着我,然后说:“我不记得班上有你这么个学生。”我真的难以相信世界上竟有一个改变了我的生活却根本不认识我的人存在(Sadker & Sadker, 1994, p. 162)。

尽管今天这类明目张胆的性别主义事件发生的可能性很低,但对女性的歧视与偏见,仍旧是大学生活中存在的一个现实问题。举例来说,下次你上课时,考虑一下你同学的性别,以及你们课程所涉及的专业主题。尽管男性与女性就读大学的比率大体相当,但是在他们课程的选择方面,却存在明显的差异性。例如,选修教育与社会科学类课程的女性人数多过男性,而在工程学、物理学和数学等科目中,男性人数占有绝对优势。

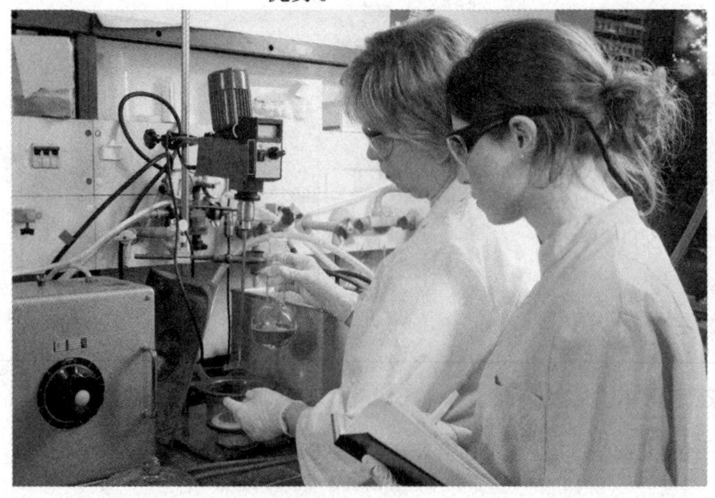

由于性别刻板印象在教育领域的强大影响，女性在物理科学、数学和工程学领域的代表性不足。我们能做些什么来扭转这一趋势?

虽然有些女性选择了数学、工程学和物理学,但是与男性相比,她们更易于放弃。例如,女性在大学学习期间,在此类工科领域中的失败率是男性的2.5倍。尽管女性获得科学与工程学学位的人数逐年增加,但总体而言,女性人数在此领域中仍少于男性(NSF, 2002; York, 2008; Halpern, 2014)。

不同学科领域间性别与失败率的差异并非偶然。这反映出性别刻板印象的影响力贯穿甚至超越了整个教育界。例如,当女性进入大学第一年时,会被问及所谓的职业选择,她们不太倾向选择传统上被男性统治的行业,如工程学或计算机编程,而更有可能选择传统上由女性主导的护理、社会工作等职业。此外,即使他们选择进入数学和科学相关领域,他们也可能面临性别歧视(CIRE, 1990; Ceci & Williams, 2010; Lane, Goh, & Driver - Linn, 2012)。

对于收入问题,不论是在女性刚参加工作还是达到事业顶峰时,她们希望的都比男性少(Jackson, Gardner, & Sullivan, 1992; Desmarais & Curtis, 1997; Pelham & Hetts, 2001)。这一期望与现实一致:总体而言,当男性收入 1 美元时,女性只收入 78 美分(U. S. Bureau of Labor Statistics 美国劳工统计局, 2012; DeNavas - Walt & Proctor, 2013; Catalyst, 2015)。

根据竞争领域不同,男性大学生与女性大学生对未来的期望也不相同。例如,某调查询问大学一年级学生在一系列特质与能力上是否高于或低于平均水平。如图 13 - 12 所示,与女性相比,男性更有可能认为他们在全部学业与数学能力、竞争性和情绪健康等方面超过平均值。

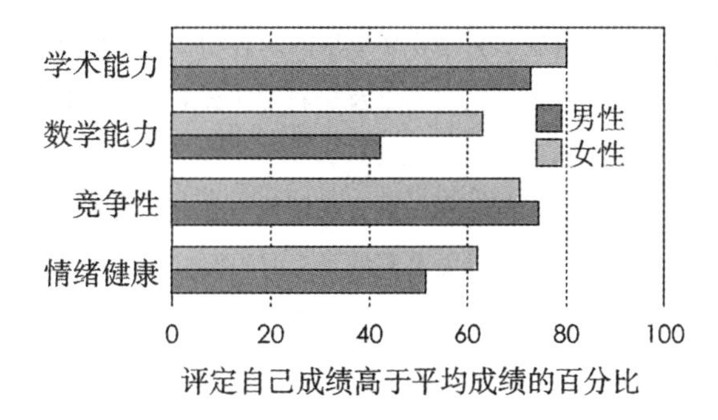

图13-12　巨大的性别差异

在进入大学的第一年,与女性相比,男性更倾向于认为他们在几个与学术成功相关领域上的能力高于平均水平。产生这一差异的根源是什么?

(资料来源:The American Freshman: National Norms for Fall, 1990; Astin, Korn, & Berx. Higher Education Research Institute, UCLA.)

同样,男性教授和女性教授对待其课堂中的男性学生和女性学生的态度也不同,尽管区别对待大多为无意识的、教授们也意识不到的行为。例如,教授们在课堂上提问男性学生的频率较女性高,而且他们与男性学生的眼神交流也多过女性。此外,男性学生比女性学生更有可能获得教授的额外帮助。最后,男性学生和女性学生接收到的对问题的回馈质量也不同,与女性学生相比,男性学生能够接收到教授对其所发表评论的更为积极的补充,如表 13 - 3 所列出的惊人例子(AAUW, 1992; Sadker & Sadker, 1994; D'Lima, Winsler, & Kitsantas, 2014)。

善意的性别主义:对人友善适得其反。尽管存在某些不平等对待女性的恶意性别主义案例,即人们以一种公然伤害的方式对待女性,但在某些案例中,女性却成为善意的性别主义的牺牲品。善意的性别主义是一种将女性置于表面上看似正面的，实则为刻板印象而限定角色的性别歧视方式。

最初善意的性别主义看似对女性有益。例如，一名男教授可能恭维一名女学生天生丽质，或交付她一项轻松的研究，以便不用费力工作。在教授自认为体贴的同时，他事实上可能已经让那名女学生感觉到不被重视，或是产生了削弱她竞争力的想法。简而言之，善意的性别主义对人造成的危害与恶意的性别主义一样严重（Greenwood & Isbell, 2002; Dardenne, Dumont, & Bollier, 2007; Glick & Fiske, 2012; Rudman & Fetterolf, 2014）。

表 13-3 课堂上的性别偏见

美国政治史是大学新生必修的四门课程之一。期末考试前的最后一节课有70名学生参加，男女生几乎平分秋色。教授开始问期末考试是否有问题。几个人举起了手。

詹姆斯：我们必须记住通过的具体法案或宪法修正案吗？或者测试范围将会更加广？

教授：你需要知道主要立法的内容和日期，包括宪法修正案。你不必记住每一个单词，但要知道它们的意思、它们发生的时间以及它们为什么重要。如果我是你，詹姆斯，我会仔细梳理我的笔记。

凯特森：会有选择题吗？

教授：七个问答题。你会选择其中五个。我建议带两三本蓝皮书来。

凯特森：我们还是整整两个小时吗？

教授：是的。其他人呢？

戴夫（大喊）：我们可以带一页笔记吗，就像期中考试那样？

教授：我还没有决定。你认为这些笔记真的对你有帮助吗？

戴夫：是啊。我认为他们减轻了一些压力。准备这些让我们为考试再研习一遍。

教授：你说得很好，让人们学习。我会考虑的。布莱恩？

布莱恩：如果我们期末考得比期中考得好，我们的期末成绩会提高吗？

教授：期中考试和研究论文各占30%。期末考试是40%。但是我希望你能进步，所以期末考得好一点会对你有利。我们为什么不开始呢？

教授在就竞选资金问题提问之前，先就公民联盟发表了20分钟的演讲。对竞选资金的兴趣远远不如期末考试，所以只有少数人举手。教授叫了戴夫。

戴夫：公民联盟不允许公司或工会直接向候选人的竞选基金捐款，但它允许他们为要求人们投票给某个特定候选人的广告付费。

教授：说得好，戴夫。你已经指出了法庭中的一个重要问题。（他朝戴夫微笑，戴夫也朝他微笑。）你认为，在实际操作中，这个问题经得住辩驳吗？（70个中有5个举手。）埃琳诺你怎么看？

埃琳诺：我想，嗯，我不知道这是不是对的，但我想也许是最高法院的法官们投了CU的票，他们倾向于保守，我认为他们想……

戴夫（大声说）:哦,是啊,都怪保守党。你们这些左翼的家伙只是很生气,因为没人愿意花钱为你们的失败候选人做广告。（埃琳诺看起来很沮丧,但什么也没说。几个学生笑了,教授也笑了。戴夫又问了杰卡西。）

杰卡西:我认为最近的选举表明你不能只买……

尼克（打断杰卡西,大声说）:这种问题之所以成立,是因为在公司的广告中,候选人不能站出来说:"我是某某人,我批准了这个广告。"人们可以分辨出来。

教授:说得好,尼克。但是在 CU 下的潜在广告量难道不需要考虑吗? 雅各布?

雅各布:我想是的。如果一个候选人得到所有大公司的广告,它可能会消灭其他候选人。

教授:你认为人们最终会被竞选广告所左右吗?

如果他们看到 100 个广告说不要投票给候选人 X,而只有 10 个广告说要投票给候选人 X,他们会根据这些数字做出决定吗?

雅各布:他们可能过了一段时间就不听了。也许这个候选人说不要把票投给另一个人,他们是失败者,也许人们已经听腻了这些攻击。

教授:这有一些真实的证据,雅各布。好。梅利萨,你想说点什么吗?（梅利萨的手举着"半旗",勉强举了起来。教授叫她的名字时,她看上去有点吃惊。）

梅利萨（轻声细语）:也许我们需要重新考虑一下公司是一个由人组成的协会,拥有宪法第一修正案赋予的权利。很多人不喜欢它。（梅利萨说话的时候,学生们开始合上笔记本电脑,拿起书。大家开始谈话,教授下课了。）

（资料来源:基于 Sadker & Sadker, 1994.）

大学辍学

LO 13.11　总结大学生辍学的原因

并非每一位步入大学的学生都能完成学业。在开始大学生活的 6 年后,只有 58% 的学生顺利毕业。这一现象在某些特殊群体中更为糟糕。例如,在 6 年的大学生涯中,非裔美国学生与西班牙裔学生的毕业率只有一半（National Center for Education Statistics, 2011）。

为何大学的辍学率如此之高? 主要有这样一些原因:有些学生面临经济问题,需要负担高额的费用开支。许多学生无力负担不断增长的费用支出,或在工作与学习之间作痛苦的挣扎。其他学生因为生活条件的改变而不得不离开学校,如结婚、孩子出生或失去父母等。

学业困难也是一个重要原因。有些学生只是单纯地由于学习成绩不佳而被学校勒令退学或选择自动退学。然而,大部分情况下学生辍学并非出于学业危机（Rotenberg & Morrison, 1993）。

那些在成年早期辍学、希望有朝一日能够重返校园却苦于日常生活中种种琐事的羁绊,而未能如愿的大学生可能会经历真正的困难。成年早期，他们可能从事不合意的、低收入的工作，这对他们的智力而言，简直是大材小用。对他们而言，大学教育成为一个遥不可及的梦想。

另一方面，辍学并非总是成年早期生活步伐的倒退。在某些情况下，辍学给予人们再次评估自身目标的思考空间。例如，对将大学经历视为单纯地消耗时间的学生来说，在他们通过自谋生路达到“真正的”生活目标之前，有时能够从一段全职的工作时期受益。在离开大学的这一时期，他们通常可以从不同视角看待现实工作和学校，获得全新的感受和体验。另有一些人单纯地从离开学校的这段时间受益，在社会和心理方面逐步成熟，有关这一点我们将在第十四章作进一步讨论。

模块 13.3 复习

- 大学生的录取率因种族和族裔不同而存在差异。随着越来越多的成年人重返校园，大学生的平均年龄稳步增长。
- 大学新生常常发觉难以转换自身角色，并经历第一年适应反应。学生在大学不仅学习知识，同时也学习逐步接受更多观点，以相对观理解世界。
- 对不同性别的不同态度和期望，促使男性与女性在大学中做出不同选择，并导致不同的行为。
- 大多数学生离开大学不是因为学业上的原因，而是经济上的原因，或者是因为他们的生活和需要优先考虑的事项发生了变化。一些辍学的学生花时间重新寻找他们的目标，或者等到他们在社交和心理上准备好投入大学生活。

共享写作提示

应用毕生发展：你如何教育那些对男女生区别对待的大学教授？是何种因素造成这一现象？能否改变这一现象？

结语

在本章，我们讨论了成年早期的体能与认知发展。首先我们全面考查了健康与健身以及成年早期不断增加的经验，与细微变化的阶段性智力发展。同时，我们还探讨了大学，内容涉及人口统计趋势、区别对待以及影响某些大学生群体学业表现的因素。我们审视了大学的优势，以及某些首次面对大学生活的一年级新生经历的调适反应。

再回到本章的前言，其中我们介绍了一个刚从大学毕业的女生卡妮莎·戴维斯，对她在银行的工作感到很矛盾。根据目前你所了解的成年早期体能与认知发展，回答下列问题。

1. 卡妮莎面临的压力根源是什么？心理神经免疫学家如何描述她的情况及其造成的长期后果？

2. 成年早期的身体能力是如何拯救卡妮莎的生命的？如果卡妮莎是 16 岁或是 46 岁，为什么事故的结果会有所不同呢？

3. 卡妮莎如何使用问题为中心的应对方法来管理她的压力？她如何使用情绪为中心的应对方法？

4. 卡妮莎的办公室工作压力很大。你会推荐什么样的饮食和锻炼习惯来保持她的健康？

回顾

LO 13.1　描述身体在成年早期是如何发展和保持健康的

体能与感觉通常在成年早期达到巅峰。健康风险很小，意外事故成为死亡的最大风险，其次是艾滋病。在美国，暴力是死亡的一个重要因素，特别是在非白人的人群中。

LO 13.2　解释为什么健康的饮食在成年早期特别重要

进入成年早期，许多人开始发胖，由于他们未能改变成年之前养成的不健康的饮食习惯，在成年早期许多人的体重开始增加，而且成年肥胖的百分比随着年龄的增长而增加。

LO 13.3　描述身体残疾的人在成年早期所面临的挑战

身体残疾的人群不仅面临身体困难，同时还必须面对偏见和刻板印象造成的心理障碍。

LO 13.4　总结压力的影响和可以采取的措施

偶尔适度的压力属于生物学的健康范畴，但长期处于紧张刺激中将对身体和心理产生严重的破坏。为了应对潜在的压力情境，人们通过对情境本身进行初级评估，然后对其自身的应对能力进行次级评估。人们以一系列健康或不健康的方式应对压力，其中包含以问题为中心的应对、以情绪为中心的应对、社会支持、防御应对等。

LO 13.5　描述认知能力在成年早期是如何持续发展的

有些理论家找出了越来越多的后形式思维证据，后形式思维超越了形式逻辑，产生了更为灵活和主观的思维。与青少年时期相比，身处成年早期的个体在看待问题时，更多地考虑了现实世界的复杂性，并能够得出更为精细的答案。

LO 13.6　比较佩里和沙尔关于成年早期认知发展的观点

佩里认为，成年早期的认知成长包括发展更深层次的理解世界的方式，包括从二元思维到多元思维，认识到对问题持有多种观点是可能的。根据沙尔的理论，思维发展遵循一系列阶段，包括获得阶段、实现阶段、责任阶段、执行阶段以及重新整合阶段。

LO 13.7　解释智力在今天是如何定义的以及生活事件如何影响年轻人认知能力的发展

将 IQ 等同于智力的传统观点正遭受普遍的质疑。根据斯滕伯格的智力三元论，智力是由成分的、经验的和情境的三种要素构成。实践智力看似与职业成功的关系最为密切，而情绪智力则是社会互动和对他人需求反应的基础。创造力通常在成年早期达到巅峰，其中可能的原因是由于年轻人以全新的方式看待问题而不像他们年长的同伴们以熟悉的方式看待问题。诸如生育和死亡等重要的生活事件能帮助个体发掘事物本身全新的内涵以及改变对世界的看法等,促进其认知发展。

LO 13.8　描述一下现在上大学的人以及上过大学的人群是如何变化的

美国大学生的组成发生了很大变化,许多学生超过以往的19—22岁的年龄范围。与白人高中毕业生相比,只有很小一部分非裔和西班牙裔高中毕业生能进入大学。

LO 13.9　总结大学生入学后所面临的困难

许多大学生在将自身融入新环境时,感受到了抑郁、紧张和冷漠,特别是那些经历了从高中到大学生活状态下降的学生,极易沦为第一年适应反应期的牺牲品。当他们融入新环境时,抑郁、焦虑和退缩感通常很快就会消失。

LO 13.10　描述性别如何影响大学生的待遇

性别差异存在于学生所选择的不同学习领域、学生对其未来职业和收入的期望以及教授对待学生的态度等方面。

LO 13.11　总结大学生辍学的原因

大学生辍学,但通常是打算晚些时候再回来。辍学的原因包括学业能力不够、经济拮据和生活环境的变化。辍学可以为重新考虑优先选项提供机会。

关键术语与概念

衰老	防御应对	重新整合阶段
应激(压力)	坚韧	智力三元论
心理神经免疫学(PNI)	后形式思维	实践智力
初级评估	获得阶段	情绪智力
次级评估	实现阶段	创造力
身心机能紊乱	责任阶段	第一年适应反应
应对	执行阶段	

第 14 章　成年早期的社会性和人格发展

本章学习目标

LO 14.1　总结让年轻人快乐的原因以及社会时钟的含义

LO 14.2　解释年轻人对亲密和友谊的需求如何反应以及喜欢如何变成爱

LO 14.3　区分不同种类的爱

LO 14.4　描述年轻人如何选择配偶

LO 14.5　解释婴儿的依恋类型与成年人的浪漫关系之间有何联系

LO 14.6　描述个体在成年早期建立的各种关系以及使得这些关系继续或者中断的原因

LO 14.7　描述孩子的到来如何影响成年早期的关系

LO 14.8　对比同性恋父母和异性恋父母

LO 14.9　解释有些人在成年早期选择单身的原因

LO 14.10　解释职业在年轻人生活中的作用

LO 14.11　列出影响成年早期职业选择的因素

LO 14.12　描述性别如何影响工作选择和工作环境

LO 14.13　解释人们为什么工作以及导致工作满意度的要素

本章概要

关系的形成:成年早期的亲密、喜欢和爱

幸福的成分:满足心理需求

亲密、友谊和爱

定义难以定义的:什么是爱?

选择一个伴侣:认识对的那个人

依恋类型和浪漫关系:成人的恋爱类型反映了婴儿期的依恋类型吗?

关系的进程

同居、婚姻和其他关系的选择:整理成年早期的选择

为人父母:选择生孩子

同性恋父母

保持单身:我想单独一个人

工作:选择和开始职业生涯

成年早期的认同:工作的角色

选择一份职业:选择一生的工作

性别与职业选择:女性的工作

人们为什么工作? 不只是谋生

开场白: 一种尺寸并不适合所有的情况

格蕾丝·肯尼迪(Grace Kennedy)是一个精力旺盛的 26 岁女生,她在纽约布鲁克林与其他三个同龄人合租一套公寓。当格蕾丝不在当地的食品厂上班时,她会去两个地区乐队演奏摇滚小提琴,并用钢琴作曲。她的公寓里总会来很多音乐家,其中一些作曲家很像格蕾丝,谈话总是很活跃,氛围能够在严肃和幽默之间进行轻松切换。“音乐是如此丰富,”格蕾丝说,“它能够把人们聚集在一起,并且把人们引领到更加广阔的天地中。”

格蕾丝的兄弟姐妹都结婚了,包括她的小妹妹,但格蕾丝曾经有过一连串恋人。她现在的男朋友叫琼斯(Jones),在她的复古艺术摇滚乐队里演奏贝司。“爱真美妙,”格蕾丝说,“琼斯和我

是真的连在了一起，但谁也不知道这会持续多久，我也不明白为什么需要长久持续。”她有一个姐姐叫凯特(Kate)，已经结婚并且生了三个孩子。当她姐姐问她是否渴望拥有一个属于自己的家和家庭时，格蕾丝回答说：“我觉得把自己关在自己的小家里会让人不开心，就像切断我的四肢一样。我喜欢和各种各样的人一起生活、爱和工作。社会应该意识到幸福有多种形式。”

对于很多人来说，关系的形成是成年早期很重要的一部分。

预览

格蕾丝的案例是年轻女性建立亲密关系困难的一个例子吗？还是说她体现了二十几岁的男女如何走向成年人的复杂性这一大趋势？

在任何一种情况下，成年早期都是一个包含一系列发展任务的时期(见表 14－1)。在这一发展时期，我们开始认识到我们不再是父母的孩子了。我们开始将自己视为成年人，视为负有重大责任的社会正式成员(Arnett，2000)。虽然不是所有人，但我们许多人都建立了希望能持续到生命尽头的恋爱关系。

表 14－1　成年的发展任务

成年(20—40 岁)	中年(40—60 岁)	老年(60 岁以上)
• 对自己负责 • 理解你有一段独一无二的历史，并且它不是永久的 • 处理好与父母的分离 • 重新定义与父母的关系 • 获得并解释你的性经历 • 能够与一个非家庭成员建立亲密关系 • 管理财务 • 为获得职业而发展自己的技能 • 思考职业的可能性 • 考虑为人父母的事情以及成为一个父亲或者母亲的可能 • 定义你的价值 • 找到在社会中的位置	• 理解时间在流逝并且接受这一事实 • 接受你的衰老 • 接受你身体的变化，包括外貌和健康 • 发展出一个可以接受的工作身份 • 成为社会的一分子 • 理解社会一直在变化 • 维持与老朋友的友谊并且结交新朋友 • 应对性欲的变化 • 不断经营你与配偶或者伴侣之间的关系 • 随着孩子年龄的增长，改变你与孩子之间的关系 • 将知识、技能和价值观传递给下一代 • 根据短期和长期目标处理好财务 • 经历与自己亲近的人(尤其是父母)患病或离世的情况 • 找到在社会中的位置	• 合理使用时间 • 保持社交而不是孤立地生活 • 交朋友并且建立新的联系 • 适应性欲的变化 • 保持健康 • 应对身体上的疼痛、疾病和局限性 • 让没有工作的生活成为一种舒适的生活方式 • 明智地利用时间从事工作和娱乐 • 为自己和家属有效管理财务 • 关注当下和未来，不要总想着过去的事情 • 适应亲朋好友的不断离去 • 接受孩子和孙辈的关爱

(资料来源：Colarusso & Nemiroff，1981.)

本章探讨成年早期个体面临的挑战，重点关注与他人关系的发展和进程。我们将首先探讨如何建立和保持对他人的爱，分析“喜欢”和“爱”的差异以及不同类型的爱。为了探讨这些问题，我们将研究人们如何选择伴侣以及他们的选择如何受到社会和文化因素的影响。

建立亲密关系是大多数年轻人的当务之急。我们将研究是否结婚的选择以及影响婚姻过程和能否成功结婚的因素。我们还将探讨生育孩子会如何影响一对夫妻的幸福以及孩子在婚姻中扮演的角色类型。当今社会家庭的形式和规模千差万别，这代表了成年早期大多数人生活中的关系复杂性。

职业是成年早期个体的另一项当务之急。我们将探讨成年早期的身份认同通常如何与一个人的工作有关，我们还会分析人们如何决定他们希望做的工作。本章最后讨论了人们工作的原因（工作不仅是为了赚钱），还会讨论人们如何选择职业。

14.1 关系的形成：成年早期的亲密、喜欢和爱

戴安娜·马赫（Dianne Maher）让萨德·拉蒙（Thad Ramon）为之倾倒，就像字面上的意思。“当时我正在为一场舞会布置自助餐厅，而她正在扫地。接下来我所知道的事情就是有扫把在我脚后跟下，我摔倒了，并没有受伤，我庆幸的并非是没有受伤，而是感受到了心跳。她就在那里，脸上展现出笑容，我当时能做的就是注视着她并且大笑。我们开始交谈和大笑，很快我们就发现了彼此都有很多共同点。从那以后我们就一直在一起了。”

萨德跟着直觉走，在大学高年级的时候在一个自助餐厅里向戴安娜求婚了。他们计划在大学里的池塘边举办婚礼，并且在仪式结束时由伴郎和伴娘举着扫把向前行进。

并非每一个人都像萨德和戴安娜那样容易坠入爱河。对一些人来说，爱情之路是曲折的，其间伴随着关系的恶化和美梦的破碎；而对另一些人来说，则不用经历这条路。一些人的爱情通向婚姻，通向符合社会普遍观念的家庭、孩子和所谓的“白头到老”。而对另一些人来说，爱情通向的是不那么愉快的结局，他们可能以离婚告终，也可能纠缠在婚姻的纷争中。

亲密和建立关系是个体在成年早期主要考虑的事项。成年早期个体的幸福部分源于亲密关系，而许多则担忧他们所认真发展的亲密关系是否合适。即便有些人对建立长期的亲密关系不感兴趣，但在一定程度上，与其他人的联结也是非常重要的。

幸福的成分：满足心理需求

LO 14.1　总结让年轻人快乐的原因以及社会时钟的含义

回顾过去一周的生活，什么使你最快乐？对成年早期个体的研究发现，使其最快乐的并非钱财或物质目标的实现，而是独立感、胜任力、自尊或与其他人的良好关系（Bergsma & Ardelt, 2012; Bojanowska & Zalewska, 2015）。

如果让一个年轻人回忆他何时快乐，他很可能会提到心理需求获得满足的经历或时刻，而非物质需求的满足。被提升到一个新的职位，发展一段更深的感情关系，搬进他自己的家，诸如此类都是他可能会提到的。相反地，当让他回忆何时最不快乐时，回答很可能是他的基本心理需求得不到满足的时刻。

在这方面对美国和亚洲国家研究结果进行比较是非常有趣的。譬如说，韩国的年轻人在与他人交往的经历中更多地获得满足感，而美国的年轻人则在涉及自我和自尊的经历中更多地获得满足感。显然，在决定哪一种心理需求是快乐的重要因素时，文化在起作用（Sedikides, Gaertner, & Toguchi, 2003; Jongudomkarn & Camfield, 2006; Demir et al., 2012）。

观看视频　成年早期：幸福，菲尔（PHIL）

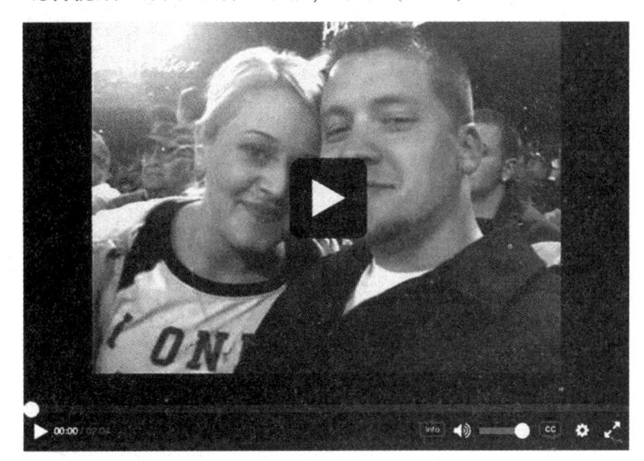

成年期的社会时钟。生育孩子、职位晋升、离婚、跳槽、成为祖父母等，诸如此类的事件标志着生命“社会时钟”上的时刻。

社会时钟（social clock）作为术语，是用来描述、记录个体生命主要里程碑的心理时钟。我们每一个人都有这样一个“社会时钟”，在与同伴相比的基础上，它告诉我们是否在适当的时间达到生命的主要基准。我们的“社会时钟”是由文化决定的：它反映了我们生活的社会对我们的期望。直到 20 世纪中期，成年的“社会时钟”才相对统一（至少对于西方社会中的上层和中层阶级而言）。个体大多经历了一系列与特定年龄阶段紧密相连的发展阶段。譬如说，一个典型的男性个体，在他二十出头完成学业，随后开始就业，并在 25 岁左右结婚，并在他 30 多岁的时候，为了供养一个逐渐扩大的家庭而努力工作。女性也有一个设定的模式，但女性的模式大多集中于结婚和生育孩子，而非进入职场、发展自己的事业。

社会时钟　由文化决定的心理时钟。在与同伴相比的基础上，以此衡量个体是否在适当时间达到生命的主要基准。

今天，两性的“社会时钟”变得多种多样，而主要生活事件发生的时间也有了很大变化。此外，正如我们接下来要考虑的，随着社会和文化的变迁，女性的“社会时钟”发生了极大变化。

女性的“社会时钟”。发展心理学家拉文纳·赫尔森（Ravenna Helson）和他的同事认为，人们有若干种可供选择的“社会时钟”，这一选择与其后的人格发展有实质性关联。赫尔森在对20世纪60年代早期大学毕业女性样本的纵向研究中发现，女性的“社会时钟”有专注于家庭的，有专注于事业的，也有专注于个人目标的（Helson & Moane, 1987）。

观看视频 成年早期：幸福，加比（GaBi）

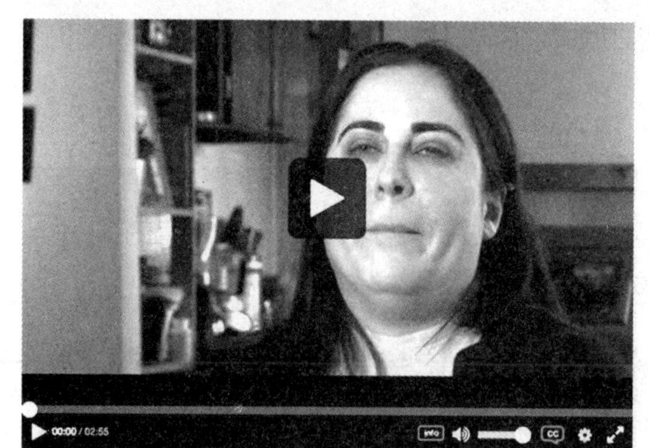

赫尔森发现了以上若干种“社会时钟”的主要模式。在这项研究中，当被试者在21、27、43岁接受评估时，发现这些女性已逐渐发展为自律并恪尽职守的成人，并拥有越来越多的独立和自信，也能更有效地应对压力和不幸。在21—27岁之间，寻找一个配偶并成为母亲，意味着她们履行了赫尔森所说的传统女性行为。但是，随着孩子们的成长和母性责任的减少，女性的传统角色逐渐减少。这项研究也发现专注于家庭和专注于事业的两类女性在人格发展过程中具有相似性。这两类女性都逐渐表现出积极的变化。与此相对，那些对家庭和事业都不专注的女性，在随后的人格发展过程中，改变较少或者向消极方向转变，譬如说，她们的满意感逐渐降低。

赫尔森的结论是，女性对某一特定“社会时钟”选择的内容并不是决定其人格发展进程的关键因素，而选择的过程才是可能对其后发展带来重要影响的因素。也就是说，女性先选择事业，先生育孩子或其他的选择内容都是次要的，重要的是对所选生活轨道的用心经营和专注程度。

值得再次强调的是，“社会时钟”由文化决定。生育孩子的时间、方式、女性职业的进程等都受其生活环境的社会、经济和文化的影响（Helson, Stewart, & Ostrove, 1995；Stewart & Ostrove, 1998）。

亲密、友谊和爱

LO 14.2 解释年轻人对亲密和友谊的需求如何反应以及喜欢如何变成爱

不管两性的“社会时钟”类型如何变化，成人的一个核心特征是不变的，那就是与他人发展和维持关系。正如我们接下来要考察的，这种关系是成年早期发展的关键部分。

寻求亲密性：埃里克森对成年早期的观点。埃里克森认为成年早期是个体的**亲密—疏离阶段（intimacy-versus-isolation stage）**。这一阶段跨越了个体发展的后青少年期一直到 30 岁出头。这一阶段主要的发展任务是与他人发展亲密关系。

亲密—疏离阶段 根据埃里克森的理论，个体在后青少年期和三十出头阶段的主要发展任务是与他人发展亲密关系。

埃里克森所指的"亲密"包括几个方面。一个是"无私、忘我"的程度，包括牺牲自己的需要，以满足对方的需求。进一步的成分包含了"性"，在这一过程中双方共同获得快感，而不是只考虑自己的满足。最后，是更深一步的投入，以把对自己的认同融入对做侣的认同中所做的努力作为标志。

根据埃里克森的理论，那些在此过程中遇到困难的个体，往往是孤独、孤立，与他人关系令人担忧的。这些困难可能源于个体早期在试图发展强大的认同过程中的失败经历。与此相对，那些有能力与他人在身体、智力、情感方面建立亲密关系的成年早期个体，往往能够成功解决这一发展阶段所带来的危机和挑战。

尽管埃里克森的理论非常有影响力，但是，这一理论的某些方面困扰了今天的发展心理学家。譬如说，埃里克森眼中健康的亲密关系限于成人的异性恋，其目的是生育孩子。因此，同性恋伴侣、丁克家庭以及其他偏离了他的理想模式的关系，都被认为是不尽如人意的。此外，埃里克森更多关注男性的发展，对女性的发展不够重视。这些方面都极大地限制了其理论的应用价值（Yip, Sellers, & Seaton, 2006）。

诚然，在历史上，埃里克森的工作还是非常有影响力的，因为他强调要不断考察个体毕生的成长和人格发展。而且，他的这些理论启发了其他发展心理学家考察成年早期个体的心理社会性发展以及亲密关系发展的范围，这一范围包括朋友，也包括生活伴侣（Whitbourne, Sneed, & Sayer, 2009）。例如，有一些发展心理学家认为存在一个独一无二的发展阶段，它开始于十几岁的末端，一直持续到 20 多岁（也参见"从研究到实践"板块）。

成年初显期 从十几岁的末端延伸到 25 岁左右，这一阶段的个体仍在为未来梳理自己的选择。

◎ 从研究到实践

成年初显期：还未真正到来！

你是否有这样的感觉，尽管你已经达到了法律所定义的成年人年龄，但是你仍然觉得自己并不是一个真正的“成年人”？你是否还不确定你是谁以及你在接下来的生活中想要做什么，并且感觉自己没有准备好独自迈入社会？如果你确实有这样的感觉，那么你所经历的是一个被称为成年初显期的发展时期，它是青少年期和成年期之间的一个过渡阶段，处于人生的第三个十年。越来越多的研究人员认为成年初显期是一个独特的发展阶段，在这一个阶段中个体的大脑仍然在发育，神经通路也在不断被修改。这通常是一个充满不确定和自我探索的时期，成年初显期的个体仍在认识这个世界并且思考他或她自己的位置（Arnett，2014a）。

成年初显期有五个主要特征。第一是自我同一性的探索，个体需要学习如何做出关于爱情、工作以及一个人的核心信念和价值观的重要决策。全美18至29岁的1000多名不同成年初显期个体参与了克拉克大学（Clark University）的一项调查，其中77%的人赞同“成年初显期是一个了解我到底是谁的生命时期”。成年初显期的第二个特征是不稳定，包括人生计划或目标的变化、职业和教育路径的波动、关系的不稳定，甚至是意识形态的转变。在克拉克民意调查中，83%的受访者同意“我生命中的这段时间充满了变化”（Arnett，2014b）。

成年初显期个体的第三个特征是自我关注：这一阶段的生活在父母控制以及育儿和职业义务之间展开。随着越来越少的人能够帮助我们回答，成年初显期个体做出任何认真的承诺之前都会享受一段时间进行自我关注。克拉克民意调查中有71%的受访者赞同“成年初显期是我生命中关注自己的一段时间”。鉴于这一切，成年初显期个体的第四个特征就不足为奇了，那就是悬置的感觉，成年初显期个体有一种自己不再是青少年但也不是真正的成年人的感觉。对于其中一些人来说，如果在某些方面仍然依赖父母，那么这种感觉会增强；而对于其他人来说，则更多的是一种完全接受成年期的不确定感和犹豫不决。在克拉克调查中，一半受访者不愿意完全同意他们已经成年了（Arnett，2014b）。

最后，尽管压力和焦虑与成年初显期的不确定性有关，但这个时期也是一个充满积极乐观的时期。近90%的克拉克民意调查受访者同意“我相信有一天我会得到我想要的生活”，83%的人同意“在我生命的这个时刻，一切皆有可能”。这种积极乐观的心态部分原因是如今的年轻人比他们的父母有更好的受教育倾向，这样他们的乐观主义在现实中具有基础。幸运的是，到他们30岁时，大多数成年初显期个体已经找到了自己的方式并且更加适应了他们的成人角色（Arnett，2014b，2015）。

共享写作提示

你认为成年初显期真的是一个普遍的生命阶段，还是说，这是一种只有年轻人才有特权享受的奢侈品呢？你为什么这么想？

友谊。我们大部分人与其他人的关系包括了朋友关系，对许多人来说，维持朋友关系是其成年生活的重要部分。何出此言呢？其中一个理由是，人类有“归属”的基本需求，它引导成年早期个体建立和维持起码的人际关系。有研究表明，大部分人都在致力于建立和维持能够使其产生归属感的关系(Manstead, 1997; Rice, 1999)。

那么,究竟哪些人会最终成为我们的朋友呢? 最重要因素之一是接近性——我们经常与邻居或者交往最频繁的人成为朋友。人们往往因为这种可接近性而从友谊中彼此获益(且往往成本较小),例如陪伴、社会认可以及不经意间的一臂之力。

相似性对建立朋友关系也有非常重要的影响。所谓"物以类聚,人以群分"的意思就是说,人们往往被那些与自己有类似态度和价值观的人所吸引(Selfhout et al., 2009; Preciado et al., 2012; Mikulincer et al., 2015)。相似性在跨种族的朋友关系中显得尤为重要。在青少年期的末期,跨种族的亲密朋友数量有所减少,这一趋势在个体以后的毕生发展中一直延续。事实上,尽管大部分成年被试者在调查中表明自己拥有跨种族的亲密朋友,但当要求他们提及自己的亲密朋友的名字时,很少有人提及和自己不同种族的人。我们也根据个人品质选择朋友。什么是最重要的? 人们最容易被那些自信、忠诚、热情和深情的人所吸引。此外,我们喜欢那些支持他人、乐于助人并提供安全感的人(Hartup & Stevens, 1999; You & Bellmore, 2012)。

人们最容易被那些自信、忠诚、热情和深情的人所吸引。

定义难以定义的:什么是爱?

LO 14.3　区分不同种类的爱

瑞贝卡(Rebecca)和杰瑞(Jerry)每周都去自助洗衣店洗衣服,他们两个人在那里邂逅几次,开始交谈起来。他们发现彼此之间有许多共同点,并且开始期待有计划的见面。几星期之后,他们开始正式出去约会,并发现彼此非常适合。

如果这种模式是可预知的,那么大多数亲密关系的发展比较相似,都伴随着一系列令人惊讶的规律性进展(Burgess & Huston, 1979; Berscheid, 1985):

- 两个人之间日趋频繁而长期的相互影响,此外,交往的地点增加。
- 这两个人不断地期待对方的陪伴。
- 他们之间越来越坦诚,相互透露自己的隐私。开始分享身体方面的亲密行为。
- 他们越来越想要分享双方的积极情绪或消极情绪,也可能会在彼此赞美之余提出一些批评。
- 他们开始对双方关系的目标达成共识。
- 他们对一些境遇的反应变得越来越相似。
- 他们开始感觉到自己的心理健康与双方之间的关系紧密相连,并把双方关系看成是唯一的、不可替代的、弥足珍贵的。
- 最后,他们对自己的定义和对行为的定义发生改变:他们把双方看成是一对,并且在行为上也是不可分割的一对,而不再只是两个独立的个体。

瑞贝卡和杰瑞感受到的"爱"是否仅仅是一种很"喜欢"的状态?大多数发展心理学家都会否定地回答:爱不仅在量上与喜欢不同,它在质上是一种与喜欢完全不同的状态。例如,爱,至少在其早期阶段,涉及相对强烈的生理唤醒,对另一个人无所不包的兴趣、关于另一个人的反复幻想以及情绪的快速波动(Lamm & Wiesmann, 1997)。与喜欢不同,爱是包含亲近、激情和排他的元素(Walster & Walster, 1978; Hendrick & Hendrick, 2003)。

当然,并非所有的爱都是一样的,我们不会用爱我们母亲的方式去爱女朋友或男朋友、兄弟姐妹或终生朋友。这些不同类型的爱有什么区别?一些心理学家认为我们的爱情关系可分为两类:激情之爱和伴侣之爱。

激情(浪漫)式爱情 全身心投入地爱一个人的状态。

伴侣式爱情 对那些与我们生活紧密相关的人的一种强烈感情。

激情式爱情和伴侣式爱情:爱的双面性。 **激情式爱情**或者浪漫式爱情是一种全身心投入爱一个人的状态。它包括强烈的生理兴趣和唤醒,并关心他人的需求。相比之下,**伴侣式爱情**是对那些与我们生活密切相关的人的一种强烈感情(Hendrick & Hendrick, 2003; Barsade & O'Neill, 2014)。

那么,是什么东西在为"激情式爱情"添柴助薪呢?有一种理论认为，任何产生强烈情绪的，即便是负性的，如嫉妒、愤怒、对被拒绝的担心等，都可能是进一步"激情式爱情"的源泉。

心理学家伊莱恩·哈特菲尔德（Elaine Hatfield）和埃伦·伯奇德（EllenBerscheid）提出的**激情式爱情标签理论（labeling theory of passionate love）**认为，当两个特定成分同时出现的时候，个体才能经历（激情）浪漫式爱情。这两个成分是，强烈的生理唤起；情境线索显示双方当时所体验的感觉用"爱"来定义是合适的（Berscheid & Walster, 1974a）。生理唤起可以由性唤起、激动甚至是负性情绪（如嫉妒）等引发。不管何种原因，如果这种生理唤起随后被冠以"我一定是爱上他（她）了"，"她让我心荡神摇"或"他让我意乱情迷"，那么这种情感体验才可以归为激情之爱。

激情式爱情标签理论 当两个成分同时出现的时候，个体才能经历（激情）浪漫的爱。这两个成分是，强烈的生理唤起以及显示这种生理唤起是由于爱的情境线索。

有些人在不断遭受假想"爱人"的拒绝和伤害之后，反而对他产生更深的爱意。激情之爱标签理论可以很好地解释这一现象。这一理论认为，诸如被拒绝、被伤害等负性情绪也可以产生强烈的生理唤起。如果这些生理唤起被理解为因"爱"而产生，那么人们可能会认为自己比经历这些负性情绪之前要更爱对方。

但是，为什么人们要把这种情绪体验冠以"爱"的称号，而非其他可供选择的称谓呢？其中一个理论认为，在西方文化中，浪漫式爱情被认为是可能的、可接受的、值得要的，总之是人类孜孜以求的一种体验。而激情的优点在情歌、广播和电视广告、节目、电影中被高度赞扬。因此，成年早期个体已经准备好并期待在他们的生活中体验和经历"爱"（Dion & Dion, 1988; Hatfield & Rapson, 1993; Florsheim, 2003）。

有趣的是，并非所有文化都秉持相同观点。譬如说，在许多文化中，（激情）浪漫式爱情只是一个外来语，婚姻可能是基于双方经济基础和社会地位的考虑而安排的。即便是在西方文化中，"爱"的概念也是起源于近代。譬如说，直到中世纪，西方社会才"发明"了"夫妇双方要相爱"这一观念。当时，社会哲学家首次提出"爱"是婚姻必备的要素。这一提议的目标是，为婚姻的首要基础提供另一种选择（之前人们普遍认为婚姻的首要基础就是肉体的性欲）（Xiaohe & Whyte, 1990; Haslett, 2004; Moore & Wei, 2012）。

斯滕伯格的爱情三元理论：爱的三个方面。在心理学家斯滕伯格看来，爱不能简单地划分为激情式爱情和伴侣式爱情两种类型。他认为，爱是由三个成分构成的：亲密、激情和决心/承诺。**亲密成分**

亲密成分 包含亲近性、情感性和连通性。

激情成分 爱的这一成分包含与性、身体接近和浪漫有关的动机驱力。

决心/承诺成分 包含个体爱上另一个人的最初认知和长期维护这份爱的决心。

(intimacy component)包含亲近性、情感性和连通性。**激情成分(passion component)**包含与性、身体接近和浪漫有关的动机驱力。譬如,由于吸引而产生强烈的生理唤起。最后,**决心/承诺成分 (decision /commitment component)**包含个体爱上另一个人的最初认知和长期维护这份爱的决心(Sternberg, 1986, 1988, 1997b)。

这三部分结合起来考虑,可以形成8种不同类型的爱,类型的划分取决于双方关系中是否包含这三个成分(见表14－2)。譬如说,无爱(nolove)代表个体间只存在一种普通的人际关系,爱的三个成分都缺失;喜欢 (liking)只包含了爱的亲密成分;迷恋式爱情(infatuated love)只包含了爱的激情成分;空洞式爱情 (empty love)只包含了爱的决心/承诺成分。

表14－2 爱的组成

爱的类型	亲密成分	激情成分	决心/承诺成分	举例
无爱	无	无	无	你对这个人的感觉就像对电影院收入场券的人感觉差不多
喜欢	有	无	无	每周至少一两次一起吃午饭的好朋友
迷恋式爱情	无	有	无	仅仅基于性的吸引而短暂投入的关系
空洞式爱情	无	无	有	被安排好的婚姻或"为了孩子"而决定维持婚姻的夫妇
浪漫式爱情	有	有	无	经历了几个月快乐的约会,但尚未对彼此共同的未来做任何规划的情侣
伴侣式爱情	有	无	有	享受对方的陪伴和双方之间关系的伴侣,尽管彼此不再有多少性兴趣
愚蠢式爱情	无	有	有	只认识两星期就决定一起生活的伴侣
完美式爱情	有	有	有	充满深情和性活力的长期关系

其他几种类型的爱包含2个或2个以上爱的成分。譬如说,浪漫之爱包含了爱的亲密成分和激情成分;伴侣之爱包含了爱的亲密成分和决心/承诺成分。当两个人经历浪漫的爱时,他们在身体上和情感上如胶似漆,但并不必然意味着他们会把这段关系视为永恒。另一方面,伴侣

之爱在缺失爱的激情成分的情况下，却有可能发展成为长久性的关系。

愚蠢式爱情（fatuous love）包含了爱的激情成分和决心/承诺成分。这种方式的爱是盲目的，关系双方缺乏情感联结。

最后，第八种爱，完美式爱情（consummate love）包含了爱的三个成分。我们可能会认为，这种方式的爱代表了“最理想”的爱，但这种观点很可能是错误的。很多长久性的双方都满意的爱情关系并非基于这种爱。此外，双方关系中爱的类型也会随着时间的推移发生改变。如图 14－1 所示，在坚定的爱情关系中，爱的决心/承诺成分达到最高点，并且一直保持稳定状态；与此相对，在关系的早期，爱的激情成分趋向顶峰，但是最后逐渐下降并趋于平坦；爱的亲密成分持续快速增长，并且随着时间的推移，可以继续增长。

观看视频　爱情三元论：罗伯特 · 斯滕伯格

斯滕伯格的爱情三元理论强调了爱的复杂性和动态性，同时也考虑到了爱的不同质量。随着时间的推移，人在变，双方之间的关系也在发展变化，那么，爱也是变化着的。

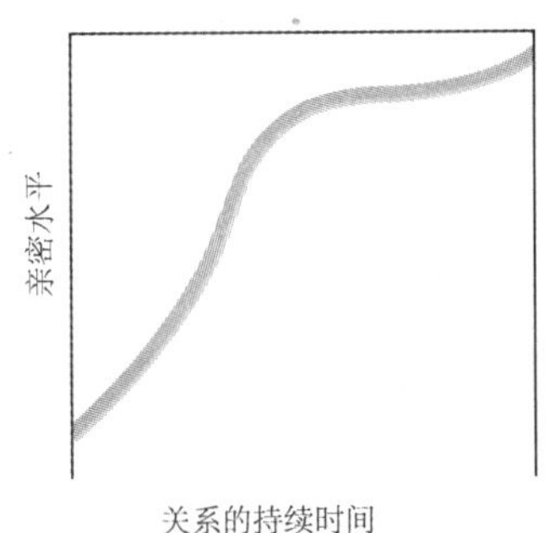

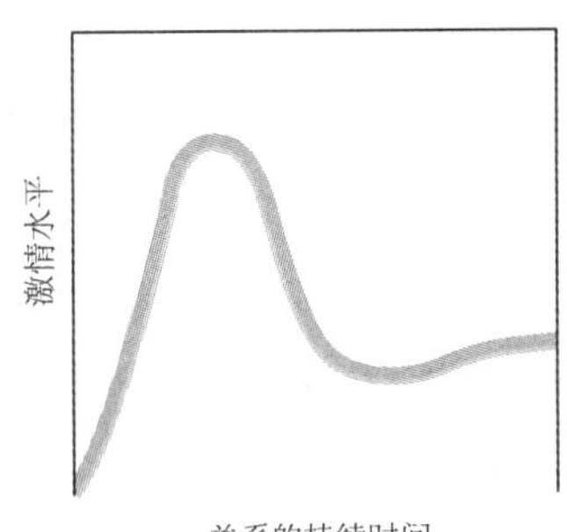

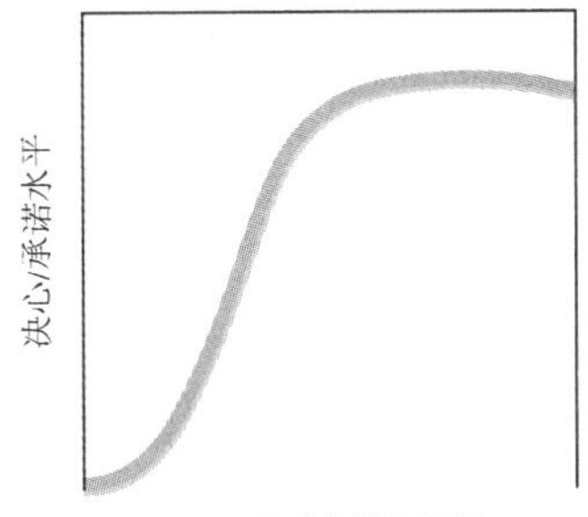

图14－1　爱的形态

在关系的发展进程中，爱的三个成分（亲密、激情、决心/承诺）强度有所变化。那么，当关系发展的时候，这些成分如何变化呢？

（资料来源：Sternberg, 1986.）

选择一个伴侣：认识对的那个人

LO 14.4　描述年轻人如何选择配偶

对许多年轻人而言，寻找伴侣是其成年早期的主要任务。当然，社会为个体提供了许多关于如何成功寻求伴侣的建议，就连超市结账的柜台处都有关于此类的杂志。即便如此，个体在确定自己究竟与哪一个人共享生命旅程这件事上并不容易。

寻求配偶：只考虑爱就够了吗？ 大部分人会毫不犹豫地认为，爱是选择配偶的主要因素。大部分美国人就是这样的。但换句话说，如果我们问问其他社会的人，则有可能婚姻的首要因素并不是爱。譬如，在一项对大学生的调查中，当被问及他们是否会与自己不爱的人结婚时，几乎所有美国、日本和巴西的大学生都表示不会；但另一方面，巴基斯坦和印度的大学生则认为，没有爱情的婚姻是可以接受的（Levine, 1993）。

观看视频 安排好的婚姻：拉提和苏巴斯，20年代

如果爱不是婚姻唯一重要的因素，那么还有哪些因素呢？调查发现如下因素，并且这些因素的重要程度因文化而异。譬如说，对来自世界各地近10，000人的调查发现，美国人认为爱和彼此间的吸引是婚姻最重要的因素；而中国男性则认为健康是最重要的，中国女性认为情感的成熟和稳定性才是最重要的。相反地，南非有祖鲁族血统的男性认为情感的稳定性是最重要的，女性则认为可靠性是最重要的（Buss et al., 1990; Buss, 2003）。

另一方面，婚姻的重要因素具有跨文化的一致性。譬如，“爱和彼此间的吸引”这一项，在特定文化中不一定是最重要的一项，但它在所有文化中大多居于比较重要的地位。此外，可靠性、情感的稳定性、令人愉悦的性情、才智等特性，在各种文化中普遍受到高度重视。

在选择配偶的首要特性中，存在一定的性别差异，且这种性别差异具有跨文化的一致性。这一发现在其他调查中得到证实（如 Sprecher, Sullivan, & Hatfield, 1994）。相对女性而言，男性在选择配偶时，更加注重对方身体方面的吸引力。相反地，女性在选择配偶时更加注重对方是否具有雄心壮志，是否勤勉刻苦。

对这种性别差异跨文化一致性的解释之一，是演化的因素。心理学家大卫·巴斯（David Buss）和他的同事（Buss, 2004; Buss & Shackelford, 2008）认为，我们人类作为一个物种，其寻求配偶的过程，也是寻求能够使其有益基因利用达到最大化的某些特性。他认为，人类在遗传过程中

被设定为要寻求具有最佳生育能力特性的配偶,男性尤其如此。因此,基于身体方面的吸引力,以及能够有更长时间生育孩子这些因素,年轻女性往往更容易受到男性的青睐。

相反地,女性在遗传过程中被设定为要寻求有能力提供各种稀缺资源以增加后代存活率的配偶。因此,女性往往被那些能够提供最好经济福利的男性所吸引(Walter, 1997; Kasser & Sharma, 1999; Li et al., 2002)。

对这些性别差异的演化解释受到许多质疑。首先,这一解释无法考证,并且,性别差异的跨文化一致性可能仅仅反映了类似的性别刻板印象,而与演化风马牛不相及。另外,尽管两性之间的某些性别差异的确具有跨文化的一致性,但同时也存在许多不一致的地方。

最后,一些对演化理论的批评认为,女性对具有财政优势的男性的偏好,可能与演化毫不相干,而是与男性拥有更多权力、地位以及其他资源这一跨文化的一致性紧密相关。因此,女性的这种选择偏好是理性的。另一方面,男性在选择配偶的过程中,没必要考虑经济因素,所以他们可以采用相对而言无关紧要一些的标准(如身体方面的吸引力)来选择配偶。简而言之,配偶选择标准的性别差异跨文化一致性,可能是因为经济生活中的现实具有跨文化的一致性(Eagly & Wood, 2003)。

筛选模型:筛选配偶。调查有助于我们识别可能的配偶身上哪些特性是非常宝贵的,但在选择特定的个体作为配偶这一问题上,助益不大。心理学家路易斯・詹达(Louis Janda)和凯琳・克兰克 - 汉默尔(Karin Klenke - Hamel)(1980)发展了筛选模型,可以用来解释这方面的问题。他们认为,人们选择配偶的过程,就像使用一面日益精致的筛子,对可能的配偶候选人进行筛选,正如我们筛面粉以除去不想要的杂质(见图14-2)。

模型假设,人们首先筛选那些对吸引力具有主要决定作用的因素,当这一任务完成后,再使用更精细的筛子。最后的结果是基于双方相容性的选择。

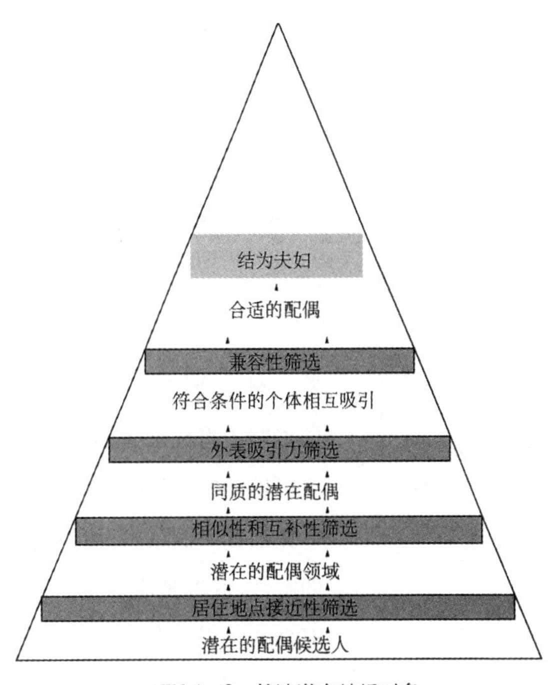

图14-2　筛选潜在结婚对象

根据这一观点,为选择合适的配偶,我们就像在用越来越精细的筛子筛选潜在的配偶候选人。

(资料来源:基于Janda & Klenke-Hamel, 1980.)

那么,这种相容性是由什么决定的呢？这不仅仅是具有令人愉悦的人格特征就可以决定了的,若干文化因素也在里面起着重要的作用。譬如,人们往往基于同质性的原则进行婚配。**同质性(homogamy)**是指人们往往选择那些与自己在年龄、种族、教育、宗教以及其他人口统计学特性方面有着共同点的人结婚。同质性是大多数美国婚姻一贯传承的标准。

同质性 是指人们往往选择那些与自己在年龄、种族、教育、宗教以及其他人口统计学特性方面有着共同点的人结婚。

一个社会工作者的视角

同质性原则和婚姻梯度原则是否会对高地位女性的择偶造成限制？它们又是如何影响男性选择的呢？

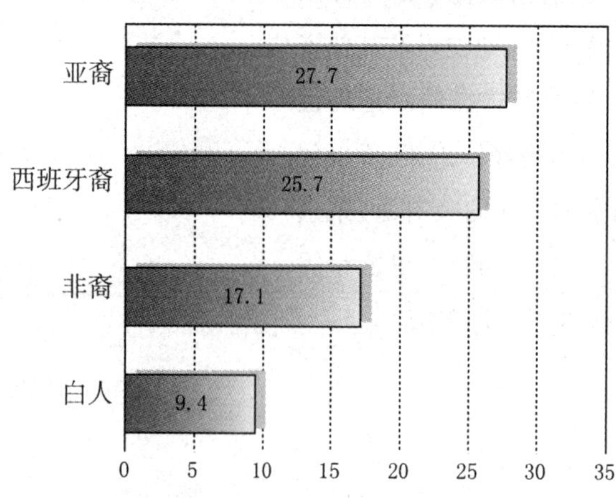

注：亚裔包括太平洋岛民。白人、非裔和亚裔只包括非西班牙裔。西班牙裔含任何种族。

图14-3 跨种族/族裔联姻

尽管同质性一直是美国大多数婚姻的标准，但跨越族裔和种族界限的婚姻所占比率仍然很高。
(资料来源：Wang/Pew Research Center, 2012.)

然而,同质性原则的重要性在不断下降,尤其是在某些种裔群体当中。例如,在1980年至2010年之间,非裔美国男性(不同社会、种族、宗教群体间)的通婚率增加了两倍。但对于其他群体,例如西班牙裔和亚裔,同质性原则仍然发挥着重要作用(见图14－3；Fu & Heaton, 2008；Wang, 2012；Mu & Xie, 2014)

婚姻梯度(marriage gradient),也是美国社会婚姻的一个重要标准。**婚姻梯度**意味着这样一种倾向:男性往往选择那些比自己年轻、矮小、地位低的女性结婚;而女性往往选择那些比自己年长、高大、地位高的男性结婚(Bernard, 1982)。

婚姻梯度 一种趋势,其中男性往往选择那些比自己年轻、矮小、地位低的女性结婚;而女性往往选择那些比自己年长、高大、地位高的男性结婚。

婚姻梯度对美国社会的婚姻产生了重要影响,配偶选择也受到其不利的影响。一方面,对于女性而言,这一倾向限制了潜在配偶的数量,尤其当女性上了年纪以后;而当男性上了年纪以后,这一倾向反而增加了潜在配偶的数量。此外,这也导致了一些男性没有办法结婚,可能是他们找不到符合婚姻梯度原则的地位足够低的女性,或者是他们找不到与自己地位相仿或地位更高的愿意委身下嫁的女性。用社会学家杰西·伯纳德(Jessie Bernard)(1982)的话说:他们是“桶底(bottom of the barrel)”男人。另一方面,一些女性也没有办法结婚,可能是她们地位太高,或者是她们在可能的配偶中找不到地位足够高的男性。也用伯纳德的话说,她们是“精华(cream of the crop)” 女人。

婚姻梯度原则使得许多受过良好教育的非裔美国女性找不到合适的配偶。因为上大学的非裔美国男性少于女性，所以，这些女性可以选择的符合社会标准和婚姻梯度原则的男性就少之又少。因此，相对于其他种族的女性而言，非裔美国女性更有可能嫁给那些教育程度低于自己的男性，或者干脆不结婚（Willie & Reddick, 2003）。（也见“发展的多样性与生活”专栏。）

依恋类型与浪漫关系：成人的恋爱类型反映了婴儿期的依恋类型吗？

LO 14.5　解释婴儿的依恋类型与成年人的浪漫关系之间有何联系

“我就想要一个像妈妈那样的姑娘……”，这首老歌意味着歌曲作者想要找到一个像自己妈妈那样爱自己的姑娘作为配偶。这是否只是一种过时的观念？抑或是一个潜在的真理？直白一点说就是，人们在婴儿期的依恋类型是否会反映在他们成年时的浪漫关系中？

不断有证据表明，个体成年后的浪漫关系很可能会受到早期依恋类型的影响。请您回忆一下依恋的定义：依恋是个体在幼儿期发展起来的与特定个体的积极情感联结（见第 6 章）。大部分婴幼儿的依恋类型可以划分为以下三种类型：安全依恋模式、回避依恋模式和矛盾依恋模式。安全依恋模式的小孩与照顾者之间的依恋关系是健康、积极、信任的；回避依恋模式的小孩与照顾者之间的关系比较冷淡，并且避免与照顾者进行接触；矛盾依恋模式的小孩在与照顾者分离时表现出很大的困难，但当照顾者回来后，又对其非常生气。

根据心理学家菲利浦·谢弗（Phillip Shaver）及其同事们的研究，依恋类型在成年期继续发展，并且影响个体的浪漫关系类型（Mikulincer & Shaver, 2007; Dinero et al., 2008; Frías, Shaver, & Mikulincer, 2015）。例如，请思考以下几种情况：

1. 我觉得自己易于与他人接近，并且能够轻松地信赖对方，也能获得对方的信任。我很少因为害怕被离弃或被他人过于接近而担忧。

2. 我在接近他人的时候会觉得有些不自在；并且很难完全相信别人，依赖别人。当有人对我特别亲近的时候，我会觉得紧张；我的爱侣常常要求我与他更亲密些，但这往往使我不自在。

3. 我发现别人不愿与我接近。我还常常担心我的爱侣并不是真正爱我，也不想与我在一起。有时我想要完全融入另一个人，但这往往会把他们吓跑（Shaver, Hazan, & Bradshaw, 1988）。

根据谢弗的研究，第一种状态的人是安全依恋模式。这样的人易于建立亲密关系并从中获得快乐，而且，对亲密关系的未来充满信心。大多数成年早期个体（一半以上）表现出这种安全依恋模式（Hazan & Shaver, 1987; Luke, Sedikides, & Carnelley, 2012）。

一些心理学家认为，婴幼儿早期的依恋模式在成年的亲密关系质量中得以重现。

相反地，第二种状态的人是典型的回避依恋模式。这样的人大概占了总人数的1/4，他们在亲密关系中往往投入较少，与恋人分手的概率比较高，而且经常会觉得孤独和寂寞。

最后，第三种状态的人是矛盾依恋模式。这样的人往往在亲密关系中投入过多，会与同一个恋人分分合合，而且往往自尊水平较低。大概20%的成人，不管是否有同性恋倾向，属于这种范畴（Simpson, 1990; Li & Chan, 2012）。

在伴侣需要帮助的时候，成人个体所提供的关怀性质也受依恋模式的影响。譬如，安全依恋模式的成人往往会为对方提供易感受的、支持性的关怀，对爱侣的心理需求反应性高。与此相对，矛盾依恋模式的成人往往容易焦虑，他们更有可能给对方带来强制性、干扰性（基本上没什么实际效果）的帮助（Feeney & Collins, 2003; Gleason, Iida, & Bolger, 2003; Mikulincer & Shaver, 2009）。

现在已经很清楚了，个体的早期依恋模式与成年后的行为之间是有延续性的。那些在成人关系中遇到困难的人，最好回顾一下他们的婴儿期的生活，以确定问题的根本症结所在（Simpson et al., 2007; Berlin, Cassidy, & Appleyard, 2008; Draper et al., 2008）。

◎ 发展的多样性与生活

同性恋关系：男男和女女

发展心理学家所进行的大部分研究是针对异性恋关系的，不过针对男同性恋和女同性恋之间关系的研究也越来越多。研究发现，同性恋之间的关系与异性恋之间的关系非常相似。

譬如，男同性恋者在描述自己的成功亲密关系时，与异性恋关系的描述非常相似。他们认为，成功的亲密关系包含个体对恋人的欣赏和感激，并把双方看作一个整体，较少发生冲突，对恋人持有许多积极的情感。类似地，女同性恋者在亲密关系中表现出高水平的依恋、关怀、亲密、情感和尊重（Beals, Impett, & Peplau, 2002; Kurdek, 2006）。

此外，异性恋之间婚姻梯度的年龄偏好也扩展到了男同性恋者之间。像异性恋的男人一样，同性恋的男人在选择伴侣的时候，也偏向于选择那些年龄比自己小，或者年龄与自己相仿的男性。另一方面，女同性恋者的年龄偏好居于异性恋男人和同性恋男人之间（Kenrick et al., 1995）。

最后，根据刻板印象，同性恋者只对性生活感兴趣，他们在建立亲密关系时往往遇到许多困难，尤其是男同性恋，但事实并非如此。大多数同性恋者都在寻求长期的有意义的爱情关系，这与异性恋者所期待的爱情在质量上并没有多大差别。尽管一些研究表明同性关系的持续时间短于异性关系，但是使关系稳定的因素如伴侣的人格特质、来自他人的支持以及对关系的依赖性等因素是相似的（Diamond, 2003; Diamond & Savin - Williams, 2003; Kurdek, 2005, 2008）。

研究发现女同性恋和男同性恋的亲密关系与异性恋关系之间的差异很小。

关于极少数社会问题的意见——对同性婚姻的态度，已经发生了很大变化。2015 年美国最高法院裁定在美国同性婚姻是合法的。大多数美国人支持同性婚姻，在过去 20 年中，人们对它的情绪发生了重大转变。此外，对同性婚姻的态度存在显著的代际差异：30 岁以下的人中有 2/3 是支持同性婚姻的，而 65 岁以上的人中只有 38% 支持同性婚姻合法化（Pew Research Center, 2014）。

模块 14.1 复习

- 成年早期的幸福来自心理需求而非物质需求的满足。社会时钟指的是重大生活事件的时间。虽然人们的生活比以前的时代更加多样，但社会时钟的滴答声在成年中期比其他时期更响亮，尤其是对于女性而言。
- 根据埃里克森的理论，成年早期个体处于亲密对疏离阶段。关系的过程通常遵循增加交互、亲密和重新定义的模式。
- 根据激情式爱情标签理论，当强烈的生理唤醒伴随着应该被标记为“爱”的情境线索时，人们会体验到爱。爱的类型包括激情式爱情和伴侣式爱情。斯滕伯格的三角理论确定了三个基本组成部分（亲密、激情和决策/承诺）。

- 在许多西方文化中，爱是选择伴侣的最重要因素。根据过滤模型，人们对潜在的伴侣应用越来越精细的筛子，最终根据同质性和婚姻梯度原则选择配偶。一般来说，异性恋、男同性恋和女同性恋伴侣关系性质之间是相似的而非差别大的。
- 婴儿期的依恋类型很有可能与成年期形成浪漫关系的能力有关。

共享写作提示

应用毕生发展：设想一下你所熟悉的长期婚姻关系，你认为这种亲密关系是激情式爱情，还是伴侣式爱情，还是二者兼而有之？当激情式爱情转变成伴侣式爱情的时候，发生了什么变化？当伴侣式爱情变成激情式爱情时，又是什么发生了变化？哪一种变化方向是更困难的？为什么呢？

14.2 关系的进程

他并不是个大男子主义者，也并非希望我做所有的家务，但他自己就是什么也不干。他不愿去做那些明显必须做的事，所以我必须设定一些基本的规则。如果我心情不好的话，我可能会嚷嚷："我跟你一样工作了8个小时。这也是你的家，你的孩子，你必须完成你理应分担的家务！"在过去的四年中，杰克森（Jackson）从来没有为孩子换过便盆，但是，他现在去换了，也就是说，我们的进展不小。我真是没有料到，生育一个小孩会带来这么多的麻烦。尽管这个孩子是我们一起计划要的，我们还一起参加拉玛泽生产呼吸法的培训课程，在我生完孩子的最初两个星期，杰克森都待在家里（照顾我）。但后来——嘣——我们之间的关系结束了（Cowan & Cowan, 1992, p.63）。

关系可能会面临许多挑战。成年早期个体在这一发展阶段中，会遇到一些重要的变化，如开始和建构事业、生育孩子、与对方建立及维持（有时是结束）一段关系等。总之，成年早期个体面临的主要问题是，是否结婚，何时结婚。

同居、婚姻和其他关系的选择：整理成年早期的选择

LO 14.6 解释个体进入成年早期后形成关系的种类以及什么使得这些关系继续下去或者中断

对一些人而言，最主要的问题不是如何选择配偶，而是决定是否结婚。尽管调查发现，大多数异性恋者都表示自己想结婚，但相当数量的人选择了其他路线。譬如，在过去的半个世纪里，已婚夫妇人数减少，未

婚伴侣共同生活增加了 1500%，后者被称为**同居(cohabitation)**。事实上，如今的美国约有 750 万人同居(见图 14－4)。已婚夫妇反而占少数(Doyle, 2004b; Roberts, 2006; Jay, 2012)。

同居 一对伴侣生活在一起但不结婚。

大多数年轻人在 20 多岁时会与爱侣至少在一起生活一段时间。此外，当今社会的大多数婚姻都是经过一段时间的同居之后产生的。为什么这么多伴侣选择同居而不是结婚？有些人认为他们还没有做好终身承诺的准备。其他人则认为同居为婚姻提供了"实践"(这对女性的可能性高于男性。女性倾向于认为同居是走向婚姻的一步；而男性则更倾向于将其视为一种测试关系的方式;Jay, 2012)。

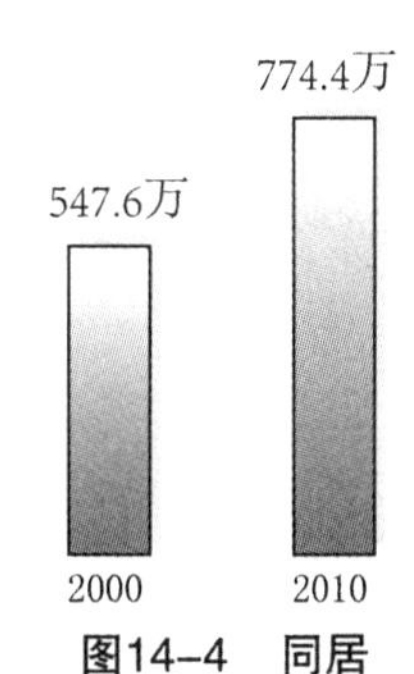

图14-4　同居

婚前同居的数量从2000年到2010年之间增长了41%。
(资料来源：U.S. Bureau of the Census, 2010.)

有一些伴侣同居是因为他们抵制婚姻制度，他们认为婚姻已经过时了，并且要求一对伴侣终生在一起生活是不切实际的(Martin, Martin, & Martin, 2001; Guzzo, 2009; Miller, Sassler, & Kus－Appough, 2011)。

统计结果表明，有些人所认为的同居可以增加之后婚姻生活的幸福感，这一想法是不正确的。与此相反，根据美国和西欧社会的一项调查，婚前同居的夫妇离婚率高于婚前没有同居的夫妇(Hohmann－Marriott, 2006; Rhoades, Stanley, & Markman, 2006, 2009; Tang, Curran, & Arroyo, 2014)。

婚姻。尽管现在流行同居，但大多数成年早期个体仍然首选结婚。许多人把婚姻看作是爱情关系的巅峰，而另一些人认为，到了一定年龄就该结婚了。有些人寻求婚姻，是因为配偶可以承担许多角色。譬如，配偶可以承担经济角色，提供财政福利和安全；配偶也可以承担性的角色，提供各种各样的性生活和性满足，这早已为社会普遍接受。配偶的另一个角色是治疗师和娱乐伙伴：他们可以在一起讨论彼此之间的问题，一起开展活动。更重要的是，婚姻是社会各界普遍认可的生育孩子的唯一合法途径。最后，婚姻为个体提供法律援助和保护。例如，已婚者有资格参加配偶政策下的医疗保险，有资格享受幸存者津贴，如社会安全津贴等(Furstenberg, 1996)。

尽管婚姻仍然很重要，但婚姻制度并非一种静止的制度。譬如，目前美国公民的结婚率处于自 19 世纪 90 年代至今的最低点。这一现象部分归因于居高不下的离婚率，同时，人们决定推迟结婚也是一部分原因。美国男性首次结婚的平均年龄是 28.7 岁，女性的平均年龄是 26.5 岁——这一女性年龄是自 19 世纪 80 年代至今的历届全民普查中的最高值(见图14－5；U.S. Bureau of the Census, 2010)。

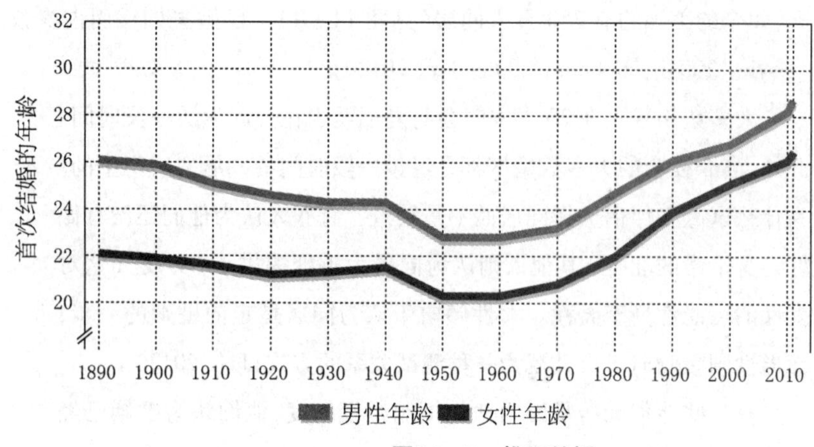

图14－5　推迟结婚

美国成年人首次结婚的平均年龄是自19世纪末期至今的历届全民普查中的最高值。哪些因素可以说明这一现象？

（资料来源：U.S. Bureau of the Census，2011.）

在许多欧洲国家,对已婚者的法律优待不断增加。譬如说,法国提出“全民团结公约”,这份公约分别赋予已婚夫妇许多相同的法律权益。不同的是,当夫妇双方结婚的时候,法律没有要求他们对彼此做出毕生的承诺;全民团结公约比婚姻更脆弱(Lyall, 2004)。

那么,这是否意味着婚姻作为一项社会制度已经丧失了生存能力?应该不是。因为大多数人(90%)最终都会结婚,并且全国民意调查发现,几乎每一个人都认可“美好的家庭生活是重要的”这一观念(Newport & Wilke, 2013)。

那么,为什么人们会推迟结婚呢?这种延迟实际上反映了人们在经济方面的顾虑和“先立业,后成家”的选择。对成年早期个体而言,择业和就业过程日益困难。一些人觉得,只有在职场站稳了脚跟,并且开始赚取足够收入的时候,才能做结婚的打算(Dreman, 1997)。

一个社会工作者的视角

社会为什么建立了如此推崇婚姻的强有力规范?这一规范可能会给希望保持单身的人带来怎样的影响?

如何经营婚姻? 拥有美好婚姻关系的夫妇具有一定的特征。他们彼此表达爱意,较少进行负性交谈。拥有幸福婚姻的夫妇往往把自己知觉为相互依存的夫妻关系,而非两个独立的个体。他们也会通过休闲活动和角色选择中的相似性体验社会同质性。他们拥有相似的兴趣爱好,对各自的角色分工(如由谁投放垃圾,由谁照顾孩子等)达成共识

(Carrere et al., 2000; Huston et al., 2001; Stutzer & Frey, 2006; Cordova, 2014)。

但是,我们了解这类夫妇的特征,并不能帮助我们预防"流行性离婚"。有关离婚的统计数字是严酷的:在美国,只有一半左右的婚姻是完整的。每年都有 100 多万例婚姻以离婚告终,每 1000 人中有 4.2 人离婚。在 20 世纪 70 年代中期,离婚率曾达到历史最高点,每 1000 人中有 5.3 人离婚。目前的离婚率比当时有所下降,并且,大多数专家认为离婚率已经趋于稳定(National Center for Health Statistics,2001)。

观看视频　爱的婚姻:舍拉扎德和罗德瑞克,30多岁

离婚不只是美国的问题,尽管在个别地区离婚率是下降的,但是在全世界所有国家,不论贫富,在过去几十年中,离婚率都在上升(见图 14-6)。

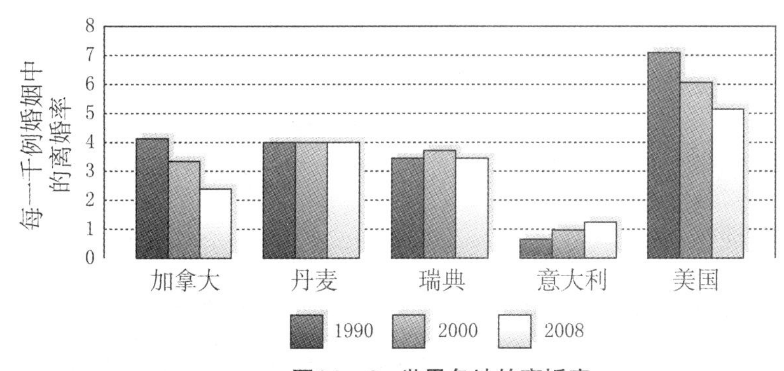

图14-6　世界各地的离婚率

世界各国都有很高的离婚率,尽管有些地方的离婚率正在下降。
(资料来源:基于Population Council Report,2009.)

尽管我们将在第 16 章成年中期的介绍部分详细讨论离婚的后果,但是,离婚的隐患可能形成于成年早期以及婚姻初期生活。事实上,离婚大多发生在婚后开始的十年中。

早期婚姻冲突。夫妇之间发生冲突是常有的事。统计资料表明,将近一半的新婚夫妇都经历过一定程度的冲突。主要原因是,新婚夫妇往往以理想化的视角看待对方,正如俗话说的"情人眼里出西施"。但是,双方经过日复一日的共同生活和深入交往后,逐渐发现对方身上的缺

点，正如这一节开头部分那位妻子所提及的情况。事实上，夫妻双方对婚后最初十年婚姻质量的感知，大多是，最初几年感觉婚姻质量下降，随后几年趋于稳定，接着再继续下降（见图14－7；Kurdek，2008；Huston et al.，2001；Karney & Bradbury，2005）。

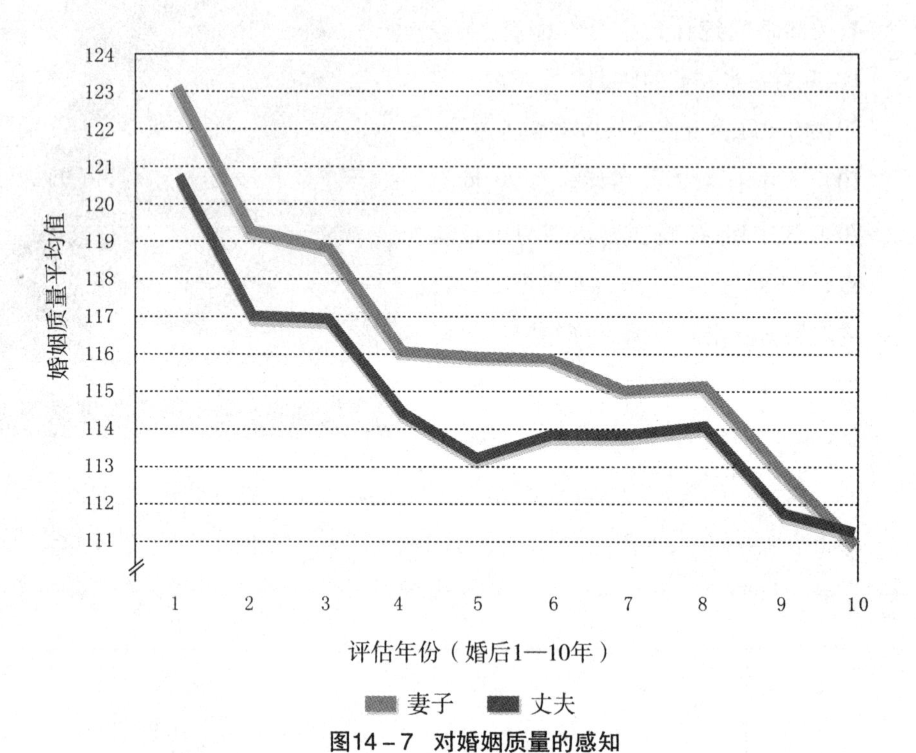

图14－7 对婚姻质量的感知

在新婚阶段，夫妻之间都以理想化的视角看待对方。但随着时间的推移，双方感知到的婚姻质量逐渐下降。
（资料来源：Kurdek, 1999.）

婚姻冲突有许多原因。夫妇双方婚前都是父母的孩子，婚后就一下子成为独立自主的成年人了。这种角色转变可能给夫妇双方带来困难。有些人在除配偶外的认同发展遇到困难；而如何在配偶、朋友、家人之间合理分配时间，让每一个人都满意，也是个伤脑筋的问题（Caughlin，2002；Crawford，Houts，& Huston，2002；Murray，Bellavia，& Rose，2003）。

然而，大多数夫妇都认为婚后的最初几年是非常令人满意的。对他们而言，婚姻是恋爱阶段的延续。通过对双方关系的变化进行商谈，加深彼此之间的了解，许多夫妇感觉自己对配偶的爱比婚前更深。事实上，新婚阶段往往是许多夫妇整个婚姻历程中最幸福最快乐的时光（Bird & Melville，1994；Orbuch et al.. 1996；McNulty & Karney，2004）。

为人父母：选择生孩子

LO 14.7　描述孩子的到来如何影响成年早期的关系

夫妻双方所做的最重要决定之一就是要不要生育孩子。那么，哪些因素使得夫妻双方决定要孩子呢？生育孩子需要耗费许多的经济成本：一项评估表明，如果一个中产阶级家庭生育两个孩子，当孩子长到 18 岁的时候，平均每个孩子的花费大约是 235,000 美元，加上随后大学阶段的费用，每个孩子的费用上升至 300,000 美元。如果考虑到家庭为子女提供的护理费用，照顾子女的总费用至少是政府估计的两倍（Lino & Carlson, 2009; Folbre, 2012）。换言之，年轻夫妇生育孩子的理由可能源于心理方面的需求。他们希望看到自己的孩子一天天长大，从孩子的成功中得到满足，从与孩子的亲密联结中获得无尽乐趣。当然，夫妇在决定生育孩子的过程中，也有为自己考虑的因素。譬如，他们希望自己年老后，子女能够赡养自己；让子女继承产业或农场；或单纯是希望子女陪伴自己。而另一些人生育孩子，是顺应社会规范的要求，尽管大多数美国人喜欢小家庭而不是大家庭，但是仍然有 90% 以上的已婚夫妇生育了至少一个孩子（Saad, 2011）。

对于另一些夫妇而言，他们则根本没有做要生育孩子的决定。有些孩子并不是夫妻计划要的，可能是没有采取避孕措施，或避孕失败导致的意外怀孕生出的孩子。有些夫妻可能原本计划在不久的将来生育孩子，所以，这样的怀孕并非必然不合时宜，甚至有可能是受欢迎的。但是，有些家庭不想要孩子，或已经有足够数量的孩子了，在这种情况下，意外怀孕就成为问题了（Leathers & Kelley, 2000; Pajulo, Helenius, & MaYes, 2006）。

成功的婚姻往往伴随彼此的陪伴和共享许多活动带来的乐趣。

最有可能意外怀孕的夫妇，往往也是社会中最易受伤害的个体。意外怀孕往往发生在那些非常年轻、贫穷、受教育程度低的人身上。令人欣慰的是，在过去几十年中，越来越多的人采取避孕措施，避孕方法的效果也越来越好，因此，意外怀孕的比率大幅降低（Centers for Disease Control, 2003; Villarosa, 2003）。

对于许多年轻人来说，生孩子的决定与婚姻无关。尽管总体上大多数女性（59%）在生育孩子时已经结婚，但现在美国30岁以下女性中有一半以上的分娩都发生在婚外。唯一不适用的人口群体是受过大学教育的年轻成年女性，她们中的绝大多数仍然选择在生孩子之前结婚（DeParle & Tavernise, 2012）。

家庭的规模。有效避孕品的使用也使美国家庭平均生育孩子的数目有所减少。20世纪30年代的民意测验显示，70%的选民认为家庭中理想的孩子数目是3个或3个以上；但到20世纪末，还持这一观点的只有不到40%。今天，大多数家庭生育的孩子数目不超过2个，但有人认为，如果经济允许的话，3个或3个以上的孩子是最理想的（见图14-8；Gallup Poll, 2004；Saad, 2011）。

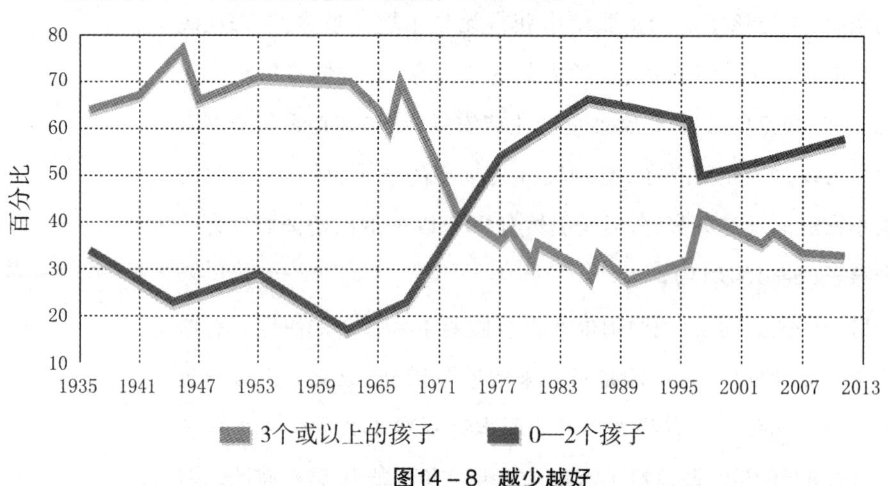

图14-8 越少越好

在过去75年中，美国的父母继续倾向于孩子少些的家庭。您认为一个家庭的理想孩子数量是多少？
（资料来源：Saad, 2011.）

实际婴儿出生率表明，美国人对生育孩子数目的偏好发生了变化。1957年，美国的人口出生率达到"二战"以后的最高点，平均每位妇女生育了3.7个孩子，之后人口出生率开始下降。今天，平均每位妇女生育2.1个孩子，低于人口的替代水平，即一代人为补充人口死亡数而必须生育的孩子个数。与此相反，在一些不发达国家（阿富汗和赞比亚），人口出生率高达平均每位妇女生育6.3个孩子（世界银行，2012）。

为什么人口出生率下降了呢？除了更可靠避孕方法对生育的控制作用，另一原因是，越来越多的女性走上工作岗位。工作的同时生育孩子必然产生很大的压力，这使得许多女性生育的孩子数目减少。

此外，许多职业女性为了发展自己的事业而推迟生育孩子的时间。

事实上，在过去的十年中，只有 30—34 岁之间的女性生育率有所上升。而那些在 30 多岁第一次生孩子的女性，有生育能力的时间所剩不多了，所以，她们不可能像二十几岁就开始生孩子的女性那样，生育那么多孩子。而且，有研究表明，生完一个孩子后，过较长时间再生孩子，比较有利于女性健康，这也使得家庭中孩子数目减少(Marcus, 2004)。

生育孩子的传统动机，如年老后获得子女的经济支持等，已经不再具有吸引力了。一些人认为，依靠子女在自己年老时提供经济支持，不如社会保障和养老金来得可靠。另外，正如先前提到过的，生育一个孩子的成本非常高，尤其是大学费用逐年增长。这些都是限制生育孩子个数的因素。

最后，一些夫妇不生孩子，是害怕自己不能成为称职的父母，或不想承担生育孩子所带来的责任和辛劳。女性可能担心孩子出生后自己要承担过多的抚养责任，而不敢生孩子。这种情况正是对现实的解读，我们随后要讨论的就是这个问题。

双职工夫妇。对成年早期个体产生重大影响的社会变化始于 20 世纪后半部分：父母双方都参加工作的家庭越来越多。孩子处于学龄期的已婚女性，有将近 3/4 参加工作；孩子在 6 岁以下的已婚女性，有一半以上参加工作；在 60 年代中期，孩子 1 岁左右的女性，只有 17% 参加全职工作；而今天，这个比例上升至 50% 以上。事实上，现今大部分家庭，父母双方都参加工作(Darnton, 1990; Carnegie Task Force, 1994; Barnett & Hyde, 2001)。

对于有工作且没有生育孩子的已婚夫妇来说，在办公室的工作和无偿工作(家务)的总和几乎完全相同，男性每天为 8 小时 11 分钟，女性为 8 小时 3 分钟。甚至对于那些有 18 岁以下子女的家庭来说，全职工作的女性还要再多做 20 分钟有偿和无偿工作(Konigsberg, 2010)。

越来越多的女性参加工作，因此很多人选择少生孩子，或者推迟生孩子的时间。

另一方面，丈夫对家庭所做的贡献，其性质不同于妻子所做的贡献。譬如，丈夫们往往承担诸如修理草坪、修理房子等事先(也可推迟)易于制订计划的家务；而妻子们所承担的往往是那些需要立即引起注意的家务，如照料孩子、做菜做饭等。结果，妻子们往往体验更高水平的焦虑和压力(Lee, Vernon - Feagans, & Vazquez, 2003; Bureau of Labor

Statistics，2012；Ogolsky，Dennison，& Monk，2014；见图14－9）。

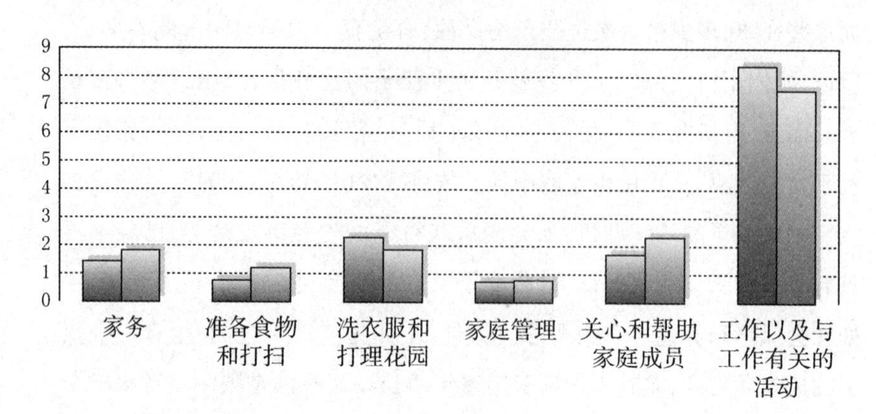

注：数字是指从事该活动的人每天的平均时数。

图14–9　劳动分工

虽然丈夫和妻子每周工作的时间通常是相似的，但妻子往往比丈夫做更长时间的家务以及照顾孩子。你认为为什么会存在这种模式？

（资料来源：Bureau of Labor Statistics，2012.）

成为父母:两人成对,三人成群?

> 当我们第一个孩子出生的时候,我们显得措手不及。当然,我们之前对此作了充分的准备,读书、读杂志上的文章,甚至参加儿童照护的课程。但是,当希娜(Sheanna)真正生下来的时候,照顾她的艰巨任务、一天中每时每刻她的存在,都让我感觉抚养一个幼小同类的使命降临在自己身上,这种感觉是前所未有的。但这也的确使我们能够以全新的视角看待这个世界。

孩子的出生改变了家庭生活的方方面面。夫妻双方突然承担了新的角色,成了“父亲”和“母亲”,这可能超出了他们在仍存在的旧角色(“丈夫”和“妻子”)上反应的能力。此外,初为父母的人会面临更重大的生理和心理要求,包括长久的疲劳、经济责任和增加的家务(Meijer & van den Wittenboer, 2007)。

此外,一些文化认为抚养孩子是一项社会共有的任务,但是西方文化所强调的个人主义使得父母在孩子出生后自行抚养,通常没有团体的支持(Rubin & Chung, 2006；Lamm & Keller, 2007)。

结果,许多夫妇体验到的婚姻满意度跌至婚姻中的最低点。对于女性而言尤其如此,女性在孩子出生后的婚姻满意度低于男性。最可能的原因是,女性经常不能忍受抚养孩子的重大压力,即使父母双方寻求共同承担这些责任(Laflamme, Pomerleau, & Malcuit, 2002; Lu, 2006)。

孩子出生后,并非所有夫妇的婚姻满意度都降低。约翰·戈特曼(John Gottman)和同事们的研究(Shapiro, Gottman, & Carrère, 2000)发现,孩子出生后,夫妇的婚姻满意度可能保持稳定,也可能有所增长。他们确定了三个因素,用以帮助夫妇安全渡过孩子出生所带来的不断增长的压力期。

- 建立对配偶的喜爱和情感。
- 对配偶生活中的事件保持关注,并对这些事件做出反应。
- 把问题都看作是可控制的,可解决的。

婚姻满意度一直保持着新婚阶段水平的夫妇更有可能在养育孩子的过程中也保持较高的满意度。对抚养孩子所要付出的努力有比较现实预期的夫妇往往也能够在孩子出生后有较高的满意度。此外,一起担负养育任务、形成一个共同抚养团队、深入思考共同抚养目标和策略的父母,比其他父母更有可能对自己作为父母的角色感到满意(Schoppe - Sullivan et al., 2006; McHale & Rotman, 2007)。

简而言之,生育孩子也可能带来更高的婚姻满意度,至少是那些对原先婚姻关系满意度高的夫妇。对原先婚姻满意度低的夫妇而言,孩子出生后,情况可能更糟(Shapiro et al., 2000; Driver, Tabares, & Shapiro, 2003; Lawrence et al., 2008)。

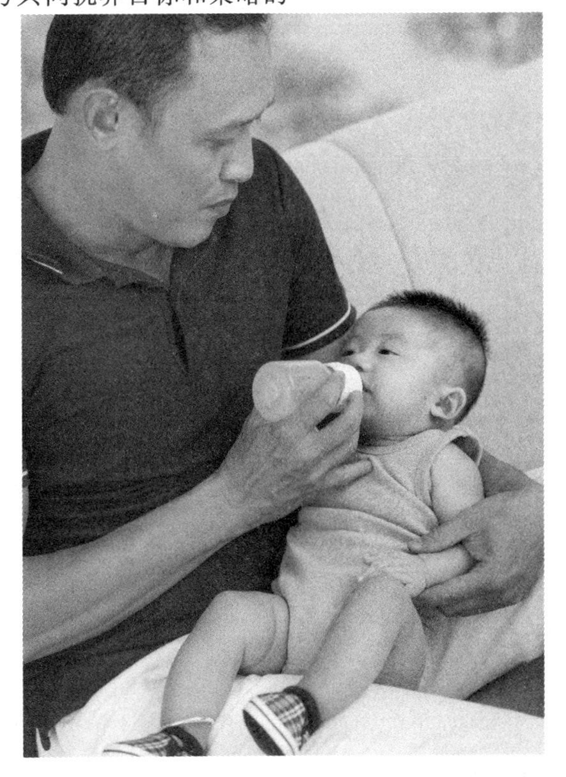

亲子关系将丈夫和妻子的角色扩展到父亲和母亲的角色,这一过程可能对夫妻关系产生深远的影响。

同性恋父母

LO 14.8　对比同性恋父母和异性恋父母

越来越多的孩子在有两个爸爸或两个妈妈的家庭中长大。一项评估粗略表明:有16%—20%的同性恋家庭在抚养孩子(Gates, 2012)。

观看视频 有两个父亲的家庭

那么，同性恋家庭与异性恋家庭相比，有什么不同呢？要回答这个问题，我们首先考察那些没有抚养孩子的同性恋家庭的特性。有一项调查，是比较男同性恋、女同性恋、异性恋伴侣之间有何异同。相比异性恋家庭而言，在同性恋家庭中，劳动分工更加公平合理，伴侣之间分别承担类似数量的不同家务。此外，同性恋伴侣往往更加注重劳动的平等分配观念（Kurdek，2003b，2007）。

然而，就像异性恋伴侣那样，同性恋家庭一旦有了孩子（通常是领养或人工授精），也会对他们的家庭生活带来戏剧性的变化，并且，马上发展出一系列特定的新角色。譬如，最近对女同性恋妈妈的研究发现，照料孩子的责任可能主要由某一位家长承担，而另一位家长则在有偿工作中花费更多时间。尽管两位家长通常表示她们在分担家务和作决策的时候非常平等，但是，孩子的生母往往在照料孩子方面投入更多，相对地，另一位妈妈更有可能报告自己在有偿工作中花费更多时间（Patterson，2013）。

有了孩子之后，同性恋伴侣的变化也与异性恋夫妇相似，尤其是因照料孩子的需求所带来的双方角色分化。站在孩子的立场上看，在同性恋家庭与在异性恋家庭的生活经历，也是比较相似的。大多数研究认为，在同性恋家庭长大的孩子与在异性恋家庭长大的孩子，对突发事件的调节能力，并没有显著差异。另外，由于社会对同性恋的偏见根深蒂固，所以，在同性恋家庭长大的孩子可能要面对更多的社会挑战，但最终他们也还会比较顺利地成长（Crowl，Ahn，& Baker，2008；Patterson，2009；Weiner & Zinner，2015）。

保持单身：我想单独一个人

LO 14.9 解释有些人在成年早期选择单身的原因

有些人既不结婚也不同居，他们选择终生独居。事实上，在过去的几十年中，单身、独居也有了显著增长，这类人约占女性总体的 20%，约占男性总体的 30%。而将近 20% 的人，选择终生单身、独居（U. S.

Bureau of the Census,2012)。

选择不结婚或同居的人,为他们的行为说明了几个原因。一个是他们不认可婚姻。这些人更关注居高不下的离婚率和婚姻冲突,而不会像 20 世纪 50 年代中期的人那样以理想化的视角看待婚姻。最后,他们得出结论:与某一个人终生结合在一起的危险性太高了。

另一些人则认为婚姻的束缚性太强了。这些人非常注重个人的变化和成长,而婚姻所蕴含的长期、稳定的承诺可能会对这些方面产生妨碍。最后一个原因是,有些人没有遇到他们愿意与之共度余生的人。他们珍视自我的独立、自主和自由(DePaulo, 2004, 2006)。

当然,单身生活有优势也有劣势。社会习俗把婚姻作为理想的准则,因此单身的人,尤其是单身女性往往受到社会歧视。此外,单身者往往缺少朋友,在解决性需求方面可能遇到困难,而对自己未来的财政安全感也比较低(Byrne, 2000; Schachner, Shaver, & Gillath, 2008)。

模块 14.2 复习

- 同居逐渐成为年轻人的一种风尚,但大多数人还是会选择结婚。美国的离婚率较高,尤其婚后最初十年,是离婚的高发期。成功的亲密关系中的伴侣会分享兴趣、情感、交流和家庭责任。
- 高效避孕品的使用和职场女性传统角色的变化,使得家庭的规模逐渐变小,但许多已婚夫妇还是非常渴望生育孩子。
- 不管是同性恋还是异性恋,伴随孩子出生而来的关注点、角色、责任变化,都给关系双方带来压力。
- 近几十年来越来越多的人选择单身。原因包括对婚姻的负面看法和对独立的偏好。单身人士经常面临社会怀疑,可能会缺乏友谊和财务不安全感。

共享写作提示

应用毕生发展:你认为成年早期的认知变化(例如后形式思维和实践智力的出现)如何影响青年人处理结婚、离婚和生育孩子等问题?

14.3　工作:选择和开始职业生涯

我为什么会想当一名律师?答案多少有些困窘:在上大学四年级的时候,我开始为毕业后从事怎样的工作而烦恼。那时,父母经常问我今后想从事哪方面的工作。每次接到家里打来的电话，我心里就增加一份压力。于是我开始认真考虑这个问题。恰在那时，新闻整天都是几个大的审讯报道，我就想如果自己是个律师不知会是什么情形。而且我一直都对电视剧的法制与秩序非常着迷。正是这两个原因，我决定从事律师这份职业，并且申请了法学院的学习机会。

对大多数人而言，成年早期做出的选择会影响人的一生。所有选择中，最为重要的一项便是职业规划。我们对职业规划做出的选择不仅取决于薪金的多少，也取决于自己的身份和地位、对自我价值的评价，以及自己一生想要做出怎样的贡献等。总而言之，关于工作的选择涉及每个成年早期个体进行认同的核心部分。

成年早期的认同：工作的角色

LO 14.10 解释在年轻人的生活中职业的作用

精神病学家乔治·范伦特（George Vaillant）的研究表明，成年早期是以职业巩固（career consolidation）这一发展阶段作为标志的。在**职业巩固**阶段（年龄为20—40岁），成年早期个体开始将精力投放在工作中。范伦特的纵向研究是以相当数量的哈佛大学男性毕业生作为研究对象展开的。研究始于20世纪30年代新生入学时期。根据研究，范伦特发现了一个普遍的心理发展模式（Vaillant, 1977; Vaillant & Vaillant, 1990）。

职业巩固 个体20—40岁之间开始的以事业为生活重心的阶段。

观看视频 成年早期：工作，杰西卡

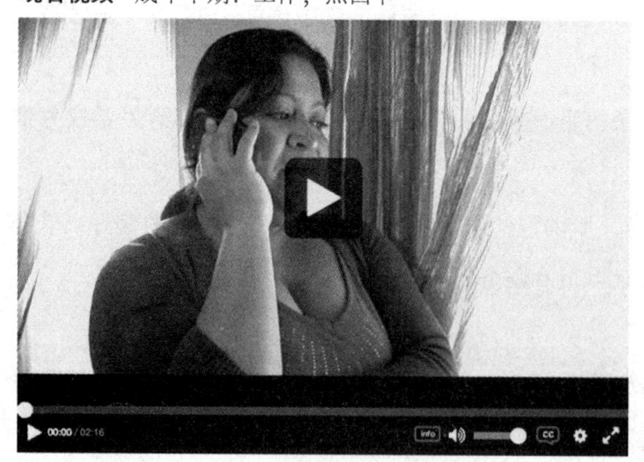

在他们二十出头的时候，往往受到父母权威的影响。接着下来直到三十出头，他们逐渐独立自主。他们结婚生子，同时将精力集中于工作——即职业巩固阶段。

根据研究所获得的数据，范伦特描绘出处于职业巩固阶段的人物肖像，这一肖像多少有些令人沮丧：这个研究的参与者为了获得晋升，非常努力地工作。他们规规矩矩，努力与其所从事的职业标准保持一致。与其在大学生活中表现出来的独立性和质疑精神不同，他们通常毫不犹豫地投身到工作中。

范伦特指出，在他的研究中，工作对被试者的生活有着非常重要的意义，所以职业巩固阶段理应被视为埃里克森理论中“亲密—疏离阶段”的补充。在范伦特看来，对事业的关注逐渐取代对亲密关系的关注，而

职业巩固阶段恰恰可以使埃里克森理论的亲密—疏离阶段过渡到下一阶段,即再生力—停滞(generativity versus stagnation)阶段(再生力是指个人对社会的贡献)。

然而,学界对范伦特的观点反应不一。有批评者指出,尽管范伦特的样本数量足够大,却有着相对的局限性,被试者属于很不寻常的充满活力的人群,而且全为男性,所以,很难说研究结果具有多大可推广性。此外,自 20 世纪 30 年代后期(研究开始进行的时间)至今,社会准则或多或少会有改变,人们对于工作重要性的认识也可能发生了变化。最后,样本中缺少女性,以及工作在女性生活中的作用发生了重大变化,这使得范伦特研究的结论可推广性受到局限。

同时,在大多数人的生活中,很难说工作到底有多重要。而目前的研究结果表明,工作构成男性和女性认同的一个重要部分,相对其他任何活动而言,人们在工作中投入了最多的时间和精力(Deaux et al., 1995)。接下来,我们讨论人们如何选择和决定自己的职业以及由此带来的其他问题。

选择一份职业:选择一生的工作

LO 14.11　列出影响成年早期职业选择的因素

有些人从儿时起就立志成为医生、消防员或是商人,并且始终如一地朝着自己的目标前进。而另一些人,对职业的选择往往出于偶然,他们可能会在招聘广告上寻找工作机会。大多数人处在这两者之间。

金斯伯格职业选择理论。金斯伯格(1972)认为,人们在选择职业的过程中往往经历一系列典型阶段。第一阶段是**幻想阶段(fantasy period)**,这一阶段持续到 11 岁左右。在幻想阶段,人们对职业的选择不考虑技术、能力或工作机会的可获得性,而仅仅考虑这份职业听起来是否有意思。所以,当一个孩子决定自己将来要成为摇滚歌星时,根本不考虑自己连一个调子也不会唱。

第二阶段是**尝试阶段(tentative period)**,这一阶段持续整个青少年期。在尝试阶段,人们开始考虑一些实际情况,务实地考虑职业的要求以及是否符合自己的能力和兴趣。同样,他们也会考虑到自身价值和目标,以及某一职业所能带来的工作满意度。

最后,人们在成年早期进入**现实阶段(realistic period)**。在现实阶段,成年早期个体根据自己的实践经验或职业培训,明确自己的职业选择。通过不断学习和了解,人们逐渐缩小职业选择的范围,并最终做出

幻想阶段　金斯伯格理论的第一阶段,持续到 11 岁左右。人们对职业的选择不考虑技术、能力或工作机会的可获得性。

尝试阶段　金斯伯格理论的第二阶段,持续整个青少年期。人们开始务实地考虑各种职业的要求以及自身能力是否适合。

现实阶段　金斯伯格理论的第三阶段,出现在成年早期。人们根据实践经验或职业培训,明确自己的职业选择,并逐渐缩小职业选择的范围,最终做出选择。

选择。

根据职业选择理论，人们选择职业的过程往往经历一系列典型阶段。第一个阶段是幻想阶段，持续到11岁左右。

尽管金斯伯格的理论很有意义，但有批评者认为他对职业选择阶段的划分过于简单。由于金斯伯格研究对象的社会经济地位处于中等水平，所以对那些处于较低经济地位的人来说，可供选择的工作机会就应该少于金斯伯格研究所得出的结果。此外，对应不同阶段的年龄划分也过于死板，不一定符合实际。例如，一个高中毕业就工作的人，相比一个刚进入大学的同龄人而言，更有可能在较早时间就开始认真考虑职业选择的问题。同时，经济环境的变化也导致许多成年人在不同的时间换职业。

霍兰德人格类型理论。一些有关职业选择的理论往往侧重于人格对职业选择的影响。约翰·霍兰德认为，特定的人格类型与特定的职业可以进行完美匹配。如果人格与职业的适应性高，则个体会更加喜爱自己的职业，其职业道路也会更加稳定；相反地，如果人格与职业的适应性低，则个体会感觉不满，且很可能换工作（Holland, 1997）。

霍兰德认为，以下六种人格类型对职业选择影响较大：

- **现实型**。这类人注重实效，善于解决实际问题，而且身体强健，但社交技能平庸。他们是优秀的农民、工人和卡车司机。
- **理智型**。这类人善于抽象推理，但他们不擅长与人打交道，较适合从事与数学和自然科学相关的工作。
- **社交型**。这类人的语言能力和人际关系处理能力很强。他们非常善于与人交往，是优秀的销售员、教师和咨询师。
- **传统型**。这类人喜欢从事高度结构化的工作。他们是优秀的办事员、秘书和出纳员。
- **进取型**。这类人喜欢冒险，敢于承担责任。他们是优秀的领导者、高效的经理人或政治家。

• **艺术型**。这类人擅长用艺术形式表达自己，相对于人际交往，他们更愿意待在艺术的世界里。他们最适合从事与艺术有关的职业。

霍兰德的人格类型构成了大学就业中心常用的一系列测量基础，帮助学生找到合适的职业。霍兰德的理论认为个体在特定的人格类型上的程度是不同的，因此大多数基于该理论的测量不会给受试者提供一个单一的人格类型，而是提供每个类型的得分。

显然霍兰德的人格类型分类很有价值，但同时也有一个核心缺陷：并不是每个人都能纯粹归于其中某一类。而现实中，一些从事某项工作的个体并不具备霍兰德分类中相应的人格，也就是说，分类往往有例外的情况。尽管如此，该理论的基本观点已经被证实，人们还据此设立了一系列"职业测评"，通过这些测评，了解适合自己性格的职业（Armstrong, Rounds, & Hubert, 2008; Martincin & Stead, 2015）（也见"你是发展心理学的明智消费者吗?"专栏）。

◎ 你是发展心理学知识的明智消费者吗?

选择职业

成年早期个体所必须面对的一个重大挑战，就是做出对其今后的人生产生重大影响的决定：选择职业。尽管大多数人可以适应不同的工作并且都干得很开心，但做出选择毕竟是需要勇气的。以下是指导人们如何解决职业问题的建议。

• 系统地评估各种选择。图书馆里蕴含着丰富的职业信息，大多数学院和高校也有可提供帮助的就业指导中心。

• 了解自己。评价自己的优势和劣势，可在学校的就业指导中心通过填写问卷的方式来了解自己的兴趣、技能和价值观。

• 制作一张"平衡表"，列出你从事某项职业可能获得的收益和付出的成本。首先列出你将获得的收益和付出的成本，如家庭成员。然后写下你将从潜在职业中获得的自我肯定和自我否定以及他人对你从事这个职业所持的社会肯定和社会否定。

• 通过带薪或无薪实习"尝试"不同的职业。通过实习直接了解工作，获得对职业真实情况的感知。

• 切记，没有永久的错误。如今，人们在成年早期或后期阶段都在日益频繁地更换工作。人们不该将自己锁定在人生早期阶段所做的选择上。正如我们在这本书中所看到的，人的毕生都在发展。

• 随着价值观、兴趣、能力和生活环境的变化，可能会导致人们选择另一种不同于成年早期所选择的职业，因为它更适合个体之后的人生发展。

性别与职业选择：女性的工作

LO 14.12 描述性别如何影响工作选择和工作环境

> 招聘：小型家族企业招聘全职员工。职责：清洁、烹饪、园艺、洗熨、修补、购物、簿记和理财，也包括儿童保育。工作时间：55小时/周，但附加职责需全天，整周。节假日要加班。薪水待遇：无报酬，食宿及服装由雇主视情况提供；工作保障亦取决于雇主意愿。无休假，无退休计划，无提升机会。必备条件：无需经验，可边学边干。限女性（Unger & Crawford, 1992, p. 446）。

一个世纪之前，大部分成年早期的女性会认为这则夸张的职位描述最适合她们，同时也是她们追求的工作类型：家庭主妇。即便那些出门在外工作的女性，往往也只能获得较低的职位。20世纪60年代之前，美国的报纸招聘广告大致分为两个版面——“招聘助手：男”和“招聘助手：女”。男性职位列表包括警察、建筑工人和法律顾问等；女性的职位则是秘书、教师、收银员和图书管理员等。

职业类型按性别分类，反映了社会对两性应该从事相应工作的刻板印象。刻板印象认为，女性比较适合从事**公共性职业（communal professions）**，即与人际关系相关的工作，比如看护、照料。相反地，男性比较适合从事**行动性职业（agentic professions）**，即与任务完成相关的工作，比如木工。而公共性职业相对于行动性职业的社会地位和薪金待遇低下的事实，绝非偶然（Eagly & Steffen, 1986; Hattery, 2000; Trapnell & Paulhus, 2012）。

公共性职业 与人际关系相关的工作。

行动性职业 与任务完成相关的工作。

一个社会工作者的视角

公共性职业（与人际关系有关）和行动性职业（与完成任务有关）的划分，与男女两性差异的传统观点如何相联系？

虽然现在的性别歧视已远非几十年前那样严重（例如，现在刊登的招聘广告，如果明确规定只招收男性或只招收女性，都是不合法的），但是，对性别角色的偏见仍然存在。正如我们在第13章中所讨论的，在传统的男性优势职业领域内（如工程师或电脑程序员），很难见到女性的身影。如图14－10所示，尽管在最近40年里，工资的性别差距正在缩小，但女性的周薪水平仍然低于男性。事实上，在许多行业中，女性与男性的工作完全一样，但待遇明显低于男性（Frome et al.，2006；U. S. Bureau Labor Statistics，2014）。

图14-10　工资的性别鸿沟

自1979年以来，女性周薪占男性周薪的百分比持续增长，但也只达到79%多一点，且在最近三年保持稳定。

（资料来源：U.S. Bureau Labor Statistics，2014.）

尽管女性的工作地位和薪水待遇往往低于男性，但还是有越来越多的女性走出家门，参加工作。从 1950 年到 2010 年，美国劳动力中女性（16 岁及以上）所占比例从 35% 左右增长到 60% 以上。目前，女性劳动力占总劳动力的 47% 左右。几乎每一位女性都期望能够依靠自己赚钱谋生，并且几乎所有女性在一生中都或多或少有过工作赚钱的经历。此外，约 24% 的美国家庭，女性的工作收入高于她们的丈夫（U. S. Bureau Labor Statistics，2010，2013）。

女性的工作机会较从前有了较大增长。有更多女性成为医生、律师、保险代理人或巴士司机。但正如上文所指出的，在职业分类中，依然存在着明显的性别偏见。例如，女巴士司机更多地从事校园路线的兼职岗位，而男巴士司机则占据着城市线路的全职岗位。类似地，女药剂师多在医院工作，而男药剂师却多在待遇更好的零售药店工作（Unger & Crawford，2003）。

同样地，处于较高社会地位或担任重要职务的女性（或少数群体），会遇到一个“玻璃天花板”，并且无法突破。“玻璃天花板”是指在某一机构内部，由于性别歧视产生的无形障碍；当个人职位到达一定级别后，它就会出来阻挠，使其丧失进一步获得提升的机会。它发生作用的方式非常微妙。而那些对“玻璃天花板”的存在负有责任的人，并没有意识到他们的行为实际上是对女性和少数群体的歧视（Goodman, Fields, & Blum, 2003; Stockdale, Crosby, & Malden, 2004; Dobele, Rundle – Thiele, & Kopanidis, 2014）。

人们为什么工作？ 不只是谋生

LO 14.13 解释为什么人们工作以及导致工作满意度的成分

这看起来似乎是个很简单的问题，答案也显而易见：人们为了谋生而工作。然而事实并非如此简单，年轻人找一个工作有很多原因。

外在动机 驱使人们为了获取实际的回报（如金钱和声望）而工作的动机。

内在动机与外在动机。诚然，人们工作是为了获得各种具体的回报，换言之，是源于外在动机。**外在动机（extrinsic motivation）**驱使人们为了获取实际的回报（如金钱和声望）而工作（D'Lima, Winsler, & Kitsantas, 2014）。

内在动机 致使人们为了各自的乐趣而工作的动机，而非出于工作带来的金钱回报。

人们也在为各自的乐趣而工作，为个人的奖赏而工作，而不仅仅是为工作带来的金钱回报。这就是所谓的**内在动机（intrinsic motivation）**。在许多西方社会，人们比较认可清教徒式的工作伦理和“工作本身就很重要”的观点。鉴于这些看法，工作是一项富有意义的行为，能给人带来心理的（至少从传统观念来看），甚至是精神的幸福感和满足感。

工作同样可以给人以明确的认同。大家不妨想想，人们初次见面的时候是如何自我介绍的。在互报姓名和住处后，人们往往会特地告诉对方自己所从事的职业。也就是说，人们从事的工作占据了“他们是谁”的很大一部分内容。

工作也是人类社会生活的重要组成部分。人们对工作投入了相当多的时间，所以，工作也可能是年轻人结交朋友和进行社交活动的源泉。人们在工作中建立的社会关系，很可能影响到工作之外的其他生活领域。此外，一些社会行为也多与工作有关，像与老板共进晚餐，每到12月举行一年一度的季节派对，等等。

地位 群体或社会其他成员对某一相关个体所扮演角色的价值评价。

最后，人们所从事的工作也决定他们的社会**地位（status）**。社会地位是社会对个人所扮演角色的价值评价。如图14–11所示，不同职业对应一定的社会地位。比如医生和大学教师居于社会地位的较高层，而引座员和擦鞋工则位于社会地位的底层。

工作满意度。特定职业的社会地位影响着人们的工作满意度，个体所从事职业的社会地位越高，往往工作满意度也越高。同时，家庭中主要收入提供者的社会地位，也对其他家庭成员的社会地位产生影响（Green, 1995; Schieman, Mcbrier, & van Gundy, 2003）。

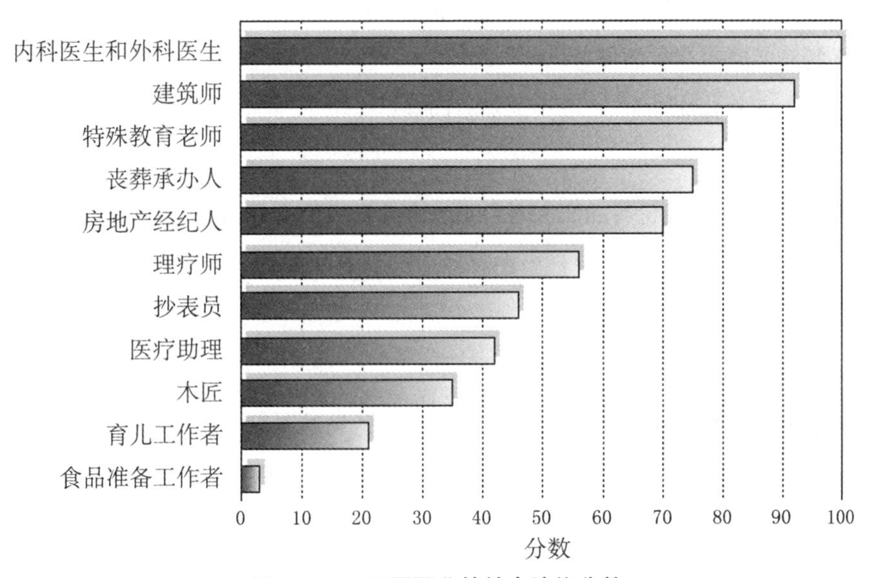

图14-11 不同职业的社会地位分数

(资料来源: Based on Nam & Boyd, 2004.)

当然,社会地位不代表一切,工作满意度也与其他许多因素有关,其中最关键的因素是工作本身的特性。例如一些电脑办公的职员每时每刻都受到监控,上级甚至会不断地观察他们总共击键的次数。在有些公司,员工利用电话进行销售和获取顾客订单,但他们的电话交谈往往被主管监听。很多雇主甚至对员工如何使用互联网和收发电子邮件等加以监控和限制。在这样的工作压力下,员工对工作不满意也就不足为奇了(MacDonald, 2003)。

如果员工能够在工作中展现他们的自然状态,并且他们的想法和观点能够得到重视和接纳,那么他们的工作满意度往往就高。人们大多喜欢内容丰富且需要多种技能配合方可完成的工作。此外,如果员工可以对其他人产生更多影响(不管这种影响作用是否能像管理者那样直接),那么,他们的工作满意度都将可能提高(Peterson & Wilson, 2004; Thompson & Prottas, 2006; Carton & Aiello, 2009)。

模块 14.3 复习

- 职业的选择是成年早期非常关键的一步,范伦特认为,职业巩固阶段作为一个人生发展阶段应该与埃里克森的亲密—疏离阶段具有同等重要的意义。
- 金斯伯格认为,人生要经历三个职业选择阶段:幻想阶段、尝试阶段和现实阶段。其他有关职业选择的理论,如霍兰德的理论,试图将不同的人格类型与合适的职业进行匹配。

- 性别角色偏见正在发生改变,但女性在职业选择、角色扮演和报酬待遇等方面仍在遭受不那么明显但确实存在的偏见。
- 人们工作既有外部动机,也有内部动机因素。

共享写作提示

应用毕生发展:如果范伦特的研究对象是当今社会中的女性,那么他的研究结果会与之前的研究结果一致吗？在哪种情况下一致？在哪种情况下不一致？

结语

我们对成年早期的研究显示,这一阶段并不像其他发展阶段一样存在某些方面的明显增长,但这一阶段中发生的不太明显的变化和发展是同样重要的。我们目睹了处于健康和智力高峰期的个体进入他们生命中的一段重要时期,在这一时期中实现真正的独立是个体需要应对的挑战和完成的目标。

本章探讨了成年早期个体所要面对的几个主要问题:建立亲密关系、谈恋爱、准备结婚、找到自己的职业等。我们考察了建立亲密关系和考虑是否结婚、与谁结婚等重大问题的影响因素,描述了美好婚姻与不幸婚姻的特点;我们还讨论了人们选择职业的影响因素以及哪些职业特征可以给人带来工作满意感;等等。

在我们进入下一章成年中期的内容之前,请回顾一下本章的开场白部分,也就是音乐家/作曲家格蕾丝·肯尼迪居住、恋爱和工作在布鲁克林的故事。根据对成年早期亲密关系和职业的理解,请回答以下问题:

1. 你会如何描述格蕾丝的社会时钟？为什么她认为她的社会时钟没有慢一拍(虽然她的想法并不是其他人认可的)？

2. 你认为格蕾丝的生活是否是成年初显期的一个范例？为什么？

3. 从埃里克森的亲密—疏离阶段的角度考虑格蕾丝的生活,你认为格蕾丝是否有能力建立亲密关系？为什么？

4. 格蕾丝在食品厂里工作,同时又追求着自己对演奏和创作音乐的兴趣。你认为这是一个真正的职业选择吗？这是年轻人趋势的一部分吗？

回顾

LO 14.1　总结让年轻人快乐的原因以及社会时钟的含义

对于年轻人来说,快乐与心理因素有关,例如独立性、能力、自尊以及与他人的关系。

LO 14.2　解释年轻人对亲密和友谊的需求如何反应以及喜欢如何变成爱

年轻人面对埃里克森的亲密—疏离阶段,解决这一冲突的人能够与他人发展亲密关系。

LO 14.3　区分不同种类的爱

激情式爱情的特点是强烈的生理唤醒、亲密和关怀，而伴侣之爱则以尊重、钦佩和喜爱为特征。心理学家斯滕伯格认为，爱的三个组成部分（亲密，激情和决定/承诺）结合起来可以形成八种类型的爱，人与人之间爱的关系是动态发展的。

LO 14.4　描述年轻人如何选择配偶

在西方文化中爱情往往是选择伴侣的最重要因素，但其他文化则强调其他因素。根据过滤模型，人们首先过滤潜在伴侣的吸引力，然后是兼容性，通常符合同质性和婚姻梯度原则。男女同性恋者寻求的关系品质通常与异性恋的相同：依恋、关怀、亲密、情感和尊重。

LO 14.5　解释婴儿的依恋类型与成年人的浪漫关系之间有何联系

有证据表明，个体在婴儿期的依恋类型会影响他们未来作为成年人的浪漫关系的性质。

LO 14.6　描述个体在成年早期建立的各种关系以及使得这些关系继续或者中断的原因

在青年时期，虽然同居很受欢迎，但婚姻仍然是最具吸引力的选择。男性和女性的初婚年龄中位数都在上升。成功婚姻的伴侣明显地表现出对彼此的感情，交流时的消极内容相对较少，并将自己视为相互依赖的夫妻的一部分而不是作为两个独立个体之一。离婚在美国很普遍，几乎占所有婚姻的一半。

LO 14.7　描述孩子的到来如何影响成年早期的关系

超过90%的已婚夫妇至少有一个孩子，但普通家庭的规模已经减少，部分原因在于节育，部分原因是女性在劳动力中的角色变化。通过改变婚姻伴侣的关注点、改变他们的角色、增加他们的责任，孩子给所有的婚姻都带来了压力。

LO 14.8　对比同性恋父母和异性恋父母

同性恋父母与异性恋父母之间的相似性大于差异。当同性恋父母有孩子时，他们的关系会发生变化，这与异性恋是相似的。

LO 14.9　解释有些人在成年早期选择单身的原因

单身是越来越多人的选择。那些选择保持单身的人通常会寻求独立，并希望避免婚姻的危害。

LO 14.10　解释职业在年轻人生活中的作用

根据范伦特的说法，职业巩固是一个发展阶段，年轻人参与定义自己的职业生涯。

LO 14.11　列出影响成年早期职业选择的因素

由金斯伯格开发的模型表明，人们在选择职业时通常会经历三个阶段：年幼的幻想阶段，青少年期的尝试阶段以及成年早期的现实阶段。其他方法，例如霍兰德的方法，试图将人们的人格类型与合适的职业相匹配。这一类研究是职业咨询中大多数与职业相关的量表和测量的基础。

LO 14.12　描述性别如何影响工作选择和工作环境

性别角色偏见和刻板印象仍然是工作场所以及准备和选择职业时的一个问题。女性往往会受到某些职业的压力,而且她们在同一项工作中赚的钱也更少。

LO 14.13　解释人们为什么工作以及导致工作满意度的要素

人们有动力通过外在因素来工作,例如对金钱和声望的需求以及内在因素,例如工作的享受和个人的重要性。工作有助于确定一个人的同一性、社会生活和地位。工作满意度由许多因素决定,这些因素包括工作的性质和地位、对工作的投入程度、工作的责任以及各个因素之间的相互影响。

关键术语和概念

社会时钟	激情成分	尝试阶段
亲密—疏离阶段	决心/承诺成分	现实阶段
成年初显期	同质性	公共性职业
激情(浪漫)式爱情	婚姻梯度	行动性职业
伴侣式爱情	同居	外在动机
激情式爱情标签理论	职业巩固	内在动机
亲密成分	幻想阶段	地位

6　总　结

成年早期

贝拉·阿诺夫(Bella Arnoff)和特奥多·乔奥(Theodore Chol)面临许多年轻人典型的发展问题。他们必须考虑健康和老化的问题,以及不言而喻的问题——他们不会一直活着。他们不得不看看他们的关系,并决定是否采取社会和几乎他们所有的朋友都认为的下一个合乎逻辑的步骤:结婚。他们必须面对孩子和事业的问题,以及放弃成为奢侈的双收入家庭的可能性。他们甚至不得不重新考虑特奥多继续接受教育的想法。幸运的是,他们互相帮助,拥有许多有用的发展技能,一起来处理和应对这个重要的问题和抉择带来的压力。

你会怎么做?

- 如果你是贝拉和特奥多的朋友,当他们考虑由同居进入婚姻时,你会建议他们考虑哪些因素?当贝拉或特奥多其中一人单独询问你时,你的建议还是一样的吗?

你的反应是什么?

护理工作者会做什么?

- 考虑到贝拉和特奥多还年轻健康,身材适宜,你会建议他们采取何种策略保持?

你的反应是什么?

体能发展

- 贝拉和特奥多的躯体和感觉都处于巅峰状态，生理发展基本完成。
- 这一阶段中，这对情侣需要越来越多地注意饮食和锻炼。
- 因为他们面对如此多的重大决策，所以贝拉和特奥多是应激的高危人群。

认知发展

- 贝拉和特奥多正处在沙尔提出的实现阶段，面对重大的人生问题，包括职业和婚姻。
- 他们能够应用后形式思维解决所面对的复杂问题。
- 处理重大人生问题在导致应激的同时可能也促进了他们的认知发展。
- 特奥多想要返回大学深造的愿望在今天并不少见，如今的大学招收的学生更加多元化，包括很多年纪比较大的学生。

社会性和人格发展

- 贝拉和特奥多正处于爱情和友谊格外重要的时期。
- 这对情侣可能经历一段包含亲密、激情与决心/承诺的关系。
- 贝拉和特奥多已经同居了，现在正探索婚姻关系。
- 贝拉和特奥多关于婚姻和孩子的决定并不少见，这些决定对于关系有着重要意义。
- 这对情侣一定也考虑好了如何处理从双薪到暂时性单薪的转变，这一决定不仅是财务方面的。

职业咨询师会做什么？

- 假设贝拉和特奥多决定要孩子，对于他们面临的主要开销和孩子对他们事业的影响，会给出什么建议？

你的反应是什么？

教育工作者会做什么？

- 特奥多的一个朋友告诉他，如果他毕业这么久后返回研究生院，他可能会“感觉像鱼儿离开了水”。你认可吗？你会建议特奥多在年纪太大之前就立刻开始深造吗？还是先等生活安定下来？

你的反应是什么？

第七部分

成年中期

第 15 章　成年中期的体能和认知发展

本章学习目标

LO 15.1　描述影响成年中期个体的体能变化

LO 15.2　解释成年中期感觉变化

LO 15.3　解释成年中期反应时间的变化

LO 15.4　对比成年中期男性和女性体验到的与性有关的变化

LO 15.5　描述成年中期的健康变化

LO 15.6　描述与冠心病有关的风险因素

LO 15.7　总结导致癌症的原因及可用的诊断和治疗手段

LO 15.8　描述成年中期的智力发展

LO 15.9　解释成年中期专家技能的作用
LO 15.10　描述年龄对记忆的影响及如何改善记忆

本章概要

体能发展

体能变化:躯体能力的逐步变化

感觉变化:成年中期的视力和听力

反应时间:并不是就这样慢下来

成年中期的性:持续的性能力

健康

健康与疾病:成年中期的起伏波动

A、B型人格与冠心病:健康与人格的关系

癌症的威胁

认知能力的发展

成年中期的智力会衰退吗?

专家技能的发展:区分专家和新手

记忆:你必须记住它

开场白：与时间对抗

52岁的卡拉·迈尔斯(Kara Miles)对自己的状态很自豪,“我不认为完美主义是个负性词”,她这样说道。卡拉大学里学的是建筑专业,27岁时开办了自己的工作室。由于丈夫酗酒,她选择了离婚,之后独自抚养了两个孩子。直到现在,她仍居住在乡村自己设计的大房子里,每周末都会尽情娱乐。她最喜欢的口头禅是“不要忽略细节”和“永葆年轻”。

“太随意的人才会变老。我并不准备变成一个太随意的人。”她说。卡拉每天早晨都会跑5公里,吃低热量的高钙早餐,每周参加现代舞、击剑和普拉提课程。到了晚上,她会边听意大利语边审查自己员工的各种设计方案。在周末,不举办晚宴派对的日子里,她会和自己的情人同时也是伴侣的斯蒂芬(Stephan)去海边。“性足以让我精力充沛。”她开玩笑地说道。

最近,卡拉的工作室在一个大单上受到一个新人的挑战。“这个二十出头的设计师,太自以为是了。”她说,“他以为可以打败我这个‘老人’,但我已经有30年的工作经验,他是不可能打败经验的。”最终,卡拉的工作室拿下了这个大单,“当我70岁时,我仍然可以赢他们。年龄?只是一个笑话。”

预览

成年中期,也就是大约 40—65 岁这个年龄,很多人开始第一次注意到时间的流逝。他们的身体和认知能力在某种程度上开始以不受欢迎的方式改变。为了应对成年中期的挑战,很多人做出调整,像卡拉这样的人则认为锻炼、饮食和持续的专业领域上的成功可以跨越年龄带来的挑战。在本章和下一章,我们将从体能、认知能力和社会性等方面来分析中年人,我们会知道这些消息并不总是坏的。中年时期,也是许多个体的能力处于顶峰的时期,他们也正在以前所未有的方式塑造生活。

我们将以体能发展展开本章内容。我们不仅考虑身高、体重和力量,也讨论各种感觉器官的缓慢衰退。我们还会分析中年人的性生活。

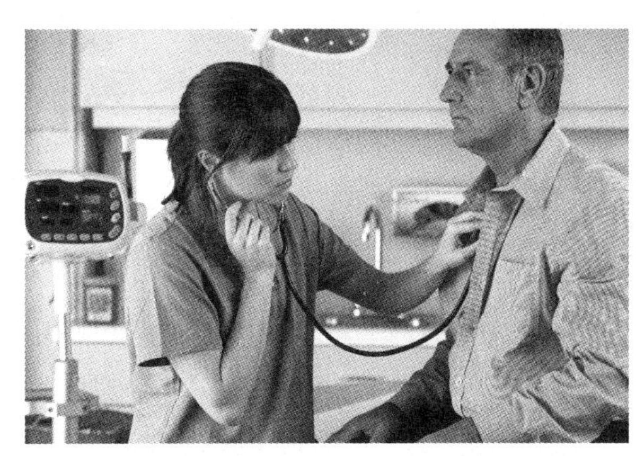

对于某些人,成年中期是一个健康问题开始影响日常生活的年龄阶段。

同时,我们会考虑中年人的健康和疾病,并对这段时期内两种主要的健康问题,即心脏病和癌症,给予额外的关注。

本章的第二部分将集中在中年人的认知发展。我们将重提"中年人的智力是否下降"这个棘手的问题,思考并全面分析这个问题的困难所在。我们还将谈到记忆问题,分析中年人记忆能力的变化方式。

15.1　体能发展

这样的问题逐渐发生在莎朗·卜克－托夫(Sharon Boker-Tov)身上。在她刚过 40 岁以后,莎朗发现自己需要更多的时间才能从非常小的疾病中恢复过来,如伤风和流感。随后,她逐渐意识到了视力的变化:她需要更多光线才能阅读小字,而且必须调节报纸与脸的距离才能阅读。最后,她不得不注意到,在近 30 岁时逐渐出现的几缕白发已经变成了银色的森林。

体能变化: 躯体能力的逐步变化

LO 15.1　描述影响成年中期个体的体能变化

中年是人们逐渐意识到躯体缓慢变化的时期,而这些变化标志着衰老的开始。正如我们在第 13 章所讲述的一样,人们体验到的衰老的某些方面，是伴随年龄增长，自然下降的过程。但其他方面，却是生活方式选择的结果，如饮食、锻炼、吸烟、喝酒和药物使用等。在贯穿本章的所有内容中，我们都会注意到，生活方式的选择对人们中年时期的体能，甚至认知和健康都有重大的影响。

当然，生理变化贯穿整个生命周期。但这些变化对于中年人却有新的重要意义，尤其是在看重青春外表价值的西方文化中。对于大多数人来说，由这些变化引起的心理变化的重要性远远超过了他们正在经历的相对微小且缓慢的体能变化本身。莎朗甚至在20岁出头时就有了少量白发，但在40岁后，白发却以她不可忽视的速度增多——她不再年轻了。

中年人对体能变化的情绪反应部分取决于他们的自我概念。对于那些自我形象与身体特征紧密联系的个体来说（例如，受到高度评价的运动员，或者身体吸引力非常强的人们），中年时期是非常困难的。他们从镜子中看到的种种衰老迹象，不仅意味着身体吸引力的下降，更多的是衰老和死亡。但对于那些自我形象与身体吸引力联系不是很强的个体来说，他们对自己身体形象的满意程度并不比相对年轻的个体低（Eitel, 2003；Hillman, 2012；Murray & Lewis, 2014）。

身体外表通常对决定女性如何看待自己起到了一个非常重要的作用。这在西方文化中表现得尤为真切，因为女性面临着保持年轻外表的强大的社会压力。事实上，对于容貌，社会对女性和男性施行了双重标准：认为女性变老是处于不利条件，而男性变老，在更多情况下则体现了他们的成熟，且有利于社会地位的提高（Harris, 1994）。

身高、体重和力量：变化的基准。大多数人在20岁出头时达到他们的最高身高，并一直保持到55岁左右。此后，人们开始了身高的“还原过程”，因为与脊柱相连的骨头变得不再致密了。虽然身高的下降非常缓慢，但在剩余的生命周期中，女性的身高最终平均下降2英寸（约5厘米），男性下降1英寸（约2.5厘米）（Rossman, 1997；Bennani et al., 2009）。

骨质疏松症 一种以骨头变脆、易损伤和变薄为主的症状，经常由于饮食中缺钙引起。

女性身高更容易下降是因为她们患骨质疏松症的风险更大。**骨质疏松症**，一种骨头变得脆弱、稀疏的病症，通常是由于饮食中缺少钙质引起的。我们在第17章将深入讨论这个问题。骨质疏松症，虽然受基因的影响，但也是受到生活方式选择所影响的衰老过程的一个方面。女性（对于这个问题，也包括男性）可以通过吃高钙饮食（如牛奶、酸奶酪、干酪和其他乳制品）和经常锻炼来减少患骨质疏松症的风险（Prentice et al., 2006; Swaim, Barner, & Brown, 2008; Rizzoli & Brandi, 2014）。

中年时期，人体脂肪含量也趋于增加。“中年发胖”是最明显的体现。即使对于那些一生都相对苗条的个体来说，他们的体重也会增加。因为身高没有增加，而且实际上可能还会减少。这些变化会导致肥胖个体数目的增加。

但体重的增加并不是必然的。生活方式的选择对体重变化起到了关键作用。实际上，就像那些生活在比西方文化更加热爱运动、较少静坐的文化中的个体一样，在中年时期保持运动锻炼的人大多都能避免肥胖。

伴随着身高和体重的变化，力量也开始下降。在整个中年时期，力量逐渐下降，尤其是背部和腿部肌肉。一直到 60 岁，人们平均会损失最大力量的 10%。但是，力量的这种损失相对来说还是比较小的，而且大多数人都可以很容易地弥补它（Spence，1989）。生活方式的选择依然可以导致很大的差别。经常运动的人比习惯于静坐的人更可能感觉到有力气，而且可以在更短的时期内弥补力量的损失。

观看视频　成年中期——健康，杰夫

感觉变化：成年中期的视力和听力

LO 15.2　解释成年中期的感觉变化

莎朗需要更多的光线，并且把报纸适当拿远一点儿才能阅读。这种经历对于中年人来说十分普遍，以至于戴老花镜和双焦眼镜阅读成了中年时期的一个典型特征。和莎朗一样，大多数中年人都会清楚地注意到感觉能力的改变，不仅仅是眼睛的变化，也包括其他感觉器官。虽然所有的感觉器官都以大致相同的速度变化，但视力和听力的变化尤为突出。

视力。从大约 40 岁开始，识别远处和近处空间细节的能力，即视敏度开始下降（见图 15-1）。晶状体的形状改变，弹性下降，导致眼睛很难

将物像精确地汇聚在视网膜上。晶状体变得更加不透明，造成通过眼睛的光线减少（DiGiovanna，1994）。

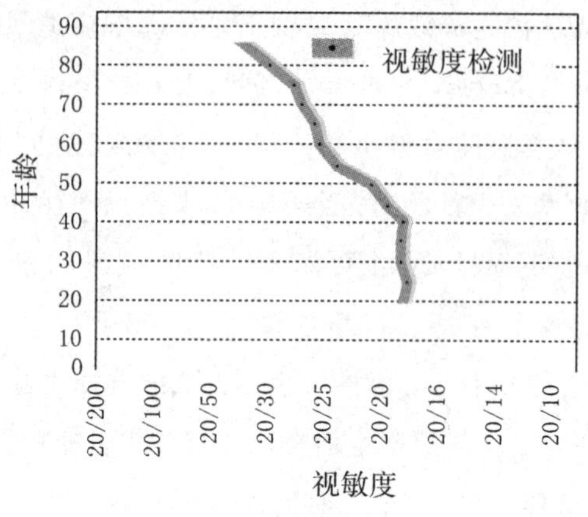

图15－1　视敏度下降

40岁左右，辨别细节的能力下降。

（资料来源：Based on Pitts, 1982.）

老花眼 中年人视力近乎一致的变化，导致某种程度的近距视觉的退化。

中年人视力近乎一致的变化是近视力的损失，被称作**老花眼**。即使对于那些从来没有戴过眼镜的人，也会发现，为了看清楚，他们将阅读材料逐渐拿到了更远的地方。最终，他们需要眼镜才能阅读。对于那些先前近视的人，远视眼会迫使他们戴双焦眼镜或者两副眼镜（Kalsi，Heron，& Charman，2001；Koopmans & Kooijman，2006；Kemper，2012）。

视力的其他变化也开始于中年时期。深度知觉、距离知觉和将世界知觉为三维的能力都会下降。晶状体弹性的损失也意味着中年人适应黑暗的能力受损，使得他们在光线昏暗的环境里更难看清楚。这种视觉能力的下降会使中年人爬楼梯或在黑暗的房间内行走更加困难（Artal et al.，1993；Spear，1993）。

青光眼 一种由于液体不能合理排出或产生太多液体导致的眼压增高而产生的症状。

虽然视觉的这些变化大多数情况下都是由于正常的逐渐衰老引起的，但在一些情况下，疾病也参与了这个过程。眼睛最常见的问题之一就是青光眼，如果不予以治疗，最终可能导致失明。**青光眼**的发生是眼内液压增加导致的，这可能是由于液体不能排出或者分泌了太多的液体。在40岁以上的人中，大约1%至2%的人受到青光眼的折磨，而且非裔美国人更容易患此病（Wilson，1989）。

最初，眼压的上升会挤压参与外周视觉的神经元，使视野狭窄，并引起管状视（tunnel vision）。当眼压高到一定程度，使得所有的神经细胞都受到挤压，最终导致完全失明。幸运的是，如果能够及早发现，青光眼是可以治疗的。药物可以降低眼压，手术也可以重塑眼内液体正常的排出功能(Plosker & Keam,2006;Lambiase et al. ,2009)。

听力。和视力一样,在中年时期,听力的敏锐程度也开始逐渐下降。但对大部分人来说,听力的下降并没有视力下降那么明显。

中年时期听力下降的部分原因是环境因素。例如,由于职业原因长期接触高强度噪音的人(比如,飞机机械师和建筑工人等)更易于遭受听力下降和永久的听力损伤。

但是,听力的许多变化都仅仅与衰老有关。例如,衰老引起了内耳纤毛或毛细胞减少。当振动使毛细胞弯曲时,它们将神经信息传递给脑。就像眼睛的晶状体一样,耳膜的弹性也会随着年龄的增长而下降,导致对声音的敏感性下降(Wiley et al. , 2005)。

通常对音高和频率比较高的声音的听力最先下降,这种问题一般被称为**老年性耳聋**。在 45 岁至 65 岁之间的人中,大约 12% 的人患有老年性耳聋。听力障碍也存在着性别差异:男性比女性更容易出现听力障碍,大约开始于 55 岁。具有听力障碍的人同时也可能会有辨别声音方向和来源(声音定位)的困难。声音定位能力会下降是因为它依赖于比较两耳听到的声音的差别。例如,右侧的声音会首先刺激右耳,间隔很短暂的时间后,才会到达左耳。听力损失对两耳的影响可能并不相同,因此,导致了声音定位障碍(Veras & Mattos,2007;Gopinath et al. ,2012;Koike,2014)。

老年性耳聋 针对高频声音听觉能力的下降。

并非所有中年时期的个体都会受到声音敏感度下降所带来的影响。大多数人都可以很容易弥补听力损失。例如,要求他人说话大声点儿,调高电视机的音量或者更加注意他人的说话内容。

反应时间:并不是就这样慢下来

LO 15.3　解释成年中期反应时间的变化

对衰老问题的常见关注之一是“人一旦到了中年,他们的行动就开始变得缓慢”。但这种担忧有多少可信度?

在大多数情况下,并非如此严重。反应时间的确会增加(意味着需要更长时间才能对一个刺激做出反应),但这种增加是非常微弱的,而且很难被注意到。例如,从 20 岁到 60 岁,对于一个简单任务,比如,对高强度噪音做出反应的时间大概增加了 20%。对于要求多种技能协调工作的更加复杂的任务(例如开车)反应时增加比简单任务要少些。尽管如此,在紧急情况下,中年司机比年轻司机,需要更多的时间才能把脚从油门移到刹车板上。这种反应时的增加主要是由于神经系统对神经刺激的加工速度变化引起的（Roggeveen，Prime，& Ward，2007；Wolkorte，Kamphuis，& Zijdewind，2014）。

尽管反应时间增加了，但中年司机发生事故的概率比年轻司机要更低。为什么会这样？部分原因是中年司机比年轻司机更加小心，更少冒风险。但是，中年司机表现更好的主要原因是他们对开车技能的练习次数较多。反应时间较慢可以通过他们的专业技能来弥补。就反应时间而言，也许的确是熟能生巧（Makishita & Matsunaga，2008；Cantin et al.，2009；Endrass，Schreiber，& Kathmann，2012）。

可以减缓反应逐渐迟缓的过程吗？大多数情况下，答案是肯定的。生活方式的选择再次起到了重要作用。更具体地说，积极参与体育运动可以减缓衰老，并带来几个重要的好处，例如，更好的健康状况、肌肉力量和耐力的改善（见图15－2）。大多数发展学家应该都会赞同"用进废退"的说法（Conn，2003）。

锻炼的好处

	肌肉系统 减缓能量分子，肌细胞的厚度和数量，肌肉的厚度、质量和力量，血液供给，运动速度和耐力等方面有所下降。 减缓脂肪和纤维、反应时间、恢复时间和肌肉疼痛的发展增加。
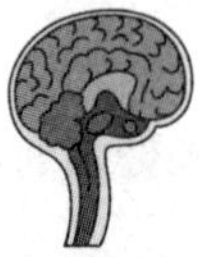	神经系统 减缓中枢神经系统处理刺激的能力下降。 减缓运动神经元脉冲传播速度的变异增加。
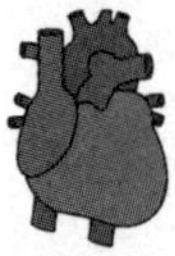	循环系统 降低低密度脂蛋白水平，提高高密度脂蛋白/胆固醇和高密度脂蛋白/低密度脂蛋白的比例。 降低高血压、动脉硬化症、心脏病和中风的患病风险。
	骨骼系统 减缓骨内的矿物质下降。 减缓骨折和骨质疏松症的风险下降。
Ψ	心理获益 改善心境。 体验幸福。 减轻压力。

图15－2 锻炼的好处

一生保持较高的体育运动水平有许多益处。

（资料来源：DiGiovanna，1994.）

成年中期的性：持续的性能力

LO 15.4 对比成年中期男性和女性体验到的与性有关的变化

对于许多中年人(即使不是大多数),性行为依然是中年生活的重要部分。性行为随着年龄增长逐渐下降(见图15-3),但是性快感依然是大多数中年人生活的关键部分。年龄在45岁至59岁的人群中,有大约一半的男性和女性报告每周大概有一次以上的性行为。在50—59岁的中年人中,有将近3/4的男性和1/2的女性报告有手淫行为;其中有1/2的男性和1/3的女性在过去的一年中接受过来自不同性伙伴的口爱。类似地,性行为依然是中年男性和女性同性恋生活的主要部分(Duplassie & Daniluk, 2007; Herbenick et al., 2010; Koh & Sewell, 2014)。

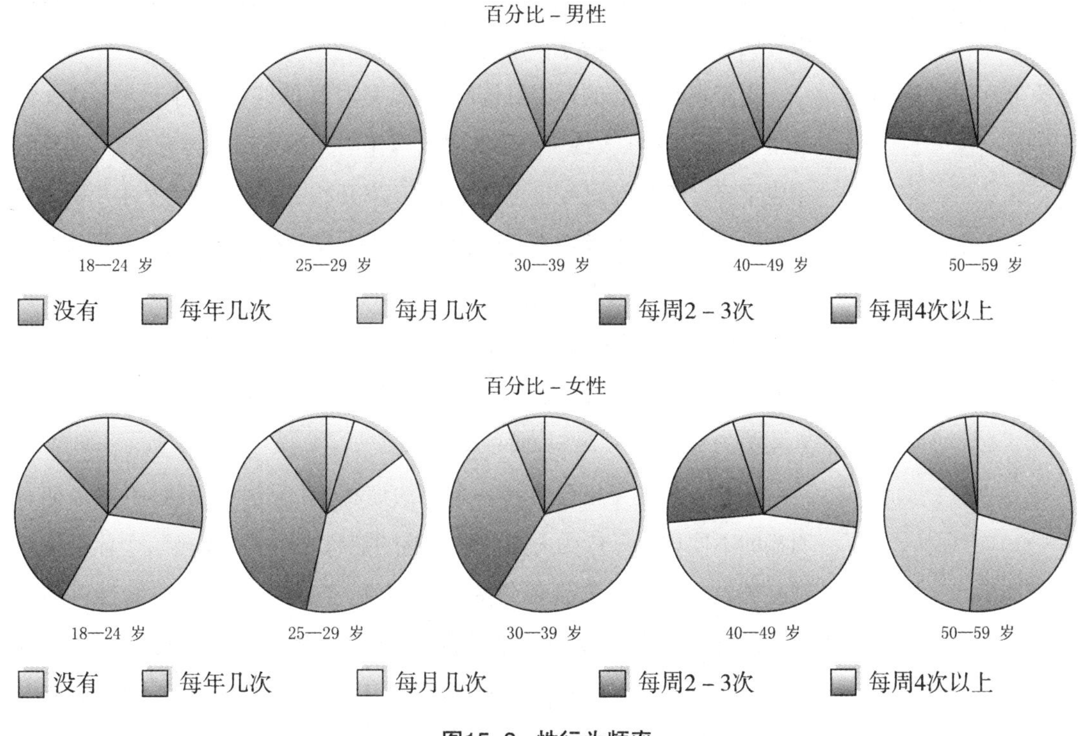

图15-3 性行为频率

随着人们的衰老，性行为频率下降。
（资料来源：Based on Michaelet al., 1994.）

对于大多数人,中年给他们带来前所未有的性的愉悦感和自由。当他们的孩子都已经长大并离开家庭,中年夫妻有更多的时间用于性活动,且不会受到打扰。过了更年期的妇女免去了怀孕的担忧,可以不再采用避孕技术(Lamont, 1997; DeLamater, 2012)。

中年时期的男性和女性都会面临一些性生活的挑战。例如,男性需要更长时间才能达到勃起状态，并且在一次性高潮之后需要更长的时间才能进入下一次高潮，精液的量也有所下降。此外，睾酮（一种雄性激素）的分泌也随着年龄的增长而下降（Hyde & Delameter, 2003）。

对于女性，阴道壁变得更薄，弹性也下降了，阴道开始萎缩，阴道口变窄。这些都可能使性交产生疼痛感。尽管如此，对于大多数女性来说，这些变化并不会强烈到减少性愉悦感的程度。那些性交愉悦感确实减少的女性可以从一些药物中得到帮助，例如使用局部润滑乳膏、睾酮贴片等，这些都是可以提高性愉悦感（Freedman & Ellison, 2004；Nappi & Polatti, 2009；Spring, 2015）。

女性更年期 从可以生育到不能生育的过渡阶段。

停经 月经周期的终止。

女性更年期和停经。大约45岁开始，女性进入了一个被称作更年期的阶段，这个阶段将会持续大约15至20年。**女性更年期**标志着由可以生育到不能生育的转变。

更年期最显著的标志是**停经**，也就是月经的终止。对于大多数女性来说，月经周期在大约47至48岁的两年间开始变得不再有规律，月经频率也下降。但停经过程也可能早在40岁开始或者晚至60岁才开始。如果在一年的时间里都没有月经，就认为发生了停经。

停经有以下两点重要原因。一方面，它是能否进行传统怀孕的转折点（虽然对绝经后的妇女进行卵细胞移植，依然可以引起怀孕）。其次，女性的性激素，如雌激素和孕酮的分泌也开始下降，导致了一系列与激素相关的变化（Schwenkhagen, 2007）。

激素分泌的变化会引起一系列的症状，对于这些症状，不同个体有明显的不同体验。广为人知的最普遍的症状之一是“潮热”，个体会体验到腰部以上的身体未预料到的发热感觉。“潮热”发生时，女性可能发热，开始流汗，而后，她可能感觉到寒冷。一些个体一天可能经历数次“潮热”，而另一些人从来就没有这种经历。例如，在一项调查中，只有一半的女性报告有“潮热”的经历。

在停经阶段，头痛、头昏眼花、心悸和关节疼痛也是一些相对常见的症状，尽管并不是非常普遍。一般来说，只有大约10%的女性在停经期间有严重的不适状况。还有许多个体（可能多达一半）根本没有明显症状（Grady, 2006；Ishizuka, Kudo, & Tango, 2008；Levin, 2015）。

对于大多数女性，停经的症状可能在停经真正发生的前十年就开始了。围绝经期（perimenopause）是指在停经前10年左右开始的一个时期，由于激素分泌的改变引起一系列反应。围绝经期，从偶尔的激素分泌的剧烈波动开始，随后会引起和停经期完全相同的某些症状。

观看视频　停经

停经的症状也具有种族差异。与白人相比，日本人和中国人报告的总体症状一般较少。非裔美国妇女经历更多的“潮热”和夜间出汗，而西班牙妇女报告的其他几种症状都表现得更加严重，包括心绞痛和阴道干燥。虽然造成这些差异的原因并不清楚，但可能与种族间激素水平的系统差异有关（Cain, Johannes, & Avis, 2003; Winterich, 2003; Shea, 2006）。

对一些妇女来说，围绝经期和停经的症状是值得注意的。下面我们将会看到，对这些问题的治疗显然不是一个简单的事情。

激素治疗的困境：没有简单的答案

> 46 岁的萨拉·坎德瑞克（Sara Kendrick）确定自己经历了一次心脏病发作。当时她正在花园中除草，突然感觉呼吸困难。她觉得自己在发烧，头晕目眩，同时有一股恶心的感觉。她努力到了厨房拨打 911，之后就倒在了地上。当医疗团队对她进行检查后，得知这不是心脏病发作而是自己的第一次“潮热”，她才舒了一口气。

十年前，医生对于“潮热”和其他由停经导致的不舒服的症状有一个直接的治疗方法：一定剂量的激素替代治疗。

对于数百万经历相似困难的女性来说，这的确是一个有效的解决方法。激素治疗（hormone therapy, HT）中，雌激素和孕酮常被用来减轻停经期妇女经历的一些严重症状。激素治疗明显地可以减少一系列问题，例如，潮热以及皮肤弹性下降。此外，激素治疗还可以通过改变“好”胆固醇和“坏”胆固醇的比率来减少冠心病的发病概率。不仅如此，激素治疗还可以缓解骨质疏松症导致的骨头变细的问题。正如我们曾经讨论过的，骨质疏松症是许多人在成年晚期会遇到的问题（McCauley, 2007; Alexandersen, Karsdal, & Christiansen, 2009; Lisabeth & Bushnell, 2012）。

除此以外,一些研究表明,激素治疗会降低中风和结肠癌的风险。雌激素也有助于提高健康女性的记忆和认知表现,降低抑郁。最后,较高的雌激素水平还可以提高性冲动(Schwenkhagen, 2007; Cumming et al., 2009; Garcia - Portilla, 2009)。

听起来很像包治百病的万灵药,是这样吗?其实,自从激素治疗在20世纪90年代早期开始流行,人们就意识到了这种治疗方式可能存在的风险。例如,激素治疗可能会增加乳腺癌和血液凝结的风险。尽管如此,一般的观点还是认为,激素治疗的好处大于其风险。但是这些观点在2002年发生了转变。“女性健康倡议(Women's Health Initiative)”开展的一个大型研究认为激素治疗的长期风险超出了它的益处。服用雌激素和孕酮两种激素的妇女有更高的患乳腺癌、中风、肺栓塞和心脏病的风险,其中中风和肺栓塞的风险仅与采用雌性激素治疗有关(Lobo, 2009)。

“女性健康倡议”的研究结果引起了人们对激素治疗益处的深刻反思,指出了激素治疗可以保护停经后女性免受长期疾病困扰这一论断存在的问题。许多妇女停止服用激素替代制剂。统计数据很好地说明了这一问题:2002年美国40%停经后的女性使用激素治疗,10年之后这一数字下降为20%(Newton et al., 2006; Chlebowski et al., 2009; Beck, 2012)。

然而,停经后女性采用激素治疗的急剧下降或许是一种过度反应。医学专家最近的观点认为,这并不是一个全或无的命题,一些女性比另一些女性更适合采用激素治疗。由于冠心病和其他健康风险的提高,激素治疗对于年龄比较大的停经女性而言,看似不是一种好的选择。但对于刚停经呈现出严重症状的年轻女性来说,至少在短期内,仍不失为一种治疗方法(Rossouw et al., 2007; Lewis, 2009; Beck, 2012)。

总的来说,尽管很多医生认为可以使用激素治疗,但它仍存在风险。临近停经的女性可以阅读与该领域有关文献,咨询医生,以便最终确定治疗方案。

停经的心理后果。传统上,专家和普通群众都认为停经与抑郁、焦虑、经常性哭泣、缺少注意力和易怒直接相关。事实上,据一些研究者估计,多达10%的妇女在停经后遭受了严重的抑郁。有假设认为,停经后妇女身体的生理变化引起了这些不好的结果(DeAngelis, 2010; Mauas, Kopala - Sibley, & Zuroff, 2014)。

但是，现在大多数研究者从另一个看似更合理的角度来看待停经，认为停经是正常衰老的过程，它本身并不会引起不适的心理症状。当然，一些妇女的确经历心理问题，但她们在生命的其他阶段也存在这些问题（Matthews et al.，2000；Freeman，Sammel，& Liu，2004；Somerset et al.，2006）。

研究发现，女性对停经的预期和对停经后的不同体验有重要影响。一方面，预料停经期会有困难的女性更可能将所有的生理症状和情绪波动归因为停经。另一方面，对停经有着积极态度的女性更不可能将生理反应归因于停经引起的生理变化。女性对生理症状的归因，会影响她们对停经严重性的知觉，最终影响她们在这个时期的真实体验（Breheny & Stephens，2003；Bauld & Brown，2009；Strauss，2011）。

某些文化中的女性对停经的预期伴随着恐惧，但玛雅妇女根本没有潮热的概念，而且她们一般都期待着可以怀孕的年龄段的结束。

停经症状的种类和程度在不同族裔和文化背景之间也存在差异。非西方文化的女性在停经体验的许多方面与西方文化的女性都存在差别。例如，处于较高社会地位的印度妇女报告的停经症状较少。事实上，她们期待着停经，因为停经后可以带来许多社会利益。例如，与月经有关的禁忌的结束，年龄的增加也意味着更富有智慧。类似地，玛雅妇女根本没有“潮热”的概念，而且她们一般都期待着生育年龄的结束（Robinson，2002；Dillaway et al.，2008）。

健康护理专业人员的视角

在美国，什么文化因素可能导致女性停经的负性体验，是如何导致的？

男性更年期。男性会经历和女性相似的停经期吗？并不会。由于他们从来没有经历过任何与月经周期有关的类似考验，因此，他们很难体会某种生理反应的中断。与此同时，男性在中年期也会经历一些变化，这些变化总称为男性更年期。**男性更年期（male climacteric）**是指在中年期的后半段，尤其是 50 多岁的时候，由于生殖系统的变化引起的生理和心理反应。

男性更年期　中年后期，涉及与男性生殖系统有关的身体和心理变化。

由于这些改变是逐渐产生的，很难准确地判断男性更年期的确切时期。例如，虽然睾酮和精子的产生持续下降，但是男性在整个中年时期依然有能力成为父亲。另一方面，到了 50 岁，大约有 10% 的男性睾酮水平过低。对于他们来说，有时也会使用睾酮替代治疗（Fennell et al.，2009）。

常见的生理变化之一是前列腺肥大。到40岁时，大概有10%的男性患有前列腺肥大，而到了80岁，这个比例上升到了50%。前列腺肥大会引起小便困难，包括难以排尿和夜间尿频等。

此外，随着男性衰老，性问题也开始增加，特别是勃起功能障碍变得更加常见，一种男性不能达到或维持勃起状态的疾病。伟哥（Viagra）、艾力达（Levitra）和希爱力（Cialis）等药品，以及含有睾丸激素的药膏，通常都能够有效地治疗这种疾病（Kim & Park，2006；Abdo et al.，2008；Glina，Cohen，& Wieira，2014）。

虽然中年时期的生理变化非常明显，但这是否是某种心理症状或变化的直接原因却不是很清楚。男性和女性一样，在中年时期也明显地表现出心理发展，但是心理变化的程度是否与生殖能力或其他生理机能的变化有关依然是一个未决的问题（这些我们将在第16章进行更多讨论）。

模块15.1 复习

- 中年人经历了生理特征和外表的逐渐变化。
- 感觉，尤其是视觉和听觉的敏锐程度，在中年时期有略微下降。
- 成年中期反应时逐渐变慢，但更加小心和专业的反应，以及冒险行为的减少在一定程度上可以弥补这一点。
- 成年中期的性行为略微有变化，但中年夫妻，摆脱了怀孕的顾虑，通常可以进入到亲密和快乐的新阶段。在男性和女性身上都会发生与性有关的生理改变，无论是包含停经的女性更年期，还是男性的更年期，都可能导致躯体和心理症状。

论文写作提示

应用毕生发展：你愿意乘坐中年人还是年轻人驾驶的飞机？为什么？

15.2 健康

这是杰罗米·扬戈（Jerome Yanger）一个普通的运动时段。闹钟在早上5:30响过后，他走到了健身器上，开始用力地蹬脚踏板，期望能够维持或者超过他每小时14英里的平均速度。在电视机前，他用遥控器将电视频道切换到了早间商业新闻。偶尔看一眼电视机，他继续看昨晚没有看完的报告，并上气不接下气地抱怨刚刚看到的那些可怜的销售数据。完成半个小时的运动后,他已经读完了报告,在行政助理为他写好的几封信上署了名,并给几位同事留了两封语音邮件。

在如此紧张且复杂的半个小时之后,大多数人都会回到床上继续睡觉。但是对于杰罗米来说,这只是例行公事,他一直会试图同时完成几个活动。杰罗米认为这样的行为是有效率的。但是发展学家可能从另一种观点来看待这种行为,认为这些行为方式很有可能会让杰罗米患上冠心病。

虽然大多数人在中年时期都相对健康,但是他们开始更容易出现一系列的健康问题。我们将讨论成年中期典型的健康问题,并特别关注冠心病和癌症。

健康与疾病: 成年中期的起伏波动

LO 15.5　描述成年中期的健康变化

对中年人来说,关注健康变得日益重要。事实上,一项关于成年人关注内容的调查显示,健康(以及安全和金钱)是他们关注的主要内容。例如,超过一半的被调查成年人表示他们担心或非常担心患上癌症(见图 15-4)。

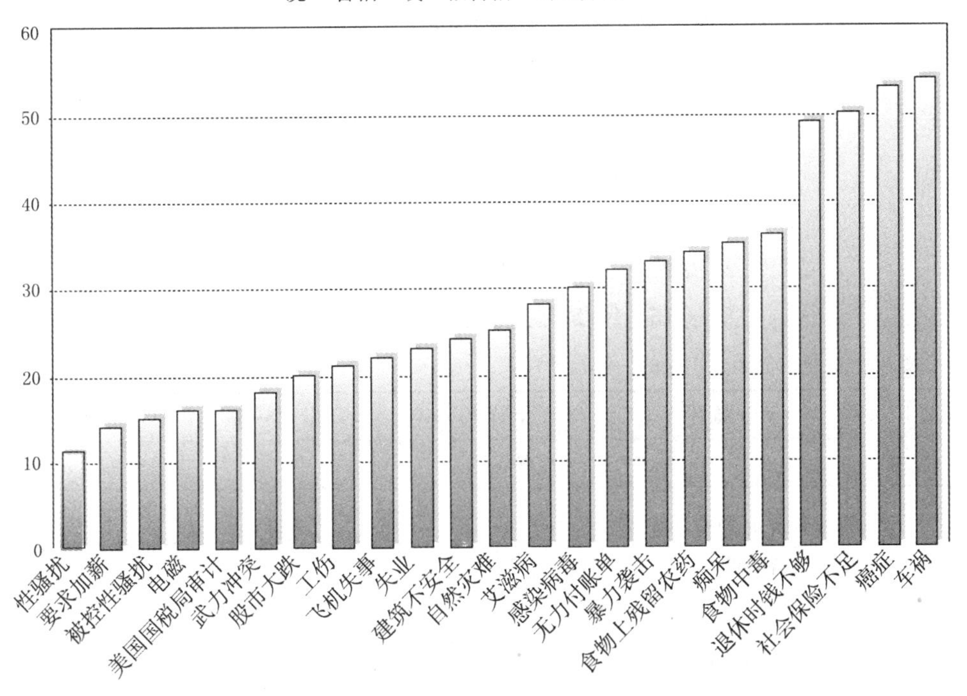

图 15-4　中年时期所担心的问题

当人们进入中年期时, 健康和安全变得越来越重要, 其次是对经济状况的担忧。
(资料来源: USA Weekend, 1997.)

但是对于大多数人来说，成年中期是一个健康的阶段。根据一些调查数据，绝大多数中年人报告没有慢性疾病，他们的活动也没有出现困难。

事实上，从某种角度来说，中年人比此前的人生阶段更加富有，更加健康。45岁至65岁的人比相对年轻的成年人更难患上传染病、敏感症、呼吸道和消化道疾病。他们现在会感染较少疾病可能是因他们在年轻时已经患过这些疾病并具备了免疫能力。

观看视频 成年中期：健康，艾瑞卡

某些慢性疾病确实在中年时期开始出现。关节炎在40岁后开始出现，2型糖尿病最有可能发生在50至60岁，尤其是对超重人群。高血压也是中年人最常见的慢性疾病之一。有些时候，由于症状较少，它也被称作"无声杀手"。如果不对高血压进行治疗，患者有很大风险患上中风和心脏疾病。出于这些原因，我们建议成年人参加一系列的定期预防和诊断测查（Walters & Rye，2009；见表15－1）。

由于慢性疾病的出现，中年人的死亡率比此前的任何生命阶段都高。但是，死亡依然是一个概率很小的事件。统计表明，40岁的人中，只有3%可能在50岁之前去世；50岁的人中，只有8%的人会在60岁去世。此外，在过去75年间40至60岁的死亡率急剧下降。例如，现在的死亡率只有20世纪40年代的一半。同样，在不同社会经济地位和不同性别群体间，健康状况也存在差异，这一点我们将在下面的"发展的多样性与生活"专栏中进行讨论（Smedley & Syme，2000）。

表15－1 成年人健康预防筛查建议

对于没有疾病症状的健康成年人的一般指导建议。

筛查	描述	年龄40—49	年龄50—59	年龄60＋
所有成年人				
血压	检测可能导致心脏病、中风或肾病的高血压	每2年一次	每2年一次	每2年一次，如果家族有患病史则每年一次。
胆固醇（Total/HDL）	检测与心脏病存在关联的高密度胆固醇	所有成年人应该至少检测一次总胆固醇、高/低密度胆固醇、甘油三酯，依据心脏风险因素和脂蛋白结果，医护工作者将决定后续的检查频率		

筛查	描述	年龄 40—49	年龄 50—59	年龄 60 +
眼部检查	检查是否需要佩戴眼镜及其他眼部疾病	每 2—4 年一次；糖尿病患者每年一次	每 2—4 年一次；糖尿病患者每年一次	每 2—4 年一次；65 岁及以上，每 1—2 年一次；糖尿病患者每年一次
乙状结肠镜检查或钡剂双对比造影或结肠镜检查	用仪器或 X 光探测结肠癌和直肠癌的一项筛查		50 岁进行首次检查；之后每 3—5 年检查一次	每 3—5 年一次。依据健康状况决定停止检查的年龄；结肠镜检查结果正常的话可以 8—10 年后再次进行检查。
粪便潜血试验	探测粪便中的隐血，这通常是结肠癌的前兆		每年一次	每年一次
直肠检查	检查前列腺和卵巢以探测癌变		每年一次	每年一次
尿检	检查尿中是否含多余蛋白	每 5 年一次	每 5 年一次	每 3—5 年一次
免疫接种：破伤风	防止伤后感染	每 10 年一次	每 10 年一次	每 10 年一次
流感	预防流感病毒	任何具有长期健康问题的个体，如心脏疾病、肺部疾病、肾部疾病，糖尿病	50 岁及以上，每年一次	65 岁及以上，每年一次
肺炎球菌	预防肺炎			65 岁首检，之后每 6 年一次
针对女性的额外建议				
乳房自检/私人医生检查	检测可能预示癌变的乳房变化	每月一次/每年一次	每月一次/每年一次	每月一次/每年一次
乳房 X 光检查	少量 X 光，用来定位乳腺癌早期检测中可能存在的肿瘤位置	每年一次	每年一次	每年一次

筛查	描述	年龄40—49	年龄50—59	年龄60+
宫颈涂片	获取少量细胞样本,用于探测宫颈癌或癌前病变细胞	一组3次常规检查后,除非有特别风险,每2—3年检查一次	一组3次常规检查后,除非有特别风险,每2—3年检查一次。	70岁及以上的女性做一组3次常规检查,如果70岁之前的10年内没有任何异常则无需再做
盆骨检查	用于探测盆骨异常	每年一次(如果子宫切除手术后卵巢保留)	每年一次(如果子宫切除手术后卵巢保留)	每年一次(如果子宫切除手术后卵巢保留)
针对男性的额外建议				
前列腺特异抗原	血检,用于探测前列腺可能存在的癌变	有家族患病史,则每年一次(非裔美国人,每年一次)	每年一次或遵医嘱。	75岁之前,每年一次或遵医嘱
睾丸自查	探测可能预测癌变的睾丸变化	每月一次	每月一次	每月一次

◎ 发展的多样性与生活

健康方面的个体差异：社会经济地位和性别差异

在描述中年人健康的总体数据的背后,是巨大的个体差异。大多数人比较健康但也有一些人被多种疾病折磨。这些个体差异有一部分是可以用基因来解释的。例如,高血压通常在家族内遗传。

健康状况恶劣也与社会和环境因素有关。例如,非裔美国中年人的死亡率是美国白种人的两倍。但比较一下处于相同社会经济地位的白种人和非裔美国人,非裔美国人的死亡率实际上低于白种人。为什么是这样?

社会经济地位(socioeconomic status,SES)似乎起到了很大的作用。家庭收入越低,家庭成员越可能患上严重疾病。许多原因导致了这样的结果。生活在低社会经济地位家庭的孩子更可能从事危险的职业,例如采矿或建筑工作。低收入也经常意味着较差的健康护理条件。此外,低收入社区的犯罪率和环境污染一般都较高。最终,较高的死亡率与较低的收入水平联系在了一起(Dahl & Birkelund,1997;Hendren,Humiston,& Fiscella,2012;见图15－5)。

性别,和社会经济地位一样,也造成了健康方面的差异。虽然女性的总体死亡率低于男性(这种趋势始于婴儿期),中年女性患病的可能性却高于男性。

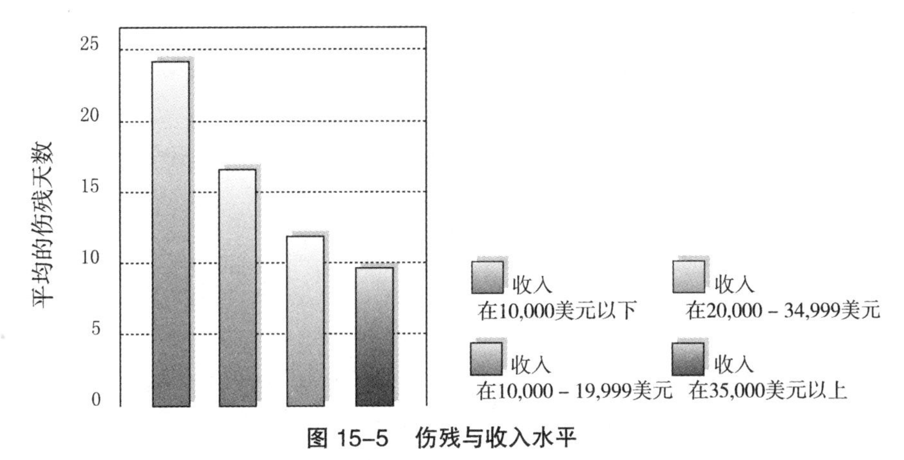

图 15–5　伤残与收入水平

处于贫困中的工人比那些具有更高收入水平的人更可能变为残疾。为什么？

（资料来源：U.S. Bureau of the Census，1990b.）

女性有更大的风险患上轻微的短期疾病或长期的但并不会危及生命的疾病，例如偏头痛。男性则更可能患上心脏病等严重疾病。此外，女性的吸烟率低于男性，从而降低了她们患癌症和心脏病的可能性。女性比男性较少地饮用酒精，从而降低了她们肝硬化和发生交通事故的可能性。而且女性更少从事危险工作。

女性发病率较高的另一个可能原因是针对男性及其所患疾病类型进行了更多医学研究。医疗研究的绝大多数资金用于防治男性通常面临的危及生命的疾病，而不是女性面临的可能造成残疾和痛苦但不一定是死亡的慢性疾病，如心脏病。特别是当进行男女都可能面临的疾病研究时，大多数情况都是以男性而不是以女性为研究对象。虽然这种偏差已经被美国国家健康所（U. S. National Institutes of Health）提出来了，但是，由于传统的研究群体由男性主导，造成了医学研究历史上的性别歧视（Vidaver，2000）。

中年人的压力。 与对年轻人的影响一样，压力对中年人的健康依然有着重要的影响，尽管造成压力实质的内容已经发生了变化。例如，父母可能对他们处于青少年期的孩子药物使用问题感到焦虑，而不是担心他们初学走路的孩子是否能够离开看护者独自活动。

无论是什么事件引起了压力，结果始终相似。正如我们在第 13 章论述的一样，研究脑、免疫系统和心理因素之间关系的心理神经免疫学家认为，压力导致了三个主要后果，总结于图 15 – 6。首先，压力导致了血压升高、激素活动增加和免疫系统反应能力下降等一系列的直接生理结果；其次，压力还会使人们做出不健康的行为，例如，睡眠减少、吸烟、酗酒或药物使用；最后，压力对健康相关的行为也有间接影响。处于许多压力下的人更不愿意寻找良好的医疗护理、进行身体锻炼或者遵从医疗建议（Dagher et al.,2009;Ihle et al.,2012;de Frias & Whyne,2015）。所有这些原因都会导致或者影响包括心脏病等重大疾病在内的健康问题。

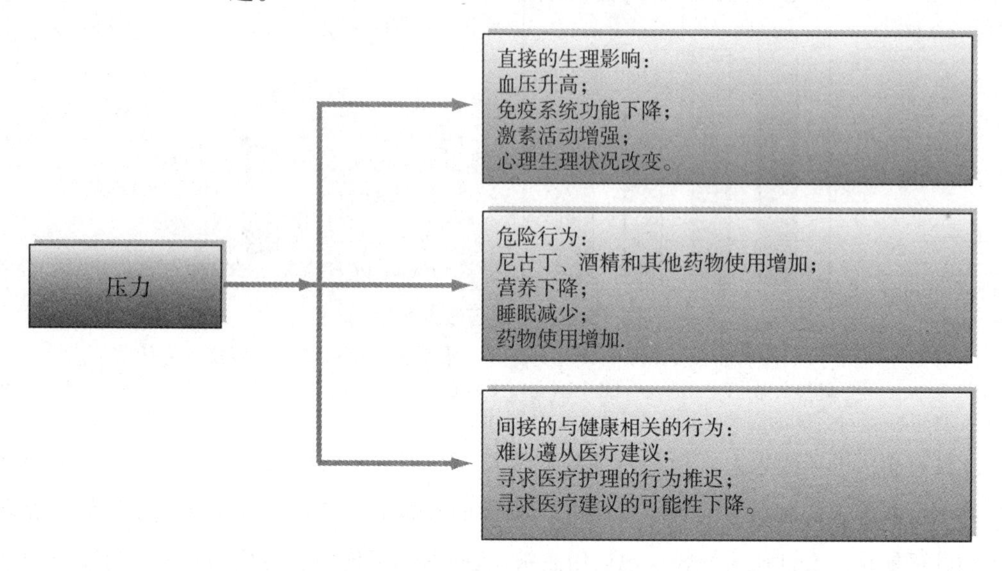

图15–6　压力的后果

压力产生三个主要的结果：直接的生理影响，危险行为和间接的与健康相关的行为。
（资料来源：改自Baum, 1994.）

A、B 型人格与冠心病：健康与人格的关系

LO 15.6　描述与冠心病有关的风险因素

在中年时期，男性更多情况下死于与心脏和循环系统相关的疾病，而不是其他疾病。虽然女性相对于男性更不容易患病，但是正如我们即将分析的，她们对这些疾病并不具有免疫力。这类疾病每年杀死大约151,000 名 65 岁以下的人，而且它们导致的工作损失和由于住院引起的伤残期比其他各种病因都多（American Heart Association,2010）。

观看视频　现实世界中：降低压力，改善健康

心脏疾病的风险因素。虽然心脏和循环系统疾病是主要的健康问题，但是它们对人的危害程度并不相同，一些人患上这类疾病的风险远远低于其他人。例如，一些国家（比如日本）的心脏和循环系统疾病致死率仅仅是美国的 1/4。实际上，在全世界由于心血管疾病导致的男性和女性的死亡人数的

排名中,美国处于前十(见图 15 -7)。为什么会存在如此大的差异?

答案是基因和经历的特征共同造成了这些差异。某些人似乎在基因上就注定会患上心脏病。如果一个人的父母患病,那么他/她患病的可能性就大得多。同样,性别和年龄也是影响因素:男性比女性更可能患上心脏病,而且患病风险随着年龄增长而上升。

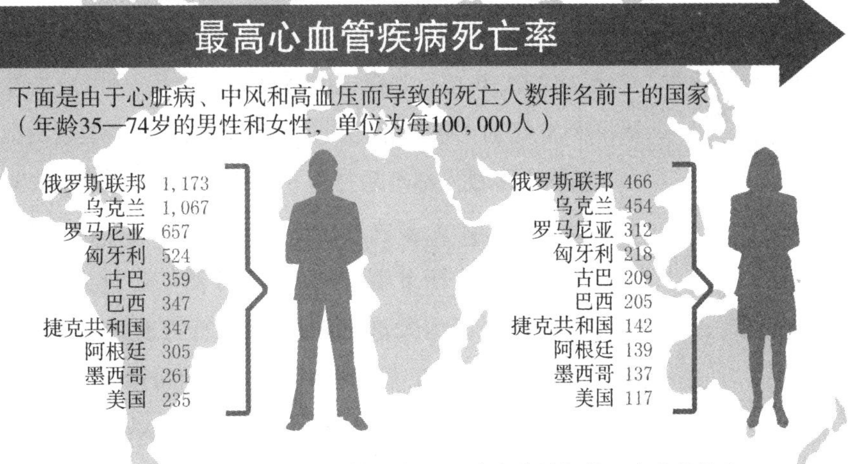

图15-7　世界范围内由心脏疾病引起的死亡人数排名

心血管疾病引起死亡的风险在很大程度上取决于人们生活的国家。哪些文化和环境因素可以解释这个事实?

(资料来源：American Heart Association，2015.)

但是,环境和生活方式的选择也很重要。吸烟、高脂肪和高胆固醇的食物和较少运动都会增加患心脏病的可能性。这些因素也许可以解释不同国家心脏病患病风险的差异。例如,在日本,心脏病引起的死亡率比美国低,可能是因为饮食差异:典型的日本食物的脂肪含量比典型的美国食物低得多(De Meersman & Stein,2007;Scarborough et al. ,2002;Flatt et al. ,2014)。

但是饮食并不是唯一的因素。心理因素,尤其是那些与压力的知觉和体验有关的因素,似乎与心脏病也有关系。特别是一系列的人格特征,如 A 型行为模式,似乎与中年人的冠心病发展有关。

A 型和 B 型行为模式:对于一部分成年人来说,在杂货店的长队中耐心等待几乎是不可能的。面对长时间持续的红灯,坐在车内,他们会大发雷霆。在零售店内碰到一位迟缓、不熟练的收银员也会使他们变得暴怒起来。

像这样的人(或者那些与杰罗米 · 扬戈相似的,将健身计划作为完成更多工作的机会的人)具有一类共同的特征行为,被称作 A 型行为模

A型行为模式 一类表现为竞争性强、耐性较差、容易受挫和产生敌意的行为特征。

式。**A型行为模式**的特征是竞争、缺乏耐心、具有受挫和敌意的倾向。具有A型行为模式的人被驱使着完成比他人更多的工作，而且他们经常从事多项活动（多个活动同时进行）。他们是真正的多重任务执行者，你可能看见他们一边打电话，一边在自己的笔记本电脑上工作，并乘坐市郊火车时还吃着早餐。他们很容易生气，并且在被阻止达到他们试图完成的目标时表现出语言和非语言上的敌意行为。

B型行为模式 一类表现为竞争性弱、有耐心和缺乏攻击性的行为特征。

与A型行为模式显著不同，许多人实际上具有相反的特征模式，即B型行为模式。**B型行为模式**的特征是缺少竞争性、攻击性和耐心。与A型相反，B型的人很少感觉到时间的紧迫，也很少表现出敌意。

我们大多数人都不是完全A型或者B型。实际上，A型和B型代表了连续体的两端，大多数人介于中间位置。对于很多人来说，要么偏向于A型，要么偏向于B型。一个人属于哪一种行为模式具有重要意义，尤其是中年人，因为大量研究都表明，行为模式与冠心病的发生有关。例如，A型男性患冠心病的概率是B型男性的2倍，致命的心脏病发作的可能性更大，而出现各种心脏问题的可能性是B型男性的5倍（Rosenman，1990；Wielgosz & Nolan，2000）。

虽然我们并不能肯定为什么A型行为会增加心脏病的患病风险，但是最可能的解释是，当A型行为的人处于应激条件下时，他们在心理上会被过度唤起，心率和血压上升，肾上腺素和去甲肾上腺素的分泌增加。身体循环系统的磨损将最终引起冠心病（Williams，Barefoot，& Schneiderman，2003）。

但是，需要记住的是，并非A型行为模式的所有成分都是有害的，使得A型行为与心脏病产生联系的核心成分是敌意。此外，A型行为与冠心病的联系仅仅是相关关系，而不是因果关系，并没有发现确凿的证据支持A型行为引起了冠心病。事实上，一些证据表明，只有A型行为某些方面与疾病有关，而并非所有的A型行为都与疾病存在联系。例如，逐渐达成的共识认为，敌意和愤怒可能处于A型行为模式与冠心病联系中的核心位置（Demaree & Everhart，2004；Eaker et al.，2004；Kahn，2004；Myrtek，2007）。

除了具有竞争性的特征外，A型人格的人也倾向于进行多项活动，或者同时做许多事情。A型人格与B型人格应对压力的方式是否有差别？

虽然已经证实了至少部分 A 型行为与心脏病有关，但是这并不能说明所有具有 A 型行为特征的中年人都注定会患上冠心病。首先，主要因为男性患冠心病的可能性远远高于女性，迄今为止几乎所有的研究都集中在男性。此外，除了 A 型行为中的敌意，其他一些负性情绪也与心脏病存在联系。例如，心理学家乔安·德诺来（Johan Denollet）确认了一种他称之为 D（distressed，忧虑的）型的行为也与冠心病存在联系。他认为，不安、焦虑、对未来持负性态度都会增加患心脏病的风险（Denollet，2005；Schiffer et al.，2008；Pedersen et al.，2009）。

癌症的威胁

LO 15.7　总结导致癌症的原因及可用的诊断和治疗手段

布兰达（Brenda）审视着她所在队列中的人。这些人将参加即将开始的一年一度的"为治疗赛跑"活动，一个为抵抗乳腺癌集资的跑步和竞走比赛。这是使人清醒的一幕。她发现一群妇女，这五个人都穿着深红色的衬衣，表示她们是癌症的幸存者。其他一些运动员将他们爱人的照片别在运动衫上，不幸的是他们的爱人在反抗病魔的战斗中失败了。

很少有疾病能像癌症一样令人恐惧，许多中年人将癌症的诊断视为死刑判决。虽然事实并非如此（现代的医疗手段对许多种癌症都有很好的疗效，而且 2/3 被诊断为癌症的人在 5 年后依然活着），但是癌症还是引起了许多恐惧。而且不可否认的是，癌症是美国人的第二大死因（CDC，2015）。

虽然癌症的准确诱因还不清楚，但是癌症扩散的途径却非常明了。由于某些原因，身体内的某些细胞开始不受控制地迅速繁殖。这些细胞的增加引起了肿瘤。如果没有受到阻碍，它们将从健康的细胞和身体组织中吸收营养，最终，将破坏身体正常工作的能力。

同心脏病一样，癌症也与一系列的风险因素有关，包括基因和环境因素。某些癌症受基因的影响更大。例如，乳腺癌（造成女性死亡最常见的癌症之一）的家族史会增加女性患病的风险。

许多环境和行为因素也与癌症患病风险有关。例如，缺乏营养、吸烟、使用酒精、暴露于日光和辐射之中，以及一些特殊的危险职业（比如暴露于某种化学物质或石棉中）都会增加癌症发生的风险。

健康护理人员的专业视角

心理态度对癌症生存率的影响是否表明非传统的治疗技术，如冥想，也可以用来治疗癌症呢？为什么可以或者不可以？

在确诊癌症之后，根据癌症的不同类型，可以选择不同治疗方式。其中一种治疗方式是放射治疗，即用放射手段杀死肿瘤细胞。采用化疗技术的病人将摄取适当剂量的有毒物质，以从根本上毒死肿瘤细胞。另外，还可以通过手术来移除癌细胞（通常也包括相邻的组织）。具体的治疗方式取决于确诊时癌症在病人身体内的扩散程度。

及早诊断癌症将会提高治愈的可能性，因此，识别癌症初期症状的诊断手段显得非常重要，这在罹患癌症风险增加的中年时期表现得尤为突出。

因此，医生力劝女性要对乳房进行定期检查，男性要经常检查睾丸是否有癌变的迹象。除此之外，男性最常见的前列腺癌，也可以通过常规的直肠检查或检查血液中是否有前列腺特异性抗原（prostate - specific antigen，PSA）来进行诊断。

乳房 X 线照片，提供了女性乳房的内部扫描情况，也可以帮助诊断早期癌症。但是，女性从什么时候开始对乳房进行定期检查依然是个有争议的问题。如图 15 - 8 所示，乳腺癌风险从 30 岁左右开始增加，之后不断上升（SEER，2014）。

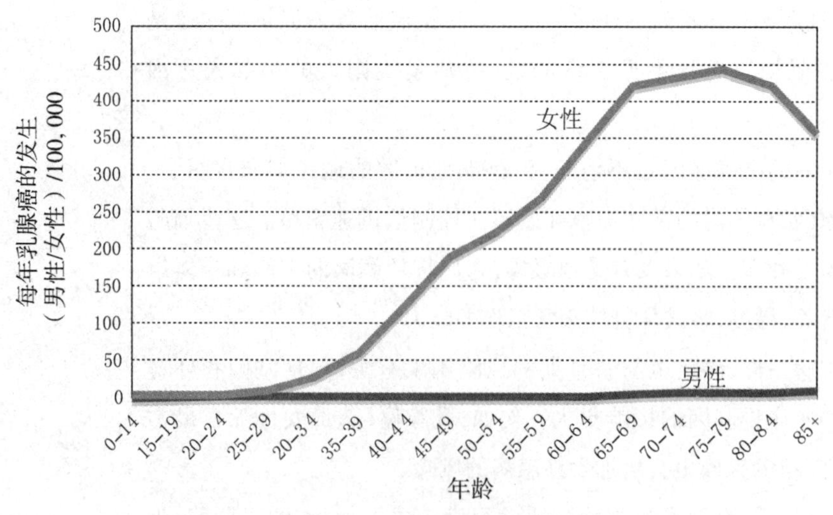

图 15–8　年龄与乳腺癌患病风险的关系

年度患病率的数据表明，从30岁左右开始，乳腺癌的风险逐渐增加。
（资料来源：SEER，2014.）

两方面的考虑使得“女性应该从几岁开始进行定期乳房 X 光检查”这个问题变得更加困难。首先，检查存在“假阳性”，也就是说，检查表明存在问题，而实际上可能并没有任何问题。年轻女性的乳房组织比年长女性更致密，因而，年轻女性的检查更可能出现“假阳性”的结果。实际上，一些估计认为，多达 1/3 的接受了多次乳房 X 光检查的年轻女性可能会出现“假阳性”的结果，她们有必要进行更加深入的检查或活组织检查。其次，也可能出现相反的问题“假阴性”，即乳房 X 光检查没有发现确实存在的癌症（Wei et al.，2007；Destounis et al.，2009；Elmore et al.，2009）。

由政府任命的工作小组——美国预防医学工作组（the U.S. Preventive Service Task Force）——在 2009 年建议，40 多岁的女性不应该进行乳房 X 光例行筛查，50—70 岁的女性应该每两年进行一次（而非每年一次）。然而，这是一个有争议的提议。他们的建议是基于代价—收益分析，分析结果显示，针对年度乳房 X 光检查，在风险变为原来一半的情况下仍然可以维持 80% 的获益（Nelson et al.，2009）。

他们的建议很快被一些主流女性群体所批评，包括美国癌症协会（American Cancer Society）和美国放射学院（American College of Radiology）。后者认为，40 岁以上的女性都应该接受年度检查。

最终，确定检查年龄成为了一个高度个性化的事情。女性需要咨询他们的健康护理人员，与之就最近关于乳房 X 光检查频次的研究进行讨论。对于那些有家族患病史或在基因 BRCA 上存在变异的女性来说，在 40 岁开始进行乳房 X 光例行检查显然是有很大的好处的（Grady，2009；Alonso et al.，2012；Smith，Duffy，& Tabar，2012）（亦可参见“从研究到实践”专栏）。

从研究到实践

针对严重疾病进行基因筛查是个好主意吗？

2013 年，当女演员安吉丽娜·朱莉（Angelina Jolie）在《纽约时报》上宣布自己将切除双乳时，很多人都很震惊，同样震惊的还有她做出这一决定的原因。这并不是因为她有乳腺癌，实际上，她没有，真正原因是她在一生当中的某个时刻很可能会患上乳腺癌。朱莉的妈妈在 50 多岁因卵巢癌去世，她自己的基因筛查结果显示体内存在一个抑制肿瘤的罕见基因变异。该变异的存在意味着，朱莉患乳腺癌的风险为 90%。由于害怕重蹈母亲的覆辙，朱莉个人决定预防性切除双乳，以把患乳腺癌的概率降至 5%（Kluger & Park，2013）。

当下，数以千计的基因筛查可以帮助人们确定很多具体疾病的遗传风险。朱莉的公开声明无疑将鼓舞更多的人进行对应筛查，以期望像朱莉一样，避开具有高患病风险的严重疾病。

但结果并非都像朱莉那样，很多疾病和诸多基因变异存在关联，使得结果变得复杂。有时，筛查可能发现一个不知道与哪种疾病风险有关的变异。同时，环境和生活方式这类风险因素，也常常扮演着类似角色。即便一项基因筛查确认具有高遗传风险，也不完全意味着存在一项安全有效的预防策略。实际上，为了预防乳腺癌而进行双乳切术，是一项特例而非常规选择（Vassy & Meigs，2012；Antoniou et al.，2014）。

安吉丽娜·朱莉做了双乳切除手术以减少患乳腺癌的风险。

因此，医学专家对基因筛查引起的公众反应，以及其是否能够让公众对基因筛查的效用有一个全面准确的认识，还是抱有疑虑。人们常常更容易被听闻的鲜活的案例所诱导，而不是统计数值。这使得重要的健康护理决策或许更多地基于恐惧，而非对现实风险的客观认知。在朱莉的案例中，手术是可行的，但是其他选项亦然，如预防性化疗、对异常早期指征的经常性检测。适当的咨询对于保证筛查结果的准确性和后续方案的理解起着关键作用（Riley et al.，2012）。

此外，也有花费问题。基因筛查、之后的预防和恢复性手术，以及后续护理对于一个好莱坞杰出女演员来说是一回事，但对于其他人来说是另一回事。基因筛查是昂贵的，保险公司也不愿受理毫无依据（如有家族患病史）的报销申请。即便预防性干预是可行的，他们可能无力支付，其间也必然伴随着风险和不足。因此，针对基因筛查进行决策前，很多问题需要慎重考虑。安吉丽娜·朱莉的大胆决定对她可能适用，但是每个人都是不一样的（Riley et al.，2012；Kluger & Park，2013）。

共享写作提示

对预知结果无能为力，为什么有些人仍然想知道知道自己患某种严重疾病的风险？你想要知道自己的患病风险吗？为什么想或者为什么不想？

与癌症相关的心理因素：心理会影响肿瘤吗？ 越来越多的证据表明癌症不仅仅与生理因素有关，也与心理因素有关。例如，一些研究表明，人们对癌症的情绪反应会影响康复。具体而言，一项研究显示，那些表现出“战斗精神(fighting spirit)”的女性可以战胜癌症。但另一方面，关于长期存活率，持积极态度的病人似乎并不比持消极态度的病人高。这就使得心理因素究竟能够在多大程度上影响癌症变得扑朔迷离(Rom, Miller, & Peluso, 2009)。

人格因素在癌症中也扮演重要角色。例如，乐观的癌症病人报告的生理和心理上的不适低于那些悲观的病人(Gerend, Aiken, & West, 2004; Shelby et al., 2008; Cassileth, 2014)。

心理因素可以预防癌症，甚至增加癌症治疗成功的可能性。支持这种观点的证据有，心理治疗可以为癌症病人的治疗创造良好的康复条件。例如，对于乳腺癌晚期的病人，参加群体治疗的女性比没有参加的其他女性至少多活 18 个月。其次，参与心理治疗的女性也经历较少的焦虑和痛苦(Spiegel, 1996, 2011; Spiegel & Giese - Davis, 2003)。

如何准确地说明一个人的心理状态与癌症预后有着怎样的关联呢？癌症治疗错综复杂，结果常常是不理想的。或许那些持有最积极态度并参与到治疗当中的病人对治疗更加配合，因而更可能获得成功(Sheridan & Radmacher, 2003; Sephton et al., 2009)。

但也有另一种可能，积极的心理态度有利于身体的免疫系统——疾病的天然防线。积极的态度可以活跃免疫系统，使它产生更多的“杀手”细胞以抗击癌症细胞。相反地，消极的情绪态度可能减弱身体自然的“杀手”细胞抗击癌症细胞的能力(Ironson & Schneiderman, 2002; Gidron et al., 2006)。

虽然一些研究表明，个人生活的社会支持水平与较低的癌症患病风险有关，但是态度、情绪和癌症的关系还远未证实。

需要记住的是，态度、情绪和癌症的关系还远未被证实。其次，假设癌症病人只要有更加良好的态度就能康复得更好，这既没有被证明是正确的，也是不公平的。数据确实表明的是，心理治疗是癌症治疗的常规组成部分，即使心理治疗对癌症没有其他任何帮助，而仅仅是改善病人的心理状态和鼓舞他或她的信心也是好的（Kissane & Li，2008；Coyne et al.，2009；Hart et al.，2012；Bower et al.，2014）。

模块15.2 复习

尽管患慢性疾病（如关节炎、2型糖尿病和高血压）的可能性增加，但一般来说，中年是健康状况良好的时期。

心脏病是中年时期的风险之一。基因和环境因素，以及A型行为模式，都可能与心脏病有关。

癌症在中年时期变得非常常见，放疗、化疗和手术都可以成功地治愈癌症，而心理因素，比如战斗精神和拒绝接受癌症，都会影响癌症的存活率。

共享写作提示

应用毕生发展：哪些社会政策可以降低社会经济地位群体成员致残性疾病的发病率？

15.3 认知能力的发展

不知道从什么时候开始，45岁的比娜·克林曼（Bina Clingman）不能记住是否已经把丈夫给她的信件寄出去了。同时，她怀疑这是衰老的迹象。恰好在第二天，她的这种感觉更加强烈了，因为她花了20分钟寻找一个电话号码，而她知道自己将电话号码写在了一张纸上，好像放在了某个地方。当她找到的时候，她感到很惊奇，甚至有一点生气。“我正在丧失记忆力吗？”她带着烦恼和某种程度的关注询问自己。

许多40岁出头的人都会告诉自己，他们感觉到自己比20年前更加心不在焉。他们也会对智慧能力不如年轻时这一点给予更多的关注。常识告诉我们，随着年龄增大，人们会失去部分智力。但这种观点准确吗？

成年中期的智力会衰退吗？

LO 15.8 描述成年中期的智力发展

在许多年里，当被问及智力在中年时期是否下降的问题时，专家会提供一个明确的、不可动摇的回答。这个回答让大多数成年人听了都不高兴：智力在18岁时达到顶峰，并一直保持到25岁左右，然后开始逐渐地下降直到生命结束。

然而，今天的发展研究者开始认识到，上述问题的答案更加综杂，也得出了不同的和更加综合的结论。

回答这个问题的困难。“智力在 25 岁左右后开始下降”的结论是建立在大量的研究基础上的。特别是横断研究，即在相同时间点上测量不同年龄阶段的个体的能力，清楚地显示，年长的被试者非常可能在传统的智力测验上表现得比年轻被试者差。

但是我们必须考虑到横断研究的缺点，尤其是横断研究中产生同辈效应(cohort effects)的可能。回想一下，同辈效应是指由于部分被试者出生在特定历史时期，而这段历史时期独有的事件只影响了特定年龄段的被试。例如，假设与年轻人相比，横断研究中年长的被试者接受的教育较少，他们的工作提供的新鲜刺激也较少，或者他们相对来说健康问题更多。在这种情况下，年长群体较低的 IQ 分数并不能完全，甚至部分地，归因于年轻和年长个体智力的差异。总的来说，由于没有控制同辈效应，横断研究可能低估了年长被试者的智力。

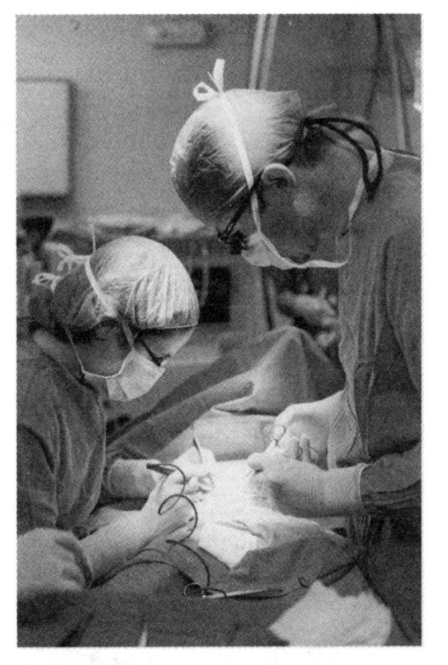

评价中年人的认知能力是很困难的。虽然某些类型的认知能力可能开始下降，但是晶体智力保持稳定，而且事实上还可能增强。

为了克服横断研究中的同辈效应问题，发展心理学家开始求助于纵向研究，即研究相同的个体在一段时间内不同阶段的表现。这种研究方法揭示了智力的另一种发展模式：成年人的智力相当稳定，在 35 岁左右，对于某些个体直到 50 岁出头之前，他们的智力测验分数甚至还有所上升。在此之后，智力测验分数开始下降(Bayley & Oden,1955)。

但是让我们暂缓做出最后结论，考虑一下纵向研究的缺点。例如，多次参加同一个智力测验的人表现较好，不过是因为他们对测验更加熟悉，也更适应测试的条件。同样，由于在这些年内经常参加相同的测验，他们甚至可能记住一些测验项目。因此，练习效应(practice effect)可以解释为什么智力的纵向研究的成绩高于横断研究的成绩。

其次，采用纵向研究方法的研究者很难保证样本的完整性。研究的参与者可能搬迁，决定不再参加研究或者生病、死亡。实际上，随着时间推移，依然留在研究中的参与者可能意味着比那些不再参加研究的个体更健康、更稳定、心理上更加积极的那一部分人群。如果事实是这样，纵向研究可能高估了年长被试者的智力。

晶体智力和流体智力。发展学家对智力随年龄的变化做出结论依然还有更多障碍。例如，许多智力测验包括体能表现，比如排列一组木块。这些测验项目都限制时间，并根据完成问题的速度计分。如果年长个体在体能任务上花费较多的时间——记住我们在本章的前面部分曾经讨论过，反应时间随着年龄增长而变长——那么他们在IQ测验上较差的表现可能是生理上的改变而不是认知能力的改变。

使问题更加复杂的是，许多研究者认为存在两类智力：流体智力和晶体智力。正如我们在第9章首次提到的，**流体智力**反映的是信息加工、推理和记忆的能力。例如，要求一个人根据一定的规则重新排列一串字母或者记忆一组数字，应用的就是流体智力。相反地，**晶体智力**是信息、技能和策略的积累，人们通过经验习得并将它们应用在问题解决的情境中。某人为解决一个字谜或者确定神秘故事的杀人凶手，使用的就是晶体智力，以及他或她过去的经历。

流体智力 反映了信息加工能力、推理和记忆。

晶体智力 人们通过经验习得的信息、技能和策略的累积，可以应用于问题解决情境。

最初，研究者认为流体智力主要由基因决定，而晶体智力主要由经验或者环境因素决定。但是，他们后来放弃了对智力的这种划分，主要是因为他们发现晶体智力也部分地取决于流体智力。例如，一个人解决字谜问题的能力（晶体智力参与）受到他对字母和模式的精通程度（流体智力的体现）的影响。

发展学家分别分析两种智力，他们得到了关于智力是否随年龄下降问题的新答案。实际上，他们得到了两个答案：既是，也不是。是，因为一般来讲，流体智力确实随着年龄下降；不是，因为晶体智力保持稳定，在某种情况下实际上有所提高（Salthouse, Pink, & Tucker - Drob, 2008; Ghisletta et al., 2012; Manard et al., 2015；见图15-9）。

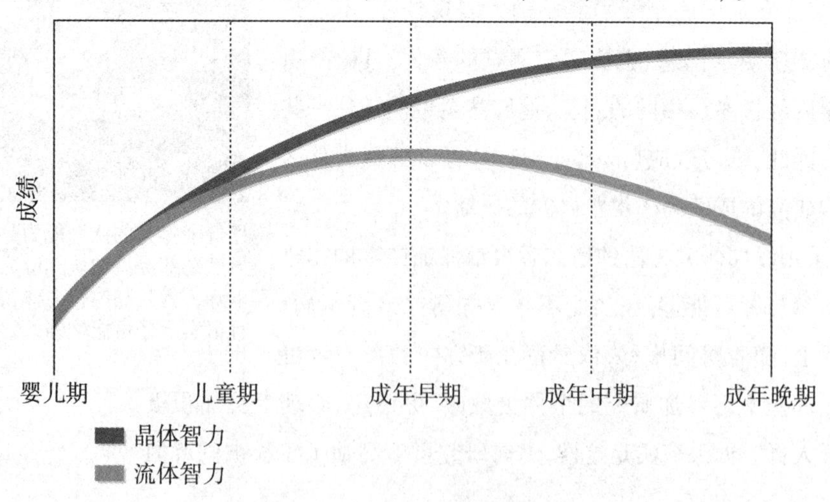

图15-9 晶体和流体智力的变化

虽然晶体智力随着年龄增长，流体智力在中年时期却开始下降。这对中年期一般能力的问题有何提示？

（资料来源：Schaie, 1985.）

如果我们分析更加具体的智力类型,真正的年龄差异和智力的发展将会体现出来。发展心理学家华纳·沙尔(1994),开展了大量关于成年人智力发展的纵向研究。根据他的观点,我们应该考虑多种具体能力,例如,空间定向、数能力、语言能力等,而不仅仅是晶体智力和流体智力这种对智力的粗略划分。

从这个角度分析,智力在成年时期的变化问题有了更加具体的答案。沙尔发现一些能力,比如,归纳推理、空间定向、知觉速度和言语记忆,在 25 岁左右开始逐渐下降,并在此后持续下降。数和言语能力表现出相当不同的变化模式。数能力一直增长到 45 岁左右,在 60 岁时较低,然后在剩下的生命中一直保持稳定。言语能力一直增长到中年时期的开始,40 岁左右,然后在剩下的生命中保持相当稳定(Schaie,1994)。

这些变化是怎么产生的呢?其中一个原因就是脑功能在中年时期开始发生变化。例如,研究者发现对学习、记忆和思维灵活性起关键作用的 20 个基因的效率早在 40 岁时就开始降低。此外,随着年龄增长,大脑中用于完成某种任务的特定脑区发生变化。例如,老年人完成任务时用两个大脑半球,年轻人只用其中一个(Lu et al.,2014;Fling et al.,2011;Phillips,2011)。

教育者的视角

你认为成年中期下降的 IQ 得分和持续保持的认知能力之间的明显不一致如何影响回炉学校的中年人的学习能力?

重塑问题:成年中期竞争力的来源? 虽然某些认知能力在中年时期逐渐下降,但是正是在生命的这个阶段,人们开始在社会中拥有一些最重要和最有权力的职位。我们如何解释这种稳定甚至发展的竞争力,尽管某些认知能力已经开始明显地下降?

其中一个答案来自心理家蒂莫西·索尔特豪斯(Timothy Salthouse)(1994a)。他认为有四个原因可以解释为什么会存在这种不一致。首先,很可能某种认知能力的测验所测量的认知能力类型与胜任某种具体职业的能力要求并不相同。例如,传统的 IQ 测验并不能测量与职业成功相关的认知能力。如果我们测量具体的智力而不是通过传统的 IQ 测验来评价智力,也许就不存在中年人智力下降和实际竞争力上升的矛盾了。

另一个原因是 IQ 测验和职业成功的关系。很可能最成功的中年人并不能代表一般的中年人。也许只有小部分人可以特别成功,而剩下的只有中等或略微成功的人可能已经换了工作、退休或者生病、去世。如果我们分析特别成功的人，那么，我们检测的样本个体是不具有代表性的。

也可能是因为职业成功要求的认知能力并不是特别高。根据这个观点，人们可能在职业上相当成功，而某些认知能力却处于下降阶段。换句话说，他们认知能力的下降并不是非常重要；他们有足够的脑力。

最后，也可能是，年长的个体比较成功的原因是他们发展出了具体的专业技能和特殊的胜任力。IQ测验测量的是对新异刺激的反应时间，而职业的成功可能受更加具体的经过良好练习的能力影响。因此，虽然他们总的智力能力可能下降，中年人依然可能保持甚至发展他们取得职业成功所需要的具体智力。这种解释激发了对专家技能的一系列研究，我们将在本章后面分析。

例如，发展心理学家保罗·巴尔特斯(Paul Baltes)和玛格丽特·巴尔特斯(Margaret Baltes)研究了选择性优化(selective optimization)策略。**选择性优化**是指人们集中在某个具体的技能领域，以补偿其他领域能力损失的过程。巴尔特斯认为中年及以后的认知能力的发展包括增加和下降的双重过程。在人们由于生理状况的恶化开始失去某种能力时，他们可以通过强化在其他领域的技能取得进步。由于通过专家技能可以弥补能力损失，人们可以避免表现出实际状况的恶化。那么，总体认知能力的竞争力，最终可能保持稳定甚至有所提升(Ebner, Freund, & Baltes, 2006; Deary, 2012; Hahn & Lachman, 2015)。

选择性优化 人们集中在某个具体的技能领域，以补偿其他领域能力损失的过程。

例如，回忆一下反应时间会随着人们变老而增加，而反应时间是打字技能的组成成分，我们可以预期年长的打字员会比年轻的慢一些。但是，事实并非如此。为什么呢？答案是虽然反应时间增加，但是年长的打字员可以提前看到并记住更多的材料，这可以帮助他们弥补较长的反应时间。类似地，虽然一个交易执行官可能在回忆名字方面比较缓慢，但是他对过去完成的交易构建了一个心理档案，因此，他可以很容易地建立新的合约。

成年中期和晚期的认知能力发展是一个增强和减弱的混合过程。当人们由于生理的恶化开始失去某些能力时，他们通过强化在其他领域的技能取得进步。

选择性优化只是在各个领域具有专家技能的成年人用于保持较高表现的策略之一。那么，专家的其他特征是什么？

专家技能的发展：区分专家和新手

LO 15.9　解释成年中期专家技能的作用

如果你生病了，需要诊治，你是愿意让刚从医学院校毕业的年轻医生，还是有丰富经验的中年医生看病？

如果你选择年长的医生，很可能是因为你假设他或她具有更高的专家技能。**专家技能**是指获得了某个具体领域的技能或知识。专家技能比广泛的智力更加集中。专家技能的发展是由于人们将注意力和练习集中在一个具体的领域。通过这样做，由于熟练或者对这个领域的喜欢，他们获得了经验。例如，医生擅长分析病人的症状，完全是因为他们拥有丰富的经验。同样，喜欢烹饪并且经常下厨的人，可以预先知道，如果对食谱进行一些调整，食物的味道会怎样变化（Morita et al.，2008；Reuter et al.，2012；Reuter et al.，2014）。

专家技能 特定领域技能或知识的获得。

用什么标准可以区分某一领域的专家和新手呢？初学者采用正式的程序和规则，经常严格地遵守规则，而专家依靠经验和直觉，并且经常违背规则。因为专家有丰富的经验，他们的行为经常是自动化的，不需要太多思考就可以完成。专家经常不能清楚地解释他们如何做出结论；他们的解决方案经常在他们看来是对的，而且更可能实际上也是对的。脑成像研究显示，与初学者相比，专家在解决问题时使用不同的神经通路（Grabner，Neubauer，& Stern，2006）。

最后，当问题出现时，专家可以比非专家形成更好的解决问题的方案，而且他们可以更灵活地思考问题。专家的经验为他们提供了针对同一个问题的多种解决路线，从而提高了成功的概率（Willis，1996；Clark，1998；Arts，Gijselaers，& Boshuizn，2006）。

当然，并不是每一个人在中年时期都会在特定领域发展出专家技能。职业的责任心、闲暇时间的多少、教育水平、收入和婚姻状况都会影响专家技能的发展。

记忆：你必须记住它

LO 15.10　描述年龄如何影响记忆及如何改善记忆

每当玛丽·多诺万（Mary Donovan）找不到钥匙，她都对自己嘀咕着说："我正在失去记忆能力。"就像比娜·克林曼担心不能记住字母和电话号码等东西一样，玛丽很可能认为记忆损失在中年时期非常正常。

但是，如果她和绝大多数中年人一样，那么，她的评价就不一定准确。根据成年人记忆能力变化的研究，大多数人只表现出非常微小的记忆损失，而且许多人在中年时期根本没有表现出来。此外，由于社会对衰老的刻板印象，中年人易于将他们的心不在焉归结为衰老，尽管他们这辈子都是那么心不在焉。因此，可能是他们对自己的健忘给予了新的解释，而不是他们实际的记忆能力改变了（Chasteen et al.，2005；Hoessler & Chasteen，2008；Hess，Hinson，& Hodges，2009）。

记忆类型。为了理解记忆能力变化的本质，有必要考虑不同种类的记忆。记忆传统上被认为有三个连续的组成成分：感觉记忆（sensory memory）、短时记忆（short - term memory，也被称作工作记忆）和长时记忆。感觉记忆是对信息最原始的短暂的存储，只能保持一瞬间，信息被个人的感觉系统作为原始的、无意义的刺激记录下来。然后，信息进入了短时记忆，保持15至25秒钟。最后，如果信息得到复述，它将进入长时记忆，并在此进行相对永久的保存。

感觉记忆和短时记忆在中年时期实际上都没有减弱。但是长时记忆略有不同，某些人的长时记忆会随着年龄下降。但是，长时记忆下降的原因似乎并不是消退或者记忆完全丧失，而是随着年龄的增长，人们记忆和存储信息的效率下降。除此之外，年龄使人们提取存储在记忆系统中的信息的效率下降。换句话说，即使信息被存储在长时记忆中，定位或者提取这些信息可能会更加困难（Salthouse，1994b）。

需要记住的是，中年时期的记忆能力下降相对来说比较微小，并且大多数个体都可以通过各种认知策略进行弥补。正如先前提到的，对初次提到的材料给予更多的注意可以帮助以后的回忆。你丢失了汽车钥匙可能与记忆能力下降没有多大关系，而是反映了你在放置钥匙时并没有留意。

由于和专家技能发展一些相同的原因，许多中年人发现很难对某些事情集中注意力。他们习惯于使用记忆捷径，即图式，以减轻日常繁杂事情的记忆负担。

图式 存储在记忆系统中的信息块。

记忆图式。人们回忆信息的方法之一是使用**图式**，即存储在记忆系统中的信息块。图式是一种帮助人们表征世界的组织方式，并允许人们对新信息进行分类和解释（Fiske & Taylor，1991）。例如，我们可能有在餐馆就餐的图式。我们不会将在一个新的餐馆用餐作为一个全新的经历。我们知道，去餐馆时，我们会坐在一个桌子或者柜台前，得到一个菜单选择食物。外出就餐的图式告诉我们，如何与服务生联系，最先吃何种食物，以及用餐后应留下小费。

人们对每个个体(比如,母亲、妻子和孩子的独特行为模式),以及人的职业(邮递员、律师或者教授)和行为或者事情(在餐馆就餐或者看牙医)都有图式。图式帮助人们将行为组织成有机的整体,并解释社会事件。例如,具有就医图式的人在被要求脱衣服做检查的时候并不会感到惊奇。

图式还可以传达文化信息。心理学家苏珊·菲斯克和谢莉·泰勒(1991)曾经介绍过一个古老的美洲民间故事:一个参加过多次战斗的英雄被箭射中了,但是他并没有感觉到箭伤带来的疼痛。他回到家后,把战斗的事情告诉了家里人,一些黑色的东西便从他的嘴里流出来。第二天早晨,他就去世了。

这个故事让大多数西方人迷惑不解,因为他们从来都没有受过这个故事所在的美洲土著文化的教育。但是,对那些熟悉美洲土著文化的人来说,故事却具有完整的意义:由于有灵魂相伴,所以英雄不会感觉到疼痛,而从他嘴里流出来的黑色的东西就是离去的灵魂。

对于美洲土著人,他们可以在以后容易地回忆出这个故事,因为它具有意义,而对于其他文化的个体,故事却没有意义。其次,与现有的图式一致的材料比不一致的材料更可能被回忆起来(Van Manen & Pietromonaco,1993)。例如,一个经常将钥匙放在特定地点的人可能会丢钥匙,因为除了通常的地点外,他不能回忆起可能将钥匙放在了其他什么地方(也可参见“你是发展心理学知识的明智消费者吗”?)。

记忆术 组织材料的一种策略,它可以使人们更容易记住信息。

◎ 你是发展心理学知识的明智消费者吗?

记忆的有效策略

我们所有人都曾经忘过事。但是,一些技巧可以帮助我们更有效地记忆我们希望记住的东西,并且很难再次忘记这些东西。**记忆术**是组织材料的一种策略,它可以使人们更容易记住信息。这些记忆术不仅适用于中年时期,也适用于生命的其他阶段。详细介绍如下(Bellezza,Six,& Phillips,1992;Guttman,1997;Bloom & Lamkin,2006;Morris & Fritz,2006):

- 组织。对于那些记住把钥匙放在什么地方或者记住约会方面有困难的人,最简单的途径是让他们做事更有条理、有组织。采用记事本或者将钥匙放在一个钩子上,或者使用便笺纸,这些手段都可以帮助保持记忆。
- 给予注意。当你遇到新的信息时,给予注意,并有意识地强调自己将来可能希望回忆这些内容,通过这样的方式来,你就可以改善记忆。如果你特别关注记住某些东西,例如,把汽车停在什么地方,在停车的时候,你就应该给予注意,并且提醒自己,你必须得记住它。

- 利用编码特异性原则。根据编码特异性原则，如果回忆信息的环境与最初学习（即编码）的环境相似，人们就更可能回忆出来（Tulving & Thompson，1973）。例如，在学习的教室里进行考试，人们能够回忆出最多的信息。
- 形象化。构建观点的思维图像可以帮助以后的回忆。例如，如果你想记忆全球变暖可能导致海平面上线，假想在一个炎热的天气里，你在海滩上，海浪会离你铺在海滩上的毯子越来越近。
- 复述。在记忆领域里，熟能生巧，即使不能至于完美，至少也会更好。对于所有年龄段的成年人，如果他们花费更多的努力来复述希望记住的内容，都可以提高记忆。通过练习所期望回忆的内容，人们可以从根本上改善对材料的回忆。

模块 15.3 复习

- 由于横断研究和纵向研究的局限，"中年人的智力是否下降"的问题变得非常复杂。智力可以分为许多成分，某些成分下降，而其他的保持稳定，甚至有所改进。一般来讲，认知能力在中年时期保持相当稳定，尽管智力功能的某些方面有所下降。
- 专业技能（在生活实践领域的技能和知识的运用）在成年中期由于经验的增多会有所提升。专家更少地依赖正式程序，更多地依赖直觉，比新手更擅长解决问题。
- 记忆能力在中年时期可能下降。但是，实际上，长时记忆障碍可能是由于存储和提取策略缺乏效率引起的。研究显示，记忆策略对于改进记忆和信息提取是有效的。

共享写作提示

应用毕生发展：晶体智力和流体智力如何一起工作以使中年人处理新的情境和问题？

结语

中年人一般都拥有良好的体能和健康。虽然细微的变化正在发生，但是，由于其他认知技能的使用，人们可以很容易地弥补这些变化。慢性疾病和危及生命的疾病发病率上升，尤其是心脏病和癌症。在认知领域，智力和记忆的某些方面逐渐下降，但是这种下降可以被补偿性的策略和其他领域能力的上升掩盖。

回想本章前言中提到的卡拉·迈尔斯不准备自然变老的例子，回答这些问题：

1. 从故事中呈现的证据来看，你能说是卡拉的 A 型人格使得她具有患心脏病的风险吗？解释你的想法。

2. 你认为卡拉的生活方式中的健康的方面有哪些呢？她对变老的态度怎么样？

3. 卡拉开玩笑说她和伴侣斯蒂芬的性生活"足以让我精力充沛"。50 多岁的夫妇性生活会面临什么挑战？又可以提供什么样的心理获益和生理获益呢？

4. 和年轻的竞争者相比，卡拉的经验使得她在认知上有什么优势呢？那些年轻的建筑师又有什么优势呢？

回顾

LO 15.1　描述影响成年中期个体的体能变化

在中年时期，从 40 岁到 60 岁，人们的身高和力量缓慢下降，体重增加。身高的下降，尤其是女性，可能与骨质疏松症（由于食物中缺少钙质引起的骨头变稀疏）有关。生理和心理退化最好的矫正方法就是健康生活方式，例如，经常锻炼。

LO 15.2　解释成年中期的感觉变化

由于眼睛的晶状体变化，视敏度下降。中年人近处视觉、深度和距离视觉、对黑暗的适应和知觉三维空间的能力等视觉能力通常会下降。此外，青光眼（一种可能导致失明的疾病）的发病率在中年时期也增加。听敏度在这个时期也略微下降，尤其是听高频声音的能力和声音定位能力的下降。

LO 15.3　解释成年中期反应时间的变化

中年人的反应时开始逐渐增加，但是在复杂任务中缓慢的反应大部分可以通过由于多年的任务重复带来的技能上升而抵消。

LO 15.4　对比成年中期男性和女性体验到的与性有关的变化

中年人经历了性生活的改变，但是这些变化并不像通常假设的那样引人注目，许多中年夫妻体验到性生活新的自由和满足感。女性更年期，即从能生育到不能生育的变化过程。最明显的标志就是绝经，通常伴随着生理和情绪上的不适。对于绝经期的治疗和态度的转变似乎可以减少妇女的恐惧以及绝经引起的困难经历。男性也经历了生殖系统的变化，有时也称作男性的更年期。一般地，精子和睾丸激素的分泌下降，前列腺增大，导致泌尿困难。

LO 15.5　描述成年中期的健康变化

中年时期一般来说是一个健康的阶段，但是人们开始更容易患上慢性疾病，包括关节炎、2 型糖尿病和高血压，而且死亡率比此前都高。但是，在美国，中年时期死亡率一直稳定地下降。中年时期总体的健康水平因为社会经济地位和性别而有所不同。高社会经济地位的人比低社会经济地位的人更健康，死亡率也更低。女性比男性的死亡率低，但是有更高的患病率。研究者通常对男性经历的危及生命的疾病给予更多注意，而对女性经历的不致命的慢性疾病关注较少。

LO 15.6　描述与冠心病有关的风险因素

在中年时期，心脏病开始成为人们生活中的重要健康问题。遗传特征，比如年龄、性别和心脏病的家族史，以及环境和行为因素，包括吸烟、高脂肪和高胆固醇的食物和缺少锻炼，都与心脏病的患病风险有关。心理因素对心脏病的发生也起到了作用。与竞争性、缺少耐心、沮丧和敌意相联系的行为模式，即 A 型行为模式，与出现心脏问题的风险较高有关。

LO 15.7　总结导致癌症的原因及可用的诊断和治疗手段

像心脏病一样，癌症开始成为中年时期的威胁，而且与遗传和环境因素有关。治疗方式包括放疗、化疗和手术。尽管相关结果并不统一，心理因素对癌症可能有一定的影响。此外，具有很强家庭和社会联系的人比缺少这种联系的人患上癌症的可能性要低。乳腺癌是中年妇女的重大风险因素。乳房X光检查可以及早地确认癌化的细胞以保证成功治疗，但是女性何时应该开始进行定期的乳房X光检查，40岁或50岁？却存在争论。

LO 15.8　描述成年中期的智力发展

智力在中年时期是否会下降的问题很难回答，因为解释这个问题的两个基本方法具有严重的局限。横断研究，研究许多不同年龄被试在一个相同时间点上的能力，遇到了同辈效应的困难。纵向研究，关注相同被试在不同时间点的能力，遇到了保证样本完整性的困难。一些研究者将智力划分为两种主要类型：流体智力和晶体智力。一般发现流体智力在中年时期缓慢下降，而晶体智力保持稳定，甚至提高。那些将智力划分为更多种成分的研究发现了更加复杂的变化模式。中年人一般表现出更高水平的总体认知能力，尽管已经证实智力的特定领域会下降。人们集中训练某个具体领域，以补偿损失的领域，这种策略被称为选择性最优化。

LO 15.9　解释成年中期专家技能的作用

专家可以通过注意和训练来保持，甚至改进某个具体领域的认知能力的竞争性。专家加工他们领域内的信息与新手显著不同。

LO 15.10　描述年龄如何影响记忆及如何改善记忆

中年时期的记忆能力似乎处于下降状态，但感觉记忆和短时记忆却并没有出现困难。即使是有显著困难的长时记忆也更多地与人们存储和提取信息的策略有关，而不是总体记忆能力的退化，而且这些问题都很微小，可以很容易地克服。人们以记忆图式的形式解释、存储和回忆信息。记忆图式将相关的信息片段组合一起，对现象形成预期并赋予意义。记忆术，通过强迫人们在存储信息时给予更多的注意力（关键的技巧）、采用线索来帮助复述，或者练习对信息的提取等方式来帮助人们提高回忆信息的能力。

关键术语和概念

骨质疏松症	绝经期	晶体智力
老花眼	男性更年期	选择性最优化
青光眼	A型行为模式	专家技能
老年性耳聋	B型行为模式	图式
女性更年期	流体智力	记忆术

第16章　成年中期的社会性和人格发展

本章学习目标

LO 16.1　描述成年中期人格的发展变化

LO 16.2　总结埃里克森理论中成年中期发展的观点以及其他学者如何对其观点进行拓展

LO 16.3　讨论成年中期人格发展的连续性

LO 16.4　描述成年中期婚姻和离婚的典型模式

LO 16.5　区分中年人所面临的家庭状况的各种变化

LO 16.6　描述中年人对于自己成为祖父母的反应

LO 16.7　列举美国家庭暴力的原因和特征

LO 16.8　总结成年中期工作和职业的特点

LO 16.9　描述失业对中年人产生的影响

LO 16.10　解释中年人变换工作的方式和原因

LO 16.11　描述中年人如何支配休闲时间

本章概要

开场白：家庭中发生的事情

杰夫·开尔文(Geoff Kelvin)与他的妻子胡安(Juan)、他们收养的6岁的儿子保罗(Paul)以及自己的父亲住在一起。当被问及中年生活如何时,48岁的杰夫笑了。“我到中年了,还好吧。”他说,“在我20岁的时候,我无法想象自己的生活将会那般喧闹、充实。”杰夫教五年级,他很喜欢这项工作:“工作中与孩子们打交道,生活中担任家长,这会让你保持警觉。”在收养保罗这件事上他也开始展示出开放的人格。他承认:“在自己成长的过程中,我因自己是同性恋一直与周围的人保持着一定的距离。但有了孩子,你就置身于一个社会场景的中心,在这里,每个人都要承担一份养育子女的重任。现在,我和其他父母交换位置,体验他们曾体验过的子女成长的故事,分享他们的担忧。”

两年前,杰夫的父亲中风,导致身体部分瘫痪。“我们从来没有相处得那么好。他不太喜欢他唯一的儿子是同性恋。”杰夫说，“但我说：‘你必须搬进来。没有别的地方可去。’”刚开始的几个月很不顺利，但后来胡安辞掉了药品研究公司的工作——他厌倦了办公室政治——待在家里写关于环境问题的文章。这个决定很成功。“胡安更开心了，他很耐心和我爸爸相处。”杰夫说，“事实上，他改变了我父亲对同性恋和同性婚姻的看法。现在，我们都相处得很好，我爸爸喜欢开玩笑说，他住在一个‘真正的男人的洞穴’里。”

预览

杰夫和胡安复杂和不断变化的家庭生活模式并不罕见：很少人直到中年时生活还遵循一套固定的、可预测的模式。事实上，中年的一个显著特征就是它的多样性，因为不同的人所走的路会不断地出现差异。

成年中期，中年人与他人的关系不断变化。

本章我们关注成年中期发生的人格和社会性发展。首先我们考察这一时期具有代表性的人格变化，同样我们将探讨一些发展心理学家关于中年期的争论，包括一个现在媒体普遍提到的中年危机的现象是真实的还是虚构的。

然后我们考虑中年时期涉及的亲密关系，把人们联系在一起或是拆开的复杂的家庭纽带，包括婚姻、离婚问题、空巢家庭、成为祖父母。我们同样看到家庭关系中阴暗的一面：家庭暴力，这一问题的普遍程度相当令人惊讶。

最后，本章考察中年期工作和休闲的作用。我们将要考察工作在人们生活中变化着的角色，以及一些与工作有关的困难，比如工作倦怠和失业。这一章末尾将对休闲时间进行讨论，这一问题在中年期变得越来越重要了。

16.1 人格发展

我的 40 岁生日可不好过。并不是说我在这一天早上醒来感觉有些不同，而是 40 岁这年，我开始意识到生命的有限和大局已定。我开始明白自己可能不会成为曾经野心勃勃地幻想过的美国总统，或是某个行业的领军人物。时间不再是我的朋友，而是成了我的对手。

但是这有些奇怪，过去我的行为模式是关注于未来，计划做这做那的，现在我开始感激目前自己所拥有的一切。我审视自己的生活，对自己的一些成就很满意，开始关注那些进展顺利的事情，而不是自己还有所欠缺的东西。但是这种心理状态不是一天之内突然产生的，步入40岁之后的很多年之后我才有了这种感觉。甚至到了现在，我还是很难完全接受自己已经中年了这一事实。

在西方社会，40岁是一个重要的里程碑。

正如这名47岁的男性所说，意识到自己已经人到中年并不好过。在大多数西方社会，40岁这个年纪有着特殊的意义，至少在其他人眼中这代表着不可逃避的事实就是这个人已经中年了，这也就是说，具体到日常生活的经验中，这个人将要经历“中年危机”的痛苦。这种观点对吗？就像我们将要看到的，这取决于你的看法。

成年人格发展的两种观点：常规性危机和生活事件

LO 16.1　描述成年中期人格的发展变化

成年人格发展的传统观点认为人们经历一系列特定的发展阶段，每个阶段都与年龄密切相关。每个阶段都有其特定的危机，这些危机中，个体将会经历充满质疑甚至是心理上的混乱的动荡时期。这种传统的观点是人格发展的常规性危机模型的一个特点。**常规性危机模型**认为人格发展有普遍的阶段，与一系列的和年龄相关的危机有关。比如埃里克森的心理社会性理论预测人在一生中经历一系列阶段和危机。

常规性危机模型 这种观点认为人格发展基于一系列相当普遍的与年龄相关的危机。

相反，也有一些反对意见认为常规性危机的看法过时了。它们出现在社会中人们的角色还相当严格一致的时期，传统上认为男性应该工作养家，女人应该待在家里，做家庭主妇，照顾孩子，并且男性和女性的角色在相对统一的年龄表现出来。

可是到了现在，角色和时间都是多样的。一些人40岁才结婚生小孩,另一些人甚至更晚,还有人不结婚,而是和异性或者同性同居,一起领养孩子或者根本不要孩子。总的来说,社会的变化开始质疑常规性危机模型所强调的与年龄紧密相关的观点(Fugate & Mitchell, 1997; Barnett & Hyde, 2001; Fraenkel, 2003)。

社会工作者的视角

人格发展的常规性危机模型中哪些方面可能是西方文化中特有的?

因为上述这些变化,一些理论家比如拉文纳·赫尔森开始关注**生活事件模型**,这一模型认为决定人格发展方向的不是年龄,而是成人生活中特殊的事件。例如,一个 21 岁生了第一个孩子的妇女所面临的心理压力可能和一个 39 岁才生第一胎的妇女相似。结果就是尽管这两名妇女年龄不同,但是她们人格发展中具有某些共同点(Helson & Wink, 1992; Helson & Srivastava, 2001; Roberts, Helson, & Klohnen, 2002)。

生活事件模型 这种观点认为人格发展基于成年期发生的特定事件的时间表,而非年龄本身。

现在还不清楚常规性危机模型和生活事件的观点哪一个能够更准确地描绘人格发展的情况,但是有一点是很清楚的,那就是发展理论家们通过一系列的观察,都认为中年期是一个心理持续显著成长的时期。

埃里克森理论中的再生力—停滞阶段

LO 16.2　总结埃里克森理论中成年中期发展的观点以及其他学者如何对其观点进行拓展

就像我们在第 12 章中提到的,精神分析学家埃里克森提出中年时期包括一个他称作**再生力—停滞阶段**。在埃里克森看来,一个人在中年或者是生产繁殖,为家庭、社区、工作和社会做出自己的贡献,或者是进入停滞阶段。总的来说,人们为了扮演引导鼓励下一代的角色而奋斗。通常人们通过为人父母实现传承感,但是其他角色同样也可以满足这个需求。人们可能直接和年轻人工作,充当导师,或者他们通过创造性的、艺术性的产出满足这种需求。经历着传承的个体,他们的关注就会超出自身,通过其他人看到自己生命的延续(Clark & Arnold, 2008; Penningroth & Scott, 2012; Schoklitsch & Baumann, 2012)。

再生力—停滞阶段 埃里克森认为中年阶段是一个人认识到他对家庭和社会的贡献的时期。

另一方面,在这个阶段缺乏心理上的成长意味着人们开始趋于停滞。看到他们自己行为的无足轻重,人们开始感到他们只为社会做了非常有限的贡献,他们的存在也没有什么价值。事实上,一些人还在挣扎着,仍然想找更充实的职业,另一些人开始感到挫败厌倦。

尽管埃里克森提出了关于人格发展的广泛的看法,一些心理学家仍然建议我们需要更精确地看待中年期的人格变化,我们考虑三条可能的途径。

基于埃里克森的观点:范伦特和古尔德。发展心理学家乔治·范伦特(1997)提出,45岁到55岁之间有一个重要的时期:保持意义对僵化。在这个时期,成年人寻求他们生存的意义,他们通过对于自身的优势和弱点的接纳来获得"保持价值"的感觉。尽管他们认识到世界是不完美的,有很多缺陷,他们还是努力保护世界,并且得到相应的满足,比如这一部分开头提到的那个中年人,看上去就对于他找到了生命的意义而感到满足。不能找到生命意义的人就有变得僵化或是与他人孤立开来的危险。

精神病学家罗杰·古尔德(1978,1980)提出了在埃里克森和范伦特观点之外的一种看法。他认为人们确实按照一系列阶段,通过常规性危机成长,他进一步提出成人经历与年龄相关的7个阶段(见表16-1)。古尔德认为,人们在30多到40多岁的时候,因为意识到自己的时间是有限的,所以感到一种对于达到生命目标的紧迫感。对于生命是有限的这一事实的把握,会促进人们变得成熟。

古尔德是在一个相关的小样本的基础上提出他的模型的,同时他很大程度上依赖于自己的临床判断。事实上,他对于不同阶段的描述受到精神分析观点的很大影响,但是几乎没有得到研究支持。

表16-1　古尔德关于成年发展的转换阶段

阶段	年龄	发展
1	16—18	计划离开家并脱离父母的控制
2	18—22	离开家,同伴导向
3	22—28	变得独立,开始职业生涯和有配偶和孩子
4	29—34	质疑自己,体验混乱,婚姻和职业易于不满
5	35—43	迫切实现生命目标的时期,意识到时间有限,重新确定生活的目标
6	43—53	稳定下来,接受生活
7	53—60	更宽容,接纳过往,不那么消极,总的来说成熟了

(资料来源:Transformations, by R. L. Gould, 1978, New York: Simon & Schuster.)

基于埃里克森的观点:莱文森的生命季节理论。与埃里克森工作不同的另一种变式是心理学家丹尼尔·莱文森(Daniel Levinson)提出的生命季节的理论。莱文森(1986,1992)集中进行了一组访谈,他认为四十出头是经历转变和危机的阶段。他提出,从20多岁进入成年早期,直到中年,成年人经历一系列的阶段,第一个阶段就是离开家进入成人社会。

但是在40到45岁的时候,人们进入一个莱文森称为中年转换的阶段。这个阶段是一个质疑的时期,人们开始关注生命的有限,质疑一些日常基本的假设,经历衰老的一些早期征兆,面对他们不可能在有生之年完成所有的目标这一事实。

在莱文森看来,这个评估的阶段可能导致**中年危机**,因为意识到生命是有限的会导致一个不确定和优柔寡断的阶段。面对身体上的衰老,中年人可能发现自己的成就带来的满足感没有期望的多。回顾过去,他们可能试图确定什么地方有问题,同时寻找纠正过去错误的方法。中年危机就是一个充满质疑的痛苦和动荡阶段。

中年危机 因为意识到生命的有限而感到无常、优柔寡断的阶段。

莱文森认为大多数人容易受到强烈的中年危机的影响,但是在接受他的观点之前,我们还需要考虑他研究中的一些缺陷。首先,他的理论仅仅是基于一组40岁的男性,样本量很小,对于女性的研究很多年之后才进行。其次,莱文森夸大了他用于构建理论的样本中的联系性和普遍性。事实上,就像我们后文讲的,中年危机的概念受到了很多批评(Stewart & Ostrove, 1998; McFadden & Swan, 2012; Thorpe et al., 2014)。

中年危机:现实还是虚构? 莱文森的生命季节理论的核心概念就是中年危机,他假设在40岁左右的时期是以心理的剧烈波动为标志的一个阶段。这个概念本身具有自己的意义,在美国社会人们普遍认为40多岁是一个心理上的关键时刻。

然而,这种观点存在着一个问题:它缺乏中年危机广泛存在的证据。事实上,很多研究认为,对于大多数人,进入中年的过渡期相当平静。多数人把中年看作是收获的季节,比如对于父母来说,他们的孩子通常已经长大,照顾孩子不再是一件体力活了,甚至有些孩子已经离开家独立了,这就使得父母有机会重新点燃他们一度失去的亲密。正如本章后面将会探讨的那样,一些中年人的事业生机勃勃,非但没有危机,他们可能觉得生活相当充实。他们展望未来,但他们更关注当前,寻求对于家庭、朋友和其他社会群体的最大程度的参与感,那些对于他们生活经历感到悔恨的人更有动力改变生活的方向,而那些确实能改变了生活的人将拥有较好的心理状态(Stewart & Vandewater, 1999)。

此外,一个人对自己年龄的感觉实际上与健康状况有关。觉得自己比实际更年轻的人,比觉得自己比实际更老的人,更有可能避免死亡。

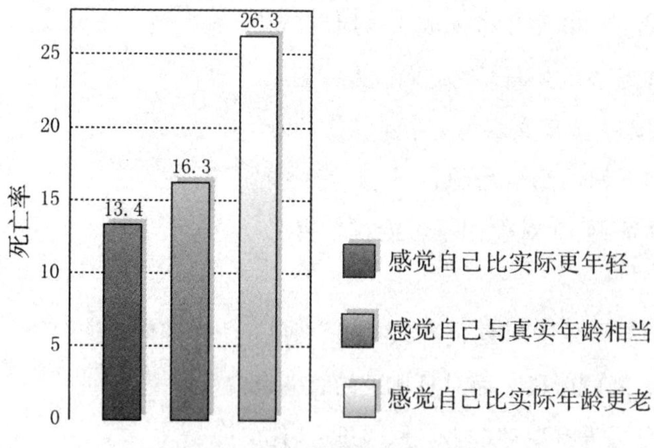

图16-1 感觉更年轻与死亡年龄

相对于感觉自己比实际更老的人，感觉自己比实际年轻的人更有可能长寿。

（资料来源：Rippon, Isla, & Steptoe, A. (2015). Feeling Old vs Being Old: Associations between Self- perceived Age and Mortality JAMA Intern Med. 2015; 175(2):307-309. doi:10.1001/jamainternmed.2014.6580.）

换句话说，在被问及他们感觉自己多大时，感觉越年轻的人，在被提问后的8年内死亡的可能性越小（见图16-1, Miche et al., 2014; Rippon & Steptoe, 2015）。

简而言之，对于大多数人会经历中年危机的证据与我们第12章所讨论的暴风雨般青少年一样，说服力有限。不过，就像这个概念一样，有关中年危机普遍存在的观点却似乎被“常识”不同寻常地保护起来。为什么会这样呢？

一个原因可能是中年期经历波动的人更显眼，也更容易被记住。比如如果一个40岁的人和妻子离婚，把他的稳重的沃尔沃（Volvo）旅行车换成了红色的奥迪（Audi）敞篷车，还和一个小他很多的女人结婚，他就会看起来更突出；相比之下，一个到了中年婚姻幸福，配偶和雪佛莱（Chevrolet）汽车都没有换的人就没那么突出了。我们更容易注意并回忆出婚姻的困难而不是顺利的方面，因此，吵闹的、普遍存在的中年危机的荒诞说法就一直流传下去了。对于多数人，中年危机更多的是一种虚构而不是现实。事实上，一些人的中年时期可能根本没有发生任何变化，正如我们在“发展的多样性和生活”专栏中探讨的那样，在一些文化下，中年甚至不会被当成一个独立的发展阶段。

人格的稳定与变化

LO 16.3 讨论成年中期人格发展的连续性

哈里·亨尼西（Harry Hennesey）53岁了，是一家投资银行的副总裁，他觉得自己内心仍然像个孩子。

很多成人会赞同这种感觉，尽管大多数人往往说自己成年以后改变了很多，尤其是向着好的方向发展，很多人仍然主张对于基本的人格特征，小时候和现在的自己有很多重要的相似之处。

人格在人的一生中是稳定的还是随年龄变化，是中年期人格发展中重要的问题之一。埃里克森和莱文森等理论家明确提出，人格随时间确确实实会发生改变，埃里克森的阶段理论和莱文森的季节理论都描述了改变的特定模式。这种改变可能与年龄相关并可以预测，是确确实实地存在着。

另一方面，一项令人印象深刻的研究指出，至少在个人特征方面，人格还是相当稳定的，贯穿人的一生。发展心理学家保罗・科斯塔(Paul Costa)和罗伯特・麦克雷(Robert McCrea)发现了特定特征的显著的稳定性。20岁时好脾气的人到了75岁仍然是好脾气的，25岁时温柔亲切的人到50岁仍然充满关爱，26岁人格紊乱的人到60岁仍然如此。同样，30岁时的自我概念可以很好地预测80岁时的自我概念(Terracciano, McCrae, & Costa, 2009; Mttus, Johnson, & Deary, 2012; Debast et al., 2014; 见图16-2)。

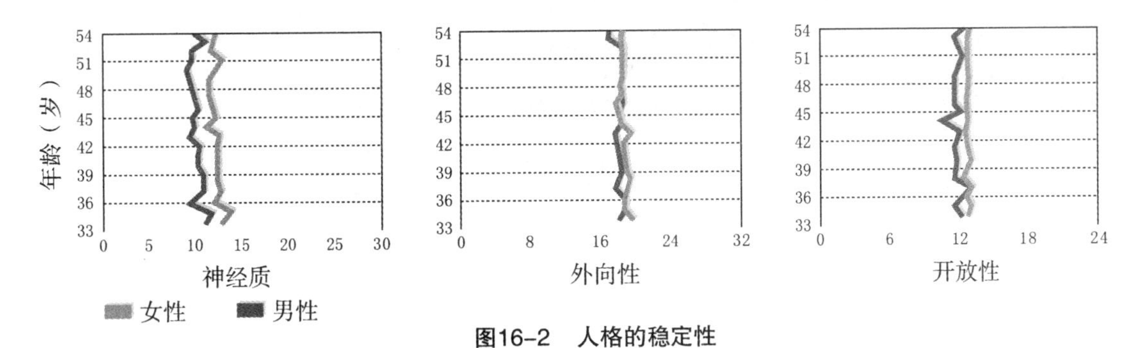

图16-2　人格的稳定性

根据保罗・科斯塔和罗伯特・麦克雷的观点，基本的人格特质（如神经质、外向性和开放性）在成年期阶段保持稳定。

（资料来源：Costa et al., 1986, p. 148.）

还有证据表明，人的特质实际随年龄增长愈发根深蒂固。比如，一些研究指出自信的青少年在50多岁的时候变得更加自信，同样的时间进程也会使原本害羞的人变得更加缺乏自信。

大五人格特质的稳定性与变化。相当多的研究证实了人格特征可以概括为“大五”，代表着五种主要的人格特征集合，包括如下方面：

- 神经质(neuroticism)，一个人喜怒无常、焦虑、自责的程度。
- 外向性(extroversion)，一个人有多么外向或是害羞的程度。
- 开放性(openness)，一个人对于新鲜体验的好奇和感兴趣的程度。
- 宜人性(agreeableness)，一个人是否容易相处，是否乐意帮忙。
- 尽责性(conscientiousness)，一个人让事情有条不紊及具有责任感的程度。

研究发现尽管某些特质会有些变化，大五特征在30岁以后就相当稳定了。具体来说，神经质、外向性和开放性从成年早期到中期稍微有些下降，而宜人性和责任感会有所上升，这一发现具有跨文化的稳定性。不过，基本的模式还是在成年阶段保持稳定（Srivastava et al.，2003；Hahn，Gottschling，& Spinath，2012；Curtis，Windsor，& Soubelet，2015）。

观看视频 成年中期：幸福，黄玉

关于人格特征稳定性的证据是否与埃里克森、古尔德、莱文森等理论家所支持的人格改变的观点相抵触？不一定，因为如果仔细观察，会发现两种理论之间的差异看起来比实际情况更明显。

一方面，人们基本的特征表现出很强的连续性，尤其是在成年以后，另一方面，人们同样很容易改变，成年期又塞满了各种重要的生活事件，比如家庭身份的改变、职业，甚至经济收入的改变。而且，由于衰老导致的身体变化、疾病、爱侣的死亡，以及更深切的对于生命有限的理解，都会成为人们改变看待自己和世界的观点的推动力（Roberts，Walton，& Viechtbauer，2006；Iveniuk et al.，2014）。

◎ 发展的多样性与生活

中年期：一些文化下根本不存在的阶段

没有“中年期”这样的说法。

如果一个人看到印度奥里萨邦奥里亚（Oriya）文化下的女性生活的话，就会得出上面这个结论。由发展人类学家理查德·舒韦德（Richard Shweder）进行的一项研究，探究社会地位较高的印度妇女是如何看待衰老过程的，结果发现对于中年时期的划分根本就不存在。这些妇女看到她们的生活进程不是基于实际年龄，而是基于一个人某一时间的社会责任性质、家庭管理问题以及道德感（Shweder，1998，2003）。

一些生活在印度奥里萨邦奥里亚文化下的女性看待生活不基于实际年龄，而是一个人在某一特定时间的社会责任的性质、家庭管理问题以及道德感。

奥里亚妇女衰老的模型基于生命中两个阶段：在她父亲家的生活（bapa gharo），之后是在她婆婆家的生活（sasu gharo）。这两个阶段在包办婚姻下多代大家族组成的奥里亚家庭生活中具有一定的意义。婚后,丈夫仍然和父母住在一起,妻子要搬到婆家,结婚意味着妻子的社会角色从一个孩子(某个人的女儿)转变为一个性活跃的女性(媳妇)。

这种从孩子到媳妇的转变通常发生在 18 到 20 岁,但是,实际年龄不能明确地划分奥里亚妇女的生活阶段,月经初潮或是停经这样的生理上的改变也不能作为划分标准。而从女儿到媳妇的转变代表着社会责任上的显著改变,比如妇女需要把关注的焦点从自己的父母身上转移到丈夫的父母身上,同时她们必须开始性生活以便为丈夫家传宗接代。

在西方人眼中,这些印度妇女对于生命过程的描述表明她们可能认为自己的生活是受限制的,因为她们中的大多数人都不出去工作,但是她们自己并不这么看。事实上,在奥里亚文化中,家庭的工作很受人尊敬也很有价值,而且奥里亚的妇女认为她们自己比在外工作的男性更有教养。

简言之,独立的中年期的概念很明显是文化的产物,不同的文化对于特定年龄阶段的划分呈现出显著的差异。

模块 16.1 复习

- 常规性危机模型把人们的发展描绘成按照一系列与年龄相关的阶段;生活事件模型则关注面对多变的生活事件时人们所做出反应中的特定变化。
- 根据埃里克森的观点,成年中期包含再生力—停滞阶段,范伦特认为中年是“保持意义对僵化”的阶段。古尔德认为成年期要经历 7 个阶段。莱文森认为中年期的转变会导致中年危机,但是几乎没有证据表明大多数中年人会出现这一现象。
- 广义来说,基本的人格特征相对稳定,人格的特定方面看起来确实因为生活事件而改变。

共享写作提示

应用毕生发展:你认为中年期的转变对于一个自己的孩子刚进入青少年期的中年人和一个第一次为人父母的中年人来说,会有什么不同吗?

16.2　关系:成年中期的家庭

对于凯西(Kathy)和鲍勃(Bob)来说,送他们的儿子乔恩(Jon)去上大学有别于他们家庭生活中经历过的任何事情。当乔恩被离家较远的一所大学录取的时候,他将离开家的事实并没有那么真切。直到把他留在他的新校园里,即将离开他的时候,凯西和鲍勃突然意识到,他们的生活将会以他们很难彻底了解的方式发生改变。这是一个痛苦的经历,不仅仅是因为凯西和鲍勃像一般父母担心孩子那样担心他们的儿子,而且还因为他们感到了巨大的失落,从更大范围来讲,他们养育儿子的任务完成了,现在他要靠自己了。这种想法让他们充满了骄傲，但同时也让人伤心。

很多非西方文化下很多代的家庭成员生活在一起，中年期没什么特别的地方。但是在西方文化下，家庭动力在中年期发生显著的改变。中年期大多数父母都会经历关系的改变，不仅是与他们的孩子的关系，而且是与其他家庭成员之间的关系，在21世纪的西方文化下，成年中期是一个角色关系转变的时期，包含了越来越多的组合和排列。我们将考察这一时期婚姻的发展和改变路径，然后考虑一下家庭生活的其他替代形式（Kaslow, 2001）。

婚姻与离婚

LO 16.4　描述成年中期婚姻和离婚的典型模式

成年中期可能发生的两次巨大转变是结婚与离婚。让我们看看这一过程如何展开。

婚姻。50年前，成年中期对大多数人来说都是类似的，成年早期结婚的人仍然和原配在一起。100年前，人们的预期寿命要短得多，人们在40多岁的时候一般都结婚了，但是不一定是和原配在一起。原配通常已经去世，人们在中年的时候正在开始第二次婚姻。

观看视频　成年中期：关系：杰夫

但是现在，就像我们前面讲的，故事变得不同、更加复杂了。更多的人到了中年的时候仍然单身，从没结过婚。单身的人可能自己生活或是和伴侣一起，比如同性恋者，他们可能也有亲密关系并有合法权利与伴侣结婚。异性恋者中，一些人离婚了，独立居住，然后再婚。在中年时期，很多人的婚姻以离婚告终，还有很多家庭“混合”在一起组建起新的家庭，包括自己的孩子，再婚配偶先前婚姻中的继子女，其他的夫妇们会在一起度过四五十年，其中大部分时间处于成年中期。很多人的婚姻满意度都在中年时达到最高。

婚姻中的起起伏伏。即使幸福的已婚夫妇，婚姻仍然有起起伏伏，满意度在婚姻过程中时升时降，最常见的满意度的模式就是图16-3中显示的U形曲线（Figley, 1973）。婚姻满意度在刚刚结婚的时候开始下降，持续下降到孩子出生为最低点。但是从那时开始，满意度开始回升，逐渐恢复到结婚之前的水平(Gorchoff, John, & Helson, 2008; Medina, Lederhos, & Lillis, 2009; Stroope, McFarland, & Uecker, 2015)。

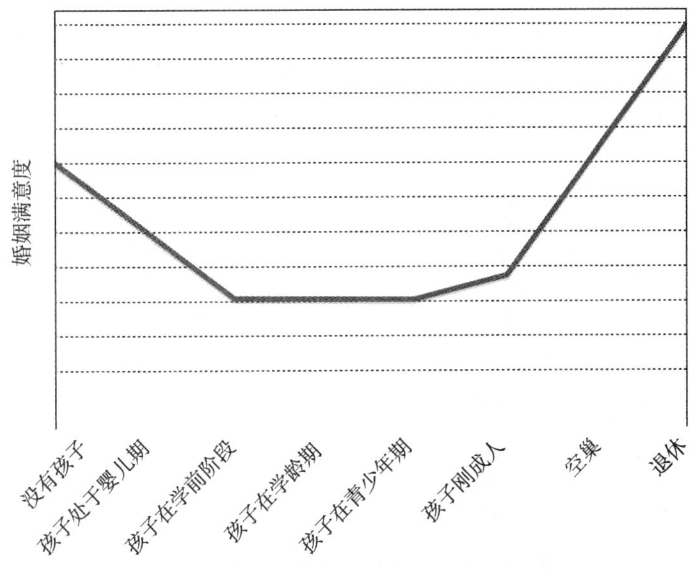

图16-3　婚姻满意度的阶段

对大多数夫妇来说，婚姻满意度以U型曲线起伏，在第一个孩子出生后开始下降，然后在最小的孩子离开家以后回升，并最终恢复到和刚结婚时差不多的满意度水平。你认为为什么会是这种满意度的模式呢？
（资料来源：Rollins & Cannon, 1974.）

中年夫妇有一些特定的婚姻满意度来源。比如,在一项调查中,男性和女性都认为配偶是自己最好的朋友,他们都喜欢自己配偶那样的人,他们同样还把婚姻看作是长期的交流和追求一致目标的过程。最后,多数人还认为在婚姻的过程中配偶变得更有趣了(Levenson, Carstensen & Gottman, 1993)。

性生活满意度与总体婚姻满意度有关。对已婚夫妇来说重要的不是多久进行一次性生活(Spence, 1997),而是与他们对性生活的一致意见有关(Spence, 1997; Litzinger & Gordon, 2005; Butzer & Campbell, 2008)。

成功的婚姻有什么“秘诀”吗？不一定真有。然而,有一些行之有效的可以让夫妻幸福地生活在一起的应对机制。其中如下(Orbuch, 2009; Bernstein, 2010):

- 持有现实的期望。成功的夫妻明白,他们的伴侣有一些地方他们可能不太喜欢。他们接受伴侣有时会做他们不喜欢的事情。
- 关注积极的一面。想想他们喜欢伴侣的那些方面,可以帮助他们接受那些困扰他们的事情。

- 妥协。成功婚姻中的伴侣明白,他们不可能赢得每一场争吵,但他们也不会计较。
- 以沉默的方式避免痛苦。如果有什么事情让他们烦恼,他们会让他们的伴侣知道。但他们不会以指责的方式提起这件事。相反,他们会在双方都很平静的时候谈论这件事。

离婚

结婚才两个月,露易丝(louise)就知道这段婚姻注定要失败。汤姆(Tom)从来没有听过她所说的,从来没有问过她今天过得怎么样,从来没有帮过她做过家务。他完全以自我为中心,似乎不知道她的存在。不过,她花了 23 年才鼓起勇气告诉汤姆她想离婚。汤姆的回答很随意:“你怎么忍了这么久? 我一直在想你为什么和我在一起。”一开始,她松了一口气,因为没有被反对,她觉得自己被背叛了,并且很愚蠢。所有的苦恼、所有的努力、所有的失败婚姻带来的痛苦,他们两个都知道现在这一切都没有意义了。她在想:“为什么我们从不面对事实?”

尽管过去 20 年中离婚率总体是有轻微下降的,中年时期离婚的夫妇数量却有所上升。大约每 1/8 的第一次结婚的女性在 40 岁以后会离婚,在所有离婚案例中,有 1/4 是 50 岁以上的人。事实上,50 岁及以上人群的离婚率在过去 20 年里翻了一番,而且预计还会上升(见图 16 – 4; Enright, 2004; Brown & Lin, 2012; Thomas, 2012)。

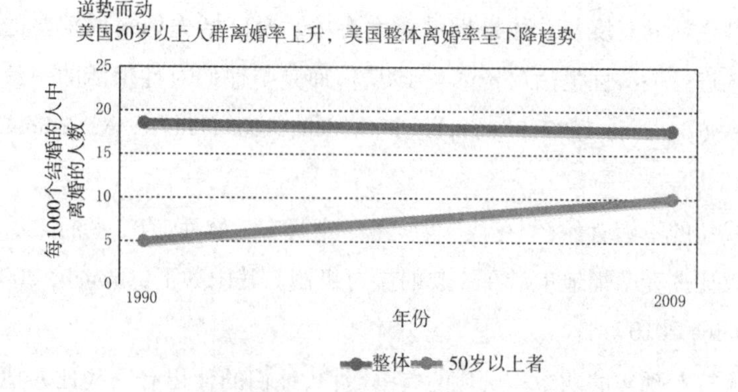

图16–4　成年中期离婚率上升

50岁及以上的成年人中，离婚率和经历离婚的人数都有了显著的上升，而且预计今后还会持续上升。

（资料来源：The Gray Revolution; Susan Brown and I–Fen Lin, Bowling Green State University.）

人们为什么会离婚？有很多的原因。一个原因在于中年时人们在一起的时间没有早些年多了，在西方个体主义文化下，很多人关心自己个人的快乐和自我实现。如果婚姻不能使他们满意，他们会觉得离婚是一个让自己感觉更快乐的途径。与过去相比，离婚也更容易被社会接受，对于离婚几乎没有法律上的障碍。在一些案例中，花费也不多，当然不是所有的案例都如此。而且，由于妇女争取个人成长的机会，妻子可能不那么依赖她的丈夫，不论是从情感的角度还是经济的角度（Fincham，2003；Brown & Lin，2012；Canham et al.，2014）。

离婚的另一个原因是激情的爱会随时间消退，就像我们在第 14 章讨论浪漫感觉时谈到的。因为西方文化强调浪漫和激情的重要性，婚姻中如果激情衰退，婚姻双方会感到这是一个离婚的充足理由。在一些婚姻中，正是缺乏激情和无聊感的增加导致了对于婚姻的不满。最后，如果双方都工作，做家务就是一个很大的压力，会在婚姻中造成紧张。原本指向家庭和维系关系的能量中的相当一部分，现在都指向了工作和家庭之外的地方（Macionis，2001；Tsapelas，Aron，& Orbuch，2009）。

最后，有些婚姻因出轨而结束，即婚姻一方与婚姻之外的另一方发生性行为。尽管统计数据很值得怀疑——如果你对你的配偶说谎，为什么你要对民意测验专家诚实？一项调查发现，在某一年，约 12% 的男性和 7% 的女性表示他们有过婚外性行为（Atkins & Furrow，2008；Steiner et al.，2015）。

不论原因如何，离婚对于中年男女来说都是相当艰难的，尤其对于那些遵从着传统女性角色、在家照顾孩子且从来没有离开家担任工作的女性来说。她们可能会面临对岁数较大者的偏见，与年轻人相比更难以被雇用，甚至没有什么要求的职业也是如此。由于缺乏大量的训练和支持，这些离婚女性缺少公认的工作技能，可能难以被雇用（McDaniel & Coleman，2003；Williams & Dunne - Bryant，2006；Hilton & Anderson，2009）。

与此同时，许多中年离婚的人最终对这个决定感到满意。女性尤其容易发现，发展一种新的、独立的自我认同是离婚的一个积极结果。此外，中年离婚的男性和女性都有可能开始新的恋情，正如我们所看到的，他们通常会再婚（Enright，2004；Koren，2014）。

再婚。大约 75% 到 80% 的离婚者最终会在 2—5 年内再婚。事实上，每 10 对新婚夫妇中就有 4 对是再婚（见图 16 - 5）。他们更可能和同

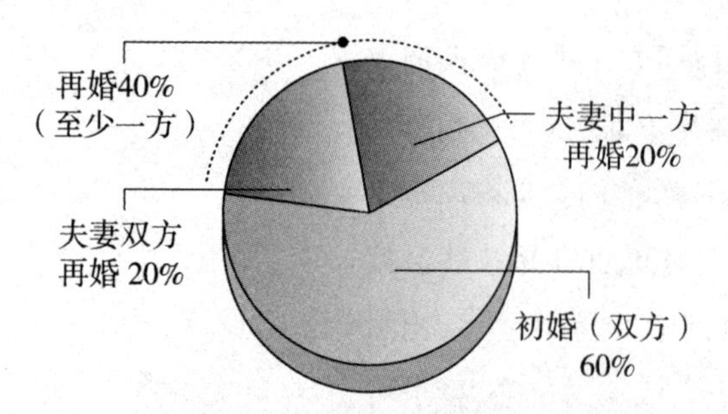

图16-5 包括再婚在内的新的婚姻

（资料来源：http://www.pewsocialtrends.org/2014/11/14/four-in-ten-couples-are-saying-i-do-again/）

是离婚者的人结婚，部分原因是离婚者更有可能在可供选择的人选当中，还有一个原因是离婚者有共同的经历（Pew Research Center, 2014）。

尽管总体来讲再婚率比较高，不同群体间会有不同，一些群体会比另一些群体更高。比如，对女性来说，尤其是岁数较大的女性，再婚就比男性困难，90% 的 25 岁以下的离婚女性再婚，而只有不到 1/3 的 40 岁以上的离婚女性再婚（Bumpass, Sweet & Martin, 1990；Besharov & West, 2002）。

造成这种年龄差异的原因是婚姻梯度：社会规范促使男性选择比自己更年轻、体格更小、更矮的女性。结果就是，女性年龄越大，被社会规范认可的可供选择的男性就越少，因为和她同一个年龄段的男性更可能找更年轻的女性。而且，对于身体吸引力，女性在社会的双重标准面前处于劣势。年龄较大的女性会被认为是没有吸引力的，而年龄较大的男性更可能被看作“与众不同的”、“成熟的”（Bernard, 1982；Buss, 2003；Doyle, 2004a）。

有很多原因导致离婚人士认为再婚比单身更有吸引力。再婚的一个动力在于避免社会压力。即使在 21 世纪初，离婚现象已经很普遍，离婚还是带来一些特定的坏名声，通过再婚可以克服这些坏名声。此外，总体来说相对于处于婚姻关系中的夫妻，离婚者报告的生活满意度较低（Lucas, 2005）。

离婚人士怀念婚姻带来的有伴儿的感觉，离婚之后更容易报告感到孤独或是有躯体、心理健康的问题。最后，结婚肯定是有经济上的收益的，比如共同负担房子的开销，或是享受为夫妇提供的医疗优待（Ross, Microwsky & Goldsteen, 1991；Stewart et al., 1997）。

第二次婚姻和第一次婚姻有所不同，年龄更大的夫妇会更成熟，对于伴侣和婚姻的期待更现实。他们对婚姻，不像年轻夫妇追求那么多浪漫，他们也更谨慎，对于角色和责任显示出更大的适应性，他们更公平地分担家务琐事，以更参与的方式做出决定（Hetherington, 1999）。

但是不幸的是，这并没有使第二次婚姻更稳定。事实上，再婚的离婚率比第一次婚姻的离婚率略高，一些因素可以解释这个现象。一个原因是再婚可能会受到一些第一次婚姻中没有的压力的影响，比如不同家庭混合造成的紧张局面;另一个原因是曾经经历过离婚并且走过来了的人,在第二次婚姻中可能更少全身心投入到亲密关系中,而是做好了离开不满意婚姻的准备。最后,他们可能有一些人格或是情绪特点,使得他们不那么好相处(Warshak, 2000; Coleman, Ganong & Weaver, 2001)。

尽管第二次婚姻有很高的离婚率,很多再婚的人还是相当成功的。在这种情况下,再婚的夫妇报告了和初婚夫妇一样高的满意度水平(Michaels, 2006; Ayalon & Koren, 2015)。

家庭的变化: 从完整家庭变成空巢家庭

LO 16.5　区分中年人所面临的家庭状况的各种变化

对很多父母来讲,成年中期发生的主要转变就是和孩子们分开,孩子可能去上大学、结婚、入伍或是在离家很远的地方工作。甚至那些生孩子比较晚的父母也会在中年面临这样的转变,因为这个阶段要持续1/4个世纪。就像我们看到的凯西和鲍勃的描述,孩子的离开是个痛苦的过程,事实上,非常痛苦,以至于被称为"空巢综合征"。**空巢综合征**指父母在孩子离家后经历的不快乐、担心、孤独和抑郁的感觉(Lauer & Lauer, 1999)。

空巢综合征　由孩子离开家所导致的父母不快乐、担心、孤独和抑郁感觉有关的体验。

很多家长报告需要进行巨大的调整,尤其是那些一直在家养育孩子的女性,这种失落感更加难以克服。毫无疑问,如果传统的家庭主妇,自己的生活中除了孩子之外几乎没有什么,那么她们确实要面临一个富有挑战性的阶段。

最小的孩子离家上大学对于父母来说标志着一个显著的转变,这些父母将面临"空巢"。

尽管对抗失去的感觉很艰难,父母在中年期还是会发现很多积极的方面。即使是没有外出工作的父母,也会发现孩子不在的时候,他们有很多的消遣方式来打发过剩的精力和心理能量,比如社区或是娱乐活动。此外,他们可能感觉自己现在有机会出去工作或是重返校园了。最后,很多母亲发现现在做个母亲不容易,调查显示大多数人觉得现在做个母亲比以前要难,这样的母亲可能觉得从责任中解放出来了(Heubusch, 1997; Morfei et al., 2004; Chen, Yang, & Aagard, 2012)。

因此，尽管对大多数人会有一种和孩子分离的失去感，证据表明，除了短暂的悲伤和痛苦，和孩子的分离几乎不会产生什么其他的感觉，尤其是对于在外工作的女性来说（Antonucci，2001；Crowley，Hayslip & Hobdy，2003；Kadam，2014）。

事实上，孩子离开家还是有一些显而易见的好处的。夫妻双方有更多的时间能够彼此相处，已婚或是未婚的人可以全身心投入到自己的工作中，而不必担心需要辅导孩子功课或是他们使用你的汽车之类的事（Gorchoff，John，& Helson，2008）。

需要注意的是，大多数这类对于空巢家庭的研究集中在女性身上，因为传统上男性很少像女性那样投入到孩子的养育中，所以人们默认孩子离家后的转变对于男性来说会很平稳。但是，当男性与孩子分离时，同样会体验到失落的感觉，尽管这种失落感的性质与女性所体验的感觉有所不同。

一项针对孩子离家后的父亲的调查，发现尽管大多数父亲表现出快乐或是中性情绪，几乎有1/4的父亲感觉不快乐（Lewis，Freneau & Roberts，1979）。那些父亲常常悔恨地提到他们没有和孩子一起做的事，再也没有机会去做了，比如一些人觉得自己太忙很少陪孩子，或者没有尽到为人父的照料的责任。

对于孩子离开的反应，一些父母成为了所谓的“直升机父母”，对孩子的生活进行干预。直升机式教养是指父母对孩子的大学生涯进行微观管理，向老师和管理人员抱怨孩子的学习成绩差，或者试图让孩子参加某些课程。在某些情况下，这种现象开始得更早：小学生的家长有时也表现出同样的倾向。

在极端情况下，直升机式养育延伸到了工作场所：一些雇主抱怨称，父母打电话给人事部门，称赞孩子作为潜在雇员的优点。虽然表明直升机式父母的普遍存在的统计数据很难获得，但很明显，这种现象是真实存在的。一项对799家雇主的调查发现，近1/3的雇主表示，父母为孩子提交了简历，有时甚至没有通知他们的儿子或女儿。1/4的雇主表示，已经有父母联系过他们，敦促他们雇佣自己的儿子或女儿。4%的雇主表示，见过孩子参加工作面试时有家长陪同。有些父母甚至在孩子找到工作后帮助他们完成工作任务（Gardner，2007；Ludden，2012）。

然而，在大多数情况下，父母允许孩子离开家后独立发展。另一方面，孩子们可能并不总是离开家另觅佳处，空巢有时会被所谓的“飞去来器般的孩子"填满,我们接下来将讨论这个问题。

飞去来器般的孩子:重新填满空巢

卡罗尔·奥利斯(Carole Olis)不知道该拿她 23 岁的儿子罗勃(Rob)怎么办。自从 2 年前大学毕业,他一直在家里住着。"我问他:'你怎么不出去和朋友住?'"罗勃早就准备好了答案:"他们也都在家里住。"

卡罗尔·奥利斯并不是唯一为儿子的归来感到惊讶和困惑的家长,在美国有越来越多的年轻人回到家里和中年的父母一起住。

飞去来器般的孩子 离开家一段时间之后,又回到家里和中年父母住在一起的年轻人。

这些**飞去来器般的孩子**主要是因为经济的原因回到家里,因为经济萧条,很多年轻人大学毕业后找不到工作,或者他们找到的工作报酬太少,入不敷出。另一些在婚姻失败后回到家里。总体上,大约 1/3 的 25—34 岁的美国年轻人和父母一起住。在一些欧洲国家,这个比例还要更高(Roberts, 2009; Parker, 2012)。

由于大约一半的回家与父母居住的子女向父母支付房租,父母在经济方面可能获益。这种安排似乎不会影响家庭内部的社会关系:一半的子女表示,这种安排没有影响,或者还可能产生积极效果。只有 1/4 回家居住的子女认为这种安排不利于他们与父母的关系(Parker, 2012; 见图 16-6)。

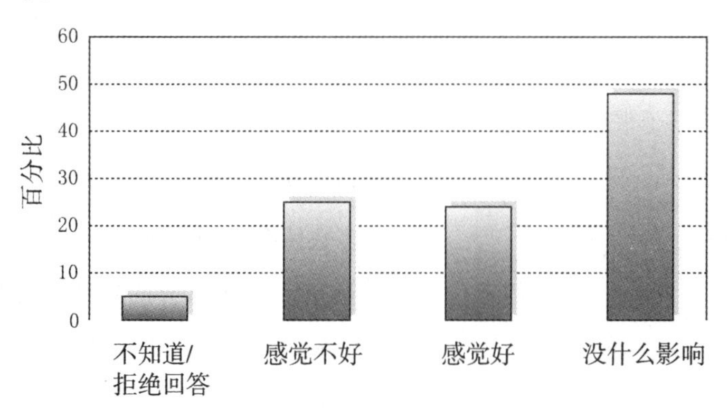

图16-6　"回巢族"孩子越来越多,喜欢这种安排的却很少

认为在人生的这一阶段与父母住在一起是"不好的"、"好的"或者"对亲子关系没什么影响"的人数比例。

(资料来源:Pew Research Center, 2012.)

夹心层的一代:夹在孩子和父母中间。就在孩子离家的同时,或者甚至是当飞去来器般的孩子归来的时候,很多中年人还面临其他的挑

夹心层的一代 必须同时满足照料孩子和年迈父母要求的成年中期夫妇。

战：日渐增长地照料他们自己年迈父母的责任。**夹心层的一代**就是指这些夹在自己的孩子和年迈的父母之间倍感压力的中年人（Riley & Bowen，2005；Grundy & Henretta，2006；Chassin et al.，2009）。

夹心层的一代是一种新现象，是很多趋势汇集而成的。首先，男女的结婚时间都较晚，生育孩子的年龄也更晚。同时，人们的寿命也更长了。因此，中年人需要同时照顾父母和抚养孩子的可能性也增加了。

照顾年迈的父母在心理上很棘手。一方面有明显的角色转换，对孩子扮演家长的角色，对父母处于一个更有依赖性的地位。此外，原本很独立的老年人可能也会拒绝自己孩子提供的帮助。他们当然不想成为孩子的负担，比如，几乎所有独居的老年人都报告说自己不想和孩子一起住（Merrill，1997）。

中年人为父母提供一系列的照料，在一些情况下，照顾仅仅是经济上的，比如帮助他们靠微薄的退休金做到收支平衡，另一些还包括帮助做家务，比如春天拆下防暴风雪的窗子，或是冬季铲雪。

在一些情况下，年迈的父母可能会被子女接到家里一起住。人口普查数据显示，在所有家庭结构类型中，多代同堂的家庭（包括三代或三代以上）的数量增长最快。从1990年到2000年，多代同堂家庭增加了1/3以上，占所有家庭的4%（Navarro，2006）。

随着父母和孩子角色的重新定位，多代同堂的家庭呈现出一种棘手的局面。一般来说，处于中间一代的成年子女负责家务，毕竟，他们已经不再是孩子了。他们和父母都必须适应家中关系的变化，并在做决定时找到一些共同点。年老的父母可能会发现失去独立性特别困难，这对他们成年的孩子来说也是痛苦的。最年轻的一代可能会反对与最年长的一代共同生活。

观看视频 夹心层的一代：42岁的艾米

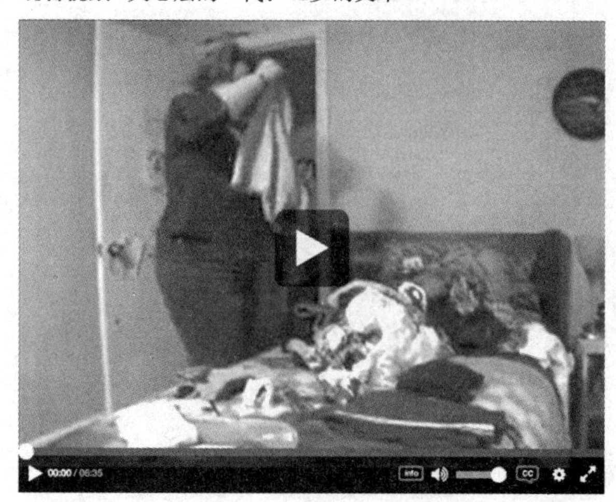

在多数情况下，照顾年迈父母的担子并不平等分配，更大部分的责任由女性承担。甚至夫妇双方都工作的，中年女性也倾向于在对年老父母的日常照顾中花费更多精力，甚至对公公婆婆也是如此（Soldo，1996；Putney & Bengtson，2001）。

文化同样会影响照料者看待自己的角度。比如亚洲文化具有更强的集体主义倾向，其成员更可能把提供照料看作是传统的、再正常不过的责任，相对照来看，个体主义文化下的人可能不会把家庭的纽带当作中心，照料老一代可能更被当成负担（Ho et al.，2003；Kim & Lee，2003；Ron，2014）。

尽管作为夹在两代中间的"三明治"的一代，延展照护的责任有一定的负担，但还是有明显的回报。在中年的孩子和他们年老的父母间心理上的依恋会持续增长。亲密关系中的双方更现实地看待对方。他们可能变得更亲近，更能接受彼此的弱点，更欣赏彼此的长处（Mancini & Blieszner，1991；Vincent，Phillipson，& Downs，2006）。

成为祖父母：谁？ 我吗？

LO 16.6　描述中年人对于自己成为祖父母的反应

> 当利恩（Lean）的大儿子和儿媳有了第一个孩子的时候，她简直不能相信，自己在 54 岁时当了奶奶！她仍然觉得，现在还很年轻，不至于被认为是某个人的祖母。

中年期带给一个人一个不会有错的衰老的标志：成为祖父母。对一些人来说，成为祖父母是盼望已久的事了。他们可能怀念小孩子的精力、兴奋，甚至是要求，他们会把祖父母看作是生命进程中的下一个阶段。另一些人对于做祖父母就不那么高兴了，他们把这看作是明显的衰老的标志。

祖父母有很多种风格。卷入型祖父母（involved grandparents）积极投入照料孙辈中，对孙辈的生活有影响。对于他们孙辈的行为，他们有清晰的期望。卷入型祖父母中的典型例子就是已退休的祖父母每周在子女去上班的时候，照顾孙辈几天（Mueller，Wilhelm & Elder，2002；Fergusson，Maughan，& Golding，2008）。

观看视频　成为祖父母

相反，陪伴型祖父母（companionate grandparents）就更轻松一些。他们不是承担对孙辈的责任，而是扮演支持者和伙伴的角色。祖父母会经常打电话或是登门拜访，可能时不时地带孙辈出门度假，或是邀请他们单独到家里来玩，这就是陪伴型祖父母的表现。

最后，最冷淡的就是关系疏远（remote）型祖父母，这类祖父母和孙辈分开，保持距离，几乎没有表现出对孙辈的兴趣。比如，很少去看望他们的孙辈，当看到孩子的时候，就会抱怨他们的行为。

人们乐于成为祖父母的程度具有显著的性别差异。一般来说，祖母比祖父对孙辈更感兴趣，也感到更满意，尤其当她们和小孙子孙女有较多互动的时候（Smith & Drew, 2002）。

此外，非裔美国人的祖父母比白人祖父母更多地参与到孙辈的照料中。对这种现象最合理的解释是非裔美国人家庭比起白人的家庭，三代同堂住在一起的情况更普遍。非裔美国家庭比白人家庭更可能由父母中某一方做主，在日常孩子的照料中依赖祖父母的帮忙，而且文化也高度支持祖父母扮演更积极的角色（Stevenson, Henderson, & Baugh, 2007; Keene, Prokos, & Held, 2012; Cox & Miner, 2014）。

家庭暴力：隐蔽的流行

LO 16.7　列举美国家庭暴力的原因和特征

> 在发现了一只不认识的耳环之后，妻子因为丈夫的不忠而指责他。他的反应是把她摔向公寓的墙，然后把她的衣服从窗户扔出去。另一个事件中，丈夫生气了，冲妻子尖叫，把她摔到墙上，然后拎起她扔向屋外。还有一次，妻子打电话报警，哀求警察保护自己，当警察赶到的时候，这个妇女眼睛被打青了，嘴唇破了，脸肿了，歇斯底里地叫着说："他要杀了我。"

不幸的是，上面的场景远非罕见。很多关系中都涉及身体和心理两方面的暴力。

配偶虐待的盛行。在美国，家庭暴力是婚姻中丑陋的真相之一，发生率很高。1/4 的婚姻中有某种形式的暴力发生，最近十年来死于谋杀的女性超过一半都是被配偶谋杀的。21% 到 34% 的女性至少会有一次被伴侣打、踢、揍、掐住喉咙，或者被武器威胁或袭击的经历。事实上，美国将近 15% 的婚姻都充斥着持续、严重的暴力（Straus & Gelles, 1990; Browne, 1993; Walker, 1999）。此外，家庭暴力是一个世界性的问题。估计全球 1/3 的女性在生活中都经历了某些形式的暴力伤害（Garcia-Moreno et al., 2005；见图 16－7）。

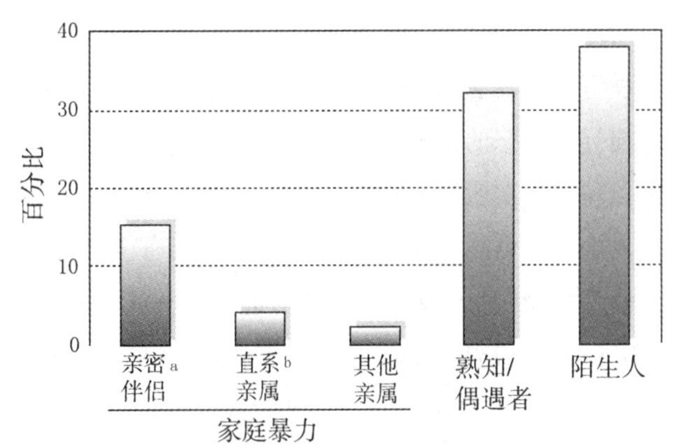

[a] 包括现任或前任配偶、男友和女友。
[b] 包括父母、孩子和兄弟姐妹。

图16-7　暴力侵害行为中的受害者—加害者关系，2003-2012

（资料来源：Truman & Morgan, 2014—original source at http://www.bjs.gov/content/pub/pdf/ndv0312.pdf.）

在美国，社会中的各个部分都可能存在着配偶间的暴力，它发生在各个阶层、种族、族裔和宗教信仰下，同性恋和异性恋的伴侣关系都可能如此。暴力还是不分性别的，尽管大多数情况下是丈夫打妻子，但大约 8% 的案例中却是妻子虐待她们的丈夫（Cameron, 2003; Dixon & Browne, 2003; Yon et al., 2014）。

某些因素会增加虐待发生的可能。例如，配偶间的虐待更可能发生在有持续经济问题和经常发生严重争吵的大家庭中。如果丈夫和妻子是在有暴力存在的家庭中长大的，他们自己也更可能实施暴力（Ehrensaft, Cohen & Brown, 2003; Lackey, 2003）。

与另一种形式的家庭暴力——虐待儿童有关的因素和上述这些因素差不多。虐待儿童更多发生在有压力的环境、社会经济地位较低的、单亲家庭或是婚姻冲突较高的情境下。有 4 个或者更多孩子的家庭发生虐待的比例更高，年收入低于 15,000 美元的家庭发生虐待的比例大约比高收入家庭高出 7 倍。但是不是所有类型的虐待在贫困家庭中的比率都更高，乱伦就更可能发生在富裕的家庭中（APA, 1996; Cox, Kotch & Everson, 2003）。

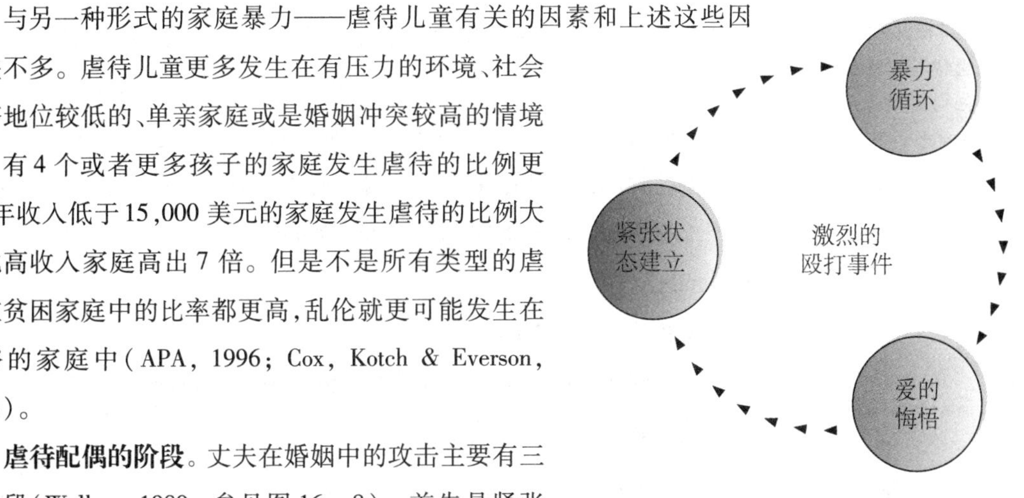

图16-8　暴力的阶段

（资料来源：Adapted from Walker, 1979, 1984; Gondolf, 1985.）

虐待配偶的阶段。丈夫在婚姻中的攻击主要有三个阶段（Walker, 1989; 参见图 16-8）。首先是紧张状态建立（tension building）阶段，通过言语攻击表达沮丧和不满，他可能有一些推搡之类的身体攻击。妻子可能不顾一切地试图避免暴力的威胁，试着安抚她的配偶，或是回避这种情境。这种行为可能会触怒丈夫，丈夫感觉到妻子的脆弱，她试图逃避的行为可能导致愤怒的提升。

下一个阶段包括一次激烈的殴打事件（acute battering incident），这时身体虐待真正发生。它可能持续几分钟到几小时，妻子可能被推挤到墙上，被扼住喉咙、踢打、踩踏。她们的胳膊可能被扭伤甚至折断，她们可能被使劲摇，扔下楼梯，或者用烟头或是开水烫。这一过程中，大约1/4的妻子都被迫进行性行为，主要是以攻击性的性行为和强暴的形式。

最后，在一些案例中，当然不是全部情况，进入爱的悔悟（love contrition）阶段。在这一阶段，丈夫感到自责，为自己的行为道歉，他可能照料他的妻子，进行急救，表示同情，保证他再也不会采取暴力行为了。由于妻子会觉得自己在某种程度上激发了攻击行为，她们可能愿意接受道歉并原谅她们的丈夫，愿意相信攻击行为不会再发生了。

爱的悔悟阶段有助于解释为什么很多妻子待在有虐待行为的丈夫身边，并且不断成为虐待事件的受害者。她们不顾一切地想要维持婚姻，并且认为没有更好的选择，一些妻子糊涂地认为自己对虐待事件负有责任；另一些则害怕一旦离开，她们的丈夫会追来。

暴力的循环。有些妻子仍然留在虐待自己的丈夫身边是因为她们和丈夫一样，在童年时习得了似乎无法忘记的惨痛教训：暴力是可以接受的解决争端的手段。

暴力循环假说 这一理论认为虐待和忽视孩子会导致他们成人后更可能成为虐待者。

虐待配偶和孩子的个体通常在儿童时代是虐待行为的受害者。根据**暴力循环假说**，虐待和忽视孩子导致他们成年后成为虐待者。社会学习理论认为，暴力循环的假说认为家庭暴力是从一代传到下一代的。事实上，虐待妻子的个体在成长过程中常常目击过配偶间的虐待，如同虐待子女的父母在自己还是孩子的时候常常都是虐待的受害者（Serbin & Karp, 2004；Renner & Slack, 2006；Whiting et al., 2009；Eriksson & Mazerolle, 2015）。

健康保健提供者的视角

对于那些在孩提时被虐待过的个体来说，可以采取哪些措施来结束他们成为虐待者的恶性循环？

成长在虐待发生的家庭并不总是导致成年后的虐待。只有大约1/3的儿童期被虐待或被忽视的个体，成人后会虐待自己的孩子。而2/3的虐待者自身童年时并未受到虐待。暴力的循环并不能解释所有的虐待情况(Jacobson& Gottman, 1998)。

不论虐待的原因是什么,都有对付的办法,我们在后面将会讲到。

配偶虐待与社会:暴力的文化根基。尽管通常的趋势是把婚姻中的暴力和攻击看作北美特有的现象,事实上在其他文化的传统观念中,暴力被视为可接受的(Rao, 1997)。例如,打老婆的情况在男尊女卑、将女性当作财产一样对待的文化下特别普遍。

同样在西方社会,打老婆曾经也是可接受的。根据英国共同法(English common law)的规定,丈夫可以殴打妻子,而英国共同法正是美国法律系统的基础。在 19 世纪,这一法律被修改为仅允许某些特定类型的殴打。特别是,丈夫不能用比大拇指粗的棍子殴打老婆,这就是"大拇指原则(rule of thumb)"这一短语的起源。直到 19 世纪后期这一法律才从美国的书本中删除(Davidson, 1977)。

一些虐待问题的专家指出,男女分工所依赖的传统力量结构是虐待的根源。他们认为社会对男女地位的区分差异越大,就越可能发生虐待。

作为证据,他们指向考察男女法律、政治、教育和经济角色的研究。例如,一些研究比较了美国不同州的虐待数据。虐待事件在那些女性地位特别高或是特别低的州更容易发生,显然,女性地位低使得女性更容易成为暴力的目标;相反,不同寻常的高地位可能使丈夫感觉受到威胁,因此更可能表现出虐待行为(Vandello& Cohen,2003)。(也见"你是发展心理学知识的明智消费者吗?"专栏)

◎ 你是发展心理学知识的明智消费者吗?

应对配偶虐待

尽管在大约 25% 的婚姻中发生配偶间的虐待,但给予虐待受害者的关注不够,无法满足目前的需要。一些心理学家认为导致社会多年来低估该问题重要性的因素,同样阻碍了有效的干预措施的发展。不过还是有一些措施能够为配偶虐待的受害者提供帮助(Dutton, 1992; Browne, 1993; Koss et al. , 1993)。

- 教给丈夫和妻子一个基本前提:躯体暴力从来就不是可以用来解决争端的办法。
- 打电话报警:攻击另一个人是违法的,哪怕是配偶也是如此。尽管想要求法律强制力量和警察的介入可能会有些困难,这也是解决家庭虐待的有效方法。法官还可以限制虐待妻子的丈夫,使他们不能接近妻子。
- 理解配偶随后表现出的自责不论多么打动人心,都与未来实施暴力的可能性无关。即使一位丈夫在一系列殴打之后表现出爱的悔悟，并且发誓他决不会再做出暴力行为，这样的承诺无法保证以后不会再次出现虐待行为。

- 如果你是虐待事件的受害者，寻找一个避难所。很多社区都有为家庭暴力受害者提供的庇护所，可以留宿妇女和儿童。因为庇护所的地址是保密的，所以实施虐待行为的配偶找不到你。电话号码可以在网页上找到（www. thehotline. org for the National Domestic Violence Hotline），地区的警察也会知道这些号码。
- 如果你从一个实施虐待行为的配偶身上感到了危险，到法院申请法官的限制命令。在这一命令下，配偶就不能再接近你，否则会受到法律制裁。
- 打电话给国家家庭暴力热线寻求即刻的建议，号码是1－800－799－7233。

模块16.2 复习

- 对于大多数夫妇来说，婚姻满意度在成年中期有所上升。
- 成年中期家庭的改变包括孩子的离家。近些年来，出现了“飞去来器般的孩子”现象。中年期的成人通常对于年迈的父母有了更多的责任感。
- 许多中年人初次体验到成为祖父母的感觉。从类型上可以把祖父母分为卷入型、陪伴型和疏远型。
- 婚姻暴力通常经过三个阶段：紧张状态建立、激烈的殴打事件和爱的悔悟。
- 社会经济地位较低的家庭中家庭暴力的发生率最高，“暴力的循环”可以做出部分的解释，文化规范可能也起到了一定作用。

文章撰写提示

应用毕生发展：空巢现象、飞去来器般的孩子、夹心层的一代和祖父母的养育是依赖文化的吗？为什么这样的现象在推行多代大家庭的社会中有所不同？

16.3 工作与休闲

享受每周的高尔夫比赛，开始邻居联防计划，训练一支小联盟棒球队，参加一个投资俱乐部，旅行，上烹饪课，观看影院系列电影，竞选当地议会成员，和朋友一起去看电影，听佛教讲座，修理房子后面的走廊，陪伴高中生班级进行跨州旅行，在年度假期中躺在北卡罗来纳州达克的海滩上看书……

当我们看成年中期的个体到底在干什么的时候，我们发现活动的种类就像个体之间一样有很多差异。尽管大多数人在成年中期到达了工作和权力的顶峰，但这同样也是一个人们投入到休闲和娱乐活动的时期。事实上,成年中期可能是工作与休闲活动协调得最好的时期。中年人不再感到必须在工作中证实自己,他们逐渐重视自己能够为家庭、社区,以及更广泛的社会做出贡献,他们可能发现工作和休闲互相补充,增强了整体的幸福感。

工作和职业:成年中期的工作

LO 16.8 总结成年中期工作和职业的特点

对于很多人来说,中年期是具有最强的生产力、拥有成功和赢取权力的时期。这同样也是一个职业成就不再像之前那样被如此重视的时期。对于那些没有达到刚开始职业生涯时所希望的工作目标的个体尤其如此,在这样的案例中,工作的价值减轻了,而家庭和其他工作以外的兴趣变得越来越重要了(Howard, 1992; Simonton, 1997)。

观看视频 成年中期:玛丽的工作

使工作满意的因素在中年时发生改变,年轻人感兴趣的是抽象的和未来取向的方面,比如发展的机遇或是得到赏识的可能性。中年员工更加关心此时此地的工作质量,例如,他们更关注薪酬、工作条件和特殊的政策(比如休假政策)。而且,与较早阶段一样,总体工作质量的改变与男女压力水平的变化有关(Cohrs, Abele, & Dette, 2006; Rantanen et al., 2012; Hamlet & Herrick, 2014)。

一般来说,年龄和工作的关系看起来呈正相关:工作者年龄越大,体验到的整体工作满意度越高。这种模式并不奇怪,因为对职位不满的年轻人会辞职,然后找到更满意的新工作。而员工年纪越大,改变职位的机会就越少。因此,他们可能学会忍受现状,并且接受这一现实,即现有的职位是他们可能得到的最好的选择(Tangri, Thomas, & Mednick, 2003)(也见"从研究到实践"专栏)。

工作的挑战:工作上的不满

对于 44 岁的佩吉·奥加唐(Peggy Augarten)来说,在她工作的郊区医院的特护病房上早班越来越困难了。尽管病人的过世是件令人难过的事,但是她发现自己最近总是在最奇怪的时候为病人哭出声来：当她洗衣服的时候、刷碗的时候或者是看电视的时候。当她开始害怕早晨去上班时，她知道她对于工作的感受正在经历根本性的转变。

中年期对于工作并不总是满意的。对于某些人来说，由于对工作条件或工作性质的不满逐渐积累，工作的压力越来越大。在某些情况中，因工作条件太差，最终导致工作倦怠或者决定更换工作。佩吉·奥加唐的反应也许可以归为工作倦怠的现象。**工作倦怠**发生于员工经历不满意、理想破灭、挫败和对工作厌倦时。工作倦怠通常最有可能发生在涉及帮助别人的工作中，而且通常对那些当初最理想主义和最有干劲的人打击最大。事实上，在某些方面，这类工作者可能对工作承担了过多的义务，当意识到自己对于贫穷、医疗等重大社会问题只能尽到绵薄之力时，他们是失望和沮丧的（Bakker & Heuven, 2006; Dunford et al., 2012; Rssler et al., 2015）。

工作倦怠 发生于员工体验到不满意、理想破灭、挫败或是对于工作厌倦时的一种状况。

工作倦怠的一个结果就是在工作中日益增长的犬儒主义。比如一个员工可能对自己说："我这么努力地工作是为了什么啊？甚至都没有人注意到过去两年里我的付出。"另外，员工可能对于他们在工作中的表现觉得无所谓、漠不关心。员工最初进入职业领域时的理想主义可能被悲观主义取代，员工现在的态度也不可能对遇到的问题提供任何有价值的解决方案。

即使在有很高要求和压力似乎无法负担的职业中，人们也可以抵抗工作倦怠。例如，一个因为没有足够的时间照顾每一位病人而深感绝望的护士，我们可以帮助她意识到一个更可行的目标是同样重要的，比如用很短的时间拍拍病人的后背。工作的组织形式同样可以使工人（以及他们的上级）把注意力投入在日常工作中小小的成功上面，比如一个客户的感谢。即使对于疾病、贫穷、种族主义和不适当的教育系统等可能看起来让人沮丧的"大问题"也是如此。此外，在闲暇时间从工作中解脱出来也是很重要的（Garcia et al., 2015; Peisah et al., 2009; Sonnentag, 2012）。

◎ 从研究到实践

家庭主夫：当父亲成为孩子的主要照顾者时

20世纪50年代的家庭情景喜剧"反斗小宝贝"中，父亲沃德·克里弗（Ward Cleaver）在外面工作，而母亲琼（June）则待在家里做家务，照看两个儿子沃利（Wally）和博柔（Beaver）。在那个年代，真正的家庭生活往往看起来是一样的，丈夫挣钱养家，而妻子抚养孩子。20 世纪 60 年代及以后，随着越来越多的女性走出家门工作，家庭出现了变化，但家庭主夫从来就不常见，这通常意味着父亲暂时失业，并计划尽快重返职场。

在过去的几年里，这种情况发生了很大的变化。自 21 世纪初以来，待在家中照顾家人的男性人数增加了一倍。虽然其中很多人是因为被单位裁员，但自愿选择待在家中的男性群体人数增长最快——1989 年仅占 5%，到如今已超过 20%（这个数字很可能被低估，因为有些男性认为选择待在家里不工作是挥之不去的耻辱；Livingston, 2014）。

在过去的20年里，在家照顾孩子的男性数量有了明显的增加。

这种转变的原因尚不清楚，但可能涉及许多因素。其中之一是人们对性别角色的认知逐渐发生变化，特别是对男性女性谁应照顾家人这一点。就在不久以前，男人还被认为是家里的经济支柱和定立严规的人，而男性照顾者则被认为是怪异的人——甚至会被看作是失败者。但几十年的双收入家庭需要更平等地分担照顾家人的责任，打破了过去的刻板期望。越来越多的男性感到平衡家庭生活和事业的压力，随之更想放弃工作，就待在家里（Kramer, 2012; Livingston, 2014）。

但更可能的原因是女性就业机会的扩大。如今，越来越多的女性追求更高的教育水平，并在以前由男性主导的职业中取得成功，因此，家庭中的女性越来越有可能成为事业有成、收入丰厚者。因此，让母亲继续工作，而父亲留在家里的决定更现实。随着女性在职场中表现出越来越大的上进心，以及过去对刻板性别角色的固着观念的减弱甚至消失，我们将会越来越频繁地看到“主夫爸爸照顾家庭”的现象（Kramer, 2012; Miller, 2014）。

共享写作提示

为什么认为自愿成为“家庭主夫”的男人仍然有一些不光彩。

失业：梦想的破灭

LO 16.9　描述失业对中年人产生的影响

梦想远去了，也许再也回不来了，似乎这把你撕成了碎片，就这么破碎了。你沿着河岸看去，是一片平坦的空地。那里曾经有一个巨大的垃圾堆，以前是对钢铁进行熔化、重新利用、加工的地方。现在一切都夷为平地了。很多次我经过这里，不经意间看到它，很难想象它再也不在那里了。（Kotre & Hall，1990，p. 290）

这是52岁的马特·诺尔特（Matt Nort）对于废弃的匹兹堡钢铁厂的描述，就像是他自己生活的象征，因为他已经失业好几年了，马特对于自己生活中的职业成就的梦想和他曾经工作过的工厂一起消亡了。

对于很多工人来说，失业是生活中一个不好接受的现实，他们可能再也找不到工作了，其负面影响既是经济上的，也是心理上的。对于被解雇的员工，因为公司裁员而下岗，或是因为技术落后不能胜任而被迫离开工作的员工来说，失业可能导致心理上，甚至是生理上的破坏（Sharf，1992）。

失业可能使人感觉焦虑、抑郁、易怒，他们的自信可能直线下降，他们也许不能集中注意力。事实上，分析显示，每当失业率上升1%，自杀率就会上升4%，在精神病机构入院的男性增加4%，女性增加2%（Inoue et al.，2006；Paul & Moser，2009）。

甚至失业最初看起来比较积极的方面，比如拥有更多的时间，也会产生不愉快的结果。可能因为抑郁，或者拥有过多的时间，和有工作的人相比，失业的人不太愿意参加社区活动、去图书馆或是读书。他们更可能约会迟到，甚至吃饭也会迟到（Ball & Orford，2002；Tyre & McGinn，2003）。

这些问题可能还会持续一段时间，中年人失业后找不到工作的状态可能比年轻人持续更久，在他们这个年纪，找到满意工作的机会也更少了。而且，雇主可能歧视那些年龄较大的应聘者，使得他们重新找一份新工作难上加难。具有讽刺意味的是，这种歧视不仅是不合法的，也是基于带错方向的假设：研究发现其实年龄较大的工人更少缺勤，比年轻人固定在一个工作岗位上的时间更长、更可靠，也更愿意学习新的技能（Bernard，2012）。

总而言之，中年失业是一次破坏性的经历，对于一些人，尤其是对于那些再也找不到有意义的工作的个体，这极大地打击了他们的整体世界观。对于被迫进入这种非自愿的、过早的退休状态的人来说，失去工作可能导致悲观主义、犬儒主义和失望。克服这种感觉通常需要时间，并进行大量的心理上的调整，以最终战胜困境。对于那些找到新的职业生涯的人来说，同样也面临着挑战（Waters & Moore，2002；Pelzer，

Schaffrath, & Vernaleken, 2014)。

转换和重新开始：成年中期的事业

LO 16.10　解释中年人变换工作的方式和原因

对一些人而言,成年中期带来了对于改变的渴望,这些人可能经历了工作中的不如意,在一段时间的失业以后转换了职业,或者仅仅是回到了多年前离开的职场,他们的发展路径通往新的职业生涯。

成年中期改变职业的人之所以这么做,有一些原因。可能是他们既有的工作很少再有挑战,他们已经熟练掌握相关技能,原本困难的工作现在也不过是日常事务了。另一些人因为工作发生了他们并不喜欢的改变,或者失业了。他们可能被迫用更少的资源完成更多的工作,或者技术的进步给他们的日常活动带来了巨大的改变,使得他们不再喜欢自己所做的事情。

另一些人对于他们已经取得的地位并不满意,并且期待能有一个崭新的开始;一些人产生了工作倦怠,感觉自己做着单调的事情;还有一些人仅仅是因为不想在生命余下的时间里再继续做同样的事了。对他们来说,中年期看来是他们可以做些有意义的职业改变的最后机会了(Steers & Porter, 1991)。

最后,相当多的人,几乎全部是女性,在把孩子养大之后重返人才市场。另一些人离婚之后需要找到一份工作挣钱。从 20 世纪 80 年代中期开始,职业女性的数量比起 50 年代有了显著的增长。55 至 64 岁的女性中大约半数在工作,对于那些大学毕业现在正在职场的女性来说,这个比例还会更高(见图 16 - 9)。

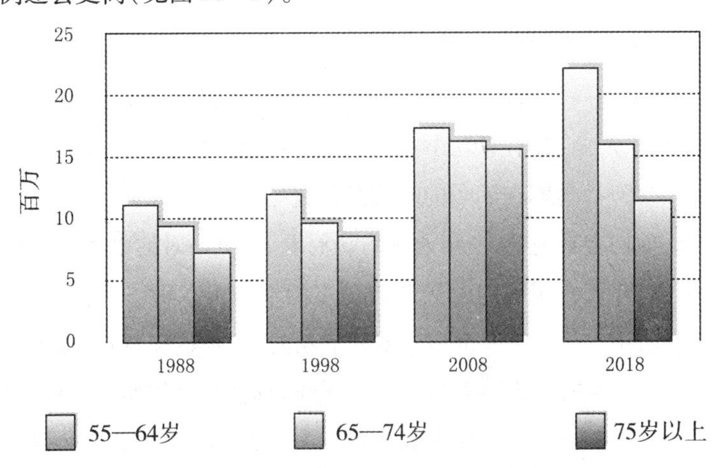

图16-9　工作中的女性

55—64岁的职场女性的百分比从1980年起稳步上升，这10年里仍在继续增长。

（资料来源：Monthly Labor Review, 2009.）

人们可能抱着不切实际的高期望值进入新的专业领域，然后对于现实的情况非常失望。而且，开始新的职业生涯的中年人可能发现自己处在入门级的位置，他们的同事们远远比自己年轻（Sharf, 1992；Barnett & Hyde, 2001）。但是从长远来看，在中年期开始新的职业生涯可能会让人欢欣鼓舞，那些转换或是开始新的职业生涯的个体可能成为特别有价值的员工（Adelmann, Antonucci, & Crohan, 1990；Connor, 1992；Bromberger & Matthews, 1994）。

一些预言家指出职业的改变可能不再是特例，而是成为惯例。根据这种观点，技术进步如此之快，以致人们通常戏剧性地定期被迫改变他们的工作进行谋生。在这种设想中，人们可能毕生将拥有不止一个职业，而是好几个。就像“发展的多样性与生活”专栏中澄清的，这种情况对于那些生活和职业发生了根本改变的个体尤其如此，比如成年期移民到国外的人。

社会工作者的视角

你认为移民的雄心壮志与成就被普遍低估了吗？为什么？引人注目的负面例子的出现是否起到了一定的作用（如同在中年危机和暴风骤雨的青少年期所看到的）？

简言之，事实是绝大部分移民最终都会成为美国社会中做出贡献的一员。例如，他们会缓解劳动力的短缺，并且他们寄给留在家乡的亲人的钱会为世界经济增添活力（World Bank, 2003）。

休闲：工作以外的生活

LO 16.11　描述中年人如何支配休闲时间

典型的工作周包括35到40小时工作，对于大多数人来说还要更短，大部分中年人每周有70小时左右的清醒时间可以自由支配（Kacapyr, 1997），他们在闲暇的时候做什么呢？

首先，他们会看电视，中年人平均每周看15个小时的电视，但是，除了看电视，中年人在闲暇的时候还有更多的事情可以做。事实上，对于很多人来说，中年代表了一个参与室外活动的全新机遇。随着孩子离开家，父母有大量的时间可以参与到更广泛的活动中，比如参加各种运动，或是参与一些公民活动，如加入城镇委员会。美国的中年人大约每周花费6小时参加社会活动（Robinson & Godbey, 1997；Lindstrom et al., 2005）。

相当多的人发现闲暇时间的吸引力如此之大，纷纷选择提前退休。

对做出这种选择的人和那些有足够经济来源可以维持余生的人来说,生活上相当满意。提前退休可能对于健康有利,他们也可能参与一些新的活动。

尽管中年期代表了更多的休闲活动的机会,大多数人还是报告说自己的生活节奏似乎并没有放慢。因为他们参与了很多活动,每周大部分的空闲时间都分散成 15 到 30 分钟的小块。因此,尽管从 1965 年开始,每周的休闲时间增加了 5 个小时,但很多人仍感觉自己的空闲时间并没有比以前有所增加(Robinson & Godbey, 1997)。

为何额外的休闲时间可能没有被人们注意到？一个原因就是美国的生活节奏仍然比很多国家快很多。通过测量步行者走过 60 英尺(约 18 米)所需的平均时间、顾客购买一张邮票所需的时间,以及公共钟表的精准度,研究对比了一些国家和地区的生活节奏。把这些测量结果结合在一起看,美国的生活节奏比其他很多国家都要快,尤其是拉丁美洲、亚洲、中东和非洲国家和地区。另一方面,很多国家和地区的生活节奏也超过美国,例如西欧和日本就比美国快很多,瑞士名列第一(见表 16 – 2; Levine, 1997a, 1997b)。

表 16 – 2　生活节奏比较(排在第一的位置意味着生活节奏最快)

排名	总体生活节奏	走 60 英尺所用时间	邮政服务所用时间	公共钟表精准度
1	瑞士	爱尔兰	德国	瑞士
2	爱尔兰	荷兰	瑞士	意大利
3	德国	瑞士	爱尔兰	澳大利亚
4	日本	英国	日本	新加坡
5	意大利	德国	瑞典	罗马尼亚
6	英国	美国	中国香港	日本
7	瑞典	日本	中国台湾	瑞典
8	奥地利	法国	澳大利亚	德国
9	荷兰	肯尼亚	英国	波兰
10	中国香港	意大利	哥斯达黎加	法国
11	法国	加拿大	新加坡	爱尔兰
12	波兰	波兰	意大利	中国大陆
13	哥斯达黎加	瑞典	希腊	英格兰
14	中国台湾	中国香港	荷兰	中国香港

15	新加坡	希腊	波兰	哥斯达黎加
16	美国	哥斯达黎加	萨尔瓦多	韩国
17	加拿大	墨西哥	捷克	保加利亚
18	韩国	中国台湾	法国	匈牙利
19	匈牙利	匈牙利	匈牙利	约旦
20	捷克斯洛伐克	韩国	韩国	美国
21	希腊	捷克斯洛伐克	加拿大	中国台湾
22	肯尼亚	萨尔瓦多	保加利亚	加拿大
23	中国大陆	澳大利亚	美国	捷克斯洛伐克
24	保加利亚	中国大陆	巴西	肯尼亚
25	罗马尼亚	新加坡	中国大陆	荷兰
26	约旦	印度尼西亚	印度尼西亚	墨西哥
27	叙利亚	保加利亚	约旦	叙利亚
28	萨尔瓦多	约旦	叙利亚	巴西
29	巴西	叙利亚	罗马尼亚	希腊
30	印度尼西亚	罗马尼亚	肯尼亚	印度尼西亚
31	墨西哥	巴西	墨西哥	萨尔瓦多

31个国家和地区生活节奏的排名，共有三种测量指标：市区步行60英尺所用的时间（分钟）；一个邮政职员完成一张邮票的购买交易所需时间（分钟）；公共钟表的精准度（时间）。

（资料来源：改编自Levine，1997a.）

◎ 发展的多样性与生活

工作着的移民：在美国实现目标

17年前，曼克考罗·马兰－纳考布（Mankekolo Mahlangu－Ngcobo）因为恐怖主义的指控，在南非的莫莱察内（Moletsane）警察局被错误地关了21天禁闭。1980年，又一次因为反对种族隔离面临入狱的危险，她把12岁的儿子拉蒂贯韦（Ratijawe）留给她的母亲照顾，然后逃离了博茨瓦纳。她1981年到了美国，1984年获得政治庇护，现在和她13岁的女儿恩托考索（Ntokozo）一起，住在巴尔的摩的一座价值60,000美元的房子里。她的经历使得她对于收留她的土地怀有深深的感激，她说："如果你从来没有在别的地方生活过，你不会知道你在这里有多自由。"

纳考布还在这里找到了自己发展的空间，就像和她一起移民来的人一样，关键是教育。自从她抵达之后，她已经获得了一个学士学位、两个硕士学位和一个神学博士学位，上学主要是依靠奖学金，也有一部分自己的钱。她的学术资历和帮助他人的贡献为她赢得了两份令人满意的职业，一个是巴尔的摩摩根州立大学公共卫生专业的讲师，另一个是在华盛顿特区大都会非裔卫理圣工会教堂（Metropolitan African Methodist Episcopal Church）的助理牧师（Kim, 1995, p. 133）。

如果我们只是依赖公众的观点，我们可能认为到美国的移民加重了教育、医疗、社会福利和监狱系统的负担，但又为美国社会做不了什么贡献。但是在纳考布的例子中，反移民情绪的假设基础实际上是相当错误的。

美国约有4000万人是出生在国外的移民，约占总人口的15%，几乎达到了1970年的3倍。第一代和第二代移民几乎占美国人口的1/4（见图16－10；Congressional Budget Office, 2013）。

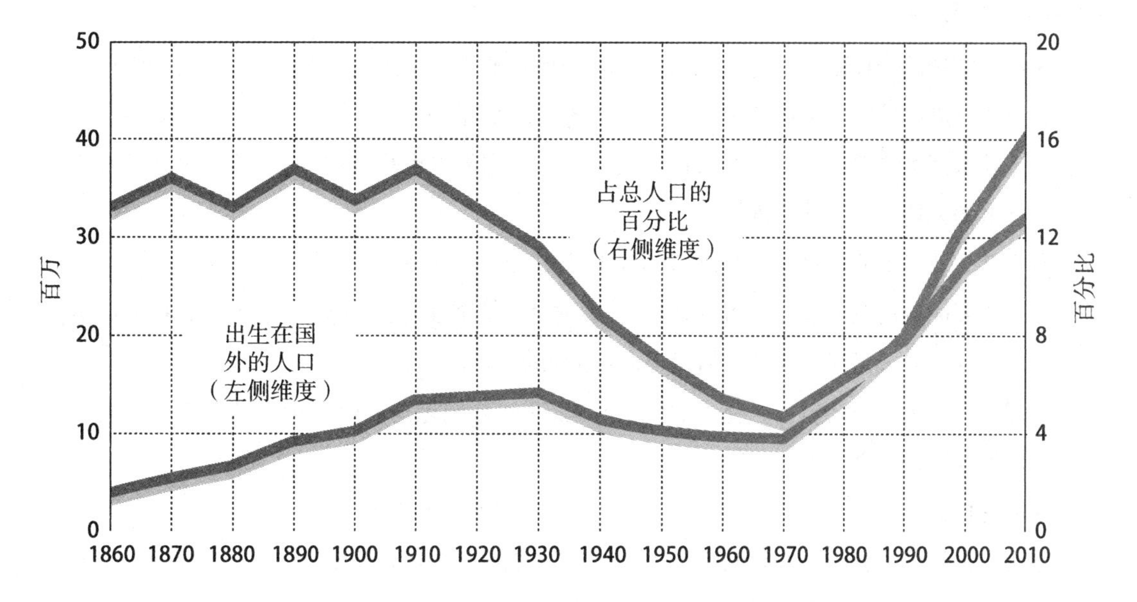

图16–10　美国的移民

自1970年以来，美国的移民人数一直在稳步攀升，并接近历史最高水平，如果把约1600万非法移民计算在内的话，这一上升趋势尤为突出。

（资料来源：Congressional Budget Office, 2013.）

今天的移民只有1/3是白人，这与20世纪初的浪潮在某种程度上有所不同，1960年以前来到美国的移民中几乎90%都是白人。批评家指出新的移民在技术方面有所欠缺，这使他们难以为21世纪的高科技经济做出贡献。

但是，批评家很多方面的看法都是错误的，比如，可以考虑到如下数据（Camarota, 2001；Flanigan, 2005；Gorman, 2010）：

- 大部分合法、非法的移民最终都能在经济方面有所成就。比如，虽然最初时比美国本土人更加贫困，但那些1980年以前抵达美国的移民，有可能比本土的美国人获得更高的家庭收入。移民和非移民成为企业家的比例相同，大约1/9的移民拥有自己的生意。

- 移民并不是仅因为福利而到美国。相反，大多数移民都说他们是因为美国工作和成功的机遇。非避难移民都已经到了足以工作的年龄，相比于本土出生的美国公民他们更不可能为了福利而移民。
- 随着时间的积累，移民为经济做出的贡献比他们带走的要多。尽管开始的时候政府的花费比较多，通常是因为他们的工作收入很低，因此交纳不上个人所得税，当移民慢慢长大以后，就会有更多产出。

为什么移民最终在经济上如此成功？一个解释是自愿选择离开自己国家的移民更有动机和驱力成功，选择不移民的人相对就没有这么强的动机了。

模块 16.3 复习

- 成年中期的个体看待工作的方式和以前有所不同，他们更注重短期因素，而更少强调职业奋斗与雄心壮志。大部分中年人对工作的满意度还是相当高的，但有些人因为对自己的成就感到失望等原因而不满意自己的工作。工作倦怠也是其中一个原因，尤其是对那些从事助人职业的个体来说。
- 中年失业可能有经济、心理和生理上的负性影响。
- 中年期职业的改变可能变得更普遍，主要的动力是对工作的不满意、对于更大挑战或更高地位的需求或是对孩子长大后重返职场的希望。
- 成年中期的个体比以前有更多的休闲时间，通常他们把这些时间用来参与室外的娱乐活动和社区的活动。

共享写作提示

应用毕生发展：为什么和以前相比，为职业成就的奋斗对中年人没有那么大的吸引力了？什么样的认知和人格变化有可能导致这一现象的产生？

结语

尽管有一些观念认为中年是一个停滞、充满危机和不满意的时期，但我们看到个体在这个时期不断地成长和改变。身体上，他们的机能逐渐地衰退，对于一些疾病更加易感。认知上，中年人在一些领域有所得，在另一些领域有所失，总的来说他们学会对衰退的能力进行补偿。

在社会和认知发展的领域，我们目睹了人们面临家庭关系和工作生活中的诸多改变，并且处理得相当成功。我们同样看到，将这一时期描述为危机时期是夸大了这一时期的消极方面，而忽视积极的方面。这个阶段通常以成功的调整和满意为特征。最具有典型性的是，中年人成功地扮演了很多角色，与很多年龄阶段的人进行互动，其中包括孩子、父母、配偶、朋友和同事。

在本章中，我们考察了中年期发展的阶段理论，审视了这个阶段显现出来的大的争论。我们还探讨了亲密关系在成年中期的重要地位，尤其是与孩子、父母以及配偶之间的关系。我们看到了这些领域的改变在这个时期更有可能影响成人的生活。最后,我们探讨了成年中期的工作和休闲,这一时期的职业和退休的问题格外突出。

在进入下一章之前,我们先回想一下本章前言中杰夫·开尔文丰富的中年生活,包括他喜欢的工作、他深爱的配偶和儿子,以及与父亲关系的改善。利用你关于中年期的知识,考虑以下问题。

1. 你认为人格发展中的常规性危机模型还是生活事件模型能够更好地解释杰夫的成长?你为何这么认为?

2. 杰夫的生活如何说明了埃里克森理论中的再生力—停滞的发展阶段?

3. 尽管存在一定差异。但杰夫和胡安对于中年期职业的态度具有哪些共同点?为什么胡安会发现更满意居家的工作?

4. 成年后生活在一起的杰夫和他的父亲比以往任何时候都更亲密。双方的哪些因素可能促成了这一结果?

回顾

LO 16.1　描述成年中期人格的发展变化

人们是否按照常规性危机模型所表明的或多或少一致的过程,经历了与年龄相关的发展阶段,还是像生活事件模型提出的,发展是对于在不同时间、以不同顺序发生的重要生活事件的反应?对于这个问题人们有很多不同的观点。

LO 16.2　总结埃里克森理论中成年中期发展的观点以及其他学者如何对其观点进行拓展

埃里克森认为该年龄段的发展冲突是再生力对停滞,涉及从自身到外部世界关注点的转换。乔治·范华伦将主要发展问题视为“保持意义对僵化”,即人们试图抽取出自己生命的意义,并接受他人的长处和短处。根据罗杰古尔德的观点,人们在成年期经历了7个阶段。丹尼尔·莱文森的生命季节理论关注40岁出头的人的中年转变。这一年龄段的人们对抗他们的死亡,质疑他们的成就,通常会导致中年危机。莱文森的研究主要基于小样本的男性被试者,其研究方法上的局限性遭到了批评。中年危机的概念因为缺乏证据而受到质疑,甚至“中年”这一概念的划分也有着文化的差异,一些文化中划分得明显,另一些文化中则没有这个概念。

LO 16.3　讨论成年中期人格发展的连续性

总体来说,广义的人格也许是相对稳定的,其中特定的人格方面作为对生活变化的反应而发生变化。

LO 16.4　描述成年中期婚姻和离婚的典型模式

对于大部分已婚夫妇而言,成年中期是一个令人满意的时期,但是对于很多夫妇来说,婚姻满意度持续下降,最终导致离婚。大多数离婚的人通常会和离异者再婚。由于婚姻梯度的关系,超过40岁的女性比男性更难以再婚。再婚的人比初婚的人更加现实和成熟,更公平地分担角色和责任。但是,再婚比初婚的离婚率更高。

LO 16.5　区分中年人所面临的家庭状况的各种变化

空巢综合征,即在孩子离家之后假定出现的心理剧变,可能被夸大了。当“飞去来器般的孩子”在面临经济生活的严峻现实之后,再次回到家中和父母居住在一起好多年时,父母和孩子的分离通常被延迟。中年人通常面对抚养孩子和照顾年迈父母的责任。这样的人被称为夹心层的一代,他们面临着巨大挑战。

LO 16.6　描述中年人对于自己成为祖父母的反应

很多中年人第一次成为祖父母。研究者区分了三种祖父母养育风格:卷入型、陪伴型和疏远型。祖父母养育风格会存在种族和性别差异。

LO 16.7　列举美国家庭暴力的原因和特征

美国的家庭暴力已经达到了普遍的程度,1/4 的婚姻中会发生某种形式暴力。处在经济或情绪压力之下的家庭中,暴力发生的可能性最高。另外,儿童期被虐待的人成年以后更有可能成为施虐者,这是一种被称为“暴力循环”的现象。婚姻中攻击的典型过程有三个阶段:紧张状态建立、一次激烈的殴打事件,以及爱的悔悟阶段。尽管表现出悔悟,如果施虐者没有得到有效的帮助,他们还是会继续施虐。

LO 16.8　总结成年中期工作和职业的特点

对于大多数人来说,中年期是一个工作满意度较高的时期。事业的雄心壮志对中年员工的推动力变小,他们更加看重工作之外的一些兴趣。对工作的不满意可能出于对个人成就和地位的不满,或是感觉自己无法为工作中一些不可克服的问题做出一点改变。后一种情况被称为“工作倦怠”,通常影响那些从事助人职业的个体。

LO 16.9　描述失业对中年人产生的影响

一些人在成年中期必须面对意外失业,这将产生经济、心理和生理上的不良后果。

LO 16.10　解释中年人变换工作的方式和原因

越来越多的人在中年的时候自愿变换工作,有些人是为了增加工作中的挑战、满意度和地位,而另一些人则回到了多年前为了养育子女而离开的人才市场中寻找工作。

LO 16.11　描述中年人如何支配休闲时间

中年人有相当多的可供支配的休闲时间,很多人用来参与社交活动、娱乐活动或是社区活动。中年期的休闲活动为退休进行着良好准备。

关键术语和概念

常规性危机模型	中年危机	夹心层的一代
生活事件模型	空巢综合征	暴力循环假设
再生力—停滞阶段	飞去来器般的孩子	工作倦怠

7 总　结

成年中期

利·瑞安(Leigh Ryan)身体和精神两方面都处于活跃状态。她对自己的婚姻有点不确定。她正好50岁,不管从实际年龄来看,还是从发展阶段来看,都处在成年中期的中间。她在成年中期的前一半时间里持续成长,并且她有严格的计划要在后一半时间里继续发展。她很活跃,在跳舞和园艺的嗜好上十分投入。她在全职工作和兼职执教之余还在进行社会学方面的深造。在社交方面,她喜欢招待朋友和回馈社区,但是她发现她的婚姻并不令人满意,她默默地为解决这个问题而努力。在中年期,她感觉到住在蒙特利尔的家人对她的吸引,可能事实上她会将自己的家朝那个方向搬迁。毫无疑问,她的发展将继续下去,无论她选择在哪里生活,是否和丈夫一起。

你会怎么做?

- 你会建议利考虑削减她的时间表吗(通过放弃教职或减少课程负担的方式)?为什么?

你的回答是什么?

婚姻顾问怎么做?

- 考虑到利的年龄和处境,在她考虑离婚的时候,你会建议她考虑婚姻中的哪些因素?如何分辨她对婚姻的不满是一个需要解决的真实问题,还是一个“中年危机”?

你的回答是什么?

生理发展

- 利显露出少量的中年期身体素质下降的迹象，她还保持着较高的身体活动水平。
- 她一直保持身体健康，这会帮助她减轻骨质疏松症和其他疾病。
- 利对婚姻的不满可能反映了她和丈夫生活的变化。
- 利总体上看起来很健康，她参加的许多活动似乎都能提高生活质量，而非带来压力。

认知发展

- 利正在修博士学位，这对智力上的敏捷性和活跃性提出了要求。
- 利对教学的热爱表明她有一个活跃的头脑，并且愿意运用她的智力。
- 在传统的智力类型之外，利很可能还拥有大量的实践智力。
- 她的记忆力几乎没有下降，这让她得以学习新技能。

社会性和人格发展

- 在成年中期，利和许多人分享抚养孩子长大和送他们上大学的经历。
- 她对社区和家庭的贡献表明她成功地解决了埃里克森的再生力—停滞阶段的矛盾冲突。
- 利正在为她的婚姻状况而努力，她的婚姻显示出明显的下坡路迹象，而不是复兴。
- 利面临着空巢的前景，这可能会影响她是否决定维持婚姻关系。

健康照护提供者怎么做？

- 你如何确定利的很多活动是有利于她的健康的，而不是可能诱发压力和有害的。

你的回答是什么？

教育顾问怎么做？

- 你会建议利学习社会学以外的、就她的年龄而言也许更加实用的东西吗？她去读博士是不是太老了？她能跟上更年轻的学生吗？

你的回答是什么？

第八部分

成年晚期

第 17 章　成年晚期的体能和认知发展

本章学习目标

LO 17.1　描述在今天的美国人们变老之后的情形

LO 17.2　总结成年晚期发生的体能变化

LO 17.3　解释随年龄增长人们反应变慢的程度以及这种变化的后果

LO 17.4　描述感觉能力如何受到衰老的影响

LO 17.5　描述老年人总体健康状况以及他们更易患的疾病

LO 17.6　总结老年阶段幸福感的保持程度

LO 17.7　描述衰老是如何影响性能力的

LO 17.8　找到影响寿命的因素以及导致死亡的原因

LO 17.9　讨论通过科学进步带来长寿的可能性及其意义

LO 17.10　描述老年人的认知功能状况

LO 17.11　讨论记忆在成年晚期如何保持或丧失

LO 17.12　描述在成年晚期的继续学习和教育

本章概要

成年晚期的体能发展

老化:神话与现实

老年人的体能变化

减慢的反应时间

感觉:视觉、听觉、味觉和嗅觉

成年晚期的健康和幸福感

老年人的健康问题:生理疾病和心理疾病

成年晚期的幸福感:衰老与疾病之间的关系

老年人的性:用进废退

老化的过程:死亡为什么不可避免?

延缓衰老:科学家能找到永葆青春的奥秘吗?

成年晚期的认知发展

老年人的智力

记忆:对过去和现在事情的记忆

成年晚期的学习:活到老学到老

开场白：永远活着

约翰·本杰明(John Benjamin)认为作为一个74岁的人非常轻松。“与所有忙于创业和养家的人相比,老年生活容易多了。”但是他承认和以往相比还是有变化的,他说,“我以前每天都跑步,但是膝盖10年前出问题了,于是我改成骑自行车,关节更容易活动。”另一个变化是嗅觉,“人们常说‘停下脚步,细品玫瑰’,但我再也闻不到玫瑰了。”他开玩笑说。但是约翰的生活中还是有很多值得享受的事情。“我从事了40年的律师工作,退休后我开始写关于最高法院判决的博客,是女儿帮我建立了博客。现在我正在写一本书,讲述最高法院过去50年的历史。”约翰还在一个他10年前组建的弦乐四重奏组合中演奏中提琴,他还会和他的老伴马蒂(Maddie)一起去跳摇摆舞。“我称呼她为我的女朋友,因为尽管她比我年长一岁,但她的心态非常年轻和时髦。去年春天我们还去了巴黎,我们在左岸咖啡馆喝咖啡到凌晨。”当被问及除了写书之外是否还有其他雄心壮志时,约翰考虑了一下:“我猜我只想永远活下去,这是我现在的主要目标。”

预览

约翰·本杰明并不是唯一一个在成年晚期表现出新活力的人。老年人越来越多地开拓新的领域,实现新的运动投入,通常重塑我们对生命后期阶段的看法。对越来越多的老年人来说,精力充沛的身心活动在日常生活中仍然非常重要。

老年学家发现成年晚期个体可以像那些年轻人一样充满活力。

本章中我们会介绍成年晚期的体能和认知发展。开篇首先讨论了老化的神话与现实,并考察了人们对老年人的一些刻板印象。随后介绍了老化的外部征兆和内部迹象以及神经系统和感觉能力随年龄增长而发生的变化。

接着,我们谈到了成年晚期的健康状况和幸福感。先介绍了困扰老年人的一些主要障碍,然后探讨了哪些因素决定了老年人的幸福感以及老年人更易患病的原因。我们还集中讨论了解释老化过程的一些理论以及性别、种族和族裔对预期寿命的影响。

最后,我们讨论了成年晚期的智力发展。先介绍了老年人的智力特点和认知能力变化的多种方式,随后评估了成年晚期不同类型记忆的发展特点,最后讨论了减缓老年人智力衰退的方法。

17.1　成年晚期的体能发展

让我们从体能变化开始我们的成年晚期之旅。

老化: 神话与现实

LO 17.1　描述在今天的美国人们变老之后的情形

老龄在过去意味着丧失,包括脑细胞的损失、智能的衰退、精力的衰减、性能力的退化。然而,正因为很多人像约翰·本杰明那样,现在这种观点逐渐被**老年学家(gerontologist)**的新看法所代替。这些专家并不把老化看作一种简单的衰退,而是认为成年晚期是人们继续变化的一个时期,个体在一些方面会衰退,但在另一些方面会有所增长。

老年学家 研究老化的专家。

成年晚期与生命的其他阶段有明显的区别:因为人们活得越来越

长，所以成年晚期的长度实际上在增加。无论把这个阶段定义为65或70岁为开端，今天全世界处于老年阶段的人所占的比例要高于历史上的任何时候。

大多数老年人仍然同比他们年轻几十岁的人一样精力旺盛、精神饱满。这样，我们就不能将老龄简单地定义为生理年龄的某一段，而必须考虑到他们的生理和心理健康以及他们的功能性年龄。一些研究者根据功能性年龄将老年人分为三组：一组是年轻老人，比较健康、积极；一组是有一些健康问题、日常活动有困难的年老老人；还有一组是虚弱的、需要照顾的最老老人。虽然一个人的生理年龄能够预测他/她最可能被分到哪个组，但是这种预测并不总是准确的。根据功能性年龄，一个积极、健康的百岁老人可以归入年轻老人一组。相比而言，一个患肺气肿晚期的65岁老人则要归入最老老人一组。

和研究衰老的老年学家相同，人口统计学家对老年人群的测查也根据年龄划分。他们使用的术语与研究者使用的相同，但含义却不同（所以如果有人使用了这些术语，务必要弄清楚其含义）。对于人口统计学家来说，年轻老人的年龄范围为65到74，年老老人为75到84，最老老人为85岁以上。

老年群体的人口统计。在美国有1/8的人年龄在65岁（含）以上。根据预测，截至2050年这个数字将达到1/4，而85岁以上的人也将从现在的400万增加到1800万（见图17－1；Schneider，1999；Administration on Aging，2003）。

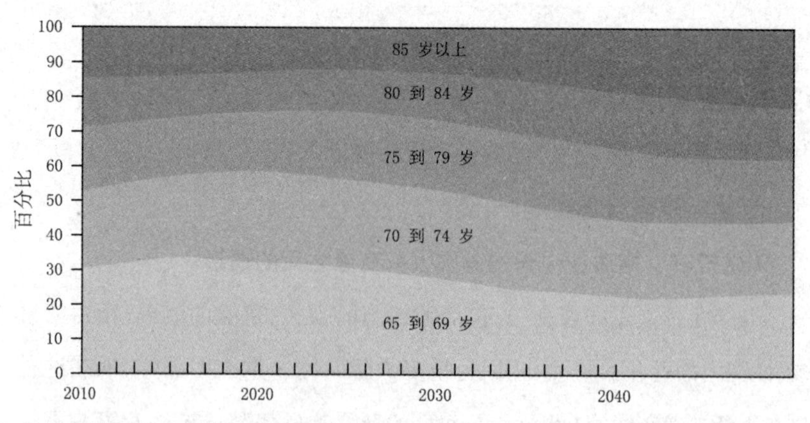

注解：竖线表示每个年龄组是老年人口中最大比例的年份。

图17-1 增长旺盛的老年人口

可以预测到2050年，65岁以上人口占总人口的比例将升高至25%。你能说出影响这种增长的两个因素吗？

（资料来源：改编自U. S. Bureau of the Census, 2008.）

老年群体中增长速度最快的是最老老人,即 85 岁(含)以上的老人。最近 20 年最老老人的人数几乎翻了一倍。老年人口爆炸的现象并不只限于美国,事实上,发展中国家的老年人口增长率还要更高一些。如图 17 - 2 所示,各国老年人的人数都在激增。在 2050 年之前,全世界 60 岁以上的人数将第一次超过 15 岁以下的人数(Sandis, 2000; United Nations, Department of Economic and Social Affairs, Population Division, 2013)。

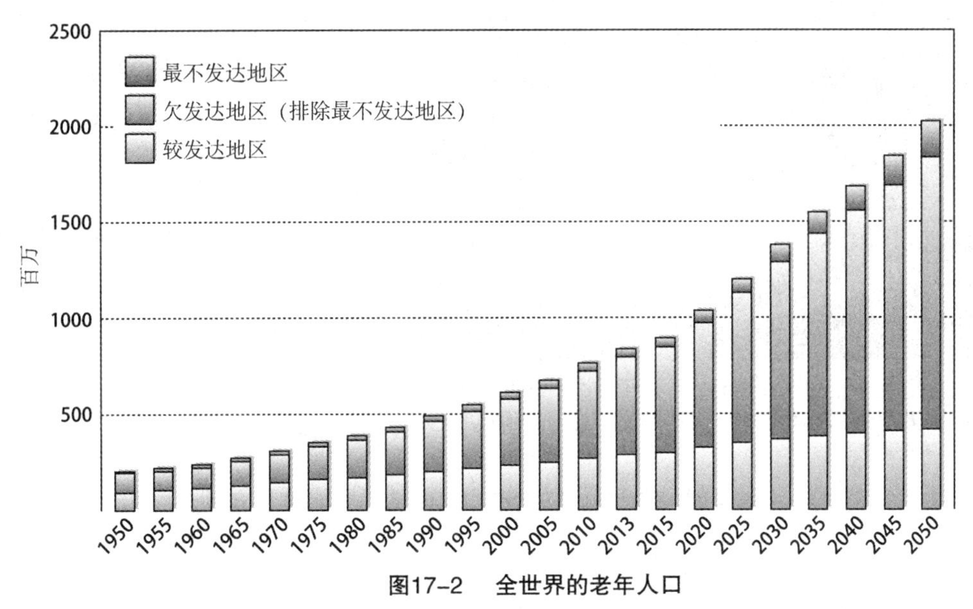

图17-2　全世界的老年人口

寿命增加正在改变全世界人口的剖面图走向。预计到2050年60岁以上老人所占的比例将会大幅度增加。
(资料来源：United Nations, Department of Economic and Social Affairs, Population Division, 2013.)

对老年人的歧视:老年人遭遇的刻板印象。"好埋怨"、"怪老头"、"老笨蛋"、"年老体迈"、"古怪"、"老巫婆",这些都是为老年人贴的标签。如果你发现它们没有描绘出一幅美丽的画卷,那么你就对了:这些词都是贬义的、有偏差的,包含了对老年人的公开歧视和隐性歧视。**对老年人的歧视(ageism)**是指向老年人的偏见和区别对待。

对老年人的歧视　针对老年人的偏见和区别对待。

对老年人的歧视表现在几个方面。普遍存在的对老年人的消极看法是,老年人更难充分地运用他们的心智能力。许多有关态度的研究表明,相比于年轻成人,人们会更消极地看待老年人的许多特点,尤其是与一般能力和吸引力有关的特点(Iversen, Larsen, & Solem, 2009; Woodspring, 2012; Jesmin, 2014)。

此外，人们对老年人和年轻人的相同行为常常会做出完全不同的解释。假定你听到有人在说他要寻找房门钥匙，如果你知道这个人是20岁或者80岁，你对他的知觉会有什么变化？记忆力减退的老年人常被视为慢性遗忘，且容易出现精神异常。相似的行为若发生在年轻人身上，则被宽容地解释为因脑子里事情太多而产生的暂时遗忘（Nelson, 2004; Lassonde et al., 2012）。

当你看到图片中的这个女性时你看到了什么？普遍存在的对老年人的消极态度是，老年人更难充分地运用他们的能力。

对老年人的消极看法与西方国家崇尚年轻和青春容貌的特点有关。除了专门为老年用品设计的广告外，其他广告几乎都不会出现老年人的面孔。当老年人出现在电视节目里时，他们通常作为某人的父母、祖父母出场，而不是作为一个个体（Vernon, 1990; Mcvittic, McKinlay, & Widdicombe, 2003）。

对老年人的歧视还会反映在对待老年人的方式上。例如，老年人找工作时可能会遇到公开的歧视，在面试中可能被告知缺乏精力无法胜任某项工作。有时他们还会被安排去做其他胜任有余的工作。此外，这种刻板印象在成年晚期被人们所接受，成为妨碍自我实现的预言（Rupp, Vodanovich, & Credé, 2006; Levy, 2009; Wiener et al., 2014）。

在某种程度上可以说，对老年人的歧视是现代西方文化的一种特有现象。在美国历史上的殖民阶段，老人受到高度尊敬，因为活得长意味着德高望重。与此类似，大部分亚洲国家会认为老人活得长，拥有特殊的智慧，所以也非常尊敬老人。许多土著美国人传统上会把老年人看作储存过去信息的仓库（Palmore, 1999; Bodner, Bergman, & Cohen-Fridel, 2012; Maxmen, 2012）。

然而在今天的美国，由于错误信息广泛流传，人们对老年人普遍持有消极的看法。表17－1中的问题可以测试你对老化的了解。大多数人的正确率不超过平均50%的水平（Palmore, 1992）。当前，西方社会对老年人的刻板印象如此盛行，因此很有必要弄清楚这些观点的准确性如何。它们与事实相符吗？

表 17－1　老化的神话

1. 大多数老人(65 岁及以上)都有记忆缺陷,会分不清方向或有痴呆症状。对还是错?
2. 老龄期五种感觉(视觉、听觉、味觉、触觉、嗅觉)都会退化。对还是错?
3. 大多数老人都没兴趣或没能力发生性关系。对还是错?
4. 老龄期肺活量会衰减。对还是错?
5. 大多数老年人在大部分时间都是患病的。对还是错?
6. 老龄期体能会衰减。对还是错?
7. 至少有 1/10 的老年人住在提供长期服务的公共机构中(例如护理院、精神病院、养老院)。对还是错?
8. 老年司机每人发生的交通事故数比年轻司机(65 岁以下)的要少。对还是错?
9. 老年工作者的工作效率常常不如年轻工作者的工作效率高。对还是错?
10. 3/4 以上的老年人非常健康,能够完成正常的活动。对还是错?
11. 大多数老年人不能适应改变。对还是错?
12. 老年人学习新东西常常需要更长的时间。对还是错?
13. 对一般的老年人来说学习新东西几乎是不可能的。对还是错?
14. 老年人的反应一般比年轻人要慢。对还是错?
15. 总的来说,老年人往往都很像。对还是错?
16. 大多数老年人说他们很少感到无聊。对还是错?
17. 大多数老年人与社会隔离。对还是错?
18. 老年工人发生的事故比年轻工人少。对还是错?

计分

所有的奇数题陈述都是错的;所有的偶数题陈述都是对的。大多数大学生答错六道题,高中生答错九道题。即使是大学教师也平均答错三道题。

(资料来源:改编自 Palmore, 1988; Rowe & Kabu, 1999.)

答案多半是否定的。老化引起的后果因个体不同而有很大差异。虽然有些老年人身体很虚弱、认知上存在困难、需要持续的照顾,但是也有许多老年人独立、精力充沛、思维敏捷,是精明的智者。除此之外,许多问题乍看上去似乎是由变老引起的,但其实真正的原因是疾病、饮食不当或营养不充分。下面我们会看到,与生命早期类似,生命的秋季和冬季也会发生许多变化和成长,有时甚至还会大于生命早期的(Whitbourne,2007)。

社会工作者的角度

当老年人赢得“精力充沛”、“活泼”、“年轻”之类的表扬和关注时,这些信号是对歧视老年人的支持还是挑战?

老年人的体能变化

LO 17.2 总结成年晚期发生的体能变化

小组里的14个女人大部分都在跟着做，这时老师正在说："感到在燃烧。"随着老师继续进行不同的锻炼项目，这样每个人可以不同程度地参与。一些人在用力地伸展，另一些似乎在跟着音乐的拍子摆动。这里与美国的上千个锻炼班没什么差别。不过，对年轻的观察者而言，会很吃惊地发现：锻炼组里最年轻的女性已经66岁，而最老的女性有81岁，她还穿着光滑的黑色紧身衣。

观察者的吃惊反映了对老年人的一种普遍的刻板印象。许多人都会有这样的印象：年过65的老人习惯久坐不运动，很爱安静，不会参与这类要求旺盛精力的锻炼活动。

然而事实却大相径庭。老年人的体能虽然与年轻时确有差别，但是他们中的大多数身体仍然健康而且灵活（Riebe, Burbank, & Garber, 2002; Sargent-Cox, Anstey, & Luszcz, 2012）。

从成年中期开始身体会发生细微的变化。到了成年晚期这种变化就会很明显，包括衰老以及与内部功能有关的外部特征。

讨论老化时，要记住第13章和第15章介绍的初级老化和次级老化的区别。**初级老化**，或衰老，指随着人们年龄增大而发生的普遍的、不可逆转的变化，这种变化由遗传预先设定好，它反映了我们每个人从出生开始经历的不可避免的改变。与此相比，**次级老化**包含着由于疾病、健康习惯和其他个体差异而非年龄增加本身引起的变化，这种变化并非必然的。虽然次级老化包含的体能和认知功能改变对于老年人来说很普遍，但是它们都可能被避免，有时候还可能出现逆转。

初级老化 指随着人们变老，由于遗传预设而引起的普遍的不可逆转的变化。

次级老化 指由于疾病、健康习惯和其他个体差异而非年龄增加本身而引起的生理和认知功能变化，这种变化并非不可避免。

老化的外部特征。老化的最明显特征之一是头发的变化。大多数人的头发会变灰，甚至变白，可能还会变稀薄。脸和身体的其他部位因皮肤失去弹性和胶原质而出现皱纹，胶原质是形成身体组织基本纤维的蛋白质（Bowers & Thomas, 1995; Medina, 1996）。

人可能明显地变矮，有些人会比以前矮4英寸（10厘米左右）。这种变矮部分是因为身体姿势的改变，但主要原因是椎间盘处的软骨变薄。对于女性来说尤其如此，因为女性分泌的雌激素减少，所以比男性更容易患**骨质疏松症**，骨头也更容易变薄。

骨质疏松症 骨头变脆、变薄、易碎的情况，通常是由于饮食中缺乏雌激素而导致的。

有 25% 的 60 岁以上老年女性会发生骨质疏松症，它是老年女性和男性容易发生骨折的一个主要原因。如果早年能够吸收充足的钙和蛋白质，并参加适当运动，就能很大程度上避免患此种疾病。另外，骨质疏松症可以通过药物如 Fosamax（阿伦磷酸盐）治疗甚至预防（Swaim, Barner, & Brown, 2008; Tadic et al., 2012; Hansen et al., 2014）。

即使在成年晚期，锻炼也是可能的——同时也是有益的。

虽然对老年人的消极刻板印象在两性身上都存在，但对女性尤为明显。实际上，西方文化对外貌有双重标准：同是出现衰老迹象，对女性的评价比对男性更苛刻。例如，男性出现灰头发常被视为“卓越的”，这是特色的一种标志；相同的特征出现在女性身上就是一种“上了年纪”的信号（Sontag, 1979; Bell, 1989）。

双重标准造成的一种影响是，女性比男性更容易将老化的特征隐藏起来，她们感到的压力更大。例如，与老年男性相比，老年女性更可能染发、做整形手术、使用会让她们看起来更年轻的化妆品（Unger & Crawford, 1992）。然而，这种情况正在发生变化。男性对容貌的保持也越来越感兴趣，比如现在市场上有许多供男性使用的化妆品（如防皱霜），这也是西方文化以年轻为导向的又一种体现。这种变化可以解释为双重标准正在减轻的一种标志，也可以解释为对老年人的歧视开始更多地同时关注男女两性。

内部老化。随着老化的外部生理特征越来越明显，身体内部各器官系统的功能也在发生着巨大的变化。许多能力都随年龄增长而衰退（见图 17－3; Whitbourne, 2001; Aldwin & Gilmer, 2004）。

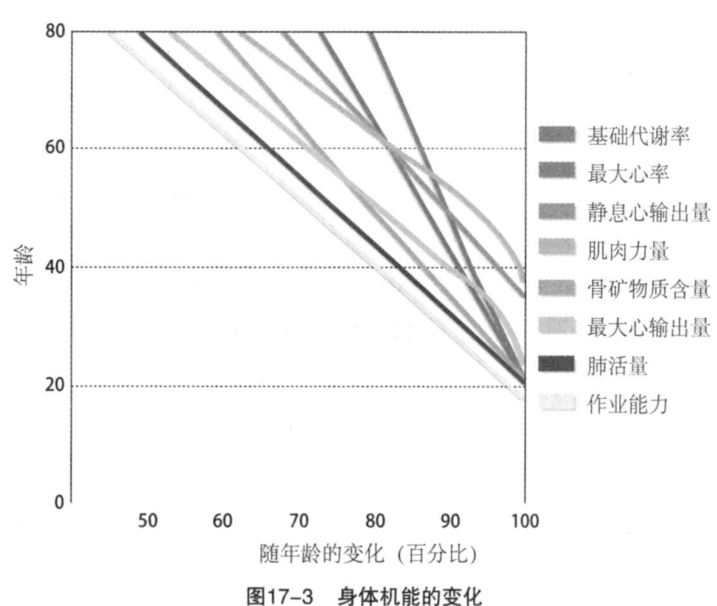

图17–3　身体机能的变化

随着人们年龄的增长，身体各系统的功能发生了明显的改变。
（资料来源：Based on Whitbourne, 2001.）

正常情况下，随着年龄的增长，老年人的大脑会变得越来越小、越来越轻，但还会保留原有的结构和功能。收缩的大脑会逐渐远离颅

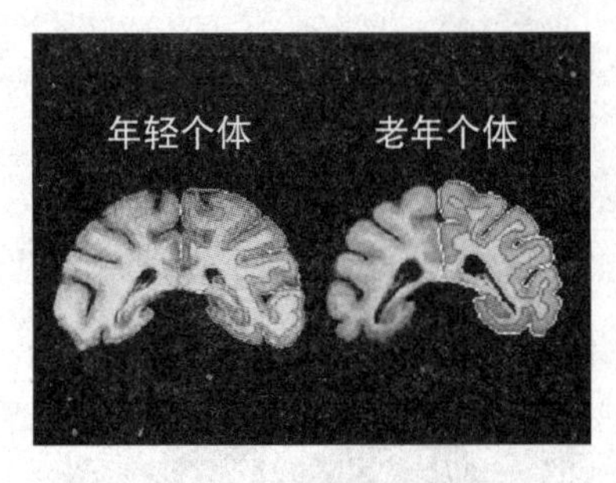

图17-4　脑细胞减少

核磁共振成像显示，这只32岁的恒河猴（右）大脑灰质和白质中，只有白质减少。年轻的成年猴是5岁。

（资料来源：Rosene et al., 1996.）

骨,所以70岁个体的大脑与颅骨之间的间隔会是20岁个体的2倍。脑内血流量会减少,即大脑消耗的氧气和葡萄糖变少。大脑某些部位的神经元或脑细胞会减少,但不会像先前以为的那样严重。近来研究表明,大脑皮层的细胞数目可能没有下降或只有轻微下降。事实上,一些证据表明,某些类型的神经元生长可能会持续一生(Raz et al., 2007; Gattringer et al., 2012; Jncke et al., 2015;见图17-4)。

脑内血流量减少的部分原因是心脏循环系统泵血的能力下降。由于全身血管硬化、收缩,心脏必须更努力地工作,而通常情况下它又得不到充分补给。研究表明,一个75岁老人的心脏泵血量还不到他成年早期泵血量的3/4(Kart, 1990; Yildiz, 2007)。

老年期身体其他系统的运转能力也差于生命早期。例如,随着年龄变老,呼吸系统的效率降低,消化系统分泌的消化液减少,推动食物的能力也减弱,这时老年人更容易患上便秘。年龄增加还会伴随着激素分泌水平的下降。除此之外,肌肉纤维会变小,数量会减少,利用血液里的氧气和储存营养成分的能力也会降低(Deruelle et al., 2008; Morley, 2012)。

所有这些变化都是自然衰老的一部分,但是对于生活方式不太健康的人来说,它们常常发生得更早,比如吸烟会加速心血管能力的衰退。

健康的生活方式也会减缓与老化有关的变化。比如,参加举重类锻炼活动的人比久坐不动的人的肌肉纤维减少得更慢。与此类似,身体越健康,心理测验的成绩就越好,这些因素都可能防止脑组织的损失,甚至可能有助于新的神经元发育。越来越多的研究表明,久坐不运动的老年人开始有氧健身训练后,其认知功能会得到改善(Kramer, Erickson, & Colcombe, 2006; Pereira et al., 2007; Lin et al., 2014)。

减慢的反应时间

LO 17.3　解释随年龄增长人们反应变慢的程度以及这种变化的后果

随着屏幕上出现“游戏结束!”的提示,卡尔(Karl)退出了他孙子的视频游戏系统。他喜欢尝试孩子们的游戏,却难以像孩子们一样迅速地消灭掉那些坏蛋。

随着年龄增长,老年人做事需要的时间更长,例如戴领带、去接响起的电话、视频游戏时按键等等。速度减慢的原因之一是反应时间的增加。反应时间在中年期开始变长,到了老年期这种变化会非常明显(Fozard et al., 1994; Benjuya, Melzer, & Kaplanski, 2004; Der & Deary, 2006)。

反应时间变长的原因至今仍不清楚。其中一个解释是**外周减速假设(peripheral slowing hypothesis)**,即外周神经系统的整体加工速度变慢。外周神经系统包含从脊髓和脑延伸出来到达身体各末端的神经,其效率会随着年龄增长而降低。这样,信息从环境传递到大脑的时间变长,大脑下达的指令传递到全身肌肉的时间也变长(Salthouse, 2006)。

外周减速假设 该理论认为随着年龄增长,外周神经系统的整体加工速度会变慢。

其他研究者提出了另一种解释——**总体减速假设(generalized slowing hypothesis)**,即神经系统各部分的加工效率都变差,包括大脑。这样一来,减速就是全方位的,包括对简单和复杂刺激的加工以及指令传递到全身肌肉的时间(Cerella, 1990)。

总体减速假设 该理论认为随着年龄增长,神经系统各部分包括大脑的加工效率变差。

虽然我们不知道哪种假设的解释更准确,但毫无疑问的是,反应时间和总体加工速度的减慢使老人发生事故的概率升高。因为增长的反应时间和加工时间会使他们难以有效率地接收环境传来的可能代表危险的信息,这样一来他们做决策的时间就增长,帮助自己避免危险的能力也降低。按照一定驾程内发生的事故数来计算,70 岁以上的老年司机发生的致命事故数与十几岁的青少年发生的一样多(Whitbourne, Jocobo, & Munoz - Ruiz, 1996; 见图 17 - 5)。

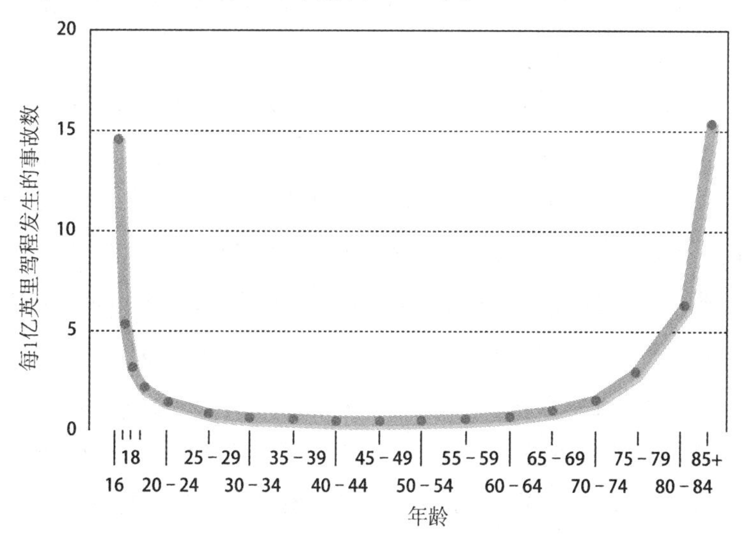

图17-5 不同年龄阶段的司机发生的致命交通事故

按照一定驾程内发生的事故数来计算,70岁以上的老年司机发生的致命事故数与十几岁的青少年相当。为什么?

(资料来源:National Highway Traffic Safety Administration, 1994.)

尽管老年人的反应时间在减慢，但他们的时间知觉却随年龄增长而加快。相比于年轻成人，老年人会感到日子过得更快，时间似乎更容易飞逝而过。究其原因，可能是大脑为协调内部生物钟而做出了改变（Facchini & Rampazi, 2009; Jones Ross, Cordazzo, & Scialfa, 2014）。

感觉：视觉、听觉、味觉和嗅觉

LO 17.4 描述感觉能力如何受到衰老的影响

虽然身体各感觉器官能感受到的刺激变化范围很广，但它们的功能会随着人变老而衰减。感觉的重要作用是与外部世界发生联系，所以一旦衰退会对个体的心理产生很大影响。

视觉。随着老龄的到来，眼睛的各生理部位，包括角膜、晶状体、视网膜和视神经，都发生了变化，从而引起视力的下降。例如，晶状体变得不透明：与20岁的人相比，60岁老年人的视网膜采光量仅为其1/3。视神经传导神经冲动的效率也会降低（Schieber et al., 1992; Gawande, 2007）。

因此，视力衰退会表现在几个维度上。例如看遥远的物体时会看得更不清楚，看东西需要更多的光线，从黑暗到明亮的地方（或从明亮到黑暗的地方），其适应的时间也会更长。

视力的变化给日常生活带来了很多困难。开车变得更具挑战性，尤其是在夜间。读书需要更充足的光线，眼睛也更容易疲劳。当然，戴镜片眼镜或隐形眼镜可以克服不少困难，大多数老年人能够借此看得清楚一些（Owsley, Stalvey, & Phillips, 2003）。

一些眼疾在老年期会非常常见，如白内障。它通常指眼睛的晶状体中某些浑浊或不透明的区域会阻挡光线的通过。白内障患者看东西会模糊不清，在明亮光线下会感觉刺眼。如果患有白内障而不进行治疗，晶状体就会变为乳白色，最后导致失明。白内障可以通过手术治疗，也可以利用镜片眼镜、隐形眼镜或眼内植入晶状体（即在眼内永久植入一个塑料晶状体）来恢复视力（Walker, Anstey, & Lord, 2006）。

影响众多老年人的另一个严重问题是青光眼。我们在第15章也提到，当眼睛内的液体未能适当排出或者生成过多时，眼内液体压力就会增加，会形成青光眼。如果发现及时，也可以通过药物或手术进行治疗。

60岁以上老人失明的最常见原因是年龄相关的黄斑退化（AMD），它会影响视网膜附近的黄色区域，即视觉最敏锐的黄斑。当一部分黄斑变薄退化时,视力就会逐渐恶化(见图 17 - 6)。如果能够早期做出诊断,有时可以用药物或激光治疗。一些证据还表明多食用抗老化维生素(C、E 和 A)可以减少患这种疾病的风险(Wiggins & Uwaydat, 2006; Coleman et al., 2008; Jager, Mieler, & Miller, 2008)。

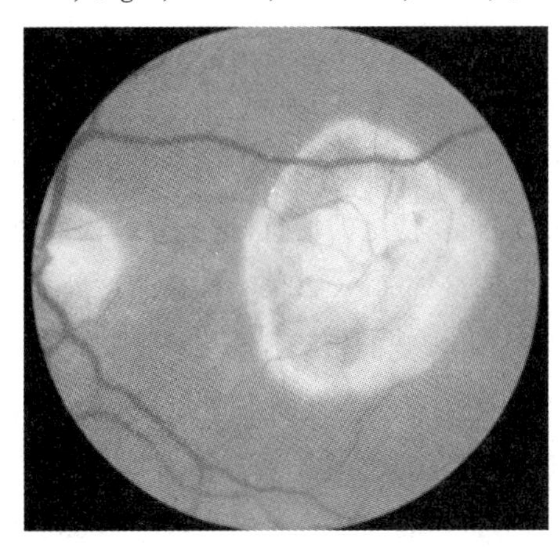

图17–6　黄斑退化后的世界

(1)年龄相关的黄斑退化影响位于视网膜附近的黄色区域，即黄斑。一旦黄斑变薄退化，视力就逐渐恶化。(2) 黄斑退化导致视网膜中心视力逐渐恶化，仅留下周边视觉。这是黄斑退化患者可能看到的世界。

（资料来源: AARP, 2005, p. 34.）

听觉。30% 的 65 到 74 岁老人存在某种程度的听觉损伤,75 岁以上老人的相应比例上升至 50%。总的来讲,美国有 1000 万以上的老人存在某种听力损伤(Chisolm, Willott, & Lister, 2003; Pacala & Yueh, 2012; Bainbridge & Wallhagen, 2014)。

老化尤其会影响人听到高频声音的能力。如果背景噪音很多,或者有不少人同时在说话,那么高频声音听力受损的老人要听到对话就会很困难。很大声的噪音让一些老人很痛苦。

助听器有助于弥补这些损失,它对 75% 左右的永久性听力损伤患者可能有帮助,但是只有 20% 的老人使用它们。原因之一是这些助听器远不够完善。放大背景噪音的倍数与放大对话声的倍数一样多,这会令使用者很难将想听到的对话声从其他声音中分离出来。一个在餐馆中想努力听清对话的老人可能会被叉子碰撞盘子的声音弄晕。许多老人觉得使用助听器使他们感到比实际年龄更老了,会令其他人将他们当成残疾人对待(Lesner, 2003; Meister & von Wedel, 2003)。

听觉损伤尤其会影响老年人的社交生活。不能完全听清对话会使有听力问题的老年人退缩、远离他人,回避众多人在场的情景。他们既然无法确定别人在说什么,就很可能不愿意做出反应。听力损伤可能会使老年人变得偏执，因为他们会根据心理恐慌而不是事实做出推测。例如，当有人说“我讨厌去商场。”时，听力受损的人可能会听成：“我讨厌去上层。”因为只能捕捉到一些对话片断，所以听力受损的老人很容易感到孤单和被忽略（Myers，2000；Goorabi，Hoseinabadi，& Share，2008；Mikkola et al.，2014）。

此外，听力受损可能会加速老年人的认知能力下降。当他们努力理解别人在说什么时，听力受损的老人可能仅为了听清说话内容而使用相当多的心理资源，而不是处理正在传达的信息，这就导致谈话内容难以被记住和理解（Wingfield，Tun，& McCoy，2005）。

味觉和嗅觉。老年期味觉和嗅觉的敏感性会发生变化，所以一向爱好饮食的人到了老年，其生活质量可能会大大下降。老年时这两类感觉的辨别力都会下降，所以食物尝起来、闻起来都没有以前那样可口了（Kaneda et al.，2000；Nordin，Razani，& Markison，2003；Murphy，2008）。

味觉和嗅觉敏感性下降的原因可以追溯到生理上的变化。大多数老年人舌头上的味蕾比年轻时要少，脑里的嗅球也开始萎缩，从而使嗅觉能力下降。因为嗅觉与味觉有一定的关系，所以嗅球萎缩也会使食物尝起来更无味。

味觉和嗅觉的敏感性下降会产生副作用。因为食物尝起来没有那么好吃，人就会吃得更少，这很容易引发营养不良。为了补偿味蕾的减少，他们可能放更多的盐，从而增加患高血压的概率，而高血压恰是老年人最常发生的健康问题之一（Smith et al.，2006）。

模块 17.1 复习

- 因为大多数老年人仍然同比他们年轻几十岁的人一样精力旺盛、精神饱满。这样，我们就不能将老龄简单地定义为生理年龄的某一段，而必须考虑到他们的生理和心理健康以及他们的功能性年龄。然而，尽管许多老年人充满活力，但仍然存在对老年人的偏见和歧视。
- 变老会引起外部变化（头发变薄变灰、有皱纹、体形缩小）和内部变化（大脑变小、脑内血流量减少，循环、呼吸和消化的效率降低）。
- 解释老年人反应时增加的两种主要假设是外周减速假设和总体减速假设。
- 当距离远、光线微弱、从暗处转移到亮处（或从亮处转移到暗处）时，老年人看东西可能会更困难。听力可能会减弱，尤其是听高频声音的能力。这会影响老年人的社交活动和心理健康。嗅觉和味觉的辨别力可能会下降，从而引发营养问题。

共享写作提示

应用毕生发展：应该对老年人驾驶执照的更新进行严格检查吗？应该考虑哪些问题？

17.2　成年晚期的健康和幸福感

桑德拉·福莱(Sandra Frye)绕到她父亲的照片前："他拍这张照片时才 75 岁。他看起来很棒还可以出海航行，但他已经忘记了昨天所做的事情或早餐吃的东西。"

福莱参加了阿尔茨海默病患者家属的支援小组。她分享的第二张照片是 10 年后的父亲。"让人难过的是，他跟我说话时开始出现词语混乱，他会忘记我是谁，会忘记他有一个弟弟，会忘记他曾是第二次世界大战的飞行员。一年后，父亲卧床不起。6 个月后他就去世了。"

当福莱的父亲被诊断出患有阿尔茨海默病时，美国有 450 万人也正在遭受这种病症的折磨，他们的体能和智力都在衰减。对老年人的一种刻板印象是，老年人更容易患病，而阿尔茨海默病，在某种程度上将我们对老年人的看法符号化了。

然而，现实并非如此，大多数老年人在老龄阶段的大部分时间内健康状况相对良好。根据美国的一项调查，65 岁(含)以上老人中，几乎有 3/4 的人认为自己的健康状况好、很好或非常棒(USDHHS, 1990; Kahn & Rowe, 1999)。

观看视频　成年晚期：健康，桑德拉

当然另一方面，步入老年也意味着更容易患很多疾病。现在我们就来看看一些困扰老年人的主要生理和心理疾病。

成年晚期的健康问题：生理疾病和心理疾病

LO 17.5　描述老年人总体健康状况以及他们更易患的疾病

老年期发生的大多数疾病并不只限于老年人，比如所有年龄的人都可能患癌症或心脏病。不过，这些疾病和许多其他疾病的发生概率随着年老而增加，所以才会使老年人总体患病概率增加。另外，年轻人患病

后很容易恢复元气，而老年人恢复起来却很慢。最后疾病更可能战胜老年人，也阻碍他们完全康复。

常见的生理疾病。导致老年人死亡的头号原因有心脏病、癌症和中风。接近3/4的老年人死于这些疾病。由于衰老伴随着身体免疫系统的变差，因此老年人也更容易染上传染病（Feinberg, 2000）。

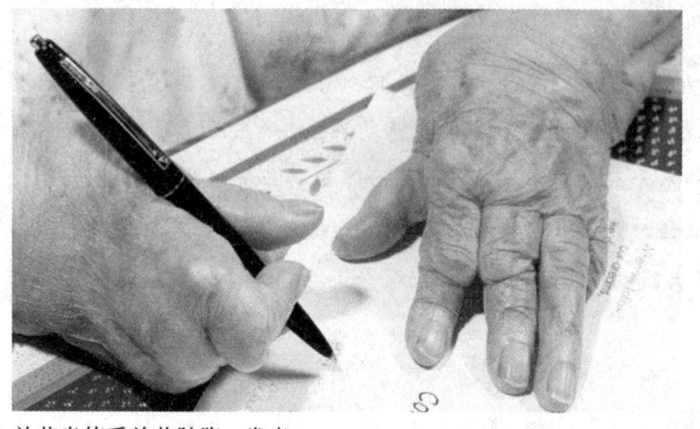

关节炎使手关节肿胀、发炎。

除了容易患致命性病症外，大多数老年人都至少患有一种长期慢性疾病，比如折磨了近半数老年人的关节炎（一个或多个关节发炎）。它会引起周身各部位的肿胀、疼痛，甚至会导致残废。关节炎患者会发现自己连最简单的日常活动（例如拧开食品罐头盖、用钥匙开锁）都做不到。阿司匹林和其他药物虽然可以缓解肿胀和疼痛，但无法将其治愈（Sun, Wu, & Kalunian, 2007）。

将近1/3的老人有高血压。因为高血压没有任何症状，所以许多有高血压的人都意识不到自身状况，这样就会很危险。如果不进行治疗的话，随着时间的推移，循环系统内的高压会导致血管和心脏的恶化，从而增加患脑血管疾病或中风的可能性（Wiggins & Uwaydat, 2006）（有关成年晚期风险因素的更多信息，请参阅专栏“从研究到实践”）。

心理和精神疾病。65岁以上的老人中，大约有15%—25%的人出现心理疾病的某些症状，尽管这个比例比年轻成人的要相对低些。与这些疾病有关的行为症状在65岁以上老人身上的表现有时候与年轻人的表现不同（Haight, 1991; Whitbourne, 2001）。

心理障碍中最常见的问题之一是抑郁症，它的特点是难过、悲观和无望的感觉非常强烈。老年人变抑郁的一个明显原因是，他们要不断经历配偶和朋友的死亡。另一个可能的原因是，逐渐变差的体能和健康状况会使老年人感到自己更不独立、更没有控制感（Menzel, 2008; Vink et al., 2009; Taylor, 2014）。

这些解释有一定的道理，但我们仍然没有完全清楚为何老年期的抑郁问题比生命早期的更突出。不过，有些研究却表明老年期的抑郁发生率实际上可能更低。得出的结果如此矛盾，其中一个原因是，老年期存在两类抑郁,一类是在生命早期发生一直持续到老年,另一类是由于老化而引起的(Gatz, 1997)。

一些老人为了医治各种各样的病症,会同时服用不同的药物,这样很容易患上药物所致的心理疾病。由于新陈代谢的改变,一副适合 25 岁年轻人的药对 75 岁老人来说剂量可能就太大。药物的相互作用很微妙,可通过不同的心理症状表现出来,例如药物中毒或焦虑症状。正是由于这些可能性的存在,需要服药的老人必须将自己曾服过的各种药很仔细地告诉医师和药剂师,同时必须避免给自己用一些非处方药,因为非处方药和处方药混用可能会很危险,甚至会致死。

观看视频　大声说出来: 阿尔文, 痴呆

老年人最常患的精神疾病是**痴呆症(dementia)**,它包括多种病征,是严重的记忆丧失的一类,并伴有其他心理功能的衰退。痴呆症有多种成因,但症状都相似,包括记忆力减退、智力下降、判断力受损。患痴呆症的概率随岁数增大而增加。60—65 岁老人中被诊断为痴呆症的比例不到 2%,而 65 岁以上的老人每增加 5 岁这个比例就翻一番,到了 85 岁以上这个比例升到 1/3 左右。当然,患病概率上也存在一些族裔的差异,非裔美国人和西班牙裔美国人患痴呆症的概率比白种人要高(Alzheimer's Association, 2012)。

痴呆症　老年人最常见的一种心理疾病,包括多种病征,每种都包括严重的记忆丧失,并伴有其他心理功能的衰退。

痴呆症的最常见形式是阿尔茨海默症,它是老年人群面临的最严重的心理健康问题的代表之一。

◎ 从研究到实践

跌倒对老年人而言是一种风险和恐惧

跌倒对老年人来说是一种严重的健康风险。它是这个年龄段中致命和非致命伤害的主要原因。美国每年有成千上万的老年人死于头部、脑部创伤以及其他跌倒带来的损伤。即使在跌倒中很少受伤的老人也会对这一限制他们活动的重复事件感到恐惧,这会导致生活质量下降,由于久坐不动所带来的健康受损又进一步增加跌倒的可能性(Vellas et al., 1997; Sterling, O'Connor, & Bonadies, 2001; Crews & Campbell, 2004)。

一项新的研究调查了视力受损的老年人如何看待自己跌倒的风险,根据受访者对访谈问题

所做的反馈，跌倒主要有以下四个原因：

- 健康与平衡问题：受访者描述了与跌倒相连的各种与健康有关的特定问题，如头晕、循环系统问题，神经损伤和药物的生理副作用。
- 认知和行为因素：受访者描述他们暂时忘记了自己的身体受限，并像年轻时那样对外界事件（如门铃在响）做出反应。他们还会有冒险行为，踩在椅子上去够到高处，尽管他们知道这样有危险（Brundle et al.，2015）。
- 视力受损（潜在的风险）：问题与其说是危险对象较隐蔽，还不如说是看不见。比如，受访者报告自己会被地毯、地板边缘、垂下的被褥，以及看不见的洒在地上的东西绊倒，并且难以判断自己是否已到达楼梯顶部或底部。
- 家庭以外的环境难以驾驭：路面崎岖，树叶，垃圾，路缘和台阶以及斜坡等危险都值得关注。

虽然这些风险之前被证明是跌倒的常见原因，但这项研究提供了关于老年人如何看待这些风险并如何应对等重要信息。在这一方面，一个重要发现是老年人认为跌倒风险的频率超出其可控范围。但是可以使用药物纠正，可以纠正粗心，并且可以在家中使用扶手和对讲机等安全设施，以大幅度降低跌倒的风险（Brundle et al.，2015）。

共享写作提示

有哪些简单的干预措施，可以帮助老年人活动更加自如，减少对跌倒的恐惧？

阿尔茨海默症 进行性的大脑障碍，会引起记忆丧失和混乱。

阿尔茨海默症。阿尔茨海默症（Alzheimer's disease）是一种表现为记忆丧失和混乱的进行性大脑疾病。美国每年有10万人死于此病。19%的75—84岁老人、将近50%的85岁以上老人患有阿尔茨海默症。除非能够找到治愈方法，否则截至2050年将会有1400万人成为阿尔茨海默症的受害者，这个数目比现在的3倍还要多（Park et al.，2014）。

阿尔茨海默症的症状会逐渐显现。一般来说，第一个症状是异乎寻常的健忘。一周内他可能会数次在杂货店门口停住，忘记东西已经买过了。跟他人对话时可能记不住一些特定的词。一开始是近期记忆受到影响，然后原有的记忆开始消退，最后陷入完全混乱状态，说话不清楚，甚至不能认出最亲近的家人和朋友，还会失去对肌肉的自主控制，卧床不起。患此疾病的人最初能意识到自己的记忆在衰退，也常常知道该病的后期症状，所以可能会产生焦虑、恐惧或抑郁情绪，这一点不难理解。

从生物学角度来看，当β淀粉样前体蛋白（帮助神经元生成和成长的一种蛋白质）的制造出错时，细胞会大量结块，引起神经元发炎和变质，这时就会发生阿尔茨海默症。接着大脑萎缩，海马和额叶、颞叶的一些区域开始退化。另外，一些神经元死去会引起许多神经递质短缺，如乙酰胆碱(Wolfe, 2006; Medeiros et al., 2007; Bredesen, 2009)。

大脑的变化引起了阿尔茨海默症症状的出现,这一点很清楚,但最初的原因是什么至今仍不知道。对此提出了几种解释,其中之一是第二章探讨过的遗传的重要作用。一些家庭发生阿尔茨海默症的概率要高于其他家庭。事实上,某些家庭有一半的孩子似乎从父母那里遗传了这种疾病。研究还发现,在阿尔茨海默症症状出现之前,对那些受遗传影响更可能患此疾病的人进行脑扫描,发现他们的脑功能存在异常(见图 17－7)(Coon et al., 2007; Thomas & Fenech, 2007; Baulac et al., 2009)。

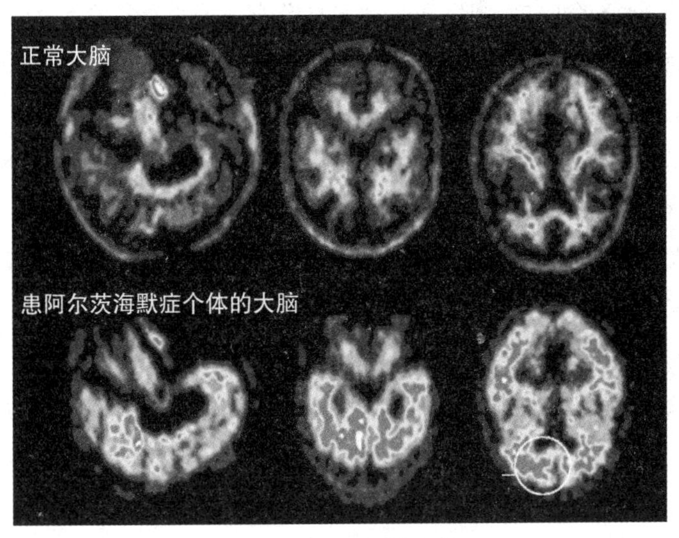

图 17–7　不同的大脑?

脑扫描结果发现，患阿尔茨海默症个体的大脑与那些没有患病个体的大脑不同。

(资料来源：Booheimer et al., 2000.)

大多数证据表明,阿尔茨海默症是一种遗传疾病,但是非遗传因素(如高血压、饮食)可能会增加人们患此疾病的概率。在一项跨文化研究里,住在尼日利亚一个镇上的穷困的黑人比住在美国的非裔美国人更少患上阿尔茨海默症。研究者推断,这两组人在饮食上的不同可能可以解释阿尔茨海默症发生率的差异(尼日利亚居民主要吃蔬菜)(Lahiri et al., 2007; Fuso et al., 2012; Roussotte et al., 2014)。

科学家也考察了可能引起该疾病的其他解释,如免疫功能紊乱、激素分泌不平衡、某些病毒所致。其他研究发现,20 岁之前低水平的语言能力与晚年由阿尔茨海默症引起的认知能力退化有关(Alisky, 2007; Carbone et al., 2014)。

目前还没有能治愈阿尔茨海默症的方法，只是能缓解一些症状而已。虽然还不能完全理解阿尔茨海默症的病因，但是有一些药物似乎是有效的，不过长期效果并不佳。某些类型的阿尔茨海默症会出现神经递质乙酰胆碱（Ach）损失的情况，最有效的药物都与此有关。Donepezil（Aricept）和Rivastigmine（Exelon）都是最常用的处方药，它们似乎能够减轻某些症状，但是只对50%的阿尔茨海默症病人有效，而且疗效是暂时的（Gauthier & Scheltens, 2009）。

其他正在研究的药物包括抗炎类药，它可能会减少阿尔茨海默症病人的大脑炎症。另外，考虑到有证据表明服用维生素的人发生该病的风险更低，研究者正在对维生素C和E的化学成分进行检测。尽管如此，很清楚的一点是没有一种药物能够真正将其治愈（Alzheimer's Association, 2004; Mohajeri & Leuba, 2009; Sabbagh, 2009）。

当失去自理能力，甚至不能控制膀胱和肠功能时，患者必须接受全天24小时看护。但这样的看护连最有奉献精神的家庭都不太可能做到，所以大多数阿尔茨海默症患者是在护理院走完生命的最后一刻。阿尔茨海默症病人占护理院病人的2/3左右（Prigerson, 2003）。

阿尔茨海默症病人的看护者常常成为该疾病的次级受害者。患者的需求非常高，很容易使看护者感到挫败、愤怒和筋疲力尽。看护者不仅要付出繁重的体力劳动，还要眼睁睁地看着所爱的人身体不断恶化、情绪持续波动甚至突然发狂，直至病人离开人世。总之，看护阿尔茨海默症患者是一项非常繁重的任务（Ott, Sanders, & Kelber, 2007; Sanders et al., 2008; Iavarone et al., 2014）（见“你是发展心理学知识的明智消费者吗?”）。

◎ 你是发展心理学知识的明智消费者吗?

看护阿尔茨海默症患者

当朋友或亲人不幸患上阿尔茨海默症时，你只能接受他们的身体状况和心理状态在不断恶化的事实。所以说，阿尔茨海默症是最难处理的疾病之一。不过有一些办法可以帮助阿尔茨海默症患者和看护者。

- 尽可能让患者从事一些日常活动，使他们感到在家里很安全。
- 为日常用品贴上标签，给患者提供日历、详细且简单的明细表，口头提醒他们时间和地点。
- 让穿衣服变得简单起来：衣服尽量不要有拉链和纽扣，按穿的顺序摆出来。
- 安排好洗澡的日程：阿尔茨海默症患者可能害怕摔跤和很热的水，所以可能会拒绝洗澡。

- 不要让患者开车。患者常常希望像以前一样继续开车，但发生在他们身上的事故率很高，几乎是平均水平的 20 倍。
- 监控电话的使用情况。阿尔茨海默症患者通电话时可能会同意电话经销商和投资咨询者的请求，可能上当受骗。
- 提供锻炼的机会，如每日散步。这能够阻止肌肉功能退化而变得僵硬。
- 看护者要记得为自己抽出部分时间。虽然看护阿尔茨海默症患者的工作是全时的，但是看护者需要过些自己的生活。看护者可从社区服务组织那里寻求帮助。
- 打电话或写信给能够提供服务和信息的阿尔茨海默协会（Alzheimer's Association）。地址在 225 N. Michigan Ave.，FL. 17，Chicago，IL 60601－7633；电话. 1－800－272－3900；http://www.alz.org。

成年晚期的幸福感：衰老与疾病之间的关系

LO 17.6　总结老年阶段幸福感的保持程度

生病是老年人不可避免的事情吗？答案并非如此。相比于年龄，老年人是否生病更多地取决于许多其他因素，包括遗传的易患病体质、过去和现在的环境因素和心理因素。

一些疾病如癌症和心脏病显然有遗传的成分，例如有些家庭乳腺癌的发病率就比其他家庭高。不过，遗传的易患病体质并不是说一个人一定将会得某种疾病。人们的生活方式，如是否吸烟、饮食的特点，是否接触致癌物质（如阳光、石棉）等，都可能提高或降低他们患该种疾病的概率。

此外，经济水平也会影响疾病的发生。住在贫困地区很难得到医疗护理。即使是生活相对较好的人也很难找到负担得起的健康护理。举个例子，2013 年退休的 65 岁人群，预计共需要 22 万美元退休金来支付医疗费用。此外，老年人总支出的 13% 用于健康护理，这个比例是年轻人的 2 倍还多（Administration on Aging，2003；Wilde et al.，2014）。

经济水平和饮食是老龄化与疾病关系的重要因素。

最后一点，心理因素对老年人患病和死亡的可能性也有重要影响。例如，对环境有控制感，哪怕只是对日常事件有选择权，都可以使人拥有更好的心理状态和健康状况(Taylor, 1991; Levy et al., 2002)。

提高健康水平。为了身体健康,同时也为了延长寿命,老年人可以做一些特定的事情。无疑在生命的最后阶段,人们应该做些对的事情了,比如饮食要适当、锻炼要适当、要避开一些对健康有害的事,如吸烟(见图17-8)。针对老年人的医疗机构和社会服务机构已经开始强调生活方式的重要性,目标不仅包括使老年人远离疾病和死亡,还包括延长老年人的有效寿命,使他们有更多的健康时间能够享受生活(Sawatzky & Naimark, 2002; Gavin & Myers, 2003; Katz & Marshall, 2003)。

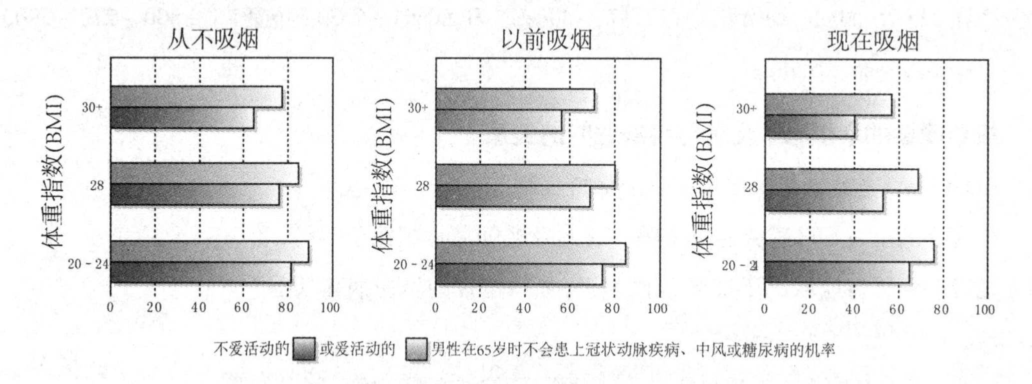

图17-8　锻炼和健康饮食的好处

近期对7000多名40—59岁男性的研究发现，不吸烟、保持体重、有规律地锻炼能够大大降低患冠心病、中风、糖尿病的概率。虽然这个研究只考察了男性，但是健康的生活方式同样有益于女性。（为了计算你的体重指数〔BMI〕，可以用你的体重〔英磅〕乘以705，除以你的身高〔英寸〕，然后再除以你的身高。）

（资料来源：Based on Wannamethee, et al., 1998.）

不过有时候,老年人即使是依照这些简单的指导行事也会遇到困难。粗略的估计结果显示,15%—50%的老年人营养不良,数百万的老年人每天还在挨饿(deCastro, 2002; Donini, Savina & Cannella, 2003; Strohl, Bednar, & Longley, 2012)。

引起营养不良和饥饿的原因有很多。一些老年人太穷而买不起足够的食物。一些老年人因为身体太虚弱而无法自己购物或煮饭。还有一些老年人没有动力去准备丰盛的饭菜,特别是当他们独自居住或抑郁时。对那些味觉和嗅觉敏感性下降的老年人来说,吃精心准备的食物可能不再是种享受。而且一些老年人早年间的膳食可能就不均衡(Wolfe, Olson, & Kendall, 1998)。

老年人要进行充分的锻炼会很困难。体力活动可以增加肌肉的强度和灵活性、降低血压、减少心脏病的发作风险,并会带来其他一些好处，但许多老人都得不到足够的锻炼，因而也享受不到这些益处（Hardy & Grogan, 2009; Kamijo et al., 2009; Kelley et al., 2009）。

观看视频 成年晚期：健康，克丽丝

例如，疾病会阻碍老年人进行锻炼，冬季的恶劣天气可能也会限制老年人走出家门。除此之外，许多因素可能交织在一起，例如一个没有正确饮食的穷人可能也没有体力进行锻炼（Traywick& Schoenberg, 2008; Logsdon et al., 2009）。

老年人的性：用进废退

LO 17.7　描述衰老是如何影响性能力的

你的祖父母有性生活吗？非常可能的情况是：有。尽管答案可能会令你吃惊，但越来越多的证据表明，到了八九十岁，人们在性方面仍然十分活跃。尽管刻板印象会令我们觉得两个 75 岁的老人发生性行为不太适当，而一个 75 岁老人在手淫似乎更奇怪，但实际上这种情况确实存在。对此的消极态度是由美国社会的期望造成的。而许多其他文化会期望老年人在性方面保持活跃；一些社会还期望，随着年龄增长人们在性方面更放得开（Hillman, 2000; Lindau et al., 2007）。

主要有两个因素决定了老年人是否参与性活动。一个是身体健康和心理健康。参与性活动既需要身体健康，也需要对性活动持有积极的态度。另一个是之前的性活动是否规律。老年人之前没有性活动的时间越长，将来发生性活动的可能性越低。“用进废退”似乎能准确描述老年人的性功能。性活动能够持续一生，现实情况也常常如此。此外，一些证据表明，有性生活可能会起到一些预料不到的好处：有研究发现，有规律的性活动与更低的死亡风险有关（Henry & McNab, 2003; Huang et al., 2009; Hillman, 2012; McCarthy & Pierpaoli, 2015）！

手淫是成年晚期最常见的性行为。一项调查发现，70 岁以上老人中有 43% 的男性和 33% 的女性手淫，手淫的平均频率是每周一次。大约 2/3 的已婚男女与配偶发生性关系的频率也是每周一次。另外，随着年龄增长，认为自己的性伴侣外表有吸引力的人的比例也在增加（见图 17－9; Budd, 1999; Herbenick et al., 2010）。

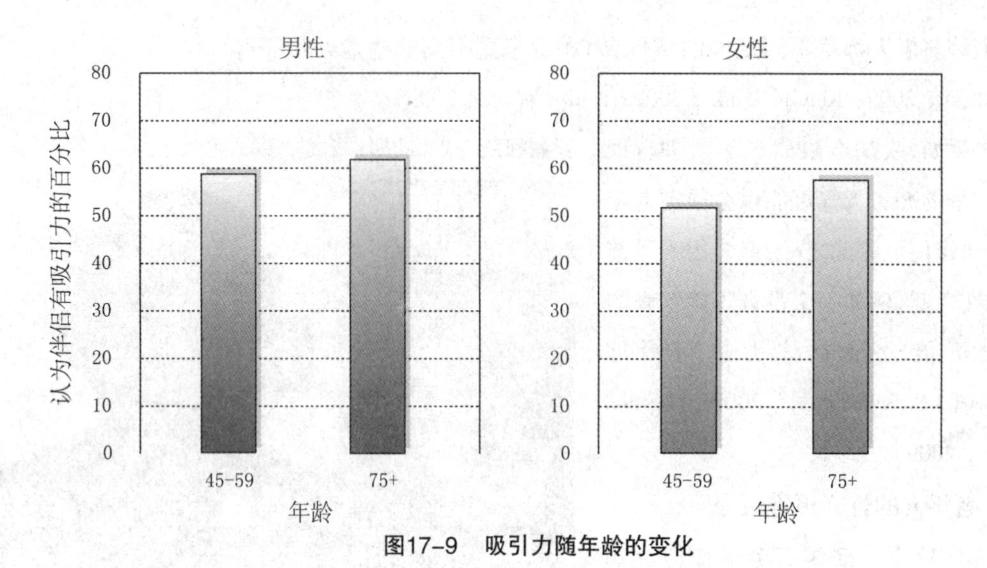

图17-9　吸引力随年龄的变化

45岁以上的美国人中超过50%都认为他们的伴侣有吸引力，而且随着时间推进吸引力增大。

（资料来源：AARP/Modern Maturity Sexuality Study, 1999.）

当然，随着年龄增长，性功能确实有一些变化。老年期睾丸激素（雄性激素的一种）的分泌水平下降，一些研究发现40岁后期到70岁出头雄性激素下降的幅度平均为30%—40%。男性勃起需要更长的时间和更多的刺激，许多男性经常服用伟哥等药物来维持勃起。不应期阶段（男性在一次性高潮后不能再次被唤起的时间）可能会持续一天甚至几天。女性的阴道变窄，失去弹性，自然分泌的润滑液变少，使性交变得更困难。

即使在老年期，性活动时也必须注意卫生安全。像年轻人一样，老年人也容易染上性病。事实上，老年人群中性传播感染的新的病例发生率在任何年龄段中都是最高的（Seidman，2003；National Institute of Aging，2004）。

老化的过程：死亡为什么不可避免？

LO 17.8　找到影响寿命的因素以及导致死亡的原因

讨论老年期的健康问题不可避免要谈到死亡。无论在生命的各阶段身体有多么健康，我们都很清楚每个人都要经历身体的衰老直至生命的结束。这是为什么呢？主要有两种途径可以解释我们为什么会经历身体的衰退和死亡，它们分别是，遗传预程理论和磨损理论。

老化的遗传预程理论（genetic preprogramming theories of aging）。**老化的遗传预程理论**认为，人体DNA遗传密码决定了细胞的固定繁殖时间。当历经了由遗传决定的那段时间之后，细胞就不能再分裂了，个体从此开始走向衰退（Rattan，Kristensen，& Clark，2006）。

老化的遗传预程理论　该理论认为人体DNA的遗传密码决定了细胞的固定繁殖时间。

实际上,遗传预程理论有几个变式。一个是认为遗传物质包含了“死亡基因”,它预置了使身体走向衰退和死亡的密码。我们最初在第 1 章里提到过,坚持演化观点的研究者认为物种的生存要求人们必须活得足够长从而能够繁殖,但繁殖期之后活得长就没有必要。根据这种观点,更容易在生命后期侵袭人类的遗传相关疾病会持续存在,因为遗传允许人们有时间繁殖后代,所以也会将“预置”的引起疾病和死亡的基因传递下去。

遗传预程理论的另一个变式认为,身体细胞可以复制的次数是固定的。整个生命过程中,新的细胞通过细胞复制产生,以修复和补充全身各组织器官的细胞。然而根据这种观点,负责身体运转的遗传指令只能被解读一定次数,之后就会难以辨认。(就如同硬盘里的程序经过反复使用后,硬盘就会报废。)随着这些指令逐渐变得难以理解,细胞就会停止繁殖。由于身体没有以同样的速度得到更新,因此就会出现衰退,最终死亡(Hayflick, 2007; Thoms, Kuschel, & Emmert, 2007)。

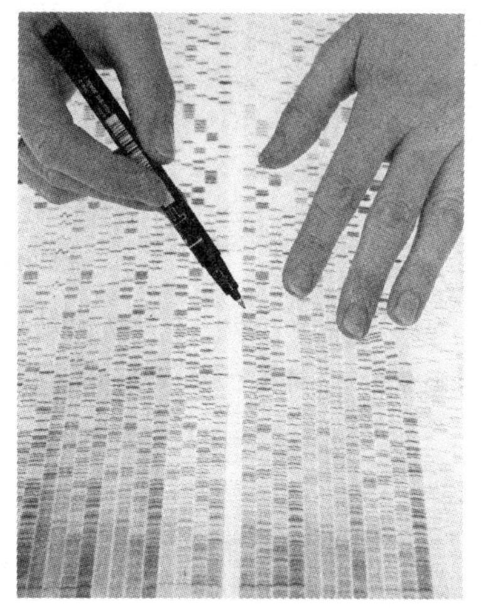

根据老化的遗传预程理论,人体的DNA遗传密码内置了对生命长度的时间限制。

遗传预程理论的研究证据表明,人体细胞在实验室条件下只能成功分裂约 50 次。每次细胞分裂时,端粒(染色体顶端微小的 DNA 保护性区域)都会变短。当细胞的端粒消失时,细胞停止复制,使其容易受损并产生衰老迹象(Chung et al., 2007; Epel, 2009)。

老化的磨损理论(wear - and - tear theories)。另一套解释衰老和身体退化的理论是磨损理论,它认为身体的机械功能仅仅是磨损了,就像汽车和洗衣机一样。一些支持磨损理论的研究者指出,为了能进行各种活动,身体会不断制造能量,同时产生副产品。这些副产品与毒素以及日常生活中面临的各种威胁(例如辐射、化学暴露、交通事故和疾病)共同起作用,逐渐破坏身体的正常功能。最后的结果就是衰退和死亡。

老化的磨损理论 该理论认为随着年龄增长,身体的机械功能只是发生了磨损。

这些副产品中与衰老有关的一类特殊物质是自由基,它是由人体细胞产生的带电的分子或原子。因为带电,所以可能对身体的其他细胞产生消极影响。大量研究表明,氧的自由基可能同许多与年龄相关的问题有联系,包括癌症、心脏病和糖尿病(Sierra, 2006; Hayflick, 2007; Sonnen et al., 2009)。

重新认识老化理论。遗传预程理论和磨损理论对死亡的必然性做出了不同的解释。前者认为生命存在一个固定的时间限制，它在基因中已经预先设定好。后者则关注于生命过程中逐渐增多的毒素的作用，相对来说是一种更乐观的看法。磨损理论认为如果能够找到一种方法以消除身体和接触某些环境而产生的毒素，那么就可能减缓衰老。例如，某些基因似乎可以减缓衰老并提高人们抵抗老龄化疾病的能力（Ghazi, Henis - Korenblit, & Kenyon, 2009; Aldwin & Igarashi, 2015）。

我们不知道哪种理论能够更准确地解释衰老的原因。每种理论都得到了一些研究的支持，而且看起来似乎也能解释衰老的某些方面。尽管如此，人为什么会变老和死亡仍然是一个未解之谜（Horiuchi, Finch, & Mesle, 2003）。

预期寿命：我能活多久？ 我们虽然并不完全清楚衰老和死亡的原因，但是对人的预期寿命却可给出明确结论：大多数人能够活到老年。**预期寿命（life expectancy）**指一个群体中成员死亡的平均年龄。例如，出生在2010年的个体预期寿命为78岁。

预期寿命 一个群体中成员死亡的平均年龄。

预期寿命一直在稳定地增加。在美国，1776年的预期寿命只有35岁。到了20世纪初，预期寿命增加到47岁。1950—1990的40年间，预期寿命从68岁增加到75岁。可以预测预期寿命还会继续增加，到2050年可能会达到80岁（见图17-10）。

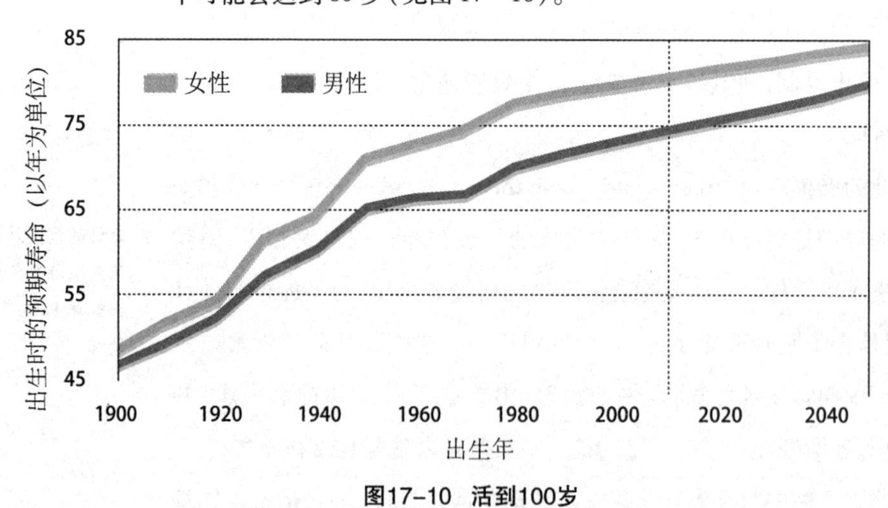

图17-10 活到100岁

如果预期寿命的增加趋势持续下去，那么到21世纪末活到100岁可能会是一件很普通的事。这对社会来说意味着什么？

（资料来源：U.S. Bureau of the Census, 1997.）

近200年来预期寿命的稳步增加有多种原因。健康和卫生条件变得更好，许多疾病如天花已被完全消灭。早些年间常常会致死的一些疾病，如麻疹、腮腺炎等，现在已经通过疫苗和预防措施得到了很好的控制。人们的工作条件普遍提高，许多商品比以前更安全。正如我们所看到的，许多人越来越认识到，选择适当的生活方式（如保持体重，多吃新鲜蔬菜和水果，锻炼身体）可以延长寿命。随着环境因素的不断改善，可以预测人们的预期寿命会继续增加。我们也可以看到，越来越多的人意识到生活方式选择的重要性，不仅是为了活得更长，也为了延长有效寿命，增加他们享受健康生活的时间。

老年学家关注的一个主要问题是，人到底能活多久。最常见的回答是，生命的上限在 120 岁左右，即世界上最老的老人，1997 年去世的 122 岁让娜 · 卡尔芒（Jeanne Calment）达到的水平。超出这个年龄很可能要求人类的遗传特质发生重要改变，因为每个物种似乎都有生物学上的约束，使其生命长度保持在特定寿命内（见图 17－11）。不过，正如我们下面讨论的，近十年来一些科学和技术上的进步表明，大幅度延长寿命并非不可能（Kirkwood，2010）。

图 17-11　动物寿命

在自然环境中，动物的最大记录寿命

（资料来源：Based on Kirkwood, 2010.）

延缓衰老：科学家能找到永葆青春的奥秘吗？

LO 17.9　讨论通过科学进步带来长寿的可能性及其意义

研究者找到延缓衰老、永葆青春的奥秘了吗？

目前还没有找到，但至少在动物身上，研究者已经非常接近答案了。近十年来研究者在寻找延缓衰老的方法上取得了巨大的进步。例如，对一般只能活9天的线虫、微型透明蠕虫的研究发现，把它们的生命延长到50天也是可能的，这相当于把人的生命延长到420年。果蝇的寿命也被延长到了原来的2倍（Whitbourne, 2001；Libert et al., 2007；Ocorr et al., 2007）。

根据一些领域的新发现，并不存在一种单一机制可以延缓衰老。相反，将下列最有前景的延长寿命的方法结合起来可能会比较有效。

- 端粒治疗。端粒是位于染色体顶端微小的保护性区域，每一次细胞分裂时它都会变短。当端粒消失时，细胞就会停止复制。一些科学家认为，加长端粒能够延缓一些年龄相关问题的发生。目前研究者正在试图找出控制端粒酶自然生成的基因，这种酶似乎能调节端粒长度（Steinert, Shay, & Wright, 2000；Urquidi, Tarin, & Goodison, 2000；Chung et al., 2007）。
- 药物治疗。科学家们在2009年发现药物雷帕霉素（rapamycin）可以通过干扰蛋白质mTOR的活性将小鼠的寿命延长14%（Blagosklonny et al., 2010；Stipp, 2012；Zhang et al., 2014）。
- 解锁长寿基因。某些基因控制着身体克服环境挑战的能力，使其能够在逆境中也能更好地生存。如果可以将这些基因利用起来，它们也许可以提供延长寿命的方法。一个特别有前景的基因家族是sirtuins，它们可以调节和延长寿命（Guarente, 2006；Sinclair & Guarente, 2006；Glatt et al., 2007）
- 通过抗氧化药物减少自由基。如前所述，自由基是正常细胞运转时所产生的不稳定分子，通常游离在体内破坏其他细胞并导致衰老。尽管旨在减少自由基数量的抗氧化药物尚未被证实有效，但一些科学家认为它们最终可能会被完善。此外，也有科学家推测在人类细胞中插入产生抗氧化酶的基因是可行的。与此同时，营养学家鼓励水果、蔬菜等富含抗氧化维生素的饮食（Kedziora - Kornatowska et al., 2007；Haleem et al., 2008；Kolling & Knopf, 2014）。

- 限制热量摄入。至少在最近十年里研究者已经知道,当提供的食物热量非常低时(只相当于其正常吸收量的 30% 到 50%),大鼠的预期寿命比那些喂养更好(提供所需的全部维生素和矿物质)的大鼠要长 30%。原因是饥饿的大鼠产生的自由基更少。研究者希望生产出一种药物,它可以达到限制热量的效果而不必令人一直感到饥饿(Mattson, 2003; Ingram, Young, & Mattison, 2007; Cuervo, 2008)。
- 仿生学方法:替换磨损的器官。心脏移植——肝移植——肺移植。如今,用机能良好的器官替换受损或患病的器官似乎已是一件很平常的事。

虽说器官移植取得了巨大的进步,但是由于身体会排斥外来组织,所以移植常常会失败。为了克服这个问题,一些研究者建议移植器官可由接受移植者自己的细胞克隆而来,从而解决排斥问题。一种更为彻底的进步是,对来自动物的、由遗传设定的、不会引起排斥反应的细胞进行克隆、培养,然后植入到需要移植器官的人身上。最后,技术上的进步将允许培育人工器官来替换患病或受损的器官,这种情况会变得非常普遍(Cascalho, Ogle, & Platt, 2006; Kwant et al., 2007; Li & Zhu, 2007)。

健康护理专业人员的角度

如果你已经学习了对预期寿命的解释,为了延长你自己的生命,你可能会尝试做什么?

到目前为止,延长寿命的所有可能性都未得到证实。而当前亟待解决的一个问题是如何缩小不同种族和族裔预期寿命的巨大差距,这也是下面“发展的多样性与生活”部分要重点讨论的。这些差异对整个社会具有重要的意义。

◎ 发展的多样性与生活

性别、种族和族裔对平均寿命的影响:生活不同,寿命不同

- 美国出生的白人平均能活到 78 岁,而非裔美国人平均要少活 5.5 年。
- 出生在日本的个体预期寿命超过 83 岁,而出生在莫桑比克(Mozambique)的个体预期寿命不到 40 岁。
- 出生在美国的男性平均能活 76 岁,女性可能会多活 5 年。

种族和族裔上的差异仍然令人困扰,它们体现了美国不同群体在社会经济状况上的明显差异,如图 17 – 12 所示。

这些差异的形成有不少原因。以最明显的性别差异为例，在工业化国家，女性比男性平均多活4到10年。女性的这种优势从胎儿时就开始了；虽然男孩的出生率略微高些，但无论在怀孕期间、婴儿期还是童年期，男孩死亡的可能性更大。所以，到了30岁男性和女性的人数几乎持平。但到了65岁，有84%的女性和70%的男性活着。对85岁以上的老人而言，这种差异更大，男女比例为1∶2.57（United Nations World Population Prospects，2006；World Factbook，2012）。

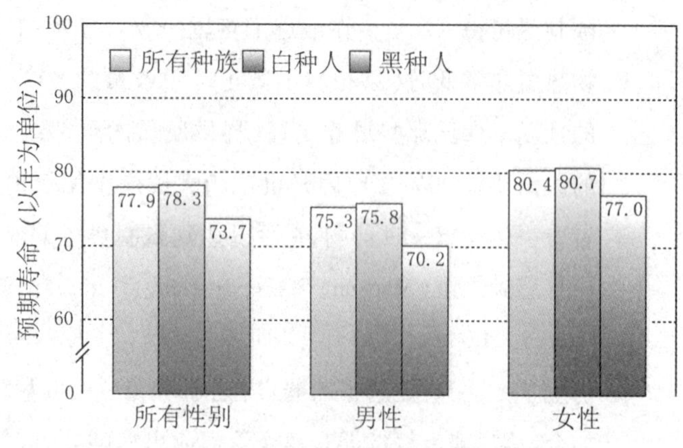

图17-12 非裔美国人和白人的预期寿命

无论性别如何，非裔美国人的预期寿命都比白人的更短。造成这种差异的原因是遗传，文化，还是两者皆有？（资料来源：Kochanek, Arias, & Anderson, 2013.）

日本人的预期寿命为83岁。在类似冈比亚这样的国家，人们的预期寿命为45岁。

对这种性别差异有不同的解释。一种解释认为，女性分泌的激素（如雌激素、黄体酮）更多，这在一定程度上保护她们免受心脏病发作之类疾病的困扰。另一种可能是女性在生活中有更多的健康行为，比如饮食健康。不过，没有确凿的证据能充分支持任何一种解释（DiGiovanna，1994；Emslie & Hunt，2008）。

无论是什么原因，这种性别差距依然在持续加大。20世纪初期，女性的预期寿命只比男性多2年，到了80年代这种差距扩大到7年。现在这种差距似乎保持稳定，这主要是因为男性可能比以前采纳了更为积极健康的行为，比如吸烟更少、吃得更好、锻炼更多。

模块17.2 复习

虽然大多数老年人都很健康，但他们还是会得一些很严重的疾病。大部分老人死前至少患有一种慢性疾病。老年人很容易患一些心理疾病，如抑郁症。老年人中最常见的，也是破坏性最大的一种脑疾病是阿尔茨海默症。

老年阶段，合理饮食、锻炼、对危及健康因素的回避都能够使他们保持良好的健康状况。

对于健康的成人来说，性活动可以持续一生。在年老之前享受性生活的人在年老之后多数也会继续保持。

死亡是由于遗传预程的作用还是因为普遍的身体磨损所致,这个问题至今仍没有答案。几个世纪以来人们的预期寿命一直在增加,它因性别、种族和裔族不同而有差异。

增加预期寿命的新方法包括端粒治疗、通过抗氧化类药物减少自由基、限制热量摄入以及替换坏掉的器官。

共享写作提示

应用毕生发展:社会经济地位与成年晚期的健康状况、预期寿命以怎样的方式联系在一起?

17.3　成年晚期的认知发展

三个女人正在谈论变老有多不方便。

"有时候,"她们中的一个说道,"当我走到电冰箱前,我都不记得自己是把东西放进去了还是把东西取出来了。"

"哦,那没什么。"第二个女人说,"有好多次我发现自己站在楼梯边,不知道是要上楼还是刚刚下楼来。"

"嗯,太好了!"第三个女人大叫道,"我真高兴没有出现你们那样的问题。"——她敲着桌子。"噢,"她说,同时从椅子上站起来,"有人在敲门。"(Dent, 1984, p. 38)

这个古老的笑话为我们展现了对衰老的刻板观点。实际上,在不久之前还有许多老年学专家都很赞同"老年人都很迷糊、健忘"的观点。

但是如今,这种观点发生了巨大的改变。研究者不再认为老年人的认知能力必然会下降,而是认为他们的一般智力和特殊认知能力(如记忆和问题解决)更可能保持良好。现实情况中,通过适当的练习和接触各种各样的环境刺激,老年人的认知能力能够得到改善。

老年人的智力

LO 17.10　描述老年人的认知功能状况

老年人认知能力不断退化的观点最初来自对研究结果的误解。我们在第 15 章首次提到,早期研究智力如何随衰老而改变时,通常只是简单地比较青年人和老年人在同一智力测验上的得分,使用的是传统的横断设计方法。例如,请一组 30 岁被试者和一组 70 岁被试者做相同的测试,然后比较他们的成绩。

然而正如我们在第一章里提到的,这种方法有许多缺陷。一是横断设计无法排除同辈效应，即成长的特定年代所造成的影响。例如，如果因为时代不同，青年组比老年组接受的教育更多，那么我们可以预期，只是因为这个原因青年组的得分就会更高。除此之外，由于一些传统的智力测验包含计时部分或反应时间成分，因此老年人较慢的反应时间可能可以解释他们较低的成绩。

为了尽量克服这些问题，发展心理学家开始转向纵向研究，即长时间地追踪相同的个体。不过，由于使用相同的测验，久而久之被试者可能对测验项目非常熟悉。除此之外，纵向研究的被试者可能会搬走、退出研究、生病或死亡，剩下的被试数比之前要少，这部分人的认知能力可能相对更好。简单地说，纵向研究也有它的缺点，最初使用它时也曾得到一些关于老年人的错误结论。

有关老年人智力特点的最新结论。近年来越来越多的研究正在尝试克服横断设计和纵向设计各自的缺点。发展心理学家华纳·沙尔目前正在进行一项规模十分宏大的针对老年人智力的序列设计研究。我们在第1章讨论过，序列研究通过在若干时间点考察不同年龄组的被试而将横断设计和纵向设计结合起来。

在沙尔大规模的研究中，随机选择500名被试者，进行了一系列认知能力测验。这些被试者的年龄范围从20岁到70岁，5年为一组。每7年对这些被试者进行一次测验，而每一年又有更多的被试者参与进来。到现在，完成测验的总人数已经超过5000（Schaie, 1994）。

该研究和其他研究一起总结了老年人智力变化的一些特点。主要结论有（Schaie, 1994；Craik & Salthouse, 1999；Salthouse, 2006）：

- 在以25岁为起点的整个成年期，个体的一些能力逐渐下降而另一些能力则相对稳定（见图17-13）。成年期各智力能力随年龄增长而变化的模式各不相同。此外，我们在15章讨论过，随着年龄的增长，流体智力（处理新问题和新情境的能力）逐渐下降，晶体智力（对获得的信息、技能和策略的储存）则保持稳定，在一些情况下还会上升（Baltes & Schaie, 1974；Schaie, 1993；Deary, 2014）。
- 67岁之前，个体的某些认知能力会下降，但下降的幅度很小；80岁以后才会很明显。即使在81岁时，也只有不到一半的人在测验中的成绩比7年前有所下降。

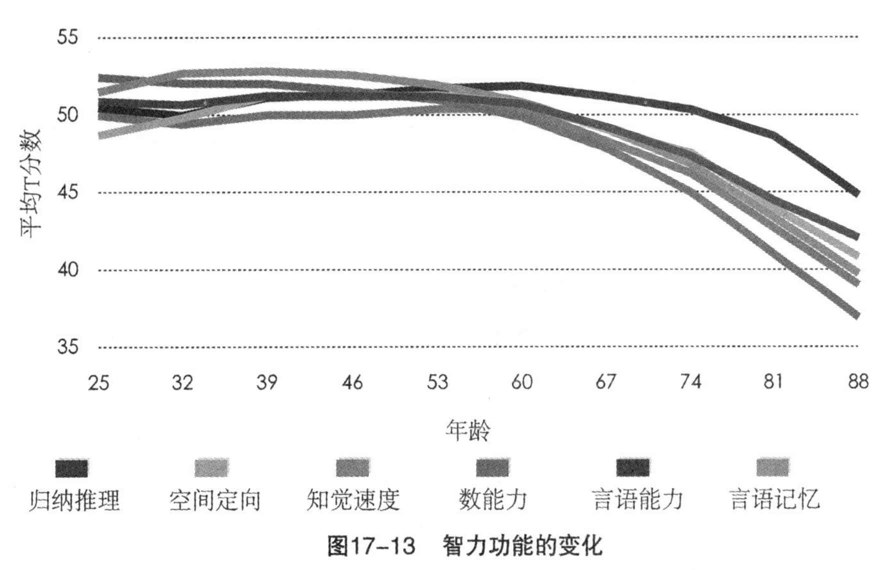

图17–13　智力功能的变化

虽然一些智力功能在成年期有所下降，但另一些能力仍然保持相对的稳定。（资料来源：Schaie, 1994, p. 307.）

- 不同个体智力变化的模式上存在明显差异。一些人从 30 多岁开始就出现智力下降，而另一些人直到 70 多岁才会出现这种下降。事实上，70 多岁的老年人中大约有 1/3 的测验得分要高于年轻成人的平均水平。
- 环境因素和文化因素对智力下降的程度有影响。如果个体没有慢性疾病、社会经济地位高、置身于能够激发智力的环境中、具有灵活的人格特点、其配偶愉快乐观、保持较快的知觉加工速度、对自己早些年的成就感到满意，那么其智力下降幅度就会更小。

环境因素和智力功能间的关系表明，给予适当的刺激、练习和激励，老年人能够保持他们的智力。这种**可塑性（plasticity）**说明老年期可能发生的智力改变并不是固定的。像人类发展的其他领域一样，智力领域用“用进废退”来形容再合适不过了。基于这一原则，一些发展心理学家试图制定干预措施，以帮助老年人保持其信息加工能力。

可塑性 发展着的结构或行为可以被改变或被经验影响的程度。

例如，相对较少的时间和精力投入可以为老年人的智力带来巨大的回报。在一项研究中，研究人员研究认知训练对老年人的长期现实收益。被试者接受 10 次、每次持续 1 小时的认知训练，每个阶段都比之前的更有挑战性。三组被试者接受记忆训练（例如，单词表的记忆策略），推理训练（例如，找到一串数字的规律），或加工速度训练（例如，识别电脑屏幕上闪现的刺激）。部分被试者在一年后和三年后会再次接受“加强”训练，每次训练都额外包括四个阶段（Willis et al.，2006）。

在最初训练的五年后，认知能力有了长足进步。与没有接受训练的对照组相比，接受推理训练的被试者在五年后的推理任务上表现提高40%，接受记忆训练的被试者在记忆任务上的表现提高75%，接受加工速度训练的被试者在速度任务中的表现惊人地提高了300%（Vedantam, 2006；Willis et al., 2006）！

然而，并非所有发展学家都相信"用进废退"的假设。例如，发展心理学家蒂莫西·索尔特豪斯认为，成年晚期的真实潜在的认知衰退速率不受认知训练的影响。相反，他认为，有些人生活中一直参与高水平的认知活动（比如完成填字游戏）以便进入成年晚期后具有一些"认知储备"。尽管这种认知储备使得他们仍然具备较高的认知能力，但是潜在的认知能力衰退却仍在发生。然而他的假设是有争议的，大多数发展学家支持认知训练是有益的假设（Hertzog et al., 2008；Salthouse, 2006, 2012a, 2012b）。

记忆：对过去和现在事情的记忆

LO 17.11　讨论记忆在成年晚期如何保持或丧失

作曲家阿隆·科普兰（Aaron Copland）对自己老年后的记忆状况这样总结："我能记起四五十年前发生的所有事情，包括日期、地点、表情、音乐。但是我就要过90岁生日了，11月14日，我发现自己根本记不住昨天发生了什么。"（Time, 1980, p. 57）。话语中的一个错误让我们更加确信科普兰的分析是准确的，因为下个生日时他只有80岁！

与中国老年人相比，记忆丧失在西方老年人中更常见。什么原因导致了老年人记忆丧失出现这种文化差异？

老化必然会引起记忆丧失吗？不一定。跨文化研究表明，相比于不太尊敬老人的国家里的人们而言，高度尊敬老人的国家（如中国）里的人们更不容易出现记忆丧失。在这类文化中，对衰老更积极的期待可能使人们更乐观地看待自己的能力（Levy & Langer, 1994；Hess, Auman, & Colcombe, 2003）。

一个健康护理专业人员的角度

文化因素,如社会对老年人的尊敬程度,可能会怎样影响老年人的记忆表现?

即使因衰老而导致的记忆力丧失确实发生了,丧失的记忆也主要限于情景记忆,即与特定生活经验有关的记忆,比如回忆你第一次参观纽约是哪一年。与此形成对照,其他类型的记忆如语义记忆(一般知识和事实,如 2 + 2 = 4 或北达科他州的首府名称)和内隐记忆(人们没有意识到的记忆,如怎样骑自行车)不太会受到年龄的影响(Dixon, 2003; Nilsson, 2003)。

老年期的记忆能力确实有变化。例如短时记忆在成年期逐渐减退,70 岁以后衰退得更明显。遗忘最快的是那些快速呈现和以文字形式呈现的信息,比如电脑服务热线的接线员要快速背诵用于解决电脑问题的一系列复杂步骤。此外,那些完全不熟悉的信息也很难被记住,例如一些散文段落、人的名字和面孔,甚至包括像医学标签上的关键指示信息,这很可能是因为初次遇到新信息时很难对它们进行有效的暂存和加工。尽管这些和年龄有关的变化一般都很小,而且由于大多数老年人会自动学习如何补偿它们,所以可以忽略它们对日常生活的影响,但是记忆的丧失却是真实存在的(Carroll, 2000; Light, 2000; Carmichael et al., 2012)。

自传体记忆　对个体自己生活信息的记忆。

自传体记忆:回忆我们生活的每一天。当谈到**自传体记忆**——对自身生活信息的记忆时,适合年轻人的一些原理也同样适用于老年人,例如回忆常常遵循的快乐原则,即愉快的记忆比不愉快的记忆更容易被想起。与此相似,人们更容易忘记那些过去和现在看待自己的方式不一致的部分。他们更可能记起符合现在的自我概念的信息,就像严格的父母不会记起自己高中时曾经喝醉酒一样(Rubin & Greenberg, 2003; Skowronski, Walker, & Betz, 2003; Loftus, 2003)。

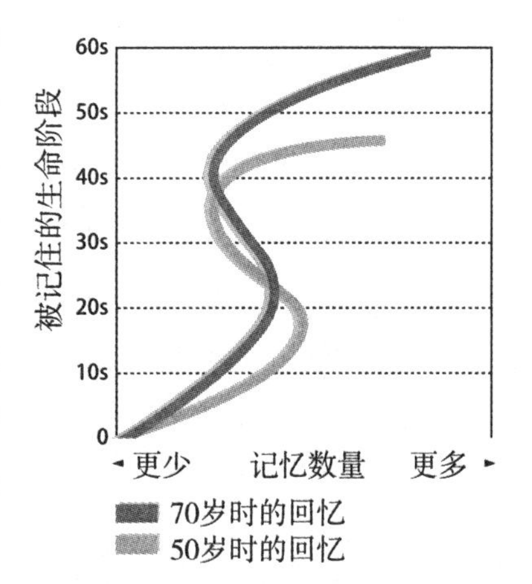

图17-14　对过去事件的记忆

自传体记忆随着年龄增长而变化,70岁时对自己二十几岁和三十几岁的记忆最好,50岁的个体对自己十几岁和二十几岁的记忆最好。两个年龄的人都对近期事件回忆得更多。(资料来源:Rubin, 1986.)

每个人对生命特定阶段的记忆要优于对其他阶段的记忆。图 17-14 可以看到,在进行自传体回忆时,70 岁老人回忆自己二十几岁和三十几岁时包含的细节更多。相比之下,50 岁的个体对自己十几岁和二十几岁的记忆更多。对这两个年龄的人来说,他们对早年的回忆都要好于对近几十年的回忆，但是其完整程度都不如回忆最近发生的事（Rubin，2000）。

成年晚期的人们利用所回忆的信息做决策的方式跟年轻人是不一样的。比如，当涉及复杂的规则时，他们的加工速度更慢、做出的判断更有偏差，他们比年轻人更加关注情感内容。另一方面，当他们有很强的动力做出正确决策时，成年晚期人们积累的知识和经验可以弥补这方面的不足（Peters et al.，2007）。

解释成年晚期的记忆变化。对老年人记忆发生明显变化的解释集中在三大类：环境因素、信息加工缺陷和生物因素。

- 环境因素。在老年人身上可以更经常地看到导致记忆力减退的一些短期因素。例如，老年人比年轻人更可能服用一些会妨碍记忆的处方药。老年人在记忆任务上表现得差，可能与服用的药物有关，而不是与年龄有关。

  与此相似，记忆减退有时可能与老年期的生活改变有关。例如，退休人员不再面临来自工作的智力挑战，他们对记忆的使用更不熟练，回忆的动机可能比以前低，从而在记忆任务上表现较差。而且在测验情境中，他们更不可能像年轻人那样尽力而为。

- 信息加工缺陷。记忆减退可能与信息加工能力的改变有关。例如，进入老年期后，我们抑制无关信息和想法的能力可能减弱，这些无关想法会干扰我们成功地解决问题。类似地，老年人的信息加工速度可能会减慢，从而导致记忆受损，这可能与我们前面讨论的反应时间减慢影响智力测验得分的方式类似（Palfai，Halperin，& Hoyer，2003；Salthouse，Atkinson，& Berish，2003；Ising et al.，2014）。

  另一种信息加工的观点认为，老年人集中精力于新信息的效率比年轻人差，并且在注意适当的刺激、组织记忆中的材料方面也有更大困难。这种信息加工缺陷的观点得到了大多数研究的支持。它指出，记忆减退是因为老年人在涉及记忆能力的任务中，不能很好地将注意力集中在任务上，也不能很好地组织任务。根据这种观点，老年人从记忆中提取信息的效率也会更差。这些信息加工缺陷最终会导致老年人记忆能力的减退（Castel & Craik，2003；Luo & Craik，2008，2009）。

- 生物因素。解释老年期记忆减退的最后一种观点集中在生物因素上。根据这种观点,记忆的改变是由大脑和身体的衰退所致。

例如,情景记忆的衰退可能与大脑额叶的退化或雌激素的减少有关。一些研究也发现它与海马细胞的减少有关,而海马是与记忆有关的重要脑区。不过,一些老人虽没有表现出生物方面退化的任何迹象,但仍然出现了特定种类的记忆退化(Eberling et al., 2004; Lye et al., 2004 ; Stevens et al., 2008)。

成年晚期的学习:活到老学到老

LO 17.12　描述在成年晚期的继续学习和教育

71 岁的马萨·蒂尔顿(Martha Tilden)和吉米·赫兹(Jim Hertz)喜欢大都会歌剧院的巡回演出、著名男高音歌唱家的演讲、芭蕾舞剧以及刚刚结束的"林肯中心音乐节"之旅中的讲座。

马萨和吉米是 Road Scholar 组织(前身为 Elderhostel)的退伍老兵,这个组织抛弃所谓的关于"老年人"的建议,也不提供廉价的学生住房。他们所有的教育项目都提供舒适的酒店或宿舍,并且设置的活动都是混龄的。现在马萨和吉米正在讨论要参加的下一个项目,决定是去安大略省的野生动物之旅还是去弗吉尼亚州的"伊斯兰教文化交流"活动。

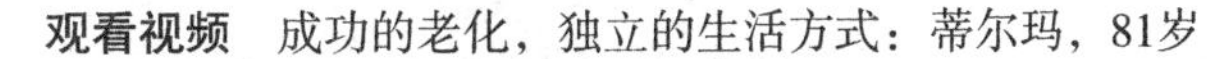
观看视频　成功的老化,独立的生活方式:蒂尔玛,81岁

Road Scholar 项目是面向老年人的最大的教育项目,每年有超过十万的人参加它组织的数千个课堂。Road Scholar 运动在全世界的各大学校园内都有上演,它与其他越来越多的证据共同表明,智力的成长和改变在人的一生中都很重要,自然也包括老年期。事实上,我们在认知训练的研究中也看到,练习特定认知技能对那些想维持智力的老人来说尤为重要(Simson, Wilson, & Harlow – Rosentraub, 2006)。

诸如 Road Scholar 这种项目的流行反映了在老年人群中不断增长的一种趋势。因为大多数老年人都已经退休,所以他们有时间追求进一步的教育,钻研他们一直感兴趣的学科。

虽然不是每个人都能负担得起 Road Scholar 的学费，但是许多公立大学也都免费支持65岁（含）以上的老年市民参加这样的课程。另外，一些退休社区也位于或邻近大学校园，例如由密歇根大学（University of Michigan）和宾夕法尼亚州立大学（Penn State University）建造的一些社区，这样就为老年人寻求教育提供了方便（Powell, 2004; Forbes, 2014）。

虽然一些老年人对他们的智力功能有怀疑，并且会回避与年轻学生竞争的常规大学课堂，但他们的顾虑多半是错的。老年人在严格的大学课堂上维持自己的地位常常不会很困难。此外，教授和其他学生普遍认为，这些有着丰富生活经历的老年人对教育有所助益（Simpson, Simon, & Wilson, 2001; Simson, Wilson, & Harlow - Rosentaub, 2006）。

科技与成年晚期的学习。最大的代沟之一涉及科技的使用。65岁（含）以上的人使用科技的可能性低于年轻人（见图17-15）。

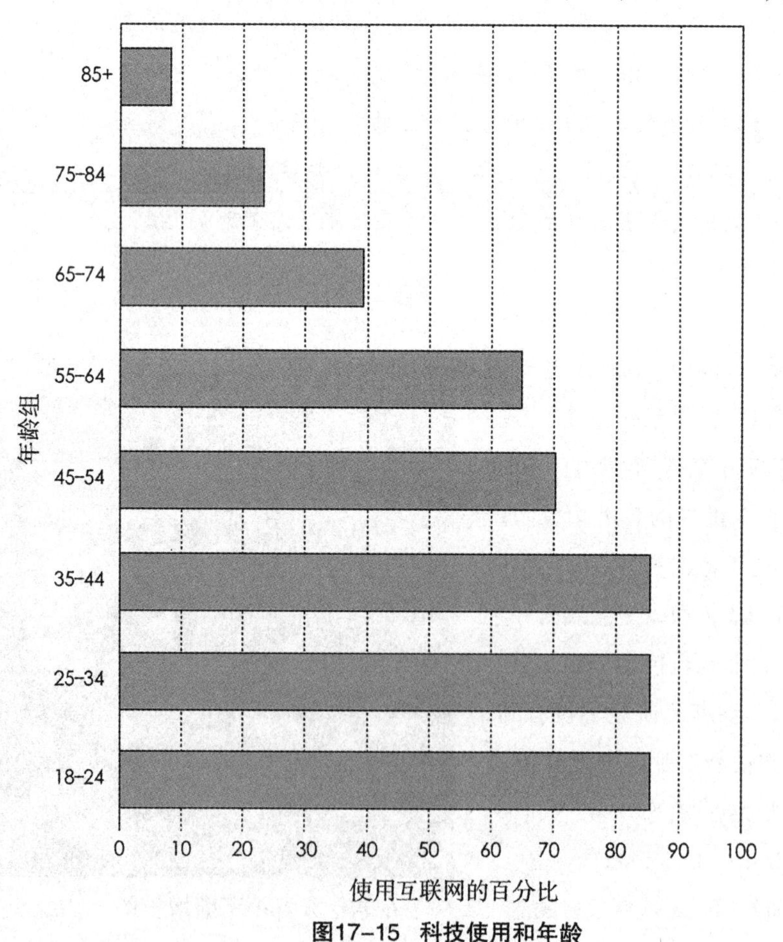

图17-15 科技使用和年龄

美国的老年人使用互联网的可能性远远小于年轻人。

（资料来源：Charness & Boot, 2009, Figure 1A.）

为什么老年人不太可能使用科技？一个是他们不那么感兴趣和有积极性，部分原因是他们不太可能继续工作，因此没有学习新科技的需求。但另一个阻碍是认知能力。例如，由于流体智力（处理新问题和新情境的能力）随着年龄的增长而下降，这可能会影响学习新科技的能力（Ownby et al.，2008；Charness & Boot，2009）。

这并不意味着成年晚期的人无法学会使用新科技。越来越多的人使用电子邮件和社交网站，例如"脸书"。随着科技的使用在社会中变得更加普遍，年轻人和老年人之间因为科技使用的代沟可能会缩小（Lee & Czaja，2009）。

模块 17.3 复习

- 虽然一些智力功能在 25 岁以后的成年期会逐渐下降，但另一些智力功能会保持相对稳定。智力具有很大的可塑性，可以通过刺激、练习和激励得到保持。
- 记忆减退主要影响情景记忆和短时记忆。对老年人记忆变化的解释主要有环境因素、信息加工衰退和生物因素三类。
- 老年人可以积极享受和参加大学课程和其他课程，他们和年轻人在同一课堂成了一个与众不同、备受欢迎的主流。

共享写作提示

应用毕生发展：你认为晶体智力的稳定或提高能够完全补偿或部分补偿流体智力的降低吗？为什么？

结语

谁是老人？老人有多老？本章首先回顾了老年人的人口统计学变量和对老年人的歧视现象。然后讨论了老年期的健康和幸福感，发现通过良好的饮食、良好的习惯和良好的锻炼可以增加老年人的幸福感。接着还讨论了预期寿命和影响寿命延长的一些原因。最后考察了老年人的认知能力，介绍了一些研究证据，表明对老年人智力、记忆力的刻板印象与现实情况之间存在巨大差异。

回到本章前言中关于约翰·本杰明"希望永远活着"的话题，回答下列问题：

1. 约翰的功能性年龄与生理年龄相比如何？您认为两者在五年后比较结果会如何变化？
2. 约翰的背景情况和当前生活中的哪些因素可能会导致他的认知能力没有明显下降？
3. 约翰如何受到初级老化的影响？他的生活方式如何影响次级老化？
4. 约翰希望永远活着。有哪些新方法可以延长人类的寿命？

回顾

LO 17.1　描述在今天的美国变老之后的情形

在美国和许多其他国家,老年人的数目和比例比历史上任何时候都要多,老年人是美国人口中增长最快的一部分。老年群体更容易受到刻板印象和歧视(“ageism”一词指代的现象)的影响。

LO 17.2　总结成年晚期发生的体能变化

老年阶段身体外部特征的明显变化预示着衰老,但是许多进入这一阶段的老年人仍然保持着健康、积极和灵活。老年人的大脑变小,流向全身各部位(包括大脑)的血流量(和氧气)减少。循环系统、呼吸系统和消化系统的工作效率降低。

LO 17.3　解释随年龄增长人们反应变慢的程度以及这种变化的后果

老年人的反应时间会变慢,可以用外周减速假设(外周神经系统的加工速度减慢)和总体减速假设(全部神经系统的加工减慢)来解释。

LO 17.4　描述感觉能力如何受到衰老的影响

老年人眼睛的生理变化使视力降低,一些眼疾更容易发生,包括白内障、青光眼、与年龄相关的黄斑退化(AMD)。老年人听力也会下降,尤其是听高频声音的能力。听力丧失会对老年人的心理和社交产生影响,会阻碍老年人参与社会交往。味觉和嗅觉的减退在成年晚期也会出现。

LO 17.5　描述老年人总体健康状况以及他们更易患的疾病

虽然有一些人很健康,但是到了老年期某些严重疾病的发生率会增高,从疾病中复原的能力也会降低。大多数老年人至少存在一种长期疾病。老年人死亡的首要原因是心脏病、癌症和中风。老年人也容易患心理疾病(如抑郁症)和脑疾病,尤其是阿尔茨海默症。

LO 17.6　总结老年阶段幸福感的保持程度

心理因素和生活方式会影响老年人的幸福感。对生活和环境有控制感会产生积极的作用,同样合理饮食、锻炼和回避风险因素(如吸烟)等也有积极的作用。

LO 17.7　描述衰老是如何影响性能力的

尽管老年期性功能有变化,但如果老年人的身体健康和心理健康状况良好,性生活仍然会持续。

LO 17.8　找到影响寿命的因素以及导致死亡的原因

死亡不可避免,这一点毫无疑问,但是如何解释这一点仍然不得而知。遗传预程理论认为人体有一个固定的时间限制,而磨损理论认为身体仅仅是磨损了而已。几个世纪以来预期寿命一直在稳步增长,而且持续到现在。预期寿命因性别、种族和族裔不同而有差异。

LO 17.9　讨论通过科学进步带来长寿的可能性及其意义

一些技术进步可能可以进一步延长寿命,比如端粒治疗、使用抗氧化类药物、减少自由基、食用低热量食物和器官移植。

LO 17.10　描述老年人的认知功能状况

根据发展心理学家华纳·沙尔进行的序列研究,老年期智力功能一般会逐渐降低,但是不同能力变化的方式不同。训练、刺激、练习和激励能够帮助老年人保持智力。

LO 17.11　讨论记忆在成年晚期如何保持或丧失

老年期丧失记忆并不指所有的记忆,而是几类特定的记忆。情景记忆最容易受影响,语义记忆和内隐记忆在很大程度上不会受影响。短时记忆在 70 岁之前会逐渐下降,随后就会迅速退化。对记忆改变的解释可能主要集中在环境因素、信息加工缺陷和生物因素。哪类观点最确切至今没有完全弄清楚。

LO 17.12　描述在成年晚期的继续学习和教育

Road Scholar 等项目的流行证明了许多老年人继续学习的愿望。老年学生可以通过将他们的经验和之前的学习带入课堂,从而对大学课程有所助益。

关键术语和概念

老年学家	外周减速假设	老化的磨损理论
对老年人的歧视	总体减速假设	预期寿命
初级老化	痴呆	可塑性
次级老化	阿尔茨海默症	自传体记忆
骨质疏松症	老化的遗传预程理论	

第18章　成年晚期的社会性和人格发展

本章学习目标

LO 18.1　描述成年晚期人格发展的方式

LO 18.2　解释年龄与资源、权力和特权的关系

LO 18.3　定义智慧并且描述其与年龄的关系

LO 18.4　区分老化的理论

LO 18.5　描述老年人的居住环境及其所面临的困难

LO 18.6　讨论当今美国老年人的经济保障情况

LO 18.7　总结老年个体退休的积极方面和消极方面及其经历的典型阶段

LO 18.8　描述成年晚期的婚姻状况
LO 18.9　描述成年晚期配偶死亡的典型反应
LO 18.10　讨论成年晚期关系的本质
LO 18.11　解释老化如何影响家庭关系
LO 18.12　讨论老年人遭受虐待的原因以及如何预防

本章概要

人格发展和成功老化

成年晚期人格的稳定与变化

成年晚期的年龄阶层理论

年龄能带来智慧吗?

成功老化:秘诀是什么?

成年晚期的日常生活

居住安排:居住的地点和空间

财务问题:成年晚期的经济状况

成年晚期的工作和退休

关系:旧的和新的

晚年婚姻:疾病与健康

配偶的死亡:开始寡居/鳏居

成年晚期的社会关系

家庭关系:联系的纽带

虐待老人:误入歧途的关系

开场白: 在阳光下嬉戏

81 岁的西蒙・托马斯(Simone Thomas)在加州自家的花园里摆好画架和水彩画。她说:"我给儿童读物做插图已经有 50 年了。"西蒙曾经希望成为著名画家,在艺术学校毕业后到意大利开始追求自己的梦想。"我没有成为下一个米开朗基罗,"她笑着说,"但我的生活过得很好。我在那里遇到了我的丈夫加布里(Gabriel),事情还能怎么更好呢?"

加布里五年前去世。"第一年真的很难度过,"西蒙承认,"我去了意大利,想起了所有的一切,我们的相遇和相爱,我总是抑制不住地哭。但之后我回到家,开始两本新书的插画创作。这是我的生命线、我的工作,虽然我只承担了以前一半的工作,但它足以支付房租,现在我可以花时间做我喜欢的事情。我花了很多时间弹钢琴,虽然弹得不好,还和我的孙子们一起去海滩散步。"

西蒙生活中发生了什么最新的事情？“我哥哥戴维(Dev)的妻子去年因癌症去世，所以我请哥哥搬来和我住。我们一直很亲近，哥哥善于用烹饪之类的东西来释放自己的悲痛。我们在阳光下嬉戏，我们将成为一对快乐的老年人。”

预览

跟其他人联系和交往的渴望并不专属于任何年龄段。对于像西蒙这样处于成年晚期的人来说，终身磨练的才能和与家庭的联系提供了一个与他人建立关系的机会。

言归正传，在本章中，我们将探讨成年晚期的社会性和情绪，它们仍然保持和在生命早期生活中一样的重要性。首先我们将思考人格如何在高龄个体中连续发展，然后考察人们成功老化的多种方式。

许多祖父母将自己的孙子孙女纳为自己社会网络中的一部分。

接下来，我们将思考诸如居住安排、经济问题等各种社会因素如何影响老年人的日常生活。我们还将探讨文化如何塑造我们对待老年人的方式，考察工作和退休对老年个体的影响，以及人们充分利用退休时光的方式。

最后，我们将考察成年晚期的关系，不仅是夫妻之间的关系，还包括与其他亲戚和朋友之间的关系。我们将探讨成年晚期的社会网络如何在人们生活中继续保持重要的和支持性的角色。另外还考虑几十年前的事情(比如离婚)，如何继续影响人们的生活。最后我们将讨论虐待老年人这一与日俱增的现象。

18.1 人格发展和成功老化

格丽塔·罗奇(Greta Roach)有一个顽皮的动作，就是当她要说一些有趣的事情时，她习惯先轻推你一下。她之所以这样做，和她的世界观有关。即使去年她弄伤了膝盖，不得不退出保龄球联赛，而无法将蓝色抛光铬的奖杯继续摆放在起居室的桌子上，她也不认为这说明自己处于一个虚弱的年纪。

93岁的罗奇对现在生活的态度和她二十几岁时一样，她所做的事情不是所有老年人都能做的事情……“我享受生活。我参加各种俱乐部，喜欢出席电视节目，给老朋友写信。”她

停顿了一下，“给那些仍然还活着的老朋友。”（Pappano，1994，pp. 19，30）

罗奇在很多方面与她年轻时是一样的，她的智慧、她的热情，还有她的活动水平。但对其他老年人来说，时间和环境似乎给他们带来了多方面的改变，如对生活的态度、对待自己的观点，甚至其人格的基本特质也发生了改变。其实，研究毕生发展的学者们需要回答的一个基本问题是，成年晚期的人格保持稳定还是有所变化？

成年晚期人格的稳定与变化

LO 18.1　描述成年晚期人格发展的方式

成年期的人格是相对稳定，还是会在一些方面有明显的改变呢？答案似乎取决于我们希望考虑人格的哪些方面。根据发展心理学家保罗·科斯塔和罗伯特·麦克雷的观点，基本人格特质（神经质、外倾性、开放性、宜人性、责任心）在成年期是非常稳定的。例如，在20岁时性情平和的人在75岁时也是性情平和的，在成年早期持有正性自我概念的人在成年晚期仍然能积极地看待自己（Costa & McCrae，1997；McCrae & Costa，2003；Curtis，Windsor，& Soubelet，2015）。

以格丽塔罗奇为例，她在93岁时仍然活跃和幽默，就像她二十几岁时一样。其他纵向研究也表明人格特质是相当稳定的。因此，看起来人格基本上是稳定的（Field & Millsap，1991）。

尽管基本人格特质有这样的普遍稳定性，它仍有可能随时间而变化。就像我们在第16章中提到的那样，成年期社会环境的重大改变可能会造成个体人格的波动和改变。对于80岁的人来说很重要的东西，在其40岁时未必同样重要。

为了解释这些变化，一些理论关注了发展上的不连续性。接下来我们会看到埃里克森、罗伯特·派克、丹尼尔莱·文森和伯尼斯·纽嘉顿的工作，他们都考察了出现在成年晚期的新挑战所带来的人格改变。

自我整合—绝望：埃里克森的最后一个阶段。心理学家埃里克森的人格发展观点的最后部分，就是关于成年晚期的，此时个体进入生命的最后阶段，也就是心理社会性发展的第八个阶段，称为**“自我整合—绝望”阶段（ego-integrity-versus-despair stage）**，这个时期的特点是回顾和评价过去经历，并与生活达成协议或妥协。

自我整合—绝望阶段　埃里克森关于生命周期的最后一个阶段，这个时期的特点是回顾和评价过去，与生活达成协议或妥协。

成功经历这个发展阶段的人会有满足感和成就感，用埃里克森的话来说就是“整合”。当人们达到了整合这一状态时，他们觉得自己已经实现和完成了生活的设想，没怎么留下遗憾。相反，有些人在回顾过去时觉得不满意，他们可能感到自己错过了一些重要的机会，没有实现自己的愿望。这些人可能对自己做过的或没做的事以及对自己的生活感到不高兴、抑郁、生气，或者沮丧，简而言之，他们很失望。

派克的发展任务。尽管埃里克森的观点为成年晚期的发展展现了一幅多种可能性的图画，其他理论家为生命最后阶段的发展提供了更多不同的观点。例如，发展心理学家罗伯特·派克（Robert Peck，1968）认为，老年人的人格发展由三个主要发展任务或挑战组成。

在派克的观点中，老年人的第一个任务是必须用与工作角色或职业无关的内容来重新定义自己，他把这个阶段称为“**自我的重新定义—沉迷于工作角色（redefinition of self versus preoccupation with work role）**”。我们在讨论退休时就会看到，当人们不再参加工作时，发生的各种改变会引发适应困难，严重影响人们看待自己的方式。派克建议人们必须调整自己的观念，不再那么强调自己作为工作者或职业人士的角色，而是更注重那些与工作无关的角色，例如做祖父或园丁。

自我的重新定义—沉迷于工作角色 老年人必须用与工作角色或职业无关的内容来重新定义自己。

身体超越—身体专注 此时人们必须学会应付和看淡那些由老化带来的体能变化。

自我超越—自我专注 老年人必须对即将到来的死亡有所认识的阶段。

派克认为成年晚期的第二个主要发展任务是“**身体超越—身体专注（body transcendence versus body preoccupation）**”。正如第17章所提及的，随着年龄增大，个体也会经历由衰老带来的在体能上的重要变化。在“身体超越—身体专注”阶段，人们必须学会应付和看淡那些由衰老带来的体能变化（超越）。如果他们做不到这一点，他们只会过分关注体能上的衰退和人格发展上的缺陷。罗奇九十几岁时才停止打保龄球，她就是一个能成功应付老化的体能改变的例子。

最后，老年人面对的第三个任务是“**自我超越—自我关注（ego transcendence versus ego preoccupation）**”，此时个体必须对即将到来的死亡有所认识。他们需要知道虽然死亡是不可避免的，有可能已经为期不远，但他们已为社会做出了贡献。如果成年晚期个体视这些贡献（可以是养育孩子，或是与工作和公益相关的活动）将超越自己的生命而延续下去，他们就能体验到自我超越。否则，他们会受到其生命是否对社会有意义和有价值这个问题的困扰。

莱文森最后的季节：生命的冬天。丹尼尔·莱文森的成年发展理论没有埃里克森和派克的理论那么注重老年人必须面对的挑战。取而代之的是，他关注人们变老时所导致的人格改变的过程。根据丹尼尔·莱文森的理论，人们通过跨越一个转变阶段进入成年晚期，这个阶段主要在 60 到 65 岁左右(Levinson, 1986, 1992)。此时，人们终于意识到自己进入了成年晚期，或者说，承认自己“老”了。他们清楚地知道社会对老年个体的刻板印象是什么，他们会被如何否定，他们与自己目前所处的年龄类别的观念做抗争。

莱文森认为，随着年纪增长，人们渐渐意识到他们不再处于生命周期的中心阶段，而是日益变成生命的次要阶段。力量、尊重和权威的丧失对于习惯了掌控自己生活的个体来说，是难以适应的。

积极的一面是，成年晚期的个体对于年轻个体来说也是一种资源，他们可能会发现自己被看作“受尊敬的长者”，年轻人会寻求和依赖他们的建议。而且，年长时做事情很自由，因为老年人不用因为责任而去做某事，他们能够仅仅为了快乐和享受而做某事。

应对衰老：纽嘉顿的研究。相对于关注衰老的共性，或者过程和任务，伯尼斯·纽嘉顿(1972,1977)的经典研究考察了人们应对衰老的不同方式。纽嘉顿在她对七十几岁老人的研究中发现了四种人格类型：

- 不完整和瓦解的人格(disintegrated and disorganized personalities)。一些人(他们通常生活在养老院或者医院)不能接受衰老，当年纪变大时，他们感到绝望，或者对外界充满敌意。
- 被动—依赖型人格(passive - dependent personalities)。有些人惧怕变老，惧怕患病，惧怕未来，惧怕无能为力。他们太过恐惧，以致他们可能在并不需要帮助的时候从家属和护理者身上寻求帮助。
- 防御型人格(defended personalities)。有些人用一种特别的方式表达对变老的恐惧。他们尝试阻止衰老的步伐，他们可能尝试表现出年轻、精力旺盛的样子，参与年轻人的活动。不幸的是，他们可能对自己产生了不现实的期望，因而不得不承担失望的风险。
- 整合型人格(integrated personalities)。最成功的人能顺利地应对衰老。他们接受变老的现实并且保持自尊。

纽嘉顿发现，在她的研究对象中，大多数属于最后一类。他们承认衰老，能够回顾自己的一生并以接受的态度展望未来。

生命的回顾和怀旧：人格发展的共同主题。回顾个人以前的生活，是埃里克森、派克、纽嘉顿和莱文森对老年人的人格发展研究工作的主要思路。实际上，生命的回顾，能让人们考察和评价自己的生活，它是关注成年晚期的多数人格理论的共同主题。

生命的回顾 人们考察和评价他们生活时的看法。

根据研究老年学家罗伯特·巴特勒（Robert Butler, 2002）的看法，当人们越来越清晰地认识到将来的死亡时，就会激发**生命的回顾**。当人们变老时，他们回顾自己的生活，回忆和重新考虑自己所经历的事情。我们可能会首先怀疑这种回忆是有害的，当人们回想过去经历时，会纠缠在过去的问题中，重新剥开伤口，但并不是所有情况都这样。在回顾过去的生活事件时，老年人通常能更好地认识自己的往昔。他们也许能够重新解决与某些特殊个体之间遗留的问题和冲突，例如从孩提时代开始的疏远，他们可能还会用更加平静的方式面对生活遭遇（Bohlmeijer, Westerhof, & de Jong, 2008；Korte, Westerhof, & Bohlmeijer, 2012；Latorre et al.，2015）。

生命回顾的过程能促进记忆，培养与他人相互联系的感觉。

生命的回顾还能带来其他好处。例如，回想可以产生和他人互相联系的分享感和亲密感。此外，当老年人寻求与他人分享他们过去的经历时，回想还能够成为社会交互的源泉（Parks, Sanna, & Posey, 2003）。

回想甚至还会有认知上的好处，那就是提高老年人的记忆力。通过回顾过去，人们激活过去生活中一系列有关人和事的记忆。反过来，这些记忆可能会引发其他相关的记忆，还可能回想起过去的一些景象、声音甚至气味。

生命的回顾和怀旧的结果也并非总是好的。那些容易受过去问题困扰的人，往往会想起那些无法更改的陈年的伤痛和错误，最终有可能对那些已经过世的人感到内疚、抑郁和愤怒。在这样的情况下，回忆过去会导致心理功能的损害（DeGenova, 1993；Cappeliez, Guindon, & Robitaille, 2008）。

总的来说，生命的回顾和怀旧的过程在老年个体当前的生活中是很重要的。它联结了过去和现在，还可能提高了人们对当前世界的认识。另外，它还能提供看待过去事件和他人的新认识，老年人的人格继续稳定发展，在现今发挥更好的作用(Coleman, 2005; Haber, 2006; Alwin, 2012)。

成年晚期的年龄阶层理论

LO 18.2　解释年龄与资源、权力和特权的关系

在特定的社会中，年龄像种族和性别一样，能作为一种把人分类的方式。**年龄阶层理论(age stratification theories)**认为在生命过程的不同阶段中，人们的经济资源、力量和特权的分配都是不均衡的。这样的不均衡在成年晚期尤为严重。

年龄阶层理论 在生命过程的不同阶段，人们的经济资源、力量和特权的分配是不均衡的。

虽然医疗技术的进步能使人类寿命得以延长，但它阻止不了老年人的力量和权威的逐渐减退，至少在个体主义社会中情况是这样的。例如，收入最高的年龄大概是五十几岁，随后收入就开始减少。此外，年轻人有更多的独立性，他们通常与老年人分开，更少依赖老年人。而且，技术的迅猛变化也使得老年人似乎不太能够掌握重要的技能。最终，老年人就不被看成社会生产的主力，甚至在某些情况下被认为是与社会生产不相关的(Macionis, 2001)。如莱文森的理论所强调的那样，在西方社会，人们很清楚地认识到随着变老，个体地位会降低。莱文森认为成年晚期的主要转变在于适应这种地位的降低。

年龄阶层理论有助于解释为什么在个体主义没那么浓的社会中，老化被视为积极的。例如，在农业活动占主导的文化中，老年人掌握了对动物和土地等重要资源的控制权，在这种情况下，退休的概念是不存在的，老年个体(尤其是老年男性)是非常受尊敬的，其中一部分原因就是他们还继续参与重要的社会日常活动。而且，因为农业实践的发展速度慢于工业社会中技术进步的速度，因此在农业社会中，人们认为老年人拥有相当多的智慧。像“尊老”这样的文化价值观，在个体主义没那么浓的国家中，并没有受到抑制。同样，文化价值观决定了不同社会的人如何对待老年人，接下来的“发展的多样性与生活”部分就要讨论这个内容。

年龄能带来智慧吗?

LO 18.3　定义智慧并且描述其与年龄的关系

人们认为年老的好处之一是拥有智慧。但是否多数老年人都有智慧呢？随着年龄增长，人们能否获得智慧？

虽然看起来越老越有智慧是对的，但我们仍不能下定论，因为**智慧**的概念(在生活实践方面的专家知识)到现在还没有得到研究老年学家和其他研究者的注意。部分原因是“智慧”难以定义和测量，具有相当的

智慧 在生活实践方面的专家知识。

模糊性（Baltes & Smith, 2008; Meeks & Jeste, 2009; Montepare, Kempler, & McLaughlin - Volpe, 2014）。

人们认为智慧能反映出知识、经验和思想的积累，根据这样的定义，要获得真正的智慧，成为老年人可能是必须的，或者至少是有用的（Kunzmann & Baltes, 2005; Staudinger, 2008; Randall, 2012）。

智慧和智力不一样，但区别这两者却很需要技巧。一些研究者认为两者的一个基本区别是它们与时间的关系：由智力产生的知识与目前有关，而智慧相对来说是永恒的。智力能让个体有逻辑地、系统地思考，而智慧是对人类行为的理解。心理学家罗伯特·斯滕伯格研究了实践智力，他认为智力能让人类发明原子弹，而智慧能阻止人们使用它（Karelitz, Jarvin, & Sternberg, 2010; Wink & Staudinger, 2015）。

虽然衡量智慧是困难的，但厄苏拉·施陶丁格和保罗·巴尔特斯（Ursula Staudinger & Paul Baltes, 2000）设计的一个研究表明，有可能稳定地测量人们的智慧。研究对象从 20 到 70 岁，2 人一组讨论生活事件中遇到的困难。其中一个问题是有人接到好友的一个电话，好友说自己打算自杀。另一个问题是一名 14 岁的女孩想立即搬离自己的家。被试者要回答他们会怎样想和怎样做。

虽然这些问题没有绝对正确或错误的答案，但有几个标准可以用来评价被试者的回答，包括被试者拥有的关于那个问题的实际知识有多少；被试者拥有的关于决策的知识有多少，例如顾及决策的后果；被试者在多大程度上考虑到故事主人公所处的生命周期的具体情况和故事主人公可能持有的价值观；被试者是否能意识到可能不止一个解决办法。

利用这些标准，被试者的回答能被评定为相对有智慧或没有智慧。例如，对于自杀问题，以下是一个被评为非常有智慧的答案样本：

> 一方面，这个问题有实用价值，一个人必须用这样或那样的方式行事。另一方面，它还有哲学上的意义，作为一个人，是否被允许杀死自己……首先我们需要辨认自杀这个决定是长时间考虑的结果还是在生活情境中的某个时刻里想出来的。对于后一种情况，我们不知道这个想法会持续多久。生活中会有让人想自杀的情况出现，但我认为没有谁会轻易放弃生命。如果想生存，人们应该努力与死亡做斗争……似乎我们有责任为想自杀的人提供另一种解决

问题的途径。比如现在,我们的社会中似乎有种越来越接受老年人自杀的趋势,这是很危险的。不是因为自杀本身,而是因为它对社会造成的影响(Staudinger & Baltes, 1996, p. 762)。

施陶丁格和巴尔特斯的研究还发现老年被试者在“能促进个体睿智地思考”的实验条件中表现更好,其他研究者也认为最有智慧的个体可能是那些老年的个体。

其他研究则着眼于心理理论(theory of mind)的发展,即推测他人想法、感受和意图等心理状态的能力。尽管研究结果并不一致,但一些研究发现,老年个体运用他们随年龄而积累的经验,表现为可以运用更成熟的心理理论(Karelitz, Jarvin, & Sternberg, 2010; Rakoczy, Harder - Kasten, & Sturn, 2012)。

◎ 发展的多样性与生活

文化如何塑造人们对待老年人的方式

人们看待老年人的方式是有文化差异的。例如,普遍来说,亚洲社会比西方社会中的人们更加尊重老年人,尤其是尊重家里的老人。虽然在一些工业迅速发展的亚洲社会中,例如在日本,人们尊老的态度在减弱,但人们对老化的看法和对待老年人的方式,仍然比西方社会更为良好(Cobbe, 2003; Degnen, 2007; Smith & Hung, 2012)。

是什么导致亚洲文化对老年人更加尊重呢?一般而言,尊重老年人的那些文化在社会经济上是相对同质的。另外,在那样的社会中,随着年龄增长,人们担负更多的责任,老年人在相当大的程度上控制了很多资源。

此外,亚洲社会的人在毕生发展中,比西方社会的人表现得更稳定,老年人继续参与社会所看重的活动。最后,亚洲文化更加有组织地围绕在大家庭周围,而老一辈的人能更好地被整合到家庭结构当中(Fry, 1985; Sangree, 1989)。在这样的环境中,年轻的家庭成员认为老年人积累了大量他们可以分享的智慧。

是什么导致亚洲文化对老年人更加尊重呢?

另一方面，即使在那些强调善待老人的美好社会中，人们也并非总是遵照“尊老”的准则行事。例如在中国，人们对老年人的钦佩、尊敬甚至崇拜是很强的，但在很多小社会中，除了对那些老年精英人物，人们的实际行为并没有其态度所表现出的那样美好。另外，通常是儿子和儿媳照顾老人，那些只有女儿的父母发现自己在年老时没人照顾。总之，即使在特定文化中，照料老年人的形式也不是一成不变的，因此不能对特定社会中人们照顾老年人的方式做出泛泛的评论（Comunian & Gielen, 2000; Li, Ji & Chen, 2014）。

不仅仅是亚洲文化下的老年人备受尊敬。例如，在拉丁文化中，老年人被认为拥有特别的内在力量，在家庭中是年轻人的宝贵资源。在许多非洲文化中，到达老年被视为法术的信号，在某些非洲文化中，老年人被称为“大人物”（Diop, 1989; Holmes & Holmes, 1995; Lehr, Seiler, & Thomae, 2000）。

成功老化：秘诀是什么？

LO 18.4 区分老化的理论

77岁的埃莉诺·雷诺德斯（Elinor Reynolds）大部分时间都在家里度过，她生活得平静而有规律。埃莉诺一生未婚，每隔几个星期两个妹妹过来探望她一次，外甥和外甥女们偶尔来一下。但绝大多数时间她都是一个人度过的。她觉得这样的生活很快乐。

相反，凯瑞·马斯特森（Carrie Masterson）也是77岁，她几乎每天都做着不同的事情。如果她不去老年中心参加某些活动，就会去购物。她的女儿抱怨说，凯瑞是不“粘家”的，打电话找她时凯瑞“总是不在家”，而凯瑞回答说她从未像现在这样忙碌或开心。

很明显，成功老化没有特定的方式。人们如何老化取决于自身的人格因素和所处的环境。一些人参与的活动日渐减少，另一些人则与自己感兴趣的人和地方保持着积极的联系。有三个主要理论提供了解释：脱离理论（disengagement theory）、活跃理论（activity theory）和连续理论（continuity theory）。脱离理论认为成功老化主要是逐步退隐；活跃理论则主张成功老化需要个体继续参与外界活动；连续理论则采用折衷的立场，认为最重要的是保持自己所需的参与水平。下面我们将逐一讨论三种观点。

脱离理论 成年晚期以心理、生理和社会水平上的逐渐退隐为标志。

脱离理论：逐步隐退。根据**脱离理论**，成年晚期的个体通常在生理、心理和社会水平上，从外界活动中逐步隐退（Cummings & Henry, 1961）。

在生理水平上，老年人的精力水平降低，生活节奏有日渐下降的趋势。心理上，他们开始从人群中退出，对外界表现出较少的兴趣，更多关注自己的内心世界。最后，在社会水平上，他们更少参与社交活动，减少了日常的面对面交流和总体的社会活动，对他人生活的参与和投入也变得更少。

脱离理论认为退隐是一个相互的过程。由于社会标准和人们对老化的预期，总体上社会也在远离老年人。例如，强制性的退休年龄迫使年纪大的人不再扮演与工作相关的角色，从而加速了脱离的进程。

虽然脱离理论有一定的逻辑性，但支持它的研究并不多。此外，这一理论也受到了批评，因为原本是社会没能为成年晚期的人们提供充足的机会去建立有意义的联系，它接受了社会在这方面的失败，然后在某种意义上将原因归咎于这些人本身。

当然，某种程度的脱离不一定是负面的。例如，老年人的逐步隐退能使他们有更多时间来思考自己的生活，更少受到社会角色的束缚。而且，人们能对自己的社会关系有更深的认识，更关注那些能满足他们需要的人（Settersten, 2002; Wrosch, Bauer, & Scheier, 2005; Liang & Luo, 2012）。

尽管如此，大多数老年学家都不同意脱离理论，并指出脱离是相对不常见的。在大多数案例中，老年人仍保持投入、活跃和忙碌，并且（尤其是在非西方文化中）社会期望也希望他们在日常生活保持积极参与的状态。显然，脱离不是一个自动的、普遍的过程（Bergstrom & Holmes, 2000; Crosnoe & Elder, 2002）。

活跃理论：继续参与。脱离理论缺少支持，因而产生另一种替代的理论，就是人们所说的活跃理论。**活跃理论**认为成功老化需要对成年中期所从事的事情保持兴趣和活力，防止社交数量和类型的减少。根据这一观点，人们通过高度参与外界活动，来得到生活的幸福感和满意感。此外，如果老年人不是通过隐退的方式，而是通过保持适度的社会参与就能够适应环境中不可避免的变化，从而可以成功步入成年晚期（Consedine, Magai, & King, 2004; Hutchinson & Wexler, 2007; Rebok et al., 2014）。

活跃理论　此理论认为当人们保持成年中期的兴趣、活动和社会交往时，就会成功老化。

活跃理论认为成年晚期的成功老化反映了老年人对其早年参与活动的一种延续。即使在不能再参与某些活动的情况下，例如先是工作然后退休了，活跃理论也主张人们寻找替代活动，这样可以成功老化。

但活跃理论像脱离理论一样,不能对所有情况进行解释。首先,活跃理论很少区分活动的类型。不同活动对人们的幸福感和满意度的影响显然是不一样的,仅仅是为了保持参与度而参加各种活动就不大可能使人感到满意。总之,人们所参与的活动的性质可能比单纯的参与次数和数量更重要(Adams, 2004)。

脱离理论认为成年晚期个体开始从社会中逐步退隐，活跃理论则主张成功老化需要人们继续参与外界活动和他人的联系。

社会工作者的视角

文化因素会怎样影响老年人采用脱离策略还是活跃策略?

需要特别关注的是,对于一些处于成年晚期的个体来说,“更少就是更多”的原则更加适用。对于此类个体来说,更少的活动能带来更大的生活乐趣。他们能够放慢生活节奏,仅做那些能给自己带来最大快乐的事情。实际上,一些人把能够调整生活步伐看作成年晚期最大的好处之一。对他们来说,相对少的活动,甚至独处,是备受欢迎的生活状态。

简而言之,脱离理论和活跃理论都不能描绘成功老化的全貌。对于一些人来说,逐步脱离外界时,他们得到更多的快乐和满意感。对于另一些人来说,保持高度的活跃性和参与度,会让他们更满意(Ouwehand, de Ridder, & Bensing, 2007)。

连续理论:折衷的立场。这个观点综合了脱离理论和活跃理论。**连续理论**认为人们仅需要保持自己所需的社会参与水平,就能得到最大的幸福感和自尊(Whitbourne, 2001; Atchley, 2003)。

连续理论 认为人们要需要保持自己所需的社会参与水平,从而得到最大的幸福感和自尊。

根据连续理论的观点,那些具有高度活跃和社会性很强的人,如果尽量保持社交活动,会感到快乐。而那些更愿意退休的人,他们喜欢幽静,喜欢单独的活动,例如读书或在丛林中散步,如果能够从事这样的活动,他们会更快乐(Holahan & Chapman, 2002; Wang et al., 2014)。

很明显,不管老年个体参与活动的多少,他们大多数都体验到和年轻人一样多的正性情绪。而且,他们在调节自己情绪方面变得越来越熟练。

还有其他因素可以增加成年晚期的幸福感。例如,生理和心理健康对老年人的总体幸福感无疑是很重要的。类似地,足够的经济保障也是至关重要的,它能给人们提供基本的需要,包括食物、衣服和医疗。另外,自主感、独立性和对个人生活的控制感也是非常有帮助的(Charles, Mather, & Carstensen, 2003; Charles & Carstensen, 2010; Vacha - Haase, Hil, & Bermingham, 2012)。

最后,老年人看待年老的方式会影响他们的幸福感和满意度。那些用积极归因看待成年晚期的个体,例如年老意味着获得更多的知识和智慧,比那些用消极态度看待成年晚期的个体更善于用正面的眼光看待自己(Levy, Slade, & Kasl, 2002; Levy, 2003)。

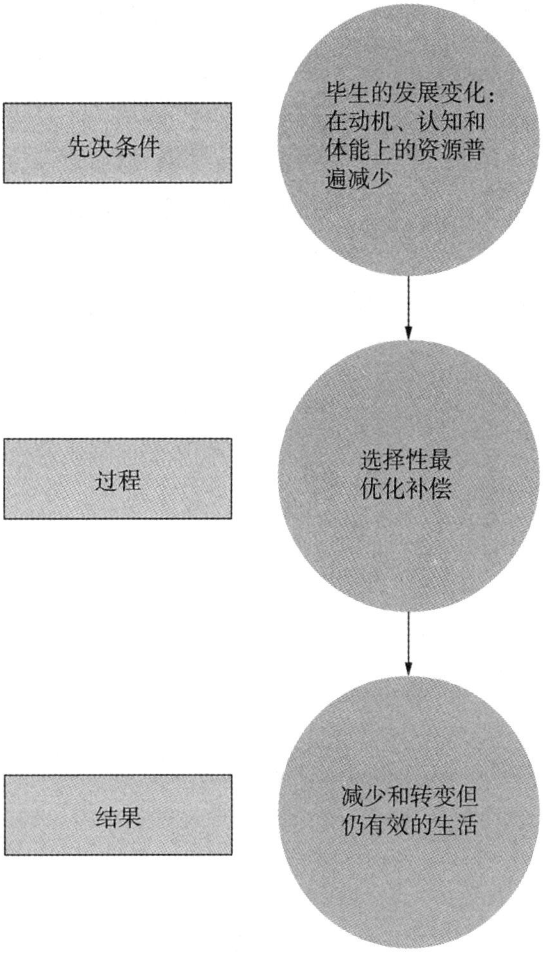

最终,根据调查结果显示,作为一个群体,成年晚期的人们比年轻人幸福。这并非指那些65岁以上的人总是更快乐。相反,变老似乎给大多数人带来了一定程度的满足感(Yang, 2008)。另请参见"从研究到实践"专栏。

先决条件

毕生的发展变化:在动机、认知和体能上的资源普遍减少

过程

选择性最优化补偿

结果

减少和转变但仍有效的生活

图18-1 通过补偿达到选择性最优化

根据保罗·巴尔特斯和玛格丽特·巴尔特斯所设定的模型,当老年人关注自己能发挥影响的最重要的领域,补偿在其他领域的丧失时,他们就能够成功老化。仅仅对老年人是这样吗?

(资料来源: Adapted from Baltes & Balters, 1990.)

通过补偿达到选择性最优化:一个成功老化的普遍模型。在考虑成功老化的因素时,发展心理学家保罗·巴尔特斯和玛格丽特·巴尔特斯关注"通过补偿达到选择性最优化模型"(selective optimization with compensation model)(总结见图 18 - 1)。我们先前在第 15 章中讨论过,该模型潜在的假设是成年晚期会带来能力上的改变和丧失,但这因人而异。人们有可能通过选择性最优化来克服能力上的改变。

选择性最优化 人们选择性地关注某些技能，从而补偿在其他领域中丧失的过程。

选择性最优化是指人们关注某些特殊的技能，以此补偿在其他领域中能力丧失的过程。人们力争增加自己在动机上、认知上和体能上的一般资源，同时，通过选择的过程，关注自己特别感兴趣的特定领域。一个终生从事马拉松运动的人，为了加强训练可能需要削减或完全放弃其他运动。他/她也许可以通过集中训练来提高其跑步技能（Burnett－Wolle & Godbey，2007；Scheibner & Leathem，2012；Hahn & Lachman，2015）。

这个模型同时认为，老年人利用补偿来弥补因为老化而丧失的能力。补偿的形式可以各式各样，譬如戴上助听器来弥补衰退的听力。钢琴家阿瑟·鲁宾斯坦（Arthur Rubinstein）是另一个通过补偿达到选择性最优化的例子。他晚年时，仍继续其表演生涯，而且很受欢迎。为了能做到这样，他采取了一些策略，它们恰能说明选择性最优化模型中的补偿。

首先，鲁宾斯坦减少了在音乐会上表演的乐曲数目，这就是在追求表演质量方面选择性的一个例子。其次，他更勤奋地练习那些要表演的乐曲，这是运用了最优化。最后，作为补偿的一个例子，他减慢了快节奏乐章的前奏，这样听起来好像他演奏的速度和以前一样（Baltes & Baltes，1990）。

简而言之，通过补偿达到选择性最优化的模型道出了成功老化的基本原则。虽然成年晚期可能带来各种潜在的能力改变，但那些尽力在特定领域取得成绩的人能更好地补偿其他方面能力的丧失和缺损。这样做的结果就是，老年人在某些方面的活动有减少，但也有相应的转变和调节，最终其生活仍然是成功和有效的。

◎ 从研究到实践

年龄真的只是一种心理的状态吗？

如果你在1981年走进新罕布什尔州的某个修道院，那就感觉就像是在瞬间穿越。你走进那些墙内回到了1959年。一切都是从那个时期开始的，包括装饰、书籍和杂志，甚至是收音机和小型黑白电视。这不是时间胶囊，但它是对身心联系的开创性研究。心理学家埃伦·兰格（Ellen Langer）带着8位70多岁的男子到修道院度过了5天的生活，在那儿他们好像突然年轻了20岁。在那段时间里，被试者无法看到自己现在的样子，只能看到自己50多岁时的样子。他们不再被当作老人对待，而是被期望自己照顾自己。他们谈论了20世纪50年代后期的事件，就好像在谈论当下发生的事一样。在各种可能的情况下，创造了过去22年已经从他们的生活中消失的错觉（Grierson，2014）。

研究结束时不可思议的事情发生了，被试者们不仅仅是假装变得年轻。他们表现得年轻了，看起来年轻了，并且在诸如力量和灵活性等一些生理指标上的表现有所提高，甚至视力也提高了！

兰格在该研究和其他研究中表明，衰老的过程至少部分是一种心态。人们认为自己老了，因此表现得很老。但是，当他们认为自己年轻，并且有明确的生活目的和自主权时，他们就能恢复活力。例如，兰格最近的研究表明，人们的视力能够变好只要人们相信这能够成真（Alexander & Langer, 1990; Hsu, Chung, & Langer, 2010）。

兰格将这种身心健康之间的联系称为正念（mindfulness）。它类似于安慰剂效应：人们倾向于体验他们期望体验的结果。兰格已经积累了大量关于这种现象的相关证据：过早秃顶的男性（因此认为自己年龄较大）患前列腺癌和冠心病的风险增加。那些认为头发着色/剪发后看起来更年轻的女性表现出血压下降。更晚生育孩子并且因此觉得和表现得更年轻的女性比年龄更轻的女性往往寿命更长。在年龄差异较大的夫妻中，伴侣年龄比自己更大的人的寿命比同龄人短，伴侣年龄比自己更小的人的寿命比同龄人长（Hsu, Chung, & Langer, 2010）。

兰格目前的研究将正念的概念推向了新的高度，测试患有晚期乳腺癌的女性是否会像新罕布什尔修道院的老年男性一样，体验回到 20 年前的生活，从而获得疗效。兰格希望，通过像他们癌症出现之前那样生活，能让这些病人的身体找到一种方法使得癌症消失。至少可以说，这是一个大胆的实验，它让兰格的正念概念经受了有史以来最严峻的考验。即使是一个小的成功也会是革命性的。这是否能成为现实，只有时间才能证明（Grierson, 2014）。

共享写作提示

对于兰格研究中在不同年龄阶段和健康状况之间的关联性，可能有哪些替代解释？

模块 18.1 复习

- 人格的某些方面会保持稳定，而其他方面根据人们老化时所处的社会环境而改变。埃里克森把老年期称为自我整合—绝望阶段，关注个体对自己生活的感受；派克则关注该时期所要面对的三个任务。根据莱文森的观点，在与“变老”的概念做过抗争后，人们能体验到解放和自我关注。纽嘉顿则关注人们应对老化的方式。
- 埃里克森年龄阶层理论认为经济资源、权力和特权在人的一生中的分配是不均衡的，而这种情况在成年晚期尤为严重。
- 智慧被定义为生活实践方面的专家知识，通过知识，经验和沉思的积累而获得。因为它是以经验为基础的，智慧可能依赖于年老。老年人因其智慧而受到尊重的社会通常具有社会同质性、大家庭结构，老年人责任重大，他们拥有对重要资源的控制权。
- 脱离理论认为，老年人逐渐从外界退隐，可以让他们进行反思并感到满意。相反，活跃理论认为那些快乐的个体是继续参与外界活动的人。连续理论采用折衷的立场，它可能是关于成功老化最有用的观点。关于年老化的最成功的模型可能是通过补偿达到选择性最优化的模型。

共享写作提示

应用毕生发展:在进行生命的回顾时,如何用人格特质解释人们在获得满意过程中的成功与失败?

18.2 成年晚期的日常生活

在我十年前退休之前,每个人都告诉我,我将失去工作,变得孤独,感到平淡,没有了商业上的挑战。荒谬!这是我一生中最美好的时光!想念工作?不可能。有什么可想念的呢?会议?培训?绩效考核?当然,现在的钱和人都少了,但是我的存款、爱好、旅行这些我想拥有的东西我都有了。

上述对成年晚期的积极看法来自一位75岁的退休保险工人。尽管不是所有退休人员都有这样的想法,但还是有很多人都觉得退休后的生活很开心、很投入。我们将探讨人们在成年晚期的一些生活方式,先从他们住在哪儿说起。

居住安排:居住的地点和空间

LO 18.5 描述老年人的居住环境及其所面临的困难

一想到"老年人",你是否像很多人一样,你的思维就会一下子跳到养老院。人们对它的刻板印象是,住在那里的老年人是孤独的、不开心的,他们受到机构的束缚,只能被陌生人照顾。

居住在多代家庭中,和儿女、儿媳、女婿及孙子们一起,对老年人来说,是有益和有帮助的。在这种情况下,是否会有不利因素呢?其解决办法又是什么?

但事实完全不是这样的。虽然有些人年老时住在养老院,但这只是一小部分人——仅仅占老年人总数的5%。很多人始终住在家里,而且至少有一名家庭成员陪伴。

住在家里。大部分老年人独自生活。在美国,960万独居的人中,1/4是超过65岁的老人。大概有2/3超过65岁的老人与其他家庭成员同住,多数情况是和配偶同住。一些老年人和兄弟姐妹同住，另一些与子女们等一起住，还有孙子女们甚至曾孙子女们多代人同住。

和家庭成员一起住的结果多种多样，这取决于家庭结构的性质。对夫妇们来说，与配偶同住代表了先前生活的延续。对于搬去与孩子们同住的人，要适应多代人在一起的生活，这是十分费劲的。不仅存在着失去自主和隐私的风险，老人们可能还会看不惯自己孩子养育下一代的方式。除非人们对家庭成员所扮演的角色有既定的准则，否则就会容易发生矛盾（Navarro，2006）。

在某些群体中，更多情况下老年人住在大家庭里。例如，非裔美国人比白人更有可能和多代人住在一起。而且，相对于白人家庭来说，在非裔美国人、亚裔美国人和西班牙裔美国人的家庭中，家庭中一名成员对另一名成员的影响更大，大家庭中成员间的相互依赖也更多（Becker, Beyene, & Newsom, 2003）。

专门的居住环境。对于大概 10% 处于成年晚期的个体来说，家就是一个机构。正如我们所看到的那样，供老年人生活的专门环境有很多不同的类型。

近来有关居住安排的变革之一是**连续照料社区（continuing - care community）**。此类社区主要是为退休人员和年纪大的居民提供一个好的生活环境。居民们可能需要各种级别的照料，这些照料会由社区提供。居民只需签署一个合同，社区在合同中承诺为居民提供其所需级别的照料。在很多这类社区中，人们刚开始住在独立的房子或公寓中，他们或是自理，或是偶尔需要照顾。随着年龄增大，他们的需要有所增加，他们会住进协助生活区（assisted living），在那里，人们单独住在房间里，但配有适当程度的医疗护理。连续照料最终发展到各渠道的全天护理，通常在有全天陪护的养老院中进行。

连续照料社区 为退休人员和年纪大的居民提供各种级别照料的生活环境的社区。

连续照料社区尽量做到同等对待各宗教、种族和族裔的人，它们由私人或宗教组织主持。由于参加此类社区需要大量的启动资金，社区中的成员相对来说都是比较富有的。尽管如此，连续照料社区仍在努力提高其多样化水平。此外，他们正试图通过建立日托中心和开发涉及年轻人的项目来增加代际互动的机会（Chaker, 2003; Berkman, 2006）。

护理机构有好几种类型，从提供日间的钟点护理到全天 24 小时护理。在**成人日托机构（adult day - care facilities）**，老年人只能在日间得到照顾，晚上和周末他们在家里度过。他们在这种机构时，能有人照顾

成人日托机构 老年个体只能在日间得到照顾，晚上和周末在家中度过的机构。

和提供膳食，按照时间表活动。有时这些成人机构还有婴儿和幼儿的日托项目，那样老年人就能和小朋友们一起玩（Tse & Howie, 2005; Gitlin et al., 2006; Dabelko & Zimmerman, 2008）。

其他机构能提供更多的照料。最精细的护理是**专业护理机构（skilled – nursing facilities）**，它为长期患病和患病后逐步恢复的个体提供全日的护理。虽然专业护理机构，也就是传统的疗养院，只接纳了4.5%的65岁以上的人，不过这个比例会随着年龄增长而增多。例如，65岁或以上的人只有3%住在疗养院，但85岁或以上的人，这个比例大约是10%（Administration on Aging, 2006; Nursing Home Data Compendium, 2013）。

专业护理机构 为长期患病和患病后逐步恢复的老人提供全日护理的机构。

护理中心的照料越广泛和深入，居住者所需做出的适应也越多。虽然一些新入住的人能适应得比较快，但生活在护理机构中所带来的自主性丧失，还是会让他们感到有些困难。另外，老年人与其他社会成员一样，会受人们对养老院的刻板印象所影响，他们对养老院的预期可能会非常消极。他们觉得自己仅仅是在坐等生命的消逝，被一个尊崇年轻的社会所遗忘和抛弃（Biedenharn & Normoyle, 1991; Baltes, 1996）。

制度化和习得性无助。尽管生活在护理机构中的老人的恐惧可能被夸大，但它们会导致**公共救济的制度化感觉（institutionalism）**，这是一种冷漠的、缺乏情感以及不再照顾自己的心理状态。公共救济的制度化感觉部分源于一种习得性无助，即人们无法控制周围环境的信念（Peterson & Park, 2007）。

公共救济的制度化感觉 一种冷漠的、缺乏情感以及不再关心照顾自己的心理状态。

这种由公共救济的制度化感觉引起的无助感，确实会产生严重后果。比如，想象一下当老年人入住养老院时，与过去能自由支配的生活相比，一个明显的变化是他们不再拥有对自己基本活动的控制权。他们会被规定什么时候吃饭，吃些什么，睡觉的时间要由他人安排，甚至连洗澡时间都被规定了（Wolinsky, Wyrwith, & Babu, 2003; Iecovich & Biderman, 2012; de Oliveira et al., 2014）。

成人日托机构的老年人在用餐和活动期间与他人社交。

一个经典的实验表明了这种丧失控制感的后果。心理学家埃伦·兰格和欧文·詹尼斯(Ellen Langer & Irving Janis, 1979)把一些住在养老院的老年人分成两组,一组被鼓励对自己日常活动做出各种选择;另一组没有选择,并主张他们任由养老院的职员照顾。结果是很明显的。能做选择的被试者不仅更快乐,而且更健康,一年半后,这组被试者只有 15% 的人去世。而另一组被试则有 30% 去世了。

简而言之,住在养老院和其他机构中的老年人,丧失了对日常生活特定方面的控制权,这严重影响了他们的幸福感。但我们必须懂得,不是所有养老院都是制度森严的。最好的办法是让入住者能做一些与基本生活有关的决定,让老年人有一种对自己生活的控制感。

卫生保健专业人士的角度

养老院会采取哪些政策来最大限度地减少其居民产生制度化感觉的机会? 为什么这样的政策比较少见?

财务问题: 成年晚期的经济状况

LO 18.6　讨论当今美国老年人的经济保障情况

和处于生命周期其他阶段的人们一样,成年晚期个体的社会经济状况有好有差。像本章先前提到的那些人那样,他们工作时如果收入多些,老年时也更富裕,而之前比较贫穷的人,老年时也比较拮据。

然而,不同群体在早年经历过的不公平在晚年时变得更严重。同时,现在进入成年晚期的人们所承受的经济压力也在逐渐增加,因为随着寿命的不断延长,人们更有可能把积蓄用完。

大约 10% 的 65 岁及以上的老年人处于贫困状态,这个比例与 65 岁以下人群的比例相当接近。而且,在不同群体和不同性别中,也有明显的差异。生活在贫困之中的女性几乎是男性的 2 倍。在那些独自生活的老年女性当中,近 1/4 的个体生活在贫困线以下。如果已婚女性丧偶,她也很可能变得贫困,因为她可能在丈夫生前患病时用完了所有积蓄,而丈夫的养老金随着其去世也不再发放(Spraggins, 2003; 见图 18－2)。

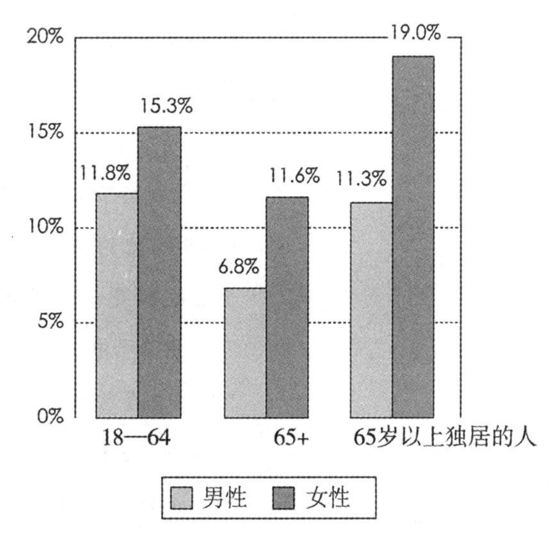

图18-2　贫困与老年人

65岁及以上的人中有10%生活在贫困中，生活在贫困中的女性接近男性的2倍。

（资料来源：DeNavas-Walt, Proctor,& Smith, 2013.）

此外,8% 成年晚期的白人生活在贫困线

以下,19%西班牙裔和24%非裔美国人生活在贫困中。少数族裔女性可能是各种情况中最差的一种。例如,65—74岁的离婚的黑人女性中,贫困比率占到了47%（Federal Interagency Forum on Age - Related Statistics, 2000; U.S. Bureau of the Census, 2013）。

成年晚期的财政危机的原因之一是人们必须依赖支持生活的固定收入。与年轻人不同,老年人的收入主要来自社会保障、退休金和积蓄,而这些几乎不随通货膨胀而变化。结果,当通货膨胀使诸如食品和衣服等商品价格升高时,老年人收入的增长速度追不上。在一个人65岁时够用的收入到了20年后,其价值就会变小,因此老年人就逐渐变得贫困。

健康保健费用的上升是老年人财政危机的又一原因。老年人在健康方面的平均花费是其收入的20%。对于那些需要在护理机构中接受护理的人来说,经济上的支出是令人咋舌的,每年平均需要大概80 000美元（MetLife Mature Market Institute, 2009）。

除非把社会保障和医疗费用纳入财政计划,否则目前正在工作的年轻美国公民的负担必然会增加。不断增长的费用意味着年轻人的税款要被更多地用于老年基金。这种情况增加了老一辈和年轻一辈之间的矛盾和隔膜。事实上,就像我们所看到的那样,社会保障费用成为人们决定工作多长时间的关键因素之一。

成年晚期的工作和退休

LO 18.7 总结老年个体退休的积极方面和消极方面及其经历的典型阶段

“别忘了你找的钱,布劳迪(Brody)女士,”吉米·哈代(Jim Hardy)提醒他的顾客,“享受与你孙子们的时光。”哈代挥手向她道别,女士也微笑着挥挥手致意。

吉米哈代上个月刚满84岁,他一周在当地的超市工作24小时。“我不总是收银员。”哈代说,“在我的一生中我做了很多工作。起初在温哥华,然后在缅因州做伐木工作。但我结婚后太太要我做点稳定的工作,所以我找了一份修理电话的工作,一直干了四十多年。”

当哈代的太太五年前去世的时候,他考虑退休并且搬去夏威夷。“这是一座美丽的城市并且这儿的人都很友好。”但是哈代并没有退休,他在超市找了一份工作。

“我喜欢这儿。”他说，“我遇见人就和他们聊聊，我不知道如果我不工作我该干什么。”

“要在什么时候退休?”是很多处于成年晚期的个体面临的重大决定之一。有些像吉米哈代一样的人，希望工作到不能工作为止。其他人则在经济条件允许的情况下就退休。

真正退休后，很多人从一名“工作者”转变成“退休者”，他们在认同自己的新身份时，感到十分困难。他们没有了职业的头衔，不再有人向他们寻求建议，而且他们不能再说“我在钻石公司工作”一类的话。

但对于另一些人来说，退休是一个很好的机遇，能让他们悠闲地生活，而且可能是其成年以来第一次能以这样的方式生活。大多数人早在55岁或60岁时就退休了，而人们的寿命又在不断延长，因此很多人退休后的生活时间比上几代人都长。而且老年人的数目在不断增加，在美国人群中，退休的意义和影响力日渐加深。

老年工作者:抗击老年歧视。其实在成年晚期的某些时间，很多人也继续工作，全职或者兼职。他们之所以能这样做，主要因为在20世纪70年代后期通过的某项法案，它把几乎在所有行业中规定的退休年龄都看作是不合法的。部分法律明确禁止歧视老年人，这个法律让很多人能有机会继续以前的工作，或者在其他领域开展全新的工作(Lindemann & Kadue, 2003; Lain, 2012)。

老年人继续工作，无论是因为他们喜欢工作中的智力回报和社会性回报，还是因为他们需要靠工作获得经济收入，他们很多时候会遭到歧视，这是事实，尽管这在法律上是被禁止的。一些雇主劝说老年雇员离开工作岗位，为的是用新人代替他们，这样可以少付些薪金。而且，一些雇主认为老年工作者不能满足工作任务的需要，又不情愿转换工作岗位，这种对老年人的刻板印象一直持续着，尽管在法律上已禁止这样。

没多少证据支持老年工作者的工作能力降低这个说法。在很多领域，例如文学、艺术、科学、政治，甚至是娱乐界，我们很容易发现人们在成年晚期也能做出重大贡献的例子。即使在少数法律允许规定其退休年龄的行业中，例如一些涉及公众安全的行业，也没有什么证据支持人们必须在某个特定年龄退休的说法。

例如，一个关于年老政府官员、年老消防工作者、年老狱警的大范围详细研究表明，年龄不是一个人能否胜任其工作的良好预测源。相反，对个体的工作表现进行的个案分析才是更准确的预测源（Landy & Conte，2004）。

观看视频　退休的转变：玛丽和乔治

尽管歧视老年人仍然是一个问题，劳动力市场也许有助于减少其严重性。当在生育高峰期出生的人退休后，市场劳动力锐减，企业可能会鼓励老年人继续工作，或者退休后重新回到工作岗位。不过，对于大多数老年人来说，退休仍然是普遍的。

退休：过一种悠闲的生活。人们为什么决定退休？尽管其基本原因很明显，就是想停止工作，但还有很多其他因素影响人们做出退休的决定。例如，有时候人们在工作了这么长时间之后，已经相当倦怠，他们需要缓和工作中的紧张感和挫败感，从自己已经力不从心的感觉中跳出来。一些人退休因为其健康状况的下降，还有一些人是因为如果在一定年龄退休，就能得到雇主所提供的奖金和较高的退休金。最后，一些人早就计划着退休，利用多出来的闲暇时间旅游、学习，或享受天伦之乐（Nordenmark & Stattin，2009；Petkoska & Earl，2009；Müller，et al.，2014）。

无论人们退休的理由是什么，他们都需要经过一系列难熬的退休适应期，见图 18－3。退休后首先进入蜜月期（honeymoon period），刚退休的人参加各种活动，如之前由于工作而无法安排的旅行。第二个时期是清醒期（disenchantment），此时退休的人觉得退休并不完全像自己所想的那样。他们开始想念工作时的奖励、同事情谊，或者他们开始发现很难再忙碌起来（Atchley & Barusch，2005；Osborne，2012；Schlosser，Zinni，& Armstrong－Stassen，2012）。

接着到了重新定位期（reorientation），此时退休的人重新考虑自己的选择，开始参与新的更加充实的活动。如果成功度过这个阶段，就到了退休后的平淡阶段（retirement routine stage），他们开始接受退休的现实并对新的生活状态感到满足。但不是所有人都能到达这个阶段，有些人在很长时间内都不接受退休生活。

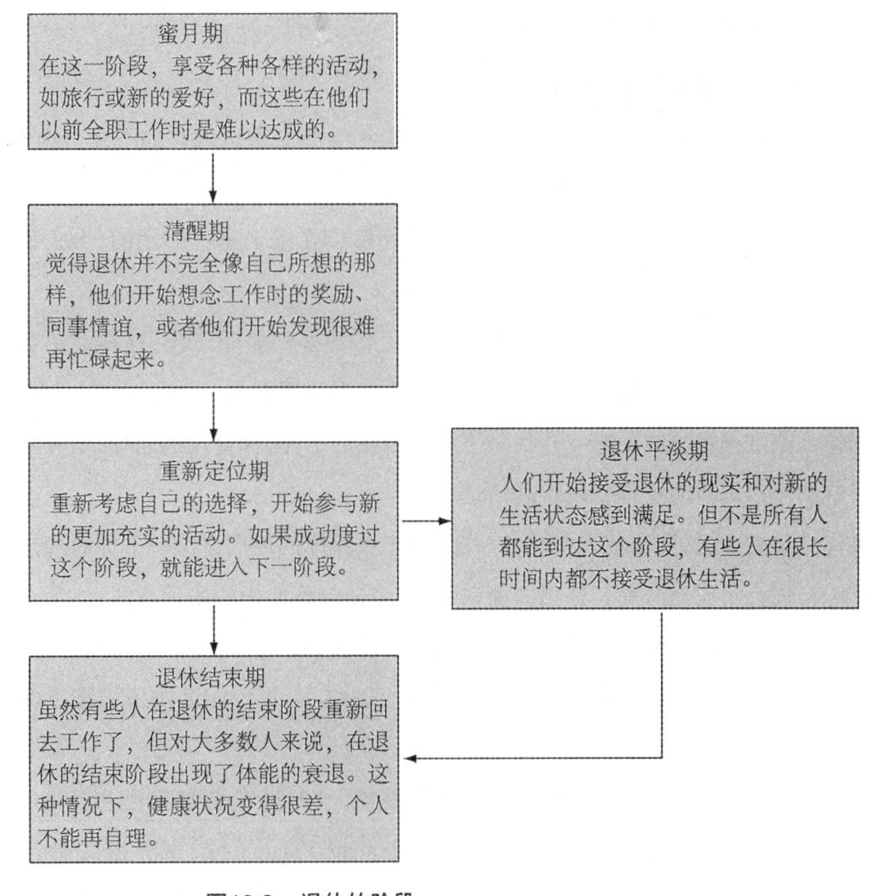

图18.3　退休的阶段

（资料来源：Based on Atchley, 1982.）

最后一个阶段是退休的结束阶段(termination)。虽然有些人在退休的结束阶段重新回去工作了,但对大多数人来说,在退休的结束阶段出现了体能的衰退。这种情况下,人们的健康状况变得很差,甚至不能自理。显然,不是所有人都要经历这些阶段,而且上述顺序也不是普遍的。在很大程度上,个体对退休的态度来自当初其选择退休的理由。例如,由于健康问题而被迫退休的人和渴望能够在一定年龄退休的人,内心的体验是很不一样的。类似地,喜欢自己的工作和轻视自己工作的人,感受也是不一样的。

总之,退休对心理的影响也因人而异。对很多人来说,退休是美好生活的延续,他们充分享受它所带来的休闲时光。而且,我们接下来会看到(参见“你是发展心理学知识的明智消费者吗?”),人们可以做很多事情来规划美好的退休生活。

◎ 你是发展心理学知识的明智消费者吗？

计划和实现一种美好的退休生活

有哪些因素能创造一种美好的退休生活？研究老年学的专家认为有如下几个因素(Rowe & Kahn, 1998; Noone, Stephens, & Alpass, 2009)：

- 事先做好经济计划。很多经济专家认为社会保障金在未来是不够用的，个人积蓄会变得很重要。同样，足够的健康保险也是很重要的。
- 考虑逐渐从工作中退出。有时可以先从全日工作转换到兼职工作，这样能更容易步入退休生活。这种方式可能比从全日工作一下子进入退休更有效。
- 在退休之前发掘自己的爱好。评估一下对于现在的工作，你喜欢的是什么，并考虑一下这些喜欢的东西如何能迁移到闲暇的活动中。
- 如果你结了婚，或长期和某人生活在一起，你应该和你的伴侣讨论一下你对理想退休状况的看法。你会发现你需要和伴侣协商，找出一个适合你们俩的生活方式。
- 考虑你想住在哪里。现在就找出你想要居住的社区。
- 权衡缩小住所的利与弊。你需要的空间可能比以前小，并且你可能乐于接受保养维修活儿的减少。
- 计划着自主分配时间。退了休的人拥有大量技能，这些通常是非营利组织和小机构所需要的。例如退休老年志愿者计划(Senior Volunteer Program)或寄养祖父母计划(Foster Grandparent Program)那样的组织，可以让你的技能派上用场，同时帮助了有此类有需求的人们。

模块 18.2 复习

- 老年人有各式各样的居住环境，但很多是住在家里与家庭成员在一起。
- 财政问题会让老年人陷入困境，多数原因是他们的收入是固定的，而健康支出却在不断增长，人类寿命也在延长。
- 在人们适应退休的过程中，可能会经历所有的退休阶段，包括蜜月期、清醒期、重新定位期、退休平淡期和结束期。

共享写作提示

应用毕生发展：根据成功老化的研究，对将要退休的人，你会有什么建议？

18.3 关系：旧的和新的

伦纳德·提米波拉(Leonard Timbola)，94岁，描述他是如何遇见自己的妻子的，艾伦

(Ellen),90 岁。

“当珍珠港事件发生时,我才 23 岁,我马上应征入伍,被送到布拉格堡,很孤单。我经常去费耶特维尔,只是四处逛。有一天,我在一家书店找书。你记得它是什么吗?”

“《沉寂的星球》。”艾伦说,“我正好同时伸手去拿。我们的手碰到了一起,接着我们一见钟情。”

“这是我单身汉生活的结束。”伦纳德说,“命运驱使我来到这家书店。”

艾伦接着说:“我们分享了那本书以及从那之后的所有事物。四个月后我们结婚了。”

“就在我出海之前。”伦纳德说。

他们是这样的:他开始有一个想法,她来实现。除非相反。

“她每天都给我写信。我把她的信整理成书,这是我读过的最好的一本书。”他把手放在艾伦的膝盖上。她和他的手放在一起。

她温柔地提醒他:“你不像作家那样频繁出书。但当我从你那里得到一本书时,我每天都读。”

“好吧,那是一样的事。”他笑着说。

伦纳德和艾伦之间的温情脉脉是显而易见的。他们的关系,已经 80 多年了,还是那么和谐,他们的生活是很多夫妇所渴望的那种。但那也是人们在晚年时少有的生活。相比拥有伴侣的老年人,更多人独自生活着。

人们在成年晚期时的社会关系的特点是什么样的呢? 为了回答这个问题,我们将首先探讨成年晚期的婚姻质量。

晚年婚姻:疾病与健康

LO 18.8　描述成年晚期的婚姻状况

那是一个人的世界——至少 65 岁以后的婚姻是这样的。与配偶同住的男性的比例远高于女性(见图 18 - 4)。这种差异的原因之一是 70% 的女性寿命长于其丈夫,至少长几年。男性数目减少了(很多已经去世),而失去丈夫的老年女性又不大可能再婚。

此外,我们在第 14 章首次讨论到的婚姻梯度也是导致以上情况的一个重要的影响因素。婚姻梯度反映的是社会规范,女性通常和比自己年龄大的男性结婚,于是晚年时,女性便只能孤单地生活。同时,婚姻梯度使女性更早地结婚,因为那时适合结婚的对象更多(Treas & Bengtson, 1987; AARP, 1990)。

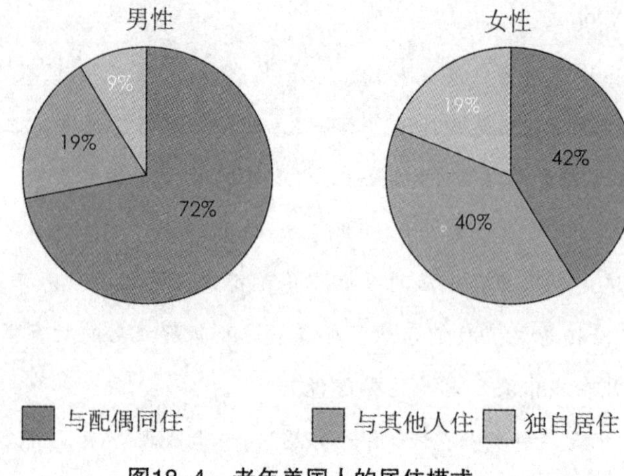

图18-4　老年美国人的居住模式

对于老年男性和女性的健康状态和适应情况，这些模式表明了什么？
（资料来源：Administration on Aging, 2006.）

绝大多数在生命晚期仍然处于已婚状态的人都说他们满意自己的婚姻。其伴侣能提供大量的陪伴和情感支持。因为在生命的这个时期，他们已经在一起很长时间了，他们对自己的伴侣有很深的了解（Jose & Alfons，2007；Petrican，Moscovitch，& Grady，2014）。

然而，并非婚姻的所有方面都同样令人满意，当配偶经历生活中的转变时，婚姻可能要经受严重的压力。例如，婚姻中的一方或双方的退休会给夫妻关系带来改变（Henry，Miller，& Giarrusso，2005）。

离婚。对于一些夫妇来说，有时压力很大，以至于其中一方或另一方要求离婚。大约15%的50岁以上的美国人离婚了。离婚率自1990年以来翻了一番（Roberts，2013）。

晚年离婚的理由是多样的。通常，女性需要离婚是因为丈夫有虐待或酗酒行为。但更多情况下是丈夫要求离婚，因为他们找到了一个更年轻的女人。通常离婚发生在退休后不久，此时，一直潜心于工作的男性经历着心理上的扰动（Solomen et al.，1998）。

在生命晚期离婚对于女性来说是尤其困难的。在婚姻梯度和适婚男性数目很少的双重不利因素下，年纪大的离异女性不太可能再婚。成年晚期的离婚具有很大的破坏性。对于很多女性来说，婚姻中的角色可能是其一生中主要角色和核心身份，她们会把离婚看作人生一个很大的失败。因此离异女性的生活质量和幸福感会骤然下降（Goldscheider，1994；Davies & Denton，2002）。

寻求一段新的关系可能是很多离异或配偶去世的人的首要任务。像生命中的早期阶段一样，人们努力发展新关系，利用多种策略去认识潜在的伴侣，如参加单身组织，甚至上网去寻觅伴侣（Durbin, 2003; Dupuis,2009）。

一些人在进入成年晚期时是从未结婚的，这一点很重要。那些终身保持单身的人（大概占人口的 5%），成年晚期对他们来说改变不多，因为独自居住的状态并没有改变。实际上，单身的人在老年时比结婚了的人更少感到孤单，他们有更多自主的感觉（Newston & Keith, 1997）。

应对退休：俩人在一起的时间太多了？

当莫里斯·阿伯克龙比（Morris Abercrombie）最终停止了其全职工作时，他的妻子罗克珊（Roxanne）觉得他在家的时间增多，导致在某些方面增添了麻烦。虽然他们的婚姻关系很好，但他干涉她的日常活动，不断追问她和谁打电话，她刚才到哪里去了，什么时候出去的，所有这些都让她觉得很厌烦。最后，她开始希望他在家的时间能少一些。这个想法很有讽刺意味，因为以往他总是在外工作，她曾经希望莫里斯能有更多时间在家。

莫里斯和罗克珊的这种情形并不是他俩所独有的。对很多夫妻来说，退休意味着彼此的关系需要重新协调。在一些情况下，退休导致夫妻共同在家的时间比之前他们婚姻中的任何时候都多。在另一些情况下，退休改变了长期以来家务在夫妻双方中的分配。丈夫有更多责任承担日常家务。

实际上，研究表明这时通常会有一个有趣的角色倒置。在早期的婚姻中，妻子比丈夫更渴望与配偶在一起，与之相反，成年晚期时，丈夫更渴望和妻子在一起。婚姻的权力结构也转变了：男性退休后变得更有帮助性、更少竞争性。同时，女性变得更自信和自主（Kulik, 2002）。

照顾年老的配偶。成年晚期身体状况的改变，有时需要人们用从未料到的方式来照顾配偶。例如，听听一位妻子心灰意冷的说法：

“我哭了很多次，因为我从没想过会是这样的。我从没想过要清扫洗浴室，替他换衣服，整天洗衣服。我在 20 多岁时这样照顾婴

儿，现在我这样照顾丈夫。”（Doress et al.，1987，pp. 199～200）

同时，有些人会较为积极地看待照顾病重和将死的配偶，他们认为某种程度上，这是体现自己对配偶的爱和奉献的最后机会。实际上，一些照料者感到很快乐，因为他们能担负起对配偶的责任。而那些有郁闷情绪的人，其不愉快最终也会减退，因为他们能成功适应照料工作的压力。

成年晚期最艰难的责任之一是照顾患病的配偶。

即使能用那样乐观的方式来看待对配偶的照顾，也不能否认如下事实：照顾配偶是一项挺费劲的活儿，更糟糕的是，照顾配偶的人，自己本身身体状况也不大好。实际上，照顾别人对照料者的生理和心理健康都是不利的。例如，照料者对生活的满意度低于不用照顾别人的人（Choi & Marks，2006；Mausbach et al.，2012；）。

应该注意到，在很多情况下，提供照料的人通常是妻子。近3/4向配偶提供照料的人是女性。部分原因和人口状况有关，男性通常早于女性死亡，自然他们患上致命疾病的时间也早于女性。第二个原因与社会对性别角色的传统看法有关，认为女性是“天生的”照料者。于是，健康护理专家更倾向于建议妻子照顾丈夫，而不是丈夫照顾妻子。

配偶的死亡：开始寡居/鳏居

LO 18.9　描述成年晚期配偶死亡的典型反应

几乎没有什么比丧偶更让人感到悲痛。特别是对于年轻时就结了婚的人来说，配偶的去世会导致巨大的丧失感，而且还带来经济和社会环境上的重大改变。如果是一段美好的婚姻，配偶的去世意味着失去一个伴侣、爱人、知己和帮手。

伴侣去世后，健在的一方要突然认同一个新的、自己并不熟悉的身份：寡妇/鳏夫。同时，他们丢掉了自己最熟悉的角色：配偶。突然间，他们不再是夫妻中的一方了，他们被社会、被自己看作是单独的个体。所有这些都发生在他们面对巨大伤痛时，而这种伤痛有时是无法抵御的。

寡居/鳏居带来很多新的需要和担忧。再没有伴侣可以分享每天发生的事情。如果以前主要的家务活都是这位去世了的配偶干的，那夫妻中健在的一人就必须学会做这些家务活而且得天天做。虽然其原来的家庭成员和朋友们能提供大量的支持，但这些帮助逐渐减弱，剩下新寡/新鳏的人面对单身生活（Hanson & Hayslip, 2000; Smith, J. M., 2012）。

人们的社会生活往往会因配偶的死亡而发生剧变。一对夫妇通常与另一对夫妇一起交往；鳏寡个体在保持原来那些夫妻俩共同筑起的友谊时，就感觉像"第五个轮子"一样碍眼。渐渐地，那样的友谊就会衰退，尽管它们能被与其他单身个体建立的新友谊所代替（Fry & Debats, 2010）。

经济问题是很多鳏寡个体需要考虑的主要问题之一。虽然很多人有保险、积蓄和退休金能提供经济保障，然而还是会有一些人，通常是女性，在配偶逝世后会体验到经济状况的下滑，就像本章之前提及的那样。在那些情况下，经济状况的改变会迫使人做出痛心的决定，例如卖掉婚姻期间夫妻俩共同居住的房子（Meyer, Wolf, & Himes, 2006）。

适应寡居/鳏居的过程分三个阶段（见图 18－5）。第一个阶段，准备期（preparation），夫妇的任何一方都要有思想准备，在将来的几年甚至几十年，对方都有可能去世。此时要考虑很多事，例如买人身保险、准备遗

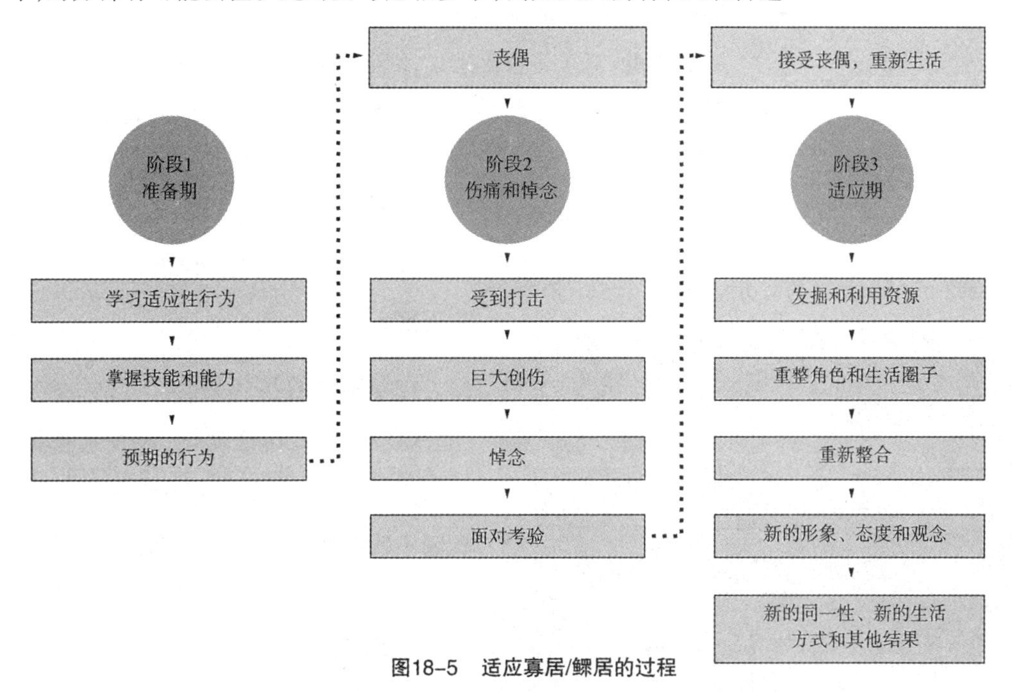

图18-5　适应寡居/鳏居的过程

你认为这个过程对男性和女性来说是一样的吗？
（资料来源：Based on Heinemann & Evans, 1990.）

嘱、决定养孩子以便将来老了能有所依靠。这些事情，每一件都是为将来要变成鳏寡个体做准备，那时人们需要一定程度的帮助（Roecke & Cherry, 2002）。

第二个阶段是伤痛和悼念（grief and mourning），这是在配偶去世后，健在一方的即时反应。他们首先要承受丧偶后的痛苦和打击，继而要度过一个丧偶带来的情绪起伏阶段。个体度过这个阶段所需的时间取决于其他人支持的多少及个体的人格特征。对某些人来说，伤痛和悼念期会持续几年，而有时只持续几个月。

适应配偶去世的最后一个阶段是适应期（adaptation）。在这个阶段，鳏寡个体要适应新的生活。他们开始接受配偶的死亡，以一个新的角色生活，建立新的友谊。适应阶段还需要重新整合和发展一个新的身份——作为一个单身的个体。

需要知道的是，丧偶的三阶段模型及其改变不是对每个人都适用的。而且，模型中各个时期的时间也完全是因人而异的。而且，有些人会经历复杂性悲伤（complicated grief），这是一种无休止的哀痛，有时会持续数月甚至数年。经历复杂性悲伤的人们发现很难放下所爱的人，而且他们对已故之人的记忆妨碍了正常的生活（Holland et al. ,2009; Piper et al. , 2009; Zisook & Shear, 2009）。

尽管如此，对于多数人来说，配偶死亡后，生活会恢复正常，重新变得愉快。配偶的死亡，难免会成为生命中一个重大的事件。在成年晚期，其影响尤为严重，因为配偶的死亡预示着自己也会死亡。

社会工作者的角度

有什么因素使女性比男性在老年期感到更困难呢？

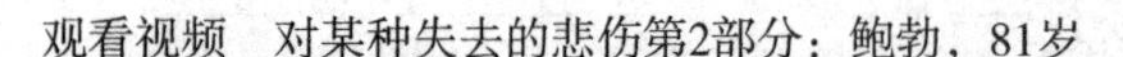
观看视频　对某种失去的悲伤第2部分：鲍勃，81岁

成年晚期的社会关系

LO 18.10　讨论成年晚期关系的本质

老年人和年轻人一样喜欢交朋友，友谊在成年晚期的生活中占据很重要的地位。实际上，晚年时，人们与朋友在一起的时间多于与家人在一起的时间。朋友经常被认为是比家人更为有力的社会支持。另外，大约有 1/3 的老年人在自我报告中说，在最近

一年建立了一段新友谊,很多老年人经常参与社会交往活动(见图 18-6; Ansberry, 1997)。

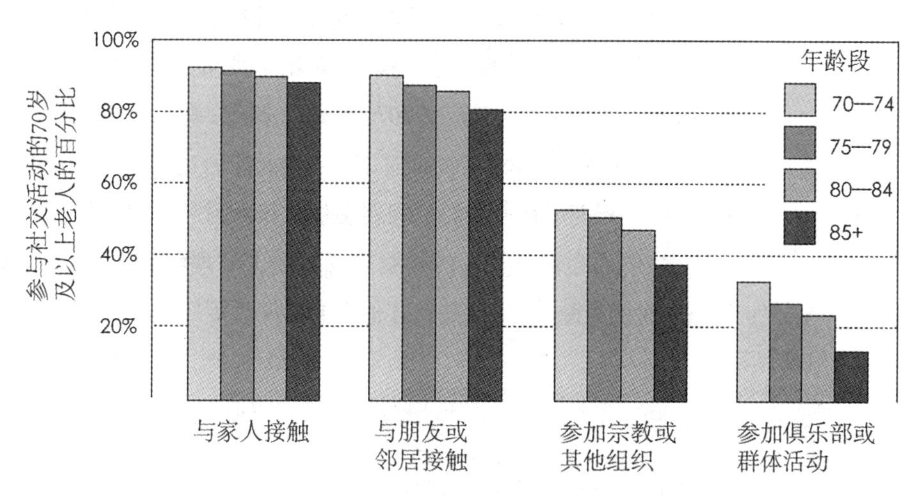

图18-6 成年晚期的社会活动

朋友和家人在老年人的社会生活中占据重要地位。

(资料来源: Federal Interagency Forum on Age-Related Statistics, 2000.)

友谊:在成年晚期为什么朋友很重要。友谊之所以重要的原因之一与控制感有关。朋友关系和家庭关系不一样,我们能在那些自己喜欢和不喜欢的人之间做出选择,这意味着我们有很大的控制权。因为老年人在其他方面的控制感逐步丧失,例如健康,所以此时维持友谊的能力在生命中的重要性胜过在生命中的其他时期(Pruchno & Rosenbaum, 2003; Stevens, Martina, & Westerhof, 2006; Singh & Srivastava, 2014)。

此外,友谊——特别是新近建立的——可能比家庭关系更灵活,因为新建立的友谊,没有遗留的责任和过往冲突。相反,家庭关系中可能会有长时间积累下来的争吵记录,甚至是很深的矛盾,这些都会使他们所提供的情绪支持减少(Monsour, 2002; Lester et al. ,2012)。

导致成年晚期友谊关系重要的另一个原因是,随着年龄的增长,人们更可能失去婚姻伴侣。配偶去世后,人们多数会寻求朋友的陪伴,以帮助自己应对丧偶的痛苦,并且弥补配偶去世后伙伴关系的缺失。

当然,一个人到了老年,不止配偶会死去,朋友们也会死去。成年晚期的人们看待友谊的方式决定了他们在多大程度上能承受朋友逝世的打击。如果一份友谊被看作是不可代替的,那么失去某位朋友会让人感到非常难过。另一方面,如果一份友谊只是被看作众多友谊之一,那么某位朋友的死亡对个体的打击就没那么大。在后一种情况下,老年人更容易再开展一段新的友谊。

社会支持：他人的重要性。友谊能为人们提供基本的社会需要之一：社会支持。**社会支持（social support）**指社会关系网中相关人士所提供的安慰和帮助。这些支持对成功老化是很重要的（Avlund，Lund，& Holstein，2004；Gow et al.，2007；Evans，2009；Li，Xu，& Li，2014）。

社会支持 其他人或者社会关系网中的相关个体提供的安慰和帮助。

社会支持的益处是巨大的。例如，他人能通过同情地倾听为你提供情绪支持，还能就你所关心的问题提供建议。另外，面临同样情境（如配偶去世）的人会对当事人的处境有或多或少的理解，能为如何应对困难提供大量的有效建议，这些比其他人的建议更可靠。

观看视频 成年晚期：幸福，莫莉

最后，他人还可以提供物质上的支持，比如载你一程或者帮你买些食品。在面对实际困难时，他人也能帮上忙，例如与难缠的房东进行交涉，修理坏了的电器等。

社会支持不仅对接受者有好处，对提供者也有益。提供帮助的人，知道自己正在为其他人的幸福而做出努力，他们感到自己是有用的，自尊也会提高。

什么样的社会支持最有效和最恰当？可能有很多种方式，为别人准备食物，陪伴别人去看电影，又或者是邀请别人共进晚餐。然而创造机会进行互惠也是很重要的。互惠（reciprocity）指的是如果一个人对另一人提供过积极的支持，他会期待以后对方能对自己有所帮助。在西方社会，老年人和年轻人一样，比较看重互惠的关系（Becker，Beyene，& Newsom，2003）。

随着年龄越来越大，一个人要回报别人所给予的社会支持可能逐渐变得困难。结果就是，老年人与别人的关系变得越来越不对称，接受帮助的老年人会感到过意不去。

家庭关系：联系的纽带

LO 18.11 解释老化如何影响家庭关系

即使在配偶去世后，很多老年人仍然是大家庭里的一员。继续和兄弟姐妹、儿女、孙子女，甚至曾孙子女保持联系，这些人是老年人晚年生活中重要的安慰来源。

在成年晚期，兄弟姐妹通常能提供很强的情感支持。因为他们是童年时愉快记忆的分享者，他们代表了一个人所拥有的最长时间的人际关系，他们能够彼此扶持。虽然不是所有童年记忆都是愉快的，但晚年时保持与兄弟姐妹来往是一种巨大的情感支持。

孩子们。比兄弟姐妹更重要的就是子女和孙子女了。虽然现在搬迁率很高，但多数家长和孩子们之间的联系还是非常紧密的，无论是地理位置上的还是心理上的。大约 75% 的儿女们的住所与父母们的住所相隔在 30 分钟车程以内，父母和孩子们经常彼此探望和聊天。女儿似乎比儿子更常去探望父母，母亲比父亲更常去看望儿女们（Ji – liang, Li – qing, & Yan, 2003; Diamond, Fagundes, & Butterworth, 2010; Byrd – Craven et al., 2012）。

因为大多数老年人至少会有一个孩子住在自己附近，家庭成员仍然能为彼此提供大量的帮助。而且，父母和孩子们在成年子女应该如何对待父母的看法上，意见比较一致（见表 18 – 1）。尤其是父母预期子女应该帮助父母理解自身资源、提供情绪支持并深入讨论一些重要的事情，例如医疗问题。另外，很多时候儿女们自身就需要别人帮助，以致难以继续照料年老的父母（Dellmann – Jenkins & Brittain, 2003; Ron, 2006; Funk, 2010）。

表 18 – 1　父母和子女关于成年子女应该如何对待父母的看法

排序	子女的排序	父母的排序
1	帮助理解资源	讨论重要问题
2	提供情绪支持	帮助理解资源
3	讨论重要问题	提供情绪支持
4	突发事件出现时，在家里腾出位置	给父母提供建议
5	牺牲个人自由	特殊场合要在一起
6	当患病时给予照顾	牺牲个人自由
7	特殊场合要在一起	突发事件出现时，在家里腾出位置
8	提供经济援助	对父母负有责任
9	给父母提供建议	当患病时给予照顾
10	调整家庭生活时间表以提供帮助	调整家庭生活时间表以提供帮助
11	对父母负有责任	每周探望一次

排序	子女的排序	父母的排序
12	调整工作时间表以提供帮助	调整工作时间表以提供帮助
13	觉得父母应该和子女们在一起	提供经济援助
14	每周探望一次	每周写一次信
15	住得离父母比较近	觉得父母应该和子女们在一起
16	每周写一次信	住得离父母比较近

（资料来源：Based on Hamon & Blieszner, 1990.）

父母和孩子之间的联系有时是不对称的，父母想要更加紧密的联系，但子女希望疏远一点。父母觉得自己在亲子联系中更可能是发展的根基（developmental stake），因为他们把孩子们看作是自己信念、观念和准则的延续。另一方面，子女们需要自立，不想依赖家长。这些想法的分歧使家长更有可能把他们和子女之间的矛盾缩小化，而子女们却更有可能把矛盾扩大化。

对于父母来说，子女们仍然是关注的焦点和快乐的来源。例如，一些研究表明，即使在成年晚期，父母们仍然几乎每天都把儿女挂在嘴边，特别是当儿女们遇到某些困难的时候。同时，儿女们会向父母寻求建议，了解信息，有时也会寻求实质性的帮助，如资金等（Diamond, Fagundes, & Butterworth, 2010）。

孙子女和曾孙子女。正如我们在第16章中讨论过的，不是所有祖父母都会同样地参与孙辈们的活动，即使那些非常以孙子女为荣的祖父母，也会和孙儿们保持一定的距离，避免直接的照料责任。另一方面，许多祖父母把他们的孙子女作为他们社交网络的一部分（Coall & Hertwing, 2010, 2011; Geurts, van Tilburg, & Poortman, 2012）。

如人们所看到的那样，祖母比祖父更加愿意参与孙儿们的活动，类似地，孙儿们对祖父母的看法也有性别差异。特别是，多数处于成年早期的孙儿们觉得与祖母更亲近。另外，他们觉得与外祖母比与祖母更亲（Hayslip, Shore, & Henderson, 2000; Lavers - Preston & Sonuga - Barke, 2003; Bishop et al., 2009）。

非裔美国人祖父母比白人祖父母更多地参与孙儿们的活动，相对于白人孙辈来说，非裔美国人孙辈与祖父母感觉更亲。而且，相对于白人祖父来说，非裔美国人祖父在孙儿们的生活中处于更加中心的地位。这些种族差异的原因可能是研究中涉及非裔美国人多代家庭的比例大于白人的多代家庭。在那样的家庭里,祖父母通常都在孩子养育过程中扮演核心角色(Crowther & Rodriguez, 2003; Stevenson, Henderson, & Baugh, 2007; Gelman et al., 2014)。

曾孙们在白人和非裔美国人曾祖父母中的地位都不那么重要。很多曾祖父母和曾孙们的联系都不是很密切。密切的关系只会在两者住得比较近的时候才会出现(McConnell, 2012)。

对曾祖父母与他们的曾孙们之间联系不密切有几个解释。一是曾祖父母年龄太大了以至于没有太多体力和精神来与曾孙们建立关系。另一原因是曾孙们太多了,曾祖父母感觉与他们之间没有太强的情感联系。事实上,因为曾祖父母一般有很多儿女,所以会有更多的曾孙们,有时都难以辨认清楚,这是很寻常的。

观看视频　成功老化:大家庭:玛利亚,68岁

虽然很多曾祖父母与他们的曾孙们没有很密切的联系,但仅仅是自己有曾孙这么一个事实,也能让他们感到高兴。例如,他们会觉得曾孙们是自己和其家庭的延续,同时也能表明自己的长寿。此外,随着晚年健康水平的不断提高,曾祖父母在身体上能够为他们的曾孙们的生活做出更多的贡献(McConnell, 2012)。

虐待老人:误入歧途的关系

LO 18.12　讨论老年人遭受虐待的原因以及如何预防

当洛伦妮·坦普尔顿(Lorene Templeton)74 岁的时候,她的儿子亚伦(Aaron)搬来和她一起住。"我之前感到孤独并且很欢迎我的新居住同伴。当亚伦提出管理我的资金的时候,我把我的委托书给了他。"

在接下来的三年里,亚伦兑现了洛伦妮的支票,提取了她的钱,并使用了她的信用卡。"当我发现的时候,亚伦道歉了。他说他需要钱来摆脱困境。他答应停下来。"

但是他没有。亚伦清空了洛伦妮的账户,然后向她索要了保险箱的钥匙。当她拒绝时,他殴打她直到她失去知觉。

“他有可能吸毒了，”洛伦妮说，“最后我报警了并且警察逮捕了他。我几年来第一次感到自由了。”

虐待老人 对老年人身体上和心灵上的虐待，或者忽视老年人。

人们很容易认为，像上述那样的情况是很少的。但现实中，它们比我们认为的数量要多得多。**虐待老人（elder abuse）**，包括身体上和心灵上的虐待，或者忽视老年人。按照估计的数据，在过去一年中，有多达11%的老人遭遇过虐待。即使是这个估计也可能很保守，因为受到虐待的人通常会感到难堪和羞耻，因而不报告自己的状况。而且随着老年人的数目在增加，专家认为虐待老年人的案例数目仍在增长（Acierno et al.，2010；Dow & Joosten，2012）。

虐待老人通常发生在家庭成员之间，尤其是对年老的父母。那些健康状况更差、更孤独的成年晚期个体比一般人更有可能遭受虐待的危险，而且他们更可能是住在照看者的家里。尽管有很多原因导致对老人的虐待，但通常是照看者所承受的经济、心理和社会压力共同起了作用，因为他们必须一天24小时照看老人。因此，患阿尔茨海默症或其他痴呆症的人，更有可能成为被虐待的对象（Tauriac & Scruggs，2006；Baker，2007；Lee，2008）。

应付虐待老人的最好方式首先是要防止其发生。照顾老年人的家庭成员必须不时地休息一下，也可以联系社会支持机构提供建议和具体的支持。例如，全国家庭照料者协会（National Family Caregivers Association）（800－896－3650）拥有一个照料者网络，并出版时事通讯。任何人如果怀疑有老年人受到虐待，可以联系当地的权威机构，如成年人保护服务中心（Adult Protective Services）或者老年人保护服务中心（Elder Protective Services）。

模块18.3 复习

- 虽然成年晚期的婚姻通常是愉快的，但老化的压力也可能会导致离婚。退休通常带来婚姻中权力关系的重新分配。
- 配偶死亡给健在的一方带来了巨大的心理上、社会上和物质上的转变。
- 晚年时的友谊是很重要的，它能提供社会支持和同龄人的陪伴，因为同龄朋友更能理解老年人的感受和遇到的问题。
- 家庭关系在老年人的生活中仍然存在，特别是与兄弟姐妹还有与儿女们的关系。

- 虐待老人通常涉及年老体弱、没有社会交往的父母，以及认为年老父母是负担的照料者。防止虐待的最佳方法是以休息和社会支持的形式为照料者提供缓口气的机会。

共享写作提示

应用毕生发展：配偶的退休会给婚姻带来压力吗？在夫妻双方都工作的家庭中，退休会导致压力减轻，还是会翻倍？

结语

在生命晚年，个体的社会性和人格继续发展。本章我们关注了人格的变化和稳定性问题，以及能影响人格发展的一些生活事件。我们打破了人们的一些刻板印象，如老年人的生活方式和退休的影响。对于老年人的幸福感来说，关系是很重要的，尤其是婚姻关系和家庭关系，另外，友谊和社会网络也重要。在本章的末尾，我们讨论了虐待老人这一令人不安的现象。

回到本章的前言，关于西蒙·托马斯，寡居的儿童插画作家的故事，回答如下问题：

1. 西蒙在生活中是如何运用选择性优化的？

2. 从年龄阶层理论的角度来思考西蒙的生活。你认为她感觉到了地位的丧失吗？为什么？

3. 你认为西蒙 20 岁以后的工作重点是什么？这会以什么方式影响她的个性？

4. 你认为让西蒙的弟弟和她一起住对他们俩有什么好处？你认为这种安排对她有什么不利吗？

回顾

LO 18.1　描述成年晚期人格发展的方式

在埃里克森心理发展的自我整合—绝望阶段，当人们回顾自己的生命历程时，他们可能感到满意，于是能够整合，或者感到不满意，就导致绝望或者缺乏整合。罗伯特·派克定义了老年期的三个主要任务：自我的重新定义——沉迷于工作角色，身体超越——身体迷恋，超越自我——沉迷于自我。丹尼尔·莱文森定义了一个转变阶段，这时人们正步入成年晚期，与变“老”和一些社会的刻板印象抗争。如果成功度过这个转变阶段，就会有解放和自我尊重感。伯尼斯·纽嘉顿根据人们应对年老化的方式，定义了四种人格类型：不完整和瓦解型人格、被动—依赖型人格、防御型人格、整合型人格。关于成年晚期发展理论的一个共同主题是生命的回顾，它能帮助人们解决过去的矛盾，获得智慧和平静的心态，但一些人会受过去的错误和疏忽所困扰。

LO 18.2　解释年龄与资源、权力和特权的关系

年龄阶层理论认为人们的经济资源、权力和特权分布的不均衡在成年晚期尤为严重。一般来说，西方社会没有亚洲社会那么尊重老年人。

LO 18.3　定义智慧并且描述其与年龄的关系

智慧反映了与人类行为相关的知识积累。因为它是通过经验收集的,所以它似乎与年龄有关。

LO 18.4　区分老化的理论

脱离理论和活跃理论代表了对成功老化的两种相反意见。个体的选择部分地取决于他们之前的习惯和人格特征。通过补偿达到选择性最优化模型关注个体能发挥影响的重要领域,以此补偿在其他领域上的能力丧失。

LO 18.5　描述老年人的居住环境及其所面临的困难

居住安排的选择包括留在家里,与家人一起住,参加成人日托中心,住在连续照料社区中,住在专业护理机构里。

LO 18.6　讨论当今美国老年人的经济保障情况

老年人可能会变得容易受到经济打击,因为他们必须应对逐渐上涨的健康费用和其他支出,而他们的收入却是固定的。

LO 18.7　总结老年个体退休的积极方面和消极方面及其经历的典型阶段

退休人员必须要面对更长的闲暇时间。那些能成功处理退休生活的人,是在退休前就做好了准备,并有各种兴趣爱好。退休人员往往经历一些退休阶段,包括蜜月期、清醒期、重新定位期、退休平淡期和结束期。

LO 18.8　描述成年晚期的婚姻状况

晚年的婚姻一般还能像早年那样快乐,虽然那些伴随衰老而来的主要生活转变所带来的压力会造成某些不和。与男性相比,离婚对女性来说是更艰难的,有部分原因是婚姻梯度的持续影响。配偶健康状态的衰退会导致夫妻间的另一方(通常是妻子)变成一名照料者,这样同时会给婚姻带来挑战和奖励。

LO 18.9　描述成年晚期配偶死亡的典型反应

配偶的去世迫使健在的一方转变为新的社会角色,要适应失去伴侣和家务分担者的生活,并创造新的社会生活以及解决经济问题。社会学家格罗丽娅·海因曼(Gloria Heinemann)和帕特丽夏·伊文斯(Patricia Evans)定义了适应寡居的三个阶段:准备阶段、伤痛和悼念阶段、适应阶段。一些人从没达到适应阶段。

LO 18.10　讨论成年晚期关系的本质

友谊在成年晚期是很重要的,因为它能使个体有控制感、伙伴关系和社会支持。

LO 18.11　解释老化如何影响家庭关系

家庭关系,尤其是与兄弟姐妹和与子女们的关系,能为老年人提供大量的情感支持。

LO 18.12　讨论老年人遭受虐待的原因以及如何预防

虐待老人的现象日渐普遍，没有社会交往、健康状态不好的老年父母们可能遭到被迫照顾他们的子女们的虐待。

关键术语和概念

自我整合—绝望阶段	智慧	成人日托机构
自我的重新定义—沉迷于工作角色	脱离理论	专业护理机构
身体超越—身体关注	活跃理论	公共救济的制度化
自我超越—自我关注	连续理论	社会支持
生命的回顾	选择性最优化	虐待老人
年龄阶层理论	连续照料社区	

8 总 结

成年晚期

阿瑟·温斯顿(Arthur · Winston)和本·塔夫提(Ben · Tufty)选择了两种截然不同的方式来度过他们的晚年。阿瑟热爱工作,完全没法想象退休,而本却迫不及待地想退休,现在正在享受他的闲暇时光。这两个到达退休年龄的个体的共同之处是,他们都致力于保持身体健康、智力活跃以及维持重要关系——即使他们选择了截然不同的方式来做这些事情。通过关注他们在三个方面的需要,阿瑟和本一直保持乐观和开朗。显然,他们都对自己在这世界上度过的每一天满怀期望。

你会怎么做?

- 如果有人叫你做一个关于阿瑟和本的口述史报告,你认为他们的回忆会有多完整和准确?他们对哪段时期的记忆更值得信赖,20世纪50年代,抑或20世纪90年代?你觉得自己会更喜欢跟哪个人交谈?

你的反应是什么?

退休顾问会做什么?

- 对于一个像阿瑟那样希望永远待在工作岗位上的人,你会给他什么样的建议?对于像本那样希望早早退休的人,你会给他什么样的建议?你会在这些人身上寻找一些什么样的特征,以给出合适的建议?

你的反应是什么?

生理发展

- 尽管实际年龄都是“最老老人”了，但阿瑟和本在机能年龄上还属于“年轻老人”。
- 两人都在健康和态度方面挑战了年龄歧视者的刻板印象。
- 两个人都避免了患上阿尔茨海默症及其他与老龄有关的身体和心理障碍。
- 阿瑟和本已经做出了健康生活方式的选择——锻炼、良好的饮食以及避免坏习惯。

认知发展

- 阿瑟和本显然都拥有非常丰富的晶体智力——信息、技术和策略的储备。
- 他们通过使用刺激、练习和激励来维持脑力并展示其可塑性。
- 两人都有轻微的记忆问题，比如情景记忆或自传体记忆的下降。

社会性和人格发展

- 阿瑟和本正处在埃里克森的“自我整合—绝望”阶段，但是对派克的“自我的重新定义—沉迷于工作角色”的发展任务，他们似乎选择了不同的回答。
- 根据纽嘉顿的人格理论，两个人用不同的方式应对老化。
- 两个人都随着年龄的增长获得了智慧，知道自己是谁以及如何应对他人。
- 在进行低压力的游戏时，本可能会因为反应慢或回忆能力不够好而需要补偿。
- 两人都选择继续住在家里。
- 两个人都没有经历过典型的退休阶段。

医疗保健工作者会做什么？

- 你认为阿瑟和本的心理健康程度为什么这么高？阿瑟可能使用了什么策略是本没有的？本可能使用了什么策略是阿瑟没有的？他们有什么共同的策略？

你的反应是什么？

教育工作者会做什么？

- 你会建议阿瑟或本接受认知训练吗？通过老年学校或网络获得的大学课程呢？为什么？

你的反应是什么？

第19章　死亡与临终

本章学习目标

LO 19.1　综述定义死亡的困难

LO 19.2　描述死亡在毕生不同阶段的意义

LO 19.3　描述文化如何影响临终

LO 19.4　总结我们如何为死亡做准备

LO 19.5　描述人们面对自身死亡预期的不同方式

LO 19.6　描述人们练习掌控死亡决策的不同方式

LO 19.7　对比生命终期临终关怀和家庭看护的优势

LO 19.8　描述幸存者如何反应和应对死亡

LO 19.9　描述人们体验悲痛的不同方式和悲痛的功能

本章概要

生命历程中的临终与死亡

死亡的定义:如何判定生命的结束

生命历程中的死亡:原因与反应

不同文化对死亡的反应

死亡教育可以使我们做好准备吗?

面对死亡

了解临终的过程:死亡分步骤吗?

选择自然死亡:DNR 是否是正确的路?

末期疾病的照料:死亡的地点

悲痛与丧失

服丧与葬礼:最终的仪式

丧失与悲痛:适应所爱的亡故

开场白: 好似一头恐龙

去年 10 月,当朱利斯 · 贝克汉姆(Jules Beckham)迎来百岁生日的时候,他的家人为他举办了一场盛大的派对。他回忆说:"我的孩子,包括孙子、重孙子都来了。我们加起来一共有 40 个人,还有两个重孙女儿在她们妈妈的肚子里。"而没能来到这场庆典的,有朱利斯五年前因为癌症去世的长子,一个因为交通事故丧生的孙女儿。同样缺席的,还有那所他教授了 40 年英语的中学里的前同事们。他们都已不在这个世界上了。第二次世界大战时和他一起在太平洋上奋战的弟兄们也是这样。甚至连那些他退休后一起下棋的朋友们也都先一步离开了。"我是最后一个留下来的人。我挚爱我的家人,但是他们都已听我讲过无数遍我的往事,却从未能理解我在 1960 年以前的过去。"他如是说。

朱利斯已经拟好了生存意愿遗嘱,并把它交予了自己的长女和医生们。他说:"多么有趣啊。战时面对敌军的炮火,我不得不终日对抗死亡的恐惧;而如今的我却如此平静。我不想死,但我觉得自己好似一头恐龙。我不想当我有了严重的脑损伤抑或瘫痪在床,却仍要无谓地延长着我的生命。如果说一百年的时间教会了我什么,那便是生命的质量远比数量要珍贵得多。"

预览

即使我们能够活到百岁,死亡亦是我们每个人都会遇到的事情,它的必然性如同我们的降生一般。正因为如此,它是理解毕生发展的一个关键。

发展心理学近几十年来才开始严肃地研究死亡对于发展的意义。在本章中，我们将从几个不同的方面来探讨死亡和临终。我们首先来看看死亡的定义，这个定义会比看上去的字面意义更加复杂。然后我们将考察人们在生命的各个阶段对死亡的看法和反应，并比较不同的社会看待死亡的观念有何差异。

当人们到达生命终期时，生命的质量就成为了一个愈发重要的议题。

接着，我们来看看人们如何面对自己的死亡。我们将介绍一个把人们面对死亡的态度分成几个不同阶段的理论。我们还会看一看人们是如何使用生前遗嘱和辅助自杀的。

最后，我们将转向丧失与悲痛。我们区分了正常的与不健康的悲痛，讨论了丧失所带来的一系列后果。本章节同样包含了出殡与服丧的有关内容，讨论了人们应该怎样为不可避免的死亡做好准备。

19.1 生命历程中的临终与死亡

在经历了一场浩大的法律和政治的争论后，泰莉·夏沃（Terri Schiavo）的丈夫终于得到了摘掉维持了她生命15年的氧气面罩的权利。夏沃因为呼吸心搏骤停（respiratory and cardiac arrest）引起了脑损伤，之后就一直处于一种被医生称为“永久性植物人”的状态，也就是永远不可能再恢复意识。经过一系列的法庭激战，她的丈夫（不顾她父母的意愿）最终被获准指导护理者拔掉她进食器的管子；之后，夏沃很快就去世了。

夏沃的丈夫要求摘除她进食管的决定是正确的吗？当这根管子被摘掉的时候她是不是已经死去了？她丈夫的行为是否忽略了夏沃本人的合法权利？

回答这些问题的困难表明了生与死这一主题的复杂性。死亡不仅是一个生物学的过程，它同样也包含了心理学层面的内容。我们不仅需要考察死亡的定义，还需要考察人们在生命的不同时期对死亡的看法是如何改变的。

死亡的定义：如何判定生命的结束

LO 19.1　综述定义死亡的困难

什么是死亡？尽管这个问题看起来有些突兀，但定义生命的终点确实是一个很复杂的课题。在过去的几十年里，随着医学的发展，过去一些被判定为死亡的患者如今可能被认为还活着。

功能性死亡被定义为心跳和呼吸的消失。尽管这种定义看似没有歧义，但事实上又不够明确。比如说，一个呼吸和心跳都停止了 5 分钟的人可能会重新活过来并且几乎没有损伤。如果按照功能性死亡的定义，这意味着现在的这个活着的人已经死了吗？

功能性死亡 心跳和呼吸的消失。

因为这种不严密性，心跳和呼吸已经不再作为衡量死亡的标准了。医学专家开始通过脑功能来测量。在**脑死亡**中，所有由电子仪器测量的脑电波活动都已经停止。一旦被定义为脑死亡，脑功能就再无恢复的可能。

脑死亡 一种诊断死亡的标准，基于大脑活动信号的终止，使用脑电波来测量。

一些医学专家建议，将死亡仅仅定义为脑电波的消失未免太狭隘了。他们主张丧失了思考、推理、感觉和体验世界的能力足以宣称一个人的死亡。这种观点夹杂了许多心理学因素，一个遭受了难以修复的脑创伤、昏迷或是无法再对人类生活有任何感知的人，都可以说已经死亡。从这个方面看来，即使一些原始脑活动依然存在，死亡也已经到来了（Ressner，2001；Burkle，Sharp & Wijdicks，2014）。

并不令人惊奇，这种将我们从严格的医学标准转移到道德和哲学层面思考的论断依然存在很大争议。从结果上来说，美国大部分地方关于死亡的法律以脑功能的完全丧失来界定，虽然也有一些地方的法令依然沿用呼吸和心跳停止的标准。事实上，通常在死亡发生的时候，是不需要进行脑电波测量的。只有在一些特定场合下（如死亡时刻很重要，有可能进行器官移植，或涉及犯罪和法律问题），才会密切监控脑电波。

在法律和医学上建立起完善的死亡定义的困难也许反映了在整个生命过程中，人们对死亡的了解和态度的改变。

生命历程中的死亡：原因与反应

LO 19.2　描述死亡在毕生不同阶段的意义

我们通常将死亡与“上了年纪”联系在一起。但是对于许多人来说，死亡到来得更早。在这些情况下，年轻人的死亡多被视为是“非自然的”，因而，它所引起的社会反应也就尤为强烈。事实上，在今天的美国，许多人认为孩子是应该被保护起来的，他们不应该对死亡了解得过多。

观看视频 对逝去感到悲痛 第一部分：鲍勃，81岁

但各个年龄的人均有可能经历亲友的亡故，或是自身的意外。我们对待死亡的反应是如何随年龄发展的？以下我们将针对不同年龄阶段作进一步讨论。

婴儿期和儿童期死亡。虽然经济高度发达，但是美国的新生儿死亡比例依然较高。美国1岁以内新生儿的死亡率仍高于其他50多个国家（World Fact Book, 2015）。

正如这些统计结果显示的，很多父母经历了失去新生儿的痛苦，这种影响是深远而且巨大的。失去孩子通常会引发和失去成人一样的反应，有时还会因死亡发生得过早而使家庭成员遭受更大的打击，最常见的一种反应是极度抑郁（Murphym Johnson, & Wu, 2003）。

一种特别难于应对的死亡便是产前死亡，又称流产，在第2章中已经有所涉及。父母通常会与他们未出生的孩子建立起某种心理上的联系，因此如果孩子在尚未出生时就已经死亡，他们通常会觉得极度痛苦。更何况，朋友和亲戚们通常很难理解流产对父母造成的情绪上的打击，这会使这些父母的丧失感更加强烈（Wheeler & Austin, 2001; Nikevi & Nicolaides, 2014）。

婴儿猝死综合征 一个看上去很健康的婴儿原因不明地死去。

另一种死亡，婴儿猝死综合征，引发极度应激的一部分原因是它的出乎意料。**婴儿猝死综合征**或简称SIDS，指的是看似正常的婴儿停止呼吸或因某种意外原因死亡。通常是在2到4个月间意外发生：一个健康的宝宝在午睡或夜间休息时被放入婴儿床里就再也没有醒来。

在SIDS的案例中，父母通常会感到极大的自责，熟人们也会怀疑死亡的“真实原因”。人们至今没有发现引起SIDS的明确原因，它发生得近乎随机，因此，父母的内疚并无根据（Paterson et al., 2006; Kinney & Thach, 2009; Mitchell, 2009）。

对于儿童，意外事故是导致死亡的最重要的因素，特别是车祸、火灾、溺亡等。但是，在美国相当多的儿童死于谋杀，这一比例自1960年以来几乎翻了3倍。谋杀已经成为1—24岁孩子死亡的第四大原因，以及15—24岁非裔美国人的首位死因（Centers for Disease Control and Prevention, 2014）。

对于父母而言，孩子的死亡将引发极大的丧失感和悲痛情绪。在多数父母眼中，没有比孩子的死亡更加让人难以接受的事了，甚至超过丧偶以及失去自己的父母。父母的极端反应部分源于现实违背了"孩子应比父母活得更长久"这一自然规律，同时也出于他们觉得自己有保护孩子脱离任何伤害的责任，一旦孩子死亡，他们就会觉得是自己的失职（Granek et al.，2015）。

这种情况下，父母通常都没有做好应对孩子死亡的准备，因此他们可能会在事后反复责问自己这件事情为何发生。正因为父母与子女之间的情感连接如此之强，他们有时会感到自己的一部分也随着子女的离去而死亡了。研究表明，这种压力会显著地增加父母患精神疾病而最终住院的风险（Feigelman，Jordan，& Gorman，2009；Fox，Cacciatore，& Lacasse，2014）。

儿童对死亡的概念。孩子本身在 5 岁以前尚未发展出有关死亡的概念，尽管他们在这之前已经意识到死亡的存在，但他们更倾向于认为那只是一种暂时的状态，生命可能由此缩减，但却不会停止。一个学前儿童可能会说："死人不会感觉到饿，有的话可能也是一点点。"（Kastenbaum，1985，p. 629）。

有一些学龄前儿童觉得死亡就和睡觉一样，如同童话中的睡美人，早晚是会醒过来的（Lonetto，1980）。对于有这种信念的孩子来说，死亡毫不可怕，而且还让他们觉得好奇。在他们的信念里，如果人们足够努力，比如通过施加有效的药物、提供充足的食物或者运用魔法，那么死去的人是可以"活过来"的。

一个教育工作者的视角

从发展的阶段和对死亡的认识上，你认为学前儿童对于父母的死亡会如何反应？

观看视频　儿童对死亡的知觉

在一些情况下，孩子对于死亡的错误理解会在情绪上引发灾难性的后果。孩子们通常倾向于夸大他们该为某人的死亡负责的结论。比如说，他们会认为如果自己能做得更好些，死亡就可以被避免了。同样，他们会认为如果已经去世的人真正想要重新活过来的话，也是可以办得到的。

在 5 岁左右，儿童已经能够较好地理解生命的终结和不可逆性，他们可能会给死亡赋予某种魔鬼或恶魔的形象。起初，他们认为死亡并非普遍存在，而是仅仅发生在特定的少数人身上；直到 9 岁，他们开始承认死亡的普遍性和终结性（Nagy，1948）；在儿童中期，儿童也习得了有关死亡的一些习俗，比如葬礼、火化、公墓等（Hunter & Smith 2008）。

对于自己正处于临终状态的儿童，死亡可能会是一个非常真实的概念。在一项开创性的研究中，人类学家米拉·布鲁邦德－兰纳（Myra Bluebond－Langner）（2000）发现一些儿童能够通过“我要死了”等言语，清楚直言自己的临终。另一些孩子则更为委婉，提及他们不再能够回到学校，预期自己不再能参加谁的生日聚会，或是考虑埋葬自己的玩偶。儿童们也能很好地意识到成人不愿意谈论他们的疾病或他们将死的可能性。

青少年期的死亡。我们可以想象，青少年期认知能力的飞速发展将会使其对死亡的理解更加复杂深入。但在许多时候，青少年的死亡观点依然存在同儿童一样不切实际的地方，尽管表现层面有些不同。

尽管青少年清楚地知道死亡的终结和不可逆性，但他们倾向于不觉得这件事会在他们身上发生，这种观点可能会引发某些危险行为。青少年多会编织一种个人神话，即一系列使他们具有特殊性的信念——这些信念是如此独特，以至于他们会认为自己是无法侵犯的，那些发生在别人身上的糟糕事情并不会在自己身上发生。

许多时候，这种危险行为会导致青少年死亡。比如说，青少年中最普遍的死亡原因是事故，通常包含机动车等交通工具。其他常见的原因还包括谋杀、自杀、癌症、艾滋病等（National Center for Health Statistics，2015）。

当青少年的个人神话不得不面对疾病引起的死亡时，其结果常常是粉碎性的。得知自己面临死亡的青少年通常会感觉气愤和受到欺骗——觉得命运对他们十分不公。又因为他们的情绪和行为都如此消极，医疗人员很难对他们施行有效的救助。

相反，一些被诊断为患有绝症的青少年表现出完全的拒绝。对自己不可侵犯的坚信使他们无法接受疾病的严重性。在不影响他们接受治疗的情况下，一定程度的拒绝还是有一定好处的，因为它能使青少年尽最大可能保持正常的生活状态（Beale，Baile，& Aaron，2005）。

成年早期的死亡。成年早期在许多人看来是为生活做好准备的开始。经过了儿童期和青少年期的准备阶段,他们开始在世界上留下自己独立的足迹。由于在这一时期的死亡是近乎无法想象的,它的发生也就格外困难。年轻人正积极地为完成生活目标努力着,任何阻碍他们的疾病都会让他们感到气愤和不耐烦。

在成年早期,最主要的死亡原因仍然是事故,接下来是自杀、谋杀、艾滋病和癌症。然而,在成年早期临近结束的时候,疾病成为主要原因。

对于那些需要在成年早期面对死亡的人而言,有几点考虑是非常重要的。一个是对亲密关系的要求和性需求的表达,这些如果不是被疾病完全阻止的话,也会有诸多限制。比如说,艾滋病毒检验呈阳性的个体会觉得很难再开始一段崭新的关系。在已有关系中的性活动则面临更大的挑战。

另一个需要重点考虑的是对将来的规划问题。当大多数人开始为未来职业和家庭绘制蓝图的时候,身患绝症的年轻人承受着更大的负担。他们应该结婚吗?那样的话,伴侣可能很快就将独自一人?这对夫妇应该有孩子吗?那样的话孩子很可能只能由父母中的一方养大?他们应该在什么时候将自己的病情告诉老板?很明显老板会对不健康的员工有歧视。这些问题都很难找到答案。

正如青少年一样,年轻人很容易成为不够合作的病人。他们对所面临的困境暴怒,觉得世界很不公平,并将这种情绪指向养育者和爱人。此外,他们会使为他们提供直接护理的护士和护工觉得尤其容易受到侵害,因为这些人常常自己本身也很年轻。

成年中期的死亡。对于处在成年中期的个体而言,患上可能威胁生命的疾病(这一年龄段最普遍的致死原因)并不会引发如此严重的打击。实际上,处在这一年龄段的人们已经很清楚地知道自己早晚有一天是要死去的,因此他们能够从一个更为实际的角度看待死亡。

但从另一方面而言,他们的认清现实并不能使他们对死亡的接受变得更容易。事实上,对死亡的恐惧往往比任何先前的年龄段都更加强烈,甚至比其后的年龄段也要强烈。这种恐惧将使人们开始关注自己还有多少年可活,而非如先前那样关注自己已经活了多久。

在成年中期最普遍的致死原因是心脏病和中风。尽管这些疾病的突发性常常使人难以准备,但从某些层面而言,这些疾病确实比像癌症那样令人痛苦的慢性疾病要轻松一些。这肯定是许多人更为倾向的死亡方式：当被问到的时候，人们会说想要一个短暂无痛苦的死亡，而不包含躯体的任何损失（Taylor，2015）。

成年晚期的死亡。在人们到达成年晚期的时候，他们能肯定自己的生命已在走向结束。除此以外，他们还面临着周围环境中越来越多的死亡。配偶、兄弟姐妹、朋友都可能已经率先离开了世界，也持续提醒着他们自己即将面临的死亡必然性。

成年晚期最可能的致死原因是癌症、中风和心脏病。那么当这些原因得到控制的时候，情况又是如何呢？根据人口统计学家的估计，平均年龄70岁的人们可能延长7年左右的寿命（见图19－1；Hayward，Crimmins，& Saito，1997）。

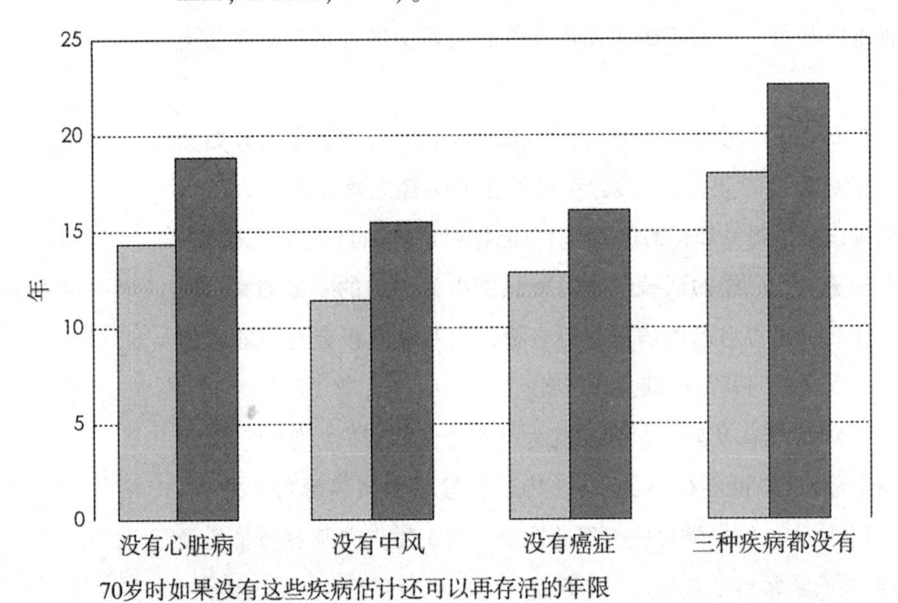

图19–1　增加年数

如果排除主要致死原因，平均年龄70岁的个体可以再多活7年。

（资料来源：Hayward, Crimmins, & Saito, 1997.）

由于死亡在老龄人群中普遍存在，因此与之前的其他年龄段相比，这一年龄阶段的人群对死亡的焦虑相对减少。但这并不意味着他们欢迎死亡，只能代表他们对其的态度更为实际并善于反思。他们对死亡进行思考，并开始为其做准备。一些人已经因为逐渐减弱的心理和生理机能而开始从世俗逃离。

死亡的临近通常伴随着认知功能的加速衰退。在所谓的“最终衰竭”中，记忆和读写等认知功能上显著的衰退预示着在其后几年里即将到来的死亡(Gertsorf et al., 2008; Thorvaldsson et al., 2008; Wilson et al., 2015)。

一些老年人选择以主动的方式寻求死亡,即自杀。实际上,男性的自杀比例在成人晚期中持续攀升,没有任何一个年龄组比 85 岁以上的白人男性自杀比例更高。(青少年和年轻人自杀的总人数较多,但在整体中所占的比例却相对较低。)自杀通常是重度抑郁或某些形式的痴呆造成的,也可能由丧偶引起。并且,正如我们将在本章后面部分讨论的,一些身患绝症的人将向他人寻求与自杀有关的帮助(Chapple et al., 2006; Mezuk et al., 2008; Dombrovski et al., 2012)。

对于身患绝症的老年人来说,一个最主要的问题就是他们的生命是否还有意义。面临死亡的老年人比年轻人更为强烈地感到他们是家庭和社会的负担。而且,他们有时会被有意无意地给予一些信息,他们对社会的价值已经结束,他们已经是"濒死"而非"重病"状态(Kastenbaum, 2000)。

那么老年人是否希望得知自己"死期将近"的消息呢?在多数情况下,答案是肯定的。正如年轻的病人希望得知自己病情的真相一样,老年人也希望知道有关自己身体状况的细节。具有讽刺意味的是,看护者却并不希望表现得如此坦率:医生通常回避告知病人他们的病情是无可挽回的(Goold, Williams, & Arnold, 2000; Hagerty et al., 2004)。另一方面,不是所有人都愿意知道他们真正的病情或者获悉他们即将死亡的消息。

不同文化对死亡的反应

LO 19.3　描述文化如何影响临终

值得注意的是,不同的个体对待死亡的态度是非常不同的。这一点尤其受个人因素的影响。比方说,容易焦虑的人对死亡考虑得更多。对待死亡的态度还存在明显的文化差异(见"发展的多样性与生活"部分)。

不同文化中,人们对死亡的反应表现为多种形式,但即使是在西方社会中,对死亡的反应也具多样性。比方说,考虑一下哪一个更理想:一个家庭事业有成、圆满地过完一生的人,或是在战争时期为保家卫国牺牲的年轻英勇的战士?其中一种死亡方式比另一种更好吗?

答案要依据不同的个人价值观而定,这又与文化和亚文化的导向作用极其相关,通常是通过宗教信仰所分享。比如说,一些社会将死亡视为一种惩罚,或是个人对社会的贡献。其他人则把死亡看作从现实劳苦中的一种解脱。一些人把死亡看作永生的起点，另一些人却认为根本没有天堂或地狱存在，生命只是像在现实中表现的那样而已（Bryant, 2003）。

死亡教育可以使我们做好准备吗？

LO 19.4　总结我们如何为死亡做准备

“妈妈什么时候能活过来？”

“为什么巴里(Barry)会死？”

“祖父是因为我不够好才死去的吗？”

死亡学家 研究死亡和濒死过程的人。

儿童的这类疑问说明了为什么许多发展心理学家以及**死亡学家**建议将死亡教育列为学校里的重要成分之一。随后，一种叫作“死亡教育”的相对较新的课程应运而生。死亡教育包含了关于死亡、临近死亡和丧葬等许多内容。死亡教育是用来帮助各个年龄段的人们更好地面对死亡和临死的状况——不仅是他人去世，还包括他们自己。

死亡教育的兴起部分缘于我们对死亡的隐藏，至少在许多西方社会是这样的。我们通常把与濒死病人打交道的任务交给医院，我们并不与儿童讨论有关死亡的话题，也不允许他们参加葬礼，担心会使他们受到惊扰。即使是那些熟悉死亡的人，比如急救工作者和医疗专家，也不能很自如地讨论这个话题。由于在日常生活中经常被回避，各个年龄的人都很少有机会面对自己关于死亡的感觉或是获得对其更实际的感知（Kim & Lee, 2009；Waldrop & Kirken - dall, 2009；Kellehear, 2015）。

以下着重介绍几种死亡教育的内容：

- 危机干预教育。当世贸大楼遭到袭击的时候，为了减轻儿童的焦虑，他们成为主要的危机干预对象。年幼儿童关于死亡的概念是最不稳定的，因此他们需要得到针对这一天在其认知发展中烙下的有关生命消殒话题的合理解释。危机干预教育也同样用于其他非极端条件下。比如说，在有学生被杀或自杀的情况下，学校也会将其用来做紧急咨询（Sandoval, Scott, & Padilla, 2009）。
- 常规死亡教育。尽管在小学里很少有关于死亡的教材，这类课程在高中已经变得相当普遍。比如说，一些高中针对死亡和死前教育开设了特殊的课程。不仅如此，大学里的某些院系如心理、人类发展、社会学、教育学等也逐渐开设起这类课程(Eckerd, 2009; Corr, 2015)。

- 对援助性职业成员的死亡教育。涉及死亡、濒死和丧葬相关职业的从业人员特别需要这些方面的死亡教育。现如今几乎所有的医疗和护士学校都会对其学生提供某种形式的死亡教育。最成功的教育不仅仅要教会学生如何帮助病人及其家属妥善处理好即将到来的死亡,还会进一步引发学生对该话题本身的探索(Haas-Thompson, Alston, & Holbet, 2008; Kehl & McCarty, 2012)。

尽管没有任何一种简单形式的死亡教育足够把死亡阐释得清楚,以上提到的这些课程却可以帮助人们更准确地掌握这种所有人都会经历的,和“生”并列的普遍注定的“死亡”真谛。

◎ 发展的多样性与生活

区分死亡概念

在一个部落仪式的中央,一位老人等待他的大儿子在他的脖颈上套上绳索。老人身患重病,已经准备好离开尘世,他要求儿子将他带向死亡,儿子遵从了。

对于印度教徒来说,死亡并不是终点,而是连续轮回的一部分。因为他们相信投胎转世,认为死亡是由重生接替的一个全新生命的开始。因此,死亡也被看作是生命的伴生物。

正如印度的这个仪式所显示的,对死亡的不同理解导致了不同的葬礼。

由于宗教信仰中对于生命意义和死亡的看法都非常多样化,死亡观点存在巨大差异也就毫不令人吃惊了。比如说,一项相关调查研究发现,与逊尼派穆斯林和德鲁兹人的同年龄儿童相比,10岁左右的基督教和犹太教徒倾向于从一个更“科学”有利的角度看待死亡(关于躯体生理活动的停止),而前二者则通常认为死亡是具有“精神”意义的。我们并不能肯定这种观念上的差异是由不同的宗教和文化背景引起的,或者与濒死人群的接触影响了人们死亡概念的发展。但是,在不同群体成员间死亡观念上的差异却是显而易见的(Thorson et al., 1997; Aiken, 2000; Xiao et al., 2012)。

对于美国原著居民来说,死亡被看作生命的附加部分。比方说,拉考塔(Lakota)的父母会这样告诉他们的孩子:“对你的兄弟们好一些,因为有朝一日他会死去。”当人们死去的时候,他们被认为将会到达一个叫“Wanagi Makoce”的精神家园,所有的人和动物都居住在那里。死亡,也因此不会使人愤怒或被视为不公(Huang, 2004)。

一些文化里的成员比其他人更早地习得与死亡有关的知识。比如说,相比于在日常生活中较少接触死亡的文化,一些与暴力和死亡过多接触文化下的个体将会更早地认识死亡。研究表明,居住在以色列的儿童比英美儿童更早地认识到死亡的终结性、不可逆性和无可避免性(McWhirter, Young, & Majury, 1983; Atchley, 2000; Braun, Pietsch, & Blanchette, 2000)。

模块 19.1 复习

- 死亡被定义为心跳和呼吸的终止(功能性死亡)、脑电波的消失(脑死亡)和人类特质的丧失。
- 婴儿和年幼儿童的死亡可能对于父母来讲尤其难以接受,对于青少年而言,死亡看起来近乎不可能。成年早期的死亡被看作是不公平的,但当人们进入成年中期,则会开始认识到死亡的真相。当到达成年晚期的时候,人们知道他们注定死亡并开始着手为此做准备。
- 在死亡的态度和信念上明显的文化差异强烈地影响着人们对死亡的反应。
- 死亡学家建议把死亡列入正常的学习过程中去。

共享写作提示

应用毕生发展:你认为人们应该得知自己即将死去的消息吗?你的答案会由于这个人的年龄而有所不同吗?

19.2 面对死亡

卡罗尔·雷伊希(Carol Reyes)是个闲不住的人。当她在89岁时盆骨骨折后,她还决定要重新开始走路。经过6个月的密集复健,她做到了。93岁时她得了肺炎。在医院住了一个月之后,她回到她挚爱的家,那里有她的猫、她的满屋藏书。她依然积极参与当地的政治生活——尽管比之前要虚弱一些,但基本没什么问题。

3年后,卡罗尔的医生告诉她,她得了ALS,这是一种脑部和脊柱里的运动神经元慢慢死去的疾病。她可以服用一种叫Rilutek的药,以减缓这个过程,但是最终她的肌肉会瘫痪,她将无法再使用双手或双脚。她将不能讲话,不能吞咽,最终,她的肺会罢工。

卡罗尔同意尝试药物,但是她告诉医生,她想要进行 DNR——不施救程序——就在她的肺叶开始罢工、她开始有呼吸困难的时候。“我不想那样活着。”她说。

4 个月之后,卡罗尔·雷伊希发现自己呼吸困难了。她拒绝吸氧,也拒绝去医院。她很快去世了,就在她自己的床上。就像其他的死亡一样,雷伊希的死引发了一系列的问题。她拒绝吸氧等同于自杀吗?医护人员应该答应她的要求吗?她这样对待死亡是最有效的解决之道吗?人们应该如何面对并适应死亡?毕生发展学家和从事死亡和临终研究的专家努力寻找着这些问题的答案。

了解临终的过程：死亡分步骤吗?

LO 19.5　描述人们面对自身死亡预期的不同方式

没有人比伊丽莎白·库伯勒－罗斯(Elisabeth Kübler－Ross)对我们理解人类如何面对死亡产生的影响更大。作为一位精神病学家,库伯勒－罗斯在与濒死者及其看护者广泛的调查接触基础上,发展出一整套关于死亡和濒死体验的理论(Kübler－Ross,1969,1982)。

在她的观察研究基础上,库伯勒－罗斯最初提出人们在死亡的过程中要先后经历五个基本步骤(见图 19－2 的总结)。

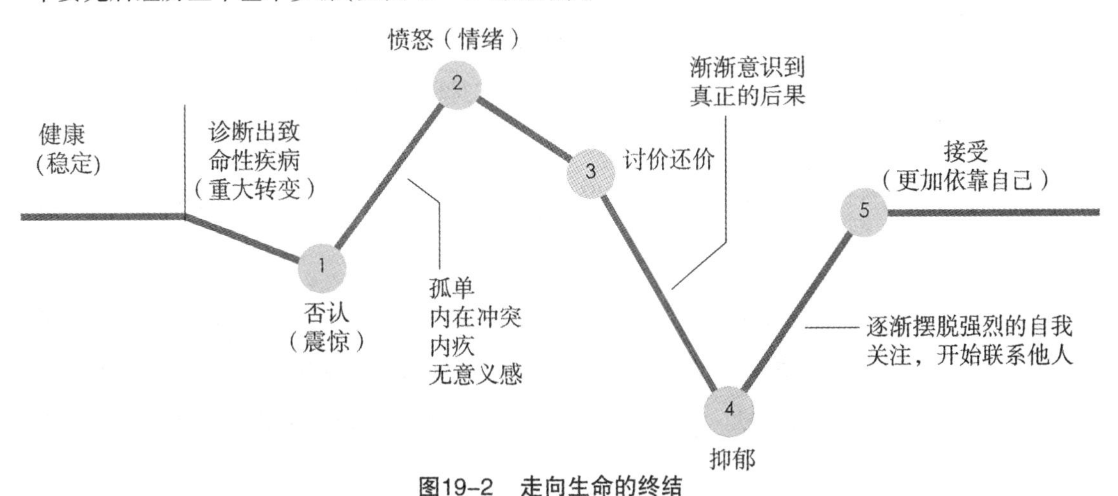

图19–2　走向生命的终结

根据库伯勒–罗斯(1975)的理论,以下是走向死亡的不同步骤。

否认。“不!我不可能会死!一定是哪里搞错了!”通常情况下在获知自己面临死亡的消息时,人们都会有如此的保护策略。这便是面对死亡的第一个步骤,否认。在否认过程中,人们不肯承认自己即将死亡。他们可能反驳说他们的诊断结果出了错误,X 光被误读,或者医生们并不知道他们到底在说些什么（Teutsch, 2003）。

愤怒。经过了“否认”阶段以后，人们可能会表现出愤怒。一个濒死的病人可能会对任何人动怒：健康的人们、他们的配偶和其他家庭成员、那些照顾他们的人、他们的孩子等。他们可能痛击其他人，思考（有时也会说出声来）为什么将要死去的是他们而不是其他人。他们可能会对上帝动怒，认为自己一生为善，而世界上还有许多更坏的人应该死去。

讨价还价。“如果你行善，你就会得到回报。”许多人在童年阶段就学到了这一公式，许多人也将其运用在即将面对的死亡当中。“善”意味着许诺做一个更好的人，“回报”就是继续活下去。

在“讨价还价”中，面临死亡的人们试着去商讨能够摆脱死亡的到来。他们可能宣称，如果上帝能拯救自己，他们就将献身于穷苦人民。他们还可能承诺，如果可以活到亲眼看到儿子结婚的话，他们随后便能接受死亡。

但是，在“讨价还价”过程中的许诺很少被真正兑现。如果其中一个许诺被证实的话，人们通常又会去寻找另一个，然后再一个。不仅如此，他们可能无法去履行他们的承诺，因为他们的病情逐渐加重，无法使他们达成他们想要做的事。

当然，最终所有形式的讨价还价依然无法避开必然的死亡。当人们终于意识到这一点时，便进入了“抑郁”阶段。

教育工作者的视角

你认为库伯勒－罗斯的死亡五阶段理论是否受到文化的影响？是否存在年龄差异？为什么？

抑郁。许多濒死的人都经历过“抑郁”阶段。当意识到死亡已成定局，他们无法以任何讨价还价的方式逃脱的时候，人们就会有一种巨大的损失感。他们知道他们正在失去自己所爱的，他们的生命真的正在走向终结。

他们经历的抑郁可以分为两种。在反应型抑郁中，悲哀的感觉完全建立在已经发生过的事件上：接受医疗措施带来的尊严丧失、失业，或是得知永远无法重返家中等。

濒死的人同样会经历准备型抑郁。在准备型抑郁中，人们的悲哀建立在即将到来的损失上。他们知道死亡会使他们的社会关系迈向终结，他们将永难见到自己的后代。死亡的现实在这一阶段是难以逃脱的，这一生命无法改变的事实将引发巨大的悲痛。

接受。库伯勒－罗斯指出死亡的最终阶段是接受。到达接受状态的人们将会完全地认识到死亡的迫近。伴随着情感淡漠与少言寡语，他们对现在和将来已经没有任何正性或负性的感觉。他们和自己讲和，想要独处。对于他们而言，死亡不再能引发痛苦。

对库伯勒－罗斯理论的评价。库伯勒－罗斯在我们对死亡的看法上产生了巨大的影响。作为系统观察人们如何面对自己死亡的第一人，她被认为是这一领域的先驱。库伯勒－罗斯几乎是一手把死亡现象带入了人们关注的视线里，这之前是被西方社会排除在主流之外的。她对直接提供死亡帮助的人贡献更大。

另一方面，她的研究成果也受到了一些批评。一方面，她对死亡概念的定义还比较局限。大多集中在已经获知自己即将死亡的人，或是那些以相对轻松自由的方式死亡的人。而对那些身患病症却生死难测的人而言，她的理论不太适用。

然而，对于她理论最大的批评来自其理论“阶段论”的本质。不是每个人在死亡过程中都能经历每一个阶段。且有些人会以其他的顺序遍历这些阶段。还有一些人也许会在同一个阶段上反复经历好几次。抑郁的病人可能会表现出暴怒，愤怒的病人可能会更多地讨价还价（Kastenbaum, 1992; Larson, 2014）。

不是每个人都以同样的方式经历这些阶段。比如说，有一项针对 200 多名最近刚刚丧失亲人的被试的研究，在丧失亲人时立即访谈一次，然后在几个月之后再访谈一次。如果库伯勒－罗斯的理论是正确的，那么最终的接受阶段将在一段较长的悲伤之后到来。然而多数被试者在一开始就表现出接受他们所爱之人的过世。而且，他们没有像理论假定那样经历愤怒或抑郁这两个哀悼的阶段，他们更多的是报告自己感到对亡者的强烈思念。哀悼的过程不太像是一系列固定的阶段，更像是一组症状此起彼伏地出现，直到最终消散（Maciejewski, Zhang, Block, & Prigerso, 2007; Genevro & Miller, 2010; Gamino & Ritter, 2012）。

人们在哀悼的过程中通常会遵循他们自己独特的个人轨迹，这一发现对于医疗工作者和其他与临终之人一起工作的护理人员是非常重要的。因为库伯勒－罗斯对死亡的阶段性划分是如此广为人知，好心的看护者有时会激励病人按照已知的普遍规律进行，却忽略了他们的个体需求。

最后需要指出的是，在面对即将到来的死亡时，人们的表现存在巨大的差异。死亡的确切原因、死亡过程会延续多久、病人的年龄、性别和人格特征以及能从家人和朋友那里得到的社会支持等都会影响到整个死亡进程和人们对死亡的反应（Carver & Scheier, 2002）。

总的来说，库伯勒－罗斯对死亡迫近时人们的反应所做出的解释，其准确性获得了广泛的关注。在对库伯勒－罗斯理论的回应中，另外一些理论家也提出过其他的观点。比如心理学家埃德温·施耐德曼（Edwin Shneidman）认为，人们面对死亡的过程中，可能以任意顺序产生（或反复产生）一些相关的反应“主题”。这些主题包括怀疑的想法、不公平感，对剧痛甚至是一般疼痛的恐惧以及有关痊愈的幻想（Leenaars & Shneidman, 1999）。另一位理论家，查尔斯·科尔（Charles Corr），认为就像人生的其他阶段一样，面对死亡的人也面临着一组心理任务，包括尽可能减少生理应激，维持生命的丰富感，继续或深化与他人的关系，以及保持希望，这通常是通过灵性寻求获得的（Corr & Doka, 2001; Corr, Nabe, & Corr, 2000, 2006; Corr, 2015）。

选择自然死亡：DNR 是否是正确的路？

LO 19.6　描述人们练习掌控死亡决策的不同方式

在病人病历上写下的“DNR”具有一个简单明确的含义：“不必进行施救（Do Not Resuscitate）”。DNR 强调不必采取任何手段维持病人的生命。对于身患绝症的病人来说，DNR 可能意味着立刻死亡，非 DNR 病人或许能够多活几天、几个月，甚至几年，但往往需要许多极端的、侵入性的甚至是非常痛苦的医疗措施来维持。

决定是否采用 DNR 引起了一些讨论。一个争论是“极端”“额外”措施与常规措施究竟有何不同。这两者之间并不存在严格的区别。做决定的人必须考虑病人的需求、他们先前的医疗史、年龄、宗教等因素。比如，对同一病情下 12 岁和 85 岁的病人可能需要采取不同的标准。

另一个问题和生活质量有关，我们该如何衡量病人的生活质量，并决定是否采用特殊的医疗手段辅助或阻止其继续活下去呢？谁来做这样的决定——病人、家属还是医生？

有一件事是很清楚的:医疗工作者不愿意按照濒死病人及其家人的愿望中断侵入性的治疗。即使在病人肯定会走向死亡,病人本身也不愿意再接受任何治疗的情况下,医生也通常宣称并不了解病人的这些愿望。比如说,尽管1/3的病人要求不再接受治疗,却只有不到一半的医生承认他们知道病人的这种意向(见图19-3)。此外,只有49%的病人病历上存在生存意向记录。医生和其他看护者可能不愿按病人的DNR要求去做,部分是因为他们通常被训练去拯救病人,而非允许他们死亡,也可能是为了避免法律责任问题(Goold, Williams, & Arnold, 2000; McArdle, 2002)。

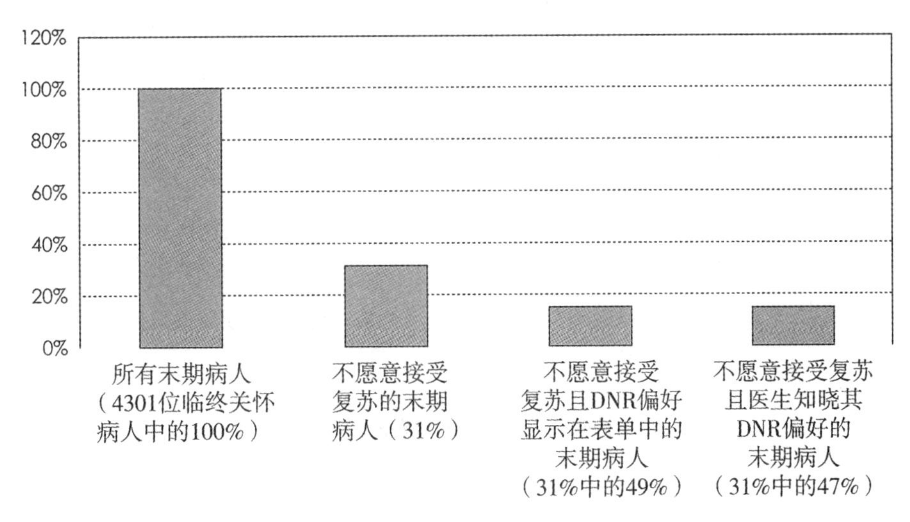

图19-3 临终困难：4301位临终关怀病人的经历

(资料来源：Based on Knaus et al., 1995.)

生前预嘱。为了能根据自己的病情,对最终决定更多地掌控,越来越多的病人选择签署生前预嘱。**生前预嘱**是在人们无能力表达愿望的情况下,依靠其先前愿望确定采取何种医疗手段的法律文件(见图19-4)。

生前预嘱 一份法律文件,表达在患者不能传达自己意愿时,采取或不采取哪些医疗措施。

有些人会指定一位特殊人员,即医疗代理人,代表病人参与制定医疗救护的相关决定。医疗代理人被授权处理病人的生存意愿和被称为长期授权书的法律文件中规定的事宜,也有可能包括所有的医疗问题(如昏迷)或者仅仅是绝症。

正如DNR命令一样,如果患者不明确向医生表达出自己意愿的话,生前预嘱里的内容将不被执行。尽管人们事先可能不太想这样做,他们仍然应该和他们选定的“医疗保健代理人”进行坦诚地交谈,以表明他们自己的愿望。

为确保生前预嘱中的愿望能被实现，人们需要采取哪些步骤？

我，____________，如果因疾病永远不能够对后续治疗做出决定时，请让这份文件作为我清醒时的意愿表达。它反映的是在遭到如下情形时，我不愿使用任何药物治疗的坚定决心：

当我的病情已经无可救药，心理和生理上都没有康复的可能，医院对我的治疗仅仅只是延续我的生命时，我要求我的主治医生停止对我的治疗。这一条款适用于（但不局限于）以下情形：（1）临终情形；（2）永远不能恢复意识的状况；（3）有微弱意识但我永远无法做出决策或表达愿望的状况。

我要求对我的治疗仅限于让我舒适或者是减轻我的痛苦，包括在取消治疗后产生的任何痛苦。

虽然我知道我不能从法律意义上要求对未来治疗有特殊待遇，但是我仍然强烈希望在我遇到上述情形时请对我采取如下措施：

我不想使用心脏复苏术。
我不想使用呼吸机。
我不想使用进食管道。
我不想使用抗生素。

但是我确实想要最大限度地减轻疼痛，即使所采取的措施有可能会减少我的寿命。

其他的要求（填入一些个人的说明）：

这些要求表达了在联邦和州法律框架下我实行拒绝治疗的权利。我想要我的要求得到实现，除非我废除了这份声明并重新写了一份，或者是有明显的证据表明我改变了主意。

签字：__________ 日期：__________
地址：____

证人声明

我声明该文件签署者在签署时年龄超过18岁，没有受到强迫或者其他过分的影响，充分表达了他的意愿。在签署人签署时（或委托他人代自己签署）我在场。

证人：____
地址：____

证人：____
地址：____

图19－4　一份生前预嘱

安乐死与辅助自杀。30 多年前，杰克·凯沃基安(Jack Kevorkian)医生因发明并推广了“自杀机器”而广为人知。只要病人按一下按钮，这种机器就会释放麻醉剂和一种可以使心脏停止跳动的药物。由于帮助病人通过自主操作这种机器得到药物，凯沃基安参与了“辅助自杀”的过程，为濒死病人提供自杀途径。因为电视节目“60 分钟”播放了他参与病人的辅助自杀，凯沃基安被指控二级谋杀罪，要在监狱里度过八个年头。

辅助自杀在美国引起巨大争议，而且在许多州都是违法的。今天，有五个州(俄勒冈、华盛顿、佛蒙特、新墨西哥和蒙大拿)通过了“死亡权利法”。仅在俄勒冈州，就有 750 人使用药物终结了自己的生命(Ganzini, Beer, & Brouns, 2006; Davey, 2007; Edwards, 2015)。

在很多国家，辅助自杀也是可以被接受的。比如在荷兰，医疗人员可以帮助病人结束生命。但是，辅助自杀必须符合以下几个条件：至少两名医生将病人诊断为不治之症、存在无法忍受的物理或精神创伤、病人需给出书面同意书以及事先需要告知病人的家属(Naik, 2002; Kleepies, 2004; Battin et al., 2007)。

辅助自杀是**安乐死**的一种形式，安乐死是指帮助濒死病人更快死亡的措施。安乐死通常被视为“善意谋杀”，可以有多种形式。被动安乐死包括移除呼吸器或其他有助于维持生命的医疗仪器，以此帮助病人自然死亡，比如医护人员遵行 DNR 命令。在主动自愿安乐死中，照料者或医务人员在自然死亡之前便采取相应行动，也许会使用某种致命的药物剂量等。正如我们所看到的那样，辅助自杀介于被动和主动自愿安乐死中间。尽管广泛流传，安乐死仍是一种关乎情感并争议颇大的措施。

安乐死 一种帮助绝症患者更快死亡的方法。

没有人知道它是怎样流传开来的。但是，一项对特别看护病房中护士的调查结果表明，20% 的护士曾经至少一次故意加速了病人死亡的进程，其他专家也指出，安乐死并不罕见(Asch, 1996)。

安乐死之所以引起了很大的争议，部分原因在于它重在关注是谁在控制病人的生命。这种权利只属于个人吗，还是属于病人的医生、他的子女、政府或某一神明？因为至少在美国，我们相信每个人都有绝对的权利把孩子带到这个世界上，以此创造生命，一些人因此宣称我们同样有绝对的权利结束自己的生命(Allen et al., 2006; Goldney, 2012)。

另一方面，许多反对安乐死的人指出这种行为在道德上是无法被接受的。在他们看来，提前结束一个人的生命，不论病人本身是多么希望如此，也与谋杀无异。另一些人指出，医生对病人未来寿命的预测通常不够准确。比如说，一项大规模的调查“SUPPORT”（主要针对预后与病人对治疗风险和结果的偏好）发现，病人通常比医生的预期活得要长。事实上在一些情况下，被诊断为有50%的可能活不过半年的病人，通常可再多活数年（Bishop，2006；Peel & Harding，2015；见图19-5）。

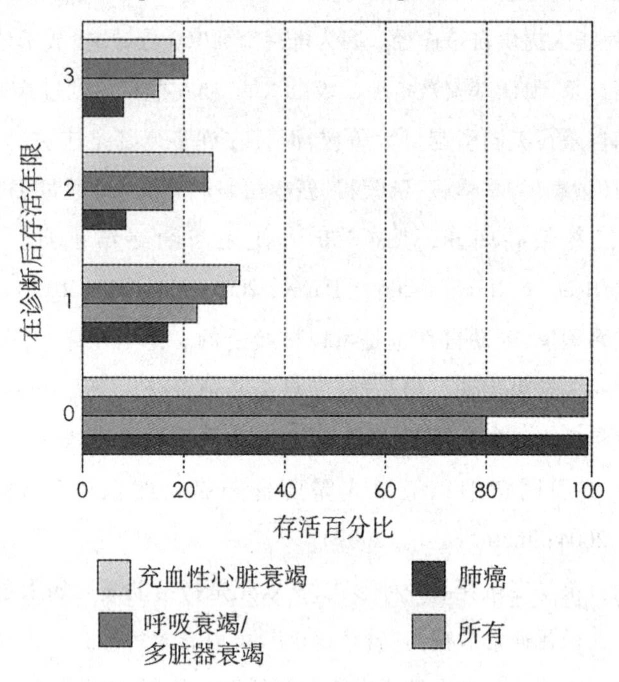

图19-5 “末期”病人究竟还能活多久？

根据SUPPORT大规模研究，在3693位被诊断预期寿命不足6个月的病人中，有显著比例的病人生存时间超过了医生的诊断。你觉得为什么会这样呢？

（资料来源：Based on Lynn et al., 1997.）

反对安乐死的另一种观点集中在病人的情绪状态上。在病人要求或者有时乞求看护者帮助他们死去的时候，他们可能正陷入某种形式的深度抑郁之中。在这些条件下，病人可能会被安排服用抗抑郁药物减轻抑郁。一旦抑郁消散，病人可能会改变先前想要提早死亡的愿望。

关于安乐死的争论可能还将持续进行下去。这是一个很个人化的话题，但随着世界老龄人口的增长，整个社会都应对其投入更多的重视（Becvar，2000；Gostin，2006；McLachlan，2008）。

末期疾病的照料：死亡的地点

LO 19.7 对比生命终期临终关怀和家庭看护的优势

美国一半以上的病人以这样的方式在医院迎来死亡，但也存在其他的可能。事实上，医院并不是面对死亡的理想地点，理由有以下几个方面。医院通常是非个人化的，由医护人员的轮班负责。由于探病时间受到限制，人们通常只能孤独地死去，没法享受亲人在旁的安慰。

除此以外，医院是用来帮助病人好转，而非等待死亡之地，因此它对走向死亡的病人提供的特别看护格外昂贵。因此，医院通常没有充足的资源去满足临终病人及其家人的情绪需要。

正因为如此，除了住院以外，临终病人还有一些其他选择。在**家庭看护**中，濒死的病人可以始终待在自己家中接受上门的医护人员的治疗。许多濒死的病人更喜欢家庭看护，因为他们可以让最后的日子在熟悉的环境中度过，与他们所爱的人在一起，与一生积累的财富在一起。

家庭看护 一种医院治疗的替代方案，绝症患者待在家里面，接受来自家庭和医疗人员的上门诊治。

观看视频 临终关怀

尽管病人倾向于家庭看护，但对于家庭成员而言则要困难许多。提供终极看护会使家庭成员感到巨大的心理安慰，因为他们为所爱的人付出了一些宝贵的东西。但这却是非常消耗精力的事情，无论是从体力上还是精神上，都需要 24 小时随时待命。而且，因为许多亲人并未经过专业的看护训练，他们可能无法提供最佳看护。许多人觉得他们并不能为在家看护病人做好充分的准备（Perreault, Fothergill - Bourbonnais, & Fiset, 2004）。

对于病人家庭，除了医院看护以外，越来越流行的看护方式的选择就是临终关怀。**临终关怀**是为医疗机构里身患绝症的濒死病人提供的关怀。在中世纪，收容所是安慰和款待旅行者的地方。根据那一概念，今天的临终关怀也以为临终病人提供充足的社会支持和温暖为宗旨。它们的工作重点并不在于延长人们的寿命，而是使病人最后的日子变得愉快且有意义。传统而言，接受临终关怀的人们将不被给予痛苦的治疗，也没有额外的多种多样的手段来延长他们的寿命。临终关怀的宗旨在于使病人的生活过得尽可能充实丰富，而不是用尽一切办法挤出更多生命（Johnson, Kassner, & Kutner, 2004; Corr, 2007; York et al., 2012）。

临终关怀 为医疗机构里身患绝症的濒死病人提供的照料。

尽管此项研究尚无定论，接受临终关怀的病人看起来确实要比以其他传统方式接受治疗的病人对生活更为满意。临终关怀由此成为除传统医院看护以外，可供临终病人选择的又一个途径（Seymour et al., 2007; Rhodes et al., 2008; Clark, 2015）。

模块 19.2 复习

- 伊丽莎白·库伯勒－罗斯定义了面临死亡的五个步骤：否认、愤怒、讨价还价、抑郁和接受。其理论的阶段性本质因缺乏灵活性而受到批评。其他学者也提出了另外一些理论。
- 关于死亡的讨论争议很大，包括医生应采取何种程度的治疗手段来保障濒死病人的生命，由谁来决定采取何种手段等。生前预嘱是人们控制自己的死亡决定的一种方式。辅助自杀，或者更普遍而言——“安乐死”同样在美国引起很大争议，而且在许多地方并不合法，但许多人们相信如果经过规范的话，这种做法依然可被合法化。
- 尽管在美国，几乎每个人都死在医院，但越来越多的人在他们最后的日子里选择家庭看护或临终关怀。

共享写作提示

应用毕生发展：你认为辅助自杀应该被允许吗？其他形式的安乐死呢？为什么？

19.3 悲痛与丧失

没有人曾经告诉过我悲痛与恐惧如此相似。我并不害怕，但感觉上却很像在害怕。同样伴随胃部扰动，同样地不得安宁，同样打哈欠。我持续地呕吐着。

在其他时候感觉就像轻微地喝醉了酒，或是猛烈地震动。在世界和我之间有种巨大的隔阂。我发现很难听进任何人说话。又或者，很难想要听得进。实在是无趣（Lewis, 1985, p. 394）。

对于一些普遍经历而言，我们中的许多人惊人地缺乏对失去亲人所带来悲痛的必要准备。特别是在西方社会里，人均寿命很长，死亡率比历史上的任何时刻都要低，人们倾向于将死亡看作一个反常的现象，而不是生命里必然发生的一个部分。这种态度使得悲痛显得更加难以忍受，特别是当我们将今日与过去生命相对较短而死亡率较高的时候比较。在西方社会里，悲痛的第一步，是各种形式的葬礼（Nolen－Hoeksema & Larson, 1999; Bryant, 2003; Kleinman, 2012）。

服丧与葬礼：最终的仪式

LO 19.8 描述幸存者如何反应和应对死亡

死亡在美国是一件大事。平均的丧葬仪式费用高达7000美金。人们在准备葬礼的时候通常会考虑到购买一个华丽的棺材的花费，用豪华车运送到公墓的交通费，遗体保存以及遗体告别的费用等（Sheridan, 2013）。

在某种程度上,葬礼的宏大程度与负责葬礼者的脆弱有关。他们通常是逝世者的近亲,想要证明自己对死者的爱,因此很容易被说服选择“最好的”方式(Culver, 2003; Varga, 2014)。

但并不止是有魄力的推销者促使许多人在葬礼上花费大量的金钱。在很大程度上,葬礼的形式,和婚礼一样,是由风俗习惯决定的。因为一个人的死亡代表一种重要的转化,不仅是对被爱的人,同时也是对整个共同体,因此与死亡有关的仪式就尤其重要。在某种程度上说,葬礼不仅仅是向公众宣布某个人已经死去,而是让人们重新意识到生命的必朽和生死的轮回。

在西方社会,丧葬仪式具有自己传统的规范形式,尽管表观上偶尔也会有些变化。在葬礼之前,遗体被以某种方式保存好,穿上特别的衣裳。葬礼通常包括有关宗教仪式的典礼、致悼词、某种形式的列队以及其他一些规范程序,比如天主教徒的“守灵(wake)”以及犹太教徒的“七日服丧期(shivah)”所达,此时亲戚朋友都来拜会失去亲人的家庭,并向他们致礼。军事上的葬礼通常包括鸣枪,在棺材上覆盖国旗等。

悲痛的文化差异。其他文化中包含许多不同的丧葬仪式。比如说,在一些社会里,哀悼者刮脸以示悲痛,而在其他时候,他们允许头发生长,男人们也可能在一段时间内不刮胡须。在另一些文化中,哀悼者可能被雇佣来痛哭以示悲痛。葬礼上有时出现一些喧闹的仪式,但在其他文化下肃静却是普遍规则。甚至情绪的表达,比如哭泣的时间和总量等,都会依不同文化而有所不同(Rosenblatt, 2001)。

印度尼西亚巴厘岛上的葬礼,哀悼者往往表现得很平静,因为他们相信只有在他们很平静的时候,上帝才能听得见他们的祷告。与之相对,非裔美国人的葬礼上哀悼者就要表现出他们的悲痛,葬礼上允许参与者表现出他们的感受(Rosenblatt, 1988; Collins & Doolittle, 2006; Walter, 2012)。

从历史上说,一些文化下发展出的丧葬仪式在我们看来是过于极端的。比如说,“殉夫”这种传统的印度仪式现在已经被法律禁止。在这个仪式中，一个寡妇需要主动投入被认为是他丈夫身体的熊熊烈火中。在古代中国，奴隶也时常会被与主人的遗体一起活埋。

最终，无论特殊的仪式是什么，所有的葬礼通常都具有同一功能：作为逝者生命终结的标志——并且为生者提供一个平台，让他们可以聚集到一起，分享他们的悲伤，并互相安慰（也见“从研究到实践”专栏）。

◎ 从研究到实践

火葬的兴盛

当你死后你的身体会被如何处理？直到大约20年前，大部分人对于这一问题的回答都是同样的，会被土葬。土葬就是将遗体放在木质或金属的容器中埋进地里。土葬通常会在一片墓地中，且会使用石质或是金属的纪念物对位置加以标记。在逝世之后，遗体首先会被注射防腐剂来减缓降解，使其能够保存足够的时间以完成吊唁和葬礼，但是最终依然没有什么能够阻止遗体的分解（Sanburn，2013）。

火葬使用集中的热量和火焰大幅加速遗体分解，在约一个小时的时间内实现地下多年才能完成的过程。由此，遗体被还原为灰、矿物质和骨头碎片（之后再次粉碎）混合的小堆。在美国的历史上，很大程度上囿于传统和宗教的制约，火葬一直不如土葬受到青睐。但在过去的20年里，火葬开始渐渐流行开来；火葬率已经从20世纪90年代末的不足25%上升到如今的近50%，并且这一比率在接下来的几十年中预计还会继续增长（Defort，2012）。

为什么人们的偏好突然从土葬转向火葬？这主要是出于经济上的考虑。在2008年的经济衰退之后，美国人开始趋于节俭，而火葬的成本远远低于土葬，大约只占到它的1/3。但其他因素也同样起到了作用。其中很重要的一点是，人们增加的迁移性。在大多数人生老病死都在同一片土地上的时代，土葬富有更多的意涵。而当人们越来越多地离开他们的故乡外出求学、工作、退休，并最终在另一处不同的土地上逝去，何处才是适宜的土葬地点就变得不甚明晰了（Dickinson，2012；Sanburn，2013）。

处理火化遗骸的多种选择不仅为永久的埋葬提供了替代，也提供了新的富有创造性和个人化的方式来纪念逝者的一生。火化后的遗骸可以存放于各种美丽的容器中，变成珠宝，也可以用于栽培树苗，或是播撒在某些有特殊意义的地方，甚至还可以变成珊瑚礁，抑或发射到太空中。但火葬也有一个很大的缺点，即没有一个长存纪念碑。由于没有特定的埋葬地点，逝者的后代也无处探访他们祖先的安息之地（Roberts，2010）。

共享写作提示

当你去世之后，你更愿意选择土葬还是火葬？为什么？

丧失和悲痛：适应所爱的亡故

LO 19.9　描述人们体验悲痛的不同方式和悲痛的功能

丧失 承认并接受某人已经死亡这一客观事实。

悲痛 对于他人死亡的一种情绪反应。

在所爱的亲人死亡以后，一个痛苦的适应阶段随之而来，包括丧失和悲痛。**丧失**是指得知另一个人死亡的客观事实。而**悲痛**则是指对他人去世的情感反应。每个人的悲痛都是不同的，但西方社会中人们应对亲人亡故的方法又存在一些相似之处。

生者悲痛的第一阶段通常会经历打击、麻木、置疑或完全否定。人们可能会回避客观事实，试着按照以往的方式生活，尽管痛苦有时发生，并相继引发痛苦、恐惧、深度悲伤和忧虑等。然而，如果痛苦太强烈的话，人们又会转回到麻木状态当中。从某些方面看来，这样一种心理状态可能是有益的，因为它使生者能够顺利地安排丧葬事宜并完成其他的心理方面的困难任务。一般而言，人们在几天或几周之内通过这一阶段，尽管有时也会拖久一些。

在下一个阶段，人们开始面对死亡，并认识到他们损失的延展程度。他们完全经历了悲痛阶段，开始承认将与死者永久分离的现实。如果这样做的话，哀悼者将陷入极度的抑郁当中，这是一种在此情形下常会出现的情绪，并不需要特殊的药物治疗。他们可能会想念死去的亲人。情绪可能从不耐烦到没精打采。但是，他们同样开始反观自己与已逝者在现实中的关系，无论好坏。通过这样做，他们开始把自己从与逝者的关系中解脱出来(de Vries, et al., 1997; Norton & Gino, 2014)。

最后，丧失亲人的生者将进入适应阶段。他们开始重拾生活信心，重新建立新的同一性身份，比如说，失去丈夫的女性把自己身份定位成单身而不是寡妇，尽管她们有些时候可能会感到强烈的悲痛。

最终，绝大多数的人从悲痛中走出来，开始新的独立的生活。他们会与旁人建立新的关系，而某些人甚至会发现应对死亡的经历有助于他们更好地自我成长。他们变得更加自立，更加懂得感激生活。

不过要记住，并不是每个人都以同样的方式或同样的顺序度过悲伤。人们在这个过程中表现出巨大的个体差异，部分原因来自他们的人格特点、与死者的关系，或是丧失后独立生活的可能性。实际上，多数经历丧失之痛的人具有相当好的心理弹性，即便在所爱之人过世之后，也还是很快能体验到强烈的正性情绪，比如说快乐。根据心理学家乔治·伯南诺(George Bonanno)对丧亲所做的大量研究，人类从进化上就做好了准备，可以应对亲近之人的死亡，并在那之后继续生活。他断然否认哀悼有固定的阶段，并认为多数人可以十分有效地继续生活(Bonanno, 2009; Mancini & Bonanno, 2012)。

区分不健康悲痛与正常悲痛。尽管对于不健康悲痛与正常悲痛有许多种区分,但研究证明律师和临床专家的很多观点都不正确。悲痛没有一个特定的时限,特别是那种“在配偶死亡后一年需停止悲痛”的观点。越来越多的证据表明,对于某些人而言(并非全部),悲痛的时间要比一年更长。有一些人会经历复杂性悲痛(有时也叫作持续悲痛障碍〔prolonged grief disorder〕),这是一种会持续数月乃至数年无法止息的悲伤(就像我们在前一章中讨论过的那样)。大约有15%的人在丧失挚爱后体验到复杂性悲痛(Piper et al., 2009; Schumer, 2009; Zisook & Shear, 2009)。

研究同样推翻了“抑郁是普遍存在”的观点。只有15%到30%的人在丧失挚爱后表现出一定程度的抑郁(Prigerson et al., 1995; Bonanno, Wortman, & Lehman, 2002; Hensley, 2006)。

社会工作者的视角

你认为为什么新近丧偶的人会有更高的死亡风险?为什么再婚可能会降低这种风险?

类似地,人们通常认为在最初面对死亡时没有表现出悲痛的人是不愿正视现实,在其后的日子里,他们更可能出现问题。但事实并非如此,那些在死亡面前即刻表现出抑郁的人随后最容易遇到健康和适应性问题(Boerner et al., 2005)。

悲痛和丧失的后果。从某一方面而言,死亡是传染性的,特别是对于死者的亲人而言。许多证据表明,守寡之人也存在很大的死亡风险。一些研究证明在丧偶后的第一年,死亡的危险性高达正常状态下的7倍。丧偶的男性和年轻女性死亡风险尤其之大。再婚似乎可以使他们的死亡风险降低。这对丧偶的男性尤其有效,尽管原因并不清楚(Gluhoski, Lederet al., 1994; Martikainen & Valkonen, 1996; Aiken, 2000)。

如果失去挚爱的人本身已经存在不安全、焦虑或恐惧等特性时,丧失更可能导致抑郁或其他相关的负性结果,使其更加难以寻得有效的应付手段。此外,和一直与死者关系稳定的人相比,那些在死者去世前与其关系不稳定的人在死者去世后可能会受到更大的负面影响。那些高度依赖死者,因失去而变得十分脆弱的人,更容易在挚爱亡故后陷入困境。那些在悲痛和思念上花费了巨大时间的人也是一样。

如果缺乏来自家庭、朋友或其他团体、宗教等方面的社会支持,丧亲之人将更可能感觉到孤单,也因此存在更高的死亡危险。最终,人们将不可能正确地理解死亡的意义(比如感激生命),他们整体的适应能力也比较低(Davis & Nolen-Hoeksema, 2001; Nolen – Hoeksema, 2001; Nolen-Hoeksema & Davis, 2002; Torges, Stewart, & Nolen-Hoeksema, 2008)。

亲人的突然死亡同样可能影响悲痛的过程。相比于提前有所预期的死亡,亲人意外死亡使生者更难于接受。比如说,一项研究发现,经历亲人突然死亡的人们在四年以后还没有完全恢复。部分原因可能是由于突然的、无预料的死亡通常是暴力导致的后果,而暴力在年轻人群体中的发生率特别高(Burton, Haley, & Small, 2006; De Leo et al., 2014)。(也见“你是发展心理学的明智消费者吗?”)

◎ 你是发展心理学知识的明智消费者吗?

帮助孩子应对悲痛

因为他们对死亡的理解有限,年幼的儿童在面对悲痛时需要特别的帮助。可能采取的策略如下:

- 诚实。不要说已死的人只是“睡着了”或是“走向了一个漫长的旅行”。采用与儿童年龄相符的语言告诉他们真相。委婉但清晰地,指出死亡的普遍存在和不可逆性。比如说,你可以在回答“奶奶死后是否会感觉饥饿”时这样说:“不,在一个人死后,他们的身体不再工作,因此他们不再需要食物。”
- 鼓励孩子把悲痛表现出来。不要阻止孩子哭泣或是表露他们的情感。相反地,告诉他们觉得可怕是正常的。他们对死者的想念也是正常的。鼓励他们画一幅画,写一封信,或是以其他方式去表达他们的感觉。与此同时,确保他们对死者的回忆都是美好的。
- 帮孩子确信亲人的去世不是他们的错。孩子们有时会把所爱亲人的死亡归咎到自己身上——即使他们自己并没有犯错,他们容易弄错亲人死亡的原因,认为如果自己做得好,亲人就不会死了。
- 理解儿童的悲痛可能以难以预期的形式表现。孩子可能在亲人死亡的初期并不表现出悲痛,但随后他们就会因毫不明显的原因变得暴躁,或是表现出吸吮手指或想和父母同睡等行为。我们需要记住的是,死亡对于儿童可能是打击巨大的,我们要尽可能给予他们爱与支持。
- 孩子可能会对讲述死亡的童书感兴趣。尤其推荐一本很好的书《恐龙死亡时》作者是罗瑞·克拉斯尼·布朗(Laurie Krasny Brown)和马可·布朗(Marc Brown)。

模块 19.3 复习

- 丧失是指失去所爱的人;悲痛指的是针对这一损失引发的情绪反应。葬礼仪式在人们面对亲人死亡，认识到自己死亡的必然性，以及继续日后的生活上起到了重要作用。

- 对于许多人来说，悲痛要先后经历拒绝、悲伤和适应三个阶段。儿童在面对悲痛时需要特别的帮助。

共享写作提示

为什么美国社会中这么多的人不愿去想象或谈论死亡？

结语

这一章节以及本书的最后部分主要关注成年晚期和生命临近终结的阶段。生理功能和认知功能的衰退在这一阶段已经变得十分正常，但人们依然可以继续在大多数时间里积极健康地生活——与传统观点所认为的衰老虚弱不同。

正如在毕生发展中的其他阶段一样，变化与持续性在成年晚期同样显著。比如说，我们注意到认知功能上的个体差异，即使有所衰退，仍然能反映出早年岁月里已发展出的不同。我们可以看到早年所选择生活方式的影子，比如参与锻炼等，均会对这一时期的健康长寿有益。

社会性和人格发展也可能在这一阶段得到延续。我们看到尽管许多人表现出与早年相同的人格特征，成年晚期同样也会出现比先前波动更大的独特时段。人们可能在生活和多样的社会关系上表现出与传统观念很大的不同。

我们以对生命不可避免之终结的讨论为本书作结。即使在这里，在我们讨论了死亡本身和它在不同人生阶段和文化下不同含义的情况下，我们依然面临着许多新的挑战。在传统的住院看护、临终关怀、缓和医疗看护和家庭看护上依然需要更为细致的区分。

总之，毕生发展过程中不断存在新的机遇和挑战，我们随之完成生理、认知功能以及与社会环境的适应。发展一直进行直到死亡，如果准备充足的话，我们可以感激并且从所有的人生阶段中学到东西。

在你合上本书之前，请回到本章的序言，关于朱尔斯·贝克汉姆，这位比其所有友人都活得更长的百岁老人根据你对死亡与临终的理解，回答以下问题：

1. 参军之后朱尔斯对于死亡的态度发生了怎样的改变？为什么这在死亡观毕生变化中非常典型？

2. 如果朱尔斯明天被告知他只剩下三个月的寿命，你觉得他会作何反应？你觉得他可能会经历库伯勒－罗斯临终理论中的哪个/些阶段？

3. 朱尔斯写了一份生前预嘱。你觉得当那一刻来临时，他的家人和主治医师应该按照预嘱上说的做吗？为什么？

4. 尽管朱尔斯拥有一个和睦的大家庭，但他所有的朋友都已经先他而去了。这会怎样影响他极为重视的生活质量？

回顾

LO 19.1　综述定义死亡的困难

死亡很难被精确定义。功能性死亡指心跳和呼吸的停止,但人们在此阶段仍可被重新救活,但脑死亡指的是脑中电活动的消失,是不可逆转的。

LO 19.2　描述死亡在毕生不同阶段的意义

婴儿和年幼儿童的死亡对家长而言是最具灾难性的,这在很大程度上因为它看起来有违自然规律且难于理解。青少年对自己的不可侵犯性有种不现实的感觉,这让他们很容易在事故中死亡。拒绝通常会使身患绝症的少年儿童很难接受他们情况的严重性。对于年轻成人而言,死亡是完全不可想象的。身患绝症的年轻人可能会因感觉到命运对自己的不公而在治疗中变得尤难相处。在成年中期,疾病变成引起死亡的首要原因,而对死亡现实的意识会带来强烈的死亡恐惧。成年晚期的人们开始为死亡做准备。年纪大一些的人倾向于获知自己即将来临的死亡,他们需要确定的主要问题是自己的生命是否依然有价值。

LO 19.3　描述文化如何影响临终

对死亡的反应部分是由文化决定的。死亡可能被看作是一种从尘世苦难的解脱,一种愉悦的死后生活的开始,一种判决或惩罚,或仅仅是生命的终结。

LO 19.4　总结我们如何为死亡做准备

死亡教育可以帮助人们学到与死亡相关的知识,并认清自己终将走向死亡的事实。

LO 19.5　描述人们面对自身死亡预期的不同方式

库伯勒－罗斯提出了人们临终的五个基本阶段:否认、愤怒、讨价还价、抑郁和接受。其理论的阶段论本质受到了批评。其他学者也提出了另外一些理论。

LO 19.6　描述人们练习掌控死亡决策的不同方式

生前遗嘱是病人对自身死亡过程进行控制的一项规定,它主要针对病人在生命受到威胁的情况下应该选择何种特定医疗手段,也可由它指定的代理人来执行病人的意愿。辅助自杀,是安乐死的一种,在美国的许多地方是不合法的。

LO 19.7　对比生命终期临终关怀和家庭看护的优势

尽管在美国大多数人都在医院死去,但越来越多的人在他们最后的日子里选择家庭看护或临终关怀。

LO 19.8　描述幸存者如何反应和应对死亡

丧葬仪式有两种功能:获知所爱的人死讯,以及使所有参与者认识和预期到死亡的必然性。

LO 19.9　描述人们体验悲痛的不同方式和悲痛的功能

丧失所爱的人会引发包含丧失和悲痛的适应过程。悲痛可能先后经历打击、否认、开始接受和最终适应阶段。丧失的一个后果是生者死亡风险的增加。孩子在面对死亡的时候需要特别的帮助,包括诚实、鼓励他们表达悲痛、帮孩子确信亲人的去世不是他们的错、理解儿童的悲痛可能延迟或以间接的方式表现等。

关键术语和概念

功能性死亡	生前预嘱	丧失
脑死亡	安乐死	悲痛
婴儿猝死综合征(SIDS)	家庭看护	
死亡学家	临终关怀	

9 总 结

死亡与临终

护士詹姆斯·蒂伯荣(James Tiburon),承认自己从未习惯于所遭遇的诸多死亡。作为工作的一部分,詹姆斯看过在生命的各个阶段,从婴儿到老人,由于所能设想的各种原因带来的死亡。他应对悲痛的家庭,和他们一起决定何时有必要执行 DNR 意愿,并陪伴他们走过从太平间取走心爱之人遗体的痛苦历程。他亲眼见证了死亡与临终的各个阶段,以及悲痛发生的伊始阶段。由于他所亲历的所有死亡,詹姆斯一直保有对于生命的乐观与尊重,作为坦率接受死亡,同时认真度过生命的楷模,努力工作着。

你会怎么做?

- 让你选择可能死去的地点,你会对你最亲近的人如何建议?是医院、家庭看护,还是临终看护?为什么?你还知道哪些对于你所爱的那些人来说合适的选择吗?

你的反应是什么?

政策制定者会怎么做?

- 政府应该参与到决定是否允许通过“在遭遇绝症或极度疼痛时,个体可以决定是否继续治疗”这一政策?这是法律管辖的事还是个人良心的事情?

你的反应是什么?

毕生发展中的死亡

- 詹姆斯熟悉面对生命终结时的问题。
- 詹姆斯看见过包括婴儿期在内各个年龄的死亡。
- 他应对过毕生各个阶段失去所爱之人的家属。
- 作为工作的一部分，詹姆斯接受了死亡教育，和非正式地教导生者有关死亡的知识。

面对死亡

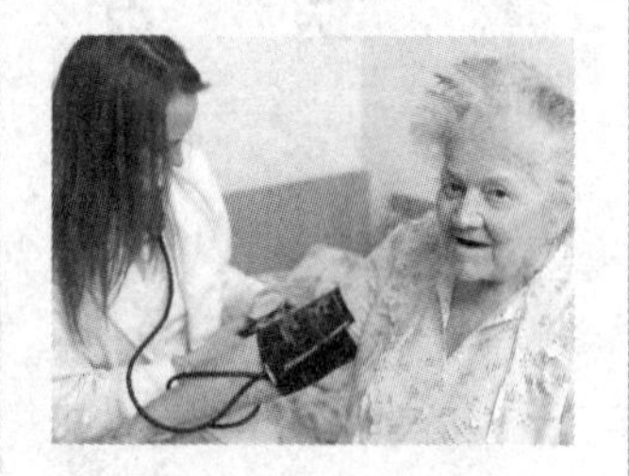

- 詹姆斯处理过经历临终各个阶段的患者。
- 詹姆斯与医生和家属一起工作，做出攸关生死的决策（比如 DNR）。
- 他可能被患者要求帮助他们走向死亡。
- 詹姆斯经历过医院作为终点的死亡。

悲痛和丧失

- 作为大城市医院的工作者，詹姆斯无疑经历过不同文化的悲痛表达和不同形式的丧失。
- 在应对去世病人的家属时，他主要见证了悲痛的最初阶段——震惊、麻木、拒绝。
- 詹姆斯很有可能不得不和儿童谈论死亡，这是一项尤为困难的任务

医疗工作者会怎么做？

- 哪个标准对于决定是否中止生命维持系统最为重要？你认为对于不同的文化，这个标准会有所不同吗？

你的反应是什么？

教育工作者会怎么做？

- 对于为医疗服务者提供的死亡教育中，应该涉及哪些类型的话题？对于外行人又该如何？

你的反应是什么？

参考文献

AARP (American Association of Retired Persons). (1990). *A profile of older Americans. Washington*, DC: Author.

AAUW (American Association of University Women). (1992). *How schools shortch-ange women: The A. A. U. W. report.* Washington, DC: American Association of University Women Educational Foundation.

Abdo, C., Afif-Abdo, J., Otani, F., & Machado, A. (2008). Sexual satisfaction among patients with erectile dysfunction treated with counseling, sildenafil, or both. *Journal of Sexual Medicine*, *5*, 1720 – 1726.

Aber, J. L., Bishop-Josef, S. J., Jones, S. M., McLearn, K. T., & Phillips, D. A. (Eds.). (2007). *Child development and social policy: Knowledge for action.* Washington, DC: American Psychological Association.

Aboud, F. E., & Sankar, J. (2007). Friendship and identity in a language-integrated school. *International Journal of Behavioral Development*, *31*, 445 – 453.

Abrutyn, S., & Mueller, A. S. (2014). Are suicidal behaviors contagious in adolescence? Using longitudinal data to examine suicide suggestion. *American Sociological Review*, *79*, 211 – 227.

Achenbach, T. A. (1992). Developmental psychopathology. In M. H. Bornstein & M. E. Lamb (Eds.), *Developmental psychology: An advanced textbook.* Hillsdale, NJ: Lawrence Erlbaum.

Acierno, R., et al. (2010). Prevalence and correlates of emotional, physical, sexual, and financial abuse and potential neglect in the United States: The National Elder Mistreatment Study. *American Journal of Public Health*, *100*, 292 – 297.

Ackerman, B. P., & Izard, C. E. (2004). Emotion cognition in children and adolescents: Introduction to the special issue. *Journal of Experimental Child Psychology*, *89* [Special issue: Emotional cognition in children], 271 – 275.

Acocella, J. (2003, August 18 & 25). Little people. *The New Yorker*, pp. 138 – 143.

ACOG. (2002). *Guidelines for perinatal care.* Elk Grove, IN: Author.

Adachi, P. C., & Willoughby, T. (2013). More than just fun and games: The longitudinal relationships between strategic video games, self-reported prob-lem solving skills, and academic grades. *Journal of Youth and Adolescence*, *42*, 1041 – 1052.

Adams, C., & Labouvie-Vief, G. (1986, November 20). *Modes of knowing and language processing. Symposium on developmental dimensions of adult adaptations. Perspectives in mind, self, and emotion.* Paper presented at the meeting of the Gerontological Association of America, Chicago.

Adams, G. R., Montemayor, R., & Gullotta, T. P. (Eds.). (1996). *Psychosocial devel-opment during adolescence.* Thousand Oaks, CA: Sage Publications.

Adams, K. B. (2004). Changing investment in activities and interests in elders' lives: Theory and measurement. *International Journal of Aging and Human Development*, *58*, 87 – 108.

Adamson, L., & Frick, J. (2003). The still face: A history of a shared experimental paradigm. *Infancy*, *4*, 451 – 473.

Adebayo, B. (2008). Gender gaps in college enrollment and degree attainment: An exploratory analysis. *College Student Journal*, *42*, 232 – 237.

Adelmann, P. K., Antonucci, T. C., & Crohan, S. E. (1990). A causal analysis of employment and health in midlife women. *Women and Health*, *16*, 5 – 20.

Administration on Aging. (2003). *A profile of older Americans: 2003.* Washington, DC: U. S. Department of Health and Human Services.

Administration on Aging. (2006). *Profiles of older Americans 2005: Research report.* Washington, DC: U. S. Department of Health and Human Resources.

Adolph, K. E., Kretch, K. S., & LoBue, V. (2014). Fear of heights in infants? *Current Directions in Psychological Science*, *23*, 60 – 66.

Agrawal, A., & Lynskey, M. (2008). Are there genetic influences on addiction: Evidence from family, adoption and twin studies. *Addiction*, *103*, 1069 – 1081. http://search.ebscohost.com, doi: 10.1111/j.1360-0443.2008.02213.x

Aguirre, G. K. (2006). Interpretation of clinical functional neuroimaging studies. In M. D'Esposisto (Ed.), *Functional MRI: Applications in clinical neurology and psychiatry.* Boca Raton, FL: Informa Healthcare.

Ahn, W., Gelman, S., & Amsterlaw, J. (2000). Causal status effect in children's categorization. *Cognition*, *76*, B35 – B43.

Aiken, L. R. (2000). *Dying, death, and bereavement* (4th ed.). Mahwah, NJ: Lawrence Erlbaum.

Ainsworth, M. D. S., Blehar, M. C., Waters, E., & Wall, S. (1978). *Patterns of at-tachment: A psychological study of the strange situation.* Hillsdale, NJ: Lawrence Erlbaum.

Aitken, R. J. (1995, July 7). The complexities of conception. *Science*, *269*, 39 – 40.

Akers, K., Martinez-Canabal, A., Restivo, L., Yiu, A., et al. (2014). Hippocampal neurogenesis regulates forgetting during adulthood and infancy. *Science*, *344*, 598 – 602.

Akmajian, A., Demers, R. A., & Harnish, R. M. (1984). *Linguistics.* Cambridge, MA: MIT Press.

Albers, L. L., & Krulewitch, C. J. (1993). Electronic fetal monitoring in the United States in the 1980s. *Obstetrics & Gynecology*, *82*, 8 – 10.

Alberts, A., Elkind, D., & Ginsberg, S. (2007). The personal fable and risk-taking in early adolescence. *Journal of Youth and Adolescence*, *36*, 71 – 76.

Albrecht, G. L. (2005). *Encyclopedia of disability* (General ed.). Thousand Oaks, CA: Sage Publications.

Alderfer, C. (2003). The science and nonscience of psychologists' responses to *The Bell Curve. Professional Psychology: Research & Practice*, *34*, 287 – 293.

Aldwin, C., & Gilmer, D. (2004). *Health, illness, and optimal aging: Biological and psychosocial perspectives.* Thousand Oaks, CA: Sage Publications.

Aldwin, C. M., & Igarashi, H. (2015). Successful, optimal, and resilient aging: A psychosocial perspective. In P. A. Lichtenberg, B. T. Mast, B. D. Carpenter, J. Loebach Wetherell, P. A. Lichtenberg, B. T. Mast, . . . J. Loebach Wetherell (Eds.), *APA handbook of clinical geropsychology, Vol. 1: History and status of the field and perspectives on aging.* Washington, DC: American Psychological Association.

Ales, K. L., Druzin, M. L., & Santini, D. L. (1990). Impact of advanced maternal age on the outcome of pregnancy. *Surgery, Gynecology & Obstetrics*, *171*, 209 – 216.

Alexander, B., Turnbull, D., & Cyna, A. (2009). The effect of pregnancy on hypnotizability. *American Journal of Clinical Hypnosis*, *52*, 13 – 22.

Alexander, C. N., & Langer, E. J. (1990). *Higher stages of human development: Perspectives on adult growth.* New York: Oxford University Press.

Alexander, G. M., & Hines, M. (2002). Sex differences in response to children's toys in nonhuman primates. *Evolution and Human Behavior*, *23*, 467 – 479.

Alexander, G., Wilcox, T., & Woods, R. (2009). Sex differences in infants' visual interest in toys. *Archives of Sexual Behavior*, *38*, 427–433.

Alexandersen, P., Karsdal, M. A., & Christiansen, C. (2009). Long-term preven-tion with hormone-replacement therapy after the menopause: Which women should be targeted? *Womens Health (London, England)*, *5*, 637–647.

Alfonso, V. C., Flanagan, D. P., & Radwan, S. (2005). The impact of the Cattell-Horn-Carroll theory on test development and interpretation of cogni-tive and academic abilities. In D. P. Flanagan & P. L. Harrison (Eds.), *Contempo-rary intellectual assessment: Theories, tests, and issues*. New York: Guilford Press.

Alhusen, J. L., Hayat, M. J., & Gross, D. (2013). A longitudinal study of maternal attachment and infant developmental outcomes. *Archives of Women's Mental Health*, *16*, 521–529.

Alibali, M., Phillips, K., & Fischer, A. (2009). Learning new problem-solving strategies leads to changes in problem representation. *Cognitive Development*, *24*, 89–101. http://search.ebscohost.com, doi:10.1016/j.cogdev.2008.12.005

Alisky, J. M. (2007). The coming problem of HIV-associated Alzheimer's disease. *Medical Hypotheses*, 12, 47–55.

Allam, M. D., Marlier, L., & Schall, B. (2006). Learning at the breast: Preference formation for an artificial scent and its attraction against the odor of maternal milk. *Infant Behavior & Development*, *29*, 308–321.

Allen, B. (2008). An analysis of the impact of diverse forms of childhood psy-chological maltreatment on emotional adjustment in early adulthood. *Child Maltreatment*, *13*, 307–312.

Allen, J., Chavez, S., DeSimone, S., Howard, D., Johnson, K., LaPierre, L., et al. (2006, June). Americans' attitudes toward euthanasia and physician-assisted suicide, 1936–2002. *Journal of Sociology & Social Welfare*, *33*, 5–23.

Allen, M., & Bissell, M. (2004). Safety and stability for foster children: The policy context. *The Future of Children*, *14*, 49–74.

Allison, B., & Schultz, J. (2001). Interpersonal identity formation during early adolescence. *Adolescence*, *36*, 509–523.

Allison, M. (2013). Genomic testing reaches into the womb. *Nature Biotechnology*, *31*, 595–601.

Al-Namlah, A. S., Meins, E., & Fernyhough, C. (2012). Self-regulatory private speech relates to children's recall and organization of autobiographical memo-ries. *Early Childhood Research Quarterly*. Accessed online, 7-18-12; http://www.sciencedirect.com/science/article/pii/S0885200612000300

Alonso, R. S., Jimenez, A. S., Delgado, L. A. B., Quintana, C. V., & Grifol, C. E. (2012). Breast cancer screening in high risk populations. *Radiologia*. Accessed online, 7-12-12; http://www.ncbi.nlm.nih.gov/pubmed/22579381

Al-Owidha, A., Green, K., & Kroger, J. (2009). On the question of an identity status category order: Rasch model step and scale statistics used to identify category order. *International Journal of Behavioral Development*, *33*, 88–96.

Alshaarawy, O., & Anthony, J. C. (2014). Month-wise estimates of tobacco smok-ing during pregnancy for the United States, 2002–2009. *Maternal and Child Health Journal*. Accessed online, 3-14-15; http://www.ncbi.nlm.nih.gov/pub-med/25112459

Altholz, S., & Golensky, M. (2004). Counseling, support, and advocacy for clients who stutter. *Health & Social Work*, *29*, 197–205.

Alwin, D. F. (2012). Integrating varieties of life course concepts. *The Journals of Gerontology: Series B: Psychological Sciences and Social Sciences*, *67B*, 206–220.

Alzheimer's Association. (2004, May 28). Standard prescriptions for Alzheimer's. Accessed online, http://www.alz.org/AboutAD/Treatment/Standard.asp

Alzheimer's Association. (2012). 2012 Alzheimer's disease: Facts and figures. *Alzheimer's & Dementia*, *8*, entire issue.

Amato, P., & Booth, A. (1997). *A generation at risk*. Cambridge, MA: Harvard University Press.

American Academy of Pediatrics. (1997, April 16). Press release.

American Academy of Pediatrics. (1999, August). Media education. *Pediatrics*, *104*, 341–343.

American Academy of Pediatrics. (2000). Clinical practice guideline: Diagnosis and evaluation of the child with attention-deficit/hyperactivity disorder. *Pediatrics*. http://www.pediatrics.org/cgi/content/full/105/5/1158

American Academy of Pediatrics. (2004, June 3). *Sports programs*. Accessed online, http://www.medem.com/medlb/article_detaillb_for_printer.cfm?article

American Academy of Pediatrics. (2005). Breastfeeding and the use of human milk: Policy statement. *Pediatrics*, *115*, 496–506.

American Academy of Pediatrics. (2012, March 5). *Discipline and your child*. Accessed online, 7-23-12; http://www.healthychildren.org/english/family-life/family-dynamics/communication-discipline/pages/disciplining-your-child.aspx?nfstatus = 401&nftoken = 00000000-0000-0000-0000-000000000000&nfst atusdescription = ERROR%3a+No+local+token

American Academy of Pediatrics. (2013). Prevalence and Reasons for Introducing Infants Early to Solid Foods: Variations by Milk Feeding Type. *Pediatrics*, *131*, Accessed online 6.25.14; http://pediatrics.aappublications.org/content/131/4/e1108

American Academy of Pediatrics. (2014). Literacy promotion: An essential component of primary care pediatric practice. *Pediatrics*, *134*, 404–409.

American Academy of Pediatrics Committee on Fetus and Newborn. (2004). Levels of neonatal care. *Pediatrics*, 114, 1341–1347.

American Association of Community Colleges. (2015). *2015 fact sheet*. Washington, DC: American Association of Community Colleges.

American Association of Neurological Surgeons. (2012). *Shaken baby syndrome*. Accessed online, 7-4-12; http://www.aans.org/Patient%20Information/Conditions%20and%20Treatments/Shaken%20Baby%20Syndrome.aspx American Association on Intellectual and Developmental Disabilities. (2012). *Definition of intellectual disability*. Accessed online, 7-23-12; www.aamr.org

American College of Medical Genetics. (2006). *Genetics in Medicine*, *8(5)*, Supplement.

American College of Sports Medicine. (1997, November 3). *Consensus development conference statement on physical activity and cardiovascular health*. Accessed online, http://www.acsm.org/nhlbi.htm

American Heart Association. (2010). *Heart facts*. Dallas, TX: Author.

American Heart Association. (2015). *Heart disease and stroke statistics – 2015 update*. Dallas, TX: American Heart Association.

Amitai, Y., Haringman, M., Meiraz, H., Baram, N., & Leventhal, A. (2004). Increased awareness, knowledge and utilization of preconceptional folic acid in Israel following a national campaign. *Preventive Medicine: An International Journal Devoted to Practice and Theory*, *39*, 731–737.

Ammerman, R. T., & Patz, R. J. (1996). Determinants of child abuse potential: *Contribution of parent and child factors*. *Journal of Clinical Child Psychology*, *25*, 300–307.

Amsterlaw, J., & Wellman, H. (2006). Theories of mind in transition: A microgenetic study of the development of false belief understanding. *Journal of Cognition and Development*, *7*, 139–172.

Anand, K. J. S., & Hickey, P. R. (1992). Halothane-morphine compared with high-dose sufentanil for anesthesia and post-operative analgesia in neonatal cardiac surgery. *New England Journal of Medicine*, *326* (1), 1–9.

Anders, T. F., & Taylor, T. (1994). Babies and their sleep environment. *Children's Environments*, *11*, 123–134.

Andreotti, C., Garrard, P., Venkatraman, S. L., & Compas, B. E. (2014). Stress-related changes in attentional bias to social threat in young adults: Psychobiological associations with the early family environment. *Cognitive Therapy and Research*, *39(3)*, 332–342. Accessed online, 3-23-15; http://link.springer.com/article/10.1007/s10608-014-9659-z#page-1

Andrew, M., McCanlies, E., Burchfiel, C., Charles, L., Hartley, T., Fekedulegn, D., et al. (2008). Hardiness and psychological distress in a cohort of police officers. *International Journal of Emergency Mental Health*, *10*, 137–148.

Andrews, G., Halford, G., & Bunch, K. (2003). Theory of mind and relational complexity. *Child Development*, *74*, 1476–1499.

Andruski, J. E., Casielles, E., & Nathan, G. (2014). Is bilingual babbling language-specific? Some evidence from a case study of Spanish – English dual acquisition. *Bilingualism: Language and Cognition*, *17*, 660–672.

Annunziato, R., & Lowe, M. (2007, April). Taking action to lose weight: Toward an understanding of individual differences. *Eating Behaviors*, *8*, 185 – 194.

Ansaldo, A. I., Arguin, M., & Roch Locours, A. (2002). The contribution of the right cerebral hemisphere to the recovery from aphasia: A single longitudinal case study. *Brain and Language*, *82*, 206 – 222.

Ansberry, C. (1997, November 14). Women of Troy: For ladies on a hill, friend-ships are a balm in the passages of life. *Wall Street Journal*, pp. A1, A6.

Antoniou, A., Casadei, S., Heikkinen, T., et al. (2014). Breast-cancer risk in fami-lies with mutations in PALB2. *New England Journal of Medicine*, *371*, 497 – 506.

Antonucci, T. C. (2001). Social relations: An examination of social networks, social support, and sense of control. In J. E. Birren & K. W. Schaie (Eds.), *Handbook of the psychology of aging* (5th ed.). San Diego: Academic Press.

Antshel, K., & Antshel, K. (2002). Integrating culture as a means of improving treatment adherence in the Latino population. *Psychology, Health & Medicine*, *7*, 435 – 449.

Anzman-Frasca, S., Liu, S., Gates, K. M., Paul, I. M., Rovine, M. J., & Birch, L. L. (2013). Infants' transitions out of a fussing/crying state are modifiable and are related to weight status. *Infancy*, *18*, 662 – 686.

APA (American Psychological Association). (1996). *Violence and the family.* Washington, DC: Author.

APA Reproductive Choice Working Group. (2000). *Reproductive choice and abortion: A resource packet.* Washington, DC: American Psychological Association.

Apperly, I., & Robinson, E. (2002). Five-year-olds' handling of reference and description in the domains of language and mental representation. *Journal of Experimental Child Psychology*, *83*, 53 – 75.

Archer, J. (2009). The nature of human aggression. *International Journal of Law and Psychiatry*, *32*, 202 – 208.

Archimi, A., & Kuntsche, E. (2014). Do offenders and victims drink for different reasons? Testing mediation of drinking motives in the link between bullying subgroups and alcohol use in adolescence. *Addictive Behaviors*, *39*, 713 – 716.

Ariès, P. (1962). *Centuries of childhood.* New York: Knopf.

Armstrong, J., Hutchinson, I., Laing, D., & Jinks, A. (2006). Facial electromyo-graphy: Responses of children to odor and taste stimuli. *Chemical Senses*, *32*, 611 – 621.

Armstrong, P., Rounds, J., & Hubert, L. (2008). Re-conceptualizing the past: Historical data in vocational interest research. *Journal of Vocational Behavior*, *72*, 284 – 297.

Arnett, J. J. (2000). Emerging adulthood: A theory of development from the late teens through the twenties. *American Psychologist*, *55*, 469 – 480.

Arnett, J. J. (2014a). *Emerging adulthood: The winding road from the late teens through the twenties* (2nd ed.). New York: Oxford University Press.

Arnett, J. J. (2014b). Presidential address: The emergence of emerging adulthood: A personal history. *Emerging Adulthood*, *2*, 155 – 162.

Arnett, J. J. (2015). Identity development from adolescence to emerging adult-hood: What we know and (especially) don't know. In K. C. McLean, M. Syed, K. C. McLean, & M. Syed (Eds.), *The Oxford handbook of identity development.* New York: Oxford University Press.

Arnon, I., & Ramscar, M. (2012). Granularity and the acquisition of grammati-cal gender: How order-of-acquisition affects what gets learned. *Cognition*, *122*, 292 – 305.

Arnsten, A., Berridge, C., & McCracken, J. (2009). The neurobiological basis of attention-deficit/hyperactivity disorder. *Primary Psychiatry*, *16*, 47 – 54.

Aronson, J. D. (2007). Brain imaging, culpability and the juvenile death penalty. *Psychology, Public Policy, and Law*, *13*, 115 – 142.

Arseneault, L., Moffitt, T. E., & Caspi, A. (2003). Strong genetic effects on cross-situational antisocial behavior among 5-year-old children according to mothers, teachers, examinerobservers, and twins' self-reports. *Journal of Child Psychology and Psychiatry and Allied Disciplines*, *44*, 832 – 848.

Artal, P., Ferro, M., Miranda, I., & Navarro, R. (1993). Effects of aging in retinal image quality. *Journal of the Optical Society of America*, *10*, 1656 – 1662.

Arts, J. A. R., Gijselaers, W. H., & Boshuizen, H. P. A. (2006). Understanding managerial problem-solving, knowledge use and information processing: Investigating stages from school to the workplace. *Contemporary Educational Psychology*, *31*, 387 – 410.

Asadi, S., Amiri, S., & Molavi, H. (2014). Development of post-formal think-ing from adolescence through adulthood. *Journal of Iranian Psychologists*, *10*, 161 – 174.

Asch, D. A. (1996, May 23). The role of critical care nurses in euthanasia and assisted suicide. *New England Journal of Medicine*, *334*, 1374 – 1379.

Asendorpf, J. (2002). Self-awareness, other-awareness, and secondary representa-tion. In A. Meltzoffa & W. Prinz (Eds.), *The imitative mind: Development, evolu-tion, and brain bases.* New York: Cambridge University Press.

Asendorpf, J. B., Warkentin, V., & Baudonniere, P. (1996). Self-awareness and other-awareness II: Mirror self-recognition, social contingency awareness, and synchronic imitation. *Developmental Psychology*, *32*, 313 – 321.

Asher, S. R., & Rose, A. J. (1997). Promoting children's social-emotional adjust-ment with peers. In P. Salovey & D. Sluyter (Eds.), *Emotional development and emotional intelligence: Educational implications.* New York: Basic Books.

Asher, S. R., Singleton, L. C., & Taylor, A. R. (1982). *Acceptance vs. friendship.* Paper presented at the meeting of the American Research Association, New York.

Astin, A., Korn, W., & Berg, E. (1989). *The American Freshman: National Norms for Fall, 1989.* Los Angeles: University of California, American Council on Education.

Astington, J., & Baird, J. (2005). *Why language matters for theory of mind.* New York: Oxford University Press.

Atchley, R. (2003). Why most people cope well with retirement. In J. Ronch & J. Goldfield (Eds.), *Mental wellness in aging: Strengths-based approaches.* Baltimore, MD: Health Professions Press.

Atchley, R. C. (1982). Retirement: Leaving the world of work. *Annals of the American Academy of Political and Social Science*, *464*, 120 – 131.

Atchley, R. C. (2000). *Social forces and aging* (9th ed.). Belmont, CA: Wadsworth Thomson Learning.

Atchley, R. C., & Barusch, A. (2005). Social forces and aging (10th ed.). Belmont, CA: Wadsworth.

Athanasopoulou, E., & Fox, J. E. (2014). Effects of kangaroo mother care on mater-nal mood and interaction patterns between parents and their preterm, low birth weight infants: A systematic review. *Infant Mental Health Journal*, *35*, 245 – 262.

Atkins, D. C., & Furrow, J. (2008, November). *Infidelity is on the Rise: But for whom and why?* Paper presented at the annual meeting of the Association for Behavio-ral and Cognitive Therapies, Orlando, FL.

Atkins, S. M., Bunting, M. F., Bolger, D. J., & Dougherty, M. R. (2012). Training the adolescent brain: Neural plasticity and the acquisition of cognitive abilities. In V. F. Reyna, S. B. Chapman, M. R. Dougherty, & J. Confrey (Eds.), *The adolescent brain: Learning, reasoning, and decision making.* Washington, DC: American Psychological Association.

Auestad, N., Scott, D. T., Janowsky, J. S., Jacobsen, C., Carroll, R. E., Montalto, M. B., et al. (2003). Visual cognitive and language assessments at 39 months: A follow-up study of children fed formulas containing long-chain polyunsatu-rated fatty acids to 1 year of age. *Pediatrics*, *112*, e177 – e183.

Augustyn, M. (2003). "G" is for growing. Thirty years of research on children and *Sesame Street.* *Journal of Developmental and Behavioral Pediatrics*, *24*, 451. Aujoulat, I., Luminet, O., & Deccache, A. (2007). The perspective of patients on their experience of powerlessness. *Qualitative Health Research*, *17*, 772 – 785.

Auyeung, B., & Baron-Cohen, S. (2012). Fetal testosterone in mind: Human sex differences and autism. In F. M. de Waal & P. Ferrari (Eds.), *The primate mind: Built to connect with other minds.* Cambridge, MA: Harvard University Press.

Auyeung, B., Baron-Cohen, S., Ashwin, E., Knickmeyer, R., Taylor, K., & Hackett, G. (2009). Fetal testosterone and autistic traits. *British Journal of Psychology*, *100*, 1 – 22.

Avinum, R., Israel, S., Shalev, I., Grtsenko, I., Bornstein, G., Ebstein, R. P., & Knafo, A. (2011). AVPRIA variant associated with preschoolers' lower altruistic behavior. *PLoS One*, *6*, Accessed online, 7-5-12; http://www. sproutonline. com/kindnesscounts/dr-nancy-eisenberg/eight-tips-for-developing-caring-kids
Avlund, K., Lund, R., & Holstein, B. (2004). Social relations as determinant of onset of disability in aging. *Archives of Gerontology & Geriatrics*, *38*, 85–99.
Axelson, H. W., Winkler, T., Flygt, J., Djupsj., A., H. nell, A., & Marklund, N. (2013). Plasticity of the contralateral motor cortex following focal traumatic brain injury in the rat. *Restorative Neurology and Neuroscience*, *31*, 73–85.
Axia, G., Bonichini, S., & Benini, F. (1995). Pain in infancy: Individual differences. *Perceptual and Motor Skills*, *81*, 142.
Ayalon, L., & Koren, C. (2015). Marriage, second couplehood, divorce, and singlehood in old age. In P. A. Lichtenberg, B. T. Mast, B. D. Carpenter, J. Loe-bach Wetherell, P. A. Lichtenberg, B. T. Mast, . . . J. Loebach Wetherell (Eds.), *APA handbook of clinical geropsychology, Vol. 2: Assessment, treatment, and issues of later life.* Washington, DC: American Psychological Association.
Aydt, H., & Corsaro, W. (2003). Differences in children's construction of gender across culture: An interpretive approach. *American Behavioral Scientist*, *46*, 1306–1325.
Aylward, G. P., & Verhulst, S. J. (2000). Predictive utility of the Bayley Infant Neu-rodevelopmental Screener (BINS) risk status classifications: Clinical interpretation and application. *Developmental Medicine & Child Neurology*, *42*, 25–31.
Ayoub, N. C. (2005, February 25). A pleasing birth: Midwives and maternity care in the Netherlands. *The Chronicle of Higher Education*, p. 9.
Ayres, M. M., & Leaper, C. (2013). Adolescent girls' experiences of discrimina-tion: An examination of coping strategies, social support, and self-esteem. *Journal of Adolescent Research*, *28*, 479–508.
Azar, B. (2010, December). A reason to believe. *Monitor on Psycholgy*, pp. 53–56.
Bacchus, L., Mezey, G., & Bewley, S. (2006). A qualitative exploration of the nature of domestic violence in pregnancy. *Violence Against Women*, *12*, 588–604.
Badenhorst, W., Riches, S., Turton, P., & Hughes, P. (2006). The psychological effects of stillbirth and neonatal death on fathers: Systematic review. *Journal of Psychosomatic Obstetrics & Gynecology*, *27*, 245–256.
Bader, A. P. (1995). Engrossment revisited: Fathers are still falling in love with their newborn babies. In J. L. Shapiro, M. J. Diamond, & M. Grenberg (Eds.), *Becoming a father.* New York: Springer.
Baer, J. S., Sampson, P. D., & Barr, H. M. (2003). A 21-year longitudinal analysis of the effects of prenatal alcohol exposure on young adult drinking. *Archives of General Psychiatry*, *60*, 377–385.
Bagci, S. C., Kumashiro, M., Smith, P. K., Blumberg, H., & Rutland, A. (2014). Cross-ethnic friendships: Are they really rare? Evidence from secondary schools around London. *International Journal of Intercultural Relations*, *41*, 125–137.
Bai, L. (2005). Children at play: A childhood beyond the Confucian shadow. *Childhood: A Global Journal of Child Research*, *12*, 9–32.
Baillargeon, R. (2004). Infants' physical world. *Current Directions in Psychological Science*, *13*, 89–94.
Baillargeon, R. (2008). Innate ideas revisited: For a principle of persistence in infants' physical reasoning. *Perspectives on Psychological Science*, *3*, 2–13.
Baillargeon, R., Scott, R. M., He, Z., Sloane, S., Setoh, P., Jin, K., & . . . Bian, L. (2015). Psychological and sociomoral reasoning in infancy. In M. Mikulincer, P. R. Shaver, E. Borgida, J. A. Bargh, M. Mikulincer, P. R. Shaver, . . . J. A. Bargh (Eds.), *APA handbook of personality and social psychology, Volume 1: Attitudes and social cognition.* Washington, DC: American Psychological Association.
Bainbridge, K. E., & Wallhagen, M. I. (2014). Hearing loss in an aging American population: Extent, impact, and management. *Annual Review of Public Health*, *35*, 139–152.
Baker, J., Maes, H., Lissner, L., Aggen, S., Lichtenstein, P., & Kendler, K. (2009). Genetic risk factors for disordered eating in adolescent males and females. *Journal of Abnormal Psychology*, *118*, 576–586.
Baker, M. (2007, December). Elder mistreatment: Risk, vulnerability, and early mortality. *Journal of the American Psychiatric Nurses Association*, *12*, 313–321.
Baker, P., & Sussman, D. (2012, May 15). Obama's switch on same-sex marriage stirs skepticism. *The New York Times*, p. A17.
Baker, T., Brandon, T., & Chassin, L. (2004). Motivational influences on cigarette smoking. *Annual Review of Psychology*, *55*, 463–491.
Bakker, A., & Heuven, E. (2006, November). Emotional dissonance, burnout, and in-role performance among nurses and police officers. *International Journal of Stress Management*, *13*, 423–440.
Bakoyiannis, I., Gkioka, E., Pergialiotis, V., Mastroleon, I., Prodromidou, A., Vlachos, G. D., & Perrea, D. (2014). Fetal alcohol spectrum disorders and cognitive functions of young children. *Reviews in the Neurosciences*, *25*, 631–639.
Balaban, M. T., Snidman, N., & Kagan, J. (1997). Attention, emotion, and reactiv-ity in infancy and early childhood. In P. J. Lang, R. F. Simons, & M. T. Balaban (Eds.), *Attention and orienting: Sensory and motivational processes.* Mahwah, NJ: Lawrence Erlbaum.
Balakrishnan, V., & Claiborne, L. (2012). Vygotsky from ZPD to ZCD in moral education: Reshaping Western theory and practices in local context. *Journal of Moral Education*, *41*, 225–243.
Ball, H. L., & Volpe, L. E. (2013). Sudden Infant Death Syndrome (SIDS) risk reduction and infant sleep location—Moving the discussion forward. *Social Science & Medicine*, *79*, 84–91.
Ball, M., & Orford, J. (2002). Meaningful patterns of activity amongst the long-term inner city unemployed: A qualitative study. *Journal of Community & Applied Social Psychology*, *12*, 377–396.
Baltes, M. M. (1996). *The many faces of dependency in old age.* New York: Cambridge University Press.
Baltes, P. B. (2003). On the incomplete architecture of human ontogeny: Selection, optimization and compensation as foundation of developmental theory. In U. M. Staudinger & U. Lindenberger (Eds.), *Understanding human development: Dialogues with lifespan psychology.* Dordrecht, Netherlands: Kluwer Academic Publishers.
Baltes, P. B., & Baltes, M. M. (1990). Psychological perspectives on successful aging: The model of selective optimization with compensation. In P. B. Baltes & M. M. Baltes (Eds.), *Successful aging: Perspectives from the behavioral sciences.* Cambridge, UK: Cambridge University Press.
Baltes, P. B., & Schaie, K. W. (1974, March). The myth of the twilight years. *Psychology Today*, pp. 35–38.
Baltes, P. B, & Smith, J. (2008). The fascination of wisdom: Its nature, ontogeny, and function. *Perspectives on Psychological Science*, *3*, 56–64.
Baltes, P. B., & Staudinger, U. M. (2000). Wisdom: A metaheuristic (pragmatic) to orchestrate mind and virtue toward excellence. *American Psychologist*, *55*, 122–136.
Baltes, P. B., Staudinger, U. M., & Lindenberger, U. (1999). Lifespan psychology: Theory and application to intellectual functioning. *Annual Review of Psychol-ogy*, *50*, 471–507.
Bamshad, M. J., & Olson, S. E. (2003, December). Does race exist? *Scientific American*, pp. 78–85.
Bandura, A. (1977). *Social learning theory.* Englewood Cliffs, NJ: Prentice Hall.
Bandura, A. (1986). *Social foundations of thought and action.* Englewood Cliffs, NJ: Prentice Hall.
Bandura, A. (1991). Social cognitive theory of self-regulation. *Organizational Behavior and Human Decision Processes*, *50*, [Special issue: Theories of cognitive self-regulation], 248–287.
Bandura, A. (1994). Social cognitive theory of mass communication. In J. Bryant & D. Zillmann (Eds.), *Media effects: Advances in theory and research. LEA's communication series.* Hillsdale, NJ: Lawrence Erlbaum.
Bandura, A. (2002). Social cognitive theory in cultural context. *Applied Psychol-ogy: An International Review*, *51*, [Special Issue], 269–290.
Bandura, A., Grusec, J. E., & Menlove, F. L. (1967). Vicarious extinction of avoid-ance behavior. *Journal of Personality and Social*

Psychology, *5*, 16 – 23.
Bandura, A., Ross, D., & Ross, S. (1963). Vicarious extinction of avoidance behavior. *Journal of Personality and Social Psychology*, *67*, 601 – 607.
Baptista, T., Aldana, E., Angeles, F., & Beaulieu, S. (2008). Evolution theory: An overview of its applications in psychiatry. *Psychopathology*, *41*, 17 – 27.
Barber, A. D., Srinivasan, P., Joel, S. E., Caffo, B. S., Pekar, J. J., & Mostofsky, S. H. (2012). Motor "dexterity"?: Evidence that left hemisphere lateralization of motor circuit connectivity is associated with better motor performance in children. *Cerebral Cortex*, 22, 51 – 59.
Barber, S., & Gertler, P. (2009). Empowering women to obtain high quality care: Evidence from an evaluation of Mexico's conditional cash transfer pro-gramme. *Health Policy and Planning*, *24*, 18 – 25.
Barboza, G., Schiamberg, L., Oehmke, J., Korzeniewski, S., Post, L., & Heraux, C. (2009). Individual characteristics and the multiple contexts of adolescent bul-lying: An ecological perspective. *Journal of Youth and Adolescence*, *38*, 101 – 121.
Barnes, J. C., & Boutwell, B. B. (2012). On the relationship of past to future involvement in crime and delinquency: A behavior genetic analysis. *Journal of Criminal Justice*, *40*, 94 – 102.
Barnett, R. C., & Hyde, J. S. (2001). Women, men, work, and family. *American Psychologist*, *56*, 781 – 796.
Barr, R., Muentener, P., Garcia, A., Fujimoto, M., & Chávez, V. (2007). The effect of repetition on imitation from television during infancy. *Developmental Psycho-biology*, *49*, 196 – 207.
Barrett, D. E., & Frank, D. A. (1987). *The effects of undernutrition on children's behavior.* New York: Gordon & Breach.
Barrett, D. E., & Radke-Yarrow, M. R. (1985). Effects of nutritional supplementation on children's responses to novel, frustrating, and competi-tive situations. *American Journal of Clinical Nutrition*, *42*, 102 – 120.
Barrett, T., & Needham, A. (2008). Developmental differences in infants' use of an object's shape to grasp it securely. *Developmental Psychobiology*, *50*, 97 – 106.
Barry, L. M., Hudley, C., Kelly, M., & Cho, S. (2009). Differences in self-reported disclosure of college experiences by first-generation college student status. *Adolescence*, *44*, 55 – 68.
Barsade, S. G., & O'Neill, O. A. (2014). What's love got to do with it? A longitu-dinal study of the culture of companionate love and employee and client out-comes in a long-term care setting. *Administrative Science Quarterly*, *59*, 551 – 598.
Barton, J. (2007). The autobiographical self: Who we know and who we are. *Psychiatric Annals*, *37*, 276 – 284.
Bass, S., Shields, M. K., & Behrman, R. E. (2004). Children, families, and foster care: Analysis and recommendations. *The Future of Children*, *14*, 5 – 30.
Basseches, M. (1984). *Dialectical thinking and adult development.* Norwood, NJ: Ablex. Bates, J. E., Marvinney, D., Kelly, T., Dodge, K. A., Bennett, D. S., & Pettit, G. S. (1994). Child-care history and kindergarten adjustment. *Developmental Psychology*, *30*, 690 – 700.
Battin, M., van der Heide, A., Ganzini, L., van der Wal, G., & Onwuteaka-Philipsen, B. (2007). Legal physician-assisted dying in Oregon and the Netherlands: Evidence concerning the impact on patients in "vulnerable" groups. *Journal of Medical Ethics*, *33*, 591 – 597.
Bauer, P. J. (2007). Recall in infancy: A neurodevelopmental account. *Current Directions in Psychological Science*, *16*, 142 – 146.
Baulac, S., Lu, H., Strahle, J., Yang, T., Goldberg, M., Shen, J., et al. (2009). Increased DJ-1 expression under oxidative stress and in Alzheimer's disease brains. *Molecular Neurodegeneration*, *4*, 27 – 37.
Bauld, R., & Brown, R. (2009). Stress, psychological distress, psychosocial factors, menopause symptoms and physical health in women. *Maturitas*, *62*, 160 – 165.
Baum, A. (1994). Behavioral, biological, and environmental interactions in dis-ease processes. In S. Blumenthal, K. Matthews, & S. Weiss (Eds.), *New research frontiers in behavioral medicine: Proceedings of the National Conference.* Washing-ton, DC: NIH Publications.
Baumrind, D. (1980). New directions in socialization research. *Psychological Bulletin*, *35*, 639 – 652.
Baumrind, D. (2005). Patterns of parental authority. *New Directions in Child Adolescent Development*, *108*, 61 – 69.
Bayley, N. (1969). *Manual for the Bayley scales of infant development.* New York: Psychological Corporation.
Bayley, N., & Oden, M. (1955). The maintenance of intellectual ability in gifted adults. *Journal of Gerontology*, *10*, 91 – 107.
Beale, C. R. (1994). *Boys and girls: The development of gender roles.* New York: McGraw-Hill.
Beale, E. A., Baile, W. F., & Aaron, J. (2005). Silence is not golden: Communicat-ing with children dying from cancer. *Journal of Clinical Oncology*, *23*, 3629 – 3631.
Beals, K., Impett, E., & Peplau, L. (2002). Lesbians in love: Why some relation-ships endure and others end. *Journal of Lesbian Studies*, *6*, 53 – 63.
Bearman, P., & Bruckner, H. (2004). *Study on teenage virginity pledge.* Paper pre-sented at meeting of the National STD Prevention Conference, Philadelphia, PA.
Beck, M. (2012, June 5). Hormone use benefits may trump risks; age matters. *Wall Street Journal*, pp. D1, D2.
Becker, B., & Luthar, S. (2007, March). Peer-perceived admiration and social preference: Contextual correlates of positive peer regard among suburban and urban adolescents. *Journal of Research on Adolescence*, *17*, 117 – 144.
Becker, G., Beyene, Y., & Newsom, E. (2003). Creating continuity through mutual assistance: Intergenerational reciprocity in four ethnic groups. *Journals of Ger-ontology: Series B: Psychological Sciences & Social Sciences*, *58B*, S151 – S159.
Beckman, M. (2004, July 30). Neuroscience: Crime, culpability, and the adoles-cent brain. *Science*, *305*, 596 – 599.
Becvar, D. S. (2000). Euthanasia decisions. In F. W. Kaslow et al. (Eds.), *Handbook of couple and family forensics: A sourcebook for mental health and legal professionals.* New York: Wiley.
Beets, M., Flay, B., Vuchinich, S., Li, K., Acock, A., & Snyder, F. (2009). Longitudi-nal patterns of binge drinking among first year college students with a history of tobacco use. *Drug and Alcohol Dependence*, *103*, 1 – 8.
Begeer, S., Bernstein, D. M., van Wijhe, J., Schleeren, A. M., & Koot, H. (2012). A continuous false belief task reveals egocentric biases in children and adolescents with autism spectrum disorders. *Autism*, *16*, 357 – 366.
Begley, S. (1995, July 10). Deliver, then depart. *Newsweek*, *p.* 62.
Behm, I., Kabir, Z., Connolly, G. N., & Alpert, H. R. (2012). Increasing prevalence of smoke-free homes and decreasing rates of sudden infant death syndrome in the United States: An ecological association study. *Tobacco Control: An Interna-tional Journal*, *21*, 6 – 11.
Beilby, J. M., Byrnes, M. L., & Young, K. N. (2012). The experiences of living with a sibling who stutters: A preliminary study. *Journal of Fluency Disorders*, *37*, 135 – 148.
Beisert, M., Zmyj, N., Liepelt, R., Jung, F., Prinz, W., & Daum, M. M. (2012). Re-thinking 'rational imitation' in 14-month-old infants: A perceptual distraction approach. *Plos ONE*, 7 (3), Accessed online, 7-9-12; http://www.plosone.org/ article/info%3Adoi%2F10.1371%2Fjournal.pone.0032563
Beitel, M., Bogus, S., Hutz, A., Green, D., Cecero, J. J., & Barry, D. T. (2014). Still-ness and motion: An empirical investigation of mindfulness and self-actual-ization. *Person-Centered and Experiential Psychotherapies*, *13*, 187 – 202.
Belcher, J. R. (2003). Stepparenting: Creating and recreating families in America today. *Journal of Nervous & Mental Disease*, *191*, 837 – 838.
Belkin, L. (1999, July 25). Getting the girl. *New York Times Magazine*, pp. 26 – 35.
Belkin, L. (2004, September 12). The lessons of Classroom 506: What happens when a boy with cerebral palsy goes to kindergarten like all the other kids. *New York Times Magazine*, pp. 41 – 49.
Bell, H., Pellis, S., & Kolb, B. (2009). Juvenile peer play experience and the devel-opment of the orbitofrontal and medial prefrontal cortices. *Behavioural Brain Research*, *207*, 7 – 13.
Bell, I. P. (1989). The double standard: Age. In J. Freeman (Ed.), *Women: A femi-nist perspective* (4th ed.). Mountain View, CA: Mayfield.

Bell, M. (2012). A psychobiological perspective on working memory perfor-mance at 8 months of age. *Child Development*, *83*, 251 – 265.

Bell, S. M., & Ainsworth, M. D. S. (1972). Infant crying and maternal responsive-ness. *Child Development*, *43*, 1171 – 1190.

Bell, T., & Roman, E. (2012). Opinions about child corporal punishment and influencing factors. *Journal of Interpersonal Violence*, *27*, 2208 – 2229.

Belle, D. (1999). *The after-school lives of children: Alone and with others while parents work.* Mahwah, NJ: Lawrence Erlbaum.

Bellezza, F. S. (2000). Mnemonic devices. In A. E. Kazdin (Ed.), *Encyclopedia of psychology* (vol. 5). Washington, DC: American Psychological Association.

Bellezza, F. S., Six, L. S., & Phillips, D. S. (1992). A mnemonic for remembering long strings of digits. *Bulletin of the Psychonomic Society*, *30*, 271 – 274.

Belluck, P. (2000, October 18). New advice for parents: Saying "that's great!" may not be. *New York Times*, p. A14.

Belsky, J. (2006). Early child care and early child development: Major findings from the NICHD Study of Early Child Care. *European Journal of Developmental Psychology*, *3*, 95 – 110.

Belsky, J. (2009). Classroom composition, childcare history and social develop-ment: Are childcare effects disappearing or spreading? *Social Development*, *18*, 230 – 238.

Belsky, J., Vandell, D. L., Burchinal, M., Clarke-Stewart, A. K., McCartney, K., & Owen, M. T. (2007). Are there long-term effects of early child care? *Child Development*, *78*, 188 – 193.

Beltz, A. M., Corley, R. P., Bricker, J. B., Wadsworth, S. J., & Berenbaum, S. A. (2014). Modeling pubertal timing and tempo and examining links to behavior problems. *Developmental Psychology*, *50*, 2715 – 2726.

Bem, S. (1987). Gender schema theory and its implications for child develop-ment: Raising gender-aschematic children in a gender-schematic society. In M. R. Walsh (Ed.), *The psychology of women: Ongoing debates.* New Haven, CT: Yale University Press.

Benedict, H. (1979). Early lexical development: Comprehension and production. Journal of Child Language, 6, 183 – 200.

Benelli, B., Belacchi, C., Gini, G., & Lucangeli, D. (2006, February). "To define means to say what you know about things": The development of definitional skills as metalinguistic acquisition. *Journal of Child Language*, *33*, 71 – 97.

Benenson, J. F., & Apostoleris, N. H. (1993, March). *Gender differences in group interaction in early childhood.* Paper presented at the biennial meeting of the Society for Research in Child Development, New Orleans, LA.

Bengtson, V. L., Acock, A. C., Allen, K. R., & DilworthAnderson, P. (Eds.). (2004). *Sourcebook of family theory and research.* Thousand Oaks, CA: Sage Publications.

Benjamin, J., Ebstein, R. P., & Belmaker, R. H. (2002). Personality genetics, 2002. *Israel Journal of Psychiatry and Related Sciences*, [Special Issue], 39, 271 – 279.

Benjet, C., & Kazdin, A. E. (2003). Spanking children: The controversies, findings and new directions. *Clinical Psychology Review*, *23*, 197 – 224.

Benjuya, N., Melzer, I., & Kaplanski, J. (2004). Aging-induced shifts from a reliance on sensory input to muscle cocontraction during balanced stand-ing. *Journal of Gerontology: Series A: Biological Sciences and Medical Sciences*, *59*, 166 – 171.

Bennani, L., Allali, F., Rostom, S., Hmamouchi, I., Khazzani, H., El Mansouri, L., et al. (2009). Relationship between historical height loss and vertebral fractures in postmenopausal women. *Clinical Rheumatology*, *28*, 1283 – 1289.

Bennett, J. (2008, September 15). It's not just white girls. *Newsweek*, p. 96.

Benoit, D., & Parker, C. H. (1994). Stability and transmission of attachment across three generations. *Child Development*, *65*, 1444 – 1456.

Benson, E. (2003, March). Goo, gaa, grr? *Monitor on Psychology*, pp. 50 – 51.

Benson, H. (1993). The relaxation response. In D. Goleman & J. Guerin (Eds.), *Mind – body medicine: How to use your mind for better health.* Yonkers, NY: Consumer Reports Publications.

Benton, S. A., Robertson, J. M., Tseng, W.-C., Newton, F. B., & Benton, S. L. (2003). Changes in counseling center client problems across 13 years. *Profes-sional Psychology: Research and Practice*, *34*, 66 – 72.

Berenson, P. (2005). *Understand and treat alcoholism.* New York: Basic Books.

Bergelson, E., & Swingley, D. (2013). The acquisition of abstract words by young infants. *Cognition*, *127* (3), 391 – 397.

Bergen, H., Martin, G., & Richardson, A. (2003). Sexual abuse and suicidal behavior: A model constructed from a large community sample of adolescents. *Journal of the American Academy of Child & Adolescent Psychiatry*, *42*, 1301 – 1309.

Berger, L. (2000, April 11). What children do when home and alone. *New York Times*, p. F8.

Bergman, A., Blom, I., & Polyak, D. (2012). Attachment and separation-individuation: Two ways of looking at the mother/infant relationship. In S. Akhtar (Ed.), *The mother and her child: Clinical aspects of attachment, separation, and loss.* Lanham, MD: Jason Aronson.

Bergman, A., Blom, I., Polyak, D., & Mayers, L. (2015). Attachment and separa-tion-individuation: Two ways of looking at the mother-infant relationship. *International Forum of Psychoanalysis*, *24*, 16 – 21.

Bergmann, R. L., Bergman, K. E., & Dudenhausen, J. W. (2008). Undernutrition and growth restriction in pregnancy. *Nestle Nutritional Workshop Series; Pediat-rics Program*, *61*, 103 – 121.

Bergsma, A., & Ardelt, M. (2012). Self-reported wisdom and happiness: An empirical investigation. *Journal of Happiness Studies*, *13*, 481 – 499.

Bergstrom, M. J., & Holmes, M. E. (2000). Lay theories of successful aging after the death of a spouse: A network text analysis of bereavement advice. *Health Communication*, *12*, 377 – 406.

Berkman, R. (Ed.). (2006). *Handbook of social work in health and aging.* New York: Oxford University Press.

Berko, J. (1958). The child's learning of English morphology. Word, 14, 150 – 177.

Berlin, L., Cassidy, J., & Appleyard, K. (2008). The influence of early attachments on other relationships. *In Handbook of attachment: Theory, research, and clinical applications* (2nd ed., pp. 333 – 347). New York: Guilford Press.

Bernal, M. E. (1994, August). *Ethnic identity of Mexican – American children.* Ad-dress at the annual meeting of the American Psychological Association, Los Angeles, CA.

Bernard, D. (2012, February 17). Why older workers are better workers. *U. S. News & World Report*, *Money*, p. 21.

Bernard, J. (1982). *The future of marriage.* New Haven, CT: Yale University Press.

Berndt, T. J. (1999). Friends' influence on students' adjustment to school. *Educational Psychologist*, *34*, 15 – 28.

Berndt, T. J. (2002). Friendship quality and social development. *Current Direc-tions in Psychological Science*, *11*, 7 – 10.

Bernier, A., & Meins, E. (2008). A threshold approach to understanding the origins of attachment disorganization. *Developmental Psychology*, *44*, 969 – 982.

Bernstein, E. (2010, April 20). Honey, do you have to… *Wall Street Journal*, pp. D1, D3.

Bernstein, N. (2004, March 7). Behind fall in pregnancy, a new teenage culture of restraint. *New York Times*, pp. 1, 20.

Berry, G. L. (2003). Developing children and multicultural attitudes: The sys-temic psychosocial influences of television portrayals in a multimedia society. *Cultural Diversity and Ethnic Minority Psychology*, *9*, 360 – 366.

Berscheid, E. (1985). Interpersonal attraction. In G. Lindzey & E. Aronson (Eds.), *Handbook of social psychology* (3rd ed.). New York: Random House.

Berscheid, E., & Regan, P. C. (2005). *The psychology of interpersonal relationships.* New York: Psychology Press.

Berscheid, E., & Walster, E. (1974). Physical attractiveness. In G. Lindzey & E. Aronson (Eds.), *Handbook of social psychology* (3rd ed.). New York: Random House.

Bertin, E., & Striano, T. (2006, April). The still-face response in newborn, 1. 5-, and 3-month-old infants. *Infant Behavior & Development*, *29*, 294 – 297.

Besag, V. E. (2006). *Understanding girls' friendships, fights and feuds: A practical approach to girls' bullying.* Maidenhead, Berkshire: Open University Press/ McGraw-Hill Education.

Besharov, D. J., & West, A. (2002). African American marriage patterns. In A. Thernstrom & S. Thernstrom (Eds.), *Beyond the color line*: *New perspectives on race and ethnicity in America.* Stanford, CA: Hoover Institution Press.

Best, P., Manktelow, R., & Taylor, B. (*2014*). Online communication, social media and adolescent wellbeing: A systematic narrative review. *Children and Youth Services Review*, *41*, 27 - 36.

Bhagat, N., Laskar, A., & Sharma, N. (2012). Women's perception about sex selection in an urban slum in Delhi. *Journal of Reproductive and Infant Psychol-ogy*, *30*, 92 - 104.

Bhargava, P. (2014). 'I have a family, therefore I am': Children's understanding of self and others. In N. Chaudhary, S. Anandalakshmy, J. Valsiner, N. Chaud-hary, S. Anandalakshmy, & J. Valsiner (Eds.), *Cultural realities of being*: *Abstract ideas within everyday lives.* New York: Routledge/Taylor & Francis Group.

Bibace, R. (2013). Challenges in Piaget's legacy. *Integrative Psychological & Behavioral Science*, *47*, 167 - 175.

Biblarz, T. J., & Stacey, J. (2010). How does the gender of parents matter? *Journal of Marriage and Family*, *72*, 3 - 22.

Bickham, D. S., Wright, J. C., & Huston, A. C. (2000). Attention, comprehension and the educational influences of television. In D. G. Singer & J. L. Singer (Eds.), *Handbook of children and the media.* Thousand Oaks, CA: Sage Publications.

Biddle, B. J. (2001). *Social class*, *poverty*, *and education.* London: Falmer Press.

Biedenharn, B. J., & Normoyle, J. B. (1991). Elderly community residents' reactions to the nursing home: An analysis of nursing home-related beliefs. *Gerontologist*, *31*, 107 - 115.

Bierman, K. L. (2004). *Peer rejection*: *Developmental processes and intervention strate-gies.* New York: Guilford Press.

Bierman, K., Torres, M., Domitrovich, C., Welsh, J., & Gest, S. (2009). Behavioral and cognitive readiness for school: Cross-domain associations for children attending Head Start. *Social Development*, *18*, 305 - 323.

Bigelow, A. E., & Power, M. (2012). The effect of mother - infant skin-to-skin con-tact on infants' response to the Still Face Task from newborn to three months of age. *Infant Behavior & Development*, *35*, 240 - 251.

Bijeljac-Babic, R., Bertoncini, J., & Mehler, J. (1993). How do 4-day-old infants categorize multisyllabic utterances? *Developmental Psychology*, *29*, 711 - 721.

Bionna, R. (2006). *Coping with stress in a changing world.* New York: McGraw-Hill.

Bird, G., & Melville, K. (1994). *Families and intimate relationships.* New York: McGraw-Hill.

Biro, F., Striegel-Moore, R., Franko, D., Padgett, J., & Bean, J. (2006, October). Self-esteem in adolescent females. *Journal of Adolescent Health*, *39*, 501 - 507.

Biro, S., Alink, L. A., van IJzendoorn, M. H., & Bakermans-Kranenburg, M. J. (2014). Infants' monitoring of social interactions: The effect of emotional cues. *Emotion*, *14*, 263 - 271.

Bischof-K. hler, D. (2012). Empathy and self-recognition in phylogenetic and ontogenetic perspective. *Emotion Review*, *4*, 40 - 48.

Bishop, D., Meyer, B., Schmidt, T., & Gray, B. (2009). Differential investment behavior between grandparents and grandchildren: The role of paternity uncertainty. *Evolutionary Psychology*, *7*, 66 - 77.

Bishop, D. V. M., & Leonard, L. B. (Eds.). (2001). *Speech and language impairments in children*: *Causes*, *characteristics*, *intervention and outcome.* Philadelphia, PA: Psychology Press.

Bishop, J. (2006, April). Euthanasia, efficiency, and the historical distinction between killing a patient and allowing a patient to die. *Journal of Medical Eth-ics*, *32*, 220 - 224.

Bjorklund, D. (2006). Mother knows best: Epigenetic inheritance, maternal effects, and the evolution of human intelligence. *Developmental Review*, *26*, 213 - 242.

Bjorklund, D. F. (1997b). The role of immaturity in human development. *Psycho-logical Bulletin*, *122*, 153 - 169.

Bjorklund, D. F., & Ellis, B. (2005). Evolutionary psychology and child develop-ment: An emerging synthesis. In B. J. Ellis (Ed.), *Origins of the social mind*: *Evolutionary psychology and child development.* New York: Guilford Press.

Black, K. (2002). Associations between adolescent - mother and adolescent - best friend interactions. *Adolescence*, *37*, 235 - 253.

Blagosklonny, M. V., et al. (2010). Impact papers on aging in 2009. *Aging*, *2*, 111 - 121.

Blaine, B. E., Rodman, J., & Newman, J. M. (2007). Weight loss treatment and psychological well-being: A review and meta-analysis. *Journal of Health Psy-chology*, *12*, 66 - 82.

Blair, P., Sidebotham, P., Berry, P., Evans, M., & Fleming, P. (2006). Major epide-miological changes in sudden infant death syndrome: A 20-year population-based study in the UK. *Lancet*, *367*, 314 - 319.

Blake, G., Velikonja, D., Pepper, V., Jilderda, I., & Georgiou, G. (2008). Evaluating an in-school injury prevention programme's effect on children's helmet wear-ing habits. *Brain Injury*, *22*, 501 - 507.

Blake, J., & de Boysson-Bardies, B. (1992). Patterns in babbling: A cross-linguistic study. *Journal of Child Language*, *19*, 51 - 74.

Blakemore, J. (2003). Children's beliefs about violating gender norms: Boys shouldn't look like girls, and girls shouldn't act like boys. *Sex Roles*, *48*, 411 - 419.

Blakemore, S. (2012). Imaging brain development: The adolescent brain. *Neuro-image*, *61*, 397 - 406.

Blankinship, D. G. (2012, July 7). Two more states are granted 'No Child Left Behind' waivers. *The Virginian Pilot*, p. 5.

Blass, E. M., Ganchrow, J. R., & Steiner, J. E. (1984). Classical conditioning in new-born humans 2 - 48 hours of age. *Infant Behavior and Development*, *7*, 223 - 235.

Bleidorn, W., Kandler, C., & Caspi, A. (2014). The behavioral genetics of person-ality development in adulthood—Classic, contemporary, and future trends. *European Journal of Personality*, *28*, 244 - 255.

Blewitt, P., Rump, K., Shealy, S., & Cook, S. (2009). Shared book reading: When and how questions affect young children's word learning. *Journal of Educa-tional Psychology*, *101*, 294 - 304.

Bloom, C., & Lamkin, D. (2006). The Olympian struggle to remember the cranial nerves: Mnemonics and student success. *Teaching of Psychology*, *33*, 128 - 129.

Blount, B. G. (1982). Culture and the language of socialization: Parental speech. In D. A. Wagner & H. W. Stevenson (Eds.), *Cultural perspectives on child develop-ment.* San Francisco: Freeman.

Bluebond-Langner, M. (2000). *In the shadow of illness.* Princeton, NJ: Princeton University Press.

Blum, D. (2002). *Love at Goon Park*: *Harry Harlow and the science of affection.* New York: Perseus Publishing.

Blumenthal, S. (2000). Developmental aspects of violence and the institutional response. *Criminal Behavior & Mental Health*, *10*, 185 - 198.

Boatella-Costa, E., Costas-Moragas, C., Botet-Mussons, F., Fornieles-Deu, A., & De Cáceres-Zurita, M. (2007). Behavioral gender differences in the neonatal period according to the Brazelton scale. *Early Human Development*, *83*, 91 - 97.

Bober, S., Humphry, R., & Carswell, H. (2001). Toddlers' persistence in the emerging occupations of functional play and self-feeding. *American Journal of Occupational Therapy*, *55*, 369 - 376.

Bode, M. M., D'Eugenio, D. B., Mettelman, B. B., & Gross, S. J. (2014). Predictive validity of the Bayley, third edition at 2 years for intelligence quotient at 4 years in preterm infants. *Journal of Developmental and Behavioral Pediatrics*, *35*, 570 - 575.

Bodell, L. P., Joiner, T. E., & Ialongo, N. S. (2012). Longitudinal association between childhood impulsivity and bulimic symptoms in African American adolescent girls. *Journal of Consulting and Clinical Psychology*, *80*, 313 - 316.

Bodner, E., Bergman, Y. S., & Cohen-Fridel, S. (2012). Different dimensions of ageist attitudes among men and women: A multigenerational perspective. *International Psychogeriatrics*, *24* (*6*), 895 - 901. doi:10.1017/S1041610211002936

Boehm, K. E., & Campbell, N. B. (1995). Suicide: A review of calls to an adoles-cent peer listening phone service. *Child Psychiatry & Human Development*, *26*, 61 - 66.

Boerner, K., Wortman, C. B., & Bonanno, G. A. (2005). Resilient or at risk? A 4-year study of older adults who initially showed high or low distress fol-lowing conjugal loss. *Journals of Gerontology*: *Series B*, *Psychological Sciences and Social Sciences*, *60*, P67 - P73.

Bogle, K. A. (2008). "Hooking Up": What educators need to know. *The Chronicle of Higher Education*, p. A32.

Bohlmeijer, E., Westerhof, G., & de Jong, M. (2008). The effects of integrative reminiscence on meaning in life: Results of a quasi-experimental study. *Aging & Mental Health*, *12*, 639 – 646.

Boivin, M., Perusse, D., Dionne, G., Saysset, V., Zoccolilo, M., Tarabulsy, G. M., et al. (2005). The genetic-environmental etiology of parents' perceptions and self-assessed behaviors toward their 5-month-old infants in a large twin and singleton sample. *Journal of Child Psychology and Psychiatry*, *46*, 612 – 630.

Bojanowska, A., & Zalewska, A. M. (2015). Lay understanding of happiness and the experience of well-being: Are some conceptions of happiness more beneficial than others? *Journal of Happiness Studies.* Accessed online, 3-23-15; http://download. springer. com/static/pdf/57/art%253A10.1007%252 Fs10902-015-9620-1. pdf? auth66 = 1427131881 _ bf7fda3652936c4179ca90e4db529 c3f&ext =. pdf

Bolhuis, J. J., Tattersal, I., Chomsky, N., & Berwick, R. C. (2014). How could language have evolved? *PLoS Biology*, *12*, 88 – 95.

Bonanno, G. A. (2009). *The other side of sadness.* New York: Basic Books.

Bonanno, G., Galea, S., Bucciarelli, A., & Vlahov, D. (2006). Psychological resilience after disaster: New York City in the aftermath of the September 11th terrorist attack. *Psychological Science*, *17*, 181 – 186.

Bonanno, G. A., Wortman, C. B., Lehman, D. R., Tweed, R. G., Haring, M., Son-nega, J., et al. (2002). Resilience to loss and chronic grief: A prospective study from preloss to 18-months postloss. *Journal of Personality and Social Psychology*, *83*, 1150 – 1164.

Boneva, B., Quinn, A., Kraut, R., Kiesler, S., & Shklovski, I. (2006). Teenage communication in the instant messaging era. In R. Kraut & M. Brynin (Eds.), *Computers, phones, and the Internet: Domesticating information technology.* New York: Oxford University Press.

Bonke, B., Tibben, A., Lindhout, D., Clarke, A. J., & Stijnen, T. (2005). Genetic risk estimation by healthcare professionals. *Medical Journal of Autism*, *182*, 116 – 118.

Bonnicksen, A. (2007). Oversight of assisted reproductive technologies: The last twenty years. *Reprogenetics: Law, policy, and ethical issues.* Baltimore, MD: Johns Hopkins University Press.

Bookstein, F. L., Sampson, P. D., Streissguth, A. P., & Barr, H. M. (1996). Exploiting redundant measurement of dose and developmental outcome: New methods from the behavioral teratology of alcohol. *Developmental Psy-chology*, *32*, 404 – 415.

Booth, C., Kelly, J., & Spieker, S. (2003). Toddlers' attachment security to child-care providers: The Safe and Secure Scale. *Early Education & Development*, *14*, 83 – 100.

Bor, W., & Bor, W. (2004). Prevention and treatment of childhood and adoles-cent aggression and antisocial behavior: A selective review. *Australian & New Zealand Journal of Psychiatry*, *38*, 373 – 380.

Borden, M. E. (1998). *Smart start: The parents' complete guide to preschool education.* New York: Facts on File.

Bornstein, M. H. (2000). Infant into conversant: Language and nonlanguage processes in developing early communication. In N. Budwig, I. C. Uzgiris, & J. V. Wertsch (Eds.), *Communication: An arena of development* (pp. 109 – 129). Stamford, CT: Amblex.

Bornstein, M. H., Cote, L., & Maital, S. (2004). Cross-linguistic analysis of vo-cabulary in young children: Spanish, Dutch, French, Hebrew, Italian, Korean, and American English. *Child Development*, *75*, 1115 – 1139.

Bornstein, M. H., & Lamb, M. E. (Eds.). (2005). *Developmental science.* Mahwah, NJ: Lawrence Erlbaum.

Bornstein, M. H., Putnick, D. L., Suwalsky, T. D., & Gini, M. (2006). Maternal chronological age, prenatal and perinatal history, social support, and parent-ing of infants. *Child Development*, *77*, 875 – 892.

Bornstein, M. H., Suwalsky, J. D., & Breakstone, D. A. (2012). Emotional rela-tionships between mothers and infants: Knowns, unknowns, and unknown unknowns. *Development and Psychopathology*, *24*, 113 – 123.

Bornstein, M. H., Tamis-LeMonda, C. S., Hahn, C., & Haynes, O. M. (2008). Ma-ternal responsiveness to young children at three ages: Longitudinal analysis of a multidimensional, modular, and specific parenting construct. *Developmental Psychology*, *44*, 867 – 874.

Borse, N. N., Gilchrist, J., Dellinger, A. M., Rudd, R. A., Ballesteros, M. F., & Sleet, D. A. (2008). *CDC Childhood Injury Report: Patterns of unintentional injuries among 0 – 19 Year Olds in the United States, 2000 – 2006.* Atlanta, GA: Centers for Disease Control and Prevention, National Center for Injury Prevention and Control.

Bos, A. F. (2013). Bayley-II or Bayley-III: What do the scores tell us? *Developmen-tal Medicine & Child Neurology*, *55*, 978 – 979.

Bos, C. S., & Vaughn, S. S. (2005). *Strategies for teaching students with learning and behavior problems* (6th ed.). Boston: Allyn & Bacon.

Bosacki, S. (2013). Theory of mind understanding and conversational patterns in middle childhood. *The Journal of Genetic Psychology: Research and Theory on Human Development*, *174*, 170 – 191.

Bosacki, S. L. (2014). Brief report: The role of psychological language in chil-dren's theory of mind and self-concept development. *Psychology of Language and Communication*, *18*, 41 – 52.

Bosco, F. M., Angeleri, R., Colle, L., Sacco, K., & Bara, B. G. (2013). Communica-tive abilities in children: An assessment through different phenomena and expressive means. *Journal of Child Language*, *40*, 741 – 778.

Boseley, S. (2008, February 7). Tobacco could kill 1 billion people over course of century, says UN. *The Guardian*, p. B3.

Bostwick, J. M. (2006). Do SSRIs cause suicide in children? The evidence is underwhelming. *Journal of Clinical Psychology*, *62*, 235 – 241.

Bouchard, T. J., Jr. (1997, September/October). Whenever the twain shall meet. *The Sciences*, pp. 52 – 57.

Bouchard, T. J., Jr. (2004). Genetic influence on human psychological traits: A survey. *Current Directions in Psychological Science*, *13*, 148 – 153.

Bouchard, T. J., Jr., Lykken, D. T., McGue, M., Segal, N. L., & Tellegen, A. (1990, October 12). Sources of human psychological differences: The Minnesota Study of twins reared apart. *Science*, *250*, 223 – 228.

Bourne, V., & Todd, B. (2004). When left means right: An explanation of the left cradling bias in terms of right hemisphere specializations. *Developmental Sci-ence*, *7*, 19 – 24.

Bowen, F. (2013). Asthma education and health outcomes of children aged 8 to 12 years. *Clinical Nursing Research*, *22*, 172 – 185.

Bower, J. E., Greendale, G., Crosswell, A. D., Garet, D., Sternlieb, B., Ganz, P. A., & . . . Cole, S. W. (2014). Yoga reduces inflammatory signaling in fatigued breast cancer survivors: A randomized controlled trial. *Psychoneuroendocrinol-ogy*, *43*, 20 – 29.

Bower, T. G. R. (1977). *A primer of infant development.* San Francisco: Freeman.

Bowers, K. E., & Thomas, P. (1995, August). Handle with care. *Harvard Health Letter*, pp. 6 – 7.

Bowlby, J. (1951). Maternal care and mental health. *Bulletin of the World Health Organization*, *3*, 355 – 534.

Bowlby, R. (2007). Babies and toddlers in non-parental daycare can avoid stress and anxiety if they develop a lasting secondary attachment bond with one carer who is consistently accessible to them. *Attachment & Human Develop-ment*, *9*, [Special issue: The Life and Work of John Bowlby: A Tribute to his Centenary], 307 – 319.

Boyse, K., & Fitzgerald, K. (2010). *YourChild Development & Behavior Resources: Toilet Training.* Ann Arbor, MI: University of Michigan. Accessed online, 7.22.15; http://www. med. umich. edu/yourchild/topics/toilet. htm

Boyse, K., & Fitzgerald, K. (2010). Toilet training. Accessed online, 6.23.15;. http://www. med. umich. edu/yourchild/topics/ toilet. htm

Bracey, J., Bamaca, M., & Umana-Taylor, A. (2004). Examining ethnic identity and self-esteem among biracial and monoracial adolescents. *Journal of Youth & Adolescence*, *33*, 123 – 132.

Bracken, B., & Brown, E. (2006, June). Behavioral identification and assessment of gifted and talented students. *Journal of Psychoeducational Assessment*, *24*, 112 - 122.

Bracken, B., & Lamprecht, M. (2003). Positive self-concept: An equal opportunity construct. *School Psychology Quarterly*, *18*, 103 - 121.

Bradley, R., & Corwyn, R. (2008). Infant temperament, parenting, and externalizing behavior in first grade: A test of the differential susceptibility hypothesis. *Journal of Child Psychology and Psychiatry*, *49*, 124 - 131. http://search.ebscohost.com

Bradshaw, M., & Ellison, C. (2008). Do genetic factors influence religious life? Findings from a behavior genetic analysis of twin siblings. *Journal for the Sci-entific Study of Religion*, *47*, 529 - 544. http://search.ebscohost.com, doi:10.1111/j.1468-5906.2008.00425.x

Brady, S. A. (2011). Efficacy of phonics teaching for reading outcomes: Indica-tions from post-NRP research. In S. A. Brady, D. Braze, & C. A. Fowler (Eds.), *Explaining individual differences in reading: Theory and evidence.* New York: Psychology Press.

Brainerd, C. (2003). Jean Piaget, learning research, and American education. In B. Zimmerman (Ed.), *Educational psychology: A century of contributions.* Mahwah, NJ: Lawrence Erlbaum.

Brandone, A. C., Cimpian, A., Leslie, S., & Gelman, S. A. (2012). Do lions have manes? For children, generics are about kinds rather than quantities. *Child Development*, *83*, 423 - 433.

Branum, A. (2006). Teen maternal age and very preterm birth of twins. *Maternal & Child Health Journal*, *10*, 229 - 233.

Braun, K. L., Pietsch, J. H., & Blanchette, P. L. (Eds.). (2000). *Cultural issues in end-of-life decision making.* Thousand Oaks, CA: Sage Publications.

Braungart-Rieker, J. M., Zentall, S., Lickenbrock, D. M., Ekas, N. V., Oshio, T., & Planalp, E. (2015). Attachment in the making: Mother and father sensitivity and infants' responses during the still-face paradigm. *Journal of Experimental Child Psychology*, *125*, 63 - 84.

Bray, G. A. (2008). Is new hope on the horizon for obesity? *The Lancet*, *372*, 1859 - 1860.

Brazelton, T. B. (1990). Saving the bathwater. *Child Development*, *61*, 1661 - 1671.

Brazelton, T. B. (1997). *Toilet training your child.* New York: Consumer Visions.

Brazelton, T. B., Christophersen, E. R., Frauman, A. C., Gorski, P. A., Poole, J. M., Stadtler, A. C., & Wright, C. L. (1999). Instruction, timeliness, and medical influences affecting toilet training. *Pediatrics*, *103*, 1353 - 1358.

Brazelton, T. B., & Sparrow, J. D. (2003). *Discipline: The Brazelton way.* New York: Perseus.

Bredesen, D. (2009). Neurodegeneration in Alzheimer's disease: Caspases and synaptic element interdependence. *Molecular Neurodegeneration*, *4*, 52 - 59.

Breheny, M., & Stephens, C. (2003). Healthy living and keeping busy: A dis-course analysis of mid-aged women's attributions for menopausal experience. *Journal of Language & Social Psychology*, *22*, 169 - 189.

Bremner, G., & Fogel, A. (Eds.). (2004). *Blackwell handbook of infant development.* Malden, MA: Blackwell Publishers.

Bremner, J. G., Slater, A. M., & Johnson, S. P. (2015). Perception of object persistence: The origins of object permanence in infancy. *Child Development Perspectives*, *9*, 7 - 13.

Bridges, J. S. (1993). Pink or blue: Gender-stereotypic perceptions of infants as con-veyed by birth congratulations cards. *Psychology of Women Quarterly*, *17*, 193 - 205.

Bridgett, D., Gartstein, M., Putnam, S., McKay, T., Iddins, E., Robertson, C., et al. (2009). Maternal and contextual influences and the effect of temperament development during infancy on parenting in toddlerhood. *Infant Behavior & Development*, *32*, 103 - 116. http://search.ebscohost.com, doi: 10.1016/j.infbeh.2008.10.007

Brinkman, B. G., Rabenstein, K. L., Rosén, L. A., & Zimmerman, T. S. (2014). Children's gender identity development: The dynamic negotiation process between conformity and authenticity. *Youth & Society*, *46*, 835 - 852.

Brito, N., & Barr, R. (2014). Flexible memory retrieval in bilingual 6-month-old infants. *Developmental Psychobiology*, *56*, 1156 - 1163.

Brock, J., Jarrold, C., Farran, E. K., Laws, G., & Riby, D. M. (2007). Do children with Williams syndrome really have good vocabulary knowl-edge? Methods for comparing cognitive and linguistic abilities in develop-mental disorders. *Clinical Linguistics & Phonetics*, *21*, 673 - 688.

Brody, N. (1993). Intelligence and the behavioral genetics of personality. In R. Plomin & G. E. McClearn (Eds.), *Nature, nurture, and psychology.* Washington, DC: American Psychological Association.

Broesch, T. L., & Bryant, G. A. (2015). Prosody in infant-directed speech is simi-lar across Western and traditional cultures. *Journal of Cognition and Develop-ment*, *16*, 31 - 43.

Bromberger, J. T., & Matthews, K. A. (1994). Employment status and depressive symptoms in middle-aged women: A longitudinal investigation. *American Journal of Public Health*, *84*, 202 - 206.

Brooks-Gunn, J. (2003). Do you believe in magic? What we can expect from early childhood intervention programs. *Social Policy Report*, *17*, 1 - 16.

Brooks-Gunn, J., Klebanov, P. K., & Duncan, G. J. (1996). Ethnic differences in children's intelligence test scores: Role of economic deprivation, home envi-ronment, and maternal characteristics. *Child Development*, *67*, 396 - 408.

Brotanek, J., Gosz, J., Weitzman, M., & Flores, G. (2007). Iron deficiency in early childhood in the United States: Risk factors and racial/ethnic disparities. *Pediatrics*, *120*, 568 - 575.

Brouwer, R. M., van Soelen, I. C., Swagerman, S. C., Schnack, H. G., Ehli, E. A., Kahn, R. S., & . . . Boomsma, D. I. (2014). Genetic associations between intel-ligence and cortical thickness emerge at the start of puberty. *Human Brain Mapping*, *35*, 3760 - 3773.

Brown, B. B., & Klute, C. (2003). Friendships, cliques, and crowds. In G. R. Ad-ams & M. D. Berzonsky (Eds.), *Blackwell handbook of adolescence* (pp. 330 - 348). Malden, MA: Blackwell Publishing.

Brown, D. L., Jewell, J. D., Stevens, A. L., Crawford, J. D., & Thompson, R. (2012). Suicidal risk in adolescent residential treatment: Being female is more important than a depression diagnosis. *Journal of Child and Family Studies*, *21*, 359 - 367.

Brown, E. L., & Bull, R. (2007). Can task modifications influence children's performance on false belief tasks? *European Journal of Developmental Psychology*, *4*, 273 - 292.

Brown, G., McBride, B., Shin, N., & Bost, K. (2007). Parenting predictors of father-child attachment security: Interactive effects of father involvement and fathering quality. *Fathering*, *5*, 197 - 219.

Brown, J. D. (1998). *The self.* New York: McGraw-Hill.

Brown, J. V., Bakeman, R., Coles, C. D., Platzman, K. A., & Lynch, M. E. (2004). Prenatal cocaine exposure: A comparison of 2-year-old children in prenatal and non-parental care. *Child Development*, *75*, 1282 - 1295.

Brown, S., & Lin, I-Fen. (2012, March). *The gray divorce revolution: Rising divorce among middle-aged and older adults, 1990 - 2009.* National Center for Family & Mar-riage Research, Bowling Green State University. Working Paper Series WP-12-04.

Brown, W. M., Hines, M., & Fane, B. A. (2002). Masculinized finger length patterns in human males and females with congenital adrenal hyperplasia. *Hormones and Behavior*, *42*, 380 - 386.

Browne, A. (1993). Violence against women by male partners: Prevalence, out-comes, and policy implications. *American Psychologist*, *48*, 1077 - 1087.

Browne, K. (2006, March). Evolved sex differences and occupational segregation. *Journal of Organizational Behavior*, *27*, 143 - 162.

Brownell, C. A., Ramani, G. B., & Zerwas, S. (2006). Becoming a social partner with peers: Cooperation and social understanding in one- and two-year-olds. *Child Development*, *77*, 803 - 821.

Brownlee, S. (2002, January 21). Too heavy, too young. *Time*, pp. 21 - 23.

Brueggeman, I. (1999). Failure to meet ICPD goals will affect global stability, health of environment, and well-being, rights and potential of people. *Asian Forum News*, p. 8.

Brummelman, E., Thomaes, S., de Castro, B. O., Overbeek, G., & Bushman, B. J. (2014). 'That's not just beautiful—that's incredibly beautiful!': The adverse impact of inflated praise on

children with low self-esteem. *Psychological Sci-ence*, *25*, 728 – 735.
Brummelman, E., Thomaes, S., Overbeek, G., Orobio de Castro, B., van den Hout, M. A., & Bushman, B. J. (2014). On feeding those hungry for praise: Person praise backfires in children with low self-esteem. *Journal of Experimental Psychology: General*, *143*, 9 – 14.
Brundle, C., Waterman, H. A., Ballinger, C., Olleveant, N., Skelton, D. A., Stanford, P., & Todd, C. (2015). The causes of falls: Views of older people with visual impairment. *Health Expectations: An International Journal of Public Participation in Health Care & Health Policy*, Accessed online, 5-12-15; http://www.researchgate.net/publication/273151556_The_causes_of_falls_views_of_older_people_with_visual_impairment.
Bruskas, D. (2008). Children in foster care: A vulnerable population at risk. *Journal of Child and Adolescent Psychiatric Nursing*, *21*, 70 – 77.
Bryant, C. D. (Ed.). (2003). *Handbook of death and dying*. Thousand Oaks, CA: Sage Publications.
Bryant, J., & Bryant, J. (2003). Effects of entertainment televisual media on children. In E. Palmer & B. Young (Eds.), *The faces of televisual media: Teaching, violence, selling to children*. Mahwah, NJ: Lawrence Erlbaum.
Bryant, J., & Bryant, J. A. (Eds.). (2001). *Television and the American family* (2nd ed.). Mahwah, NJ: Lawrence Erlbaum.
Buchanan, C. M., Eccles, J. S., & Becker, J. B. (1992). Are adolescents the victims of raging hormones? Evidence for activational effects of hormones on moods and behavior at adolescence. *Psychological Bulletin*, *111*, 62 – 107.
Buchmann, C., & DiPrete, T. (2006, August). The growing female advantage in college completion: The role of family background and academic achievement. *American Sociological Review*, *7*, 515 – 541.
Budd, K. (1999). The facts of life: Everything you wanted to know about sex (after 50). *Modern Maturity*, *42*, 78.
Bull, M., & Durbin, D. (2008). Rear-facing car safety seats: Getting the message right. *Pediatrics*, *121*, 619 – 620.
Bullinger, A. (1997). Sensorimotor function and its evolution. In J. Guimon (Ed.), *The body in psychotherapy* (pp. 25 – 29). Basil, Switzerland: Karger.
Bumpass, L., Sweet, J., & Martin, T. (1990). Changing patterns of remarriage. *Journal of Marriage and the Family*, *52*, 747 – 756.
Bumpus, M. F., Crouter, A. C., & McHale, S. M. (2001). Parental autonomy grant-ing during adolescence: Exploring gender differences in context. *Developmental Psychology*, *37*, 163 – 173.
Burbach, J., & van der Zwaag, B. (2009). Contact in the genetics of autism and schizophrenia. *Trends in Neurosciences*, *32*, 69 – 72. http://search.ebscohost.com, doi:10.1016/j.tins.2008.11.002
Burd, L., Cotsonas-Hassler, T. M., Martsolf, J. T., & Kerbeshian, J. (2003). Recognition and management of fetal alcohol syndrome. *Neurotoxicological Teratology*, *25*, 681 – 688.
Bureau of Labor Statistics. (2012, March 1). Labor force statistics from the Cur-rent Population Survey. http://www.bls.gov/cps/cpsaat37.htm. Downloaded July 10, 2012.
Burgess, K. B., & Rubin, K. H. (2000). Middle childhood: Social and emotional development. In A. E. Kazdin (Ed.), *Encyclopedia of psychology* (*Vol. 5*). Wash-ington, DC: American Psychological Association.
Burgess, R. L., & Huston, T. L. (Eds.). (1979). *Social exchanges in developing rela-tionships*. New York: Academic Press.
Burkle, C. M., Sharp, R. R., & Wijdicks, E. F. (2014). Why brain death is consid-ered death and why there should be no confusion. *Neurology*, *83*, 1464 – 1469.
Burnett-Wolle, S., & Godbey, G. (2007). Refining research on older adults' lei-sure: Implications of selection, optimization, and compensation and socioemo-tional selectivity theories. *Journal of Leisure Research*, *39*, 498 – 513.
Burnham, M., Goodlin-Jones, B., & Gaylor, E. (2002). Nighttime sleep – wake patterns and self-soothing from birth to one year of age: A longitudinal intervention study. *Journal of Child Psychology & Psychiatry & Allied Disciplines*, *43*, 713 – 725.
Burton, A., Haley, W., & Small, B. (2006, May). Bereavement after caregiving or unexpected death: Effects on elderly spouses. *Aging & Mental Health*, *10*, 319 – 326.
Burton, L., Henninger, D., Hafetz, J., & Cofer, J. (2009). Aggression, gender-typical childhood play, and a prenatal hormonal index. *Social Behavior and Personality*, *37*, 105 – 116.
Bushman, B. J., Gollwitzer, M., & Cruz, C. (2014). There is broad consensus: Me-dia researchers agree that violent media increase aggression in children, and pediatricians and parents concur. *Psychology of Popular Media Culture*. Accessed online, 3-20-15; http://psycnet.apa.org/psycinfo/2014-41977-001/
Busick, D., Brooks, J., Pernecky, S., Dawson, R., & Petzoldt, J. (2008). Parent food purchases as a measure of exposure and preschool-aged children's willingness to identify and taste fruit and vegetables. *Appetite*, *51*, 468 – 473.
Buss, A. H. (2012). *Pathways to individuality: Evolution and development of personal-ity traits*. Washington, DC: American Psychological Association.
Buss, D. (2009). The great struggles of life: Darwin and the emergence of evolutionary psychology. *American Psychologist*, *64*, 140 – 148. http://search.ebscohost.com, doi: 10.1037/a0013207
Buss, D., & Shackelford, T. (2008). Attractive women want it all: Good genes, economic investment, parenting proclivities, and emotional commitment. *Evolutionary Psychology*, *6*, 134 – 146.
Buss, D. M. (2003). The dangerous passion: Why jealousy is as necessary as love and sex: Book review. *Archives of Sexual Behavior*, *32*, 79 – 80.
Buss, D. M. (2004). *Evolutionary psychology: The new science of the mind* (2nd ed.). Boston: Allyn & Bacon.
Buss, D. M., et al. (1990). International preferences in selecting mates: A study of 37 cultures. *Journal of Cross-Cultural Psychology*, *21*, 5 – 47.
Buss, K. A., & Kiel, E. J. (2004). Comparison of sadness, anger, and fear facial expressions when toddlers look at their mothers. *Child Development*, *75*, 1761 – 1773.
Bussey, K. (1992). Lying and truthfulness: Children's definition, standards, and evaluative reactions. *Child Development*, *63*, 1236 – 1250.
Butler, K. G., & Silliman, E. R. (2002). *Speaking, reading, and writing in children with language learning disabilities: New paradigms in research and practice*. Mahwah, NJ: Lawrence Erlbaum.
Butler, R. J., Wilson, B. L., & Johnson, W. G. (2012). A modified measure of health care disparities applied to birth weight disparities and subsequent mortality. *Health Economics*, *21*, 113 – 126.
Butterworth, G. (1994). Infant intelligence. In J. Khalfa (Ed.), *What is intelligence? The Darwin College lecture series* (pp. 49 – 71). Cambridge, England: Cambridge University Press.
Butzer, B., & Campbell, L. (2008). Adult attachment, sexual satisfaction, and relationship satisfaction: A study of married couples. *Personal Relationships*, *15*, 141 – 154.
Buysse, D. J. (2005). Diagnosis and assessment of sleep and circadian rhythm disorders. *Journal of Psychiatric Practice*, *11*, 102 – 115.
Byrd, D., Katcher, M., Peppard, P., Durkin, M., & Remington, P. (2007). Infant mortality: Explaining black/white disparities in Wisconsin. *Maternal and Child Health Journal*, *11*, 319 – 326.
Byrd-Craven, J., Auer, B. J., Granger, D. A., & Massey, A. R. (2012). The father – daughter dance: The relationship between father – daughter relationship qual-ity and daughters' stress response. *Journal of Family Psychology*, *26*, 87 – 94.
Byrne, A. (2000). Singular identities: Managing stigma, resisting voices. *Women's Studies Review*, *7*, 13 – 24.
Byun, S., & Park, H. (2012). The academic success of East Asian American youth: The role of shadow education. *Sociology of Education*, *85*, 40 – 60.
Cabrera, N., Shannon, J., & Tamis-LeMonda, C. (2007). Fathers' influence on their children's cognitive and emotional development: From toddlers to pre-K. *Applied Developmental Science*, *11*, 208 – 213.
Cacciatore, J., & Bushfield, S. (2007). Stillbirth: The mother's experience and implications for improving care. *Journal of Social Work in End-of-Life & Palliative Care*, *3*, 59 – 79.
Cain, V., Johannes, C., & Avis, N. (2003). Sexual functioning and practices in a multi-ethnic study of midlife women: Baseline results from SWAN. *Journal of Sex Research*, *40*, 266 – 276.

Caino, S., Kelmansky, D., Lejarraga, H., & Adamo, P. (2004). Short-term growth at adolescence in healthy girls. *Annals of Human Biology*, *31*, 182 – 195.

Cale, L., & Harris, J. (2013). 'Every child (of every size) matters' in physical education! Physical education's role in childhood obesity. *Sport, Education and Society*, *18*, 433 – 452.

Calhoun, F., & Warren, K. (2007). Fetal alcohol syndrome: Historical perspec-tives. *Neuroscience & Biobehavioral Reviews*, *31*, 168 – 171.

Callaghan, B. L., Li, S., & Richardson, R. (2014). The elusive engram: What can infantile amnesia tell us about memory? *Trends in Neurosciences*, *37*, 47 – 53.

Callister, L. C., Khalaf, I., Semenic, S., Kartchner, R., Vehvilainen-Julkunen, K. (2003). The pain of childbirth: Perceptions of culturally diverse women. *Pain Management Nursing*, *4*, 145 – 154.

Calvert, S. L., Kotler, J. A., Zehnder, S., & Shockey, E. (2003). Gender stereo-typing in children's reports about educational and informational television programs. *Media Psychology*, *5*, 139 – 162.

Calzada, E. J., Huang, K., Anicama, C., Fernandez, Y., & Brotman, L. (2012). Test of a cultural framework of parenting with Latino families of young children. *Cultural Diversity and Ethnic Minority Psychology*, *18*, 285 – 296.

Camarota, S. A. (2001). *Immigrants in the United States—2000: A snapshot of Ameri-ca's foreign-born population.* Washington, DC: Center for Immigration Studies. Cameron, P. (2003). Domestic violence among homosexual partners. *Psychologi-cal Reports*, *93*, 410 – 416.

Cami, J., & Farré, M. (2003). Drug addiction. *New England Journal of Medicine*, *349*, 975 – 986.

Campbell, A., Shirley, L., & Candy, J. (2004). A longitudinal study of gender-related cognition and behavior. *Developmental Science*, *7*, 1 – 9.

Campbell, F., Ramey, C., & Pungello, E. (2002). Early childhood education: Young adult outcomes from the Abecedarian Project. *Applied Developmental Science*, *6*, 42 – 57.

Campos, J. J., Langer, A., & Krowitz, A. (1970). Cardiac responses on the visual cliff in prelocomotor human infants. *Science*, *170*, 196 – 197.

Camras, L., Oster, H., Bakeman, R., Meng, Z., Ujiie, T., & Campos, J. (2007). Do infants show distinct negative facial expressions for fear and anger? Emotional expression in 11-month-old European American, Chinese, and Japanese Infants. *Infancy*, *11*, 131 – 155.

Canals, J., Fernandez-Ballart, J., & Esparo, G. (2003). Evolution of neonatal behavior assessment scale scores in the first month of life. *Infant Behavior & Development*, *26*, 227 – 237. (spelling mis match)

Canham, S. L., Mahmood, A., Stott, S., Sixsmith, J., & O'Rourke, N. (2014). 'Til divorce do us part: Marriage dissolution in later life. *Journal of Divorce & Remarriage*, *55*, 591 – 612.

Cantin, V., Lavallière, M., Simoneau, M., & Teasdale, N. (2009). Mental workload when driving in a simulator: Effects of age and driving complexity. *Accident Analysis and Prevention*, *41*, 763 – 771.

Cantor, J., & Nathanson, A. (1998). Ratings and advisories for television pro-gramming. In Center for Communication & Social Policy (Ed.), *National Televi-sion Violence Study* (Vol. 3, pp. 285 – 321). Thousand Oaks, CA: Sage.

Caplan, L. J., & Barr, R. A. (1989). On the relationship between category inten-sions and extensions in children. *Journal of Experimental Child Psychology*, *47*, 413 – 429.

Cappeliez, P., Guindon, M., & Robitaille, A. (2008). Functions of reminiscence and emotional regulation among older adults. *Journal of Aging Studies*, *22*, 266 – 272.

Caputi, M., Lecce, S., Pagnin, A., & Banerjee, R. (2012). Longitudinal effects of theory of mind on later peer relations: The role of prosocial behavior. *Develop-mental Psychology*, *48*, 257 – 270.

Carbone, I., Lazzarotto, T., Ianni, M., Porcellini, E., Forti, P., Masliah, E., & . . . Licastro, F. (2014). Herpes virus in Alzheimer's disease: Relation to progres-sion of the disease. *Neurobiology of Aging*, *35*, 122 – 129.

Cardman, M. (2004). Rising GPAs, course loads a mystery to researchers. *Educa-tion Daily*, *37*, 1 – 3.

Carey, B. (2012, March 29). Diagnoses of autism on the rise, report says. *New York Times, p. A20.*

Carmichael, O., Mungas, D., Beckett, L., Harvey, D., Farias, S., Reed, B., et al. (2012). MRI predictors of cognitive change in a diverse and carefully charac-terized elderly population. *Neurobiology of Aging*, *33*, 83 – 95.

Carmody, K., Haskett, M. E., Loehman, J., & Rose, R. A. (2014). Physically abused children's adjustment at the transition to school: Child, parent, and family factors. *Journal of Child and Family Studies.* Accessed online, 2-13-14; http://link. springer. com/article/10. 1007%2Fs10826-014-9906-7#page-1

Carnegie Task Force on Meeting the Needs of Young Children. (1994). *Start-ing points: Meeting the needs of our youngest children.* New York: Carnegie Corporation.

Carnell, S., Benson, L., Pryor, K., & Driggin, E. (2013). Appetitive traits from infancy to adolescence: Using behavioral and neural measures to investigate obesity risk. *Physiology & Behavior.* Accessed online 2-11-14,

Carney, R. N., & Levin, J. R. (2003). Promoting higher-order learning benefits by building lower-order mnemonic connections. *Applied Cognitive Psychology*, *17*, 563 – 575.

Caron, A. (2009). Comprehension of the representational mind in infancy. *Devel-opmental Review*, *29*, 69 – 95.

Carpendale, J. I. M. (2000). Kohlberg and Piaget on stages and moral reasoning. *Developmental Review*, *20*, 181 – 205.

Carrere, S., Buehlman, K. T., Gottman, J. M., Coan, J. A., & Ruckstuhl, L. (2000). Predicting marital stability and divorce in newlywed couples. *Journal of Family Psychology*, *14*, 42 – 58.

Carroll, L. (2000, February 1). Is memory loss inevitable? Maybe not. *New York Times*, pp. D1, D7.

Carson, R. G. (2005). Neural pathways mediating bilateral interactions between the upper limbs. *Brain Research Review*, *49*, 641 – 662.

Carton, A., & Aiello, J. (2009). Control and anticipation of social interruptions: Reduced stress and improved task performance. *Journal of Applied Social Psychology*, *39*, 169 – 185.

Carver, C., & Scheier, M. (2002). Coping processes and adjustment to chronic ill-ness. In A. Christensen & M. Antoni (Eds.), *Chronic physical disorders: Behavioral medicine's perspective* (pp. 47 – 68). Malden, MA: Blackwell Publishers.

Casalin, S., Luyten, P., Vliegen, N., & Meurs, P. (2012). The structure and stability of temperament from infancy to toddlerhood: A one-year prospective study. *Infant Behavior & Development*, *35*, 94 – 108.

Casasanto, D., & Henetz, T. (2012). Handedness shapes children's abstract con-cepts. *Cognitive Science*, *36*, 359 – 372.

Cascalho, M., Ogle, B. M., & Platt, J. L. (2006). The future of organ transplanta-tion. *Annals of Transplantation*, *11*, 44 – 47.

Case, R. (1999). Conceptual development. In M. Bennett (Ed.), *Developmental psychology: Achievements and prospects.* Philadelphia, PA: Psychology Press.

Case, R., Demetriou, A., & Platsidou, M. (2001). Integrating concepts and tests of intelligence from the differential and developmental traditions. *Intelligence*, *29*, 307 – 336.

Caselli, M., Rinaldi, P., Stefanini, S., & Volterra, V. (2012). Early action and ges-ture "vocabulary" and its relation with word comprehension and production. *Child Development*, *83*, 526 – 542.

Caserta, M. T., O'Connor, T. G., Wyman, P. A., Wang, H., Moynihan, J., Cross, W., et al. (2008). The associations between psychosocial stress and the frequency of illness, and innate and adaptive immune function in children. Brain, *Behavior and Immunity*, *22*, 933 – 940.

Casey, B. J., Jones, R. M., & Somerville, L. H. (2011). Braking and accelerating of the adolescent brain. *Journal of Research on Adolescence*, *21*, 21 – 33.

Caskey, R., Lindau, S., & Caleb Alexander, G. (2009). Knowledge and early adoption of the HPV vaccine among girls and young women: Results of a national survey. *Journal of Adolescent Health*, *45*, 453 – 462.

Caspi, A. (2000). The child is father of the man: Personality continuities from child-hood to adulthood. *Journal of Personality and Social Psychology*, *78*, 158 – 172.

Caspi, A., & Moffitt, T. E. (1993). *Continuity amidst change: A paradoxical theory of personality coherence.* Manuscript submitted for

publication.
Casselman, B. (2014). Race gap narrows in college enrollment, but not in gradua-tion. *FiveThirtyEight Economics.* Accessed online, 8-5-15; http://fivethirtyeight. com/features/race-gap-narrows-in-college-enrollment-but-not-in-graduation/
Cassidy, J., & Berlin, L. J. (1994). The insecure/ambivalent pattern of attachment: Theory and research. *Child Development*, *65*, 971 - 991.
Cassileth, B. R. (2014). Psychiatric benefits of integrative therapies in patients with cancer. *International Review of Psychiatry*, *26*, 114 - 127.
Castel, A., & Craik, F. (2003). The effects of aging and divided attention on memory for item and associative information. *Psychology & Aging*, *18*, 873 - 885.
Castelao, C., & Kr. ner-Herwig, B. (2013). Different trajectories of depressive symptoms in children and adolescents: Predictors and differences in girls and boys. *Journal of Youth and Adolescence*, *42*, 1169 - 1182.
Catalyst. (2015). Women's earnings and income. *Catalyst.* Accessed online, 8-5-15; http://www. catalyst. org/knowledge/womens-earnings-and-income
Cath, S., & Shopper, M. (2001). *Stepparenting: Creating and recreating families in America today.* Hillsdale, NJ: Analytic Press.
Cattell, R. B. (1987). *Intelligence: Its structure, growth, and action.* Amsterdam: North-Holland.
Cauce, A. (2008). Parenting, culture, and context: Reflections on excavating culture. *Applied Developmental Science*, *12*, 227 - 229. http://search. ebscohost. com, doi:10. 1080/10888690802388177
Cauce, A., & Domenech-Rodriguez, M. (2002). Latino families: Myths and realities. In J. M. Contreras, J. K. A. Kerns, & A. M. Neal-Barnett (Eds.), *Latino children and families in the United States.* Westport, CT: Praeger.
Caughlin, J. (2002). The demand/withdraw pattern of communication as a predic-tor of marital satisfaction over time. *Human Communication Research*, *28*, 49 - 85.
Cavallini, A., Fazzi, E., & Viviani, V. (2002). Visual acuity in the first two years of life in healthy term newborns: An experience with the Teller Acuity Cards. *Functional Neurology: New Trends in Adaptive & Behavioral Disorders*, *17*, 87 - 92.
CDC (Centers for Disease Control and Prevention). (2010, December). Vital and Health Statistics. Series 10, Number 247).
CDC. (2014). *Ten leading cuases of death and injury.* Atlanta, GA: Centers for Disease Control and Prevention. Accessed online, 7-23-15; http://www. cdc. gov/injury/wisqars/leadingcauses. html
CDC. (2015). *Current cigarette smoking among U. S. adults aged 18 and older.* Atlanta, GA: Centers for Disease Control. Accessed online, 6-30-15; http://www. cdc. gov/tobacco/campaign/tips/resources/data/cigarette-smoking-in-united-states. html
Ceci, S. J., & Williams, W. M. (2010). Sex differences in math-intensive fields. *Current Directions in Psychological Science*, *42*, 1 - 5.
Celano, M. P., Holsey, C., & Kobrynski, L. J. (2012). Home-based family interven-tion for low-income children with asthma: A randomized controlled pilot study. *Journal of Family Psychology*, *26*, 171 - 178.
Centers for Disease Control. (2003). *Incidence-surveillance, epidemiology, and end results program, 1973 - 2000.* Atlanta, GA: Centers for Disease Control.
Cerella, J. (1990). Aging and information-processing rate. In J. E. Birren & K. W. Schaie (Eds.), *Handbook of the psychology of aging* (3rd ed.). San Diego, CA: Academic Press. Chaffin, M. (2006). The changing focus of child maltreatment research and prac-tice within psychology. *Journal of Social Issues*, *62*, 663 - 684. Chaker, A. M. (2003, September 23). Putting toddlers in a nursing home. Wall Street Journal, p. D1.
Chakraborty, R., & De, S. (2014). Body image and its relation with the concept of physical self among adolescents and young adults. *Psychological Studies*, *59*, 419 - 426.
Chall, J. (1992). The new reading debates: Evidence from science, art, and ideol-ogy. *Teachers College Record*, *94*, 315 - 328.
Chall, J. S. (1979). The great debate: Ten years later, with a modest proposal for reading stages. In L. B. Resnick & P. A. Weaver (Eds.), *Theory and practice of early reading.* Hillsdale, NJ: Lawrence Erlbaum.
Chamberlain, P., Price, J., Reid, J., Landsverk, J., Fisher, P., & Stoolmiller, M. (2006, April). Who disrupts from placement in foster and kinship care? *Child Abuse & Neglect*, *30*, 409 - 424.
Chan, D. W. (1997). Self-concept and global self-worth among Chinese adoles-cents in Hong Kong. *Personality & Individual Differences*, *22*, 511 - 520.
Chan, S., & Chan, K. (2013). Adolescents' susceptibility to peer pressure: Rela-tions to parent - adolescent relationship and adolescents' emotional autonomy from parents. *Youth & Society*, *45*, 286 - 302.
Chandra, A., Mosher, W. D., Copen, C., & Sionean, C. (2011). Sexual behavior, sexual attraction, and sexual identity in the United States: Data from the 2006 - 2008 National Survey of Family Growth. *National health statistics reports; no 36.* Hyattsville, MD: National Center for Health Statistics.
Chang, I. J., Pettit, R. W., & Katsurada, E. (2006). Where and when to spank: A comparison between U. S. and Japanese college students. *Journal of Family Violence*, *21*, 281 - 286.
Channell, M. M., Thurman, A. J., Kover, S. T., & Abbeduto, L. (2014). Patterns of change in nonverbal cognition in adolescents with Down syndrome. *Research in Developmental Disabilities*, *35*, 2933 - 2941.
Chao, R. K. (1994). Beyond parental control and authoritarian parenting style: Understanding Chinese parenting through the cultural notion of training. *Child Development*, *65*, 1111 - 1119.
Chaplin, T., Gillham, J., & Seligman, M. (2009). Gender, anxiety, and depressive symptoms: A longitudinal study of early adolescents. *Journal of Early Adoles-cence*, *29*, 307 - 327.
Chapple, A., Ziebland, S., McPherson, A., & Herxheimer, A. (2006, December). What people close to death say about euthanasia and assisted suicide: A quali-tative study. *Journal of Medical Ethics*, *32*, 706 - 710.
Charles, S., & Carstensen, L. (2010). Social and emotional aging. *Annual Review of Psychology*, *61*, 383 - 409.
Charles, S. T., Mather, M., & Carstensen, L. L. (2003). Aging and emotional memory: The forgettable nature of negative images for older adults. *Journal of Experimental Psychology: General*, *132*, 237 - 244.
Charness, N., & Boot, W. R. (2009). Aging and information technology use: Potential and barriers. *Current Directions in Psychological Science*, *18*, 253 - 258.
Chassin, L., Macy, J., Seo, D., Presson, C., & Sherman, S. (2009). The association between membership in the sandwich generation and health behaviors: A longitudinal study. *Journal of Applied Developmental Psychology*, *31*, 38 - 46.
Chasteen, A. L., Bhattacharyya, S., Horhota, M., Tam, R., & Hasher, L. (2005). How feelings of stereotype threat influence older adults' memory perfor-mance. *Experimental Aging Research*, *31*, 235 - 260.
Chatterji, M. (2004). Evidence on "What works": An argument for extended-term mixed-method (ETMM) evaluation designs. *Educational Researcher*, *33*, 3 - 14.
Chaudhary, N., & Sharma, N. (2012). India. In J. Arnett (Ed.), *Adolescent psychol-ogy around the world.* New York: Psychology Press.
Cheah, C., Leung, C., Tahseen, M., & Schultz, D. (2009). Authoritative parenting among immigrant Chinese mothers of preschoolers. *Journal of Family Psychol-ogy*, *23*, 311 - 320.
Chen, D., Yang, X., & Dale Aagard, S. (2012). The empty nest syndrome: Ways to enhance quality of life. *Educational Gerontology*, *38*, 520 - 529.
Chen, J. J., Chen, T., & Zhen, X. X. (2012). Parenting styles and practices among Chinese immigrant mothers with young children. *Early Child Development and Care*, *182*, 1 - 21.
Chen, J., & Gardner, H. (2005). Assessment based on multiple-intelligences theory. In D. P. Flanagan & P. L. Harrison (Eds.), *Contemporary intellectual as-sessment: Theories, tests, and issues.* New York: Guilford Press.
Chen, S., Hwang, F., Yeh, Y., & Lin, S. J. (2012). Cognitive ability, academic achievement and academic self-concept: Extending the internal/external frame of reference model. *British Journal of Educational Psychology*, *82*, 308 - 326.
Chen, X., Hastings, P. D., Rubin, K. H., Chen, H., Cen, G., & Stewart, S. L. (1998). Child-rearing attitudes and behavioral inhibition in Chinese and Canadian toddlers: A cross-cultural study. *Developmental Psychology*, *34*, 677 - 686.

Cherney, I. (2003). Young children's spontaneous utterances of mental terms and the accuracy of their memory behaviors: A different methodological approach. *Infant & Child Development*, *12*, 89 – 105.

Cherney, I., Kelly-Vance, L., & Glover, K. (2003). The effects of stereotyped toys and gender on play assessment in children aged 18 – 47 months. *Educational Psychology*, *23*, 95 – 105.

Cheung, A. H., Emslie, G. J., & Mayes, T. L. (2006). The use of antidepressants to treat depression in children and adolescents. *Canadian Medical Association Journal*, *174*, 193 – 200.

Chien, S., Bronson-Castain, K., Palmer, J., & Teller, D. (2006). Lightness con-stancy in 4-month-old infants. *Vision Research*, *46*, 2139 – 2148.

Childers, J. (2009). Early verb learners: Creative or not? *Monographs of the Society for Research in Child Development*, *74*, 133 – 139. http://search.ebscohost.com, doi:10.1111/j.1540-5834.2009.00524.x

ChildStats.gov. (2013). *America's children 2013.* Washington, DC: National Maternal and Child Health Clearinghouse.

Chiodo, L. M., Bailey, B. A., Sokol, R. J., Janisse, J., Delaney-Black, V., & Hannigan, J. H. (2012). Recognized spontaneous abortion in mid-pregnancy and patterns of pregnancy alcohol use. *Alcohol*, *46*, 261 – 267.

Chisolm, T., Willott, J., & Lister, J. (2003). The aging auditory system: Anatomic and physiologic changes and implications for rehabilitation. *International Journal of Audiology*, *42*, 2S3 – 2S10.

Chiu, M. M., & McBride-Chang, C. (2006). Gender, context, and reading: A com-parison of students in 43 countries. *Scientific Studies of Reading*, *10*, 331 – 362.

Choi, H., & Marks, N. (2006, December). Transition to caregiving, marital disa-greement, and psychological well-being: A prospective U. S. National Study. *Journal of Family Issues*, *27*, 1701 – 1722.

Chomsky, N. (1968). *Language and mind.* New York: Harcourt Brace Jovanovich.

Chomsky, N. (1978). On the biological basis of language capacities. In G. A. Miller & E. Lennenberg (Eds.), *Psychology and biology of language and thought* (pp. 199 – 220). New York: Academic Press.

Chomsky, N. (1991). Linguistics and cognitive science: Problems and mysteries. In A. Kasher (Ed.), *The Chomskyan turn.* Cambridge, MA: Blackwell.

Chomsky, N. (1999). On the nature, use, and acquisition of language. In W. C. Ritchie & T. J. Bhatia (Eds.), *Handbook of child language acquisition.* San Diego: Academic Press.

Chomsky, N. (2005). Editorial: Universals of human nature. *Psychotherapy and Psychosomatics.*

Chonchaiya, W., Tardif, T., Mai, X., Xu, L., Li, M., Kaciroti, N., & . . . Lozoff, B. (2013). Developmental trends in auditory processing can provide early predic-tions of language acquisition in young infants. *Developmental Science*, *16*, 159 – 172.

Choy, C. M., Yeung, Q. S., Briton-Jones, C. M., Cheung, C. K., Lam, C. W., & Haines, C. J. (2002). Relationship between semen parameters and mercury concentrations in blood and in seminal fluid from subfertile males in Hong Kong. *Fertility and Sterility*, *78*, 426 – 428.

Christakis, D., & Zimmerman, F. (2007). Violent television viewing during preschool is associated with antisocial behavior during school age. *Pediatrics*, *120*, 993 – 999.

Chronis, A., Jones, H., & Raggi, V. (2006, June). Evidence-based psychosocial treatments for children and adolescents with attention-deficit/hyperactivity disorder. *Clinical Psychology Review*, *26*, 486 – 502.

Chung, S. A., Wei, A. Q., Connor, D. E., Webb, G. C., Molloy, T., Pajic, M., & Diwan, A. D. (2007). Nucleus pulposus cellular longevity by telomerase gene therapy. *Spine*, *15*, 1188 – 1196.

Cianciolo, A. T., Matthew, C., & Sternberg, R. J. (2006). Tacit knowledge, practi-cal intelligence, and expertise. In K. A. Ericsson, N. Charness, P. J. Feltovich, & R. R. Hoffman (Eds.), *The Cambridge handbook of expertise and expert performance.* New York: Cambridge University Press.

Cicchetti, D. (1996). Child maltreatment: Implications for developmental theory and research. *Human Development*, *39*, 18 – 39.

Cicchetti, D., & Cohen, D. J. (2006). *Developmental psychopathology, vol. 1: Theory and method* (2nd ed.). Hoboken, NJ: Wiley.

Cina, V., & Fellmann, F. (2006). Implications of predictive testing in neurodegen-erative disorders. *Schweizer Archiv für Neurologie und Psychiatrie*, *157*, 359 – 365.

CIRE (Cooperative Institutional Research Program of the American Council on Education). (1990). *The American freshman: National norms for fall 1990.* Los Angeles: American Council on Education.

Cirulli, F., Berry, A., & Alleva, E. (2003). Early disruption of the mother – infant relationship: Effects on brain plasticity and implications for psychopathology. *Neuroscience & Biobehavioral Reviews*, *27*, 73 – 82.

Clark, D. (2015). Hospice care of the dying. In J. M. Stillion, T. Attig, J. M. Stil-lion, T. Attig (Eds.), *Death, dying, and bereavement: Contemporary perspectives, institutions, and practices.* New York: Springer Publishing Co.

Clark, K. B., & Clark, M. P. (1947). Racial identification and preference in Negro children. In T. M. Newcomb & E. L. Hartley (Eds.), *Readings in social psychol-ogy.* New York: Holt, Rinehart & Winston.

Clark, M., & Arnold, J. (2008). The nature, prevalence and correlates of genera-tivity among men in middle career. *Journal of Vocational Behavior*, *73*, 473 – 48.

Clark, R. (1998). *Expertise.* Silver Spring, MD: International Society for Perfor-mance Improvement.

Clark, R., Hyde, J. S., Essex, M. J., & Klein, M. H. (1997). Length of maternity leave and quality of mother – infant interactions. *Child Development*, *68*, 364 – 383.

Clarke, A. R., Barry, R. J., McCarthy, R., Selikowitz, M., & Johnstone, S. J. (2008). Effects of imipramine hydrochloride on the EEG of children with Attention-Deficit/Hyperactivity Disorder who are non-responsive to stimulants. *International Journal of Psychophysiology*, *68*, 186 – 192.

Clarke-Stewart, K., & Allhusen, V. (2002). Nonparental caregiving. In M. Bornstein (Ed.), *Handbook of parenting: Vol. 3: Being and becoming a parent* (2nd ed.). Mahwah, NJ: Lawrence Erlbaum Associates.

Clauss-Ehlers, C. (2008). Sociocultural factors, resilience, and coping: Support for a culturally sensitive measure of resilience. *Journal of Applied Developmental Psychology*, *29*, 197 – 212.

Claxton, L. J., Keen, R., & McCarty, M. E. (2003). Evidence of motor planning in infant reaching behavior. *Psychological Science*, *14*, 354 – 356.

Claxton, L., McCarty, M., & Keen, R. (2009). Self-directed action affects planning in tool-use tasks with toddlers. *Infant Behavior & Development*, *32*, 230 – 233.

Clearfield, M., & Nelson, N. (2006, January). Sex differences in mothers' speech and play behavior with 6-, 9-, and 14-month-old infants. *Sex Roles*, *54*, 127 – 137.

Clifton, R. (1992). The development of spatial hearing in human infants. In L. A. Werner & E. W. Rubel (Eds.), *Developmental psychoacoustics* (pp. 135 – 157). Washington, DC: American Psychological Association.

Closson, L. (2009). Status and gender differences in early adolescents' descrip-tions of popularity. *Social Development*, *18*, 412 – 426.

Cnattingius, S., Berendes, H., & Forman, M. (1993). Do delayed childbearers face increased risks of adverse pregnancy outcomes after the first birth? *Obstetrics and Gynecology*, *81*, 512 – 516.

Coall, D. A., & Hertwig, R. (2010). Grandparental investment: Past, present, and future. *Behavioral and Brain Sciences*, *33*, 1 – 19.

Coall, D. A., & Hertwig, R. (2011). Grandparental investment: A relic of the past or a resource for the future? *Current Directions in Psychological Science*, *20*, 93 – 98.

Cobbe, E. (2003, September 25). France ups heat toll. *CBS Evening News.*

Cockrill, K., & Gould, H. (2012). Letter to the editor: Response to "What women want from abortion counseling in the United States: A qualitative study of abortion patients in 2008." *Social Work in Health Care*, *51*, 191 – 194.

Cogan, L. W., Josberger, R. E., Gesten, F. C., & Roohan, P. J. (2012). Can prenatal care impact future well-child visits? The experience of a low income popula-tion in New York state Medicaid managed care. *Maternal and Child Health Journal*, *16*, 92 - 99.

Cohen, D. (2013). *How the child's mind develops* (2nd ed.). New York: Routledge/ Taylor & Francis Group.

Cohen, J. (1999, March 19). Nurture helps mold able minds. *Science*, *283*, 1832 - 1833.

Cohen, L. B., & Cashon, C. H. (2003). Infant perception and cognition. In R. M. Lerner & M. A. Easterbrooks (Eds.), *Handbook of psychology: Developmental psychology*, Vol. 6. New York: Wiley.

Cohen, S., Hamrick, N., Rodriguez, M. S., Feldman, P. J., Rabin, B. S., & Manuck, S. B. (2002). Reactivity and vulnerability to stress-associated risk for upper respiratory illness. *Psychosomatic Medicine*, *64*, 302 - 310.

Cohen, S., Tyrell, D. A., & Smith, A. P. (1997). Psychological stress in humans and susceptibility to the common cold. In T. W. Miller (Ed.), *International Uni-versities Press Stress and Health Series, Monograph 7. Clinical disorders and stressful life events.* Madison, CT: International Universities Press.

Cohrs, J., Abele, A., & Dette, D. (2006, July). Integrating situational and disposi-tional determinants of job satisfaction: Findings from three samples of profes-sionals. *Journal of Psychology: Interdisciplinary and Applied*, *140*, 363 - 395.

Cokley, K. (2003). What do we know about the motivation of African Ameri-can students? Challenging the "anti-intellectual" myth. *Harvard Educational Review*, *73*, 524 - 558.

Colarusso, C., & Nemiroff, R. (1981). *Adult development: A new dimension in psy-chodynamic theory and practice (critical issues in psychiatry)*. New York: Springer.

Colby, A., & Damon, W. (1987). Listening to a different voice: A review of Gilligan's in a different voice. In M. R. Walsh (Ed.), *The psychology of women.* New Haven, CT: Yale University Press.

Colby, A., & Kohlberg, L. (1987). *The measurement of moral judgment* (Vols. 1 - 2). New York: Cambridge University Press.

Cole, C. F., Arafat, C., & Tidhar, C. (2003). The educational impact of Rechov Sumsum/Shara' a Simsim: A Sesame Street television series to promote respect and understanding among children living in Israel, the West Bank and Gaza. *International Journal of Behavioral Development*, *27*, 409 - 422.

Cole, M. (1992). Culture in development. In M. H. Bornstein & M. E. Lamb (Eds.), *Developmental psychology: An advanced textbook* (3rd ed.). Hillsdale, NJ: Lawrence Erlbaum.

Cole, P., Dennis, T., Smith-Simon, K., & Cohen, L. (2009). Preschoolers' emotion regulation strategy understanding: Relations with emotion socialization and child self-regulation. *Social Development*, *18*, 324 - 352.

Cole, S. A. (2005). Infants in foster care: Relational and environmental factors affecting attachment. *Journal of Reproductive & Infant Psychology*, *23*, 43 - 61.

Coleman, H., Chan, C., Ferris, F., & Chew, E. (2008). Agerelated macular degeneration. *The Lancet*, *372*, 1835 - 1845.

Coleman, J. (2014). *Why won't my teenager talk to me?* New York: Routledge/ Francis Taylor Group.

Coleman, M., Ganong, L., & Weaver, S. (2001). Relationship maintenance and en-hancement in remarried families. In J. Harvey & A. Wenzel (Eds.), *Close romantic relationships: Maintenance and enhancement.* Mahwah, NJ: Lawrence Erlbaum.

Coleman, P. (2005, July). Editorial: Uses of reminiscence: Functions and benefits. *Aging & Mental Health*, *9*, 291 - 294.

Colen, C., Geronimus, A., & Phipps, M. (2006, September). Getting a piece of the pie? The economic boom of the 1990s and declining teen birth rates in the United States. *Social Science & Medicine*, *63*, 1531 - 1545.

Colino, S. (2002, February 26). Problem kid or label? *Washington Post*, p. HE01.

College Board. (2005). *2001 College bound seniors are the largest, most diverse group in history.* New York: College Board.

Collins, J. (2012). Growing up bicultural in the United States: The case of Japanese-Americans. In R. Josselson & M. Harway (Eds.), *Navigating multiple identities: Race, Gender, culture, nationality, and roles.* New York: Oxford University Press. Collins, W. (2003). More than myth: The developmental significance of romantic relationships during adolescence. *Journal of Research on Adolescence*, *13*, 1 - 24.

Collins, W., & Andrew, L. (2004). Changing relationships, changing youth: Interpersonal contexts of adolescent development. *Journal of Early Adolescence*, *24*, 55 - 62.

Collins, W. A., Gleason, T., & Sesma, A. (1997). Internalization, autonomy, and relationships: Development during adolescence. In J. E. Grusec & L. Kuczynski (Eds.), *Parenting and children's internalization of values: A handbook of contemporary theory* (pp. 78 - 99). New York: Wiley.

Collins, W., & Doolittle, A. (2006, December). Personal reflections of funeral rituals and spirituality in a Kentucky African American family. *Death Studies*, *30*, 957 - 969.

Collishaw, S., Pickles, A., Messer, J., Rutter, M., Shearer, C., & Maughan, B. (2007). Resilience to adult psychopathology following childhood maltreat-ment: Evidence from a community sample. *Child Abuse & Neglect*, *31*, 211 - 229.

Colom, R., Lluis-Font, J. M., & Andrés-Pueyo, A. (2005). The generational intelli-gence gains are caused by decreasing variance in the lower half of the distribu-tion: Supporting evidence for the nutrition hypothesis. *Intelligence*, *33*, 83 - 91.

Colombo, J., & Mitchell, D. (2009). Infant visual habituation. *Neurobiology of Learning and Memory*, *92*, 225 - 234.

Colpin, H., & Soenen, S. (2004). Bonding through an adoptive mother's eyes. *Midwifery Today with International Midwife*, *70*, 30 - 31.

Coltrane, S., & Adams, M. (1997). Children and gender. In T. Arendell (Ed.), *Contemporary parenting: Challenges and issues. Understanding families* (Vol. 9). Thousand Oaks, CA: Sage Publications.

Committee on Children, Youth and Families. (1994). *When you need child day care.* Washington, DC: American Psychological Association.

Commons, M. L., Galaz-Fontes, J. F., & Morse, S. J. (2006). Leadership, cross-cultural contact, socio-economic status, and formal operational reasoning about moral dilemmas among Mexican non-literate adults and high school students. *Journal of Moral Education*, *35*, 247 - 267.

Compton, R., & Weissman, D. (2002). Hemispheric asymmetries in global-local perception: Effects of individual differences in neuroticism. *Laterality*, *7*, 333 - 350.

Comunian, A. L., & Gielen, U. P. (2000). Sociomoral reflection and prosocial and antisocial behavior: *Two Italian studies. Psychological Reports*, *87*, 161 - 175. Condly, S. (2006, May). Resilience in children: A review of literature with impli-cations for education. *Urban Education*, *41*, 211 - 236.

Condon, J., Corkindale, C., Boyce, P., & Gamble, E. (2013). A longitudinal study of father-to-infant attachment: Antecedents and correlates. *Journal of Reproduc-tive and Infant Psychology*, *31*, 15 - 30.

Condry, J., & Condry, S. (1976). Sex differences: A study of the eye of the be-holder. *Child Development*, *47*, 812 - 819.

Conel, J. L. (1930/1963). *Postnatal development of the human cortex* (Vols. 1 - 6). Cambridge, MA: Harvard University Press.

Congressional Budget Office. (2013). *A description of the immigrant population: 2013 update.* Washington, DC: Congressional Budget Office.

Conn, V. S. (2003). Integrative review of physical activity intervention research with aging adults. *Journal of the American Geriatrics Society*, *51*, 1159 - 1168.

Connell-Carrick, K. (2006). Early child care and early child development: Major findings of the NICHD study of early child care. *Child Welfare Journal*, *85*, 819 - 836.

Conner, K., & Goldston, D. (2007, March). Rates of suicide among males increase steadily from age 11 to 21: Developmental framework and outline for preven-tion. *Aggression and Violent Behavior*, *12*(*2*), 193 - 207.

Connor, R. (1992). *Cracking the over-50 job market.* New York: Penguin Books.

Consedine, N., Magai, C., & King, A. (2004). Deconstructing positive affect in later life: A differential functionalist analysis of joy and interest. *International Journal of Aging & Human Development*, *58*, 49 - 68.

Cook, E., Buehler, C., & Henson, R. (2009). Parents and peers as social influences to deter antisocial behavior. *Journal of Youth and Adolescence*, *38*, 1240 - 1252.

Cook, T. D., Wong, M., & Steiner, P. (2012). Evaluating national programs: A case study of the No Child Left Behind program in the United States. In T. Bliesener, A. Beelmann, M.

Stemmler (Eds.), *Antisocial behavior and crime: Contributions of developmental and evaluation research to prevention and interven-tion.* Cambridge, MA: Hogrefe Publishing.

Coon, K. D., Myers, A. J., Craig, D. W., Webster, J. A., Pearson, J. V., Lince, D. H., et al. (2007). A highdensity whole-genome association study reveals that APOE is the major susceptibility gene for sporadic late-onset Alzheimer's disease. *Journal of Clinical Psychiatry*, *68*, 613-618.

Coons, S., & Guilleminault, C. (1982). Developments of sleep-wake patterns and non-rapid-eye-movement sleep stages during the first six months of life in normal infants. *Pediatrics*, *69(6)*, 793-798.

Corballis, M. C., Hattie, J., & Fletcher, R. (2008). Handedness and intellectual achievement: An even-handed look. *Neuropsychologia*, *46*, 374-378.

Corballis, P. (2003). Visuospatial processing and the right-hemisphere inter-preter. *Brain & Cognition*, *53*, 171-176.

Corbetta, D., Friedman, D. R., & Bell, M. A. (2014). Brain reorganization as a function of walking experience in 12-month-old infants: Implications for the development of manual laterality. *Frontiers in Psychology.* Accessed online, 3-18-15; http://www.ncbi.nlm.nih.gov/pubmed/24711801

Corbetta, D., & Snapp-Childs, W. (2009). Seeing and touching: The role of sensory-motor experience on the development of infant reaching. *Infant Behav-ior & Development*, *32*, 44-58.

Corbin, J. (2007). Reactive attachment disorder: A biopsychosocial disturbance of attachment. *Child & Adolescent Social Work Journal*, *24*, 539-552.

Corcoran, J., & Pillai, V. (2007, January). Effectiveness of secondary pregnancy prevention programs: A meta-analysis. *Research on Social Work Practice*, *17*, 5-18.

Cordes, S., & Brannon, E. (2009). Crossing the divide: Infants discriminate small from large numerosities. *Developmental Psychology*, *45*, 1583-1594.

Cordón, I. M., Pipe, M., Sayfan, L., Melinder, A., & Goodman, G. S. (2004). Memory for traumatic experiences in early childhood. *Developmental Review*, *24*, 101-132.

Cordova, J. V. (2014). *The marriage checkup practitioner's guide: Promoting lifelong relationship health.* Washington, DC: American Psychological Association.

Cornish, K., Turk, J., & Hagerman, R. (2008). The fragile X continuum: New ad-vances and perspectives. *Journal of Intellectual Disability Research*, *52*, 469-482.

Corr, C. (2007). Hospice: Achievements, legacies, and challenges. *Omega: Journal of Death and Dying*, *56*, 111-120.

Corr, C. A. (2015). Death education at the college and university level in North America. In J. M. Stillion, T. Attig, J. M. Stillion, & T. Attig (Eds.), *Death, dying, and bereavement: Contemporary perspectives, institutions, and practices.* New York: Springer Publishing Co.

Corr, C. A. (2015). The death system according to Robert Kastenbaum. *Omega: Journal of Death and Dying*, *70*, 13-25.

Corr, C., & Doka, K. (2001). Master concepts in the field of death, dying, and bereavement: Coping versus adaptive strategies. *Omega: Journal of Death & Dying*, *43*, 183-199.

Corr, C. A., Nabe, C. M., & Corr, D. M. (2000). *Death and dying, life and living* (3rd ed.). Belmont, CA: Wadsworth/Thomson Learning,

Corr, C., Nabe, C., & Corr, D. (2006). *Death & dying, life & living.* Belmont, CA: Thomson Wadsworth.

Corrow, S., Granrud, C. E., Mathison, J., & Yonas, A. (2012). Infants and adults use line junction information to perceive 3D shape. *Journal of Vision*, *12.*

Costa, P. T., Busch, C. M., Zonderman, A. B., & McCrae, R. R. (1986). Correla-tions of MMPI factor scales with measures of the five factor model of personal-ity. *Journal of Personality Assessment*, *50*, 640-650.

Costa, P. T., & McCrae, R. R. (1997). Longitudinal stability of adult personal-ity. In R. Hogan, J. A. Johnson, & S. R. Briggs (Eds.), *Handbook of personality psychology* (pp. 269-290). San Diego, CA: Academic Press.

Costa-Martins, J. M., Pereira, M., Martins, H., Moura-Ramos, M., Coelho, R., & Tavares, J. (2014). The role of maternal attachment in the experience of labor pain: A prospective study. *Psychosomatic Medicine*, *76*, 221-228.

Costello, E., Compton, S., & Keeler, G. (2003). Relationships between poverty and psychopathology: A natural experiment. *JAMA: The Journal of the American Medical Association*, *290*, 2023-2029.

Costello, E., Sung, M., Worthman, C., & Angold, A. (2007, April). Pubertal maturation and the development of alcohol use and abuse. *Drug and Alcohol Dependence*, *88*, S50-S59.

Cotrufo, P., Cella, S., Cremato, F., & Labella, A. G. (2007). Eating disorder at-titude and abnormal behaviours in a sample of 11-13-year-old school children: The role of pubertal body transformation. *Eating Weight Disorders*, *12*, 154-160.

Cotrufo, P., Monteleone, P., d'Istria, M., Fuschino, A., Serino, I., & Maj, M. (2007). Aggressive behavioral characteristics and endogenous hormones in women with bulimia nervosa. *Neuropsychobiology*, *42*, 58-61.

Couperus, J., & Nelson, C. (2006). Early brain development and plasticity. *Black-well handbook of early childhood development.* New York: Blackwell Publishing.

Courtney, E., Gamboz, J., & Johnson, J. (2008). Problematic eating behaviors in adolescents with low self-esteem and elevated depressive symptoms. *Eating Behaviors*, *9*, 408-414.

Couzin, J. (2002, June 21). Quirks of fetal environment felt decades later. *Science*, *296*, 2167-2169.

Cowan, C. P., & Cowan, P. A. (1992). *When partners become parents.* New York: Wiley.

Cox, C., Kotch, J., & Everson, M. (2003). A longitudinal study of modifying influ-ences in the relationship between domestic violence and child maltreatment. *Journal of Family Violence*, *18*, 5-17.

Cox, C., & Miner, J. (2014). Grandchildren raised by grandparents: Comparing the experiences of African-American and Tanzanian grandchildren. *Journal of Intergenerational Relationships*, *12*, 9-24.

Coyne, J., Thombs, B., Stefanek, M., & Palmer, S. (2009). Time to let go of the illusion that psychotherapy extends the survival of cancer patients: Reply to Kraemer, Kuchler, and Spiegel (2009). *Psychological Bulletin*, *135*, 179-182.

Craik, F., & Salthouse, T. A. (Eds.). (1999). *The handbook of aging and cognition* (2nd ed.). Mahwah, NJ: Erlbaum.

Cramer, M., Chen, L., Roberts, S., & Clute, D. (2007). Evaluating the social and economic impact of community-based prenatal care. *Public Health Nursing*, *24*, 329-336.

Cratty, B. (1979). *Perceptual and motor development in infants and children* (2nd ed.). Englewood Cliffs, NJ: Prentice Hall.

Cratty, B. (1986). *Perceptual and motor development in infants and children* (3rd ed.). Englewood Cliffs, NJ: Prentice Hall.

Crawford, D., Houts, R., & Huston, T. (2002). Compatibility, leisure, and satisfac-tion in marital relationships. *Journal of Marriage & Family*, *64*, 433-449.

Crawford, M., & Unger, R. (2004). *Women and gender: A feminist psychology* (4th ed.). New York: McGraw-Hill.

Crawley, A., Anderson, D., & Santomero, A. (2002). Do children learn how to watch television? The impact of extensive experience with *Blue's Clues* on preschool children's television viewing behavior. *Journal of Communication*, *52*, 264-280.

Credé, M., & Niehorster, S. (2012). Adjustment to college as measured by the Student Adaptation to College Questionnaire: A quantitative review of its structure and relationships with correlates and consequences. *Educational Psychology Review*, *24*, 133-165.

Crews, J., & Campbell, V. (2004). Vision impairment and hearing loss among community-dwelling older Americans: Implications for health and function-ing. *American Journal of Public Health*, *94*, 823-829.

Crisp, A., Gowers, S., Joughin, N., McClelland, L., Rooney, B., Nielsen, S., et al. (2006, May). Anorexia nervosa in males: Similarities and differences to ano-rexia nervosa in females. *European Eating Disorders Review*, *14*, 163-167.

Critser, G. (2003). *Fat land: How Americans became the fattest people in the world.* Boston: Houghton Mifflin.

Crockenberg, S., & Leerkes, E. (2003). Infant negative emotionality, caregiving, and family relationships. In A. Crouter & A. Booth (Eds.), *Children's influence on family dynamics: The neglected side of family relationships* (pp. 57-78). Mahwah, NJ: Lawrence Erlbaum.

Crone, E. A., & Dahl, R. E. (2012). Understanding adolescence as a period of social - affective engagement and goal flexibility. *Nature Reviews Neuroscience*, *13*, 636 - 650.

Crosland, K., & Dunlap, G. (2012). Effective strategies for the inclusion of children with autism in general education classrooms. *Behavior Modification*, *36*, 251 - 269.

Crosnoe, R., & Elder, G. H., Jr. (2002). Successful adaptation in the later years: A life course approach to aging. *Social Psychology Quarterly*, *65*, 309 - 328.

Cross, T., Cassady, J., Dixon, F., & Adams, C. (2008). The psychology of gifted adolescents as measured by the MMPI-A. *Gifted Child Quarterly*, *52*, 326 - 339.

Cross, W. E., & Cross, T. B. (2008). The big picture: Theorizing self-concept struc-ture and construal. In P. B. Pedersen et al. (Eds.), *Counseling across cultures* (6th ed.). Thousand Oaks, CA: Sage Publications.

Crowl, A., Ahn, S., & Baker, J. (2008). A meta-analysis of developmental outcomes for children of same-sex and heterosexual parents. *Journal of GLBT Family Studies*, *4*, 385 - 407.

Crowley, B., Hayslip, B., & Hobdy, J. (2003). Psychological hardiness and adjust-ment to life events in adulthood. *Journal of Adult Development*, *10*, 237 - 248.

Crowley, K., Callaman, M. A., Tenenbaum, H. R., & Allen, E. (2001). Parents explain more often to boys than to girls during shared scientific thinking. *Psychological Science*, *12*, 258 - 261.

Crowther, M., & Rodriguez, R. (2003). A stress and coping model of custodial grandparenting among African Americans. In B. Hayslip & J. Patrick (Eds.), *Working with custodial grandparents*. New York: Springer Publishing.

Crozier, S., Robertson, N., & Dale, M. (2015). The psychological impact of predictive genetic testing for Huntington's disease: A systematic review of the literature. *Journal of Genetic Counseling*, *24*, 29 - 39.

Cuervo, A. (2008). Calorie restriction and aging: The ultimate "cleansing diet." *Jour-nals of Gerontology: Series A: Biological Sciences and Medical Sciences*, *63A*, 547 - 549.

Cuevas, K., Cannon, E. N., Yoo, K., & Fox, N. A. (2015). The infant EEG mu rhythm: Methodological considerations and best practices. *Developmental Review*, *34*, 26 - 43.

Culver, V. (2003, August 26). Funeral expenses overwhelm survivors: $10,000-plus tab often requires aid. *Denver Post*, p. B2.

Cumming, G. P., Currie, H. D., Moncur, R., & Lee, A. J. (2009). Web-based survey on the effect of menopause on women's libido in a computer-literate popula-tion. *Menopause International*, *15*, 8 - 12.

Cummings, E., & Henry, W. E. (1961). *Growing old*. New York: Basic Books.

Cuperman, R., Robinson, R. L., & Ickes, W. (2014). On the malleability of self-image in individuals with a weak sense of self. *Self and Identity*, *13*, 1 - 23.

Curl, M. N., Davies, R., Lothian, S., Pascali-Bonaro, D., Scaer, R. M., & Walsh, A. (2004). Childbirth educators, doulas, nurses, and women respond to the six care practices for normal birth. *Journal of Perinatal Education*, *13*, 42 - 50.

Currie, J., Stabile, M., & Jones, L. (2014). Do stimulant medications improve edu-cational and behavioral outcomes for children with ADHD? *Journal of Health Economics*, *37*, 58 - 69.

Curtis, R. G., Windsor, T. D., & Soubelet, A. (2015). The relationship between Big-5 personality traits and cognitive ability in older adults—A review. *Aging, Neuropsychology, and Cognition*, *22*, 42 - 71.

Curtis, W. J., & Cicchetti, D. (2003). Moving research on resilience into the 21st century: Theoretical and methodological considerations in examining the bio-logical contributors to resilience. *Development and Psychopathology*, *15*, 126 - 131.

Cushman, F., Sheketoff, R., Wharton, S., & Carey, S. (2013). The development of intent-based moral judgment. *Cognition*, *127*, 6 - 21.

Cynader, M. (2000, March 17). Strengthening visual connections. *Science*, *287*, 1943 - 1944.

D'Lima, G. M., Winsler, A., & Kitsantas, A. (2014). Ethnic and gender differences in first-year college students' goal orientation, self-efficacy, and extrinsic and intrinsic motivation. *The Journal of Educational Research*, *107*, 341 - 356.

Dabelko, H., & Zimmerman, J. (2008). Outcomes of adult day services for participants: A conceptual model. *Journal of Applied Gerontology*, *27*, 78 - 92.

Dagher, A., Tannenbaum, B., Hayashi, T., Pruessner, J., & McBride, D. (2009). An acute psychosocial stress enhances the neural response to smoking cues. *Brain Research*, *129*, 340 - 348.

Dagys, N., McGlinchey, E. L., Talbot, L. S., Kaplan, K. A., Dahl, R. E., & Harvey, A. G. (2012). Double trouble? The effects of sleep deprivation and chronotype on adolescent affect. *Journal of Child Psychology and Psychiatry*, *53*, 660 - 667.

Dahl, A., Sherlock, B. R., Campos, J. J., & Theunissen, F. E. (2014). Mothers' tone of voice depends on the nature of infants' transgressions. *Emotion*, *14*, 651 - 665.

Dahl, E., & Birkelund, E. (1997). Health inequalities in later life in a social democratic welfare state. *Social Science & Medicine*, *44*, 871 - 881.

Dai, D., Tan, X., Marathe, D., Valtcheva, A., Pruzek, R. M., & Shen, J. (2012). Influences of social and educational environments on creativity during adolescence: Does SES matter? *Creativity Research Journal*, *24*, 191 - 199.

Daley, B. (2014, December 14). Oversold prenatal tests spur some to choose abortions. *Boston Globe*, p. M1.

Daley, K. C. (2004). Update on sudden infant death syndrome. *Current Opinion in Pediatrics*, *16*, 227 - 232.

Daley, M. F., & Glanz, J. M. (2011). Straight talk about vaccination. *Scientific American*, *305*, 32, 34.

Dallas, D., Guerrero, A., Khaldi, N., Borghese, R., Bhandari, A., Underwood, M., Lebrilla, C., German, J., & Barile, D. (2014). A peptidomic analysis of human milk digestion in the infant stomach reveals protein-specific degradation pat-terns. *Journal of Nutrition*, *144*, 815 - 820.

Dalton, T. C., & Bergenn, V. W. (2007). *Early experience, the brain, and conscious-ness: An historical and interdisciplinary synthesis*. Mahwah, NJ: Lawrence Erlbaum Associates Publishers.

Daly, T., & Feldman, R. S. (1994). *Benefits of social integration for typical preschoolchildren*. Unpublished manuscript.

Damon, W. (1983). *Social and personality development*. New York: Norton.

Damon, W., & Hart, D. (1988). *Self-understanding in childhood and adolescence*. New York: Cambridge University Press.

Daniel, S., & Goldston, D. (2009). Interventions for suicidal youth: A review of the literature and developmental considerations. *Suicide and Life-Threatening Behavior*, *39*, 252 - 268.

Daniels, H. (2006, February). The 'Social' in post-Vygotskian theory. *Theory & Psychology*, *16*, 37 - 49.

Danner, F. (2008). A national longitudinal study of the association between hours of TV viewing and the trajectory of BMI growth among US children. *Journal of Pediatric Psychology*, *33*, 1100 - 1107.

Dardenne, B., Dumont, M., & Bollier, T. (2007). Insidious dangers of benevolent sexism: Consequences for women's performance. *Journal of Personality and Social Psychology*, *93*, 764 - 779.

Dare, W. N., Noronha, C. C., Kusemiju, O. T., & Okanlawon, O. A. (2002). The effect of ethanol on spermatogenesis and fertility in male Sprague-Dawley rats pretreated with acetylsalicylic acid. *Nigeria Postgraduate Medical Journal*, *9*, 194 - 198.

Darnton, N. (1990, June 4). Mommy vs. Mommy. *Newsweek*, pp. 64 - 67.

Das, A. (2007). Masturbation in the United States. *Journal of Sex & Marital Therapy*, *33*, 301 - 317.

Dasen, P., Inhelder, B., Lavallee, M., & Retschitzki, J. (1978). *Naissance de l'intelligence chez l'enfant Baoule de Cote d'Ivoire*. Berne: Hans Huber.

Dasen, P., Ngini, L., & Lavallee, M. (1979). Cross-cultural training studies of con-crete operations. In L. H. Eckenberger, W. J. Lonner, & Y. H. Poortinga (Eds.), *Cross-cultural contributions to psychology*. Amsterdam: Swets & Zeilinger.

Dasen, P. R., & Mishra, R. C. (2000). Rapid social change and the turmoil of ado-lescence: A cross-cultural perspective. *International Journal of Group Tensions*, *29*, 17 - 49.

Davenport, B., & Bourgeois, N. (2008). Play, aggression, the preschool child, and the family: A review of literature to guide empirically informed play therapy with aggressive preschool children. *International Journal of Play Therapy*, *17*, 2 - 23.

Davey, M. (2007, June 2). Kevorkian freed after years in prison for aiding sui-cide. *New York Times*, p. A1.

Davey, M., Eaker, D. G., & Walters, L. H. (2003). Resilience processes in ado-lescents: Personality profiles, self-worth, and coping. *Journal of Adolescent Research*, *18*, 347 – 362.

Davidson, R. J. (2003). Affective neuroscience: A case for interdisciplinary research. In F. Kessel & P. L. Rosenfield (Eds.), *Expanding the boundaries of health and social science: Case studies in interdisciplinary innovation.* London: Oxford University Press.

Davidson, T. (1977). Wifebeating: A recurring phenomenon throughout history. In M. Roy (Ed.), *Battered women: A psychosociological study of domestic violence.* New York: Van Nostrand Reinhold.

Davies, K., Tropp, L. R., Aron, A. P., Thomas, F., & Wright, S. C. (2011). Cross-group friendships and intergroup attitudes: A meta-analytic review. *Personality and Social Psychology Review*, *15*, 332 – 351.

Davies, P. T., Harold, G. T., Goeke-Morey, M. C., & Cummings, E. M. (2002). Child emotional security and interparental conflict. *Monographs of the Society for Research in Child Development*, *67*.

Davies, S., & Denton, M. (2002). The economic well-being of older women who become divorced or separated in mid- or later life. *Canadian Journal on Aging*, *21*, 477 – 493.

Davis, A. (2003). *Your divorce, your dollars: Financial planning before, during, and after divorce.* Bellingham, WA: Self-Counsel Press.

Davis, A. (2008). Children with down syndrome: Implications for assessment and intervention in the school. *School Psychology Quarterly*, *23*, 271 – 281.

Davis, C., & Nolen-Hoeksema, S. (2001). Loss and meaning: How do people make sense of loss? *American Behavioral Scientist*, *44*, 726 – 741.

Davis, L. L., Chestnutt, D., Molloy, M., Deshefy-Longhi, T., Shim, B., & Gilliss, C. L. (2014). Adapters, strugglers, and case managers: A typology of spouse caregivers. *Qualitative Health Research*, *24*, 1492 – 1500.

Davis, M., Zautra, A., Younger, J., Motivala, S., Attrep, J., & Irwin, M. (2008). Chronic stress and regulation of cellular markers of inflammation in rheuma-toid arthritis: Implications for fatigue. *Brain, Behavior, and Immunity*, *22*, 24 – 32.

Davis, R. R., & Hofferth, S. L. (2012). The association between inadequate gestational weight gain and infant mortality among U. S. infants born in 2002. *Maternal and Child Health Journal*, *16*, 119 – 124.

Davis, T. S., Saltzburg, S., & Locke, C. R. (2009). Supporting the emotional and psychological well being of sexual minority youth: Youth ideas for action. *Children and Youth Services Review*, *31*, 1030 – 1041.

Davis-Kean, P. E., & Sandler, H. M. (2001). A meta-analysis of measures of self-esteem for young children: A framework for future measures. *Child Develop-ment*, *72*, 887 – 906.

de C. Williams, A. C., Morris, J. J., Stevens, K. K., Gessler, S. S., Cella, M. M., & Baxter, J. J. (2013). What influences midwives in estimating labour pain? *European Journal of Pain*, *17*, 86 – 93.

de Dios, A. (2012). United States of America. In J. Arnett (Ed.), *Adolescent psychol-ogy around the world.* New York: Psychology Press.

de Frias, C. M., & Whyne, E. (2015). Stress on health-related quality of life in older adults: The protective nature of mindfulness. *Aging & Mental Health*, *19*, 201 – 206.

de Graag, J. A., Cox, R. A., Hasselman, F., Jansen, J., & de Weerth, C. (2012). Functioning within a relationship: Mother – infant synchrony and infant sleep. *Infant Behavior & Development*, *35*, 252 – 263.

De Jesus-Zayas, S. R., Buigas, R., & Denney, R. L. (2012). Evaluation of culturally diverse populations. In D. Faust (Ed.), *Coping with psychiatric and psychological testimony: Based on the original work by Jay Ziskin* (6th ed.). New York: Oxford University Press.

de Lauzon-Guillain, B., Wijndaele, K., Clark, M., Acerini, C. L., Hughes, I. A., Dunger, D. B., & Ong, K. K. (2012). Breastfeeding and infant temperament at age three months. *PLoS ONE*, *7*, 182 – 190.

De Leo, D., Cimitan, A., Dyregrov, K., Grad, O., & Andriessen, K. (2014). *Bereave-ment after traumatic death: Helping the survivors.* Cambridge, MA: Hogrefe Publishing.

De Meersman, R., & Stein, P. (2007, February). Vagal modulation and aging. *Biological Psychology*, *74*, 165 – 173.

de Oliveira Brito, L. V., Maranhao Neto, G. A., Moraes, H., Emerick, R. S., & Deslandes, A. C. (2014). Relationship between level of independence in activi-ties of daily living and estimated cardiovascular capacity in elderly women. *Archives of Gerontology and Geriatrics*, *59*, 367 – 371.

de Onis, M., Garza, C., Onyango, A. W., & Borghi, E. (2007). Comparison of the WHO child growth standards and the CDC 2000 growth charts. *Journal of Nutrition*, *137*, 144 – 148.

de Schipper, E. J., Riksen-Walraven, J. M., & Geurts, S. A. E. (2006). Effects of child – caregiver ratio on the interactions between caregivers and children in child-care centers: An experimental study. *Child Development*, *77*, 861 – 874.

de St. Aubin, E., & McAdams, D. P. (Eds.). (2004). *The generative society: Caring for future generations.* Washington, DC: American Psychological Association.

de Villiers, P. A., & de Villiers, J. G. (*1992*). Language development. In M. H. Bornstein & M. E. Lamb (Eds.), *Developmental psychology: An advanced textbook.* Hillsdale, NJ: Lawrence Erlbaum.

de Vries, B., Davis, C. G., Wortman, C. B., & Lehman, D. R. (*1997*). Long-term psychological and somatic consequences of later life parental bereavement. *Omega—Journal of Death & Dying*, *35*, 97 – 117.

de Vries, M. W. (1984). Temperament and infant mortality among the Masai of East Africa. *American Journal of Psychiatry*, *141*, 1189 – 1194.

de Vries, R. (1969). Constancy of generic identity in the years 3 to 6. *Monographs of the Society for Research in Child Development*, *34* (3, Serial No. 127).

Dean, D. I., O'Muircheartaigh, J., Dirks, H., Waskiewicz, N., Lehman, K., Walker, L., & . . . Deoni, S. L. (2014). Modeling healthy male white matter and myelin development: 3 through 60 months of age. *Neuroimage*, *84*, 742 – 752.

DeAngelis, T. (2010, March). Menopause, the makeover. *Monitor on Psychology*, pp. 41 – 43.

Dearing, E., McCartney, K., & Taylor, B. (2009). Does higher quality early child care promote low-income children's math and reading achievement in middle childhood? *Child Development*, *80*, 1329 – 1349.

Deary, I. J. (2012). Intelligence. *Annual Review of Psychology*, *63*, 453 – 482.

Deary, I. J. (2014). The stability of intelligence from childhood to old age. *Current Directions in Psychological Science*, *23*, 239 – 245.

Deater-Deckard, K., & Cahill, K. (2006). Nature and nurture in early childhood. *Blackwell handbook of early childhood development* (pp. 3 – 21). New York: Black-well Publishing.

Deaux, K., Reind, A., Mizrahi, K., & Ethier, K. A. (1995). Parameters of social identity. *Journal of Personality and Social Psychology*, *68*, 280 – 291.

Deb, S., & Adak, M. (2006, July). Corporal punishment of children: Attitude, practice and perception of parents. *Social Science International*, *22*, 3 – 13.

Debast, I., van Alphen, S., Rossi, G., Tummers, J. A., Bolwerk, N., Derksen, J. L., & Rosowsky, E. (2014). Personality traits and personality disorders in late mid-dle and old age: Do they remain stable? *A literature review. Clinical Gerontolo-gist: The Journal of Aging and Mental Health*, *37*, 253 – 271.

Decarrie, T. G. (1969). A study of the mental and emotional development of the thalidomide child. In B. M. Foss (Ed.), *Determinants of infant behavior* (Vol. 4). London: Methuen.

DeCasper, A. J., & Fifer, W. P. (1980). Of human bonding: Newborns prefer their mothers' voices. *Science*, *208*, 1174 – 1176.

DeCasper, A. J., & Prescott, P. (1984). Human newborns' perception of male voices: Preference, discrimination, and reinforcing value. *Developmental Psy-chobiology*, *17*, 481 – 491.

deCastro, J. (2002). Age-related changes in the social, psychological, and tempo-ral influences on food intake in free-living, healthy, adult humans. *Journals of Gerontology: Series A: Biological Sciences & Medical Sciences*, *57A*, M368 – M377.

Decety, J., & Jackson, P. L. (2006). A social-neuroscience perspective on empathy. *Current Directions in Psychological Science*,

15, 54 - 61.
Defort, E. J. (2012). Cremation by the numbers. *The Director*, *84*, 58 - 60.
DeFrancisco, B., & Rovee-Collier, C. (2008). The specificity of priming effects over the first year of life. *Developmental Psychobiology*, *50*, 486 - 501.
DeGenova, M. K. (1993). Reflections of the past: New variables affecting life satisfaction in later life. *Educational Gerontology*, *19*, 191 - 201.
Degnen, C. (2007). Minding the gap: The construction of old age and oldness amongst peers. *Journal of Aging Studies*, *21*, 69 - 80.
Degroot, A., Wolff, M. C., & Nomikos. G. G. (2005). How early experience mat-ters in intellectual development in the case of poverty. *Preventative Science*, *5*, 245 - 252.
Dehaene-Lambertz, G., Hertz-Pannier, L., & Dubois, J. (2006). Nature and nurture in language acquisition: Anatomical and functional brain-imaging studies in infants. *Neurosciences*, *29*, [Special issue: Nature and nurture in brain development and neurological disorders], 367 - 373.
Del Giudice, M. (2015). Self-regulation in an evolutionary perspective. In G. E. Gendolla, M. Tops, S. L. Koole, G. E. Gendolla, M. Tops, & S. L. Koole (Eds.), *Handbook of biobehavioral approaches to self-regulation*. New York: Springer Science + Business Media.
DeLamater, J. (2012). Sexual expression in later life: A review and synthesis. *Journal of Sex Research*, *49*, 125 - 141.
Delaney, C. H. (1995). Rites of passage in adolescence. *Adolescence*, *30*, 891 - 897.
DeLisi, M. (2006). Zeroing in on early arrest onset: Results from a population of extreme career criminals. *Journal of Criminal Justice*, *34*, 17 - 26.
Dellmann-Jenkins, M., & Brittain, L. (2003). Young adults' attitudes toward filial responsibility and actual assistance to elderly family members. *Journal of Ap-plied Gerontology*, *22*, 214 - 229.
Delva, J., O'Malley, P., & Johnston, L. (2006, October). Racial/ethnic and socioeconomic status differences in overweight and health-related behaviors among American students: National trends 1986 - 2003. *Journal of Adolescent Health*, *39*, 536 - 545.
Demaree, H. A., & Everhart, D. E. (2004). Healthy high-hostiles: Reduced para-sympathetic activity and decreased sympathovagal flexibility during negative emotional processing. *Personality and Individual Differences*, *36*, 457 - 469.
Demire, M., Jaafar, J., Bilyk, N., & Ariff, M. R. M. (2012). Social skills, friendship and happiness: A cross-cultural investigation. *The Journal of Social Psychology*, *152*, 379 - 385.
DeNavas-Walt, C., Proctor, B. D., & Smith, J. C. (2013). *U. S. Census Bureau*, *Cur-rent Population Reports*, *P60-245*, *Income*, *Poverty*, *and Health Insurance Coverage in the United States*: *2012*. Washington, DC: U. S. Government Printing Office.
Denizet-Lewis, B. (2004, May 30). Friends, friends with benefits and the benefits of the local mall. *New York Times Magazine*, pp. 30 - 35, 54 - 58.
Dennis, T. A., Cole, P. M., Zahn-Wexler, C., & Mizuta, I. (2002). Self in context: Autonomy and relatedness in Japanese and U. S. mother - preschooler dyads. *Child Development*, *73*, 1803 - 1817.
Dennis, W. (1966). Age and creative productivity. *Journal of Gerontology*, *21*, 1 - 8.
Denollet, J. (2005). DS14: Standard assessment of negative affectivity, social inhibition, and Type D personality. *Psychosomatic Medicine*, *67*, 89 - 97.
Dent, C. (1984). Development of discourse rules: Children's use of indexical reference and cohesion. *Developmental Psychology*, *20*, 229 - 234.
Deon, M., Landgraf, S. S., Lamberty, J. F., Moura, D. J., Saffi, J., Wajner, M., & Vargas, C. R. (2015). Protective effect of L-carnitine on Phenylalanine-induced DNA damage. *Metabolic Brain Disease*. Accessed online, 3-14-15; http://www.ncbi. nlm. nih. gov/pubmed/25600689
DePaolis, R. A., Vihman, M. M., & Nakai, S. (2013). The influence of babbling patterns on the processing of speech. *Infant Behavior & Development*, *36*, 642 - 649.
DeParle, J., & Tavernise, S. (2012, February 17). Unwed mothers now a majority before age of 30. *The New York Times*, *p. A1*.
DePaulo, B. (2004). *The scientific study of people who are single*: *An annotated bibliog-raphy*. Glendale, CA: Unmarried America.
DePaulo, B. (2006). *Singled out*: *How singles are stereotyped*, *stigmatized*, *and ignored*, *and still live happily ever after*. New York: St Martin's Press.
Der, G., & Deary, I. (*2006*, March). Age sex differences in reaction time in adult-hood: Results from the United Kingdom health and lifestyle survey. *Psychology and Aging*, *21*(*1*), 62 - 73.
Dereli-. man, E. (2013). Adaptation of social problem solving for children questionnaire in 6 age groups and its relationships with preschool behavior problems. *Kuram Ve Uygulamada E. itim Bilimleri*, *13*, 491 - 498.
Deruelle, F., Nourry, C., Mucci, P., Bart, F., Grosbois, J. M., Lensel, G. H., & Fabre, C. (2008). Difference in breathing strategies during exercise between trained elderly men and women. *Scandinavian Journal of Medical Science in Sports*, *18*, 213 - 220.
Dervic, K., Friedrich, E., Oquendo, M., Voracek, M., Friedrich, M., & Sonneck, G. (2006, October). Suicide in Austrian children and young adolescents aged 14 and younger. *European Child & Adolescent Psychiatry*, *15*, 427 - 434.
Deshields, T., Tibbs, T., Fan, M. Y., & Taylor, M. (2005, August 12). Differences in patterns of depression after treatment for breast cancer. *Psycho-Oncology*, published online, John Wiley & Sons.
Desoete, A., Roeyers, H., & De Clercq, A. (2003). Can offline metacognition enhance mathematical problem solving? *Journal of Educational Psychology*, *95*, 188 - 200.
Destounis, S., Hanson, S., Morgan, R., Murphy, P., Somerville, P., Seifert, P., Andolina, V., Aarieno, A., Skolny, M., & Logan-Young, W. (2009). Computer-aided detection of breast carcinoma in standard mammographic projections with digital mammography. *International Journal of Computer Assisted Radiological Surgery*, *4*, 331 - 336.
Deurenberg, P., Deurenberg-Yap, M., Foo, L. F., Schmidt, G., & Wang, J. (2003). Differences in body composition between Singapore Chinese, Beijing Chinese and Dutch children. *European Journal of Clinical Nutrition*, *57*, 405 - 409.
Deurenberg, P., Deurenberg-Yap, M., & Guricci, S. (2002). Asians are different from Caucasians and from each other in their body mass index/body fat percent relationship. *Obesity Review*, *3*, 141 - 146.
DeVader, S. R., Neeley, N. L., Myles, T. D., & Leet, T. L. (2007). Evaluation of ges-tational weight gain guidelines for women with normal prepregnancy body mass index. *Obstetrics & Gynecology*, *110*, 745 - 751.
Deveny, K. (1994, December 5). Chart of kindergarten awards. *Wall Street Journal*, p. B1.
DeVries, R. (2005). *A pleasing birth*. Philadelphia, PA: Temple University Press
Dey, A. N., & Bloom, B. (2005). Summary health statistics for U. S. children: National Health Interview Survey, 2003. *Vital Health Statistics*, *10*(223), 1 - 78.
DeYoung, C., Quilty, L., & Peterson, J. (2007). Between facets and domains: 10 aspects of the Big Five. *Journal of Personality and Social Psychology*, *93*, 880 - 896.
Diambra, L., & Menna-Barreto, L. (2004). Infradian rhythmicity in sleep/wake ratio in developing infants. *Chronobiology International*, *21*, 217 - 227.
Diamond, L. (2003a). Love matters: Romantic relationships among sexual-mi-nority adolescents. In P. Florsheim (Ed.), *Adolescent romantic relations and sexual behavior*: *Theory*, *research*, *and practical implications*. Mahwah, NJ: Lawrence Erlbaum.
Diamond, L. (2003b). Was it a phase? Young women's relinquishment of lesbian/bisexual identities over a 5-year period. *Journal of Personality & Social Psychology*, *84*, 352 - 364.
Diamond, L. M., Fagundes, C. P., & Butterworth, M. R. (2010). Intimate relation-ships across the life span. In M. E. Lamb, A. Freund, & R. M. Lerner (Eds.), *The handbook of life-span development*, *Vol 2*: *Social and emotional development*. Hoboken, NJ: John Wiley & Sons Inc.
Diamond, L., & Savin-Williams, R. (2003). The intimate relationships of sexual-minority youths. In G. Adams & M. Berzonsky (Eds.), *Blackwell handbook of adolescence*. Malden, MA: Blackwell Publishers.
Diamond, M. (2013). Transsexuality among twins: Identity concordance, transi-tion, rearing, and orientation. *International*

Journal of Transgenderism, *14*, 24 – 38.

Dick, D. , Rose, R. , & Kaprio, J. (2006). The next challenge for psychiatric genet-ics: Characterizing the risk associated with identified genes. *Annals of Clinical Psychiatry*, *18*, 223 – 231.

Dickinson, G. E. (2012). Diversity in death: Body disposition and memorializa-tion. *Illness, Crisis, & Loss*, *20*, 141 – 158.

Diego, M. , Field, T. , Hernandez-Reif, M. , Vera, Y. , Gil, K. , & Gonzalez-Garcia, A. (2007). Caffeine use affects pregnancy outcome. *Journal of Child & Adolescent Substance Abuse*, *17*, 41 – 49.

Diener, M. , Isabella, R. , Behunin, M. , & Wong, M. (2008). Attachment to mothers and fathers during middle childhood: Associations with child gender, grade, and competence. *Social Development*, *17*, 84 – 101.

Dietz, W. (2004). Overweight in childhood and adolescence. *New England Journal of Medicine*, *350*, 855 – 857.

Dietz, W. H. , & Stern, L. (Eds.). (1999). *American Academy of Pediatrics guide to your child' s nutrition: Making peace at the table and building healthy eating habits for life.* New York: Villard.

DiGiovanna, A. G. (1994). *Human aging: Biological perspectives.* New York: McGraw-Hill.

Dildy, G. A. , et al. (1996). Very advanced maternal age: Pregnancy after 45. *American Journal of Obstetrics and Gynecology*, *175*, 668 – 674.

Dillaway, H. , Byrnes, M. , Miller, S. , & Rehan, S. (2008). Talking ' among Us ': How women from different racial-ethnic groups define and discuss menopause. *Health Care for Women International*, *29*, 766 – 781.

Dilworth-Bart, J. , & Moore, C. (2006, March). Mercy mercy me: Social injustice and the prevention of environmental pollutant exposures among ethnic minority and poor children. *Child Development*, *77*, 247 – 265.

Dimmitt, C. , & McCormick, C. B. (2012). Metacognition in education. In K. R. Harris, S. Graham, T. Urdan, C. B. McCormick, G. M. Sinatra, & J. Sweller (Eds.), *APA educational psychology handbook, Vol 1: Theories, constructs, and criti-cal issues.* Washington, DC: American Psychological Association.

DiNallo, J. M. , Downs, D. , & Le Masurier, G. (2012). Objectively assessing treadmill walking during the second and third pregnancy trimesters. *Journal of Physical Activity & Health*, *9*, 21 – 28.

Dinero, R. , Conger, R. , Shaver, P. , Widaman, K. , & Larsen-Rife, D. (2008). Influ-ence of family of origin and adult romantic partners on romantic attachment security. *Journal of Family Psychology*, *22*, 622 – 632.

Dion, K. L. , & Dion, K. K. (1988). Romantic love: Individual and cultural per-spectives. In R. J. Sternberg & M. L. Barnes (Eds.), *The psychology of love.* New Haven, CT: Yale University Press.

Dionísio, J. , de Moraes, M. M. , Tudella, E. , de Carvalho, W. B. , & Krebs, V. J. (2015). Palmar grasp behavior in full-term newborns in the first 72hours of life. *Physiology & Behavior*, *139*, 21 – 25.

Dionne, J. , & Cadoret, G. (2013). Development of active controlled retrieval dur-ing middle childhood. *Developmental Psychobiology*, *55*, 443 – 449.

Diop, A. M. (1989). The place of the elderly in African society. *Impact of Science on Society*, *153*, 93 – 98.

DiPietro, J. A. , Bornstein, M. H. , & Costigan, K. A. (2002). What does fetal move-ment predict about behavior during the first two years of life? *Developmental Psychobiology*, *40*, 358 – 371.

DiPietro, J. A. , Costigan, K. A. , & Gurewitsch, E. D. (2005). Maternal psycho-physiological change during the second half of gestation. *Biological Psychology*, *69*, 23 – 39.

Dittman, M. (2005). Generational differences at work. *Monitor on Psychology*, *36*, 54 – 55.

Dixon, L. , & Browne, K. (2003). The heterogeneity of spouse abuse: A review. *Aggression & Violent Behavior*, *8*, 107 – 130.

Dixon, R. , & Cohen, A. (2003). Cognitive development in adulthood. In R. Lerner & M. Easterbrooks (Eds.), *Handbook of psychology: Vol. 6: Developmental psychology.* New York: Wiley.

Dixon, W. E. , Jr. (2004). There ' s a long, long way to go. *PsycCRITIQUES.*

Dmitrieva, J. , Chen, C. , & Greenberg, E. (2004). Family relationships and adoles-cent psychosocial outcomes: Converging findings from Eastern and Western cultures. *Journal of Research on Adolescence*, *14*, 425 – 447.

Dobele, A. R. , Rundle-Thiele, S. , & Kopanidis, F. (2014). The cracked glass ceil-ing: Equal work but unequal status. *Higher Education Research & Development*, *33*, 456 – 468.

Dobson, V. (2000). The developing visual brain. *Perception*, *29*, 1501 – 1503.

Dodge, K. A. (1985). A social information processing model of social competence in children. In M. Perlmutter (Ed.), *Minnesota Symposia on Child Psychology*, *18*, 77 – 126.

Dodge, K. A. , Lansford, J. E. , & Burks, V. S. (2003). Peer rejection and social information-processing factors in the development of aggressive behavior problems in children. *Child Development*, *74*, 374 – 393.

Doman, G. , & Doman, J. (2002). *How to teach your baby to read.* Wyndmoor, PA: Gentle Revolution Press.

Dombrovski, A. Y. , Siegle, G. J. , Szanto, K. K. , Clark, L. L. , Reynolds, C. , & Aizenstein, H. H. (2012). The temptation of suicide: Striatal gray matter, discounting of delayed rewards, and suicide attempts in late-life depression. *Psychological Medicine*, *42*, 1203 – 1215.

Dombrowski, S. , Noonan, K. , & Martin, R. (2007). Low birth weight and cogni-tive outcomes: Evidence for a gradient relationship in an urban, poor, African American birth cohort. *School Psychology Quarterly*, *22*, 26 – 43.

Dominguez, H. D. , Lopez, M. F. , & Molina, J. C. (1999). Interactions between perinatal and neonatal associative learning defined by contiguous olfactory and tactile stimulation. *Neurobiology of Learning and Memory*, *71*, 272 – 288.

Donat, D. (2006, October). Reading their way: A balanced approach that increases achievement. *Reading & Writing Quarterly: Overcoming Learning Difficulties*, *22*, 305 – 323.

Dondi, M. , Simion, F. , & Caltran, G. (1999). Can newborns discriminate between their own cry and the cry of another newborn infant? *Developmental Psychol-ogy*, *35*, 418 – 426.

Donini, L. , Savina, C. , & Cannella, C. (2003). Eating habits and appetite control in the elderly: The anorexia of aging. *International Psychogeriatrics*, *15*, 73 – 87.

Donleavy, G. (2008). No man ' s land: Exploring the space between Gilligan and Kohlberg. *Journal of Business Ethics*, *80*, 807 – 822.

Donnerstein, E. (2005, January). *Media violence and children: What do we know, what do we do?* Paper presented at the annual National Teaching of Psychology meeting, St. Petersburg Beach, FL.

Doress, P. B. , Siegal, D. L. , & The Midlife and Old Women Book Project. (1987). *Ourselves, growing older.* New York: Simon & Schuster.

Dortch, S. (1997, September). Hey guys: Hit the books. *American Demographics*, 4 – 12.

Douglass, A. , & Klerman, L. (2012). The strengthening families initiative and child care quality improvement: How strengthening families influenced change in child care programs in one state. *Early Education and Development*, *23*, 373 – 392.

Douglass, R. , & McGadney-Douglass, B. (2008). The role of grandmothers and older women in the survival of children with kwashiorkor in urban Accra, Ghana. *Research in Human Development*, *5*, 26 – 43.

Doussard-Roosevelt, J. A. , Porges, S. W. , Scanlon, J. W. , Alemi, B. , & Scanlon, K. B. (1997). Vagal regulation of heart rate in the prediction of developmental outcome for very low birth weight preterm infants. *Child Development*, *68*, 173 – 186.

Dow, B. , & Joosten, M. (2012). Understanding elder abuse: A social rights per-spective. *International Psychogeriatrics*, *24*, 853 – 855.

Doyle, P. M. , Byrne, C. , Smyth, A. , & Le Grange, D. (2014). Evidence-based interventions for eating disorders. In C. A. Alfano, D. C. Beidel, C. A. Alfano, & D. C. Beidel (Eds.), *Comprehensive evidence based interventions for children and adolescents.* Hoboken, NJ: John Wiley & Sons Inc.

Doyle, R. (2004a, January). Living together. *Scientific American*, p. 28.

Doyle, R. (2004b, April). By the numbers: A surplus of women. *Scientific American*, *290*, *33*.

Draper, T. , Holman, T. , Grandy, S. , & Blake, W. (2008). Individual, demographic, and family correlates of romantic attachments in a group of American young adults. *Psychological Reports*, *103*, 857 – 872.

Dreman, S. (Ed.). (1997). *The family on the threshold of the 21st century*. Mahwah, NJ: Lawrence Erlbaum.

Driscoll, A. K., Russell, S. T., & Crockett, L. J. (2008). Parenting styles and youth well-being across immigrant generations. *Journal of Family Issues*, *29*, 185 – 209.

Driver, J., Tabares, A., & Shapiro, A. (2003). Interactional patterns in marital suc-cess and failure: Gottman laboratory studies. In F. Walsh (Ed.), *Normal family processes: Growing diversity and complexity* (3rd ed.). New York: Guilford Press.

Drmanac, R. (2012, June 1). The ultimate genetic test. *Science*, *336*, 1110 – 1112.

Dromi, E. (1987). *Early lexical development*. Cambridge, England: Cambridge University Press.

DuBois, D. L., & Hirsch, B. J. (1990). School and neighborhood friendship patterns of blacks and whites in early adolescence. *Child Development*, *61*, 524 – 536.

Dudding, T. C., Vaizey, C. J., & Kamm, M. A. (2008). Obstetric anal sphincter in-jury: Incidence, risk factors, and management. *Annals of Surgery*, *247*, 224 – 237.

Duenwald, M. (2003, July 15). After 25 years, new ideas in the prenatal test tube. *New York Times*, p. D5.

Duenwald, M. (2004, May 11). For couples, stress without a promise of success. *The New York Times*, p. D3.

Duijts, L, Jaddoe, V. W. V., Hofman, A., & Moll, H. A. (2010, June 21). Prolonged and exclusive breastfeeding reduces the risk of infectious diseases in infancy. *Pediatrics*; DOI: 10. 1542/peds. 2008 – 3256.

Dumka, L., Gonzales, N., Bonds, D., & Millsap, R. (2009). Academic success of Mexican origin adolescent boys and girls: The role of mothers' and fathers' parenting and cultural orientation. *Sex Roles*, *60*, 588 – 599. http://search. ebsco-host. com, doi: 10. 1007/s11199-008-9518-z

Dumont, C., & Paquette, D. (2013). What about the child's tie to the father? A new insight into fathering, father – child attachment, children's socio-emotional development and the activation relationship theory. *Early Child Development and Care*, *183*, 430 – 446.

Duncan, G. J., & Brooks-Gunn, J. (2000). Family poverty, welfare reform, and child development. *Child Development*, *71*, 188 – 196.

Duncan, G. J., Magnuson, K., & Votruba-Drzal, E. (2014). Boosting family income to promote child development. *The Future of Children*, *24*, 99 – 120.

Dundas, E. M., Plaut, D. C., & Behrmann, M. (2013). The joint development of hemispheric lateralization for words and faces. *Journal of Experimental Psychol-ogy: General*, *142*, 348 – 358.

Dunfield, K. A., & Kuhlmeier, V. A. (2010). Intention-mediated selective helping in infancy. *Psychological Science*, *21*, 523 – 527.

Dunford, B. B., Shipp, A. J., Boss, R., Angermeier, I., & Boss, A. D. (2012). Is burnout static or dynamic? A career transition perspective of employee burn-out trajectories. *Journal of Applied Psychology*, *97*, 637 – 650.

Dunham, R. M., Kidwell, J. S., & Wilson, S. M. (1986). Rites of passage at adoles-cence: A ritual process paradigm. *Journal of Adolescent Research*, *1*, 139 – 153.

Dunkel, C. S., Kim, J. K., & Papini, D. R. (2012). The general factor of psychoso-cial development and its relation to the general factor of personality and life history strategy. *Personality and Individual Differences*, *52*, 202 – 206.

Dunn, M., Thomas, J. O., Swift, W., & Burns, L. (2012). Elite athletes' estimates of the prevalence of illicit drug use: Evidence for the false consensus effect. *Drug and Alcohol Review*, *31*, 27 – 32.

DuPaul, G., & Weyandt, L. (2006, June). School-based intervention for children with attention deficit hyperactivity disorder: Effects on academic, social, and behavioral functioning. *International Journal of Disability, Development and Education*, *53*, 161 – 176.

Duplassie, D., & Daniluk, J. C. (2007). Sexuality: Young and middle adulthood. In A. Owens & M. Tupper (Eds.), *Sexual health: Vol. 1, Psychological foundations*. Westport, CT: Praeger.

Dupuis, S. (2009). An ecological examination of older remarried couples. *Journal of Divorce & Remarriage*, *50*, 369 – 387.

Durbin, J. (2003, October 6). Internet sex unzipped. *McCleans*, p. 18.

Duriez, B., Luyckx, K., Soenens, B., & Berzonsky, M. (2012). A process-content approach to adolescent identity formation: Examining longitudinal associations between identity styles and goal pursuits. *Journal of Personality*, *80*, 135 – 161.

Dutta, T., & Mandal, M. K. (2006). Hand preference and accidents in India. *Laterality: Asymmetries of Body, Brain and Cognition*, *11*, 368 – 372.

Dutton, M. A. (1992). *Empowering and healing the battered woman: A model of assess-ment and intervention*. New York: Springer.

Dweck, C. (2002). The development of ability conceptions. In A. Wigfield & J. Eccles (Eds.), *Development of achievement motivation*. San Diego: Academic Press.

Dyer, S., & Moneta, G. (2006). Frequency of parallel, associative, and co-operative play in British children of different socioeconomic status. *Social Behavior and Personality*, *34*, 587 – 592.

Dyson, A. H. (2003). "Welcome to the jam": Popular culture, school literacy and making of childhoods. *Harvard Educational Review*, *73*, 328 – 361.

Eagly, A. H., & Steffen, V. J. (1986). Gender and aggressive behavior: A meta-analytic review of the social psychological literature. *Psychological Bulletin*, *100*, 309 – 330.

Eagly, A. H., & Wood, W. (2003). The origins of sex differences in human behav-ior: Evolved dispositions versus social roles. In C. B. Travis (Ed.), *Evolution, gender, and rape* (pp. 265 – 304). Cambridge, MA: MIT Press.

Eaker, E. D., Sullivan, L. M., Kelly-Hayes, M., D'Agostino, R. B., Sr., & Benjamin, E. J. (2004). Anger and hostility predict the development of atrial fibrillation in men in the Framingham Offspring Study. *Circulation*, *109*, 1267 – 1271.

Earle, J. R., Perricone, P. J., Davidson, J. K., Moore, N. B., Harris, C. T., & Cotton, S. R. (2007). Premarital sexual attitudes and behavior at a religiously-affiliated university: Two decades of change. *Sexuality & Culture: An Interdisciplinary Quarterly*, *11*, 39 – 61.

Easterbrooks, M., Bartlett, J., Beeghly, M., & Thompson, R. A. (2013). Social and emotional development in infancy. In R. M. Lerner, M. Easterbrooks, J. Mistry, & I. B. Weiner (Eds.), *Handbook of psychology, Vol. 6: Developmental psychology* (2nd ed.). Hoboken, NJ: John Wiley & Sons Inc.

Eastman, Q. (2003, June 20). Crib death exoneration in new gene tests. *Science*, *300*, 1858.

Easton, J., Schipper, L., & Shackelford, T. (2007). Morbid jealousy from an evolu-tionary psychological perspective. *Evolution and Human Behavior*, *28*, 399 – 402.

Eaton, M. J., & Dembo, M. H. (1997). Differences in the motivational beliefs of Asian American and non-Asian students. *Journal of Educational Psychology*, *89*, 433 – 440.

Eaton, W. O., & Enns, L. R. (1986). Sex differences in human motor activity level. *Psychological Bulletin*, *100*, 19 – 28.

Eberling, J. L., Wu, C., Tong-Turnbeaugh, R., & Jagust, W. J. (2004). Estrogen- and tamoxifen-associated effects on brain structure and function. *Neuroimage*, *21*, 364 – 371.

Ebner, N., Freund, A., & Baltes, P. (2006, December). Developmental changes in personal goal orientation from young to late adulthood: From striving for gains to maintenance and prevention of losses. *Psychology and Aging*, *21*, 664 – 678.

Eccles, J., Templeton, J., & Barber, B. (2003). Adolescence and emerging adult-hood: The critical passage ways to adulthood. In M. Bornstein & L. Davidson (Eds.), *Well-being: Positive development across the life course*. Mahwah, NJ: Lawrence Erlbaum.

Eckerd, L. (2009). Death and dying course offerings in psychology: A survey of nine Midwestern states. *Death Studies*, *33*, 762 – 770.

Eckerman, C. O., & Oehler, J. M. (1992). Very-low-birthweight newborns and parents as early social partners. In S. L. Friedman & M. D. Sigman (Eds.), *The psychological development of low-birthweight children*. Norwood, NJ: Ablex.

Eckerman, C., & Peterman, K. (2001). Peers and infant social/communicative development. In G. Bremner & A. Fogel (Eds.), *Blackwell handbook of infant development* (pp. 326 – 350). Malden, MA: Blackwell Publishers.

Edgerley, L., El-Sayed, Y., Druzin, M., Kiernan, M., & Daniels, K. (2007). Use of a community mobile health van to increase early access to prenatal care. *Maternal & Child Health Journal*, *11*, 235 – 239.

Edward, J. (2013). Sibling discord: A force for growth and conflict. *Clinical Social Work Journal*, *41*, 77 – 83.

Edwards, J. (2004). Bilingualism: Contexts, constraints, and identities. *Journal of Language and Social Psychology*, *23*, [Special issue: Acting Bilingual and Think-ing Bilingual], 135 – 141.

Edwards, J. G. (2015). Assisted Dying Bill calls for stricter safeguards. *The Lancet*, *385*, 686 – 687

Eeckhaut, M. W., Van de Putte, B., Gerris, J. M., & Vermulst, A. A. (2014). Educa-tional heterogamy: Does it lead to cultural differences in child-rearing? *Journal of Social and Personal Relationships*, *31*, 729 – 750.

Ehm, J., Lindberg, S., & Hasselhorn, M. (2013). Reading, writing, and math self-concept in elementary school children: Influence of dimensional comparison processes. *European Journal of Psychology of Education.* Accessed online, 2-18-14; http://link.springer.com/article/10.1007%2Fs10212-013-0198-x#page-1

Ehrensaft, M., Cohen, P., & Brown, J. (2003). Intergenerational transmission of partner violence: A 20-year prospective study. *Journal of Consulting & Clinical Psychology*, *71*, 741 – 753.

Ehrensaft, M. K., Knous-Westfall, H. M., Cohen, P., & Chen, H. (2015). How does child abuse history influence parenting of the next generation? *Psychology of Violence*, *5*, 16 – 25.

Eid, M., Riemann, R., Angleitner, A., & Borkenau, P. (2003). Sociability and posi-tive emotionality: Genetic and environmental contributions to the covariation between different facets of extraversion. *Journal of Personality*, *71*, 319 – 346.

Eiden, R., Foote, A., & Schuetze, P. (2007). Maternal cocaine use and caregiv-ing status: Group differences in caregiver and infant risk variables. *Addictive Behaviors*, *32*, 465 – 476.

Eimas, P. D., Sigueland, E. R., Jusczyk, P., & Vigorito, J. (1971). Speech perception in infants. Science, 171, 303 – 306. Eisbach, A. O. (2004). Children's developing awareness of diversity in people's trains of thought. *Child Development*, *75*, 1694 – 1707.

Eisenberg, N. (2012). *Eight tips to developing caring kids.* Accessed online, 7-15-12; http://www.csee.org/products/87

Eisenberg, N., Fabes, R. A., Guthrie, I. K., & Reiser, M. (2000). Dispositional emo-tionality and regulation: Their role in predicting quality of social functioning. *Journal of Personality and Social Psychology*, *78*, 136 – 157.

Eisenberg, N., Spinrad, T. L., & Morris, A. (2014). Empathy-related respond-ing in children. In M. Killen, J. G. Smetana, M. Killen, & J. G. Smetana (Eds.), *Handbook of moral development* (2nd ed.). New York: Psychology Press.

Eisenberg, N., & Valiente, C. (2002). Parenting and children's prosocial and moral development. In M. Bornstein (Ed.), *Handbook of parenting: Vol. 5: Practi-cal issues in parenting.* Mahwah, NJ: Lawrence Erlbaum.

Eisenberg, N., Valiente, C., & Champion, C. (2004). Empathy-related responding: Moral, social, and socialization correlates. In A. G. Miller (Ed.), *Social psychol-ogy of good and evil.* New York: Guilford Press.

Eitel, A., Scheiter, K., Schüler, A., Nystr. m, M., & Holmqvist, K. (2013). How a picture facilitates the process of learning from text: Evidence for scaffolding. *Learning and Instruction*, *28*, 48 – 63.

Eitel, B. J. (2003). Body image satisfaction, appearance importance, and self-esteem: A comparison of Caucasian and African-American women across the adult lifespan. *Dissertation Abstracts International: Section B: The Sciences & Engineering*, *63*, 5511.

Ekinci, B. (2014). The relationships among Sternberg's Triarchic Abilities, Gard-ner's multiple intelligences, and academic achievement. *Social Behavior and Personality*, *42*, 625 – 633.

Eley, T. C., Lichtenstein, P., & Moffitt, T. E. (2003). A longitudinal behavioral genetic analysis of the etiology of aggressive and nonaggressive antisocial behavior. *Development and Psychopathology*, *15*, 383 – 402.

Eley, T., Liang, H., & Plomin, R. (2004). Parental familial vulnerability, family environment, and their interactions as predictors of depressive symptoms in adolescents. *Child & Adolescent Social Work Journal*, *21*, 298 – 306.

Elkind, D. (1996). Inhelder and Piaget on adolescence and adulthood: A post-modern appraisal. *Psychological Science*, *7*, 216 – 220.

Elkind, D. (2007). *The Hurried Child.* Cambridge, MA: DaCapo Press.

Elkins, D. (2009). Why humanistic psychology lost its power and influence in American psychology: Implications for advancing humanistic psychology. *Journal of Humanistic Psychology*, *49*, 267 – 291. http://search.ebscohost.com, doi: 10.1177/0022167808323575

Elliott, K., & Urquiza, A. (2006). Ethnicity, culture, and child maltreatment. *Journal of Social Issues*, *62*, 787 – 809.

Ellis, B. H., MacDonald, H. Z., Lincoln, A. K., & Cabral, H. J. (2008). Mental health of Somali adolescent refugees: The role of trauma, stress, and perceived discrimination. *Journal of Consulting and Clinical Psychology*, *76*, 184 – 193.

Ellis, B. J. (2004). Timing of pubertal maturation in girls: An integrated life his-tory approach. *Psychological Bulletin*, *130*, 920 – 958.

Ellis, L. (2006, July). Gender differences in smiling: An evolutionary neuroandro-genic theory. *Physiology & Behavior*, *88*, 303 – 308.

Elmore, J. G., Jackson, S. L., Abraham, L., Miglioretti, D. L., Carney, P. A., Geller, B. M., Yankaskas, B. C., Kerlikowske, K., Onega, T., Rosenberg, R. D., Sickles, E. A., & Buist, D. S. (2009). Variability in interpretive performance at screening mammography and radiologists' characteristics associated with accuracy. *Radiology*, *253*, 641 – 651.

Emslie, C., & Hunt, K. (2008). The weaker sex? Exploring lay understandings of gender differences in life expectancy: A qualitative study. *Social Science & Medicine*, *67*, 808 – 816.

Endo, S. (1992). Infant – infant play from 7 to 12 months of age: An analysis of games in infant – peer triads. *Japanese Journal of Child and Adolescent Psychiatry*, *33*, 145 – 162.

Endrass, T., Schreiber, M., & Kathmann, N. (2012). Speeding up older adults: Age-effects on error processing in speed and accuracy conditions. *Biological Psychology*, *89*, 426 – 432.

Engineer, N., Darwin, L., Nishigandh, D., Ngianga-Bakwin, K., Smith, S. C., & Grammatopoulos, D. K. (2013). Association of glucocorticoid and type 1 corticotropin-releasing hormone receptors gene variants and risk for depression during pregnancy and post-partum. *Journal of Psychiatric Research*, *47*, 1166 – 1173.

England, P., & Li, S. (2006, October). Desegregation stalled: The changing gender composition of college majors, 1971 – 2002. *Gender & Society*, *20*, 657 – 677.

Engler, J., & Goleman, D. (1992). *The consumer's guide to psychotherapy.* New York: Simon & Schuster.

English, D., Lambert, S. F., & Ialongo, N. S. (2014). Longitudinal associations be-tween experienced racial discrimination and depressive symptoms in African American adolescents. *Developmental Psychology*, *50*, 1190 – 1196.

Englund, K., & Behne, D. (2006). Changes in infant directed speech in the first six months. *Infant and Child Development*, *15* (2), 139 – 160.

Ennett, S. T., & Bauman, K. E. (1996). Adolescent social networks: School, demographic, and longitudinal considerations. *Journal of Adolescent Research*, *11*, 194 – 215.

Enright, E. (2004, July & August). A house divided. *AARP Magazine*, pp. 54, 57.

Epel, E. (2009). Telomeres in a life-span perspective: A new "psychobiomarker"? *Current Directions in Psychological Science*, *18*, 6 – 10.

Erikson, E. H. (1963). *Childhood and society.* New York: Norton.

Eriksson, L., & Mazerolle, P. (2015). A cycle of violence? Examining family-of-origin violence, attitudes, and intimate partner violence perpetration. *Journal of Interpersonal Violence*, *30*, 945 – 964.

Erwin, P. (1993). Friendship and peer relations in children. Chichester, England: Wiley. Espenschade, A. (1960). Motor development. In W. R. Johnson (Ed.), *Science and medicine of exercise and sports.* New York: Harper & Row.

Estell, D. B., Jones, M. H., Pearl, R., Van Acker, R., Farmer, T. W., & Rodkin, P. C. (2008). Peer groups, popularity, and social preference: Trajectories of social functioning among students with and without learning disabilities. *Journal of Learning*

Disabilities, *41*, 5 – 14.
Estévez, E., Emler, N. P., Cava, M. J., & Inglés, C. J. (2014). Psychosocial adjust-ment in aggressive popular and aggressive rejected adolescents at school. *Psychosocial Intervention*, *23*, 57 – 67.
Ethier, L., Couture, G., & Lacharite, C. (2004). Risk factors associated with the chronicity of high potential for child abuse and neglect. *Journal of Family Violence*, *19*, 13 – 24.
Evans, G. W. (2004). The environment of childhood poverty. *American Psycholo-gist*, *59*, 77 – 92.
Evans, G., Boxhill, L., & Pinkava, M. (2008). Poverty and maternal respon-siveness: The role of maternal stress and social resources. *International Journal of Behavioral Development*, *32*, 232 – 237. http://search. ebscohost. com, doi: 10. 1177/0165025408089272
Evans, R. (2009). A comparison of rural and urban older adults in Iowa on specific markers of successful aging. *Journal of Gerontological Social Work*, *52*, 423 – 438.
Evans, T., Whittingham, K., & Boyd, R. (2012). What helps the mother of a preterm infant become securely attached, responsive and well-adjusted? *Infant Behavior & Development*, *35*, 1 – 11.
Eveleth, P., & Tanner, J. (1976). *Worldwide variation in human growth*. New York: Cambridge University Press.
Ezzo, F., & Young, K. (2012). Child Maltreatment Risk Inventory: Pilot data for the Cleveland Child Abuse Potential Scale. *Journal of Family Violence*, *27*, 145 – 155.
Facchini, C., & Rampazi, R. (2009). No longer young, not yet old: Biographical uncertainty in late-adult temporality. *Time & Society*, *18*, 351 – 372.
Fagan, J., & Holland, C. (2007). Racial equality in intelligence: Predictions from a theory of intelligence as processing. *Intelligence*, *35*, 319 – 334.
Fagan, J., & Ployhart, R. E. (2015). The information processing foundations of human capital resources: Leveraging insights from information processing approaches to intelligence. *Human Resource Management Review*, *25*, 4 – 11.
Fagan, M. (2009). Mean length of utterance before words and grammar: Longi-tudinal trends and developmental implications of infant vocalizations. *Journal of Child Language*, *36*, 495 – 527. http://search. ebscohost. com, doi:10. 1017/ S0305000908009070
Faith, M. S., Johnson, S. L., & Allison, D. B. (1997). Putting the behavior into the behavior genetics of obesity. *Behavior Genetics*, *27*, 423 – 439.
Falck-Ytter, T., Gredeb. ck, G., & von Hofsten, C. (2006). Infants predict other people's action goals. *Nature Neuroscience*, *9*, 878 – 879.
Falco, M. (2012, July 3). Since IVF Began, 5 Million Babies Born. CNN News. Ac-cessed online, 7-3-12; http://www. 10news. com/health/31243126/detail. html
Falk, D. (2004). Prelinguistic evolution in early hominins: Whence motherese? *Behavioral and Brain Sciences*, *27*, 491 – 503.
Fanger, S., Frankel, L., & Hazen, N. (2012). Peer exclusion in preschool children's play: Naturalistic observations in a playground setting. *Merrill-Palmer Quar-terly*, *58*, 224 – 254.
Fantz, R. (1963). Pattern vision in newborn infants. *Science*, *140*, 296 – 297.
Farah, M., Shera, D., Savage, J., Betancourt, L., Giannetta, J., Brodsky, N., et al. (2006, September). Childhood poverty: Specific associations with neurocogni-tive development. *Brain Research*, *1110*, 166 – 174.
Farrant, B., Fletcher, J., & Maybery, M. (2006, November). Specific language impairment, theory of mind, and visual perspective taking: Evidence for simulation theory aPellicanond the developmental role of language. *Child Development*, *77*, 1842 – 1853.
Farrar, M., Johnson, B., Tompkins, V., Easters, M., Zilisi-Medus, A., & Benigno, J. (2009). Language and theory of mind in preschool children with specific language impairment. *Journal of Communication Disorders*, *42*, 428 – 441.
Farrell, L., Hollingsworth, B., Propper, C., & Shields, M. A. (2014). The socio-economic gradient in physical inactivity: Evidence from one million adults in England. *Social Science & Medicine*, *123*, 55 – 63.
Farroni, T., Menon, E., Rigato, S., & Johnson, M. (2007). The perception of facial expressions in newborns. *European Journal of Developmental Psychology*, *4*, 2 – 13.
Farver, J. M., & Frosch, D. L. (1996). L. A. stories: Aggression in preschoolers' spontaneous narratives after the riots of 1992. *Child Development*, *67*, 19 – 32.
Farver, J. M., Kim, Y. K., & Lee-Shin, Y. (1995). Cultural differences in Korean- and Anglo-American preschoolers' social interaction and play behaviors. *Child Development*, *66*, 1088 – 1099.
Farver, J. M., & Lee-Shin, Y. (2000). Acculturation and Korean-American chil-dren's social and play behavior. *Social Development*, *9*, 316 – 336.
Farver, J. M., Welles-Nystrom, B., Frosch, D. L., & Wimbarti, S. (1997). Toy stories: Aggression in children's narratives in the United States, Sweden, Germany, and Indonesia. *Journal of Cross-Cultural Psychology*, *28*, 393 – 420.
Farzin, F., Charles, E., & Rivera, S. (2009). Development of multimodal processing in infancy. *Infancy*, *14*, 563 – 578.
Fayers, T., Crowley, T., Jenkins, J. M., & Cahill, D. J. (2003). Medical student awareness of sexual health is poor. *International Journal STD/AIDS*, *14*, 386 – 389.
Federal Interagency Forum on Age-Related Statistics. (2000). *Older Americans 2000: Key indicators of well-being*. Hyattsville, MD: Federal Interagency Forum on Age-Related Statistics.
Federal Interagency Forum on Child and Family Statistics. (2003). *America's children: Key national indicators of well-being, 2003*. Federal Interagency Forum on Child and Family Statistics. Washington, DC: U. S. Government Printing Office.
Feeney, B. C., & Collins, N. L. (2003). Motivations for caregiving in adult intimate relationships: Influences on caregiving behavior and relationship functioning. *Personality and Social Psychology Bulletin*, *29*, 950 – 968.
Feigelman, W., Jordan, J., & Gorman, B. (2009). How they died, time since loss, and bereavement outcomes. *Omega: Journal of Death and Dying*, *58*, 251 – 273.
Feinberg, T. E. (2000). The nested hierarchy of consciousness: A neurobiological solution to the problem of mental unity. *Neurocase*, *6*, 75 – 81.
Feldhusen, J. (2003). Precocity and acceleration. *Gifted Education International*, *17*, 55 – 58.
Feldman, R. S. (2009). *The liar in your life: The way to truthful relationships*. New York: Twelve.
Feldman, R. S., & Rimé, B. (Eds.). (1991). *Fundamentals of nonverbal behavior*. Cambridge, England: Cambridge University Press.
Feldman, R. S., Tomasian, J., & Coats, E. J. (1999). Adolescents' social compe-tence and nonverbal deception abilities: Adolescents with higher social skills are better liars. *Journal of Nonverbal Behavior*, *23*, 237 – 249.
Feldman, S. S., & Wood, D. N. (1994). Parents' expectations for preadolescent sons' behavioral autonomy: A longitudinal study of correlates and outcomes. *Journal of Research on Adolescence*, *4*, 45 – 70.
Fell, J., & Williams, A. (2008). The effect of aging on skeletal-muscle recovery from exercise: Possible implications for aging athletes. *Journal of Aging and Physical Activity*, *16*, 97 – 115. http://search. ebscohost. com
Fennell, C., Sartorius, G., Ly, L. P., Turner, L., Liu, P. Y., Conway, A. J., & Han-delsman, D. J. (2009). Randomized cross-over clinical trial of injectable vs. implantable depot testosterone for maintenance of testosterone replacement therapy in androgen deficient men. *Clinical Endocrinology*, *42*, 88 – 95.
Fenwick, K. D., & Morrongiello, B. A. (1998). Spatial colocation and infants' learning of auditory-visual associations. *Behavior & Development*, *21*, 745 – 759.
Ferguson, C. J. (2013). *Adolescents, crime, and the media: A critical analysis*. New York: Springer Science + Business Media.
Fergusson, D., Horwood, L., Boden, J., & Jenkin, G. (2007, March). Childhood social disadvantage and smoking in adulthood: Results of a 25-year longitudi-nal study. *Addiction*, *102*, 475 – 482.
Fergusson, D. M., Horwood, L. J., & Ridder, E. M. (2006). Abortion in young women and subsequent mental health. *Journal of Child Psychology and Psychia-try*, *47*, 16 – 24.
Fergusson, E., Maughan, B., & Golding, J. (2008). Which children receive grandparental care and what effect does it have?

Journal of Child Psychology and Psychiatry, *49*, 161 - 169.
Fernald, A. (2001). Hearing, listening, and understanding: Auditory develop-ment in infancy. In G. Bremner & A. Fogel (Eds.), *Blackwell handbook of infant development*. Malden, MA: Blackwell Publishers.
Fernald, A., & Morikawa, H. (1993). Common themes and cultural variations in Japanese and American mothers' speech to infants. *Child Development*, *64*, 637 - 656.
Fernández, C. (2013). Mindful storytellers: Emerging pragmatics and theory of mind development. *First Language*, *33*, 20 - 46.
Fernyhough, C. (1997). Vygotsky's sociocultural approach: Theoretical issues and implications for current research. In S. Hala (Ed.), *The development of social cognition* (pp. 65 - 92). Hove, England: Psychology Press/Lawrence Erlbaum, Taylor & Francis.
Feshbach, S., & Tangney, J. (2008). Television viewing and aggression: Some alternative perspectives. *Perspectives on Psychological Science*, *3*, 387 - 389.
Festinger, L. (1954). A theory of social comparison processes. *Human Relations*, *7*, 117 - 140.
Fetterman, D. M. (2005). Empowerment evaluation: From the digital divide to academic distress. In D. Fetterman & A. Wandersman (Eds.), *Empowerment evaluation principles in practice*. New York: Guilford Press.
Fiedler, N. L. (2012). Gender (sex) differences in response to prenatal lead ex-posure. In M. Lewis & L. Kestler (Eds.), *Gender differences in prenatal substance exposure*. Washington, DC: American Psychological Association.
Field, M. J., & Behrman, R. E. (Eds.). (2002). *When children die*. Washington, DC: National Academies Press.
Field, M. J., & Behrman, R. E. (Eds.). (2003). *When children die*. Washington, DC: National Academies Press.
Field, T. (2001). Massage therapy facilitates weight gain in preterm infants. *Cur-rent Directions in Psychological Science*, *10*, 51 - 54.
Field, T. (2014). *Touch* (2nd ed.). Cambridge, MA: MIT Press.
Field, T., Diego, M., & Hernandez-Reif, M. (2008). Prematurity and potential predictors. *International Journal of Neuroscience*, *118*, 277 - 289.
Field, T., Diego, M., & Hernandez-Reif, M. (2009). Depressed mothers' infants are less responsive to faces and voices. *Infant Behavior & Development*, *32*, 239 - 244.
Field, T., Greenberg, R., Woodson, R., Cohen, D., & Garcia, R. (1984). Facial ex-pression during Brazelton neonatal assessments. *Infant Mental Health Journal*, *5*, 61 - 71.
Field, T. M. (1982). Individual differences in the expressivity of neonates and young infants. In R. S. Feldman (Ed.), *Development of nonverbal behavior in children*. New York: Springer-Verlag.
Field, T. M., & Millsap, R. E. (1991). Personality in advanced old age: Continu-ity or change? *Journals of Gerontology: Series B: Psychological Sciences and Social Sciences*, *46*, P299 - P308.
Field, T., & Walden, T. (1982). Perception and production of facial expression in infancy and early childhood. In H. Reese & L. Lipsitt (Eds.), *Advances in child development and behavior* (Vol. 16). New York: Academic Press.
Fifer, W. (1987). Neonatal preference for mother's voice. In N. A. Kasnegor, E. M. Blass, & M. A. Hofer (Eds.), *Perinatal development: A psychobiological perspective. Behavioral biology* (pp. 111 - 124). Orl ando, FL: Academic Press.
Figley, C. R. (1973). Child density and the marital relationship. *Journal of Marriage and the Family*, *35*, 272 - 282.
Fincham, F. D. (2003). Marital conflict: Correlates, structure, and context. *Current Directions in Psychological Science*, *12*, 23 - 27.
Finkelstein, D. L., Harper, D. A., & Rosenthal, G. E. (1998). Does length of hospi-tal stay during labor and delivery influence patient satisfaction? Results from a regional study. *American Journal of Managed Care*, *4*, 1701 - 1708.
Fisch, S. M. (2004). *Children's learning from educational television: Sesame Street and beyond*. Mahwah, NJ: Erlbaum.
Fischer, K. W., & Rose, S. P. (1995). Concurrent cycles in the dynamic development of brain and behavior. *Newsletter of the Society for Research in Child Development, p. 16*.
Fischer, T. (2007). Parental divorce and children's socioeconomic success: Conditional effects of parental resources prior to divorce, and gender of the child. *Sociology*, *41*, 475 - 495.
Fish, J. M. (Ed.). (2001). *Race and intelligence: Separating science from myth*. Mahwah, NJ: Lawrence Erlbaum.
Fisher, C. B. (2004). Informed consent and clinical research involving children and adolescents: Implications of the revised APA Ethics Code and HIPAA. *Journal of Clinical Child & Adolescent Psychology*, *33*, 832 - 839.
Fisher, C., Hauck, Y., & Fenwick, J. (2006). How social context impacts on women's fears of childbirth: A Western Australian example. *Social Science & Medicine*, *63*, 64 - 75.
Fiske, S. T., & Taylor, S. E. (1991). *Social cognition* (2nd ed.). New York: McGraw-Hill.
Fitzgerald, P. (2008). A neurotransmitter system theory of sexual orientation. *Journal of Sexual Medicine*, *5*, 746 - 748.
Fitzgerald, D., & White, K. (2002). Linking children's social worlds: Perspective-taking in parent-child and peer contexts. *Social Behavior & Personality*, *31*, 509 - 522.
Fivush, R., Kuebli, J., & Clubb, P. A. (1992). The structure of events and event representations: A developmental analysis. *Child Development*, *63*, 188 - 201.
Flanigan, J. (2005, July 3). Immigrants benefit U.S. economy now as ever. *Los Angeles Times*.
Flavell, J. H. (1996). Piaget's legacy. *Psychological Science*, *7*, 200 - 203.
Fleming, M., Greentree, S., Cocotti-Muller, D., Elias, K., & Morrison, S. (2006, December). Safety in cyberspace: Adolescents' safety and exposure online. *Youth & Society*, *38*, 135 - 154.
Fletcher, A. C., Darling, N. E., Steinberg, L., & Dornbusch, S. M. (1995). The company they keep: Relation of adolescents' adjustment and behavior to their friends' perceptions of authoritative parenting in the social network. *Develop-mental Psychology*, *31*, 300 - 310.
Fling, B. W., Walsh, C. M., Bangert, A. S., Reuter-Lorenz, P. A., Welsh, R. C., & Seidler, R. D. (2011). Differential callosal contributions to bimanual control in young and older adults. *Journal of Cognitive Neuroscience*, *23*, 2171 - 2185.
Flom, R., & Bahrick, L. (2007). The development of infant discrimination of affect in multimodal and unimodal stimulation: The role of intersensory redundancy. *Developmental Psychology*, *43*, 238 - 252.
Florsheim, P. (2003). Adolescent romantic and sexual behavior: What we know and where we go from here. In P. Florsheim (Ed.), *Adolescent romantic relations and sexual behavior: Theory, research, and practical implications*. Mahwah, NJ: Lawrence Erlbaum.
Flouri, E. (2005). *Fathering and child outcomes*. New York: Wiley.
Floyd, R. G. (2005). Information-processing approaches to interpretation of contemporary intellectual assessment instruments. In D. P. Flanagan & P. L. Harrison (Eds.), *Contemporary intellectual assessment: Theories, tests, and issues*. New York: Guilford Press.
Fogel, A., Hsu, H., Shapiro, A., Nelson-Goens, G., & Secrist, C. (2006, May). Effects of normal and perturbed social play on the duration and amplitude of different types of infant smiles. *Developmental Psychology*, *42*, 459 - 473.
Fok, M. S. M., & Tsang, W. Y. W. (2006). "Development of an instrument measur-ing Chinese adolescent beliefs and attitudes towards substance use": Response to commentary. *Journal of Clinical Nursing*, *15*, 1062 - 1063.
Folbre, N. (2012, July 2). Price tags for parents. *The New York Times*. Accessed online, 7-7-12, Economix. http://economix.blogs.nytimes.com/2012//07/02/ price-tags-for-parents.
Folkman, S., & Lazarus, R. S. (1988). Coping as a mediator of emotion. *Journal of Personality and Social Psychology*, *54*, 466 - 475.
Forbes. (2014). *The Forbes 2014 retirement guide*. New York: Forbes Magazine.
Ford, J. A. (2007). Alcohol use among college students: A comparison of athletes and nonathletes. *Substance Use & Misuse*, *42*, 1367 - 1377.
Foroud, A., & Whishaw, I. Q. (2012). The consummatory origins of visually guided reaching in human infants: A dynamic integration of whole-body and upper-limb movements. *Behavioural Brain Research*, *231*, 343 - 355.
Fowers, B. J., & Davidov, B. J. (2006). The virtue of multiculturalism: Personal trans-formation, character, and openness

to the other. *American Psychologist*, *61*, 581 – 594.

Fowler, J. W., & Dell, M. L. (2006). Stages of faith from infancy through ado-lescence: Reflections on three decades of faith development theory. In E. C. Roehlkepartain, P. E. King, L. Wagener, & P. L. Benson (Eds.), *The handbook of spiritual development in childhood and adolescence*. Thousand Oaks, CA: Sage Publications.

Fox, M., Cacciatore, J., & Lacasse, J. R. (2014). Child death in the United States: Productivity and the economic burden of parental grief. *Death Studies*, *38*, 597 – 602.

Fozard, J. L., Vercruyssen, M., Reynolds, S. L., Hancock, P. A., et al. (1994). Age differences and changes in reaction time: The Baltimore Longitudinal Study of Aging. *Journal of Gerontology*, *49*, 179 – 189.

Fraenkel, P. (2003). Contemporary two-parent families: Navigating work and family challenges. In F. Walsh (Ed.), *Normal family processes: Growing diversity and complexity* (3rd ed.). New York: Guilford Press.

Fraley, R. C., & Spieker, S. J. (2003). Are infant attachment patterns continuously or categorically distributed? A taxometric analysis of Strange Situation behav-ior. *Developmental Psychology*, *39*, 387 – 404.

Franck, I., & Brownstone, D. (1991). *The parent's desk reference*. New York: Prentice Hall.

Frankenburg, W. K., Dodds, J., Archer, P., Shapiro, H., & Bresnick, B. (1992). The Denver II: A major revision and restandardization of the Denver developmen-tal screening test. *Pediatrics*, *89*, 91 – 97.

Frankenhuis, W. E., Barrett, H., & Johnson, S. P. (2013). Developmental origins of biological motion perception. In K. L. Johnson & M. Shiffrar (Eds.), *People watching: Social, perceptual, and neurophysiological studies of body perception*. New York: Oxford University Press.

Franko, D., & Striegel-Moore, R. (2002). The role of body dissatisfaction as a risk factor for depression in adolescent girls: Are the differences Black and White? *Journal of Psychosomatic Research*, *53*, 975 – 983.

Fraser, S., Muckle, G., & Després, C. (2006, January). The relationship between lead exposure, motor function and behaviour in Inuit preschool children. *Neurotoxicology and Teratology*, *28*, 18 – 27.

Frawley, T. (2008). Gender schema and prejudicial recall: How children misre-member, fabricate, and distort gendered picture book information. *Journal of Research in Childhood Education*, *22*, 291 – 303.

Frazier, L. M., Grainger, D. A., Schieve, L. A., & Toner, J. P. (2004). Follicle-stimulating hormone and estradiol levels independently predict the success of assisted reproductive technology treatment. *Fertility and Sterility*, *82*, 834 – 840.

Freedman, A. M., & Ellison, S. (2004, May 6). Testosterone patch for women shows promise. *Wall Street Journal*, pp. A1, B2.

Freedman, D. G. (1979, January). Ethnic differences in babies. *Human Nature*, pp. 15 – 20.

Freeman, E., Sammel, M., & Liu, L. (2004). Hormones and menopausal status as predictors of depression in women in transition to menopause. *Archives of General Psychiatry*, *61*, 62 – 70.

Freeman, J. M. (2007). Beware: The misuse of technology and the law of unin-tended consequences. *Neurotherapeutics*, *4*, 549 – 554.

Freud, S. (1920). *A general introduction to psychoanalysis*. New York: Boni & Liveright.

Freud, S. (1922/1959). *Group psychology and the analysis of the ego*. London: Hogarth.

Frewen, A. R., Chew, E., Carter, M., Chunn, J., & Jotanovic, D. (2015). A cross-cultural exploration of parental involvement and child-rearing beliefs in Asian cultures. *Early Years: An International Journal of Research and Development*, *35*, 36 – 49.

Freyne, B., Hamilton, K., Mc Garvey, C., Shannon, B., Matthews, T. G., & Nichol-son, A. J. (2014). Sudden unexpected death study underlines risks of infants sleeping in sitting devices. *Acta Paediatrica*, *103*, e130 – e132.

Frías, M. T., Shaver, P. R., & Mikulincer, M. (2015). Measures of adult attach-ment and related constructs. In G. J. Boyle, D. H. Saklofske, G. Matthews, G. J. Boyle, D. H. Saklofske, & G. Matthews (Eds.), *Measures of personality and social psychological constructs*. San Diego, CA: Elsevier Academic Press.

Friborg, O., Barlaug, D., Martinussen, M., Rosenvinge, J. H., & Hjemdal, O. (2005). Resilience in relation to personality and intelligence. *International Journal of Methods in Psychiatric Research*, *14*, 29 – 42.

Frick, P. J., Cornell, A. H., Bodin, S. D., Dane, H. A., Barry, C. T., & Loney, B. R. (2003). Callous-unemotional traits and developmental pathways to severe conduct problems. *Developmental Psychology*, *39*, 246 – 260.

Fridlund, A. J., Beck, H. P., Goldie, W. D., & Irons, G. (2012). Little Albert: A neurologically impaired child. *History of Psychology. Accessed online*, *7-9-12*; http://psycnet. apa. org/psycinfo/2012-01974-001

Frie, R. (2014). What is cultural psychoanalysis? Psychoanalytic anthropology and the interpersonal tradition. *Contemporary Psychoanalysis*, *50*, 371 – 394.

Friedlander, L. J., Connolly, J. A., Pepler, D. J., & Craig, W. M. (2007). Biological, familial, and peer influences on dating in early adolescence. *Archives of Sexual Behavior*, *36*, 821 – 830.

Friedman, D. E. (2004). *The new economics of preschool*. Washington, DC: Early Childhood Funders' Collaborative/NAEYC.

Friedman, S., Heneghan, A., & Rosenthal, M. (2009). Characteristics of women who do not seek prenatal care and implications for prevention. *Journal of Obstetric, Gynecologic, & Neonatal Nursing: Clinical Scholarship for the Care of Women, Childbearing Families, & Newborns*, *38*, 174 – 181.

Friedrich, J. (2014). Vygotsky's idea of psychological tools. In A. Yasnitsky, R. van der Veer, M. Ferrari, A. Yasnitsky, R. van der Veer, & M. Ferrari (Eds.), *The Cambridge handbook of cultural-historical psychology*. New York: Cambridge University Press.

Fritz, G., & Rockney, R. (2004). Summary of the practice parameter for the assessment and treatment of children and adolescents with enuresis. Work Group on Quality Issues; *Journal of the American Academy of Child & Adolescent Psychiatry*, *43*, 123 – 125.

Frome, P., Alfeld, C., Eccles, J., & Barber, B. (2006, August). Why don't they want a male-dominated job? An investigation of young women who changed their occupational aspirations. *Educational Research and Evaluation*, *12*, 359 – 372.

Fry, C. L. (1985). Culture, behavior, and aging in the comparative perspective. In J. E. Birren & K. W. Schaie (Eds.), *Handbook of the psychology of aging*. New York: Van Nostrand Reinhold.

Fry, P. S., & Debats, D. L. (2010). Psychosocial resources as predictors of resil-ience and healthy longevity of older widows. In P. S. Fry & C. L. M. Keyes (Eds.), *New frontiers in resilient aging: Life-strengths and well-being in late life* (pp. 185 – 212). New York: Cambridge University Press.

Fu, X., & Heaton, T. (2008). Racial and educational homogamy: 1980 to 2000. *Sociological Perspectives*, *51*, 735 – 758.

Fu, G., Xu, F., Cameron, C., Heyman, G., & Lee, K. (2007, March). Cross-cultural differences in children's choices, categorizations, and evaluations of truths and lies. *Developmental Psychology*, *43(2)*, 278 – 293.

Fuchs, D., & Fuchs, L. S. (1994). Inclusive schools movement and the radicaliza-tion of special education reform. *Exceptional Children*, *60*, 294 – 309.

Fugate, W. N., & Mitchell, E. S. (1997). Women's images of midlife: Observa-tions from the Seattle Midlife Women's Health Study. *Health Care for Women International*, *18*, 439 – 453.

Fujisawa, T. X., & Shinohara, K. (2011). Sex differences in the recognition of emotional prosody in late childhood and adolescence. *Journal of Physiological Science*, *61*, 429 – 435.

Fulcher, M., Sutfin, E. L., & Patterson, C. J. (2008). Individual differences in gender development: Associations with parental sexual orientation, attitudes, and division of labor. *Sex Roles*, *58*, 330 – 341.

Fuligni, A. J. (1997). The academic achievement of adolescents from immigrant families: The roles of family background, attitudes, and behavior. *Child Development*, *68*, 351 – 368.

Fuligni, A. J. (2012). The intersection of aspirations and resources in the development of children from immigrant families. In C. Coll & A. Marks (Eds.), *The immigrant paradox in children and adolescents: Is becoming American a developmental risk?* Washington, DC: American Psychological Association.

Fuligni, A. J., & Fuligni, A. S. (2008). Immigrant families and the educational development of their children. In J. E. Lansford, et al (Eds.), *Immigrant families in contemporary society*. New York: Guilford Press.

Fuligni, A. J., Tseng, V., & Lam, M. (1999). Attitudes toward family obligations among American adolescents with Asian, Latin American, and European backgrounds. *Child Development*, *70*, 1030 - 1044.

Fuligni, A., & Yoshikawa, H. (2003). Socioeconomic resources, parenting, and child development among immigrant families. In M. Bornstein & R. Bradley (Eds.), *Socioeconomic status, parenting, and child development*. Mahwah, NJ: Lawrence Erlbaum.

Fuligni, A., & Zhang, W. (2004). Attitudes toward family obligation among adoles-cents in contemporary urban and rural China. *Child Development*, *75*, 180 - 192.

Funk, L. (2010). Prioritizing parental autonomy: Adult children's accounts of feel-ing responsible and supporting aging parents. *Journal of Aging Studies*, *24*, 57 - 64.

Furman, W., & Shaffer, L. (2003). The role of romantic relationships in adolescent development. In P. Florsheim (Ed.), *Adolescent romantic relations and sexual behavior: Theory, research, and practical implications*. Mahwah, NJ: Lawrence Erlbaum.

Furnham, A., & Weir, C. (1996). Lay theories of child development. *Journal of Genetic Psychology*, *157*, 211 - 226.

Furstenberg, F. F., Jr. (1996, June). The future of marriage. *American Demograph-ics*, pp. 34 - 40.

Fuso, A., Nicolia, V., Ricceri, L., Cavallaro, R. A., Isopi, E., Mangia, F., & Scarpa, S. (2012). S-adenosylmethionine reduces the progress of the Alzheimer-like features induced by B-vitamin deficiency in mice. *Neurobiology of Aging*, *33*, e1 - e16.

Gaias, L. M., R. ikk. nen, K., Komsi, N., Gartstein, M. A., Fisher, P. A., & Putnam, S. P. (2012). Cross-cultural temperamental differences in infants, children, and adults in the United States of America and Finland. *Scandinavian Journal of Psychology*, *53*, 119 - 128.

Galambos, N., Leadbeater, B., & Barker, E. (2004). Gender differences in and risk factors for depression in adolescence: A 4-year longitudinal study. *International Journal of Behavioral Development*, *28*, 16 - 25.

Gallagher, J. J. (1994). Teaching and learning: New models. *Annual Review of Psychology*, *45*, 171 - 195.

Galland, B. C., Taylor, B. J., Elder, D. E., & Herbison, P. (2012). Normal sleep patterns in infants and children: A systematic review of observational studies. *Sleep Medicine Reviews*, *16*, 213 - 222.

Gallistel, C. (2007). Commentary on Le Corre & Carey. *Cognition*, *105*, 439 - 445.

Gallup Poll. (2004). How many children? *The Gallup Poll Monthly*.

Galvao, T. F., Silva, M. T., Zimmermann, I. R., Souza, K. M., Martins, S. S., & Pereira, M. G. (2013). Pubertal timing in girls and depression: A systematic review. *Journal of Affective Disorders*, Accessed online, 1-28-14; http://www. ncbi. nlm. nih. gov/pubmed/24274962

Gamino, L. A., & Ritter, R. r. (2012). Death competence: An ethical imperative. *Death Studies*, *36*, 23 - 40.

Ganzini, L., Beer, T., & Brouns, M. (2006, September). Views on physician-assist-ed suicide among family members of Oregon cancer patients. *Journal of Pain and Symptom Management*, *32*, 230 - 236.

Garbarino, J. (2013). The emotionally battered child. In R. D. Krugman & J. E. Korbin (Eds.), C. *Henry Kempe: A 50 year legacy to the field of child abuse and neglect*. New York: Springer Science + Business Media.

Garcia, C., Bearer, E. L., & Lerner, R. M. (Eds.). (2004). *Nature and nurture: The complex interplay of genetic and environmental influences on human behavior and development*. Mahwah, NJ: Lawrence Erlbaum.

Garcia, C., & Saewyc, E. (2007). Perceptions of mental health among recently im-migrated Mexican adolescents. *Issues in Mental Health Nursing*, *28*, 37 - 54.

Garcia, H. A., McGeary, C. A., Finley, E. P., Ketchum, N. S., McGeary, D. D., & Peterson, A. L. (2015). Evidence-based treatments for PTSD and VHA provider burnout: The impact of cognitive processing and prolonged exposure thera-pies. *Traumatology*, *21*, 7 - 13.

Garcia-Moreno, C., Heise, L., Jansen, H. A. F. M., Ellsberg, M., & Watts, C. (2005, November 25). Violence against women. *Science*, *310*, 1282 - 1283.

Garcia-Portilla, M. (2009). Depression and perimenopause: A review. *Actas Espa. olas de Psiquiatría*, *37*, 231 - 321.

García-Ruiz, M., Rodrigo, M., Hernández-Cabrera, J. A., & Máiquez, M. (2013). Contribution of parents' adult attachment and separation attitudes to parent-adolescent conflict resolution. *Scandinavian Journal of Psychology*, *54*, 459 - 467.

Gardner, H. (2000). *Intelligence reframed: Multiple intelligences for the 21st century*. New York: Basic Books.

Gardner, H. (2006). *Changing minds: The art and science of changing our own and other people's minds*. *Cambridge*, MA: Harvard Business Press.

Gardner, H., & Moran, S. (2006). The science of multiple intelligences theory: A response to Lynn Waterhouse. *Educational Psychologist*, *41*, 227 - 232.

Gardner, P. (2007). Parent involvement in the college recruiting process: To what extent? *Collegiate Employment Research Institute, Michigan State University*. Research Brief 2 - 2007.

Garlick, D. (2003). Integrating brain science research with intelligence research. *Current Directions in Psychological Science*, *12*, 185 - 189.

Gartrell, N., & Bos, H. (2010). US national longitudinal lesbian family study: Psychological adjustment of 17-year-old adolescents. *Pediatrics*, *126*, 28 - 36.

Gartstein, M., Slobodskaya, H., & Kinsht, I. (2003). Crosscultural differences in temperament in the first year of life: United States of America (US) and Russia. *International Journal of Behavioral Development*, *27*, 316 - 328.

Gates, G. J. (2013, February). *LGBT parenting in the United States*. Los Angeles: The Williams Institute.

Gattringer, T., Enzinger, C., Ropele, S., Gorani, F., Petrovic, K., Schmidt, R., & Fazekas, F. (2012). Vascular risk factors, white matter hyperintensities and hippocampal volume in normal elderly individuals. *Dementia and Geriatric Cognitive Disorders*, *33* (1), 29 - 34. doi:10.1159/000336052

Gatz, M. (1997, August). Variations of depression in later life. Paper presented at the annual convention of the American Psychological Association, Chicago.

Gaulden, M. E. (1992). Maternal age effect: The enigma of Down syndrome and other trisomic conditions. *Mutation Research*, *296*, 69 - 88.

Gauthier, S., & Scheltens, P. (2009). Can we do better in developing new drugs for Alzheimer's disease? *Alzheimer's & Dementia*, *5*, 489 - 491.

Gauthier, Y. (2003). Infant mental health as we enter the third millennium: Can we prevent aggression? *Infant Mental Health Journal*, *24*, 101 - 109.

Gauvain, M. (1998). Cognitive development in social and cultural context. *Current Directions in Psychological Science*, *7*, 188 - 194.

Gavin, T., & Myers, A. (2003). Characteristics, enrollment, attendance, and drop-out patterns of older adults in beginner Tai-Chi and line-dancing programs. *Journal of Aging & Physical Activity*, *11*, 123 - 141.

Gawande, A. (2007, April 30). The way we age now. *The New Yorker*, pp. 49 - 59.

Gazmararian, J. A., Petersen, R., Spitz, A. M., Goodwin, M. M., Saltzman, L. E., & Marks, J. S. (2000). Violence and reproductive health: Current knowledge and future research directions. *Mat Child Health*, *4*, 79 - 84.

Gelman, C. R., Tompkins, C. J., & Ihara, E. S. (2014). The complexities of caregiv-ing for minority older adults: Rewards and challenges. In K. E. Whitfield, T. A. Baker, C. M. Abdou, J. L. Angel, L. A. Chadiha, K. Gerst-Emerson, . . . R. J. Thorpe (Eds.), *Handbook of minority aging*. New York: Springer Publishing Co.

Gelman, S. A., Taylor, M. G., & Nguyen, S. (2004). Mother - child conversations about gender. *Monographs of the Society for Research in Child Development*, *69*.

Genevro, J. L., & Miller, T. L. (2010). The emotional and economic costs of be-reavement in health care settings. *Psychologica Belgica*, *50*, 69 - 88.

Genovese, J. (2006). Piaget, pedagogy, and evolutionary psychology. *Evolutionary Psychology*, *4*, 127 - 137.

Gentilucci, M., & Corballis, M. (2006). From manual gesture to speech: A gradual transition. *Neuroscience & Biobehavioral Reviews*, *30*, 949 – 960.

Gerard, C. M., Harris, K. A., & Thach, B. T. (2002). Spontaneous arousals in supine infants while swaddled and unswaddled during rapid eye movement and quiet sleep. *Pediatrics*, *110*, 70.

Gerend, M., Aiken, L., & West, S. (2004). Personality factors in older women's perceived susceptibility to diseases of aging. *Journal of Personality*, *72*, 243 – 270.

Gerressu, M., Mercer, C., Graham, C., Wellings, K., & Johnson, A. (2008). Preva-lence of masturbation and associated factors in a British national probability survey. *Archives of Sexual Behavior*, *37*, 266 – 278.

Gerrish, C. J., & Mennella, J. A. (2000). Short-term influence of breastfeeding on the infants' interaction with the environment. *Developmental Psychobiology*, *36*, 40 – 48.

Gershkoff-Stowe, L., & Hahn, E. (2007). Fast mapping skills in the developing lexicon. *Journal of Speech, Language, and Hearing Research*, *50*, 682 – 696.

Gershkoff-Stowe, L., & Thelen, E. (2004). U-shaped changes in behavior: A dy-namic systems perspective. *Journal of Cognition & Development*, *5*, 88 – 97.

Gershoff, E. T. (2002). Parental corporal punishment and associated child be-haviors and experiences: A meta-analytic and theoretical review. *Psychological Bulletin*, *128*, 539 – 579.

Gershoff, E. T., Lansford, J. E., Sexton, H. R., Davis-Kean, P., & Sameroff, A. J. (2012). Longitudinal links between spanking and children's externalizing behaviors in a national sample of White, Black, Hispanic, and Asian American families. *Child Development*, *83(3)*, 838 – 843.

Gerstorf, D., Ram, N., Estabrook, R., Schupp, J., Wagner, G., & Lindenberger, U. (2008). Life satisfaction shows terminal decline in old age: Longitudinal evidence from the German Socio-Economic Panel Study (SOEP). *Developmental Psychology*, *44*, 1148 – 1159.

Gervain, J., Macagno, F., Cogoi, S., Pe. a, M., & Mehler, J. (2008). The neonate brain detects speech structure. *PNAS Proceedings of the National Academy of Sciences of the United States of America*, *105*, 14222 – 14227.

Gesell, A. L. (1946). The ontogenesis of infant behavior. In L. Carmichael (Ed.), *Manual of child psychology.* New York: Harper.

Geurts, T., van Tilburg, T. G., & Poortman, A. (2012). The grandparent-grand-child relationship in childhood and adulthood: A matter of continuation? *Personal Relationships*, *19*, 267 – 278.

Gfellner, B. M., & Armstrong, H. D. (2013). Racial-ethnic identity and adjust-ment in Canadian indigenous adolescents. *The Journal of Early Adolescence*, *33*, 635 – 662.

Ghazi, A., Henis-Korenblit, S., & Kenyon, C. (2009). A transcription elongation factor that links signals from the reproductive system to lifespan extension in Caenorhabditis elegans. *PLoS Genetics*, *5*, 71 – 77.

Ghetti, S., & Angelini, L. (2008). The development of recollection and familiarity in childhood and adolescence: Evidence from the dual-process signal detec-tion model. *Child Development*, *79*, 339 – 358.

Ghisletta, P., Rabbitt, P., Lunn, M., & Lindenberger, U. (2012). Two thirds of the age-based changes in fluid and crystallized intelligence, perceptual speed, and memory in adulthood are shared. *Intelligence*, *40*, 260 – 268.

Ghule, M., Balaiah, D., & Joshi, B. (2007). Attitude towards premarital sex among rural college youth in Maharashtra, India. *Sexuality & Culture*, *11*, 1 – 17.

Gibbs, N. (2002, April 15). Making time for a baby. *Time*, pp. 48 – 54.

Gibson, E. J., & Walk, R. D. (1960). The "visual cliff." *Scientific American*, *202*, 64 – 71.

Gidron, Y., Russ, K., Tissarchondou, H., & Warner, J. (2006, July). The relation between psychological factors and DNA-damage: A critical review. *Biological Psychology*, *72*, 291 – 304.

Giedd, J. N. (2012). The digital revolution and adolescent brain evolution. *Journal of Adolescent Health*, *51*, 101 – 105.

Gifford-Smith, M., & Brownell, C. (2003). Childhood peer relationships: Social acceptance, friendships, and peer networks. *Journal of School Psychology*, *41*, 235 – 284.

Gilbert, L. A. (1994). Current perspectives on dual-career families. *Current Directions in Psychological Science*, *3*, 101 – 105.

Gillies, R. M. (2014). Developments in cooperative learning: Review of research. *Anales De Psicología*, *30*, 792 – 801.

Gilligan, C. (1982). *In a different voice: Psychological theory and women's develop-ment.* Cambridge, MA: Harvard University Press.

Gilligan, C. (1987). Adolescent development reconsidered. In C. E. Irwin (Ed.), *Adolescent social behavior and health.* San Francisco: Jossey-Bass.

Gilligan, C. (2004). Recovering psyche: Reflections on life-history and history. *Annual of Psychoanalysis*, *32*, 131 – 147.

Gilligan, C., Lyons, N. P., & Hammer, T. J. (Eds.). (1990). *Making connections. Cambridge*, MA: Harvard University Press.

Gilmore, C. K., & Spelke, E. S. (2008). Children's understanding of the relation-ship between addition and subtraction. *Cognition*, *107*, 932 – 945.

Gillmore, M., Gilchrist, L., Lee, J., & Oxford, M. (2006, August). Women who gave birth as unmarried adolescents: Trends in substance use from adoles-cence to adulthood. *Journal of Adolescent Health*, *39*, 237 – 243.

Ginzberg, E. (1972). Toward a theory of occupational choice: A restatement. *Vocational Guidance Quarterly*, *12*, 10 – 14.

Gitlin, L., Reever, K., Dennis, M., Mathieu, E., & Hauck, W. (2006, October). Enhancing quality of life of families who use adult day services: Short- and long-term effects of the Adult Day Services Plus Program. *The Gerontologist*, *46*, 630 – 639.

Gitto, E., Aversa, S., Salpietro, C., Barberi, I., Arrigo, T., Trimarchi, G., & Pellegri-no, S. (2012). Pain in neonatal intensive care: Role of melatonin as an analgesic antioxidant. *Journal of Pineal Research: Molecular, Biological, Physiological and Clinical Aspects of Melatonin*, *52*, 291 – 295.

Glaser, D. (2012). Effects of child maltreatment on the developing brain. In M. Garralda & J. Raynaud (Eds.), *Brain, mind, and developmental psychopathology in childhood.* Lanham, MD: Jason Aronson.

Glasgow, K. L., Dornbusch, S. M., Troyer, L., Steinberg, L., & Ritter, P. L. (1997). Parenting styles, adolescents' attributions, and educational outcomes in nine heterogeneous high schools. *Child Development*, *68*, 507 – 529.

Glatt, S., Chayavichitsilp, P., Depp, C., Schork, N., & Jeste, D. (2007). Successful aging: From phenotype to genotype. *Biological Psychiatry*, *62*, 282 – 293.

Gleason, J. B., Perlmann, R. U., Ely, R., & Evans, D. W. (1994). The babytalk regis-ter: Parents' use of diminutives. In J. L. Sokolov & C. E. Snow (Eds.), *Handbook of research in language development using CHILDES.* Mahwah, NJ: Lawrence Erlbaum.

Gleason, M., Iida, M., & Bolger, N. (2003). Daily supportive equity in close rela-tionships. *Personality & Social Psychology Bulletin*, *29*, 1036 – 1045.

Gleick, E., Reed, S., & Schindehette, S. (1994, October 24). The baby trap. *People Weekly*, pp. 38 – 56.

Glick, P., & Fiske, S. T. (2012). An ambivalent alliance: Hostile and benevolent sexism as complementary justifications for gender inequality. In J. Dixon & M. Levine (Eds.), *Beyond prejudice: Extending the social psychology of conflict, inequal-ity and social change.* New York: Cambridge University Press.

Gliga, T., Elsabbagh, M., Andravizou, A., & Johnson, M. (2009). Faces attract infants' attention in complex displays. *Infancy*, *14*, 550 – 562.

Glina, S., Cohen, D. J., & Vieira, M. (2014). Diagnosis of erectile dysfunction. *Current Opinion in Psychiatry*, *27*, 394 – 399.

Gluhoski, V., Leader, J., & Wortman, C. B. (1994). Grief and bereavement. In V. S. Ramachandran (Ed.), *Encyclopedia of human behavior.* San Diego: Academic Press.

Glynn, L. M., & Sandman, C. A. (2014). Evaluation of the association between placental corticotrophin-releasing hormone and postpartum depressive symp-toms. *Psychosomatic Medicine*, *76*, 355 – 362.

Goble, M. M. (2008). Medical and psychological complications of obesity. In H. D. Davies, et al. (Eds.), *Obesity in childhood and adolescence, Vol 1: Medical, biological, and social issues.* Westport, CT: Praeger Publishers/Greenwood Publishing.

Goede, I., Branje, S., & Meeus, W. (2009). Developmental

changes in adolescents' perceptions of relationships with their parents. *Journal of Youth and Adolescence*, *38*, 75 – 88.

Goetz, A., & Shackelford, T. (2006). Modern application of evolutionary theory to psychology: Key concepts and clarifications. *American Journal of Psychology*, *119*, 567 – 584.

Goldberg, A. E. (2004). But do we need universal grammar? Comment on Lidz et al. *Cognition*, *94*, 77 – 84.

Goldfarb, Z. (2005, July 12). Newborn medical screening expands. *Wall Street Journal*, p. D6.

Goldfield, G. S. (2012). Making access to TV contingent on physical activity: Effects on liking and relative reinforcing value of TV and physical activity in overweight and obese children. *Journal of Behavioral Medicine*, *35*, 1 – 7.

Goldman, D., & Domschke, K. (2014). Making sense of deep sequencing. *International Journal of Neuropsychopharmacology*, *17*, 1717 – 1725.

Goldney, R. D. (2012). Neither euthanasia nor suicide, but rather assisted death. *Australian and New Zealand Journal of Psychiatry*, *46*, 185 – 187.

Goldscheider, F. K. (1994). Divorce and remarriage: Effects on the elderly population. *Reviews in Clinical Gerontology*, *4*, 253 – 259.

Goldschmidt, L., Richardson, G., Willford, J., & Day, N. (2008). Prenatal marijua-na exposure and intelligence test performance at age 6. *Journal of the American Academy of Child & Adolescent Psychiatry*, *47*, 254 – 263.

Goldsmith, L. T. (2000). Tracking trajectories of talent: Child prodigies growing up. In R. C. Friedman, B. M. Shore et al. (Eds.), *Talents unfolding: Cognition and development.* Washington, DC: American Psychological Association.

Goldstein, S., & Brooks, R. B. (2013). *Handbook of resilience in children* (2nd ed.). New York: Springer Science + Business Media.

Goleman, D. (1995). *Emotional intelligence.* New York: Bantam.

Golombok, S., Golding, J., Perry, B., Burston, A., Murray, C., Mooney-Somers, J., & Stevens, M. (2003). Children with lesbian parents: A community study. *Developmental Psychology*, *39*, 20 – 33.

Golombok, S., & Tasker, F. (1996). Do parents influence the sexual orientation of their children? Findings from a longitudinal study of lesbian families. *Developmental Psychology*, *32*, 3 – 11.

G. ncü, A., & Gauvain, M. (2012). Sociocultural approaches to educational psychology: Theory, research, and application. In K. R. Harris, S. Graham, T. Urdan, C. B. McCormick, G. M. Sinatra, & J. Sweller (Eds.), *APA educational psychology handbook, Vol 1: Theories, constructs, and critical issues.* Washington, DC: American Psychological Association.

Gondolf, E. W. (1985). Fighting for control: A clinical assessment of men who batter. *Social Casework*, *66*, 48 – 54.

Goode, E. (1999, January 12). Clash over when, and how, to toilet-train. *New York Times*, pp. A1, A17.

Goode, E. (2004, February 3). Stronger warning is urged on antidepressants for teenagers. *New York Times*, p. A12.

Goodlin-Jones, B. L., Burnham, M. M., & Anders, T. F. (2000). Sleep and sleep disturbances: Regulatory processes in infancy. In A. J. Sameroff, M. Lewis et al. (Eds.), *Handbook of developmental psychopathology* (2nd ed.). New York: Kluwer Academic/Plenum Publishers.

Goodman, G., & Quas, J. (2008). Repeated interviews and children's memory: It's more than just how many. *Current Directions in Psychological Science*, *17*, 386 – 390.

Goodman, J. S., Fields, D. L., & Blum, T. C. (2003). Cracks in the glass ceiling: In what kinds of organizations do women make it to the top? *Group & Organiza-tion Management*, *28*, 475 – 501.

Goodwin, M. H. (1990). Tactical uses of stories: Participation frameworks within girls' and boys' disputes. *Discourse Processes*, *13*, 33 – 71.

Goold, S. D., Williams, B., & Arnold, R. M. (2000). Conflicts regarding decisions to limit treatment: A differential diagnosis. *JAMA: The Journal of the American Medical Association*, *283*, 909 – 914.

Goorabi, K., Hoseinabadi, R., & Share, H. (2008). Hearing aid effect on elderly depression in nursing home patients. *Asia Pacific Journal of Speech, Language, and Hearing*, *11*, 119 – 124.

Gopinath, B., Schneider, J., Hickson, L., McMahon, C. M., Burlutsky, G., Leeder, S. R., & Mitchell, P. (2012). Hearing handicap, rather than measured hearing impairment, predicts poorer quality of life over 10 years in older adults. *Maturitas*, *72*, 146 – 151.

Gopnik, A. (2010, July). How babies think. *Scientific American*, pp. 76 – 81.

Gopnik, A. (2012, January 28). What's wrong with the teenage mind? *Wall Street Journal*, C1 – C2.

Gopnik, A., Meltzoff, A. N., & Kuhl, P. K. (2002). *The scientist in the crib: What early learning tells us about the mind.* New York: HarperCollins.

Gorchoff, S., John, O., & Helson, R. (2008). Contextualizing change in marital satisfaction during middle age: An 18-year longitudinal study. *Psychological Science*, *19*, 1194 – 1200.

Gordon, I., Voos, A. C., Bennett, R. H., Bolling, D. Z., Pelphrey, K. A., & Kaiser, M. D. (2013). Brain mechanisms for processing affective touch. *Human Brain Mapping*, *34*, 914 – 922.

Gordon, N. (2007). The cerebellum and cognition. *European Journal of Paediatric Neurology*, *30*, 214 – 220.

Gorman, A. (2010, January 7). UCLA study says legalizing undocumented im-migrants would help the economy. *Los Angeles Times.*

Gormley, W. T., Jr., Gayer, T., Phillips, D., & Dawson, B. (2005). The effects of uni-versal pre-K on cognitive development. *Developmental Psychology*, *41*, 872 – 884.

Gostin, L. (2006, April). Physician-assisted suicide A legitimate medical practice? *JAMA: The Journal of the American Medical Association*, *295*, 1941 – 1943.

Gottfried, A., Gottfried, A., & Bathurst, K. (2002). Maternal and dual-earner employment status and parenting. In M. Bornstein (Ed.), *Handbook of parenting: Vol. 2: Biology and ecology of parenting.* Mahwah, NJ: Lawrence Erlbaum.

Gottlieb, G., & Blair, C. (2004). How early experience matters in intellectual development in the case of poverty. *Preventive Science*, *5*, 245 – 252.

Gould, R. L. (1978). *Transformations: Growth and change in adult life.* New York: Simon & Schuster.

Gould, R. L. (1980). Transformations During Adult Years. In R. Smelzer and E. Erickson (Eds.), *Themes of Love and Work in Adulthood*, Cambridge, Massachu-setts: Harvard University Press.

Gould, S. J. (1977). *Ontogeny and phylogeny.* Cambridge, MA: Harvard University Press.

Gow, A., Pattie, A., Whiteman, M., Whalley, L., & Deary, I. (2007). Social support and successful aging: Investigating the relationships between lifetime cogni-tive change and life satisfaction. *Journal of Individual Differences*, *28*, 103 – 115.

Goyette-Ewing, M. (2000). Children's after-school arrangements: A study of self-care and developmental outcomes. *Journal of Prevention & Intervention in the Community*, *20*, 55 – 67.

Grabner, R. H., Neubauer, A., C., & Stern, E. (2006). Superior performance and neural efficiency: The impact of intelligence and expertise. *Brain Research Bulletin*, *69*, 422 – 439.

Graddol, D. (2004, February 27). The future of language. *Science*, *303*, 1329 – 1331.

Grady, D. (2006, November). Management of menopausal symptoms. *New England Journal of Medicine*, *355*, 2338 – 2347.

Grady, D. (2009, November 2). Quandary with mammograms: Get a screening, or just skip it? *The New York Times*, p. D1.

Graf Estes, K. (2014). Learning builds on learning: Infants' use of native lan-guage sound patterns to learn words. *Journal of Experimental Child Psychology*, *126*, 313 – 327.

Graham, I., Carroli, G., Davies, C., & Medves, J. (2005). Episiotomy rates around the world: An update. *Birth: Issues in Perinatal Care*, *32*, 219 – 223.

Graham, J. E., Christian, L. M., & Kiecolt-Glaser, J. K. (2006). Stress, age, and immune function: Toward a lifespan approach. *Journal of Behavioral Medicine*, *29*, 389 – 402.

Graham, S. (1990). Communicating low ability in the classroom: Bad things good teachers sometimes do. In S. Graham & V. S. Folkes (Eds.), *Attribu-tion theory: Applications to achievement, mental health, and interpersonal conflict.* Hillsdale, NJ: Lawrence Erlbaum.

Graham, S. (1994). Motivation in African Americans. *Review of Educational Research*, *64*, 55 – 117.

Graham, S. A., Nilsen, E., Mah, J. T., Morison, S., MacLean,

K., Fisher, L., & . . . Ames, E. (2014). An examination of communicative interactions of children from Romanian orphanages and their adoptive mothers. *Canadian Journal of Behavioural Science / Revue Canadienne Des Sciences Du Comportement*, *46*, 9 – 19.

Grall, T. S. (2009). *Custodial mothers and fathers and their child support: 2007.* Wash-ington, DC: U. W. Department of Commerce.

Granek, L., Barrera, M., Scheinemann, K., & Bartels, U. (2015). When a child dies: Pediatric oncologists' follow-up practices with families after the death of their child. *Psycho-Oncology.* Accessed online, 4-2-15; http://www.ncbi.nlm.nih.gov/pubmed/25707675

Granic, I., Hollenstein, T., & Dishion, T. (2003). Longitudinal analysis of flex-ibility and reorganization in early adolescence: A dynamic systems study of family interactions. *Developmental Psychology*, *39*, 606 – 617.

Granic, I., Lobel, A., & Engels, R. E. (2014). The benefits of playing video games. *American Psychologist*, *69*, 66 – 78.

Grant, C., Wall, C., Brewster, D., Nicholson, R., Whitehall, J., Super, L., et al. (2007). Policy statement on iron deficiency in pre-school-aged children. *Journal of Paediatrics and Child Health*, *43*, 513 – 521.

Grattan, M. P., DeVos, E. S., Levy, J., & McClintock, M. K. (1992). Asymmetric ac-tion in the human newborn: Sex differences in patterns of organization. *Child Development*, *63*, 273 – 289.

Gray, C., Ferguson, J., Behan, S., Dunbar, C., Dunn, J., & Mitchell, D. (2007, March). Developing young readers through the linguistic phonics approach. *International Journal of Early Years Education*, *15*, 15 – 33.

Gray, E. (2013, September 30). This is not a cigarette. *Time*, pp. 38 – 46.

Gray-Little, B., & Hafdahl, A. R. (2000). Factors influencing racial comparisons of self-esteem: A quantitative review. *Psychological Bulletin*, *126*, 26 – 54.

Gredeb. ck, G., Eriksson, M., Schmitow, C., Laeng, B., & Stenberg, G. (2012). Individual differences in face processing: Infants' scanning patterns and pupil dilations are influenced by the distribution of parental leave. *Infancy*, *17*, 79 – 101.

Gredler, M. E. (2012). Understanding Vygotsky for the classroom: Is it too late? *Educational Psychology Review*, *24*, 113 – 131.

Gredler, M. E., & Shields, C. C. (2008). *Vygotsky's legacy: A foundation for research and practice.* New York: Guilford Press.

Green, C. S., & Bavelier, D. (2012). Learning, attentional control, and action video games. *Current Biology*, *22*, 197 – 206.

Green, M. H. (1995). Influences of job type, job status, and gender on achieve-ment motivation. *Current Psychology: Developmental, Learning, Personality, Social*, *14*, 159 – 165.

Green, M., DeCourville, N., & Sadava, S. (2012). Positive affect, negative affect, stress, and social support as mediators of the forgiveness-health relationship. *The Journal of Social Psychology*, *152*, 288 – 307.

Greenberg, J. (2012). Psychoanalysis in North America after Freud. In G. O. Gab-bard, B. E. Litowitz, & P. Williams (Eds.), *Textbook of psychoanalysis* (2nd ed.). Arlington, VA: American Psychiatric Publishing, Inc.

Greenberg, L., Cwikel, J., & Mirsky, J. (2007, January). Cultural correlates of eating attitudes: A comparison between native-born and immigrant university students in Israel. *International Journal of Eating Disorders*, *40*, 51 – 58.

Greene, K., Krcmar, M., Walters, L. H., Rubin, D. L., & Hale, J. L. (2000). Target-ing adolescent risk-taking behaviors: The contribution of egocentrism and sensation-seeking. *Journal of Adolescence*, *23*, 439 – 461.

Greene, M. M., Patra, K., Silvestri, J. M., & Nelson, M. N. (2013). Re-evaluating preterm infants with the Bayley-III: Patterns and predictors of change. *Research in Developmental Disabilities*, *34* (7), 2107 – 2117.

Greene, S., Anderson, E., & Hetherington, E. (2003). Risk and resilience after divorce. In F. Walsh (Ed.), *Normal family processes: Growing diversity and com-plexity.* New York: Guilford Press.

Greenway, C. (2002). The process, pitfalls and benefits of implementing a recip-rocal teaching intervention to improve the reading comprehension of a group of year 6 pupils. *Educational Psychology in Practice*, *18*, 113 – 137.

Greenwood, D., & Isbell, L. (2002). Ambivalent sexism and the dumb blonde: Men's and women's reactions to sexist jokes. *Psychology of Women Quarterly*, *26*, 341 – 350.

Gregory, K. (2005). Update on nutrition for preterm and full-term infants. *Journal of Obstetrics and Gynecological Neonatal Nursing*, *34*, 98 – 108.

Gregory, S. (1856). *Facts for young women.* Boston.

Grey, I. K., & Yates, T. M. (2014). Preschoolers' narrative representations and childhood adaptation in an ethnoracially diverse sample. *Attachment & Human Development*, *16*, 613 – 632.

Grierson, B. (2014, October 26). The thought that counts. *The New York Times Sunday Magazine*, p. MM52.

Grigorenko, E. (2003). Intraindividual fluctuations in intellectual functioning: Selected links between nutrition and the mind. In R. Sternberg & J. Lautrey (Eds.), *Models of intelligence: International perspectives.* Washington, DC: Ameri-can Psychological Association.

Grigorenko, E., Jarvin, L., Diffley, R., Goodyear, J., Shanahan, E., & Sternberg, R. (2009). Are SSATS and GPA enough? A theory-based approach to predicting aca-demic success in secondary school. *Journal of Educational Psychology*, *101*, 964 – 981.

Gr. nh. j, A., & Th. gersen, J. (2012). Action speaks louder than words: The effect of personal attitudes and family norms on adolescents' pro-environmental behaviour. *Journal of Economic Psychology*, *33*, 292 – 302.

Groome, L. J., Swiber, M. J., Atterbury, J. L., Bentz, L. S., & Holland, S. B. (1997). Similarities and differences in behavioral state organization during sleep peri-ods in the perinatal infant before and after birth. *Child Development*, *68*, 1 – 11.

Gross, R. T., Spiker, D., & Haynes, C. W. (Eds.). (1997). *Helping low-birthweight, premature babies: The Infant Health and Development Program.* Stanford, CA: Stanford University Press.

Grossman, K. E., Grossmann, K., & Waters, E. (Eds.). (2005). *Attachment from infancy to adulthood: The major longitudinal studies.* New York: Guilford Press.

Grossmann, K. E., Grossmann, K., Huber, F., & Wartner, U. (1982). German children's behavior towards their mothers at 12 months and their fathers at 18 months in Ainsworth's Strange Situation. *International Journal of Behavioral Development*, *4*, 157 – 181.

Grossmann, T., Striano, T., & Friederici, A. (2006, May). Crossmodal integration of emotional information from face and voice in the infant brain. *Developmen-tal Science*, *9*, 309 – 315.

Grunbaum, J. A., Kann, L., Kinchen, S. A., Williams, B., Ross, J. G., Lowry, R., & Kolbe, L. (2002). *Youth risk behavior surveillance—United States, 2001.* Atlanta, GA: Centers for Disease Control.

Grunbaum, J. A., Lowry, R., & Kann, L. (2001). Prevalence of health-related behaviors among alternative high school students as compared with students attending regular high schools. *Journal of Adolescent Health*, *29*, 337 – 343.

Grundy, E., & Henretta, J. (2006, September). Between elderly parents and adult children: A new look at the intergenerational care provided by the "sandwich generation." *Ageing & Society*, *26*, 707 – 722.

Grych, J. H., & Clark, R. (1999). Maternal employment and development of the father – infant relationship in the first year. *Developmental Psychology*, *35*, 893 – 903.

Guadalupe, K. L., & Welkley, D. L. (2012). *Diversity in family constellations: Impli-cations for practice.* Chicago: Lyceum Books.

Guarente, L. (2006, December 14). Sirtuins as potential targets for metabolic syndrome. *Nature*, *14*, 868 – 874.

Guasti, M. T. (2002). *Language acquisition: The growth of grammar.* Cambridge, MA: MIT Press.

Guerrero, A., Hishinuma, E., Andrade, N., Nishimura, S., & Cunanan, V. (2006, July). Correlations among socioeconomic and family factors and academic, behavioral, and emotional difficulties in Filipino adolescents in Hawaii. *Inter-national Journal of Social Psychiatry*, *52*, 343 – 359.

Guerrini, I., Thomson, A., & Gurling, H. (2007). The importance of alcohol misuse, malnutrition and genetic susceptibility on brain growth and plasticity. *Neuroscience & Biobehavioral Reviews*, *31*, 212 – 220.

Guggenmos, E. (2015, February 19). *Some say prenatal tests aren't as accurate as believed.* Accessed online, 3-18-15; http://wivb.com/2015/02/19/some-say-prenatal-tests-arent-as-accurate-as-believed/

Guilamo-Ramos, V., Lee, J. J., Kantor, L. M., Levine, D. S., Baum, S., & Johnsen, J. (2015). Potential for using online and mobile education with parents and ado-lescents to impact sexual and reproductive health. *Prevention Science*, *16*, 53 – 60.

Guinsburg, R., de Araújo Peres, C., Branco de Almeida, M. F., Xavier Balda, R., Bereguel, R. C., Tonelotto, J., & Kopelman, B. I. (2000). *Differences in pain expression between male and female newborn infants. Pain*, *85*, 127 – 133.

Gump, L. S., Baker, R. C., & Roll, S. (2000). Cultural and gender differences in moral judgment: A study of Mexican Americans and Anglo-Americans. *Hispanic Journal of Behavioral Sciences*, *22*, 78 – 93.

Gupta, R., Pascoe, J., Blanchard, T., Langkamp, D., Duncan, P., Gorski, P., et al. (2009). Child health in child care: A multistate survey of Head Start and non – Head Start child care directors. *Journal of Pediatric Health Care*, *23*, 143 – 149.

Gura, T. (2014). Nature's first functional food. *Science*, *345*, 747 – 749.

Gure, A., Ucanok, Z., & Sayil, M. (2006). The associations among perceived pubertal timing, parental relations and self-perception in Turkish adolescents. *Journal of Youth and Adolescence*, *35*, 541 – 550.

Gutek, G. L. (2003). Maria Montessori: Contributions to educational psychology. In B. J. Zimmerman (Ed.), *Educational psychology: A century of contributions.* Mahwah, NJ: Lawrence Erlbaum.

Guterl, F. (2002, November 11). What Freud got right. *Newsweek*, pp. 50 – 51.

Gutnick, A. L., Robb, M., Takeuchi, L., & Kotler, J. (2010, March 10). *Always con-nected: the new digital media habits of young children.* New York: The Joan Ganz Cooney Center

Guttmacher Institute. (2012, February). *Facts on American Teens' Sexual and Repro-ductive Health.* New York: Guttmacher Institute.

Guttman, M. (1997, May 16 – 18). Are you losing your mind? *USA Weekend*, pp. 4 – 5.

Guttmann, J., & Rosenberg, M. (2003). Emotional intimacy and children's adjustment: A comparison between single-parent divorced and intact families. *Educational Psychology*, *23*, 457 – 472.

Guzzo, K. (2009). Marital intentions and the stability of first cohabitations. *Journal of Family Issues*, *30*, 179 – 205.

Haas-Thompson, T., Alston, P., & Holbert, D. (2008). The impact of education and death-related experiences on rehabilitation counselor attitudes toward death and dying. *Journal of Applied Rehabilitation Counseling*, *39*, 20 – 27.

Haber, D. (2006). Life review: Implementation, theory, research, and therapy. *International Journal of Aging & Human Development*, *63*, 153 – 171.

Habersaat, S., Pierrehumbert, B., Forcada-Guex, M., Nessi, J., Ansermet, F., Müller-Nix, C., & Borghini, A. (2014). Early stress exposure and later cortisol regulation: Impact of early intervention on mother – infant relationship in preterm infants. *Psychological trauma: Theory, research, practice, and policy*, *6*, 457 – 464.

Haddock, S., & Rattenborg, K. (2003). Benefits and challenges of dual-earning: Perspectives of successful couples. *American Journal of Family Therapy*, *31*, 325 – 344.

Haeffel, G., Getchell, M., Koposov, R., Yrigollen, C., DeYoung, C., af Klinteberg, B., et al. (2008). Association between polymorphisms in the dopamine trans-porter gene and depression: Evidence for a gene-environment interaction in a sample of juvenile detainees. *Psychological Science*, *19*, 62 – 69.

Hagan-Burke, S., Coyne, M. D., Kwok, O., Simmons, D. C., Kim, M., Simmons, L. E., & . . . McSparran Ruby, M. (2013). The effects and interactions of student, teacher, and setting variables on reading outcomes for kindergarteners receiving supplemental reading intervention. *Journal of Learning Disabilities*, *46*, 260 – 277.

Hagerty, R. G., Butow, P. N., Ellis, P. A., Lobb, E. A., Pendlebury, S., Leighl, N., Goldstein, D., Lo, S. K., & Tattersall, M. H. (2004). Cancer patient preferences for communication of prognosis in the metastatic setting. *Journal of Clinical Oncology*, *22*, 1721 – 1730.

Hahn, E. A., & Lachman, M. E. (2015). Everyday experiences of memory problems and control: The adaptive role of selective optimization with compensation in the context of memory decline. *Aging, Neuropsychology, and Cognition*, *22*, 25 – 41.

Hahn, E., Gottschling, J., & Spinath, F. M. (2012). Short measurements of person-ality—Validity and reliability of the GSOEP Big Five Inventory (BFI-S). *Journal of Research in Personality*, *46*, 355 – 359.

Haight, B. K. (1991). Psychological illness in aging. In E. M. Baines (Ed.), *Perspec-tives on gerontological nursing.* Newbury Park, CA: Sage Publications.

Haith, M. H. (1986). Sensory and perceptual processes in early infancy. *Journal of Pediatrics*, *109(1)*, 158 – 171.

Haith, M. H. (1991, April). Setting a path for the 90s: Some goals and challenges in infant sensory and perceptual development. Paper presented at the biennial meeting of the Society for Research in Child Development, Seattle, WA.

Hakim, D. (2015, July 1). U. S. Chamber Travels the World, Fighting Curbs on Smoking. *The New York Times*, p. A1.

Haleem, M., Barton, K., Borges, G., Crozier, A., & Anderson, A. (2008). Increas-ing antioxidant intake from fruits and vegetables: Practical strategies for the Scottish population. *Journal of Human Nutrition and Dietetics*, *21*, 539 – 546.

Halgunseth, L. C., Ispa, J. M., & Rudy, D. (2006). Parental control in Latino fami-lies: An integrated review of the literature. *Child Development*, *77*, 1282 – 1297.

Halim, M. L, Ruble, D. N., & Tamis-LeMonda, C. S. (2013). Four-year-olds' be-liefs about how others regard males and females. *British Journal of Developmen-tal Psychology*, *31*, 128 – 135.

Halim, M. L., Ruble, D. N., Tamis-LeMonda, C. S., Zosuls, K. M., Lurye, L. E., & Greulich, F. K. (2014). Pink frilly dresses and the avoidance of all things "girly": Children's appearance rigidity and cognitive theories of gender devel-opment. *Developmental Psychology*, *50*, 1091 – 1101.

Hall, E. G., & Lee, A. M. (1984). Sex differences in motor performance of young children: Fact or fiction? *Sex Roles*, *10*, 217 – 230.

Hall, J. J., Neal, T., & Dean, R. S. (2008). Lateralization of cerebral functions. In A. M. McNeil & D. Wedding (Eds.), *The neuropsychology handbook* (3rd ed.). New York: Springer Publishing.

Hall, R. E., & Rowan, G. T. (2003). Identity development across the lifespan: Alternative model for biracial Americans. *Psychology and Education: An Inter-disciplinary Journal*, *40*, 3 – 12.

Hall, R. S., Hoffenkamp, H. N., Tooten, A., Braeken, J., Vingerhoets, A. M., & Bakel, H. A. (2014). Child-rearing history and emotional bonding in parents of preterm and full-term infants. *Journal of Child and Family Studies.* Accessed online, 3-14-15; http://link. springer. com/article/10. 1007% 2Fs10826-014-9975-7#page-2

Hallett, R. E., & Barber, K. (2014). Ethnographic research in a cyber era. *Journal of Contemporary Ethnography*, *43*, 306 – 330.

Halpern, D. F. (2014). It's complicated—in fact, it's complex: Explaining the gender gap in academic achievement in science and mathematics. *Psychological Science in the Public Interest*, *15*, 72 – 74.

Hamilton, B. E., Martin, J. A., & Ventura, S. J. (2009). Washington, DC:

Hamilton, B. E., Martin, J. A., Ventura, S. J. (2011). *Births: Preliminary data for 2010.* National vital statistics reports; vol 60 no 2. Hyattsville, MD: National Center for Health Statistics.

Hamilton, B. S., & Ventura, S. J. (2012, April). Birth rates for U. S. teenagers reach historic lows for all age and ethnic groups. *NCHS Data Brief, No. 89.* Washing-ton, DC: National Center for Health Statistics.

Hamilton, G. (1998). Positively testing. *Families in Society*, *79*, 570 – 576.

Hamlet, H. S., & Herrick, M. (2014). Career challenges in midlife and beyond. In G. T. Eliason, T. Eliason, J. L. Samide, J. Patrick, G. T. Eliason, T. Eliason, . . . J. Patrick (Eds.), *Career development across the lifespan: Counseling for commu-nity, schools, higher education, and beyond.* Charlotte, NC: IAP Information Age Publishing.

Hamlin, J. K., & Wynn, K. (2011). Young infants prefer prosocial to antisocial others. *Cogntive Development*, *26*, 30 – 39.

Hamlin, J. K., Wynn, K., & Bloom, P. (2010). Three-month-olds show a negativity bias in their social evaluations. *Developmental Science*, *13*, 923 – 929.

Hamlin, J. K., Wynn, K, Bloom, P., & Mahajan, N. (2011). How infants and tod-dlers react to antisocial others. *Proceedings of the National Academy of Sciences*, *108*, 19931 – 19936.

Hamon, R. R., & Blieszner, R. (1990). Filial responsibility expectations among adult child – older parent pairs. *Journal of Gerontology*, *45*, 110 – 112.

Hamon, R. R., & Ingoldsby, B. B. (Eds.). (2003). *Mate selection across cultures.* Thousand Oaks, CA: Sage Publications.

Hane, A., Feldstein, S., & Dernetz, V. (2003). The relation between coordinated interpersonal timing and maternal sensitivity in four-month-old infants. *Journal of Psycholinguistic Research*, *32*, 525 – 539.

Hansen, C., Konradsen, H., Abrahamsen, B., & Pedersen, B. D. (2014). Women's experiences of their osteoporosis diagnosis at the time of diagnosis and 6 months later: A phenomenological hermeneutic study. *International Journal of Qualitative Studies on Health and Well-Being.* Accessed online, 3-31-15; http://www.ncbi.nlm.nih.gov/pubmed/24559545

Hanson, D. R., & Gottesman, I. I. (2005). Theories of schizophrenia: A genetic-inflammatory-vascular synthesis. *BMC Medical Genetics*, *6*, *7*.

Hanson, J. D. (2012). Understanding prenatal health care for American Indian women in a northern plains tribe. *Journal of Transcultural Nursing*, *23*, 29 – 37.

Hanson, R., & Hayslip, B. (2000). Widowhood in later life. In J. Harvey & E. Miller (Eds.), *Loss and trauma: General and close relationship perspectives.* New York: Brunner-Routledge.

Harden, K., Turkheimer, E., & Loehlin, J. (2007). Genotype by environment interaction in adolescents' cognitive aptitude. *Behavior Genetics*, *37*, 273 – 283.

Hardy, L. T. (2007). Attachment theory and reactive attachment disorder: Theoretical perspectives and treatment implications. *Journal of Child and Adolescent Psychiatric Nursing*, *20*, 27 – 39.

Hardy, S., & Grogan, S. (2009). Preventing disability through exercise: Investigat-ing older adults' influences and motivations to engage in physical activity. *Journal of Health Psychology*, *14*, 1036 – 1046.

Hare, T. A., Tottenham, N., Galvan, A., & Voss, H. U. (2008). Biological substrates of emotional reactivity and regulation in adolescence during an emotional go-nogo task. *Biological Psychiatry*, *63*, 927 – 934.

Hareli, S., & Hess, U. (2008). When does feedback about success at school hurt? The role of causal attributions. *Social Psychology of Education*, *11*, 259 – 272.

Harlow, H. F., & Zimmerman, R. R. (1959). Affectional responses in the infant monkey. *Science*, *130*, 421 – 432.

Harrell, J. S., Bangdiwala, S. I., Deng, S., Webb, J. P., & Bradley, C. (1998). Smoking initiation in youth: The roles of gender, race, socioeconomics, and developmental status. *Journal of Adolescent Health*, *23*, 271 – 279.

Harrell, Z. A., & Karim, N. M. (2008). Is gender relevant only for problem alcohol behaviors? An examination of correlates of alcohol use among college students. *Addictive Behaviors*, *33*, 359 – 365.

Harris, J. R. (2000). Socialization, personality development, and the child's environments: Comment on Vandell. *Developmental Psychology*, *36*, 711 – 723.

Harris, J., Vernon, P., & Jang, K. (2007). Rated personality and measured intel-ligence in young twin children. *Personality and Individual Differences*, *42*, 75 – 86.

Harris, M. A., Gruenenfelder-Steiger, A. E., Ferrer, E., Donnellan, M. B., Allemand, M., Fend, H., & . . . Trzesniewski, K. H. (2015). Do parents foster self-esteem? Testing the prospective impact of parent closeness on adolescent self-esteem. *Child Development.* Accessed online, 3-22-15; http://www.ncbi.nlm.nih.gov/pubmed/25703089

Harris, M. B. (1994). Growing old gracefully: Age concealment and gender. *Journals of Gerontology*, *49*, 149 – 158.

Harris, M., Prior, J., & Koehoorn, M. (2008). Age at menarche in the Canadian population: Secular trends and relationship to adulthood BMI. *Journal of Adolescent Health*, *43*, 548 – 554.

Harris, P. L. (1987). The development of search. In P. Sallapatek & L. Cohen (Eds.), *Handbook of infant perception: From perception to cognition* (Vol. 2). Or-lando, FL: Academic Press.

Harrison, K., & Hefner, V. (2006, April). Media exposure, current and future body ideals, and disordered eating among preadolescent girls: A longitudinal panel study. *Journal of Youth and Adolescence*, *35*, 153 – 163.

Harrist, A., & Waugh, R. (2002). Dyadic synchrony: Its structure and function in children's development. *Developmental Review*, *22*, 555 – 592.

Hart, B. (2000). A natural history of early language experience. *Topics in Early Childhood Special Education*, *20*, 28 – 32.

Hart, B. (2004). What toddlers talk about. *First Language*, *24*, 91 – 106.

Hart, B., & Risley, T. R. (1995). *Meaningful differences in the everyday experience of young American children.* Baltimore, MD: Paul Brookes.

Hart, D., Burock, D., & London, B. (2003). Prosocial tendencies, antisocial behav-ior, and moral development. In A. Slater & G. Bremner (Eds.), *An introduction to developmental psychology.* Malden, MA: Blackwell Publishers.

Hart, S. L., Hoyt, M. A., Diefenbach, M., Anderson, D. R., Kilbourn, K. M., Craft, L. L., Steel, J. L., Cuijpers, P., Mohr, D. C., Berendsen, M., Spring, B., & Stanton, A. L. (2012). MetaAnalysis of Efficacy of Interventions for Elevated Depressive Symptoms in Adults Diagnosed With Cancer. *Journal of the National Cancer Institute*, *104*, 990 – 1004.

Harter, S. (1990). Issues in the assessment of self-concept of children and adoles-cents. In A. LaGreca (Ed.), *Through the eyes of a child.* Boston: Allyn & Bacon.

Harter, S. (2006). The Development of Self-Esteem. *Self-esteem issues and answers: A sourcebook of current perspectives.* New York: Psychology Press.

Hartley, C. A., & Lee, F. S. (2015). Sensitive periods in affective development: Nonlinear maturation of fear learning. *Neuropsychopharmacology*, *40*, 50 – 60.

Hartshorne, J., & Ullman, M. (2006). Why girls say "holded" more than boys. *Developmental Science*, *9*, 21 – 32.

Hartup, W. W., & Stevens, N. (1999). Friendships and adaptation across the life span. *Current Directions in Psychological Science*, *8*, 76 – 79.

Harvey, E. (1999). Short-term and long-term effects of early parental employment on children of the National Longitudinal Survey of Youth. *Developmental Psychology*, *35*, 445 – 459.

Harvey, J. H., & Fine, M. A. (2004). *Children of divorce: Stories of loss and growth.* Mahwah, NJ: Lawrence Erlbaum.

Haskett, M., Nears, K., Ward, C., & McPherson, A. (2006, October). Diversity in adjustment of maltreated children: Factors associated with resilient function-ing. *Clinical Psychology Review*, *26*, 796 – 812.

Haslam, C., & Lawrence, W. (2004). Health-related behavior and beliefs of pregnant smokers. *Health Psychology*, *23*, 486 – 491.

Haslett, A. (2004, May 31). Love supreme. *The New Yorker*, pp. 76 – 80.

Hastings, P. D., Shane, K. E., Parker, R., & Ladha, F. (2007). Ready to make nice: Parental socialization of young sons' and daughters' prosocial behaviors with peers. *The Journal of Genetic Psychology*, *68*, 177 – 200.

Hatfield, E., & Rapson, R. L. (1993). Historical and crosscultural perspectives on passionate love and sexual desire. *Annual Review of Sex Research*, *4*, 67 – 97

Hattery, A. (2000). *Women, work, and family: Balancing and weaving.* Thousand Oaks, CA: Sage Publications.

Hatton, C. (2002). People with intellectual disabilities from ethnic minority communities in the United States and the United Kingdom. In L. M. Glidden (Ed.), . *International review of research in mental retardation* (*Vol. 25*). . San Diego, CA: Academic Press.

Haugaard, J. J. (2000). The challenge of defining child sexual abuse. . *American Psychologist*, *55*, . 1036 – 1039.

Hawkins-Rodgers, Y. (2007). Adolescents adjusting to a group home environ-ment: A residential care model of reorganizing attachment behavior and build-ing resiliency. . *Children and Youth Services Review*, *29*,. 1131 – 1141.

Hay, D. F., Pawlby, S., & Angold, A. (2003). Pathways to violence in the children of mothers who were depressed postpartum.

. *Developmental Psychology*, *39*, . 1083 – 1094.

Hay, D. , Payne, A. , & Chadwick, A. (2004). Peer relations in childhood. . *Journal of Child Psychology & Psychiatry & Allied Disciplines*, *45*, . 84 – 108.

Hayden, T. (1998, September 21). The brave new world of sex selection. . *Newsweek*,. p. 93.

Hayflick, L. (2007). Biological aging is no longer an unsolved problem. . *Annals of the New York Academy of Sciences*, . pp. 1 – 13.

Hayslip, B. , Jr. , Shore, R. J. , & Henderson, C. E. (2000). Perceptions of grandpar-ents' influence in the lives of their grandchildren. In B. Hayslip, Jr. , Goldberg, & G. Robin (Eds.), *Grandparents raising grandchildren: Theoretical, empirical, and clinical perspectives.* New York: Springer.

Hayward, M. , Crimmins, E. , & Saito, Y. (1997). Cause of death and active life expectancy in the older population of the United States. *Journal of Aging and Health*, *122 – 131.*

Hazan, C. , & Shaver, P. (1987). Romantic love conceptualized as an attachment process. *Journal of Personality and Social Psychology*, *52*, 511 – 524.

Hazin, A. N. , Alves, J. G. B. , & Falbo, (2007). The myelination process in severely malnourished children: MRI findings. *International Journal of Neuroscience*, *117*, 1209 – 1214.

Healy, P. (2001, March 3). Data on suicides set off alarm. *Boston Globe*, p. B1.

Healy, S. J. , Murray, L. , Cooper, P. J. , Hughes, C. , & Halligan, S. L. (2015). A longitudinal investigation of maternal influences on the development of child hostile attributions and aggression. *Journal of Clinical Child and Adolescent Psychology*, *44*, 80 – 92.

Hedegaard, M. , & Fleer, M. (2013). *Play, learning, and children's development: Every-day life in families and transition to school.* New York: Cambridge University Press.

Heimann, M. , Strid, K. , Smith, L. , Tjus, T. , Ulvund, S. , & Meltzoff, A. (2006). Exploring the relation between memory, gestural communication, and the emergence of language in infancy: A longitudinal study. *Infant and Child Development*, *15*, 233 – 249.

Heinemann, G. D. , & Evans, P. L. (1990). Widowhood: Loss, change, and adapta-tion. In T. H. Brubaker (Ed.), *Family relationships in later life.* Newbury Park, CA: Sage Publications.

Heinrich, C. J. (2014). Parents' employment and children's wellbeing. *The Future of Children*, *24*, 121 – 146.

Helms, J. E. , Jernigan, M. , & Mascher, J. (2005). The meaning of race in psychol-ogy and how to change it: A methodological perspective. *American Psycholo-gist*, *60*, 27 – 36.

Helmsen, J. , Koglin, U. , & Petermann, F. (2012). Emotion regulation and ag-gressive behavior in preschoolers: The mediating role of social information processing. *Child Psychiatry and Human Development*, *43*, 87 – 101.

Helson, R. , & Moane, G. (1987). Personality change in women from college to midlife. *Journal of Personality and Social Psychology*, *53*, 176 – 186

Helson, R. , & Srivastava, S. (2001). Three paths of adult development: Conserv-ers, seekers, and achievers. *Journal of Personality and Social Psychology*, *80*, 995 – 1010.

Helson, R. , Stewart, A. J. , & Ostrove, J. (1995). Identity in three cohorts of midlife women. *Journal of Personality and Social Psychology*, *69*, 544 – 557

Helson, R. , & Wink, P. (1992). Personality change in women from the early 40s to the early 50s. *Psychology and Aging*, *7*, 46 – 55.

Hendren, S. , Humiston, S. , & Fiscella, K. (2012). Partnering with safety-net primary care clinics: A model to enhance screening in low-income popula-tions—Principles, challenges, and key lessons. In R. Elk & H. Landrine (Eds.), *Cancer disparities: Causes and evidence-based solutions.* New York: Springer Publishing Co.

Hendrick, C. , & Hendrick, S. (2003). Romantic love: Measuring cupid's arrow. In S. Lopez & C. Snyder (Eds.), *Positive psychological assessment: A handbook of models and measures.* Washington, DC: American Psychological Association.

Henig, R. M. (2008). Taking play seriously. *New York Times Magazine*, pp. 38 – 45, 60, 75.

Henry, J. , & McNab, W. (2003). Forever young: A health promotion focus on sexuality and aging. *Gerontology & Geriatrics Education*, *23*, 57 – 74.

Henry, R. , Miller, R. , & Giarrusso, R. (2005). Difficulties, disagreements, and disappointments in late-life marriages. *International Journal of Aging & Human Development*, *61*, 243 – 264.

Hensley, P. (2006, July). Treatment of bereavement-related depression and traumatic grief. *Journal of Affective Disorders*, *92*, 117 – 124.

Hepach, R. , & Westermann, G. (2013). Infants' sensitivity to the congruence of oth-ers' emotions and actions. *Journal of Experimental Child Psychology*, *115*, 16 – 29.

Herbenick, D. , Reece, M. , Schick, V. , Sanders, S. , Dodge, B. , & Fortenberry, J. D. (2010). Sexual behavior in the United States: Results from a national probabil-ity sample of men and women ages 14 to 94. *Journal of Sexual Medicine*, *7*(*Suppl. 5*), 255 – 265.

Herberman Mash, H. B. , Fullerton, C. S. , Shear, M. K. , & Ursano, R. J. (2014). Complicated grief and depression in young adults: Personality and relation-ship quality. *Journal of Nervous and Mental Disease*, *202*, 539 – 543.

Herdt, G. H. (Ed.). (1998). *Rituals of manhood: Male initiation in Papua New Guinea.* Somerset, NJ: Transaction Books.

Herendeen, L. A. , & MacDonald, A. (2014). Planning for healthy homes. In I. L. Rubin, J. Merrick, I. L. Rubin, & J. Merrick (Eds.), *Environmental health: Home, school and community.* Hauppauge, NY: Nova Biomedical Books.

Hernandez, D. J. , Denton, N. A. , McCartney, S. E. (2008). Children in immigrant families: Looking to America's Future. *Social Policy Report*, *22*, 3 – 24.

Hernandez-Reif, M. , Field, T. , Diego, M. , Vera, Y. , & Pickens, J. (2006, January). Brief report: Happy faces are habituated more slowly by infants of depressed mothers. *Infant Behavior & Development*, *29*, 131 – 135.

Herpertz-Dahlmann, B. (2015). Adolescent eating disorders: Update on defini-tions, symptomatology, epidemiology, and comorbidity. *Child and Adolescent Psychiatric Clinics of North America*, *24*, 177 – 196.

Herrnstein, R. J. , & Murray, C. (1994). *The Bell Curve: Intelligence and class struc-ture in American life.* New York: Free Press.

Hertelendy, F. , & Zakar, T. (2004). Prostaglandins and the mymetrium and cer-vix. *Prostaglandins, Leukotrienes and Essential Fatty Acids*, *70*, 207 – 222.

Hertenstein, M. J. (2002). Touch: Its communicative functions in infancy. *Human Development*, *45*, 70 – 94.

Hertenstein, M. J. , & Campos, J. J. (2001). Emotion regulation via maternal touch. *Infancy*, *2*, 549 – 566.

Hertenstein, M. J. , & Campos, J. J. (2004). The retention effects of an adult's emotional displays on infant behavior. *Child Development*, *75*, 595 – 613.

Hertz, R. , & Nelson, M. K. (2015). Introduction. *Journal of Family Issues*, *36*, 447 – 460.

Hertzog, C. , Kramer, A. , Wilson, R. , & Lindenberger, U. (2008). Enrichment effects on adult cognitive development: Can the functional capacity of older adults be preserved and enhanced? *Psychological Science in the Public Interest*, *9*, 1 – 65.

Hespos, S. J. , & Baillargeon, R. (2008). Young infants' actions reveal their devel-oping knowledge of support variables: Converging evidence for violation-of-expectation findings. *Cognition*, *107*, 304 – 316.

Hespos, S. J. , & vanMarle, K. (2012). *Everyday Physics: How infants learn about objects and entities in their environment.* Invited manuscript for Wiley Interdisciplinary Reviews, Cognitive Science.

Hess, T. , Auman, C. , & Colcombe, S. (2003). The impact of stereotype threat on age differences in memory performance. *Journals of Gerontology: Series B: Psychological Sciences & Social Sciences*, *58B*, P3 – P11.

Hess, T. M. , Hinson, J. T. , & Hodges, E. A. (2009). Moderators of and mecha-nisms underlying stereotype threat effects on older adults' memory perfor-mance. *Experimental Aging Research*, *31*, 153 – 177.

Hetherington, E. M. (Ed.) (1999). *Coping with divorce, single parenting, and remarriage: A risk and resiliency perspective.* Mahwah, NJ: Lawrence Erlbaum.

Hetherington, E. , & Elmore, A. (2003). Risk and resilience in children coping with their parents' divorce and remarriage. In S. Luthar (Ed.), *Resilience and vulnerability: Adaptation in the context of childhood adversities.* New York: Cam-bridge University Press.

Hetherington, E. M., & Kelly, J. (2002). *For better or worse: Divorce reconsidered.* New York: Norton.

Hetrick, S. E., Parker, A. G., Robinson, J., Hall, N., & Vance, A. (2012). Predict-ing suicidal risk in a cohort of depressed children and adolescents. *Crisis: The Journal of Crisis Intervention and Suicide Prevention*, *33*, 13-20.

Heubusch, K. (1997, September). A tough job gets tougher. *American Demographics*, p. 39.

Hewitt, B. (1997, December 15). A day in the life. *People Magazine*, pp. 49-58.

Hewlett, B., & Lamb, M. (2002). Integrating evolution, culture and developmen-tal psychology: Explaining caregiver-infant proximity and responsiveness in central Africa and the USA. In H. Keller & Y. Poortinga (Eds.), *Between culture and biology: Perspectives on ontogenetic development.* New York: Cambridge University Press.

Hewstone, M. (2003). Intergroup contact: Panacea for prejudice? *Psychologist*, *16*, 352-355.

Heyman, R., & Slep, A. M. (2002). Do child abuse and interparental violence lead to adulthood family violence? *Journal of Marriage & Family*, *64*, 864-870.

Hietala, J., Cannon, T. D., & van Erp, T. G. M. (2003). Regional brain morphology and duration of illness in never-medicated first-episode patients with schizo-phrenia. *Schizophrenia*, *64*, 79-81.

Higgins, D., & McCabe, M. (2003). Maltreatment and family dysfunction in childhood and the subsequent adjustment of children and adults. *Journal of Family Violence*, *18*, 107-120.

Highley, J. R., Esiri, M. M., McDonald, B., Cortina-Borja, M., Herron, B. M., & Crow, T. J. (1999). The size and fibre composition of the corpus callosum with respect to gender and schizophrenia: A post-mortem study. *Brain*, *122*, 99-110.

Higley, E., & Dozier, M. (2009). Nighttime maternal responsiveness and infant attachment at one year. *Attachment & Human Development*, *11*, 347-363.

Hill, S., & Flom, R. (2007, February). 18- and 24-month-olds' discrimination of gender-consistent and inconsistent activities. *Infant Behavior & Development*, *30*, 168-173.

Hillman, J. (2000). *Clinical perspectives on elderly sexuality.* Dordrecht, Netherlands: Kluwer Academic Publishers.

Hillman, J. (2012). *Sexuality and aging: Clinical perspectives.* New York: Springer Science + Business Media.

Hilton, J., & Anderson, T. (2009). Characteristics of women with children who divorce in midlife compared to those who remain married. *Journal of Divorce & Remarriage*, *50*, 309-329.

Hirsch, H. V., & Spinelli, D. N. (1970). Visual experience modifies distribution of horizontally and vertically oriented receptive fields in cats. *Science*, *168*, 869-871.

Hirschtritt, M. E., Pagano, M. E., Christian, K. M., McNamara, N. K., Stansbrey, R. J., Lingler, J., & Findling, R. L. (2012). Moderators of fluoxetine treatment re-sponse for children and adolescents with comorbid depression and substance use disorders. *Journal of Substance Abuse Treatment*, *42*, 366-372.

Hirsh-Pasek, K., & Michnick-Golinkoff, R. (1995). *The origins of grammar: Evidence from early language comprehension.* Cambridge, MA: MIT Press.

Hitchcock, J. (2012). The debate over shaken baby syndrome. *Journal of Neonatal Nursing*, *18*, 20-21.

Hitlin, S., Brown, J. S., & Elder, G. H., Jr. (2006). Racial self-categorization in adolescence: Multiracial development and social pathways. *Child Development*, *77*, 1298-1308.

Hjelmstedt, A., Widstr. m, A., & Collins, A. (2006). Psychological correlates of prenatal attachment in women who conceived after in vitro fertilization and women who conceived naturally. *Birth: Issues in Perinatal Care*, *33*, 303-310.

Ho, B., Friedland, J., Rappolt, S., Noh, S. (2003). Caregiving for relatives with Alzheimer's disease: Feelings of ChineseCanadian women. *Journal of Aging Studies*, *17*, 301-321.

Hocking, D. R., Kogan, C. S., & Cornish, K. M. (2012). Selective spatial process-ing deficits in an at-risk subgroup of the fragile X premutation. *Brain and Cognition*, *79*, 39-44.

Hocutt, A. M. (1996). Effectiveness of special education: Is placement the critical factor? *The Future of Children*, *6*, 77-102.

Hoehl, S., Wahl, S., Michel, C., & Striano, T. (2012). Effects of eye gaze cues pro-vided by the caregiver compared to a stranger on infants' object processing. *Developmental Cognitive Neuroscience*, *2*, 81-89.

Hoelterk, L. F., Axinn, W. G., & Ghimire, D. J. (2004). Social change, premarital nonfamily experiences, and marital dynamics. *Journal of Marriage & Family*, *66*, 1131-1151.

Hoessler, C., & Chasteen, A. L. (2008). Does aging affect the use of shifting standards? *Experimental Aging Research*, *34*, 1-12.

Hoeve, M., Blokland, A., Dubas, J., Loeber, R., Gerris, J., & van der Laan, P. (2008). Trajectories of delinquency and parenting styles. *Journal of Abnormal Child Psychology: An Official Publication of the International Society for Research in Child and Adolescent Psychopathology*, *36*, 223-235.

Hofer, M. A. (2006). Psychobiological roots of early attachment. *Current Directions in Psychological Science*, *15*, 84-88.

Hoff, E. (2012). Interpreting the Early Language Trajectories of Children From Low-SES and Language Minority Homes: Implications for Closing Achieve-ment Gaps. *Developmental Psychology.* Accessed online, 7-22-12; http://www.ncbi.nlm.nih.gov/pubmed/22329382

Hoff, E., & Core, C. (2013). Input and language development in bilingually developing children. *Seminars in Speech and Language*, *34*, 215-226.

Hofferth, S., & Sandberg, J. F. (2001). How American children spend their time. *Journal of Marriage and the Family*, *63*, 295-308.

Hoffman, L. (2003). Why high schools don't change: What students and their yearbooks tell us. *High School Journal*, *86*, 22-37.

Hohmann-Marriott, B. (2006, November). Shared beliefs and the union stability of married and cohabiting couples. *Journal of Marriage and Family*, *68*, 1015-1028.

Holahan, C., & Chapman, J. (2002). Longitudinal predictors of proactive goals and activity participation at age 80. *Journals of Gerontology: Series B: Psychologi-cal Sciences & Social Sciences*, *57B*, P418-P425.

Holland, J. (2008). Reading aloud with infants: The controversy, the myth, and a case study. *Early Childhood Education Journal*, *35*, 383-385.

Holland, J. L. (1997). *Making vocational choices: A theory of vocational personalities and environments* (3rd ed.). Odessa, FL: Psychological Assessment Resources.

Holland, J. M., Neimeyer, R. A., Boelen, P. A., & Prigerson, H. G. (2009). The un-derlying structure of grief: A taxometric investigation of prolonged and normal reactions to loss. *Journal of Psychopathology and Behavioral Assessment*, *31*, 190-201.

Holland, N. (1994, August). Race dissonance—Implications for African Ameri-can children. Paper presented at the annual meeting of the American Psycho-logical Association, Los Angeles, CA.

Hollich, G. J., Hirsh-Pasek, K., Golinkoff, R. M., Brand, R. J., Brown, E. C., He, L., Hennon, E., & Rocrot, C. (2000). Breaking the language barrier: An emergentist coalition model of the origins of word learning. *Monographs of the Society for Research in Child Development*, *65* (3, Serial No. 262).

Holly, L. E., Little, M., Pina, A. A., & Caterino, L. C. (2015). Assessment of anxi-ety symptoms in school children: A cross-sex and ethnic examination. *Journal of Abnormal Child Psychology*, *43*, 297-309.

Holmes, E. R., & Holmes, L. D. (1995). *Other cultures, elder years.* Thousand Oaks, CA: Sage Publications.

Holmes, R. M., & Romeo, L. (2013). Gender, play, language, and creativity in preschoolers. *Early Child Development and Care*, *183*, 1531-1543.

Holowaka, S., & Petitto, L. A. (2002). Left hemisphere cerebral specialization for babies while babbling. *Science*, *287*, 1515.

Holzman, L. (1997). *Schools for growth: Radical alternatives to current educational models.* Mahwah, NJ: Lawrence Erlbaum.

Homae, F., Watanabe, H., Nakano, T., & Taga, G. (2012). Functional development in the infant brain for auditory pitch processing. *Human Brain Mapping*, *33*, 596-608.

Hong, D. S., Hoeft, F., Marzelli, M. J., Lepage, J., Roeltgen, D., Ross, J., & Reiss, A. L. (2014). Influence of the Xchromosome on neuroanatomy: Evidence from Turner and Klinefelter syndromes. *The Journal of Neuroscience*, *34*, 3509 – 3516.

Hong, S. B., & Trepanier-Street, M. (2004). Technology: A tool for knowledge construction in a Reggio Emilia inspired teacher education program. *Early Childhood Education Journal*, *32*, 87 – 94.

Hooks, B., & Chen, C. (2008). Vision triggers an experience-dependent sensi-tive period at the retinogeniculate synapse. *The Journal of Neuroscience*, *28*, 4807 – 4817. Accessed online, http://search.ebscohost.com, doi:10.1523/JNEU-ROSCI.4667-07.2008

Hopkins, B., & Westra, T. (1989). Maternal expectations of their infants' develop-ment: Some cultural differences. *Developmental Medicine and Child Neurology*, *31*, 384 – 390.

Hopkins, B., & Westra, T. (1990). Motor development, maternal expectation, and the role of handling. *Infant Behavior and Development*, *13*, 117 – 122.

Horiuchi, S., Finch, C., & Mesle, F. (2003). Differential patterns of age-related mortality increase in middle age and old age. *Journals of Gerontology: Series A: Biological Sciences & Medical Sciences*, *58A*, 495 – 507.

Hornor, G. (2008). Reactive attachment disorder. *Journal of Pediatric Health Care*, *22*, 234 – 239.

Horwitz, B. N., Luong, G., & Charles, G. T. (2008). Neuroticism and extraver-sion share genetic and environmental effects with negative and positive mood spillover in a nationally representative sample. *Personality and Individual Differ-ences*, *45*, 636 – 642.

Hosogi, M., Okada, A., Fuji, C., Noguchi, K., & Watanabe, K. (2012). Importance and usefulness of evaluating self-esteem in children. *Biopsychosocial Medicine*, *6*, 80 – 88.

Hotelling, B. A., & Humenick, S. S. (2005). Advancing normal birth: Organiza-tions, goals, and research. *Journal of Perinatal Education*, *14*, 40 – 48.

House, S. H. (2007). Nurturing the brain nutritionally and emotionally from before conception to late adolescence. *Nutritional Health*, *19*, 143 – 61.

Houts, A. (2003). Behavioral treatment for enuresis. In A. Kazdin (Ed.), *Evidence-based psychotherapies for children and adolescents* (pp. 389 – 406). New York: Guilford Press.

Howard, A. (1992). Work and family crossroads spanning the career. In S. Zedeck (Ed.), *Work, families and organizations.* San Francisco: Jossey-Bass.

Howard, J. S., Stanislaw, H., Green, G., Sparkman, C. R., & Cohen, H. G. (2014). Comparison of behavior analytic and eclectic early interventions for young children with autism after three years. *Research In Developmental Disabilities*, *35*, 3326 – 3344.

Howard, L., Kirkwood, G., & Latinovic, R. (2007). Sudden infant death syn-drome and maternal depression. *Journal of Clinical Psychiatry*, *68*, 1279 – 1283.

Howe, M. J. (1997). *IQ in question: The truth about intelligence.* London, England: Sage Publications.

Howe, M. L. (2003). Memories from the cradle. *Current Directions in Psychological Science*, *12*, 62 – 65.

Howe, M. L., Courage, M. L., & Edison, S. C. (2004). When autobiographical memory begins. In S. Algarabel, A. Pitarque, T. Bajo, S. E. Gathercole, & M. A. Conway (Eds.), *Theories of memory* (Vol. 3). New York: Psychology Press.

Howes, O., & Kapur, S. (2009). The dopamine hypothesis of schizophrenia: Version III—The final common pathway. *Schizophrenia Bulletin*, *35*, 549 – 562.

Hoy-Watkins, M. (2008). Manual for the contemporized-themes concerning blacks test (C-TCB). In S. Jenkins (Ed.), *A handbook of clinical scoring systems for thematic apperceptive techniques.* Mahwah, NJ: Lawrence Erlbaum Associates Publishers.

Hsu, L. M., Chung, J., & Langer, E. J. (2010). The influence of age-related cues on health and longevity. *Perspectives on Psychological Science*, *5*, 632 – 648.

Huang, A., Subak, L., Thom, D., Van Den Eeden, S., Ragins, A., Kuppermann, M., et al. (2009). Sexual function and aging in racially and ethnically diverse women. *Journal of the American Geriatrics Society*, *57*, 1362 – 1368.

Huang, C. T. (2012). Outcome-based observational learning in human infants. *Journal of Comparative Psychology*, *126*, 139 – 149.

Huang, J. (2004). Death: Cultural traditions. *From on Our Own Terms: Moyers on Dying.* Accessed online, 5-24-04, www.pbs.org.

Hubbs-Tait, L., Nation, J. R., Krebs, N. F., & Bellinger, D. C. (2005). Neurotoxi-cants, micronutrients, and social environments: Individual and combined effects on children's development. *Journal of the American Psychological Society*, *6*, 57 – 101.

Hubel, D. H., & Wiesel, T. N. (2004). *Brain and visual perception: The story of a 25-year collaboration.* New York: Oxford University Press.

Hubley, A. M., & Arim, R. G. (2012). Subjective age in early adolescence: Relationships with chronological age, pubertal timing, desired age, and prob-lem behaviors. *Journal of Adolescence*, *35*, 357 – 366.

Hudson, J. A., Sosa, B. B., & Shapiro, L. R. (1997). Scripts and plans: The devel-opment of preschool children's event knowledge and event planning. In S. L. Friedman & E. K. Scholnick (Eds.), *The developmental psychology of planning: Why, how and when do we plan.* Mahwah, NJ: Lawrence Erlbaum.

Hueston, W., Geesey, M., & Diaz, V. (2008). Prenatal care initiation among preg-nant teens in the United States: An analysis over 25 years. *Journal of Adolescent Health*, *42*, 243 – 248.

Huh, S. Y., Rifas-Shiman, S. L., Zera, C. A., Rich Edwards, J. W., Oken, E., Weiss, S. T., & Gilmann, M. W. (2011). Delivery by caesarean section and risk of obe-sity in preschool age children: A prospective cohort study. *Archives of Disable Children*, *34*, 66 – 79.

Hui, A., Lau, S., Li, C. S., Tong, T., & Zhang, J. (2006). A cross-societal compara-tive study of Beijing and Hong Kong children's self-concept. *Social Behavior and Personality*, *34*, 511 – 524.

Huijbregts, S., Tavecchio, L., Leseman, P., & Hoffenaar, P. (2009). Child rearing in a group setting: Beliefs of Dutch, Caribbean Dutch, and Mediterranean Dutch caregivers in center-based child care. *Journal of Cross-Cultural Psychology*, *40*, 797 – 815.

Huizink, A., Mulder, E., & Buitelaar, J. (2004). Prenatal stress and risk for psychopathology: Specific effects or induction of general susceptibility? *Psy-chological Bulletin*, *130*, 115 – 142.

Human Genome Project. (2006). Accessed online, http://www.ornl.gov/sci/ techresources/Human_Genome/medicine/genetest.shtml

Human Genome Project. (2010). Accessed online, http://www.ornl.gov/sci/ techresources/Human_Genome/medicine/genetest.shtml. Retrieved online 7-8-12

Humphrey, N., Curran, A., Morris, E., Farrell, P., & Woods, K. (2007, April). Emotional intelligence and education: A critical review. *Educational Psychology*, *27*, 235 – 254.

Humphries, M. L., & Korfmacher, J. (2012). The good, the bad, and the ambiva-lent: Quality of alliance in a support program for young mothers. *Infant Mental Health Journal*, *33*, 22 – 33.

Hunt, M. (1993). The story of psychology. New York: Doubleday.

Hunter, J., & Mallon, G. P. (2000). Lesbian, gay, and bisexual adolescent develop-ment: Dancing with your feet tied together. In B. Greene & G. L. Croom (Eds.), *Education, research, and practice in lesbian, gay, bisexual, and transgendered psychol-ogy: A resource manual (Vol. 5).* Thousand Oaks, CA: Sage Publications.

Hunter, S., & Smith, D. (2008). Predictors of children's understandings of death: Age, cognitive ability, death experience and maternal communicative compe-tence. *Omega: Journal of Death and Dying*, *57*, 143 – 162.

Huntsinger, C. S., Jose, P. E., Liaw, F., & Ching, W-D. (1997). Cultural differences in early mathematics learning: A comparison of Euro-American, Chinese-American, and Taiwan – Chinese families. *International Journal of Behavioral Development*, *21*, 371 – 388.

Hust, S., Brown, J., & L'Engle, R. (2008). *Gender, media use, and effects. The handbook of children, media, and development* (pp. 98 – 120). Malden, MA: Black-well Publishing.

Huston, T. L., Caughlin, J. P., Houts, R. M., & Smith, S. E. (2001). The connu-bial crucible: Newlywed years as predictors of marital delight, distress, and divorce. *Journal of Personality and Social Psychology*, *80*, 237 – 252.

Hutcheon, J. A., Joseph, K. S., Kinniburgh, B., & Lee, L.

(2013). Maternal, care provider, and institutional-level risk factors for early term elective repeat cesarean delivery: A population-based cohort study. *Maternal and Child Health Journal*. Accessed online, 2-8-14; http://www.perinatalservicesbc.ca/NR/rdonlyres/3D43DD9D-2367-4729-AF6D-602B5F3ABABA/0/MaternalCar-eProviderInstit_RiskFactors_2014.pdf

Hutchinson, A., Whitman, R., & Abeare, C. (2003). The unification of mind: Integration of hemispheric semantic processing. *Brain & Language*, *87*, 361-368.

Hutchinson, D., & Rapee, R. (2007). Do friends share similar body image and eating problems? The role of social networks and peer influences in early adolescence. *Behaviour Research and Therapy*, *45*, 1557-1577.

Hutchinson, S., & Wexler, B. (2007, January). Is "raging" good for health? Older women's participation in the Raging Grannies. *Health Care for Women Interna-tional*, *28*, 88-118.

Hutton, P. H. (2004). *Phillippe Ariès and the politics of French cultural history*. Amherst: University of Massachusetts Press.

Huurre, T., Junkkari, H., & Aro, H. (2006, June). Long-term psychosocial effects of parental divorce: A follow-up study from adolescence to adulthood. *Euro-pean Archives of Psychiatry and Clinical Neuroscience*, *256*, 256-263.

Hyde, J. S., & DeLamater, J. D. (2003). *Understanding human sexuality* (8th ed.). New York: McGraw-Hill.

Hyde, J. S., & DeLamater, J. D. (2004). *Understanding human sexuality* (8th ed.). New York: McGraw-Hill.

Hyde, J. S., Klein, M. H., Essex, M. J., & Clark, R. (1995). Maternity leave and women's mental health. *Psychology of Women Quarterly*, *19*, 257-285.

Hyde, J. S., Mezulis, A., & Abramson, L. (2008). The ABCs of depression: Inte-grating affective, biological, and cognitive models to explain the emergence of the gender difference in depression. *Psychological Review*, *115*, 291-313.

Hynes, S. M., Fish, J., & Manly, T. (2014). Intensive working memory training: A single case experimental design in a patient following hypoxic brain damage. *Brain Injury*, *28*, 1766-1775.

Hyssaelae, L., Rautava, P., & Helenius, H. (1995). Fathers' smoking and use of alcohol: The viewpoint of maternity health care clinics and well-baby clinics. *Family Practice*, *12*, 22-27.

Iavarone, A., Ziello, A. R., Pastore, F., Fasanaro, A. M., & Poderico, C. (2014). Caregiver burden and coping strategies in caregivers of patients with Alzhei-mer's disease. *Neuropsychiatric Disease and Treatment*, *10*, 37-44.

Iecovich, E., & Biderman, A. (2012). Attendance in adult day care centers and its relation to loneliness among frail older adults. *International Psychogeriatrics*, *24*, 439-448.

Iglesias, J., Eriksson, J., Grize, F., Tomassini, M., & Villa, A. E. (2005). Dynamics of pruning in simulated large-scale spiking neural networks. *Biosystems*, *79*, 11-20.

Ihle, A., Schnitzspahn, K., Rendell, P. G., Luong, C., & Kliegel, M. (2012). Age benefits in everyday prospective memory: The influence of personal task importance, use of reminders and everyday stress. *Aging, Neuropsychology, and Cognition*, *19*, 84-101.

Ilieva, I., Boland, J., & Farah, M. J. (2013). Objective and subjective cognitive enhancing effects of mixed amphetamine salts in healthy people. *Neurophar-macology*, *64*, 496-505.

Inagaki, M. (2013). Developmental transformation of narcissistic amae in early, middle, and late adolescents: Relation to ego identity. *Japanese Journal of Educa-tional Psychology*, *61*, 56-66.

Ingersoll, E. W., & Thoman, E. B. (1999). Sleep/wake states of preterm infants: Stability, developmental change, diurnal variation, and relation with caregiv-ing activity. *Child Development*, *70*, 1-10.

Ingram, D. K., Young, J., & Mattison, J. A. (2007). Calorie restriction in nonhu-man primates: Assessing effects on brain and behavioral aging. *Neuroscience*, *14*, 1359-1364.

Inguglia, C., Ingoglia, S., Liga, F., Lo Coco, A., & Lo Cricchio, M. G. (2014). Autonomy and relatedness in adolescence and emerging adulthood: Relationships with parental support and psychological distress. *Journal of Adult Development*. Accessed online, 3-23-15; http://link.springer.com/article/10.1007%2Fs10804-014-9196-8#page-1

Inoue, K., Tanii, H., Abe, S., Kaiya, H., Nata, M., & Fukunaga, T. (2006, Decem-ber). The correlation between rates of unemployment and suicide rates in Japan between 1985 and 2002. *International Medical Journal*, *13*, 261-263.

Insel, B. J., & Gould, M. S. (2008). Impact of modeling on adolescent suicidal behavior. *Psychiatric Clinics of North America*, *31*, 293-316.

International Human Genome Sequencing Consortium. (2001). Initial sequenc-ing and analysis of the human genome. *Nature*, *409*, 860-921.

International Literacy Institute. (2001). Literacy overview. Accessed online http://www.literacyonline.org/explorer Ip, W., Tang, C., & Goggins, W. (2009). An educational intervention to im-prove women's ability to cope with childbirth. *Journal of Clinical Nursing*, *18*, 2125-2135.

Ireland, J. L., & Archer, J. (2004). Association between measures of aggression and bullying among juvenile young offenders. *Aggressive Behavior*, *30*, 29-42.

Ironson, G., & Schneiderman, N. (2002). Psychological factors, spirituality/reli-giousness, and immune function in HIV/AIDS patients. In H. G. Koenig & H. J. Cohen (Eds.), *Link between religion and health: Psychoneuroimmunology and the faith factor*. London: Oxford University Press.

Irwin, M. R. (2015). Why sleep is important for health: A psychoneuroimmunol-ogy perspective. *Annual Review of Psychology*, *66*, 143-172.

Isaacs, K. L., Barr, W. B., Nelson, P. K., & Devinsky, O. (2006). Degree of handed-ness and cerebral dominance. *Neurology*, *66*, 1855-1858.

Isay, R. A. (1990). *Being homosexual: Gay men and their development*. New York: Avon.

Ishii-Kuntz, M. (2000). Diversity within Asian-American families. In D. H. Demo, K. R. Allen, & M. A. Fine (Eds.), *Handbook of family diversity*. New York: Oxford.

Ishizuka, B., Kudo, Y., & Tango, T. (2008). Cross-sectional community survey of menopause symptoms among Japanese women. *Maturitas*, *61*, 260-267.

Ising, M., Mather, K. A., Zimmermann, P., Brückl, T., H. hne, N., Heck, A., & . . . Reppermund, S. (2014). Genetic effects on information processing speed are moderated by age—converging results from three samples. *Genes, Brain & Behavior*. Accessed online, 3-31-15; http://onlinelibrary.wiley.com/doi/10.1111/gbb.12132/abstract

Iveniuk, J., Laumann, E. O., Waite, L. J., McClintock, M. K., & Tiedt, A. (2014). Personality measures in the National Social Life, Health, and Aging Project. *The Journals of Gerontology: Series B: Psychological Sciences and Social Sciences*, *69* (supp 2), S117-S124.

Iverson, T., Larsen, L., & Solem, P. (2009). A conceptual analysis of ageism. *Nordic Psychology*, *61*, 4-22.

Izard, C. E. (1982). The psychology of emotion comes of age on the coattails of Darwin. *PsycCRITIQUES*, *27*, 426-429.

Izard, C. E., King, K. A., Trentacosta, C. J., Morgan, J. K., Laurenceau, J., Krauthamer-Ewing, E., & Finlon, K. J. (2008). Accelerating the development of emotion competence in Head Start children: Effects on adaptive and maladap-tive behavior. *Development and Psychopathology*, *20*, 369-397.

Izard, V., Sann, C., Spelke, E., & Streri, A. (2009). Newborn infants perceive abstract numbers. *PNAS Proceedings of the National Academy of Sciences of the United States of America*, *106*, 10382-10385.

Jack, F., Simcock, G., & Hayne, H. (2012). Magic memories: Young children's verbal recall after a 6-year delay. *Child Development*, *83*, 159-172.

Jackson, M. I. (2015). Early childhood WIC participation, cognitive development and academic achievement. *Social Science & Medicine*, *126*, 145-153.

Jacobson, N., & Gottman, J. (1998). *When men batter women*. New York: Simon & Schuster.

Jager, R., Mieler, W., & Miller, J. (2008). Age-related macular degeneration. *The New England Journal of Medicine*, *358*, 2606-2617.

Jahagirdar, V. (2014). Hemispheric differences: The bilingual brain. In R. R. He-redia, J. Altarriba, R. R. Heredia, & J. Altarriba (Eds.), *Foundations of bilingual memory*. New York: Springer Science + Business Media.

Jahoda, G. (1983). European "lag" in the development of an economic concept: A study in Zimbabwe. *British Journal of Developmental Psychology*, *1*, 113 - 120.

Jalonick, M. C. (2011, January 13). New guidelines would make school lunches healthier. *The Washington Post.*

James, J., Ellis, B. J., Schlomer, G. L., & Garber, J. (2012). Sex-specific pathways to early puberty, sexual debut, and sexual risk taking: Tests of an integrated evolutionary - developmental model. *Developmental Psychology*, *48*, 687 - 702.

James, W. (1890/1950). *The principles of psychology.* New York: Holt.

J. ncke, L., Mérillat, S., Liem, F., & H. nggi, J. (2015). Brain size, sex, and the aging brain. *Human Brain Mapping*, *36*, 150 - 169.

Janda, L. H., & Klenke-Hamel, K. E. (1980). *Human sexuality.* New York: Van Nostrand.

Jansen, B. J., Hofman, A. D., Straatemeier, M., van Bers, B. W., Raijmakers, M. J., & van der Maas, H. J. (2014). The role of pattern recognition in children's exact enumeration of small numbers. *British Journal of Developmental Psychology*, *32*, 178 - 194.

Janusek, L., Cooper, D., & Mathews, H. L. (2012). Stress, immunity, and health outcomes. In V. Rice (Ed.), *Handbook of stress, coping, and health: Implications for nursing research, theory, and practice* (2nd ed.). Thousand Oaks, CA: Sage Publications, Inc.

Jardri, R., Houfflin-Debarge, V., Delion, P., Pruvo, J., Thomas, P., & Pins, D. (2012). Assessing fetal response to maternal speech using a noninvasive functional brain imaging technique. *International Journal of Developmental Neuroscience*, *30*, 159 - 161.

Jarrold, C., & Hall, D. (2013). The development of rehearsal in verbal short-term memory. *Child Development Perspectives*, *7*, 182 - 186.

Jaswal, V., & Dodson, C. (2009). Metamemory development: Understanding the role of similarity in false memories. *Child Development*, *80*, 629 - 635.

Jay, M. (2012, April 14). The downside of cohabiting before marriage. *The New York Times*, *p.* SR4.

Jenkins, L. N., & Demaray, M. K. (2015). Indirect effects in the peer victimiza-tion-academic achievement relation: The role of academic self-concept and gender. *Psychology in the Schools*, *52*, 235 - 247.

Jensen, A. (2003). Do age-group differences on mental tests imitate racial differ-ences? *Intelligence*, *31*, 107 - 121.

Jensen, L. A. (2008). Coming of age in a multicultural world: Globalization and adolescent cultural identity formation. In D. L Browning (Ed.), *Adolescent iden-tities: A collection of readings.* New York: The Analytic Press/Taylor & Francis Group.

Jensen, L. A., & Dost-G. zkan, A. (2014). Adolescent - parent relations in Asian Indian and Salvadoran immigrant families: A cultural - developmental analysis of autonomy, authority, conflict, and cohesion. *Journal of Research on Adolescence.* Accessed online, 3-23-15; http://onlinelibrary. wiley. com/ doi/10. 1111/jora. 12116/abstract

Jesmin, S. S. (2014). Review of Agewise: Fighting the new ageism in America. *Journal of Women & Aging*, *26*, 369 - 371.

Jeynes, W. (2007). The impact of parental remarriage on children: A meta-analysis. *Marriage & Family Review*, *40*, 75 - 102.

Jiao, S., Ji, G., & Jing, Q. (1996). Cognitive development of Chinese urban only children and children with siblings. *Child Development*, *67*, 387 - 395.

Ji-liang, S., Li-qing, Z., & Yan, T. (2003). The impact of intergenerational social support and filial expectation on the loneliness of elder parents. *Chinese Jour-nal of Clinical Psychology*, *11*, 167 - 169.

Jimenez, J., & Guzman, R. (2003). The influence of code-oriented versus meaning-oriented approaches to reading instruction on word recognition in the Spanish language. *International Journal of Psychology*, *38*, 65 - 78.

Joe, S., & Marcus, S. (2003). Datapoints: Trends by race and gender in suicide attempts among U. S. adolescents, 1991 - 2001. *Psychiatric Services*, *54*, 454.

Johnson, A. M., Wadsworth, J., Wellings, K., & Bradshaw, S. (1992). Sexual lifestyles and HIV risk. *Nature*, *360*, 410 - 412.

Johnson, D. C., Kassner, C. T., & Kutner, J. S. (2004). Current use of guidelines, protocols, and care pathways for symptom management in hospice. *American Journal of Hospital Palliative Care*, *21*, 51 - 57.

Johnson, N. (2003). Psychology and health: Research, practice, and policy. *American Psychologist*, *58*, 670 - 677.

Johnson, S. L., & Birch, L. L. (1994). Parents' and children's adiposity and eating style. *Pediatrics*, *94*, 653 - 661.

Johnston, L. D., Delva, J., & O'Malley, P. M. (2007). Soft drink availability, contracts, and revenues in American secondary schools. *American Journal of Preventive Medicine*, *33*, S209 - SS225.

Johnston, L. D., O'Malley, P. M., Miech, R. A, Bachman, J. G., & Schulenberg, J. E. (2015). *Monitoring the future national survey results on drug use: 1975 - 2014: Overview, key findings on adolescent drug use.* Ann Arbor: Institute for Social Research, The University of Michigan.

Joireman, J., & Van Lange, P. M. (2015). Ethical guidelines for data collection and analysis: A cornerstone for conducting high-quality research. In *How to publish high-quality research.* Washington, DC: American Psychological Association.

Jokela, M., Elovainio, M., Singh-Manoux, A., & Kivim. ki, M. (2009). IQ, socio-economic status, and early death: The US National Longitudinal Study of Youth. *Psychosomatic Medicine*, *71*, 322 - 328.

Jones, D. E., Carson, K. A., Bleich, S. N., & Cooper, L. A. (2012). Patient trust in physicians and adoption of lifestyle behaviors to control high blood pressure. *Patient Education and Counseling.* Accessed online, 7-22-12; http://www. ncbi. nlm. nih. gov/pubmed/22770676

Jones, H. E. (2006). Drug addiction during pregnancy: Advances in maternal treatment and understanding child outcomes. *Current Directions in Psychologi-cal Science*, *15*, 126 - 132.

Jones Ross, R. W., Cordazzo, S. D., & Scialfa, C. T. (2014). Predicting on-road driving performance and safety in healthy older adults. *Journal of Safety Research*, *51*, 73 - 80.

Jones, R. M., Vaterlaus, J. M., Jackson, M. A., & Morrill, T. B. (2014). Friendship characteristics, psychosocial development, and adolescent identity formation. *Personal Relationships*, *21*, 51 - 67.

Jones, S. (2006). Exploration or imitation? The effect of music on 4-week-old infants' tongue protrusions. *Infant Behavior & Development*, *29*, 126 - 130.

Jones, S. (2007). Imitation in infancy: The development of mimicry. *Psychological Science*, *18*, 593 - 599.

Jones-Harden, B. (2004). Safety and stability for foster children: A developmental perspective. *The Future of Children*, *14*, 31 - 48.

Jongudomkarn, D., & Camfield, L. (2006, September). Exploring the quality of life of people in northeastern and southern Thailand. *Social Indicators Research*, *78*, 489 - 529

Jordan, A. B., & Robinson, T. N. (2008). Children's television viewing, and weight status: Summary and recommendations from an expert panel meeting. *Annals of the American Academy of Political and Social Science*, *615*, 119 - 132.

Jordan, A., Trentacoste, N., Henderson, V., Manganello, J., & Fishbein, M. (2007). Measuring the time teens spend with media: Challenges and opportunities. *Media Psychology*, *9*, 19 - 41.

Jordan-Young, R. M. (2012). Hormones, context, and "brain gender": A review of evidence from congenital adrenal hyperplasia. *Social Science & Medicine*, *74*, 1738 - 1744.

Jorgensen, G. (2006, June). Kohlberg and Gilligan: Duet or duel? *Journal of Moral Education*, *35*, 179 - 196.

Jose, O., & Alfons, V. (2007). Do demographics affect marital satisfaction? *Journal of Sex and Marital Therapy*, *33*, 73 - 85.

Judge, T. A., Ilies, R., & Zhang, Z. (2012). Genetic influences on core self-evalua-tions, job satisfaction, and work stress: A behavioral genetics mediated model. *Organizational Behavior and Human Decision Processes*, *117*, 208 - 220.

Julvez, J., Guxens, M., Carsin, A., Forns, J., Mendez, M., Turner, M. C., & Sunyer, J. (2014). A cohort study on full breastfeeding and child neuropsychological de-velopment: The role of maternal social, psychological, and nutritional factors. *Developmental Medicine & Child Neurology*, *56*, 148 - 156.

Jurimae, T., & Saar, M. (2003). Self-perceived and actual indicators of motor abilities in children and adolescents. *Perception and Motor Skills*, *97*, 862 - 866.

Justice, L. M., Logan, J. R., Lin, T., & Kaderavek, J. N. (2014). Peer effects in early childhood education: Testing the assumptions of special-education inclusion. *Psychological Science*, *25*, 1722 - 1729.

Kabir, A. A., Pridjian, G., Steinmann, W. C., Herrera, E. A., & Khan, M. M. (2005). Racial differences in Cesareans: An Analysis of U. S. 2001 National Inpatient Sample Data. *Obstetrics & Gynecology*, *105*, 710 - 718.

Kacapyr, E. (1997, October). Are we having fun yet? *American Demographics*, pp. 28 - 30.

Kadam, G. (2014). Psychological health of parents whose children are away from them. *Indian Journal of Community Psychology*, *10*, 358 - 363.

Kaffashi, F., Scher, M. S., Ludington-Hoe, S. M., & Loparo, K. A. (2013). An analysis of the kangaroo care intervention using neonatal EEG complexity: A preliminary study. *Clinical Neurophysiology*, *124*, 238 - 246.

Kagan, J. (2000, October). Adult personality and early experience. *Harvard Men-tal Health Letter*, pp. 4 - 5.

Kagan, J. (2003). An unwilling rebel. In R. J. Sternberg (Ed.), *Psychologists defying the crowd: Stories of those who battled the establishment and won.* Washington, DC: American Psychological Association.

Kagan, J. (2008). In defense of qualitative changes in development. *Child Development*, *79*.

Kagan, J., Arcus, D., & Snidman, N. (1993). The idea of temperament: Where do we go from here? In R. Plomin & G. E. McClearn (Eds.), *Nature, nurture, and psychology.* Washington, DC: American Psychological Association.

Kagan, J., Arcus, D., Snidman, N., Feng, W. Y., Hendler, J., & Greene, S. (1994). Reactivity in infants: A cross-national comparison. *Developmental Psychology*, *30*, 342 - 345.

Kagan, J., Kearsley, R. B., & Zelazo, P. R. (1978). *Infancy: Its place in human devel-opment.* Cambridge, MA: Harvard University Press.

Kagan, J., & Snidman, N. (1991). Infant predictors of inhibited and uninhibited profiles. *Psychological Science*, *2*, 40 - 44.

Kagan, J., Snidman, N., Kahn, V., & Towsley, S. (2007). The preservation of two infant temperaments into adolescence. *Monographs of the Society for Research in Child Development*, *72*, 1 - 75.

Kahn, J. P. (2004). Hostility, coronary risk, and alpha-adrenergic to beta-adrener-gic receptor density ratio. *Psychosomatic Medicine*, *66*, 289 - 297.

Kahn, R. L., & Rowe, J. W. (1999). *Successful aging.* New York: Dell.

Kail, R. (2003). Information processing and memory. In M. Bornstein & L. David-son (Eds.), *Well-being: Positive development across the life course.* Mahwah, NJ: Lawrence Erlbaum Associates.

Kail, R. V. (2004). Cognitive development includes global and domain-specific processes. *Merrill-Palmer Quarterly*, *50* [Special issue: 50th anniversary issue: Part II, the maturing of the human development sciences: Appraising past, present, and prospective agendas], 445 - 455.

Kail, R. V., & Miller, C. A. (2006). Developmental change in processing speed: Domain specificity and stability during childhood and adolescence. *Journal of Cognition and Development*, *7*, 119 - 137.

Kalb, C. (1997, Spring/Summer). The top 10 health worries. *Newsweek Special Issue*, pp. 42 - 43.

Kalb, C. (2004, January 26). Brave new babies. *Newsweek*, pp. 45 - 53.

Kalb, C. (2012, February). Fetal armor. *Scientific American*, p. 73.

Kalsi, M., Heron, G., & Charman, W. (2001). Changes in the static accommoda-tion response with age. *Ophthalmic & Physiological Optics*, *21*, 77 - 84.

Kaltiala-Heino, R., Kosunen, E., & Rimpela, M. (2003). Pubertal timing, sexual behaviour and self-reported depression in middle adolescence. *Journal of Adolescence*, *26*, 531 - 545.

Kamijo, K., Hayashi, Y., Sakai, T., Yahiro, T., Tanaka, K., & Nishihira, Y. (2009). Acute effects of aerobic exercise on cognitive function in older adults. *The Jour-nals of Gerontology: Series B: Psychological Sciences and Social Sciences*, *64B*, 356 - 363.

Kaminaga, M. (2007). Pubertal development and depression in adolescent boys and girls. *Japanese Journal of Educational Psychology*, *55*, 21 - 33.

Kan, P., & Kohnert, K. (2009). Fast mapping by bilingual preschool children. *Journal of Child Language*, *35*, 495 - 514.

Kandler, C., Bleidorn, W., & Riemann, R. (2012). Left or right? Sources of politi-cal orientation: The roles of genetic factors, cultural transmission, assorta-tive mating, and personality. *Journal of Personality and Social Psychology*, *102*, 633 - 645.

Kaneda, H., Maeshima, K., Goto, N., Kobayakawa, T., Ayabe-Kanamura, S., & Saito, S. (2000). Decline in taste and odor discrimination abilities with age, and relationship between gustation and olfaction. *Chemical Senses*, *25*, 331 - 337.

Kanters, M. A., Bocarro, J. N., Edwards, M. B., Casper, J. M., & Floyd, M. F. (2013). School sport participation under two school sport policies: Compari-sons by race/ethnicity, gender, and socioeconomic status. *Annals of Behavioral Medicine*, *45*(Suppl 1), S113 - S121.

Kantor, J. (2015, June 27). Historic day for gay rights, but a twinge of loss for gay culture. *The New York Times*, p. A1.

Kantrowitz, E. J., & Evans, G. W. (2004). The relation between the ratio of children per activity area and off-task behavior and type of play in day care centers. *Environment & Behavior*, *36*, 541 - 557.

Kao, G. (2000). Psychological well-being and educational achievement among immigrant youth. In D. J. Hernandez (Ed.), *Children of immigrants: Health, adjustment, and public assistance.* Washington, DC: National Academy Press.

Kapadia, S. (2008). Adolescent-parent relationships in Indian and Indian immi-grant families in the US: Intersections and disparities. *Psychology and Develop-ing Societies*, *20*, 257 - 275.

Kaplan, H., & Dove, H. (1987). Infant development among the ache of Eastern Paraguay. *Developmental Psychology*, *23*, 190 - 198.

Kaplan, R. M., Sallis, J. F., Jr., & Patterson, T. L. (1993). *Health and human behavior: Age specific breast cancer annual incidence.* New York: McGraw-Hill.

Karatzias, T., Yan, E., & Jowett, S. (2015). Adverse life events and health: A popu-lation study in Hong Kong. *Journal of Psychosomatic Research*, *78*, 173 - 177.

Karelitz, T. M., Jarvin, L., & Sternberg, R. J. (2010). The meaning of wisdom and its development throughout life. In W. F. Overton & R. M. Lerner (Eds.), *The handbook of life-span development, Vol 1: Cognition, biology, and methods.* Hobo-ken, NJ: John Wiley & Sons Inc.

Karlsdottir, S. I., Halldorsdottir, S., & Lundgren, I. (2014). The third paradigm in labour pain preparation and management: The childbearing woman ' s para-digm. *Scandinavian Journal of Caring Sciences*, *28*, 315 - 327.

Karney, B. R., & Bradbury, T. N. (2005). Contextual influences on marriage. *Current Directions in Psychological Science*, *14*, 171 - 174.

Karniol, R. (2009). Israeli kindergarten children ' s gender constancy for others ' counter-stereotypic toy play and appearance: The role of sibling gender and relative age. *Infant and Child Development*, *18*, 73 - 94.

Kart, C. S. (1990). *The realities of aging* (3rd ed.). Boston: Allyn & Bacon.

Kaslow, F. W. (2001). Families and family psychology at the millennium: Intersecting crossroads. *American Psychologist*, *56*, 37 - 44.

Kasser, T., & Sharma, Y. S. (1999). Reproductive freedom, educational equal-ity, and females ' preference for resource-acquisition characteristics in mates. *Psychological Science*, *10*, 374 - 377.

Kastenbaum, R. (1985). Dying and death: A life-span approach. In J. E. Birren & K. W. Schaie (Eds.), *Handbook of the psychology of aging.* New York: Van Nostrand Reinhold.

Kastenbaum, R. (2000). *The psychology of death* (3rd ed.). New York: Springer.

Kastenbaum, R. J. (1992). *The psychology of death.* New York: Springer-Verlag.

Kato, K., & Pedersen, N. L. (2005). Personality and coping: A study of twins reared apart and twins reared together. *Behavior Genetics*, *35*, 147 - 158.

Katz, P. A. (2003). Racists or tolerant multiculturalists? How do they begin? *American Psychologist*, *58*, 897 – 909.

Katzer, C., Fetchenhauer, D., & Belschak, F. (2009). Cyberbullying: Who are the vic-tims? A comparison of victimization in internet chatrooms and victimization in school. *Journal of Media Psychology: Theories, Methods, and Applications*, *21*, 25 – 36.

Kaufman, J. C., Kaufman, A. S., Kaufman-Singer, J., & Kaufman, N. L. (2005). The Kaufman Assessment Battery for Children—Second Edition and the Kauf-man Adolescent and Adult Intelligence Test. In D. P. Flanagan & P. L. Harrison (Eds.), *Contemporary intellectual assessment: Theories, tests, and issues.* New York: Guilford Press.

Kaufmann, D., Gesten, E., Santa Lucia, R. C., Salcedo, O., Rendina-Gobioff, G., & Gadd, R. (2000). The relationship between parenting style and children's ad-justment: The parents' perspective. *Journal of Child & Family Studies*, *9*, 231 – 245.

Kawakami, K. (2014). The early sociability of toddlers: The origins of teaching. *Infant Behavior & Development*, *37*, 174 – 177.

Kaye, W. (2008). Neurobiology of anorexia and bulimia nervosa. *Physiology & Behavior*, *94*, 121 – 135.

Kayton, A. (2007). Newborn screening: A literature review. *Neonatal Network*, *26*, 85 – 95.

Kazura, K. (2000). Fathers' qualitative and quantitative involvement: An inves-tigation of attachment, play, and social interactions. *Journal of Men's Studies*, *9*, 41 – 57.

Kearney, M. S., & Levine, P. B. (2015). Early childhood education by MOOC: Lessons from Sesame Street. *NBER Working Paper No. 21229.*

Keating, D. (1990). Adolescent thinking. In S. S. Feldman & G. R. Elliott (Eds.), *At the threshold.* Cambridge, MA: Harvard University Press.

Keating, D. P. (2004). Cognitive and brain development. In R. M. Lerner & L. Steinberg (Eds.), *Handbook of adolescent psychology* (2nd ed.). Hoboken, NJ: John Wiley & Sons.

Kedziora-Kornatowski, K., Szewczyk-Golec, K., Czuczejko, J., van Marke de Lumen, K., Pawluk, H., Motyl, J., Karasek, M., & Kedziora, J. (2007). Effect of melatonin on the oxidative stress in erythrocytes of healthy young and elderly subjects. *Journal of Pineal Research*, *42*, 153 – 158.

Keel, P., & Haedt, A. (2008). Evidence-based psychosocial treatments for eating problems and eating disorders. *Journal of Clinical Child and Adolescent Psychol-ogy*, *37*, 39 – 61.

Keene, J. R., Prokos, A. H., & Held, B. (2012). Grandfather caregivers: Race and ethnic differences in poverty. *Sociological Inquiry*, *82*, 49 – 77.

Kehl, K. A., & McCarty, K. N. (2012). Readability of hospice materials to prepare families for caregiving at the time of death. *Research in Nursing & Health*, *35*, 242 – 249.

Kelch-Oliver, K. (2008). African American grandparent caregivers: Stresses and implications for counselors. *The Family Journal*, *16*, 43 – 50.

Kellehear, A. (2015). Death education as a public health issue. In J. M. Stillion, T. Attig, J. M. Stillion, & T. Attig (Eds.), *Death, dying, and bereavement: Contempo-rary perspectives, institutions, and practices.* New York: Springer Publishing Co.

Keller, H., Otto, H., Lamm, B., Yovsi, R. D., & Kartner, J. (2008). The timing of verbal/vocal communications between mothers and their infants: A longitudi-nal cross-cultural comparison. *Infant Behavior & Development*, *31*, 217 – 226.

Keller, H., Voelker, S., & Yovsi, R. D. (2005). Conceptions of parenting in differ-ent cultural communities: The case of West African Nso and northern German women. *Social Development*, *14*, 158 – 180.

Keller, H., Yovsi, R., Borke, J., K. rtner, J., Henning, J., & Papaligoura, Z. (2004). Developmental consequences of early parenting experiences: Self-recognition and self-regulation in three cultural communities. *Child Development*, *75*, 1745 – 1760.

Kelley, G., Kelley, K., Hootman, J., & Jones, D. (2009). Exercise and health-related quality of life in older community-dwelling adults: A meta-analysis of rand-omized controlled trials. *Journal of Applied Gerontology*, *28*, 369 – 394.

Kellman, P., & Arterberry, M. (2006). Infant visual perception. In W. Damon & R. M. Lerner (Eds.), *Handbook of child psychology: Vol. 2, Cognition, perception, and language* (6th ed.). New York: Wiley.

Kelly, G. (2001). *Sexuality today: A human perspective* (7th ed.). New York: McGraw-Hill.

Kelly-Weeder, S., & Cox, C. (2007). The impact of lifestyle risk factors on female infertility. *Women & Health*, *44*, 1 – 23.

Kemper, S. (2012). The interaction of linguistic constraints, working memory, and aging on language production and comprehension. In M. Naveh-Benjamin & N. Ohta (Eds.), *Memory and aging: Current issues and future directions.* New York: Psychology Press.

Kennell, J. H. (2002). On becoming a family: Bonding and the changing patterns in baby and family behavior. In J. GomesPedro & J. K. Nugent (Eds.), *The infant and family in the twenty-first century.* New York: Brunner-Routledge.

Kenny, D. T. (2013). *Bringing up baby: The psychoanalytic infant comes of age.* London: Karnac Books.

Kenrick, D. T., Keefe, R. C., Bryna, A., Barr, A., & Brown, S. (1995). Age prefer-ences and mate choice among homosexuals and heterosexuals: A case for modular psychological mechanisms. *Journal of Personality and Social Psychology*, *69*, 1166 – 1172.

Khurana, A., Bleakley, A., Jordan, A. B., & Romer, D. (2014, December 13). The protective effects of parental monitoring and Internet restriction on adoles-cents' risk of online harassment. *Journal of Youth and Adolescence.* Accessed online, 3-23-15; http://www.ncbi.nlm.nih.gov/pubmed/25504217

Kiecolt-Glaser, J. K. (2009). Psychoneuroimmunology: Psychology's gateway to biomedical future. *Perspectives on Psychological Science*, *4* [Special issue: Next big questions in psychology], 367 – 369.

Kieffer, C. C. (2012). Secure connections, the extended family system, and the socio-cultural construction of attachment theory. In S. Akhtar (Ed.), *The mother and her child: Clinical aspects of attachment, separation, and loss.* Lanham, MD: Jason Aronson.

Killeen, L. A., & Teti, D. M. (2012). Mothers' frontal EEG asymmetry in response to infant emotion states and mother – infant emotional availability, emotional expe-rience, and internalizing symptoms. *Development and Psychopathology*, *24*, 9 – 21.

Killian, K. D. (2012). Resisting and complying with homogamy: Interracial couples' narratives about partner differences. *Counselling Psychology Quarterly*, *25*, 125 – 135.

Kilner, J. M., Friston, J. J., & Frith, C. D. (2007). Predictive coding: An account of the mirror neuron system. *Cognitive Processes*, *33*, 88 – 997.

Kim, E. H., & Lee, E. (2009). Effects of a death education program on life satisfac-tion and attitude toward death in college students. *Journal of Korean Academic Nursing*, *39*, 1 – 9.

Kim, H. I., & Johnson, S. P. (2013). Do young infants prefer an infant-directed face or a happy face? *International Journal of Behavioral Development*, *37*, 125 – 130.

Kim, H., Sherman, D., & Taylor, S. (2008). Culture and social support. *American Psychologist*, *63*, 518 – 526.

Kim, J. (1995, January). You cannot know how much freedom you have here. *Money*, p. 133.

Kim, J., & Cicchetti, D. (2003). Social self-efficacy and behavior problems in mal-treated children. *Journal of Clinical Child & Adolescent Psychology*, *32*, 106 – 117.

Kim, S., & Park, H. (2006, January). Five years after the launch of Viagra in Korea: Changes in perceptions of erectile dysfunction treatment by physicians, patients, and the patients' spouses. *Journal of Sexual Medicine*, *3*, 132 – 137.

Kim, Y., Choi, J. Y., Lee, K. M., Park, S. K., Ahn, S. H., Noh, D. Y., Hong, Y. C., Kang, D., & Yoo, K. Y. (2007). Dose-dependent protective effect of breast-feeding against breast cancer among never-lactated women in Korea. *European Journal of Cancer Prevention*, *16*, 124 – 129.

Kim, Y. K., Curby, T. W., & Winsler, A. (2014). Child, family, and school charac-teristics related to English proficiency development among low-income, dual language learners. *Developmental Psychology*, *50*, 2600 – 2613.

Kim-Cohen, J. (2007). Resilience and developmental psychopathology. *Child and Adolescent Psychiatric Clinics of North America*, *16*, 271 – 283.

Kimm, S. Y. (2003). Nature versus nurture in childhood obesity: A familiar old conundrum. *American Journal of Clinical Nutrition*, *78*, 1051 – 1052.

Kimm, S., Glynn, N. W., Kriska, A., Barton, B. A., Kronsberg, S. S., Daniels, S. R., & Liu, K. (2002). Decline in physical activity in Black girls and white girls during adolescence, *New England Journal of Medicine*, *347*, 709 – 715.

Kincl, L., Dietrich, K., & Bhattacharya, A. (2006, October). Injury trends for adoles-cents with early childhood lead exposure. *Journal of Adolescent Health*, *39*, 604 – 606.

Kinney, H. C., Randall, L. L., Sleeper, L. A., Willinger, M., Beliveau, R. A., Zec, N., Rava, L. A., Dominici, L., Iyasu, S., Randall, B., Habbe, D., Wilson, H., Mandell, F., McClain, M., & Welty, T. K. (2003). Serotonergic brainstem abnor-malities in Northern Plains Indians with the sudden infant death syndrome. *Journal of Neuropathology and Experimental Neurology*, *62*, 1178 – 1191.

Kinney, H., & Thach, B. (2009). Medical progress: The sudden infant death syndrome. *The New England Journal of Medicine*, *361*, 795 – 805.

Kinsey, A. C., Pomeroy, W. B., & Martin, C. E. (1948). *Sexual behavior in the human male*. Philadelphia, PA: Saunders.

Kirby, J. (2006, May). From single-parent families to stepfamilies: Is the transi-tion associated with adolescent alcohol initiation? *Journal of Family Issues*, *27*, 685 – 711.

Kirchengast, S., & Hartmann, B. (2003). Impact of maternal age and maternal-somatic characteristics on newborn size. *American Journal of Human Biology*, *15*, 220 – 228.

Kirkwood, T. (2010, September). Why can't we live forever? *Scientific American*, pp. 42 – 49.

Kirsh, S. J. (2012). *Children, adolescents, and media violence: A critical look at the research* (2nd ed.). Thousand Oaks, CA: Sage Publications, Inc.

Kisilevsky, B., Hains, S., Brown, C., Lee, C., Cowperthwaite, B., Stutzman, S., et al. (2009). Fetal sensitivity to properties of maternal speech and language. *Infant Behavior & Development*, *32*, 59 – 71.

Kissane, D., & Li, Y. (2008). Effects of supportive-expressive group therapy on survival of patients with metastatic breast cancer: A randomized prospective trial. *Cancer*, *112*, 443 – 444.

Kitamura, C., & Lam, C. (2009). Age-specific preferences for infant-directed af-fective intent. *Infancy*, *14*, 77 – 100.

Kiuru, N., Nurmi, J., Aunola, K., & Salmela-Aro, K. (2009). Peer group homoge-neity in adolescents' school adjustment varies according to peer group type and gender. *International Journal of Behavioral Development*, *33*, 65 – 76.

Kleespies, P. (2004). The wish to die: Assisted suicide and voluntary euthanasia. In P. Kleespies (Ed.), *Life and death decisions: Psychological and ethical considera-tions in end-of-life care*. Washington, DC: American Psychological Association.

Klein, M. C. (2012). The tyranny of meta-analysis and the misuse of randomized controlled trials in maternity care. *Birth: Issues in Perinatal Care*, *39*, 80 – 82.

Kleinman, A. (2012). Culture, bereavement, and psychiatry. *The Lancet*, *379*, 608 – 609.

Klier, C. M., Muzik, M., Dervic, K., Mossaheb, N., Benesch, T., Ulm, B., & Zeller, M. (2007). The role of estrogen and progesterone in depression after birth. *Journal of Psychiatric Research*, *41*, 273 – 279.

Klimstra, T. A., Luyckx, K., Germeijs, V., Meeus, W. J., & Goossens, L. (2012). Personality traits and educational identity formation in late adolescents: Lon-gitudinal associations and academic progress. *Journal of Youth and Adolescence*, *41*, 346 – 361.

Klingberg, T., & Betteridge, N. (2013). *The learning brain: Memory and brain devel-opment in children*. New York: Oxford University Press.

Klitzman, R. L. (2012). *Am I my genes? Confronting fate and family secrets in the age of genetic testing*. New York: Oxford University Press.

Kloep, M., Güney, N., . ok, F., & Simsek, . . (2009). Motives for risk-taking in adolescence: A cross-cultural study. *Journal of Adolescence*, *32*, 135 – 151.

Kluger, J. (2010, November 1). Keeping young minds healthy. *Time*, pp. 40 – 50.

Kluger, J., & Park, A. (2013, May 27). The Angelina effect: Her preventive mas-tectomy raises important issues about genes, health, and risk. *Time*, pp. 28 – 33.

Knafo, A., & Schwartz, S. H. (2003). Parenting and accuracy of perception of parental values by adolescents. *Child Development*, *73*, 595 – 611.

Knaus, W. A., Conners, A. F., Dawson, N. V., Desbiens, N. A., Fulkerson, W. J., Jr., Goldman, L., Lynn, J., & Oye, R. K. (1995, November 22). A controlled trial to improve care for seriously ill hospitalized patients: The study to understand prognoses and preferences for outcomes and risks of treatments (SUPPORT). *JAMA: The Journal of the American Medical Association*, *273*, 1591 – 1598.

Knickmeyer, R., & Baron-Cohen, S. (2006, December). Fetal testosterone and sex differences. *Early Human Development*, *82*, 755 – 760.

Knifsend, C. A., & Juvonen, J. (2014). Social identity complexity, cross-ethnic friendships, and intergroup attitudes in urban middle schools. *Child Develop-ment*, *85*, 709 – 721.

Knorth, E. J., Harder, A. T., Zandberg, T., & Kendrick, A. J. (2008). Under one roof: A review and selective meta-analysis on the outcomes of residential child and youth care. *Children and Youth Services Review*, *30*, 123 – 140.

Kochanek, K. D., Arias, E., & Anderson, R. N. (2013). *How did cause of death contribute to racial differences in life expectancy in the United States in 2010?* NCHS data brief, no 125. Hyattsville, MD: National Center for Health Statistics.

Kochanska, G. (1998). Mother – child relationship, child fearfulness, and emerg-ing attachment: A short-term longitudinal study. *Developmental Psychology*, *34*, 480 – 490.

Kochanska, G. (2002). Mutually responsive orientation between mothers and their young children: A context for the early development of conscience. *Cur-rent Directions in Psychological Science*, *11*, 191 – 195.

Kochanska, G., & Aksan, N. (2004). Development of mutual responsiveness between parents and their young children. *Child Development*, *75*, 1657 – 1676.

Koenig, L. B., McGue, M., Krueger, R. F., & Bouchard, Jr., T. J. (2005). Genetic and environmental influences on religiousness: Findings for retrospective and current religiousness ratings. *Journal of Personality*, *73*, 471 – 488.

Koenig, M., & Cole, C. (2013). Early word learning. In D. Reisberg & D. Reis-berg (Eds.), *The Oxford handbook of cognitive psychology*. New York: Oxford University Press.

Kogan, S. M., Yu, T., Allen, K. A., & Brody, G. H. (2014). Racial microstressors, racial self-concept, and depressive symptoms among male African Americans during the transition to adulthood. *Journal of Youth and Adolescence*. Accessed online, 3-23-15; http://www.ncbi.nlm.nih.gov/pubmed/25344920

Koh, S., & Sewell, D. D. (2015). Sexual functions in older adults. *The American Journal of Geriatric Psychiatry*, *23*, 223 – 226.

Kohlberg, L. (1966). A cognitive-developmental analysis of children's sex-role concepts and attitudes. In E. E. Maccoby (Ed.), *The development of sex differences*. Stanford, CA: Stanford University Press.

Kohlber, L. (1969). Stage and sequence: The cognitive-developmental approach to socialization. In D. A. Goslin (Ed.), *The handbook of socialization theory and research*. Chicago, IL: Rand McNally.

Kohlberg, L. (1984). *The psychology of moral development: Essays on moral develop-ment (Vol. 2)*. San Francisco: Harper & Row.

Kohut, S., & Riddell, R. (2009). Does the Neonatal Facial Coding System dif-ferentiate between infants experiencing pain-related and non-pain-related distress? *The Journal of Pain*, *10*, 214 – 220.

Koike, K. J. (2014). *Everyday audiology: A practical guide for health care professionals* (2nd ed.). San Diego, CA: Plural Publishing.

Koinis-Mitchell, D., Kopel, S. J., Salcedo, L., McCue, C., & McQuaid, E. L. (2014). Asthma indicators and neighborhood and family stressors related to urban living in children. *American Journal of Health Behavior*, *38*, 22 – 30.

Kolata, G. (2004, May 11). The heart's desire. *The New York Times*, p. D1.

Kolb, B., & Gibb, R. (2006). Critical periods for functional recovery after cortical injury during development. In S. G. Lomber & J. J. Eggermont (Eds.), *Repro-gramming the cerebral cortex: Plasticity following central and peripheral lesions*. New York: Oxford University Press.

Kolling, T., & Knopf, M. (2014). Late life human development: Boosting or buff-ering universal biological aging. *Geropsych: The*

Journal of Gerontopsychology and Geriatric Psychiatry, *27*, 103 - 108.

Konigsberg, R. D. (2011, August 2). Chore wars. *Time*, pp. 22 - 26.

Koopmans, S., & Kooijman, A. (2006, November). Presbyopia correction and accommodative intraocular lenses. *Gerontechnology*, *5*, 222 - 230.

Koren, C. (2014). Together and apart: A typology of re-partnering in old age. *International Psychogeriatrics*, *26*, 1327 - 1350.

Koretz, D. (2008). The pending reauthorization of NCLB: An opportunity to rethink the basic strategy. In Gail L. Sunderman (Ed.), *Holding NCLB accountable: Achiev-ing, accountability, equity, & school reform.* Thousand Oaks, CA: Corwin Press.

Kornides, M., & Kitsantas, P. (2013). Evaluation of breastfeeding promotion, support, and knowledge of benefits on breastfeeding outcomes. *Journal of Child Health Care*, *17*, 264 - 273.

Korte, J., Westerhof, G. J., & Bohlmeijer, E. T. (2012). Mediating Processes in an Effective Life-Review Intervention. *Psychology and Aging.* Accessed online, 7-24-12; http://psycnet.apa.org/psycinfo/2012-17923-001

Koshmanova, T. (2007). Vygotskian scholars: Visions and implementation of cultural-historical theory. *Journal of Russian & East European Psychology*, *45*, 61 - 95.

Koska, J., Ksinantova, L., Sebokova, E., Kvetnansky, R., Klimes, I., Chrousos, G., & Pacak, K. (2002). Endocrine regulation of subcutaneous fat metabolism during cold exposure in humans. *Annals of the New York Academy of Science*, *967*, 500 - 505.

Koss, M. P., Goodman, L. A., Browne, A., Fitzgerald, L. F., Keita, G. P., & Russo, N. F. (1993). *No safe haven: Violence against women, at home, at work, and in the community.* Final report of the American Psychological Association Women's Programs Office Task Force on Violence Against Women. Washington, DC: American Psychological Association.

Kotre, J., & Hall, E. (1990). *Seasons of life.* Boston: Little, Brown.

Kozulin, A. (2004). Vygotsky's theory in the classroom: Introduction. *European Journal of Psychology of Education*, *19*, 3 - 7.

Kramer, A. F., Erickson, K. I., & Colcombe, S. J. (2006). Exercise, cognition, and the aging brain. *Journal of Applied Physiology*, *101*, 1237 - 1242.

Kramer, K. (2012). *Nexus between work and family in stay-at-home father households: Analysis using the current population surveys, 1968 - 2008.* Dissertation Abstracts International Section A, 72, 2976.

Krcmar, M., Grela, B., & Lin, K. (2007). Can toddlers learn vocabulary from television? An experimental approach. *Media Psychology*, *10*, 41 - 63.

Kretch, K. S., & Adolph, K. E. (2013). Cliff or step? Posture-specific learning at the edge of a drop-off. *Child Development*, *84*, 226 - 240.

Kringelbach, M. L., Lehtonen, A., Squire, S., Harvey, A. G., Craske, M. G., et al. (2008). A specific and rapid Neural signature for parental instinct. PLoS ONE, 3(2), e1664. doi:10.1371/journal.pone.0001664

Kroger, J. (2006). *Identity development: Adolescence through adulthood.* Thousand Oaks, CA: Sage Publications.

Kronholz, J. (2003, August 19). Trying to close the stubborn learning gap. *Wall Street Journal*, pp. B1, B5.

Kross, E., & Grossmann, I. (2012). Boosting wisdom: Distance from the self enhances wise reasoning, attitudes, and behavior. *Journal of Experimental Psychology: General*, *141*, 43 - 48.

Kross, E., Verduyn, P., Demiralp, E., Park, J., Lee, D. S., Lin, N., & . . . Ybarra, O. (2013). Facebook use predicts declines in subjective well-being in young adults. *Plos ONE*, *8*, 22 - 29.

Krueger, G. (2006, September). Meaning-making in the aftermath of sudden infant death syndrome. *Nursing Inquiry*, *13*, 163 - 171.

Kübler-Ross, E. (1969). *On death and dying.* New York: Macmillan.

Kübler-Ross, E. (1982). *Working it through.* New York: Macmillan.

Kübler-Ross, E. (Ed.). (1975). *Death: The final stage of growth.* Englewood Cliffs, NJ: Prentice Hall.

Kuhl, P. (2006). *A new view of language acquisition. Language and linguistics in con-text: Readings and applications for teachers.* Mahwah, NJ: Lawrence Erlbaum.

Kuhl, P. K., Andruski, J. E., Chistovich, I. A., Chistovich, L. A., Kozhevnikova, E. V., Ryskina, V. L., Stolyarova, E. I., Sundberg, U., & Lacerda, F. (1997, August 1). *Cross-language analysis of phonetic units in language addressed to infants. Science*, *277*, 684 - 686.

Kuhn, D. (2008). Formal operations from a twenty-first century perspective. *Human Development*, *51*, 48 - 55.

Kuhn, D., Garcia-Mila, M., Zohar, A., & Andersen, C. (1995). Strategies of knowledge acquisition. With commentary by S. H. White, D. Klahr, & S. M. Carver, and a reply by D. Kuhn. *Monographs of the Society for Research in Child Development*, *60*, 122 - 137.

Kulik, L. (2002). "His" and "Her" marriage: Differences in spousal perceptions of marital life in late adulthood. In S. P. Serge (Ed.), *Advances in psychology research (Vol. 17).* Hauppauge, NY: Nova Science Publishers.

Kulkarni, V., Khadilkar, R. J., Srivathsa, M. S., & Inamdar, M. S. (2011). Asrij maintains the stem cell niche and controls differentiation during drosophila lymph gland hematopoiesis. *PLoS ONE*, *6*, 22 - 29.

Kunkel, D., Wilcox, B. L., Cantor, J., Palmer, E., Linn, S., & Dowrick, P. (2004, February 20). *Report of the APA task force on advertising and children.* Washing-ton, DC: American Psychological Association.

Kunzmann, U., & Baltes, P. (2005). *The psychology of wisdom: Theoretical and empirical challenges.* New York: Cambridge University Press.

Kupersmidt, J. B., & Dodge, K. A. (Eds.). (2004). *Children's peer relations: From development to intervention.* Washington, DC: American Psychological Association.

Kurdek, L. (2003). Negative representations of the self/spouse and marital distress. *Personal Relationships*, *10*, 511 - 534.

Kurdek, L. (2006, May). Differences between partners from heterosexual, gay, and lesbian cohabiting couples. *Journal of Marriage and Family*, *68*, 509 - 528.

Kurdek, L. (2007). The allocation of household labor by partners in gay and lesbian couples. *Journal of Family Issues*, *28*, 132 - 148.

Kurdek, L. (2008). Change in relationship quality for partners from lesbian, gay male, and heterosexual couples. *Journal of Family Psychology*, *22*, 701 - 711.

Kurdek, L. A. (1999). The nature and predictors of the trajectory of change in marital quality for husbands and wives over the first 10 years of marriage. *Developmental Psychology*, *35*, 1283 - 1296.

Kurdek, L. A. (2005). What do we know about gay and lesbian couples? *Current Directions in Psychological Science*, *14*, 251 - 258.

Kurtines, W. M., & Gewirtz, J. L. (1987). *Moral development through social interac-tion.* New York: Wiley.

Kurtz-Costes, B., Swinton, A. D., & Skinner, O. D. (2014). Racial and ethnic gaps in the school performance of Latino, African American, and White students. In F. L. Leong, L. Comas-Díaz, G. C. Nagayama Hall, V. C. McLoyd, J. E. Trimble, F. L. Leong, . . . J. E. Trimble (Eds.), *APA handbook of multicultural psychology, Vol. 1: Theory and research.* Washington, DC: American Psychological Association.

Kusangi, E., Nakano, S., & Kondo-Ikemura, K. (2014). The development of infant temperament and its relationship with maternal temperament. *Psychologia: An International Journal of Psychological Sciences*, *57*, 31 - 38.

Kwant, P. B., Finocchiaro, T., Forster, F., Reul, H., Rau, G., Morshuis, M., El Ba-nayosi, A., Korfer, R., Schmitz-Rode, T., & Steinseifer, U. (2007). The MiniACcor: Constructive redesign of an implantable total artificial heart, initial laboratory testing and further steps. *International Journal of Artificial Organs*, *30*, 345 - 351.

Labouvie-Vief, G. (1980). Beyond formal operations: Uses and limits of pure logic in life-span development. *Human Development*, *23*, 141 - 161.

Labouvie-Vief, G. (1986). Modes of knowledge and the organization of develop-ment. In M. L. Commons, L. Kohlberg, F. Richards, & J. Sinnott (Eds.), *Beyond formal operations 3: Models and methods in the study of adult and adolescent thought.* New York: Praeger.

Labouvie-Vief, G. (2006). Emerging structures of adult thought. In J. J. Arnett & J. L. Tanner (Eds.), *Emerging adults in America:*

Coming of age in the 21st century. Washington, DC: American Psychological Association.

Labouvie-Vief, G. (2009). Cognition and equilibrium regulation in development and aging. *Restorative Neurology and Neuroscience*, *27*, 551 – 565.

Labouvie-Vief, G. (2015). *Integrating emotions and cognition throughout the lifespan*. Cham, Switzerland: Springer International Publishing.

Labouvie-Vief, G., & Diehl, M. (2000). Cognitive complexity and cognitive – affec-tive integration: Related or separate domains of adult development? *Psychol-ogy & Aging*, *15*, 490 – 504.

Lacerda, F., von Hofsten, C., & Heimann, M. (2001). *Emerging cognitive abilities in early infancy*. Mahwah, NJ: Lawrence Erlbaum.

Lachapelle, U., Noland, R. B., & Von Hagen, L. (2013). Teaching children about bicycle safety: An evaluation of the New Jersey Bike School program. *Accident Analysis and Prevention*, *52*, 237 – 249.

Lachmann, T., Berti, S., Kujala, T., & Schroger, E. (2005). Diagnostic subgroups of developmental dyslexia have different deficits in neural processing of tones and phonemes. *International Journal of Psychophysiology*, *56*, 105 – 120.

Lackey, C. (2003). Violent family heritage, the transition to adulthood, and later partner violence. *Journal of Family Issues*, *24*, 74 – 98.

LaCoursiere, D., Hirst, K. P., & Barrett-Connor, E. (2012). Depression and preg-nancy stressors affect the association between abuse and postpartum depres-sion. *Maternal and Child Health Journal*, *16*, 929 – 935.

Ladd, G. W. (1983). Social networks of popular, average and rejected children in social settings. *Merrill-Palmer Quarterly*, *29*, 282 – 307.

Ladouceur, C. D. (2012). Amygdala response to emotional faces: A neural marker of risk for bipolar disorder? *Journal of the American Academy of Child & Adolescent Psychiatry*, *51*, 235 – 237.

Laflamme, D., Pomerleau, A., & Malcuit, G. (2002). A comparison of fathers' and mothers' involvement in childcare and stimulation behaviors during free-play with their infants at 9 and 15 months. *Sex Roles*, *47*, 507 – 518.

LaFromboise, T., Coleman, H. L., & Gerton, J. (1993). Psychological impact of biculturalism: Evidence and theory. *Psychological Bulletin*, *114*, 395 – 412.

Laghi, F., Baiocco, R., Di Norcia, A., Cannoni, E., Baumgartner, E., & Bombi, A. S. (2014). Emotion understanding, pictorial representations of friendship and reciprocity in school-aged children. *Cognition and Emotion*, *28*, 1338 – 1346.

Lago, P., Allegro, A., & Heun, N. (2014). Improving newborn pain management: Systematic pain assessment and operators' compliance with potentially better practices. *Journal of Clinical Nursing*, *23*, 596 – 599.

Lagrou, K., Froidecoeur, C., Thomas, M., Massa, G., Beckers, D., Craen, M., de Beaufort, C., Rooman, R., Fran. ois, I., Heinrichs, C., Lebrethon, M. C., Thiry-Counson, G., Maes, M., & De Schepper, J. (2008). Concerns, expecta-tions and perception regarding stature, physical appearance and psychosocial functioning before and during high-dose growth hormone treatment of short pre-pubertal children born small for gestational age. *Hormone Research*, *69*, 334 – 342.

Lahat, A., Walker, O. L., Lamm, C., Degnan, K. A., Henderson, H. A., & Fox, N. A. (2014). Cognitive conflict links behavioural inhibition and social problem solving during social exclusion in childhood. *Infant and Child Development*, *23*, 273 – 282.

Lahiri, D. K., Maloney, B., Basha, M. R., Ge, Y. W., & Zawia, N. H. (2007). How and when environmental agents and dietary factors affect the course of Alz-heimer's disease: The "LEARn" model (latent early-life associated regulation) may explain the triggering of AD. *Current Alzheimer Research*, *4*, 219 – 228.

Laible, D., Panfile, T., & Makariev, D. (2008). The quality and frequency of mother-toddler conflict: Links with attachment and temperament. *Child Devel-opment*, *79*, 426 – 443.

Lain, D. (2012). Working past 65 in the UK and the USA: Segregation into "Lopaq" occupations? *Work, Employment and Society*, *26*, 78 – 94.

Lam, V., & Leman, P. (2003). The influence of gender and ethnicity on children's inferences about toy choice. *Social Development*, *12*, 269 – 287.

Lamaze, F. (1970). *Painless childbirth: The Lamaze method*. Chicago: Regnery.

Lamb, M. E., Sternberg, K. J., Hwang, C. P., & Broberg, A. G. (Eds.). (1992). *Child care in context: Cross-cultural perspectives*. Hillsdale, NJ: Erlbaum.

Lambiase, A., Aloe, L., Centofanti, M., Parisi, V., Mantelli, F., Colafrancesco, V., et al. (2009). Experimental and clinical evidence of neuroprotection by nerve growth factor eye drops: Implications for glaucoma. *PNAS Proceedings of the National Academy of Sciences of the United States of America*, *106*, 13469 – 13474.

Lamm, B., & Keller, H. (2007). Understanding cultural models of parenting: The role of intracultural variation and response style. *Journal of Cross-Cultural Psychology*, *38*, 50 – 57.

Lamm, H., & Wiesmann, U. (1997). Subjective attributes of attraction: How people characterize their liking, their love, and their being in love. *Personal Relationships*, *4*, 271 – 284.

Lamont, J. A. (1997). Sexuality. In D. E. Stewart & G. E. Robinson (Eds.), *A clini-cian's guide to menopause*. Clinical practice (pp. 63 – 75). Washington, DC: Health Press International.

Lamorey, S., Robinson, B. E., & Rowland, B. H. (1998). *Latchkey kids: Unlocking doors for children and their families*. Newbury Park, CA: Sage Publications.

Landau, R. (2008). Sex selection for social purposes in Israel: Quest for the 'per-fect child' of a particular gender or centuries old prejudice against women? *Journal of Medical Ethics*, *34*, 101 – 110.

Landhuis, C., Poulton, R., Welch, D., & Hancox, R. (2008). Programming obesity and poor fitness: The long-term impact of childhood television. *Obesity*, *16*, 1457 – 1459.

Landrine, H., & Klonoff, E. A. (1994). Cultural diversity in causal attributions for illness: The role of the supernatural. *Journal of Behavior Medicine*, *17*, 181 – 193.

Landy, F., & Conte, J. M. (2004) *Work in the 21st century*. New York: McGraw-Hill.

Lane, K. A., Goh, J. X., & Driver-Linn, E. (2012). Implicit science stereotypes mediate the relationship between gender and academic participation. *Sex Roles*, *66*, 220 – 234.

Langer, E., & Janis, I. (1979). *The psychology of control*. Beverly Hills, CA: Sage Publications.

Langford, P. E. (1995). *Approaches to the development of moral reasoning*. Hillsdale, NJ: Lawrence Erlbaum.

Langfur, S. (2013). The You-I event: On the genesis of self-awareness. *Phenom-enology and the Cognitive Sciences*, *12*, 769 – 790.

Langille, D. (2007). Teenage pregnancy: Trends, contributing factors and the physician's role. *Canadian Medical Association Journal*, *176*, 1601 – 1602.

Lansford, J. (2009). Parental divorce and children's adjustment. *Perspectives on Psychological Science*, *4*, 140 – 152.

Lansford, J. E., Chang, L., Dodge, K. A., Malone, P. S., Oburu, P., Palmérus, K., Bacchini, D., Pastorelli, C., Bombi, A. S., Zelli, A., Tapanya, S., Chaudhary, N., Deater-Deckard, K., Manke, B., & Quinn, N. (2005). Physical discipline and children's adjustment: Cultural normativeness as a moderator. *Child Develop-ment*, *76*, 1234 – 1246.

Lansford, J. E., Malone, P. P., Dodge, K. A., Crozier, J. C., Pettit, G. S., & Bates, J. E. (2006). A 12-year prospective study of patterns of social information processing problems and externalizing behaviors. *Journal of Abnormal Child Psychology: An Official Publication of the International Society for Research in Child and Adolescent Psychopathology*, *34*, 715 – 724.

Lansford, J. E., & Parker, J. G. (1999). Children's interactions in triads: Behavioral profiles and effects of gender and patterns of friendships among members. *Developmental Psychology*, *35*, 80 – 93.

Lapidot-Lefler, N., & Dolev-Cohen, M. (2014). Comparing cyberbullying and school bullying among school students: Prevalence, gender, and grade level differences. *Social Psychology of Education*. Accessed online, 3-22-15; http://link.springer.com/article/10.1007%2Fs11218-014-9280-8#close

Largo, R. H., Fischer, J. E., & Rousson, V. (2003). Neuromotor development from kindergarten age to adolescence: Developmental course and variability. *Swed-ish Medical Weekly*, *133*, 193 – 199.

Larsen, K. E., O'Hara, M. W., & Brewer, K. K. (2001). A prospective study of self-efficacy expectancies and labor pain. *Journal of Reproductive and Infant Psychology*, *19*, 203 – 214.

Larson, D. G. (2014). Taking stock: Past contributions and current thinking on death, dying, and grief. *Death Studies*, *38*, 349 – 352.

Larson, R. W., Richards, M. H., Moneta, G., Holmbeck, G., & Duckett, E. (1996). Changes in adolescents' daily interactions with their families from ages 10 to 18: Disengagement and transformation. *Developmental Psychology*, *32*, 744 – 754.

Laska, M. N., Murray, D. M., Lytle, L. A., & Harnack, L. J. (2012). Longitudinal associations between key dietary behaviors and weight gain over time: Transi-tions through the adolescent years. *Obesity*, *20*, 118 – 125.

Lassonde, K. A., Surla, C., Buchanan, J. A., & O'Brien, E. J. (2012). Using the con-tradiction paradigm to assess ageism. *Journal of Aging Studies*, *26* (2), 174 – 181. doi: 10.1016/j.jaging.2011.12.002

Latorre, J. M., Serrano, J. P., Ricarte, J., Bonete, B., Ros, L., & Sitges, E. (2015). Life review based on remembering specific positive events in active aging. *Journal of Aging and Health*, *27*, 140 – 157.

Lau, I., Lee, S., & Chiu, C. (2004). Language, cognition, and reality: Constructing shared meanings through communication. In M. Schaller & C. Crandall (Eds.), *The psychological foundations of culture*. Mahwah, NJ: Lawrence Erlbaum.

Lau, M., Markham, C., Lin, H., Flores, G., & Chacko, M. (2009). Dating and sexual attitudes in Asian-American adolescents. *Journal of Adolescent Research*, *24*, 91 – 113.

Lau, T., Chan, M., Salome, L., Chan, H., et al. (2012). Non-invasive prenatal screening of fetal sex chromosomal abnormalities: Perspective of pregnant women. *Journal of Maternal-Fetal and Neonatal Medicine*, *25*, 2616 – 2619.

Lau, Y. C., Hinkley, L. N., Bukshpun, P., Strominger, Z. A., Wakahiro, M. J., Baron-Cohen, S., & . . . Marco, E. J. (2013). Autism traits in individuals with agenesis of the corpus callosum. *Journal of Autism and Developmental Disorders*, *43*, 1106 – 1118.

Lauer, J. C., & Lauer, R. H. (1999). *How to survive and thrive in an empty nest*. Oakland, CA: New Harbinger Publications.

Laugharne, J., Janca, A., & Widiger, T. (2007). Posttraumatic stress disorder and terrorism: 5 years after 9/11. *Current Opinion in Psychiatry*, *20*, 36 – 41.

Lauter, J. L. (1998). Neuroimaging and the trimodal brain: Applications for devel-opmental communication neuroscience. *Phoniatrica et Logopaedica*, *50*, 118 – 145.

Lavers-Preston, C., & Sonuga-Barke, E. (2003). An intergenerational perspec-tive on parent – child relationships: The reciprocal effects of tri-generational grandparent – parent – child relationships. In R. Gupta & D. Parry-Gupta (Eds.), *Children and parents: Clinical issues for psychologists and psychiatrists*. London: Whurr Publishers, Ltd.

Lavzer, J. I., & Goodson, B. D. (2006). The "quality" of early care and education settings: Definitional and measurement issues. *Evaluation Review*, *30*, 556 – 576.

Law, D. M., Shapka, J. D., Hymel, S., Olson, B. F., & Waterhouse, T. (2012). The changing face of bullying: An empirical comparison between traditional and internet bullying and victimization. *Computers in Human Behavior*, *28*, 226 – 232.

Lawrence, E., Rothman, A., Cobb, R., Rothman, M., & Bradbury, T. (2008). Mari-tal satisfaction across the transition to parenthood. *Journal of Family Psychology*, *22*, 41 – 50.

Lazarus, R. S. (1968). Emotions and adaptations: Conceptual and empirical relations. In W. Arnold (Ed.), *Nebraska symposium on motivation*. Lincoln: University of Nebraska.

Lazarus, R. S., & Folkman, S. (1984). *Stress, appraisal, and coping*. New York: Springer.

Lazarus, R. S., & Folkman, S. (1991). The concept of coping. In A. Monat & R. S. Lazarus (Eds.), *Stress and coping: An anthology* (3rd ed.). New York: Columbia University Press.

Le Corre, M., & Carey, S. (2007). One, two, three, four, nothing more: An inves-tigation of the conceptual sources of the verbal counting principles. *Cognition*, *105*, 395 – 438.

Leach, P., Barnes, J., Malmberg, L., Sylva, K., & Stein, A. (2008). The quality of different types of child care at 10 and 18 months: A comparison between types and factors related to quality. *Early Child Development and Care*, *178*, 177 – 209.

Leaper, C. (2002). Parenting girls and boys. In M. Bornstein (Ed.), *Handbook of parenting: Vol. 1: Children and parenting*. Mahwah, NJ: Lawrence Erlbaum.

Leathers, H. D., & Foster, P. (2004). *The world food problem: Tackling causes of undernutrition in the third world*. Boulder, CO: Lynne Rienner Publishers.

Leathers, S., & Kelley, M. (2000). Unintended pregnancy and depressive symp-toms among first-time mothers and fathers. *American Journal of Orthopsychia-try*, *70*, 523 – 531.

Leavitt, L. A., & Goldson, E. (1996). Introduction to special section: Biomedicine and developmental psychology: New areas of common ground. *Developmental Psychology*, *32*, 387 – 389.

Lecce, S., Bianco, F., Demicheli, P., & Cavallini, E. (2014). Training preschoolers on first-order false belief understanding: Transfer on advanced ToM skills and metamemory. *Child Development*, *85*, 2404 – 2418.

Lecours, A. R. (1982). Correlates of developmental behavior in brain maturation. In T. Bever (Ed.), *Regressions in mental development*. Hillsdale, NJ: Lawrence Erlbaum.

Lee, C. C., Czaja, S. J., & Sharit, J. (2009). Training older workers for technology-based employment. *Educational Gerontology*, *35*, 15 – 31.

Lee, G. Y., & Kisilevsky, B. S. (2014). Fetuses respond to father's voice but prefer mother's voice after birth. *Developmental Psychobiology*, *56*, 1 – 11.

Lee, K. (2013). Little liars: Development of verbal deception in children. *Child Development Perspectives*, *7*, 91.96.

Lee, M. (2008). Caregiver stress and elder abuse among Korean family caregivers of older adults with disabilities. *Journal of Family Violence*, *23*, 707 – 712.

Lee, M., Vernon-Feagans, L., & Vazquez, A. (2003). The influence of family envi-ronment and child temperament on work/family role strain for mothers and fathers. *Infant & Child Development*, *12*, 421 – 439.

Lee, R. M. (2005). Resilience against discrimination: Ethnic identity and other-group orientation as protective factors for Korean Americans. *Journal of Counseling Psychology*, *52*, 36 – 44.

Lee, R., Zhai, F., Brooks-Gunn, J., Han, W., & Waldfogel, J. (2014). Head start participation and school readiness: Evidence from the early childhood longitu-dinal study – birth cohort. *Developmental Psychology*, *50*, 202 – 215.

Lee, S., Olszewski-Kubilius, P., & Thomson, D. (2012). Academically gifted students' perceived interpersonal competence and peer relationships. *Gifted Child Quarterly*, *56*, 90 – 104.

Leenaars, A. A., & Shneidman, E. S. (Eds.). (1999). *Lives and deaths: Selections from the works of Edwin S.* Shneidman. New York: Bruuner-Routledge.

Leen-Feldmer, E. W., Reardon, L. E., Hayward, C., & Smith, R. C. (2008). The relation between puberty and adolescent anxiety: Theory and evidence. In M. J. Zvolensky & J. A. Smits (Eds.), *Anxiety in health behaviors and physical illness*. New York: Springer Science + Business Media.

Leffel, K., & Suskind, D. (2013). Parent-directed approaches to enrich the early language environments of children living in poverty. *Seminars in Speech and Language*, *34*, 267 – 278.

Legerstee, M. (2013). The developing social brain: Social connections and social bonds, social loss, and jealousy in infancy. In M. Legerstee, D. W. Haley, & M. H. Bornstein (Eds.), *The infant mind: Origins of the social brain*. New York: Guilford Press.

Legerstee, M., Anderson, D., & Schaffer, A. (1998). Five- and eight-month-old infants recognize their faces and voices as familiar and social stimuli. *Child Development*, *69*, 37 – 50.

Legerstee, M., & Markova, G. (2008). Variations in 10-month-old infant imitation of people and things. *Infant Behavior & Development*, *31*, 81 – 91.

Lehman, D., Chiu, C., & Schaller, M. (2004). Psychology and culture. *Annual Review of Psychology*, *55*, 689 – 714.

Lehr, U., Seiler, E., & Thomae, H. (2000). Aging in a cross-cultural perspective. In A. L. Comunian, & U. P. Gielen (Eds.), *International perspectives on human development*. Lengerich, Germany: Pabst Science Publishers.

Leis-Newman, E. (2012, June). Miscarriage and loss. *Monitor on Psychology*, 57 - 59.

Lenhart, A. (2010, April 20). *Teens, cell phones, and texting*. Washington, DC: Pew Research Center.

Leonard, J., & Higson, H. (2014). A strategic activity model of enterprise system implementation and use: Scaffolding fluidity. *Journal of Strategic Information Systems*, 23, 62 - 86.

Lepage, J. F., & Théret, H. (2007). The mirror neuron system: Grasping others' actions from birth? *Developmental Science*, 10, 513 - 523.

Lerner, J. W. (2002). *Learning disabilities: Theories, diagnosis, and teaching strategies*. Boston: Houghton Mifflin.

Lerner, R. M., Fisher, C. B., & Weinberg, R. A. (2000). Toward a science for and of the people: Promoting civil society through the application of developmental science. *Child Development*, 71, 11 - 20.

Lerner, R. M., Theokas, C., & Jelicic, H. (2005). Youth as active agents in their own positive development: A developmental systems perspective. In W. Greve, K. Rothermund, & D. Wentura (Eds.), *Adaptive self: Personal continuity and intentional selfdevelopment*. Ashland, OH: Hogrefe & Huber.

Lesner, S. (2003). Candidacy and management of assistive listening devices: Special needs of the elderly. *International Journal of Audiology*, 42, 2S68 - 2S76.

Lester, H., Mead, N., Graham, C., Gask, L., & Reilly, S. (2012). An exploration of the value and mechanisms of befriending for older adults in England. *Ageing & Society*, 32, 307 - 328.

Lester, P., Paley, B., Saltzman, W., & Klosinski, L. E. (2013). Military service, war, and families: Considerations for child development, prevention and interven-tion, and public health policy—Part 2. *Clinical Child and Family Psychology Review*, 16, 345 - 347.

Leung, C., Pe-Pua, R., & Karnilowicz, W. (2006, January). Psychological adapta-tion and autonomy among adolescents in Australia: A comparison of Anglo-Celtic and three Asian groups. *International Journal of Intercultural Relations*, 30, 99 - 118.

Leung, K. (2005). [Special issue: Cross-cultural variations in distributive justice perception. *Journal of Cross-Cultural Psychology*], 36, 6 - 8.

LeVay, S., & Valente, S. M. (2003). *Human sexuality*. Sunderland, MA: Sinauer Associates.

Levenson, D. (2012). Genomic testing update: Whole genome sequencing may be worth the money. *Annals of Neurology*, 71, A7 - A9.

Levenson, M. R., Aldwin, C. M., & Igarashi, H. (2013). Religious development from adolescence to middle adulthood. In R. F. Paloutzian & C. L. Park (Eds.), *Handbook of the psychology of religion and spirituality* (2nd ed.). New York: Guilford Press.

Levenson, R. W., Carstensen, L. L., & Gottman, J. M. (1993). Long-term marriage: Age, gender, and satisfaction. *Psychology and Aging*, 8, 301 - 313.

Levy, B. L., & Langer, E. (1994). Aging free from negative stereotypes: Successful memory in China and among the American deaf. *Journal of Personality and Social Psychology*, 66, 989 - 997.

Levin, R. J. (2007). Sexual activity, health and well-being—the beneficial roles of coitus and masturbation. *Sexual and Relationship Therapy*, 22, 135 - 148.

Levin, R. J. (2015). Sexuality of the ageing female—The underlying physiology. *Sexual and Relationship Therapy*, 30, 25 - 36.

Levin, S., Matthews, M., Guimond, S., Sidanius, J., Pratto, F., Kteily, N., & Dover, T. (2012). Assimilation, multiculturalism, and colorblindness: Mediated and moderated relationships between social dominance orientation and prejudice. *Journal of Experimental Social Psychology*, 48, 207 - 212.

Levine, R. (1994). *Child care and culture*. Cambridge: Cambridge University Press.

Levine, R. (1997a, November). The pace of life in 31 countries. *American Demo-graphics*, pp. 20 - 29.

Levine, R. (1997b). *A geography of time: The temporal misadventures of a social psychologist, or how every culture keeps time just a little bit differently*. New York: HarperCollins.

Levinson, D. (1992). *The seasons of a woman's life*. New York: Knopf.

Levinson, D. J. (1986). A conception of adult development. *American Psychologist*, 41, 3 - 13.

Levy, B. (2009). Stereotype embodiment: A psychosocial approach to aging. *Current Directions in Psychological Science*, 18, 332 - 336.

Levy, B. R. (2003). Mind matters: Cognitive and physical effects of aging self-stereotypes. *Journal of Gerontology: Series B: Psychological Sciences and Social Sciences*, 58B, P203 - P211.

Levy, B. R., Slade, M. D., & Kasl, S. V. (2002). Longevity increased by posi-tive self-perceptions of aging. *Journal of Personality and Social Psychology*, 83, 261 - 270.

Levy, B. R., Slade, M. D., Kunkel, S. R., & Kasl, S. V. (2004). Longevity increased by positive self-perceptions of aging. *Journal of Personality and Social Psychol-ogy*, 83, 261 - 270.

Levy-Shiff, R. (1994). Individual and contextual correlates of marital change across the transition to parenthood. *Developmental Psychology*, 30, 591 - 601.

Lewis, B., Legato, M., & Fisch, H. (2006). Medical implications of the male biologi-cal clock. *JAMA: The Journal of the American Medical Association*, 296, 2369 - 2371.

Lewis, C. S. (1985). A grief observed. In E. S. Shneidman (Ed.), *Death: Current perspectives* (3rd ed.). Palo Alto, CA: Mayfield.

Lewis, J., & Elman, J. (2008). Growth-related neural reorganization and the autism phenotype: A test of the hypothesis that altered brain growth leads to altered connectivity. *Developmental Science*, 11, 135 - 155.

Lewis, M., & Carmody, D. (2008). Self-representation and brain development. *Developmental Psychology*, 44, 1329 - 1334.

Lewis, M., & Ramsay, D. (2004). Development of self-recognition, personal pronoun use, and pretend play during the 2nd year. *Child Development*, 75, 1821 - 1831.

Lewis, R., Freneau, P., & Roberts, C. (1979). Fathers and the postparental transi-tion. *Family Coordinator*, 28, 514 - 520.

Lewis, V. (2009). Undertreatment of menopausal symptoms and novel options for comprehensive management. *Current Medical Research Opinion*, 25, 2689 - 2698

Lewkowicz, D. (2002). Heterogeneity and heterochrony in the development of intersensory perception. *Cognitive Brain Research*, 14, 41 - 63.

Leyens, J. P., Camino, L., Parke, R. D., & Berkowitz, L. (1975). Effects of movie violence on aggression in a field setting as a function of group dominance and cohesion. *Journal of Personality and Social Psychology*, 32, 346 - 360.

Li, G. R., & Zhu, X. D. (2007). Development of the functionally total artificial heart using an artery pump. *ASAIO Journal*, 53, 288 - 291.

Li, H., Ji, Y., & Chen, T. (2014). The roles of different sources of social support on emotional well-being among Chinese elderly. *Plos ONE*, 9(3), 88 - 97.

Li, J., Laursen, T. M., Precht, D. H., Olsen, J., & Mortensen, P. B. (2005). Hospitali-zation for mental illness among parents after the death of a child. *New England Journal of Medicine*, 352, 1190 - 1196.

Li, N. P., Bailey, J. M., Kenrick, D. T., & Linsenmeier, J. A. W. (2002). The necessi-ties and luxuries of mate preferences: Testing the tradeoffs. *Journal of Personal-ity and Social Psychology*, 82, 947 - 955.

Li, Q. (2007). New bottle but old wine: A research of cyberbullying in schools. *Computers in Human Behavior*, 23, 1777 - 1791.

Li, Q., Xu, W., & Li, L. (2014). Elderly mental health quality and mental health condition: Mediating effect of social support. *Chinese Journal of Clinical Psychol-ogy*, 22, 688 - 690.

Li, S. (2003). Biocultural orchestration of developmental plasticity across levels: The interplay of biology and culture in shaping the mind and behavior across the life span. *Psychological Bulletin*, 129, 171 - 194.

Li, S. (2012). Neuromodulation of behavioral and cognitive development across the life span. Developmental Psychology, 48, 810 - 814. Li, S., Callaghan, B. L., & Richardson, R. (2014). *Infantile amnesia: Forgotten but not gone. Learning & Memory*, 21, 135 - 139.

Li, T., & Chan, D. K. (2012). How anxious and avoidant attachment affect romantic relationship quality differently: A meta-analytic review. *European Journal of Social Psychology*, 42, 406 - 419.

Lian, C., Wan Muda, W., Hussin, Z., & Thon, C. (2012).

Factors associated with undernutrition among children in a rural district of Kelantan, Malaysia. *Asia-Pacific Journal of Public Health*, *24*, 330 – 342.

Liang, J., & Luo, B. (2012). Toward a discourse shift in social gerontology: From successful aging to harmonious aging. *Journal of Aging Studies*, *26*, 327 – 334.

Libert, S., Zwiener, J., Chu, X., Vanvoorhies, W., Roman, G., & Pletcher, S. D. (2007, February 23). Regulation of Drosophila life span by olfaction and food-derived odors. *Science*, *315*, 1133 – 1137.

Lickliter, R., & Bahrick, L. E. (2000). The development of infant intersensory perception: Advantages of a comparative convergent-operations approach. *Psychological Bulletin*, *126*, 260 – 280.

Lidz, J., & Gleitman, L. R. (2004). Yes, we still need Universal Grammar: Reply. *Cognition*, *94*, 85 – 93.

Light, L. L. (2000). Memory changes in adulthood. In S. H. Qualls, N. Abeles et al. (Eds.), *Psychology and the aging revolution: How we adapt to longer life.* Washington, DC: American Psychological Association.

Lin, C., Chiu, H., & Yeh, C. (2012). Impact of socio-economic backgrounds, experiences of being disciplined in early childhood, and parenting value on parenting styles of preschool children's parents. *Chinese Journal of Guidance and Counseling*, *32*, *123 – 149.*

Lin, F., Heffner, K., Mapstone, M., Chen, D., & Porsteisson, A. (2014). Frequency of mentally stimulating activities modifies the relationship between cardio-vascular reactivity and executive function in old age. The American Journal of Geriatric Psychiatry, *22*, 1210 – 1221.

Lindau, S., Schumm, L., Laumann, E., Levinson, W., O' Muircheartaigh, C., & Waite, L. (2007). A study of sexuality and health among older adults in the United States. *The New England Journal of Medicine*, *357*, 762 – 775.

Lindemann, B. T., & Kadue, D. D. (2003). *Age discrimination in employment law.* Washington, DC: BNA Books.

Lindsay, G. (2007). Educational psychology and the effectiveness of inclusive education/mainstreaming. *British Journal of Educational Psychology*, *77*, 1 – 24.

Lindsey, E., & Colwell, M. (2003). Preschoolers' emotional competence: Links to pretend and physical play. *Child Study Journal*, *33*, 39 – 52.

Lindstrom, H., Fritsch, T., Petot, G., Smyth, K., Chen, C., Debanne, S., et al. (2005, July). The relationships between television viewing in midlife and the development of Alzheimer's disease in a case-control study. *Brain and Cogni-tion*, *58*, 157 – 165.

Linebarger, D. L., & Walker, D. (2005). Infants' and toddlers' television viewing and language outcomes. *American Behavioral Scientist*, *48*, 624 – 645.

Linn, M. C. (1997, September 19). Finding patterns in international assessments. *Science*, *277*, 1743.

Linn, R. L. (2008). Toward a more effective definition of adequate yearly progress. Lino, M., & Carlson, A. (2009). *Expenditures on Children by Families, 2008.*

Lipsitt, L. P. (1986). Toward understanding the hedonic nature of infancy. In L. P. Lipsitt & J. H. Cantor (Eds.), *Experimental child psychologist: Essays and experiments in honor of Charles C. Spiker* (pp. 97 – 109). Hillsdale, NJ: Lawrence Erlbaum.

Lipsitt, L. P. (2003). Crib death: A biobehavioral phenomenon? *Current Directions in Psychological Science*, *12*, 164 – 170.

Lipsitt, L. P., & Rovee-Collier, C. (2012). The psychophysics of olfaction in the human newborn: Habituation and cross-adaptation. In G. M. Zucco, R. S. Herz, & B. Schaal (Eds.), *Olfactory cognition: From perception and memory to en-vironmental odours and neuroscience.* Amsterdam Netherlands: John Benjamins Publishing Company.

Lipsitt, L. R., & Demick, J. (2012). Theory and measurement of resilience: Views from development. In M. Ungar (Ed.), *The social ecology of resilience: A handbook of theory and practice.* New York: Springer Science + Business Media.

Lisabeth, L., & Bushnell, C. (2012). Stroke risk in women: The role of menopause and hormone therapy. *The Lancet Neurology*, *11*, 82 – 91.

Litovsky, R. Y., & Ashmead, D. H. (1997). Development of binaural and spatial hearing in infants and children. In R. H. Gilkey & T. R. Andersen (Eds.), *Bin-aural and spatial hearing in real and virtual environments* (pp. 571 – 592). Mahwah, NJ: Lawrence Erlbaum.

Little, T., Miyashita, T., & Karasawa, M. (2003). The links among action-control beliefs, intellective skill, and school performance in Japanese, US, and German school children. *International Journal of Behavioral Development*, *27*, 41 – 48.

Little, T. D., & Lopez, D. F. (1997). Regularities in the development of children's causality beliefs about school performance across six sociocultural contexts. *Developmental Psychology*, *33*, 165 – 175.

Litzinger, S., & Gordon, K. (2005, October). Exploring relationships among communication, sexual satisfaction, and marital satisfaction. *Journal of Sex & Marital Therapy*, *31*, 409 – 424.

Liu, D., Wellman, H., Tardif, T., & Sabbagh, M. (2008, March). Theory of mind development in Chinese children: A meta-analysis of false-belief understand-ing across cultures and languages. *Developmental Psychology*, *44*, 523 – 531.

Liu, N., Liang, Z., Li, Z., Yan, J., & Guo, W. (2012). Chronic stress on IL-2, IL-4, IL-18 content in SD rats. *Chinese Journal of Clinical Psychology*, *20*, 35 – 36.

Livingston, G. (2014). *Growing number of dads home with the kids: Biggest increase among those caring for family.* Washington, DC: Pew Research Center's Social and Demographic Trends Project, June.

Lloyd, K. K. (2012). Health-related quality of life and children's happiness with their childcare. *Child: Care, Health and Development*, *38*, 244 – 250.

Lobo, R. A. (2009). The risk of stroke in postmenopausal women receiving hor-monal therapy. *Climacteric*, *12*(*Suppl. 1*), 81 – 85.

Loeb, S., Fuller, B., Kagan, S. L., & Carrol, B. (2004). Child care in poor communities: Early learning effects of type, quality and stability. *Child Development*, *75*, 47 – 65.

Loehlin, J. C., Neiderhiser, J. M., & Reiss, D. (2005). Genetic and environmental components of adolescent adjustment and parental behavior: A multivariate analysis. *Child Development*, *76*, 1104 – 1115.

Loessl, B., Valerius, G., Kopasz, M., Hornyak, M., Riemann, D., & Voderholzer, U. (2008). Are adolescents chronically sleepdeprived? An investigation of sleep habits of adolescents in the southwest of Germany. *Child: Care, Health and Development*, *34*, 549 – 556.

Loewen, S. (2006). Exceptional intellectual performance: A neo-Piagetian per-spective. *High Ability Studies*, *17*, 159 – 181.

Loftus, E. F. (2003, November). Make-believe memories. *American Psychologist*, pp. 867 – 873.

Loggins, S., & Andrade, F. D. (2014). Despite an overall decline in U.S. infant mortality rates, the Black/White disparity persists: Recent trends and future projections. *Journal of Community Health: The Publication for Health Promotion and Disease Prevention*, *39*, 118 – 123.

Logsdon, R., McCurry, S., Pike, K., & Teri, L. (2009). Making physical activity ac-cessible to older adults with memory loss: A feasibility study. *The Gerontologist*, *49*(Suppl. 1), S94 – S99.

Lohman, D. (2005). Reasoning abilities. *In Cognition and intelligence: Identifying the mechanisms of the mind.* New York: Cambridge University Press.

Lonetto, R. (1980). *Children's conception of death.* New York: Springer.

Long, T., & Long, L. (1983). *Latchkey children.* New York: Penguin.

Lorenz, K. (1957). Companionship in bird life. In C. Scholler (Ed.), *Instinctive behavior.* New York: International Universities Press.

Lorenz, K. (1974). *Civilized man's eight deadly sins.* New York: Harcourt Brace Jovanovich.

Lorenz, K. Z. (1965). *Evolution and the modification of behavior.* Chicago, IL: University of Chicago Press.

Losonczy-Marshall, M. (2008). Gender differences in latency and duration of emotional expression in 7- through 13-month-old infants. *Social Behavior and Personality*, *36*, 267 – 274.

Lothian, J. (2005). *The official Lamaze guide: Giving birth with confidence.* Minnetonka, MN: Meadowbrook Press.

Louca, M., & Short, M. A. (2014). The effect of one night's sleep deprivation on adolescent neurobehavioral performance. *SLEEP*,

37, 1799 – 1807.

Lourenco, O., & Machado, A. (1996). In defense of Piaget's theory: A reply to 10 common criticisms. *Psychological Review*, *103*, 143 – 164.

Love, A., & Burns, M. S. (2006). "It's a hurricane! It's a hurricane!": Can music facilitate social constructive and sociodramatic play in a preschool classroom? *Journal of Genetic Psychology*, *167*, 383 – 391.

Love, J. M., Harrison, L., Sagi-Schwartz, A., van Ijzendoorn, M. H., Ross, C., Ungerer, J. A., Raikes, H., Brady-Smith, C., Boller, K., Brooks-Gunn, J., Con-stantine, J., Kisker, E. E., Paulsell, D., & Chazan-Cohen, R. (2003). Child care quality matters: How conclusions may vary with context. *Child Development*, *74*, 1021 – 1033.

Lovrin, M. (2009). Treatment of major depression in adolescents: Weighing the evidence of risk and benefit in light of black box warnings. *Journal of Child and Adolescent Psychiatric Nursing*, *22*, 63 – 68.

Low, J., & Perner, J. (2012). Implicit and explicit theory of mind: State of the art. *British Journal of Developmental Psychology*, *30*, 1 – 13.

Lowrey, G. H. (1986). *Growth and development of children (8th ed.)*. Chicago: Year Book Medical Publishers.

Lu, L. (2006). The transition to parenthood: Stress, resources, and gender differ-ences in a Chinese society. *Journal of Community Psychology*, *34*, 471 – 488.

Lu, M. C., Prentice, J., Yu, S. M., Inkelas, M., Lange, L. O., & Halfon, N. (2003). Childbirth education classes: Sociodemographic disparities in attendance and the association of attendance with breastfeeding initiation. *Maternal Child Health*, *7*, 87 – 93.

Lu, T., Pan, Y., Lap. S-Y., Li, C., Kohane, I., Chang, J., & Yankner, B. A. (2004, June 9). Gene regulation and DNA damage in the aging human brain. *Nature*, p. 1038.

Lu, X. (2001). Bicultural identity development and Chinese community forma-tion: An ethnographic study of Chinese schools in Chicago. *Howard Journal of Communications*, *12*, 203 – 220.

Lubinski, D. (2004). Introduction to the special section on cognitive abilities: 100 years after Spearman's (1904) "General Intelligence," objectively determined and measured. *Journal of Personality and Social Psychology*, *86*, 96 – 111.

Lubinski, D., & Benbow, C. P. (2006). Study of mathematically precocious youth after 35 years: Uncovering antecedents for the development of math-science expertise. *Perspectives on Psychological Science*, *1*, 316 – 345.

Lucas, R. E. (2005). Time does not heal all wounds: A longitudinal study of reac-tion and adaptation to divorce. *Psychological Science*, *16*, 945 – 951.

Lucas, S. R., & Berends, M. (2002). Sociodemographic diversity, correlated achievement, and de facto tracking. *Sociology of Education*, *75*, 328 – 349.

Lucassen, A. (2012). Ethical implications of new genetic technologies. *Develop-mental Medicine & Child Technology*, *54*, 196.

Ludden, J. (2012, February 6). Helicopter parents hover in the workplace. *All Things Considered*. National Public Radio.

Luders, E., Toga, A. W., & Thompson, P. M. (2014). Why size matters: Differences in brain volume account for apparent sex differences in callosal anatomy: The sexual dimorphism of the corpus callosum. *Neuroimage*, *84*, 820 – 824.

Ludlow, V., Newhook, L., Newhook, J., Bonia, K., Goodridge, J., & Twells, L. (2012). How formula feeding mothers balance risks and define themselves as "good mothers." *Health, Risk & Society*, *14*, 291 – 306.

Ludwig, M., & Field, T. (2014). Touch in parent-infant mental health: Arousal, regulation, and relationships. In K. Brandt, B. D. Perry, S. Seligman, E. Tronick, K. Brandt, B. D. Perry, . . . E. Tronick (Eds.), *Infant and early childhood mental health: Core concepts and clinical practice*. Arlington, VA: American Psychiatric Publishing, Inc.

Lui, P. P., & Rollock, D. (2013). Tiger mother: Popular and psychological scientific perspectives on Asian culture and parenting. *American Journal of Orthopsychiatry*, *83(4)*, 450 – 456.

Luke, B., & Brown, M. B. (2008). Maternal morbidity and infant death in twin vs. triplet and quadruplet pregnancies. *American Journal of Obstetrics and Gynecol-ogy*, *198*, 1 – 10.

Luke, M. A., Sedikides, C., & Carmelley, K. (2012). Your love lifts me higher! The energizing quality of secure relationships. *Personality and Social Psychology Bulletin*, *38*, 721 – 735.

Lundberg, U. (2006, July). Stress, subjective and objective health. *International Journal of Social Welfare*, *15*, S41 – S48.

Lundby, E. (2013). "You can't buy friends, but . . . " children's perception of consumption and friendship. *Young Consumers*, *14*, 360 – 374.

Luo, L., & Craik, F. (2008). Aging and memory: A cognitive approach. *The Canadian Journal of Psychiatry / La Revue canadienne de psychiatrie*, *53*, 346 – 353.

Luo, L., & Craik, F. (2009). Age differences in recollection: Specificity effects at retrieval. *Journal of Memory and Language*, *60*, 421 – 436.

Luo, Y., Kaufman, L., & Baillargeon, R. (2009). Young infants' reasoning about physical events involving inert and self-propelled objects. *Cognitive Psychology*, *58*, 441 – 486.

Lyall, S. (2004, February 15). *In Europe, lovers now propose: Marry me, a little.* New York Times, p. D2.

Lye, T. C., Piguet, O., Grayson, D. A., Creasey, H., Ridley, L. J., Bennett, H. P., & Broe, G. A. (2004). Hippocampal size and memory function in the ninth and tenth decades of life: The Sydney Older Persons Study. *Journal of Neurology, Neurosurgery, and Psychiatry*, *75*, 548 – 554.

Lynam, D. R. (1996). Early identification of chronic offenders: Who is the fledgling psychopath? *Psychological Bulletin*, *120*, 209 – 234.

Lynn, J., Teno, J. M., Phillips, R. S., Wu, A. W., Desbiens, N., Harrold, J., Claessens, M. T., Wenger, N., Kreling, B., & Connors, A. F., Jr. (1997). Percep-tions by family members of the dying experience of older and seriously ill patients. SUPPORT investigators. Study to understand prognoses and prefer-ences for outcomes and risks of treatments [see comments]. *Annals of Internal Medicine*, *126*, 164 – 165.

Lynn, R. (2009). What has caused the Flynn effect? Secular increases in the development quotients of infants. *Intelligence*, *37*, 16 – 24.

Lynne, S., Graber, J., Nichols, T., Brooks-Gunn, J., & Botvin, G. (2007, February). Links between pubertal timing, peer influences, and externalizing behaviors among urban students followed through middle school. *Journal of Adolescent Health*, *40*, 35 – 44.

Lyon, G. J. (2012). Bring clinical standards to human-genetics research. *Nature*, *482*, 300 – 301.

Lyon, M. E., Benoit, M., O'Donnell, R. M., Getson, P. R., Silber, T., & Walsh, T. (2000). Assessing African American adolescents' risk for suicide attempts: At-tachment theory. *Adolescence*, *35*, 121 – 134.

Lyons, M. J., Bar, J. L., & Kremen, W. S. (2002). Nicotine and familial vulnerabil-ity to schizophrenia: A discordant twin study. *Journal of Abnormal Psychology*, *111*, 687 – 693.

Mabbott, D. J., Noseworthy, M., Bouffet, E., Laughlin, S., & Rockel, C. (2006). White matter growth as a mechanism of cognitive development in children. *Neuroimaging*, *15*, 936 – 946.

Macchi Cassia, V., Picozzi, M., Girelli, L., & de Hevia, M. (2012). Increasing magnitude counts more: Asymmetrical processing of ordinality in 4-month-old infants. *Cognition*, *124*, 183 – 193.

Maccoby, E. E., & Lewis, C. C. (2003). Less day care or different day care? *Child Development*, *74*, 1069 – 1075.

Maccoby, E. E., & Martin, J. A. (1983). Socialization in the context of the family: Parent – child interaction. In P. H. Mussen (Ed.) & E. M. Hetherington (Vol. Ed.), *Handbook of child psychology: Vol. 4. Socialization, personality, and social development* (4th ed., pp. 1 – 101). New York: Wiley.

MacDonald, W. (2003). The impact of job demands and workload stress and fatigue. *Australian Psychologist*, *38*, 102 – 117.

MacDonald, H., Beeghly, M., Grant-Knight, W., Augustyn, M., Woods, R., Cabral, H., et al. (2008). Longitudinal association between infant disorganized attachment and childhood posttraumatic stress symptoms. *Development and Psychopathology*, *20*, 493 – 508.

MacDorman, M. F., Hoyert, D. L., & Mathews, T. J. (2013). Recent declines in infant mortality in the United States, 2005 – 2011. *NCHS data brief, no 120*. Hyattsville, MD: National Center for Health Statistics.

MacDorman, M. F., Martin, J. A., Mathews, T. J., Hoyert, D. L., & Ventura, S. J. (2005). Explaining the 2001 - 02 infant mortality increase: Data from the linked birth/infant death data set. *National Vital Statistics Report*, *53*, 1 - 22.

MacDorman, M., Declercq, E., Menacker, F., & Malloy, M. (2008). Neonatal mor-tality for primary cesarean and vaginal births to low-risk women: Application of an "intention-to-treat" model. *Birth: Issues in Perinatal Care*, *35*, 3 - 8.

MacDorman, M. F., & Matthews, T. J. (2009). Behind international rankings of infant mortality: How the United States compares with Europe. *NCHS Data Brief*, # 23.

Maciejewski, P. K., Zhang, B., Block, S. D., & Prigerson, H. G. (2007). An empiri-cal examination of the stage theory of grief. *JAMA: Journal of the American Medical Association*, *297*, 716 - 723.

Macionis, J. J. (2001). *Sociology.* Upper Saddle River, NJ: Prentice Hall.

MacLean, P. C., Rynes, K. N., Aragón, C., Caprihan, A., Phillips, J. P., & Lowe, J. R. (2014). Mother - infant mutual eye gaze supports emotion regulation in infancy during the Still-Face paradigm. *Infant Behavior & Development*, *37*, 512 - 522.

Maddi, S. R. (2006). Hardiness: The courage to grow from stresses. *Journal of Positive Psychology*, *1*, 160 - 168.

Maddi, S. R. (2014). Hardiness leads to meaningful growth through what is learned when resolving stressful circumstances. In A. Batthyany, P. Russo-Netzer, A. Batthyany, & P. Russo-Netzer (Eds.), *Meaning in positive and existen-tial psychology.* New York: Springer Science + Business Media.

Maddi, S. R., Harvey, R. H., Khoshaba, D. M., Lu, J. L., Persico, M., & Brow, M. (2006). The personality construct of hardiness, III: Relationships with repres-sion, innovativeness, authoritarianism, and performance. *Journal of Personality*, *74*, 575 - 598.

Madsen, P. B., & Green, R. (2012). Gay adolescent males' effective coping with discrimination: A qualitative study. *Journal of LGBT Issues in Counseling*, *6*, 139 - 155.

Maes, S. J., De Mol, J., & Buysse, A. (2012). Children's experiences and meaning construction on parental divorce: A focus group study. *Childhood: A Global Journal of Child Research*, *19*, 266 - 279.

Magee, C. A., Gordon, R., & Caputi, P. (2014). Distinct developmental trends in sleep duration during early childhood. *Pediatrics*, *133*, e1561 - e1567.

Maggi, S., Busetto, L., Noale, M., Limongi, F., & Crepaldi, G. (2015). Obesity: Definition and epidemiology. In A. Lenzi, S. Migliaccio, L. M. Donini, A. Lenzi, S. Migliaccio, & L. M. Donini (Eds.), *Multidisciplinary approach to obesity: From assessment to treatment.* Cham, Switzerland: Springer International Publishing.

Maier-Hein, K. H., Brunner, R., Lutz, K., Henze, R., Parzer, P., Feigl, N., & . . . Stieltjes, B. (2014). Disorder-specific white matter alterations in adolescent borderline personality disorder. *Biological Psychiatry*, *75*, 81 - 88.

Majors, K. (2012). Friendships: The power of positive alliance. In S. Roffey (Ed.), *Positive relationships: Evidence based practice across the world.* New York: Springer Science + Business Media.

M. kinen, M., Puukko-Viertomies, L., Lindberg, N., Siimes, M. A., & Aalberg, V. (2012). Body dissatisfaction and body mass in girls and boys transition-ing from early to mid-adolescence: Additional role of self-esteem and eating habits. *BMC Psychiatry*, *12*, 123 - 131.

Makino, M., Hashizume, M., Tsuboi, K., Yasushi, M., & Dennerstein, L. (2006, Sep-tember). Comparative study of attitudes to eating between male and female stu-dents in the People's Republic of China. *Eating and Weight Disorders*, *11*, 111 - 117.

Makishita, H., & Matsunaga, K. (2008). Differences of drivers' reaction times ac-cording to age and mental workload. *Accident Analysis & Prevention*, *40*, 567 - 575.

Malchiodi, C. A. (2012). *Handbook of art therapy* (2nd ed.). New York: Guilford Press.

Maller, S. (2003). Best practices in detecting bias in nonverbal tests. In R. McCallum (Ed.), *Handbook of nonverbal assessment.* New York: Kluwer Aca-demic/Plenum Publishers.

Mameli, M. (2007). Reproductive cloning, genetic engineering and the autonomy of the child: The moral agent and the open future. *Journal of Medical Ethics*, *33*, 87 - 93.

Manard, M., Carabin, D., Jaspar, M., & Collette, F. (2014). Age-related decline in cognitive control: The role of fluid intelligence and processing speed. *BMC Neuroscience*, *15.* Accessed online, 10-14-15; http://www. biomedcentral. com/1471-2202/15/7

Mancini, A. D., & Bonanno, G. A. (2012). Differential pathways to resilience after loss and trauma. In R. A. McMackin, E. Newman, J. M. Fogler, & T. M. Keane (Eds.), *Trauma therapy in context: The science and craft of evidence-based practice.* Washington, DC: American Psychological Association.

Mancini, J. A., & Blieszner, R. (1991). Aging parents and adult children. In A. Booth (Ed.), *Contemporary families.* Minneapolis, MN: National Council on Family Relations.

Mangiatordi, A. (2012). Inclusion of mobility-impaired children in the one-to-one computing era: A case study. *Mind, Brain, and Education*, *6*, 54 - 62.

Mangweth, B., Hausmann, A., & Walch, T. (2004). Body fat perception in eating-disordered men. *International Journal of Eating Disorders*, *35*, 102 - 108.

Manlove, J., Franzetta, K., McKinney, K., Romano-Papillo, A., & Terry-Humen, E. (2004). *No time to waste: Programs to reduce teen pregnancy among middle school-aged youth.* Washington, DC: National Campaign to Prevent Teen Pregnancy.

Mann, C. C. (2005, March 18). Provocative study says obesity may reduce U. S. life expectancy. *Science*, *307*, 1716 - 1717.

Manning, M., & Hoyme, H. (2007). Fetal alcohol spectrum disorders: A practical clinical approach to diagnosis. *Neuroscience & Biobehavioral Reviews*, *31*, 230 - 238.

Manning, W., Giordano, P., & Longmore, M. (2006, September). Hooking up: The relationship contexts of "nonrelationship" sex. *Journal of Adolescent Research*, *21*, 459 - 483.

Manstead, A. S. R. (1997). Situations, belongingness, attitudes, and culture: Four lessons learned from social psychology. In C. McGarty, S. A. Haslam et al. (Eds.), *The message of social psychology: Perspectives on mind in society.* Oxford, England: Blackwell Publishers, Inc.

Manzanares, S., Cobo, D., Moreno-Martínez, M., Sánchez-Gila, M., & Pineda, A. (2013). Risk of episiotomy and perineal lacerations recurring after first delivery. *Birth: Issues in Perinatal Care*, *40*, 307 - 311.

Mao, A., Burnham, M. M., Goodlin-Jones, B. L., Gaylor, E. E., & Anders, T. F. (2004). A comparison of the sleep-wake patterns of cosleeping and solitary-sleeping infants. *Child Psychiatry and Human Development*, *35*, 95 - 105.

Marcia, J. E. (1980). Identity in adolescence. In J. Adelson (Ed.), *Handbook of adolescent psychology.* New York: Wiley.

Marcovitch, S., Zelazo, P., & Schmuckler, M. (2003). The effect of the number of A trials on performance on the A-not-B task. *Infancy*, *3*, 519 - 529.

Marcus, A. D. (2004, February 3). The new math on when to have kids. *Wall Street Journal*, pp. D1, D4.

Marin, T., Chen, E., Munch, J., & Miller, G. (2009). Double-exposure to acute stress and chronic family stress is associated with immune changes in children with asthma. *Psychosomatic Medicine*, *71*, 378 - 384.

Marinellie, S. A., & Kneile, L. A. (2012). Acquiring knowledge of derived nomi-nals and derived adjectives in context. *Language, Speech, and Hearing Services In Schools*, *43*, 53 - 65.

Markle, G. (2015). Factors influencing persistence among nontraditional univer-sity students. *Adult Education Quarterly*, *65* (3), 267 - 285.

Marques, A. H., Bj. rke-Monsen, A., Teixeira, A. L., & Silverman, M. N. (2014). Maternal stress, nutrition and physical activity: Impact on immune function, cns development and psychopathology. *Brain Research*, Accessed online, 6-22-15; http://www. ncbi. nlm. nih. gov/pubmed/25451133

Marschark, M., Spencer, P. E., & Newsom, C. A. (Eds.). (2003). *Oxford handbook of deaf students, language, and education.* London: Oxford University Press.

Marschik, P., Einspieler, C., Strohmeier, A., Plienegger, J., Garzarolli, B., & Prech-tl, H. (2008). From the reaching behavior at 5 months of age to hand preference at preschool age.

Developmental Psychobiology, *50*, 512 – 518.

Marsh, H. W., & Ayotte, V. (2003). Do multiple dimensions of self-concept become more differentiated with age? The differential distinctiveness hypoth-esis. *International Review of Education*, *49*, 463.

Marsh, H. W., & Hau, K. T. (2003). Big-fish-little-pond effect on academic self-concept. *American Psychologist*, *58*, 364 – 376.

Marsh, H., Ellis, L., & Craven, R. (2002). How do preschool children feel about themselves? Unraveling measurement and multidimensional self-concept structure. *Developmental Psychology*, *38*, 376 – 393.

Marsh, H., Seaton, M., Trautwein, U., Lüdtke, O., Hau, K., O'Mara, A., et al. (2008). The big-fish-little-pond-effect stands up to critical scrutiny: Implica-tions for theory, methodology, and future research. *Educational Psychology Review*, *20*, 319 – 350.

Marshall, N. L. (2004). The quality of early child care and children's develop-ment. *Current Directions in Psychological Science*, *13*, 165 – 168.

Martikainen, P., & Valkonen, T. (1996). Mortality after the death of a spouse: Rates and causes of death in a large Finnish cohort. *American Journal of Public Health*, *86*, 1087 – 1093.

Martin, A., Onishi, K. H., & Vouloumanos, A. (2012). Understanding the abstract role of speech in communication at 12 months. *Cognition*, *123*, 50 – 60.

Martin, C. L., & Ruble, D. (2004). Children's search for gender cues: Cognitive perspectives on gender development. *Current Directions in Psychological Sci-ence*, *13*, 67 – 70.

Martin, C. L., Ruble, D. N., & Szkrybalo, J. (2002). Cognitive theories of early gender development. *Psychological Bulletin*, *128*, 903 – 933.

Martin, C., & Dinella, L. M. (2012). Congruence between gender stereotypes and activity preference in self-identified tomboys and non-tomboys. *Archives of Sexual Behavior*, *41*, 599 – 610.

Martin, C., & Fabes, R. (2001). The stability and consequences of young chil-dren's same-sex peer interactions. *Developmental Psychology*, *37*, 431 – 446.

Martin, J. A., Hamilton, B. E., Sutton, P. D., Ventura, S. J., Menacker, F., & Mun-son, M. L. (2005). Births: Final data for 2003. *National Vital Statistics Reports*, *54*, Table J, 21.

Martin, L., McNamara, M., Milot, A., Halle, T., & Hair, E. (2007). The effects of father involvement during pregnancy on receipt of prenatal care and maternal smoking. *Maternal and Child Health Journal*, *11*, 595 – 602.

Martin, P., Martin, D., & Martin, M. (2001). Adolescent premarital sexual activity, cohabitation, and attitudes toward marriage. *Adolescence*, *36*, 601 – 609.

Martin, S., Li, Y., Casanueva, C., Harris-Britt, A., Kupper, L., & Cloutier, S. (2006). Intimate partner violence and women's depression before and during pregnancy. *Violence Against Women*, *12*, 221 – 239.

Martincin, K. M., & Stead, G. B. (2015). Five-factor model and difficulties in career decision making: A meta-analysis. *Journal of Career Assessment*, *23*, 3 – 19.

Martineau, J., Cochin, S., Magne, R., & Barthelemy, C. (2008). Impaired cortical activation in autistic children: Is the mirror neuron system involved? *Interna-tional Journal of Psychophysiology*, *68*, 35 – 40.

Martinez, G., Copen, C. E., Abma, J. C. (2011). *Teenagers in the United States: Sexual activity, contraceptive use, and childbearing, 2006 – 2010 National Survey of Family Growth.* National Center for Health Statistics. Vital Health Stat 23(31).

Martinez-Torteya, C., Bogat, G., von Eye, A., & Levendosky, A. (2009). Resilience among children exposed to domestic violence: The role of risk and protective factors. *Child Development*, *80*, 562 – 577.

Martins, I., Lauterbach, M., Luís, H., Amaral, H., Rosenbaum, G., Slade, P. D., & Townes, B. D. (2013). Neurological subtle signs and cognitive development: A study in late childhood and adolescence. *Child Neuropsychology*, *19*, 466 – 478.

Masapollo, M., Polka, L., & Ménard, L. (2015). When infants talk, infants listen: Pre-babbling infants prefer listening to speech with infant vocal properties. *Developmental Science.* Accessed online, 3-19-15; http://onlinelibrary. wiley. com/doi/10. 1111/desc. 12298/abstract

Masataka, N. (1996). Perception of motherese in a signed language by 6-month-old deaf infants. *Developmental Psychology*, *32*, 874 – 879.

Masataka, N. (1998). Perception of motherese in Japanese sign language by 6-month-old hearing infants. *Developmental Psychology*, *34*, 241 – 246.

Masataka, N. (2000). The role of modality and input in the earliest stage of lan-guage acquisition: Studies of Japanese sign language. In C. Chamerlain & J. P. Morford (Eds.), *Language acquisition by eye.* Mahwah, NJ: Lawrence Erlbaum.

Masataka, N. (2003). *The Onset of Language.* Cambridge, England: Cambridge University Press.

Masataka, N. (2006). Preference for consonance over dissonance by hearing new-borns of deaf parents and of hearing parents. *Developmental Science*, *9*, 46 – 50.

Mash, C., Bornstein, M. H., & Arterberry, M. E. (2013). Brain dynamics in young infants' recognition of faces: EEG oscillatory activity in response to mother and stranger. *Neuroreport: For Rapid Communication of Neuroscience Research*, *24*, 359 – 363.

Masling, J. M., & Bornstein, R. F. (Eds.). (1996). *Psychoanalytic perspectives on de-velopmental psychology.* Washington, DC: American Psychological Association.

Maslow, A. H. (1970). *Motivation and personality* (2nd ed.). New York: Harper & Row.

Massaro, A., Rothbaum, R., & Aly, H. (2006). Fetal brain development: The role of maternal nutrition, exposures and behaviors. *Journal of Pediatric Neurology*, *4*, 1 – 9.

Master, S., Amodio, D., Stanton, A., Yee, C., Hilmert, C., & Taylor, S. (2009). Neurobiological correlates of coping through emotional approach. *Brain, Behavior, and Immunity*, *23*, 27 – 35.

Mathews, G., Fane, B., Conway, G., Brook, C., & Hines, M. (2009). Personality and congenital adrenal hyperplasia: Possible effects of prenatal androgen exposure. *Hormones and Behavior*, *55*, 285 – 291.

Matlin, M. (2003). From menarche to menopause: Misconceptions about women's reproductive lives. *Psychology Science*, *45*, 106 – 122.

Matlung, S. E., Bilo, R. A. C., Kubat, B., & van Rijn, R. R. (2011). Multicysti-cencephalomalacia as an end-stage finding in abusive head trauma. *Forensic Scientific Medicine and Pathology*, *7*, 355 – 363.

Maton, K. I., Schellenbach, C. J., Leadbeater, B. J., & Solarz, A. L. (Eds.). (2004). *Investing in children, youth, families and communities.* Washington, DC: American Psychological Association.

Matson, J., & LoVullo, S. (2008). A review of behavioral treatments for self-injurious behaviors of persons with autism spectrum disorders. *Behavior Modification*, *32*, 61 – 76.

Matsumoto, A. (1999). *Sexual differentiation of the brain.* Boca Raton, FL: CRC Press.

Matsumoto, D., & Yoo, S. H. (2006). Toward a new generation of cross-cultural research. *Perspectives on Psychological Science*, *1*, 234 – 250.

Matthews, K. A., Wing, R. R., Kuller, L. H., Meilahn, E. N., & Owens, J. F. (2000). Menopause as a turning point in midlife. In S. B. Manuck, R. Jennings et al. (Eds.), *Behavior, health, and aging.* Mahwah, NJ: Lawrence Erlbaum.

Mattson, M. (2003). Will caloric restriction and folate protect against AD and PD? *Neurology*, *60*, 690 – 695.

Mattson, S., Calarco, K., & Lang, A. (2006). Focused and shifting attention in children with heavy prenatal alcohol exposure. *Neuropsychology*, *20*, 361 – 369.

Mauas, V., Kopala-Sibley, D. C., & Zuroff, D. C. (2014). Depressive symptoms in the transition to menopause: The roles of irritability, personality vulnerability, and self-regulation. *Archives of Women's Mental Health*, *17*, 279 – 289.

Mausbach, B. T., Roepke, S. K., Chattillion, E. A., Harmell, A. L., Moore, R., Romero-Moreno, R., & Grant, I. (2012). Multiple mediators of the relations between caregiving stress and depressive symptoms. *Aging & Mental Health*, *16*, 27 – 38.

Maxmen, A. (2012, February). Harnessing the wisdom of the ages. *Monitor on Psychology*, pp. 50 – 53.

Mayer, J. D., Salovey, P., & Caruso, D. R. (2000). Emotional intelligence as zeitgeist, as personality, and as a mental ability. In R. Bar-On & J. D. A. Parker (Eds.), *The handbook of emotional intelligence: Theory, development, assessment, and application at home, school, and in the workplace.* San Francisco, CA: Jossey-Bass.

Mayer, J., Salovey, P., & Caruso, D. (2008). Emotional intelligence: New ability or eclectic traits? *American Psychologist*, *63*, 503 – 517.

Mayes, L., Snyder, P., Langlois, E., & Hunter, N. (2007). Visuospatial working memory in school-aged children exposed in utero to cocaine. *Child Neuropsy-chology*, *13*, 205 – 218.

Mayes, R., & Rafalovich, A. (2007). Suffer the restless children: The evolution of ADHD and paediatric stimulant use, 1900 – 80. *History of Psychiatry*, *18*, 435 – 457.

Maynard, A. (2008). What we thought we knew and how we came to know it: Four decades of cross-cultural research from a Piagetian point of view. *Human Development*, *51*, 56 – 65.

Mayseless, O. (1996). Attachment patterns and their outcomes. *Human Develop-ment*, *39*, 206 – 223.

Mazoyer, B., Houdé, O., Joliot, M., Mellet, E., & Tzourio-Mazoyer, N. (2009). Re-gional cerebral blood flow increases during wakeful rest following cognitive training. *Brain Research Bulletin*, *80*, 133 – 138. Accessed online, http://search. ebscohost. com, doi:10. 1016/ j. brainresbull. 2009. 06. 021

McArdle, E. F. (2002). New York's Do-Not-Resuscitate law: Groundbreaking protection of patient autonomy or a physician's right to make medical futility determinations? *DePaul Journal of Health Care Law*, *8*, 55 – 82.

McCabe, M. P., & Ricciardelli, L. A. (2006). A Prospective study of extreme weight change behaviors among adolescent boys and girls. *Journal of Youth and Adolescence*, *35*, 425 – 434.

McCarthy, B., & Pierpaoli, C. (2015). Sexual challenges with aging: Integrating the GES approach in an elderly couple. *Journal of Sex & Marital Therapy*, *41*, 72 – 82.

McCauley, K. M. (2007). Modifying women's risk for cardiovascular disease. *Journal of Obstetric and Gynecological Neonatal Nursing*, *36*, 116 – 124.

McClelland, D. C. (1993). Intelligence is not the best predictor of job perfor-mance. *Current Directions in Psychological Research*, *2*, 5 – 8.

McConnell, V. (2012, February 16). Great granny to the rescue! *Mail Online.* Ac-cessed online, 7-13-12; http://www. dailymail. co. uk/femail/article-2101720/ As-live-work-longer-great-grandparents-filling-childcare-gap. html

McCowan, L. M. E., Dekker, G. A., Chan, E., Stewart, A., Chappell, L. C., Hunger, M., Moss-Morris, R., & North, R. A. (2009, June 27). Spontaneous preterm birth and small for gestational age infants in women who stop smoking early in preg-nancy: Prospective cohort study. *BMJ: British Medical Journal*, *338* (7710), 2009.

McCrae, R., & Costa, P. (2003). *Personality in adulthood: A five-factor theory perspec-tive* (2nd ed.). New York: Guilford Press.

McCrae, R. R., Costa, P. T., Jr., Ostendorf, F., Angleitner, A., Hebíková, M., Avia, M. D., Sanz, J., Sánchez-Bernardos, M. L., Kusdil, M. E., Woodfield, R., Saunders, P. R., & Smith, P. B. (2000). Nature over nurture: Temperament, personality, and life span development. *Journal of Personality and Social Psychol-ogy*, *78*, 173 – 186.

McCrink, K., & Wynn, K. (2009). Operational momentum in large-number addi-tion and subtraction by 9-month-olds. *Journal of Experimental Child Psychology*, *103*, 400 – 408.

McCullough, M. E., Tsang, J., & Brion, S. (2003). Personality traits in adolescence as predictors of religiousness in early maturity: Findings from the terman longitudinal study. *Personality & Social Psychology Bulletin*, *29*, 980 – 991.

McCutcheon-Rosegg, S., Ingraham, E., & Bradley, R. A. (1996). *Natural childbirth the Bradley way: Revised edition.* New York: Plume Books.

McDaniel, A., & Coleman, M. (2003). Women's experiences of midlife divorce following long-term marriage. *Journal of Divorce & Remarriage*, *38*, 103 – 128.

McDonald, L., & Stuart-Hamilton, I. (2003). Egocentrism in older adults: Piaget's three mountains task revisited. *Educational Gerontology*, *29*, 417 – 425.

McDonnell, L. M. (2004). *Politics, persuasion, and educational testing.* Cambridge, MA: Harvard University Press.

McDonough, L. (2002). Basic-level nouns: First learned but misunderstood. *Journal of Child Language*, *29*, 357 – 377.

McDowell, M., Brody, D., & Hughes, J. (2007). Has Age at Menarche Changed? Results from the National Health and Nutrition Examination Survey (NHANES) 1999 – 2004. *Journal of Adolescent Health*, *40*, 227 – 231.

McElhaney, K., Antonishak, J., & Allen, J. (2008). "They like me, they like me not": Popularity and adolescents' perceptions of acceptance predicting social functioning over time. *Child Development*, *79*, 720 – 731.

McElwain, N., & Booth-LaForce, C. (2006, June). Maternal sensitivity to infant distress and nondistress as predictors of infant – mother attachment security. *Journal of Family Psychology*, *20*, 247 – 255.

McFadden, J. R., & Rawson Swan, K. T. (2012). Women during midlife: Is it tran-sition or crisis? *Family and Consumer Sciences Research Journal*, *40*, 313 – 325.

McFarland-Piazza, L., Hazen, N., Jacobvitz, D., & Boyd-Soisson, E. (2012). The development of father – child attachment: Associations between adult attach-ment representations, recollections of childhood experiences and caregiving. *Early Child Development and Care*, *182*, 701 – 721.

McGinn, D. (2002, November 11). Guilt free TV. *Newsweek*, pp. 53 – 59.

McGinnis, E. (2012). *Skillstreaming in early childhood: A guide for teaching prosocial skills* (3rd ed.). Champaign, IL: Research Press.

McGlothlin, H., Killen, M. (2005). Children's perceptions of intergroup and intragroup similarity and the role of social experience. *Journal of Applied Devel-opmental Psychology*, *26*, 680 – 698.

McGonigle-Chalmers, M., Slater, H., & Smith, A. (2014). Rethinking private speech in preschoolers: The effects of social presence. *Developmental Psychol-ogy*, *50*, 829 – 836.

McGough, R. (2003, May 20). MRIs take a look at reading minds. *The Wall Street Journal*, p. D8.

McGrew, K. S. (2005). The Cattell-Horn-Carroll theory of cognitive abilities: Past, present, and future. In D. P. Flanagan & P. L. Harrison (Eds.), *Contemporary intellectual assessment: Theories, tests, and issues.* New York, Guilford Press.

McGue, M., Bouchard, T. J., Jr., Iacono, W., & Lykken, D. T. (1993). Behavioral genetics of cognitive ability: A life-span perspective. In R. Plomin & G. E. McClearn (Eds.), *Nature, nurture, and psychology.* Washington, DC: American Psychological Association.

McGuffin, P., Riley, B., & Plomin, R. (2001, February 16). Toward behavioral genomics. *Science*, *291*, 1232 – 1233.

McGuinness, D. (1972). Hearing: Individual differences in perceiving. *Perception*, *1*, 465 – 473.

McGuire, S., & Shanahan, L. (2010). Sibling experiences in diverse family con-texts. *Child Development Perspectives*, *4*, 72 – 79.

McHale, J. P., & Rotman, T. (2007). Is seeing believing? Expectant parents' outlooks on coparenting and later coparenting solidarity. *Infant Behavior & Development*, *30*, 63 – 81

McHale, S. M., Kim, J-Y., & Whiteman, S. D. (2006). Sibling relationships in child-hood and adolescence. In P. Noller & J. A. Feeney (Eds.), *Close relationships: Func-tions, forms and processes.* Hove, England: Psychology Press/Taylor & Francis.

McHale, S. M., Updegraff, K. A., Shanahna, L., Crouter, A. C., & Killoren, S. E. (2005). Gender, culture, and family dynamics: Diffferential treatment of siblings in Mexican American families. *Journal of Marriage and the Family*, *67*, 1259 – 1274.

McHale, S. M., Updegraff, K. A., & Whiteman, S. D. (2012). Sibling relationships and influences in childhood and adolescence. *Journal of Marriage and Family*, *74*, 913 – 930.

McLachlan, H. (2008). The ethics of killing and letting die: Active and passive euthanasia. *Journal of Medical Ethics*, *34*, 636 – 638.

McLean, K., & Breen, A. (2009). Processes and content of narrative identity de-velopment in adolescence: Gender and well-being. *Developmental Psychology*, *45*, 702 – 710.

McLean, K. C., & Syed, M. (2015). *The Oxford handbook of identity development.* New York: Oxford University Press.

McLoyd, V. C., Cauce, A. M., Takeuchi, D., & Wilson, L. (2000). Marital processes and parental socialization in families of color: A decade review of research. *Journal of Marriage and Family*, *62*, 1070 – 1093.

McMurray, B., Aslin, R. N., & Toscano, J. C. (2009). Statistical

learning of phonetic categories: Insights from a computational approach. *Developmental Science*, *12*, 369 – 378.
McNulty, J. K., & Karney, B. R. (2004). Positive expectations in the early years of marriage: Should couples expect the best or brace for the worst? *Journal of Personality and Social Psychology*, *86*, 729 – 743.
McPake, J., Plowman, L., & Stephen, C. (2013). Pre-school children creating and communicating with digital technologies in the home. *British Journal of Educa-tional Technology*, *44*, 421 – 431.
McQueeny, T., Schweinsburg, B. C., Schweinsburg, A. D., Jacobus, J., Bava, S., Frank, L. R., & Tapert, S. F. (2009). Altered white matter integrity in adolescent binge drinkers. *Alcoholism: Clinical and Experimental Research*, *33*, 1278 – 1285.
McVittie, C., McKinlay, A., & Widdicombe, S. (2003). Committed to (un) equal opportunities? "New ageism" and the older worker. *British Journal of Social Psychology*, *42*, 595 – 612.
McWhirter, L., Young, V., & Majury, Y. (1983). Belfast children's awareness of violent death. *British Journal of Psychology*, *22*, 81 – 92.
Mead, M. (1942). *Environment and education, a symposium held in connection with the fiftieth anniversary celebration of the University of Chicago.* Chicago: University of Chicago.
Meade, C., Kershaw, T., & Ickovics, J. (2008). The intergenerational cycle of teen-age motherhood: An ecological approach. *Health Psychology*, *27*, 419 – 429.
Mealey, L. (2000). *Sex differences: Developmental and evolutionary strategies.* Or-lando, FL: Academic Press.
Medeiros, R., Prediger, R. D., Passos, G. F., Pandolfo, P., Duarte, F. S., Franco, J. L., Dafre, A. L., Di Giunta, G., Figueiredo, C. P., Takahashi, R. N., Campos, M. M., & Calixto, J. B. (2007). Connecting TNF-alpha signaling pathways to iNOS expression in a mouse model of Alzheimer's disease: Relevance for the behavioral and synaptic deficits induced by amyloid beta protein. *Journal of Neuroscience*, *16*, 5394 – 5404.
Medina, A., Lederhos, C., & Lillis, T. (2009). Sleep disruption and decline in marital satisfaction across the transition to parenthood. *Families, Systems, & Health*, *27*, 153 – 160.
Medina, J. J. (1996). *The clock of ages: Why we age—How we age—Winding back the clock.* New York: Cambridge University Press.
Mednick, S. A. (1963). Research creativity in psychology graduate students. *Journal of Consulting Psychology*, *27*, 265 – 266.
Meece, J. L., & Kurtz-Costes, B. (2001). Introduction: The schooling of ethnic minority children and youth. *Educational Psychologist*, *36*, 1 – 7.
Meeks, T., & Jeste, D. (2009). Neurobiology of wisdom: A literature overview. *Archives of General Psychiatry*, *66*, 355 – 365.
Mehlenbeck, R. S., Farmer, A. S., & Ward, W. L. (2014). Obesity in children and adolescents. In L. Grossman, S. Walfish, L. Grossman, & S. Walfish (Eds.), *Trans-lating psychological research into practice.* New York: Springer Publishing Co.
Mehta, C. M., & Strough, J. (2009). Sex segregation in friendships and normative contexts across the life span. *Developmental Review*, *29*, 201 – 220.
Meijer, A. M., & van den Wittenboer, G. L. H. (2007). Contribution of infants' sleep and crying to marital relationship of first-time parent couples in the first year after childbirth. *Journal of Family Psychology*, *21*, 49 – 57.
Meinzen-Derr, J., Wiley, S., Grether, S., Phillips, J., Choo, D., Hibner, J., & Bar-nard, H. (2014). Functional communication of children who are deaf or hard-of-hearing. *Journal of Developmental and Behavioral Pediatrics*, *35*, 197 – 206.
Meister, H., & von Wedel, H. (2003). Demands on hearing aid features—special sig-nal processing for elderly users? *International Journal of Audiology*, *42*, 2S58 – 2S62.
Meldrum, R. C., Miller, H. V., & Flexon, J. L. (2013). Susceptibility to peer influ-ence, self control, and delinquency. *Sociological Inquiry*, *83*, 106 – 129.
Meltzoff, A. (2002). Elements of a developmental theory of imitation. In A. Meltzoff & W. Prinz (Eds.), *The imitative mind: Development, evolution, and brain bases* (pp. 19 – 41). New York: Cambridge University Press.
Meltzoff, A. N., & Moore, M. (2002). Imitation, memory, and the representation of persons. *Infant Behavior & Development*, *25*, 39 – 61.
Meltzoff, A. N., & Moore, M. K. (1977). Imitation of facial and manual gestures by human neonates. *Science*, *198*, 75 – 78.
Meltzoff, A. N., & Moore, M. K. (1999). Persons and representation: Why infant imitation is important for theories of human development. In J. Nadel, G. Butterworth et al. (Eds.), Imitation in infancy. *Cambridge studies in cognitive perceptual development.* New York: Cambridge University Press.
Meltzoff, A. N., Waismeyer, A., & Gopnik, A. (2012). Learning About Causes From People: Observational Causal Learning in 24-Month-Old Infants. *Devel-opmental Psychology*, Accessed online, 7-18-12; http://www.alisongopnik.com/Papers_Alison/Observational%20Causal%20Learning.pdf
Melzer, D., Hurst, A., & Frayling, T. (2007). Genetic variation and human aging: Progress and prospects. *The Journals of Gerontology: Series A: Biological Sciences and Medical Sciences*, *62*, 301 – 307. Accessed online, http://search.ebscohost.com
Mendle, J., Turkheimer, E., & Emery, R. E. (2007). Detrimental psychological out-comes associated with early pubertal timing in adolescent girls. *Developmental Review*, *27*, 151 – 171.
Mendoza, C. (2006, September). Inside today's classrooms: Teacher voices on no child left behind and the education of gifted children. *Roeper Review*, *29*, 28 – 31.
Mendoza, J. A., Zimmerman, F. J., & Christakis, D. A. (2007). Television viewing, computer use, obesity, and adiposity in US preschool children. *International Journal of Behavioral Nutrition and Physical Activity*, *4*, 44.
Mennella, J., & Beauchamp, G. (1996). The early development of human flavor preferences. In E. D. Capaldi & E. D. Capaldi (Eds.), *Why we eat what we eat: The psychology of eating.* Washington, DC: American Psychological Association.
Mensah, F. K., Bayer, J. K., Wake, M., Carlin, J. B., Allen, N. B., & Patton, G. C. (2013). Early puberty and childhood social and behavioral adjustment. *Journal of Adolescent Health*, *53*, 118 – 124.
Menzel, J. (2008). Depression in the elderly after traumatic brain injury: A sys-tematic review. *Brain Injury*, *22*, 375 – 380.
Mercado, E. (2009). Cognitive plasticity and cortical modules. *Current Directions in Psychological Science*, *18*, 153 – 158.
Mercer, J. R. (1973). *Labeling the mentally retarded.* Berkeley: University of California Press.
Mertesacker, B., Bade, U., & Haverkock, A. (2004). Predicting maternal reactivity/sensitivity: The role of infant emotionality, maternal depressive-ness/anxiety, and social support. *Infant Mental Health Journal*, *25*, 47 – 61.
Merlo, L., Bowman, M., & Barnett, D. (2007). Parental nurturance promotes reading acquisition in low socioeconomic status children. *Early Education and Development*, *18*, 51 – 69.
Merrill, D. M. (1997). *Caring for elderly parents: Juggling work, family, and caregiv-ing in middle and working class families.* Wesport, CT: Auburn House/Green-wood Publishing Group.
Mervis, J. (2004, June 11). Meager evaluations make it hard to find out what works. *Science*, *304*, 1583.
Mervis, J. (2011). A passion for early education. *Science*, *333*, 957 – 958.
Mervis, J. (2011a, 19 August). Past successes shape effort to expand early inter-vention. *Science*, *333*, 952 – 956.
Mervis, J. (2011b, 19 August). Giving children a head start is possible—but it's not easy. *Science*, *333*, 956 – 957.
Messer, S. B., & McWilliams, N. (2003). The impact of Sigmund Freud and The Interpretation of Dreams. In R. J. Sternberg (Ed.), *The anatomy of impact: What makes the great works of psychology great.* Washington, DC: American Psycho-logical Association.
Messinger, D. S., Mattson, W. I., Mahoor, M. H., & Cohn, J. F. (2012). The eyes have it: Making positive expressions more positive and negative expressions more negative. *Emotion*, *12*, 430 – 436.
MetLife Mature Market Institute. (2009). *The MetLife Market Survey of Nursing Home & Home Care Costs 2008.* Westport, CT: MetLife Mature Market Institute.
Meyer, M., Wolf, D., & Himes, C. (2006, March). Declining eligibility for social security spouse and widow benefits in the United States? *Research on Aging*, *28*, 240 – 260.
Mezuk, B., Prescott, M., Tardiff, K., Vlahov, D., & Galea, S. (2008). Suicide in older adults in long-term care: 1990 to 2005.

Journal of the American Geriatrics Society, *56*, 2107 – 2111.
Miao, X., & Wang, W. (2003). A century of Chinese developmental psychology. *International Journal of Psychology*, *38*, 258 – 273.
Michael, R. T., Gagnon, J. H., Laumann, E. O., & Kolata, G. (1994). *Sex in America: A definitive survey.* Boston: Little, Brown.
Michael, Y. L., Carlson, N. E., Chlebowski, R. T., Aickin, M., Weihs, K. L., Ock-ene, J. K., & . . . Ritenbaugh, C. (2009). Influence of stressors on breast cancer incidence in the Women's Health Initiative. *Health Psychology*, *28*, 137 – 146.
Michaels, M. (2006). Factors that contribute to stepfamily success: A qualitative analysis. *Journal of Divorce & Remarriage*, *44*, 53 – 66.
Miche, M., Els. sser, V. C., Schilling, O. K., & Wahl, H. (2014). Attitude toward own aging in midlife and early old age over a 12-year period: Examination of measurement equivalence and developmental trajectories. *Psychology and Aging*, *29*, 588 – 600.
Miesnik, S., & Reale, B. (2007). A review of issues surrounding medically elective cesarean delivery. *Journal of Obstetric, Gynecologic, & Neonatal Nursing: Clinical Scholarship for the Care of Women, Childbearing Families, & Newborns*, *36*, 605 – 615.
Mikkola, T. M., Portegijs, E., Rantakokko, M., Gagné, J., Rantanen, T., & Viljanen, A. (2015). Association of self-reported hearing difficulty to objective and per-ceived participation outside the home in older community-dwelling adults. *Journal of Aging and Health*, *27*, 103 – 122.
Miklikowska, M., Duriez, B., & Soenens, B. (2011). Family roots of empathy-related characteristics: The role of perceived maternal and paternal need support in adolescence. *Developmental Psychology*, *47*, 1342 – 1352.
Mikulincer, M., & Shaver, P. (2009). An attachment and behavioral systems per-spective on social support. *Journal of Social and Personal Relationships*, *26*, 7 – 19.
Mikulincer, M., & Shaver, P. R. (2005). Attachment security, compassion, and altruism. *Current Directions in Psychological Science*, *14*, 34 – 38.
Mikulincer, M., & Shaver, P. R. (2007). *Attachment in adulthood: Structure, dynam-ics, and change.* New York: Guilford Press.
Mikulincer, M., Shaver, P. R., Simpson, J. A., & Dovidio, J. F. (2015). *APA handbook of personality and social psychology, Volume 3: Interpersonal relations.* Washington, DC: American Psychological Association.
Miles, R., Cowan, F., Glover, V., Stevenson, J., & Modi, N. (2006). A controlled trial of skin-to-skin contact in extremely preterm infants. *Early Human Develop-ment*, *2(7)*, 447 – 455.
Milevsky, A., Schlechter, M., Netter, S., & Keehn, D. (2007). Maternal and pater-nal parenting styles in adolescents: Associations with self-esteem, depression and life-satisfaction. *Journal of Child and Family Studies*, *16*, 39 – 47.
Millei, Z., & Gallagher, J. (2012). Opening spaces for dialogue and re-envisioning children's bathroom in a preschool: Practitioner research with children on a sensi-tive and neglected area of concern. *International Journal of Early Childhood*, *44*, 9 – 29.
Miller, A. J., Sassler, S., & Kus-Appough. (2011). The specter of divorce: Views from work- and middle-class cohabitors. *Family Relations*, *60*, 602 – 616.
Miller, C. (2014, June 6). More fathers who stay at home by choice. *The New York Times*, p. B3.
Miller, E. M. (1998). Evidence from opposite-sex twins for the effects of prenatal sex hormones. In L. Ellis & L. Ebertz (Eds.), *Males, females, and behavior: Toward biological understanding.* Westport, CT: Praeger Publishers/Greenwood Pub-lishing Group.
Miller, S. A. (2012). *Theory of mind: Beyond the preschool years.* New York: Psychol-ogy Press.
Miller, D. P., & Brooks-Gunn, J. (2015). Obesity. In T. P. Gullotta, R. W. Plant, M. A. Evans, T. P. Gullotta, R. W. Plant, & M. A. Evans (Eds.), *Handbook of adolescent behavioral problems: Evidence-based approaches to prevention and treatment* (2nd ed.). New York: Springer Science + Business Media.
Miller, J. L., & Eimas, P. D. (1995). Speech perception: From signal to word. *An-nual Review of Psychology*, *46*, 467 – 492.
Mireault, G. C., Crockenberg, S. C., Sparrow, J. E., Pettinato, C. A., Woodard, K. C., & Malzac, K. (2014). Social looking, social referencing and humor perception in 6- and-12-month-old infants. *Infant Behavior & Development*, *37*, 536 – 545.
Mishna, F., Saini, M., & Solomon, S. (2009). Ongoing and online: Children and youth's perceptions of cyber bullying. *Children and Youth Services Review*, *31*, 1222 – 1228.
Mishra, R. C. (1997). Cognition and cognitive development. In J. W. Berry, P. R. Dasen, & T. S. Saraswathi (Eds.), *Handbook of cross-cultural psychology, Vol. 2: Basic processes and human development* (2nd ed.). Boston, MA: Allyn & Bacon.
Misri, S. (2007). Suffering in silence: The burden of perinatal depression. *The Canadian Journal of Psychiatry / La Revue canadienne de psychiatrie*, *52*, 477 – 478.
Mistry, J., & Saraswathi, T. (2003). The cultural context of child development. In R. Lerner & M. Easterbrooks (Eds.), *Handbook of psychology: Developmental psychology* (Vol. 6, pp. 267 – 291). New York: Wiley.
Mitchell, B., Carleton, B., Smith, A., Prosser, R., Brownell, M., & Kozyrskyj, A. (2008). Trends in psychostimulant and antidepressant use by children in 2 Canadian provinces. *The Canadian Journal of Psychiatry / La Revue canadienne de psychiatrie*, *53*, 152 – 159.
Mitchell, E. (2009). What is the mechanism of SIDS? Clues from epidemiology. *Developmental Psychobiology*, *51*, 215 – 222.
Mitchell, K., Wolak, J., & Finkelhor, D. (2007, February). Trends in youth reports of sexual solicitations, harassment and unwanted exposure to pornography on the Internet. *Journal of Adolescent Health*, *40*, 116 – 126.
Mitchell, K. J., & Porteous, D. J. (2011). Rethinking the genetic architecture of schizophrenia. *Psychological Medicine*, *41*, 19 – 32.
Mitchell, K. J., Ybarra, M. L., & Korchmaros, J. D. (2014). Sexual harassment among adolescents of different sexual orientations and gender identities. *Child Abuse & Neglect*, *38*, 280 – 295.
Mitchell, S. (2002). *American generations: Who they are, how they live, what they think.* Ithaca, NY: New Strategists Publications.
Mittal, V., Ellman, L., & Cannon, T. (2008). Gene-environment interaction and covariation in schizophrenia: The role of obstetric complications. *Schizophre-nia Bulletin*, *34*, 1083 – 1094. Accessed online, http://search. ebscohost. com, doi: 10. 1093/schbul/sbn080
Mizuno, K., & Ueda, A. (2004). Antenatal olfactory learning influences infant feeding. *Early Human Development*, *76*, 83 – 90.
MMWR. (2008, August 1). Trends in HIV- and STD-Related risk behaviors among high school students—United States, 1991 – 2007. *Morbidity and Mortal-ity Weekly Report*, *57*, 817 – 822.
Mohajeri, M., & Leuba, G. (2009). Prevention of age-associated dementia. *Brain Research Bulletin*, *80*, 315 – 325.
Moher, M., Tuerk, A. S., & Feigenson, L. (2012). Seven-month-old infants chunk items in memory. *Journal of Experimental Child Psychology*, Accessed online, 7-17-12; http://www. ncbi. nlm. nih. gov/pubmed/22575845
Mok, A., & Morris, M. W. (2012). Managing two cultural identities: The malle-ability of bicultural identity integration as a function of induced global or local processing. *Personality and Social Psychology Bulletin*, *38*, 233 – 246.
Moldin, S. O., & Gottesman, I. I. (1997). Genes, experience, and chance in schizo-phrenia—positioning for the 21st century. *Schizophrenia Bulletin*, *23*, 547 – 561.
Molfese, V. J., & Acheson, S. (1997). Infant and preschool mental and verbal abilities: How are infant scores related to preschool scores? *International Jour-nal of Behavioral Development*, *20*, 595 – 607.
Molina, J. C., Spear, N. E., Spear, L. P., Mennella, J. A., & Lewis, M. J. (2007). The International society for developmental psychobiology 39th annual meeting symposium: Alcohol and development: Beyond fetal alcohol syndrome. *Devel-opmental Psychobiology*, *49*, 227 – 242.
Monahan, C. I., Beeber, L. S., & Harden, B. (2012). Finding family strengths in the midst of adversity: Using risk and resilience models to promote mental health. In S. Summers & R. Chazan-Cohen (Eds.), *Understanding early childhood mental health: A practical guide for professionals.* Baltimore: Paul H Brookes Publishing.
Monahan, K., Steinberg, L., & Cauffman, E. (2009). Affiliation with antisocial peers, susceptibility to peer influence, and antisocial behavior during the transition to adulthood. *Developmental Psychology*, *45*, 1520 – 1530.

Monastra, V. (2008). The etiology of ADHD: A neurological perspective. *Unlock-ing the potential of patients with ADHD: A model for clinical practice.* Washington, DC: American Psychological Association.

Monsour, M. (2002). *Women and men as friends: Relationships across the life span in the 21st century.* Mahwah, NJ: Lawrence Erlbaum Associates Publishers.

Montague, D., & Walker-Andrews, A. (2002). Mothers, fathers, and infants: The role of person familiarity and parental involvement in infants' perception of emotion expressions. *Child Development*, *73*, 1339 - 1352.

Montepare, J. M., Kempler, D., & McLaughlin-Volpe, T. (2014). The voice of wis-dom: New insights on social impressions of aging voices. *Journal of Language and Social Psychology*, *33*, 241 - 259.

Montgomery-Downs, H., & Thomas, E. B. (1998). Biological and behavioral correlates of quiet sleep respiration rates in infants. *Physiology and Behavior*, *64*, 637 - 643.

Monthly Labor Review. (2009, November). Employment outlook: 2008 - 2018: Labor force projections to 2018: Older workers staying more active. *Monthly Labor Review.* Washington, DC: U. S. Department of Labor.

Moon, C. (2002). Learning in early infancy. *Advances in Neonatal Care*, *2*, 81 - 83.

Moore, K. L. (1974). *Before we are born: Basic embryology and birth defects.* Philadelphia, PA: Saunders.

Moore, K. L., & Persaud, T. V. N. (2003). *Before we were born* (6th ed.). Philadelphia, PA: Saunders.

Moore, L., Gao, D., & Bradlee, M. (2003). Does early physical activity predict body fat change throughout childhood? *Preventive Medicine: An International Journal Devoted to Practice & Theory*, *37*, 10 - 17.

Moore, R. L., & Wei, L. (2012). Modern love in China. In M. A. Paludi (Ed.), *The psychology of love (Vols. 1 - 4).* Santa Barbara, CA: Praeger/ABC-CLIO.

Morales, J. R., & Guerra, N. F. (2006). Effects of multiple context and cumulative stress on urban children's adjustment in elementary school. *Child Development*, *77*, 907 - 923.

Morelli, G. A., Rogoff, B., Oppenheim, D., & Goldsmith, D. (1992). Cultural vari-ation in infants' sleeping arrangements: Questions of independence [Special section: Cross-cultural studies of development]. *Developmental Psychology*, *28*, 604 - 613.

Morfei, M. Z., Hooker, K., Carpenter, J., Blakeley, E., & Mix, C. (2004). Agentic and communal generative behavior in four areas of adult life: Implications for psychological well-being. *Journal of Adult Development*, *11*, 55 - 58.

Morita, J., Miwa, K., Kitasaka, T., Mori, K., Suenaga, Y., Iwano, S., et al. (2008). Interactions of perceptual and conceptual processing: Expertise in medical im-age diagnosis. *International Journal of Human-Computer Studies*, *66*, 370 - 390.

Morley, J. E. (2012). Sarcopenia in the elderly. *Family Practice*, *29*(Suppl. 1), I44 - I48. doi:10.1093/fampra/cmr063

Morris, P., & Fritz, C. (2006, October). How to improve your memory. *The Psy-chologist*, *19*, 608 - 611.

Morrison, K. M., Shin, S., Tarnopolsky, M., & Taylor, V. H. (2015). Association of depression & health related quality of life with body composition in children and youth with obesity. *Journal of Affective Disorders*, *172*, 18 - 23.

Morrongiello, B., Corbett, M., & Bellissimo, A. (2008). "Do as I say, not as I do": Family influences on children's safety and risk behaviors. *Health Psychology*, *27*, 498 - 503.

Morrongiello, B., Corbett, M., McCourt, M., & Johnston, N. (2006, July). Under-standing unintentional injury-risk in young children I. The nature and scope of caregiver supervision of children at home. *Journal of Pediatric Psychology*, *31*, 529 - 539.

Morrongiello, B., Zdzieborski, D., Sandomierski, M., & Lasenby-Lessard, J. (2009). Video messaging: What works to persuade mothers to supervise young children more closely in order to reduce injury risk? *Social Science & Medicine*, *68*, 1030 - 1037.

Motschnig, R., & Nykl, L. (2003). Toward a cognitiveemotional model of Rog-ers's person-centered approach. *Journal of Humanistic Psychology*, *43*, 8 - 45.

Mottl-Santiago, J., Walker, C., Ewan, J., Vragovic, O., Winder, S., & Stubblefield, P. (2008). A hospital-based doula program and childbirth outcomes in an urban, multicultural setting. *Maternal and Child Health Journal*, *12*, 372 - 377.

M. ttus, R., Johnson, W., & Deary, I. J. (2012). Personality traits in old age: Meas-urement and rank-order stability and some mean-level change. *Psychology and Aging*, *27*, 243 - 249.

Moyle, J., Fox, A., Arthur, M., Bynevelt, M., & Burnett, J. (2007). Meta-analysis of neuropsychological symptoms of adolescents and adults with PKU. *Neuropsy-chology Review*, *17*, 9 - 101.

Mrazek, A. J., Harada, T., & Chiao, J. Y. (2015). Cultural neuroscience of identity development. In K. C. McLean, M. Syed, K. C. McLean, & M. Syed (Eds.), *The Oxford handbook of identity development.* New York: Oxford University Press.

Mrug, S., Elliott, M. N., Davies, S., Tortolero, S. R., Cuccaro, P., & Schuster, M. A. (2014). Early puberty, negative peer influence, and problem behaviors in adolescent girls. *Pediatrics*, *133*, 7 - 14. Mu, Z., & Xie, Y. (2014).

Marital age homogamy in China: A reversal of trend in the reform era? *Social Science Research*, *44*, 141 - 157

Mueller, M., Wilhelm, B., & Elder, G. (2002). Variations in grandparenting. *Research on Aging*, *24*, 360 - 388.

Muenchow, S., & Marsland, K. W. (2007). Beyond baby steps: Promoting the growth and development of U. S. child-care policy. In L. J. Aber, et al. (Eds.). *Child development and social policy: Knowledge for action.* Washington, DC: American Psychological Association.

Mui. os, M., & Ballesteros, S. (2014). Peripheral vision and perceptual asym-metries in young and older martial arts athletes and non-athletes. *Attention, Perception, & Psychophysics*, *76*, 2465 - 2476.

Müller, D., Ziegelmann, J. P., Simonson, J., Tesch-R. mer, C., & Huxhold, O. (2014). Volunteering and subjective well-being in later adulthood: Is self-efficacy the key? *International Journal of Developmental Science*, *8*, 125 - 135.

Muller, R. T. (2013). Not just a phase: Depression in preschoolers. Recognizing the signs and reducing the risk. *Psychology Today.* Accessed online 2-27-14 http://www.psychologytoday.com/blog/talking-about-trauma/201306/not-just-phase-depression-in-preschoolers.

Müller, U., Liebermann-Finestone, D. P., Carpendale, J. M., Hammond, S. I., & Bibok, M. B. (2012). Knowing minds, controlling actions: The developmental relations between theory of mind and executive function from 2 to 4 years of age. *Journal of Experimental Child Psychology*, *111*, 331 - 348.

Müller, U., Ten Eycke, K., & Baker, L. (2015). Piaget's theory of intelligence. In S. Goldstein, D. Princiotta, J. A. Naglieri, S. Goldstein, D. Princiotta, & J. A. Naglieri (Eds.), *Handbook of intelligence: Evolutionary theory, historical perspective, and current concepts.* New York: Springer Science + Business Media.

Mumme, D., & Fernald, A. (2003). The infant as onlooker: Learning from emo-tional reactions observed in a television scenario. *Child Development*, *74*, 221 - 237.

Munsey, C. (2012, February). Anti-bullying efforts ramp up. *Monitor on Psychol-ogy*, pp. 54 - 57.

Munzar, P., Cami, J., & Farré, M. (2003). Mechanisms of drug addiction. *New England Journal of Medicine*, *349*, 2365 - 2365.

Murasko, J. E. (2015). Overweight/obesity and human capital formation from infancy to adolescence: Evidence from two large US cohorts. *Journal of Biosocial Science*, *47*, 220 - 237.

Murguia, A., Peterson, R. A., & Zea, M. C. (1997, August). Cultural health beliefs. Paper presented at the annual meeting of the American Psychological Association, Toronto, Canada.

Murphy, B., & Eisenberg, N. (2002). An integrative examination of peer conflict: Children's reported goals, emotions, and behaviors. *Social Development*, *11*, 534 - 557.

Murphy, F. A., Lipp, A., & Powles, D. L. (2012, March 14). Follow-up for improv-ing psychological well being for women after a miscarriage. *Cochrane Database System Reviews.*

Murphy, M. (2009). Language and literacy in individuals with Turner syndrome. *Topics in Language Disorders*, *29*, 187 - 194. Accessed online, http://search.ebscohost.com

Murphy, M., & Mazzocco, M. (2008). Mathematics learning disabilities in girls with fragile X or Turner syndrome during late elementary school. *Journal of Learning Disabilities*, *41*, 29 - 46. Accessed online, http://search.ebscohost.com

Murphy, S., Johnson, L., & Wu, L. (2003). Bereaved parents'

outcomes 4 to 60 months after their children's death by accident, suicide, or homicide: A com-parative study demonstrating differences. *Death Studies*, *27*, 39 - 61.

Murray, L., Cooper, P., Creswell, C., Schofield, E., & Sack, C. (2007, January). The effects of maternal social phobia on mother - infant interactions and infant social responsiveness. *Journal of Child Psychology and Psychiatry*, *48*, 45 - 52.

Murray, L., de Rosnay, M., Pearson, J., Bergeron, C., Schofield, E., Royal-Lawson, M., et al. (2008). Intergenerational transmission of social anxiety: The role of social referencing processes in infancy. *Child Development*, *79*, 1049 - 1064.

Murray, S., Bellavia, G., & Rose, P. (2003). Once hurt, twice hurtful: How per-ceived regard regulates daily marital interactions. *Journal of Personality & Social Psychology*, *84*, 126 - 147.

Murray, T., & Lewis, V. (2014). Gender-role conflict and men's body satisfaction: The moderating role of age. *Psychology of Men & Masculinity*, *15*, 40 - 48.

Murray-Close, D., Ostrov, J., & Crick, N. (2007, December). A short-term lon-gitudinal study of growth of relational aggression during middle childhood: Associations with gender, friendship intimacy, and internalizing problems. *Development and Psychopathology*, *19*, 187 - 203.

Mustanski, B., Kuper, L., & Greene, G. J. (2014). Development of sexual orienta-tion and identity. In D. L. Tolman, L. M. Diamond, J. A. Bauermeister, W. H. George, J. G. Pfaus, L. M. Ward, . . . L. M. Ward (Eds.), *APA handbook of sexual-ity and psychology*, *Vol. 1*: *Person-based approaches*. Washington, DC: American Psychological Association.

Myers, D. (2000). *A quiet world*: *Living with hearing loss*. New Haven, CT: Yale University Press.

Myers, R. H. (2004). Huntington's disease genetics. *NeuroRx*, *1*, 255 - 262.

Myklebust, B. M., & Gottlieb, G. L. (1993). Development of the stretch reflex in the newborn: Reciprocal excitation and reflex irradation. *Child Development*, *64*, 1036 - 1045.

Myrtek, M. (2007). *Type A behavior and hostility as independent risk factors for coro-nary heart disease*. Washington, DC: American Psychological Association.

Nadel, S., & Poss, J. E. (2007). Early detection of autism spectrum disorders: Screening between 12 and 24 months of age. *Journal of the American Academy of Nurse Practitioners*, *19*, 408 - 417.

Nagahashi, S. (2013). Meaning making by preschool children during pretend play and construction of play space. *Japanese Journal of Developmental Psychol-ogy*, *24*, 88 - 98.

Nagy, E. (2006). From imitation to conversation: The first dialogues with human neonates. *Infant and Child Development*, *15*, 223 - 232.

Nagy, E., Pal, A., & Orvos, H. (2014). Learning to imitate individual finger move-ments by the human neonate. *Developmental Science*, *17*, 841 - 857.

Nagy, M. (1948). The child's theories concerning death. *Journal of Genetic Psychol-ogy*, *73*, 3 - 27.

Naik, G. (2002, November 22). The grim mission of a Swiss group: Visitor's suicides. *Wall Street Journal*, pp. A1, A6.

Nam, C. B., & Boyd, M. (2004). Occupational status in 2000: Over a century of census-based measurement. *Population Research and Policy Review*, *23*, 327 - 358.

Nanda, S., & Konnur, N. (2006, October). Adolescent drug & alcohol use in the 21st century. *Psychiatric Annals*, *36*, 706 - 712.

Nangle, D. W., & Erdley, C. A. (Eds.). (2001). *The role of friendship in psychological adjustment*. San Francisco: Jossey-Bass.

Nappi, R., & Polatti, F. (2009). The use of estrogen therapy in women's sexual functioning. *Journal of Sexual Medicine*, *6*, 603 - 616.

Narang, S., & Clarke, J. (2014). Abusive head trauma: Past, present, and future. *Journal of Child Neurology*, *29*, 1747 - 1756.

Nash, A., Pine, K., & Messer, D. (2009). Television alcohol advertising: Do children really mean what they say? *British Journal of Developmental Psychology*, *27*, 85 - 104.

Nassif, A., & Gunter, B. (2008). Gender representation in television advertise-ments in Britain and Saudi Arabia. *Sex Roles*, *58*, 752 - 760.

Nation, M., & Heflinger, C. (2006). Risk factors for serious alcohol and drug use: The role of psychosocial variables in predicting the frequency of substance use among adolescents. *American Journal of Drug and Alcohol Abuse*, *32*, 415 - 433.

National Association for Sport and Physical Education. (2006). *Shape of the na-tion*: *Status of physical education in the USA*. Reston, VA: Author.

National Association for the Education of Young Children. (2005). Position statements of the NAEYC. Accessed online, http://www.naeyc.org/about/ positions.asp#where.

National Center for Child Health. (2003). *National Survey of children's health*, *2003*. Washington, DC: National Center for Child Health.

National Center for Children in Poverty. (2013). *Basic facts about low-income chil-dren in the United States*. New York: National Center for Children in Poverty.

National Center for Education Statistics. (2002). *Dropout rates in the United States*: *2000*. Washington, DC: NCES.

National Center for Education Statistics. (2003). *Dropout rates in the United States*: *2003*. Washington, DC: NCES.

National Center for Education Statistics. (2011). *The Condition of Education 2011* (*NCES 2011 - 033*), Indicator 23.

National Center for Educational Statistics. (2003). *Public high school dropouts and completers from the common core of data*: *School year 2000 - 01 statistical analysis report*. Washington, DC: NCES.

National Center for Health Statistics. (2001). *Division of vital statistics*. Washington, DC: Public Health Service.

National Center for Health Statistics. (2015). *Leading causes of deaths among ado-lescents 15 - 19 years of age*. Atlanta, GA: Centers for Disease Control. Accessed online, 8-14-15; http://www.cdc.gov/nchs/fastats/adolescent-health.htm

National Clearinghouse on Child Abuse and Neglect Information. (2004). *Child maltreatment 2002*: *Summary of key findings/National Clearinghouse on Child Abuse and Neglect Information*. Washington, DC: Author.

National Health and Nutrition Examination Survey. (2014). *Prevalence of overweight*, *obesity*, *and extreme obesity among adults*: *United States*, *1960 - 1962 Through 2011 - 2012*.

National Highway Traffic Safety Administration. (1994). *Age-related incidence of traffic accidents*. Washington, DC: National Highway Traffic Safety Administra-tion.

National Institute of Aging. (2004, May 31). Sexuality in later life Rattan, S. I. S., Kristensen, P., & Clark, B. F. C. (Eds.). (2006). *Understanding and modulating ag-ing*. Malden, MA: Blackwell Publishing on behalf of the New York Academy of Sciences. Accessed online, http://www.niapublications.org/ engagepages/ sexuality.asp

National Safety Council. (2013). *Accident facts*: *2013 edition*. Chicago: National Safety Council.

National Science Foundation (NSF), Division of Science Resources Statistics. (2002). *Women*, *minorities*, *and persons with disabilities in science and engineering*: *2002*. Arlington, VA: National Science Foundation.

Navarro, M. (2006, May 25). *Families add 3rd generation to households*. New York Times, pp. A1, A22.

Nazzi, T., & Bertoncini, J. (2003). Before and after the vocabulary spurt: Two modes of word acquisition? *Developmental Science*, *6*, 136 - 142.

Needleman, H. L., Riess, J. A., Tobin, M. J., Biesecker, G. E., & Greenhouse, J. B. (1996, February 7). Bone lead levels and delinquent behavior. *JAMA*: *The Journal of the American Medical Association*, *2755*, 363 - 369.

Negy, C., Shreve, T., & Jensen, B. (2003). Ethnic identity, self-esteem, and ethno-centrism: A study of social identity versus multicultural theory of develop-ment. *Cultural Diversity & Ethnic Minority Psychology*, *9*, 333 - 344.

Neisser, U. (2004). Memory development: New questions and old. *Developmental Review*, *24*, 154 - 158.

Nelis, D., Quoidbach, J., Mikolajczak, M., & Hansenne, M. (2009). Increasing emotional intelligence: (How) is it possible? *Personality and Individual Differ-ences*, *47*, 36 - 41.

Nelson, C. A., & Bosquet, M. (2000). Neurobiology of fetal and infant develop-ment: Implications for infant mental health. In C. H. Zeanah, Jr. (Ed.), *Hand-book of infant mental health* (2nd ed.). New York: Guilford Press.

Nelson, D. A., Hart, C. H., Yang, C., Olsen, J. A., & Jin, S. (2006). Aversive parent-ing in China: Associations with child physical and relational aggression. *Child Development*, *77*, 554 - 572.

Nelson, H. D., Tyne, K., Naik, A., Bougatsos, C., Chan, B. K., & Humphrey, L. (2009). Screening for breast cancer: An update for the U. S. Preventive Services Task Force. *Annals of Internal Medicine*, *151*, 727 - 737.

Nelson, K. (1996). *Language in cognitive development: Emergence of the mediated mind.* New York: Cambridge University Press.

Nelson, K., & Fivush, R. (2004). The emergence of autobiographical memory: A social cultural developmental theory. *Psychological Review*, *111*, 486 - 511.

Nelson, L. J., & Cooper, J. (1997). Gender differences in children' s reactions to success and failure with computers. *Computers in Human Behavior*, *13*, 247 - 267.

Nelson, L., Badger, S., & Wu, B. (2004). The influence of culture in emerging adulthood: Perspectives of Chinese college students. *International Journal of Behavioral Development*, *28*, 26 - 36.

Nelson, P., Adamson, L., & Bakeman, R. (2008). Toddlers' joint engagement ex-perience facilitates preschoolers' acquisition of theory of mind. *Developmental Science*, *11*, 847 - 853.

Nelson, T. (2004). *Ageism: Stereotyping and prejudice against older persons.* Cambridge, MA: MIT Press.

Nelson, T., & Wechsler, H. (2003). School spirits: Alcohol and collegiate sports fans. *Addictive Behaviors*, *28*, 1 - 11.

Nesheim, S., Henderson, S., Lindsay, M., Zuberi, J., Grimes, V., Buehler, J., Lindegren, M. L., & Bulterys, M. (2004). *Prenatal HIV testing and antiretroviral prophylaxis at an urban hospital—Atlanta, Georgia, 1997 - 2000.* Atlanta, GA: Cent-ers for Disease Control.

Neugarten, B. L. (1972). Personality and the aging process. *The Gerontologist*, *12*, 9 - 15.

Neugarten, B. L. (1977). Personality and aging. In J. E. Birren & K. W. Schaie (Eds.), *Handbook for the psychology of aging.* New York: Van Nostrand Reinhold.

Newland, L. A. (2014). Supportive family contexts: Promoting child well-being and resilience. *Early Child Development and Care*, *184* *(9 - 10)*, 1336 - 1346. doi:10.1 080/03004430.2013.875543

Newman, R., & Hussain, I. (2006). Changes in preference for infant-directed speech in low and moderate noise by 4.5- to 13-month-olds. *Infancy*, *10*, 61 - 76.

Newport, F., & Wilke, J. (2013, October 28). Economy would benefit if marriage rate increases in U. S. *Gallup.* Accessed online, 8-8-15; http://www.gallup.com/poll/165599/economy-benefit-marriage-rate-increases.aspx

Newston, R. L., & Keith, P. M. (1997). Single women later in life. In J. M. Coyle (Ed.), *Handbook on women and aging* (pp. 385 - 399). Westport, CT: Greenwood Press.

Newton, K., Reed, S., LaCroix, A., Grothaus, L., Ehrlich, K., & Guiltinan, J. (2006). Treatment of vasomotor symptoms of menopause with black cohosh, multibotanicals, soy, hormone therapy, or placebo. *Annals of Internal Medicine*, *145*, 869 - 879.

NICHD Early Child Care Research Network. (1999). The effects of infant child care on infant-mother attachment security: Results of the NICHD study of early child care. *Child Development*, *68*, 860 - 879.

NICHD Early Child Care Research Network. (2001). Child-care and family predictors of preschool attachment and stability from infancy. *Development Psychology*, *37*, 847 - 862.

NICHD Early Child Care Research Network. (2001b). Child-care and family predictors of preschool attachment and stability from infancy. *Development Psychology*, *37*, 847 - 862.

NICHD Early Child Care Research Network. (2003a). Does quality of child care affect child outcomes at age 41/2? *Developmental Psychology*, *39*, 451 - 469.

NICHD Early Child Care Research Network. (2003b). Families matter—even for kids in child care. *Journal of Developmental and Behavioral Pediatrics*, *24*, 58 - 62.

NICHD Early Child Care Research Network. (2005). *Child care and child develop-ment: Results from the NICHD study of early child care and youth development.* New York: Guilford Press.

NICHD Early Child Care Research Network. (2006a). *Child care and child develop-ment: Results from the NICHD study of early child care and youth development.* New York: Guilford Press.

Nicholson, J. M., D'Esposito, F., Lucas, N., & Westrupp, E. M. (2014). Raising children in single-parent families. In A. Abela, J. Walker, A. Abela, & J. Walker (Eds.), *Contemporary issues in family studies: Global perspectives on partnerships, parenting and support in a changing world.* New York: Wiley-Blackwell.

Nicholson, L. M., & Browning, C. R. (2012). Racial and ethnic disparities in obe-sity during the transition to adulthood: The contingent and nonlinear impact of neighborhood disadvantage. *Journal of Youth and Adolescence*, *41*, 53 - 66.

Niederhofer, H. (2004). A longitudinal study: Some preliminary results of asso-ciation of prenatal maternal stress and fetal movements, temperament factors in early childhood and behavior at age 2 years. *Psychological Reports*, *95*, 767 - 770.

Nieto, S. (2005). Public education in the twentieth century and beyond: High hopes, broken promises, and an uncertain future. *Harvard Educational Review*, *75*, 43 - 65.

Nigg, J., Knottnerus, G., Martel, M., Nikolas, M., Cavanagh, K., Karmaus, W., et al. (2008). Low blood lead levels associated with clinically diagnosed attention-deficit/hyperactivity disorder and mediated by weak cognitive control. *Biological Psychiatry*, *63*, 325 - 331.

Nihart, M. A. (1993). Growth and development of the brain. *Journal of Child and Adolescent Psychiatric and Mental Health Nursing*, *6*, 39 - 40.

Nik. evi., A. V., & Nicolaides, K. H. (2014). Search for meaning, finding mean-ing and adjustment in women following miscarriage: A longitudinal study. *Psychology & Health*, *29*, 50 - 63.

Nikolas, M., Klump, K. L., & Burt, S. (2012). Youth appraisals of inter-parental conflict and genetic and environmental contributions to attention-deficit hyperactivity disorder: Examination of GxE effects in a twin sample. *Journal of Abnormal Child Psychology*, *40*, 543 - 554.

Nilsson, L. (2003). Memory function in normal aging. *Acta Neurologica Scandi-navica*, *107*, 7 - 13.

Nisbett, R. (1994, October 31). Blue genes. *New Republic*, *211*, 15.

Nisbett, R. (2008). *Intelligence and how to get it: Why schools and cultures count.* New York: WW Norton.

Nisbett, R. E., Aronson, J., Blair, C., Dickens, W., Flynn, J., Halpern, D. F., & Turkheimer, E. (2012). Intelligence: New findings and theoretical develop-ments. *American Psychologist*, *67*, 130 - 159.

Noakes, M. A., Rinaldi, C. M. (2006). Age and gender differences in peer conflict, *Journal of Youth and Adolescence*, *35*, 881 - 891.

Noble, Y., & Boyd, R. (2012). Neonatal assessments for the preterm infant up to 4 months corrected age: A systematic review. *Developmental Medicine & Child Neurology*, *54*, 129 - 139.

Nockels, R., & Oakeshott, P. (1999). Awareness among young women of sexually transmitted chlamydia infection. *Family Practice*, *16*, 94.

Nolen-Hoeksema, S. (2001). Ruminative coping and adjustment to bereavement. In M. Stroebe & R. Hansson (Eds.), *Handbook of bereavement research: Conse-quences, coping, and care.* Washington, DC: American Psychological Association.

Nolen-Hoeksema, S., & Davis, C. (2002). Positive responses to loss: Perceiv-ing benefits and growth. In C. Snyder & S. Lopez (Eds.), *Handbook of positive psychology.* London: Oxford University Press.

Nolen-Hoeksema, S., & Larson, J. (1999). *Coping with loss.* Mahwah, NJ: Law-rence Erlbaum.

Noonan, C. W., & Ward, T. J. (2007). Environmental tobacco smoke, woodstove heating and risk of asthma symptoms. *Journal of Asthma*, *44*, 735 - 738.

Noonan, D. (2003, September 22). When safety is the name of the game. *Newsweek*, pp. 64 - 66.

Noone, J., Stephens, C., & Alpass, F. (2009). Preretirement planning and well-being in later life: A prospective study. *Research on Aging*, *31*, 295 - 317.

Nordenmark, M., & Stattin, M. (2009). Psychosocial wellbeing and reasons for retirement in Sweden. *Ageing & Society*, *29*, 413 - 430.

Nordin, S., Razani, L., & Markison, S. (2003). Age-associated increases in inten-sity discrimination for taste. *Experimental Aging Research*, *29*, 371 - 381.

Norman, R. M. G., Malla, A. K. (2001). Family history of

schizophrenia and the relationship of stress to symptoms: Preliminary findings. *Australian & New Zealand Journal of Psychiatry*, *35*, 217 – 223.

Northwestern Mutual Voice Team. (2014). *Should you retire to a college town?* ForbesBrandVoice. Accssed online, 7-23-15; http://www. forbes. com/sites/northwesternmutual/2014/11/25/not-your-fathers-retirement-why-boomers-are-graduating-to-college-towns/

Norton, A., & D'Ambrosio, B. (2008). ZPC and ZPD: Zones of teaching and learning. *Journal for Research in Mathematics Education*, *39*, 220 – 246.

Norton, M. I., & Gino, F. (2014). Rituals alleviate grieving for loved ones, lovers, and lotteries. *Journal of Experimental Psychology: General*, *143*, 266 – 272.

Nosarti, C., Reichenberg, A., Murray, R. M., Cnattingius, S., Lambe, M. P., Yin, L., Maccabe, J., Rifkin, L., & Hultman, C. M. (2012). Preterm birth and psy-chiatric disorders in young adult life preterm birth and psychiatric disorders. *Archives of General Psychiatry*, *155*, 610 – 617.

Notaro, P., Gelman, S., & Zimmerman, M. (2002). Biases in reasoning about the consequences of psychogenic bodily reactions: Domain boundaries in cogni-tive development. *Merrill-Palmer Quarterly*, *48*, 427 – 449.

NPD Group. (2004). *The reality of children's diet.* Port Washington, NY: NPD Group.

Nugent, J. K., Lester, B. M., & Brazelton, T. B. (Eds.). (1989). *The cultural context of infancy, Vol. 1: Biology, culture, and infant development.* Norwood, NJ: Ablex.

Nursing Home Data Compendium. (2013). *Nursing Home Data Compendium, 2013.* Woodlawn, MD: Centers for Medicare and Medicaid Services.

Nuttal, A. K., Valentino, K., Comas, M., McNeill, A. T., & Stey, P. C. (2014). Autobiographical memory specificity among preschool-aged children. *Devel-opmental Psychology*, *50*, 1963 – 1972.

Nyaradi, A., Li, J., Hickling, S., Foster, J., & Oddy, W. H. (2013). The role of nutrition in children's neurocognitive development, from pregnancy through childhood. *Frontiers in Human Neuroscience.* Accessed online, 2-18-14; http:// www. ncbi. nlm. nih. gov/pubmed/23532379

Nyiti, R. M. (1982). The validity of "culture differences explanations" for cross-cultural variation in the rate of Piagetian cognitive development. In D. Wagner & H. Stevenson (Eds.), *Cultural perspectives on child development.* New York: Freeman.

Nylen, K., Moran, T., Franklin, C., & O'Hara, M. (2006). Maternal depression: A review of relevant treatment approaches for mothers and infants. *Infant Mental Health Journal*, *27*, 327 – 343.

O'Connor, M., & Whaley, S. (2006). Health care provider advice and risk factors associated with alcohol consumption following pregnancy recognition. *Journal of Studies on Alcohol*, *67*, 22 – 31.

O'Doherty, K. (2014). Review of Telling genes: The story of genetic counseling in America. *Journal of the History of the Behavioral Sciences*, *50*, 115 – 117.

O'Grady, W., & Aitchison, J. (2005). *How children learn language.* New York: Cambridge University Press.

O'Leary, S. G. (1995). Parental discipline mistakes. *Current Directions in Psycho-logical Science*, *4*, 11 – 13.

O'Reilly, J., & Peterson, C. C. (2015). Maltreatment and advanced theory of mind development in school-aged children. *Journal of Family Violence*, *30*, 93 – 102.

Oades-Sese, G. V., Cohen, D., Allen, J. P., & Lewis, M. (2014). Building resilience in young children the Sesame Street way. In S. Prince-Embury, D. H. Saklofske, S. Prince-Embury, & D. H. Saklofske (Eds.), *Resilience interventions for youth in diverse populations.* New York: Springer Science + Business Media.

Oberlander, S. E., Black, M., & Starr, R. H. (2007). African American adolescent mothers and grandmothers: A multigenerational approach to parenting. *American Journal of Community Psychology*, *39*, 37 – 46.

Ocorr, K., Reeves, N. L., Wessells, R. J., Fink, M., Chen, H. S., Akasaka, T., Yasuda, S., Metzger, J. M., Giles, W., Posakony, J. W., & Bodmer, R. (2007). KCNQ potassium channel mutations cause cardiac arrhythmias in Drosophila that mimic the effects of aging. *Proceedings of the National Academy of Sciences*, *104*, 3943 – 3948.

OECD (Organization for Economic Cooperation and Development). (2001). *Education at a glance: OECD indicators, 2001.* Paris: Author.

OECD. (2014). *PISA 2012 results in focus: What 15-year-olds know and what they can do with what they know.* Paris: Organization for Economic Co-operation and Development (OECD).

Office of Head Start. (2015). *History of Head Start.* Accessed online, 4-6-15; http://www. acf. hhs. gov/programs/ohs/about/history-of-head-start

Ogbu, J. (1992). Understanding cultural diversity and learning. *Educational Researcher*, *21*, 5 – 14.

Ogbu, J. U. (1988). Black education: A cultural-ecological perspective. In H. P. McAdoo (Ed.), *Black families.* Beverly Hills, CA: Sage Publications.

Ogden, C. L., Kuczmarski, R. J., Flegal, K. M., Mei, Z., Guo, S., Wei, R., . . . & Johnson, C. L. (2002). Centers for Disease Control and Prevention 2000 growth charts for the United States: Improvements to the 1977 National Center for Health Statistics Version. *Pediatrics*, *109*, 45 – 60.

Ogilvy-Stuart, A. L., & Gleeson, H. (2004). Cancer risk following growth hormone use in childhood: Implications for current practice. *Drug Safety*, *27*, 369 – 382.

Ogolsky, B. G., Dennison, R. P., & Monk, J. K. (2014). The role of couple discrep-ancies in cognitive and behavioral egalitarianism in marital quality. *Sex Roles*, *70*, 329 – 342.

Ohta, H., & Ohgi, S. (2013). Review of 'The Neonatal Behavioral Assessment Scale'. *Brain & Development*, *35*, 79 – 80.

Okie, S. (2005). *Winning the war against childhood obesity.* Washington, DC: Joseph Henry Publications.

Olivardia, R., & Pope, H. (2002). Body image disturbance in childhood and ado-lescence. In D. Castle & K. Phillips (Eds.), *Disorders of body image.* Petersfield, England: Wrightson Biomedical Publishing.

Oliver, B., & Plomin, R. (2007). Twins' Early Development Study (TEDS): A multivariate, longitudinal genetic investigation of language, cognition and behavior problems from childhood through adolescence. *Twin Research and Human Genetics*, *10*, 96 – 105.

Olness, K. (2003). Effects on brain development leading to cognitive impaire-ment: A worldwide epidemic. *Journal of Developmental & Behavioral Pediatrics*, *24*, 120 – 130.

Olson, E. (2006, April 27). You're in labor, and getting sleeeepy. *New York Times*, p. C2.

Olsen, S. (2009, October 30). Will the digital divide close by itself? *New York Times.* Accessed online, 11-23-09; http://bits. blogs. nytimes. com/2009/10/30/ will-the-digital-divide-close-by-itself

Olszewski-Kubilius, P., & Thomson, D. (2013). Gifted education programs and procedures. In W. M. Reynolds, G. E. Miller, & I. B. Weiner (Eds.), *Handbook of psychology, Vol. 7: Educational psychology* (2nd ed.). Hoboken, NJ: John Wiley & Sons Inc.

Oostermeijer, M., Boonen, A. H., & Jolles, J. (2014). The relation between children's constructive play activities, spatial ability, and mathematical word problem-solving performance: A mediation analysis in sixth-grade students. *Frontiers In Psychology*, *5*. Accessed online, 3-20-15; http://journal. frontiersin. org/article/10. 3389/fpsyg. 2014. 00782/abstract

Opfer, J. E., & Siegler, R. S. (2007). Representational change and children's nu-merical estimation. Citation. *Cognitive Psychology*, *55*, 169 – 195.

Opfer, V. D., Henry, G. T., Mashburn, A. J. (2008). The district effect: Systemic re-sponses to high stakes accountability policies in six southern states. *American Journal of Education*, *114*, 299 – 332.

Orbuch, T. (2009). *Five simple steps to take your marriage from good to great.* Oak-land, CA: The Oakland Press.

Orbuch, T. L., House, J. S., Mero, R. P., & Webster, P. S. (1996). Marital quality over the life course. *Social Psychology Quarterly*, *59*, 162 – 171.

Oretti, R. G., Harris, B., & Lazarus, J. H. (2003). Is there an association between life events, postnatal depression and thyroid dysfunction in thyroid antibody positive women? *International Journal of Social Psychiatry*, *49*, 70 – 76.

Ormont, L. R. (2001). Developing emotional insulation (1994). In L. B. Fugeri (Ed.), *The technique of group treatment: The collected papers of Louis R.* Ormont. Madison, CT: Psychosocial Press.

Ortiz, S. O., & Dynda, A. M. (2005). Use of intelligence tests with culturally and linguistically diverse populations. In D. P. Flanagan & P. L. Harrison (Eds.), *Contemporary intellectual assessment: Theories, tests, and issues.* New York: Guilford Press.

Osborne, J. W. (2012). Psychological effects of the transition to retirement. *Cana-dian Journal of Counselling and Psychotherapy, 46*, 45 – 58.

Osofsky, J. (2003). Prevalence of children's exposure to domestic violence and child maltreatment: Implications for prevention and intervention. *Clinical Child & Family Psychology Review, 6*, 161 – 170.

Ostrov, J., Gentile, D., & Crick, N. (2006, November). Media exposure, aggres-sion and prosocial behavior during early childhood: A longitudinal study. *Social Development, 15*, 612 – 627.

Otsuka, Y., Hill, H. H., Kanazawa, S., Yamaguchi, M. K., & Spehar, B. (2012). Perception of Mooney faces by young infants: The role of local feature vis-ibility, contrast polarity, and motion. *Journal of Experimental Child Psychology, 111*, 164 – 179.

Otsuka, Y., Ichikawa, H., Kanazawa, S., Yamaguchi, M. K., & Spehar, B. (2014). Temporal dynamics of spatial frequency processing in infants. *Journal of Ex-perimental Psychology: Human Perception and Performance, 40*, 995 – 1008.

Ott, C., Sanders, S., & Kelber, S. (2007). Grief and personal growth experience of spouses and adult-child caregivers of individuals with Alzheimer's disease and related dementias. *The Gerontologist, 47*, 798 – 809.

Ouwehand, C., de Ridder, D. T., & Bensing, J. M. (2007). A review of successful aging models: Proposing proactive coping as an important additional strategy. *Clinical Psychology Review, 43*, 101 – 116.

Ownby, R. L. Czaja, S. J., Loewenstein, D., & Rubert, M. (2008). Cognitive abili-ties that predict success in a computer-based training program. *The Gerontolo-gist, 48*, 170 – 180.

Owsley, C., Stalvey, B., & Phillips, J. (2003). The efficacy of an educational inter-vention in promoting self-regulation among high-risk older drivers. *Accident Analysis & Prevention, 35*, 393 – 400.

Oxford, M., Gilchrist, L., Gillmore, M., & Lohr, M. (2006, July). Predicting varia-tion in the life course of adolescent mothers as they enter adulthood. *Journal of Adolescent Health, 39*, 20 – 26.

Oyserman, D., Kemmelmeier, M., Fryberg, S., Brosh, H., & Hart-Johnson, T. (2003). Racial ethnic self-schemas. *Social Psychology Quarterly, 66*, 333 – 347.

Ozawa, M., & Yoon, H. (2003). Economic impact of marital disruption on chil-dren. *Children & Youth Services Review, 25*, 611 – 632.

Ozawa, M., Kanda, K., Hirata, M., Kusakawa, I., & Suzuki, C. (2011). Influence of repeated painful procedures on prefrontal cortical pain responses in new-borns. *Acta Paediatrica, 100*, 198 – 203.

Pacala, J. T., & Yueh, B. (2012). Hearing deficits in the older patient: "I didn't notice anything." *JAMA: Journal of the American Medical Association, 307*(11), 1185 – 1194. doi: 10. 1001/jama. 2012. 305

Pachter, L. M., & Weller, S. C. (1993). Acculturation and compliance with medi-cal therapy. *Journal of Development and Behavior Pediatrics, 14*, 163 – 168.

Paisley, T. S., Joy, E. A., & Price, R. J., Jr. (2003). Exercise during pregnancy: A practical approach. *Current Sports Medicine Reports, 2*, 325 – 330.

Pajkrt, E., Weisz, B., Firth, H. V., & Chitty, L. S. (2004). Fetal cardiac anomalies and genetic syndromes. *Prenatal Diagnosis, 24*, 1104 – 1115.

Pajulo, M., Helenius, H., & MaYes, L. (2006, May). Prenatal views of baby and parenthood: Association with sociodemographic and pregnancy factors. *Infant Mental Health Journal, 27*, 229 – 250.

Palfai, T., Halperin, S., & Hoyer, W. (2003). Age inequalities in recognition memory: Effects of stimulus presentation time and list repetitions. *Aging, Neuropsychology, & Cognition, 10*, 134 – 140.

Palmer, S., Fais, L., Golinkoff, R., & Werker, J. F. (2012). Perceptual narrowing of linguistic sign occurs in the 1st year of life. *Child Development, 83*, 543 – 553.

Palmore, E. B. (1988). *The facts on aging quiz.* New York: Springer.

Palmore, E. B. (1992). Knowledge about aging: What we know and need to know. *Gerontologist, 32*, 149 – 150.

Palmore, E. B. (1999). *Ageism: Negative and Positive.* New York: Springer Publishing Co.

Paludi, M. A. (2012). *The psychology of love (Vols. 1 – 4).* Santa Barbara, CA: Praeger/ABC-CLIO.

Palusci, V. J., & Ondersma, S. J. (2012). Services and recurrence after psychologi-cal maltreatment confirmed by child protective services. *Child Maltreatment, 17*, 153 – 163.

Paolella, F. (2013). La pedagogia di Loris Malaguzzi. Per una storia del Reggio Emiliaapproach. *Rivista Sperimentale Di Freniatria: La Rivista Della Salute Men-tale, 137*, 95 – 112.

Papousek, H., & Papousek, M. (1991). Innate and cultural guidance of infants' integrative competencies: China, the United States, and Germany. In M. H. Borstein (Ed.), *Cultural approaches to parenting.* Hillsdale, NJ: Lawrence Erlbaum.

Pappano, L. (1994, November 27). The new old generation. *Boston Globe Maga-zine*, pp. 18 – 38.

Paquette, D., Carbonneau, R., & Dubeau, D. (2003). Prevalence of father – child rough-and-tumble play and physical aggression in preschool children. *Euro-pean Journal of Psychology of Education, 18*, 171 – 189.

Pardee, P. E., Norman, G. J., Lustig, R. H., Preud'homme, D., & Schwimmer, J. B. (2007). Television viewing and hypertension in obese children. *American Journal of Preventive Medicine, 33, Dec. Special Issue: Timing of Repeat Colonoscopy Disparity Between Guidelines and Endoscopists' Recommendation*, 439 – 443.

Parish-Morris, J., Mahajan, N., Hirsh-Pasek, K., Golinkoff, R. M., & Collins, M. F. (2013). Once upon a time: Parent – child dialogue and storybook reading in the electronic era. *Mind, Brain, and Education, 7*, 200 – 211.

Park, A. (2008, June 23). Living Large. *Time*, pp. 90 – 92.

Park, C. L., Riley, K. E., & Snyder, L. B. (2012). Meaning making coping, making sense, and post-traumatic growth following the 9/11 terrorist attacks. *The Journal of Positive Psychology, 7*, 198 – 207.

Park, J. E., Lee, J., Suh, G., Kim, B., & Cho, M. J. (2014). Mortality rates and predictors in community-dwelling elderly individuals with cognitive impair-ment: An eight-year follow-up after initial assessment. *International Psychogeri-atrics, 26*, 1295 – 1304.

Park, K. A., Lay, K., & Ramsay, L. (1993). Individual differences and develop-mental changes in preschoolers' friendships. *Developmental Psychology, 29*, 264 – 270.

Parke, R. D. (2004). Development in the family. *Annual Review of Psychology, 55*, 365 – 399.

Parke, R. D. (2007). Fathers, families, and the future: A plethora of plausible predictions. In G. W. Ladd (Ed.), *Appraising the human developmental sciences: Essays in honor of Merrill-Palmer Quarterly.* Detroit, MI: Wayne State University Press.

Parke, R., Simpkins, S., & McDowell, D. (2002). Relative contributions of families and peers to children's social development. In P. Smith & C. Hart (Eds.), *Black-well handbook of childhood social development.* Malden, MA: Blackwell Publishers.

Parker, K. (2012). *The Boomerang Generation.* Washington, DC: Pew Research Center.

Parker, S. T. (2005). Piaget's legacy in cognitive constructivism, niche construc-tion, and phenotype development and evolution. In S. T. Parker & J. Langer (Eds.), *Biology and knowledge revisited: From neurogenesis to psychogenesis.* Mahwah, NJ: Lawrence Erlbaum.

Parks, C., Sanna, L., & Posey, D. (2003). Retrospection in social dilemmas: How thinking about the past affects future cooperation. *Journal of Personality & Social Psychology, 84*, 988 – 996.

Parmelee, A. H., Jr., & Sigman, M. D. (1983). Prenatal brain development and behavior. In P. H. Mussen (Ed.), *Handbook of child psychology (Vol. 2, 4th ed.).* New York: Wiley.

Parsons, A., & Howe, N. (2013). 'This is Spiderman's mask.' No, it's Green Gob-lin's': Shared meanings during boys' pretend play with superhero and generic toys. *Journal of Research in Childhood Education, 27*, 190 – 207.

Parten, M. B. (1932). Social participation among preschool children. *Journal of Abnormal and Social Psychology, 27*, 243 – 269.

Pascalis, O., de Haan, M., & Nelson, C. A. (2002). Is face processing species-specific during the first year of life? *Science*, *296*, 1321 – 1323.

Paterson, D. S., Trachtenberg, F. L., Thompson, E. G., Belliveau, R. A., Beggs, A. H., Darnall, R., Chadwick, A. E., Krous, H. F., & Kinney, H. C. (2006). Multiple serotonergic brainstem abnormalities in sudden infant death syndrome. *JAMA: The Journal of the American Medical Association*, *296*, 2124 – 2132.

Pathman, T., Larkina, M., Burch, M. M., & Bauer, P. J. (2013). Young children's memory for the times of personal past events. *Journal of Cognition and Develop-ment*, *14*, 120 – 140.

Patterson, C. (2009). Children of lesbian and gay parents: Psychology, law, and policy. *American Psychologist*, (*64*), 727 – 736.

Patterson, C. J. (1995). Families of the baby boom: Parents' division of labor and children's adjustment, [Special issue: Sexual orientation and human develop-ment] *Developmental Psychology*, *31*, 115 – 123.

Patterson, C. J. (2002). Lesbian and gay parenthood. In M. Bornstein (Ed.), Hand-book of parenting. Mahwah, NJ: Lawrence Erlbaum. Patterson, C. J. (2007). In K. J. Bieschke, R. M. Perez, & K. A. DeBord (Eds.), *Handbook of counseling and psychotherapy with lesbian, gay, bisexual, and transgen-der clients* (2nd ed.). Washington, DC: American Psychological Association.

Patterson, C. J. (2013). Children of lesbian and gay parents: Psychology, law, and policy. *Psychology of Sexual Orientation and Gender Diversity*, *1*(*S*), 27 – 34.

Paul, K., & Moser, K. (2009). Unemployment impairs mental health: Meta-analyses. *Journal of Vocational Behavior*, *74*, 264 – 282.

Paulus, M. (2014). How and why do infants imitate? An ideomotor approach to social and imitative learning in infancy (and beyond). *Psychonomic Bulletin & Review*, *21*, 1139 – 1156.

Paulus, M., & Moore, C. (2014). The development of recipient-dependent shar-ing behavior and sharing expectations in preschool children. *Developmental Psychology*, *50*, 914 – 921.

Pavlov, I. P. (1927). *Conditioned reflexes.* London: Oxford University Press.

Payá-González, B., López-Gil, J., Noval-Aldaco, E., & Ruiz-Torres, M. (2015). Gender and first psychotic episodes in adolescence. In M. Sáenz-Herrero & M. Sáenz-Herrero (Eds.), *Psychopathology in women: Incorporating gender perspective into descriptive psychopathology.* Cham, Switzerland: Springer International Publishing.

Pearson, J., & Wilkinson, L. (2013). Adolescent sexual experiences. In A. K. Baumle (Ed.), *International handbook on the demography of sexuality.* New York: Springer Science + Business Media.

Pearson, R. M., Lightman, S. L., & Evans, J. J. (2011). The impact of breastfeeding on mothers' attentional sensitivity towards infant distress. *Infant Behavior & Development*, *34*, 200 – 205.

Peck, S. (2003). Measuring sensitivity moment-by-moment: A microanalytic look at the transmission of attachment. *Attachment & Human Development*, *5*, 38 – 63.

Peck, R. C. (1968). Psychological developments in the second half of life. In B. L. Neugarten (Ed.), *Middle age and aging.* Chicago: University of Chicago Press.

Pecora, N., Murray, J. P., & Wartella, E. (Eds.). (2007). *Children and television: Fifty years of research.* Mahwah, NJ: Lawrence Erlbaum Associates.

Pedersen, S., Vitaro, F., Barker, E. D., & Borge, A. I. H. (2007). The timing of middle-childhood peer rejection and friendship: Linking early behavior to early-adolescent adjustment. *Child Development*, *78*, 1037 – 1051.

Pedersen, S., Yagensky, A., Smith, O., Yagenska, O., Shpak, V., & Denollet, J. (2009). Preliminary evidence for the cross-cultural utility of the type D personality construct in the Ukraine. *International Journal of Behavioral Medicine*, *16*, 108 – 115.

Pederson, D. R., Bailey, H. N., Tarabulsy, G. M., Bento, S., & Moran, G. (2014). Understanding sensitivity: Lessons learned from the legacy of Mary Ains-worth. *Attachment & Human Development*, *16*, 261 – 270.

Peel, E., & Harding, R. (2015). A right to "dying well" with dementia? Capacity, "choice" and relationality. *Feminism & Psychology*, *25*, 137 – 142.

Peisah, C., Latif, E., Wilhelm, K., & Williams, B. (2009). Secrets to psychologi-cal success: Why older doctors might have lower psychological distress and burnout than younger doctors. *Aging & Mental Health*, *13*, 300 – 307.

Pelaez, M., Virues-Ortega, J., & Gewirtz, J. L. (2012). Acquisition of social referencing via discrimination training in infants. *Journal of Applied Behavior Analysis*, *45*, 23 – 36.

Pellis, S. M., & Pellis, V. C. (2007). Rough-and-tumble play and the development of the social brain. *Current Directions in Psychological Science*, *16*, 95 – 98.

Peltonen, L., & McKusick, V. A. (2001, February 16). Dissecting the human disease in the postgenomic era. *Science*, *291*, 1224 – 1229.

Peltzer, K., & Pengpid, S. (2006). Sexuality of 16- to 17-year-old South Africans in the context of HIV/AIDS. *Social Behavior and Personality*, *34*, 239 – 256.

Pelzer, B., Schaffrath, S., & Vernaleken, I. (2014). Coping with unemployment: The impact of unemployment on mental health, personality, and social interaction skills. *Work: Journal of Prevention, Assessment & Rehabilitation*, *48*, 289 – 295.

Penido, A., de Souza Rezende, G., Abreu, R., de Oliveira, A., Guidine, P., Pereira, G., & Moraes, M. (2012). Malnutrition during central nervous system growth and development impairs permanently the subcortical auditory pathway. *Nutritional Neuroscience*, *15*, 31 – 36.

Penningroth, S., & Scott, W. D. (2012). Age-related differences in goals: Test-ing predictions form selection, optimization, and compensation theory and socioemotional selectivity theory. *The International Journal of Aging & Human Development*, *74*, 87 – 111.

Pennisi, E. (2000, May 19). And the gene number is …? *Science*, *288*, 1146 – 1147.

Penuel, W. R., Bates, L., Gallagher, L. P., Pasnik, S., Llorente, C., Townsend, E., & Vander-Borght, M. (2012). Supplementing literacy instruction with a media-rich intervention: Results of a randomized controlled trial. *Early Childhood Research Quarterly*, *27*, 115 – 127.

Pereira, A. C., Huddleston, D. E., Brickman, A. M., Sosunov, A. A., Hen, R., McKhann, G. M., Sloan, R., Gage, F. H., Brown, T. R., & Small, S. A. (2007). An in vivo correlate of exercise-induced neurogenesis in the adult dentate gyrus. *Proceedings of the National Academy of Sciences*, *104*, 5638 – 5643.

Perez-Brena, N. J., Updegraff, K. A., & Uma. a-Taylor, A. J. (2012). Father- and mother-adolescent decision-making in Mexican-origin families. *Journal of Youth and Adolescence*, *41*, 460 – 473.

Perlmann, J., & Waters, M. (Eds.). (2002). *The new race question: How the census counts multiracial individuals.* New York: Russell Sage Foundation.

Perlmann, R. Y., & Gleason, J. B. (1990, July). Patterns of prohibition in mothers' speech to children. Paper presented at the Fifth International Congress for the Study of Child Language, Budapest, Hungary.

Perreault, A., Fothergill-Bourbonnais, F., & Fiset, V. (2004). The experience of family members caring for a dying loved one. *International Journal of Palliative Nursing*, *10*, 133 – 143.

Perreira, K. M., & Ornelas, I. J. (2011, Spring). The physical and psychological well-being of immigrant children. *The Future of Children*, *21*, 195 – 218.

Perrine, N. E., & Aloise-Young, P. A. (2004). The role of self-monitoring in adolescents' susceptibility to passive peer pressure. *Personality & Individual Differences*, *37*, 1701 – 1716.

Perry, W. G. (1981). Cognitive and Ethical Growth: The Making of Meaning. In A. W. Chickering and Associates (Eds.), *The Modern American College.* San Francisco: Jossey-Bass.

Persson, G. E. B. (2005). Developmental perspectives on prosocial and aggres-sive motives in preschoolers' peer interactions. *International Journal of Behavio-ral Development*, *29*, 80 – 91.

Persson, A., & Musher-Eizenman, D. R. (2003). The impact of a prejudice-prevention television program on young children's ideas about race. *Early Childhood Research Quarterly*, *18*, 530 – 546.

Petanjek, Z., Judas, M., Kostovic, I., & Uylings, H. B. M. (2008). Lifespan altera-tions of basal dendritic trees of pyramidal neurons in the human prefrontal cortex: A layer-specific pattern. *Cerebral Cortex*, *18*, 915 - 929.

Peters, E., Hess, T. M., Vastfjall, D., & Auman, C. (2007). Adult age differences in dual information processes: Implications for the role of affective and delibera-tive processes in older adults' decision making. *Perspectives on Psychological Science*, 2, 1 - 23.

Peters, S. J., Matthews, M. S., McBee, M. T., & McCoach, D. B. (2014). *Beyond gifted education: Designing and implementing advanced academic programs.* Waco, TX: Prufrock Press.

Petersen, A. (2000). A longitudinal investigation of adolescents' changing perceptions of pubertal timing. *Developmental Psychology*, *36*, 37 - 43.

Peterson, A. C. (1988, September). Those gangly years. *Psychology Today*, pp. 28 - 34.

Peterson, C. (2014). Theory of mind understanding and empathic behavior in children with autism spectrum disorders. *International Journal of Developmental Neuroscience*, *39*, 16 - 21.

Peterson, L. (1994). Child injury and abuse-neglect: Common etiologies, chal-lenges, and courses toward prevention. *Current Directions in Psychological Science*, *3*, 116 - 120.

Peterson, C., & Park, N. (2007). Explanatory style and emotion regulation. In J. J. Gross (Ed.), *Handbook of emotion regulation.* New York: Guilford Press.

Peterson, C., Wang, Q., & Hou, Y. (2009). "When I was little": Childhood recol-lections in Chinese and European Canadian grade school children. *Child Development*, *80*, 506 - 518.

Peterson, D. M., Marcia, J. E., & Carependale, J. I. (2004). Identity: Does think-ing make it so? In C. Lightfood, C. Lalonde, & M. Chandler (Eds.), *Changing conceptions of psychological life.* Mahwah, NJ: Lawrence Erlbaum.

Peterson, M., & Wilson, J. F. (2004). Work stress in America. *International Journal of Stress Management*, *11*, 91 - 113.

Peterson, R. A., & Brown, S. P. (2005). On the use of beta coefficients in meta-analysis. *Journal of Applied Psychology*, *90*, 175 - 181.

Petit, G., & Dodge, K. A. (2003). Violent children: Bridging development, inter-vention, and public policy. *Developmental Psychology*, [*Special Issue: Violent Children*], *39*, 187 - 188.

Petkoska, J., & Earl, J. (2009). Understanding the influence of demographic and psychological variables on retirement planning. *Psychology and Aging*, *24*, 245 - 251.

Petrican, R., Moscovitch, M., & Grady, C. (2014). Proficiency in positive vs. negative emotion identification and subjective well-being among long term married elderly couples. *Frontiers In Psychology*, *5*, 121 - 129.

Petrou, S. (2006). Preterm birth—What are the relevant economic issues? *Early Human Development*, *82*(2), 75 - 76.

Pettit, G. S., Bates, J. E., & Dodge, K. A. (1997). Supportive parenting, ecological context, and children's adjustment: A 7-year longitudinal study. *Child Develop-ment*, *68*, 908 - 923.

Pew Research Center. (2014, November 14). *Four-in-ten couples are saying "I do" again.* Washington, DC: Pew Research Center. Accessed online, 7-23-15; http://www.pewsocialtrends.org/2014/11/14/four-in-ten-couples-are-saying-i-do-again/

Phelan, P., Yu, H. C., & Davidson, A. L. (1994). Navigating the psychosocial pressures of adolescence: The voices and experiences of high school youth. *American Educational Research Journal*, *31*, 415 - 447.

Philippot, P., & Feldman, R. S. (Eds.). (2005). *The regulation of emotion.* Mahwah, NJ: Lawrence Erlbaum.

Phillips, D. A., Voran, M., Kisker, E., Howes, C., & Whitebook, M. (1994). Child care for children in poverty: Opportunity or inequity? *Child Development*, *65*, 472 - 492.

Phillips, M. L. (2011, April). The mind at midlife. *Monitoor on Psychology*, pp. 39 - 41.

Phillipson, S. (2006, October). Cultural variability in parent and child achievement attributions: A study from Hong Kong. *Educational Psychology*, *26*, 625 - 642.

Phillips-Silver, J., & Trainor, L. J. (2005, June 3). Feeling the beat: Movement influences infant rhythm perception. *Science*, *308*, 1430.

Phinney, J. S. (2005). Ethnic identity in late modern times: A response to Rattansi and Phoenix. *Identity*, *5*, 187 - 194.

Phinney, J. S. (2008). Ethnic identity exploration in emerging adulthood. In D. L. Browning (Ed.), *Adolescent identities: A collection of readings.* New York: Analytic Press/Taylor & Francis Group.

Phinney, J. S., Ferguson, D. L., & Tate, J. D. (1997). Intergroup attitudes among ethnic minority adolescents: A causal model. *Child Development*, *68*, 955 - 969.

Phung, J. N., Milojevich, H. M., & Lukowski, A. F. (2014). Adult language use and infant comprehension of English: Associations with encoding and gener-alization across cues at 20 months. *Infant Behavior & Development*, *37*, 465 - 479.

Piaget, 1954 (Chapter 5)

Piaget, J. (1932). *The moral judgment of the child.* New York: Harcourt, Brace & World.

Piaget, J. (1952). *The origins of intelligence in children.* New York: International Universities Press.

Piaget, J. (1962). *Play, dreams and imitation in childhood.* New York: Norton.

Piaget, J. (1983). Piaget's theory. In W. Kessen (Ed.), P. H. Mussen (Series Ed.), *Handbook of child psychology: Vol 1. History, theory, and methods* (pp. 103 - 128). New York: Wiley.

Piaget, J., & Inhelder, B. (1958). *The growth of logical thinking from childhood to adolescence* (A. Parsons & S. Seagrin, Trans.). New York: Basic Books.

Piaget, J., Inhelder, B., & Szeminska, A. (1960). *The child's conception of geometry.* New York: Basic Books. (Original work published 1948).

Pianata, R. C., Barnett, W. S., Burchinal, M., & Thornburg, K. R. (2009, August). The effects of preschool education: What we know, how public policy is or is not aligned with the evidence base, and what we need to know. *Psychological Science in the Public Interest*, *10*, 49 - 88.

Picard, A. (2008, February 14). Health study: Tobacco will soon claim one million lives a year. *The Globe and Mail*, p. A15.

Pine, K. J., Wilson, P., & Nash, A. S. (2007). The relationship between television advertising, children's viewing and their requests to Father Christmas. *Journal of Developmental & Behavioral Pediatrics*, *28*, 456 - 461.

Ping, R., & Goldin-Meadow, S. (2008). Hands in the air: Using ungrounded iconic gestures to teach children conservation of quantity. *Developmental Psychology*, *44*, 1277 - 1287.

Pinker, S. (1994). *The language instinct.* New York: William Morrow.

Pinquart, M. M. (2013). Body image of children and adolescents with chronic ill-ness: A meta-analytic comparison with healthy peers. *Body Image*, *10*, 141 - 148.

Piper, W. E., Ogrodniczuk, J. S., Joyce, A. S., & Weidman, R. (2009). Follow-up outcome in short-term group therapy for complicated grief. *Group Dynamics: Theory, Research, and Practice*, *13*, 46 - 58.

Pittman, L. D., & Boswell, M. K. (2007). The role of grandmothers in the lives of pre-schoolers growing up in urban poverty. *Applied Developmental Science*, *11*, 20 - 42.

Pitts, D. G. (1982). The effects of aging upon selected visual functions. In R. Sekuler, D. Kline, & K. Dismukes (Eds.), *Aging and human visual function.* New York: Alan R. Liss.

Plante, E., Schmithorst, V., Holland, S., & Byars, A. (2006). Sex differences in the activation of language cortex during childhood. *Neuropsychologia*, *44*, 1210 - 1221.

Platt, I., Green, H. J., Jayasinghe, R., & Morrissey, S. A. (2014). Understanding adherence in patients with coronary heart disease: Illness representations and readiness to engage in healthy behaviours. *Australian Psychologist*, *49*, 127 - 137.

Plomin, R. (1994). *Genetics and experience: The interplay between nature and nurture.* Newbury Park, CA: Sage Publications.

Plomin, R. (2005). Finding genes in child psychology and psychiatry: When are we going to be there? *Journal of Child Psychology and Psychiatry*, *46*, 1030 - 1038.

Plosker, G., & Keam, S. (2006). Bimatoprost: A pharmacoeconomic review of its use in open-angle glaucoma and ocular hypertension. *PharmacoEconomics*, *24*, 297 - 314.

Poidvin, A., Touzé, E., Ecosse, E., Landier, F., Béjot, Y., Giroud, M., & . . . Coste, J. (2014). Growth hormone treatment for childhood short stature and risk of stroke in early adulthood. *Neurology*, *83*, 780 - 786.

Polivka, B. (2006, January). Needs assessment and intervention strategies to reduce lead-poisoning risk among low-income Ohio *toddlers. Public Health Nursing*, *23*, 52 – 58.

Polkinghorne, D. E. (2005). Language and meaning: Data collection in qualita-tive research. *Journal of Counseling Psychology*, *52* [Special issue: Knowledge in context: Qualitative methods in counseling psychology research], 137 – 145.

P. lkki, T., Korhonen, A., Axelin, A., Saarela, T., & Laukkala, H. (2014). Develop-ment and preliminary validation of the Neonatal Infant Acute Pain Assess-ment Scale (NIAPAS). *International Journal of Nursing Studies*, *51*, 1585 – 1594.

Pollack, W. (1999). *Real boys: Rescuing our sons from the myths of boyhood.* New York: Owl Books.

Pollack, W., Shuster, T., & Trelease, J. (2001). *Real boys' voices.* New York: Penguin.

Pollak, S., Holt, L., & Wismer Fries, A. (2004). Hemispheric asymmetries in children's perception of nonlinguistic human affective sounds. *Developmental Science*, *7*, 10 – 18.

Polman, H., de Castro, B., & van Aken, M. (2008). Experimental study of the dif-ferential effects of playing versus watching violent video games on children's aggressive behavior. *Aggressive Behavior*, *34*, 256 – 264.

Pomares, C. G., Schirrer, J., & Abadie, V. (2002). Analysis of the olfactory capac-ity of healthy children before language acquisition. *Journal of Developmental Behavior and Pediatrics*, *23*, 203 – 207.

Pomerantz, E. M., Qin, L., Wang, Q., & Chen, H. (2011). Changes in early adoles-cents' sense of responsibility to their parents in the United States and China: Implications for academic functioning. *Child Development*, *82*, 1136 – 1151.

Pompili, M., Masocco, M., Vichi, M., Lester, D., Innamorati, M., Tatarelli, R., et al. (2009). Suicide among Italian adolescents: 1970 – 2002. *European Child & Adolescent Psychiatry*, *18*, 525 – 533.

Ponton, L. E. (2001). *The sex lives of teenagers: Revealing the secret world of adoles-cent boys and girls.* New York: Penguin Putnam.

Poorthuis, A. G., Thomaes, S., Aken, M. G., Denissen, J. A., & de Castro, B. O. (2014). Dashed hopes, dashed selves? A sociometer perspective on self-esteem change across the transition to secondary school. *Social Development*, *23*, 770 – 783.

Population Council Report. (2009). *Divorce rates around the world.* New York: Population Council.

Porges, S. W., Lipsitt, & Lewis, P. (1993). Neonatal responsivity to gustatory stimulation: The gustatory-vagal hypothesis. *Infant Behavior & Development*, *16*, 487 – 494.

Porter, M., van Teijlingen, E., Yip, L., & Bhattacharya, S. (2007). Satisfaction with cesarean section: Qualitative analysis of open-ended questions in a large postal survey. *Birth: Issues in Perinatal Care*, *34*, 148 – 154.

Posid, T., & Cordes, S. (2015). The small-large divide: A case of incompatible nu-merical representations in infancy. In D. C. Geary, D. B. Berch, K. M. Koepke, D. C. Geary, D. B. Berch, & K. M. Koepke (Eds.), *Evolutionary origins and early development of number processing.* San Diego: Elsevier Academic Press.

Posthuma, D., & de Geus, E. (2006, August). Progress in the molecular-genetic study of intelligence. *Current Directions in Psychological Science*, *15*, 151 – 155.

Poulin-Dubois, D., Serbin, L., & Eichstedt, J. (2002). Men don't put on make-up: Toddlers' knowledge of the gender stereotyping of household activities. *Social Development*, *11*, 166 – 181.

Poulton, R., & Caspi, A. (2005). Commentary: How does socioeconomic disad-vantage during childhood damage health in adulthood? Testing psychosocial pathways. *International Journal of Epidemiology*, *23*, 51 – 55.

Powell, R. (2004, June 19). Colleges construct housing for elderly: Retiree stu-dents move to campus. *Washington Post*, p. F13.

Pozzi-Monzo, M. (2012). Ritalin for whom? Revisited: Further thinking on ADHD. *Journal of Child Psychotherapy*, *38*, 49 – 60.

Prasad, V., Brogan, E., Mulvaney, C., Grainge, M., Stanton, W., & Sayal, K. (2013). How effective are drug treatments for children with ADHD at improving on-task behaviour and academic achievement in the school classroom? A systematic review and meta-analysis. *European Child & Adolescent Psychiatry*, *22*, 203 – 216.

Prater, L. (2002). African American families: Equal partners in general and special education. In F. Obiakor & A. Ford (Eds.), *Creating successful learning environments for African American learners with exceptionalities.* Thousand Oaks, CA: Corwin Press.

Preciado, P., Snijders, T. B., Burk, W. J., Stattin, H., & Kerr, M. (2012). Does prox-imity matter? Distance dependence of adolescent friendships. *Social Networks*, *34*, 18 – 31.

Preckel, F., Niepel, C., Schneider, M., & Brunner, M. (2013). Self-concept in adolescence: A longitudinal study on reciprocal effects of self-perceptions in academic and social domains. *Journal of Adolescence*, *36*, 1165 – 1175.

Prentice, A., Schoenmakers, I., Laskey, M. A., de Bono, S., Ginty, F., & Goldberg, G. R. (2006). Nutrition and bone growth and development. *Proceedings of the Nutritional Society*, *65*, 348 – 360.

Pressley, M., & Schneider, W. (1997). *Introduction to memory development during childhood and adolescence.* Mahwah, NJ: Lawrence Erlbaum.

Price, C. S., Thompson, W. W., Goodson, B., Weintraub, E. S., Croen, L. A., Hinrichsen, V. L., & DeStefano, F. (2010). Prenatal and infant exposure to thimerosal from vaccines and immunoglobulins and risk of autism. *Pediatrics*, *126*, 656 – 664.

Price, R., & Gottesman, I. (1991). Body fat in identical twins reared apart: Roles for genes and environment. *Behavior Genetics*, *21*, 1 – 7.

Priddis, L., & Howieson, N. (2009). The vicissitudes of mother-infant relation-ships between birth and six years. *Early Child Development and Care*, *179*, 43 – 53.

Prigerson, H. (2003). Costs to society of family caregiving for patients with end-stage Alzheimer's disease. *New England Journal of Medicine*, *349*, 1891 – 1892.

Prigerson, H. G., Frank, E., Kasl, S. V., et al. (1995). Complicated grief and bereavement-related depression as distinct disorders: Preliminary empirical validation in elderly bereaved spouses. *American Journal of Psychiatry*, *152*, 22 – 30.

PRIMEDIA/Roper. (1999). *Roper National Youth Survey.* Storrs, CT: Roper Center for Public Opinion Research.

Prince, M. (2000, November 13). How technology has changed the way we have babies. *The Wall Street Journal*, pp. R4, R13.

Proctor, C., Barnett, J., & Muilenburg, J. (2012). Investigating race, gender, and access to cigarettes in an adolescent population. *American Journal of Health Behavior*, *36*, 513 – 521.

Prohaska, V. (2012). Strategies for encouraging ethical student behavior. In R. Landrum & M. A. McCarthy (Eds.), *Teaching ethically: Challenges and opportuni-ties.* Washington, DC: American Psychological Association.

Proper, K., Cerin, E., & Owen, N. (2006, April). Neighborhood and individual socio-economic variations in the contribution of occupational physical activity to total physical activity. *Journal of Physical Activity & Health*, *3*, 179 – 190.

Propper, C., & Moore, G. (2006, December). The influence of parenting on infant emotionality: A multi-level psychobiological perspective. *Developmental Review*, *26*, 427 – 460.

Proulx, M., & Poulin, F. (2013). Stability and change in kindergartners' friendships: Examination of links with social functioning. *Social Development*, *22*, 111 – 125.

Pruchno, R., & Rosenbaum, J. (2003). Social relationships in adulthood and old age. In R. Lerner & M. Easterbrooks (Eds.), *Handbook of psychology, Vol. 6: Developmental psychology.* New York: Wiley.

Puchalski, M., & Hummel, P. (2002). The reality of neonatal pain. *Advances in Neonatal Care*, *2*, 245 – 247.

Pundir, A., Hameed, L., Dikshit, P. C., Kumar, P., Mohan, S., Radotra, B., & Iyen-gar, S. (2012). Expression of medium and heavy chain neurofilaments in the developing human auditory cortex. *Brain Structure & Function*, *217*, 303 – 321.

Puntambekar, S., & Hübscher, R. (2005). Tools for scaffolding students in a com-plex learning environment: What have we gained and what have we missed? *Educational Psychologist*, *40*, 1 – 12.

Purcell, K., Heaps, A., Buchanan, J., & Friedrich, L. (2013, February 28). *How teachers are using technology at home and in their classrooms.* Washington, DC: Pew Research Center.

Purswell, K. E., & Dillman Taylor, D. (2013). Creative use of sibling play therapy: An example of a blended family. *Journal of Creativity in Mental Health*, *8*, 162 – 174.

Putney, N. M., & Bengtson, V. L. (2001). Families, intergenerational relationships and kinkeeping in midlife. In M. E.

Lachman (Ed.), *Handbook of midlife develop-ment.* Hoboken, NJ: Wiley.

Quenqua, D. (2014, October 11). Is e-reading to your toddler story time, or simply screen time? The New York Times, p. A1. Quinn, P. (2008). In defense of core competencies, quantitative change, and continuity. *Child Development*, *79*, 1633 – 1638.

Quinn, P., Uttley, L., Lee, K., Gibson, A., Smith, M., Slater, A., et al. (2008). Infant preference for female faces occurs for same- but not other-race faces. *Journal of Neuropsychology*, *2*, 15 – 26.

Quintana, S. M. (2007). Racial and ethnic identity: Developmental perspectives and research. *Journal of Counseling Psychology*, *54*, 259 – 270.

Quintana, S. M., Aboud, F. E., Chao, R. K., Contreras-Grau, J., Cross, Jr, W. E., Hudley, C., Hughes, D., Liben, L. S., Nelson-Le Gall, S., & Vietze, D. L. (2006). Race, ethnicity, and culture in child development: contemporary research and future directions. *Child Development*, *77*, 1129 – 1141.

Quintana, S. M., McKown, C., Cross, W. E., & Cross, T. B. (2008). In S. M. Quintana & C. McKown (Eds.), Handbook of race, racism, and the developing child. Hoboken, NJ: John Wiley & Sons Inc. Raag, T. (2003). Racism, gender identities and young children: Social relations in a multi-ethnic, inner-city primary school. *Archives of Sexual Behavior*, *32*, 392 – 393.

Rabin, R. (2006, June 13). Breast-feed or else. *New York Times*, p. D1.

Raboteg-Saric, Z., & Sakic, M. (2013). Relations of parenting styles and friend-ship quality to self-esteem, life satisfaction and happiness in adolescents. *Applied Research in Quality of Life*, Accessed online, 1-25-14; http://link. springer. com/article/10. 1007%2Fs11482-013-9268-0

Raeburn, P. (2004, October 1). Too immature for the death penalty? *New York Times Magazine*, pp. 26 – 29.

Raeff, C. (2004). Within-culture complexities: Multifaceted and interrelated autonomy and connectedness characteristics in late adolescent selves. In M. E. Mascolo & J. Li (Eds.), *Culture and developing selves: Beyond dichotomization.* San Francisco, CA: Jossey-Bass.

Rai, R., Mitchell, P., Kadar, T., & Mackenzie, L. (2014). Adolescent egocen-trism and the illusion of transparency: Are adolescents as egocentric as we might think? *Current Psychology: A Journal for Diverse Perspectives on Diverse Psychological Issues.* Accessed online, 3-22-15; http://link. springer. com/ article/10. 1007%2Fs12144-014-9293-7#page-1

Raikes, H. H., Roggman, L. A., Peterson, C. A., Brooks-Gunn, J., Chazan-Cohen, R., Zhang, X., & Schiffman, R. F. (2014). Theories of change and outcomes in home-based Early Head Start programs. *Early Childhood Research Quarterly*, *29*, 574 – 585.

Rakison, D., & Oakes, L. (2003). *Early category and concept development: Making sense of the blooming, buzzing confusion.* London: Oxford University Press.

Rakison, D. H., & Krogh, L. (2012). Does causal action facilitate causal percep-tion in infants younger than 6 months of age? *Developmental Science*, *15*, 43 – 53.

Rakoczy, H., Harder-Kasten, A., & Sturm, L. (2012). The decline of theory of mind in old age is (partly) mediated by developmental changes in domain-general abilities. *British Journal of Psychology*, *103*, 58 – 72.

Raman, L., & Winer, G. (2002). Children's and adults' understanding of illness: Evidence in support of a coexistence model. *Genetic, Social, & General Psychol-ogy Monographs*, *128*, 325 – 355.

Ramaswamy, V., & Bergin, C. (2009). Do reinforcement and induction increase prosocial behavior? Results of a teacher-based intervention in preschools. *Journal of Research in Childhood Education*, *23*, 527 – 538.

Ramsey-Rennels, J. L., & Langlois, J. H. (2006). Infants' differential processing of female and male faces. *Current Directions in Psychological Science*, *15*, 59 – 62.

Rancourt, D., Conway, C. C., Burk, W. J., & Prinstein, M. J. (2012). Gender Com-position of Preadolescents' Friendship Groups Moderates Peer Socialization of Body Change Behaviors. *Health Psychology*, Accessed online, 7-21-12; http:// www. ncbi. nlm. nih. gov/pubmed/22545975

Randall, W. L. (2012). Positive aging through reading our lives: On the poetics of growing old. *Psychological Studies*, *57*, 172 – 178.

Ranganath, C., Minzenberg, M., & Ragland, J. (2008). The cognitive neuroscience of memory function and dysfunction in schizophrenia. *Biological Psychiatry*, *64*, 18 – 25. Accessed online, http://search. ebscohost. com, doi:10. 1016/j. biopsych. 2008. 04. 011

Rankin, B. (2004). The importance of intentional socialization among children in small groups: A conversation with Loris Malaguzzi. *Early Childhood Education Journal*, *32*, 81 – 85.

Rankin, J., Lane, D., & Gibbons, F. (2004). Adolescent self-consciousness: Longi-tudinal age changes and gender differences in two cohorts. *Journal of Research on Adolescence*, *14*, 1 – 21.

Rantanen, J., Kinnunen, U., Pulkkinen, L., & Kokko, K. (2012). Developmental trajectories of work – family conflict for Finnish workers in midlife. *Journal of Occupational Health Psychology*, *17*, 290 – 303.

Rao, V. (1997). Wife-beating in rural South India: A qualitative and econometric analysis. *Social Science & Medicine*, *44*, 1169 – 1180.

Ratanachu-Ek, S. (2003). Effects of multivitamin and folic acid supplementation in malnourished children. *Journal of the Medical Association of Thailand*, *4*, 86 – 91.

Rattan, S. I. S., Kristensen, P., & Clark, B. F. C. (Eds.). (2006). *Understanding and modulating aging.* Malden, MA: Blackwell Publishing on behalf of the New York Academy of Sciences.

Ray, E., & Heyes, C. (2011). Imitation in infancy: The wealth of the stimulus. *Developmental Science*, *14*, 92 – 105.

Ray, L., Bryan, A., MacKillop, J., McGeary, J., Hesterberg, K., & Hutchison, K. (2009). The dopamine D receptor (4) gene exon III polymorphism, problem-atic alcohol use and novelty seeking: Direct and mediated genetic effects. *Addiction Biology*, *14*, 238 – 244. Accessed online http://search. ebscohost. com, doi:10. 1111/j. 1369 – 1600. 2008. 00120. x

Ray, O. (2004). How the mind hurts and heals the body. *American Psychologist*, *59*, 29 – 40.

Rayner, K., Foorman, B. R., Perfetti, C. A., Pesetsky, D., & Seidenberg, M. S. (2002, March). How should reading be taught? *Scientific American*, pp. 85 – 91.

Raz, N., Rodrigue, K., Kennedy, K., & Acker, J. (2007, March). Vascular health and longitudinal changes in brain and cognition in middle-aged and older adults. *Neuropsychology*, *21*, 149 – 157.

Razani, J., Murcia, G., Tabares, J., & Wong, J. (2007). The effects of culture on WASI test performance in ethnically diverse individuals. *The Clinical Neuropsy-chologist*, *21*, 776 – 788.

Raznahan, A., Shaw, P., Lalonde, F., Stockman, M., Wallace, G. L., Greenstein, D., & Giedd, J. N. (2011). How does your cortex grow? *Journal of Neuroscience*, *31*, 7174 – 7177.

Rebok, G. W., Ball, K., Guey, L. T., Jones, R. N., Kim, H., King, J. W., & . . . Willis, S. L. (2014). Ten-year effects of the advanced cognitive training for independ-ent and vital elderly cognitive training trial on cognition and everyday func-tioning in older adults. *Journal of the American Geriatrics Society*, *62*, 16 – 24.

Reddy, V. (1999). Prelinguistic communication. In M. Barrett (Ed.), *The develop-ment of language* (pp. 25 – 50). Philadelphia, PA: Psychology Press.

Reed, R. K. (2005). *Birthing fathers: The transformation of men in American rites of birth.* New Brunswick, NJ: Rutgers University Press.

Reese, E., & Cox, A. (1999). Quality of adult book reading affects children's emergent literacy. *Developmental Psychology*, *35*, 20 – 28.

Reese, E., & Newcombe, R. (2007). Training mothers in elaborative reminiscing enhances children's autobiographical memory and narrative. *Child Develop-ment*, *78*, 1153 – 1170.

Reichert, F., Menezes, A., Wells, J., Dumith, C., & Hallal, P. (2009). Physical activity as a predictor of adolescent body fatness: A systematic review. *Sports Medicine*, *39*, 279 – 294.

Reifman, A. (2000). Revisiting *The Bell Curve. Psycoloquy*, 11.

Reijntjes, A., Vermande, M., Thomaes, S., Goossens, F., Olthof, T., Aleva, L., & Meulen, M. (2015). Narcissism, bullying, and social dominance in youth: A longitudinal analysis. *Journal of*

Abnormal Child Psychology. Accessed online, 3-22-15; http://www.ncbi.nlm.nih.gov/pubmed/25640909

Reiner, W. G., & Gearhart, J. P. (2004). Discordant sexual identity in some genetic males with cloacal exstrophy assigned to female sex at birth. *The New England Journal of Medicine*, *350*, 333–341.

Reis, S., & Renzulli, J. (2004). Current research on the social and emotional de-velopment of gifted and talented students: Good news and future possibilities. *Psychology in the Schools*, *41*, 119–130.

Reissland, N., & Cohen, D. (2012). *The development of emotional intelligence: A case study*. New York: Routledge/Taylor & Francis Group.

Reissland, N., & Shepherd, J. (2006, March). The effect of maternal depressed mood on infant emotional reaction in a surprise-eliciting situation. *Infant Mental Health Journal*, *27*, 173–187.

Rembis, M. (2009). (Re)defining disability in the "genetic age": Behavio-ral genetics, "new" eugenics and the future of impairment. *Disability & Society*, *24*, 585–597. Accessed online, http://search.ebscohost.com, doi:10.1080/09687590903010941

Renner, L., & Slack, K. (2006, June). Intimate partner violence and child maltreat-ment: Understanding intra- and intergenerational connections. *Child Abuse & Neglect*, *30*, 599–617.

Rentner, T. L., Dixon, L., & Lengel, L. (2012). Critiquing fetal alcohol syndrome health communication campaigns targeted to American Indians. *Journal of Health Communication*, *17*, 6–21.

Reschly, D. J. (1996). Identification and assessment of students with disabilities. *The Future of Children*, *6*, 40–53.

Rescorla, L., Alley, A., & Christine, J. (2001). Word frequencies in toddlers' lexi-cons. *Journal of Speech, Language, & Hearing Research*, *44*, 598–609.

Resnick, M. D., Bearman, P. S., Blum, R. W., Bauman, K. E., Harris, M. R., Jones, L., Tabor, J., Beuhring, T., Sieving, R., Shew, M., Ireland, M., Bearinger, L. H., & Udry, J. R. (1997). Protecting adolescents from harm: Findings from the National Longitudinal Study on Adolescent Health. *JAMA: The Journal of the American Medical Association*, *278*, 823–832.

Ressner, J. (2001, March 6). When a coma isn't one. Time Magazine, p. 62. Resta, R., Biesecker, B. B., Bennett, R. L., Blum, S., Estabrooks. H. S., Strecker, M. N., Williams, J. L. (2006). A new definition of genetic counseling: National society of genetic counselors' task force report. *Journal of Genetic Counseling*, *15*, 77–83.

Rethorst, C., Wipfli, B., & Landers, D. (2009). The antidepressive effects of exer-cise: A meta-analysis of randomized trials. *Sports Medicine*, *39*, 491–511.

Reuter, E., Voelcker-Rehage, C., Vieluf, S., & Godde, B. (2012). Touch percep-tion throughout working life: Effects of age and expertise. *Experimental Brain Research*, *216*, 287–297.

Reuter, E., Voelcker-Rehage, C., Vieluf, S., & Godde, B. (2014). Effects of age and expertise on tactile learning in humans. *European Journal of Neuroscience*, *40*, 2589–2599.

Reuters Health eLine. (2002, June 26). Baby's injuring points to danger of kids imitating television. *Reuters Health eLine*.

Reyna, V. F., & Farley, F. (2006). Risk and rationality in adolescent decision mak-ing. *Psychological Science in the Public Interest*, *7*, 1–44.

Reynolds, A. J., Temple, J. A., Ou, S. R., Arteaga, I. A., & White, B. A. (2011). School based early childhood education and age 28 well-being: Effects by tim-ing, dosage, and subgroups. *Science*, *333*, 360–364.

Rhoades, G., Stanley, S., & Markman, H. (2006, December). Pre-engagement cohabitation and gender asymmetry in marital commitment. *Journal of Family Psychology*, *20*, 553–560.

Rhoades, G., Stanley, S., & Markman, H. (2009). The preengagement cohabita-tion effect: A replication and extension of previous findings. *Journal of Family Psychology*, *23*, 107–111.

Rhodes, R., Mitchell, S., Miller, S., Connor, S., & Teno, J. (2008). Bereaved family members' evaluation of hospice care: What factors influence overall satisfac-tion with services? *Journal of Pain and Symptom Management*, *35*, 365–371.

Rice, F. P. (1999). *Intimate relationships, marriages, & families* (4th ed.). Mountain View, CA: Mayfield.

Rich, M. (2014, June 24). Pediatrics group to recommend reading aloud to children from birth. *The New York Times*, p. A14.

Richards, M. H., Crowe, P. A., Larson, R., & Swarr, A. (1998). Developmental patterns and gender differences in the experience of peer companionship dur-ing adolescence. *Child Development*, *69*, 154–163.

Richardson, G., Goldschmidt, L., & Willford, J. (2009). Continued effects of prenatal cocaine use: Preschool development. *Neurotoxicology and Teratology*, *31*, 325–333.

Richardson, H., Walker, A., & Horne, R. (2009). Maternal smoking impairs arousal patterns in sleeping infants. *Sleep: Journal of Sleep and Sleep Disorders Research*, *32*, 515–521.

Richardson, K., & Norgate, S. (2007). A critical analysis of IQ studies of adopted children. *Human Development*, *49*, 319–335.

Richtel, M. (2010, November 21). Growing up digital, wired for distraction. *New York Times*, pp. A1, A20.

Rick, S., & Douglas, D. (2007). Neurobiologlcal effects of childhood abuse. *Journal of Psychosocial Nursing & Mental Health Services*, *45*, 47–54.

Rideout, V., Vandewater, E., & Wartella, E. (2003). *Zero to Six: Electronic media in the lives of infants, toddlers, and preschoolers*. Menlo Park, CA: Kaiser Family Foundation.

Riebe, D., Burbank, P., & Garber, C. (2002). Setting the stage for active older adults. In P. Burbank & D. Riebe (Eds.), *Promoting exercise and behavior change in older adults: Interventions with the transtheoretical mode*. New York: Springer Publishing Co.

Riley, B., Culver, J., & Skrzynia, C., et al. (2012). Essential elements of genetic cancer risk assessment, counseling, and testing: Updated recommendations of the Na-tional Society of Genetic Counselors. *Journal of Genetic Counseling*, *21*, 151–161.

Riley, L., & Bowen, C. (2005, January). The sandwich generation: Challenges and coping strategies of multigenerational families. *The Family Journal*, *13*, 52–58.

Rinaldi, C. (2002). Social conflict abilities of children identified as sociable, aggressive, and isolated: Developmental implications for children at-risk for impaired peer relations. *Developmental Disabilities Bulletin*, *30*, 77–94.

Rippon, I., & Steptoe, A. (2014). Feeling old vs being old: Associations between self-perceived age and mortality. *JAMA*, *175*, 307–309.

Ritzen, E. M. (2003). Early puberty: What is normal and when is treatment indi-cated? *Hormone Research*, *60*, Supplement, 31–34.

Rivera-Gaziola, M., Silva-Pereyra, & J., Kuhl, P. K. (2005). Brain potentials to na-tive and non-native speech contrasts in 7- and 11-month-old American infants. *Developmental Science*, *8*, 162–172.

Rizzoli, R., Abraham, C., & Brandi, M. (2014). Nutrition and bone health: Turn-ing knowledge and beliefs into healthy behaviour. *Current Medical Research and Opinion*, *30*, 131–141.

Robb, M., Richert, R., & Wartella, E. (2009). Just a talking book? Word learning from watching baby videos. *British Journal of Developmental Psychology*, *27*, 27–45. Accessed online, http://search.ebscohost.com, doi:10.1348/026151008X320156

Robbins, W. W. (1990, December 10). Sparing the child: How to intervene when you suspect abuse. *New York Magazine*, pp. 42–53.

Robbins, K. G., & Morrison, A. (2014, September). *National snapshot: Poverty among women & Families, 2013. Poverty & Family Supports*. Washington, DC: National Women's Law Center.

Roberts, B., Helson, R., & Klohnen, E. (2002). Personality development and growth in women across 30 years: Three perspectives. *Journal of Personality*, *70*, 79–102.

Roberts, B. W., Walton, K. E., & Viechtbauer, W. (2006). Patterns of mean-level change in personality traits across the life course: A meta-analysis of longitudi-nal studies. *Psychological Bulletin*, *132*, 1–25.

Roberts, P. (2010). What now? Cremation without tradition. *Omega: Journal of Death and Dying*, *62*, 1–30.

Roberts, R., Roberts, C., & Duong, H. (2009). Sleepless in adolescence: Prospec-tive data on sleep deprivation, health and functioning. *Journal of Adolescence*, *32*, 1045–1057.

Roberts, R. D., & Lipnevich, A. A. (2012). From general intelligence to multiple intelligences: Meanings, models, and measures. In K. R. Harris, S. Graham, T. Urdan, S. Graham, J. M. Royer, & M. Zeidner (Eds.), *APA educational psychol-ogy handbook, Vol 2: Individual differences and cultural and contextual factors*. Washington, DC: American Psychological Association.

Roberts, R. E., Roberts, C. R., & Xing, Y. (2011). Restricted sleep among adoles-cents: Prevalence, incidence, persistence, and associated factors. *Behavioral Sleep Medicine*, *9*, 18 – 30.

Roberts, S. (2007, January 16). *51% of women are now living without spouse.* New York Times, p. A1.

Roberts, S. (2009, November 24). Economy is forcing young adults back home in big numbers, survey finds. *The New York Times*, p. A16.

Roberts, S. (2013, September 22). Divorce after 50 grows more common. *The New York Times*, p. ST26.

Robertson, W. W., Thorogood, M. M., Inglis, N. N., Grainger, C. C., & Stew-art-Brown, S. S. (2012). Two-year follow-up of the "Families for Health" programme for the treatment of childhood obesity. *Child: Care, Health and Development*, *38*, 229 – 236.

Robins, R. W., & Trzesniewski, K. H. (2005). Self-esteem development across the lifespan. *Current Directions in Psychological Science*, *14*, 158 – 162.

Robinson, A., & Stark, D. R. (2005). *Advocates in action.* Washington, DC: Na-tional Association for the Education of Young Children.

Robinson, A. J., & Pascalis, O. (2005). Development of flexible visual recogni-tion memory in human infants. *Developmental Science*, *7*, 527 – 533. Robinson, G. (2002). Cross-cultural perspectives on menopause. In A. Hunter & C. Forden (Eds.), *Readings in the psychology of gender: Exploring our differences and commonalities.* Needham Heights, MA: Allyn & Bacon.

Robinson, G. E. (2004, April 16). Beyond nature and nurture. *Science*, *304*, 397 – 399.

Robinson, J. P., & Godbey, G. (1997). *Time for life: The surprising ways Americans use their time.* College Park: Pennsylvania State University Press.

Rocha, N. F., de Campos, A. C., dos Santos Silva, F. P., & Tudella, E. (2013). Adaptive actions of young infants in the task of reaching for objects. *Develop-mental Psychobiology*, *55*, 275 – 282.

Rochat, P. (2004). Emerging co-awareness. In G. Bremner & A. Slater (Eds.), *Theories of infant development.* Malden, MA: Blackwell Publishers.

Rochat, P., Broesch, T., & Jayne, K. (2012). Social awareness and early self-recognition. *Consciousness and Cognition: An International Journal*, Accessed online, 7-18-12; http://www.sciencedirect.com/science/article/pii/S1053810012001225

Roche, T. (2000, November 13). The crisis of foster care. *Time*, pp. 74 – 82.

Rodgers, K. A., & Summers, J. J. (2008). African American students at predomi-nantly white institutions: A motivational and self-systems approach to under-standing retention. *Educational Psychology Review*, *20*, 171 – 190.

Rodkey, E. N., & Riddell, R. P. (2013). The infancy of infant pain research: The experimental origins of infant pain denial. *The Journal of Pain*, *14*, 338 – 350.

Rodkin, P. C., & Ryan, A. M. (2012). Child and adolescent peer relations in educational context. In K. R. Harris, S. Graham, T. Urdan, S. Graham, J. M. Royer, & M. Zeidner (Eds.), *APA educational psychology handbook, Vol 2: Indi-vidual differences and cultural and contextual factors.* Washington, DC: American Psychological Association.

Rodnitzky, R. L. (2012). Upcoming treatments in Parkinson's disease, including gene therapy. *Parkinsonism & Related Disorders*, *18* (Suppl. 1), S37 – S40.

Roecke, C., & Cherry, K. (2002). Death at the end of the 20th century: Individual processes and developmental tasks in old age. *International Journal of Aging & Human Development*, *54*, 315 – 333.

Roehrig, M., Masheb, R., White, M., & Grilo, C. (2009). Dieting frequency in obese patients with binge eating disorder: Behavioral and metabolic corre-lates. *Obesity*, *17*, 689 – 697.

Roelofs, J., Meesters, C., Ter Huurne, M., Bamelis, L., & Muris, P. (2006, June). On the links between attachment style, parental rearing behaviors, and inter-nalizing and externalizing problems in non-clinical children. *Journal of Child and Family Studies*, *15*, 331 – 344.

Roffwarg, H. P., Muzio, J. N., & Dement, W. C. (1966). Ontogenic development of the human sleep – dream cycle. *Science*, *152*, 604 – 619.

Rogan, J. (2007). How much curriculum change is appropriate? Defining a zone of feasible innovation. *Science Education*, *91*, 439 – 460.

Rogers, C. R. (1971). A theory of personality. In S. Maddi (Ed.), *Perspectives on personality.* Boston: Little, Brown.

Roggeveen, A. B., Prime, D. J., & Ward, L. M. (2007). Lateralized readiness po-tentials reveal motor slowing in the aging brain. *Journals of Gerontology: Series B: Psychological Science and Social Science*, *62*, P78 – P84.

Rohleder, N. (2012). Acute and chronic stress induced changes in sensitivity of peripheral inflammatory pathways to the signals of multiple stress sys-tems – 2011 Curt Richter award winner. *Psychoneuroendocrinology*, *37*, 307 – 316.

Rolls, E. (2000). Memory systems in the brain. *Annual Review of Psychology*, *51*, 599 – 630.

Rom, S. A., Miller, L., & Peluso, J. (2009). Playing the game: Psychological factors in surviving cancer. *International Journal of Emergency Mental Health*, *11*, 25 – 35.

Romero, S. T., Coulson, C. C., & Galvin, S. L. (2012). Cesarean delivery on mater-nal request: A western North Carolina perspective. *Maternal and Child Health Journal*, *16*, 725 – 734.

Ron, P. (2006). Care giving offspring to aging parents: How it affects their mari-tal relations, parenthood, and mental health. *Illness, Crisis, & Loss*, *14*, 1 – 21.

Ron, P. (2014). Attitudes towards filial responsibility in a traditional vs modern culture: A comparison between three generations of Arabs in the Israeli soci-ety. *Gerontechnology*, *13*, 31 – 38.

Roopnarine, J. (1992). Father – child play in India. In K. MacDonald (Ed.), *Parent – child play.* Albany: State University of New York Press.

Rosburg, T., Weigl, M., & S. r. s, P. (2014). Habituation in the absence of a response decrease? *Clinical Neurophysiology*, *125*, 210 – 211.

Rose, A. J. (2002). Co-rumination in the friendships of girls and boys. *Child Development*, *73*, 1830 – 1843.

Rose, A. J., & Asher, S. R. (1999). Children's goals and strategies in response to conflicts within a friendship. *Developmental Psychology*, *35*, 69 – 79.

Rose, R. J., Viken, R. J., Dick, D. M., Bates, J. E., Pulkkinen, L., & Kaprio, J. (2003). It does take a village: Nonfamilial environments and children's behavior. *Psychological Science*, *14*, 273 – 278.

Rose, S. (2008, January 21). Drugging unruly children is a method of social control. *Nature*, *451*, 521.

Rose, S., Feldman, J., & Jankowski, J. (2009). Information processing in toddlers: Continuity from infancy and persistence of preterm deficits. *Intelligence*, *37*, 311 – 320.

Rose, S. A., Feldman, J. F., & Jankowski, J. J. (2004). Dimensions of cognition in infancy. *Intelligence*, *32*, 245 – 262.

Rosenblatt, P. C. (1988). Grief: The social context of private feelings. *Journal of Social Issues*, *44*, 67 – 78.

Rosenblatt, P. C. (2001). A social constructionist perspective on cultural differ-ences in grief. In M. S. Stroebe, R. O. Hansson, W. Stroebe, & H. Schut (Eds.), *Handbook of bereavement research: Consequences, coping, and care.* Washington, DC: American Psychological Association Press.

Rosenman, R. H. (1990). Type A behavior pattern: A personal overview. *Journal of Social Behavior and Personality*, *5*, 1 – 24.

Rosenstein, D., & Oster, H. (1988). Differential facial responses to four basic tastes in newborns. *Child Development*, *59*, 1555 – 1568.

Ross, C. E., Microwsky, J., & Goldsteen, K. (1991). The impact of the family on health. In A. Booth (Ed.), *Contemporary families.* Minneapolis, MN: National Council on Family Relations.

Ross, K. R., Storfer-Isser, A., Hart, M. A., Kibler, A. V., Rueschman, M., Rosen, C. L., & Redline, S. (2012). Sleepdisordered breathing is associated with asthma sever-ity in children. *The Journal of Pediatrics*, *160*, 736 – 742.

Rossetti, A. O., Carrera, E., & Oddo, M. (2012). Early EEG correlates of neuronal injury after brain anoxia. *Neurology*, *78*, 796 – 802.

Rossi, A. (2014). The art and science of child rearing. *Psyccritiques*, *59*, 102 – 114.

Rossi, S., Telkemeyer, S., Wartenburger, I., & Obrig, H. (2012). Shedding light on words and sentences: Near-infrared spectroscopy in language research. *Brain and Language*, *121*, 152 – 163.

R. ssler, W., Hengartner, M. P., Ajdacic-Gross, V., & Angst, J. (2015). Predictors of burnout: Results from a prospective community study. *European Archives of Psychiatry and Clinical Neuroscience*, *265*, 19 - 25.

Rossman, I. (1977). Anatomic and body composition changes with aging. In C. E. Finch & L. Hayflick (Eds.), *Handbook of the biology of aging*. New York: Van Nostrand Reinhold

Rossouw, J. E., Prentice, R. L., Manson, J. E., Wu, L., Barad, D., Barnabei, V. M., Ko, M., La-Croix, A. Z., Margolis, K. L., & Stefanick, M. L. (2007). Postmeno-pausal hormone therapy and risk of cardiovascular disease by age and years since menopause. *JAMA: The Journal of the American Medical Association*, *297*, 1465 - 1477.

Rote, W. M., Smetana, J. G., Campione-Barr, N., Villalobos, M., & Tasopou-los-Chan, M. (2012). Associations between observed mother - adolescent interactions and adolescent information management. *Journal of Research on Adolescence*, *22*, 206 - 214.

Rotenberg, K. J., & Morrison, J. (1993). Loneliness and college achievement: Do loneliness scale scores predict college drop-out? *Psychological Reports*, *73*, 1283 - 1288.

Roth, D., Slone, M., & Dar, R. (2000). Which way cognitive development? An evaluation of the Piagetian and the domain-specific research programs. *Theory & Psychology*, *10*, 353 - 373.

Rothbart, M. (2007). Temperament, development, and personality. *Current Direc-tions in Psychological Science*, *16*, 207 - 212.

Rothbaum, F., Rosen, K., & Ujiie, T. (2002). Family systems theory, attachment theory and culture. *Family Process*, *41*, 328 - 350.

Rothbaum, F., Weisz, J., Pott, M., Miyake, K., & Morelli, G. (2000). Attachment and culture: Security in the United States and Japan. *American Psychologist*, *55*, 1093 - 1104.

Rotigel, J. V. (2003). Understanding the young gifted child: Guidelines for par-ents, families, and educators. *Early Childhood Education Journal*, *30*, 209 - 214.

Rothenberger, A., & Rothenberger, L. G. (2013). Psychopharmacological treat-ment in children: Always keeping an eye on adherence and ethics. *European Child & Adolescent Psychiatry*, *22*, 453 - 455.

Roussotte, F. F., Gutman, B. A., Madsen, S. K., Colby, J. B., & Thompson, P. M. (2014). Combined effects of Alzheimer risk variants in the CLU and ApoE genes on ventricular expansion patterns in the elderly. *The Journal of Neurosci-ence*, *34*, 6537 - 6545.

Rovee-Collier, C. (1993). The capacity for long-term memory in infancy. *Current Directions in Psychological Science*, *2*, 130 - 135.

Rovee-Collier, C. (1999). The development of infant memory. *Current Directions in Psychological Science*, *8*, 80 - 85.

Rowe, J. W., & Kahn, R. L. (1998). *Successful aging*. New York: Pantheon.

Rowe, J. W., & Kahn, R. L. (1999). *Successful aging*. New York: Pantheon.

Rowley, S., Burchinal, M., Roberts, J., & Zeisel, S. (2008). Racial identity, social context, and race-related social cognition in African Americans during middle childhood. *Developmental Psychology*, *44*, 1537 - 1546.

Roy, A. L., & Raver, C. C. (2014). Are all risks equal? Early experiences of poverty-related risk and children ' s functioning. *Journal of Family Psychology*, *28*, 391 - 400.

Rubin, D., & Greenberg, D. (2003). The role of narrative in recollection: A view from cognitive psychology and neuropsychology. In G. Fireman & T. McVay (Eds.), *Narrative and consciousness: Literature, psychology, and the brain*. London: Oxford University Press.

Rubin, D. C. (1986). *Autobiographical memory*. Cambridge, England: Cambridge University Press.

Rubin, D. C. (2000). Autobiographical memory and aging. In C. D. Park, N. Schwarz et al. (Eds.), *Cognitive aging: A primer*. Philadelphia, PA: Psychology Press/Taylor & Francis.

Rubin, K. H., & Chung, O. B. (Eds.). (2006). *Parenting beliefs, behaviors, and parent-child relations: A cross-cultural perspective*. New York: Psychology Press.

Ruble, D. N., Taylor, L. J., Cyphers, L., Greulich, F. K., Lurye, L. E., & Shrout, P. E. (2007). The role of gender constancy in early gender development. *Child Development*, *78*, 1121 - 1136.

Ruda, M. A., Ling, Q-D., Hohmann, A. G., Peng, Y. B., & Tachibana, T. (2000, July 28). Altered nociceptive neuronal circuits after neonatal peripheral inflamma-tion. *Science*, *289*, 628 - 630.

Rudd, L. C., Cain, D. W., & Saxon, T. F. (2008). Does improving joint attention in low-quality child-care enhance language development? *Early Child Develop-ment and Care*, *178*, 315 - 338.

Rudman, L. A., & Fetterolf, J. C. (2014). How accurate are metaperceptions of sexism? Evidence for the illusion of antagonism between hostile and benevo-lent sexism. *Group Processes & Intergroup Relations*, *17*, 275 - 285.

Ruff, H. A. (1989). The infant ' s use of visual and haptic information in the per-ception and recognition of objects. Canadian Journal of Psychology, 43, 302 - 319. Ruffman, T. (2014). To belief or not belief: Children ' s theory of mind. *Develop-mental Review*, *34*, 265 - 293.

Ruigrok, A. V., Salimi-Khorshidi, G., Lai, M., Baron-Cohen, S., Lombardo, M. V., Tait, R. J., & Suckling, J. (2014). A meta-analysis of sex differences in human brain structure. *Neuroscience and Biobehavioral Reviews*, *39*, 34 - 50.

Rule, B. G., & Ferguson, T. J. (1986). The effects of media violence on attitudes, emotions and cognitions. *Journal of Social Issues*, *42*, 29 - 50.

Runyan, D. (2008). The challenges of assessing the incidence of inflicted traumatic brain injury: A world perspective. *American Journal of Preventive Medicine*, *34*, S112 - SS115.

Rupp, D., Vodanovich, S., & Credé, M. (2006, June). Age bias in the workplace: The impact of ageism and causal attributions. *Journal of Applied Social Psychol-ogy*, *36*, 1337 - 1364.

Russ, S. W. (2014). Pretend play and creativity: An overview. *In Pretend play in childhood: Foundation of adult creativity*. Washington, DC: American Psychologi-cal Association.

Russell, S. T., & McGuire, J. K. (2006). Critical mental health issues for sexual minority adolescents. Citation. In F. A. Villarruel & T. Luster (Eds.), *The crisis in youth mental health: Critical issues and effective programs, Vol. 2: Disorders in adolescence*. Westport, CT: Praeger Publishers/Greenwood Publishing Group.

Russell, S., & Consolacion, T. (2003). Adolescent romance and emotional health in the United States: Beyond binaries. *Journal of Clinical Child & Adolescent Psychology*, *32*, 499 - 508.

Rust, J., Golombok, S., Hines, M., Johnston, K., & Golding, J.; ALSPAC Study Team. (2000). The role of brothers and sisters in the gender development of preschool children. *Journal of Experimental Child Psychology*, *77*, 292 - 303.

Rutter, M. (2003). Commentary: Causal processes leading to antisocial behavior. *Developmental Psychology*, *39*, 372 - 378.

Rutter, M. (2006). *Genes and behavior: Nature-nurture interplay explained*. New York: Blackwell Publishing.

Ruzek, E., Burchinal, M., Farkas, G., & Duncan, G. J. (2014). The quality of toddler child care and cognitive skills at 24 months: Propensity score analysis results from the ECLS-B. *Early Childhood Research Quarterly*, *29*, 12 - 21.

Ryan, B. P. (2001). *Programmed therapy for stuttering in children and adults* (2nd ed.). Springfield, IL: Charles C. Thomas.

Ryding, E. L., Lukasse, M., Van Parys, A., Wangel, A., Karro, H., Kristjansdottir, H., & . . . Schei, B. (2015). Fear of childbirth and risk of cesarean delivery: A cohort study in six European countries. *Birth: Issues in Perinatal Care*, *42*, 48 - 55.

Saad, L. (2011, June 30). *Americans' preference for smaller families edges higher*. Princeton, NJ: Gallup Poll.

Saarento, S., Boulton, A. J., & Salmivalli, C. (2015). Reducing bullying and victimization: Student and classroom level mechanisms of change. *Journal of Abnormal Child Psychology*, *43*, 61 - 76.

Sabbagh, M. (2009). Drug development for Alzheimer ' s disease: Where are we now and where are we headed? *American Journal of Geriatric Pharmacotherapy (AJGP)*, 7, 167 - 185.

Sacks, M. H. (1993). Exercise for stress control. In D. Goleman & J. Gurin (Eds.), *Mind - body medicine*. Yonkers, NY: Consumer Reports Books.

Sadker, M., & Sadker, D. (1994). *Failing at fairness: How America ' s schools cheat girls*. New York: Scribner ' s.

Saiegh-Haddad, E. (2007). Linguistic constraints on children ' s ability to isolate phonemes in Arabic. *Applied Psycholinguistics*, *28*, 607 - 625.

Salihu, H. M., August, E. M., de la Cruz, C., Mogos, M. F.,

Weldeselasse, H. , & Alio, A. P. (2013). Infant mortality and the risk of small size for gestational age in the subsequent pregnancy: A retrospective cohort study. *Maternal and Child Health Journal*, *17*, 1044 - 1051.
Salley, B. , Miller, A. , & Bell, M. (2013). Associations between temperament and social responsiveness in young children. *Infant and Child Development*, *22*, 270 - 288.
Sallis, J. , & Glanz, K. (2006, March). The role of built environments in physical activity, eating, and obesity in childhood. *The Future of Children*, *16*, 89 - 108.
Salovey, P. , & Pizarro, D. (2003). The value of emotional intelligence. In R. Sternberg & J. Lautrey (Eds.), *Models of intelligence: International perspectives.* Washington, DC: American Psychological Association.
Salthouse, T. (2009). When does age-related cognitive decline begin? *Neurobiol-ogy of Aging*, *30*, 507 - 514.
Salthouse, T. (2012). Consequences of age-related cognitive declines. *Annual Review of Psychology*, *63*, 201 - 226.
Salthouse, T. A. (1994). The aging of working memory. *Neuropsychology*, *8*, 535 - 543.
Salthouse, T. A. (2006). Mental exercise and mental aging: Evaluating the valid-ity of the "Use it or lose it" hypothesis. *Perspectives on Psychological Science*, *1*, 68 - 87.
Salthouse, T. A. , Atkinson, T. M. , & Berish, D. E. (2003). Executive functioning as a potential mediator of age-related cognitive decline in normal adults. *Journal of Experimental Psychology: General*, *132*, 566 - 594.
Salthouse, T. , Pink, J. , & Tucker-Drob, E. (2008). Contextual analysis of fluid intelligence. *Intelligence*, *36*, 464 - 486.
Samet, J. H. , De Marini, D. M. , & Malling, H. V. (2004, May 14). Do airborne particles induce heritable mutations? *Science*, *304*, 971.
Sammons, M. (2009). Writing a wrong: Factors influencing the overprescription of antidepressants to youth. *Professional Psychology: Research and Practice*, *40*, 327 - 329.
Samuels, C. A. (2005). Special educators discuss NCLB effect at national meet-ing. *Education Week*, *24*, 12.
Sanburn, J. (2013, June 24). The new American way of death. *Time*, pp. 30 - 37.
Sanchez, Y. M. , Lambert, S. F. , & Ialongo, N. S. (2012). Life events and depressive symptoms in African American adolescents: Do ecological domains and tim-ing of life events matter? *Journal of Youth and Adolescence*, *41*, 438 - 448.
Sánchez-Casta. eda, C. , Squitieri, F. , Di Paola, M. , Dayan, M. , Petrollini, M. , & Sabatini, U. (2015). The role of iron in gray matter degeneration in Hunting-ton's disease: A magnetic resonance imaging study. *Human Brain Mapping*, *36*, 50 - 66.
Sanchez-Garrido, M. A. , & Tena-Sempere, M. (2013). Metabolic control of pu-berty: Roles of leptin and kisspeptins. *Hormones and Behavior*, *64*, 187 - 194.
Sandall, J. (2014). The 30th international confederation of midwives triennial congress: Improving women's health globally. *Birth: Issues in Perinatal Care*, *41*, 303 - 305.
Sandberg, D. E. , & Voss, L. D. (2002). The psychosocial consequences of short stature: A review of the evidence. *Best Practice and Research Clinical Endocrinol-ogy and Metabolism*, *16*, 449 - 463.
Sanders, S. , Ott, C. , Kelber, S. , & Noonan, P. (2008). The experience of high levels of grief in caregivers of persons with Alzheimer's disease and related demen-tia. *Death Studies*, *32*, 495 - 523.
Sandis, E. (2000). The aging and their families: A cross-national review. In A. L. Comunian & U. P. Gielen (Eds.), *International perspectives on human develop-ment.* Lengerich, Germany: Pabst Science Publishers.
Sandoval, J. , Frisby, C. L. , Geisinger, K. F. , Scheuneman, J. D. , & Grenier, J. R. (Eds.). (1998). *Test interpretation and diversity: Achieving equity in assessment.* Washington, DC: APA Books.
Sandoval, J. , Scott, A. , & Padilla, I. (2009). Crisis counseling: An overview. *Psy-chology in the Schools*, *46*, 246 - 256.
Sang, B. , Miao, X. , & Deng, C. (2002). The development of gifted and nongifted young children in metamemory knowledge. *Psychological Science (China)*, *25*, 406 - 409, 424.
Sangree, W. H. (1989). Age and power: Life-course trajectories and age structur-ing of power relations in East and West Africa. In D. I. Kertzer & K. W. Schaie (Eds.), *Age structuring in comparative perspective.* Hillsdale, NJ: Lawrence Erlbaum.
Santesso, D. , Schmidt, L. , & Trainor, L. (2007). Frontal brain electrical activity (EEG) and heart rate in response to affective infant-directed (ID) speech in 9-month-old infants. *Brain and Cognition*, *65*, 14 - 21. Accessed online, http://search.ebscohost.com, doi:10.1016/j.bandc.2007.02.008
Santos, M. , Richards, C. , & Bleckley, M. (2007). Comorbidity between depression and disordered eating in adolescents. *Eating Behaviors*, *8*, 440 - 449.
Santtila, P. , Sandnabba, N. , Harlaar, N. , Varjonen, M. , Alanko, K. , & von der Pahlen, B. (2008, January). Potential for homosexual response is prevalent and genetic. *Biological Psychology*, *77(1)*, 102 - 105.
Sapolsky, R. (2005, December). Sick of poverty. *Scientific American*, pp. 93 - 99.
Sapyla, J. J. , & March, J. S. (2012). Integrating medical and psychological therapies in child mental health: An evidence-based medicine approach. In M. Garralda, & J. Raynaud (Eds.), *Brain, mind, and developmental psychopathology in childhood.* Lanham, MD: Jason Aronson.
Sargent-Cox, K. A. , Anstey, K. J. , & Luszcz, M. A. (2012). The relationship between change in self-perceptions of aging and physical functioning in older adults. *Psychology and Aging.* doi:10.1037/a0027578
SART. (2012, July 3). 2009 Clinic summary report. *Society for Reproductive Medicine.* Accessed online, 7-14-11.
Sasisekaran, J. (2014). Exploring the link between stuttering and phonology: A review and implications for treatment. *Seminars In Speech and Language*, *35*, 95 - 113.
Sato, Y. , Fukasawa, T. , Hayakawa, M. , Yatsuya, H. , Hatakeyama, M. , Ogawa, A. , et al. (2007). A new method of blood sampling reduces pain for newborn infants: A prospective, randomized controlled clinical trial. *Early Human Development*, *83*, 389 - 394.
Saul, S. (2009). The gift of life, and its price. *New York Times*, pp. A1, A26 - 27.
Saunders, J. , Davis, L. , & Williams, T. (2004). Gender differences in self-per-ceptions and academic outcomes: A study of African American high school students. *Journal of Youth & Adolescence*, *33*, 81 - 90.
Savage-Rumbaugh, E. S. , Murphy, J. , Sevcik, R. A. , Brakke, K. E. , Williams, S. L. , & Rumbaugh, D. M. (1993). Language and comprehension in ape and child. *Mono-graphs of the Society for Research in Child Development*, *58* (3 - 4, Serial No. 233).
Sawatzky, J. , & Naimark, B. (2002). Physical activity and cardiovascular health in aging women: A health-promotion perspective. *Journal of Aging & Physical Activity*, *10*, 396 - 412.
Sawyer, R. (2012). *Explaining creativity: The science of human innovation* (2nd ed.). New York: Oxford University Press.
Sax, L. , & Kautz, K. J. (2003). Who first suggests the diagnosis of attention-defi-cit/hyperactivity disorder? *Annals of Family Medicine*, *1*, 171 - 174.
Sayal, K. , Heron, J. , Maughan, B. , Rowe, R. , & Ramchandani, P. (2014). Infant temperament and childhood psychiatric disorder: Longitudinal study. *Child: Care, Health and Development*, *40*, 292 - 297.
Scarborough, P. , Nnoaham, K. E. , Clarke, D. , Capewell, S. , & Rayner, M. (2012). Modelling the impact of a healthy diet on cardiovascular disease and cancer mortality. *Journal of Epidemiology and Community Health*, *66*, 420 - 426.
Scarr, S. (1993). Biological and cultural diversity: The legacy of Darwin for development. *Child Development*, *64*, 1333 - 1353.
Scarr, S. (1998). American child care today. *American Psychologist*, *53*, 95 - 108.
Scarr, S. , & Carter-Saltzman, L. (1982). Genetics and intelligence. In R. J. Stern-berg (Ed.), *Handbook of human intelligence* (pp. 792 - 896). Cambridge, England: Cambridge University Press.
Schachner, A. , & Hannon, E. E. (2011). Infant-directed speech drives social pref-erences in 5-month-old infants. *Developmental Psychology*, *47(1)*, 19 - 25.
Schachner, D. , Shaver, P. , & Gillath, O. (2008). Attachment

style and long-term singlehood. *Personal Relationships*, *15*, 479 - 491.

Schachter, E. P. (2005). *Erikson meets the postmodern: Can classic identity theory rise to the challenge Identity*, *5*, 137 - 160.

Schafer, D. P., & Stevens, B. (2013). Phagocytic glial cells: Sculpting synaptic circuits in the developing nervous system. *Current Opinion in Neurobiology*, *23*, 1034 - 1040.

Schaefer, M. K., & Salafia, E. B. (2014). The connection of teasing by parents, sib-lings, and peers with girls' body dissatisfaction and boys' drive for muscular-ity: The role of social comparison as a mediator. *Eating Behaviors*, *15*, 599 - 608.

Schaeffer, C., Petras, H., & Ialongo, N. (2003). Modeling growth in boys' aggres-sive behavior across elementary school: Links to later criminal involvement, conduct disorder, and antisocial personality disorder. *Developmental Psychol-ogy*, *39*, 1020 - 1035.

Schaie, K. W. (1977 - 1978). Toward a stage of adult theory of adult cognitive development. *Journal of Aging and Human Development*, *8*, 129 - 138.

Schaie, K. W. (1993). The Seattle longitudinal studies of adult intelligence. *Current Directions in Psychological Science*, 2, 171 - 175.

Schaie, K. W. (1994). The course of adult intellectual development. *American Psychologist*, *49*, 304 - 313.

Schaie, K. W., & Willis, S. L. (1993). Age difference patterns of psychometric intelligence in adulthood: Generalizability within and across ability domains. *Psychology and Aging*, *8*, 44 - 55.

Schaie, K. W., & Zanjani, F. A. K. (2006). Intellectual development across adult-hood. In C. Hoare (Ed.), *Handbook of adult development and learning.* New York: Oxford University Press.

Schaller, M., & Crandall, C. S. (Eds.). (2004). *The psychological foundations of culture.* Mahwah, NJ: Lawrence Erlbaum.

Scharf, M. (2014). Children's social competence within close friendship: The role of self-perception and attachment orientations. *School Psychology International*, *35*, 206 - 220.

Scharoun, S. M., & Bryden, P. J. (2014). Hand preference, performance abilities, and hand selection in children. *Frontiers In Psychology.* Accessed online, 3-20-15; http://www. ncbi. nlm. nih. gov/pmc/articles/PMC3927078/

Scharrer, E., Kim, D., Lin, K., & Liu, Z. (2006). Working hard or hardly working? Gender, humor, and the performance of domestic chores in television com-mercials. *Mass Communication and Society*, *9*, 215 - 238.

Schechter, D., & Willheim, E. (2009). Disturbances of attachment and parental psychopathology in early childhood. *Child and Adolescent Psychiatric Clinics of North America*, *18*, 665 - 686.

Schecklmann, M., Pfannstiel, C., Fallgatter, A. J., Warnke, A., Gerlach, M., & Romanos, M. (2012). Olfaction in child and adolescent anorexia nervosa. *Journal of Neural Transmission*, *119*, 721 - 728.

Schecter, T., Finkelstein, Y., & Koren, G. (2005). Pregnant "DES daughters" and their offspring. *Canadian Family Physician*, *51*, 493 - 494.

Scheibner, G., & Leathem, J. (2012). Memory control beliefs and everyday forget-fulness in adulthood: The effects of selection, optimization, and compensation strategies. *Aging*, *Neuropsychology*, *and Cognition*, *19*, 362 - 379.

Schemo, D. J. (2001, December 5). U. S. students prove middling on 32-nation test. *New York Times*, p. A21.

Schemo, D. J. (2003, November 13). Students' scores rise in math, not in reading. *New York Times*, p. A2.

Schemo, D. J. (2004, March 2). Schools, facing tight budgets, leave gifted pro-grams behind. *New York Times*, pp. A1, A18.

Schempf, A. H. (2007). Illicit drug use and neonatal outcomes: A critical review. *Obstetrics and Gynecological Surveys*, *62*, 745 - 757.

Scherer, M. (2004). Contrasting inclusive with exclusive education. In M. Scherer (Ed.), *Connecting to learn: Educational and assistive technology for people with dis-abilities.* Washington, DC: American Psychological Association.

Scherf, K. S., Sweeney, J. A., & Luna, B. (2006). Brain basis of developmental change in visuospatial working memory. *Journal of Cognitive Neuroscience*, *18*, 1045 - 1058.

Schieber, F., Sugar, J. A., & McDowd, J. M. (1992). Behavioral sciences and aging. In J. E. Birren, B. R. Sloan, G. D. Cohen, N. R. Hooyman, & B. D. Lebowitz (Eds.), *Handbook of mental health and aging* (2nd ed.). San Diego, CA: Academic Press, 1992.

Schieman, S., McBrier, D. B., & van Gundy, K. (2003). Home-to-work conflict, work qualities, and emotional distress. *Sociological Forum*, *18*, 137 - 164.

Schiffer, A., Pedersen, S., Broers, H., Widdershoven, J., & Denollet, J. (2008). Type-D personality but not depression predicts severity of anxiety in heart failure patients at 1-year follow-up. *Journal of Affective Disorders*, *106*, 73 - 81.

Schiller, J. S., & Bernadel, L. (2004). Summary health statistics for the U. S. popu-lation: National Health Interview Survey, 2002. *Vital Health Statistics*, *10*, 1 - 110.

Schlosser, F., Zinni, D., & Armstrong-Stassen, M. (2012). Intention to unre-tire: HR and the boomerang effect. *The Career Development International*, *17*, 149 - 167.

Schlottmann, A., & Wilkening, F. (2012). Judgment and decision making in young children. In M. K. Dhami, A. Schlottmann, & M. R. Waldmann (Eds.), *Judgment and decision making as a skill: Learning, development and evolution.* New York: Cambridge University Press.

Schmalz, D., & Kerstetter, D. (2006). Girlie girls and manly men: Chidren's stigma consciousness of gender in sports and physical activities. *Journal of Leisure Research*, *38*, 536 - 557.

Schmidt, M., Pekow, P., Freedson, P., Markenson, G., & Chasan-Taber, L. (2006). Physical activity patterns during pregnancy in a diverse population of women. *Journal of Women's Health*, *15*, 909 - 918.

Schmitow, C., & Stenberg, G. (2013). Social referencing in 10-month-old infants. *European Journal of Developmental Psychology*, *10*, 533 - 545.

Schneider, E. L. (1999, February 5). Aging in the third millennium. *Science*, *283*, 796 - 797.

Schnitzer, P. G. (2006). Prevention of unintentional childhood injuries. *American Family Physician*, *74*, 1864 - 1869.

Schoklitsch, A., & Baumann, U. (2012). Generativity and aging: A promising future research topic? *Journal of Aging Studies*, *26*, 262 - 272.

Schonert-Reichl, K. A., Smith, V., Zaidman-Zait, A., & Hertzman, C. (2012). Promoting children's prosocial behaviors in school: Impact of the 'Roots of Empathy' program on the social and emotional competence of school-aged children. *School Mental Health*, *4*, 1 - 21.

Schoppe-Sullivan, S., Diener, M., Mangelsdorf, S., Brown, G., McHale, J., & Frosch, C. (2006, July). Attachment and sensitivity in family context: The roles of parent and infant gender. *Infant and Child Development*, *15*, 367 - 385.

Schoppe-Sullivan, S., Mangelsdorf, S., Brown, G., & Sokolowski, M. (2007, Feb-ruary). Goodness-of-fit in family context: Infant temperament, marital quality, and early coparenting behavior. *Infant Behavior & Development*, *30*, 82 - 96.

Schore, A. (2003). *Affect regulation and the repair of the self.* New York: Norton.

Schuetze, P., Eiden, R., & Coles, C. (2007). Prenatal cocaine and other substance exposure: Effects on infant autonomic regulation at 7 months of age. *Develop-mental Psychobiology*, *49*, 276 - 289.

Schulz, K., Rudolph, A., Tscharaktschiew, N., & Rudolph, U. (2013). Daniel has fallen into a muddy puddle—Schadenfreude or sympathy?. *British Journal of Developmental Psychology*, *31*, 363 - 378.

Schultz, A. H. (1969). *The life of primates.* New York: Universe.

Schumer, F. (2009, September 29). After a death, the pain that doesn't go away. *New York Times*, p. D1.

Schutt, R. K. (2001). *Investigating the social world: The process and practice of research.* Thousand Oaks, CA: Sage Publications.

Schwartz, C. E., & Rauch, S. L. (2004). Temperament and its implications for neuroimaging of anxiety disorders. *CNS Spectrums*, *9*, 284 - 291.

Schwartz, I. M. (1999). Sexual activity prior to coital interaction: A comparison between males and females. *Archives of Sexual Behavior*, *28*, 63 - 69.

Schwarz, J. M., & Bilbo, S. D. (2014). Microglia and neurodevelopment: Programming of cognition throughout the lifespan. In A. W. Kusnecov, H. Anisman, A. W. Kusnecov, & H. Anisman (Eds.), *The Wiley-Blackwell handbook of*

psychoneuroimmunology. New York: Wiley-Blackwell.
Schwartz, P., Maynard, A., & Uzelac, S. (2008). Adolescent egocentrism: A con-temporary view. *Adolescence*, *43*, 441–448.
Schwarz, T. F., Huang, L., Medina, D., Valencia, A., Lin, T., Behre, U., & Descamps, D. (2012). Four-year follow-up of the immunogenicity and safety of the HPV-16/18 AS04-adjuvanted vaccine when administered to adolescent girls aged 10–14 years. *Journal of Adolescent Health*, *50*, 187–194.
Schwenkhagen, A. (2007). Hormonal changes in menopause and implications on sexual health. *The Journal of Sexual Medicine*, *4*, Supplement, 220–226.
Scott, J. C., & Henderson, A. E. (2013). Language matters: Thirteen-month-olds understand that the language a speaker uses constrains conventionality. *Devel-opmental Psychology*, *49*, 2102–2111.
Scott, K. M., McLaughlin, K. A., Smith, D. A., & Ellis, P. M. (2012). Childhood maltreatment and DSM-IV adult mental disorders: Comparison of prospective and retrospective findings. *British Journal of Psychiatry*, *104*, 188–199.
Scott, R. M., & Baillargeon, R. (2013). Do infants really expect others to act efficiently? A critical test of the rationality principle. *Psychological Science*, *24*, 466–474.
Scrimsher, S., & Tudge, J. (2003). The teaching/learning relationship in the first years of school: Some revolutionary implications of Vygotsky's theory. *Early Education and Development*, *14* [Special issue], 293–312.
Scruggs, T. E., & Mastropieri, M. A. (1994). Successful mainstreaming in elemen-tary science classes: A qualitative study of three reputational cases. *American Educational Research Journal*, *31*, 785–811.
Sears, R. R. (1977). Sources of life satisfaction of the Terman gifted men. *American Psychologist*, *32*, 119–129.
Seaton, S. E., King, S., Manktelow, B. N., Draper, E. S., & Field, D. J. (2012). Ba-bies born at the threshold of viability: Changes in survival and workload over 20 years. *Archives of Disable Children and Neonatal Education*, *9*, 22–35.
Sebanc, A., Kearns, K., Hernandez, M., & Galvin, K. (2007). Predicting having a best friend in young children: Individual characteristics and friendship features. *Journal of Genetic Psychology*, *168*, 81–95.
Sedgh, G., Singh, S., Shah, I. H., Ahman, E., Henshaw, S. K., & Kankole, A. (2012). Induced abortion: Incidence and trends worldwide from 1995 to 2008. *The Lancet*, *379*, 625–632.
Sedikides, C., Gaertner, L., & Toguchi, Y. (2003). Pancultural self-enhancement. *Journal of Personality and Social Psychology*, *84*, 60–79.
Seedat, S. (2014). Controversies in the use of antidepressants in children and adolescents: A decade since the storm and where do we stand now? *Journal of Child and Adolescent Mental Health*, *26*, iii–v.
SEER. (2014), *Cancer Statistics Review, 1975–2011*, National Cancer Institute. Bethesda, MD. Accessed online, http://seer.cancer.gov/csr/1975_2011/, based on November 2013 SEER data submission, posted to the SEER web site, April 2014.
Segal, B. M., & Stewart, J. C. (1996). Substance use and abuse in adolescence: An overview. *Child Psychiatry & Human Development*, *26*, 193–210.
Segal, J., & Segal, Z. (1992, September). No more couch potatoes. *Parents*, *p*. 235.
Segal, N. L. (2000). Virtual twins: New findings on withinfamily environmental influences on intelligence. *Journal of Educational Psychology*, *92*, 188–194.
Segal, N. L., Cortez, F. A., Zettel-Watson, L., Cherry, B. J., Mechanic, M., Munson, J. E., & . . . Reed, B. (2015). Genetic and experiential influences on behavior: Twins reunited at seventy-eight years. *Personality and Individual Differences*, *73*, 110–117.
Segall, M. H., Dasen, P. R., Berry, J. W., & Poortinga, Y. H. (1990). *Human behavior in global perspective*. Boston: Allyn & Bacon.
Segalowitz, S. J., & Rapin, I. (Eds.). (2003). *Child neuropsychology, Part I*. Amster-dam, The Netherlands: Elsevier Science.
Seibert, A., & Kerns, K. (2009). *Attachment figures in middle childhood. Interna-tional Journal of Behavioral Development*, *33*, 347–355.
Seidman, S. (2003). The aging male: Androgens, erectile dysfunction, and de-pression. *Journal of Clinical Psychiatry*, *64*, 31–37.
Selfhout, M., Denissen, J., Branje, S., & Meeus, W. (2009). In the eye of the be-holder: Perceived, actual, and peer-rated similarity in personality, communica-tion, and friendship intensity during the acquaintanceship process. *Journal of Personality and Social Psychology*, *96*, 1152–1165.
Seligman, M. E. P. (2007). Coaching and positive psychology. *Australian Psycholo-gist*, *42*, 266–267.
Semerci, .. (2006). The opinions of medicine faculty students regarding cheat-ing in relation to Kohlberg's moral development concept. *Social Behavior and Personality*, *34*, 41–50.
Sengoelge, M., Hasselberg, M., Ormandy, D., & Laflamme, L. (2014). Housing, income inequality and child injury mortality in Europe: A cross-sectional study. *Child: Care, Health and Development*, *40(2)*, 283–291.
Senju, A., Southgate, V., Snape, C., Leonard, M., & Csibra, G. (2011). Do 18 month olds really attribute mental states to others? *A critical test. Science*, *331*, 477–480.
Senter, L., Sackoff, J., Landi, K., & Boyd, L. (2011). Studying sudden and unex-pected infant deaths in a time of changing death certification and investigation practices: Evaluating sleep-related risk factors for infant death in New York City. *Maternal and Child Health Journal*, *15*, 242–248.
Sephton, S. E., Dhabhar, F. S., Keuroghlian, A. S., Giese-Davis, J., McEwen, B. S., Ionan, A. C., & Spiegel, D. (2009). Depression, cortisol, and suppressed cell-mediated immunity in metastatic breast cancer. *Brain Behavioral Immunology*, *23*, 1148–1155.
Serbin, L., & Karp, J. (2004). The intergenerational transfer of psychosocial risk: Mediators of vulnerability and resilience. *Annual Review of Psychology*, *55*, 333–363.
Serbin, L., Poulin-Dubois, D., & Colburne, K. (2001). Gender stereotyping in infancy: Visual preferences for and knowledge of gender-stereotyped toys in the second year. *International Journal of Behavioral Development*, *25*, 7–15.
Serretti, A., Calati, R., Ferrari, B., & De Ronchi, D. (2007). Personality and genet-ics. *Current Psychiatry Reviews*, *3*, 147–159.
Servin, A., Nordenstr. m, A., Larsson, A., & Bohlin, G. (2003). Prenatal adrogens and gender-typed behavior: A study of girls with mild and severe forms of congenital adrenal hyperplasia. *Developmental Psychology*, *39*, 440–450.
Settersten, R. (2002). Social sources of meaning in later life. In R. Weiss & S. Bass (Eds.), *Challenges of the third age: Meaning and purpose in later life*. London: Oxford University Press.
Seymour, J., Payne, S., Chapman, A., & Holloway, M. (2007). Hospice or home? Expectations of end-of-life care among white and Chinese older people in the UK. *Sociology of Health & Illness*, *29*, 872–890.
Shafto, C. L., Conway, C. M., Field, S. L., & Houston, D. M. (2012). Visual se-quence learning in infancy: Domain-general and domain-specific associations with language. *Infancy*, *17*, 247–271.
Shangguan, F., & Shi, J. (2009). Puberty timing and fluid intelligence: A study of correlations between testosterone and intelligence in 8- to 12-year-old Chinese boys. *Psychoneuroendocrinology*, *34*, 983–988.
Shapiro, A. F., Gottman, J. M., & Carrère, S. (2000). The baby and the marriage: Identifying factors that buffer against decline in marital satisfaction after the first baby arrives. *Journal of Family Psychology*, *14*, 124–130.
Shapiro, L., & Solity, J. (2008). Delivering phonological and phonics training within whole-class teaching. *British Journal of Educational Psychology*, *78*, 597–620.
Sharf, R. S. (1992). *Applying career development theory to counseling*. Pacific Grove, CA: Brooks/Cole.
Sharma, M. (2008. Twenty-first century pink or blue: How sex selection technol-ogy facilitates gendercide and what we can do about it. *Family Court Review*, *46*, 198–215.
Shaughnessy, E., Suldo, S., Hardesty, R., & Shaffer, E. (2006, December). School functioning and psychological well-being of international baccalaureate and general education students: A

preliminary examination. *Journal of Secondary Gifted Education*, *17*, 76 - 89.
Shavelson, R., Hubner, J. J., & Stanton, J. C. (1976). Self-concept: Validation of construct interpretations. *Review of Educational Research*, *46*, 407 - 441.
Shaver, P. R., Hazan, C., & Bradshaw, D. (1988). Love as attachment: The integra-tion of three behavioral systems. In R. J. Sternberg & M. L. Barnes (Eds.), *The psychology of love* (*pp. 68 - 99*). New Haven, CT: Yale University Press.
Shaw, D. S., Winslow, E. B., & Flanagan, C. (1999). A prospective study of the effects of marital status and family relations on young children's adjustment among African American and European American families. *Child Development*, *70*, 742 - 755.
Shaw, M. L. (2003). Creativity and whole language. In J. Houtz (Ed.), *The educa-tional psychology of creativity.* Cresskill, NJ: Hampton Press.
Shaw, P., Eckstrand, K., Sharp, W., Blumenthal, J., Lerch, J. P., Greenstein, D., Classen, L., Evans, A., Giedd, J., & Rapoport, J. L. (2007). Attention-deficit/ hyperactivity disorder is characterized by a delay in cortical maturation. *Proceedings of the National Academy of Sciences*, *104*, 19649 - 19654.
Shaywitz, B. A., Shaywitz, S. E., Blachman, B. A., Pugh, K. R., Fulbright, R. K., Skudlarski, P., Mencl, W. E., Constable, R. T., Holahan, J. M., Marchione, K. E., Fletcher, J. M., Lyon, G. R., & Gore, J. C. (2004). Development of left occipito-temporal systems for skilled reading in children after a phonologically-based intervention. *Biological Psychiatry*, *55*, 926 - 933.
Shea, J. (2006, September). Cross-cultural comparison of women's midlife symp-tom-reporting: A China study. Culture, Medicine and Psychiatry, 30, 331 - 362. Shea, K. M., Wilcox, A. J., & Little, R. E. (1998). Postterm delivery: A challenge for epidemiologic research. *Epidemiology*, *9*, 199 - 204.
Sheese, B., Voelker, P., Posner, M., & Rothbart, M. (2009). Genetic variation influ-ences on the early development of reactive emotions and their regulation by attention. *Cognitive Neuropsychiatry*, *14*, 332 - 355.
Shelby, R., Crespin, T., Wells-Di Gregorio, S., Lamdan, R., Siegel, J., & Taylor, K. (2008). Optimism, social support, and adjustment in African American women with breast cancer. *Journal of Behavioral Medicine*, *31*, 433 - 444.
Sheldon, K. M., Joiner, T. E., Jr., & Pettit, J. W. (2003). Reconciling humanistic ide-als and scientific clinical practice. *Clinical Psychology*, *10*, 302 - 315.
Sheldon, S., & Wilkinson, S. (2004). Should selecting saviour siblings be banned? *Journal of Medical Ethics*, *30*, 533 - 537.
Shellenbarger, S. (2003, January 9). Yes, that weird day-care center could scar your child, researchers say. *Wall Street Journal*, p. D1.
Sheridan, C., & Radmacher, S. (2003). Significance of psychosocial factors to health and disease. In L. Schein & H. Bernard (Eds.), *Psychosocial treatment for medical conditions: Principles and techniques.* New York: Brunner-Routledge.
Sheridan, T. (2013, April 11). 10 facts funeral directors won't tell you. Fox Business. Accessed online, http://www. foxbusiness. com/personal-finance/2013/04/11/10-facts-funeral-directors-may-not-tell/
Sherman, S., Allen, E., Bean, L., & Freeman, S. (2007). Epidemiology of Down syndrome. *Mental Retardation and Developmental Disabilities Research Reviews*, *13*, 221 - 227.
Shernoff, D., & Schmidt, J. (2008). Further evidence of an engagement-achievement paradox among U. S. high school students. *Journal of Youth and Adolescence*, *37*, 564 - 580.
Sheskin, M., Bloom, P., & Wynn, K. (2014). Anti-equality: Social comparison in young children. *Cognition*, *130*, 152 - 156.
Shi, L. (2003). Facilitating constructive parent - child play: Family therapy with young children. *Journal of Family Psychotherapy*, *14*, 19 - 31.
Shi, X., & Lu, X. (2007). Bilingual and bicultural development of Chinese Ameri-can adolescents and young adults: A comparative study. *Howard Journal of Communications*, *18*, 313 - 333.
Shimizu, M., & Pelham, B. (2004). The unconscious cost of good fortune: Implicit and explicit self-esteem, positive life events, and health. *Health Psychology*, *23*, 101 - 105.
Shiner, R., Masten, A., & Roberts, J. (2003). Childhood personality foreshadows adult personality and life outcomes two decades later. *Journal of Personality*, *71*, 1145 - 1170.
Shoemark, H. (2014). The fundamental interaction of singing. *Nordic Journal of Music Therapy*, *23*, 2 - 4.
Shor, R. (2006, May). Physical punishment as perceived by parents in Russia: Implications for professionals involved in the care of children. *Early Child Development and Care*, *176*, 429 - 439.
Shurkin, J. N. (1992). *Terman's kids: The groundbreaking study of how the gifted grow up.* Boston: Little, Brown.
Shweder, R. A. (2003). *Why do men barbecue? Recipes for cultural psychology.* Cambridge, MA: Harvard University Press.
Shweder, R. A. (Ed.). (1998). *Welcome to middle age!* (*And other cultural fictions*). New York: University of Chicago Press.
Sieber, J. E. (2000). Planning research: Basic ethical decision-making. In B. D. Sales & S. Folkman (Eds.), *Ethics in research with human participants.* Washing-ton, DC: American Psychological Association.
Siegal, M. (1997). *Knowing children: Experiments in conversation and cognition* (2nd ed.). Hove, England: Psychology Press/ Lawrence Erlbaum (UK), Taylor & Francis.
Siegel, S., Dittrich, R., & Vollmann, J. (2008). Ethical opinions and personal attitudes of young adults conceived by in vitro fertilisation. *Journal of Medical Ethics*, *34*, 236 - 240.
Siegler, R. S. (1994). Cognitive variability: A key to understanding cognitive development. *Current Directions in Psychological Science*, *3*, 1 - 5.
Siegler, R. S. (1998). *Children's thinking* (3rd ed.). Upper Saddle River, NJ: Prentice Hall.
Siegler, R. S. (2012). From theory to application and back: Following in the giant footsteps of David Klahr. In J. Shrager & S. Carver (Eds.), *The journey from child to scientist: Integrating cognitive development and the education sciences.* Washing-ton, DC: American Psychological Association.
Siegler, R. S., & Ellis, S. (1996). Piaget on childhood. *Psychological Science*, *7*, 211 - 215.
Siegler, R. S., & Lortie-Forgues, H. (2014). An integrative theory of numerical development. *Child Development Perspectives*, *8*, 144 - 150.
Siegler, R. S., & Richards, D. (1982). The development of intelligence. In R. Stern-berg (Ed.), *Handbook of human intelligence.* London: Cambridge University Press.
Sierra, F. (2006, June). Is (your cellular response to) stress killing you? *Journals of Gerontology: Series A: Biological Sciences and Medical Sciences*, *61*, 557 - 561.
Sigman, M., Cohen, S. E., & Beckwith, L. (1997). Why does infant attention pre-dict adolescent intelligence? *Infant Behavior & Development*, *20*, 133 - 140.
Signorella, M., & Frieze, I. (2008). Interrelations of gender schemas in children and adolescents: Attitudes, preferences, and self-perceptions. *Social Behavior and Personality*, *36*, 941 - 954.
Silventoinen, K., Iacono, W. G., Krueger, R., & McGue, M. (2012). Genetic and environmental contributions to the association between anthropometric meas-ures and IQ: A study of Minnesota twins at age 11 and 17. *Behavior Genetics*, *42*, 393 - 401.
Silverstein, L. B., & Auerbach, C. F. (1999). Deconstructing the essential father. *American Psychologist*, *54*, 397 - 407.
Silverthorn, P., & Frick, P. J. (1999). Developmental pathways to antisocial behavior: The delayed-onset pathway in girls. *Developmental & Psychopathol-ogy*, *11*, 101 - 126.
Simcock, G., & Hayne, H. (2002). Breaking the barrier? Children fail to translate their preverbal memories into language. *Psychological Science*, *13*, 225 - 231.
Simkin, P. (2014). Preventing primary cesareans: Implications for laboring women, their partners, nurses, educators, and doulas. *Birth: Issues in Perinatal Care*, *41*, 220 - 222.
Simmons, S. W., Cyna, A. M., Dennis, A. T., & Hughes, D. (2007). Combined spinal-epidural versus epidural analgesia in labour. *Cochrane Database and Systematic Review*, *18*, CD003401.
Simonton, D. K. (1997). Creative productivity: A predictive and explanatory model of career trajectories and landmarks. *Psychological Review*, *104*, 66 - 89.
Simonton, D. K. (2009). Varieties of (scientific) creativity: A hierarchical model of domain-specific disposition, development, and achievement. *Perspectives on Psychological Science*, *4*, 441 - 452.
Simpson, J. A. (1990). Influence of attachment styles on romantic

relationships. Journal of Personality & Social Psychology, *59*, 971 – 980.

Simpson, J., Collins, W., Tran, S., & Haydon, K. (2007, February). Attachment and the experience and expression of emotions in romantic relationships: A developmental perspective. *Journal of Personality and Social Psychology*, *92*, 355 – 367.

Simson, S., Thompson, E., & Wilson, L. B. (2001). Who is teaching lifelong learners? A study of peer educators in Institutes for Learning in Retirement. *Gerontology & Geriatrics Education*, *22*, 31 – 43.

Simson, S. P., Wilson, L. B., & Harlow-Rosentraub, K. (2006). Civic engagement and lifelong learning institutes: Current status and future directions. In L. Wilson & S. P. Simson (Eds.), *Civic engagement and the baby boomer generation: Research, policy, and practice perspectives.* New York: Haworth Press.

Sinclair, D. A., & Guarente, L. (2006). Unlocking the secrets of longevity genes. *Scientific American*, *294*, 48 – 51, 54 – 57.

Singer, D. G., & Singer, J. L. (Eds.). (2000). *Handbook of children and the media.* Thousand Oaks, CA: Sage Publications.

Singer, L. T., Arendt, R., Minnes, S., Farkas, K., & Salvator, A. (2000). Neurobe-havioral outcomes of cocaine-exposed infants. *Neurotoxicology & Teratology*, *22*, 653 – 666.

Singh, K., & Srivastava, S. K. (2014). Loneliness and quality of life among elderly people. *Journal of Psychosocial Research*, *9*, 11 – 18.

Singh, S., & Darroch, J. E. (2000). Adolescent pregnancy and childbearing: Levels and trends in developed countries. *The Canadian Journal of Human Sexuality*, *9*, 67 – 72.

Sinnott, J. D. (1997). Developmental models of midlife and aging in women: Metaphors for transcendence and for individuality in community. In J. Coyle (Ed.), *Handbook on women and aging* (pp. 149 – 163). Westport, CT: Greenwood.

Sinnott, J. D. (1998a). Career paths and creative lives: A theoretical perspective on late-life potential. In C. Adams-Price (Ed.), *Creativity and successful aging: Theoretical and empirical approaches.* New York: Springer.

Sinnott, J. D. (2009). Cognitive development as the dance of adaptive transfor-mation: Neo-Piagetian perspectives on adult cognitive development. In C. M. Smith & N. DeFrates-Densch (Eds.), *Handbook of research on adult learning and development.* New York: Routledge/Taylor & Francis Group.

Skinner, B. F. (1957). *Verbal behavior.* New York: Appleton-Century-Crofts.

Skinner, B. F. (1975). The steep and thorny road to a science of behavior. *Ameri-can Psychologist*, *30*, 42 – 49.

Skinner, J. D., Ziegler, P., Pac, S., & Devaney, B. (2004). Meal and snack patterns of infants and toddlers. *Journal of the American Dietary Association*, *104*, S65 – S70.

Skledar, M., Nikolac, M., Dodig-Curkovic, K., Curkovic, M., Borovecki, F., & Piv-ac, N. (2012). Association between brain-derived neurotrophic factor Val66Met and obesity in children and adolescents. *Progress In Neuro-Psychopharmacology & Biological Psychiatry*, *36*, 136 – 140.

Skowronski, J., Walker, W., & Betz, A. (2003). Ordering our world: An examina-tion of time in autobiographical memory. *Memory*, *11*, 247 – 260.

Skrzypek, K., Maciejewska-Sobczak, B., & Stadnicka-Dmitriew, Z. (2014). *Sib-lings: Envy and rivalry, coexistence and concern.* London: Karnac Books.

Slaughter, V., & Peterson, C. C. (2012). How conversational input shapes theory of mind development in infancy and early childhood. In M. Siegal, & L. Surian (Eds.), *Access to language and cognitive development.* New York: Oxford University Press.

Slavin, R. E. (2013). Cooperative learning and achievement: Theory and research. In W. M. Reynolds, G. E. Miller, & I. B. Weiner (Eds.), *Handbook of psychology, Vol. 7: Educational psychology* (2nd ed.). Hoboken, NJ: John Wiley & Sons Inc.

Sleek, S. (1997, June). Can "emotional intelligence" be taught in today's schools? APA Monitor, p. 25. Sliwinski, M., Buschke, H., Kuslansky, G., & Senior, G. (1994). Proportional slow-ing and addition speed in old and young adults. *Psychology and Aging*, *9*, 72 – 80.

Sloan, S., Gildea, A., Stewart, M., Sneddon, H., & Iwaniec, D. (2008). Early wean-ing is related to weight and rate of weight gain in infancy. *Child: Care, Health and Development*, *34*, 59 – 64.

Sloane, S., Baillargeon, R., & Premack, D. (2012). Do infants have a sense of fair-ness? *Psychological Science*, *23*, 196 – 207.

Slusser, E., Ditta, A., & Sarnecka, B. (2013). Connecting numbers to discrete quantification: A step in the child's construction of integer concepts. *Cognition*, *129*, 31 – 41.

Smedley, A., & Smedley, B. D. (2005). Race as biology is fiction, racism as a social problem is real: Anthropological and historical perspectives on the social construction of race. *American Psychologist*, *60*, 16 – 26.

Smedley, B. D., & Syme, S. L. (Eds.). (2000). *Promoting health: Intervention strate-gies from social and behavioral research.* Washington, DC: National Academy of Sciences.

Smetana, J. G. (1995). Parenting styles and conceptions of parental authority during adolescence. *Child Development*, *66*, 299 – 316.

Smetana, J. G. (2005). Adolescent – parent conflict: Resistance and subversion as developmental process. In L. Nucci (Ed.), *Conflict, contradiction, and contrarian elements in moral development and education.* Mahwah, NJ: Lawrence Erlbaum.

Smetana, J. G. (2006). Social-cognitive domain theory: Consistencies and varia-tions in children's moral and social judgments. In M. Killen, & J. G. Smetana (Eds.), *Handbook of moral development.* Mahwah, NJ: Lawrence Erlbaum Associates.

Smetana, J., Daddis, C., & Chuang, S. (2003). "Clean your room!" A longitudinal investigation of adolescent – parent conflict and conflict resolution in middle-class African American families. *Journal of Adolescent Research*, *18*, 631 – 650.

Smith, C., & Hung, L. (2012). The influence of Eastern philosophy on elder care by Chinese Americans: Attitudes toward long-term care. *Journal of Transcul-tural Nursing*, *23*, 100 – 105.

Smith, G. C., et al. (2003). Interpregnancy interval and risk of preterm birth and neonatal death. *British Medical Journal*, *327*, 313 – 316.

Smith, J. M. (2012). Toward a better understanding of loneliness in community-dwelling older adults. *Journal of Psychology: Interdisciplinary and Applied*, *146*, 293 – 311.

Smith, N. A., & Trainor, L. J. (2008). Infant-directed speech is modulated by infant feedback. *Infancy*, *13*, 410 – 420.

Smith, P. K., & Drew, L. M. (2002). Grandparenthood. In M. Bornstein (Ed.), *Handbook of parenting.* Mahwah, NJ: Lawrence Erlbaum.

Smith, P. K., Mahdavi, J., Carvalho, M., Fisher, S., Russell, Sh., & Tippett, N. (2008). Cyberbullying: Its nature and impact in secondary school pupils. *Journal of Child Psychology and Psychiatry*, *49*, 376 – 385.

Smith, R. A., Duffy, S. W., & Tabár, L. (2012). Breast cancer screening: The evolv-ing evidence. *Oncology*, *26*, 471 – 475, 479 – 481, 485 – 486.

Smith, R. J., Bale, J. F., Jr., & White, K. R. (2005, March 2). Sensorineural hearing loss in children. *Lancet*, *365*, 879 – 890.

Smith, S., Quandt, S., Arcury, T., Wetmore, L., Bell, R., & Vitolins, M. (2006, Janu-ary). Aging and eating in the rural, southern United States: Beliefs about salt and its effect on health. *Social Science & Medicine*, *62*, 189 – 198.

Smutny, J. F., Walker, S. Y., & Macksroth, E. A. (2007). *Acceleration for gifted learn-ers, k-5.* Thousand Oaks, CA: Corwin Press.

Smuts, A. B., & Hagen, J. W. (1985). History of the family and of child develop-ment: Introduction to Part 1. *Monographs of the Society for Research in Child Development*, *50* (4 – 5, Serial No. 211).

Snarey, J. R. (1995). In a communitarian voice: The sociological expansion of Kohlbergian theory, research, and practice. In W. M. Kurtines & J. L. Gerwirtz (Eds.), *Moral development: An introduction.* Boston: Allyn & Bacon.

Sneed, A. (2014, August). Why babies forget. *Scientific American*, *311*. 28.

Soderstrom, M. (2007). Beyond babytalk: Re-evaluating the nature and content of speech input to preverbal infants. *Developmental Review*, *27*, 501 – 532.

Soderstrom, M., Blossom, M., Foygel, R., & Morgan, J. (2008). Acoustical cues and grammatical units in speech to two preverbal infants. *Journal of Child Language*, *35*, 869 – 902.

Soldo, B. J. (1996). Cross-pressures on middle-aged adults: A broader view. *Journal of Gerontology: Psychological Sciences and*

Social Sciences, *51B*,271 – 273.

Solomon, W. , Richards, M. , Huppert, F. A. , Brayne, C. , & Morgan, K. (1998). Divorce, current marital status and well-being in an elderly population. *Inter-national Journal of Law, Policy and the Family*, *12*, 323 – 344.

Somerset, W. , Newport, D. , Ragan, K. , & Stowe, Z. (2006). Depressive disorders in women: From menarche to beyond the menopause. In L. M. Keyes & S. H. Goodman (Eds.), *Women and depression: A handbook for the social, behavioral, and biomedical sciences.* New York: Cambridge University Press.

Sonne, J. L. (2012). Psychological assessment measures. *In PsycEssentials: A pocket resource for mental health practitioners.* Washington, DC: American Psychological Association.

Sonnen, J. , Larson, E. , Gray, S. , Wilson, A. , Kohama, S. , Crane, P. , et al. (2009). Free radical damage to cerebral cortex in Alzheimer's disease, microvascular brain injury, and smoking. *Annals of Neurology*, *65*, 226 – 229.

Sonnentag, S. (2012). Psychological detachment from work during leisure time: The benefits of mentally disengaging from work. *Current Directions in Psycho-logical Science*, *21*, 114 – 118.

Sontag, S. (1979). The double standard of aging. In J. H. Williams (Ed.), *Psychol-ogy of women: Selected readings.* New York: Norton.

Sorkhabi, N. , & Middaugh, E. (2014). How variations in parents' use of confron-tive and coercive control relate to variations in parent – adolescent conflict, adolescent disclosure, and parental knowledge: Adolescents' perspective. *Journal of Child and Family Studies*, *23*, 1227 – 1241.

Sosinsky, L. , & Kim, S. (2013). A profile approach to child care quality, quantity, and type of setting: Parent selection of infant child care arrangements. *Applied Developmental Science*, *17*, 39 – 56.

Sotiriou, A. , & Zafiropoulou, M. (2003). Changes of children's self-concept dur-ing transition from kindergarten to primary school. *Psychology: The Journal of the Hellenic Psychological Society*, *10*, 96 – 118.

Sousa, D. L. (2005). How the brain learns to read. Thousand Oaks, CA: Corwin Press.

Soussignan, R. , Schaal, B. , Marlier, L. , & Jiang, T. (1997). Facial and autonomic responses to biological and artificial olfactory stimuli in human neonates: Re-examining early hedonic discrimination of odors. *Physiology and Behavior*, *62*, 745 – 758.

South, A. (2013). Perceptions of romantic relationships in adult children of divorce. *Journal of Divorce & Remarriage*, *54*, 126 – 141.

South, S. C. , Reichborn-Kjennerud, T. , Eaton, N. R. , & Krueger, R. F. (2015). Ge-netics of personality. In M. Mikulincer, P. R. Shaver, M. L. Cooper, R. J. Larsen, M. Mikulincer, P. R. Shaver, . . . R. J. Larsen (Eds.), *APA handbook of personality and social psychology, Volume 4: Personality processes and individual differences.* Washington, DC: American Psychological Association.

Sowell, E. R. , Peterson, B. S. , Thompson, P. M. , Welcome, S. E. , Henkenius, A. L. , & Toga, A. W. (2003). Mapping cortical change across the human life span. *Nature Neuroscience*, *6*, 309 – 315.

Sowell, E. R. , Thompson, P. M. , Holmes, C. J. , Jernigan, T. L. , & Toga, A. W. (1999). In vivo evidence for post-adolescent brain maturation in frontal and striatal regions. *Nature Neuroscience*, *2*, 859 – 861.

Sowell, E. R. , Thompson, P. M. , Tessner, K. D. , & Toga, A. W. (2001). Mapping continued brain growth and gray matter density reduction in dorsal frontal cortex: Inverse relationships during postadolescent brain maturation. *Journal of Neuroscience*, *21*, 8819 – 8829.

Spear, C. F. , Strickland-Cohen, M. K. , Romer, N. , & Albin, R. W. (2013). An exami-nation of social validity within single-case research with students with emotional and behavioral disorders. *Remedial and Special Education*, *34*, 357 – 370.

Spear, P. D. (1993). Neural bases of visual deficits during aging. *Vision Research*, *33*, 2589 – 2609.

Spearman, C. (1927). *The abilities of man.* London: Macmillan.

Spence, S. H. (1997). Sex and relationships. In W. K. Halford & H. J. Markman (Eds.), *Clinical handbook of marriage and couples interventions* (pp. 73 – 105). Chichester, England: Wiley.

Spiegel, D. (1996). Dissociative disorders. In R. E. Hales & S. C. Yudofsky (Eds.), *The American Psychiatric Press synopsis of psychiatry.* Washington, DC: American Psychiatric Press.

Spiegel, D. (2011). Mind matters in cancer survival. *Journal of the American Medical Association (JAMA)*, *305*,502 – 503.

Spiegel, D. , & Giese-Davis, J. (2003). Depression and cancer: Mechanisms and disease progression. *Biological Psychiatry*, *54*, 269 – 282.

Spinazzola, J. , Hodgdon, H. , Liang, L. , Ford, J. D. , Layne, C. M. , Pynoos, R. , & . . . Kisiel, C. (2014). Unseen wounds: The contribution of psychological maltreat-ment to child and adolescent mental health and risk outcomes. *Psychological Trauma: Theory, Research, Practice, and Policy*, *6*(Suppl. 1), S18 – S28.

Spinrad, T. L. , & Stifler, C. A. (2006). Toddlers' empathy-related responding to distress: Predictions from negative emotionality and maternal behavior in infancy. *Infancy*, *10*, 97 – 121.

Spinrad, T. L. , Eisenberg, N. , & Bernt, F. (Eds.). (2007). Introduction to the special issues on moral development: Part II. *Journal of Genetic Psychology*, *168*, 229 – 230.

Sp. rer, N. , Brunstein, J. , & Kieschke, U. (2009). Improving students' reading comprehension skills: Effects of strategy instruction and reciprocal teaching. *Learning and Instruction*, *19*, 272 – 286.

Spraggins, R. E. (2003). *Women and men in the United States: March 2002.* Wash-ington, DC: U. S. Department of Commerce.

Sprecher, S. , Brooks, J. E. , & Avogo, W. (2013). Self-esteem among young adults: Differences and similarities based on gender, race, and cohort (1990 – 2012). *Sex Roles*, *69*, 264 – 275.

Sprecher, S. , Sullivan, Q. , & Hatfield, E. (1994). Mate selection preferences: Gen-der differences examined in a national sample. *Journal of Personality and Social Psychology*, *66*, 1074 – 1080.

Sprenger, M. (2007). *Memory 101 for educators.* Thousand Oaks, CA: Corwin Press.

Spring, L. (2015). Older women and sexuality—Are we still just talking lube? *Sexual and Relationship Therapy*, *30*, 4 – 9.

Squeglia, L. M. , Sorg, S. F. Schweinsburg, A. , Dager, W. , Reagan, R. , & Tapert, S. F. (2012). Binge drinking differentially affects adolescent male and female brain morphometry. *Psychopharmacology*, *220*, 529 – 539.

Squire, L. R. , & Knowlton, B. J. (1995). Memory, hippocampus, and brain systems. In M. S. Gazzaniga, *Cognitive neurosciences.* Cambridge, MA: The MIT Press.

Srivastava, S. , John, O. , & Gosling, S. (2003). Development of personality in early and middle adulthood: Set like plaster or persistent change? *Journal of Personality & Social Psychology*, *84*, 1041 – 1053.

Starr, A. , Libertus, M. E. , & Brannon, E. M. (2013). Number sense in infancy predicts mathematical abilities in childhood. *PNAS Proceedings of the National Academy of Sciences of the United States of America*, *110*, 18116 – 18120.

Staudinger, U. (2008). A psychology of wisdom: History and recent develop-ments. *Research in Human Development*, *5*, 107 – 120.

Staudinger, U. M. , & Baltes, P. B. (1996). Interactive minds: A facilitative setting for wisdom-related performance? *Journal of Personality and Social Psychology*, *71*, 746 – 762.

Staudinger, U. M. , & Leipold, B. (2003). The assessment of wisdom-related per-formance. In C. R. Snyder (Ed.), *Positive psychological assessment: A handbook of models and measures.* Washington, DC: American Psychological Association.

Staunton, H. (2005). Mammalian sleep. *Naturwissenschaften*, *35*, 15.

Stearns, E. , & Glennie, E. J. (2006). When and why dropouts leave high school. *Youth & Society*, *38*, 29 – 57.

Stecker, M. , Wolfe, J. , & Stevenson, M. (2013). Neurophysiologic responses of peripheral nerve to repeated episodes of anoxia. *Clinical Neurophysiology*, *124*, 792 – 800.

Stedman, L. C. (1997). International achievement differences: An assessment of a new perspective. *Educational Researcher*, *26*, 4 – 15.

Steel, A. , Adams, J. , Sibbritt, D. , Broom, A. , Frawley, J. , & Gallois, C. (2014). The influence of complementary and alternative medicine use in pregnancy on labor pain management choices: Results from a nationally representative sample of 1,835 women. *The Journal of Alternative and Complementary Medicine*, *20*, 87 – 97.

Steers, R. M., & Porter, L. W. (1991). *Motivation and work behavior* (5th ed.). New York: McGraw-Hill.
Stein, D., Latzer, Y., & Merick, J. (2009). Eating disorders: From etiology to treat-ment. *International Journal of Child and Adolescent Health*, 2, 139 – 151.
Stein, J. H., & Reiser, L. W. (1994). A study of white middle-class adolescent boys' responses to "semenarche" (the first ejaculation). *Journal of Youth and Adolescence*, 23, 373 – 384.
Stein, Z., Susser, M., Saenger, G., & Marolla, F. (1975). *Famine and human develop-ment: The Dutch hunger winter of 1944 – 1945*. New York: Oxford University Press.
Steinberg, L. (2014). *Age of opportunity: Lessons from the new science of adolescence*. Boston, MA: Houghton Mifflin Harcourt.
Steinberg, L., Dornbusch, S., & Brown, B. B. (1992). Ethnic differences in adolescent achievement: An ecological perspective. *American Psychologist*, 47, 723 – 729.
Steinberg, L., & Silverberg, S. (1986). The vicissitudes of autonomy in early adolescence. *Child Development*, 57, 841 – 851.
Steinberg, L. D., & Scott, S. S. (2003). Less guilty by reason of adolescence: Developmental immaturity, diminished responsibility, and the juvenile death penalty. *American Psychologist*, 58, 1009 – 1018.
Steiner, J. E. (1979). Human facial expressions in response to taste and smell stimulation. *Advances in Child Development and Behavior*, 13, 257.
Steiner, L. M., Durand, S., Groves, D., & Rozzell, C. (2015). Effect of infidelity, initiator status, and spiritual well-being on men's divorce adjustment. *Journal of Divorce & Remarriage*, 56, 95 – 108.
Steinert, S., Shay, J. W., & Wright, W. E. (2000). Transient expression of human telomerase extends the life span of normal human fibroblasts. *Biochemical & Biophysical Research Communications*, 273, 1095 – 1098.
Stenberg, G. (2009). Selectivity in infant social referencing. *Infancy*, 14, 457 – 473.
Steri, A. O., & Spelke, E. S. (1988). Haptic perception of objects in infancy. *Cognitive Psychology*, 20, 1 – 23.
Sterling, D., O'Connor, J., & Bonadies, J. (2001). Geriatric falls: Injury severity is high and disproportionate to mechanism. *Journal of Trauma – Injury, Infection and Critical Care*, 50, 116 – 119.
Sternberg, J. (2005). The triarchic theory of successful intelligence. In D. P. Flana-gan & P. L. Harrison (Eds.), *Contemporary intellectual assessment: Theories, tests, and issues*. New York: Guilford Press.
Sternberg, R. (2003a). A broad view of intelligence: The theory of successful intelligence. *Consulting Psychology Journal: Practice & Research*, 55, 139 – 154.
Sternberg, R. (2003b). Our research program validating the triarchic theory of successful intelligence: Reply to Gottfredson. *Intelligence*, 31, 399 – 413.
Sternberg, R. J. (1985). *Beyond IQ: A triarchic theory of human intelligence*. New York: Cambridge University Press.
Sternberg, R. J. (1986). Triangular theory of love. *Psychological Review*, 93, 119 – 135
Sternberg, R. J. (1988). Triangulating love. In R. J. Sternberg & M. J. Barnes (Eds.), *The psychology of love*. New Haven, CT: Yale University Press.
Sternberg, R. J. (1990). *Metaphors of mind: Conceptions of the nature of intelligence*. Cambridge, England: Cambridge University Press.
Sternberg, R. J. (1991). Theory-based testing of intellectual abilities: Rationale for the Sternberg triarchic abilities test. In H. A. H. Rowe (Ed.), *Intelligence: Reconceptualization and measurement*. Hillsdale, NJ: Lawrence Erlbaum.
Sternberg, R. J. (1997a). Construct validation of a triangular love scale. *European Journal of Social Psychology*, 27, 313 – 335.
Sternberg, R. J. (2006). Intelligence. In K. Pawlik, & G. d'Ydewalle (Eds.), *Psycho-logical concepts: An international historical perspective*. Hove, England: Psychol-ogy Press/Taylor & Francis.
Sternberg, R. J. (2008). Schools should nurture wisdom. In B. Z. Presseisen (Ed.), *Teaching for intelligence* (2nd ed.). Thousand Oaks, CA: Corwin Press, 2008.
Sternberg, R. J. (2009). The nature of creativity. In R. J. Sternberg, J. C. Kaufman, & E. L. Grigorenko (Eds.), *The essential Sternberg: Essays on intelligence, psychol-ogy, and education*. Sternberg, New York: Springer Publishing Co.
Sternberg, R. J., Conway, B. E., Ketron, J. L., & Bernstein, M. (1981). Peoples' con-ceptions of intelligence. *Journal of Personality and Social Psychology*, 41, 37 – 55.
Sternberg, R. J., & Grigorenko, E. L. (Eds.). (2002). *The general factor of intelligence: How general is it?* Mahwah, NJ: Lawrence Lawrence Erlbaum.
Sternberg, R. J., & Hojjat, M. (1997b). *Satisfaction in close relationships*. New York: Guilford Press.
Sternberg, R. J., Kaufman, J. C., & Pretz, J. E. (2002). *The creativity conundrum: A propulsion model of creative contributions*. Philadelphia, PA: Psychology Press.
Sternberg, R. J., Wagner, R. K., Williams, W. M., & Horvath, J. A. (1997). Testing common sense. In D. Russ-Eft, H. Preskill, & C. Sleezer (Eds.), *Human resource development review: Research and implications (pp. 102 – 132)*. Thousand Oaks, CA: Sage Publications.
Stevens, J., Cai, J., Evenson, K. R., & Thomas, R. (2002). Fitness and fatness as predictors of mortality from all causes and from cardiovascular disease in men and women in the lipid research clinics study. *American Journal of Epidemiology*, 156, 832 – 841.
Stevens, N., Martina, C., & Westerhof, G. (2006, August). Meeting the need to be-long: Predicting effects of a friendship enrichment program for older women. *The Gerontologist*, 46, 495 – 502.
Stevens, W., Hasher, L., Chiew, K., & Grady, C. (2008). A neural mechanism under-lying memory failure in older adults. *The Journal of Neuroscience*, 28, 12820 – 12824.
Stevenson, H. W., Chen, C., & Lee, S. Y. (1992). A comparison of the parent – child relationship in Japan and the United States. In L. L. Roopnarine & D. B. Carter (Eds.), *Parent-child socialization in diverse cultures*. Norwood, NJ: Ablex.
Stevenson, H. W., Lee, S., & Mu, X. (2000). Successful achievement in mathemat-ics: China and the United States. In C. F. M. van Lieshout & P. G. Heymans (Eds.), *Developing talent across the life span*. Philadelphia, PA: Psychology Press.
Stevenson, H. W., & Lee, S. Y. (1990). Contexts of achievement: A study of Amer-ican, Chinese, and Japanese children. *Monographs of the Society for Research in Child Development*, 55, 1 – 123.
Stevenson, M., Henderson, T., & Baugh, E. (2007, February). Vital defenses: Social support appraisals of black grandmothers parenting grandchildren. *Journal of Family Issues*, 28, 182 – 211.
Stewart, A. J., Copeland, A. P., Chester, N. L., Mallery, J. E., & Barenbaum, N. B. (1997). *Separating together: How divorce transforms families*. New York: Guilford Press.
Stewart, A. J., & Ostrove, J. M. (1998). Women's personality in middle age: Gen-der, history, and midcourse corrections. *American Psychologist*, 53, 1185 – 1194.
Stewart, A. J., & Vandewater, E. A. (1999). "If I had it to do over again…": Midlife review, midcourse corrections, and women's well-being in midlife. *Journal of Personality and Social Psychology*, 76, 270 – 283.
Stewart, M., Scherer, J., & Lehman, M. (2003). Perceived effects of high frequency hearing loss in a farming population. *Journal of the American Academy of Audiol-ogy*, 14, 100 – 108.
Stice, E. (2003). Puberty and body image. In C. Hayward (Ed.), *Gender differences at puberty*. New York: Cambridge University Press.
Stiles, J. (2012). The effects of injury to dynamic neural networks in the mature and developing brain. *Developmental Psychobiology*, 54, 343 – 349.
Stipp, S. (2012, January). A new path to longevity. *Scientific American*, pp. 33 – 39.
Stockdale, M. S., & Crosby, F. J. (2004). *Psychology and management of workplace diversity*. Malden, MA: Blackwell Publishers.
Stolberg, S. G. (1998, April 3). Rise in smoking by young blacks erodes a success story in health. *New York Times*, p. A1.
Storey, K., Slaby, R., Adler, M., Minotti, J., & Katz, R. (2008). *Eyes on Bullying. . . What Can You do?* Boston: Education Development Center.
Storfer, M. (1990). *Intelligence and giftedness: The contributions of*

heredity and early environment. San Francisco: Jossey-Bass.

Story, M., Nanney, M., & Schwartz, M. (2009). Schools and obesity prevention: Creating school environments and policies to promote healthy eating and physical activity. *Milbank Quarterly*, *87*, 71 - 100.

Strasburger, V. (2009). Media and children: What needs to happen now? *JAMA: The Journal of the American Medical Association*, *301*, 2265 - 2266.

Straus, M. A., & McCord, J. (1998). Do physically punished children become violent adults? In S. Nolen-Hoeksema (Ed.), *Clashing views on abnormal psychology: A Taking Sides custom reader* (pp. 130 - 155). Guilford, CT: Dushkin/ McGraw-Hill.

Strauss, J. R. (2011). Contextual influences on women's health concerns and at-titudes toward menopause. *Health & Social Work*, *36*, 121 - 127.

Streissguth, A. (2007). Offspring effects of prenatal alcohol exposure from birth to 25 years: The Seattle Prospective Longitudinal Study. *Journal of Clinical Psychology in Medical Settings*, *14*, 81 - 101.

Strelau, J. (1998). *Temperament: A psychological perspective.* New York: Plenum Publishers.

Striano, T., & Vaish, A. (2006, November). Seven- to 9-month-old infants use facial expressions tó interpret others' actions. *British Journal of Developmental Psychology*, *24*, 753 - 760.

Stright, A., Gallagher, K., & Kelley, K. (2008). Infant temperament moderates relations between maternal parenting in early childhood and children's adjust-ment in first grade. *Child Development*, *79(1)*, 186 - 200. Accessed online, http://search.ebscohost.com, doi:10.1111/j.1467 - 8624.2007.01119.x

Strobel, A., Dreisbach, G., Müller, J., Goschke, T., Brocke, B., & Lesch, K. (2007, December). Genetic variation of serotonin function and cognitive control. *Journal of Cognitive Neuroscience*, *19*, 1923 - 1931.

Strohl, M., Bednar, C., & Longley, C. (2012). Residents' perceptions of food and nutrition services at assisted living facilities. *Family and Consumer Sciences Research Journal*, *40*, 241 - 254.

Stromswold, K. (2006). Why aren't identical twins linguistically identical? Ge-netic, prenatal and postnatal factors. *Cognition*, *101*, 333 - 384.

Stroope, S., McFarland, M. J., & Uecker, J. E. (2015). Marital characteristics and the sexual relationships of U.S. older adults: An analysis of national social life, health, and aging project data. *Archives of Sexual Behavior*, *44*, 233 - 247.

Struempler, B. J., Parmer, S. M., Mastropietro, L. M., Arsiwalla, D., & Bubb, R. R. (2014). Changes in fruit and vegetable consumption of third-grade students in body quest: Food of the warrior, a 17-class childhood obesity prevention program. *Journal of Nutrition Education and Behavior*, *46*, 286 - 292.

Stutzer, A., & Frey, B. (2006, April). Does marriage make people happy, or do happy people get married? *The Journal of Socio-Economics*, *35*, 326 - 347.

Suarez-Orozco, C., & Suarez-Orozco, M., & Todorova, I. (2008). *Learning a new land: Immigrant students in American society.* Cambridge, MA: Belknap Press/ Harvard University Press.

Subotnik, R. (2006). Longitudinal studies: Answering our most important questions of prediction and effectiveness. *Journal for the Education of the Gifted*, *29*, 379 - 383.

Sugarman, S. (1988). *Piaget's construction of the child's reality.* Cambridge, Eng-land: Cambridge University Press.

Suinn, R. M. (2001). The terrible twos—Anger and anxiety: Hazardous to your health. *American Psychologist*, *56*, 27 - 36.

Suitor, J. J., Minyard, S. A., & Carter, R. S. (2001). "Did you see what I saw?" Gender differences in perceptions of avenues to prestige among adolescents. *Sociological Inquiry*, *71*, 437 - 454.

Sullivan, M., & Lewis, M. (2003). Contextual determinants of anger and other negative expressions in young infants. *Developmental Psychology*, *39*, 693 - 705.

Sum, A., Fogg, N., Harrington, P., Khatiwada, I., Palma, S., Pond, N., & Tobar, P. (2003). *The growing gender gaps in college enrollment and degree attainment in the U.S. and their potential economic and social consequences.* Boston, MA: Center for Labor Market Studies, Northeastern University.

Summers, J., Schallert, D., & Ritter, P. (2003). The role of social comparison in students' perceptions of ability: An enriched view of academic motivation in middle school students. *Contemporary Educational Psychology*, *28*, 510 - 523.

Sumner, E., Connelly, V., & Barnett, A. L. (2014). The influence of spelling ability on handwriting production: Children with and without dyslexia. *Journal of Experimental Psychology: Learning, Memory, and Cognition*, *40*, 1441 - 1447.

Sumner, R., Burrow, A. L., & Hill, P. L. (2015). Identity and purpose as predictors of subjective well-being in emerging adulthood. *Emerging Adulthood*, *3*, 46 - 54.

Sun, A., Lam, C, & Wong, D. A. (2012). Expanded newborn screening for inborn errors of metabolism. *Advances in Pediatrics*, *59*, 209 - 245.

Sun, B. H., Wu, C. W., & Kalunian, K. C. (2007). New developments in osteoar-thritis. *Rheumatoid Disease Clinics of North America*, *33*, 135 - 148.

Sunderman, G. L. (Ed.). (2008). *Holding NCLB accountable: Achieving, accountabil-ity, equity & school reform.* Thousand Oaks, CA: Corwin Press.

Super, C. M. (1976). Environmental effects on motor development: A case of Af-rican infant precocity. *Developmental Medicine and Child Neurology*, *18*, 561 - 576.

Super, C. M., & Harkness, S. (1982). The infant's niche in rural Kenya and met-ropolitan America. In L. Adler (Ed.), *Issues in cross-cultural research.* New York: Academic Press.

Supple, A., Ghazarian, S., Peterson, G., & Bush, K. (2009). Assessing the cross-cultural validity of a parental autonomy granting measure: Comparing adoles-cents in the United States, China, Mexico, and India. *Journal of Cross-Cultural Psychology*, *40*, 816 - 833.

Sutherland, R., Pipe, M., & Schick, K. (2003). Knowing in advance: The impact of prior event information on memory and event knowledge. *Journal of Experi-mental Child Psychology*, *84*, 244 - 263.

Swaim, R., Barner, J., & Brown, C. (2008). The relationship of calcium intake and exercise to osteoporosis health beliefs in postmenopausal women. *Research in Social & Administrative Pharmacy*, *4*, 153 - 163.

Swain, J. E., Lorberbaum, J. P., Kose, S., & Strathearn, L. (2007). Brain basis of early parent-infant interactions: Psychology, physiology, and in vivo functional neuroimaging studies. *Journal of Child Psychology and Psychiatry*, *48*, 262 - 287.

Swanson, L. A., Leonard, L. B., & Gandour, J. (1992). Vowel duration in mothers' speech to young children. *Journal of Speech and Hearing Research*, *35*, 617 - 625.

Swiatek, M. (2002). Social coping among gifted elementary school students. *Journal for the Education of the Gifted*, *26*, 65 - 86.

Swingler, M. M., Sweet, M. A., & Carver, L. J. (2007). Relations between mother-child interaction and the neural correlates of face processing in 6-month-olds. *Infancy*, *11*, 63 - 86.

Szaflarski, J. P., Rajagopal, A., Altaye, M., Byars, A. W., Jacola, L., Schmithorst, V. J., & Holland, S. K. (2012). Left-handedness and language lateralization in children. *Brain Research*, *1433*, 85 - 97. Accessed online, 7-18-12; http://www.ncbi.nlm.nih.gov/pubmed/22177775

Taddio, A., Shah, V., & Gilbert-MacLeod, C. (2002). Conditioning and hyperal-gesia in newborns exposed to repeated heel lances. *JAMA: The Journal of the American Medical Association*, *288*, 857 - 861.

Tadic, I., Stevanovic, D., Tasic, L., & Stupar, N. (2012). Development of a shorter version of the osteoporosis knowledge assessment tool. *Women & Health*, *52(1)*, 18 - 31. doi:10.1080/03630242.2011.635246

Tajfel, H., & Turner, J. C. (2004). The social identity theory of intergroup behav-ior. In J. T. Jost & J. Sidanius (Eds.). *Political psychology: Key readings.* New York: Psychology Press.

Takahashi, K. (1986). Examining the Strange Situation procedure with Japanese mothers and 12-month-old infants. *Developmental Psychology*, *22*, 265 - 270.

Takala, M. (2006, November). The effects of reciprocal teaching on reading com-prehension in mainstream and special (SLI) education. *Scandinavian Journal of Educational Research*, *50*, 559 - 576.

Talwar, V., & Lee, K. (2002a). Emergence of white-lie telling in children between 3 and 7 years of age. *Merrill-Palmer quarterly*, *48*, 160 - 181.

Talwar, V., & Lee, K. (2002b). Development of lying to conceal a transgression: Children's control of expressive behavior during verbal deception. *Interna-tional Journal of Behavioral Development*, *26*, 436 - 444.

Talwar, V., & Lee, K. (2008). Social and cognitive correlates of children's lying behavior. *Child Development*, *79*, 866 - 881.

Talwar, V., Murphy, S., & Lee, K. (2007). While lie-telling in children for polite-ness purposes. *International Journal of Behavioral Development*, *30*, 1 - 11.

Tamis-LeMonda, C. S., & Cabrera, N. (2002). *Handbook of father involvement: Multidisciplinary perspectives.* Mahwah, NJ: Lawrence Erlbaum. Tamis-LeMonda, C. S., Song, L., Leavell, A., Kahana-Kalman, R., & Yoshikawa, H. (2012). Ethnic differences in mother - infant language and gestural com-munications are associated with specific skills in infants. *Developmental Science*, *15*, 384 - 397.

Tang, C., Curran, M., & Arroyo, A. (2014). Cohabitors' reasons for living to-gether, satisfaction with sacrifices, and relationship quality. *Marriage & Family Review*, *50*, 598 - 620.

Tang, C., Wu, M., Liu, J., Lin, H., & Hsu, C. (2006). Delayed parenthood and the risk of cesarean delivery—Is paternal age an independent risk factor? *Birth: Issues in Perinatal Care*, *33*, 18 - 26.

Tang, Z., & Orwin, R. (2009). Marijuana initiation among American youth and its risks as dynamic processes: Prospective findings from a national longitudi-nal study. *Substance Use & Misuse*, *44*, 195 - 211.

Tangri, S., Thomas, V., & Mednick, M. (2003). Predictors of satisfaction among college-educated African American women in midlife. *Journal of Adult Develop-ment*, *10*, 113 - 125.

Tanner, E., & Finn-Stevenson, M. (2002). Nutrition and brain development: Social policy implications. *American Journal of Orthopsychiatry*, *72*, 182 - 193.

Tanner, J. (1972). Sequence, tempo, and individual variation in growth and development of boys and girls aged twelve to sixteen. In J. Kagan & R. Coles (Eds.), *Twelve to sixteen: Early adolescence.* New York: Norton.

Tanner, J. M. (1978). *Education and physical growth* (2nd ed.). New York: Interna-tional Universities Press.

Tappan, M. (2006, March). Moral functioning as mediated action. *Journal of Moral Education*, *35*, 1 - 18.

Tardif, T. (1996). Nouns are not always learned before verbs: Evidence from Mandarin speakers' early vocabularies. *Developmental Psychology*, *32*, 492 - 504.

Tardif, T., Wellman, H. M., & Cheung, K. M. (2004). False belief understanding in Cantonese-speaking children. *Journal of Child Language*, *31*, 779 - 800.

Task Force on Sudden Infant Death Syndrome. (2005). The changing concept of sudden infant death syndrome: Diagnostic coding shifts, controversies regard-ing the sleeping environment, and new variables to consider in reducing risk. *Pediatrics*, *105*, 650 - 656.

Tattersall, M., Cordeaux, Y., Charnock-Jones, D., & Smith, G. S. (2012). Expression of gastrin-releasing peptide is increased by prolonged stretch of human myometrium, and antagonists of its receptor inhibit contractility. *The Journal of Physiology*, *590*, 2081 - 2093.

Tatum, B. (2007). *Can we talk about race? And other conversations in an era of school resegregation.* Boston: Beacon Press.

Tauriac, J., & Scruggs, N. (2006, January). Elder abuse among African Ameri-cans. *Educational Gerontology*, *32*, 37 - 48.

Taveras, E. M., et al. (2009). Weight Status in the First 6 Months of Life and Obesity at 3 Years of Age. *Pediatrics*, *4*, 201 - 114.

Tavernise, S. (2013, September 6). Rise is seen in students who use e-cigarettes. *The New York Times*, p. A11.

Tavernise, S. (2014). Obesity rate for young children plummets 43% in a decade. *The New York Times*, p 1.

Taylor, A., Wilson, C., Slater, A., & Mohr, P. (2012). Self-esteem and body dissat-isfaction in young children: Associations with weight and perceived parenting style. *Clinical Psychologist*, *16*, 25 - 35.

Taylor, D. M. (2002). *The quest for identity: From minority groups to Generation Xers.* Westport, CT: Praeger Publishers/Greenwood Publishing.

Taylor, H. G., Klein, N., Minich, N. M., & Hack, M. (2000). Middle-school-age outcomes in children with very low birthweight. *Child Development*, *71*, 1495 - 1511.

Taylor, R. L., & Rosenbach, W. E. (Eds.). (2005). *Military leadership: In pursuit of excellence* (5th ed.). Boulder, CO: Westview Press.

Taylor, S. E. (1991). *Health psychology* (2nd ed.). New York: McGraw-Hill.

Taylor, S. (2015). *Health Psychology* (9th ed.). New York: McGraw-Hill.

Taylor, S. E. (2009). Publishing in scientific journals: We're not just talking to ourselves anymore. *Perspectives on Psychological Science*, *4*, 38 - 39.

Taylor, S., & Stanton, A. (2007). Coping resources, coping processes, and mental health. *Annual Review of Clinical Psychology*, *33*, 77 - 401.

Taylor, W. D. (2014). Depression in the elderly. *The New England Journal of Medi-cine*, *371*, 1228 - 1235.

Taynieoeaym, M., & Ruffman, T. (2008). Stepping stones to others' minds: Ma-ternal talk relates to child mental state language and emotion understanding at 15, 24, and 33 months. *Child Development*, *79*, 284 - 302.

Tellegen, A., Lykken, D. T., Bouchard, T. J., Jr., Wilcox, K. J., Segal, N. L., & Rich, S. (1988). Personality similarity in twins reared apart and together. *Journal of Personality and Social Psychology*, *54*, 1031 - 1039.

Tenenbaum, H. R., & Leaper, C. (1998). Gender effects on Mexican-descent parents' questions and scaffolding during toy play: A sequential analysis. *First Language*, *18*, 129 - 147.

Tenenbaum, H., & Leaper, C. (2003). Parent-child conversations about science: The socialization of gender inequities? *Developmental Psychology*, *39*, 34 - 47.

Teoli, D. A., Zullig, K. J., & Hendryx, M. S. (2015). Maternal fair/poor self-rated health and adverse infant birth outcomes. *Health Care for Women International*, *36*, 108 - 120.

Terracciano, A., McCrae, R., & Costa, P. (2009). Intra-individual change in per-sonality stability and age. *Journal of Research in Personality*, *27*, 88 - 97.

Terry, D. (2000, August, 11). U. S. child poverty rate fell as economy grew, but is above 1979 level. *New York Times*, p. A10.

Terzidou, V. (2007). Preterm labour. Biochemical and endocrinological prepara-tion for parturition. *Best Practices of Research in Clinical Obstetrics and Gynecol-ogy*, *21*, 729 - 756.

Teutsch, C. (2003). Patient - doctor communication. *Medical Clinics of North America*, *87*, 1115 - 1147.

Tharp, R. G. (1989). Psychocultural variables and constants: Effects on teach-ing and learning in schools: Special issue: Children and their development: Knowledge base, research agenda, and social policy application. *American Psychologist*, *44*, 349 - 359.

Thelen, E., & Bates, E. (2003). Connectionism and dynamic systems: Are they really different? *Developmental Science*, *6*, 378 - 391.

Thelen, E., & Smith, L. (2006). *Dynamic systems theories. Handbook of child psychol-ogy. Vol. 1, Theoretical models of human development* (6th ed.). New York: Wiley.

Thielsch, C., Andor, T., & Ehring, T. (2015). Metacognitions, intolerance of un-certainty and worry: An investigation in adolescents. *Personality and Individual Differences*, *74*, 94 - 98.

Thijs, J., & Verkuyten, M. (2013). Multiculturalism in the classroom: Ethnic attitudes and classmates' beliefs. *International Journal of Intercultural Relations*, *37*, 176 - 187.

Thivel, D., Isacco, L., Rousset, S., Boirie, Y., Morio, B., & Duché, P. (2011). Inten-sive exercise: A remedy for childhood obesity? *Physiology & Behavior*, *102(2)*, 132 - 136.

Thoermer, C., Woodward, A., Sodian, B., Perst, H., & Kristen, S. (2013). To get the grasp: Seven-month-olds encode and selectively reproduce goal-directed grasping. *Journal of Experimental Child Psychology*, *116*, 499 - 509.

Thoman, E. B., & Whitney, M. P. (1990). Sleep states of infants monitored in the home: Individual differences, developmental trends, and origins of diurnal cyclicity. *Infant Behavior and Development*, *12*, 59 - 75.

Thomas, A., & Chess, S. (1980). *The dynamics of psychological development.* New York: Brunner-Mazel.

Thomas, A., Chess, S., & Birch, H. G. (1968). *Temperament and behavior disorders in children.* New York: New York University Press.

Thomas, P., & Fenech, M. (2007). A review of genome mutation and Alzheimer's disease. *Mutagenesis*, *22*, 15 - 33.

Thomas, R. M. (2001). *Recent human development theories.* Thousand Oaks, CA: Sage Publications.

Thomas, S. G. (2012, March 3). The gray divorces. *Wall Street Journal*, pp. C1, C2.

Thomas, T. L., Strickland, O., Diclemente, R., & Higgins, M. (2013). An opportu-nity for cancer prevention during preadolescence and adolescence: Stopping human papillomavirus (HPV)-related cancer through HPV vaccination. *Journal of Adolescent Health*, *52*(5, Suppl), S60 – S68.

Thompson, C., & Prottas, D. (2006, January). Relationships among organization-al family support, job autonomy, perceived control, and employee well-being. *Journal of Occupational Health Psychology*, *11*, 100 – 118.

Thompson, R., Briggs-King, E. C., & LaTouche-Howard, S. A. (2012). Psychology of African American children: Strengths and challenges. In E. C. Chang & C. A. Downey (Eds.), *Handbook of race and development in mental health.* New York: Springer Science + Business Media.

Thoms, K. M., Kuschel, C., & Emmert, S. (2007). Lessons learned from DNA repair defective syndromes. *Experimental Dermatology*, *16*, 532 – 544.

Thomsen, L., Frankenhus, W. E., Ingold-Smith, M., & Carey, S. (2011). Big and mighty: Preverbal infants mentally represent social dominance. *Journal of Physiological Science*, *61*, 429 – 435.

Th. ni A, Mussner K, & Ploner, F. (2010). Water birthing: Retrospective review of 2625 water births. Contamination of birth pool water and risk of microbial cross-infection. *Minerva Ginecologia*, *62*, 203 – 211.

Thordstein, M., L. fgren, N., Flisberg, A., Lindecrantz, K., & Kjellmer, I. (2006). Sex differences in electrocortical activity in human neonates. *Neuroreport: For Rapid Communication of Neuroscience Research*, *17*, 1165 – 1168.

Thornberry, T. P., & Krohn, M. D. (1997). Peers, drug use, and delinquency. In D. M. Stoff, J. Breiling, & J. D. Maser (Eds.), *Handbook of antisocial behavior.* New York: Wiley.

Thornton, J. (2004). Life-span learning: A developmental perspective. *Interna-tional Journal of Aging & Human Development*, *57*, 55 – 76.

Thorpe, A. M., Pearson, J. F., Schluter, P. J., Spittlehouse, J. K., & Joyce, P. R. (2014). Attitudes to aging in midlife are related to health conditions and mood. *International Psychogeriatrics*, *26*, 2061 – 2071.

Thorsen, C., Gustafsson, J., & Cliffordson, C. (2014). The influence of fluid and crystallized intelligence on the development of knowledge and skills. *British Journal of Educational Psychology*, *84*, 556 – 570.

Thorson, J. A., Powell, F., Abdel-Khalek, A. M., & Beshai, J. A. (1997). Construc-tions of religiosity and death anxiety in two cultures: The United States and Kuwait. *Journal of Psychology and Theology*, *25*, 374 – 383.

Thorvaldsson, V., Hofer, S., Berg, S., Skoog, I., Sacuiu, S., & Johansson, B. (2008). Onset of terminal decline in cognitive abilities in individuals without demen-tia. *Neurology*, *71*, 882 – 887.

Thurlow, M. L., Lazarus, S. S., & Thompson, S. J. (2005). State policies on assess-ment participation and accommodations for students with disabilities. *Journal of Special Education*, *38*, 232 – 240.

Tibben, A. (2007). Predictive testing for Huntington's disease. *Brain Research Bul-letin*, *72*, 165 – 171. Accessed online, http://search. ebscohost. com, doi:10. 1016/j. brainresbull. 2006. 10. 023

Tiesler, C. T., & Heinrich, J. (2014). Prenatal nicotine exposure and child behav-ioural problems. *European Child & Adolescent Psychiatry*, *23*, 913 – 929.

Tikotzky, L., & Sadeh, A. (2009). Maternal sleep-related cognitions and infant sleep: A longitudinal study from pregnancy through the 1st year. *Child Devel-opment*, *80*, 860 – 874.

Time. (1980, September 8). People section.

Timmermans, S., & Buchbinder, M. (2012). Expanded newborn screening: Ar-ticulating the ontology of diseases with bridging work in the clinic. *Sociology of Health & Illness*, *34*, 208 – 220.

Tine, M. (2014). Working memory differences between children living in rural and urban poverty. *Journal of Cognition and Development*, *15*(*4*), 599 – 613.

Tinsley, B., Lees, N., & Sumartojo, E. (2004). Child and adolescent HIV risk: Familial and cultural perspectives. *Journal of Family Psychology*, *18*, 208 – 224.

Tissaw, M. (2007). Making sense of neonatal imitation. *Theory & Psychology*, *17*, 217 – 242.

Toch, T. (1995, January 2). Kids and marijuana: The glamour is back. *U. S. News and World Report*, p. 12.

Todrank, J., Heth, G., & Restrepo, D. (2011). Effects of in utero odorant exposure on neuroanatomical development of the olfactory bulb and odour preferences. Proceedings. *Biological sciences / The Royal Society*, *278*, 1949 – 1955.

Toga, A. W., & Thompson, P. M. (2003). Temporal dynamics of brain anatomy. *Annual Review of Biomedical Engineering*, *5*, 119 – 145.

Toga, A. W., Thompson, P. M., & Sowell, E. R. (2006). Mapping brain maturation. *Trends in Neuroscience*, *29*, 148 – 159.

Tomblin, J. B., Hammer, C. S., & Zhang, X. (1998). The association of prenatal tobacco use and SLI. *International Journal of Language and Communication Disorders*, *33*, 357 – 368.

Tomlinson-Keasey, C. (1985). *Child development: Psychological, sociological, and biological factors.* Homewood, IL: Dorsey.

Tongsong, T., Iamthongin, A., Wanapirak, C., Piyamongkol, W., Sirichotiyakul, S., Boonyanurak, P., Tatiyapornkul, T., & Neelasri, C. (2005). Accuracy of fetal heart-rate variability interpretation by obstetricians using the criteria of the National Institute of Child Health and Human Development compared with computer-aided interpretation. *Journal of Obstetric and Gynaecological Research*, *31*, 68 – 71.

Toomey, R., B., Ryan, C. D., Rafael, M., Card, N. A., & Russell, S. T. (2010). Gender-nonconforming lesbian, gay, bisexual, and transgender youth: School victimization and young adult psychosocial adjustment. *Developmental Psy-chology*, *46*, 1580 – 1589.

Tooten, A., Hall, R. A., Hoffenkamp, H. N., Braeken, J., Vingerhoets, A. J., & van Bakel, H. J. (2014). Maternal and paternal infant representations: A comparison between parents of term and preterm infants. *Infant Behavior & Development*, *37*, 366 – 379.

Toporek, R. L., Kwan, K., & Wlliams, R. A. (2012). Ethics and social justice in counseling psychology. In N. A. Fouad, J. A. Carter, & L. M. Subich (Eds.), *APA handbook of counseling psychology*, *vol. 1: Theories, research, and methods. APA hand-books in psychology.* Washington, DC: American Psychological Association.

Torges, C., Stewart, A., & Nolen-Hoeksema, S. (2008). Regret resolution, aging, and adapting to loss. *Psychology and Aging*, *23*, 169 – 180.

Trabulsi, J., & Mennella, J. (2012). Diet, sensitive periods in flavour learning, and growth. *International Review of Psychiatry*, *24*, 219 – 230.

Tracy, M., Zimmerman, F., Galea, S., McCauley, E., & Vander Stoep, A. (2008). What explains the relation between family poverty and childhood depressive symptoms? *Journal of Psychiatric Research*, *42*, 1163 – 1175.

Trainor, L. J. (2012). Predictive information processing is a fundamental learning mechanism present in early development: Evidence from infants. *International Journal of Psychophysiology*, *83*, 256 – 258.

Trainor, L., & Desjardins, R. (2002). Pitch characteristics of infant-directed speech affect infants' ability to discriminate vowels. *Psychonomic Bulletin & Review*, *9*, 335 – 340.

Trapnell, P. D., & Paulhus, D. L. (2012). Agentic and communal values: Their scope and measurement. *Journal of Personality Assessment*, *94*, 39 – 52.

Traywick, L., & Schoenberg, N. (2008). Determinants of exercise among older female heart attack survivors. *Journal of Applied Gerontology*, *27*, 52 – 77.

Treas, J., & Bengston, V. L. (1987). The family in later years. In M. B. Sussman & S. K. Steinmetz (Eds.), *Handbook of marriage and the family.* New York: Plenum.

Treat-Jacobson, D., Bron. s, U. G., & Salisbury, D. (2014). Exercise. In R. Lindquist, M. Snyder, M. F. Tracy, R. Lindquist, M. Snyder, & M. F. Tracy (Eds.), *Complementary and alternative therapies in nursing* (7th ed.). New York: Springer Publishing Co.

Trehub, S. E. (2003). The developmental origins of musicality.

Nature Neurosci-ence, *6*, 669 – 673.

Trehub, S. E., & Hannon, E. (2009). Conventional rhythms enhance infants' and adults' perception of musical patterns. *Cortex*, *45*, 110 – 118.

Trehub, S. E., Schneider, B. A., Morrongiello, B. A., & Thorpe, L. A. (1989). Developmental changes in high-frequency sensitivity. *Audiology*, *28*, 241 – 249.

Tremblay, A., & Chaput, J. (2012). Obesity: The allostatic load of weight loss dieting. *Physiology & Behavior*, *106*, 16 – 21.

Tremblay, R. E. (2001). The development of physical aggression during child-hood and the prediction of later dangerousness. In G. F. Pinard & L. Pagani (Eds.), *Clinical assessment of dangerousness: Empirical contributions*. New York: Cambridge University Press.

Triche, E. W., & Hossain, N. (2007). Environmental factors implicated in the causation of adverse pregnancy outcome. *Seminars in Perinatology*, *31*, 240 – 242.

Trickett, P. K., Kurtz, D. A., & Pizzigati, K. (2004). Resilient outcomes in abused and neglected children: Bases for strengths-based intervention and prevention policies. In K. I. Maton & C. J. Schellenbach (Eds.), *Investing in children, youth, families and communities: Strength-based research and policy*. Washington, DC: American Psychological Association.

Tronick, E. Z. (1995). Touch in mother – infant interactions. In T. M. Field (Ed.), *Touch in early development*. Hillsdale, NJ: Lawrence Erlbaum.

Tronick, E. Z. (2003). Emotions and emotional communication in infants. In J. Raphael-Leff (Ed.), *Parent – infant psychodynamics: Wild things, mirrors and ghosts* (pp. 35 – 53). London: Whurr Publishers.

Tropp, L. (2003). The psychological impact of prejudice: Implications for inter-group contact. *Group Processes & Intergroup Relations*, *6*, 131 – 149.

Tropp, L., & Wright, S. (2003). Evaluations and perceptions of self, ingroup, and outgroup: Comparisons between Mexican-American and European-American children. *Self & Identity*, *2*, 203 – 221.

Trotter, A. (2004, December 1). Web searches often overwhelm young research-ers. *Education Week*, *24*, 8.

Truman, J. L., & Morgan, R. E. (2014). *Nonfatal domestic violence, 2003 – 2012*. Washington, DC: U. S. Department of Justice.

Trzesniewski, K. H., Donnellan, M. B., & Robins, R. W. (2003). Stability of self-esteem across the life span. *Journal of Personality and Social Psychology*, *84*, 205 – 220.

Tsantefski, M., Humphreys, C., & Jackson, A. C. (2014). Infant risk and safety in the context of maternal substance use. *Children and Youth Services Review*, *47*, 10 – 17.

Tsapelas, I., Aron, A., & Orbuch, T. (2009). Marital boredom now predicts less satisfaction 9 years later. *Psychological Science*, *20*, 543 – 545.

Tse, T., & Howie, L. (2005, September). Adult day groups: Addressing older people's needs for activity and companionship. *Australasian Journal on Ageing*, *24*, 134 – 140.

Tucker, J. S., Martínez, J. F., Ellickson, P. L., & Edelen, M. O. (2008). Temporal as-sociations of cigarette smoking with social influences, academic performance, and delinquency: a four-wave longitudinal study from ages 13 – 23. *Psychology of Addictive Behaviors*, *22*, 1 – 11.

Tucker-Drob, E. M., & Briley, D. A. (2014). Continuity of genetic and environ-mental influences on cognition across the life span: A meta-analysis of longitu-dinal twin and adoption studies. *Psychological Bulletin*, *140*, 949 – 979.

Tucker-Drob, E. M., & Harden, K. (2012). Intellectual interest mediates gene × socioeconomic status interaction on adolescent academic achievement. *Child Development*, *83*, 743 – 757.

Tudge, J., & Scrimsher, S. (2003). Lev S. Vygotsky on education: A cultural-historical, interpersonal, and individual approach to development. In B. Zimmerman (Ed.), *Educational psychology: A century of contributions*. Mahwah, NJ: Lawrence Erlbaum.

Tuggle, F. J., Kerpelman, J. L., & Pittman, J. F. (2014). Parental support, psycho-logical control, and early adolescents' relationships with friends and dating partners. *Family Relations: An Interdisciplinary Journal of Applied Family Studies*, *63*, 496 – 512.

Tulving, E., & Thompson, D. M. (1973). Encoding specificity and retrieval processes in episodic memory. *Psychological Review*, *80*, 352 – 373.

Turati, C. (2008). Newborns' memory processes: A study on the effects of retroactive interference and repetition priming. *Infancy*, *13*, 557 – 569.

Turkheimer, E., Haley, A., Waldreon, M., D'Onofrio, B., & Gottesman, I. I. (2003). Socioeconomic status modifies heritability of IQ in young children. *Psychologi-cal Science*, *14*, 623 – 628.

Turney, K., & Kao, G. (2009). Barriers to school involvement: Are immigrant parents disadvantaged? *Journal of Educational Research*, *102*, 257 – 271.

Turton, P., Evans, C., & Hughes, P. (2009). Long-term psychosocial sequelae of stillbirth: Phase II of a nested case-control cohort study. *Archives of Women's Mental Health*, *12*, 35 – 41.

Twardosz, S., & Lutzker, J. (2009). Child maltreatment and the developing brain: A review of neuroscience perspectives. *Aggression and Violent Behavior*, *15*, 59 – 68.

Twenge, J. M., & Campbell, W. K. (2001). Age and birth cohort differences in self-esteem: A cross-temporal meta-analysis. *Personality and Social Psychology Review*, *5*, 321 – 344.

Twenge, J. M., & Crocker, J. (2002). Race and self-esteem: Meta-analyses compar-ing whites, blacks, Hispanics, Asians, and American Indians and comment on Gray-Little and Hafdahl (2000). *Psychological Bulletin*, *128*, 371 – 408.

Twenge, J. M., Gentile, B., & Campbell, W. K. (2015). Birth cohort differences in personality. In M. Mikulincer, P. R. Shaver, M. L. Cooper, R. J. Larsen, M. Mikulincer, P. R. Shaver, . . . R. J. Larsen (Eds.), *APA handbook of personality and social psychology, Volume 4: Personality processes and individual differences* (pp. 535 – 551). Washington, DC: American Psychological Association.

Twomey, J. (2006). Issues in genetic testing of children. *MCN: The American Journal of Maternal/Child Nursing*, *31*, 156 – 163.

Tyler, S., Corvin, J., McNab, P., Fishleder, S., Blunt, H., & VandeWeerd, C. (2014). "You can't get a side of willpower": Nutritional supports and barriers in the Villages, Florida. *Journal of Nutrition In Gerontology and Geriatrics*, *33*, 108 – 125.

Tyre, P., & McGinn, D. (2003, May 12). She works, he doesn't. *Newsweek*, pp. 45 – 52.

Tyre, P., & Scelfo, J. (2003, September 22). Helping kids get fit. *Newsweek*, pp. 60 – 62.

U. S. Bureau of the Census. (1990). *Disability and income level*. Washington, DC: U. S. Bureau of the Census.

U. S. Bureau of the Census. (1997). *Life expectancy statistics*. Washington, DC: U. S Bureau of the Census.

U. S. Bureau of the Census. (2000). The condition of education. *Current Population Surveys, Oc October 2000*. Washington, DC: Author.

U. S. Bureau of the Census. (2001). *Living arrangements of children*. Washington, DC: Author.

U. S. Bureau of the Census. (2003). *Population reports*. Washington, DC: U. S. Government Printing Office.

U. S. Bureau of the Census. (2008). *The next four decades: The older population in the United States: 2010 to 2050*. Washington, DC: U. S. Bureau of the Census.

U. S. Bureau of the Census. (2010). *Statistical abstract of the United States* (130th ed.). Washington, DC: U. S. Government Printing Office.

U. S. Bureau of the Census. (2011). *Current population survey and annual social and economic supplements*. Washington, DC: U. S. Bureau of the Census.

U. S. Bureau of the Census. (2011). *Statistical abstract of the United States* (131th ed.). Washington, DC: U. S. Government Printing Office.

U. S. Bureau of the Census. (2012). *Current population survey and annual social and economic supplements*. Washington, DC: U. S. Bureau of the Census.

U. S. Bureau of Labor Statistics. (2010, July). *Highlights of women's earnings in 2009*. Washington: U. S. Department of Labor.

U. S. Bureau of Labor Statistics. (2012). *Current Population Survey*. Washington, DC: U. S. Bureau of Labor Statistics.

U. S. Bureau of Labor Statistics. (2014). *Highlights of women's earnings in 2013*. Washington, DC: U. S. Bureau of Labor Statistics.

U. S. Census Bureau. (2011). *Overview of race and Hispanic origin: 2010 – 2010 Cen-sus briefs*. Washington, DC: U. S. Department of Commerce.

U. S. Census Bureau, Current Population Reports. (2013), *Income, poverty, and health insurance coverage in the United States: 2012*, Washington, DC: U. S. Gov-ernment Printing Office.

U. S. Department of Agriculture. (2006). *Dietary Guidelines for Americans 2005*. Washington, DC: U. S. Department of Agriculture.

U. S. Department of Education. (2003). *The condition of education, 2003*. Washing-ton, DC: U. S. Department of Education.

U. S. Department of Education. (2005). *2003 – 2004 National Postsecondary Student Aid Study (NPSAS: 04)*, unpublished tabulations. Washington, DC: U. S. Depart-ment of Education.

U. S. Department of Education. (2012). *National Center for Education Statistics; Pew Research Center tabulations of the March 2012 Current Population Survey*. Washington, DC: National Center for Education Statistics.

U. S. Department of Education. (2012). *The condition of education 2012. NCES 2012-045*. Washington, DC: U. S. Department of Education.

U. S. Department of Education. (2015). *The condition of education, 2014*. Washing-ton, DC: U. S. Department of Education.

U. S. Department of Health and Human Services, Administration on Children Youth and Families. (2007). *Child Maltreatment 2005*. Washington, DC: U. S. Government Printing Office.

U. S. Department of Health and Human Services. (1990). *Health United States 1989 (DHHS Publication No. PHS 90 – 1232)*. Washington, DC: U. S. Govern-ment Printing Office.

Uchikoshi, Y. (2006). Early reading in bilingual kindergartners: Can educational television help? *Scientific Studies of Reading*, *10*, 89 – 120.

Umana-Taylor, A. J., Diveri, M., & Fine, M. (2002). Ethnic identity and self-esteem among Latino adolescents: Distinctions among Latino populations. *Journal of Adolescent Research*, *17*, 303 – 327.

Uma. a-Taylor, A. J., Quintana, S. M., Lee, R. M., Cross, W. E., Rivas-Drake, D., Schwartz, S. J., . . . Seaton, E. (2014). Ethnic and racial identity during adolescence and into young adulthood: An integrated conceptualization. *Child Development*, *85*, 21 – 39.

UNAIDS & World Health Organization. (2009). *Cases of AIDS around the world*. New York: United Nations.

UNAIDS. (2011). *2011 World aids day*. New York: United Nations

Underwood, E. (2014). The taste of things to come. *Science*, *345*, 750 – 751.

Underwood, M. (2005). Introduction to the special section: Deception and observation. *Ethics & Behavior*, *15*, 233 – 234.

UNESCO. (2006). *Compendium of statistics on illiteracy*. Paris: Author.

Unger, R., & Crawford, M. (1992). *Women and gender: A feminist psychology* (2nd ed.). New York: McGraw-Hill.

Unger, R., & Crawford, M. (2003). *Women and gender: A feminist psychology*. New York: McGraw-Hill.

Unger, R., & Crawford, M. (2004). *Women and gender: A feminist psychology*. New York: McGraw-Hill.

United Nations Statistics Division. (2012). Statistical Annex Table 2. A Health— United Nations Statistics Division Accessed online, 7-18-12; unstats. un. org/ unsd/demographic/products/. . . %20pdf/Table2A. pdf

United Nations World Food Programme. (2013). *The 2013 Annual Performance Report*. Rome: World Food Programme.

United Nations World Population Prospects. (2006). Accessed online, 7-12-12; http://www. un. org/esa/population/publications/wpp2006/WPP2006_ Highlights_rev. pdf

United Nations, Department of Economic and Social Affairs, Population Division. (2013). *World Population Ageing 2013. ST/ESA/SER. A/348*. New York: United Nations.

United Nations. (1991). *Declaration of the world summit for children*. New York: Author.

United Nations. (2015). *International survey of world hunger*. New York: United Nations.

University of Akron. (2006). *A longitudinal evaluation of the new curricula for the D. A. R. E. middle (7th grade) and high school (9th grade) programs: Take charge of your life*. Akron, OH: University of Akron.

UNODC. (2013). *Global study on homicide 2013 (United Nations publication, Sales No. 14. IV. 1)* New York: United Nations.

Updegraff, K. A., Helms, H. M., McHale, S. M., Crouter, A. C., Thayer, S. M., & Sales, L. H. (2004). Who's the boss? Patterns of perceived control in adoles-cents' friendship. *Journal of Youth & Adolescence*, *33*, 403 – 420.

Updegraff, K. A., McHale, S. M., Whiteman, S. D., Thayer, S. M., & Crouter, A. C. (2006). The nature and correlates of Mexican-American adolescents' time with parents and peers. *Child Development*, *77*, 1470 – 1486.

Uphold-Carrier, H., & Utz, R. (2012). Parental divorce among young and adult children: A long-term quantitative analysis of mental health and family solidar-ity. *Journal of Divorce & Remarriage*, *53*, 247 – 266. doi: 10. 1080/10502556. 2012. 663272

Urberg, K., Luo, Q., & Pilgrim, C. (2003). A two-stage model of peer influence in adolescent substance use: Individual and relationship-specific differences in susceptibility to influence. *Addictive Behaviors*, *28*, 1243 – 1256.

Urquidi, V., Tarin, D., & Goodison, S. (2000). Role of telomerase in cell senes-cence and oncogenesis. *Annual Review of Medicine*, *51*, 65 – 79.

Urso, A. (2007). The reality of neonatal pain and the resulting effects. *Journal of Neonatal Nursing*, *13*, 236 – 238.

USA Weekend. (1997, August 22 – 24). *Fears among adults*, p. 5.

Uttal, D. H., Meadow, N. G., Tipton, E., Hand, L. L., Alden, A. R., Warren, C., & Newcombe, N. S. (2013). The malleability of spatial skills: A meta-analysis of training studies. *Psychological Bulletin*, *139*, 352 – 402.

Uylings, H. (2006). Development of the human cortex and the concept of "criti-cal" or "sensitive" periods. *Language Learning*, *56*, 59 – 90.

Vacha-Haase, T., Hill, R. D., & Bermingham, D. W. (2012). Aging theory and research. In N. A. Fouad, J. A. Carter, & L. M. Subich (Eds.), *APA handbook of counseling psychology, vol. 1: Theories, research, and methods*. Washington, DC US: American Psychological Association.

Vaillant, G. E. (1977). *Adaptation to life*. Boston: Little, Brown.

Vaillant, G. E., & Vaillant, C. O. (1981). Natural history of male psychological health, X: Work as a predictor of positive mental health. *The American Journal of Psychiatry*, *138*, 1433 – 1440.

Vaillant, G. E., & Vaillant, C. O. (1990). Natural history of male psychological health, XII: A 45-year study of predictors of successful aging. *American Journal of Psychiatry*, *147(1)*, 31 – 37.

Vaish, V. (2014). Whole language versus code-based skills and interactional patterns in Singapore's early literacy program. *Cambridge Journal of Education*, *44*, 199 – 215.

Vaish, A., & Striano, T. (2004). Is visual reference necessary? Contributions of facial versus vocal cues in 12-month-olds' social referencing behavior. *Develop-mental Science*, *7*, 261 – 269.

Valenti, C. (2006). Infant Vision Guidance: Fundamental Vision Development in Infancy. *Optometry and Vision Development*, *37*, 147 – 155.

Valeri, B. O., Gaspardo, C. M., Martinez, F. E., & Linhares, M. M. (2014). Pain reactivity in preterm neonates: Examining the sex differences. *European Journal of Pain*, *18*, 1431 – 1439.

Vallejo-Sánchez, B., & Pérez-García, A. M. (2015). The role of personality and coping in adjustment disorder. *Clinical Psychologist*. Accessed online, 3-23-15; http://onlinelibrary. wiley. com/doi/10. 1111/cp. 12064/abstract

Valles, N., & Knutson, J. (2008). Contingent responses of mothers and peers to indirect and direct aggression in preschool and school-aged children. *Aggres-sive Behavior*, *34*, 497 – 510.

Van Balen, F. (2005). The choice for sons or daughters. *Journal of Psychosomatic Obstetrics & Gynecology*, *26*, 229 – 320.

Van der Graaff, J., Branje, S., De Wied, M., Hawk, S., Van Lier, P., & Meeus, W. (2014). Perspective taking and empathic concern in adolescence: Gender differences in developmental changes. *Developmental Psychology*, *50*, 881 – 888.

van der Mark, I., van ijzendoorn, M., & Bakermans-Kranenburg, M. (2002). Development of empathy in girls during the second year of life: Associations with parenting, attachment, and temperament. *Social Development*, *11*, 451 – 468.

van Ditzhuijzen, J., ten Have, M., de Graaf, R. van Nijnatten, C. H. C. J., & Vollebergh, W. A. M. (2013). Psychiatric history of women who have had an abortion. *Journal of Psychiatric Research*, *47*, 1737 - 1743.

van Haren, N. M., Rijsdijk, F., Schnack, H. G., Picchioni, M. M., Toulopoulou, T., Weisbrod, M., & Kahn, R. S. (2012). The genetic and environmental deter-minants of the association between brain abnormalities and schizophrenia: The schizophrenia twins and relatives consortium. *Biological Psychiatry*, *71*, 915 - 921.

van Kleeck, A., & Stahl, S. (2003). *On reading books to children: Parents and teachers.* Mahwah, NJ: Lawrence Erlbaum.

Van Manen, S., & Pietromonaco, P. (1993). *Acquaintance and consistency influence memory from interpersonal information.* Unpublished manuscript, University of Massachusetts, Amherst.

van Marle, K., & Wynn, K. (2009). Infants' auditory enumeration: Evidence for analog magnitudes in the small number range. *Cognition*, *111*, 302 - 316.

van Marle, K., & Wynn, K. (2011). Tracking and quantifying objects and non-cohesive substances. *Developmental Science*, *15*, 302 - 316.

Van Neste, J., Hayden, A., Lorch, E. P., & Milich, R. (2015). Inference generation and story comprehension among children with ADHD. *Journal of Abnormal Child Psychology*, *43*, 259 - 270.

van Reenen, S. L., & van Rensburg, E. (2013). The influence of an unplanned Caesarean section on initial mother-infant bonding: Mothers' subjective expe-riences. *Journal of Psychology in Africa*, *23*, 269 - 274.

Vandell, D. L. (2000). Parents, peer groups, and other socializing influences. *Developmental Psychology*, *36*, 699 - 710.

Vandell, D. L. (2004). Early child care: The known and the unknown. *Merrill-Palmer Quarterly*, *50* [Special issue: The maturing of human developmental sciences: Appraising past, present, and prospective agendas], 387 - 414.

Vandell, D. L., Burchinal, M. R., Belsky, J., Owen, M. T., Friedman, S. L., Clarke-Stewart, A., McCartney, K., & Weinraub, M. (2005). Early child care and children's development in the primary grades: Follow-up results from the NICHD Study of Early Child Care. Paper presented at the biennial meeting of the Society for Research in Child Development, Atlanta, GA.

Vandell, D. L., Shumow, L., & Posner, J. (2005). After-school programs for low-income children: Differences in program quality. In J. L. Mahoney, R. W. Larson, & J. S. Ecccles, *Organized activities as contexts of development: Extracurricular activities, after-school and community programs.* Mahwah, NJ: Lawrence Erlbaum.

Vandello, J., & Cohen, D. (2003). Male honor and female fidelity: Implicit cul-tural scripts that perpetuate domestic violence. *Journal of Personality & Social Psychology*, *84*, 997 - 1010.

Vanlierde, A., Renier, L., & De Volder, A. G. (2008). Brain plasticity and multisen-sory experience in early blind individuals. In J. J. Rieser, D. H. Ashmead, F. F. Ebner, & A. L. Corn (Eds.), *Blindness and brain plasticity in navigation and object perception.* Mahwah, NJ: Lawrence Erlbaum.

Varga, M. A. (2014). Why funerals matter: Death rituals across cultures. *Death Studies*, *38*, 546 - 547.

Vartanian, L. R. (2000). Revisiting the imaginary audience and personal fable con-structs of adolescent egocentrism: A conceptual review. *Adolescence*, *35*, 639 - 646.

Vassy, J. L., & Meigs, J. B. (2012). Is genetic testing useful to predict type 2 diabe-tes? Best Practice & Research. *Clinical Endocrinology & Metabolism*, *26*, 189 - 201.

Vaughan, V., McKay, R. J., & Behrman, R. (1979). *Nelson textbook of pediatrics* (11th ed.). Philadelphia, PA: Saunders.

Vedantam, S. (2006, December 20). Short mental workouts may slow decline of aging minds, study finds. Washington Post, p. A1.

Vellas, B., Wayne, S., Romero, L., Baumgartner, R., & Garry, P. (1997). Fear of fall-ing and restriction of mobility in elderly fallers. *Age and Ageing*, *26*, 189 - 193.

Veras, R. P., & Mattos, L. C. (2007). Audiology and aging: Literature review and current horizons. *Revista Brasileira de Otorrinolaringologia* (*English Edition*), *73*, 122 - 128.

Vereijken, C. M., Riksen-Walraven, J. M., & Kondo-Ikemura, K. (1997). Maternal sensitivity and infant attachment security in Japan: A longitudinal study. *International Journal of Behavioral Development*, *21*, 35 - 49.

Verkuyten, M. (2003). Positive and negative self-esteem among ethnic minority early adolescents: Social and cultural sources and threats. *Journal of Youth & Adolescence*, *32*, 267 - 277.

Verkuyten, M. (2008). Life satisfaction among ethnic minorities: The role of dis-crimination and group Identification. *Social Indicators Research*, *89(3)*, 391 - 404.

Vermandel, A., Weyler, J., De Wachter, S., & Wyndaele, J. (2008). Toilet training of healthy young toddlers: A randomized trial between a daytime wetting alarm and timed potty training. *Journal of Developmental & Behavioral Pediatrics*, *29*, 191 - 196.

Vernon, J. A. (1990). Media stereotyping: A comparison of the way elderly women and men are portrayed on prime-time television. *Journal of Women and Aging*, *2*, 55 - 68.

Verschueren, K., Doumen, S., & Buyse, E. (2012). Relationships with mother, teacher, and peers: Unique and joint effects on young children's self-concept. *Attachment & Human Development*, *14*, 233 - 248.

Veselka, L., Just, C., Jang, K. L., Johnson, A. M., & Vernon, P. A. (2012). The Gen-eral Factor of Personality: A critical test. *Personality and Individual Differences*, *52*, 261 - 264.

Vidaver, R. M. et al. (2000). Women subjects in NIH-funded clinical research literature: Lack of progress in both representation and analysis by sex. *Journal of Women's Health, Gender-Based Medicine*, *9*, 495 - 504.

Vilhjalmsson, R., & Kristjansdottir, G. (2003). Gender differences in physical activity in older children and adolescents: The central role of organized sport. *Social Science Medicine*, *56*, 363 - 374.

Villarosa, L. (2003, December 23). More teenagers say no to sex, and experts are sure why. *New York Times*, p. D6.

Vincent, J. A., Phillipson, C. R., & Downs, M. (2006). *The futures of old age.* Thousand Oaks, CA: Sage Publications.

Vink, D., Aartsen, M., Comijs, H., Heymans, M., Penninx, B., Stek, M., et al. (2009). Onset of anxiety and depression in the aging population: Comparison of risk factors in a 9-year prospective study. *The American Journal of Geriatric Psychiatry*, *17*, 642 - 652.

Visconti, K., Kochenderfer-Ladd, B., & Clifford, C. A. (2013). Children's attribu-tions for peer victimization: A social comparison approach. *Journal of Applied Developmental Psychology*, *34*, 277 - 287.

Vivanti, G., Paynter, J., Duncan, E., Fothergill, H., Dissanayake, C., & Rogers, S. J. (2014). Effectiveness and feasibility of the Early Start Denver Model imple-mented in a group-based community childcare setting. *Journal of Autism and Developmental Disorders*, *44*, 3140 - 3153.

Volker, S. (2007). Infants' vocal engagement oriented towards mother versus stranger at 3 months and avoidant attachment behavior at 12 months. *Interna-tional Journal of Behavioral Development*, *31*, 88 - 95.

Votruba-Drzal, E., Coley, R. L., & Chase-Lansdale, L. (2004). Child care and low-income children's development: Direct and moderated effects. *Child Development*, *75*, 396 - 312.

Vouloumanos, A., & Werker, J. (2007). Listening to language at birth: Evidence for a bias for speech in neonates. *Developmental Science*, *10*, 159 - 164.

Vyas, S. (2004). Exploring bicultural identities of Asian high school students through the analytic window of a literature club. *Journal of Adolescent & Adult Literacy*, *48*, 12 - 18.

Vygotsky, L. S. (1926/1997). *Educational psychology.* Delray Beach, FL: St. Lucie Press.

Vygotsky, L. S. (1979). *Mind in society: The development of higher mental processes.* Cambridge, MA: Harvard University Press. (Original works published 1930, 1933, and 1935)

Waber, D. P., Bryce, C. P., Fitzmaurice, G. M., Zichlin, M. L., McGaughy, J., Girard, J. M., & Galler, J. R. (2014). Neuropsychological outcomes at midlife following moderate to severe malnutrition in infancy. *Neuropsychology*, *28*, 530 - 540.

Wachs, T. (2002). Nutritional deficiencies as a biological context for develop-ment. In W. Hartup, W. Silbereisen, & K. Rainer (Eds.), *Growing points in developmental science: An introduction.* Philadelphia, PA: Psychology Press.

Wachs, T. D. (1992). *The nature of nurture.* Newbury Park, CA: Sage Publications.

Wachs, T. D. (1993). The nature - nurture gap: What we have here is a failure to collaborate. In R. Plomin & G. E. McClearn (Eds.), *Nature, nurture, and psychol-ogy*. Washington, DC: American Psychological Association.

Wachs, T. D. (1996). Known and potential processes underlying developmen-tal trajectories in childhood and adolescence. *Developmental Psychology*, *32*, 796 – 801.

Wada, A., Kunii, Y., Ikemoto, K., Yang, Q., Hino, M., Matsumoto, J., & Niwa, S. (2012). Increased ratio of calcineurin immunoreactive neurons in the caudate nucleus of patients with schizophrenia. *Progress In Neuro-Psychopharmacology & Biological Psychiatry*, *37*, 8 – 14.

Wade, T. D. (2008). Shared temperament risk factors for anorexia nervosa: A twin study. *Psychosomatic Medicine*, *70*, 239 – 244.

Wade, T. D., & Watson, H. J. (2012). Psychotherapies in eating disorders. In J. Alexander, J. Treasure (Eds.), *A collaborative approach to eating disorders*. New York: Routledge/Taylor & Francis Group.

Wagner, R. K., & Sternberg, R. J. (1985). Alternate conceptions of intelligence and their implications for education. *Review of Educational Research*, *54*, 179 – 223.

Wahlin, T. (2007). To know or not to know: A review of behaviour and suicidal ideation in preclinical Huntington's disease. *Patient Education and Counseling*, *65*, 279 – 287.

Wainwright, J. L., Russell, S. T., & Patterson, C. J. (2004). Psychosocial adjust-ment, school outcomes, and romantic relationships of adolescents with same-sex parents. *Child Development*, *75*, 1886 – 1898.

Wakefield, A., Murch, S., Anthony, A., Linnell, J., Casson, D., et al. (1998). Ileal-lymphoid-nodular hyperplasia, non-specific colitis, and pervasive develop-mental disorder in children. *The Lancet*, *351*, 637 – 641.

Walden, T., Kim, G., McCoy, C., & Karrass, J. (2007). Do you believe in magic? Infants' social looking during violations of expectations. *Developmental Science*, *10*, 654 – 663.

Walder, D. J., Faraone, S. V., Glatt, S. J., Tsuang, M. T., & Seidman, L. J. (2014). Genetic liability, prenatal health, stress and family environment: Risk factors in the Harvard Adolescent Family High Risk for Schizophrenia Study. *Schizo-phrenia Research*, *157*, 142 – 148.

Waldfogel, J. (2001). International policies toward parental leave and child care. *Caring for Infants and Toddlers*, *11*, 99 – 111.

Waldrop, D. P., & Kirkendall, A. M. (2009). Comfort measures: A qualitative study of nursing home-based end-of-life care. *Journal of Palliative Medicine*, *12*, 718 – 724.

Walker, J., Anstey, K., & Lord, S. (2006, May). Psychological distress and visual functioning in relation to vision-related disability in older individuals with cataracts. *British Journal of Health Psychology*, *11*, 303 – 317.

Walker, L. (1984). *The battered woman syndrome*. New York: Springer.

Walker, L. E. (1989). Psychology and violence against women. *American Psycholo-gist*, *44*, 695 – 702.

Walker, W. A., & Humphries, C. (2005). *The Harvard medical school guide to healthy eating during pregnancy*. New York: McGraw-Hill.

Walker, W. A., & Humphries, C. (2007, September 17). Starting the good life in the womb. *Newsweek*, pp. 56 – 57.

Walpole, S. C., et al. (2012, June 18). The weight of nations: an estimation of adult human biomass. *BMC Public Health 2012*, Accessed online, 7-12-12; http://www.biomedcentral.com/1471-2458/12/439/abstract

Walster, H. E., & Walster, G. W. (1978). *Love*. Reading, MA: Addison-Wesley.

Walter, A. (1997). The evolutionary psychology of mate selection in Morocco: A multivariate analysis. *Human Nature*, *8*, 113 – 137.

Walter, T. (2012). Why different countries manage death differently: A compara-tive analysis of modern urban societies. *British Journal of Sociology*, *63*, 123 – 145.

Walters, A., & Rye, D. (2009). Review of the relationship of restless legs syn-drome and periodic limb movements in sleep to hypertension, heart disease, and stroke. *Sleep: Journal of Sleep and Sleep Disorders Research*, *32*, 589 – 597.

Walters, E., & Gardner, H. (1986). The theory of multiple intelligences: Some issues and answers. In R. J. Sternberg & R. K. Wagner (Eds.), *Practical intel-ligence*. New York: Cambridge University Press.

Wang, C., Tsai, C., Tseng, P., Yang, A. C., Lo, M., Peng, C., & . . . Liang, W. (2014). The association of physical activity to neural adaptability during visuo-spatial processing in healthy elderly adults: A multiscale entropy analysis. *Brain and Cognition*, *92*, 73 – 83.

Wang, H. J., Zhang, H., Zhang, W. W., Pan, Y. P., & Ma, J. (2008). Association of the common genetic variant upstream of INSIG2 gene with obesity related phenotypes in Chinese children and adolescents. *Biomedical and Environmental Sciences*, *21*, 528 – 536.

Wang, M. (2007). Profiling retirees in the retirement transition and adjustment process: Examining the longitudinal change patterns of retirees' psychological well-being. *Journal of Applied Psychology*, *92*, 455 – 474.

Wang, M. C., Reynolds, M. C., & Walberg, H. J. (Eds.). (1996). *Handbook of special and remedial education: Research and practice* (2nd ed.). New York: Pergamon Press.

Wang, Q. (2004). The emergence of cultural self-constructs: Autobiographical memory and self-description in European American and Chinese children. *Developmental Psychology*, *40*, 3 – 15.

Wang, Q. (2006). Culture and the development of self-knowledge. *Current Direc-tions in Psychological Science*, *15*, 182 – 187.

Wang, Q. (2008). Emotion knowledge and autobiographical memory across the preschool years: A cross-cultural longitudinal investigation. *Cognition*, *108*, 117 – 135.

Wang, Q., Pomerantz, E., & Chen, H. (2007). The role of parents' control in early adolescents' psychological functioning: A longitudinal investigation in the United States and China. *Child Development*, *78*, 1592 – 1610.

Wang, S. (2013, July 9). ADHD drugs don't boost kids' grades, studies find. *Wall Street Journal*, D1.

Wang, Z., Deater-Deckard, K., Cutting, L., Thompson, L. A., & Petrill, S. A. (2012). Working memory and parent-rated components of attention in middle childhood: A behavioral genetic study. *Behavior Genetics*, *42*, 199 – 208.

Wang/Pew Research Center. (2012). *The rise of intermarriage: Rates characteristics vary by race and gender*. Washington, DC: Pew Research Center.

Wannamethee, S. G., Shaper, A. G., Walker, M., & Ebrahim, S. (1998). Lifestyle and 15-year survival free of heart attack, stroke, and diabetes in middle-aged British men. *Archives of Internal Medicine*, *158*, 2433 – 2440.

Ward, R., Ni. onuevo, M., Mills, D., Lebrilla, C., & German, J. (2007). In vitro fermentability of human milk oligosaccharides by several strains of bifidobac-teria. *Molecular Nutrition & Food Research*, *51*, 1398 – 1405.

Wardle, J., Guthrie, C., & Sanderson, S. (2001). Food and activity preferences in children of lean and obese parents. *International Journal of Obesity & Related Metabolic Disorders*, *25*, 971 – 977.

Warshak, R. A. (2000). Remarriage as a trigger of parental alienation syndrome. *American Journal of Family Therapy*, *28*, 229 – 241.

Wasserman, J. D., & Tulsky, D. S. (2005). The history of intelligence assessment. In D. P. Flanagan & P. L. Harrison (Eds.), *Contemporary intellectual assessment: Theories, tests, and issues*. New York: Guilford Press.

Waterhouse, J. M., & DeCoursey, P. J. (2004). Human circadian organization. In J. C. Dunlap & J. J. Loros (Eds.), *Chronobiology: Biological timekeeping*. Sunder-land, MA: Sinauer Associates.

Waterland, R. A., & Jirtle, R. L. (2004). Early nutrition, epigenetic changes at transposons and imprinted genes, and enhanced susceptibility to adult chronic diseases. *Nutrition*, 63 – 68.

Waters, L., & Moore, K. (2002). Predicting self-esteem during unemployment: The effect of gender financial deprivation, alternate roles and social support. *Journal of Employment Counseling*, *39*, 171 – 189.

Watling, D., & Bourne, V. J. (2007). Linking children's neuropsychological processing of emotion with their knowledge of emotion expression regulation. *Laterality: Asymmetries of Body, Brain and Cognition*, *12*, 381 – 396.

Watson, J. B. (1925). *Behaviorism*. New York: Norton.

Watson, J. B., & Rayner, R. (1920). Conditioned, emotional reactions. *Journal of Experimental Psychology*, *3*, 1 - 14.

Watts-English, T., Fortson, B. L., Gibler, N., Hooper, S. R., & De Bellis, M. D. (2006). The psychobiologic of maltreatment in childhood. *Journal of Social Is-sues*, *62*, 717 - 736.

Weaver, C. (2013, April 3). Tough calls on prenatal tests. Wall Street Journal, p. B1. Weaver, J. M., & Schofield, T. J. (2015). Mediation and moderation of divorce ef-fects on children's behavior problems. *Journal of Family Psychology*, *29*, 39 - 48.

Webb, E. A., O'Reilly, M. A., Clayden, J. D., Seunarine, K. K., Chong, W. K., Dale, N., & Dattani, M. T. (2012). Effect of growth hormone deficiency on brain struc-ture, motor function and cognition. *Brain: A Journal of Neurology*, *135*.

Webb, R. M., Lubinski, D., & Benbow, C. P. (2002). Mathematically facile adoles-cents with math/science aspirations: New perspectives on their educational and vocational development. *Journal of Educational Psychology*, *94*, 785 - 794.

Wechsler, D. (1975). Intelligence defined and undefined. *American Psychologist*, *30*, 135 - 139.

Wechsler, H., Issac, R., Grodstein, L., & Sellers, M. (2000). *College binge drinking in the 1990s: A continuing problem: Results of the Harvard School of public health 1999 college health alcohol study*. Cambridge, MA: Harvard University.

Wechsler, H., Lee, J. E., Kuo, M., Seibring, M., Nelson, T. F., & Lee, H. (2002). Trends in college binge drinking during a period of increased prevention efforts: Findings from 4 Harvard School of Public Health college alcohol study surveys, 1993 - 2001.

Wechsler, H., Nelson, T. F., Lee, J. E., Seibring, M., Lewis, C., & Keeling, R. P. (2003). Perception and reality: A national evaluation of social norms marketing interventions to reduce college students' heavy alcohol use. *Journal of Studies on Alcohol*, *64*, 484 - 494.

Wei, J., Hadjiiski, L. M., Sahiner, B., Chan, H. P., Ge, J., Roubidoux, M. A., Helvie, M. A., Zhour, C., Wu, Y. T., Paramagul, C., & Zhang, Y. (2007). Computer-aided detection systems for breast masses: Comparison of performances on full-field digital mammograms and digitized screen-film mammograms. *Academy of Radiology*, *14*, 659 - 669.

Weiner, B. (2007). Examining emotional diversity in the classroom: An attribu-tion theorist considers the moral emotions. In P. A. Schutz, & R Pekrun (Eds.), *Emotion in education*. San Diego: Elsevier Academic Press.

Weiner, B. A., & Zinner, L. (2015). Attitudes toward straight, gay male, and transsexual parenting. *Journal of Homosexuality*, *62*, 327 - 339.

Wiener, R. L., Gervais, S. J., Brnjic, E., & Nuss, G. D. (2014). Dehumanization of older people: The evaluation of hostile work environments. *Psychology, Public Policy, and Law*, *20*, 384 - 397.

Weinfield, N. S., Sroufe, L. A., & Egeland, B. (2000). Attachment from infancy to early adulthood in a high-risk sample: Continuity, discontinuity, and their correlates. *Child Development*, *71*, 695 - 702.

Weinstock, H., Berman, S., & Cates, W., Jr. (2004). Sexually transmitted diseases among American youth: Incidence and prevalence estimates, 2000. *Perspectives on Sexual and Reproductive Health*, *36*, 182 - 191.

Weiss, R. (2003, September 2). Genes' sway over IQ may vary with class. *Wash-ington Post*, p. A1.

Weiss, M. R., Ebbeck, V., & Horn. T. S. (1997). Children's self-perceptions and sources of physical competence information: A cluster analysis. *Journal of Sport & Exercise Psychology*, *19*, 52 - 70.

Weiss, R., & Raz, I. (2006, July). Focus on childhood fitness, not just fatness. *Lancet*, *368*, 261 - 262.

Weissman, A. S., Chu, B. C., Reddy, L. A., & Mohlman, J. (2012). Attention mechanisms in children with anxiety disorders and in children with attention deficit hyperactivity disorder: Implications for research and practice. *Journal of Clinical Child and Adolescent Psychology*, *41*, 117 - 126.

Weisz, A., & Black, B. (2002). Gender and moral reasoning: African American youth respond to dating dilemmas. *Journal of Human Behavior in the Social Environment*, *5*, 35 - 52.

Weitzman, E., Nelson, T., & Wechsler, H. (2003). Taking up binge drinking in college: The influences of person, social group, and environment. *Journal of Adolescent Health*, *32*, 26 - 35.

Wellings, K., Collumbien, M., Slaymaker, E., Singh, S., Hodges, Z., Patel, D., & Bajos, N. (2006). Sexual behaviour in context: A global perspective. *The Lancet*, *368*, 1706 - 1738.

Wellman, H. M. (2012). Theory of mind: Better methods, clearer findings, more development. *European Journal of Developmental Psychology*, *9*, 313 - 330.

Wellman, H., Fang, F., Liu, D., Zhu, L., & Liu, G. (2006, December). Scaling of theory-of-mind understandings in Chinese children. *Psychological Science*, *17*, 1075 - 1081.

Wellman, H., Lopez-Duran, S., LaBounty, J., & Hamilton, B. (2008). Infant at-tention to intentional action predicts preschool theory of mind. *Developmental Psychology*, *44*, 618 - 623.

Wells, B., Peppe, S., & Goulandris, N. (2004). Intonation development from five to thirteen. *Journal of Child Language*, *31*, 749 - 778.

Wells, R., Lohman, D., & Marron, M. (2009). What factors are associated with grade acceleration? An analysis and comparison of two U. S. databases. *Journal of Advanced Academics*, *20*, 248 - 273.

Welsh, T., Ray, M., Weeks, D., Dewey, D., & Elliott, D. (2009). Does Joe influence Fred's action? Not if Fred has autism spectrum disorder. *Brain Research*, *1248*, 141 - 148.

Werker, J. F., Pons, F., Dietrich, C., Kajikawa, S., Fais, L., & Amano, S. (2007). Infant-directed speech supports phonetic category learning in English and Japanese. *Cognition*, *103*, 147 - 162.

Werner, E. E. (2005). What can we learn about resilience from large-scale longi-tudinal studies? In S. Goldstein & R. B. Brooks (Eds.), *Handbook of resilience in children*. New York: Kluwer Academic/Plenum Publishers.

Werner, E. E., & Smith, R. S. (2002). Journeys from childhood to midlife: Risk, re-silience and recovery. Journal of Developmental and Behavioral Pediatrics, 23, 456. Werner, E., Myers, M., Fifer, W., Cheng, B., Fang, Y., Allen, R., et al. (2007). Prena-tal predictors of infant temperament. *Developmental Psychobiology*, *49*, 474 - 484.

Werner, N. E., & Crick, N. R. (2004). Maladaptive peer relationships and the development of relational and physical aggression during middle childhood. *Social Development*, *13*, 495 - 514.

Wertsch, J. (2008). From social interaction to higher psychological processes: A clari-fication and application of Vygotsky's theory. *Human Development*, *51*, 66 - 79.

West, J. H., Romero, R. A., & Trinidad, D. R. (2007). Adolescent receptivity to tobacco marketing by racial/ethnic groups in California. *American Journal of Preventive Medicine*, *33*, 121 - 123.

West, J. R., & Blake, C. A. (2005). Fetal alcohol syndrome: An assessment of the field. *Experimental Biology and Medicine*, *230*, 354 - 356.

Westerhausen, R., Kreuder, F., Sequeira Sdos, S., Walter, C., Woerner, W., Wittling, R. A., Schweiger, E., & Wittling, W. (2004). Effects of handedness and gender on macro- and microstructure of the corpus callosum and its subregions: A combined high-resolution and diffusion-tensor MRI study. *Brain Research and Cognitive Brain Research*, *21*, 418 - 426.

Westermann, G., Mareschal, D., Johnson, M. H., Sirois, S., Spratling, M. W., & Thomas, M. S. (2007). Neuroconstructivism. *Developmental Science*, *10*, 75 - 83.

Wexler, B. (2006). *Brain and culture: Neurobiology, ideology, and social change*. Cambridge, MA: MIT Press.

Whalen, C. K., Jamner, L. D., Henker, B., Delfino, R. J., & Lozano, J. M. (2002). The ADHD spectrum and everyday life: Experience sampling of adolescent moods, activities, smoking, and drinking. *Child Development*, *73*, 209 - 227.

Whalen, D., Levitt, A., & Goldstein, L. (2007). VOT in the babbling of French- and English-learning infants. *Journal of Phonetics*, *35*, 341 - 352.

Wheeler, G. (1998, March 13). The wake-up call we dare not ignore. *Science*, *279*, 1611.

Wheeler, S., & Austin, J. (2001). The impact of early pregnancy loss. *American Journal of Maternal/Child Nursing*, *26*, 154 - 159.

Whelan, T., & Lally, C. (2002). Paternal commitment and father's quality of life. *Journal of Family Studies*, *8*, 181 - 196.

Whitbourne, S. K. (2001). *Adult development and aging: Biopsychosocial perspectives.* New York: Wiley.

Whitbourne, S. K. (2007, October). *Crossing over the bridges of adulthood: Multiple pathways through midlife.* Presidential keynote presented at the 4th Biannual Meeting of the Society for the Study of Human Development, Pennsylvania State University, University Park PA.

Whitbourne, S., Jacobo, M., & Munoz-Ruiz, M. (1996). Adversity in the elderly. In R. S. Feldman (Ed.), *The psychology of adversity.* Amherst: University of Mas-sachusetts Press.

Whitbourne, S., Sneed, J., & Sayer, A. (2009). Psychosocial development from college through midlife: A 34-year sequential study. *Developmental Psychology*, *45*, 1328 – 1340.

White, K. (2007). Hypnobirthing: The Mongan method. *Australian Journal of Clinical Hypnotherapy and Hypnosis*, *28*, 12 – 24.

Whitebread, D., Coltman, P., Jameson, H., & Lander, R. (2009). Play, cogni-tion and self-regulation: What exactly are children learning when they learn through play? *Educational and Child Psychology*, *26*, 40 – 52.

Whiting, B. B., & Edwards, C. P. (1988). *Children of different worlds: The formation of social behavior.* Cambridge, MA: Harvard University Press.

Whiting, E., Chenery, H. J., & Copland, D. A. (2011). Effect of ageing on learning new names and descriptions for objects. *Aging, Neuropsychology and Cognition*, *18*, 594 – 619.

Whiting, J., Simmons, L., Havens, J., Smith, D., & Oka, M. (2009). Intergen-erational transmission of violence: The influence of self-appraisals, mental disorders and substance abuse. *Journal of Family Violence*, *24*, 639 – 648.

Wickelgren, W. A. (1999). Webs, cell assemblies, and chunking in neural nets: Introduction. *Canadian Journal of Experimental Psychology*, *53*, 118 – 131.

Widaman, K. (2009). Phenylketonuria in children and mothers: Genes, environ-ments, behavior. *Current Directions in Psychological Science*, *18*, 48 – 52.

Widman, L., Nesi, J., Choukas-Bradley, S., & Prinstein, M. J. (2014). Safe sext: Adolescents' use of technology to communicate about sexual health with dat-ing partners. *Journal of Adolescent Health*, *54*, 612 – 614.

Widom, C. S. (2000). Motivation and mechanisms in the "cycle of violence" In D. J. Hansen (Ed.), *Nebraska Symposium on Motivation Vol. 46, 1998: Motiva-tion and child maltreatment* (Current theory and research in motivation series). Lincoln: University of Nebraska Press.

Wielgosz, A. T., & Nolan, R. P. (2000). Biobehavioral factors in the context of ischemic cardiovascular disease. *Journal of Psychosomatic Research*, *48*, 339 – 345.

Wiggins, J. L., Bedoyan, J. K., Carrasco, M., Swartz, J. R., Martin, D. M., & Monk, C. S. (2014). Age-related effect of serotonin transporter genotype on amygdala and prefrontal cortex function in adolescence. *Human Brain Mapping*, *35*, 646 – 658.

Wiggins, M., & Uwaydat, S. (2006, January). Age-related macular degenera-tion: Options for earlier detection and improved treatment. *Journal of Family Practice*, *55*, 22 – 27.

Wilcox, A., Skjaerven, R., Buekens, P., & Kiely, J. (1995, March 1). Birth weight and perinatal mortality: A comparison of the United States and Norway. *JAMA: The Journal of the American Medical Association*, *273*, 709 – 711.

Wilcox, H. C., Conner, K. R., & Caine, E. D. (2004). Association of alcohol and drug use disorders and completed suicide: An empirical review of cohort studies. *Drug & Alcohol Dependence*, *76* [Special issue: Drug abuse and suicidal behavior], S11 – S19.

Wilcox, T., Woods, R., Chapa, C., & McCurry, S. (2007). Multisensory exploration and object individuation in infancy. *Developmental Psychology*, *43*, 479 – 495.

Wild, B., Heider, D., Maatouk, I., Slaets, J., K. nig, H., Niehoff, D., & . . . Herzog, W. (2014). Significance and costs of complex biopsychosocial health care needs in elderly people: Results of a population-based study. *Psychosomatic Medicine*, *76*, 497 – 502.

Wildberger, S. (2003, August). So you' re having a baby. *Washingtonian*, pp. 85 – 86, 88 – 90.

Wiley, T. L., Nondahl, D. M., Cruickshanks, K. J., & Tweed, T. S. (2005). Five-year changes in middle ear function for older adults. *Journal of the American Acad-emy of Audiology*, *16*, 129 – 139.

Wilfond, B., & Ross, L. (2009). From genetics to genomics: Ethics, policy, and parental decision-making. *Journal of Pediatric Psychology*, *34*, 639 – 647. Accessed online, http://search.ebscohost.com, doi:10.1093/jpepsy/jsn075

Wilkes, S., Chinn, D., Murdoch, A., & Rubin, G. (2009). Epidemiology and man-agement of infertility: A population-based study in UK primary care. *Family Practice*, *26*, 269 – 274.

Wilkinson, N., Paikan, A., Gredeb. ck, G., Rea, F., & Metta, G. (2014). Staring us in the face? An embodied theory of innate face preference. *Developmental Science*, *17*, 809 – 825.

Willford, J. A., Richardson, G. A., & Day, N. L. (2012). Sex-specific effects of prenatal marijuana exposure on neurodevelopment and behavior. In M. Lewis & L. Kestler (Eds.), *Gender differences in prenatal substance exposure.* Washington, DC: American Psychological Association.

Williams, J., & Binnie, L. (2002). Children's concept of illness: An intervention to improve knowledge. *British Journal of Health Psychology*, *7*, 129 – 148.

Williams, J., & Ross, L. (2007). Consequences of prenatal toxin exposure for mental health in children and adolescents: A systematic review. *European Child & Adolescent Psychiatry*, *16*, 243 – 253.

Williams, K., & Dunne-Bryant, A. (2006, December). Divorce and adult psy-chological well-being: Clarifying the role of gender and child age. *Journal of Marriage and Family*, *68*, 1178 – 1196.

Williams, P., Sheridan, S., & Sandberg, A. (2014). Preschool—An arena for chil-dren's learning of social and cognitive knowledge. *Early Years: An International Journal of Research and Development*, *34*, 226 – 240.

Williams, R., Barefoot, J., & Schneiderman, N. (2003). Psychosocial risk factors for cardiovascular disease: More than one culprit at work. *JAMA: The Journal of the American Medical Association*, *290*, 2190 – 2192.

Willie, C., & Reddick, R. (2003). *A new look at black families* (5th ed.). Walnut Creek, CA: AltaMira Press.

Willis, S. (1996). Everyday problem solving. In J. E. Birren, K. W. Schaie, R. P. Abeles, M. Gatz, & T. A. Salthouse (Eds.), *Handbook of the psychology of aging* (4th ed.). San Diego: Academic Press.

Willis, S. L. (1985). Educational psychology of the older adult learner. In J. E. Birren & K. W. Schaie (Eds.), *Handbook of the psychology of aging* (2nd ed.). New York: Van Nostrand Reinhold.

Willis, S., Tennstedt, S., Marsiske, M., Ball, K., Elias, J., Koepke, K., Morris, J., Rebok, G., Unverzagt, F., Stoddard, A., & Wright, E. (2006). Long-term effects of cognitive training on everyday functional outcomes in older adults. *JAMA: The Journal of the American Medical Association*, *296*, 2805 – 2814.

Wills, T., Sargent, J., Stoolmiller, M., Gibbons, F., & Gerrard, M. (2008). Movie smoking exposure and smoking onset: A longitudinal study of mediation pro-cesses in a representative sample of U.S. adolescents. *Psychology of Addictive Behaviors*, *22*, 269 – 277.

Wilson, M. N. (1989). Child development in the context of the black extended family. *American Psychologist*, *44*, 380 – 385.

Wilson, R. S., Boyle, P. A., Yu, L., Segawa, E., Sytsma, J., & Bennett, D. A. (2015). Conscientiousness, dementia related pathology, and trajectories of cognitive aging. *Psychology and Aging*, *30*, 74 – 82.

Wilson, S. L. (2003). Post-Institutionalization: The effects of early deprivation on development of Romanian adoptees. *Child & Adolescent Social Work Journal*, *20*, 473 – 483.

Wines, M. (2006, August 24). Africa adds to miserable ranks for child workers. *New York Times*, p. D1.

Winger, G., & Woods, J. H. (2004). *A handbook on drug and alcohol abuse: The biomedical aspects.* Oxford, England: Oxford University Press.

Wingfield, A., Tun, P. A., & McCoy, S. L. (2005). Hearing loss in older adulthood: What it is and how it interacts with cognitive performance. *Current Directions in Psychological Science*, *14*, 144 – 147.

Wink, P., & Staudinger, U. M. (2015). Wisdom and psychosocial functioning in later life. *Journal of Personality.* Accessed online, 4-1-15; http://onlinelibrary.wiley.com/doi/10.1111/jopy.12160/abstract

Winsler, A. (2003). Introduction to special issue: Vygotskian perspectives in early childhood education. *Early Education and Development*, *14*, [Special Issue], 253 – 269.

Winterich, J. (2003). Sex, menopause, and culture: Sexual orientation and the meaning of menopause for women's sex lives. *Gender & Society*, *17*, 627 – 642.

Winters, K. C., Stinchfield, R. D., & Botzet, A. (2005). Pathways fo youth gam-bling problem severity. *Psychology of Addictive Behaviors*, *19*, 104 – 107.

Wippert, P., & Niemeyer, H. (2014). Types of coping strategies as predictors for the development of psychosomatic disorders after the life event "career termi-nation." In C. Mohiyeddini & C. Mohiyeddini (Eds.), *Contemporary topics and trends in the psychology of sports*. Hauppauge, NY: Nova Science Publishers.

Wirth, A., Wabitsch, M., & Hauner, H. (2014). The prevention and treatment of obesity. *Deutsches . rzteblatt International*, *111*, 705 – 713.

Wisborg, K., Kesmodel, U., Bech, B. H., Hedegaard, M., & Henriksen, T. B. (2003). Maternal consumption of coffee during pregnancy and stillbirth and infant death in first year of life: Prospective study. *British Medical Journal*, *326*, 420.

Wisdom, J. P., & Agnor, C. (2007). Family heritage and depression guides: Fam-ily and peer views influence adolescent attitudes about depression. *Journal of Adolescence*, *30*, 333 – 346.

Wise, L., Adams-Campbell, L., Palmer, J., & Rosenberg, L. (2006, August). Leisure time physical activity in relation to depressive symptoms in the Black Women's Health Study. *Annals of Behavioral Medicine*, *32*, 68 – 76.

Witelson, S. (1989, March). Sex differences. *Paper presented at the annual meet-ing of the New York Academy of Science*, New York.

Woelfle, J. F., Harz, K., & Roth, C. (2007). Modulation of circulating IGF-I and IG-FBP-3 levels by hormonal regulators of energy homeostasis in obese children. *Experimental and Clinical Endocrinology Diabetes*, *115*, 17 – 23.

Wolfe, M. S. (2006, May). Shutting down Alzheimer's. *Scientific American*, pp. 73 – 79.

Wolfe, W., Olson, C., &Kendall, A. (1998). Hunger and food insecurity in the elderly: Its nature and measurement. *Journal of Aging & Health*, *10*, 327 – 350.

Wolfson, A. R., & Richards, M. (2011). Young adolescents: Struggles with insuf-ficient sleep. In M. El-Sheikh (Ed.), *Sleep and development: Familial and socio-cultural considerations*. New York, NY US: Oxford University Press.

Wolinsky, F., Wyrwich, K., & Babu, A. (2003). Age, aging, and the sense of con-trol among older adults: A longitudinal reconsideration. *Journals of Gerontol-ogy: Series B: Psychological Sciences & Social Sciences*, *58B*, S212 – S220.

Wolkorte, R., Kamphuis, J., & Zijdewind, I. (2014). Increased reaction times and reduced response preparation already starts at middle age. *Frontiers in Aging Neuroscience*, *6*, 118 – 127.

Wood, R. (1997). Trends in multiple births, 1938 – 1995. *Population Trends*, *87*, 29 – 35.

Woodhouse, S. S., Dykas, M. J., & Cassidy, J. (2012). Loneliness and peer rela-tions in adolescence. *Social Development*, *21*, 273 – 293.

Woods, R. (2009). The use of aggression in primary school boys' decisions about inclusion in and exclusion from playground football games. *British Journal of Educational Psychology*, *79*, 223 – 238.

Woodspring, N. (2012). Review of "Agewise: Fighting the new ageism in Amer-ica." *Health: An Interdisciplinary Journal for the Social Study of Health, Illness and Medicine*, *16*(*3*), 343 – 344. doi:10.1177/1363459311423335

Woolf, A., & Lesperance, L. (2003, September 22). What should we worry about? *Newsweek*, p. 72.

World Bank. (2003). *Global development finance 2003—Striving for stability in development finance*. Washington, DC: Author.

World Bank. (2012). *Global development finance 2012—Striving for stability in development finance*. Washington, DC: Author.

World Factbook. (2012). *Estimates of infant mortality*. Accessed online, https://www. cia. gov/library/publications/the-world-factbook/rankorder/2091rank. html.

World Factbook. (2015). *Country comparison: Infant mortality rate*. Accessed on-line, 8-14-15; https://www. cia. gov/library/publications/the-world-factbook/ rankorder/2091rank. html

W. rmann, V., Holodynski, M., K. rtner, J., & Keller, H. (2014). The emergence of social smiling: The interplay of maternal and infant imitation during the first three months in cross-cultural comparison. *Journal of Cross-Cultural Psychology*, *45*, 339 – 361.

Worobey, J., & Bajda, V. M. (1989). Temperament ratings at 2 weeks, 2 months, and 1 year: Differential stability of activity and emotionality. *Developmental Psychology*, *25*, 257 – 263.

Worrell, F., Szarko, J., & Gabelko, N. (2001). Multi-year persistence of nontradi-tional students in an academic talent development program. *Journal of Second-ary Gifted Education*, *12*, 80 – 89.

Wright, J. C., Huston, A. C., Murphy, K. C., St. Peters, M., Pi. on, M., Scantlin, R., & Kotler, J. (2001). *Child Development*, *72*, 1347 – 1366.

Wright, J. C., Huston, A. C., Reitz, A. L., & Piemyat, S. (1994). Young children's perceptions of television reality: Determinants and developmental differences. *Developmental Psychology*, *30*, 229 – 239.

Wright, M., Wintemute, G., & Claire, B. (2008). Gun suicide by young people in California: Descriptive epidemiology and gun ownership. *Journal of Adolescent Health*, *43*, 619 – 622.

Wrosch, C., Bauer, I., & Scheier, M. (2005, December). Regret and quality of life across the adult life span: The influence of disengagement and available future goals. *Psychology and Aging*, *20*, 657 – 670.

Wu, P., Hoven, C. W., Okezie, N., Fuller, C. J., & Cohen, P. (2007). Alcohol abuse and depression in children and adolescents. *Journal of Child & Adolescent Substance Abuse*, *17*, 51 – 69.

Wu, P., & Liu, H. (2014). Association between moral reasoning and moral behavior: A systematic review and meta-analysis. *Acta Psychologica Sinica*, *46*, 1192 – 1207.

Wu, Y., Tsou, K., Hsu, C., Fang, L., Yao, G., & Jeng, S. (2008). Brief report: Taiwanese infants' mental and motor development—6 – 24 months. *Journal of Pediatric Psychology*, *33*, 102 – 108.

Wu, Z., & Su, Y. (2014). How do preschoolers' sharing behaviors relate to their theo-ry of mind understanding? *Journal of Experimental Child Psychology*, *120*, 73 – 86.

Wupperman, P., Marlatt, G., Cunningham, A., Bowen, S., Berking, M., Mulvihill-Rivera, N., & Easton, C. (2012). Mindfulness and modification therapy for behavioral dysregulation: Results from a pilot study targeting alcohol use and aggression in women. *Journal of Clinical Psychology*, *68*, 50 – 66.

Wyer, R. (2004). The cognitive organization and use of general knowledge. In J. Jost & M. Banaji (Eds.), *Perspectivism in social psychology: The yin and yang of scientific progress*. Washington, DC: American Psychological Association.

Wynn, K. (1992, August 27). Addition and subtraction by human infants. *Nature*, *358*, 749 – 750.

Wynn, K. (1995). Infants possess a system of numerical knowledge. *Current Directions in Psychological Science*, *4*, 172 – 177.

Wynn, K. (2000). Findings of addition and subtraction in infants are robust and consistent: Reply to Wakeley, Rivera, and Langer. *Child Development*, *71*, 1535 – 1536.

Wyra, M., Lawson, M. J., & Hungi, N. (2007). The mnemonic keyword method: The effects of bidirectional retrieval training and of ability to image on foreign language vocabulary recall. *Learning and Instruction*, *17*, 360 – 371.

Xiao, H., Kwong, E., Pang, S., & Mok, E. (2012). Perceptions of a life review programme among Chinese patients with advanced cancer. *Journal of Clinical Nursing*, *21*, 564 – 572.

Xiaohe, X., & Whyte, M. K. (1990). Love matches and arranged marriages: A Chinese replication. *Journal of Marriage and the Family*, *52*, 709 – 722.

Xie, R., Gaudet, L., Krewski, D., Graham, I. D., Walker, M. C., & Wen, S. W. (2015). Higher cesarean delivery rates are associated with higher infant mor-tality rates in industrialized countries. *Birth: Issues in Perinatal Care*. Accessed online, 3-14-15; http://onlinelibrary. wiley. com/doi/10. 1111/birt. 12153/pdf

Yagmurlu, B., & Sanson, A. (2009). Parenting and temperament as predictors of prosocial behaviour in Australian and Turkish Australian children. *Australian Journal of Psychology*, *61*, 77 – 88.

Yamada, J., Stinson, J., Lamba, J., Dickson, A., McGrath, P., & Stevens, B. (2008). A review of systematic reviews on pain interventions in hospitalized infants. *Pain Research & Management*, *13*, 413 – 420.

Yan, Z., & Fischer, K. (2002). Always under construction: Dynamic variations in adult cognitive microdevelopment. *Human Development*, *45*, 141 - 160.

Yang, C. D. (2006). *The infinite gift: How children learn and unlearn the languages of the world.* New York: Scribner.

Yang, R., & Blodgett, B. (2000). Effects of race and adolescent decision-making on status attainment and self-esteem. *Journal of Ethnic & Cultural Diversity in Social Work*, *9*, 135 - 153.

Yang, S., & Rettig, K. D. (2004). Korean-American mothers' experiences in facilitat-ing academic success for their adolescents. *Marriage & Family Review*, *36*, 53 - 74.

Yang, Y. (2008). Social Inequalities in Happiness in the U.S. 1972 - 2004: An Age-Period-Cohort Analysis." *American Sociological Review*, *73*, 204 - 226.

Yardley, J. (2001, July 2). Child-death case in Texas raises penalty questions. *New York Times*, p. A1.

Yarrow, M. R., Scott, P. M., & Waxler, C. Z. (1973). Learning concern for others. *Developmental Psychology*, *8*, 240 - 260.

Yato, Y., Kawai, M., Negayama, K., Sogon, S., Tomiwa, K., & Yamamoto, H. (2008). Infant responses to maternal still-face at 4 and 9 months. *Infant Behavior & Development*, *31*, 570 - 577.

Yeh, S. S. (2008). High stakes testing and students with disabilities: Why federal policy needs to be changed. In: Elena L. Grigorenko (Ed.), *Educating individuals with disabilities: IDEIA 2004 and beyond*; New York: Springer Publishing Co.

Yell, M. L. (1995). The least restrictive environment mandate and the courts: Judicial activism or judicial restraint? *Exceptional Children*, *61*, 578 - 581.

Yildiz, O. (2007). Vascular smooth muscle and endothelial functions in aging. *Annals of the New York Academy of Sciences*, *1100*, 353 - 360.

Yim, I., Glynn, L., Schetter, C., Hobel, C., Chicz-DeMet, A., & Sandman, C. (2009). Risk of postpartum depressive symptoms with elevated corticotropin-releasing hormone in human pregnancy. *Archives of General Psychiatry*, *66*, 162 - 169.

Yinger, J. (Ed.). (2004). *Helping children left behind: State aid and the pursuit of educational equity.* Cambridge, MA: MIT Press.

Yip, T., Sellers, R. M., & Seaton, E. K. (2006). African American racial identity across the lifespan: Identity status, identity content, and depressive symp-toms. *Child Development*, *77*, 1504 - 1517.

Yon, Y., Wister, A. V., Mitchell, B., & Gutman, G. (2014). A national comparison of spousal abuse in mid- and old age. *Journal of Elder Abuse & Neglect*, *26*, 80 - 105.

Yonker, J. E., Schnabelrauch, C. A., & DeHaan, L. G. (2012). The relationship be-tween spirituality and religiosity on psychological outcomes in adolescents and emerging adults: A meta-analytic review. *Journal of Adolescence*, *35*, 299 - 314.

York, E. (2008). Gender differences in the college and career aspirations of high school valedictorians. *Journal of Advanced Academics*, *19*, 578 - 600.

York, G. S., Churchman, R., Woodard, B., Wainright, C., & Rau-Foster, M. (2012). Free-text comments: Understanding the value in family member descriptions of hospice caregiver relationships. *American Journal of Hospice & Palliative Medi-cine*, *29*, 98 - 105.

Yoshinaga-Itano, C. (2003). From screening to early identification and interven-tion: Discovering predictors to successful outcomes for children with signifi-cant hearing loss. *Journal of Deaf Studies & Deaf Education*, *8*, 11 - 30.

You, J-I., & Bellmore, A. (2012). Relational peer victimization and psychosocial adjustment: The mediating role of best friendship qualities. *Personal Relation-ships*, *19*, 340 - 353.

Young, H., & Ferguson, L. (1979). Developmental changes through adolescence in the spontaneous nomination of reference groups as a function of decision context. *Journal of Youth and Adolescence*, *8*, 239 - 252.

Young, S., Rhee, S., Stallings, M., Corley, R., & Hewitt, J. (2006, July). Genetic and environmental vulnerabilities underlying adolescent substance use and problem use: General or specific? *Behavior Genetics*, *36*, 603 - 615.

Yu, C., Hung, C., Chan, T., Yeh, C., & Lai, C. (2012). Prenatal predictors for father-infant attachment after childbirth. *Journal of Clinical Nursing*, *21*, 1577 - 1583.

Yu, M., & Stiffman, A. (2007). Culture and environment as predictors of alcohol abuse/dependence symptoms in American Indian youths. *Addictive Behaviors*, *32*, 2253 - 2259.

Yuan, A. (2012). Perceived breast development and adolescent girls' psychologi-cal well-being. *Sex Roles*, *66*, 790 - 806.

Yuill, N., & Perner, J. (1988). Intentionality and knowledge in children's judg-ments of actor's responsibility and recipient's emotional reaction. *Developmen-tal Psychology*, *24*, 358 - 365.

Zacchilli, T. L., & Valerio, C. (2011). The knowledge and prevalence of cyber bul-lying in a college sample. *Journal of Scientific Psychology.*

Zafeiriou, D. I. (2004). Primitive reflexes and postural reactions in the neurode-velopmental examination. *Pediatric Neurology*, *31*, 1 - 8.

Zahn-Waxler, C., & Radke-Yarrow, M. (1990). The origins of empathic concern. *Motivation and Emotion*, *14*, 107 - 130.

Zahn-Waxler, C., Shirtcliff, E., & Marceau, K. (2008). Disorders of childhood and adolescence: Gender and psychopathology. *Annual Review of Clinical Psychol-ogy*, *4*, 275 - 303.

Zalenski, R., & Raspa, R. (2006). Maslow's hierarchy of needs: A framework for achieving human potential in hospice. *Journal of Palliative Medicine*, *9*, 1120 - 1127.

Zalsman, G., Levy, T., & Shoval, G. (2008). Interaction of child and family psy-chopathology leading to suicidal behavior. *Psychiatric Clinics of North America*, *31*, 237 - 246.

Zalsman, G., Oquendo, M., Greenhill, L., Goldberg, P., Kamali, M., Martin, A., et al. (2006, October). Neurobiology of depression in children and adolescents. *Child and Adolescent Psychiatric Clinics of North America*, *15*, 843 - 868.

Zampi, C., Fagioli, I., & Salzarulo, P. (2002). Time course of EEG background ac-tivity level before spontaneous awakening in infants. *Journal of Sleep Research*, *11*, 283 - 287. (spelling mis match)

Zanardo, S., Nicolussi, F., Favaro, D., Faggian, M., Plebani, F., Marzari, F., & Freato, V. (2001). Effect of postpartum anxiety on the colostral milk beta-endorphin concentrations of breastfeeding mothers. *Journal of Obstetrics and Gynaecology*, *21*, 130 - 134.

Zarbatany, L., Hartmann, D. P., & Rankin, D. B. (1990). The psychological funcitons of preadolescent peer activities. *Child Development*, *61*, 1067 - 1080.

Zauszniewski, J. A., & Martin, M. H. (1999). Developmental task achievement and learned resourcefulness in healthy older adults. *Archives of Psychiatric Nursing*, *13*, 41 - 47.

Zeanah, C. (2009). The importance of early experiences: Clinical, research and policy perspectives. *Journal of Loss and Trauma*, *14*, 266 - 279.

Zebrowitz, L., Luevano, V., Bronstad, P., & Aharon, I. (2009). Neural activation to babyfaced men matches activation to babies. *Social Neuroscience*, *4*, 1 - 10.

Zelazo, P. D., Muller, U., Frye, D., & Marcovitch, S. (2003). The development of executive function in early childhood. *Monographs of the Society for Research in Child Development*, *68*, 103 - 122.

Zelazo, P. R. (1998). McGraw and the development of unaided walking. *Develop-mental Review*, *18*, 449 - 471.

Zemach, I., Chang, S., & Teller, D. (2007). Infant color vision: Prediction of infants' spontaneous color preferences. *Vision Research*, *47*, 1368 - 1381.

Zhai, F., Raver, C., & Jones, S. M. (2012). Academic performance of subsequent schools and impacts of early interventions: Evidence from a randomized con-trolled trial in Head Start settings. *Children and Youth Services Review*, *34*, 946 - 954.

Zhang, Y., Bokov, A., Gelfond, J., Soto, V., Ikeno, Y., Hubbard, G., & . . . Fischer, K. (2014). Rapamycin extends life and health in C57BL/6 mice. *The Journals of Gerontology: Series A: Biological Sciences and Medical Sciences*, *69A*, 119 - 130.

Zhe, C., & Siegler, R. S. (2000). Across the great divide: Bridging the gap be-tween understanding of toddlers' and older children's thinking. *Monographs of the Society for Research in Child Development*, *65* (2, Serial No. 261).

Zhu, J., & Weiss, L. (2005). The Wechsler Scales. In D. P. Flanagan & P. L. Harrison (Eds.), *Contemporary intellectual assessment: Theories, tests, and issues.* New York: Guilford Press.

Ziegler, M., Danay, E., Heene, M., Asendorpf, J., & Bühner, M. (2012). Openness, fluid intelligence, and crystallized intelligence: Toward an integrative model. *Journal of Research in Personality*, *46*, 173 - 183.

Zimmer-Gembeck, M. J., & Collins, W. A. (2003). Autonomy development dur-ing adolescence. In G. R. Adams & M. D. Berzonsky (Eds.), *Blackwell handbook of adolescence.* Malden, MA: Blackwell Publishing.

Zimmer-Gembeck, M. J., & Gallaty, K. J. (2006). Hanging out or hanging in? Young females' socioemotional functioning and the changing motives for dating and romance. In A. Columbus (Ed.), *Advances in psychology research* (Vol. 44). Hauppauge, NY: Nova Science Publishers.

Zimmerman, F. J., Christakis, D. A., & Meltzoff, A. N. (2007). Associations between media viewing and language development in children under age 2 years. *The Journal of Pediatrics*, *151*, 364 – 368.

Zirkel, S., & Cantor, N. (2004). 50 years after Brown v. Board of Education: The promise and challenge of multicultural education. *Journal of Social Issues*, *60*, 1 – 15.

Zisook, S., & Shear, K. (2009). Grief and bereavement: What psychiatrists need to know. *World Psychiatry*, *8*, 67 – 74.

Zito, J. (2002). Five burning questions. *Journal of Developmental & Behavioral Pediatrics*, *23*, S23 – S30.

Zito, J. M., Safer, D. J., dosReis, S., Gardner, J. F., Boles, M., & Lynch, F. (2000). Trends in prescribing of psychotropic medications to preschoolers. *JAMA: The Journal of the American Medical Association*, *283*, 1025 – 1030.

Zolotor, A., Theodore, A., Chang, J., Berkoff, M., & Runyan, D. (2008). Speak softly—and forget the stick corporal punishment and child physical abuse. *American Journal of Preventive Medicine*, *35*, 364 – 369.

Zong, N., Nam, S., Eom, J., Ahn, J., Joe, H., & Kim, H. (2015). Aligning ontolo-gies with subsumption and equivalence relations in Linked Data. *Knowledge-Based Systems*, *76*, 30 – 41.

Zosuls, K. M., Field, R. D., Martin, C. L., Andrews, N. Z., & England, D. E. (2014). Gender-based relationship efficacy: Children's self-perceptions in intergroup contexts. *Child Development*, *85*, 1663 – 1676.

Zosuls, K. M., Ruble, D. N., & Tamis-LeMonda, C. S. (2014). Self-socialization of gender in African American, Dominican immigrant, and Mexican immigrant toddlers. *Child Development*, *85*, 2202 – 2217.

Zuckerman, G., & Shenfield, S. D. (2007). Child-adult interaction that creates a zone of proximal development. *Journal of Russian & East European Psychology*, *45*, 43 – 69.

Zuckerman, M. (2003). Biological bases of personality. In T. Millon & M. J. Lerner (Eds.), *Handbook of psychology: Personality and social psychology*, *Vol. 5.* New York: Wiley.

Zwelling, E. (2006). A challenging time in the history of Lamaze international: An interview with Francine Nichols. *Journal of Perinatal Education*, *15*, 10 – 17.